编目（CIP）数据

城市建设统计年鉴. 2020 = China Urban
on Statistical Yearbook 2020：汉英对照 /
共和国住房和城乡建设部编. -- 北京 ：中国统
, 2021.9
978-7-5037-9626-5

①中… Ⅱ. ①中… Ⅲ. ①城市建设－统计资料－
20－年鉴－汉、英 Ⅳ. ①TU984.2-66

版本图书馆 CIP 数据核字(2021)第 172079 号

建设统计年鉴—2020

中华人民共和国住房和城乡建设部
钟 钰 佘竞雄
张 冰
中国统计出版社有限公司
北京市丰台区西三环南路甲 6 号 邮政编码/100073
邮购（010）63376909 书店（010）68783171
http://www.zgtjcbs.com
河北鑫兆源印刷有限公司
新华书店
890mm×1240mm 1/16
1262 千字
40.25
2021 年 9 月第 1 版
2021 年 9 月第 1 次印刷
528.00 元

错误，本社发行部负责调换。

中国

城市建设
统计年鉴

中华人民共和国住房和城乡建

Ministry of Housing and Urban-Rural Devel

2020

China
Urban
Construction
Statistical
Yearbook

图书在版

中国
Construc
中华人民
计出版社
ISB

I.
中国－20

中国

中国城市

作 者
责任编辑
封面设计
出版发行
地 址
电 话
网 址
印 刷
经 销
开 本
字 数
印 张
版 别
版 次
定 价

如有印装

《中国城市建设统计年鉴—2020》

编委会和编辑工作人员

China Urban Construction Statistical Yearbook—2020

Editorial Board and Editorial Staff

编辑说明

一、为全面反映我国城乡市政公用设施建设与发展状况，方便国内外各界了解中国城乡建设全貌，我们编辑了《中国城乡建设统计年鉴》《中国城市建设统计年鉴》和《中国县城建设统计年鉴》中英文对照本，每年公布一次，供社会广大读者作为资料性书籍使用。

二、《中国城市建设统计年鉴—2020》根据各省、自治区和直辖市建设行政主管部门上报的2020年及历年城市建设统计数据编辑。全书共分13个部分，包括城市市政公用设施水平、城市人口和建设用地、城市维护建设财政性资金收支、城市市政公用设施固定资产投资、城市供水、城市节约用水、城市燃气、城市集中供热、城市轨道交通、城市道路和桥梁、城市排水和污水处理、城市市容环境卫生、城市园林绿化。

三、本年鉴统计范围为设市的城市的城区:（1）街道办事处所辖地域;（2）城市公共设施、居住设施和市政公用设施等连接到的其他镇（乡）地域;（3）常住人口在3000人以上独立的工矿区、开发区、科研单位、大专院校等特殊区域。

四、2020年底全国31个省、自治区、直辖市（不含台湾省），共有设市城市685个。本年鉴统计了684个城市、3个特殊区域。3个特殊区域包括吉林省长白山保护开发区、陕西省杨凌区和宁夏回族自治区宁东。

五、全国8个县（河北省邢台县、沧县，山西省泽州县，辽宁省抚顺县、铁岭县，河南省安阳县，新疆维吾尔自治区乌鲁木齐县、和田县）因为和所在城市市县同城，因此县城的统计数据含在本城市年鉴中。

六、本年鉴数据不包括香港特别行政区、澳门特别行政区以及台湾省。

七、本年鉴中“空格”表示该项统计指标数据不足本表最小单位数、数据不详或无该项数据。

八、本年鉴中部分数据合计数或相对数由于单位取舍不同而产生的计算误差，均没有进行机械调整。

九、为促进中国城乡建设行业统计信息工作的发展，欢迎广大读者提出改进意见。

EDITOR'S NOTES

1. *China Urban-Rural Construction Statistical Yearbook, China Urban Construction Statistical Yearbook* and *China County Seat Construction Statistical Yearbook* are published annually in both Chinese and English languages to provide comprehensive information on urban and rural service facilities development in China. Being the source of facts, the yearbooks help to facilitate the understanding of people from all walks of life at home and abroad on China's urban and rural development.

2. *2020 China Urban Construction Statistical Yearbook* is compiled based on statistical data on urban construction in year 2020 and past years that were reported by construction authorities of provinces, autonomous regions and municipalities directly under the central government. This yearbook is composed of 13 parts, including 1.Level of Urban Service Facilities, 2.Urban Population and Construction Land, 3.Revenue and Expenditure of Urban Maintenance and Construction Fund, 4. Fixed Assets Investment in Urban Service Facilities, 5.Urban Water Supply, 6.Urban Water Conservation, 7.Urban Gas, 8.Urban Central Heating, 9.Urban Rail Transit System, 10. Urban Roads and Bridges, 11.Urban drainage and Waste Water Treatment, 12.Urban Environmental Sanitation, 13.Urban landscaping.

3. Scope of the data collected from the survey covers urban area of cities, including (1) areas under the jurisdiction of neighborhood administration; (2) other towns (townships) connected to city public facilities, residential facilities and municipal utilities; (3) special areas like independent industrial and mining districts, development zones, research institutes, and universities and colleges with permanent residents of 3000 and above.

4. There were a total of 685 cities in all the 31 provinces, autonomous regions and municipalities (excluding Taiwan Province) across China by the end of 2020. In the Yearbook, data are from 684cities, 3 special zones. Changbai Mountain Protection and Development District in Jilin Province, Yangling District in Shaanxi Province and Ningdong in ningxia Autonomous Region are classified as city.

5. Data from the county seats of 8 counties including Xingtai and Cangxian County in Hebei Province, Zezhou County in Shanxi Province, Fushun and Tieling County in Liaoning Province, Anyang County in Henan Province, and Urumqi and Hetian County in Xinjiang Autonomous Region are included in the Urban Construction Yearbook due to the identity of the location between the county seats and the cities administering the above 8 counties respectively.

6. This Yearbook does not include data of Hong Kong Special Administrative Region, Macao Special Administrative Region as well as Taiwan Province.

7. In this yearbook, "blank space" indicates that the figure is not large enough to be measured with the smallest unit in the table, or data are unknown or are not available.

8. The calculation errors of the total or relative value of some data in this Yearbook arising from the use of different measurement units have not been mechanically aligned.

9. Any comments to improve the quality of the yearbook are welcomed to promote the advancement in statistics in China's construction industry.

目　录

Contents

综合数据

General Data

一、城市市政公用设施水平 …… 2

Level of Urban Service Facilities

简要说明 …… 2

Brief Introduction

1　全国历年城市市政公用设施水平(1981-2020) …… 3

Level of National Urban Service Facilities in Past Years(1981-2020)

1-1　2020 年全国城市市政公用设施水平(按省分列) …… 4

Level of National Urban Service Facilities by Province(2020)

1-2　2020 年全国城市市政公用设施水平(按城市分列) …… 6

Level of National Urban Service Facilities by City (2020)

二、城市人口和建设用地 …… 44

Urban Population and Construction Land

简要说明 …… 44

Brief Introduction

2　全国历年城市数量及人口、面积情况 (1978-2020) …… 45

National Changes in Number of Cities, Urban Population and Urban Area in Past Years (1978-2020)

2-1　2020 年全国城市人口和建设用地(按省分列) …… 46

National Urban Population and Construction Land by Province (2020)

2-2　2020 年全国城市人口和建设用地(按城市分列) …… 48

National Urban Population and Construction Land by City (2020)

三、城市维护建设财政性资金收支 …… 85

Revenue and Expenditure of Urban Maintenance and Construction Fund

简要说明 …… 85

Brief Introduction

3　全国历年城市维护建设资金收支(1978-2016) …… 86

National Revenue and Expenditure of Urban Maintenance and Construction Fund in Past Years (1978-2016)

四、城市市政公用设施建设固定资产投资 …… 88
Fixed Assets Investment in Urban Service Facilities
简要说明 …… 88
Brief Introduction
4 全国历年城市市政公用设施建设固定资产投资(1978-2020) …… 89
National Fixed Assets Investment in Urban Service Facilities in Past Years(1978-2020)
4-1 按行业分全国历年城市市政公用设施建设固定资产投资(1978-2020) …… 90
National Fixed Assets Investment in Urban Service Facilities by Industry in Past Years (1978-2020)
4-1-1 2020 年按行业分全国城市市政公用设施建设固定资产投资(按省分列) …… 92
National Fixed Assets Investment in Urban Service Facilities by Industry (by Province in Column)(2020)
4-1-2 2020 年按行业分全国城市市政公用设施建设固定资产投资(按城市分列) …… 94
National Fixed Assets Investment in Urban Service Facilities by Industry (by City in Column) (2020)
4-2 按资金来源分全国历年城市市政公用设施建设固定资产投资(1978-2020) …… 130
National Fixed Assets Investment in Urban Service Facilities by Capital Source in Past Years (1978-2020)
4-2-1 2020 年按资金来源分全国城市市政公用设施建设固定资产投资(按省分列) …… 132
National Fixed Assets Investment in Urban Service Facilities by Capital Source (by Province in Column)(2020)
4-2-2 2020 年按资金来源分全国城市市政公用设施建设固定资产投资(按城市分列) …… 134
National Fixed Assets Investment in Urban Service Facilities by Capital Source (by City in Column)(2020)

居民生活数据

Data by Residents Living

五、城市供水 …… 172
Urban Water Supply
简要说明 …… 172
Brief Introduction
5 全国历年城市供水情况(1978-2020) …… 173
National Urban Water Supply in Past Years (1978-2020)
5-1 2020 年按省分列的城市供水 …… 174
Urban Water Supply by Province(2020)
5-2 2020 年按省分列的城市供水(公共供水) …… 176
Urban Water Supply by Province (Public Water Suppliers)(2020)
5-3 2020 年按省分列的城市供水(自建设施供水) …… 178
Urban Water Supply by Province (Suppliers with Self-Built Facilities)(2020)

5-4　2020 年按城市分列的城市供水……180
National Urban Water Supply by City(2020)
5-5　2020 年按城市分列的城市供水(公共供水)……218
Urban Water Supply by City (Public Water Suppliers)(2020)
5-6　2020 年按城市分列的城市供水(自建设施供水)……256
Urban Water Supply by City (Suppliers with Self-Built Facilities) (2020)

六、城市节约用水……294
Urban Water Conservation
简要说明……294
Brief Introduction
6　全国历年城市节约用水情况(1991-2020)……295
National Urban Water Conservation in Past Years(1991-2020)
6-1　2020 年按省分列的全国城市节约用水……296
Urban Water Conservation by Province(2020)
6-2　2020 年按城市分列的全国城市节约用水……298
Urban Water Conservation by City(2020)

七、城市燃气……335
Urban Gas
简要说明……335
Brief Introduction
7　全国历年城市燃气情况(1978-2020)……336
National Urban Gas in Past Years(1978-2020)
7-1-1　2020 年按省分列的城市人工煤气……338
Urban Man-made Coal Gas by Province(2020)
7-1-2　2020 年按城市分列的城市人工煤气……340
Urban Man-made Coal Gas by City(2020)
7-2-1　2020 年按省分列的城市天然气……344
Urban Natural Gas by Province(2020)
7-2-2　2020 年按城市分列的城市天然气……346
Urban Natural Gas by City(2020)
7-3-1　2020 年按省分列的城市液化石油气……380
Urban LPG Supply by Province(2020)
7-3-2　2020 年按城市分列的城市液化石油气……382
Urban LPG Supply by City(2020)

八、城市集中供热……416
Urban Central Heating
简要说明……416
Brief Introduction
8　全国历年城市集中供热情况(1981-2020)……417
National Urban Central Heating in Past Years(1981-2020)

8-1 2020 年按省分列的城市集中供热……418
Urban Central Heating by Province(2020)
8-2 2020 年按城市分列的城市集中供热……420
Urban Central Heating by City(2020)

居民出行数据

Data by Residents Travel

九、城市轨道交通……448
Urban Rail Transit System
简要说明……448
Brief Introduction
9 全国历年城市轨道交通情况(1978-2020)……449
National Urban Rail Transit System in Past Years (1978-2020)
9-1-1 2020 年按省分列的城市轨道交通(建成)……450
Urban Rail Transit System (completed) by Province(2020)
9-1-2 2020 年按城市分列的城市轨道交通(建成)……452
Urban Rail Transit System (completed) by City (2020)
9-2-1 2020 年按省分列的城市轨道交通(在建)……456
Urban Rail Transit System by Province (under construction) by Province (2020)
9-2-2 2020 年按城市分列的城市轨道交通(在建)……458
Urban Rail Transit System by City (under construction) by City (2020)

十、城市道路和桥梁……464
Urban Road and Bridge
简要说明……464
Brief Introduction
10 全国历年城市道路和桥梁情况(1978-2020)……465
National Urban Road and Bridge in Past Years (1978-2020)
10-1 2020 年按省分列的城市道路和桥梁……466
Urban Road and Bridge by Province (2020)
10-2 2020 年按城市分列的城市道路和桥梁……468
Urban Road and Bridge by City(2020)

环境卫生数据

Data by Environmental Health

十一、城市排水和污水处理……504
Urban Drainage and Wastewater Treatment
简要说明……504
Brief Introduction

11　全国历年城市排水和污水处理情况(1978-2020)……505
National Urban Drainage and Wastewater Treatment in Past Years (1978-2020)
11-1　2020 年按省分列的城市排水和污水处理……506
Urban Drainage and Wastewater Treatment by Province(2020)
11-2　2020 年按城市分列的城市排水和污水处理……508
Urban Drainage and Wastewater Treatment by City (2020)

十二、城市市容环境卫生……548
Urban Environmental Sanitation
简要说明……548
Brief Introduction
12　全国历年城市市容环境卫生情况(1979-2020)……549
National Urban Environmental Sanitation in Past Years(1979-2020)
12-1　2020 年按省分列的城市市容环境卫生……550
Urban Environmental Sanitation by Province(2020)
12-2　2020 年按城市分列的城市市容环境卫生……552
Urban Environmental Sanitation by City(2020)

绿色生态数据
Data by Green Ecology

十三、城市园林绿化……594
Urban Landscaping
简要说明……594
Brief Introduction
13　全国历年城市园林绿化情况(1981-2020)……595
National Urban Landscaping in Past Years(1981-2020)
13-1　2020 年按省分列的城市园林绿化……596
Urban Landscaping by Province(2020)
13-2　2020 年按城市分列的城市园林绿化……597
Urban Landscaping by City(2020)

主要指标解释
Explanatory Notes on Main Indicators

主要指标解释……617
Explanatory Notes on Main Indicators

综 合 数 据

General Data

一、城市市政公用设施水平
1. Level of Urban Service Facilities

简要说明

本部分反映城市市政公用设施水平，均为相对指标。主要包括人口密度、供水普及率、燃气普及率、人均拥有道路面积、污水处理率、人均公园绿地面积、建成区绿地率、建成区绿化覆盖率、每万人拥有公厕等内容。

从 2006 年起，人均水平（除人均日生活用水量）和普及率水平均以城区人口和城区暂住人口合计数为分母计算。

Brief Introduction

This section demonstrates the level of urban service facilities in a comparative way. Main indicators include population density, water coverage rate, gas coverage rate, surface area of roads per capita, wastewater treatment rate, public green space per capita, green space rate of built-up areas, green coverage rate of built-up area, number of latrines owned by every 10,000 people etc.

Since 2006, figure in terms of per capita and coverage rate, excluding domestic water use per capita have been calculated based on denominator which combines both permanent and temporary residents in urban areas.

1　全国历年城市市政公用设施水平(1981-2020)
Level of National Urban Service Facilities in Past Years(1981-2020)

年份 Year	供水普及率 (%) Water Coverage Rate (%)	燃气普及率 (%) Gas Coverage Rate (%)	每万人拥有公共交通车辆 (标台) Motor Vehicle for Public Transport Per 10,000 Persons (standard unit)	人均道路面积 (平方米) Road Surface Area Per Capita (m^2)	污水处理率 (%) Wastewater Treatment Rate (%)	园林绿化 Landscaping 人均公园绿地面积 (平方米) Public Recreational Green Space Per Capita (m^2)	 建成区绿化覆盖率 (%) Green Coverage Rate of Built District (%)	 建成区绿地率 (%) Green Space Rate of Built District (%)	每万人拥有公厕 (座) Number of Public Lavatories Per 10,000 Persons (unit)
1981	53.7	11.6		1.8		1.50			3.77
1982	56.7	12.6		2.0		1.65			3.99
1983	52.5	12.3		1.9		1.71			3.95
1984	49.5	13.0		1.8		1.62			3.57
1985	45.1	13.0		1.7		1.57			3.28
1986	51.3	15.2	2.5	3.1		1.84	16.90		3.61
1987	50.4	16.7	2.4	3.1		1.90	17.10		3.54
1988	47.6	16.5	2.2	3.1		1.76	17.00		3.14
1989	47.4	17.8	2.1	3.2		1.69	17.80		3.09
1990	48.0	19.1	2.2	3.1		1.78	19.20		2.97
1991	54.8	23.7	2.7	3.4	14.86	2.07	20.10		3.38
1992	56.2	26.3	3.0	3.6	17.29	2.13	21.00		3.09
1993	55.2	27.9	3.0	3.7	20.02	2.16	21.30		2.89
1994	56.0	30.4	3.0	3.8	17.10	2.29	22.10		2.69
1995	58.7	34.3	3.6	4.4	19.69	2.49	23.90		3.00
1996	60.7	38.2	3.8	5.0	23.62	2.76	24.43	19.05	3.02
1997	61.2	40.0	4.5	5.2	25.84	2.93	25.53	20.57	2.95
1998	61.9	41.8	4.6	5.5	29.56	3.22	26.56	21.81	2.89
1999	63.5	43.8	5.0	5.9	31.93	3.51	27.58	23.03	2.85
2000	63.9	45.4	5.3	6.1	34.25	3.69	28.15	23.67	2.74
2001	72.26	60.42	6.10	6.98	36.43	4.56	28.38	24.26	3.01
2002	77.85	67.17	6.73	7.87	39.97	5.36	29.75	25.80	3.15
2003	86.15	76.74	7.66	9.34	42.39	6.49	31.15	27.26	3.18
2004	88.85	81.53	8.41	10.34	45.67	7.39	31.66	27.72	3.21
2005	91.09	82.08	8.62	10.92	51.95	7.89	32.54	28.51	3.20
2006	86.07 (97.04)	79.11 (88.58)	9.05 (10.13)	11.04 (12.36)	55.67	8.30 (9.30)	35.11	30.92	2.88 (3.22)
2007	93.83	87.40	10.23	11.43	62.87	8.98	35.29	31.30	3.04
2008	94.73	89.55	11.13	12.21	70.16	9.71	37.37	33.29	3.12
2009	96.12	91.41		12.79	75.25	10.66	38.22	34.17	3.15
2010	96.68	92.04		13.21	82.31	11.18	38.62	34.47	3.02
2011	97.04	92.41		13.75	83.63	11.80	39.22	35.27	2.95
2012	97.16	93.15		14.39	87.30	12.26	39.59	35.72	2.89
2013	97.56	94.25		14.87	89.34	12.64	39.70	35.78	2.83
2014	97.64	94.57		15.34	90.18	13.08	40.22	36.29	2.79
2015	98.07	95.30		15.60	91.90	13.35	40.12	36.36	2.75
2016	98.42	95.75		15.80	93.44	13.70	40.30	36.43	2.72
2017	98.30	96.26		16.05	94.54	14.01	40.91	37.11	2.77
2018	98.36	96.70		16.70	95.49	14.11	41.11	37.34	2.88
2019	98.78	97.29		17.36	96.81	14.36	41.51	37.63	2.93
2020	98.99	97.87		18.04	97.53	14.78	42.06	38.24	3.07

注：1.自2006年起，人均和普及率指标按城区人口和城区暂住人口合计为分母计算，以公安部门的户籍统计和暂住人口统计为准。括号中的数据为与往年同口径数据。

2.“人均公园绿地面积”指标2005年及以前年份为“人均公共绿地面积”。

3.自2009年起，城市公共交通内容不再统计，增加城市轨道交通建设情况内容。

Note:1.Since 2006,figure in terms of per capita and coverage rate have been calculated based on denominator which combines both permanent and temporary residents in urban areas. And the population should come from statistics of police. The data in brackets are same index calculated by the method of past years.

2.Since 2005, Public Green Space Per Capita is changed to Public Recreational Green Space Per Capita.

3.Since 2009, statistics on urban public transport have been removed, and relevant information on the construction of rail transit system has been added.

1-1 2020年全国城市市政公用设施水平(按省分列)

地区名称 Name of Regions	人口密度 (人/平方公里) Population Density (person/square kilometer)	人均日生活用水量 (升) Daily Water Consumption Per Capita (liter)	供水普及率 (%) Water Coverage Rate (%)	公共供水普及率 Public Water Coverage Rate	燃气普及率 (%) Gas Coverage Rate (%)	建成区供水管道密度 (公里/平方公里) Density of Water Supply Pipelines in Built District (kilometer/square kilometer)	人均道路面积 (平方米) Road Surface Area Per Capita (m^2)	建成区路网密度 (公里/平方公里) Density of Road Network in Built District (kilometer/square kilometer)
全 国	**2778**	**179.40**	**98.99**	**97.84**	**97.87**	**14.02**	**18.04**	**7.07**
北 京		154.19	98.39	92.26	100.00		7.67	
天 津	4449	115.69	100.00	100.00	100.00	17.90	14.91	6.77
河 北	3085	127.34	100.00	98.61	99.72	9.93	21.06	8.14
山 西	4015	133.86	99.60	96.98	98.70	9.76	18.41	7.20
内蒙古	1850	101.25	99.50	97.32	97.26	9.50	23.93	7.65
辽 宁	1805	149.98	99.71	98.41	98.75	13.15	16.21	6.78
吉 林	1876	121.79	95.60	93.78	92.93	9.96	15.71	6.02
黑龙江	5501	129.47	98.99	97.48	90.82	11.98	15.59	7.11
上 海	3830	203.92	100.00	100.00	100.00	31.95	4.76	4.47
江 苏	2240	220.69	100.00	99.64	99.92	18.33	25.60	8.91
浙 江	2105	220.06	100.00	99.55	100.00	20.46	19.08	7.38
安 徽	2655	197.37	99.60	98.96	99.24	14.67	24.29	6.99
福 建	3545	214.47	99.90	99.89	99.21	18.98	18.83	7.87
江 西	4426	176.68	98.62	98.49	97.59	14.74	19.81	6.91
山 东	1665	119.35	99.84	97.69	99.31	9.99	25.64	7.71
河 南	4994	128.99	98.19	95.52	96.83	8.90	15.32	5.11
湖 北	2778	192.85	99.56	98.76	98.40	15.34	18.89	8.10
湖 南	3677	211.47	98.94	98.66	97.29	15.26	19.72	6.93
广 东	3909	236.78	98.49	98.39	98.99	17.24	13.26	6.25
广 西	2162	263.48	99.68	99.17	99.36	14.31	23.76	8.35
海 南	2444	275.27	98.02	96.77	98.95	2.54	17.91	11.39
重 庆	2070	179.80	94.69	93.62	96.16	15.83	14.65	6.56
四 川	3158	196.39	98.28	98.09	97.41	15.09	18.13	7.45
贵 州	2262	169.78	98.90	98.90	94.55	8.70	21.23	7.11
云 南	3138	155.13	98.10	97.43	78.65	10.87	16.62	6.29
西 藏	1584	290.86	98.78	98.68	63.20	10.36	20.74	4.01
陕 西	4985	155.71	97.88	93.19	98.62	8.16	16.73	5.18
甘 肃	3235	139.98	98.15	96.12	94.80	6.88	20.25	6.42
青 海	2930	138.19	98.69	97.36	93.81	12.94	18.91	6.04
宁 夏	3153	162.57	98.87	97.73	97.52	5.96	26.78	5.66
新 疆	4036	163.09	99.51	99.24	98.64	8.68	25.36	5.80
新疆兵团	2063	169.75	99.61	99.61	96.55	9.52	24.84	6.82

注：本表中北京市的人均公园绿地面积、建成区绿化覆盖率和建成区绿地率均为该市调查面积内数据，全国城市人均公园绿地面积、建成区绿化覆盖率和建成区绿地率作适当修正。

Level of National Urban Service Facilities by Province(2020)

建成区道路面积率(%) Surface Area of Roads Rate of Built District (%)	建成区排水管道密度(公里/平方公里) Density of Sewers in Built District (kilometer/square kilometer)	污水处理率(%) Wastewater Treatment Rate (%)	污水处理厂集中处理率 Centralized Treatment Rate of Wastewater Treatment Plants	人均公园绿地面积(平方米) Public Recreational Green Space Per Capita (m^2)	建成区绿化覆盖率(%) Green Coverage Rate of Built District (%)	建成区绿地率(%) Green Space Rate of Built District (%)	生活垃圾处理率(%) Domestic Garbage Treatment Rate (%)	生活垃圾无害化处理率 Domestic Garbage Harmless Treatment Rate	地区名称 Name of Regions
14.19	**11.11**	**97.53**	**95.78**	**14.78**	**42.06**	**38.24**	**99.92**	**99.75**	**全　国**
		96.56	94.76	16.59	48.96	46.69	100.00	100.00	北　京
12.60	18.72	96.42	95.54	10.31	37.59	34.46	100.00	100.00	天　津
17.52	9.04	98.46	98.46	15.30	42.92	39.26	100.00	100.00	河　北
15.73	7.68	99.60	99.60	13.51	43.88	39.93	100.00	100.00	山　西
17.09	10.11	97.80	97.80	19.20	40.45	37.39	99.92	99.92	内蒙古
11.98	7.43	98.23	97.44	13.40	41.73	39.22	100.00	99.53	辽　宁
10.90	6.97	97.69	97.69	12.94	40.40	35.68	100.00	100.00	吉　林
11.52	7.02	95.98	92.16	12.77	36.88	33.15	99.87	99.87	黑龙江
9.33	13.92	96.68	96.17	9.05	37.32	35.79	100.00	100.00	上　海
15.43	14.86	96.82	90.19	15.34	43.47	40.11	100.00	100.00	江　苏
14.81	13.88	97.69	96.75	13.59	42.22	38.07	100.00	100.00	浙　江
17.05	13.49	97.43	95.76	14.88	42.01	38.49	100.00	100.00	安　徽
13.71	10.94	97.15	93.40	14.94	44.63	40.94	100.00	100.00	福　建
13.86	11.00	97.48	96.47	14.80	46.35	42.72	100.00	100.00	江　西
16.06	11.32	98.26	98.11	17.68	41.65	37.76	100.00	100.00	山　东
12.79	8.86	98.32	98.30	14.43	41.92	36.48	99.94	99.94	河　南
15.26	10.29	96.97	92.24	13.83	41.07	36.55	100.00	100.00	湖　北
16.12	9.99	97.79	96.95	12.16	41.51	37.20	100.00	100.00	湖　南
11.48	13.95	97.66	97.57	18.14	43.49	39.39	99.95	99.95	广　东
16.47	11.62	98.99	88.73	12.85	41.30	35.94	100.00	100.00	广　西
11.93	10.28	98.68	98.53	11.62	40.62	36.81	100.00	100.00	海　南
14.22	13.94	98.17	97.84	16.50	43.05	39.62	99.46	93.84	重　庆
15.21	10.96	96.86	93.57	14.40	42.48	37.39	99.99	99.99	四　川
13.85	8.28	97.44	97.44	17.04	40.94	38.82	97.85	97.85	贵　州
13.13	11.25	97.63	96.65	12.27	40.46	36.57	99.99	99.99	云　南
9.60	3.38	96.28	96.28	12.02	38.06	35.93	99.63	99.63	西　藏
14.26	7.34	96.79	96.79	12.79	40.80	37.09	99.93	99.93	陕　西
13.72	7.97	97.18	97.18	15.15	36.28	32.48	100.00	100.00	甘　肃
15.97	13.46	95.31	95.31	12.45	35.90	33.71	99.29	99.29	青　海
15.21	4.38	96.74	96.74	21.02	41.95	39.65	99.96	99.96	宁　夏
12.71	5.71	98.11	98.11	13.19	40.42	36.37	99.12	99.12	新　疆
11.84	6.10	99.44	99.44	20.18	43.68	40.87	99.63	98.58	新疆兵团

Note: All of the public recreational green space per capita, green coverage rate and green space rate for the built-up areas of Beijing Municipality in the table refer to the data for the areas surveyed in the city. The public recreational green space per capita, gree coverage rate and green space rate for the nationwide urban built-up areas have been revised appropriately.

1-2 2020年全国城市市政公用设施水平(按城市分列)

城市名称 Name of Cities	人口密度 (人/平方公里) Population Density (person/square kilometer)	人均日生活用水量 (升) Daily Water Consumption Per Capita (liter)	供水普及率 (%) Water Coverage Rate (%)	公共供水普及率 Public Water Coverage Rate	燃气普及率 (%) Gas Coverage Rate (%)	建成区供水管道密度 (公里/平方公里) Density of Water Supply Pipelines in Built District (kilometer/square kilometer)	人均道路面积 (平方米) Road Surface Area Per Capita (m^2)	建成区路网密度 (公里/平方公里) Density of Road Network in Built District (kilometer/square kilometer)
全　国	**2778**	**179.40**	**98.99**	**97.84**	**97.87**	**14.02**	**18.04**	**7.07**
北　京		**154.19**	**98.38**	**92.25**	**100.00**		**7.67**	
天　津	**4449**	**115.69**	**100.00**	**100.00**	**100.00**	**17.90**	**14.91**	**6.77**
河　北	**3085**	**127.34**	**100.00**	**98.61**	**99.72**	**9.93**	**21.06**	**8.14**
石家庄	6483	122.22	100.00	96.90	100.00	9.91	18.83	8.09
晋　州	1538	222.73	100.00	100.00	100.00	6.70	21.55	9.85
新　乐	2080	143.15	100.00	100.00	100.00	18.51	29.00	10.22
唐　山	7006	149.63	100.00	98.56	100.00	10.33	19.40	8.23
滦　州	1997	88.60	100.00	95.06	100.00	11.62	16.52	8.99
遵　化	3019	95.80	100.00	95.06	100.00	6.23	20.31	8.10
迁　安	2810	94.44	100.00	96.39	100.00	8.60	19.57	8.02
秦皇岛	4617	136.91	100.00	100.00	100.00	8.78	18.17	8.00
邯　郸	3933	107.29	100.00	100.00	99.69	10.24	19.19	8.60
武　安	2653	120.62	100.00	92.50	100.00	14.81	25.18	8.60
邢　台	3910	167.25	100.00	100.00	99.34	17.22	31.71	6.39
南　宫	2845	143.34	100.00	100.00	100.00	7.55	22.21	7.83
沙　河	5043	137.95	100.00	100.00	100.00	12.26	28.61	7.65
保　定	4561	125.45	100.00	98.25	98.06	6.46	26.93	8.05
涿　州	1560	179.44	100.00	99.26	100.00	8.01	24.08	8.25
安　国	3649	183.43	100.00	98.53	100.00	9.37	25.15	8.86
高碑店	4166	157.03	100.00	98.63	98.04	14.37	28.31	8.00
张家口	2426	97.54	100.00	100.00	99.46	9.07	21.22	8.67
承　德	799	135.34	100.00	100.00	99.95	9.03	22.02	8.08
平　泉	7427	93.50	100.00	98.60	99.84	11.37	18.70	8.42
沧　州	2141	169.48	100.00	100.00	100.00	5.88	21.01	8.01
泊　头	7736	122.40	100.00	100.00	99.47	14.00	17.66	8.09
任　丘	4956	69.16	100.00	100.00	100.00	13.71	20.56	9.23
黄　骅	1040	119.73	100.00	100.00	100.00	12.51	33.25	8.09
河　间	2692	77.58	100.00	100.00	100.00	17.07	20.69	8.36
廊　坊	2325	131.08	100.00	99.40	100.00	10.27	19.28	8.56
霸　州	1919	89.36	100.00	100.00	100.00	17.43	17.69	8.06
三　河	1331	235.47	100.00	100.00	100.00	11.37	21.76	9.88
衡　水	1617	117.40	100.00	97.54	100.00	4.66	18.36	8.06
深　州	2322	94.15	100.00	100.00	100.00	5.90	18.92	12.62
辛　集	1619	156.99	100.00	99.64	100.00	4.71	26.53	7.67
定　州	2276	85.64	100.00	95.03	100.00	6.54	16.17	5.44

Level of National Urban Service Facilities by City (2020)

建成区道路面积率 (%) Surface Area of Roads Rate of Built District (%)	建成区排水管道密度 (公里/平方公里) Density of Sewers in Built District (kilometer/square kilometer)	污水处理率 (%) Wastewater Treatment Rate (%)	污水处理厂集中处理率 Centralized Treatment Rate of Wastewater Treatment Plants	人均公园绿地面积 (平方米) Public Recreational Green Space Per Capita (m^2)	建成区绿化覆盖率 (%) Green Coverage Rate of Built District (%)	建成区绿地率 (%) Green Space Rate of Built District (%)	生活垃圾处理率 (%) Domestic Garbage Treatment Rate (%)	生活垃圾无害化处理率 Domestic Garbage Harmless Treatment Rate	城市名称 Name of Cities
14.19	**11.11**	**97.53**	**95.78**	**14.78**	**42.06**	**38.24**	**99.92**	**99.75**	**全　国**
		96.56	**94.76**	**16.59**	**48.96**	**46.69**	**100.00**	**100.00**	**北　京**
12.60	**18.72**	**96.42**	**95.54**	**10.31**	**37.59**	**34.46**	**100.00**	**100.00**	**天　津**
17.52	**9.04**	**98.46**	**98.46**	**15.30**	**42.92**	**39.26**	**100.00**	**100.00**	**河　北**
20.15	8.90	99.30	99.30	14.87	42.85	39.14	100.00	100.00	石家庄
20.29	14.81	98.35	98.35	13.12	41.93	37.13	100.00	100.00	晋　州
18.71	11.36	99.27	99.27	19.43	43.33	39.03	100.00	100.00	新　乐
16.03	11.82	99.00	99.00	15.78	42.33	39.05	100.00	100.00	唐　山
15.38	5.15	99.99	99.99	12.13	41.86	37.04	100.00	100.00	滦　州
19.93	7.39	99.70	99.70	14.60	42.47	38.91	100.00	100.00	遵　化
15.65	6.50	97.21	97.21	17.32	45.00	41.88	100.00	100.00	迁　安
16.65	4.99	97.00	97.00	17.95	41.20	38.07	100.00	100.00	秦皇岛
21.20	10.54	98.47	98.47	16.25	45.41	41.78	100.00	100.00	邯　郸
16.44	14.38	99.46	99.46	15.19	47.25	42.75	100.00	100.00	武　安
16.17	10.71	98.17	98.17	23.11	42.28	39.16	100.00	100.00	邢　台
21.09	14.10	96.00	96.00	12.35	40.67	37.40	100.00	100.00	南　宫
17.29	8.74	98.00	98.00	13.11	40.19	35.34	100.00	100.00	沙　河
15.41	8.13	96.62	96.62	14.62	43.90	40.82	100.00	100.00	保　定
15.44	7.84	96.20	96.20	14.60	42.36	38.92	99.94	99.94	涿　州
18.36	10.37	99.20	99.20	14.62	41.93	38.90	100.00	100.00	安　国
17.66	11.12	99.80	99.80	14.67	43.39	39.47	100.00	100.00	高碑店
20.47	3.96	97.31	97.31	10.82	40.49	36.41	100.00	100.00	张家口
15.01	7.53	98.47	98.47	20.00	42.98	39.00	100.00	100.00	承　德
20.04	9.53	96.10	96.10	12.50	50.65	46.87	100.00	100.00	平　泉
16.50	9.00	99.92	99.92	12.04	43.24	38.38	100.00	100.00	沧　州
15.01	8.29	98.21	98.21	13.06	41.14	37.19	100.00	100.00	泊　头
15.02	7.21	99.94	99.94	13.98	41.56	36.94	100.00	100.00	任　丘
16.15	7.56	99.99	99.99	14.71	38.82	35.03	100.00	100.00	黄　骅
18.49	12.26	99.92	99.92	12.85	41.57	37.58	100.00	100.00	河　间
17.82	11.85	97.47	97.47	16.46	47.96	44.34	100.00	100.00	廊　坊
15.24	7.52	99.98	99.98	13.37	42.26	37.88	100.00	100.00	霸　州
25.34	7.60	98.25	98.25	14.33	41.70	38.52	100.00	100.00	三　河
15.74	9.37	99.61	99.61	15.45	42.38	39.16	100.00	100.00	衡　水
17.22	11.06	98.87	98.87	12.28	39.21	34.97	100.00	100.00	深　州
17.13	9.65	99.81	99.81	11.49	43.49	38.91	100.00	100.00	辛　集
15.01	7.21	96.10	96.10	10.25	40.14	35.33	100.00	100.00	定　州

1-2 续表 1

城市名称 Name of Cities	人口密度（人/平方公里） Population Density (person/square kilometer)	人均日生活用水量（升） Daily Water Consumption Per Capita (liter)	供水普及率（%） Water Coverage Rate (%)	公共供水普及率 Public Water Coverage Rate	燃气普及率（%） Gas Coverage Rate (%)	建成区供水管道密度（公里/平方公里） Density of Water Supply Pipelines in Built District (kilometer/square kilometer)	人均道路面积（平方米） Road Surface Area Per Capita (m^2)	建成区路网密度（公里/平方公里） Density of Road Network in Built District (kilometer/square kilometer)
山　西	**4015**	**133.86**	**99.60**	**96.98**	**98.70**	**9.76**	**18.41**	**7.20**
太　原	3800	150.50	100.00	100.00	99.65	7.94	17.70	8.17
古　交	6419	113.10	99.76	87.30	90.14	10.97	17.76	7.75
大　同	8504	181.32	99.95	99.07	99.54	6.96	19.00	7.20
阳　泉	9680	91.81	100.00	83.04	100.00	10.44	17.77	10.76
长　治	3830	182.99	100.00	97.91	99.51	15.08	16.40	8.42
晋　城	3610	164.58	99.86	95.18	98.95	14.37	16.49	7.85
高　平	2127	110.02	97.01	97.01	98.58	19.40	18.66	8.43
朔　州	2699	95.13	97.98	93.77	93.10	10.90	22.75	7.08
怀　仁	2865	81.73	95.99	87.26	92.98	24.22	23.83	6.91
晋　中	2693	91.77	100.00	99.84	99.41	4.56	26.76	4.71
介　休	4567	109.14	100.00	79.77	96.45	6.83	13.08	7.76
运　城	6412	147.33	100.00	100.00	100.00	12.96	18.64	8.06
永　济	5651	115.21	99.71	95.03	95.91	3.61	17.13	4.91
河　津	2247	92.52	100.00	87.82	99.09	11.83	22.34	3.79
忻　州	1714	88.68	100.00	99.14	97.23	13.54	25.54	8.47
原　平	1291	77.60	100.00	95.03	98.01	9.66	9.98	4.46
临　汾	10283	92.96	99.03	99.03	99.03	9.88	11.74	3.93
侯　马	7526	114.66	100.00	100.00	99.50	8.29	20.14	4.95
霍　州	7697	95.51	100.00	100.00	96.20	17.90	11.09	6.29
吕　梁	5677	103.97	100.00	100.00	100.00	7.92	15.44	5.46
孝　义	5596	92.77	95.08	95.08	96.72	9.61	19.44	4.75
汾　阳	6155	83.81	97.64	89.44	95.04	8.53	29.45	7.54
内蒙古	**1850**	**101.25**	**99.50**	**97.32**	**97.26**	**9.50**	**23.93**	**7.65**
呼和浩特	7863	89.24	99.81	93.93	97.00	8.03	14.30	3.87
包　头	2179	82.59	100.00	100.00	100.00	9.25	16.55	7.93
乌　海	8359	98.48	100.00	100.00	97.10	9.61	27.14	6.47
赤　峰	1737	116.51	99.29	94.99	98.60	9.59	26.86	8.32
通　辽	6102	162.52	99.46	99.20	98.01	5.97	26.90	8.75
霍林郭勒	3640	195.13	99.31	97.56	99.47	17.84	32.03	9.77
鄂尔多斯	2731	119.56	100.00	99.62	99.53	14.41	53.93	9.79
呼伦贝尔	2370	153.60	99.38	93.43	99.91	12.34	22.97	8.68
满洲里	297	83.58	100.00	100.00	98.44	19.07	36.58	17.47
牙克石	3374	123.62	99.70	93.47	94.76	8.04	27.36	4.00
扎兰屯	349	89.67	97.54	97.54	91.51	7.25	30.15	9.42
额尔古纳	115	86.18	96.56	96.56	95.42	8.40	36.95	13.10
根　河	109	123.13	98.42	97.89	96.05	3.91	33.29	6.06
巴彦淖尔	5027	68.40	98.02	98.02	96.79	7.20	27.82	13.96
乌兰察布	4545	123.68	98.00	98.00	86.10	5.87	32.64	5.93

continued 1

建成区道路面积率(%) Surface Area of Roads Rate of Built District (%)	建成区排水管道密度(公里/平方公里) Density of Sewers in Built District (kilometer/square kilometer)	污水处理率(%) Wastewater Treatment Rate (%)	污水处理厂集中处理率 Centralized Treatment Rate of Wastewater Treatment Plants	人均公园绿地面积(平方米) Public Recreational Green Space Per Capita (m^2)	建成区绿化覆盖率(%) Green Coverage Rate of Built District (%)	建成区绿地率(%) Green Space Rate of Built District (%)	生活垃圾处理率(%) Domestic Garbage Treatment Rate (%)	生活垃圾无害化处理率 Domestic Garbage Harmless Treatment Rate	城市名称 Name of Cities
15.73	**7.68**	**99.60**	**99.60**	**13.51**	**43.88**	**39.93**	**100.00**	**100.00**	**山　西**
16.42	4.80	103.24	103.24	12.41	46.59	41.19	100.00	100.00	太　原
10.05	4.71	96.84	96.84	10.43	44.57	38.90	100.00	100.00	古　交
16.16	9.06	98.49	98.49	16.39	42.60	39.15	100.00	100.00	大　同
14.54	0.93	100.00	100.00	10.39	41.57	39.23	100.00	100.00	阳　泉
17.79	7.39	95.80	95.80	14.83	46.59	42.02	100.00	100.00	长　治
16.85	7.54	99.30	99.30	17.08	44.64	42.24	100.00	100.00	晋　城
12.47	7.72	98.78	98.78	10.57	41.50	38.89	100.00	100.00	高　平
17.40	9.95	96.03	96.03	14.75	43.32	39.21	100.00	100.00	朔　州
19.51	8.52	98.51	98.51	15.47	41.98	39.12	100.00	100.00	怀　仁
15.08	10.73	97.81	97.81	14.71	42.32	38.95	100.00	100.00	晋　中
12.88	10.46	98.00	98.00	11.99	44.06	38.97	100.00	100.00	介　休
13.96	8.48	96.03	96.03	12.07	43.37	39.37	100.00	100.00	运　城
11.35	5.36	91.99	91.99	14.61	42.09	38.90	100.00	100.00	永　济
13.59	5.63	93.00	93.00	13.63	40.09	38.95	100.00	100.00	河　津
21.79	20.79	97.00	97.00	15.87	43.41	39.30	100.00	100.00	忻　州
10.77	7.90	96.10	96.10	10.60	40.43	39.32	100.00	100.00	原　平
12.37	6.54	100.00	100.00	14.40	43.82	40.41	100.00	100.00	临　汾
15.16	6.87	100.00	100.00	11.32	42.16	38.99	100.00	100.00	侯　马
10.81	7.44	93.00	93.00	9.95	33.48	30.41	100.00	100.00	霍　州
13.00	12.42	97.00	97.00	15.63	41.13	38.93	100.00	100.00	吕　梁
17.93	13.79	100.00	100.00	10.61	42.68	38.91	100.00	100.00	孝　义
20.60	13.25	97.00	97.00	10.60	43.72	38.91	100.00	100.00	汾　阳
17.09	**10.11**	**97.80**	**97.80**	**19.20**	**40.45**	**37.39**	**99.92**	**99.92**	**内蒙古**
10.46	7.81	98.94	98.94	19.29	38.41	35.72	100.00	100.00	呼和浩特
15.08	11.71	96.60	96.60	15.34	44.60	40.08	100.00	100.00	包　头
23.31	3.77	98.40	98.40	19.51	43.00	41.20	100.00	100.00	乌　海
22.61	7.49	96.71	96.71	18.68	40.12	37.59	100.00	100.00	赤　峰
19.86	12.49	98.50	98.50	20.89	42.24	38.19	100.00	100.00	通　辽
24.58	23.98	98.75	98.75	15.88	35.57	33.51	100.00	100.00	霍林郭勒
23.47	15.68	99.26	99.26	35.86	43.09	39.48	100.00	100.00	鄂尔多斯
23.41	11.14	100.00	100.00	15.30	37.20	35.08	100.00	100.00	呼伦贝尔
29.53	11.08	98.55	98.55	16.85	39.56	36.80	98.47	98.47	满洲里
12.75	4.65	95.14	95.14	19.14	37.43	35.40	100.00	100.00	牙克石
21.09	8.85	99.08	99.08	14.56	39.26	37.15	100.00	100.00	扎兰屯
12.31	7.95	95.27	95.27	12.30	35.36	33.02	100.00	100.00	额尔古纳
14.54	6.26	95.19	95.19	16.84	35.40	32.34	98.89	98.89	根　河
22.08	11.58	99.04	99.04	11.46	36.52	32.61	100.00	100.00	巴彦淖尔
14.84	9.90	96.07	96.07	28.89	39.02	36.49	100.00	100.00	乌兰察布

1-2 续表 2

城市名称 Name of Cities	人口密度 (人/平方公里) Population Density (person/square kilometer)	人均日生活用水量 (升) Daily Water Consumption Per Capita (liter)	供水普及率 (%) Water Coverage Rate (%)	公共供水普及率 Public Water Coverage Rate	燃气普及率 (%) Gas Coverage Rate (%)	建成区供水管道密度 (公里/平方公里) Density of Water Supply Pipelines in Built District (kilometer/square kilometer)	人均道路面积 (平方米) Road Surface Area Per Capita (m^2)	建成区路网密度 (公里/平方公里) Density of Road Network in Built District (kilometer/square kilometer)
丰 镇	5648	94.08	96.10	96.10	93.56	14.84	29.22	10.77
乌兰浩特	1285	78.94	100.00	100.00	89.06	7.01	22.08	10.30
阿 尔 山	2610	61.82	98.01	98.01	87.06	6.85	30.34	7.85
二连浩特	933	64.59	100.00	100.00	97.17	9.59	37.73	5.85
锡林浩特	663	107.43	98.71	98.71	96.79	12.35	26.99	7.66
辽 宁	**1805**	**149.98**	**99.71**	**98.41**	**98.75**	**13.15**	**16.21**	**6.78**
沈 阳	3665	196.68	100.00	95.51	100.00	7.92	15.02	8.03
新 民	5244	292.13	95.68	95.68	93.39	11.29	16.04	3.58
大 连	2537	153.63	100.00	100.00	99.91	12.25	15.93	6.85
瓦 房 店	1839	72.18	100.00	100.00	100.00	16.15	16.45	8.03
庄 河	1461	70.73	99.97	99.97	93.33	9.76	15.78	6.47
鞍 山	2275	116.38	100.00	100.00	100.00	18.04	22.12	8.70
海 城	2406	198.83	97.64	97.64	99.24	13.28	23.31	4.81
抚 顺	1706	153.17	100.00	100.00	98.25	16.94	14.46	6.46
本 溪	554	102.33	99.90	99.90	99.90	6.51	12.95	3.81
丹 东	2266	108.83	100.00	99.26	100.00	13.07	13.32	5.50
东 港	1317	156.13	100.00	100.00	100.00	14.90	24.52	7.75
凤 城	564	133.02	86.75	86.21	100.00	18.35	15.37	0.76
锦 州	2126	132.06	100.00	100.00	100.00	20.09	11.10	8.02
凌 海	869	81.86	100.00	100.00	96.38	7.92	17.50	5.17
北 镇	1926	67.26	96.84	96.84	93.87	7.17	8.61	6.53
营 口	1699	136.70	100.00	100.00	99.22	17.07	24.95	6.09
盖 州	1388	105.74	98.75	98.75	93.90	9.19	17.94	18.22
大 石 桥	1739	84.36	100.00	100.00	99.04	32.02	9.99	2.75
阜 新	1736	76.51	100.00	100.00	88.71	21.22	12.17	4.97
辽 阳	1052	167.39	100.00	100.00	100.00	10.66	18.68	10.43
灯 塔	841	144.76	100.00	83.61	100.00	5.89	21.28	5.59
盘 锦	2876	156.13	100.00	100.00	100.00	17.62	24.65	8.05
铁 岭	1795	131.61	100.00	100.00	97.47	13.67	15.52	4.08
调 兵 山	8348	68.66	92.95	92.95	95.30	28.39	10.27	7.50
开 原	1399	84.39	100.00	100.00	100.00	7.21	12.43	4.35
朝 阳	916	172.58	100.00	99.10	99.98	9.79	9.20	4.18
北 票	1001	130.60	96.12	96.12	74.77	16.32	21.27	6.90
凌 源	477	83.81	99.77	99.77	83.40	22.46	10.79	4.79
葫 芦 岛	1418	149.13	100.00	100.00	100.00	16.18	20.00	2.76
兴 城	550	190.91	100.00	100.00	99.86	0.57	18.67	5.54

continued 2

建成区道路面积率(%) Surface Area of Roads Rate of Built District (%)	建成区排水管道密度(公里/平方公里) Density of Sewers in Built District (kilometer/square kilometer)	污水处理率(%) Wastewater Treatment Rate (%)	污水处理厂集中处理率 Centralized Treatment Rate of Wastewater Treatment Plants	人均公园绿地面积(平方米) Public Recreational Green Space Per Capita (m^2)	建成区绿化覆盖率(%) Green Coverage Rate of Built District (%)	建成区绿地率(%) Green Space Rate of Built District (%)	生活垃圾处理率(%) Domestic Garbage Treatment Rate (%)	生活垃圾无害化处理率 Domestic Garbage Harmless Treatment Rate	城市名称 Name of Cities
16.50	14.81	97.81	97.81	15.85	36.73	33.56	97.95	97.95	丰　镇
16.14	8.83	95.00	95.00	19.46	40.24	39.39	99.79	99.79	乌兰浩特
10.70	11.44	95.10	95.10	37.06	42.69	39.81	99.69	99.69	阿 尔 山
10.36	6.78	97.65	97.65	24.20	38.74	37.44	100.00	100.00	二连浩特
16.25	11.58	95.00	95.00	18.96	40.01	35.57	100.00	100.00	锡林浩特
11.98	**7.43**	**98.23**	**97.44**	**13.40**	**41.73**	**39.22**	**100.00**	**99.53**	**辽　宁**
13.49	9.41	98.94	98.94	13.75	40.82	39.01	100.00	100.00	沈　阳
8.41	4.83	100.00	100.00	7.45	35.35	27.62	100.00	100.00	新　民
12.63	7.74	98.78	98.65	13.38	45.34	44.03	100.00	100.00	大　连
14.00	8.04	96.23	96.23	15.09	45.14	35.42	100.00	100.00	瓦 房 店
12.29	6.51	100.00	100.00	14.19	41.73	37.76	100.00	100.00	庄　河
17.10	6.09	95.50	95.50	13.88	40.96	39.22	100.00	100.00	鞍　山
8.03	2.69	100.00	100.00	14.67	36.26	36.10	100.00	100.00	海　城
10.37	7.00	98.24	89.36	14.18	45.80	39.00	100.00	100.00	抚　顺
4.13	1.78	100.00	100.00	11.63	49.94	48.08	100.00	100.00	本　溪
11.80	4.25	95.86	89.85	12.40	40.37	39.06	100.00	100.00	丹　东
18.50	9.73	76.90	76.90	12.99	39.10	34.60	100.00	100.00	东　港
1.59	2.78	85.19	71.32	14.55	42.57	36.60	100.00	100.00	凤　城
13.34	8.89	96.50	96.50	15.18	39.23	39.24	100.00	100.00	锦　州
9.76	3.45	97.25	97.25	15.39	39.10	35.34	100.00	100.00	凌　海
8.13	4.17	100.00	100.00	7.78	33.93	31.79	100.00	56.90	北　镇
12.59	8.84	96.54	96.54	12.81	40.07	38.03	100.00	100.00	营　口
12.35	6.31	89.03	89.03	9.75	34.30	26.86	100.00	100.00	盖　州
5.81	4.25	79.73	79.73	9.15	28.09	25.54	100.00	100.00	大 石 桥
10.81	5.59	100.00	100.00	11.85	43.44	39.00	100.00	100.00	阜　新
13.33	9.33	100.00	100.00	12.07	42.96	40.27	100.00	100.00	辽　阳
8.75	6.56	100.00	100.00	15.07	37.28	33.22	100.00	100.00	灯　塔
17.77	11.36	99.03	99.03	15.31	43.71	39.85	100.00	100.00	盘　锦
9.57	5.58	100.00	100.00	13.95	38.83	37.28	100.00	100.00	铁　岭
10.84	9.74	98.05	98.05	8.47	42.45	39.54	100.00	100.00	调 兵 山
9.35	6.70	100.00	100.00	11.69	37.70	32.37	100.00	100.00	开　原
7.95	8.56	100.00	100.00	15.24	35.05	33.01	100.00	100.00	朝　阳
16.05	4.95	100.00	100.00	12.38	42.77	41.25	100.00	100.00	北　票
8.85	8.06	96.02	96.02	7.76	31.70	31.31	100.00	100.00	凌　源
5.60	4.87	96.59	96.59	15.19	40.24	39.26	100.00	100.00	葫 芦 岛
7.88	6.76	90.02	90.02	18.10	44.33	37.74	100.00	100.00	兴　城

1-2 续表 3

城市名称 Name of Cities	人口密度 (人/平方公里) Population Density (person/square kilometer)	人均日生活用水量 (升) Daily Water Consumption Per Capita (liter)	供水普及率 (%) Water Coverage Rate (%)	公共供水普及率 Public Water Coverage Rate	燃气普及率 (%) Gas Coverage Rate (%)	建成区供水管道密度 (公里/平方公里) Density of Water Supply Pipelines in Built District (kilometer/square kilometer)	人均道路面积 (平方米) Road Surface Area Per Capita (m^2)	建成区路网密度 (公里/平方公里) Density of Road Network in Built District (kilometer/square kilometer)
吉　林	**1876**	**121.79**	**95.60**	**93.78**	**92.93**	**9.96**	**15.71**	**6.02**
长　春	1380	150.13	94.33	93.92	93.97	10.41	16.80	5.15
榆　树	2720	66.05	90.86	86.00	88.50	10.16	8.59	5.59
德　惠	7294	74.78	95.56	95.56	68.83	15.84	11.32	6.42
吉　林	2546	111.52	98.80	98.01	99.55	7.20	23.31	10.96
蛟　河	5273	65.97	100.00	96.55	90.28	25.38	10.87	9.15
桦　甸	694	94.63	96.02	96.02	95.20	6.31	14.25	4.05
舒　兰	726	75.46	98.46	98.46	98.46	13.51	9.76	6.12
磐　石	4320	181.10	98.06	98.06	83.43	6.54	26.15	4.45
四　平	4590	126.24	98.76	97.97	97.58	18.13	13.21	6.96
双　辽	786	111.47	100.00	97.10	76.88	6.25	9.06	4.14
辽　源	8640	74.90	95.94	95.94	97.19	10.43	10.53	3.77
通　化	7438	90.11	93.56	93.56	98.11	11.07	8.96	5.15
集　安	1722	108.11	95.99	95.99	94.18	18.09	15.94	5.46
白　山	1064	81.39	94.79	94.79	95.74	8.84	10.82	5.25
临　江	559	72.82	94.24	94.24	85.34	8.96	11.78	4.91
松　原	5929	122.97	96.27	96.27	97.38	4.86	15.48	6.06
扶　余	7151	66.79	98.37	91.06	86.18	3.10	14.89	5.71
白　城	3964	123.39	95.29	82.21	92.49	10.27	14.40	4.74
洮　南	3600	132.48	79.86	79.86	36.25	6.08	12.89	2.97
大　安	5333	73.68	99.90	99.62	95.96	7.00	25.10	7.50
延　吉	7781	118.47	93.19	91.40	93.19	8.82	11.51	3.76
图　们	4733	95.26	95.77	95.77	90.85	17.31	14.52	4.53
敦　化	1731	101.74	99.10	99.10	91.88	4.26	18.11	7.09
珲　春	1819	89.02	99.52	99.52	84.48	13.50	14.02	10.03
龙　井	2889	105.51	97.10	95.88	84.84	8.56	11.42	6.16
和　龙	658	75.98	91.72	91.72	67.61	15.65	9.45	4.60
公主岭	1318	107.40	98.73	69.49	89.15	8.74	21.57	5.38
梅河口	4278	104.58	99.94	83.58	96.43	5.73	17.30	5.76
长白山保护开发区	890	426.72	100.00	100.00	97.14	14.31	29.28	3.14
黑龙江	**5501**	**129.47**	**98.99**	**97.48**	**90.82**	**11.98**	**15.59**	**7.11**
哈尔滨	10686	141.07	100.00	99.91	100.00	14.32	16.01	8.04
尚　志	1035	187.62	97.90	97.90	92.82	10.70	13.08	6.89
五　常	1895	112.25	97.69	97.69	95.28	7.88	8.73	4.49
齐齐哈尔	8159	143.01	100.00	93.34	100.00	6.53	11.72	4.16
讷　河	4890	87.72	100.00	97.14	86.71	7.13	10.50	5.73
鸡　西	8050	92.63	99.06	98.87	36.46	15.72	11.46	5.89
虎　林	1465	108.46	100.00	98.52	91.58	17.93	16.17	6.96
密　山	1091	120.72	99.69	99.69	79.43	7.13	19.52	5.97
鹤　岗	5935	94.97	99.80	99.80	63.09	11.28	9.98	7.28

continued 3

建成区道路面积率 (%) Surface Area of Roads Rate of Built District (%)	建成区排水管道密度 (公里/平方公里) Density of Sewers in Built District (kilometer/square kilometer)	污水处理率 (%) Wastewater Treatment Rate (%)	污水处理厂集中处理率 Centralized Treatment Rate of Wastewater Treatment Plants	人均公园绿地面积 (平方米) Public Recreational Green Space Per Capita (m^2)	建成区绿化覆盖率 (%) Green Coverage Rate of Built District (%)	建成区绿地率 (%) Green Space Rate of Built District (%)	生活垃圾处理率 (%) Domestic Garbage Treatment Rate (%)	生活垃圾无害化处理率 Domestic Garbage Harmless Treatment Rate	城市名称 Name of Cities
10.90	**6.97**	**97.69**	**97.69**	**12.94**	**40.40**	**35.68**	**100.00**	**100.00**	**吉　林**
11.15	6.61	95.69	95.69	12.51	41.81	36.80	100.00	100.00	长　春
10.94	7.15	100.00	100.00	4.60	28.45	25.51	100.00	100.00	榆　树
8.69	5.26	95.00	95.00	9.12	35.73	30.62	100.00	100.00	德　惠
15.10	5.74	98.88	98.88	13.82	43.05	38.10	100.00	100.00	吉　林
8.52	7.95	98.04	98.04	6.27	32.97	30.24	100.00	100.00	蛟　河
9.74	7.48	100.00	100.00	25.89	42.82	32.31	100.00	100.00	桦　甸
13.39	9.01	99.12	99.12	13.68	34.30	29.20	100.00	100.00	舒　兰
11.87	6.59	94.41	94.41	14.91	38.61	33.71	100.00	100.00	磐　石
10.60	4.96	132.34	132.34	10.20	37.82	33.70	100.00	100.00	四　平
4.65	6.19	95.00	95.00	13.96	42.52	39.44	100.00	100.00	双　辽
9.10	7.27	96.23	96.23	12.14	38.05	34.06	100.00	100.00	辽　源
7.38	4.48	94.04	94.04	14.28	41.93	37.20	100.00	100.00	通　化
11.75	8.22	95.02	95.02	17.69	45.78	39.82	100.00	100.00	集　安
8.82	4.56	95.10	95.10	9.22	34.38	30.56	100.00	100.00	白　山
7.97	10.69	95.40	95.40	24.40	40.10	34.93	100.00	100.00	临　江
14.03	10.34	100.00	100.00	12.54	41.00	36.03	100.00	100.00	松　原
11.09	6.67	100.00	100.00	12.67	39.40	34.60	100.00	100.00	扶　余
8.21	7.66	97.26	97.26	9.92	37.71	32.81	100.00	100.00	白　城
6.99	7.31	96.89	96.89	8.71	37.49	32.75	100.00	100.00	洮　南
13.69	9.49	95.11	95.11	27.57	39.82	36.35	100.00	100.00	大　安
10.36	14.02	91.74	91.74	12.72	38.06	36.00	100.00	100.00	延　吉
8.72	6.17	100.00	100.00	13.76	34.52	31.24	100.00	100.00	图　们
9.53	7.22	95.00	95.00	17.73	42.46	38.90	100.00	100.00	敦　化
12.34	7.67	100.00	100.00	11.42	38.91	33.60	100.00	100.00	珲　春
7.08	6.94	97.92	97.92	12.99	34.60	30.80	100.00	100.00	龙　井
6.86	8.41	95.04	95.04	10.37	39.37	33.51	100.00	100.00	和　龙
10.28	10.80	100.00	100.00	4.01	20.43	19.31	100.00	100.00	公 主 岭
15.13	6.67	96.01	96.01	16.72	44.61	39.63	100.00	100.00	梅 河 口
4.17	5.25	95.11	95.11	99.05	61.01	50.99	100.00	100.00	长白山保护开发区
11.52	**7.02**	**95.98**	**92.16**	**12.77**	**36.88**	**33.15**	**99.87**	**99.87**	**黑 龙 江**
16.22	7.79	95.23	95.23	10.19	34.22	30.78	100.00	100.00	哈 尔 滨
9.65	5.18	95.00	95.00	11.86	17.03	14.01	100.00	100.00	尚　志
6.86	4.75	97.20	97.20	10.47	17.48	15.54	100.00	100.00	五　常
9.57	5.84	96.37	92.33	9.09	37.91	34.98	99.71	99.71	齐齐哈尔
6.84	7.22	95.38	95.38	22.01	31.57	28.23	100.00	100.00	讷　河
9.23	4.21	113.28	95.01	11.48	39.60	34.99	100.00	100.00	鸡　西
9.83	5.48	97.14	97.14	16.10	38.60	28.73	100.00	100.00	虎　林
7.13	5.75	96.19	96.19	12.67	20.23	15.72	100.00	100.00	密　山
8.95	6.29	96.83	96.83	14.94	42.02	38.70	100.00	100.00	鹤　岗

1-2 续表 4

城市名称 Name of Cities	人口密度 (人/平方公里) Population Density (person/ square kilometer)	人均日生活用水量 (升) Daily Water Consumption Per Capita (liter)	供水普及率 (%) Water Coverage Rate (%)	公共供水普及率 Public Water Coverage Rate	燃气普及率 (%) Gas Coverage Rate (%)	建成区供水管道密度 (公里/平方公里) Density of Water Supply Pipelines in Built District (kilometer/square kilometer)	人均道路面积 (平方米) Road Surface Area Per Capita (m^2)	建成区路网密度 (公里/平方公里) Density of Road Network in Built District (kilometer/square kilometer)
双鸭山	3848	135.54	99.03	92.73	79.28	18.60	11.43	6.55
大庆	4421	155.71	100.00	100.00	99.98	17.97	26.07	8.73
伊春	3465	94.21	98.06	96.17	92.69	7.26	18.50	6.89
铁力	5435	112.62	99.57	95.44	54.77	15.72	17.11	14.04
佳木斯	2984	147.04	99.54	92.69	99.11	5.81	12.25	3.58
同江	5657	84.52	100.00	100.00	39.44	26.85	23.54	7.23
富锦	7011	112.71	100.00	100.00	95.54	6.10	15.34	6.95
抚远	3373	102.41	98.82	98.82	70.59	10.54	31.12	10.18
七台河	6178	82.17	99.52	99.52	97.82	13.97	11.69	7.99
牡丹江	8137	142.08	89.11	85.13	90.51	7.88	14.19	9.81
海林	4132	94.88	100.00	98.00	99.10	4.66	22.44	11.07
宁安	5541	103.29	100.00	100.00	99.60	12.63	14.70	7.87
穆棱	7529	78.06	100.00	94.27	97.33	13.88	13.91	14.23
绥芬河	2492	134.63	96.96	96.96	72.31	4.55	22.23	4.12
东宁	3867	94.87	97.86	97.86	96.65	6.61	21.56	8.62
黑河	5308	111.51	98.11	98.11	97.70	10.00	13.31	4.39
北安	2251	93.66	99.22	96.90	40.31	1.77	23.39	5.57
五大连池	4520	115.12	100.00	100.00	51.33	19.57	8.87	7.61
嫩江	5053	67.88	99.31	99.31	57.64	13.63	18.92	7.30
绥化	3659	106.14	99.35	95.64	95.70	9.63	11.07	3.19
安达	8975	87.43	96.61	96.61	96.61	3.65	8.11	6.12
肇东	4983	151.63	98.77	98.77	93.58	3.54	12.64	5.32
海伦	8071	90.10	97.55	96.71	36.16	16.24	11.21	5.74
漠河	3699	52.31	94.30	94.30	91.17	14.50	26.74	10.09
上海	**3830**	**203.92**	**100.00**	**100.00**	**100.00**	**31.95**	**4.76**	**4.47**
江苏	**2240**	**220.69**	**100.00**	**99.64**	**99.92**	**18.33**	**25.60**	**8.91**
南京	1614	296.54	100.00	98.18	99.68	20.76	25.00	8.04
无锡	2168	196.22	100.00	100.00	100.00	14.27	27.15	8.04
江阴	1955	200.97	100.00	100.00	100.00	15.36	26.79	3.10
宜兴	893	225.17	100.00	100.00	100.00	23.77	24.97	8.12
徐州	3432	167.87	100.00	100.00	100.00	10.07	23.43	8.58
新沂	2574	200.80	100.00	99.84	100.00	16.13	23.77	7.36
邳州	3251	135.87	100.00	100.00	100.00	14.46	16.12	2.95
常州	2309	234.95	100.00	100.00	100.00	14.44	25.74	8.04
溧阳	1123	286.41	100.00	100.00	99.65	22.82	23.44	8.02
苏州	2797	261.04	100.00	100.00	100.00	19.19	26.92	14.69
常熟	1329	267.75	100.00	100.00	100.00	14.82	35.23	7.71
张家港	2238	212.17	100.00	100.00	100.00	16.03	29.37	8.10

continued 4

建成区道路面积率(%) Surface Area of Roads Rate of Built District (%)	建成区排水管道密度(公里/平方公里) Density of Sewers in Built District (kilometer/square kilometer)	污水处理率(%) Wastewater Treatment Rate (%)	污水处理厂集中处理率 Centralized Treatment Rate of Wastewater Treatment Plants	人均公园绿地面积(平方米) Public Recreational Green Space Per Capita (m^2)	建成区绿化覆盖率(%) Green Coverage Rate of Built District (%)	建成区绿地率(%) Green Space Rate of Built District (%)	生活垃圾处理率(%) Domestic Garbage Treatment Rate (%)	生活垃圾无害化处理率 Domestic Garbage Harmless Treatment Rate	城市名称 Name of Cities
7.50	6.19	96.01	96.01	13.93	43.69	37.88	100.00	100.00	双鸭山
14.93	10.18	103.77	75.73	14.63	44.26	41.45	100.00	100.00	大庆
8.04	4.06	99.64	99.64	39.11	38.53	35.26	99.01	99.01	伊春
14.03	5.75	100.00	100.00	17.10	44.61	40.36	100.00	100.00	铁力
7.20	6.29	95.32	95.32	15.36	43.01	39.01	100.00	100.00	佳木斯
7.82	11.77	96.72	96.72	18.20	40.00	35.72	100.00	100.00	同江
11.88	6.15	95.07	95.07	9.35	30.57	28.31	100.00	100.00	富锦
13.60	6.58	95.37	95.37	35.00	33.61	32.34	100.00	100.00	抚远
7.21	3.52	95.29	95.29	14.60	46.01	41.13	100.00	100.00	七台河
9.75	8.67	74.27	74.27	10.21	28.20	26.57	100.00	100.00	牡丹江
12.70	7.22	98.00	98.00	17.71	40.20	35.69	100.00	100.00	海林
9.39	8.92	99.88	99.88	14.99	37.29	32.81	100.00	100.00	宁安
10.47	7.46	100.00	100.00	17.30	38.18	34.16	100.00	100.00	穆棱
6.57	5.31	96.71	96.71	14.67	39.14	33.33	100.00	100.00	绥芬河
10.97	5.76	99.84	99.84	14.86	43.46	42.57	100.00	100.00	东宁
9.85	6.34	95.79	95.79	14.80	43.10	39.00	100.00	100.00	黑河
13.02	5.75	98.90	98.90	15.80	25.62	22.66	100.00	100.00	北安
6.46	13.41	95.08	95.08	14.33	20.85	18.01	100.00	100.00	五大连池
13.85	5.37	90.48	90.48	14.44	38.10	33.96	100.00	100.00	嫩江
6.08	8.37	110.10	110.10	11.07	28.22	26.45	97.69	97.69	绥化
6.45	5.65	99.04	99.04	4.02	20.15	16.66	98.71	98.71	安达
7.31	5.12	100.00	100.00	16.47	36.13	21.03	100.00	100.00	肇东
9.45	9.03	100.00	100.00	1.36	28.00	23.58	100.00	100.00	海伦
9.89	4.78	95.14	95.14	47.89	30.03	27.70	96.27	96.27	漠河
9.33	**13.92**	**96.68**	**96.17**	**9.05**	**37.32**	**35.79**	**100.00**	**100.00**	**上海**
15.43	**14.86**	**96.82**	**90.19**	**15.34**	**43.47**	**40.11**	**100.00**	**100.00**	**江苏**
11.51	12.51	97.90	80.88	16.09	44.69	40.52	100.00	100.00	南京
14.98	24.60	98.92	97.68	14.95	43.43	40.36	100.00	100.00	无锡
7.04	6.83	98.82	98.50	15.65	43.94	40.64	100.00	100.00	江阴
14.51	19.71	97.18	97.18	15.56	43.41	40.43	100.00	100.00	宜兴
15.10	6.68	94.95	85.71	16.58	43.10	40.98	100.00	100.00	徐州
14.68	14.78	97.01	97.01	14.55	43.74	40.64	100.00	100.00	新沂
5.98	12.34	96.03	96.03	16.53	42.92	38.93	100.00	100.00	邳州
15.18	22.32	98.06	90.28	14.33	43.26	39.33	100.00	100.00	常州
15.66	11.82	96.41	96.41	13.24	42.17	38.90	100.00	100.00	溧阳
21.85	19.11	96.84	94.88	12.37	43.10	38.64	100.00	100.00	苏州
14.94	18.12	96.80	91.00	19.06	45.38	42.31	100.00	100.00	常熟
15.02	12.59	99.22	99.22	14.78	41.30	37.56	100.00	100.00	张家港

1-2 续表 5

城市名称 Name of Cities	人口密度 (人/平方公里) Population Density (person/square kilometer)	人均日生活用水量 (升) Daily Water Consumption Per Capita (liter)	供水普及率 (%) Water Coverage Rate (%)	公共供水普及率 Public Water Coverage Rate	燃气普及率 (%) Gas Coverage Rate (%)	建成区供水管道密度 (公里/平方公里) Density of Water Supply Pipelines in Built District (kilometer/square kilometer)	人均道路面积 (平方米) Road Surface Area Per Capita (m^2)	建成区路网密度 (公里/平方公里) Density of Road Network in Built District (kilometer/square kilometer)
昆山	3773	329.12	100.00	100.00	100.00	47.53	23.08	9.91
太仓	1906	173.13	100.00	100.00	100.00	7.82	30.15	8.02
南通	4636	229.08	100.00	100.00	100.00	17.86	28.43	8.89
海安	1767	194.52	100.00	100.00	100.00	11.56	24.61	12.27
启东	5320	160.26	100.00	100.00	100.00	25.93	22.26	7.39
如皋	3247	193.75	100.00	100.00	100.00	30.41	21.67	8.98
连云港	1553	181.14	100.00	100.00	100.00	12.32	24.53	7.00
淮安	5667	155.62	100.00	99.90	100.00	23.14	23.38	8.06
盐城	2371	138.88	100.00	100.00	100.00	27.20	24.62	8.89
东台	2786	119.19	100.00	100.00	100.00	19.60	20.42	9.20
扬州	2982	199.62	100.00	100.00	99.59	22.44	24.15	9.43
仪征	3133	163.13	100.00	100.00	99.76	14.51	29.33	9.37
高邮	1856	149.84	100.00	100.00	99.84	17.16	17.34	10.41
镇江	1602	211.64	100.00	100.00	100.00	13.14	29.69	10.11
丹阳	2415	157.90	100.00	100.00	100.00	13.61	24.09	14.36
扬中	1940	185.32	100.00	100.00	100.00	15.36	20.64	5.55
句容	1957	211.36	100.00	100.00	100.00	21.91	27.92	9.30
泰州	2253	191.93	100.00	100.00	100.00	18.08	31.41	9.79
兴化	3625	159.78	100.00	100.00	100.00	13.87	26.06	9.21
靖江	1899	148.51	100.00	100.00	100.00	26.69	22.54	8.31
泰兴	4139	135.20	100.00	100.00	100.00	19.53	20.73	7.48
宿迁	2441	142.21	100.00	100.00	100.00	17.21	24.73	8.12
浙江	**2105**	**220.06**	**100.00**	**99.55**	**100.00**	**20.46**	**19.08**	**7.38**
杭州	3789	244.82	100.00	100.00	100.00	31.11	12.42	6.30
建德	581	187.43	100.00	100.00	100.00	18.68	14.03	9.85
宁波	2467	250.14	100.00	100.00	100.00	10.58	18.58	6.20
余姚	1311	173.38	100.00	100.00	100.00	27.28	24.96	9.71
慈溪	1955	125.75	100.00	82.11	100.00	16.30	26.35	7.03
温州	2238	235.00	100.00	100.00	100.00	12.05	16.72	5.98
瑞安	2794	157.12	100.00	100.00	100.00	42.40	16.30	12.81
乐清	1681	143.78	100.00	94.22	100.00	7.78	17.01	7.44
龙港	9188	276.57	100.00	100.00	100.00	9.96	15.14	7.69
嘉兴	3131	193.26	100.00	100.00	100.00	7.51	24.78	7.59
海宁	2081	201.70	100.00	100.00	100.00	17.63	30.78	9.18
平湖	2348	117.56	100.00	100.00	100.00	9.46	24.17	8.06
桐乡	1576	131.62	100.00	100.00	100.00	16.22	23.32	8.17
湖州	1557	224.40	100.00	100.00	100.00	33.84	28.60	7.43
绍兴	2475	218.82	100.00	100.00	100.00	13.20	22.64	5.33
诸暨	1199	133.72	100.00	100.00	100.00	22.21	12.07	5.07

continued 5

建成区道路面积率(%) Surface Area of Roads Rate of Built District (%)	建成区排水管道密度(公里/平方公里) Density of Sewers in Built District (kilometer/square kilometer)	污水处理率(%) Wastewater Treatment Rate (%)	污水处理厂集中处理率 Centralized Treatment Rate of Wastewater Treatment Plants	人均公园绿地面积(平方米) Public Recreational Green Space Per Capita (m^2)	建成区绿化覆盖率(%) Green Coverage Rate of Built District (%)	建成区绿地率(%) Green Space Rate of Built District (%)	生活垃圾处理率(%) Domestic Garbage Treatment Rate (%)	生活垃圾无害化处理率 Domestic Garbage Harmless Treatment Rate	城市名称 Name of Cities
17.79	6.46	96.88	82.39	13.58	44.98	41.78	100.00	100.00	昆山
15.93	16.68	98.64	98.64	15.33	41.09	38.92	100.00	100.00	太仓
16.81	13.59	94.99	94.99	18.62	43.29	40.64	100.00	100.00	南通
19.61	20.65	87.01	87.01	14.76	42.91	40.20	100.00	100.00	海安
15.78	19.21	94.13	91.13	14.92	43.52	40.64	100.00	100.00	启东
17.94	18.26	97.10	97.10	14.96	41.58	39.54	100.00	100.00	如皋
13.24	10.22	95.62	95.62	15.02	42.29	38.29	100.00	100.00	连云港
18.87	18.05	95.76	88.62	14.34	42.60	39.27	100.00	100.00	淮安
17.51	5.81	95.24	94.37	15.19	43.60	40.71	100.00	100.00	盐城
18.99	13.13	95.27	92.20	14.19	42.17	39.97	100.00	100.00	东台
15.76	18.31	95.60	91.03	19.95	44.67	42.04	100.00	100.00	扬州
15.84	5.40	91.95	91.95	11.79	44.84	41.83	100.00	100.00	仪征
13.65	13.16	89.09	89.09	11.44	42.81	39.01	100.00	100.00	高邮
16.02	10.80	97.30	91.65	18.05	43.38	40.93	100.00	100.00	镇江
19.71	17.46	93.96	93.96	10.17	41.40	38.93	100.00	100.00	丹阳
19.23	26.92	90.47	90.00	11.08	40.03	36.59	100.00	100.00	扬中
13.07	11.14	94.23	93.73	12.12	41.14	40.23	100.00	100.00	句容
20.40	15.17	96.39	94.73	15.91	42.57	39.38	100.00	100.00	泰州
14.06	16.57	94.12	86.11	14.07	41.62	38.69	100.00	100.00	兴化
12.93	23.33	95.73	86.19	14.52	43.56	39.82	100.00	100.00	靖江
14.45	11.12	95.80	95.80	13.92	41.27	39.01	100.00	100.00	泰兴
15.05	13.15	97.50	97.50	16.74	44.99	42.46	100.00	100.00	宿迁
14.81	**13.88**	**97.69**	**96.75**	**13.59**	**42.22**	**38.07**	**100.00**	**100.00**	**浙江**
14.25	13.54	97.11	97.11	12.27	43.36	39.40	100.00	100.00	杭州
16.06	18.09	96.82	96.82	15.96	44.91	40.83	100.00	100.00	建德
15.14	10.38	99.73	93.78	13.95	42.23	38.91	100.00	100.00	宁波
17.78	8.97	96.80	96.80	12.70	44.20	39.65	100.00	100.00	余姚
10.67	26.51	97.31	97.31	13.80	41.40	36.70	100.00	100.00	慈溪
11.90	10.92	98.12	98.12	13.75	37.85	33.18	100.00	100.00	温州
21.15	21.38	95.71	95.71	11.43	38.40	33.79	100.00	100.00	瑞安
15.68	17.11	96.57	95.80	14.58	42.01	38.95	100.00	100.00	乐清
16.72	13.83	96.13	96.13	10.66	36.44	33.50	100.00	100.00	龙港
11.09	12.15	98.42	98.42	15.75	39.34	36.31	100.00	100.00	嘉兴
16.96	15.45	97.42	97.42	15.77	41.43	38.90	100.00	100.00	海宁
13.17	7.22	96.84	96.84	16.57	39.07	35.01	100.00	100.00	平湖
12.93	10.19	97.30	97.30	15.52	40.81	35.90	100.00	100.00	桐乡
22.46	14.01	98.30	98.26	17.85	46.33	43.10	100.00	100.00	湖州
13.09	13.41	97.61	97.61	14.84	44.12	37.54	100.00	100.00	绍兴
3.73	6.90	99.99	99.99	12.25	41.00	35.37	100.00	100.00	诸暨

1-2 续表 6

城市名称 Name of Cities	人口密度 (人/平方公里) Population Density (person/square kilometer)	人均日生活用水量 (升) Daily Water Consumption Per Capita (liter)	供水普及率 (%) Water Coverage Rate (%)	公共供水普及率 Public Water Coverage Rate	燃气普及率 (%) Gas Coverage Rate (%)	建成区供水管道密度 (公里/平方公里) Density of Water Supply Pipelines in Built District (kilometer/square kilometer)	人均道路面积 (平方米) Road Surface Area Per Capita (m^2)	建成区路网密度 (公里/平方公里) Density of Road Network in Built District (kilometer/square kilometer)
嵊州	1450	154.69	100.00	100.00	100.00	36.86	18.54	5.97
金华	1443	219.49	100.00	100.00	100.00	15.02	30.63	9.05
兰溪	1142	113.20	100.00	100.00	100.00	22.99	31.81	7.01
义乌	2542	204.26	100.00	100.00	100.00	26.19	19.68	6.82
东阳	1177	206.90	100.00	100.00	100.00	0.04	20.66	6.17
永康	1865	224.25	100.00	100.00	100.00	37.94	30.34	9.65
衢州	1922	342.23	100.00	100.00	100.00	16.49	36.19	8.39
江山	543	179.72	100.00	100.00	100.00	29.29	29.47	10.07
舟山	1113	144.88	100.00	100.00	100.00	35.45	22.19	8.05
台州	1584	235.41	100.00	100.00	100.00	25.54	24.50	16.34
玉环	1332	226.72	100.00	100.00	100.00	16.26	16.26	9.84
温岭	2649	294.59	100.00	100.00	100.00	9.19	24.10	9.16
临海	1149	154.32	100.00	100.00	100.00	18.09	17.75	9.03
丽水	1475	219.33	100.00	100.00	100.00	23.90	19.50	6.51
龙泉	502	186.00	100.00	100.00	100.00	27.47	25.26	7.80
安徽	**2655**	**197.37**	**99.60**	**98.96**	**99.24**	**14.67**	**24.29**	**6.99**
合肥	4216	243.82	99.93	99.87	99.96	15.37	18.76	5.93
巢湖	7683	126.84	100.00	100.00	97.64	13.36	28.08	8.49
芜湖	1794	177.22	100.00	100.00	100.00	13.29	24.41	7.64
无为	1926	138.13	100.00	100.00	100.00	16.63	13.10	3.48
蚌埠	2684	271.73	100.00	95.01	100.00	11.80	26.65	8.00
淮南	2580	180.79	100.00	100.00	100.00	11.55	17.56	6.71
马鞍山	4291	185.55	100.00	100.00	100.00	21.32	22.44	4.37
淮北	3476	133.45	100.00	98.75	100.00	13.96	21.21	7.33
铜陵	2668	218.34	100.00	100.00	100.00	21.88	25.80	8.30
安庆	2474	158.00	97.96	97.96	99.26	8.02	20.60	3.80
潜山	1093	171.53	96.52	96.52	81.68	17.51	22.88	4.64
桐城	1887	194.29	98.67	98.67	96.35	9.91	27.72	8.48
黄山	783	182.96	99.81	99.81	99.39	14.56	31.34	8.13
滁州	2077	163.45	100.00	100.00	100.00	11.44	40.43	7.79
天长	5930	143.80	100.00	95.50	100.00	19.20	38.49	11.79
明光	4585	166.76	100.00	100.00	94.77	23.28	40.13	9.96
阜阳	3236	145.30	96.29	95.56	95.82	15.75	23.07	6.14
界首	2641	124.08	100.00	92.57	91.40	13.97	23.17	6.68
宿州	3602	172.40	100.00	96.52	100.00	10.26	32.24	9.49
六安	3660	247.69	99.79	99.79	98.67	8.60	27.59	7.32
亳州	4430	202.59	100.00	99.74	99.61	12.79	41.93	7.62
池州	1229	165.64	99.77	99.77	99.87	17.49	26.44	11.04
宣城	2747	198.66	99.86	99.86	99.03	31.67	35.47	8.96
广德	4099	199.85	100.00	100.00	99.94	23.94	38.80	7.58
宁国	584	119.91	99.20	99.20	99.20	15.52	32.28	7.25

continued 6

建成区道路面积率(%) Surface Area of Roads Rate of Built District (%)	建成区排水管道密度(公里/平方公里) Density of Sewers in Built District (kilometer/square kilometer)	污水处理率(%) Wastewater Treatment Rate (%)	污水处理厂集中处理率 Centralized Treatment Rate of Wastewater Treatment Plants	人均公园绿地面积(平方米) Public Recreational Green Space Per Capita (m^2)	建成区绿化覆盖率(%) Green Coverage Rate of Built District (%)	建成区绿地率(%) Green Space Rate of Built District (%)	生活垃圾处理率(%) Domestic Garbage Treatment Rate (%)	生活垃圾无害化处理率 Domestic Garbage Harmless Treatment Rate	城市名称 Name of Cities
13.74	6.81	94.98	94.98	13.30	39.95	36.88	100.00	100.00	嵊州
18.44	17.16	97.30	97.30	12.29	41.54	39.03	100.00	100.00	金华
14.89	14.96	97.00	97.00	16.83	40.66	37.49	100.00	100.00	兰溪
18.93	19.72	97.00	97.00	12.18	44.43	39.01	100.00	100.00	义乌
12.72	22.84	96.16	96.16	13.32	40.86	36.16	100.00	100.00	东阳
18.02	21.64	98.12	98.12	14.03	44.98	39.20	100.00	100.00	永康
16.69	24.75	97.05	97.05	16.66	43.55	38.73	100.00	100.00	衢州
24.03	22.13	97.25	97.25	14.81	44.35	40.77	100.00	100.00	江山
15.31	15.77	96.72	95.25	16.46	44.15	39.02	100.00	100.00	舟山
19.96	10.36	96.77	96.77	13.02	43.89	39.76	100.00	100.00	台州
12.81	40.12	95.03	95.03	15.28	38.79	36.25	100.00	100.00	玉环
14.50	12.52	96.84	96.84	14.88	43.88	39.01	100.00	100.00	温岭
14.52	13.04	95.01	95.01	12.07	38.95	38.33	100.00	100.00	临海
16.25	19.67	98.02	96.47	12.07	42.82	38.20	100.00	100.00	丽水
15.16	24.88	97.69	97.69	13.99	39.97	35.78	100.00	100.00	龙泉
17.05	**13.49**	**97.43**	**95.76**	**14.88**	**42.01**	**38.49**	**100.00**	**100.00**	**安徽**
16.75	15.46	97.75	95.02	12.67	41.99	38.75	100.00	100.00	合肥
20.80	19.51	97.00	97.00	13.56	45.00	43.88	100.00	100.00	巢湖
18.20	14.08	96.70	95.15	12.99	41.01	36.50	100.00	100.00	芜湖
8.57	8.21	95.00	95.00	11.15	44.02	40.96	100.00	100.00	无为
17.06	9.20	98.01	95.02	14.63	43.06	38.94	100.00	100.00	蚌埠
13.93	6.90	98.27	95.00	13.79	39.81	37.23	100.00	100.00	淮南
13.01	16.62	98.14	95.04	15.35	46.28	43.73	100.00	100.00	马鞍山
17.25	12.34	97.63	97.63	18.48	45.25	44.03	100.00	100.00	淮北
17.41	21.58	95.69	95.69	18.14	45.57	43.80	100.00	100.00	铜陵
9.93	5.18	98.09	96.09	15.15	39.49	37.51	100.00	100.00	安庆
13.00	12.55	96.00	96.00	14.70	37.87	35.26	100.00	100.00	潜山
16.99	16.49	98.06	95.90	14.02	37.25	34.15	100.00	100.00	桐城
14.80	11.05	96.08	96.08	17.13	48.03	39.67	100.00	100.00	黄山
22.36	21.54	97.15	97.03	19.31	42.30	39.59	100.00	100.00	滁州
19.47	15.60	97.82	97.82	16.08	38.90	35.60	100.00	100.00	天长
23.71	27.08	97.50	97.03	17.98	41.68	37.12	100.00	100.00	明光
16.11	9.10	97.83	97.83	17.73	39.54	35.92	100.00	100.00	阜阳
17.82	10.25	97.15	95.19	16.73	39.80	36.00	100.00	100.00	界首
21.04	13.17	96.38	96.38	14.84	39.67	35.56	100.00	100.00	宿州
20.84	8.06	98.46	95.30	16.34	43.80	39.33	100.00	100.00	六安
20.40	12.97	97.99	97.99	18.06	39.89	34.53	100.00	100.00	亳州
19.83	18.96	96.92	96.92	18.97	46.13	40.45	100.00	100.00	池州
19.76	17.94	96.38	95.40	17.24	42.02	37.86	100.00	100.00	宣城
19.68	17.06	96.04	96.04	14.56	39.77	36.37	100.00	100.00	广德
17.03	13.80	95.01	95.01	17.04	41.16	36.35	100.00	100.00	宁国

1-2 续表 7

城市名称 Name of Cities	人口密度 (人/平方公里) Population Density (person/square kilometer)	人均日生活用水量 (升) Daily Water Consumption Per Capita (liter)	供水普及率 (%) Water Coverage Rate (%)	公共供水普及率 Public Water Coverage Rate	燃气普及率 (%) Gas Coverage Rate (%)	建成区供水管道密度 (公里/平方公里) Density of Water Supply Pipelines in Built District (kilometer/square kilometer)	人均道路面积 (平方米) Road Surface Area Per Capita (m^2)	建成区路网密度 (公里/平方公里) Density of Road Network in Built District (kilometer/square kilometer)
福　建	**3545**	**214.47**	**99.90**	**99.89**	**99.21**	**18.98**	**18.83**	**7.87**
福　州	6352	224.16	99.93	99.93	99.04	15.98	13.44	8.36
福　清	1608	261.67	99.94	99.94	99.00	30.35	23.58	8.18
厦　门	9153	197.95	100.00	100.00	99.29	12.86	17.67	7.46
莆　田	3223	200.38	99.83	99.83	97.99	18.42	20.64	8.36
三　明	1147	255.09	100.00	100.00	100.00	36.61	15.40	8.42
永　安	572	243.65	100.00	100.00	100.00	17.60	21.77	8.20
泉　州	2534	244.35	99.58	99.58	99.43	25.13	27.02	7.16
石　狮	8198	318.35	100.00	100.00	100.00	60.54	18.65	8.46
晋　江	2967	175.82	100.00	100.00	99.00	22.56	38.97	8.80
南　安	2370	83.93	100.00	100.00	99.97	9.31	16.55	7.17
漳　州	6127	201.68	100.00	100.00	99.23	13.66	24.71	7.45
龙　海	7770	137.03	100.00	100.00	98.52	13.10	23.12	8.01
南　平	1032	211.91	99.86	99.86	99.78	11.50	13.11	7.18
邵　武	1107	284.86	100.00	100.00	100.00	11.14	31.59	9.55
武夷山	1982	209.10	100.00	100.00	99.90	25.17	22.11	9.35
建　瓯	4074	182.09	100.00	100.00	98.11	10.70	13.58	9.27
龙　岩	2483	214.07	99.88	99.38	99.52	36.92	19.57	8.18
漳　平	2807	136.69	100.00	100.00	99.05	10.32	22.39	8.40
宁　德	3405	203.07	100.00	100.00	99.54	10.90	20.33	8.11
福　安	4130	237.04	98.71	98.71	98.59	8.29	11.10	7.23
福　鼎	1519	268.84	99.79	99.79	99.20	11.59	17.95	7.23
江　西	**4426**	**176.68**	**98.62**	**98.49**	**97.59**	**14.74**	**19.81**	**6.91**
南　昌	7363	219.78	99.54	99.54	94.76	21.35	11.34	3.88
景德镇	2483	273.63	99.23	98.80	99.59	9.57	30.17	7.55
乐　平	3526	156.88	97.46	93.89	98.21	12.21	13.26	7.91
萍　乡	6007	200.85	100.00	100.00	99.46	13.44	23.01	8.30
九　江	1506	199.90	99.93	99.93	99.13	11.74	21.97	6.87
瑞　昌	8969	128.31	96.33	96.33	94.21	14.30	22.35	13.88
共青城	5320	186.55	97.64	97.56	98.70	8.55	26.16	7.53
庐　山	3531	167.13	99.19	99.19	95.15	8.90	38.82	10.59
新　余	2136	220.77	100.00	100.00	99.65	16.81	25.03	6.22
鹰　潭	3348	165.93	99.08	99.08	99.85	7.85	26.83	7.46
贵　溪	2220	141.92	100.00	100.00	93.24	8.64	14.75	4.20
赣　州	6018	151.47	99.61	99.61	99.54	20.85	20.82	9.38
瑞　金	5998	134.14	96.60	96.60	97.27	11.00	13.76	8.58

continued 7

建成区道路面积率(%) Surface Area of Roads Rate of Built District (%)	建成区排水管道密度(公里/平方公里) Density of Sewers in Built District (kilometer/square kilometer)	污水处理率(%) Wastewater Treatment Rate (%)	污水处理厂集中处理率 Centralized Treatment Rate of Wastewater Treatment Plants	人均公园绿地面积(平方米) Public Recreational Green Space Per Capita (m^2)	建成区绿化覆盖率(%) Green Coverage Rate of Built District (%)	建成区绿地率(%) Green Space Rate of Built District (%)	生活垃圾处理率(%) Domestic Garbage Treatment Rate (%)	生活垃圾无害化处理率 Domestic Garbage Harmless Treatment Rate	城市名称 Name of Cities
13.71	**10.94**	**97.15**	**93.40**	**14.94**	**44.63**	**40.94**	**100.00**	**100.00**	**福　建**
15.08	12.27	96.88	95.23	15.39	45.40	42.24	100.00	100.00	福　州
15.77	11.79	95.30	95.30	14.76	46.33	43.33	100.00	100.00	福　清
12.95	11.02	100.00	94.55	14.60	45.52	41.27	100.00	100.00	厦　门
15.53	12.15	96.74	96.74	15.97	45.56	40.93	100.00	100.00	莆　田
9.12	7.36	95.28	59.59	14.84	44.40	41.00	100.00	100.00	三　明
15.00	8.97	96.18	88.60	14.10	45.64	41.89	100.00	100.00	永　安
8.97	6.25	97.50	88.39	14.87	43.41	40.48	100.00	100.00	泉　州
18.39	15.46	94.00	94.00	14.33	45.79	40.72	100.00	100.00	石　狮
24.31	31.26	95.50	95.50	13.78	44.03	39.96	100.00	100.00	晋　江
13.42	8.78	91.42	91.42	13.37	41.11	38.14	100.00	100.00	南　安
19.51	15.87	96.31	96.31	14.97	44.06	40.03	100.00	100.00	漳　州
16.84	13.18	96.00	96.00	16.57	43.22	40.01	100.00	100.00	龙　海
9.25	7.59	98.29	98.29	14.15	43.53	38.91	100.00	100.00	南　平
13.08	7.65	94.57	94.57	19.24	38.19	35.41	100.00	100.00	邵　武
14.87	19.48	94.10	90.36	15.03	42.56	38.88	100.00	100.00	武夷山
12.02	7.16	95.05	95.05	15.08	41.12	40.58	100.00	100.00	建　瓯
12.63	6.06	95.75	95.75	16.80	46.73	42.42	100.00	100.00	龙　岩
15.74	11.52	95.04	95.04	13.48	44.13	39.73	100.00	100.00	漳　平
16.88	9.55	94.47	73.67	15.05	42.71	40.22	100.00	100.00	宁　德
7.74	9.51	95.61	95.61	15.07	43.30	38.31	100.00	100.00	福　安
16.21	11.57	94.00	94.00	9.64	41.64	37.61	100.00	100.00	福　鼎
13.86	**11.00**	**97.48**	**96.47**	**14.80**	**46.35**	**42.72**	**100.00**	**100.00**	**江　西**
8.13	9.38	98.84	98.84	12.27	41.30	39.31	100.00	100.00	南　昌
12.73	5.80	93.53	93.53	17.49	53.96	51.07	100.00	100.00	景德镇
7.75	4.99	95.29	95.29	18.26	39.49	37.64	100.00	100.00	乐　平
22.74	4.99	99.17	99.17	14.15	47.87	37.36	100.00	100.00	萍　乡
11.44	11.87	98.80	98.80	15.41	48.83	44.91	100.00	100.00	九　江
9.41	10.60	95.03	95.03	11.23	41.01	36.94	100.00	100.00	瑞　昌
7.67	0.42	95.75	95.75	15.51	39.58	36.54	100.00	100.00	共青城
19.10	9.13	96.56	96.34	15.75	44.89	38.84	100.00	100.00	庐　山
14.82	11.82	98.01	98.01	19.89	50.70	47.56	100.00	100.00	新　余
16.18	7.64	95.25	95.25	15.73	44.03	38.23	100.00	100.00	鹰　潭
7.60	7.70	90.62	90.62	14.33	41.82	38.74	100.00	100.00	贵　溪
20.30	14.07	96.99	90.55	13.64	49.85	47.14	100.00	100.00	赣　州
13.03	9.26	92.00	92.00	11.79	44.70	39.97	100.00	100.00	瑞　金

1-2 续表 8

城市名称 Name of Cities	人口密度 (人/平方公里) Population Density (person/square kilometer)	人均日生活用水量 (升) Daily Water Consumption Per Capita (liter)	供水普及率 (%) Water Coverage Rate (%)	公共供水普及率 Public Water Coverage Rate	燃气普及率 (%) Gas Coverage Rate (%)	建成区供水管道密度 (公里/平方公里) Density of Water Supply Pipelines in Built District (kilometer/square kilometer)	人均道路面积 (平方米) Road Surface Area Per Capita (m^2)	建成区路网密度 (公里/平方公里) Density of Road Network in Built District (kilometer/square kilometer)
龙　南	9518	85.47	94.77	94.77	94.24	13.24	17.45	10.20
吉　安	2341	132.78	89.49	89.49	94.69	0.94	23.01	8.51
井冈山	2225	185.01	88.89	88.89	88.38	4.52	51.58	7.45
宜　春	6348	133.94	99.10	99.10	97.77	17.58	24.06	8.07
丰　城	7827	110.37	93.88	93.88	100.00	13.46	13.77	4.27
樟　树	5695	124.13	99.01	95.38	97.23	7.11	25.17	8.22
高　安	5237	140.68	99.49	99.49	99.45	7.65	25.89	8.80
抚　州	5962	160.97	99.65	99.65	99.68	10.64	27.31	8.53
上　饶	7991	169.25	99.32	99.32	99.10	11.49	21.56	5.97
德　兴	4005	125.67	93.70	93.70	90.37	40.62	19.22	6.02
山　东	**1665**	**119.35**	**99.84**	**97.69**	**99.31**	**9.99**	**25.64**	**7.71**
济　南	2650	126.00	100.00	97.87	100.00	6.99	19.67	7.37
青　岛	1781	142.91	100.00	100.00	100.00	10.73	19.10	8.34
胶　州	748	122.44	100.00	100.00	100.00	7.25	18.57	9.19
平　度	689	125.11	100.00	100.00	100.00	9.37	27.23	10.81
莱　西	762	141.18	100.00	100.00	100.00	13.59	24.73	13.11
淄　博	2586	110.83	100.00	100.00	100.00	9.72	33.06	9.20
枣　庄	1954	100.64	100.00	100.00	99.81	10.10	26.11	6.87
滕　州	2909	130.67	100.00	100.00	100.00	15.28	21.56	8.02
东　营	709	179.53	100.00	100.00	99.97	12.56	29.28	5.88
烟　台	2286	116.79	98.90	96.26	96.48	11.93	29.26	7.97
龙　口	2851	75.49	100.00	100.00	100.00	7.29	31.88	8.22
莱　阳	1141	108.13	99.08	99.08	97.92	8.28	16.93	7.92
莱　州	1086	94.06	100.00	100.00	97.70	5.52	19.95	6.01
招　远	1450	117.17	100.00	100.00	100.00	14.39	23.58	8.32
栖　霞	6038	71.85	95.33	82.14	95.05	8.42	14.90	8.33
海　阳	876	82.50	99.74	99.74	99.69	13.30	20.22	6.17
潍　坊	1402	121.99	100.00	100.00	99.90	12.84	28.32	8.26
青　州	1255	105.56	100.00	100.00	100.00	15.11	29.07	8.56
诸　城	1506	135.71	98.07	81.36	98.07	6.98	25.04	9.25
寿　光	1539	81.97	100.00	100.00	100.00	5.98	19.55	8.13
安　丘	898	83.60	100.00	97.45	100.00	8.13	33.48	8.60
高　密	1488	143.21	100.00	96.03	100.00	13.75	30.85	10.20
昌　邑	1679	99.66	100.00	95.04	100.00	3.72	24.45	8.20
济　宁	1824	105.77	100.00	99.18	98.99	4.17	35.46	8.29
曲　阜	3323	131.10	100.00	98.27	99.54	15.74	26.54	9.62
邹　城	3663	121.21	100.00	98.33	99.69	9.63	18.76	7.89
泰　安	1840	85.59	100.00	95.74	100.00	22.96	28.64	8.73
新　泰	1130	102.89	100.00	95.99	100.00	9.55	25.47	8.27

continued 8

建成区道路面积率(%) Surface Area of Roads Rate of Built District (%)	建成区排水管道密度(公里/平方公里) Density of Sewers in Built District (kilometer/square kilometer)	污水处理率(%) Wastewater Treatment Rate (%)	污水处理厂集中处理率 Centralized Treatment Rate of Wastewater Treatment Plants	人均公园绿地面积(平方米) Public Recreational Green Space Per Capita (m^2)	建成区绿化覆盖率(%) Green Coverage Rate of Built District (%)	建成区绿地率(%) Green Space Rate of Built District (%)	生活垃圾处理率(%) Domestic Garbage Treatment Rate (%)	生活垃圾无害化处理率 Domestic Garbage Harmless Treatment Rate	城市名称 Name of Cities
19.49	15.61	92.60	92.60	12.91	43.25	39.06	100.00	100.00	龙南
8.87	12.95	97.10	93.40	17.24	46.42	41.80	100.00	100.00	吉安
11.47	7.32	92.18	92.18	62.29	41.38	36.43	100.00	100.00	井冈山
19.87	15.84	98.53	98.53	15.56	48.55	45.29	100.00	100.00	宜春
8.80	6.10	97.63	97.63	9.84	41.22	34.97	100.00	100.00	丰城
20.14	14.29	97.11	97.11	14.43	47.09	40.69	100.00	100.00	樟树
19.05	19.63	95.56	95.56	22.21	44.39	41.38	100.00	100.00	高安
21.35	15.72	95.63	95.63	17.90	50.27	46.12	100.00	100.00	抚州
14.24	12.51	98.10	96.36	17.86	48.91	44.72	100.00	100.00	上饶
11.63	9.65	95.10	95.10	12.84	42.86	39.91	100.00	100.00	德兴
16.06	**11.32**	**98.26**	**98.11**	**17.68**	**41.65**	**37.76**	**100.00**	**100.00**	**山东**
13.75	11.07	99.23	98.17	12.22	40.85	36.45	100.00	100.00	济南
13.63	12.31	98.20	98.20	19.10	41.16	37.63	100.00	100.00	青岛
13.65	9.21	98.40	98.40	12.66	44.78	41.31	100.00	100.00	胶州
19.19	10.88	97.79	97.79	13.39	43.00	35.89	100.00	100.00	平度
21.38	19.13	98.03	98.03	14.39	44.55	39.13	100.00	100.00	莱西
21.21	12.81	98.44	98.44	18.53	44.71	40.49	100.00	100.00	淄博
14.49	8.58	98.26	98.26	15.08	42.30	38.13	100.00	100.00	枣庄
13.27	6.96	98.09	98.09	14.52	38.16	34.24	100.00	100.00	滕州
14.29	11.29	98.05	98.05	26.59	42.40	38.66	100.00	100.00	东营
17.13	8.80	98.05	98.05	16.95	39.52	35.81	100.00	100.00	烟台
18.22	11.12	97.28	97.28	18.81	43.42	38.76	100.00	100.00	龙口
11.87	8.24	97.97	97.97	16.65	40.73	37.64	100.00	100.00	莱阳
14.73	6.47	97.50	97.50	15.77	40.80	37.89	100.00	100.00	莱州
13.26	12.73	98.00	98.00	21.45	32.73	32.03	100.00	100.00	招远
15.86	7.09	97.74	97.74	11.81	36.55	33.33	100.00	100.00	栖霞
13.44	11.49	97.90	97.90	17.47	42.66	41.45	100.00	100.00	海阳
20.31	10.13	98.48	98.48	18.54	42.59	40.19	100.00	100.00	潍坊
18.46	11.31	98.47	98.47	15.34	40.97	37.53	100.00	100.00	青州
17.87	14.35	98.41	98.41	23.79	44.83	39.02	100.00	100.00	诸城
15.25	12.01	98.49	98.49	18.66	43.19	38.74	100.00	100.00	寿光
15.69	11.48	98.50	98.50	20.30	42.17	38.16	100.00	100.00	安丘
16.53	12.12	98.50	98.50	17.60	39.43	34.76	100.00	100.00	高密
14.94	10.16	98.22	98.22	19.43	39.16	35.24	100.00	100.00	昌邑
21.87	7.34	98.28	98.28	18.09	42.41	38.33	100.00	100.00	济宁
21.56	11.99	98.00	98.00	17.27	41.77	39.08	100.00	100.00	曲阜
13.82	7.45	98.00	98.00	14.33	40.28	35.46	100.00	100.00	邹城
17.68	9.81	98.19	98.00	23.14	45.07	39.65	100.00	100.00	泰安
21.27	8.97	98.00	98.00	18.48	44.88	41.84	100.00	100.00	新泰

1-2 续表 9

城市名称 Name of Cities	人口密度 (人/平方公里) Population Density (person/square kilometer)	人均日生活用水量 (升) Daily Water Consumption Per Capita (liter)	供水普及率 (%) Water Coverage Rate (%)	公共供水普及率 Public Water Coverage Rate	燃气普及率 (%) Gas Coverage Rate (%)	建成区供水管道密度 (公里/平方公里) Density of Water Supply Pipelines in Built District (kilometer/square kilometer)	人均道路面积 (平方米) Road Surface Area Per Capita (m^2)	建成区路网密度 (公里/平方公里) Density of Road Network in Built District (kilometer/square kilometer)
肥城	2233	122.50	100.00	100.00	100.00	6.07	24.47	6.46
威海	1555	121.76	100.00	99.67	100.00	16.01	41.05	7.53
荣成	897	81.20	100.00	100.00	100.00	18.16	31.05	8.10
乳山	1624	104.52	100.00	98.25	100.00	16.51	30.67	9.75
日照	2286	120.19	100.00	100.00	99.92	14.89	22.42	8.02
临沂	1881	118.88	100.00	85.06	99.18	8.56	27.53	8.01
德州	1618	103.95	100.00	97.84	100.00	10.69	32.19	8.02
乐陵	2620	53.05	100.00	97.02	100.00	3.28	30.11	6.92
禹城	3317	89.70	98.29	95.48	99.70	10.20	26.56	4.76
聊城	1838	84.03	100.00	100.00	99.54	8.65	19.93	5.10
临清	1245	78.34	100.00	96.93	91.97	5.73	30.31	6.52
滨州	872	167.43	100.00	100.00	100.00	8.23	31.86	7.45
邹平	1480	72.77	100.00	100.00	100.00	2.44	39.26	3.29
菏泽	1925	143.60	98.76	93.90	91.41	4.36	29.77	3.19
河南	**4994**	**128.99**	**98.19**	**95.52**	**96.83**	**8.90**	**15.32**	**5.11**
郑州	9417	128.95	100.00	97.69	93.80	9.04	9.61	3.66
巩义	10514	73.99	87.58	86.13	97.15	5.48	11.29	4.18
荥阳	2191	163.45	98.72	94.37	98.81	8.89	19.21	4.27
新密	2718	114.65	99.91	99.91	98.49	8.23	17.40	3.99
新郑	8015	168.03	93.12	93.12	97.64	10.53	16.17	4.10
登封	3375	132.29	97.78	91.99	98.79	5.16	19.58	5.26
开封	5342	161.27	96.88	93.77	99.36	15.36	21.56	5.50
洛阳	7273	126.87	96.46	95.05	99.99	8.07	13.35	3.77
偃师	9100	134.61	98.64	77.97	85.03	9.83	14.54	6.28
平顶山	3553	146.27	99.04	99.04	98.40	14.83	16.85	5.19
舞钢	1818	116.82	99.19	97.09	97.57	6.52	20.21	7.67
汝州	3062	107.59	72.01	70.00	72.73	8.03	15.06	6.24
安阳	5035	186.00	100.00	96.26	99.60	9.85	20.40	7.11
林州	5876	158.15	100.00	97.18	98.21	10.35	14.95	6.14
鹤壁	3798	78.96	98.85	98.85	98.91	9.39	20.98	7.13
新乡	5654	140.90	99.92	99.92	99.60	7.17	15.45	4.45
长垣	7438	83.14	98.47	98.22	97.62	11.39	21.73	8.44
卫辉	3673	191.50	99.52	94.37	91.11	7.42	11.90	3.84
辉县	1964	159.16	99.91	90.25	97.99	17.48	12.78	5.58
焦作	5779	124.98	99.81	99.81	98.21	8.69	18.14	5.16
沁阳	4112	75.03	85.41	81.55	93.13	8.86	28.34	7.14
孟州	1362	125.98	97.15	97.15	96.50	12.65	27.36	6.47
濮阳	4040	159.22	100.00	100.00	100.00	14.67	18.16	7.29
许昌	3141	124.04	98.61	96.50	98.88	4.89	33.57	4.14

continued 9

建成区道路面积率(%) Surface Area of Roads Rate of Built District (%)	建成区排水管道密度(公里/平方公里) Density of Sewers in Built District (kilometer/square kilometer)	污水处理率(%) Wastewater Treatment Rate (%)	污水处理厂集中处理率 Centralized Treatment Rate of Wastewater Treatment Plants	人均公园绿地面积(平方米) Public Recreational Green Space Per Capita (m^2)	建成区绿化覆盖率(%) Green Coverage Rate of Built District (%)	建成区绿地率(%) Green Space Rate of Built District (%)	生活垃圾处理率(%) Domestic Garbage Treatment Rate (%)	生活垃圾无害化处理率 Domestic Garbage Harmless Treatment Rate	城市名称 Name of Cities
15.39	6.19	98.00	98.00	18.07	42.51	37.79	100.00	100.00	肥城
18.28	19.80	98.11	98.11	26.02	45.80	43.34	100.00	100.00	威海
16.20	19.78	98.00	98.00	25.96	45.96	43.01	100.00	100.00	荣成
17.97	22.32	98.00	98.00	18.95	45.65	42.38	100.00	100.00	乳山
16.52	19.33	98.04	98.04	17.65	42.80	39.86	100.00	100.00	日照
17.50	13.33	96.72	96.72	21.19	42.12	36.66	100.00	100.00	临沂
19.07	10.52	98.12	98.12	22.90	40.95	35.37	100.00	100.00	德州
15.45	8.42	98.40	98.40	13.11	40.68	35.25	100.00	100.00	乐陵
13.99	7.43	98.00	98.00	11.33	39.70	32.28	100.00	100.00	禹城
12.59	10.44	97.95	97.95	14.04	35.70	34.04	100.00	100.00	聊城
13.31	12.42	98.20	98.20	13.80	37.02	32.66	100.00	100.00	临清
17.57	14.42	98.08	98.00	23.77	41.45	39.70	100.00	100.00	滨州
9.03	5.84	97.99	97.99	18.11	39.49	36.43	100.00	100.00	邹平
11.93	7.20	97.96	97.96	14.80	40.56	36.83	100.00	100.00	菏泽
12.79	**8.86**	**98.32**	**98.30**	**14.43**	**41.92**	**36.48**	**99.94**	**99.94**	**河南**
10.52	7.78	98.51	98.51	14.70	41.50	34.45	100.00	100.00	郑州
11.94	7.78	100.00	100.00	15.00	42.06	38.12	100.00	100.00	巩义
9.89	8.71	97.45	97.45	12.69	31.70	28.47	100.00	100.00	荥阳
11.28	5.01	100.00	100.00	12.00	37.54	33.80	100.00	100.00	新密
12.97	7.76	96.87	96.87	13.88	37.27	32.19	100.00	100.00	新郑
9.49	5.16	97.98	97.98	13.35	43.68	39.15	100.00	100.00	登封
15.44	8.28	96.20	96.20	14.13	42.45	37.73	100.00	100.00	开封
12.72	6.85	100.00	100.00	16.12	42.47	36.51	100.00	100.00	洛阳
13.19	8.83	98.17	98.10	10.58	41.03	37.90	100.00	100.00	偃师
16.77	8.82	98.47	98.47	12.84	41.62	37.97	100.00	100.00	平顶山
14.80	13.52	94.16	94.16	12.46	41.47	36.91	100.00	100.00	舞钢
14.91	8.20	100.00	100.00	14.71	42.13	36.31	100.00	100.00	汝州
17.57	15.59	98.10	98.10	12.52	41.97	36.66	100.00	100.00	安阳
11.96	9.60	95.38	95.38	11.56	40.31	35.25	100.00	100.00	林州
15.55	9.37	96.08	96.08	17.07	45.22	39.27	100.00	100.00	鹤壁
8.30	7.00	98.50	98.50	12.26	41.80	38.90	100.00	100.00	新乡
16.06	14.28	99.65	99.65	12.50	41.23	37.32	100.00	100.00	长垣
7.62	5.92	97.00	97.00	9.39	36.20	30.55	100.00	100.00	卫辉
12.74	13.01	97.10	97.10	9.50	37.67	33.41	100.00	100.00	辉县
12.34	9.59	99.25	99.25	15.07	41.37	35.42	100.00	100.00	焦作
18.76	11.92	96.67	96.67	9.52	36.43	31.09	100.00	100.00	沁阳
22.46	18.82	97.05	97.05	11.14	39.03	34.28	100.00	100.00	孟州
17.60	13.46	97.10	97.10	14.83	40.75	36.33	100.00	100.00	濮阳
13.89	7.27	98.10	98.10	16.40	41.61	36.65	100.00	100.00	许昌

1-2 续表 10

城市名称 Name of Cities	人口密度（人/平方公里）Population Density (person/square kilometer)	人均日生活用水量（升）Daily Water Consumption Per Capita (liter)	供水普及率（%）Water Coverage Rate (%)	公共供水普及率 Public Water Coverage Rate	燃气普及率（%）Gas Coverage Rate (%)	建成区供水管道密度（公里/平方公里）Density of Water Supply Pipelines in Built District (kilometer/square kilometer)	人均道路面积（平方米）Road Surface Area Per Capita (m^2)	建成区路网密度（公里/平方公里）Density of Road Network in Built District (kilometer/square kilometer)
禹　州	8312	108.76	94.64	87.48	100.00	6.71	16.75	7.74
长　葛	2638	135.35	96.89	94.33	100.00	5.73	21.97	7.21
漯　河	5864	152.03	100.00	100.00	100.00	10.08	18.10	6.71
三门峡	6753	133.36	99.07	94.04	99.96	4.95	13.70	5.31
义　马	1515	76.19	99.59	87.09	96.76	9.48	18.44	7.63
灵　宝	6431	126.54	100.00	88.47	92.76	6.52	16.15	4.71
南　阳	2525	90.67	99.47	90.09	99.98	3.12	14.88	8.12
邓　州	9813	101.66	95.29	95.29	93.15	18.88	17.51	6.89
商　丘	9367	117.31	99.25	95.11	98.76	9.44	13.54	7.12
永　城	5911	116.02	99.52	95.30	96.27	7.29	18.05	7.17
信　阳	2521	127.61	94.65	94.65	94.65	12.46	14.49	3.77
周　口	4664	153.65	99.46	99.01	98.76	5.30	21.54	4.00
项　城	5118	98.20	97.30	95.08	95.08	11.01	18.26	6.91
驻马店	2967	170.38	100.00	100.00	100.00	5.99	22.11	3.83
济源示范区	5064	101.82	100.00	100.00	100.00	9.41	15.67	3.61
湖　北	**2778**	**192.85**	**99.56**	**98.76**	**98.40**	**15.34**	**18.89**	**8.10**
武　汉	5959	234.23	100.00	99.31	99.39	17.82	15.62	7.64
黄　石	2861	232.63	100.00	93.77	99.21	14.70	29.62	10.76
大　冶	1135	122.81	100.00	100.00	100.00	7.63	18.40	6.82
十　堰	1910	224.18	100.00	100.00	99.99	26.65	22.67	6.62
丹江口	690	175.12	98.99	98.99	88.47	15.26	19.76	8.19
宜　昌	1875	223.00	100.00	99.11	98.09	14.60	29.60	8.25
宜　都	925	107.16	100.00	100.00	96.53	16.26	25.81	8.08
当　阳	880	125.50	99.74	99.74	99.69	28.92	18.08	9.99
枝　江	2011	145.15	100.00	94.28	100.00	9.85	21.42	9.49
襄　阳	4119	104.14	100.00	100.00	100.00	4.57	15.23	8.10
老河口	3730	111.51	98.56	98.56	98.97	8.82	20.76	13.11
枣　阳	630	132.34	98.28	98.28	98.28	7.08	30.11	5.05
宜　城	3627	171.37	100.00	100.00	100.00	10.93	22.23	8.10
鄂　州	4818	191.06	100.00	100.00	99.08	16.12	19.47	5.96
荆　门	2300	147.20	100.00	100.00	100.00	8.91	22.16	8.72
京　山	4729	151.13	100.00	100.00	100.00	12.67	46.11	8.66
钟　祥	1600	176.81	100.00	100.00	100.00	12.20	19.92	8.64
孝　感	5489	174.40	100.00	98.01	94.85	14.16	24.68	10.53
应　城	1008	178.35	100.00	98.87	100.00	13.22	15.31	12.05
安　陆	2256	148.86	100.00	97.48	100.00	27.81	23.13	6.64
汉　川	3736	185.93	100.00	100.00	100.00	11.95	12.05	9.70
荆　州	9602	163.14	99.87	98.23	99.86	20.12	12.62	9.62
监　利	2606	213.69	92.64	92.02	75.65	11.01	18.94	7.28

continued 10

建成区道路面积率(%) Surface Area of Roads Rate of Built District (%)	建成区排水管道密度(公里/平方公里) Density of Sewers in Built District (kilometer/square kilometer)	污水处理率(%) Wastewater Treatment Rate (%)	污水处理厂集中处理率 Centralized Treatment Rate of Wastewater Treatment Plants	人均公园绿地面积(平方米) Public Recreational Green Space Per Capita (m^2)	建成区绿化覆盖率(%) Green Coverage Rate of Built District (%)	建成区绿地率(%) Green Space Rate of Built District (%)	生活垃圾处理率(%) Domestic Garbage Treatment Rate (%)	生活垃圾无害化处理率 Domestic Garbage Harmless Treatment Rate	城市名称 Name of Cities
13.91	9.21	99.72	99.72	11.37	42.21	34.52	100.00	100.00	禹州
15.70	10.43	96.01	96.01	14.95	40.13	34.65	100.00	100.00	长葛
16.04	14.43	100.00	100.00	17.97	42.25	37.52	100.00	100.00	漯河
10.91	4.83	97.81	97.81	16.62	43.68	39.27	98.91	98.91	三门峡
16.45	7.38	94.59	94.59	19.96	41.49	36.07	100.00	100.00	义马
12.27	7.83	99.58	99.58	11.84	39.56	35.24	100.00	100.00	灵宝
14.25	10.04	99.85	99.47	15.31	42.92	38.75	100.00	100.00	南阳
18.03	15.10	97.54	97.54	10.18	40.52	38.60	100.00	100.00	邓州
16.38	7.25	98.47	98.47	14.44	47.85	42.73	98.83	98.83	商丘
17.04	11.81	96.51	96.51	14.84	42.78	37.23	100.00	100.00	永城
6.39	4.14	97.61	97.61	14.19	46.52	37.86	100.00	100.00	信阳
12.65	9.91	96.83	96.83	15.77	39.87	34.89	100.00	100.00	周口
12.97	13.88	94.96	94.96	12.06	38.46	34.68	100.00	100.00	项城
12.19	9.62	99.93	99.93	15.63	45.47	39.77	100.00	100.00	驻马店
9.08	8.92	98.96	98.96	12.23	42.24	38.04	100.00	100.00	济源示范区
15.26	**10.29**	**96.97**	**92.24**	**13.83**	**41.07**	**36.55**	**100.00**	**100.00**	**湖北**
15.27	9.55	97.00	88.23	14.50	42.07	37.05	100.00	100.00	武汉
23.20	21.53	98.00	97.84	16.94	40.42	37.16	100.00	100.00	黄石
17.81	16.72	97.47	97.47	11.77	40.01	35.12	100.00	100.00	大冶
10.47	10.20	99.85	99.85	15.00	42.24	40.62	100.00	100.00	十堰
10.01	6.47	96.00	96.00	17.67	40.65	37.27	100.00	100.00	丹江口
16.56	9.59	97.17	97.17	12.23	41.13	36.72	100.00	100.00	宜昌
16.49	8.14	95.02	95.02	13.29	41.96	36.07	100.00	100.00	宜都
14.55	9.80	95.10	95.10	12.35	44.12	39.07	100.00	100.00	当阳
15.10	10.12	95.94	95.94	12.78	40.43	35.49	100.00	100.00	枝江
11.39	10.31	96.00	96.00	15.41	44.27	39.53	100.00	100.00	襄阳
15.92	10.63	100.00	100.00	11.44	35.12	31.03	100.00	100.00	老河口
17.24	8.86	92.94	92.94	12.81	37.56	30.76	100.00	100.00	枣阳
13.91	10.73	95.81	95.81	13.86	42.63	38.92	100.00	100.00	宜城
12.64	14.03	99.78	99.78	16.18	43.23	37.94	100.00	100.00	鄂州
18.73	15.24	98.50	98.50	13.58	41.12	37.88	100.00	100.00	荆门
20.92	10.66	95.71	95.71	16.81	38.58	33.41	100.00	100.00	京山
20.10	9.47	95.20	95.20	11.21	37.35	34.06	100.00	100.00	钟祥
27.60	15.70	97.12	97.12	10.54	41.25	35.16	100.00	100.00	孝感
9.49	6.88	100.00	100.00	12.52	39.40	35.73	100.00	100.00	应城
17.82	8.50	95.38	95.38	11.12	41.41	37.22	100.00	100.00	安陆
13.61	8.75	100.00	100.00	9.44	40.94	38.50	100.00	100.00	汉川
12.09	7.92	95.26	95.26	12.56	37.01	33.73	100.00	100.00	荆州
16.14	9.49	95.00	95.00	9.70	38.22	33.94	100.00	100.00	监利

1-2 续表 11

城市名称 Name of Cities	人口密度（人/平方公里） Population Density (person/square kilometer)	人均日生活用水量（升） Daily Water Consumption Per Capita (liter)	供水普及率（%） Water Coverage Rate (%)	公共供水普及率 Public Water Coverage Rate	燃气普及率（%） Gas Coverage Rate (%)	建成区供水管道密度（公里/平方公里） Density of Water Supply Pipelines in Built District (kilometer/square kilometer)	人均道路面积（平方米） Road Surface Area Per Capita (m^2)	建成区路网密度（公里/平方公里） Density of Road Network in Built District (kilometer/square kilometer)
石　首	6751	142.71	96.85	96.85	96.59	7.45	18.12	5.84
洪　湖	3539	201.32	100.00	100.00	95.22	20.54	21.26	6.58
松　滋	1422	165.29	100.00	99.27	100.00	18.40	22.61	9.81
黄　冈	8853	286.08	100.00	100.00	99.97	12.57	34.50	15.55
麻　城	1144	113.11	98.19	98.19	98.23	14.61	25.17	14.95
武　穴	9613	197.30	100.00	100.00	86.17	17.82	23.22	10.40
咸　宁	2507	170.64	99.01	99.01	99.44	9.85	31.27	7.16
赤　壁	5625	172.60	97.22	97.22	97.22	13.32	18.72	6.80
随　州	2125	138.36	99.42	99.42	98.99	12.16	15.39	4.96
广　水	4339	157.63	99.81	95.82	94.57	13.59	14.35	6.41
恩　施	2367	223.78	99.30	99.30	97.46	32.61	12.31	5.32
利　川	1747	156.37	96.56	96.56	95.44	18.84	8.85	7.31
仙　桃	1683	194.44	100.00	97.52	100.00	12.38	21.78	10.77
潜　江	677	104.84	100.00	100.00	99.93	15.12	17.65	6.12
天　门	1348	142.58	91.47	91.47	87.08	18.72	13.79	5.60
湖　南	**3677**	**211.47**	**98.94**	**98.66**	**97.29**	**15.26**	**19.72**	**6.93**
长　沙	3305	277.33	100.00	100.00	99.50	14.73	22.29	7.93
宁　乡	1381	135.72	100.00	100.00	100.00	14.41	26.92	6.85
浏　阳	1901	229.21	100.00	100.00	99.53	10.14	20.20	8.61
株　洲	1342	272.49	97.30	97.30	93.94	23.19	25.06	7.63
醴　陵	2175	210.65	100.00	100.00	98.02	29.61	19.50	8.18
湘　潭	6706	176.17	100.00	98.95	97.33	21.74	17.35	5.88
湘　乡	11077	96.71	100.00	100.00	98.96	30.85	14.97	9.57
韶　山	1572	179.88	98.41	98.41	99.60	33.98	19.80	8.50
衡　阳	7565	155.64	100.00	100.00	99.92	11.68	13.24	5.95
耒　阳	6390	189.75	100.00	97.11	89.69	0.87	25.62	6.18
常　宁	2871	182.82	100.00	100.00	100.00		15.90	4.60
邵　阳	8435	238.57	97.13	97.13	99.99		16.37	3.34
武　冈	7550	138.21	96.03	96.03	97.68	20.80	12.59	6.88
邵　东	8505	160.40	100.00	100.00	89.29	11.85	22.97	7.95
岳　阳	5669	187.89	100.00	97.89	97.79	17.53	22.26	7.11
汨　罗	6574	163.91	100.00	100.00	94.13	16.37	32.02	8.05
临　湘	4237	110.96	95.52	95.52	100.00	11.83	9.74	10.05
常　德	2460	176.20	100.00	100.00	98.07	15.10	22.10	6.40
津　市	1376	141.37	100.00	100.00	95.15	11.68	14.36	7.21
张家界	5245	184.71	95.82	95.82	87.88	15.87	16.42	8.30
益　阳	5621	219.82	96.38	96.38	99.99	0.01	19.99	6.37
沅　江	9555	118.79	100.00	95.03	99.84	8.30	10.93	7.98

continued 11

建成区道路面积率 (%) Surface Area of Roads Rate of Built District (%)	建成区排水管道密度 (公里/平方公里) Density of Sewers in Built District (kilometer/square kilometer)	污水处理率 (%) Wastewater Treatment Rate (%)	污水处理厂集中处理率 Centralized Treatment Rate of Wastewater Treatment Plants	人均公园绿地面积 (平方米) Public Recreational Green Space Per Capita (m^2)	建成区绿化覆盖率 (%) Green Coverage Rate of Built District (%)	建成区绿地率 (%) Green Space Rate of Built District (%)	生活垃圾处理率 (%) Domestic Garbage Treatment Rate (%)	生活垃圾无害化处理率 Domestic Garbage Harmless Treatment Rate	城市名称 Name of Cities
12.23	8.19	95.67	95.67	14.36	41.56	37.10	100.00	100.00	石首
14.70	0.79	99.21	99.21	14.90	36.51	31.58	100.00	100.00	洪湖
15.08	21.65	95.98	95.98	14.03	39.86	34.78	100.00	100.00	松滋
30.65	12.32	95.03	95.03	13.77	42.49	37.63	100.00	100.00	黄冈
17.78	9.67	94.20	94.20	11.17	36.71	32.69	100.00	100.00	麻城
22.77	4.52	95.34	45.59	18.93	37.17	37.09	100.00	100.00	武穴
16.70	15.06	95.80	95.80	15.11	39.76	33.20	100.00	100.00	咸宁
16.31	12.60	95.40	95.40	10.56	39.99	35.00	100.00	100.00	赤壁
9.49	5.73	96.81	96.81	11.45	42.63	38.95	100.00	100.00	随州
13.11	4.85	98.39	98.39	12.81	38.36	32.98	100.00	100.00	广水
8.09	6.84	96.42	91.33	17.89	43.32	38.95	100.00	100.00	恩施
10.71	5.17	95.09	95.09	13.51	44.70	38.90	100.00	100.00	利川
13.92	10.02	96.31	96.31	11.12	38.78	33.92	100.00	100.00	仙桃
12.98	13.54	93.76	93.76	11.15	36.23	32.39	100.00	100.00	潜江
13.07	6.51	96.63	96.63	13.89	39.99	34.96	100.00	100.00	天门
16.12	**9.99**	**97.79**	**96.95**	**12.16**	**41.51**	**37.20**	**100.00**	**100.00**	**湖南**
21.58	8.60	98.40	98.40	11.65	41.46	35.34	100.00	100.00	长沙
15.07	6.98	99.03	99.03	12.53	43.53	38.47	100.00	100.00	宁乡
10.14	14.53	98.38	98.13	11.09	42.75	37.29	100.00	100.00	浏阳
18.94	13.01	98.04	98.04	13.98	42.60	40.21	100.00	100.00	株洲
10.00	11.75	95.21	84.43	12.20	40.43	35.68	100.00	100.00	醴陵
12.60	13.37	97.00	97.00	12.23	41.91	38.88	100.00	100.00	湘潭
16.94	15.59	96.40	96.40	9.01	36.99	33.17	100.00	100.00	湘乡
15.83	18.60	97.50	97.50	13.25	44.95	40.23	100.00	100.00	韶山
13.48	8.73	98.49	98.49	13.75	42.62	39.06	100.00	100.00	衡阳
15.41	9.06	97.80	97.75	11.52	38.31	35.84	100.00	100.00	耒阳
7.86	6.59	96.50	96.50	14.66	33.57	28.30	100.00	100.00	常宁
14.69	6.92	95.52	95.52	14.44	43.04	36.44	100.00	100.00	邵阳
16.24	11.97	95.00	95.00	14.54	39.87	36.44	100.00	100.00	武冈
23.30	6.68	95.01	95.01	10.63	41.09	37.78	100.00	100.00	邵东
12.64	12.55	96.45	83.27	12.65	43.32	40.01	100.00	100.00	岳阳
21.16	11.24	96.73	96.73	13.02	39.63	36.03	100.00	100.00	汨罗
12.51	10.17	99.24	99.24	11.39	39.89	36.28	100.00	100.00	临湘
15.09	16.69	99.99	99.74	14.19	44.51	39.51	100.00	100.00	常德
8.01	10.90	98.00	98.00	10.68	34.75	31.19	100.00	100.00	津市
11.38	7.74	96.74	95.67	8.96	36.94	32.28	100.00	100.00	张家界
12.03	10.55	99.60	99.60	11.48	40.06	38.95	100.00	100.00	益阳
8.97	7.89	97.02	97.02	11.80	38.30	34.50	100.00	100.00	沅江

1-2 续表 12

城市名称 Name of Cities	人口密度 (人/平方公里) Population Density (person/square kilometer)	人均日生活用水量 (升) Daily Water Consumption Per Capita (liter)	供水普及率 (%) Water Coverage Rate (%)	公共供水普及率 Public Water Coverage Rate	燃气普及率 (%) Gas Coverage Rate (%)	建成区供水管道密度 (公里/平方公里) Density of Water Supply Pipelines in Built District (kilometer/square kilometer)	人均道路面积 (平方米) Road Surface Area Per Capita (m^2)	建成区路网密度 (公里/平方公里) Density of Road Network in Built District (kilometer/square kilometer)
郴　州	6552	195.88	96.72	96.72	99.00	17.79	11.47	2.21
资　兴	6870	139.69	98.64	98.64	82.45	22.73	13.04	5.79
永　州	5882	268.75	99.53	99.53	99.14	18.57	21.03	8.05
怀　化	9585	213.01	99.08	99.08	95.89	20.03	10.91	4.29
洪　江	2068	163.55	98.58	98.58	89.72	19.54	21.28	7.78
娄　底	8276	225.79	98.08	98.08	97.91	15.33	23.53	5.79
冷水江	3171	165.63	98.13	98.13	99.81	77.11	15.28	10.22
涟　源	7536	141.24	95.33	95.33	92.89	1.86	21.29	15.66
吉　首	7396	176.55	95.21	95.21	78.48	18.01	29.44	12.47
广　东	**3909**	**236.78**	**98.49**	**98.39**	**98.99**	**17.24**	**13.26**	**6.25**
广　州	6142	316.25	100.00	100.00	99.30	21.17	13.82	7.92
韶　关	2624	289.03	100.00	100.00	92.17	23.05	13.94	6.63
乐　昌	3176	242.23	93.12	93.12	89.56	11.40	13.49	3.07
南　雄	4832	149.44	95.65	95.65	93.04	9.12	9.93	3.77
深　圳	6765	230.02	100.00	100.00	102.32	18.29	9.11	5.69
珠　海	3689	292.69	76.52	76.52	98.05	26.52	12.93	2.74
汕　头	10086	157.38	96.71	96.71	98.40	15.70	12.22	6.36
佛　山	3165	335.81	97.97	97.97	91.81	21.17	17.43	3.35
江　门	2255	259.78	100.00	100.00	99.10	17.23	24.65	12.87
台　山	1185	372.71	100.00	100.00	98.82	33.42	25.40	10.81
开　平	1862	263.24	100.00	100.00	99.01	19.66	8.92	4.47
鹤　山	1839	214.69	100.00	100.00	98.46	13.32	34.33	8.82
恩　平	1129	142.90	100.00	100.00	100.00	8.81	13.89	7.09
湛　江	13235	214.13	98.78	96.81	100.00	18.21	10.43	7.65
廉　江	4673	201.15	99.01	99.01	98.18	9.77	9.15	10.65
雷　州	13491	67.53	96.19	94.30	98.08	15.37	4.32	3.77
吴　川	7322	106.66	98.45	98.45	98.08	35.04	11.17	5.75
茂　名	5241	174.50	100.00	100.00	100.00	11.88	15.74	6.60
高　州	2170	145.46	100.00	100.00	100.00	9.13	13.57	6.72
化　州	2797	103.88	100.00	100.00	100.00	6.21	9.07	5.95
信　宜	4444	76.12	100.00	100.00	100.00	11.39	10.78	6.48
肇　庆	2054	280.38	100.00	100.00	99.71	18.48	22.14	7.65
四　会	5640	290.74	99.86	99.86	99.29	16.88	16.40	8.70
惠　州	2355	179.14	99.06	99.06	98.95	13.85	19.40	8.42
梅　州	1277	304.18	90.80	90.80	83.30	8.26	18.20	4.27
兴　宁	4326	230.36	100.00	100.00	100.00	15.46	45.79	7.00
汕　尾	1125	233.38	100.00	100.00	97.05	17.94	18.36	8.04
陆　丰	1686	178.08	96.54	96.54	88.54	7.71	11.26	10.17

continued 12

建成区道路面积率(%) Surface Area of Roads Rate of Built District (%)	建成区排水管道密度(公里/平方公里) Density of Sewers in Built District (kilometer/square kilometer)	污水处理率(%) Wastewater Treatment Rate (%)	污水处理厂集中处理率 Centralized Treatment Rate of Wastewater Treatment Plants	人均公园绿地面积(平方米) Public Recreational Green Space Per Capita (m^2)	建成区绿化覆盖率(%) Green Coverage Rate of Built District (%)	建成区绿地率(%) Green Space Rate of Built District (%)	生活垃圾处理率(%) Domestic Garbage Treatment Rate (%)	生活垃圾无害化处理率 Domestic Garbage Harmless Treatment Rate	城市名称 Name of Cities
9.72	13.44	95.40	95.40	13.59	46.56	41.95	100.00	100.00	郴　州
9.19	8.69	95.04	95.04	10.95	44.22	42.43	100.00	100.00	资　兴
17.70	10.10	98.30	98.30	11.80	38.10	35.19	100.00	100.00	永　州
10.46		95.65	95.65	8.74	39.48	35.41	100.00	100.00	怀　化
15.90	9.81	95.61	95.61	12.79	38.55	34.91	100.00	100.00	洪　江
22.62	5.94	98.50	98.50	9.59	41.07	35.55	100.00	100.00	娄　底
16.23	10.34	96.19	96.19	15.26	40.02	34.48	100.00	100.00	冷水江
24.39	11.90	96.20	96.20	8.02	38.68	34.18	100.00	100.00	涟　源
25.81	6.74	95.56	95.56	9.65	41.49	36.13	100.00	100.00	吉　首
11.48	**13.95**	**97.66**	**97.57**	**18.14**	**43.49**	**39.39**	**99.95**	**99.95**	**广　东**
13.44	22.55	97.90	97.90	23.35	45.52	39.96	100.00	100.00	广　州
7.20	7.23	99.99	99.99	16.71	41.58	39.34	100.00	100.00	韶　关
3.62	4.17	100.00	100.00	11.90	23.74	21.78	100.00	100.00	乐　昌
5.42	5.60	130.75	130.75	11.36	32.09	32.14	100.00	100.00	南　雄
11.79	17.40	98.11	98.11	15.00	43.38	37.36	100.00	100.00	深　圳
5.60	17.14	96.81	96.81	22.04	45.77	42.91	100.00	100.00	珠　海
12.32	11.87	98.08	98.08	15.15	45.26	40.98	100.00	100.00	汕　头
8.56	13.78	100.34	100.00	19.21	45.61	43.20	100.00	100.00	佛　山
19.79	14.24	97.52	97.52	20.16	45.83	44.09	100.00	100.00	江　门
14.96	12.73	96.32	96.32	20.18	43.68	36.14	100.00	100.00	台　山
7.38	2.29	96.30	96.30	14.26	46.43	41.88	100.00	100.00	开　平
14.21	9.49	96.20	96.20	29.21	47.19	41.76	100.00	100.00	鹤　山
6.06	4.98	96.13	96.13	22.54	45.00	40.00	100.00	100.00	恩　平
14.28	10.06	98.83	98.83	10.29	45.12	40.91	100.00	100.00	湛　江
7.34	6.54	100.00	100.00	16.03	43.80	40.64	100.00	100.00	廉　江
7.94	11.76	55.86	55.86	4.18	26.44	26.44	92.10	92.10	雷　州
10.14	8.20	82.11	82.11	9.66	33.38	29.39	100.00	100.00	吴　川
10.86	4.40	98.91	98.91	18.10	43.76	41.01	100.00	100.00	茂　名
12.81	3.96	97.58	97.58	18.27	44.82	41.37	100.00	100.00	高　州
10.02	4.46	98.61	98.61	17.18	43.28	39.30	100.00	100.00	化　州
11.34	5.22	99.41	99.41	15.90	41.81	40.73	100.00	100.00	信　宜
13.98	9.94	99.22	95.22	19.94	44.08	40.54	100.00	100.00	肇　庆
15.70	9.52	96.49	96.49	13.01	40.55	38.45	100.00	100.00	四　会
16.25	10.16	98.77	98.77	16.79	42.20	38.99	100.00	100.00	惠　州
9.52	7.92	100.00	100.00	19.40	43.19	40.94	100.00	100.00	梅　州
24.46	12.82	81.18	81.18	1.40	28.80	28.91	100.00	100.00	兴　宁
16.18	10.04	97.38	97.38	15.04	41.59	38.34	100.00	100.00	汕　尾
10.47	3.44	96.10	90.29	6.81	36.94	32.98	100.00	100.00	陆　丰

1-2 续表 13

城市名称 Name of Cities	人口密度 (人/平方公里) Population Density (person/square kilometer)	人均日生活用水量 (升) Daily Water Consumption Per Capita (liter)	供水普及率 (%) Water Coverage Rate (%)	公共供水普及率 Public Water Coverage Rate	燃气普及率 (%) Gas Coverage Rate (%)	建成区供水管道密度 (公里/平方公里) Density of Water Supply Pipelines in Built District (kilometer/square kilometer)	人均道路面积 (平方米) Road Surface Area Per Capita (m^2)	建成区路网密度 (公里/平方公里) Density of Road Network in Built District (kilometer/square kilometer)
河源	8736	222.19	99.17	99.17	95.50	19.43	17.41	6.47
阳江	892	245.85	94.75	94.75	98.89	9.27	22.13	5.78
阳春	735	226.80	93.62	93.62	93.62	23.94	12.26	2.57
清远	1831	338.00	117.19	117.19	99.98	15.73	19.06	4.50
英德	1110	282.36	96.15	96.15	92.78	10.94	20.92	7.16
连州	1785	149.84	84.03	84.03	93.84	8.16	23.01	9.32
东莞	3964	168.75	100.00	100.00	98.05	16.69	11.13	4.40
中山	2694	234.96	100.00	100.00	99.00	9.32	17.40	5.32
潮州	3242	245.24	99.92	99.92	99.55	7.47	12.04	4.96
揭阳	2533	168.24	96.21	94.04	99.45	9.21	19.29	4.30
普宁	5491	180.78	99.04	99.04	92.41	6.77	18.55	6.37
云浮	799	225.72	97.79	97.79	97.01	31.95	9.95	3.97
罗定	1901	142.21	100.00	100.00	97.34	20.08	4.73	3.12
广西	**2162**	**263.48**	**99.68**	**99.17**	**99.36**	**14.31**	**23.76**	**8.35**
南宁	4539	314.12	100.00	100.00	99.97	17.17	20.44	8.05
柳州	3741	242.83	99.90	98.83	99.00	11.49	22.81	7.91
桂林	1679	277.35	99.64	99.42	97.35	18.99	20.47	8.03
荔浦	3400	174.74	100.00	100.00	100.00	18.91	23.88	14.12
梧州	1254	270.45	98.18	95.76	98.57	9.86	26.43	8.13
岑溪	6067	146.46	99.12	92.80	99.12	10.03	18.55	8.05
北海	555	306.94	98.68	98.68	98.68	19.26	30.77	9.26
防城港	1127	299.00	100.00	100.00	99.93	11.56	35.16	8.00
东兴	804	237.01	100.00	100.00	99.24	15.00	26.85	12.17
钦州	1117	333.65	96.11	96.11	98.05	12.99	38.19	6.43
贵港	1514	217.01	100.00	100.00	100.00	14.13	32.09	8.65
桂平	2865	219.11	100.00	97.25	100.00	5.19	28.23	8.17
玉林	2591	194.29	100.00	100.00	99.90	12.78	17.48	9.04
北流	1768	167.20	100.00	97.91	100.00	10.68	24.38	15.00
百色	967	187.74	100.00	100.00	98.81	12.21	27.69	8.39
平果	5656	149.17	100.00	100.00	100.00	8.30	27.96	8.94
靖西	4894	156.62	100.00	100.00	100.00	8.38	22.92	9.69
贺州	3099	255.51	100.00	100.00	100.00	17.99	34.01	9.17
河池	2796	237.59	100.00	100.00	100.00	12.87	24.19	10.63
来宾	3700	238.43	99.94	99.94	99.47	20.44	25.59	4.76
合山	2745	123.26	100.00	96.72	99.09	13.72	17.18	9.64
崇左	3992	277.27	100.00	100.00	100.00	8.99	22.94	7.30
凭祥	1995	206.11	99.62	96.12	99.62	21.45	21.84	10.01

continued 13

建成区道路面积率(%) Surface Area of Roads Rate of Built District (%)	建成区排水管道密度(公里/平方公里) Density of Sewers in Built District (kilometer/square kilometer)	污水处理率(%) Wastewater Treatment Rate (%)	污水处理厂集中处理率 Centralized Treatment Rate of Wastewater Treatment Plants	人均公园绿地面积(平方米) Public Recreational Green Space Per Capita (m^2)	建成区绿化覆盖率(%) Green Coverage Rate of Built District (%)	建成区绿地率(%) Green Space Rate of Built District (%)	生活垃圾处理率(%) Domestic Garbage Treatment Rate (%)	生活垃圾无害化处理率 Domestic Garbage Harmless Treatment Rate	城市名称 Name of Cities
15.21	12.01	95.10	95.10	13.06	42.47	39.50	98.19	98.19	河　源
9.94	8.76	100.00	100.00	24.43	41.91	38.30	100.00	100.00	阳　江
8.68	3.60	100.00	100.00	13.81	44.12	40.95	100.00	100.00	阳　春
10.40	2.20	96.91	96.14	14.54	39.10	35.76	100.00	100.00	清　远
12.79	10.08	99.10	99.10	15.70	36.57	33.39	100.00	100.00	英　德
18.49	10.03	99.95	99.95	14.65	36.03	34.29	100.00	100.00	连　州
9.08	12.49	96.21	96.21	19.83	43.20	39.89	100.00	100.00	东　莞
12.16	11.63	95.80	95.80	14.22	44.93	41.91	100.00	100.00	中　山
2.22	4.66	95.98	95.98	14.97	41.83	38.01	100.00	100.00	潮　州
9.39	6.68	96.04	96.04	15.04	44.16	42.20	100.00	100.00	揭　阳
13.23	11.16	96.92	96.92	12.03	38.59	34.26	99.70	99.70	普　宁
8.46	18.56	99.57	99.57	17.39	43.90	39.94	100.00	100.00	云　浮
4.37	4.60	95.18	95.18	11.53	25.58	22.91	100.00	100.00	罗　定
16.47	**11.62**	**98.99**	**88.73**	**12.85**	**41.30**	**35.94**	**100.00**	**100.00**	**广　西**
16.73	16.39	100.00	94.20	11.82	41.14	35.48	100.00	100.00	南　宁
16.73	8.06	99.00	86.58	9.08	43.99	36.70	100.00	100.00	柳　州
15.71	6.99	98.55	98.47	13.95	41.24	35.79	100.00	100.00	桂　林
16.30	14.00	99.60	99.60	26.26	43.32	39.11	100.00	100.00	荔　浦
14.99	7.27	96.90	70.47	13.15	41.58	40.04	100.00	100.00	梧　州
14.88	7.27	99.70	99.70	12.70	40.24	35.32	100.00	100.00	岑　溪
19.00	11.05	99.88	99.88	12.31	41.24	35.20	100.00	100.00	北　海
17.62	13.02	98.96	50.60	25.04	42.60	37.77	100.00	100.00	防城港
20.92	19.60	97.86	97.86	16.89	36.84	32.64	100.00	100.00	东　兴
15.82	12.25	98.40	92.16	12.68	40.08	34.38	100.00	100.00	钦　州
17.02	10.33	98.33	79.64	13.31	41.94	37.33	100.00	100.00	贵　港
12.44	7.05	99.42	61.89	23.29	40.35	34.64	100.00	100.00	桂　平
17.65	12.04	99.24	90.38	13.73	39.63	35.02	100.00	100.00	玉　林
19.97	11.41	98.50	98.50	13.91	41.59	37.53	100.00	100.00	北　流
15.48	12.70	94.15	71.68	13.06	39.75	34.43	100.00	100.00	百　色
16.02	7.33	99.32	99.32	13.32	40.95	37.12	100.00	100.00	平　果
18.75	16.16	96.90	96.90	10.22	37.68	33.32	100.00	100.00	靖　西
14.88	12.31	99.25	95.03	16.30	41.86	37.70	100.00	100.00	贺　州
18.28	18.34	97.08	87.17	11.54	39.37	35.24	100.00	100.00	河　池
16.56	13.24	98.55	98.55	11.27	39.36	33.08	100.00	100.00	来　宾
12.49	12.17	95.22	95.22	14.24	41.35	36.32	100.00	100.00	合　山
11.95	11.24	95.31	23.50	20.81	40.08	35.12	100.00	100.00	崇　左
13.28	6.61	96.91	96.91	23.57	39.96	36.75	100.00	100.00	凭　祥

1-2 续表 14

城市名称 Name of Cities	人口密度 (人/平方公里) Population Density (person/square kilometer)	人均日生活用水量 (升) Daily Water Consumption Per Capita (liter)	供水普及率 (%) Water Coverage Rate (%)	公共供水普及率 Public Water Coverage Rate	燃气普及率 (%) Gas Coverage Rate (%)	建成区供水管道密度 (公里/平方公里) Density of Water Supply Pipelines in Built District (kilometer/square kilometer)	人均道路面积 (平方米) Road Surface Area Per Capita (m^2)	建成区路网密度 (公里/平方公里) Density of Road Network in Built District (kilometer/square kilometer)
海南	**2444**	**275.27**	**98.02**	**96.77**	**98.95**	**2.54**	**17.91**	**11.39**
海口	3681	246.19	97.59	97.58	99.03		15.25	13.66
三亚	3356	399.16	100.00	93.03	97.78		17.48	8.45
儋州	1357	224.89	100.00	100.00	100.00		15.71	6.40
五指山	712	327.27	96.02	96.02	99.06	15.97	56.10	10.24
琼海	3955	350.99	100.00	100.00	99.92		28.07	10.62
文昌	2012	252.92	89.47	89.47	100.00	10.40	24.56	8.06
万宁	393	194.89	100.00	100.00	98.73	25.79	17.54	5.21
东方	1935	220.21	100.00	100.00	98.84	5.37	38.77	14.04
重庆	**2070**	**179.80**	**94.69**	**93.62**	**96.16**	**15.83**	**14.65**	**6.56**
重庆	2070	179.80	94.69	93.62	96.16	15.83	14.65	6.56
四川	**3158**	**196.39**	**98.28**	**98.09**	**97.41**	**15.09**	**18.13**	**7.45**
成都	6892	280.44	99.64	99.64	99.35	19.10	18.70	7.54
都江堰	2308	226.42	98.81	98.81	97.03	12.88	22.66	7.12
彭州	1997	114.53	100.00	99.55	99.93	38.47	14.06	7.28
邛崃	1293	105.02	98.51	98.51	94.55	10.90	13.76	7.29
崇州	3248	188.26	97.09	97.09	92.23	8.37	22.20	7.11
简阳	2975	131.66	100.00	94.00	100.00	6.36	18.20	7.23
自贡	1598	95.55	95.00	95.00	97.23	28.28	18.33	9.13
攀枝花	1906	225.21	99.97	99.97	97.49	16.13	17.34	10.32
泸州	4087	127.35	97.78	97.78	97.27	17.39	13.67	6.63
德阳	3527	150.48	99.87	99.87	99.56	7.31	27.14	7.16
广汉	4213	199.83	100.00	98.00	100.00	10.33	22.56	7.03
什邡	6733	279.06	96.96	96.96	100.00	14.64	23.18	7.11
绵竹	9080	174.76	97.07	97.07	97.73	7.99	26.12	6.67
绵阳	2382	194.65	99.06	99.06	99.82	27.56	19.47	7.90
江油	1775	200.27	98.87	98.87	98.36	21.71	18.48	7.00
广元	2573	176.75	99.41	96.02	99.03	9.82	16.34	7.68
遂宁	2129	191.71	100.00	100.00	97.53	15.14	26.86	8.14
射洪	2783	173.06	100.00	100.00	97.00	6.19	16.48	6.51
内江	2554	159.48	99.19	99.19	99.54	6.13	15.43	6.65
隆昌	3889	199.25	99.23	99.23	98.65	18.61	26.24	8.43
乐山	1766	143.07	98.84	98.84	97.12	17.01	14.53	9.09
峨眉山	2172	294.99	96.78	96.78	96.02	9.08	26.66	6.89
南充	3571	154.50	98.67	98.67	98.67	6.95	16.07	6.05
阆中	2067	153.67	99.84	99.84	99.94	7.86	15.55	5.09
眉山	2306	190.49	98.79	98.79	96.49	10.89	17.40	7.39

continued 14

建成区道路面积率(%) Surface Area of Roads Rate of Built District (%)	建成区排水管道密度(公里/平方公里) Density of Sewers in Built District (kilometer/square kilometer)	污水处理率(%) Wastewater Treatment Rate (%)	污水处理厂集中处理率 Centralized Treatment Rate of Wastewater Treatment Plants	人均公园绿地面积(平方米) Public Recreational Green Space Per Capita (m^2)	建成区绿化覆盖率(%) Green Coverage Rate of Built District (%)	建成区绿地率(%) Green Space Rate of Built District (%)	生活垃圾处理率(%) Domestic Garbage Treatment Rate (%)	生活垃圾无害化处理率 Domestic Garbage Harmless Treatment Rate	城市名称 Name of Cities
11.93	**10.28**	**98.68**	**98.53**	**11.62**	**40.62**	**36.81**	**100.00**	**100.00**	**海南**
8.69	11.13	100.00	100.00	12.30	39.97	35.50	100.00	100.00	海口
18.50		96.44	96.44	13.41	46.75	42.10	100.00	100.00	三亚
11.39	13.31	100.00	100.00	10.11	40.10	38.90	100.00	100.00	儋州
19.92	7.87	100.00	100.00	9.89	39.21	34.00	100.00	100.00	五指山
17.12	14.79	96.02	96.02	9.08	38.24	35.01	100.00	100.00	琼海
18.95	13.17	98.61	95.50	7.42	42.36	40.16	100.00	100.00	文昌
10.72	8.46	95.39	95.39	10.05	42.96	35.72	100.00	100.00	万宁
12.28	15.49	97.11	97.11	4.09	34.36	34.39	100.00	100.00	东方
14.22	**13.94**	**98.17**	**97.84**	**16.50**	**43.05**	**39.62**	**99.46**	**93.84**	**重庆**
14.22	13.94	98.17	97.84	16.50	43.05	39.62	99.46	93.84	重庆
15.21	**10.96**	**96.86**	**93.57**	**14.40**	**42.48**	**37.39**	**99.99**	**99.99**	**四川**
16.69	9.50	97.62	95.53	14.12	43.75	37.18	100.00	100.00	成都
13.80	14.70	92.52	92.52	17.40	44.18	39.47	100.00	100.00	都江堰
13.24	17.76	95.21	95.21	14.61	38.12	32.12	100.00	100.00	彭州
13.96	4.85	96.10	96.10	20.71	45.16	41.06	100.00	100.00	邛崃
14.72	16.33	90.15	90.15	12.32	44.75	41.96	100.00	100.00	崇州
13.74	11.63	93.43	93.43	15.85	43.46	35.12	100.00	100.00	简阳
15.23	13.49	98.26	94.05	14.60	44.00	38.70	100.00	100.00	自贡
13.62	7.90	97.46	45.91	14.16	42.02	39.30	100.00	100.00	攀枝花
13.25	9.26	96.62	94.76	14.00	42.18	38.43	100.00	100.00	泸州
19.02	16.38	97.13	97.13	14.15	42.27	36.22	100.00	100.00	德阳
14.56	12.44	95.10	95.10	11.52	49.92	40.90	100.00	100.00	广汉
18.21	19.17	95.30	95.30	16.26	41.45	34.96	100.00	100.00	什邡
12.75	13.21	95.48	95.48	11.37	43.40	39.29	100.00	100.00	绵竹
16.46	17.00	96.54	96.54	14.07	41.52	38.11	100.00	100.00	绵阳
18.15	12.55	96.21	96.21	14.03	42.92	38.29	100.00	100.00	江油
13.72	14.50	96.23	96.23	16.19	40.15	38.33	100.00	100.00	广元
16.83	14.93	96.32	91.41	15.13	41.99	36.17	100.00	100.00	遂宁
12.90	12.36	96.00	96.00	11.03	39.34	35.41	100.00	100.00	射洪
10.97	9.23	96.39	96.39	16.62	38.17	35.21	100.00	100.00	内江
22.63	6.96	98.77	98.77	13.26	44.37	36.76	100.00	100.00	隆昌
14.90	12.30	95.17	92.89	14.86	42.19	39.68	100.00	100.00	乐山
14.00	11.75	95.20	95.20	17.41	41.76	38.59	100.00	100.00	峨眉山
15.02	11.50	95.30	95.30	14.10	44.53	38.45	100.00	100.00	南充
13.25	10.86	95.07	95.07	15.16	45.49	39.64	100.00	100.00	阆中
14.94	12.55	96.50	96.50	14.40	43.30	37.81	100.00	100.00	眉山

1-2 续表 15

城市名称 Name of Cities	人口密度（人/平方公里）Population Density (person/square kilometer)	人均日生活用水量（升）Daily Water Consumption Per Capita (liter)	供水普及率（%）Water Coverage Rate (%)	公共供水普及率 Public Water Coverage Rate	燃气普及率（%）Gas Coverage Rate (%)	建成区供水管道密度（公里/平方公里）Density of Water Supply Pipelines in Built District (kilometer/square kilometer)	人均道路面积（平方米）Road Surface Area Per Capita (m^2)	建成区路网密度（公里/平方公里）Density of Road Network in Built District (kilometer/square kilometer)
宜　宾	8539	100.37	95.57	95.57	92.15	5.50	14.11	6.39
广　安	2897	178.49	97.61	97.61	98.64	12.22	30.38	8.03
华　蓥	1344	140.06	98.39	98.39	96.05	17.33	18.72	8.37
达　州	8261	114.52	96.01	95.38	97.31	5.70	13.80	7.19
万　源	7192	109.13	91.32	91.32	84.70	4.95	4.36	3.13
雅　安	1214	203.06	98.33	98.33	97.91	14.76	34.59	8.73
巴　中	2600	189.04	100.00	100.00	97.17	5.67	21.62	9.71
资　阳	1525	190.69	100.00	100.00	100.00	10.90	24.70	6.15
马尔康	83	300.46	98.04	98.04	70.26	10.65	12.63	5.80
康　定	13933	127.25	100.00	100.00	56.82	14.14	9.21	12.61
西　昌	1460	184.58	82.55	82.55	74.52	14.25	10.60	6.09
贵　州	**2262**	**169.78**	**98.90**	**98.90**	**94.55**	**8.70**	**21.23**	**7.11**
贵　阳	2419	216.50	99.71	99.71	98.50		16.73	7.45
清　镇	2472	188.96	98.08	98.08	96.98	6.41	14.30	5.02
六盘水	1460	179.90	99.06	99.06	89.15	27.06	20.27	5.67
盘　州	777	93.38	91.09	91.09	95.99	24.24	23.98	8.96
遵　义	2277	149.32	98.72	98.72	97.08	13.82	27.39	8.38
赤　水	2259	88.92	99.24	99.24	95.36	9.12	17.12	6.51
仁　怀	2812	128.35	99.16	99.16	96.04	25.75	16.96	8.36
安　顺	2973	159.06	99.55	99.55	89.64	8.91	24.54	6.61
毕　节	2733	110.77	96.11	96.11	84.21	11.96	16.01	5.97
铜　仁	6635	132.58	97.42	97.42	91.04		23.65	9.98
兴　义	4390	161.83	100.00	100.00	85.15	10.91	28.96	6.54
兴　仁	3703	148.87	100.00	100.00	85.70	12.43	23.03	6.01
凯　里	2817	132.87	99.82	99.82	98.21	10.52	22.56	5.12
都　匀	871	156.47	100.00	100.00	94.20	17.96	35.85	5.69
福　泉	6047	116.87	100.00	100.00	87.16	9.08	20.50	7.68
云　南	**3138**	**155.13**	**98.10**	**97.43**	**78.65**	**10.87**	**16.62**	**6.29**
昆　明	2293	157.99	99.10	98.12	96.56	8.46	12.58	4.84
安　宁	1150	127.64	100.00	100.00	98.99	13.49	22.94	9.90
曲　靖	6383	139.14	97.00	97.00	41.16	9.57	21.58	8.32
宣　威	5886	109.87	99.15	99.15	83.76	6.10	17.43	6.62
玉　溪	4069	180.17	96.19	95.18	98.22	12.87	22.92	9.04
澄　江	3752	185.02	76.14	76.14	81.22	60.26	19.49	10.49
保　山	5284	162.02	100.00	100.00	37.71	11.24	23.96	6.80
腾　冲	4133	100.38	86.78	86.78	43.85	8.78	19.04	6.30
昭　通	5587	114.86	100.00	100.00	74.35	8.25	16.66	4.21

continued 15

建成区道路面积率(%) Surface Area of Roads Rate of Built District (%)	建成区排水管道密度(公里/平方公里) Density of Sewers in Built District (kilometer/square kilometer)	污水处理率(%) Wastewater Treatment Rate (%)	污水处理厂集中处理率 Centralized Treatment Rate of Wastewater Treatment Plants	人均公园绿地面积(平方米) Public Recreational Green Space Per Capita (m^2)	建成区绿化覆盖率(%) Green Coverage Rate of Built District (%)	建成区绿地率(%) Green Space Rate of Built District (%)	生活垃圾处理率(%) Domestic Garbage Treatment Rate (%)	生活垃圾无害化处理率 Domestic Garbage Harmless Treatment Rate	城市名称 Name of Cities
13.39	9.21	97.65	97.65	14.53	40.53	35.68	100.00	100.00	宜　宾
15.41	10.63	99.49	99.49	16.88	42.72	38.03	100.00	100.00	广　安
13.08	6.71	98.06	98.06	13.33	39.23	36.84	100.00	100.00	华　蓥
13.50	6.04	95.35	95.35	14.20	40.00	34.20	100.00	100.00	达　州
3.73	4.52	98.88	98.88	12.61	39.45	39.38	100.00	100.00	万　源
15.19	11.74	95.91	95.91	19.33	41.30	35.85	99.96	99.96	雅　安
15.40	7.38	99.30	99.30	15.24	41.68	40.71	99.99	99.99	巴　中
13.69	17.05	96.87	96.87	15.55	38.46	35.83	100.00	100.00	资　阳
3.99	2.37	96.31	96.31	14.05	37.45	36.31	97.14	97.14	马尔康
13.89	10.87	87.84	87.84	10.75	40.56	35.59	100.00	100.00	康　定
12.61	7.22	91.94	91.94	10.23	36.81	35.20	100.00	100.00	西　昌
13.85	**8.28**	**97.44**	**97.44**	**17.04**	**40.94**	**38.82**	**97.85**	**97.85**	**贵　州**
13.29	10.32	98.09	98.09	17.71	40.69	38.50	100.00	100.00	贵　阳
7.63	5.84	97.10	97.10	12.71	41.27	42.16	94.96	94.96	清　镇
13.25	10.65	96.30	96.30	12.01	40.77	38.10	96.82	96.82	六盘水
17.74	16.43	95.59	95.59	12.08	40.56	38.90	95.10	95.10	盘　州
17.86	3.29	95.31	95.31	22.76	41.48	39.02	96.56	96.56	遵　义
13.56	8.51	92.84	92.84	13.78	42.68	39.55	95.02	95.02	赤　水
16.08	3.41	94.71	94.71	9.54	40.59	38.93	95.79	95.79	仁　怀
11.25	11.17	96.82	96.82	24.60	41.30	38.96	97.05	97.05	安　顺
10.37	6.08	97.81	97.81	15.91	40.89	39.07	95.89	95.89	毕　节
15.58	8.73	97.27	97.27	14.59	40.36	38.52	100.00	100.00	铜　仁
16.90	12.04	96.90	96.90	12.10	40.62	38.06	97.20	97.20	兴　义
12.21	11.62	91.20	91.20	12.84	40.10	38.01	95.03	95.03	兴　仁
11.60	3.42	97.88	97.88	11.99	40.68	38.97	95.65	95.65	凯　里
14.53	6.47	98.51	98.51	22.68	41.00	38.97	95.85	95.85	都　匀
12.18	7.09	95.89	95.89	9.43	42.86	38.10	96.00	96.00	福　泉
13.13	**11.25**	**97.63**	**96.65**	**12.27**	**40.46**	**36.57**	**99.99**	**99.99**	**云　南**
10.65	10.83	98.89	97.29	12.05	42.15	38.96	100.00	100.00	昆　明
16.98	6.82	96.77	96.77	14.11	42.02	37.38	100.00	100.00	安　宁
15.56	9.88	98.91	98.91	13.52	38.93	35.15	100.00	100.00	曲　靖
13.00	8.42	95.01	95.01	9.54	36.10	32.16	100.00	100.00	宣　威
24.73	17.58	96.43	96.43	14.62	41.72	36.26	100.00	100.00	玉　溪
19.34	25.24	95.05	95.05	8.77	40.48	36.29	100.00	100.00	澄　江
18.70	8.11	92.68	92.68	11.02	38.92	34.03	100.00	100.00	保　山
11.24	10.90	93.19	93.19	13.74	47.97	40.79	100.00	100.00	腾　冲
12.09	13.59	98.02	98.02	12.26	36.03	31.06	100.00	100.00	昭　通

1-2 续表 16

城市名称 Name of Cities	人口密度 (人/平方公里) Population Density (person/square kilometer)	人均日生活用水量 (升) Daily Water Consumption Per Capita (liter)	供水普及率 (%) Water Coverage Rate (%)	公共供水普及率 Public Water Coverage Rate	燃气普及率 (%) Gas Coverage Rate (%)	建成区供水管道密度 (公里/平方公里) Density of Water Supply Pipelines in Built District (kilometer/square kilometer)	人均道路面积 (平方米) Road Surface Area Per Capita (m^2)	建成区路网密度 (公里/平方公里) Density of Road Network in Built District (kilometer/square kilometer)
水富	3406	189.23	100.00	100.00	100.00	13.46	13.65	3.94
丽江	8013	174.41	98.84	98.84	100.00	33.95	10.62	5.56
普洱	4608	167.58	98.35	98.35	94.62	10.75	19.78	8.18
临沧	5833	91.32	91.67	91.67	40.25	1.81	14.82	5.41
楚雄	7017	272.00	98.25	98.25	89.01	14.92	18.30	6.04
个旧	2113	135.08	99.01	99.01	15.25	6.92	5.14	4.78
开远	4638	132.26	98.95	98.61	87.30	10.35	19.59	8.01
蒙自	10111	161.23	99.29	99.29	21.64	23.39	18.18	12.14
弥勒	4619	131.35	91.80	91.80	37.76	13.84	21.79	8.27
文山	5936	191.28	100.00	99.81	91.46	19.81	23.73	7.62
景洪	2762	164.75	100.00	100.00	86.54	7.38	18.69	5.35
大理	4381	144.77	100.00	100.00	59.66	10.82	20.47	7.66
瑞丽	3460	81.41	100.00	100.00	100.00	9.72	29.14	8.18
芒市	3216	152.33	93.28	93.28	93.53	15.98	16.99	0.25
泸水	10857	153.00	83.61	60.51	39.49	9.53	13.67	9.84
香格里拉	1548	262.97	96.83	96.83	63.85	10.16	12.54	8.13
西藏	**1584**	**290.86**	**98.78**	**98.68**	**63.20**	**10.36**	**20.74**	**4.01**
拉萨	1167	288.69	98.47	98.47	61.81	11.63	22.18	4.62
日喀则	2929	365.95	100.00	100.00	65.12	8.29	20.12	0.47
昌都	6099	94.65	99.10	99.10	47.75	18.54	4.39	
林芝	4784	144.07	96.99	96.99	86.96	9.60	14.72	5.94
山南	1847	385.26	99.52	99.52	71.82	8.25	27.44	9.36
那曲	2758	584.71	99.82	98.01	69.26	5.12	38.38	4.06
陕西	**4985**	**155.71**	**97.88**	**93.19**	**98.62**	**8.16**	**16.73**	**5.18**
西安	7047	177.70	98.68	98.21	99.99	7.94	18.23	4.50
铜川	7496	95.91	96.85	96.85	97.02	9.35	13.74	5.15
宝鸡	6064	136.97	95.82	92.53	98.77	11.82	14.69	5.16
咸阳	7819	176.22	99.07	69.97	99.94	9.64	10.40	4.42
彬州	4580	98.82	99.56	99.56	85.33	10.28	17.07	7.81
兴平	3068	142.31	97.68	32.06	100.00	2.65	14.75	8.96
渭南	2056	132.63	100.00	95.14	96.83	5.32	11.28	5.48
韩城	2253	127.29	98.79	79.82	100.00	16.46	16.88	7.93
华阴	1769	89.10	100.00	88.70	91.48	6.25	14.02	4.30
延安	1949	97.07	99.37	99.37	99.52	7.66	14.39	6.90
子长	8600	68.48	96.12	96.12	99.92	11.05	11.42	8.11
汉中	4148	141.01	98.85	95.42	98.86	9.32	14.51	2.51
榆林	3529	100.74	87.22	87.22	88.33	7.44	26.74	8.06

continued 16

建成区道路面积率 (%) Surface Area of Roads Rate of Built District (%)	建成区排水管道密度 (公里/平方公里) Density of Sewers in Built District (kilometer/ square kilometer)	污水处理率 (%) Wastewater Treatment Rate (%)	污水处理厂集中处理率 Centralized Treatment Rate of Wastewater Treatment Plants	人均公园绿地面积 (平方米) Public Recreational Green Space Per Capita (m^2)	建成区绿化覆盖率 (%) Green Coverage Rate of Built District (%)	建成区绿地率 (%) Green Space Rate of Built District (%)	生活垃圾处理率 (%) Domestic Garbage Treatment Rate (%)	生活垃圾无害化处理率 Domestic Garbage Harmless Treatment Rate	城市名称 Name of Cities
6.22	14.68	97.95	97.95	9.25	36.98	31.21	100.00	100.00	水富
9.61	25.30	96.10	96.10	17.58	40.06	35.73	100.00	100.00	丽江
15.38	23.03	95.42	95.42	12.07	40.89	38.70	99.35	99.35	普洱
13.10	11.71	99.16	99.16	9.12	37.42	32.40	100.00	100.00	临沧
13.00	8.03	96.87	96.87	14.42	38.06	35.04	100.00	100.00	楚雄
5.36	4.13	95.07	95.07	13.19	33.15	31.84	100.00	100.00	个旧
15.20	8.85	95.07	95.07	15.48	42.13	36.53	100.00	100.00	开远
20.89	18.18	96.01	96.01	7.92	41.20	35.04	100.00	100.00	蒙自
15.31	9.94	95.00	95.00	15.33	44.80	40.01	100.00	100.00	弥勒
15.48	16.73	95.02	95.02	8.64	38.48	34.59	100.00	100.00	文山
11.42	5.43	91.00	91.00	13.69	42.09	38.46	100.00	100.00	景洪
13.85	4.29	97.19	97.19	12.39	39.16	35.35	100.00	100.00	大理
20.61	17.08	92.09	92.09	8.02	33.69	29.23	100.00	100.00	瑞丽
13.09	12.19	95.66	95.66	13.37	40.86	36.48	100.00	100.00	芒市
10.99	8.48	91.64	66.75	12.16	40.20	35.56	100.00	100.00	泸水
6.20	12.33	93.75	93.75	12.21	35.87	32.57	100.00	100.00	香格里拉
9.60	**3.38**	**96.28**	**96.28**	**12.02**	**38.06**	**35.93**	**99.63**	**99.63**	**西藏**
10.78	1.27	97.65	97.65	9.28	41.15	38.89	100.00	100.00	拉萨
6.56	4.43	94.94	94.94	15.37	29.72	29.13	100.00	100.00	日喀则
	5.10	90.32	90.32	9.10	38.76	37.07	99.23	99.23	昌都
7.04	8.40	94.69	94.69	22.78	47.92	41.95	100.00	100.00	林芝
15.12	10.45	95.99	95.99	10.05	43.52	40.65	97.50	97.50	山南
11.76	3.66	92.00	92.00	30.27	25.56	24.49	98.46	98.46	那曲
14.26	**7.34**	**96.79**	**96.79**	**12.79**	**40.80**	**37.09**	**99.93**	**99.93**	**陕西**
15.46	8.72	96.66	96.66	11.85	41.85	38.51	99.96	99.96	西安
11.60	10.41	95.70	95.70	12.10	39.91	35.97	100.00	100.00	铜川
12.65	5.65	97.72	97.72	12.50	41.05	38.17	100.00	100.00	宝鸡
14.60	4.28	98.86	98.86	16.03	39.80	34.51	100.00	100.00	咸阳
20.27	12.63	96.72	96.72	9.61	39.15	37.37	99.90	99.90	彬州
13.24	4.12	95.50	95.50	12.64	37.15	31.38	99.89	99.89	兴平
8.74	7.28	95.48	95.48	14.92	40.47	35.45	100.00	100.00	渭南
16.13	9.61	95.50	95.50	9.09	39.83	34.81	100.00	100.00	韩城
8.40	6.63	95.08	95.08	13.67	37.35	32.98	100.00	100.00	华阴
14.00	10.84	98.42	98.42	12.54	40.77	37.68	100.00	100.00	延安
13.22	7.68	95.87	95.87	9.50	41.71	36.37	97.23	97.23	子长
5.81	2.69	95.07	95.07	14.75	39.03	33.67	99.88	99.88	汉中
21.28	1.01	95.43	95.43	16.63	37.88	34.75	100.00	100.00	榆林

1-2 续表 17

城市名称 Name of Cities	人口密度 (人/平方公里) Population Density (person/square kilometer)	人均日生活用水量 (升) Daily Water Consumption Per Capita (liter)	供水普及率 (%) Water Coverage Rate (%)	公共供水普及率 Public Water Coverage Rate	燃气普及率 (%) Gas Coverage Rate (%)	建成区供水管道密度 (公里/平方公里) Density of Water Supply Pipelines in Built District (kilometer/square kilometer)	人均道路面积 (平方米) Road Surface Area Per Capita (m^2)	建成区路网密度 (公里/平方公里) Density of Road Network in Built District (kilometer/square kilometer)
神　木	7533	113.14	97.70	97.35	96.02	7.89	25.56	8.86
安　康	2216	125.56	96.84	96.84	97.01	7.52	12.02	5.44
商　洛	6068	132.76	97.82	96.50	97.69	4.97	11.71	7.54
杨凌区	4563	203.15	99.69	99.69	98.70	4.52	23.74	5.71
甘　肃	**3235**	**139.98**	**98.15**	**96.12**	**94.80**	**6.88**	**20.25**	**6.42**
兰　州	7486	174.12	95.90	92.47	98.20	4.85	21.95	6.49
嘉峪关	695	141.37	100.00	100.00	100.00	7.86	37.57	8.04
金　昌	3824	139.77	100.00	78.30	83.50	8.46	24.91	3.86
白　银	3015	146.34	100.00	100.00	98.52	4.92	21.47	5.57
天　水	9567	71.60	99.66	99.66	90.03	4.28	10.94	6.37
武　威	1931	129.72	99.97	99.97	97.06	7.11	18.44	5.82
张　掖	1454	178.76	100.00	100.00	100.00	9.42	13.35	2.75
平　凉	1204	82.62	100.00	100.00	85.28	9.77	23.52	5.75
华　亭	5117	91.12	98.14	98.14	70.96	5.32	27.74	7.13
酒　泉	1659	100.62	100.00	100.00	100.00	5.41	17.92	8.08
玉　门	3087	106.51	100.00	100.00	100.00	13.19	52.65	13.15
敦　煌	4748	90.85	100.00	100.00	100.00	23.55	28.59	13.98
庆　阳	6706	114.45	100.00	100.00	95.48	14.20	17.01	5.90
定　西	5847	54.79	98.43	98.43	79.56	9.04	14.17	4.41
陇　南	4275	137.59	98.25	98.07	92.87	6.08	11.11	7.83
临　夏	6176	226.41	100.00	100.00	90.55	12.14	16.07	8.04
合　作	3500	139.34	91.58	91.58	72.53	3.08	33.45	3.64
青　海	**2930**	**138.19**	**98.69**	**97.36**	**93.81**	**12.94**	**18.91**	**6.04**
西　宁	3615	120.79	99.85	98.35	95.49	15.29	12.51	6.84
海　东	1599	84.51	99.06	96.60	96.21	8.68	29.08	6.16
同　仁	1959	126.75	99.28	99.28	35.89	9.33	38.28	10.13
玉　树	7839	224.25	88.89	88.89	94.81	24.03	33.67	4.21
茫　崖	4284	106.67	100.00	100.00	57.58	7.10	21.87	4.18
格尔木	3065	171.10	95.47	94.89	96.59	9.89	26.78	3.85
德令哈	808	527.34	100.00	100.00	97.96	10.51	58.07	6.59
宁　夏	**3153**	**162.57**	**98.87**	**97.73**	**97.52**	**5.96**	**26.78**	**5.66**
银　川	2875	170.95	99.55	99.55	98.99	5.22	19.93	5.14
灵　武	5123	138.40	100.00	100.00	96.02	5.13	23.99	3.11
宁东能源化工基地	1750	45.76	100.00	100.00	100.00	15.19	29.15	4.95
石嘴山	3623	198.37	99.77	91.83	96.29	6.38	44.94	8.02

continued 17

建成区道路面积率(%) Surface Area of Roads Rate of Built District (%)	建成区排水管道密度(公里/平方公里) Density of Sewers in Built District (kilometer/square kilometer)	污水处理率(%) Wastewater Treatment Rate (%)	污水处理厂集中处理率 Centralized Treatment Rate of Wastewater Treatment Plants	人均公园绿地面积(平方米) Public Recreational Green Space Per Capita (m^2)	建成区绿化覆盖率(%) Green Coverage Rate of Built District (%)	建成区绿地率(%) Green Space Rate of Built District (%)	生活垃圾处理率(%) Domestic Garbage Treatment Rate (%)	生活垃圾无害化处理率 Domestic Garbage Harmless Treatment Rate	城市名称 Name of Cities
17.62	3.22	96.53	96.53	12.01	39.93	36.03	99.10	99.10	神木
9.47	6.82	96.68	96.68	12.07	40.15	37.11	100.00	100.00	安康
10.93	9.44	97.44	97.44	14.26	39.29	35.06	100.00	100.00	商洛
14.28	6.57	96.70	96.70	13.85	39.84	35.06	100.00	100.00	杨凌区
13.72	**7.97**	**97.18**	**97.18**	**15.15**	**36.28**	**32.48**	**100.00**	**100.00**	**甘肃**
15.74	8.65	96.35	96.35	13.55	33.13	29.53	100.00	100.00	兰州
12.33	10.02	98.50	98.50	36.28	40.54	39.83	100.00	100.00	嘉峪关
10.87	2.50	98.00	98.00	23.77	38.36	33.94	100.00	100.00	金昌
10.08	5.01	95.12	95.12	11.56	36.34	31.90	100.00	100.00	白银
12.73	2.45	100.00	100.00	12.06	39.60	35.48	100.00	100.00	天水
14.33	5.90	97.51	97.51	10.59	36.41	33.40	100.00	100.00	武威
8.61	10.57	96.62	96.62	22.80	36.37	32.25	100.00	100.00	张掖
17.19	13.49	98.50	98.50	12.93	39.59	35.17	100.00	100.00	平凉
16.34	11.49	96.80	96.80	12.11	38.58	33.35	100.00	100.00	华亭
12.53	7.35	99.00	99.00	14.69	45.49	38.95	100.00	100.00	酒泉
19.63	13.62	95.60	95.60	33.76	37.45	33.11	100.00	100.00	玉门
14.77	4.84	98.02	98.02	18.03	38.75	34.27	100.00	100.00	敦煌
11.44	7.83	99.07	99.07	12.37	34.31	31.08	100.00	100.00	庆阳
11.36	6.20	95.69	95.69	17.69	30.10	26.41	100.00	100.00	定西
10.87	11.81	98.19	98.19	13.42	33.04	30.05	100.00	100.00	陇南
15.73	12.64	97.93	97.93	16.51	33.00	30.10	100.00	100.00	临夏
13.28	6.53	95.95	95.95	17.47	38.46	31.96	100.00	100.00	合作
15.97	**13.46**	**95.31**	**95.31**	**12.45**	**35.90**	**33.71**	**99.29**	**99.29**	**青海**
16.86	14.09	94.98	94.98	12.82	40.49	40.02	99.78	99.78	西宁
20.23	10.51	98.79	98.79	10.34	34.50	29.81	96.77	96.77	海东
21.33	5.73	85.09	85.09	6.94	33.87	28.16	99.29	99.29	同仁
16.41	52.69	99.30	99.30	16.85	45.23	40.76	98.70	98.70	玉树
9.37	3.10	92.30	92.30	0.47	21.53	20.41	96.00	96.00	茫崖
11.28	4.26	97.55	97.55	12.82	23.67	20.67	98.13	98.13	格尔木
14.59	13.45	89.03	89.03	13.99	38.98	35.98	97.50	97.50	德令哈
15.21	**4.38**	**96.74**	**96.74**	**21.02**	**41.95**	**39.65**	**99.96**	**99.96**	**宁夏**
16.55	4.38	95.71	95.71	16.53	40.91	40.51	100.00	100.00	银川
7.15	7.00	100.00	100.00	20.01	40.83	37.95	100.00	100.00	灵武
10.07	8.23	100.00	100.00	15.68	40.42	36.99	100.00	100.00	宁东能源化工基地
15.77	1.16	99.84	99.84	30.12	43.82	38.69	100.00	100.00	石嘴山

1-2 续表 18

城市名称 Name of Cities	人口密度 (人/平方公里) Population Density (person/square kilometer)	人均日生活用水量 (升) Daily Water Consumption Per Capita (liter)	供水普及率 (%) Water Coverage Rate (%)	公共供水普及率 Public Water Coverage Rate	燃气普及率 (%) Gas Coverage Rate (%)	建成区供水管道密度 (公里/平方公里) Density of Water Supply Pipelines in Built District (kilometer/square kilometer)	人均道路面积 (平方米) Road Surface Area Per Capita (m^2)	建成区路网密度 (公里/平方公里) Density of Road Network in Built District (kilometer/square kilometer)
吴　忠	3983	148.42	97.07	97.07	97.41	5.80	24.78	3.87
青铜峡	4413	149.27	93.58	93.58	92.88	8.05	29.38	7.54
固　原	4491	98.03	97.87	97.87	92.77	5.87	35.01	5.91
中　卫	2445	174.92	97.16	97.16	97.16	4.33	36.98	3.98
新　疆	**4036**	**163.09**	**99.51**	**99.24**	**98.64**	**8.68**	**25.36**	**5.80**
乌鲁木齐	4232	134.92	99.55	99.04	99.17	4.71	19.68	5.15
克拉玛依	5674	217.99	100.00	100.00	100.00	24.93	55.54	11.51
吐鲁番	4065	149.97	100.00	100.00	99.78	16.75	46.01	8.27
哈　密	3459	318.17	99.96	99.96	99.23	15.82	24.20	5.50
昌　吉	4713	120.38	100.00	100.00	100.00	5.47	15.42	4.95
阜　康	3107	137.29	100.00	100.00	100.00	7.55	23.72	4.40
博　乐	5288	119.04	100.00	100.00	100.00	12.05	14.36	4.53
阿拉山口	548	214.24	100.00	100.00	90.54	21.11	72.99	5.00
库尔勒	4446	158.64	98.97	98.97	95.38	5.72	52.52	5.40
阿克苏	6355	145.84	99.98	99.98	99.95	6.88	12.69	4.23
库　车	4974	178.93	100.00	98.22	99.02	21.55	28.49	5.73
阿图什	4276	167.38	100.00	100.00	100.00	5.06	30.58	5.85
喀　什	4906	178.70	100.00	100.00	100.00	4.72	30.82	4.74
和　田	2844	231.42	99.08	99.08	99.34	6.38	14.34	3.34
伊　宁	2502	206.95	97.82	97.82	99.66	16.79	16.97	9.76
奎　屯	2272	272.61	98.98	98.98	95.27	8.20	40.53	8.99
霍尔果斯	935	718.92	100.00	100.00	96.26	26.61	73.61	15.22
塔　城	2846	405.62	100.00	100.00	100.00	17.18	24.55	5.55
乌　苏	4136	123.87	100.00	100.00	70.64	11.78	27.98	5.93
阿勒泰	3030	117.64	94.09	94.09	93.42	16.19	25.04	7.18
新疆兵团	**2063**	**169.75**	**99.61**	**99.61**	**96.55**	**9.52**	**24.84**	**6.82**
石河子	3168	172.83	99.96	99.96	98.51	11.14	18.44	12.34
阿拉尔	3750	192.96	99.07	99.07	98.68	5.38	22.73	3.44
图木舒克	643	190.94	99.85	99.85	95.24	11.10	37.53	5.24
五家渠	3211	113.21	99.73	99.73	97.55	6.48	14.64	3.48
北　屯	3912	238.19	99.05	99.05	94.63	8.78		
铁门关	1212	267.15	100.00	100.00	86.46	18.40	69.69	7.35
双　河	1987	93.55	95.67	95.67	100.00	3.31	74.00	5.70
可克达拉	465	123.74	100.00	100.00	44.63	11.34	333.37	6.22
昆　玉	301	295.16	100.00	100.00	78.35	10.96	34.12	12.16
胡杨河	1256	44.85	100.00	100.00	95.13	16.33	27.80	8.96

continued 18

建成区道路面积率 (%) Surface Area of Roads Rate of Built District (%)	建成区排水管道密度 (公里/平方公里) Density of Sewers in Built District (kilometer/square kilometer)	污水处理率 (%) Wastewater Treatment Rate (%)	污水处理厂集中处理率 Centralized Treatment Rate of Wastewater Treatment Plants	人均公园绿地面积 (平方米) Public Recreational Green Space Per Capita (m^2)	建成区绿化覆盖率 (%) Green Coverage Rate of Built District (%)	建成区绿地率 (%) Green Space Rate of Built District (%)	生活垃圾处理率 (%) Domestic Garbage Treatment Rate (%)	生活垃圾无害化处理率 Domestic Garbage Harmless Treatment Rate	城市名称 Name of Cities
10.48	3.92	96.36	96.36	21.82	42.74	41.35	100.00	100.00	吴忠
12.96	6.43	99.63	99.63	19.26	41.66	38.84	99.00	99.00	青铜峡
18.26	9.48	97.10	97.10	35.08	41.22	38.02	100.00	100.00	固原
18.78	3.20	100.00	100.00	24.83	43.63	39.66	100.00	100.00	中卫
12.71	**5.71**	**98.11**	**98.11**	**13.19**	**40.42**	**36.37**	**99.12**	**99.12**	**新疆**
8.75	5.41	99.20	99.20	10.82	40.54	37.35	100.00	100.00	乌鲁木齐
30.28	5.43	96.11	96.11	12.77	43.72	39.90	100.00	100.00	克拉玛依
18.63	11.74	100.00	100.00	19.39	48.17	44.95	100.00	100.00	吐鲁番
11.40	7.78	95.20	95.20	15.16	41.22	38.49	100.00	100.00	哈密
10.37	3.10	100.00	100.00	10.77	40.41	36.23	100.00	100.00	昌吉
9.44	3.67	99.65	99.65	18.44	44.55	39.42	100.00	100.00	阜康
8.27	10.30	97.84	97.84	14.25	39.28	35.17	100.00	100.00	博乐
7.57	6.06	95.77	95.77	29.80	35.04	31.65	100.00	100.00	阿拉山口
20.91	5.76	97.28	97.28	15.50	43.16	35.65	95.00	95.00	库尔勒
8.06	5.66	100.00	100.00	24.84	41.58	38.13	100.00	100.00	阿克苏
15.55	5.99	100.00	100.00	14.18	41.77	38.71	100.00	100.00	库车
16.82	4.96	86.27	86.27	15.19	26.15	22.85	96.00	96.00	阿图什
16.33	3.93	97.53	97.53	17.70	37.20	30.72	97.97	97.97	喀什
8.10	3.83	100.00	100.00	7.21	35.40	31.56	100.00	100.00	和田
15.21	9.11	95.27	95.27	9.97	38.31	34.02	100.00	100.00	伊宁
21.00	4.98	95.51	95.51	13.84	42.54	35.89	100.00	100.00	奎屯
20.13	17.54	92.71	92.71	27.32	41.81	40.29	100.00	100.00	霍尔果斯
8.40	13.16	100.00	100.00	19.47	33.60	31.58	85.74	85.74	塔城
11.69	7.71	100.00	100.00	12.38	41.67	36.87	89.66	89.66	乌苏
10.37		100.00	100.00	24.97	37.92	34.39	100.00	100.00	阿勒泰
11.84	**6.10**	**99.44**	**99.44**	**20.18**	**43.68**	**40.87**	**99.63**	**98.58**	**新疆兵团**
15.22	5.38	100.00	100.00	10.59	41.60	37.10	100.00	100.00	石河子
9.26	3.07	93.15	93.15	14.43	38.44	34.98	100.00	100.00	阿拉尔
11.53	5.57	100.00	100.00	80.19	38.14	34.22	100.00	100.00	图木舒克
7.68	3.28	100.00	100.00	8.80	42.86	41.88	100.00	100.00	五家渠
	8.85	100.00	100.00	12.38	40.97	37.25	100.00	100.00	北屯
18.56	6.00	100.00	100.00	32.49	40.78	38.93	100.00	100.00	铁门关
14.77	5.30	100.00	100.00	21.10	55.76	55.21	91.25	91.25	双河
19.09	9.07	100.00	100.00	369.26	58.94	58.94	100.00	100.00	可克达拉
11.34	16.61	96.66	96.66	10.65	39.21	37.89	100.00	100.00	昆玉
8.96	12.04			12.78	45.12	43.34	100.00		胡杨河

二、城市人口和建设用地

2. Urban Population and Construction Land

简要说明

本部分主要反映城市规模，包括人口规模和用地规模。人口规模主要包括市区人口、城区人口、城区暂住人口，用地规模主要包括市区面积、城区面积、建成区面积以及各类建设用地面积、本年征用土地面积等内容。

2005 年、2009 年、2011 年全国城市建设用地面积未包含上海市。

Brief Introduction

This section is mainly about size of cities, including size of population and usable land. The size of population mainly covers urban permanent population in urban centers and urban areas as well as urban temporary population. The size of usable land mainly covers city areas, urban areas, areas of built-up districts, areas of various types of land for construction purposes, and areas of land acquired during the year.

Urban usable land for construction purpose throughout the country does not include that in Shanghai in 2005, 2009 and 2011.

2 全国历年城市数量及人口、面积情况（1978−2020）

National Changes in Number of Cities, Urban Population and Urban Area in Past Years (1978-2020)

面积计量单位：平方公里 Area Measurement Unit: Square Kilometer

人口计量单位：万人 Population Measurement Unit:10,000 persons

年份 Year	城市个数 Number of Cities			县及其他个数 Number of Counties	城区人口 Urban Population		城区暂住人口 Urban Temporary Population	城区面积 Urban Area		城市建设用地面积 Area of Urban Construction Land
		地级 City at Prefecture Level	县级 City at County Level			非农业人口 Non-Agricultural Population			建成区面积 Area of Built District	
1978	193	98	92	2153	7682.0					
1979	216	104	109	2153	8451.0					
1980	223	107	113	2151	8940.5					
1981	226	110	113	2144	14400.5	9243.6		206684.0	7438.0	6720.0
1982	245	109	133	2140	14281.6	9590.0		335382.3	7862.1	7150.5
1983	281	137	141	2091	15940.5	10047.2		366315.9	8156.3	7365.6
1984	300	148	149	2069	17969.1	10956.9		480733.3	9249.0	8480.4
1985	324	162	159	2046	20893.4	11751.3		458066.2	9386.2	8578.6
1986	353	166	184	2017	22906.2	12233.8		805834.0	10127.3	9201.6
1987	381	170	208	1986	25155.7	12893.1		898208.0	10816.5	9787.9
1988	434	183	248	1936	29545.2	13969.5		1052374.2	12094.6	10821.6
1989	450	185	262	1919	31205.4	14377.7		1137643.5	12462.2	11170.7
1990	467	185	279	1903	32530.2	14752.1		1165970.0	12855.7	11608.3
1991	479	187	289	1894	29589.3	14921.0		980685.0	14011.1	12907.9
1992	517	191	323	1848	30748.2	15459.4		969728.0	14958.7	13918.1
1993	570	196	371	1795	33780.9	16550.1		1038910.0	16588.3	15429.8
1994	622	206	413	1735	35833.9	17665.5		1104712.0	17939.5	20796.2
1995	640	210	427	1716	37789.9	18490.0		1171698.0	19264.2	22064.0
1996	666	218	445	1696	36234.5	18882.9		987077.9	20214.2	19001.6
1997	668	222	442	1693	36836.9	19469.9		835771.8	20791.3	19504.6
1998	668	227	437	1689	37411.8	19861.8		813585.7	21379.6	20507.6
1999	667	236	427	1682	37590.0	20161.6		812817.6	21524.5	20877.0
2000	663	259	400	1674	38823.7	20952.5		878015.0	22439.3	22113.7
2001	662	265	393	1660	35747.3	21545.5		607644.3	24026.6	24192.7
2002	660	275	381	1649	35219.6	22021.2		467369.3	25972.6	26832.6
2003	660	282	374	1642	33805.0	22986.8		399173.2	28308.0	28971.9
2004	661	283	374	1636	34147.4	23635.9		394672.5	30406.2	30781.3
2005	661	283	374	1636	35923.7	23652.0		412819.1	32520.7	29636.8
2006	656	283	369	1635	33288.7		3984.1	166533.5	33659.8	34166.7
2007	655	283	368	1635	33577.0		3474.3	176065.5	35469.7	36351.7
2008	655	283	368	1635	33471.1		3517.2	178110.3	36295.3	39140.5
2009	654	283	367	1636	34068.9		3605.4	175463.6	38107.3	38726.9
2010	657	283	370	1633	35373.5		4095.3	178691.7	40058.0	39758.4
2011	657	284	369	1627	35425.6		5476.8	183618.0	43603.2	41805.3
2012	657	285	368	1624	36989.7		5237.1	183039.4	45565.8	45750.7
2013	658	286	368	1613	37697.1		5621.1	183416.1	47855.3	47108.5
2014	653	288	361	1596	38576.5		5951.5	184098.6	49772.6	49982.7
2015	656	291	361	1568	39437.8		6561.5	191775.5	52102.3	51584.1
2016	657	293	360	1537	40299.2		7414.0	198178.6	54331.5	52761.3
2017	661	294	363	1526	40975.7		8164.1	198357.2	56225.4	55155.5
2018	673	302	371	1518	42730.0		8421.7	200896.5	58455.7	56075.9
2019	679	300	379	1516	43503.7		8911.9	200569.5	60312.5	58307.7
2020	687	301	386	1495	44253.7		9509.0	186628.9	60721.3	58355.3

注：1.2005年及以前年份“城区人口”为“城市人口”，“城区面积”为“城市面积”。

2.2005年、2009年、2011年城市建设用地面积不含上海市。2020年城区面积、建成区面积和城市建设用地面积不含北京市。

Note: 1.In 2005 and before, Urban Population is the population of the city proper, and Urban Area is the area of the city proper.

2.Urban usable land for construction purpose throughout the country does not include that in Shanghai in 2005,2009 and 2011. Urban Area, Area of Built District and Urban usable land for construction purpose throughout the country does not include that in Beijing in 2020.

2-1 2020年全国城市人口和建设用地(按省分列)

面积计量单位：平方公里

人口计量单位：万人

地区名称 Name of Regions	市区面积 Urban District Area	市区人口 Urban District Population	市区暂住人口 Urban District Temporary Population	城区面积 Urban Area	城区人口 Urban Population	城区暂住人口 Urban Temporary Population	建成区面积 Area of Built District	城市建设用地面积	
								小计 Subtotal	居住用地 Residential
全　国	**2322592**	**81643**	**12983**	**186628.87**	**44253.74**	**9509.02**	**60721.32**	**58355.29**	**18098.71**
北　京		2189			1916.40				
天　津	11760	1387		2639.78	1174.44		1170.24	1040.63	289.37
河　北	49498	3722	211	6320.88	1796.20	154.10	2236.46	2067.10	639.42
山　西	32068	1685	230	3020.04	1061.08	151.41	1267.19	1239.13	409.69
内蒙古	148743	937	277	4984.11	686.88	235.39	1262.18	1152.66	362.10
辽　宁	75477	3085	363	12509.14	1980.46	277.71	2725.60	2798.70	919.44
吉　林	109277	1920	205	6485.80	1023.10	193.37	1565.85	1504.69	502.71
黑龙江	220375	2297	195	2573.80	1237.09	178.67	1826.88	1799.98	632.96
上　海	6341	2428		6340.50	2428.14		1237.85	1944.96	549.77
江　苏	69961	5889	1302	15796.74	3052.17	485.85	4786.78	4681.89	1344.88
浙　江	55869	3655	1872	13461.43	1816.34	1016.68	3157.16	3054.63	942.88
安　徽	46905	2873	616	6712.30	1314.27	467.97	2409.89	2321.27	685.57
福　建	45738	2227	818	3919.08	1008.90	380.56	1648.14	1589.46	522.72
江　西	46878	2258	206	2996.54	1161.70	164.62	1703.63	1603.41	484.43
山　东	92953	6803		23953.82	3396.29	592.85	5646.34	5102.39	1624.33
河　南	47286	4558	541	5364.36	2201.52	477.66	3039.98	2882.19	875.74
湖　北	97662	4259	483	8220.53	1900.37	383.20	2756.81	2665.89	810.40
湖　南	54248	3023	318	4778.54	1520.45	236.52	1959.38	1849.50	700.48
广　东	99927	8280	2680	16213.21	4392.14	1944.93	6501.44	5892.48	1793.75
广　西	75177	2519	311	5876.81	985.10	285.47	1617.61	1572.29	455.84
海　南	17065	590	169	1439.41	225.86	125.99	390.70	373.04	134.02
重　庆	43264	2602	500	7779.14	1213.56	396.62	1565.61	1452.62	417.60
四　川	86811	4341	620	8894.04	2325.10	483.22	3190.49	2993.18	936.43
贵　州	35644	1438	173	3702.30	680.02	157.32	1118.37	1019.69	319.35
云　南	88367	1744	175	3274.28	905.58	121.77	1266.24	1238.27	428.22
西　藏	48869	92	42.66	632.17	57.61	42.55	168.39	157.51	35.38
陕　西	55458	2040	145	2597.11	1189.85	104.76	1372.20	1346.35	428.26
甘　肃	88553	985	137	2004.76	536.78	111.66	901.43	919.26	232.51
青　海	203480	301	24	735.99	191.06	24.55	235.20	224.67	66.01
宁　夏	21889	434	63	951.27	246.37	53.53	494.26	451.60	134.07
新　疆	233664	959	274	1943.17	556.89	227.37	1300.15	1224.15	366.70
新疆兵团	13384	124	34	507.82	72.02	32.72	198.87	191.70	53.68

注：1.本表中山东省市区人口为常住人口。

National Urban Population and Construction Land by Province (2020)

Area Measurement Unit: Square Kilometer

Population Measurement Unit: 10,000persons

Area of Urban Construction Land							本年征用土地面积 Area of Land Requisition This Year		地区名称 Name of Regions
公共管理与公共服务用地 Administration and Public Services	商业服务业设施用地 Commercial and Business Facilities	工业用地 Industrial, Manufacturing	物流仓储用地 Logistics and Warehouse	道路交通设施用地 Road, Street and Transportation	公用设施用地 Municipal Utilities	绿地与广场用地 Green Space and Square		耕地 Arable Land	
5162.30	**4088.64**	**11339.88**	**1586.19**	**9503.42**	**1758.08**	**6818.07**	**2362.38**	**999.14**	**全　国**
									北　京
81.36	86.80	238.79	51.19	165.52	20.36	107.24	19.62	9.65	天　津
155.68	126.97	234.12	53.72	353.26	57.49	446.44	34.60	23.47	河　北
132.19	91.69	180.84	46.92	218.81	29.13	129.86	495.50	161.59	山　西
103.27	97.71	132.20	46.14	222.11	37.03	152.10	17.25	3.53	内蒙古
174.57	189.29	697.79	86.50	411.63	71.65	247.83	31.37	18.80	辽　宁
114.40	95.25	307.68	50.54	228.39	55.48	150.24	40.75	25.60	吉　林
155.51	97.22	361.91	70.41	267.89	48.78	165.30	17.36	9.62	黑龙江
153.19	124.66	537.74	52.31	139.05	247.48	140.76	23.39	13.49	上　海
361.54	366.47	1016.18	108.54	786.70	105.78	591.80	152.67	70.33	江　苏
259.09	210.79	699.93	60.57	533.26	70.60	277.51	137.82	77.96	浙　江
174.80	162.50	451.72	45.84	404.94	64.74	331.16	131.53	74.82	安　徽
166.71	108.30	266.15	32.20	281.66	43.26	168.46	56.65	12.49	福　建
168.34	106.06	304.89	32.91	253.83	40.59	212.36	83.01	29.34	江　西
473.75	389.02	1094.46	144.13	724.45	121.54	530.71	150.03	74.47	山　东
303.15	146.85	348.68	79.53	465.79	104.19	558.26	25.04	15.64	河　南
247.06	159.96	632.39	79.33	420.21	96.16	220.38	157.36	68.65	湖　北
215.69	130.83	273.47	41.31	247.08	73.27	167.37	66.12	19.32	湖　南
447.39	399.36	1551.57	108.33	1125.41	102.64	364.03	148.09	47.39	广　东
142.71	94.03	214.80	50.16	289.25	58.22	267.28	79.88	27.77	广　西
52.20	42.69	22.13	3.99	69.69	4.03	44.29	17.33	1.80	海　南
139.10	86.27	299.12	31.41	313.19	31.72	134.21	115.50	61.01	重　庆
260.19	230.74	497.94	81.91	510.65	68.36	406.96	179.70	73.01	四　川
117.05	89.05	170.43	25.09	172.37	20.84	105.51	14.30	3.86	贵　州
135.70	101.73	130.52	35.91	186.77	34.90	184.52	36.71	13.95	云　南
23.69	15.29	15.67	4.12	24.23	9.68	29.45	9.00	2.31	西　藏
133.91	103.73	175.04	33.30	213.33	26.52	232.26	68.65	32.96	陕　西
83.34	67.90	205.32	41.70	133.55	35.99	118.95	16.52	10.31	甘　肃
17.17	13.70	16.49	17.17	40.06	10.81	43.26	1.33	0.07	青　海
42.41	35.47	45.07	10.32	84.67	10.81	88.78	11.75	8.29	宁　夏
107.60	101.27	189.30	56.11	182.85	50.91	169.41	16.60	3.98	新　疆
19.54	17.04	27.54	4.58	32.82	5.12	31.38	6.95	3.66	新疆兵团

Note: 1.The Urban District Population of Shandong Province in this table refers to the data of the resident population.

2-2 2020年全国城市人口和建设用地(按城市分列)

面积计量单位：平方公里

人口计量单位：万人

城市名称 Name of Cities	市区面积 Urban District Area	市区人口 Urban District Population	市区暂住人口 Urban District Temporary Population	城区面积 Urban Area	城区人口 Urban Population	城区暂住人口 Urban Temporary Population	建成区面积 Area of Built District	城市建设用地面积	
								小计 Subtotal	居住用地 Residential
全　国	**2322591.9**	**81643.5**	**12982.7**	**186628.87**	**44253.74**	**9509.02**	**60721.32**	**58355.29**	**18098.71**
北　京		**2189.0**			**1916.40**				
天　津	**11760.3**	**1386.6**		**2639.78**	**1174.44**		**1170.24**	**1040.63**	**289.37**
河　北	**49498.0**	**3721.8**	**211.0**	**6320.88**	**1796.20**	**154.10**	**2236.46**	**2067.10**	**639.42**
石家庄	2195.0	502.8	10.2	518.81	331.65	4.70	311.83	186.84	93.88
晋　州	619.0	57.5	1.0	90.78	13.32	0.64	14.83	14.83	4.44
新　乐	525.0	51.7	0.7	45.92	9.18	0.37	14.80	14.26	4.12
唐　山	3874.0	307.2	10.1	293.65	195.67	10.07	249.00	240.96	54.88
滦　州	1027.2	57.4	6.5	140.80	21.72	6.40	30.20	30.20	10.03
遵　化	1521.0	76.8	2.6	85.80	23.94	1.96	26.40	26.05	7.41
迁　安	1227.0	77.5	4.3	128.10	31.90	4.10	45.00	45.00	11.88
秦皇岛	2131.5	149.2	29.3	290.30	104.70	29.34	145.00	141.75	39.92
邯　郸	2685.7	383.6	22.9	556.00	207.73	10.95	189.20	187.23	48.27
武　安	1806.0	84.7	1.9	95.00	24.47	0.73	38.60	37.80	10.16
邢　台	994.2	203.4	4.2	205.07	75.58	4.61	157.05	152.30	50.15
南　宫	863.3	50.9	0.1	53.50	14.75	0.47	16.03	16.03	4.93
沙　河	999.0	46.0	0.1	21.97	10.95	0.13	17.74	17.50	6.87
保　定	2564.8	288.4	20.5	359.65	144.70	19.33	205.98	198.61	57.13
涿　州	751.3	69.9	1.7	181.00	27.11	1.12	37.43	37.43	11.81
安　国	485.1	40.4	0.6	31.71	11.09	0.48	14.69	13.66	5.24
高碑店	620.0	57.1	1.7	36.80	14.34	0.99	21.08	21.08	5.13
张家口	6963.8	167.6	12.5	408.31	90.61	8.45	101.80	97.93	23.58
承　德	1252.7	60.1	2.9	724.03	54.98	2.87	80.06	76.75	19.80
平　泉	3294.1	47.4	0.6	26.00	18.83	0.48	17.50	17.30	4.89
沧　州	320.0	69.7	10.7	320.00	58.60	9.91	87.24	83.07	30.81
泊　头	1007.0	63.2	0.2	22.00	16.84	0.18	20.03	19.82	6.63
任　丘	864.0	81.6	7.2	74.40	34.64	2.23	50.45	50.39	17.20
黄　骅	2202.0	61.7	5.9	200.00	15.24	5.56	38.20	35.99	6.31
河　间	1322.0	87.9	2.6	69.40	16.59	2.09	20.90	20.67	7.01
廊　坊	960.0	87.9	17.6	292.00	55.04	12.86	73.46	73.31	22.91
霸　州	784.0	66.0	12.3	79.00	11.06	4.10	17.60	17.51	6.25
三　河	643.0	75.5	8.5	169.00	20.59	1.90	19.31	19.31	2.49
衡　水	1509.6	102.7	4.3	401.40	62.26	2.66	75.59	75.22	26.73
深　州	1252.0	58.1	3.2	83.19	19.22	0.10	21.23	20.80	4.55
辛　集	951.0	64.0	2.7	137.10	19.20	3.00	34.03	33.30	11.90
定　州	1283.7	124.1	1.6	180.19	39.70	1.32	44.20	44.20	22.11

National Urban Population and Construction Land by City (2020)

Area Measurement Unit: Square Kilometer
Population Measurement Unit: 10,000persons

Area of Urban Construction Land							本年征用土地面积 Area of Land Requisition This Year		城市名称 Name of Cities
公共管理与公共服务用地 Administration and Public Services	商业服务业设施用地 Commercial and Business Facilities	工业用地 Industrial, Manufacturing	物流仓储用地 Logistics and Warehouse	道路交通设施用地 Road, Street and Transportation	公用设施用地 Municipal Utilities	绿地与广场用地 Green Space and Square		耕地 Arable Land	
5162.30	**4088.64**	**11339.88**	**1586.19**	**9503.42**	**1758.08**	**6818.07**	**2362.38**	**999.14**	**全国**
									北京
81.36	**86.80**	**238.79**	**51.19**	**165.52**	**20.36**	**107.24**	**19.62**	**9.65**	**天津**
155.68	**126.97**	**234.12**	**53.72**	**353.26**	**57.49**	**446.44**	**34.60**	**23.47**	**河北**
20.96	13.92	23.29	3.47	12.60	4.34	14.38	4.48	3.36	石家庄
0.83	0.80	1.82	0.40	3.08	0.10	3.36	0.71	0.47	晋州
0.97	0.92	0.74	0.35	2.77	0.93	3.46			新乐
11.79	18.00	38.95	7.89	41.58	7.72	60.15			唐山
3.21	2.92	0.25	0.74	4.65	0.47	7.93			滦州
1.10	0.29	2.10	0.40	5.26	1.50	7.99	0.38		遵化
4.33	4.60	5.81	0.22	7.04	0.38	10.74			迁安
10.15	12.30	15.10	4.90	24.38	5.00	30.00	1.94	0.75	秦皇岛
15.18	9.76	7.67	8.36	40.13	6.48	51.38	2.87	2.28	邯郸
2.94	1.69	6.27	0.92	6.84	1.12	7.86	0.56	0.39	武安
9.04	7.80	17.85	2.61	25.41	2.49	36.95	1.03	0.88	邢台
1.05	1.47	1.30	0.14	3.38	0.25	3.51			南宫
1.41	1.01	0.57	0.57	3.17	0.94	2.96	0.99	0.02	沙河
15.35	9.13	38.84	4.03	31.87	5.47	36.79	3.92	2.42	保定
3.91	2.44	5.42	0.31	6.80	0.65	6.09	0.77	0.71	涿州
0.71	0.83	0.71	0.20	2.91	0.11	2.95	0.90	0.87	安国
1.86	1.14	1.70	0.27	4.69	1.01	5.28	0.96	0.92	高碑店
6.56	4.10	3.71	1.68	24.67	3.53	30.10	2.76	2.24	张家口
8.12	4.71	10.64	1.95	12.26	1.47	17.80	0.02	0.02	承德
1.17	0.64	0.84	0.54	3.63	1.14	4.45	0.94	0.37	平泉
6.31	3.68	8.13	2.12	14.53	1.34	16.15			沧州
1.30	1.02	3.75	0.18	3.15	0.24	3.55			泊头
4.59	3.43	4.80	1.87	7.58	2.26	8.66	1.69	1.41	任丘
3.69	3.72	6.23	0.95	6.99	0.61	7.49	0.70		黄骅
0.90	0.75	1.31	0.45	3.87	0.71	5.67	0.74		河间
3.96	3.12	7.02	3.24	13.55	2.65	16.86	3.21	2.29	廊坊
0.79	1.18	1.32	0.30	2.70	0.80	4.17	2.92	2.36	霸州
3.64	2.29	0.40	0.30	4.89	0.70	4.60			三河
4.90	3.95	6.43	1.64	12.06	1.38	18.13	0.99	0.85	衡水
1.45	2.10	1.90	1.10	4.17	0.38	5.15			深州
1.58	2.00	4.22	0.59	5.90	0.44	6.67	1.12	0.86	辛集
1.93	1.26	5.03	1.03	6.75	0.88	5.21			定州

2-2 续表 1

面积计量单位：平方公里
人口计量单位：万人

城市名称 Name of Cities	市区面积 Urban District Area	市区人口 Urban District Population	市区暂住人口 Urban District Temporary Population	城区面积 Urban Area	城区人口 Urban Population	城区暂住人口 Urban Temporary Population	建成区面积 Area of Built District	城市建设用地面积 小计 Subtotal	居住用地 Residential
山　西	**32068.4**	**1685.3**	**230.3**	**3020.04**	**1061.08**	**151.41**	**1267.19**	**1239.13**	**409.69**
太　原	1500.0	388.8	106.3	1000.00	301.93	78.07	340.00	330.37	95.71
古　交	1512.0	21.3	1.8	25.75	15.04	1.49	17.05	16.94	5.20
大　同	2080.0	159.5	10.0	149.68	122.98	4.31	149.68	148.43	51.74
阳　泉	652.0	71.9	3.1	62.20	57.13	3.08	62.20	51.04	17.81
长　治	2489.0	161.2	8.3	243.80	86.33	7.04	86.00	83.58	27.14
晋　城	2165.6	90.1	14.5	142.59	41.14	10.34	49.43	49.43	16.90
高　平	946.0	48.7	1.0	63.00	12.90	0.50	17.80	17.30	7.00
朔　州	4093.7	68.5	6.9	176.00	41.26	6.25	49.70	49.01	12.40
怀　仁	1232.0	34.0	2.2	80.00	20.41	2.51	28.00	27.49	6.65
晋　中	1311.0	64.3	19.3	251.52	48.48	19.25	104.28	123.30	45.62
介　休	743.7	44.4	0.3	42.00	19.15	0.03	19.48	24.59	11.92
运　城	1237.0	65.0	42.0	88.90	53.00	4.00	66.00	43.34	13.62
永　济	1208.0	45.0	0.2	30.26	16.90	0.20	25.78	25.43	4.13
河　津	593.1	41.4		107.80	24.22		27.00	26.60	8.87
忻　州	1982.0	55.0	0.5	183.00	28.05	3.32	36.76	36.39	11.35
原　平	2571.0	50.6	2.6	148.00	16.50	2.60	17.71	17.71	6.53
临　汾	1307.0	91.2	3.8	60.00	58.16	3.54	54.00	53.98	21.98
侯　马	220.1	25.2	0.7	21.34	15.16	0.90	21.34	21.34	8.03
霍　州	765.0	32.1	2.6	19.50	13.37	1.64	15.40	15.11	6.40
吕　梁	1339.0	34.5		50.20	28.50		33.32	32.33	11.44
孝　义	946.0	49.1	2.6	54.50	29.30	1.20	28.66	28.18	10.44
汾　阳	1175.3	43.5	1.7	20.00	11.17	1.14	17.60	17.24	8.81
内蒙古	**148742.9**	**937.3**	**276.7**	**4984.11**	**686.88**	**235.39**	**1262.18**	**1152.66**	**362.10**
呼和浩特	2065.1	145.0	69.0	272.16	145.00	69.00	272.16	242.75	78.21
包　头	2965.0	158.2	54.5	885.00	138.31	54.53	211.62	195.79	58.60
乌　海	1754.0	54.8	12.1	67.17	43.74	12.41	62.30	53.69	20.12
赤　峰	7057.4	141.2	20.6	560.00	77.65	19.63	114.18	103.29	32.37
通　辽	3212.0	84.5	4.5	75.63	42.25	3.90	62.50	62.50	14.39
霍林郭勒	585.0	7.5	5.5	36.04	7.54	5.58	17.10	17.10	3.00
鄂尔多斯	2884.1	35.0	31.9	200.87	27.49	27.36	117.87	103.87	26.65
呼伦贝尔	1401.9	28.4	4.3	135.50	27.89	4.22	31.50	31.50	18.50
满洲里	734.6	17.2	4.6	734.56	17.21	4.63	27.06	27.00	8.00
牙克石	27590.0	31.5	0.0	39.00	13.16		28.23	25.81	7.03
扎兰屯	16800.0	43.0	1.7	385.00	13.14	0.29	19.20	18.30	8.71
额尔古纳	28000.0	7.8	0.4	303.00	3.35	0.14	10.48	10.48	6.25
根　河	19659.0	6.8		350.00	3.80		8.70	8.70	5.18
巴彦淖尔	2354.0	51.9	7.8	80.51	32.78	7.69	51.00	50.59	15.42
乌兰察布	420.0	31.7	8.8	74.87	26.03	8.00	74.87	54.30	17.78
丰　镇	2704.0	32.8	32.8	25.00	13.67	0.45	25.00	24.81	8.05
乌兰浩特	2353.0	32.1	2.8	256.00	30.10	2.80	45.00	39.13	15.67
阿尔山	7408.7	4.4	1.4	15.40	2.98	1.04	11.40	11.40	4.30
二连浩特	4015.0	3.6	4.1	79.40	3.32	4.09	27.00	26.64	3.35
锡林浩特	14780.2	20.0	9.8	409.00	17.47	9.63	45.01	45.01	10.52

continued 1

Area Measurement Unit: Square Kilometer

Population Measurement Unit: 10,000persons

Area of Urban Construction Land							本年征用土地面积 Area of Land Requisition This Year		城市名称 Name of Cities
公共管理与公共服务用地 Administration and Public Services	商业服务业设施用地 Commercial and Business Facilities	工业用地 Industrial, Manufacturing	物流仓储用地 Logistics and Warehouse	道路交通设施用地 Road, Street and Transportation	公用设施用地 Municipal Utilities	绿地与广场用地 Green Space and Square		耕地 Arable Land	
132.19	**91.69**	**180.84**	**46.92**	**218.81**	**29.13**	**129.86**	**495.50**	**161.59**	**山西**
34.11	33.77	67.18	19.36	53.29	4.96	21.99	470.85	152.14	太原
3.43	0.49	4.91	0.03	2.70	0.08	0.10			古交
13.43	10.75	22.36	6.02	26.05	1.92	16.16	11.16	3.26	大同
2.51	0.88	11.32	1.32	11.37	1.27	4.56			阳泉
14.88	1.99	15.05	2.74	13.59	3.78	4.41	0.06		长治
7.62	5.48	4.05	1.28	9.73	0.75	3.62	4.39	2.15	晋城
1.50	1.80	0.85	1.32	2.48	0.40	1.95	0.01		高平
4.00	5.35	0.98	1.85	10.02	1.90	12.51			朔州
2.02	2.04	0.48	0.34	5.47	1.94	8.55			怀仁
16.35	7.56	19.33	4.59	27.39	0.56	1.90	2.68	0.91	晋中
1.80	2.27	2.62	0.82	4.31	0.13	0.72	0.95	0.49	介休
1.52	1.34	3.89	1.20	9.21	2.54	10.02			运城
2.30	0.33	3.06	0.36	3.15	2.30	9.80			永济
2.14	1.84	7.04	1.09	3.67	0.26	1.69			河津
3.52	3.53	1.22	0.83	6.95	0.59	8.40	1.15		忻州
1.80	0.94	3.19	0.30	1.91	0.39	2.65			原平
4.71	4.12	1.30	1.53	7.09	2.73	10.52	2.15	1.31	临汾
1.97	1.59	3.14	0.87	3.96	0.31	1.47			侯马
1.97	0.70	0.44	0.43	2.11	0.34	2.72			霍州
4.00	1.80	5.35	0.02	5.31	0.33	4.08			吕梁
4.51	0.98	1.76	0.62	6.48	1.49	1.90	1.03	0.68	孝义
2.10	2.14	1.32		2.57	0.16	0.14	1.07	0.65	汾阳
103.27	**97.71**	**132.20**	**46.14**	**222.11**	**37.03**	**152.10**	**17.25**	**3.53**	**内蒙古**
28.70	26.24	19.34	8.50	43.11	5.43	33.22	5.63	2.24	呼和浩特
15.82	9.83	52.50	7.50	24.40	3.49	23.65			包头
5.51	3.57	1.68	1.02	10.11	0.47	11.21	1.69	0.44	乌海
4.11	5.04	13.70	7.19	21.96	7.86	11.06	2.24	0.74	赤峰
6.28	3.00	5.16	3.50	12.28	3.35	14.54			通辽
1.81	1.78	1.22	1.15	4.25	1.10	2.79			霍林郭勒
9.30	15.45	3.57	0.05	34.31	0.95	13.59			鄂尔多斯
2.00	2.00	2.00	1.00	1.00	2.00	3.00			呼伦贝尔
3.00	1.00	2.00	1.00	8.00	2.00	2.00			满洲里
1.65	1.57	3.44	1.12	5.30	0.25	5.45	6.30		牙克石
0.60	0.50	0.30	0.30	4.06	0.40	3.43	1.00		扎兰屯
0.75	0.88	0.68	0.20	1.02	0.28	0.42			额尔古纳
0.40	0.03	0.80	0.20	1.28	0.10	0.71			根河
4.34	3.39	5.61	4.19	10.86	2.34	4.44			巴彦淖尔
4.85	5.24	2.47	1.36	12.75	0.50	9.35			乌兰察布
1.75	2.96	4.38	0.98	4.00	0.38	2.31			丰镇
3.67	2.82	5.16	0.29	7.55	0.78	3.19	0.22	0.11	乌兰浩特
0.43	0.90	0.27	0.34	1.50	1.77	1.89			阿尔山
2.88	7.37	1.53	2.84	6.24	1.43	1.00			二连浩特
5.42	4.14	6.39	3.41	8.13	2.15	4.85	0.17		锡林浩特

2-2 续表 2

面积计量单位：平方公里
人口计量单位：万人

城市名称 Name of Cities	市区面积 Urban District Area	市区人口 Urban District Population	市区暂住人口 Urban District Temporary Population	城区面积 Urban Area	城区人口 Urban Population	城区暂住人口 Urban Temporary Population	建成区面积 Area of Built District	城市建设用地面积 小计 Subtotal	居住用地 Residen-tial
辽　宁	**75476.6**	**3084.8**	**363.2**	**12509.14**	**1980.46**	**277.71**	**2725.60**	**2798.70**	**919.44**
沈　阳	5116.0	620.2	192.5	1610.00	457.00	133.00	567.00	643.83	214.32
新　民	3318.0	65.2	1.3	22.50	11.29	0.51	22.50		
大　连	5244.0	410.2	45.4	1523.00	347.83	38.53	444.04	440.73	141.68
瓦房店	3793.5	91.0	7.1	167.50	27.71	3.10	35.80	36.60	13.20
庄　河	4114.0	85.4	3.2	239.00	32.58	2.33	42.80	42.00	16.81
鞍　山	792.0	145.0	14.6	625.60	127.79	14.56	180.04	180.04	60.57
海　城	2581.0	106.7	6.5	104.00	23.50	1.52	36.40	36.40	18.33
抚　顺	1375.8	132.3	8.3	598.17	94.18	7.89	142.37	142.37	34.95
本　溪	1518.0	86.5	4.9	1518.00	79.18	4.90	109.00	92.40	27.96
丹　东	945.7	76.8	3.7	296.90	63.96	3.33	75.03	113.47	33.30
东　港	2398.0	58.7	1.8	126.00	15.50	1.10	22.00	21.23	7.64
凤　城	5515.0	54.5	1.5	329.33	17.02	1.54	21.00	21.00	11.66
锦　州	728.0	83.4	9.3	436.00	83.36	9.33	77.10	106.60	42.33
凌　海	2585.5	50.2	1.7	136.74	10.50	1.38	21.20	19.43	9.48
北　镇	1782.0	47.8	1.4	78.80	14.01	1.17	14.90	14.90	5.58
营　口	858.6	93.9	15.4	538.25	77.70	13.73	180.07	172.67	37.90
盖　州	2945.9	67.4	0.6	150.00	20.46	0.36	29.45	14.75	9.73
大石桥	1610.0	67.9	1.1	150.00	25.17	0.91	44.82	44.82	13.07
阜　新	490.0	72.8	5.0	448.00	72.83	4.95	76.50	76.50	20.73
辽　阳	1111.2	83.8	5.3	728.00	71.46	5.16	106.80	106.80	38.17
灯　塔	1166.0	42.9	0.8	127.00	10.38	0.30	14.20	14.10	5.19
盘　锦	276.9	91.5	5.9	276.91	74.23	5.42	106.89	107.23	40.21
铁　岭	699.0	53.4	5.2	240.33	38.00	5.15	69.99	68.16	27.08
调兵山	262.2	21.8	1.1	23.97	18.89	1.12	18.95	18.95	5.10
开　原	2813.3	55.0	4.7	150.39	17.01	4.03	27.99	27.37	6.84
朝　阳	1170.5	61.4	5.2	570.00	46.75	5.45	60.42	60.42	18.18
北　票	4469.0	57.2	0.3	183.00	18.13	0.18	24.27	24.27	10.31
凌　源	3263.0	53.7	1.0	462.24	20.95	1.10	25.87	25.87	13.15
葫芦岛	10415.0	95.5	5.1	380.40	49.24	4.70	93.10	90.79	19.07
兴　城	2119.5	53.0	3.4	269.11	13.85	0.96	35.10	35.00	16.90
吉　林	**109277.0**	**1920.2**	**204.7**	**6485.80**	**1023.10**	**193.37**	**1565.85**	**1504.69**	**502.71**
长　春	7589.3	446.4	114.2	3427.42	362.09	111.00	550.96	540.44	158.58
榆　树	4723.8	135.5	8.4	109.00	23.95	5.70	23.48	20.32	10.31
德　惠	3460.9	87.0	3.0	34.00	22.50	2.30	32.29	32.29	19.85
吉　林	1995.0	179.9	2.2	498.75	125.51	1.45	195.92	195.92	60.58
蛟　河	6429.0	47.7	1.6	27.50	14.07	0.43	18.50	18.50	7.54
桦　甸	6626.0	44.8	1.6	192.00	12.70	0.63	19.50	19.50	9.34
舒　兰	4559.6	59.3	1.6	179.10	12.00	1.00	9.48	9.48	4.42

continued 2

Area Measurement Unit: Square Kilometer

Population Measurement Unit: 10,000persons

Area of Urban Construction Land							本年征用土地面积 Area of Land Requisition This Year		城市名称 Name of Cities
公共管理与公共服务用地 Administr-ation and Public Services	商业服务业设施用地 Commercial and Business Facilities	工业用地 Indust-rial, Manufac-turing	物流仓储用地 Logistics and Warehouse	道路交通设施用地 Road, Street and Transpor-tation	公用设施用地 Municipal Utilities	绿地与广场用地 Green Space and Square		耕地 Arable Land	
174.57	**189.29**	**697.79**	**86.50**	**411.63**	**71.65**	**247.83**	**31.37**	**18.80**	**辽 宁**
24.58	36.45	140.66	22.32	111.52	23.61	70.37	17.86	12.37	沈 阳
									新 民
33.34	32.49	130.42	16.43	60.10	8.20	18.07	3.33	0.50	大 连
3.00	4.80	9.10	0.90	0.70	0.80	4.10	0.01		瓦房店
3.82	2.17	11.75	0.24	5.26	0.55	1.40	0.07	0.03	庄 河
12.19	8.73	58.73	2.81	29.95	3.50	3.56	0.11	0.02	鞍 山
3.25	2.48	4.68	1.15	4.29	0.48	1.74	0.92		海 城
11.10	7.64	47.85	4.89	8.10	5.99	21.85	0.56	0.23	抚 顺
6.80	12.72	21.90	0.93	13.76	1.88	6.45	0.30	0.08	本 溪
8.17	11.80	19.07	4.09	18.94	2.62	15.48	0.98	0.62	丹 东
1.80	0.84	5.07	0.15	4.82	0.38	0.53	0.83	0.71	东 港
1.24	0.44	3.15	0.61	3.42	0.25	0.23	0.11	0.04	凤 城
6.65	6.52	24.23	4.70	9.10	1.69	11.38			锦 州
1.30	4.50	0.57	0.36	2.50	0.30	0.42			凌 海
2.09	1.58	1.82	0.12	1.40	0.38	1.93			北 镇
8.57	7.71	50.31	6.67	35.86	2.58	23.07	0.39	0.02	营 口
0.96	0.76	1.93	0.05	1.10	0.08	0.14	0.30	0.17	盖 州
3.20	4.75	13.04	0.44	4.58	0.99	4.75			大石桥
3.90	6.42	18.97	3.20	12.47	0.69	10.12			阜 新
3.42	8.25	27.32	7.05	15.46	2.56	4.57	2.29	1.68	辽 阳
1.49	0.08	3.72	0.31	2.27	0.33	0.71			灯 塔
7.90	5.88	24.40	2.00	18.74	1.94	6.16	2.48	1.85	盘 锦
6.24	6.07	3.47	1.19	14.83	2.89	6.39	0.06	0.05	铁 岭
0.50	0.70	4.11	0.10	2.14	0.20	6.10	0.39	0.30	调兵山
1.21	1.34	8.21	0.37	3.01	0.46	5.93	0.06	0.06	开 原
4.82	3.42	18.62	0.59	9.29	1.56	3.94			朝 阳
1.44	1.14	6.37	0.44	2.54	0.59	1.44			北 票
0.33	0.32	6.48	0.47	1.90	2.96	0.26			凌 源
5.50	5.81	28.83	3.16	12.49	2.81	13.12			葫芦岛
5.76	3.48	3.01	0.76	1.09	0.38	3.62	0.32	0.07	兴 城
114.40	**95.25**	**307.68**	**50.54**	**228.39**	**55.48**	**150.24**	**40.75**	**25.60**	**吉 林**
49.56	28.90	129.56	18.18	85.66	30.99	39.01	26.06	17.91	长 春
1.24	1.47	1.52	0.92	2.56	0.40	1.90			榆 树
0.72	2.04	0.71	1.84	2.83	0.90	3.40	0.45	0.41	德 惠
11.66	12.76	58.65	5.35	26.44	3.42	17.06			吉 林
1.68	4.26	1.66	0.70	1.58	0.47	0.61	0.19	0.15	蛟 河
1.22	0.81	3.00	0.32	2.97	1.17	0.67			桦 甸
1.01	0.77	1.32	0.30	1.28	0.10	0.28	1.23	0.26	舒 兰

2-2 续表 3

面积计量单位：平方公里

人口计量单位：万人

城市名称 Name of Cities	市区面积 Urban District Area	市区人口 Urban District Population	市区暂住人口 Urban District Temporary Population	城区面积 Urban Area	城区人口 Urban Population	城区暂住人口 Urban Temporary Population	建成区面积 Area of Built District	城市建设用地面积 小计 Subtotal	居住用地 Residential
磐石	3960.0	50.5	1.6	25.00	10.00	0.80	23.80	23.72	6.90
四平	1085.0	66.8	7.1	118.11	48.35	5.86	64.54	63.21	22.66
双辽	3121.3	39.2	1.3	149.20	10.90	0.82	22.47	22.47	8.26
辽源	432.4	44.2	4.9	50.23	38.51	4.89	50.23	50.23	19.36
通化	745.4	43.0	5.2	64.75	42.97	5.19	58.53	58.30	18.30
集安	3341.1	20.8	0.5	44.89	7.54	0.19	8.71	7.89	2.88
白山	2736.0	51.9	3.8	388.11	37.85	3.43	47.83	43.16	18.39
临江	3027.0	15.0	0.7	170.84	8.96	0.59	10.05	9.30	3.97
松原	1327.0	55.9	10.2	81.80	39.94	8.56	53.52	51.36	17.17
扶余	4673.0	70.8	1.2	17.20	11.20	1.10	16.50	15.99	5.79
白城	2568.8	47.9	3.5	67.50	23.69	3.07	46.91	46.65	12.17
洮南	5103.0	40.8	0.9	40.00	13.83	0.57	26.55	26.55	15.00
大安	4878.6	37.8	0.7	19.50	9.98	0.42	18.52	18.48	4.27
延吉	1748.3	55.8	9.1	71.71	48.20	7.60	62.00	45.08	14.60
图们	1142.7	10.5	1.1	15.00	6.33	0.77	11.29	11.01	3.69
敦化	11957.0	44.6	2.8	116.00	16.94	3.14	34.34	34.34	8.51
珲春	5145.4	22.6	6.4	125.39	17.74	5.07	25.91	25.23	7.39
龙井	2208.0	14.8	2.0	31.05	7.41	1.56	14.48	14.48	3.98
和龙	5069.0	17.6	0.5	145.00	9.27	0.27	12.55	12.22	5.72
公主岭	4172.6	102.9	6.1	137.75	15.17	2.99	35.00	34.92	10.48
梅河口	2174.0	60.7	2.4	80.00	20.40	13.82	36.49	26.91	15.23
长白山保护开发区	3278.0	5.8	0.2	59.00	5.10	0.15	35.50	26.74	7.37
黑龙江	**220374.9**	**2296.5**	**194.9**	**2573.80**	**1237.09**	**178.67**	**1826.88**	**1799.98**	**632.96**
哈尔滨	10192.8	553.5	111.3	473.00	395.96	109.49	473.00	443.36	143.74
尚志	8824.9	65.2	1.1	152.00	15.22	0.51	21.32	21.32	5.14
五常	7512.3	88.8	0.4	100.55	18.70	0.35	26.70	20.07	12.24
齐齐哈尔	4377.1	129.1	4.2	130.96	104.90	1.95	130.96	130.96	43.07
讷河	6659.9	68.1	1.3	20.00	8.49	1.29	15.02	15.00	4.46
鸡西	2300.0	75.2	1.7	80.41	63.05	1.68	80.40	80.10	47.49
虎林	9334.0	14.8	0.2	46.22	6.67	0.10	11.14	11.14	4.14
密山	7731.0	32.6	0.2	87.38	9.40	0.13	19.36	17.89	8.95
鹤岗	4551.0	59.7	0.9	85.00	49.85	0.60	56.27	48.63	17.04
双鸭山	1760.0	144.1	1.3	118.00	44.11	1.30	58.09	58.09	15.84
大庆	5107.0	136.9	31.2	327.19	115.27	29.37	252.53	327.19	79.30
伊春	8895.9	42.2	0.8	121.93	41.73	0.52	97.21	97.17	39.79
铁力	3793.0	28.2	0.1	21.40	11.53	0.10	16.50	15.68	8.56
佳木斯	1875.0	75.1	0.5	188.00	55.60	0.50	96.10	81.88	28.29
同江	6300.0	17.5	1.3	10.80	4.96	1.15	10.80	10.69	2.10
富锦	8227.0	41.9	0.4	17.90	12.20	0.35	16.20	16.18	7.57
抚远	6262.5	11.4	0.4	12.60	4.20	0.05	5.60	5.03	2.50

continued 3

Area Measurement Unit: Square Kilometer

Population Measurement Unit: 10,000persons

Area of Urban Construction Land							本年征用土地面积		城市名称
公共管理与公共服务用地 Administration and Public Services	商业服务业设施用地 Commercial and Business Facilities	工业用地 Industrial, Manufacturing	物流仓储用地 Logistics and Warehouse	道路交通设施用地 Road, Street and Transportation	公用设施用地 Municipal Utilities	绿地与广场用地 Green Space and Square	Area of Land Requisition This Year	耕地 Arable Land	Name of Cities
0.80	1.40	2.00	0.30	3.25	0.58	8.49	0.18	0.18	磐　石
5.12	2.75	16.89	2.12	8.88	1.44	3.35	1.73	1.36	四　平
1.41	1.39	6.40	0.94	2.18	0.50	1.39			双　辽
3.15	2.01	11.95	0.74	7.44	1.52	4.06	1.04	0.56	辽　源
4.52	10.68	9.25	1.94	6.50	1.79	5.32	1.12	0.44	通　化
0.64	0.34	1.06	0.10	0.90	0.28	1.69	0.04	0.02	集　安
2.49	1.55	6.88	0.94	6.39	1.05	5.47			白　山
0.38	0.10	0.66	0.17	1.13	0.12	2.77			临　江
4.20	1.70	7.01	1.32	9.83	1.21	8.92	0.58	0.42	松　原
1.53	1.03	1.34	1.04	1.94	0.60	2.72	0.36	0.31	扶　余
4.63	2.87	11.71	3.49	7.94	0.74	3.10	0.05	0.05	白　城
1.27	1.65	3.61	0.96	2.48	0.30	1.28			洮　南
0.94	0.31	1.32	0.37	4.95	0.09	6.23	0.15	0.02	大　安
5.07	2.60	5.34	1.48	9.87	0.82	5.30	1.37	0.40	延　吉
0.60	0.30	1.71	0.39	2.40	0.32	1.60	0.09		图　们
2.29	3.46	5.73	1.02	3.56	1.31	8.46	0.13		敦　化
0.82	1.26	4.39	2.00	5.09	0.24	4.04	0.58	0.28	珲　春
1.68	1.40	2.81	0.41	2.40	0.54	1.26	2.18	0.81	龙　井
0.38	0.21	1.66	0.45	2.12	0.21	1.47			和　龙
3.07	1.73	7.00	2.01	6.39	3.00	1.24	1.10	0.56	公主岭
0.94	1.01	1.03	0.70	5.63	0.52	1.85	1.92	1.46	梅河口
1.38	4.49	1.51	0.04	3.80	0.85	7.30	0.20		长白山保护开发区
155.51	**97.22**	**361.91**	**70.41**	**267.89**	**48.78**	**165.30**	**17.36**	**9.62**	**黑龙江**
53.96	27.38	97.41	11.49	56.59	11.15	41.64	3.26	2.11	哈尔滨
1.44	0.50	7.74	0.60	2.26	0.74	2.90	0.51	0.25	尚　志
1.21	0.73	1.84	0.37	1.58	0.15	1.95	0.02	0.02	五　常
11.09	8.60	36.02	4.59	20.16	2.86	4.57	1.50		齐齐哈尔
1.07	0.79	1.92	0.94	2.38	0.32	3.12	1.46	1.22	讷　河
3.24	1.50	9.71	2.05	7.42	1.60	7.09	2.02	0.91	鸡　西
0.78	0.48	2.02	0.96	2.12	0.16	0.48			虎　林
0.62	0.47	2.34	1.42	1.89	0.29	1.91	0.15	0.08	密　山
2.74	1.83	11.12	1.31	7.07	0.96	6.56			鹤　岗
3.35	4.13	9.35	1.95	9.34	1.96	12.17	2.79	2.48	双鸭山
34.32	13.99	76.15	21.03	69.09	10.84	22.47	1.95	0.38	大　庆
5.68	7.65	12.02	2.84	12.42	4.24	12.53			伊　春
0.20	0.02	1.67	0.92	1.99	0.02	2.30			铁　力
6.03	6.37	16.33	2.73	11.01	2.48	8.64			佳木斯
0.95	0.98	1.65	0.78	2.02	0.16	2.05	0.41	0.38	同　江
0.94	0.52	1.72	0.65	2.59	0.25	1.94			富　锦
1.03	0.45	0.28	0.01	0.43	0.19	0.14			抚　远

2-2 续表 4

面积计量单位：平方公里
人口计量单位：万人

城市名称 Name of Cities	市区面积 Urban District Area	市区人口 Urban District Population	市区暂住人口 Urban District Temporary Population	城区面积 Urban Area	城区人口 Urban Population	城区暂住人口 Urban Temporary Population	建成区面积 Area of Built District	城市建设用地面积 小计 Subtotal	居住用地 Residential
七台河	3646.0	57.8	5.1	67.60	38.00	3.76	67.60	67.60	40.70
牡丹江	2675.0	85.4	13.4	92.68	62.50	12.91	82.24	70.20	25.28
海林	8711.0	28.0	0.2	24.25	10.00	0.02	17.70	17.70	5.80
宁安	7924.0	41.4	1.0	13.50	7.28	0.20	11.23	11.22	4.90
穆棱	6187.0	28.5	0.4	10.44	7.61	0.25	10.44	10.06	3.39
绥芬河	422.4	6.9	3.2	34.35	5.86	2.70	28.97	21.44	4.76
东宁	7139.0	20.0	0.3	19.29	7.27	0.19	14.70	14.59	6.83
黑河	14446.0	18.8	4.2	27.88	13.52	1.28	20.00	20.00	5.50
北安	7194.0	42.0	0.4	57.31	12.72	0.18	23.13	22.98	4.51
五大连池	9874.0	33.0	1.0	10.00	3.57	0.95	5.62	5.62	1.36
嫩江	15109.0	50.3	1.7	28.50	12.70	1.70	19.53	18.68	7.53
绥化	2753.6	80.4	2.4	92.77	32.13	1.81	45.00	36.96	12.30
安达	3586.0	52.0	0.5	25.95	22.89	0.40	25.10	21.82	10.45
肇东	3905.0	86.1	0.3	48.77	24.24	0.06	42.00	36.20	20.00
海伦	4667.0	74.7	3.2	17.68	11.87	2.40	16.93	16.93	7.09
漠河	18432.5	7.2	0.5	9.49	3.09	0.42	9.49	7.60	2.34
上海	**6340.5**	**2428.1**		**6340.50**	**2428.14**		**1237.85**	**1944.96**	**549.77**
江苏	**69961.2**	**5888.9**	**1301.5**	**15796.74**	**3052.17**	**485.85**	**4786.78**	**4681.89**	**1344.88**
南京	6588.5	719.9	44.3	4226.41	644.84	37.51	868.28	840.74	224.77
无锡	1643.9	274.8	58.1	1261.26	237.45	36.03	349.55	302.32	92.42
江阴	988.0	126.7	48.5	198.00	34.88	3.82	125.00	124.97	46.68
宜兴	1996.6	107.6	33.9	599.86	47.92	5.63	88.86	88.86	25.37
徐州	3040.0	348.2	23.0	604.78	196.57	10.98	289.64	287.55	91.66
新沂	1571.0	111.6	2.2	120.00	29.29	1.60	38.55	38.55	13.97
邳州	2088.0	192.0	2.6	124.00	38.67	1.64	50.90	50.90	21.03
常州	2837.7	306.5	91.1	941.86	180.20	37.32	277.29	277.06	63.24
溧阳	1535.0	79.0	10.6	231.25	25.18	0.79	34.10	34.08	10.22
苏州	4652.8	387.1	346.7	1523.88	297.85	128.43	481.33	479.92	140.61
常熟	1276.3	106.4	65.8	349.40	42.72	3.71	99.26	98.96	36.29
张家港	986.7	93.0	47.8	172.52	37.02	1.59	62.56	52.36	20.02
昆山	931.5	106.7	93.6	148.30	52.50	3.46	72.00	67.64	22.25
太仓	809.9	51.1	52.1	147.97	17.35	10.85	52.18	52.00	10.51
南通	2854.8	314.4	98.4	458.00	149.17	63.18	289.29	285.13	85.47
海安	1108.0	91.4	8.3	168.00	28.12	1.56	32.20	31.47	8.25
启东	1208.0	109.6	9.1	50.00	24.30	2.30	34.80	34.45	9.24
如皋	1477.0	140.4	12.2	108.16	31.92	3.20	41.80	39.41	10.26
连云港	2602.0	223.1	27.2	718.50	95.04	16.51	223.00	222.88	79.92
淮安	4531.0	333.4	34.2	309.69	145.22	30.28	208.00	207.65	46.03
盐城	5131.0	246.1	16.8	608.76	139.12	5.23	169.30	165.10	43.38
东台	3221.0	107.2	12.2	128.50	31.80	4.00	38.50	38.45	9.50

continued 4

Area Measurement Unit: Square Kilometer

Population Measurement Unit: 10,000persons

Area of Urban Construction Land							本年征用土地面积 Area of Land Requisition This Year		城市名称 Name of Cities
公共管理与公共服务用地 Administration and Public Services	商业服务业设施用地 Commercial and Business Facilities	工业用地 Industrial, Manufacturing	物流仓储用地 Logistics and Warehouse	道路交通设施用地 Road, Street and Transportation	公用设施用地 Municipal Utilities	绿地与广场用地 Green Space and Square		耕地 Arable Land	
1.60	1.00	9.23	0.97	10.70	0.70	2.70	1.82	0.78	七台河
5.16	3.67	19.45	2.13	9.80	1.17	3.54	0.17	0.07	牡丹江
0.25	2.06	0.80	0.87	2.82	0.60	4.50	0.43	0.32	海林
0.63	0.18	2.45	0.32	0.69	1.74	0.31			宁安
0.86	0.87	0.92	0.35	1.59	0.15	1.93	0.01		穆棱
1.66	1.15	5.86	1.05	4.00	1.04	1.92	0.27	0.17	绥芬河
1.15	0.85	3.07	0.23	1.80	0.13	0.53	0.01	0.01	东宁
3.94	1.36	2.13	1.15	2.12	0.89	2.91			黑河
1.11	1.61	6.14	2.73	3.99	0.42	2.47	0.01	0.01	北安
0.30	0.39	1.04	0.68	0.95	0.15	0.75			五大连池
1.00	2.62	1.70	0.20	2.70	0.06	2.87	0.12		嫩江
3.77	2.46	9.37	1.91	5.84	0.32	0.99	0.40	0.39	绥化
1.57	0.75	5.13	1.35	1.83	0.39	0.35			安达
2.00	1.04	2.00	1.10	3.10	2.16	4.80			肇东
1.18	0.52	2.14	0.52	4.66	0.42	0.40	0.05	0.04	海伦
0.68	0.30	1.19	0.21	0.94	0.07	1.87			漠河
153.19	**124.66**	**537.74**	**52.31**	**139.05**	**247.48**	**140.76**	**23.39**	**13.49**	**上海**
361.54	**366.47**	**1016.18**	**108.54**	**786.70**	**105.78**	**591.80**	**152.67**	**70.33**	**江苏**
87.28	78.80	126.25	23.87	170.61	19.60	109.56	48.43	20.18	南京
20.61	27.79	71.58	6.29	46.16	3.79	33.68	2.69	0.39	无锡
2.85	7.93	26.03	3.00	16.72	5.93	15.83	2.44	0.19	江阴
5.16	6.12	29.30	0.79	12.36	1.87	7.89	0.34	0.19	宜兴
19.11	22.73	49.97	4.58	48.52	7.78	43.20	7.91	4.74	徐州
4.17	2.12	8.85	0.83	2.77	0.13	5.71	0.60	0.42	新沂
4.38	1.70	10.48	0.32	6.10	1.62	5.27	0.92	0.60	邳州
17.24	16.56	89.96	6.63	42.18	5.40	35.85	9.18	4.69	常州
2.82	2.27	7.17	0.69	6.20	1.15	3.56			溧阳
28.83	37.43	124.50	8.47	72.32	9.19	58.57	7.92	2.07	苏州
3.87	12.80	13.13	1.34	15.16	1.72	14.65			常熟
4.69	3.94	2.35	0.25	9.78	0.58	10.75	3.85	3.11	张家港
5.03	2.46	14.98	1.57	7.79	4.41	9.15	2.74	1.43	昆山
1.48	2.81	10.44	0.37	4.93	1.15	20.31	0.77	0.41	太仓
18.41	19.20	72.97	8.09	45.44	5.48	30.07	10.88	5.44	南通
3.56	2.01	2.11	1.28	7.55	2.00	4.71			海安
2.90	4.01	6.10	0.60	5.93	1.30	4.37			启东
2.68	3.08	9.12	0.20	7.58	0.59	5.90	2.59	1.57	如皋
15.82	19.13	52.08	12.29	30.05	4.61	8.98	3.07	0.74	连云港
23.75	19.63	34.86	4.60	42.10	2.68	34.00	8.23	2.63	淮安
12.06	9.32	38.09	3.27	30.38	3.46	25.14	1.89	1.00	盐城
2.70	5.80	2.18	2.10	7.42	0.59	8.16			东台

2-2 续表 5

面积计量单位：平方公里
人口计量单位：万人

城市名称 Name of Cities	市区面积 Urban District Area	市区人口 Urban District Population	市区暂住人口 Urban District Temporary Population	城区面积 Urban Area	城区人口 Urban Population	城区暂住人口 Urban Temporary Population	建成区面积 Area of Built District	城市建设用地面积	
								小计 Subtotal	居住用地 Residential
扬　州	2355.9	229.7	25.9	415.34	107.92	15.92	185.85	185.36	51.15
仪　征	853.0	58.4	3.9	67.70	20.01	1.20	39.28	31.82	8.43
高　邮	1922.0	79.7	3.4	135.00	22.65	2.40	28.50	23.94	6.54
镇　江	1088.0	103.1	19.9	555.43	79.30	9.70	144.62	170.21	42.30
丹　阳	1047.0	79.9	23.6	154.22	31.70	5.54	36.41	36.41	7.40
扬　中	332.0	28.1	5.5	94.75	14.90	3.48	15.74	15.14	4.17
句　容	1386.4	58.5	12.5	92.80	15.96	2.20	31.31	31.31	11.48
泰　州	1567.1	163.6	23.9	441.44	88.10	11.34	153.10	150.20	38.36
兴　化	2393.4	152.8	3.2	64.00	22.05	1.15	43.00	38.13	14.09
靖　江	655.6	65.0	14.5	143.00	21.19	5.97	33.98	33.64	11.58
泰　兴	1174.0	115.9	12.6	74.64	26.30	4.59	44.31	41.21	14.58
宿　迁	2108.0	178.1	14.4	359.32	74.96	12.74	104.29	104.07	23.71
浙　江	**55869.0**	**3654.6**	**1872.2**	**13461.43**	**1816.34**	**1016.68**	**3157.16**	**3054.63**	**942.88**
杭　州	8268.5	675.8	557.6	2140.32	415.93	394.97	666.18	634.05	197.40
建　德	2326.5	51.0	7.0	260.00	12.23	2.87	10.60	10.59	2.10
宁　波	3731.6	306.3	185.6	1380.80	217.53	123.10	377.87	413.65	95.37
余　姚	1527.0	83.4	16.6	355.00	39.98	6.55	52.20	46.65	19.78
慈　溪	1361.0	106.2	40.5	270.48	44.27	8.61	49.00	46.43	21.57
温　州	1347.9	175.9	63.0	977.63	157.66	61.18	275.87	202.85	56.23
瑞　安	1350.0	125.9	58.3	111.40	21.87	9.26	23.10	22.46	9.52
乐　清	1395.5	131.8	63.7	328.26	35.70	19.47	24.48	24.28	12.48
龙　港	184.0	38.1	12.1	29.32	20.96	5.98	20.24	19.48	8.48
嘉　兴	1040.8	101.5	70.8	293.00	51.72	40.02	158.19	161.29	40.50
海　宁	862.7	70.8	43.2	150.54	21.65	9.68	55.50	52.69	17.30
平　湖	500.0	45.1	26.6	152.12	21.60	14.12	45.00	65.83	24.90
桐　乡	727.5	70.5	57.1	209.43	25.78	7.22	56.21	53.50	17.96
湖　州	1565.0	112.6	64.2	640.69	55.42	44.32	126.38	126.38	39.79
绍　兴	2942.0	224.2	121.7	684.00	107.35	61.96	254.27	249.90	84.37
诸　暨	2311.0	108.5	40.0	564.47	42.20	25.50	86.00	79.60	26.20
嵊　州	1790.0	72.7	10.2	214.70	24.35	6.78	41.99	40.11	10.75
金　华	2049.4	100.1	49.2	579.69	59.04	24.60	110.36	110.36	35.23
兰　溪	1312.5	65.4	7.0	206.30	18.82	4.73	37.63	35.31	11.41
义　乌	1105.0	85.3	73.8	419.44	51.70	54.94	109.40	109.40	31.38
东　阳	1739.0	84.0	47.8	373.00	32.52	11.39	44.79	44.79	13.31
永　康	1049.0	62.1	53.2	134.80	18.06	7.08	39.20	39.20	9.50
衢　州	2354.5	85.3	18.7	200.10	30.16	8.29	79.36	85.46	19.14
江　山	2019.0	61.3	3.5	286.46	14.00	1.56	18.70	18.70	5.28
舟　山	1026.3	80.7	12.5	578.70	51.88	12.52	68.33	57.46	21.74
台　州	1668.1	173.0	48.4	822.69	115.13	15.20	150.57	127.51	45.44
玉　环	509.6	43.7	2.4	158.20	19.80	1.27	26.57	28.98	11.03
温　岭	1073.6	122.1	62.4	121.90	26.93	5.36	40.17	40.17	15.65
临　海	2171.0	120.3	25.1	360.00	30.03	11.33	49.80	49.80	21.63
丽　水	1502.0	42.1	27.9	266.13	24.22	15.03	43.60	42.51	13.84
龙　泉	3059.0	28.9	2.2	191.86	7.85	1.79	15.60	15.24	3.60

continued 5

Area Measurement Unit: Square Kilometer
Population Measurement Unit: 10,000persons

Area of Urban Construction Land							本年征用土地面积 Area of Land Requisition This Year		城市名称 Name of Cities
公共管理与公共服务用地 Administration and Public Services	商业服务业设施用地 Commercial and Business Facilities	工业用地 Industrial, Manufacturing	物流仓储用地 Logistics and Warehouse	道路交通设施用地 Road, Street and Transportation	公用设施用地 Municipal Utilities	绿地与广场用地 Green Space and Square		耕地 Arable Land	
12.20	13.22	39.52	2.13	32.25	2.95	31.94	0.86	0.44	扬　州
1.01	1.00	6.12	0.90	6.22	0.44	7.70	1.71	1.03	仪　征
2.27	2.38	2.93	0.30	4.41	0.66	4.45	7.83	3.92	高　邮
14.41	7.96	53.20	4.15	30.95	3.41	13.83	5.78	2.80	镇　江
6.00	7.24	8.60	0.80	1.15	4.23	0.99	1.20	0.88	丹　阳
1.00	0.93	3.36	0.43	2.59	0.64	2.02	1.71	0.89	扬　中
1.56	2.08	6.34	0.30	5.62	0.22	3.71	0.82	0.47	句　容
16.93	12.13	34.26	4.37	31.44	5.69	7.02	0.57	0.36	泰　州
2.94	2.38	10.59	0.05	6.61	0.63	0.84	0.79	0.49	兴　化
0.68	0.56	3.05	0.19	4.50	0.16	12.92	2.30	1.81	靖　江
2.35	1.57	14.96	1.56	4.76	0.07	1.36	1.73	1.22	泰　兴
10.79	7.38	30.75	1.93	18.15	1.65	9.71	12.92	6.22	宿　迁
259.09	**210.79**	**699.93**	**60.57**	**533.26**	**70.60**	**277.51**	**137.82**	**77.96**	**浙　江**
71.33	42.26	123.36	7.04	130.61	14.27	47.78	29.14	15.76	杭　州
1.08	1.05	0.05	0.03	2.62	0.21	3.45	0.70	0.14	建　德
31.56	24.64	132.78	20.81	70.15	6.87	31.47	14.18	11.12	宁　波
2.94	2.45	12.74	0.15	7.02	0.32	1.25	1.50	0.91	余　姚
3.48	2.69	9.18	0.12	5.45	0.43	3.51	1.93	1.02	慈　溪
16.54	38.33	7.63	7.56	40.06	11.41	25.09	10.94	5.14	温　州
2.48	1.94	0.44	0.05	4.73	0.61	2.69	1.89	1.29	瑞　安
2.84	1.52	2.43	0.02	3.35	0.25	1.39	1.71	1.37	乐　清
0.24	0.64	6.06	0.07	3.01	0.41	0.57	0.89	0.52	龙　港
13.38	10.91	34.65	5.47	30.61	1.18	24.59	4.89	3.36	嘉　兴
4.19	4.03	11.93	0.13	6.90	0.35	7.86	3.68	2.07	海　宁
4.84	2.27	16.83	0.09	11.88	0.64	4.38	2.04	1.73	平　湖
3.64	3.88	14.30	0.55	7.21	0.53	5.43	3.13	1.82	桐　乡
8.91	9.59	31.77	1.37	26.92	2.13	5.90	2.00	1.04	湖　州
15.67	18.35	66.87	3.80	34.52	8.99	17.33	8.03	5.15	绍　兴
6.20	5.18	25.14	1.01	12.06	0.85	2.96	3.04	1.75	诸　暨
2.52	2.21	14.08	0.33	5.64	1.05	3.53	2.12	1.20	嵊　州
10.95	5.36	25.15	0.88	18.92	1.11	12.76	4.88	2.89	金　华
2.20	1.33	13.50	0.22	3.70	0.37	2.58	3.81	2.05	兰　溪
9.55	6.87	14.93	3.54	24.68	0.86	17.59	9.60	5.60	义　乌
1.55	0.78	13.36	0.75	6.25	1.38	7.41	4.28	2.03	东　阳
2.75	0.66	15.40	0.82	6.73	1.66	1.68	0.96	0.15	永　康
6.62	4.12	28.74	2.13	14.48	2.57	7.66	7.21	2.27	衢　州
1.43	1.88	2.21	0.83	3.71	0.54	2.82	2.14	0.89	江　山
7.62	3.64	6.29	0.47	8.66	1.36	7.68	1.10	0.58	舟　山
9.13	5.81	29.40	0.87	19.09	2.45	15.32	6.08	3.79	台　州
1.93	0.82	10.05	0.20	3.74	0.52	0.69	0.91	0.44	玉　环
1.56	2.90	8.30	0.52	5.89	1.60	3.75	1.55	1.06	温　岭
4.10	1.78	13.80	0.21	6.66	0.24	1.38	0.61	0.28	临　海
6.51	2.48	4.36	0.35	4.79	5.25	4.93	2.65	0.50	丽　水
1.35	0.42	4.20	0.18	3.22	0.19	2.08	0.23	0.04	龙　泉

2-2 续表 6

面积计量单位：平方公里
人口计量单位：万人

城市名称 Name of Cities	市区面积 Urban District Area	市区人口 Urban District Population	市区暂住人口 Urban District Temporary Population	城区面积 Urban Area	城区人口 Urban Population	城区暂住人口 Urban Temporary Population	建成区面积 Area of Built District	城市建设用地面积 小计 Subtotal	居住用地 Residential
安徽	**46905.4**	**2872.9**	**615.6**	**6712.30**	**1314.27**	**467.97**	**2409.89**	**2321.27**	**685.57**
合肥	1312.5	300.8	335.5	1126.61	241.34	233.67	502.50	466.54	132.05
巢湖	2031.0	94.5	2.6	48.00	35.20	1.68	48.00	48.00	18.20
芜湖	2651.0	214.3	55.2	1078.70	139.37	54.16	249.49	236.09	52.34
无为	2083.0	121.1	11.6	124.00	21.98	1.90	25.21	25.06	7.00
蚌埠	956.9	116.5	17.6	365.48	82.70	15.40	153.00	152.80	50.21
淮南	1690.0	181.8	13.5	469.02	107.60	13.40	122.76	122.76	46.40
马鞍山	704.0	82.4	20.2	175.84	58.63	16.82	101.50	96.15	23.70
淮北	754.0	104.0	13.0	210.00	60.00	13.00	89.79	96.17	34.45
铜陵	1535.3	87.7	11.9	205.60	43.89	10.96	81.32	73.68	20.60
安庆	821.2	73.5	16.5	311.50	60.85	16.22	155.00	151.40	44.39
潜山	1686.0	58.4	0.8	107.83	11.38	0.41	20.75	19.01	7.55
桐城	1571.0	75.0	0.9	91.56	16.72	0.56	28.20	25.25	10.21
黄山	2376.7	47.0	13.8	461.80	24.85	11.32	71.01	58.23	21.23
滁州	1404.3	56.2	20.6	282.60	40.38	18.32	103.81	103.81	23.10
天长	1770.0	63.1	2.7	33.00	17.70	1.87	30.74	30.72	10.36
明光	2335.0	64.3	1.4	40.00	17.38	0.96	30.00	28.00	7.44
阜阳	1923.8	232.7	14.1	338.87	95.60	14.05	152.60	146.45	47.75
界首	667.3	83.7	0.9	77.95	20.01	0.58	26.77	26.77	6.03
宿州	2868.0	192.9	8.8	164.51	54.38	4.88	90.76	88.51	27.87
六安	3834.0	208.7	27.5	166.12	44.76	16.04	80.50	80.50	26.12
亳州	2226.0	169.4	4.1	86.90	34.60	3.90	74.00	74.00	19.80
池州	2431.7	67.2	3.4	252.93	27.65	3.43	41.44	42.35	15.55
宣城	2620.8	87.2	12.4	131.77	27.05	9.15	65.00	64.50	16.13
广德	2165.0	52.2	2.9	41.01	14.65	2.16	33.33	33.33	8.07
宁国	2487.0	38.2	3.8	320.70	15.60	3.13	32.41	31.19	9.02
福建	**45738.2**	**2227.3**	**818.3**	**3919.08**	**1008.90**	**380.56**	**1648.14**	**1589.46**	**522.72**
福州	1684.1	293.6	117.6	539.38	238.85	103.76	305.30	272.86	107.13
福清	2030.0	139.7	24.5	224.50	25.34	10.76	54.00	52.89	15.32
厦门	1700.6	273.2	291.7	401.94	237.60	130.28	401.94	393.37	104.82
莆田	2284.0	247.7	48.7	244.00	62.95	15.68	102.04	99.48	49.62
三明	1171.6	29.5	14.4	220.00	22.16	3.08	40.26	35.86	11.15
永安	2942.0	32.8	4.6	300.00	13.52	3.65	24.92	24.92	8.45
泉州	892.0	245.6	70.8	539.00	103.42	33.16	226.00	226.00	78.00
石狮	188.1	35.7	40.3	48.00	16.90	22.45	39.67	39.66	8.52
晋江	649.0	119.4	110.4	111.00	18.87	14.06	38.01	38.01	11.00
南安	2036.0	166.7	26.4	130.00	27.64	3.17	36.00	34.96	10.12

continued 6

Area Measurement Unit: Square Kilometer
Population Measurement Unit: 10,000persons

Area of Urban Construction Land							本年征用土地面积 Area of Land Requisition This Year	耕地 Arable Land	城市名称 Name of Cities
公共管理与公共服务用地 Administration and Public Services	商业服务业设施用地 Commercial and Business Facilities	工业用地 Industrial, Manufacturing	物流仓储用地 Logistics and Warehouse	道路交通设施用地 Road, Street and Transportation	公用设施用地 Municipal Utilities	绿地与广场用地 Green Space and Square			
174.80	**162.50**	**451.72**	**45.84**	**404.94**	**64.74**	**331.16**	**131.53**	**74.82**	**安 徽**
51.30	35.51	86.27	3.21	76.73	6.77	74.70	16.20	10.71	合 肥
3.60	9.00	2.00	0.80	2.20	3.00	9.20	9.20	3.50	巢 湖
8.46	21.27	22.40	4.44	49.49	17.48	60.21	15.09	9.10	芜 湖
2.05	3.20	1.20	0.56	3.21	0.45	7.39	3.86	2.86	无 为
11.07	7.08	26.35	10.06	26.30	11.26	10.47	11.69	8.65	蚌 埠
9.51	7.77	18.65	1.00	21.25	1.16	17.02	9.79	8.36	淮 南
7.67	4.80	35.13	2.03	14.08	1.44	7.30	1.92	1.38	马鞍山
7.08	9.08	19.49	2.97	11.60	1.75	9.75	4.24	3.29	淮 北
6.53	4.49	23.90	1.50	9.77	1.01	5.88	9.67		铜 陵
9.76	11.46	30.80	3.37	26.78	3.28	21.56	2.40	1.00	安 庆
1.21	0.91	3.77	0.13	2.82	0.42	2.20	1.54	0.97	潜 山
1.74	0.79	7.99	0.35	3.49	0.23	0.45	1.50	1.10	桐 城
3.59	4.30	10.53	0.58	9.89	1.29	6.82	2.11	1.02	黄 山
5.76	5.27	30.26	1.09	23.19	0.80	14.34	12.26	6.76	滁 州
1.69	0.94	9.38	0.29	5.41	0.41	2.24	1.74	0.88	天 长
2.80	1.10	6.91	0.65	4.70	1.00	3.40	0.12	0.05	明 光
13.85	12.11	20.96	2.10	29.58	3.33	16.77	9.73	7.06	阜 阳
1.58	1.02	4.73	0.17	4.77	0.18	8.29	2.16	0.53	界 首
3.75	3.61	16.18	3.20	19.22	2.34	12.34	3.42	2.13	宿 州
5.54	4.96	13.50	1.86	12.25	3.08	13.19	3.51	2.34	六 安
3.74	4.00	14.70	2.40	16.20	0.70	12.46	2.73		亳 州
4.05	2.86	6.27	1.38	7.84	0.98	3.42	1.99	0.98	池 州
4.87	3.83	17.89	0.89	13.55	1.28	6.06	2.63	1.57	宣 城
2.02	1.65	9.88	0.69	6.30	0.32	4.40	1.25	0.18	广 德
1.58	1.49	12.58	0.12	4.32	0.78	1.30	0.78	0.40	宁 国
166.71	**108.30**	**266.15**	**32.20**	**281.66**	**43.26**	**168.46**	**56.65**	**12.49**	**福 建**
44.81	17.61	26.16	3.73	68.70	4.04	0.68	2.58	1.42	福 州
5.01	2.01	10.92	0.72	12.79	0.47	5.65	0.66		福 清
34.67	26.73	91.26	9.72	71.68	10.05	44.44	23.76	0.21	厦 门
8.24	3.40	15.71	1.70	15.42	0.93	4.46	4.94	2.89	莆 田
2.94	1.31	10.95	1.35	5.51	0.66	1.99	0.67	0.09	三 明
1.75	0.97	3.02	0.83	3.50	0.43	5.97			永 安
24.91	27.81	20.80	5.64	22.19	3.65	43.00			泉 州
8.52	2.59	4.73	1.26	6.89	2.59	4.56	0.42	0.06	石 狮
3.25	1.85	3.81	0.20	9.00	5.00	3.90			晋 江
1.32	3.76	2.90	0.65	5.16	5.69	5.36	2.18	0.68	南 安

2-2 续表 7

面积计量单位：平方公里
人口计量单位：万人

城市名称 Name of Cities	市区面积 Urban District Area	市区人口 Urban District Population	市区暂住人口 Urban District Temporary Population	城区面积 Urban Area	城区人口 Urban Population	城区暂住人口 Urban Temporary Population	建成区面积 Area of Built District	城市建设用地面积 小计 Subtotal	居住用地 Residential
漳州	374.0	58.0	22.2	91.51	43.63	12.44	71.00	71.00	25.03
龙海	1128.0	72.2	5.2	27.00	20.30	0.68	23.35	23.24	6.08
南平	6044.8	84.5	7.9	344.72	30.12	5.46	49.46	49.46	16.64
邵武	2836.7	30.2	2.3	95.00	9.04	1.48	25.40	25.40	6.80
武夷山	2798.0	25.3	1.0	50.00	9.36	0.55	14.74	13.50	4.14
建瓯	4233.1	54.6	3.5	35.00	10.80	3.46	16.10	14.94	6.10
龙岩	4901.0	108.3	0.2	200.20	49.69	0.02	75.03	69.72	21.85
漳平	2958.0	29.1	1.6	45.00	11.52	1.11	15.00	14.89	3.52
宁德	1537.0	53.0	16.0	107.50	25.60	11.00	44.60	43.98	13.68
福安	1880.1	67.7	7.7	41.33	14.22	2.85	24.47	24.47	6.97
福鼎	1470.0	60.6	1.6	124.00	17.37	1.46	20.85	20.85	7.78
江西	**46878.2**	**2257.6**	**205.6**	**2996.54**	**1161.70**	**164.62**	**1703.63**	**1603.41**	**484.43**
南昌	3095.4	316.8	55.1	428.40	282.47	32.97	366.02	320.55	96.80
景德镇	580.0	47.6	9.3	198.50	40.33	8.95	101.00	99.67	44.22
乐平	1974.0	90.1	0.4	49.20	17.07	0.28	26.12	25.94	6.35
萍乡	1065.0	87.8	0.9	85.70	50.72	0.76	52.08	52.08	18.53
九江	1514.3	103.2	3.5	554.00	80.35	3.08	158.35	137.30	42.91
瑞昌	1423.1	48.3	0.8	23.67	20.45	0.78	22.88	22.88	10.02
共青城	310.0	19.6	10.7	23.12	7.20	5.10	23.12	17.28	5.46
庐山	764.2	28.7	1.6	21.04	6.11	1.32	12.80	11.02	3.52
新余	1789.0	91.5	1.5	230.00	47.93	1.20	83.00	73.60	21.31
鹰潭	1077.5	64.1	3.1	101.00	31.11	2.70	56.06	52.44	14.98
贵溪	2480.0	70.2	7.2	90.00	13.60	6.38	36.12	33.03	9.93
赣州	5366.2	237.6	54.7	328.24	146.92	50.60	202.47	200.04	54.98
瑞金	2449.0	71.5	1.7	52.00	29.80	1.39	31.65	30.40	8.81
龙南	1642.0	39.5	5.8	25.72	18.66	5.82	23.03	23.03	5.26
吉安	1381.5	64.6	7.0	230.00	44.97	8.87	64.59	64.59	14.85
井冈山	1462.4	19.0	3.6	8.90	0.84	1.14	8.90	8.25	2.22
宜春	2532.4	116.8	16.8	115.00	56.20	16.80	88.40	88.40	22.62
丰城	2845.0	150.2	0.6	62.60	45.00	4.00	57.10	56.15	11.44
樟树	1291.0	60.5	0.4	46.34	26.08	0.31	33.78	33.31	8.88
高安	2439.0	91.6	5.1	52.00	25.93	1.30	36.20	36.06	7.56
抚州	3428.3	171.5	2.0	135.25	78.70	1.93	102.85	100.81	33.10
上饶	3887.0	233.4	13.6	114.86	83.11	8.68	103.26	102.76	35.97
德兴	2082.0	33.6	0.2	21.00	8.15	0.26	13.85	13.82	4.71
山东	**92953.3**	**6802.6**		**23953.82**	**3396.29**	**592.85**	**5646.34**	**5102.39**	**1624.33**
济南	8367.0	835.2		2419.15	480.89	160.07	793.65	560.06	224.67
青岛	5190.4	717.3		3089.18	433.94	116.20	758.16	651.19	163.12
胶州	1324.0	98.8		835.40	61.02	1.50	85.05	85.05	21.25
平度	3176.0	119.1		719.90	47.96	1.61	70.34	70.34	27.58

continued 7

Area Measurement Unit: Square Kilometer
Population Measurement Unit: 10,000persons

Area of Urban Construction Land							本年征用土地面积 Area of Land Requisition This Year	耕地 Arable Land	城市名称 Name of Cities
公共管理与公共服务用地 Administration and Public Services	商业服务业设施用地 Commercial and Business Facilities	工业用地 Industrial, Manufacturing	物流仓储用地 Logistics and Warehouse	道路交通设施用地 Road, Street and Transportation	公用设施用地 Municipal Utilities	绿地与广场用地 Green Space and Square			
5.39	3.41	17.25	0.54	9.26	0.71	9.41	1.09	0.39	漳州
1.46	1.42	0.34	0.38	4.88	1.50	7.18	0.15	0.06	龙海
4.93	2.40	12.13	0.93	4.77	1.08	6.58	0.19	0.05	南平
1.71	0.49	7.34	0.94	3.50	0.85	3.77	0.28	0.14	邵武
1.40	1.66	1.04	0.01	2.40	0.10	2.75	1.20	0.40	武夷山
1.12	0.81	2.94	0.17	2.20	0.13	1.47			建瓯
7.00	4.59	9.22	1.40	13.59	2.11	9.96	3.70		龙岩
0.82	0.94	4.30	0.02	2.83	0.72	1.74	3.60	1.00	漳平
3.81	2.27	11.49	1.24	6.85	1.10	3.54	10.60	4.85	宁德
2.08	0.58	6.81	0.19	7.27	0.27	0.30	0.45	0.19	福安
1.57	1.69	3.03	0.58	3.27	1.18	1.75	0.18	0.06	福鼎
168.34	**106.06**	**304.89**	**32.91**	**253.83**	**40.59**	**212.36**	**83.01**	**29.34**	**江西**
45.60	23.45	61.30	4.40	48.60	6.90	33.50	13.65	6.82	南昌
12.25	8.63	25.54	1.64	7.29	0.03	0.07	1.78	0.45	景德镇
3.26	3.35	5.63	1.01	2.35	1.01	2.98			乐平
5.55	2.07	8.70	0.96	10.36	0.66	5.25	3.69	1.53	萍乡
10.27	8.93	31.01	2.40	20.74	5.94	15.10	14.63	7.23	九江
2.36	0.91	3.48	0.69	2.12	1.56	1.74			瑞昌
1.32	0.90	1.80	0.20	2.20	0.90	4.50			共青城
1.61	0.21	2.36	0.01	2.94	0.25	0.12			庐山
4.79	3.33	9.01	0.53	12.50	0.72	21.41	0.94	0.47	新余
4.49	3.15	9.70	1.62	9.24	0.79	8.47	3.22	1.41	鹰潭
2.35	0.85	12.23	0.15	3.03	0.31	4.18	3.52	1.20	贵溪
21.08	12.91	34.30	4.74	32.22	6.61	33.20	16.94	3.04	赣州
2.52	1.61	1.77	1.39	6.06	0.26	7.98	0.48	0.20	瑞金
0.92	0.87	6.32	0.14	4.28	0.21	5.03	2.81	0.19	龙南
9.70	3.05	15.40	1.54	12.40	0.61	7.04	10.00	2.80	吉安
0.98	1.65	0.88	0.18	1.20	0.10	1.04			井冈山
6.08	7.58	12.57	3.85	17.58	4.20	13.92			宜春
4.03	3.35	22.28	1.25	7.11	1.82	4.87			丰城
4.13	4.57	3.58	1.46	6.73	0.93	3.03	2.39	1.35	樟树
5.21	1.45	6.36	0.73	7.24	1.09	6.42			高安
8.83	5.59	23.05	1.86	15.08	1.74	11.56	5.78	1.30	抚州
9.67	6.34	6.21	1.82	20.94	3.52	18.29	2.90	1.30	上饶
1.34	1.31	1.41	0.34	1.62	0.43	2.66	0.28	0.05	德兴
473.75	**389.02**	**1094.46**	**144.13**	**724.45**	**121.54**	**530.71**	**150.03**	**74.47**	**山东**
59.21	57.22	105.93	15.01	71.33	4.35	22.34	27.06	15.29	济南
52.26	48.08	191.40	35.91	94.03	8.86	57.53	10.65	4.98	青岛
7.12	3.69	24.13	5.12	13.28	4.58	5.88			胶州
6.09	3.10	21.37	0.35	7.50	0.60	3.75			平度

2-2 续表 8

面积计量单位：平方公里
人口计量单位：万人

城市名称 Name of Cities	市区面积 Urban District Area	市区人口 Urban District Population	市区暂住人口 Urban District Temporary Population	城区面积 Urban Area	城区人口 Urban Population	城区暂住人口 Urban Temporary Population	建成区面积 Area of Built District	城市建设用地面积	
								小计 Subtotal	居住用地 Residen-tial
莱　西	1568.0	72.0		448.09	30.75	3.41	39.51	38.70	13.82
淄　博	2989.1	338.6		770.31	187.60	11.59	292.55	286.47	99.03
枣　庄	3068.4	228.1		554.00	104.32	3.92	156.73	146.74	61.60
滕　州	1495.1	157.5		158.71	46.17		64.22	59.32	24.35
东　营	5525.4	143.4		1388.20	75.77	22.66	153.28	153.45	42.24
烟　台	4136.8	319.1		1089.80	179.45	69.71	392.58	368.21	114.44
龙　口	901.0	73.0		104.00	27.28	2.37	46.62	45.12	12.01
莱　阳	1731.5	79.5		265.49	28.85	1.43	43.19	43.19	19.54
莱　州	1928.0	82.5		368.20	35.00	5.00	54.00	49.35	18.75
招　远	1433.2	54.3		138.00	19.41	0.60	35.58	34.03	10.16
栖　霞	1793.3	43.5		30.14	13.90	4.30	17.10	16.72	4.86
海　阳	1886.8	58.3		262.00	21.00	1.95	34.44	34.42	11.24
潍　坊	2006.0	251.2		1186.54	126.48	39.92	179.85	172.47	57.12
青　州	1569.0	96.1		300.00	33.79	3.85	53.50	52.46	14.32
诸　城	2151.0	107.8		326.40	46.49	2.66	53.20	53.16	17.61
寿　光	1990.1	116.3		328.30	47.19	3.35	47.03	46.88	14.56
安　丘	1712.0	84.1		541.00	46.63	1.94	63.92	63.92	16.26
高　密	1527.0	87.7		198.00	27.63	1.84	54.99	52.47	16.34
昌　邑	1628.0	56.5		120.00	19.03	1.12	32.97	20.46	11.84
济　宁	1647.5	224.1		883.87	160.21	1.03	245.50	208.66	67.30
曲　阜	815.0	62.2		66.00	19.20	2.73	27.00	27.00	7.00
邹　城	1616.0	116.7		97.86	33.40	2.45	48.50	48.49	14.14
泰　安	2087.0	195.0		587.63	108.13		161.64	161.64	52.89
新　泰	1933.0	127.3		496.47	56.10		69.88	69.88	16.30
肥　城	1277.0	89.4		137.10	30.61		48.66	48.66	22.35
威　海	2607.3	172.8		652.42	84.40	17.07	197.29	191.24	58.68
荣　成	1527.7	71.4		491.70	34.95	9.18	58.88	58.88	15.10
乳　山	1664.9	46.4		140.60	15.79	7.04	36.54	36.54	8.24
日　照	2043.1	155.2		403.70	77.06	15.24	124.70	115.00	44.33
临　沂	2293.3	365.2		1161.98	183.81	34.75	258.85	224.49	59.18
德　州	1752.4	149.2		602.00	82.82	14.56	164.42	164.17	44.34
乐　陵	1168.0	55.9		100.00	26.20		33.00	32.60	5.00
禹　城	990.0	48.8		60.00	19.10	0.80	37.79	36.86	11.50
聊　城	2447.4	200.7		678.69	114.59	10.18	174.26	156.35	41.24
临　清	950.0	79.5		262.00	32.20	0.42	31.40	31.40	10.00
滨　州	3525.7	122.2		799.90	57.79	11.96	139.81	135.31	47.18
邹　平	1250.0	77.5		207.00	27.97	2.67	59.00	58.90	12.50
菏　泽	2261.0	223.6		484.09	91.41	1.77	206.76	192.14	70.35
河　南	**47285.8**	**4557.8**	**541.3**	**5364.36**	**2201.52**	**477.66**	**3039.98**	**2882.19**	**875.74**
郑　州	1010.3	548.4	301.3	762.41	416.64	301.30	640.80	622.50	156.97
巩　义	1041.0	85.0	2.5	36.00	36.80	1.05	35.80	34.87	9.45

continued 8

Area Measurement Unit: Square Kilometer
Population Measurement Unit: 10,000persons

Area of Urban Construction Land							本年征用土地面积 Area of Land Requisition This Year		城市名称 Name of Cities
公共管理与公共服务用地 Administration and Public Services	商业服务业设施用地 Commercial and Business Facilities	工业用地 Industrial, Manufacturing	物流仓储用地 Logistics and Warehouse	道路交通设施用地 Road, Street and Transportation	公用设施用地 Municipal Utilities	绿地与广场用地 Green Space and Square		耕地 Arable Land	
3.98	1.22	9.43	2.37	3.70	0.93	3.25	1.05	0.66	莱西
21.13	17.92	81.02	7.10	35.64	5.85	18.78	7.65	3.79	淄博
14.10	12.24	27.40	2.27	17.03	2.33	9.77	2.74	1.23	枣庄
5.26	5.29	11.01	1.12	8.50	0.38	3.41	0.04	0.03	滕州
20.15	14.55	31.58	3.89	12.76	11.51	16.77	1.19	0.59	东营
27.03	30.27	88.31	9.74	51.53	10.47	36.42	11.40	2.90	烟台
5.15	5.92	2.50	2.36	8.51	2.10	6.57			龙口
7.35	7.52	1.75	0.38	2.50	1.30	2.85	4.02	2.73	莱阳
3.94	3.32	11.33	1.01	6.53	0.41	4.06			莱州
1.75	3.26	9.12	0.09	4.74	0.05	4.86	0.85	0.44	招远
1.12	1.86	3.41	0.67	2.72	0.12	1.96			栖霞
2.47	2.39	6.30	0.51	2.48	1.93	7.10	1.01	0.52	海阳
12.91	12.02	33.10	5.67	25.25	6.00	20.40	24.97	13.05	潍坊
4.20	4.40	6.70	0.70	11.04	1.50	9.60			青州
4.65	3.93	9.74	3.42	5.27	1.64	6.90	2.87	1.18	诸城
5.43	3.09	6.87	0.28	7.17	0.07	9.41	5.12	2.87	寿光
4.94	3.20	18.43	1.72	9.46	3.23	6.68	1.39	0.88	安丘
3.29	3.97	9.99	0.49	7.99	0.30	10.10			高密
1.94	1.35	1.64	0.11	2.71	0.42	0.45			昌邑
17.92	19.81	52.96	5.31	31.48	1.57	12.31			济宁
3.00	2.00	4.90	0.60	2.50	3.00	4.00			曲阜
7.63	2.75	7.65	2.00	5.95	1.75	6.62	1.30	0.10	邹城
16.73	15.09	39.33	1.65	23.30	2.37	10.28	2.00	0.12	泰安
4.80	12.18	1.57	2.61	7.98	4.44	20.00			新泰
2.84	3.56	6.13	0.66	6.12	1.13	5.87	4.14	2.83	肥城
13.20	14.95	53.48	2.42	31.84	2.28	14.39	2.09	1.23	威海
4.34	5.83	8.27	1.05	9.54	0.24	14.51	2.78	0.74	荣成
4.85	2.18	5.77	1.11	6.03	1.43	6.93	0.38	0.16	乳山
10.43	9.88	6.88	2.24	20.89	5.68	14.67	12.80	5.28	日照
24.92	11.51	31.91	8.34	28.97	10.83	48.83	4.39	1.76	临沂
27.30	1.77	44.93	2.94	24.08	2.71	16.10	1.45	1.04	德州
5.50	2.00	3.80	1.60	7.30	3.70	3.70			乐陵
1.75	2.11	15.55	0.83	3.77	0.17	1.18	0.80	0.32	禹城
12.93	12.88	33.91	3.81	27.88	2.64	21.06	4.75	2.49	聊城
4.06	0.91	5.20	1.15	4.59	0.63	4.86			临清
15.94	2.16	24.71	2.28	20.67	3.96	18.41	1.80	0.21	滨州
1.90	2.74	16.05	1.06	10.56	3.30	10.79			邹平
18.24	14.90	19.00	2.18	39.33	0.78	27.36	9.34	7.05	菏泽
303.15	**146.85**	**348.68**	**79.53**	**465.79**	**104.19**	**558.26**	**25.04**	**15.64**	**河南**
88.64	22.63	50.77	23.85	113.24	24.05	142.35			郑州
3.82	1.54	5.91	0.82	4.88	0.57	7.88	1.36	0.79	巩义

2-2 续表 9

面积计量单位：平方公里
人口计量单位：万人

城市名称 Name of Cities	市区面积 Urban District Area	市区人口 Urban District Population	市区暂住人口 Urban District Temporary Population	城区面积 Urban Area	城区人口 Urban Population	城区暂住人口 Urban Temporary Population	建成区面积 Area of Built District	城市建设用地面积	
								小计 Subtotal	居住用地 Residential
荥阳	908.0	71.3	6.2	92.39	17.54	2.70	38.48	26.88	9.00
新密	1001.0	90.4		78.22	21.26		33.60	29.66	8.60
新郑	887.0	84.7	47.2	34.30	21.14	6.35	34.26	34.21	9.62
登封	1219.0	73.5	0.7	58.79	19.38	0.46	30.23	25.38	12.20
开封	1837.0	169.7	3.3	192.25	99.50	3.20	140.55	139.07	42.60
洛阳	593.5	236.0	44.1	331.42	209.33	31.70	259.00	250.75	90.06
偃师	948.0	90.5	2.0	21.00	18.09	1.02	20.98	20.96	5.50
平顶山	443.0	111.3	3.0	260.03	89.61	2.78	73.40	73.30	28.50
舞钢	635.0	32.8	0.4	68.03	12.17	0.20	16.83	16.52	3.35
汝州	1573.0	118.8	1.9	136.50	35.60	6.20	42.25	40.11	13.00
安阳	543.6	125.2	1.8	153.00	76.54	0.49	89.40	89.32	26.72
林州	2046.0	115.0	1.9	38.00	21.50	0.83	25.90	25.58	10.38
鹤壁	679.0	66.1	1.7	130.42	47.88	1.65	64.90	64.85	15.41
新乡	346.0	124.1	2.5	140.00	78.96	0.20	126.87	119.79	43.17
长垣	1051.0	104.0	0.8	42.97	31.35	0.61	42.35	40.72	11.56
卫辉	862.0	55.4	0.1	45.00	16.40	0.13	22.93	22.08	7.27
辉县	2007.0	91.4	3.6	116.50	20.60	2.28	22.69	21.93	10.98
焦作	543.6	102.9	4.6	140.00	80.91		117.20	113.26	37.14
沁阳	624.0	54.2	0.3	34.00	13.94	0.04	21.00	20.39	7.09
孟州	541.6	38.4	0.5	113.37	14.94	0.50	17.00	16.97	5.53
濮阳	263.0	78.2	3.5	153.56	59.40	2.64	64.00	63.55	22.95
许昌	1099.0	134.9	14.5	190.00	46.17	13.50	117.00	89.25	23.73
禹州	1461.0	133.9	16.4	52.26	28.94	14.50	47.20	44.95	12.60
长葛	650.0	77.4	0.5	75.55	19.56	0.37	27.90	25.32	4.58
漯河	1020.0	137.3	1.8	106.82	61.71	0.93	68.49	68.49	17.03
三门峡	1948.0	60.5	1.7	73.00	47.20	2.10	61.20	58.06	29.21
义马	112.0	16.4	0.6	112.00	16.37	0.60	18.67	18.66	3.61
灵宝	3011.0	75.9	3.1	29.00	17.62	1.03	23.00	22.58	5.30
南阳	2144.6	223.6	37.6	640.77	125.39	36.43	162.26	162.21	48.04
邓州	2294.0	190.5	9.9	40.00	34.18	5.07	38.00	33.48	8.56
商丘	1697.0	155.6	1.5	103.00	96.38	0.10	69.00	66.29	11.19
永城	1994.5	165.0	3.6	81.29	45.35	2.70	49.30	47.71	12.51
信阳	3604.0	158.5	3.7	259.51	61.93	3.50	104.50	104.40	35.00
周口	269.0	62.3	5.6	100.00	41.46	5.18	79.45	69.13	22.99
项城	1083.0	135.5	0.6	60.00	30.71		37.16	33.04	10.29
驻马店	1365.1	90.4	5.9	185.00	49.23	5.66	99.50	79.04	27.71
济源示范区	1931.0	73.1	0.5	78.00	19.84	19.66	56.93	46.93	16.34
湖北	**97661.9**	**4259.1**	**482.6**	**8220.53**	**1900.37**	**383.20**	**2756.81**	**2665.89**	**810.40**
武汉	8569.2	916.2	320.9	1452.00	611.30	253.99	885.11	864.53	270.46
黄石	233.8	84.9	0.8	233.80	66.06	0.84	85.42	85.42	24.59
大冶	1566.0	99.9	3.3	276.68	28.95	2.46	32.45	32.45	8.42

continued 9

Area Measurement Unit: Square Kilometer

Population Measurement Unit: 10,000persons

Area of Urban Construction Land							本年征用土地面积 Area of Land Requisition This Year		城市名称 Name of Cities
公共管理与公共服务用地 Administration and Public Services	商业服务业设施用地 Commercial and Business Facilities	工业用地 Industrial, Manufacturing	物流仓储用地 Logistics and Warehouse	道路交通设施用地 Road, Street and Transportation	公用设施用地 Municipal Utilities	绿地与广场用地 Green Space and Square		耕地 Arable Land	
2.60	1.00	6.22	0.70	4.01	0.71	2.64			荥阳
1.20	2.10	3.36	1.20	4.60	4.80	3.80			新密
4.30	3.58	3.10	0.86	4.53	0.76	7.46	0.88	0.39	新郑
3.51	1.31	0.51	0.24	3.02	0.09	4.50	1.58	0.85	登封
16.53	7.77	25.94	2.82	21.75	5.03	16.63	6.18	2.96	开封
18.95	11.75	34.57	6.18	37.83	4.23	47.18	2.41	1.27	洛阳
1.20	2.10	3.30	0.70	3.02	1.10	4.04			偃师
2.89	2.50	8.54	1.27	12.43	1.35	15.82			平顶山
1.84	0.18	3.76	0.10	2.49	0.93	3.87			舞钢
2.50	3.00	4.73	1.18	6.30	0.42	8.98			汝州
10.35	3.54	5.81	3.36	18.32	3.24	17.98	0.44		安阳
2.58	0.95	1.10	0.35	3.90	0.28	6.04			林州
5.35	4.17	15.40	1.01	10.15	0.90	12.46			鹤壁
11.76	7.07	11.89	2.11	13.81	2.91	27.07			新乡
3.18	2.12	7.91	0.38	6.86	0.59	8.12			长垣
2.09	1.52	3.83	0.50	2.58	1.01	3.28	1.42	1.11	卫辉
1.37	0.33	1.58	0.50	3.25	0.52	3.40			辉县
13.00	5.00	24.00	1.02	14.49	1.56	17.05			焦作
1.40	1.32	0.58	1.19	4.00	1.44	3.37			沁阳
1.02	0.96	1.24	0.25	4.03	0.61	3.33			孟州
3.20	4.85	4.17	1.35	11.28	2.20	13.55			濮阳
7.98	5.31	10.52	2.14	16.49	7.41	15.67	3.51	2.95	许昌
5.00	2.08	7.91	1.87	6.59	0.70	8.20			禹州
2.70	0.95	4.00	0.90	5.45	0.24	6.50	2.44	2.00	长葛
4.41	2.31	5.92	2.34	12.39	7.83	16.26			漯河
6.04	4.01	9.46	1.06	6.65	0.69	0.94	0.83	0.31	三门峡
2.05	0.81	3.11	0.60	3.07	0.53	4.88	0.05	0.03	义马
3.30	0.91	4.70	0.55	2.99	1.19	3.64	0.28	0.15	灵宝
23.13	9.02	24.08	4.61	27.82	5.99	19.52	0.34	0.34	南阳
0.54	3.25	5.96	1.20	7.24	0.84	5.89			邓州
6.20	1.82	1.39	0.70	11.30	3.13	30.56	1.99	1.41	商丘
4.94	4.65	3.82	0.50	8.99	2.33	9.97	0.76	0.59	永城
11.76	3.84	17.40	2.84	9.50	1.29	22.77			信阳
5.92	6.14	6.12	3.52	11.45	4.32	8.67			周口
3.97	1.70	2.08	2.08	5.34	1.78	5.80	0.57	0.49	项城
8.17	6.41	6.27	1.56	12.13	4.73	12.06			驻马店
3.76	2.35	7.72	1.12	7.62	1.89	6.13			济源示范区
247.06	**159.96**	**632.39**	**79.33**	**420.21**	**96.16**	**220.38**	**157.36**	**68.65**	**湖北**
95.37	44.15	217.95	26.16	134.01	28.31	48.12	19.48	9.60	武汉
5.80	2.35	24.37	0.80	17.97	1.51	8.03			黄石
2.50	1.39	5.07		5.31	1.25	8.51	1.44	0.51	大冶

2-2 续表 10

面积计量单位：平方公里
人口计量单位：万人

城市名称 Name of Cities	市区面积 Urban District Area	市区人口 Urban District Population	市区暂住人口 Urban District Temporary Population	城区面积 Urban Area	城区人口 Urban Population	城区暂住人口 Urban Temporary Population	建成区面积 Area of Built District	城市建设用地面积	
								小计 Subtotal	居住用地 Residen-tial
十堰	8916.0	120.9	18.1	410.50	61.49	16.90	116.52	116.52	34.73
丹江口	3121.0	40.7	1.0	214.94	14.25	0.58	29.17	22.59	7.60
宜昌	4234.3	128.1	13.1	541.00	89.52	11.90	181.07	181.07	50.49
宜都	1357.0	38.4	1.0	193.27	16.90	0.97	27.64	26.37	6.82
当阳	2149.7	46.3	3.5	220.30	17.85	1.53	24.63	23.22	4.32
枝江	1374.4	47.4	1.6	100.00	18.96	1.15	28.53	28.51	7.57
襄阳	3672.9	228.3	23.3	374.30	130.88	23.28	206.00	174.51	47.63
老河口	1032.0	50.9	1.1	65.28	24.00	0.35	31.76	31.76	10.74
枣阳	3277.0	115.5	0.8	460.00	28.50	0.50	50.66	50.29	14.00
宜城	2115.0	55.6	1.5	48.00	16.22	1.19	27.80	27.60	8.87
鄂州	1596.5	111.7	3.0	63.45	29.69	0.88	36.18	36.07	10.28
荆门	2251.9	81.3	13.8	248.70	46.67	10.52	67.65	67.65	14.65
京山	3537.8	62.0		34.00	16.08		31.07	31.06	8.31
钟祥	4403.4	105.2	1.0	175.00	27.00	1.00	27.37	27.37	6.33
孝感	1018.3	95.0	5.8	115.25	58.38	4.88	56.50	56.50	16.44
应城	1095.6	65.3	0.6	183.78	18.00	0.52	20.15	20.15	6.33
安陆	1353.6	66.4	1.2	91.32	19.98	0.62	20.07	20.07	7.94
汉川	1632.0	107.0	1.2	84.60	30.73	0.88	28.00	27.90	8.61
荆州	1576.0	107.3	8.0	96.07	85.08	7.17	96.07	96.07	24.86
监利	3237.7	157.6	8.4	86.02	19.20	3.22	26.30	34.06	5.85
石首	1427.0	63.2	5.1	22.56	15.09	0.14	22.56	21.14	6.31
洪湖	2519.0	93.4	0.3	41.40	14.05	0.60	21.18	21.18	4.79
松滋	2176.9	81.6	1.1	96.00	13.33	0.32	20.46	20.44	6.42
黄冈	367.1	39.8	4.3	33.23	23.72	5.70	33.02	33.02	11.37
麻城	3604.0	117.2	2.9	251.27	26.88	1.86	40.69	40.57	9.52
武穴	1241.7	81.9	4.6	31.00	25.20	4.60	30.30	30.28	9.40
咸宁	1503.1	63.1	4.9	165.00	36.65	4.71	76.18	58.84	26.30
赤壁	1723.0	50.4	1.0	51.20	28.00	0.80	33.00	30.67	10.50
随州	1425.4	71.3	8.7	236.61	43.17	7.12	81.55	81.55	31.92
广水	2645.5	95.3	1.3	73.85	31.08	0.96	33.50	33.12	13.45
恩施	3967.3	84.6	2.0	120.00	25.90	2.50	41.50	41.50	11.20
利川	4605.5	91.9	6.9	133.00	20.03	3.20	19.18	19.18	5.20
仙桃	2519.1	156.5	3.6	240.00	38.10	2.30	63.23	63.23	26.58
潜江	2004.0	99.6		632.75	42.81		58.21	43.30	18.65
天门	2612.4	137.8	3.2	324.40	40.67	3.06	46.13	46.13	12.95
湖南	**54248.3**	**3023.3**	**317.7**	**4778.54**	**1520.45**	**236.52**	**1959.38**	**1849.50**	**700.48**
长沙	1199.8	396.5		1199.84	396.52		409.51	332.04	154.11
宁乡	2906.0	149.3	7.4	345.97	41.46	6.31	70.88	63.29	20.74
浏阳	5008.0	149.0	15.2	145.00	20.55	7.02	29.60	28.55	8.60
株洲	2023.2	164.1	0.9	928.70	123.82	0.80	155.93	145.90	58.27
醴陵	2158.0	105.2	1.9	113.80	23.10	1.65	30.40	30.39	11.92

continued 10

Area Measurement Unit: Square Kilometer
Population Measurement Unit: 10,000persons

Area of Urban Construction Land							本年征用土地面积 Area of Land Requisition This Year		城市名称 Name of Cities
公共管理与公共服务用地 Administr-ation and Public Services	商业服务业设施用地 Commercial and Business Facilities	工业用地 Indust-rial, Manufac-turing	物流仓储用地 Logistics and Warehouse	道路交通设施用地 Road, Street and Transpor-tation	公用设施用地 Municipal Utilities	绿地与广场用地 Green Space and Square		耕地 Arable Land	
13.43	4.40	33.95	3.68	12.32	4.23	9.78	12.46		十　堰
2.25	1.50	6.64	0.12	3.08	0.68	0.72	2.55	0.25	丹江口
13.03	9.77	39.46	8.22	31.32	11.89	16.89	20.51	6.52	宜　昌
2.77	1.99	4.00	0.75	4.62	4.45	0.97	2.96	0.99	宜　都
0.46	0.61	8.62	0.48	3.69	1.32	3.72	3.64	1.95	当　阳
1.03	2.41	6.82	0.77	4.61	1.34	3.96	3.40	1.52	枝　江
15.41	12.49	52.31	2.82	31.68	4.37	7.80	7.21	4.94	襄　阳
1.95	1.34	10.16	0.11	5.66	1.14	0.66	0.01	0.01	老河口
3.45	6.05	18.57	0.77	6.69	0.55	0.21	4.92	2.17	枣　阳
1.93	1.39	5.33	0.68	4.82	0.58	4.00	0.40	0.24	宜　城
3.33	2.54	3.87	1.10	5.46	1.85	7.64	0.61	0.19	鄂　州
5.91	4.21	12.69	1.69	12.62	4.73	11.15	7.86	3.54	荆　门
2.70	1.31	7.19	0.69	7.01	0.65	3.20	1.25		京　山
1.65	0.78	4.86	1.87	5.59	0.35	5.94	0.45		钟　祥
3.79	4.41	14.35	2.03	10.72	0.67	4.09	14.51	8.99	孝　感
2.52	1.71	3.08	0.38	2.74	0.62	2.77	0.17	0.12	应　城
0.58	0.66	2.75	0.76	4.81	0.95	1.62	0.99	0.09	安　陆
3.70	6.64	2.67	1.34	3.89	0.51	0.54			汉　川
10.62	5.55	21.97	2.22	16.38	2.94	11.53	11.09	6.01	荆　州
3.05	2.75	8.20	7.83	4.40	0.31	1.67	0.40		监　利
1.15	5.36	1.64	1.02	3.29	0.69	1.68	0.46		石　首
0.42	1.50	3.67	0.31	4.34	2.38	3.77			洪　湖
2.29	1.40	4.31	0.23	3.10	0.25	2.44	4.51	2.33	松　滋
5.38	2.63	6.27	0.42	0.44	3.90	2.61	5.69	2.57	黄　冈
3.22	4.03	7.82	1.21	8.62	0.57	5.58	2.90	1.90	麻　城
4.00	1.20	2.00	1.60	6.03	2.10	3.95			武　穴
2.89	2.16	14.50	0.47	6.85	0.32	5.35	6.12	1.14	咸　宁
1.41	1.96	5.81	1.22	5.03	1.84	2.90	2.02	0.96	赤　壁
5.55	3.99	22.20	1.31	10.36	1.32	4.90	6.31	4.47	随　州
3.23	2.71	5.10	0.76	6.57	0.81	0.49	0.90	0.49	广　水
5.70	4.30	5.90	2.00	3.50	1.70	7.20	2.60	0.20	恩　施
1.20	1.40	1.60	0.90	2.05	1.58	5.25	0.55	0.49	利　川
4.63	2.26	12.69	1.29	10.24	2.28	3.26	6.77	4.69	仙　桃
4.82	1.70	12.17	0.67	3.49	0.35	1.45			潜　江
3.94	2.96	11.83	0.65	6.90	0.87	6.03	2.22	1.77	天　门
215.69	**130.83**	**273.47**	**41.31**	**247.08**	**73.27**	**167.37**	**66.12**	**19.32**	**湖　南**
41.77	29.39	23.18	7.07	55.45	2.85	18.22	7.25	3.46	长　沙
4.58	3.16	20.28	0.61	5.24	0.56	8.12	7.33	3.33	宁　乡
2.80	2.10	2.10	0.90	1.20	1.35	9.50			浏　阳
16.60	4.63	36.04	0.23	29.30	0.51	0.32	19.83	0.51	株　洲
5.23	2.35	5.71	1.06	1.76	0.04	2.32			醴　陵

2-2 续表 11

面积计量单位：平方公里

人口计量单位：万人

城市名称 Name of Cities	市区面积 Urban District Area	市区人口 Urban District Population	市区暂住人口 Urban District Temporary Population	城区面积 Urban Area	城区人口 Urban Population	城区暂住人口 Urban Temporary Population	建成区面积 Area of Built District	城市建设用地面积	
								小计 Subtotal	居住用地 Residential
湘　潭	652.4	85.7	26.1	142.63	69.59	26.06	90.47	135.92	49.75
湘　乡	1966.6	92.7	2.1	26.00	27.40	1.40	23.50	23.50	8.31
韶　山	247.3	12.9	0.6	32.00	4.63	0.40	5.15	5.10	1.20
衡　阳	518.0	96.7	47.3	189.00	95.65	47.33	137.85	137.85	45.92
耒　阳	2678.0	144.0	22.8	49.80	28.50	3.32	34.10	32.55	11.60
常　宁	2047.9	95.4	2.2	60.60	16.23	1.17	35.20	37.51	18.61
邵　阳	436.0	76.0	7.2	83.00	62.35	7.66	78.00	76.58	28.52
武　冈	1549.0	78.7	7.0	40.00	24.20	6.00	23.40	22.37	8.59
邵　东	1768.0	138.9	13.3	42.80	27.66	8.74	35.20	23.95	7.39
岳　阳	1412.6	111.7	4.1	167.00	91.69	2.98	116.28	105.20	28.68
汨　罗	1484.0	67.8	8.4	20.20	12.18	1.10	20.10	17.01	6.52
临　湘	1718.0	54.3	2.7	49.00	20.26	0.50	16.17	16.14	6.09
常　德	2797.8	140.1	32.7	332.07	59.20	22.50	107.24	107.24	34.92
津　市	556.4	23.0	0.9	79.42	9.95	0.98	18.91	18.71	6.41
张家界	2571.3	54.7	6.8	55.20	23.91	5.04	38.89	38.09	16.19
益　阳	1853.0	136.0	10.6	119.05	57.01	9.91	90.48	84.78	31.30
沅　江	1797.0	76.3	5.9	20.21	17.35	1.96	19.65	16.77	9.34
郴　州	2158.5	81.0	28.7	103.36	47.46	20.26	79.85	79.85	33.92
资　兴	2747.0	37.1	1.5	24.63	15.98	0.94	21.82	20.37	6.52
永　州	3193.0	118.6	10.2	100.62	49.67	9.51	69.12	67.25	16.45
怀　化	722.8	37.3	25.5	65.50	37.32	25.46	65.50	54.30	19.60
洪　江	2288.5	51.6	3.8	57.83	9.56	2.40	15.54	14.88	4.70
娄　底	428.0	59.5	9.9	63.50	46.70	5.85	53.50	53.50	16.75
冷水江	439.0	36.3	3.7	48.81	12.84	2.64	14.08	14.05	5.06
涟　源	1830.0	116.9	4.4	25.00	16.19	2.65	15.06	15.06	4.50
吉　首	1093.3	36.1	3.9	48.00	31.52	3.98	38.00	30.80	20.00
广　东	**99926.9**	**8279.8**	**2680.1**	**16213.21**	**4392.14**	**1944.93**	**6501.44**	**5892.48**	**1793.75**
广　州	7434.4	985.1	814.6	2256.42	719.14	666.73	1350.40	722.04	223.18
韶　关	2870.7	91.8		241.95	63.49		122.90	122.90	43.85
乐　昌	2451.0	53.0	0.7	38.00	11.61	0.46	21.26	21.26	7.61
南　雄	2361.4	49.1		23.80	11.50		14.29	7.76	1.54
深　圳	1986.4	1343.9		1986.41	1343.88		955.68	954.06	227.48
珠　海	1736.0	139.5	176.2	761.69	115.35	165.64	152.85	402.00	107.28
汕　头	2085.0	568.0	65.4	291.81	246.23	48.09	291.81	260.83	119.59
佛　山	3800.0	473.8	299.3	612.82	131.51	62.47	162.35	153.40	52.49
江　门	1785.9	147.4	36.7	566.00	99.05	28.59	158.01	158.01	30.97
台　山	3287.8	96.6	3.9	156.77	17.74	0.84	31.96	31.95	11.76
开　平	1656.9	68.7	9.7	157.02	26.04	3.20	33.70	23.17	10.89
鹤　山	1082.7	38.7	5.1	81.40	12.98	1.99	36.17	30.58	11.62
恩　平	1693.6	50.3	1.4	162.50	18.00	0.35	42.02	36.13	14.09
湛　江	1703.3	178.1	10.2	115.50	152.87		111.64	110.12	43.05

continued 11

Area Measurement Unit: Square Kilometer
Population Measurement Unit: 10,000persons

Area of Urban Construction Land							本年征用土地面积 Area of Land Requisition This Year	耕地 Arable Land	城市名称 Name of Cities
公共管理与公共服务用地 Administration and Public Services	商业服务业设施用地 Commercial and Business Facilities	工业用地 Industrial, Manufacturing	物流仓储用地 Logistics and Warehouse	道路交通设施用地 Road, Street and Transportation	公用设施用地 Municipal Utilities	绿地与广场用地 Green Space and Square			
20.68	7.02	31.63	2.38	16.49	1.05	6.92	2.63	1.23	湘　潭
1.83	1.81	5.40	0.71	3.82	0.52	1.10	0.91	0.20	湘　乡
0.55	0.78	0.90		0.62	0.26	0.79	0.46	0.20	韶　山
14.20	7.70	29.70	3.10	21.50	3.90	11.83			衡　阳
6.50	1.60	4.60	1.40	2.20	1.35	3.30	1.80	0.80	耒　阳
3.36	3.45	3.00	0.35	5.88	0.18	2.68			常　宁
9.52	5.23	4.85	3.21	6.35	5.38	13.52			邵　阳
2.32	3.02	1.20	1.05	2.27	1.70	2.22	1.14	0.31	武　冈
6.45	2.46	0.15	1.86	2.69	0.20	2.75	0.72		邵　东
11.52	6.92	20.17	4.21	6.35	12.15	15.20	0.63		岳　阳
1.56	0.94	0.81	0.11	4.30	0.17	2.60	0.88	0.61	汨　罗
0.98	0.87	3.17	0.08	2.02	0.19	2.74	0.91	0.32	临　湘
10.85	8.77	18.25	2.48	19.08	2.84	10.05	1.86	1.15	常　德
1.79	0.50	4.92	0.25	2.02	0.35	2.47	0.32	0.15	津　市
2.00	4.78	2.98	0.61	5.07	0.61	5.85	2.98	1.25	张家界
11.21	4.47	9.47		5.46	16.97	5.90	5.72	2.23	益　阳
1.39	0.30	0.58		0.52	2.52	2.12			沅　江
6.72	3.74	6.94	1.71	16.87	1.35	8.60	5.53	2.81	郴　州
1.19	0.87	7.74	0.56	1.13	0.24	2.12	0.23		资　兴
5.58	7.25	8.04	2.31	10.09	8.37	9.16	2.94	0.38	永　州
8.01	8.69	2.21	2.08	8.73	0.62	4.36	0.58		怀　化
1.12	0.21	1.86	0.39	1.83	1.11	3.66	0.29	0.15	洪　江
5.99	4.95	12.02	1.28	3.56	4.07	4.88	0.88		娄　底
1.19	0.47	2.17	0.21	2.38	0.28	2.29	0.30	0.23	冷水江
2.70	2.10	2.40	0.40	1.40	0.68	0.88			涟　源
5.50	0.30	1.00	0.70	1.50	0.90	0.90			吉　首
447.39	**399.36**	**1551.57**	**108.33**	**1125.41**	**102.64**	**364.03**	**148.09**	**47.39**	**广　东**
111.70	58.42	194.34	21.07	79.20	7.17	26.96	36.21	10.16	广　州
11.84	6.32	32.81	2.38	13.62	1.45	10.63	1.85	0.49	韶　关
1.85	2.18	4.44	0.34	1.62	0.44	2.78	0.24		乐　昌
1.27	0.94	3.03	0.03	0.80	0.06	0.09	0.61	0.17	南　雄
37.72	60.65	273.42	20.24	237.88	24.00	72.67			深　圳
31.76	35.87	100.59	4.41	103.44	4.88	13.77	2.28	0.64	珠　海
14.79	12.23	55.24	4.63	40.35	5.69	8.31			汕　头
12.48	16.47	29.24	2.72	26.36	3.80	9.84	2.65	0.49	佛　山
8.99	6.91	64.37	0.63	28.73	2.27	15.14	2.80	0.26	江　门
2.47	1.93	5.29	0.06	6.27	0.20	3.97	1.71	0.42	台　山
1.68	1.51	4.84	0.19	3.22	0.18	0.66	5.30	1.33	开　平
3.76	0.68	4.22	0.80	4.98	0.72	3.80	1.99	0.16	鹤　山
2.36	1.02	12.30	0.13	3.93	0.78	1.52	0.52	0.02	恩　平
11.58	13.70	4.15	4.18	15.05	2.00	16.41	2.15	0.56	湛　江

2-2 续表 12

面积计量单位：平方公里
人口计量单位：万人

城市名称 Name of Cities	市区面积 Urban District Area	市区人口 Urban District Population	市区暂住人口 Urban District Temporary Population	城区面积 Urban Area	城区人口 Urban Population	城区暂住人口 Urban Temporary Population	建成区面积 Area of Built District	城市建设用地面积 小计 Subtotal	居住用地 Residential
廉　江	2835.0	186.2	19.2	67.00	27.85	3.46	39.00	39.00	15.28
雷　州	3459.0	187.1	0.1	39.30	52.90	0.12	28.86	28.86	9.69
吴　川	858.5	123.5	0.3	36.90	26.70	0.32	27.44	27.44	11.45
茂　名	2748.0	272.0	21.9	167.93	85.70	2.32	127.55	99.51	34.43
高　州	3276.0	185.5	1.2	165.00	34.57	1.23	37.93	37.79	14.58
化　州	2356.5	180.1	0.2	145.46	40.62	0.06	36.80	35.90	11.49
信　宜	3101.7	151.0		64.40	28.62		27.22	27.22	10.11
肇　庆	2960.2	147.4	19.3	416.65	67.40	18.20	130.86	125.35	37.63
四　会	1166.4	50.1	25.3	50.00	18.15	10.05	29.46	29.01	9.80
惠　州	2697.0	176.9	154.7	1066.65	128.58	122.63	299.94	292.99	95.86
梅　州	3053.0	97.7	3.7	376.00	44.51	3.51	63.47	54.07	23.18
兴　宁	2104.9	116.4	0.8	57.00	24.14	0.52	28.51	28.51	9.66
汕　尾	392.9	50.0	2.8	283.16	29.18	2.68	36.16	26.26	9.95
陆　丰	1684.0	190.8	9.9	147.47	22.01	2.85	24.67	17.81	6.95
河　源	361.0	32.0	14.0	41.21	27.00	9.00	41.21		
阳　江	2483.0	124.9	7.2	606.13	47.72	6.37	99.33	88.03	29.90
阳　春	4102.0	122.0	1.3	319.80	23.00	0.50	33.08	29.65	16.00
清　远	3649.4	151.2	8.0	310.80	52.15	4.76	91.87	73.95	29.54
英　德	5634.3	120.4	1.2	168.47	18.27	0.43	30.61	30.61	8.22
连　州	2667.6	54.4	0.2	80.00	14.11	0.17	17.77	16.12	4.70
东　莞	2460.1	263.9	711.4	2460.08	263.87	711.38	1194.31	1194.31	312.06
中　山	1783.7	190.9	236.2	427.96	64.69	50.62	163.98	133.50	49.70
潮　州	1216.3	158.6	0.7	241.02	77.43	0.71	117.50	106.47	29.74
揭　阳	1031.0	212.7	8.5	372.00	87.18	7.04	155.10	182.18	47.95
普　宁	1620.1	250.9	6.2	114.00	57.30	5.30	68.29	68.28	36.87
云　浮	1962.9	69.5	1.7	368.43	27.95	1.49	30.85	30.82	8.72
罗　定	2327.5	130.0	1.1	168.30	31.15	0.85	34.63	34.63	14.89
广　西	**75177.4**	**2518.8**	**310.9**	**5876.81**	**985.10**	**285.47**	**1617.61**	**1572.29**	**455.84**
南　宁	9947.0	409.3	149.4	865.08	252.56	140.13	326.70	320.32	99.63
柳　州	3555.2	186.8	55.4	501.78	134.48	53.23	248.50	248.50	65.34
桂　林	2767.0	135.5	7.3	612.63	95.79	7.09	134.06	130.98	43.35
荔　浦	1758.6	38.5	1.5	25.00	7.64	0.86	12.45	11.77	3.16
梧　州	1850.2	71.1	12.2	485.01	49.02	11.81	68.68	64.85	20.73
岑　溪	2783.0	97.4	0.6	30.00	17.70	0.50	22.69	22.26	9.56
北　海	957.0	70.0	20.6	957.00	35.39	17.70	85.98	84.95	28.65
防城港	2816.4	60.0	8.3	238.33	19.52	7.34	50.74	50.26	11.55
东　兴	548.6	16.0	3.4	130.40	8.60	1.88	13.45	12.95	2.72
钦　州	4767.2	154.2	6.7	354.38	33.22	6.35	90.51	89.99	18.12
贵　港	3533.0	206.2	2.4	301.50	43.47	2.18	86.09	84.14	24.38
桂　平	4074.0	205.0	0.1	73.50	20.93	0.13	37.60	37.38	7.68

continued 12

Area Measurement Unit: Square Kilometer

Population Measurement Unit: 10,000persons

Area of Urban Construction Land							本年征用土地面积	耕地	城市名称
公共管理与公共服务用地 Administr-ation and Public Services	商业服务业设施用地 Commercial and Business Facilities	工业用地 Indust-rial, Manufac-turing	物流仓储用地 Logistics and Warehouse	道路交通设施用地 Road, Street and Transpor-tation	公用设施用地 Municipal Utilities	绿地与广场用地 Green Space and Square	Area of Land Requisition This Year	Arable Land	Name of Cities
3.42	1.93	4.80	1.16	8.51	0.31	3.59	2.07	1.31	廉江
2.91	6.60	0.66	0.75	2.18	3.34	2.73	11.86	0.07	雷州
1.74	1.63	1.75	0.37	3.37	1.40	5.73	1.34	0.31	吴川
7.34	3.88	22.50	2.06	17.24	2.66	9.40	7.32	3.47	茂名
3.62	1.81	6.64	1.04	4.42	0.66	5.02	0.89	0.38	高州
1.54	1.35	3.37	0.86	7.89	0.90	8.50			化州
0.87	1.75	2.30	0.45	1.39	3.40	6.95	0.30	0.04	信宜
12.20	7.31	32.43	2.34	23.36	1.24	8.84	2.17	0.01	肇庆
1.65	2.66	7.86	0.86	4.77	1.10	0.31	2.53	0.23	四会
18.26	19.60	71.36	6.67	40.79	8.72	31.73	9.71	3.18	惠州
6.07	4.62	5.02	0.32	8.10	0.54	6.22			梅州
2.13	2.50	0.70	1.35	3.39	0.70	8.08	0.06	0.01	兴宁
2.99	1.80	4.54	0.32	3.81	0.90	1.95	3.64	0.34	汕尾
1.35	0.89	3.32	0.03	3.50	0.25	1.52	3.96	1.16	陆丰
									河源
5.77	5.80	18.53	0.52	13.52	0.84	13.15	0.45	0.15	阳江
1.00	2.00	4.81	0.39	4.74	0.61	0.10	15.00	15.00	阳春
12.13	2.51	9.76	1.80	15.27	0.60	2.34	1.55	0.76	清远
5.97	2.15	2.68	0.42	4.18	2.34	4.65	7.42	2.18	英德
0.05	0.03	1.87		4.78	0.39	4.30	0.80	0.12	连州
66.69	77.78	424.55	17.78	271.49	11.54	12.42	3.06	0.36	东莞
9.13	11.17	28.83	1.76	27.84	0.52	4.55	7.45	1.38	中山
4.64	5.16	28.27	0.80	17.37	0.91	19.58	3.97	0.63	潮州
12.08	7.15	56.06	2.09	53.63	1.51	1.71	2.33	0.75	揭阳
3.00	4.03	7.78	0.55	8.19	0.89	6.97	0.51	0.03	普宁
3.15	2.67	6.57	1.48	2.41	2.36	3.46	1.39	0.82	云浮
3.44	1.75	6.33	0.35	3.82	0.37	3.68			罗定
142.71	**94.03**	**214.80**	**50.16**	**289.25**	**58.22**	**267.28**	**79.88**	**27.77**	**广西**
36.57	23.41	19.23	7.74	54.67	18.77	60.30	20.71	5.47	南宁
22.04	14.38	56.90	10.03	49.93	4.72	25.16	5.21	4.57	柳州
15.07	10.15	15.79	3.37	21.09	1.55	20.61	6.23	2.94	桂林
0.71	0.68	0.22	0.19	3.13	0.19	3.49	1.51		荔浦
6.21	3.92	10.19	2.39	10.32	2.70	8.39	0.79		梧州
1.35	0.70	1.95	0.12	4.24	0.12	4.22	0.17		岑溪
7.60	6.11	8.32	1.12	19.00	1.08	13.07	0.41	0.26	北海
2.99	4.12	9.05	4.61	8.96	1.29	7.69	8.92	1.94	防城港
1.47	1.36	1.17	0.43	2.82	0.60	2.38	1.93	1.01	东兴
6.75	5.39	21.68	4.50	14.48	1.18	17.89	2.99		钦州
7.02	3.16	15.53	2.60	15.58	3.12	12.75	6.96	4.73	贵港
2.70	2.16	6.85	1.16	6.31	0.46	10.06	1.10	0.64	桂平

2-2 续表 13

面积计量单位：平方公里
人口计量单位：万人

城市名称 Name of Cities	市区面积 Urban District Area	市区人口 Urban District Population	市区暂住人口 Urban District Temporary Population	城区面积 Urban Area	城区人口 Urban Population	城区暂住人口 Urban Temporary Population	建成区面积 Area of Built District	城市建设用地面积 小计 Subtotal	城市建设用地面积 居住用地 Residential
玉林	1251.3	116.9	19.9	302.04	60.76	17.50	77.50	72.03	28.20
北流	2457.0	156.1	4.0	135.40	21.60	2.34	29.23	28.98	8.30
百色	6096.0	74.2	6.4	390.98	32.27	5.53	67.60	63.52	20.99
平果	2485.0	52.5	1.9	34.00	17.45	1.78	33.10	32.43	7.30
靖西	3331.0	66.4	0.4	35.78	17.18	0.33	20.00	18.26	7.50
贺州	5676.6	123.0	2.7	78.00	22.29	1.88	55.25	54.63	13.27
河池	6209.0	101.9	1.9	124.00	33.61	1.06	45.89	42.83	9.49
来宾	4363.0	114.7	2.8	92.00	31.65	2.39	52.62	52.49	12.78
合山	350.0	13.4	0.1	20.00	5.41	0.08	7.55	7.38	3.25
崇左	2951.0	38.0	1.5	50.00	17.66	2.30	38.30	29.94	7.10
凭祥	650.3	11.7	1.4	40.00	6.90	1.08	13.12	11.45	2.79
海南	**17065.0**	**590.2**	**169.4**	**1439.41**	**225.86**	**125.99**	**390.70**	**373.04**	**134.02**
海口	2289.5	196.0	76.0	562.40	131.00	76.00	203.70	156.79	54.20
三亚	1921.5	63.4	36.8	188.00	32.69	30.40	51.63	103.17	27.85
儋州	3400.0	97.4	27.4	194.05	19.32	7.01	36.32	32.20	13.71
五指山	1127.0	10.7	0.4	60.00	4.03	0.24	11.05	10.79	3.00
琼海	1710.1	52.5	8.8	31.83	9.75	2.84	20.65	18.26	11.01
文昌	2459.2	60.5	11.1	84.99	10.67	6.43	22.16	16.78	6.77
万宁	1885.0	63.3	2.7	260.00	9.02	1.20	16.69	11.53	5.34
东方	2272.6	46.5	6.3	58.14	9.38	1.87	28.50	23.52	12.14
重庆	**43263.5**	**2602.3**	**500.2**	**7779.14**	**1213.56**	**396.62**	**1565.61**	**1452.62**	**417.60**
重庆	43263.5	2602.3	500.2	7779.14	1213.56	396.62	1565.61	1452.62	417.60
四川	**86810.9**	**4341.1**	**619.6**	**8894.04**	**2325.10**	**483.22**	**3190.49**	**2993.18**	**936.43**
成都	3639.8	895.7	113.0	1287.87	760.63	126.93	977.12	909.65	306.58
都江堰	1208.4	62.1	3.9	102.13	20.70	2.87	38.72	38.72	19.89
彭州	1421.4	79.5	0.6	133.80	26.52	0.20	28.36	28.36	7.46
邛崃	1377.0	65.9	0.3	207.02	26.63	0.14	26.39	26.39	11.30
崇州	1089.8	65.8	17.9	63.42	13.34	7.26	31.07	30.95	7.17
简阳	2213.0	154.5	4.7	112.00	33.09	0.23	40.00	39.52	9.12
自贡	1438.0	146.1	17.9	778.32	111.36	12.99	130.00	128.30	42.33
攀枝花	2046.3	64.2	18.6	342.56	49.00	16.30	82.07	81.24	21.91
泸州	2132.0	152.6	50.5	411.38	119.07	49.07	173.51	173.51	40.29
德阳	1096.0	95.1	24.5	193.59	48.01	20.26	95.28	94.90	27.84
广汉	551.0	59.8	9.5	60.50	18.97	6.52	39.50	39.50	10.22
什邡	820.3	42.2	2.9	21.00	13.48	0.66	18.00	17.64	4.73
绵竹	1245.0	49.3	2.8	16.52	14.25	0.75	16.52	13.45	5.59
绵阳	2751.4	193.4	44.7	603.70	109.30	34.50	167.58	167.58	52.48
江油	2720.2	85.4	0.6	199.41	34.78	0.62	35.00	34.54	10.20

continued 13

Area Measurement Unit: Square Kilometer
Population Measurement Unit: 10,000persons

Area of Urban Construction Land							本年征用土地面积		城市名称
公共管理与公共服务用地 Administr-ation and Public Services	商业服务业设施用地 Commercial and Business Facilities	工业用地 Indust-rial, Manufac-turing	物流仓储用地 Logistics and Warehouse	道路交通设施用地 Road, Street and Transpor-tation	公用设施用地 Municipal Utilities	绿地与广场用地 Green Space and Square	Area of Land Requisition This Year	耕地 Arable Land	Name of Cities
7.24	5.09	0.50	1.98	13.69	2.90	12.43	3.67	0.26	玉 林
0.42	0.75	2.69	0.28	5.90	0.83	9.81	7.50	1.51	北 流
5.96	1.71	8.65	2.61	10.93	3.26	9.41	1.87		百 色
2.02	1.56	7.00	1.12	5.39	1.13	6.91			平 果
0.65	0.20	2.90	0.10	3.84	0.35	2.72	0.80	0.70	靖 西
6.43	3.40	8.49	0.70	9.48	2.02	10.84	5.23	2.45	贺 州
2.76	1.16	5.67	1.16	9.21	3.04	10.34	0.22	0.16	河 池
2.75	2.57	7.62	1.96	11.48	6.27	7.06	1.70	0.82	来 宾
0.11	0.06	0.98	0.01	0.96	0.18	1.83	0.01		合 山
2.33	1.10	3.00	0.71	6.10	1.80	7.80	1.50		崇 左
1.56	0.89	0.42	1.27	1.74	0.66	2.12	0.45	0.31	凭 祥
52.20	**42.69**	**22.13**	**3.99**	**69.69**	**4.03**	**44.29**	**17.33**	**1.80**	**海 南**
26.00	10.00	9.20	0.60	35.00	0.79	21.00	5.00		海 口
14.29	25.49	6.97	2.08	15.15	0.78	10.56	1.45	0.54	三 亚
3.31	1.67	2.35	0.48	4.20	0.90	5.58	5.38		儋 州
1.50	0.05	0.01		3.00	0.80	2.43			五 指 山
1.98	1.58	0.69	0.23	2.56	0.11	0.10	2.51	0.80	琼 海
1.90	1.83	0.63	0.12	3.58	0.29	1.66	1.70	0.31	文 昌
1.10	0.78	0.75	0.05	1.91	0.15	1.45	1.22	0.15	万 宁
2.12	1.29	1.53	0.43	4.29	0.21	1.51	0.07		东 方
139.10	**86.27**	**299.12**	**31.41**	**313.19**	**31.72**	**134.21**	**115.50**	**61.01**	**重 庆**
139.10	86.27	299.12	31.41	313.19	31.72	134.21	115.50	61.01	重 庆
260.19	**230.74**	**497.94**	**81.91**	**510.65**	**68.36**	**406.96**	**179.70**	**73.01**	**四 川**
83.01	78.71	141.25	19.74	168.00	10.91	101.45	22.75	7.85	成 都
2.31	4.22	0.41	0.20	7.31	0.28	4.10	1.34	1.14	都 江 堰
2.24	6.57	2.22	0.90	3.75	1.28	3.94	0.89	0.55	彭 州
1.71	2.05	7.69	0.05	2.62	0.15	0.82	5.26	3.49	邛 崃
2.04	2.52	8.05	0.26	4.30	0.28	6.33			崇 州
5.23	3.14	2.72	2.29	5.11	2.16	9.75	2.00	0.70	简 阳
6.94	6.60	29.45	2.21	14.63	3.31	22.83	10.77	6.34	自 贡
4.66	6.57	23.81	3.44	6.91	3.95	9.99	1.83	0.42	攀 枝 花
13.59	7.87	27.89	1.89	37.52	2.95	41.51	2.79	1.40	泸 州
8.30	4.46	24.85	1.45	20.97	2.18	4.85	8.75	5.26	德 阳
2.82	2.22	11.69	1.33	6.44	0.50	4.28	1.41	1.28	广 汉
0.65	1.39	2.96	0.51	3.10	2.42	1.88			什 邡
1.75	1.10	1.96	0.31	2.13	0.07	0.54	0.20	0.15	绵 竹
12.24	12.40	32.08	3.58	30.06	3.10	21.64	1.03	0.55	绵 阳
3.10	1.42	6.37	0.60	6.25	0.37	6.23	5.60	2.40	江 油

2-2 续表 14

面积计量单位：平方公里
人口计量单位：万人

城市名称 Name of Cities	市区面积 Urban District Area	市区人口 Urban District Population	市区暂住人口 Urban District Temporary Population	城区面积 Urban Area	城区人口 Urban Population	城区暂住人口 Urban Temporary Population	建成区面积 Area of Built District	城市建设用地面积 小计 Subtotal	居住用地 Residential
广元	4535.0	94.5	22.6	216.70	38.30	17.46	66.43	65.81	16.18
遂宁	1874.0	145.6	26.2	293.32	53.90	8.55	87.43	81.05	26.35
射洪	1496.0	95.7	1.7	115.00	30.27	1.73	30.86	30.86	6.00
内江	1569.0	138.0	2.0	278.93	67.63	3.61	100.21	95.22	34.35
隆昌	794.0	77.4	4.8	57.00	17.23	4.94	25.70	25.70	7.30
乐山	2506.0	114.8	22.8	477.67	58.18	26.17	79.88	77.47	25.44
峨眉山	1181.0	42.5	2.7	90.20	17.10	2.49	24.02	23.75	10.42
南充	2527.0	193.7	37.4	420.00	118.00	32.00	160.48	160.48	60.00
阆中	1877.0	82.5	4.8	150.00	26.50	4.50	36.38	36.38	11.00
眉山	1796.0	119.9	13.4	253.56	47.66	10.80	67.97	65.55	24.74
宜宾	4775.6	234.4	74.3	196.25	120.05	47.52	167.55	151.71	32.60
广安	1555.5	103.7	3.4	140.04	36.18	4.39	65.58	64.89	25.11
华蓥	466.0	37.3	0.9	92.40	11.80	0.62	15.80	15.80	4.50
达州	3146.0	180.6	11.0	157.37	117.24	12.76	130.00	88.19	23.94
万源	4065.0	63.8	2.0	18.27	11.36	1.78	15.35	15.35	8.64
雅安	1681.0	62.7	0.7	196.90	23.35	0.55	41.67	39.42	9.72
巴中	2577.0	145.2	47.3	182.10	41.10	6.24	63.70	22.56	1.52
资阳	1632.4	106.2	6.2	249.23	32.46	5.54	52.50	52.50	10.20
马尔康	6639.0	5.3	0.7	369.16	2.35	0.71	5.26	4.43	1.73
康定	11486.0	13.4	3.4	6.00	7.26	1.10	5.40	5.02	1.55
西昌	2883.0	72.6	19.1	400.72	48.05	10.46	49.20	46.79	18.03
贵州	**35643.5**	**1438.0**	**172.5**	**3702.30**	**680.02**	**157.32**	**1118.37**	**1019.69**	**319.35**
贵阳	2526.0	262.9	88.1	1230.00	219.50	78.00	369.00	344.96	96.41
清镇	1386.6	55.6	7.6	99.23	18.28	6.25	46.00	33.15	10.43
六盘水	472.3	48.9	10.2	276.64	31.42	8.96	54.20	35.73	16.79
盘州	4040.1	129.9	2.8	330.60	22.90	2.80	26.59	26.30	9.90
遵义	5382.0	224.1		531.51	121.05		157.11	148.47	39.41
赤水	1852.0	32.3	3.4	75.40	14.20	2.83	21.50	19.05	3.40
仁怀	1789.8	70.0	1.1	89.00	23.46	1.57	26.40	24.30	9.00
安顺	2703.0	111.3	1.5	163.00	47.16	1.30	71.00	69.65	24.56
毕节	3412.0	153.7	1.9	170.08	42.89	3.60	51.00	50.73	16.40
铜仁	1849.8	55.4	18.0	69.00	28.06	17.72	54.04	50.36	18.83
兴义	2908.2	92.9	11.3	104.00	34.49	11.17	64.97	64.65	22.13
兴仁	1778.4	54.4	4.6	40.40	12.60	2.36	19.21	13.89	4.73
凯里	1570.0	58.5	15.1	140.65	24.83	14.79	75.71	67.45	28.35
都匀	2285.3	51.6	4.8	360.00	27.08	4.29	61.81	54.33	13.40
福泉	1688.0	36.5	2.3	22.79	12.10	1.68	19.83	16.67	5.61

continued 14

Area Measurement Unit: Square Kilometer

Population Measurement Unit: 10,000persons

Area of Urban Construction Land							本年征用土地面积 Area of Land Requisition This Year	耕地 Arable Land	城市名称 Name of Cities
公共管理与公共服务用地 Administr-ation and Public Services	商业服务业设施用地 Commercial and Business Facilities	工业用地 Indust-rial, Manufac-turing	物流仓储用地 Logistics and Warehouse	道路交通设施用地 Road, Street and Transpor-tation	公用设施用地 Municipal Utilities	绿地与广场用地 Green Space and Square			
6.77	4.40	11.65	1.65	10.24	3.33	11.59	2.20	0.02	广元
4.85	6.47	13.44	1.40	14.65	3.08	10.81	6.34	3.86	遂宁
2.49	1.80	3.01	1.01	5.07	0.58	10.90			射洪
8.96	5.88	17.02	2.98	17.05	1.96	7.02	7.83	4.86	内江
3.97	1.14	4.06	1.20	4.82	0.45	2.76			隆昌
9.23	7.68	9.02	1.16	13.06	0.94	10.94			乐山
3.34	3.12	1.69	0.11	2.19	0.36	2.52			峨眉山
16.44	10.41	23.63	7.73	23.62	7.05	11.60	7.48		南充
3.15	2.80	6.00	1.60	4.90	1.20	5.73	0.38		阆中
5.21	8.97	7.44	1.61	9.19	3.99	4.40	4.52	2.99	眉山
15.96	7.32	32.52	7.95	31.22	2.05	22.09	10.74	2.01	宜宾
3.99	3.26	12.12	4.19	7.47	1.72	7.03	3.32	1.79	广安
1.26	0.49	2.65	0.11	2.07	1.35	3.37	0.46	0.08	华蓥
5.30	7.09	5.82	5.23	21.24	2.07	17.50	1.00	0.60	达州
0.93	1.18	0.52	0.54	1.08	0.65	1.81			万源
4.03	2.77	9.33	0.48	8.82	1.20	3.07	0.66		雅安
1.02	1.12	1.82	1.23	1.52	1.21	13.12			巴中
5.30	7.66	3.27	1.03	5.68	0.56	18.80	4.11	3.02	资阳
0.85	0.23	0.09	0.02	0.73	0.07	0.71	65.19	22.25	马尔康
0.92	0.82	0.06	0.16	0.91	0.25	0.35	0.85		康定
5.63	4.89	9.38	1.76	6.02	0.38	0.70			西昌
117.05	**89.05**	**170.43**	**25.09**	**172.37**	**20.84**	**105.51**	**14.30**	**3.86**	**贵州**
39.15	27.33	60.07	9.51	60.54	5.32	46.63			贵阳
6.61	3.07	4.85	0.70	6.77	0.39	0.33			清镇
4.88	3.42	3.90	0.52	5.00	0.47	0.75	1.15	0.52	六盘水
1.84	2.66	3.20	0.99	4.22	0.40	3.09	4.65		盘州
14.86	11.40	24.90	1.93	37.98	4.30	13.69			遵义
1.53	1.06	3.14	0.07	1.22	0.13	8.50			赤水
2.00	1.00	4.00	2.00	1.50	1.30	3.50	2.40	0.70	仁怀
5.84	5.69	11.40	2.86	11.72	1.90	5.68	1.20	0.28	安顺
9.55	3.56	12.10	0.37	4.88	1.27	2.60	0.59	0.36	毕节
3.04	4.90	7.61	1.19	7.77	1.28	5.74	1.38	0.43	铜仁
8.14	8.02	8.40	1.50	9.11	1.18	6.17	2.86	1.52	兴义
1.56	1.51	0.94	0.24	2.68	0.11	2.12			兴仁
7.75	7.11	11.36	1.08	7.99	0.89	2.92	0.07	0.05	凯里
9.03	7.04	11.31	1.67	7.95	1.37	2.56			都匀
1.27	1.28	3.25	0.46	3.04	0.53	1.23			福泉

2-2 续表 15

面积计量单位：平方公里
人口计量单位：万人

城市名称 Name of Cities	市区面积 Urban District Area	市区人口 Urban District Population	市区暂住人口 Urban District Temporary Population	城区面积 Urban Area	城区人口 Urban Population	城区暂住人口 Urban Temporary Population	建成区面积 Area of Built District	城市建设用地面积 小计 Subtotal	城市建设用地面积 居住用地 Residential
云 南	**88367.5**	**1744.3**	**174.9**	**3274.28**	**905.58**	**121.77**	**1266.24**	**1238.27**	**428.22**
昆 明	6194.2	460.7	7.2	1782.60	406.31	2.45	482.80	464.54	193.91
安 宁	1301.8	28.4	18.7	240.76	18.71	8.97	37.39	36.50	7.34
曲 靖	5954.8	149.3	7.0	124.28	74.28	5.05	103.25	100.70	37.74
宣 威	6053.5	155.8	7.3	50.00	26.41	3.02	38.68	38.66	10.63
玉 溪	1867.1	83.1	7.8	102.02	35.08	6.43	38.42	38.25	7.88
澄 江	773.0	19.1	1.3	10.50	2.67	1.27	3.97	3.97	1.72
保 山	5011.0	94.6	2.0	68.00	33.73	2.20	38.02	38.02	10.52
腾 冲	5845.0	75.1	6.7	47.40	18.00	1.59	29.50	28.32	9.45
昭 通	2240.0	96.9	6.9	61.00	27.45	6.63	46.97	40.86	12.40
水 富	439.8	12.0	0.9	17.00	5.02	0.77	12.70	7.89	2.00
丽 江	1262.8	16.1	6.9	28.08	14.30	8.20	24.86	24.75	4.92
普 洱	3928.0	31.9	4.2	50.00	19.50	3.54	26.50	26.49	5.38
临 沧	2557.0	34.0	1.7	35.18	18.64	1.88	23.22	22.42	8.00
楚 雄	4433.0	54.4	7.6	51.22	28.50	7.44	50.60	48.16	18.70
个 旧	1748.1	39.5	2.2	95.61	18.00	2.20	20.52	19.22	5.11
开 远	1950.0	28.6	2.8	45.00	18.57	2.30	26.90	26.89	7.53
蒙 自	2228.0	44.3	19.3	38.85	20.88	18.40	34.18	29.69	7.12
弥 勒	4004.0	56.7	1.3	36.70	15.98	0.97	24.13	21.84	5.89
文 山	2977.2	54.0	5.2	43.82	21.05	4.96	39.87	39.86	9.89
景 洪	6959.0	43.3	17.5	83.63	12.02	11.08	37.77	37.77	12.02
大 理	1815.0	64.8	9.9	87.20	34.34	3.86	54.85	52.88	16.03
瑞 丽	1020.0	24.0	22.0	55.00	7.57	11.46	26.90	26.90	8.84
芒 市	2987.0	40.9	3.1	50.00	13.77	2.31	20.52	40.81	14.78
泸 水	3204.0	21.7	2.9	9.33	7.99	2.14	6.82	5.99	2.56
香格里拉	11614.1	15.0	2.7	61.10	6.81	2.65	16.90	16.89	7.86
西 藏	**48868.8**	**92.5**	**42.7**	**632.17**	**57.61**	**42.55**	**168.39**	**157.51**	**35.38**
拉 萨	5541.9	40.7	28.3	505.42	31.54	27.43	89.55	79.84	17.61
日喀则	3875.0	12.7	5.7	42.00	6.78	5.52	28.60	27.95	7.50
昌 都	10808.9	15.0	3.2	18.20	6.60	4.50	8.90	8.79	0.60
林 芝	10237.0	3.8	2.2	12.50	3.77	2.21	12.50	12.40	1.20
山 南	2211.0	9.0	2.3	34.00	5.09	1.19	10.80	10.80	2.10
那 曲	16195.0	11.4	1.0	20.05	3.83	1.70	18.04	17.73	6.37
陕 西	**55458.0**	**2039.7**	**144.6**	**2597.11**	**1189.85**	**104.76**	**1372.20**	**1346.35**	**428.26**
西 安	5806.7	909.9	28.8	942.53	643.50	20.71	700.69	700.69	246.08
铜 川	2373.2	69.6	3.2	55.00	39.11	2.12	48.85	48.85	17.39
宝 鸡	3625.1	145.5	7.0	156.30	90.81	3.97	97.94	94.22	22.30
咸 阳	138.0	96.0	18.2	138.00	95.00	12.90	74.68	73.99	21.66
彬 州	1183.6	36.4	4.1	25.00	9.50	1.95	9.53	9.52	3.50
兴 平	454.9	55.4	1.5	67.30	19.15	1.50	22.89	22.89	6.59
渭 南	2390.0	128.0	9.3	267.00	45.91	8.99	68.29	65.92	24.20

continued 15

Area Measurement Unit: Square Kilometer

Population Measurement Unit: 10,000persons

Area of Urban Construction Land							本年征用土地面积		城市名称
公共管理与公共服务用地 Administration and Public Services	商业服务业设施用地 Commercial and Business Facilities	工业用地 Industrial, Manufacturing	物流仓储用地 Logistics and Warehouse	道路交通设施用地 Road, Street and Transportation	公用设施用地 Municipal Utilities	绿地与广场用地 Green Space and Square	Area of Land Requisition This Year	耕地 Arable Land	Name of Cities
135.70	**101.73**	**130.52**	**35.91**	**186.77**	**34.90**	**184.52**	**36.71**	**13.95**	**云　南**
47.58	40.92	57.04	12.02	54.23	8.64	50.20	9.60	2.79	昆　明
9.97	1.41	7.98	0.27	4.94	0.32	4.27	6.20	1.49	安　宁
9.57	7.43	9.68	2.05	17.93	1.11	15.19	2.55	0.87	曲　靖
5.33	1.65	4.60	1.80	5.17	4.68	4.80	1.15	0.23	宣　威
2.50	1.86	4.60	3.23	11.03	0.51	6.64	3.35	1.68	玉　溪
0.01	0.01	0.01	0.01	0.86	0.01	1.34	0.01	0.01	澄　江
2.92	2.56	1.90	0.80	8.51	0.70	10.11			保　山
2.14	3.52	2.82	0.20	3.58	0.23	6.38	3.98	1.49	腾　冲
4.46	2.45	5.16	1.20	7.47	1.47	6.25	1.05	1.05	昭　通
0.84	1.00	1.17	0.20	1.50	0.12	1.06	0.85	0.85	水　富
2.43	2.60	2.10	3.00	3.70	1.80	4.20	0.85		丽　江
5.05	2.64	0.49	2.30	4.47	0.51	5.65			普　洱
1.10	3.20	1.80	0.55	4.17	1.25	2.35	1.41	0.55	临　沧
5.35	2.65	5.39	0.48	7.20	0.27	8.12	0.42	0.14	楚　雄
1.62	0.78	3.10	0.08	1.84	0.16	6.53			个　旧
2.82	2.11	2.74	2.14	2.26	2.75	4.54	1.70		开　远
2.15	2.52	2.27	0.19	7.15	2.68	5.61			蒙　自
2.77	0.29	0.97	0.49	3.70	2.66	5.07	2.22	2.20	弥　勒
6.06	6.13	4.11	1.90	6.18	0.83	4.76	0.50	0.38	文　山
3.15	2.03	0.01	0.65	6.48	1.35	12.08			景　洪
7.50	3.56	4.98	1.31	8.54	1.68	9.28	0.16	0.11	大　理
1.50	5.01	1.80	0.30	5.42	0.13	3.90	0.50	0.07	瑞　丽
6.22	3.48	5.55	0.59	7.90	0.73	1.56			芒　市
1.31	0.57	0.14	0.05	1.17	0.10	0.09	0.21	0.04	泸　水
1.35	1.35	0.11	0.10	1.37	0.21	4.54			香格里拉
23.69	**15.29**	**15.67**	**4.12**	**24.23**	**9.68**	**29.45**	**9.00**	**2.31**	**西　藏**
7.65	8.11	11.49	1.46	16.78	5.98	10.76	5.93	1.26	拉　萨
5.80	2.00	2.00	1.30	2.75	1.50	5.10			日喀则
5.10	0.38	0.63	0.01	0.55	0.20	1.32	0.27	0.16	昌　都
1.10	1.80	0.40	0.30	0.90	1.30	5.40	1.25	0.14	林　芝
1.36	0.80	0.40	0.32	1.13	0.19	4.50	1.13	0.75	山　南
2.68	2.20	0.75	0.73	2.12	0.51	2.37	0.42		那　曲
133.91	**103.73**	**175.04**	**33.30**	**213.33**	**26.52**	**232.26**	**68.65**	**32.96**	**陕　西**
88.22	55.81	109.73	20.37	104.04	8.79	67.65	55.63	30.64	西　安
4.47	3.04	9.45	0.36	8.66	0.69	4.79	0.05	0.03	铜　川
4.88	11.50	11.51	2.51	14.47	3.03	24.02			宝　鸡
5.81	3.18	15.32	0.77	15.10	0.23	11.92	2.16		咸　阳
0.75	0.26	0.28	0.15	1.96	0.54	2.08			彬　州
1.10	0.50	4.28	0.16	3.42	0.20	6.64			兴　平
5.75	3.36	5.55	1.58	8.92	1.54	15.02	3.09	1.02	渭　南

2-2 续表 16

面积计量单位：平方公里
人口计量单位：万人

城市名称 Name of Cities	市区面积 Urban District Area	市区人口 Urban District Population	市区暂住人口 Urban District Temporary Population	城区面积 Urban Area	城区人口 Urban Population	城区暂住人口 Urban Temporary Population	建成区面积 Area of Built District	城市建设用地面积	
								小计 Subtotal	居住用地 Residential
韩城	1595.9	40.5	2.4	77.20	16.14	1.25	18.20	18.20	6.57
华阴	675.2	23.9	0.5	65.00	11.00	0.50	18.00	17.24	5.00
延安	6507.3	67.9	11.6	212.86	31.15	10.34	41.00	40.98	13.81
子长	2395.0	27.0	0.5	15.00	12.70	0.20	11.00	11.00	4.16
汉中	3353.1	113.9	8.9	131.64	51.61	3.00	57.60	57.24	12.98
榆林	11095.6	100.0	33.9	179.00	33.55	29.62	78.38	67.11	16.91
神木	7480.7	45.7	8.0	30.00	18.90	3.70	29.80	29.67	7.11
安康	3645.9	102.0	3.5	160.00	33.18	2.28	45.00	45.00	13.20
商洛	2644.6	55.8	0.2	40.00	24.04	0.23	26.00	19.70	3.10
杨凌区	93.2	22.3	3.3	35.28	14.60	1.50	24.35	24.13	3.70
甘肃	**88553.3**	**985.2**	**137.2**	**2004.76**	**536.78**	**111.66**	**901.43**	**919.26**	**232.51**
兰州	1725.6	212.1	62.3	342.38	196.04	60.28	329.10	332.35	85.68
嘉峪关	1224.0	21.1	2.7	342.00	21.08	2.70	70.40	107.08	12.65
金昌	3060.2	21.0	2.5	52.30	15.65	4.35	45.83	45.83	8.22
白银	3478.0	49.3	2.5	114.00	32.12	2.25	68.25	67.82	17.79
天水	5861.0	202.4	10.6	73.00	64.72	5.12	60.00	60.00	11.20
武威	5081.2	104.1	2.7	177.77	32.76	1.56	34.04	34.04	14.13
张掖	4240.0	51.8	2.4	200.00	27.23	1.84	45.10	44.98	18.65
平凉	1936.0	52.7	5.9	255.00	25.93	4.77	42.00	41.71	14.48
华亭	1182.0	20.0	1.6	17.90	7.65	1.51	15.41	14.80	4.97
酒泉	3386.0	43.7	12.9	235.00	26.28	12.70	55.75	46.85	11.55
玉门	13500.0	6.0	1.7	15.00	3.28	1.35	12.42	11.95	1.80
敦煌	31200.0	16.9	4.4	19.86	6.78	2.65	15.58	15.39	2.36
庆阳	996.0	40.5	12.5	31.00	19.85	0.94	30.00	25.03	4.99
定西	4226.0	47.3	2.0	35.90	19.06	1.93	26.00	24.94	5.73
陇南	4683.0	59.0	2.7	40.00	15.00	2.10	13.80	12.78	6.64
临夏	88.6	28.4	6.8	38.05	17.99	5.51	24.00	21.90	8.82
合作	2685.7	9.0	1.1	15.60	5.36	0.10	13.75	11.81	2.85
青海	**203479.6**	**300.9**	**23.7**	**735.99**	**191.06**	**24.55**	**235.20**	**224.67**	**66.01**
西宁	3210.0	199.1	15.6	396.65	134.11	9.26	106.38	102.82	28.88
海东	3571.0	41.9	0.9	147.00	22.70	0.80	33.78	27.12	7.42
同仁	3275.0	11.0	0.8	21.34	3.75	0.43	7.50	7.50	3.15
玉树	15413.0	14.2	3.2	15.50	9.84	2.31	14.26	14.04	5.16
茫崖	31173.1	2.9	1.3	9.85	2.89	1.33	9.85	9.85	1.68
格尔木	119137.5	24.5		72.75	12.94	9.36	39.99	39.90	15.43
德令哈	27700.0	7.3	1.8	72.90	4.83	1.06	23.44	23.44	4.29

continued 16

Area Measurement Unit: Square Kilometer
Population Measurement Unit: 10,000persons

Area of Urban Construction Land							本年征用土地面积 Area of Land Requisition This Year		城市名称 Name of Cities
公共管理与公共服务用地 Administration and Public Services	商业服务业设施用地 Commercial and Business Facilities	工业用地 Industrial, Manufacturing	物流仓储用地 Logistics and Warehouse	道路交通设施用地 Road, Street and Transportation	公用设施用地 Municipal Utilities	绿地与广场用地 Green Space and Square		耕地 Arable Land	
0.75	1.10	0.85	0.80	3.15	0.80	4.18			韩城
1.42	1.96	2.25	0.43	1.71	0.75	3.72			华阴
2.33	2.37	2.13	0.24	6.01	0.90	13.19			延安
1.23	0.06	0.02	0.03	1.48	0.03	3.99			子长
4.13	6.64	6.34	1.55	9.37	2.89	13.34	1.76	0.89	汉中
2.45	4.61	3.57	0.91	16.89	1.32	20.45	5.96	0.38	榆林
3.20	1.65	1.06	0.36	5.78	0.61	9.90			神木
1.65	1.17	0.79	0.15	5.75	2.60	19.69			安康
2.30	2.60	0.60	2.00	2.80	0.60	5.70			商洛
3.47	3.92	1.31	0.93	3.82	1.00	5.98			杨凌区
83.34	**67.90**	**205.32**	**41.70**	**133.55**	**35.99**	**118.95**	**16.52**	**10.31**	**甘肃**
35.49	32.02	80.72	18.73	55.25	7.63	16.83	2.80	1.12	兰州
5.58	6.58	53.01	3.82	15.85	0.69	8.90			嘉峪关
3.01	1.67	18.53	1.46	5.76	1.49	5.69			金昌
5.81	3.34	22.36	1.42	6.46	4.16	6.48	0.35	0.35	白银
3.24	4.00	10.33	5.79	6.07	4.17	15.20			天水
2.22	2.75	0.29	0.30	6.34	0.40	7.61	2.02	1.48	武威
3.19	3.18	2.01	2.57	3.87	4.25	7.26	1.08	0.35	张掖
3.63	2.42	3.21	2.01	7.13	1.10	7.73	2.43	0.51	平凉
2.35	0.05	0.48	0.52	2.61	0.82	3.00	0.01	0.01	华亭
4.60	5.26	3.70	1.35	5.43	1.29	13.67			酒泉
1.52	0.81	3.34	0.37	2.44	0.30	1.37			玉门
0.87	2.15	0.50	0.22	2.76	0.37	6.16	0.22		敦煌
4.68	0.04	1.15	0.60	3.54	2.25	7.78	5.52	5.52	庆阳
2.00	0.05	2.90	1.52	3.02	5.55	4.17	1.42	0.30	定西
0.86	0.40	0.16	0.02	2.00	0.70	2.00			陇南
3.09	2.18	1.53		3.19	0.32	2.77	0.67	0.67	临夏
1.20	1.00	1.10	1.00	1.83	0.50	2.33			合作
17.17	**13.70**	**16.49**	**17.17**	**40.06**	**10.81**	**43.26**	**1.33**	**0.07**	**青海**
6.84	3.05	4.60	8.71	18.45	6.34	25.95			西宁
1.97	1.29	0.99	1.61	6.97	1.16	5.71	0.51	0.07	海东
1.17	0.05	0.38	0.07	1.49	0.40	0.79			同仁
0.34	0.42	0.05	0.47	2.24	0.52	4.84			玉树
0.60	3.58	2.06	0.56	0.95	0.28	0.14			茫崖
2.51	2.75	4.41	4.83	6.54	0.95	2.48	0.16		格尔木
3.74	2.56	4.00	0.92	3.42	1.16	3.35	0.66		德令哈

2-2 续表 17

面积计量单位：平方公里
人口计量单位：万人

城市名称 Name of Cities	市区面积 Urban District Area	市区人口 Urban District Population	市区暂住人口 Urban District Temporary Population	城区面积 Urban Area	城区人口 Urban Population	城区暂住人口 Urban Temporary Population	建成区面积 Area of Built District	城市建设用地面积	
								小计 Subtotal	居住用地 Residential
宁　夏	**21889.0**	**434.1**	**63.2**	**951.27**	**246.37**	**53.53**	**494.26**	**451.60**	**134.07**
银　川	2305.9	205.0	41.3	562.49	129.13	32.60	194.74	194.74	61.85
灵　武	4010.0	25.6	3.1	21.10	8.18	2.63	20.27	20.27	5.50
宁东能源化工基地	766.0	2.1	4.9	40.00	2.13	4.87	12.00	8.40	0.50
石嘴山	2380.8	43.8	5.0	118.20	37.80	5.02	102.80	80.25	21.86
吴　忠	1106.7	41.6	1.9	60.00	22.34	1.56	56.48	46.04	14.53
青铜峡	2438.3	27.6	0.5	32.45	14.01	0.31	32.45	31.68	9.84
固　原	3501.0	46.7	6.1	52.33	17.41	6.09	45.06	40.52	10.50
中　卫	5380.4	41.7	0.5	64.70	15.37	0.45	30.46	29.70	9.49
新　疆	**233664.4**	**958.8**	**274.0**	**1943.17**	**556.89**	**227.37**	**1300.15**	**1224.15**	**366.70**
乌鲁木齐	13787.9	362.3	131.4	842.09	225.65	130.76	521.60	456.24	128.29
克拉玛依	7735.2	31.1	13.9	78.66	31.13	13.50	77.59	73.45	24.44
吐鲁番	15729.2	28.7	1.6	21.87	7.26	1.63	21.85	21.85	9.24
哈　密	85035.0	43.2	4.8	71.17	21.16	3.46	52.25	52.25	20.17
昌　吉	7971.0	37.5	27.9	96.63	24.56	20.98	67.70	64.85	21.32
阜　康	8231.9	17.5	5.9	36.98	7.62	3.87	22.62	22.50	4.74
博　乐	6579.9	19.0	6.1	31.58	13.73	2.97	29.00	26.34	10.02
阿拉山口	1204.0	0.2	1.3	27.00	0.18	1.30	11.89	11.89	0.13
库尔勒	7256.3	53.5	27.0	125.00	44.25	11.32	98.90	98.83	24.10
阿克苏	14400.0	52.4	14.0	67.00	29.71	12.87	67.00	63.59	23.05
库　车	15007.0	48.9	2.2	35.00	15.93	1.48	31.90	31.75	7.09
阿图什	16151.0	28.5	2.5	20.30	7.16	1.52	15.00	14.86	4.54
喀　什	1056.8	66.0	10.7	98.01	39.02	9.06	98.01	98.01	26.42
和　田	584.5	41.6	5.0	80.21	20.13	2.68	46.36	46.36	13.55
伊　宁	644.0	57.1	4.4	152.00	36.02	2.01	42.41	42.39	16.00
奎　屯	909.6	12.9	2.9	68.84	12.71	2.93	30.18	30.17	5.38
霍尔果斯	1908.6	4.7	2.3	20.00	0.37	1.50	6.84	6.76	2.87
塔　城	4356.6	14.6	1.5	21.29	5.28	0.78	17.70	20.81	12.60
乌　苏	14290.0	23.4	6.5	24.95	8.01	2.31	23.35	23.35	7.57
阿勒泰	10826.0	15.9	2.1	24.59	7.01	0.44	18.00	17.90	5.18
新疆兵团	**13384.4**	**124.0**	**34.2**	**507.82**	**72.02**	**32.72**	**198.87**	**191.70**	**53.68**
石河子	460.0	34.7	12.8	150.00	34.72	12.80	57.57	57.57	20.67
阿拉尔	5897.2	41.6	7.4	34.32	9.01	3.86	21.18	21.18	4.15
图木舒克									
五家渠									
北　屯	271.0	7.1	1.3	21.42	7.08	1.30	21.42	21.42	6.11
铁门关	590.3	4.0	0.5	18.90	1.69	0.60	8.60	6.53	1.06
双　河	742.2	2.5	0.5	15.10	2.40	0.60	15.10	15.09	5.96
可克达拉	26.0	0.3	0.9	26.04	0.31	0.90	18.96	18.96	2.93
昆　玉	334.3	1.9	0.4	64.39	1.52	0.42	5.84	12.14	1.22
胡杨河	678.0	3.0		18.00	2.10	0.16	4.02	3.61	1.88

continued 17

Area Measurement Unit: Square Kilometer
Population Measurement Unit: 10,000persons

Area of Urban Construction Land							本年征用土地面积 Area of Land Requisition This Year	耕地 Arable Land	城市名称 Name of Cities
公共管理与公共服务用地 Administr-ation and Public Services	商业服务业设施用地 Commercial and Business Facilities	工业用地 Indust-rial, Manufac-turing	物流仓储用地 Logistics and Warehouse	道路交通设施用地 Road, Street and Transpor-tation	公用设施用地 Municipal Utilities	绿地与广场用地 Green Space and Square			
42.41	**35.47**	**45.07**	**10.32**	**84.67**	**10.81**	**88.78**	**11.75**	**8.29**	**宁　夏**
21.27	18.38	19.18	3.90	32.98	5.97	31.21	1.04	0.30	银　川
1.56	1.46	4.09	0.08	2.73	0.23	4.62			灵　武
1.00	0.50	0.10		2.04	1.00	3.26			宁东能源化工基地
2.94	3.82	10.01	0.20	20.28	1.00	20.14	0.02		石嘴山
3.88	4.40	6.52	0.77	7.09	0.58	8.27	1.22	0.50	吴　忠
5.62	2.50	2.90	2.37	4.30	0.87	3.28	0.68	0.20	青铜峡
3.56	2.15	1.51	2.40	8.90	0.52	10.98	2.60	1.10	固　原
2.58	2.26	0.76	0.60	6.35	0.64	7.02	6.19	6.19	中　卫
107.60	**101.27**	**189.30**	**56.11**	**182.85**	**50.91**	**169.41**	**16.60**	**3.98**	**新　疆**
39.93	32.31	101.13	30.58	71.34	11.10	41.56			乌鲁木齐
10.45	6.52	4.25	0.62	13.37	2.86	10.94	1.20		克拉玛依
1.42	1.16	1.06	0.80	3.91	0.50	3.76	0.60		吐鲁番
4.65	4.44	2.25	1.57	6.79	4.18	8.20			哈　密
4.52	6.39	10.24	1.55	13.36	0.95	6.52	1.65	1.20	昌　吉
1.38	1.22	0.40	1.14	3.03	1.24	9.35			阜　康
1.90	3.21	4.04	1.28	2.41	1.09	2.39			博　乐
0.74	0.46	2.39	0.09	1.50	0.91	5.67	0.02		阿拉山口
7.90	9.45	20.57	3.21	13.00	11.10	9.50	6.30		库尔勒
5.52	3.36	4.22	1.52	6.44	2.04	17.44	1.99		阿克苏
1.03	4.62	1.13	2.05	5.53	1.03	9.27			库　车
3.39	2.05	0.45	0.26	2.04	0.54	1.59	0.04		阿图什
5.04	9.44	19.26	6.52	14.82	3.03	13.48	3.11	2.14	喀　什
5.12	3.09	6.70	1.88	3.94	2.15	9.93	1.11	0.06	和　田
3.90	3.30	3.22	0.55	8.60	2.32	4.50			伊　宁
3.30	4.90	1.78	0.31	3.90	4.40	6.20			奎　屯
0.60	0.10	1.11	0.20	1.38	0.20	0.30			霍尔果斯
2.63	1.34	1.47	0.52	1.62	0.56	0.07	0.58	0.58	塔　城
1.90	1.46	3.51	1.20	2.47	0.70	4.54			乌　苏
2.28	2.45	0.12	0.26	3.40	0.01	4.20			阿勒泰
19.54	**17.04**	**27.54**	**4.58**	**32.82**	**5.12**	**31.38**	**6.95**	**3.66**	**新疆兵团**
5.48	3.86	9.13	2.00	8.75	1.13	6.55	0.61	0.56	石河子
2.74	1.42	5.64	0.68	2.01	1.96	2.58	0.37	0.37	阿拉尔
	2.26	2.92	0.20	2.44	0.20	7.24			图木舒克
	2.56	0.81	0.92	1.15	0.60	1.69	3.46	1.66	五家渠
2.16	2.68	2.18	0.72	5.47	0.33	1.77			北　屯
1.86	0.17	0.22	0.05	1.66	0.06	1.45	1.07	1.07	铁门关
0.72	2.63	1.34		2.77	0.06	1.61	1.44		双　河
1.15	0.49	1.84		4.41	0.63	7.51			可克达拉
2.77	0.77	3.16	0.01	3.22	0.10	0.89			昆　玉
0.15	0.20	0.30		0.94	0.05	0.09			胡杨河

三、城市维护建设财政性资金收支

3. Revenue and Expenditure of Urban Maintenance and Construction Fund

简要说明

城市维护建设资金指用于城市维护和建设的财政性资金。本部分主要包括城市维护建设财政性资金的收入和支出两方面的内容，收入包括组成收入的各项来源，包括城市维护建设税、城市公用事业附加、中央和地方预算资金、国有土地使用权出让收入、国家和省规定收取的用于城市维护建设的行政事业性收费及其他收入，支出包括城市维护建设资金用于市政公用设施各行业的建设和维护资金。

2013 年，城市维护建设资金的收支范围和口径进行了调整。

2014 年，北京市数据未报送。

2016 年开始不再统计城市维护建设财政性资金收支情况。

Brief Introduction

Urban maintenance and construction fund is the fund used for urban maintenance and construction. This section mainly includes two parts: one is revenue from the fund, and the other is expenditure of the fund. Revenue consists of various capital sources, including urban maintenance and construction tax, extra-charge for urban utilities, budgetary funds by central and local governments, income generated from the transfer of state-owned land-use right, administrative charges for urban maintenance and construction prescribed by the central and provincial governments and other revenues. Expenditure covers funds used for construction and maintenance of public facilities in the municipal service facilities sector.

Revenue and expenditure scope as well as definition of urban maintenance and construction fund has been adjusted in 2013.

The data of Beijing were not reported in 2014.

Revenue and expenditure of urban maintenance and construction fund were no longer counted in 2016.

3 全国历年城市维护建设资金收支(1978-2016)

计量单位：万元

年份 Year	收入合计 Completed of Revenue	城市维护建设税 Urban Maintenance and Construction Tax	城市公用事业附加 Extra-Charges for Municipal Utilities	中央财政拨款 Financial Allocation from Central Government Budget	地方财政拨款 Financial Allocation from Local Government Budget	水资源费 Water Resource Fee	国内贷款 Domestic Loan
1978							
1979							
1980	276174		92966	66212			
1981	345600		92186	65657			
1982	425957		97416	69381			
1983	408524		103142	81571			
1984	468835		118445	96120			
1985	1168293	331296	129744	143313	123963	14142	
1986	1448311	406817	157889	138944	351961	16812	31716
1987	1638197	442275	176337	152094	225498	22420	61601
1988	1845193	525452	192643	104666	181053	24396	75829
1989	1835625	603583	198409	91529	170347	24873	44494
1990	2104896	650908	226186	109126	198421	27876	88429
1991	2661198	695681	270109	99919	277595	35324	229274
1992	3934788	779701	310916	134237	576569	42506	322596
1993	5811904	980234	329620	269593	594615	48498	445658
1994	6748008	1161193	413851	213565	599378	47060	413327
1995	7743732	1409097	447388	213543	725758	51964	476654
1996	8476420	1578088	555873	103699	862641	60509	956850
1997	11103424	1906696	561217	139392	1154245	61203	1657405
1998	14333158	2153203	603965	649420	1581006	63724	3069622
1999	16271209	2191985	631558	1052000	1714628	77828	3741979
2000	19889324	2372908	541475	1150668	2081330	100590	4146988
2001	25262680	2709430	488144	895818	3237790	111087	7416589
2002	31561758	3160358	498761	759545	3927309	123825	8739016
2003	42761892	3717417	556909	771320	5329302	159757	13318273
2004	52575966	4462912	590251	526414	6657678	206883	14455465
2005	54225147	5512933	554799	621597	7958871	249990	16698914
2006	35406259	5667745	762171	566632	10748459	244522	
2007	47617452	6170604	824251	348134	12137926	279545	
2008	56164219	7442775	896248	756011	14247316	254199	
2009	67276878	7719472	980433	1066464	22311926	247971	
2010	85704996	9970340	1090649	1747961	16855095	295347	
2011	117817189	13395522	1571916	1383183	19817577	750347	
2012	119233467	14797543	1663517	2453300	27252469	413782	
2013	143227465	17070039	1874070				
2014	138005449	17843612	1819986				
2015	160735509	19421884	2255346				
2016	180194600	22429127	2100389				

注：1.自2006年起，城市维护建设资金收入仅包含财政性资金，不含社会融资。地方财政拨款中包括省、市财政专项拨款和市级以下财政资金；其他收入中包括市政公用设施配套费、市政公用设施有偿使用费、土地出让转让金、资产置换收入及其他财政性资金。

2.1978年至1984年，1988年至1990年供水支出为公用事业支出；1978年至2000年道路桥梁支出为市政工程支出，包含道路、桥梁、排水等。

3.自2006年起，城市维护建设资金支出仅包含财政性资金，不含社会融资。

4.2014年数据不含北京市。

National Revenue and Expenditure of Urban Maintenance and Construction Fund in Past Years(1978-2016)

Measurement Unit: 10,000 RMB

利用外资 Foreign Investment	企事业单位自筹资金 Self-Raised Funds by Enterprises and Institutions	其他收入 Other Revenues	支出合计 Completed of Expenditure	维护支出 Maintenance Expenditure	固定资产投资支出 Expenditure from Investment in Fixed Assets	其他支出 Other Expenditures
			163589		163589	
			256895	142593	114302	
		116996	266451	152991	112370	1090
		187757	325615	180778	144837	
		259160	369382	172902	183897	12583
		223811	426986	214709	185511	26766
		254270	462705	219226	243479	
	49362	376473	1122714	375563	721943	25208
744		343428	1343025	431595	816154	95276
748		557224	1480706	479768	895695	105243
6386		734768	644695	303420	246835	94440
10078		692312	737038	361213	249516	126309
24713		779237	814901	406025	269992	138884
107127		946169	2442190	446562	1800536	195092
73484		1694779	3841602	1086759	2529896	224947
138159		3005527	5573279	1550715	3757865	264699
183295		3716339	6583051	1721457	4514337	347257
254876		4164452	7578470	1092891	6056988	428591
558688	1194722	2605348	8827009	2029361	6272955	524693
1407194	1077986	3138088	11229697	2149827	7832004	1247866
738402	1769411	3704405	14374965	2354278	10927777	1092910
494463	2374802	3991966	16172386	2600945	12281137	1290304
847124	3332242	5315999	18960338	2699820	15400602	859916
563167	4095561	5745094	25372970	2367551	19207735	3797684
610535	6007620	7734789	31780253	3184473	24475402	4120378
681057	7696801	10531056	42479605	3840924	32807384	5831298
741815	9002038	15932510	46617124	4662527	36924771	5029826
927141	9460261	12240641	52757240	5474379	40946915	6335946
		17416730	33494964	6950298	20005661	6888341
		27856992	42473049	8689485	24649406	9134158
		32567671	50083394	10432730	30612349	9279334
		34950612	59270667	10982852	38125424	10187001
		55845604	75080799	13443275	47144531	14389306
		80898644	87390666	16790270	53139075	17461321
		72652856	101981275	20228860	63505657	18246758
			108047393			
			106589135			
			124386269			
			138326496			

Note: 1.Since 2006, national revenue of urban maintenance and construction fund includes the fund fiscal budget, not including social funds. Local Financial Allocation include province and city special financial allocation, and Other Revenues include fees for expansion of municipal utilites capacity, fees for use of municaipal utilities,land transfer income, asset replacement income and other financial funds.

2.Data in the water supply column from 1978 to 1984 and from 1988 to 1990 refer to expenditure of public utilities; Data in the bridge and road column reder to expenditure of municipal engineering construction projects,including roads, bridges and sewers.

3.From 2006, expenditure of Urban maintenance and construction fund includes the fund from fiscal buget, not including society fund.

4.The data of 2014 did not include those of Beijing Municipality.

四、城市市政公用设施建设固定资产投资

4. Fixed Assets Investment in Urban Service Facilities

简要说明

本部分包含城市市政公用设施建设各行业的固定资产投资完成额，投资的资金来源和投资产生的能力或效益。行业包括城市供水、燃气、集中供热、轨道交通、道路和桥梁、排水和污水处理、园林绿化、市容环卫行业，不含住宅投资。

自 2009 年开始，全国城市市政公用设施建设固定资产投资中不再包括城市公共交通固定资产投资，仅包括其中的轨道交通建设固定资产投资。

自 2013 年开始，全国城市市政公用设施建设固定资产投资中不再包括城市防洪固定资产投资。

Brief Introduction

This section includes investment in different utilities facilities, investment sources, and the capacity or benefit produced by the investment. The sectors covered are urban water supply, urban gas supply, central heating, public transit, roads and bridges, water drainage and wastewater treatment, landscaping, and urban environmental sanitation. The investment in housing development is not included.

Starting from 2009, the national fixed assets investment in the construction of municipal public utilities facilities has no longer included the fixed assets investment in urban public transport facilities, expect for the fixed assets investment in urban rail transit system.

Starting from 2013, the national fixed assets investment in the construction of municipal public utilities facilities has not included the fixed assets investment in urban flood prevention.

4 全国历年城市市政公用设施建设固定资产投资(1978–2020)

National Fixed Assets Investment in Urban Service Facilities in Past Years(1978-2020)

计量单位：亿元 Measurement Unit: 100 Million RMB

年份 Year	国内生产总值 Gross Domestic Product		财政收入 Government Revenue		全社会固定资产投资 Tatol Investment in Fixed Assets		城市市政公用设施建设固定资产投资 Fixed Assets Investment in Urban Service Facilities			
	国内生产总值 GDP	增长速度(%) Growth Rate (%)	财政收入 Government Revenue	增长率(%) Growth Rate (%)	投资完成额 Completed Volume of Investment	增长率(%) Growth Rate (%)	投资完成额 Completed Volume of Investment	增长率(%) Growth Rate (%)	占同期全社会固定资产投资比重 Percentage in Total Investment in Fixed Assets During The Same Period	占同期国内生产总值的比重(%) Percentage in GDP of The Same Period (%)
1978	3678.7	11.7	1132.2	29.5	669.0		12.0		1.79	0.33
1979	4100.5	7.6	1146.4	1.2	699.0	4.5	14.2	18.02	2.02	0.35
1980	4587.6	7.8	1159.9	1.2	911.0	30.3	14.4	1.77	1.58	0.31
1981	4935.8	5.1	1175.8	1.4	961.0	5.5	19.5	43.81	2.03	0.40
1982	5373.4	9.0	1212.3	3.1	1230.4	28.0	27.2	39.07	2.21	0.51
1983	6020.9	10.8	1367.0	12.8	1430.1	16.2	28.2	3.72	1.97	0.47
1984	7278.5	15.2	1642.9	20.2	1832.9	28.2	41.7	47.89	2.27	0.57
1985	9098.9	13.4	2004.8	22.0	2543.2	38.8	64.0	53.60	2.52	0.70
1986	10376.2	8.9	2122.0	5.8	3120.6	22.7	80.1	25.13	2.57	0.77
1987	12174.6	11.7	2199.4	3.6	3791.7	21.5	90.3	12.79	2.38	0.74
1988	15180.4	11.2	2357.2	7.2	4753.8	25.4	113.2	25.39	2.38	0.75
1989	17179.7	4.2	2664.9	13.1	4410.4	-7.2	107.0	-5.54	2.43	0.62
1990	18872.9	3.9	2937.1	10.2	4517.0	2.4	121.2	13.30	2.68	0.64
1991	22005.6	9.3	3149.5	7.2	5594.5	23.9	170.9	40.99	3.05	0.78
1992	27194.5	14.2	3483.4	10.6	8080.1	44.4	283.2	65.71	3.50	1.04
1993	35673.2	13.9	4349.0	24.8	13072.3	61.8	521.8	84.28	3.99	1.46
1994	48637.5	13.1	5218.1	20.0	17042.1	30.4	666.0	27.64	3.91	1.37
1995	61339.9	11.0	6242.2	19.6	20019.3	17.5	807.6	21.26	4.03	1.32
1996	71813.6	9.9	7408.0	18.7	22913.5	14.8	948.6	17.46	4.14	1.32
1997	79715.0	9.2	8651.1	16.8	24941.1	8.8	1142.7	20.45	4.58	1.43
1998	85195.5	7.8	9876.0	14.2	28406.2	13.9	1477.6	29.31	5.20	1.73
1999	90564.4	7.7	11444.1	15.9	29854.7	5.1	1590.8	7.66	5.33	1.76
2000	100280.1	8.5	13395.2	17.0	32917.7	10.3	1890.7	18.85	5.74	1.89
2001	110863.1	8.3	16386.0	22.3	37213.5	13.0	2351.9	24.40	6.32	2.12
2002	121717.4	9.1	18903.6	15.4	43499.9	16.9	3123.2	32.79	7.18	2.57
2003	137422.0	10.0	21715.3	14.9	55566.6	27.7	4462.4	42.88	8.03	3.25
2004	161840.2	10.1	26396.5	21.6	70477.4	26.6	4762.2	6.72	6.76	2.94
2005	187318.9	11.4	31649.3	19.9	88773.6	26.0	5602.2	17.64	6.31	2.99
2006	219438.5	12.7	38760.2	22.5	109998.2	23.9	5765.1	2.91	5.24	2.63
2007	270232.3	14.2	51321.8	32.4	137323.9	24.8	6418.9	11.34	4.67	2.38
2008	319515.5	9.7	61330.4	19.5	172828.4	25.9	7368.2	14.79	4.26	2.31
2009	349081.4	9.4	68518.3	11.7	224598.8	30.0	10641.5	44.42	4.74	3.05
2010	413030.3	10.6	83101.5	21.3	278121.9	23.8	13363.9	25.58	4.81	3.24
2011	489300.6	9.5	103874.4	25.0	311485.1	23.8	13934.2	4.27	4.47	2.85
2012	540367.4	7.9	117253.5	12.9	374694.7	20.3	15296.4	9.78	4.08	2.83
2013	595244.4	7.8	129209.6	10.2	446294.1	19.1	16349.8	6.89	3.66	2.75
2014	643974.0	7.3	140370.0	8.6	512020.7	15.2	16245.0	-0.63	3.17	2.52
2015	689052.1	6.9	152269.2	8.4	561999.8	9.8	16204.4	-0.25	2.88	2.35
2016	744127.2	6.7	159552.1	4.5	606465.7	7.9	17460.0	7.75	2.88	2.35
2017	827122.0	6.9	172567.0	7.4	641238.0	7.0	19327.6	10.70	3.01	2.34
2018	900309.0	6.6	183352.0	6.2	645675.0	5.9	20123.2	4.12	3.12	2.24
2019	990865.0	6.1	190382.0	3.8	560874.0	5.1	20126.3	0.02	3.59	2.03
2020	1015986.0	2.3	182895.0	-3.9	527270.0	2.7	22283.9	10.72	4.23	2.19

注：1.1978年、1979年全社会固定资产投资仅为基本建设与更新改造投资额。

2.国内生产总值增长速度按可比价格计算，财政收入增长速度按可比口径计算，其余均按当年价格计算。

3.国家统计局根据第四次全国经济普查、统计执法检查、统计调查方法改革和制度规定，对2019年全社会固定资产投资数据进行修订，2020年增速按可比口径计算。

Note: 1.Total investment in fixed assets only refers to investment in basic construction and renovation in 1978 and 1979.

2.Data in this table are calculated at current prices. GDP Growth Rate calculated in comparable prices, and the Growth Rate of Government Revenue calculated in comparable terms.

3.According to the fourth National Economic Census, statistical enforcement inspection, statistical investigation method reform and system regulations, the National Bureau of Statistics has revised the data of Total Investment in Fixed Assets in 2019, and the growth rate in 2020 calculated in comparable terms.

4-1 按行业分全国历年城市市政公用设施建设固定资产投资（1978-2020）

计量单位：亿元

年份 Year	本年固定资产投资总额 Completed Investment of This Year	供水 Water Supply	燃气 Gas Supply	集中供热 Central Heating	轨道交通 Rail Transit System	道路桥梁 Road and Bridge	地下综合管廊 Utility Tunnel
1978	12.0	4.7				2.9	
1979	14.2	3.4	0.6		1.8	3.1	
1980	14.4	6.7				7.0	
1981	19.5	4.2	1.8		2.6	4.0	
1982	27.2	5.6	2.0		3.1	5.4	
1983	28.2	5.2	3.2		2.8	6.5	
1984	41.7	6.3	4.8		4.7	12.2	
1985	64.0	8.1	8.2		6.0	18.6	
1986	80.1	14.3	12.5	1.6	5.6	20.5	
1987	90.3	17.2	10.9	2.1	5.5	27.1	
1988	113.2	23.1	11.2	2.8	6.0	35.6	
1989	107.0	22.2	12.3	3.3	7.7	30.1	
1990	121.2	24.8	19.4	4.5	9.1	31.3	
1991	170.9	30.2	24.8	6.4	9.8	51.8	
1992	283.2	47.7	25.9	11.0	14.9	90.6	
1993	521.8	69.9	34.8	10.7	22.1	191.8	
1994	666.0	90.3	32.5	13.4	25.1	279.8	
1995	807.6	112.4	32.9	13.8	30.9	291.6	
1996	948.6	126.1	48.3	15.7	38.8	354.2	
1997	1142.7	128.3	76.0	25.1	43.2	432.4	
1998	1477.6	161.0	82.0	37.3	86.1	616.2	
1999	1590.8	146.7	72.1	53.6	103.1	660.1	
2000	1890.7	142.4	70.9	67.8	155.7	737.7	
2001	2351.9	169.4	75.5	82.0	194.9	856.4	
2002	3123.2	170.9	88.4	121.4	293.8	1182.2	
2003	4462.4	181.8	133.5	145.8	281.9	2041.4	
2004	4762.2	225.1	148.3	173.4	328.5	2128.7	
2005	5602.2	225.6	142.4	220.2	476.7	2543.2	
2006	5765.1	205.1	155.0	223.6	604.0	2999.9	
2007	6418.9	233.0	160.1	230.0	852.4	2989.0	
2008	7368.2	295.4	163.5	269.7	1037.2	3584.1	
2009	10641.5	368.8	182.2	368.7	1737.6	4950.6	
2010	13363.9	426.8	290.8	433.2	1812.6	6695.7	
2011	13934.2	431.8	331.4	437.6	1937.1	7079.1	
2012	15296.4	410.4	414.5	630.3	2064.5	7402.5	
2013	16349.8	524.7	425.6	596.0	2455.1	8355.6	
2014	16245.0	475.3	416.0	575.4	3221.2	7643.9	
2015	16204.4	619.9	350.5	516.8	3707.1	7414.0	
2016	17460.0	545.8	408.9	481.9	4079.5	7564.3	294.7
2017	19327.6	580.1	445.7	584.2	5045.2	6996.7	673.4
2018	20123.2	543.0	295.1	420.0	6046.9	6922.4	619.2
2019	20126.3	560.1	242.7	333.0	5855.6	7655.3	558.1
2020	22283.9	749.4	238.6	393.8	6420.8	7814.3	453.6

注：1.2008年及以前年份，"轨道交通"投资为"公共交通"，2009年以后仅包含轨道交通建设投资。
2.自2013年开始，全国城市市政公用设施建设固定资产投资中不再包括城市防洪固定资产投资。

National Fixed Assets Investment in Urban Service Facilities by Industry in Past Years (1978-2020)

Measurement Unit: 100 million RMB

排水 Sewer-age	污水处理及其再生利用 Waste-water Treat-ment and Reuse	防洪 Flood Control	园林绿化 Landscaping	市容环境卫生 Environ-mental Sanitation	垃圾处理 Garbage Treat-ment	其他 Other
						4.4
1.2		0.1	0.4	0.1		3.4
						0.7
2.0		0.2	0.9	0.7		3.2
2.8		0.3	1.1	0.9		5.9
3.3		0.4	1.2	0.9		4.7
4.3		0.5	2.0	0.9		5.9
5.6		0.9	3.3	2.0		11.3
6.0		1.6	3.4	2.8		11.9
8.8		1.4	3.4	2.1		11.9
10.0		1.6	3.4	2.6		16.9
9.7		1.2	2.8	2.8		14.8
9.6		1.3	2.9	2.9		15.4
16.1		2.1	4.9	3.6		21.3
20.9		2.9	7.2	6.5		55.6
37.0		5.9	13.2	10.6		125.8
38.3		8.0	18.2	10.9		149.7
48.0		9.5	22.5	13.6		232.5
66.8		9.1	27.5	12.5		249.7
90.1		15.5	45.1	20.9		266.1
154.5		35.8	78.4	36.7		189.6
142.0		43.0	107.1	37.1		226.0
149.3		41.9	143.2	84.3		297.5
224.5	116.4	70.5	163.2	50.6	23.5	466.6
275.0	144.1	135.1	239.5	64.8	29.7	551.0
375.2	198.8	124.5	321.9	96.0	35.3	760.4
352.3	174.5	100.3	359.5	107.8	53.0	838.4
368.0	191.4	120.0	411.3	147.8	56.7	947.0
331.5	151.7	87.1	429.0	175.8	51.8	554.3
410.0	212.2	141.4	525.6	141.8	53.0	735.6
496.0	264.7	119.6	649.8	222.0	50.6	530.8
729.8	418.6	148.6	914.9	316.5	84.6	923.9
901.6	521.4	194.4	1355.1	301.6	127.4	952.2
770.1	303.1	243.8	1546.2	384.1	199.2	773.1
704.5	279.4	249.2	1798.7	296.5	110.9	1325.5
778.9	353.7		1647.4	408.4	125.9	1158.0
900.0	404.2		1817.6	494.8	130.6	700.9
982.7	512.6		1594.7	398.0	157.0	620.7
1222.5	489.9		1670.1	445.2	118.1	747.0
1343.6	450.8		1759.6	508.1	240.8	1391.0
1529.9	802.6		1854.7	470.5	298.5	1421.4
1562.4	803.7		1844.8	557.4	406.8	956.9
2114.8	1043.4		1626.3	862.6	705.8	1609.6

Note: 1.For the year 2008 and before, there was data about investment in public transport.Starting from 2009, the data has only included investment in rail transport construction.

2.Starting from 2013, the national fixed assets investment in the construction of municipal public utilities facilities has not included the fixed assets investment in urban flood prevention.

4-1-1 2020年按行业分全国城市市政公用设施建设固定资产投资(按省分列)

计量单位：万元

地区名称 Name of Regions	本年完成投资 Completed Investment of This Year	供水 Water Supply	燃气 Gas Supply	集中供热 Central Heating	轨道交通 Urban Rail Trainsit System	道路桥梁 Road and Bridge	地下综合管廊 Utility Tunnel	排水 Sewerage
全　国	**222839259**	**7494247**	**2386063**	**3938223**	**64208400**	**78143056**	**4535653**	**21147815**
北　京	15018987	270694	95627	239518	3635356	2892972	212376	492303
天　津	4472897	126985	7360	30822	2889494	667000	1757	259944
河　北	5824553	211074	129400	351885	604245	1718421	618721	744141
山　西	3442802	155717	42722	580106	100298	1548538	93554	133519
内蒙古	2218088	112517	2779	412670	458800	478401	52411	232689
辽　宁	3100602	188441	91060	156943	980529	835338		534108
吉　林	2494431	63683	67778	67660	574773	1110641	91956	260370
黑龙江	2756836	352097	21593	194724	837374	743187		327833
上　海	4737785	277846	110168		1685400	1511068	17228	656790
江　苏	19750553	1084780	280326		6677754	6941313	158744	1288994
浙　江	21536367	376283	112727		8921478	7874608	297598	880725
安　徽	8100502	302411	130817	30288	2152109	3005310	195598	1139228
福　建	7772480	320497	90558		2832249	2243282	112312	1152463
江　西	8267983	196158	64155		1636112	3107505	130602	885777
山　东	14813282	570940	177169	834392	2575469	6255528	220529	1714291
河　南	10283775	195274	91631	292446	3501312	2959581	165282	698594
湖　北	9905417	300569	46746	22699	3117944	3418080	700427	1284270
湖　南	8110697	68837	144976		1716535	3560542	51379	630945
广　东	16046482	494635	275941		4937442	5070595	323752	3184359
广　西	5602130	193880	84407		765689	2535208	364073	892819
海　南	796634	4322	179		24484	524460	14058	62352
重　庆	9735406	362361	49010		2961139	4372267	60138	599239
四　川	16261380	353994	64559		5190517	7307331	23795	1411669
贵　州	3433850	66248	9188	3000	1095700	1223693	22983	143028
云　南	3567543	173833	25678		1228662	1008789	109913	268812
西　藏	123406	53				110312		3041
陕　西	9342694	90515	63053	258842	2878471	3280428	321780	507291
甘　肃	1731720	125803	22701	84135	144598	658873	23223	278793
青　海	290528	2791	6671	201		138901	49134	23888
宁　夏	811741	190975	28384	159172		206974	17061	134053
新　疆	2024330	210247	39572	141776	84467	756576	60152	244654
新疆兵团	463379	49785	9126	76945		77335	25116	76834

National Fixed Assets Investment in Urban Service Facilities by Industry (by Province in Column)(2020)

Measurement Unit: 10,000RMB

			园林绿化 Landscaping	市容环境卫生 Environmental Sanitation		其他 Other	本年新增固定资产 Newly Added Fixed Assets of This Year	地区名称 Name of Regions
污水处理 Wastewater Treatment	污泥处置 Sludge Disposal	再生水利用 Wastewater Recycled and Reused			垃圾处理 Domestic Garbage Treatment			
10130699	**368561**	**303299**	**16262894**	**8626479**	**7057970**	**16096428**	**99164527**	**全　国**
118152	118152	30744	2108501	205498	1314	4866142	3454315	北　京
124307	767	11272	110128	337660	334519	41747	844938	天　津
205358	34531	4190	767982	570850	496778	107834	2584971	河　北
62478		400	440029	54152	44129	294167	1017249	山　西
34684	1000	61901	141480	82370	55957	243970	644122	内蒙古
120303	20113		72307	90588	77486	151288	1172531	辽　宁
102889	1497	500	59740	46951	43304	150879	1190917	吉　林
168128	16746	757	37865	148855	144240	93308	1158510	黑龙江
607534	30000		135580	73381	73381	270324	1946176	上　海
656010	23571	21481	2030989	935347	846194	352306	8240125	江　苏
592407	38965	1549	1444405	613912	537604	1014631	9930510	浙　江
402888	10116	26392	522066	364071	252492	258603	2418892	安　徽
784218	720	489	426251	362071	341093	232797	2425330	福　建
311529	5109		564237	433840	277579	1249597	3365764	江　西
543810	33633	35448	1137375	395605	332055	931984	4797993	山　东
269060	3260	5102	1717180	593653	482619	68821	7254403	河　南
295134	10094		426805	73513	65993	514363	3080003	湖　北
507670	1091	282	310632	223679	210333	1403171	1679841	湖　南
2396940	16181	1535	248786	1021509	973041	489463	5756953	广　东
91237	60256		293324	209277	199575	263453	3738715	广　西
18069			26059	56861	24586	83858	131006	海　南
87282	2835	568	837977	321519	306885	171756	5422203	重　庆
748266	12335	17827	958132	569378	408486	382005	18882766	四　川
30291		7165	35870	89178	87955	744962	488740	贵　州
112736	17023	3500	262110	138752	129350	350995	2676760	云　南
			10000				29160	西　藏
218895	6920	345	751768	342274	114987	848272	1818558	陕　西
242824	3000	13519	110130	37652	12178	245813	1191923	甘　肃
10658		914	29723	10664		28555	148155	青　海
77999		4995	37658	1610	502	35854	272206	宁　夏
144992	17000	43118	182938	166888	148686	137060	1121529	新　疆
43951	1797	9306	24865	54922	34671	68451	279262	新疆兵团

4-1-2 2020年按行业分全国城市市政公用设施建设固定资产投资(按城市分列)

计量单位：万元

城市名称 Name of Cities	本年完成投资 Completed Investment of This Year	供水 Water Supply	燃气 Gas Supply	集中供热 Central Heating	轨道交通 Urban Rail Trainsit System	道路桥梁 Road and Bridge	地下综合管廊 Utility Tunnel	排水 Sewerage
全　　国	**222839259**	**7494247**	**2386063**	**3938223**	**64208400**	**78143056**	**4535653**	**21147815**
北　　京	**15018987**	**270694**	**95627**	**239518**	**3635356**	**2892972**	**212376**	**492303**
天　　津	**4472897**	**126985**	**7360**	**30822**	**2889494**	**667000**	**1757**	**259944**
河　　北	**5824553**	**211074**	**129400**	**351885**	**604245**	**1718421**	**618721**	**744141**
石家庄	1041077	14134	9021	41352	604245	163575	7881	66712
晋　州	9733					8100		1633
新　乐	50533	387		1200		12943		26316
唐　山	283624	9607	32337	13619		142716		34467
滦　州	43137	1003	647	4606		9688		
遵　化	6163	242				1249		3772
迁　安	15862					4219		1762
秦皇岛	245956	2422	11392	71716		99433	1387	10888
邯　郸	169926	4771				34688	69055	30850
武　安	69192		5850	14713		39710		6580
邢　台	243121	2558	120	2596		93478	8993	22103
南　宫	26805	4712				10279		3000
沙　河	5417		170			3933		
保　定	158543	22854	46	6216		86027		43110
涿　州	65361	13542		9032		3795		27255
安　国	40686	1515	1251	5185		18611		2900
高碑店	42899	33	6034	2490		4266		7700
张家口	118340	3943	7242	30972		25746	3430	3244
承　德	88571	2961	367	8741		38367	6100	11497
平　泉	37913	3347	2800	6628		19333		1526
沧　州	296841	8617	1408	7550		151212		81351
泊　头	22304	2031	678	4412		1142		11919
任　丘	102981	3988		992		15187		14220
黄　骅	234963	20496	26000	41000		19000		50530
河　间	86897	195	300	6420		14416		21213
廊　坊	203967	9761	10187	13538		56752		24878
霸　州	11057					8060		2660
三　河	24037					300		13537
衡　水	164481	5975	2450	7673		8142		51548
深　州	87422	500	2129	600		7091	40000	7781
辛　集	37029	2100	196			18446		6349
定　州	40854			2207		3374		30284
雄安新区起步区及片区	1748861	69380	8775	48427		595143	481875	122556

National Fixed Assets Investment in Urban Service Facilities by Industry (by City in Column)(2020)

Measurement Unit: 10,000RMB

污水处理 Wastewater Treatment	污泥处置 Sludge Disposal	再生水利用 Wastewater Recycled and Reused	园林绿化 Landscaping	市容环境卫生 Environmental Sanitation	垃圾处理 Domestic Garbage Treatment	其他 Other	本年新增固定资产 Newly Added Fixed Assets of This Year	城市名称 Name of Cities
10130699	**368561**	**303299**	**16262894**	**8626479**	**7057970**	**16096428**	**99164527**	**全国**
118152		**30744**	**2108501**	**205498**	**1314**	**4866142**	**3454315**	**北京**
124307	**767**	**11272**	**110128**	**337660**	**334519**	**41747**	**844938**	**天津**
205358	**34531**	**4190**	**767982**	**570850**	**496778**	**107834**	**2584971**	**河北**
31727			93692	20715	19558	19750	183434	石家庄
							10328	晋州
21898			8733	745		209	53320	新乐
22350			44970	1671		4237	226722	唐山
			3393	23800	23800		45419	滦州
			600	300			13448	遵化
			4581	5300	5300			迁安
6888		1800	26150	22568	13689		245955	秦皇岛
30250			21289			9273	113592	邯郸
				2339			46290	武安
7178			71491	3497		38285	128326	邢台
			7741	74		999	16472	南宫
			1314				2506	沙河
12285			100	190			19276	保定
3886			3000	8189	8099	548	96073	涿州
			11024	200			40686	安国
			12200	10176	8500		37581	高碑店
2325			28596	5556	5556	9611	25490	张家口
	7247		6730	13723	13123	85	26222	承德
1526			3987	292	9		39	平泉
9996			33938	9165	4800	3600	216958	沧州
	256		1300	822	446		22304	泊头
			11928	56666	56100			任丘
10200			46800	9900		21237	227786	黄骅
6487			1892	42461	42000		31681	河间
			82033	6818	1855		23745	廊坊
			337				6860	霸州
			10200					三河
1500		2032	47355	41338	21376		34693	衡水
981		358	3378	25943	24452		59489	深州
			8623	1315	1315		25511	辛集
1911			4989					定州
33970	27028		165618	257087	246800		604765	雄安新区起步区及片区

4-1-2 续表 1

计量单位：万元

城市名称 Name of Cities	本年完成投资 Completed Investment of This Year	供水 Water Supply	燃气 Gas Supply	集中供热 Central Heating	轨道交通 Urban Rail Trainsit System	道路桥梁 Road and Bridge	地下综合管廊 Utility Tunnel	排水 Sewerage
山　西	**3442802**	**155717**	**42722**	**580106**	**100298**	**1548538**	**93554**	**133519**
太　原	1283156	81200		224500	100298	606733		6200
古　交	8542	50				3573		4095
大　同	91534	2098	1629			40845		20794
阳　泉	177844		32621	104924		32949		349
长　治	306405	6809	150	12420		94716	49690	34842
晋　城	585163	32266	1996	125642		309751	43864	15298
高　平	69313	807	1000	381		63421		
朔　州	28480		1110	13906				5267
怀　仁								
晋　中	405037	5370		5527		239320		
介　休	14809	70		14739				
运　城	76610					63274		13336
永　济	44327					180		2331
河　津	34589	3235	50	3060		10225		451
忻　州	17986		655	4266		1190		
原　平	86342		1056	3244		48432		11475
临　汾	9150	8900	250					
侯　马	41502	65	836	17787		13559		6716
霍　州								
吕　梁	47786	1123		901				
孝　义	80762	13550	1255	28151		15369		10665
汾　阳	33465	174	114	20658		5001		1700
内蒙古	**2218088**	**112517**	**2779**	**412670**	**458800**	**478401**	**52411**	**232689**
呼和浩特	1062088	12136		271900	458800	152700		21500
包　头	180361					74547	41700	21868
乌　海	83225	17065		2459		31316		9220
赤　峰	383488	30004	1200	14139		140453	9011	88923
通　辽	82380	15152		3479		21963		3215
霍林郭勒	10207					165		10
鄂尔多斯	75646	5934	260	520		22787		10952
呼伦贝尔	51882	6096	214	4974		3048		32443
满洲里	22271	1614	700	1721		850		406
牙克石	24259	430		4000		1085		17714
扎兰屯	35213	480		7900		20469		5750
额尔古纳	28416	300		21630		816		3600
根　河	6391	1133				2281		1924
巴彦淖尔	106398	3419	405	77154		1025		1183
乌兰察布	11960			734				3179
丰　镇	4123					420		3303

continued 1

Measurement Unit: 10,000RMB

污水处理 Wastewater Treatment	污泥处置 Sludge Disposal	再生水利用 Wastewater Recycled and Reused	园林绿化 Landscaping	市容环境卫生 Environmental Sanitation	垃圾处理 Domestic Garbage Treatment	其他 Other	本年新增固定资产 Newly Added Fixed Assets of This Year	城市名称 Name of Cities
62478		**400**	**440029**	**54152**	**44129**	**294167**	**1017249**	**山西**
6200			264225					太原
			824				8542	古交
20694				1168	1168	25000	252371	大同
			1901			5100	18100	阳泉
16400			12657	1767		93354	12205	长治
8000			45714	1834	1834	8798	9102	晋城
				2554		1150	4742	高平
				400		7797	1110	朔州
								怀仁
			74154	28836	27327	51830	179172	晋中
							28	介休
3938							6044	运城
			750	1066	800	40000	44359	永济
		400	4463	13105	13000		17191	河津
			8594	2681		600	81739	忻州
1850			22135				86342	原平
							20306	临汾
3696			1390			1149		侯马
								霍州
			530			45232	195298	吕梁
			2470	741		8561	80425	孝义
1700			222			5596	173	汾阳
34684	**1000**	**61901**	**141480**	**82370**	**55957**	**243970**	**644122**	**内蒙古**
			2825	19227	10000	123000	43011	呼和浩特
6205		391	15144	5300		21802	29930	包头
8500			5920	4762		12483	720	乌海
200		7000	78027	20266	17296	1465	331192	赤峰
				180		38391	90758	通辽
			9837			195	10207	霍林郭勒
5697		2300	4513	10580	10580	20100	11802	鄂尔多斯
155		32288	3362	909	909	836	51682	呼伦贝尔
			500	9080	8800	7400	21745	满洲里
1102		16612				1030	30	牙克石
	1000	800		614			34599	扎兰屯
3000			1770	220		80		额尔古纳
		644	618	435				根河
			10264			12948	12873	巴彦淖尔
3179				8047	8000			乌兰察布
3303						400	5573	丰镇

4-1-2 续表 2

计量单位：万元

城市名称 Name of Cities	本年完成投资 Completed Investment of This Year	供水 Water Supply	燃气 Gas Supply	集中供热 Central Heating	轨道交通 Urban Rail Trainsit System	道路桥梁 Road and Bridge	地下综合管廊 Utility Tunnel	排水 Sewerage
乌兰浩特	20530	12800				4476		
阿 尔 山	5486			1200				2540
二连浩特	11698	300		860			1700	803
锡林浩特	12065	5654						4156
辽　　宁	**3100602**	**188441**	**91060**	**156943**	**980529**	**835338**		**534108**
沈　　阳	1554961	129861	40847	18300	345044	351106		459314
新　　民	10338	10100						200
大　　连	1035177	9067	12101	200	622168	370040		17234
瓦 房 店	756					105		173
庄　　河	13317				13317			
鞍　　山	3421							3421
海　　城	9971	1118	3000	3943		1732		85
抚　　顺	86777	16010	21149	5000		17793		6875
本　　溪	27286	3695	1297	5125		11863		2972
丹　　东	40223		8001	17347		14142		546
东　　港	1871	1208				341		
凤　　城	2035		300	1728				
锦　　州	98461		32	32000		36348		10500
凌　　海	4543							4543
北　　镇	13484	3700				2790		
营　　口								
盖　　州	40065			37560				
大 石 桥	23524					7003		7662
阜　　新	25014	2432	78	7726		4815		4203
辽　　阳	11105			10453		420		91
灯　　塔	9063	45		130		1483		2376
盘　　锦	32756	68	895	972		4143		5608
铁　　岭	15028	3938		6017				1656
调 兵 山	17136	5102		8442		3068		
开　　原	6651	190	1200	2000				3149
朝　　阳	13467		2161			7401		2990
北　　票	1421					726		472
凌　　源	653					20		38
葫 芦 岛								
兴　　城	2098	1907						
吉　　林	**2494431**	**63683**	**67778**	**67660**	**574773**	**1110641**	**91956**	**260370**
长　　春	1662945	19943	53170	30558	574773	856710		57205
榆　　树	12798	395				9824		2579
德　　惠	39039		1166			26766		10503
吉　　林	18760					18760		

continued 2

Measurement Unit: 10,000RMB

污水处理 Wastewater Treatment	污泥处置 Sludge Disposal	再生水利用 Wastewater Recycled and Reused	园林绿化 Landscaping	市容环境卫生 Environmental Sanitation	垃圾处理 Domestic Garbage Treatment	其他 Other	本年新增固定资产 Newly Added Fixed Assets of This Year	城市名称 Name of Cities
			2054			1200		乌兰浩特
2540			1746					阿尔山
803			4000	1395		2640		二连浩特
		1866	900	1355	372			锡林浩特
120303	**20113**		**72307**	**90588**	**77486**	**151288**	**1172531**	**辽宁**
90340	19963		52191	32298	21585	126001	676275	沈阳
				38	38			新民
			1988	649	649	1731	178834	大连
			301	177			676	瓦房店
							15717	庄河
								鞍山
			93				9971	海城
3685			1422	17706	17000	822	78300	抚顺
1300	150		304			2030	4943	本溪
			73	114			18920	丹东
				322	322		6396	东港
			8					凤城
10000			1066	16515	16515	2000	69226	锦州
4543							566	凌海
			1700	928	928	4366	12876	北镇
								营口
				2505	2505		7771	盖州
6411			6245			2614	27964	大石桥
2379				835		4924		阜新
				142			1744	辽阳
			380	149		4500	7282	灯塔
34			2238	17651	17651	1181	5005	盘锦
1336			2698			719	3160	铁岭
			379	145	102		8645	调兵山
49			112					开原
			915				32006	朝阳
226				223			1612	北票
			195			400	643	凌源
								葫芦岛
				191	191		4000	兴城
102889	**1497**	**500**	**59740**	**46951**	**43304**	**150879**	**1190917**	**吉林**
13865			32771			37815	792727	长春
							19123	榆树
4996		500	452	152			26386	德惠
								吉林

4-1-2 续表 3

计量单位：万元

城市名称 Name of Cities	本年完成投资 Completed Investment of This Year	供水 Water Supply	燃气 Gas Supply	集中供热 Central Heating	轨道交通 Urban Rail Trainsit System	道路桥梁 Road and Bridge	地下综合管廊 Utility Tunnel	排水 Sewerage
蛟　　河	8506					3702		3017
桦　　甸	1411							1411
舒　　兰	18490					6185		4441
磐　　石	8599	98	180	2601		2920		1800
四　　平	70272					28310	37241	
双　　辽	9629	417				2745		4412
辽　　源	97245	2768	1200	5090		38570		19955
通　　化	58699	11400	6687				37600	3012
集　　安	14128					5428		8400
白　　山	95498	6066		10023		8119		5055
临　　江	2558					1180		1378
松　　原	141813	8416	2330	10200		18591	17115	74537
扶　　余	1408		55			1000		
白　　城	13772	3645	1300	750		498		1436
洮　　南	2833	1352						
大　　安	5593	5000	40	426		9		118
延　　吉	38345		1650	8012		9000		19683
图　　们	4683					2683		2000
敦　　化	15278					8083		6920
珲　　春	5686	20						5092
龙　　井	15765	450				9554		
和　　龙	1426					900		
公 主 岭	6354	2600						3754
梅 河 口	101960					42221		12719
长白山保护开发区	20938	1113				8883		10942
黑 龙 江	**2756836**	**352097**	**21593**	**194724**	**837374**	**743187**		**327833**
哈 尔 滨	2030700	244978	845	41471	837374	640428		126514
尚　　志	40014	12810	130	1802		15954		5642
五　　常	7351	586	2000	178		339		4000
齐齐哈尔	44685	12573	4755	8826		1234		16001
讷　　河	10361	7000	300	3021		29		
鸡　　西	11928	2276	535			4117		
虎　　林	15591	3935						11656
密　　山	15246	12629	145	1370		1102		
鹤　　岗	67215			5000		6967		38248
双 鸭 山	68821	5495	2288	12713		6606		9641
大　　庆	14674	11871		1683				1120
伊　　春	15431	90		2291		8777		1569
铁　　力	5197	1300				1797		2100
佳 木 斯	20753			18753				2000

continued 3

Measurement Unit: 10,000RMB

			园林绿化 Landscaping	市容环境卫生 Environmental Sanitation		其 他 Other	本年新增固定资产 Newly Added Fixed Assets of This Year	城市名称 Name of Cities
污水处理 Wastewater Treatment	污泥处置 Sludge Disposal	再生水利用 Wastewater Recycled and Reused			垃圾处理 Domestic Garbage Treatment			
3017						1787	5487	蛟 河
								桦 甸
4441						7864		舒 兰
			1000				8599	磐 石
				4721	4721		9866	四 平
3328			1731			324	8821	双 辽
6000			4485	2260	2260	22917	112571	辽 源
1962								通 化
8400			300				19403	集 安
2108			750	36578	36179	28907	16148	白 山
1378							5528	临 江
20431			2757	2603		5264	54656	松 原
			353				3089	扶 余
				393		5750	7935	白 城
			1372	109	109		1602	洮 南
118							600	大 安
16186	1497						55718	延 吉
								图 们
			240	35	35			敦 化
5092			574				5112	珲 春
			3930	100		1731	24824	龙 井
			356			170	12722	和 龙
								公主岭
5000			8670			38350		梅河口
6567								长白山保护开发区
168128	**16746**	**757**	**37865**	**148855**	**144240**	**93308**	**1158510**	**黑龙江**
68063			7858	59053	59053	72179	705743	哈尔滨
			2762	914	819		55719	尚 志
4000			248				7764	五 常
4603			26	1270	1117		38870	齐齐哈尔
			11					讷 河
				5000	5000		6782	鸡 西
11656								虎 林
							691	密 山
22500	7300			17000	17000		8448	鹤 岗
9641			1800	30278	29742		16525	双鸭山
							12351	大 庆
			2304	400			6694	伊 春
2100								铁 力
							50975	佳木斯

4-1-2 续表 4

计量单位：万元

城市名称 Name of Cities	本年完成投资 Completed Investment of This Year	供水 Water Supply	燃气 Gas Supply	集中供热 Central Heating	轨道交通 Urban Rail Trainsit System	道路桥梁 Road and Bridge	地下综合管廊 Utility Tunnel	排水 Sewerage
同　江	29963	1470	1010	19479		731		5644
富　锦	8145			6199				596
抚　远	12780			6000		1020		5760
七台河	62029	24256						33541
牡丹江	23075	393	335			9686		287
海　林	12544			3399		1952		4583
宁　安	23403	1800		4389		3732		1253
穆　棱	2300	100		50		1700		50
绥芬河	11584			211		1076		5529
东　宁	25072		200	5135				15932
黑　河	51382	3750	1166	15283		8529		7089
嫩　江	14411			2606		547		4800
北　安	5703		2850	590		149		838
五大连池	12618		235	4026		671		7452
绥　化	6170	693	800			1320		3357
安　达	42255		4000	17637		11415		6269
肇　东	21073	130		10150		4600		1257
海　伦	16166	3678		2318		4360		2293
漠　河	8196	284		144		4349		2812
上　海	**4737785**	**277846**	**110168**		**1685400**	**1511068**	**17228**	**656790**
江　苏	**19750553**	**1084780**	**280326**		**6677754**	**6941313**	**158744**	**1288994**
南　京	5940046	262954	48400		2057700	2483175	36000	203414
无　锡	1483873	40054	7254		666953	478997	377	58422
江　阴	387760	38600	15100			243100		42900
宜　兴	194299	25500	111000			22121		16000
徐　州	1402594	131558	683		727521	36435		17507
新　沂	25839		2800			7772		1417
邳　州	62975					24958		
常　州	1012432	3903	2910		300000	386929	7380	126071
溧　阳	20949	7496				2053		8962
苏　州	3094452	113016	22204		1914716	747679	40997	105098
常　熟	169198	1355	10100			44887		52069
张家港	85463	15251	7226			46116		995
昆　山	1542		135			1407		
太　仓	16827		2099			14228		
南　通	1306045	28685	7455		790632	76443		75224
海　安	64948	29012	642			28573		2500
启　东	80295	800	1200			57150		3900
如　皋	117255	68600	3670			23290		790
连云港	196592	41580				23910		38323

continued 4

Measurement Unit: 10,000RMB

污水处理 Wastewater Treatment	污泥处置 Sludge Disposal	再生水利用 Wastewater Recycled and Reused	园林绿化 Landscaping	市容环境卫生 Environmental Sanitation	垃圾处理 Domestic Garbage Treatment	其他 Other	本年新增固定资产 Newly Added Fixed Assets of This Year	城市名称 Name of Cities
599	5014		1496	133	133		24738	同江
			1350				596	富锦
4281							6000	抚远
7019			1785	2447	1900		13396	七台河
	287			4374	4374	8000	149	牡丹江
	4145		410	2200			14344	海林
1253				12229	12229		14402	宁安
			400				1878	穆棱
			451	30	30	4288	11465	绥芬河
10946				510	510	3295	28921	东宁
4110			12682	383		2500	43156	黑河
4800				6458	6352		4800	嫩江
838			695	581	581		9069	北安
6891				195		39	12738	五大连池
							1999	绥化
4328			1034	1900	1900		41059	安达
500		757	486	3500	3500	950	2556	肇东
			1460			2057	7659	海伦
			607				9022	漠河
607534	**30000**		**135580**	**73381**	**73381**	**270324**	**1946176**	**上海**
656010	**23571**	**21481**	**2030989**	**935347**	**846194**	**352306**	**8240125**	**江苏**
96354	14940		804503	43900	43900		2766525	南京
44909		4384	49858	164909	164357	17049	782413	无锡
40500		2400	36000	12060	6200			江阴
			10699	8979	8979		183139	宜兴
2022			227550	65090	62400	196250	98957	徐州
			12982	868	400		24606	新沂
				38017	38017		60126	邳州
41173		14697	151819	15861	2975	17558	285686	常州
8962			2140	298			15698	溧阳
47846			83844	63864	54194	3033	2162708	苏州
16654			3726	57061	36109		72552	常熟
995			12300	3092	372	483	98517	张家港
							125	昆山
			500				36925	太仓
19597			69075	225256	224000	33275	239004	南通
1800			4221				10373	海安
3612			17070	175			80892	启东
65			20905				16008	如皋
28694	2929		85719	3978	219	3082	42651	连云港

4-1-2 续表 5

计量单位：万元

城市名称 Name of Cities	本年完成投资 Completed Investment of This Year	供水 Water Supply	燃气 Gas Supply	集中供热 Central Heating	轨道交通 Urban Rail Trainsit System	道路桥梁 Road and Bridge	地下综合管廊 Utility Tunnel	排水 Sewerage
淮 安	172151	44738	8809			29295		50698
盐 城	665394	9289	2080		610	224661		223733
东 台	27273		1430			18574		2871
扬 州	1290351	9432	1912			1077236	32330	35001
仪 征	74692	434	3931			52700		14426
高 邮	10929	172				9137		477
镇 江	381757	31085	2846			185859		93887
丹 阳	39857	119	103			1263		10375
扬 中	48860	881	638					47341
句 容	219980				219622	24		
泰 州	465382	23699				304299	41660	22442
兴 化	152722	118743	1272			20709		1550
靖 江	88253	7588	2125			2150		435
泰 兴	48474	400	104			42584		
宿 迁	401096	29836	12198			223600		32166
浙 江	**21536367**	**376283**	**112727**		**8921478**	**7874608**	**297598**	**880725**
杭 州	8801127	130090	6469		5515664	2228301	113872	94073
建 德	24917	2350	1803			2191		501
宁 波	3229396	36931	10311		1105251	1410951	50969	180184
余 姚	103300	2666				32526	6229	13088
慈 溪	273017	1350	2976			216404	15317	27348
温 州	1455280	14178	15044		503000	644020	35471	54139
瑞 安	47583	5485				35225		195
乐 清	321485	20782	1610			194104		22305
龙 港	56786					23010		550
嘉 兴	906122	36940	6426		123040	504810	20000	49194
海 宁	293300	5222	95		48963	72153	2688	11020
平 湖	79332	2172	565			50205		2148
桐 乡	167622		4705			32087		68676
湖 州	473587	13832	24812			306901	897	68189
绍 兴	1739907	11400	1440		498546	1211240		640
诸 暨	132249					1791		
嵊 州	83924	306	1672				15000	4057
金 华	862718	44716	2563		326597	153677	2843	62781
兰 溪	55719	1273	2097			33029		10284
义 乌	613189	22826	8605		267842	192287	13168	31430
东 阳	33852		1855		26575	858		2032
永 康	62087	1944	1568			21235		12891
衢 州	222728	1055				92998	20584	4244
江 山	28098		300			3066		325
舟 山	256045	15678	2699			158951	560	40215

continued 5

Measurement Unit: 10,000RMB

污水处理 Wastewater Treatment	污泥处置 Sludge Disposal	再生水利用 Wastewater Recycled and Reused	园林绿化 Landscaping	市容环境卫生 Environmental Sanitation	垃圾处理 Domestic Garbage Treatment	其他 Other	本年新增固定资产 Newly Added Fixed Assets of This Year	城市名称 Name of Cities
36280			24275	13960	13715	376	170213	淮　安
217105	5702		170517	17300	8793	17204	307800	盐　城
271			4398				27139	东　台
7338			43260	59139	58295	32041	248617	扬　州
			3201					仪　征
			763	380			3352	高　邮
9431			10054	31126	19126	26900		镇　江
10375			5500	20385	20000	2112	74402	丹　阳
3241							3080	扬　中
				334			2948	句　容
			61693	11589	10889		227728	泰　州
1550			6235	1271	1000	2943	36869	兴　化
435				75955	71954		2032	靖　江
			5086	300	300		104	泰　兴
16800			103096	200			158936	宿　迁
592407	**38965**	**1549**	**1444405**	**613912**	**537604**	**1014631**	**9930510**	**浙　江**
85521			163264	135379	109147	414015	2041193	杭　州
	151		10690	3935	3344	3447	31917	建　德
169656	360		291487	69872	55361	73439	2852821	宁　波
13084			27231	709		20851	106166	余　姚
23524			7172	2450	2300		242890	慈　溪
5851	2100	1549	137578	758		51092	626888	温　州
39				1180	1180	5498	57364	瑞　安
14799			52896	21327	21327	8461	191568	乐　清
			27897	3304	1148	2025	22099	龙　港
45782			158195	6673	2902	844	561202	嘉　兴
4829			26946	116837	116750	9376	244338	海　宁
			22193	608		1441	18243	平　湖
42959	25469		42054	20100	20000		18894	桐　乡
13591			29802	28161	28161	993	262879	湖　州
40			15180	1200	100	261	172180	绍　兴
			206			130252		诸　暨
4030			3538	21050	21050	38301	25192	嵊　州
28912			182930	75510	75275	11101	628954	金　华
8733			9019	17	17		61095	兰　溪
23670	500		55620	3261		18150	390322	义　乌
1695	337		2039	493			6946	东　阳
80			24449				62087	永　康
2544			52666	15857	2923	35324	256833	衢　州
			18755			5652	28964	江　山
27939	10000		18936	5096	2991	13910	437347	舟　山

4-1-2 续表 6

计量单位：万元

城市名称 Name of Cities	本年完成投资 Completed Investment of This Year	供水 Water Supply	燃气 Gas Supply	集中供热 Central Heating	轨道交通 Urban Rail Trainsit System	道路桥梁 Road and Bridge	地下综合管廊 Utility Tunnel	排水 Sewerage
台　州	762331	1631	1743		506000	164678		27075
玉　环	49209	1154	8			16035		25550
温　岭	54303					34433		7106
临　海	76117	1219	8976			16907		5000
丽　水	211689	309	2635			17376		52006
龙　泉	59349	774	1750			3159		3479
安　徽	**8100502**	**302411**	**130817**	**30288**	**2152109**	**3005310**	**195598**	**1139228**
合　肥	2967805	111919	41892	22180	1689170	649210	4863	185707
巢　湖	250315	14500	7700			93100		110655
芜　湖	944452	11803	10031		462939	178863	4105	220285
无　为	7031	378	3000			2700		450
蚌　埠	283161	10500	10100			82436	28970	60136
淮　南	232983	3049	8140	1750		30454	81253	83395
马鞍山	319238	13810	500			115137		106850
淮　北	116644	3660	764			68186		28157
铜　陵	83058	8076	1440			32122	20288	9865
安　庆	317304	18539	6516			236093		38691
潜　山	32991	2286	630			9372		5850
桐　城	41171	1778	1346			14804	14378	4239
黄　山	57035	19412	646			14512		12316
滁　州	587748	2800	800			482733	19000	30208
天　长	151264	8880	2443			77955		7970
明　光	98052	9930	7764			52470		15268
阜　阳	338859	27067	7246			233481		13758
界　首	69965	8692				23281		
宿　州	271825	3975	600			184370	5350	42800
六　安	99081	2883	2406	5778		57524		21120
亳　州	286816	10067	8421			110673	17391	68612
池　州	45528	4803	2840	580		20111		6792
宣　城	397370	3460	4450			201534		22675
广　德	46135	144	1143			16979		19479
宁　国	54672					17210		23950
福　建	**7772480**	**320497**	**90558**		**2832249**	**2243282**	**112312**	**1152463**
福　州	2804912	115447	9435		1696811	608205		76238
福　清	232825	2455	1148			176473		6744
厦　门	2077884	95131	17930		1135438	98838	108503	540260
莆　田	531710	2470	2726			269785		159104
三　明	29100	758	565			10451		12321
永　安	4130	1500	850			200		240
泉　州	72497	8485	5205			12969		755

continued 6

Measurement Unit: 10,000RMB

			园林绿化 Landscaping	市容环境卫生 Environmental Sanitation		其他 Other	本年新增固定资产 Newly Added Fixed Assets of This Year	城市名称 Name of Cities
污水处理 Wastewater Treatment	污泥处置 Sludge Disposal	再生水利用 Wastewater Recycled and Reused			垃圾处理 Domestic Garbage Treatment			
12608	48		13130	17573	16636	30501	207550	台　州
16850			4861	1487		114	44970	玉　环
7035			7875	4889	981		66473	温　岭
5000			34	43974	43799	7	117243	临　海
31033			31718	2654	2654	104991	110065	丽　水
2603			6044	9558	9558	34585	35827	龙　泉
402888	**10116**	**26392**	**522066**	**364071**	**252492**	**258603**	**2418892**	**安　徽**
29339		621	44630	128638	128316	89596	371138	合　肥
66900			12000	12360	7500		248915	巢　湖
187632		6967	17720	12486		26220	27518	芜　湖
			503				7403	无　为
16954	7500	2519	50500	40519	31967		207302	蚌　埠
10366			3897	4140		16905	296517	淮　南
1610			17054	65867	5780	20	142119	马鞍山
1420			6031	9845				淮　北
2679	2396		4528	3839	2666	2900	5179	铜　陵
90			3953	9368	8718	4144	213533	安　庆
2830			14341	512	108			潜　山
1927			4626				4911	桐　城
7730			3548	4932	4585	1669	27715	黄　山
		15000	44735	5428	949	2044	129450	滁　州
6730			22386	28000	28000	3630	55319	天　长
		500				12620	18194	明　光
8138			48680	4590	2140	4037	262619	阜　阳
			36978	1014	822		37992	界　首
2000			25430	9300	9000		51879	宿　州
15150			8940	430			54305	六　安
17420		785	45511	19533	19200	6608	45911	亳　州
2173			2932	1380	1380	6090	35830	池　州
			89390	1535	1120	74326	117989	宣　城
	220		7242	354	241	794	36348	广　德
21800			6512			7000	20808	宁　国
784218	**720**	**489**	**426251**	**362071**	**341093**	**232797**	**2425330**	**福　建**
15697	184		99645	105948	104823	93183	1025898	福　州
5697	119		33317			12688	13238	福　清
517120			44418	30440	29613	6926	423917	厦　门
76086			93940	3685	2179		1697	莆　田
8815	38		2085	2920			60317	三　明
240			1080	260			8656	永　安
75	61		42280	2103	1859	700	11021	泉　州

4-1-2 续表 7

计量单位：万元

城市名称 Name of Cities	本年完成投资 Completed Investment of This Year	供水 Water Supply	燃气 Gas Supply	集中供热 Central Heating	轨道交通 Urban Rail Trainsit System	道路桥梁 Road and Bridge	地下综合管廊 Utility Tunnel	排水 Sewerage
石狮	15963	3986	668			2150		6052
晋江	53524		133					
南安	469724	3600	19900			234519		57866
漳州	644808	44436	4522			353049	1856	94724
龙海	217239	3732	920			143004		50975
南平	46672	1735	586			23778		137
邵武	22145	3800				10595		6000
武夷山	37539	11000	1500			18502		6500
建瓯	76763	1010	6389			59183		
龙岩	148602	10420	1634			103088	1953	11260
漳平	19327	2450				10787		4849
宁德	161491	6846	1224			23506		114492
福安	11024	1236	5100			90		3946
福鼎	94601		10123			84110		
江西	**8267983**	**196158**	**64155**		**1636112**	**3107505**	**130602**	**885777**
南昌	1844746	11286			1636112	119756	11129	32465
景德镇	240927					210647		5606
乐平	11699					7160		2500
萍乡	132268	15033	12846			48070		26543
九江	1516903	347	4027			430716	5000	305111
瑞昌	6602	1024	269			4000		
共青城	192938					171000		25
庐山	9386		1159			6874		200
新余	173726	200	664			61196	6000	41503
鹰潭	86952	733	950			62553		13995
贵溪	90851					84580		
赣州	1309351	26214	15250			653778	51728	167228
龙南	29582	499				22143		3156
瑞金	274600					48600	5000	5000
吉安	231738	43531	11000			107467	10000	23660
井冈山	3040							3040
宜春	374831	2696	2279			193682	24434	37331
丰城	4759	3463	746					550
樟树	185232	7000	1050			119620		18070
高安	13150					10254		2166
抚州	900811	55958	8690			339773	12371	157516
上饶	633124	28173	5225			405351	4940	39633
德兴	766					286		480

continued 7

Measurement Unit: 10,000RMB

			园林绿化 Landscaping	市容环境卫生 Environmental Sanitation		其他 Other	本年新增固定资产 Newly Added Fixed Assets of This Year	城市名称 Name of Cities
污水处理 Wastewater Treatment	污泥处置 Sludge Disposal	再生水利用 Wastewater Recycled and Reused			垃圾处理 Domestic Garbage Treatment			
6052			2337	452	452	318	6136	石　狮
			26650	26741	26741		26783	晋　江
21786	44		4680	123013	123013	26146	57903	南　安
67718	104	489	37063	17237	6945	91921	240679	漳　州
40924			11115	7493	7000		9456	龙　海
137			2118	18318	18318		43732	南　平
6000				1750	1750		31795	邵　武
6500				37			24239	武夷山
			9561			620		建　瓯
8125	63		7700	12547	10030		381600	龙　岩
1300	40		910	300	50	31	27603	漳　平
	48		7210	8213	8100		10745	宁　德
1946	19		142	246		264	9425	福　安
				368	220		10491	福　鼎
311529	**5109**		**564237**	**433840**	**277579**	**1249597**	**3365764**	**江　西**
27980	9		26045	2809		5145	29406	南　昌
47			5925	240		18509	28881	景德镇
			735	1304			18040	乐　平
6650			1927	27128	26528	720	128364	萍　乡
108270			152239	185680	185079	433783	576163	九　江
			459			850	522	瑞　昌
25			200	100	60	21613	70	共青城
200				1153			9426	庐　山
27989			23104	12888	12039	28171	46081	新　余
7978			4546	3931	3090	245	34698	鹰　潭
			386			5885	1435	贵　溪
71650			159629	79324	34781	156201	752444	赣　州
656			900	1300	1300	1584		龙　南
			2400			213600	292524	瑞　金
12050			23180	12900	3400		301799	吉　安
3040								井冈山
			38731	62049		13629	124471	宜　春
550							18607	丰　城
5160	900		36500	1713	1200	1279		樟　树
1303			32	54		645	69	高　安
36710	4200		78993	14982	9972	232529	996498	抚　州
1272			8307	26286	130	115209		上　饶
							6266	德　兴

4-1-2 续表 8

计量单位：万元

城市名称 Name of Cities	本年完成投资 Completed Investment of This Year	供水 Water Supply	燃气 Gas Supply	集中供热 Central Heating	轨道交通 Urban Rail Trainsit System	道路桥梁 Road and Bridge	地下综合管廊 Utility Tunnel	排水 Sewerage
山　东	**14813282**	**570940**	**177169**	**834392**	**2575469**	**6255528**	**220529**	**1714291**
济　南	3349288	101428	54396	83258	825377	1491420	48977	120845
青　岛	2805832	18026	22251	75038	1733358	703251	20404	85082
胶　州	155593					104617		2336
平　度	67180		819			32487		6274
莱　西	50955	15810	3418	3990		4443		2520
淄　博	516806	8458	22783	38000	16734	235159	4336	36734
枣　庄	277962	12901	7337	31947		103897	230	17359
滕　州	83277			3500		29204	2600	14989
东　营	658551	43	222	9550		246080		256572
烟　台	534145	48006	8846	74805		187566	18424	72117
龙　口	62124		1165	30000		7445		14792
莱　阳	65786	613	1500	6200		57068		405
莱　州	17921		1077			1032	15163	5
招　远	16916	284	600	4735		5242	860	1617
栖　霞	8826					2040		
海　阳	27615	91	2720	2010		10413		1886
潍　坊	496727	3300				300769	3768	139394
青　州	58757	4173	291	7870		27778		10597
诸　城	58416			1000		8395		29705
寿　光	177018		176	122850		22178		7625
安　丘	66217	335	1215	800		16111		15096
高　密	37994			500		12720	800	22252
昌　邑	30161	4530	1137	1300		2316		1638
济　宁	1262657	89988	1806	26450		931208	26030	21853
曲　阜	79600	10600				24000	18000	25000
邹　城	41199		26	3300		18050	1121	554
泰　安	518217	8000	10800	39170		390338		42161
新　泰	38415			12402		21613		
肥　城	30085		1290	962		12648		11979
威　海	415106	29423	3124	54655		147997	760	49488
荣　成	104575	6974	4633	11914		32820		10097
乳　山	24671	2680	2586			9515		4489
日　照	181475	49642	733	12180		66827	1100	32918
临　沂	1071193	98922	7600	65027		511824	6104	268620
德　州	253666	14476	1300			56806	22500	144475
乐　陵	61000					10000	6000	
禹　城	59806		2733	4822		1063		29345
聊　城	277913	5641	695	27620		145428	23152	48666
临　清	43902			30000		3994		
滨　州	356573	20518	6850	33487		92990		105113
邹　平	38349	815	1490	2550		4140	200	8263
菏　泽	330814	15264	1551	12500		162636		51429

continued 8

Measurement Unit: 10,000RMB

污水处理 Wastewater Treatment	污泥处置 Sludge Disposal	再生水利用 Wastewater Recycled and Reused	园林绿化 Landscaping	市容环境卫生 Environmental Sanitation	垃圾处理 Domestic Garbage Treatment	其他 Other	本年新增固定资产 Newly Added Fixed Assets of This Year	城市名称 Name of Cities
543810	**33633**	**35448**	**1137375**	**395605**	**332055**	**931984**	**4797993**	**山东**
66337		11273	118541	15000	15000	490046	133799	济南
65574	150		27408	17504	7272	103509	307336	青岛
			43475			5165	108621	胶州
						27600	28043	平度
			20262	512			46515	莱西
11845			77642	16947	6201	60014	135929	淄博
870			14648	59848	59459	29796	175668	枣庄
			15340	15545	15301	2099	74526	滕州
			126440	8756	7356	10888	10485	东营
34845			52894	53996	53906	17491	296834	烟台
14031			8480	242			29005	龙口
							65326	莱阳
			644					莱州
800			2984	594	594		16784	招远
				6786	6786		6786	栖霞
1080			1681	8416	8416	398		海阳
15387			4165	18631	18631	26700	388299	潍坊
1826			5005	3043	1464		56746	青州
27600			2000	17316	17316		58416	诸城
			6287	17000	17000	902	172947	寿光
10125			1529	31131	30700		66218	安丘
15711			1722				37994	高密
			1166	18074	15900		16074	昌邑
18260			130011	30751	28359	4560	1254657	济宁
25000			2000				79600	曲阜
554			18148				41199	邹城
26860	1800	13400	4169	1229		22350	8907	泰安
			1840	1310		1250	24703	新泰
829		10000	3206				1229	肥城
14498			113222	11529		4908	179675	威海
4433			35538	2599			21752	荣成
			5367			34	13319	乳山
19955			9862	7902	184	311	59516	日照
96687			65548	3986	140	43562	218473	临沂
6000		350	9404	1410		3295	61870	德州
						45000		乐陵
4168	25000		863	20980	20980		50900	禹城
		425	24427	597		1688	138951	聊城
			3508			6400	48536	临清
59800			94229	3070	1090	315	254180	滨州
	6683		17950	901		2040	38049	邹平
735			65770			21664	70127	菏泽

4-1-2 续表 9

计量单位：万元

城市名称 Name of Cities	本年完成投资 Completed Investment of This Year	供水 Water Supply	燃气 Gas Supply	集中供热 Central Heating	轨道交通 Urban Rail Trainsit System	道路桥梁 Road and Bridge	地下综合管廊 Utility Tunnel	排水 Sewerage
河　南	**10283775**	**195274**	**91631**	**292446**	**3501312**	**2959581**	**165282**	**698594**
郑　州	4958199	520	4718	14957	2501084	1471992	99794	77034
巩　义	39493	443	2281	894		5776		
荥　阳	1200					1200		
新　密	42396	1400	1306	1429		13752		13514
新　郑	35504					11659		6065
登　封	112616	6324				46197		25268
开　封	410553	21036	666	19303		127666		119778
洛　阳	1602604	33762	10347	36048	1000228	224960	6200	62270
偃　师	42015	34	69	424		27228		8340
平顶山	52986	1829	2576	2239		43085		168
舞　钢	9585	3500	125					4800
汝　州	18249	90	135	5690		932		1435
安　阳	191185	10997	557	6872		46885	15000	7791
林　州	8556	400		2000		2944		
鹤　壁	137323	254	5181	1709		11405	30000	6432
新　乡	174434	2956	136	2000		9859		25092
长　垣	92586	3000	30048	4900		7768		15158
卫　辉	11486	5	480	5000		606		3584
辉　县	52856	1000	500	700		7961		4200
焦　作	119312	17421	3000	16080		72118		1875
沁　阳	28240			26800		400		1040
孟　州	26617	9585	2752	7369		3798		2661
濮　阳	263006	12361	492	7110		147307		29206
许　昌	178579		493	3642		103501		7150
禹　州	41190		1250			15497		4040
长　葛	31684	4000		1540		19272		
漯　河	131372	2157	87	18000		8160		18355
三门峡	55274	51	433	2682		2686		213
义　马	21620	200	150	6318		9209		2672
灵　宝	32889	1154	1226	2300		18349		5271
南　阳	272873	31466	5141	7000		70673	783	65096
邓　州	52622	2249	583			20859		12340
商　丘	186317	11000	756	8890		64723	2234	33236
永　城	61300	660	1200	1400		27117		17623
信　阳	199786	5092	13394	13790		105214		29595
周　口	199711	3889				92451	7344	39400
项　城	64528	1190	8			24882		33749
驻马店	192737		1541			72429	3927	7012
济源示范区	130291	5250		65360		19061		7130

continued 9

Measurement Unit: 10,000RMB

			园林绿化 Landscaping	市容环境卫生 Environmental Sanitation		其他 Other	本年新增固定资产 Newly Added Fixed Assets of This Year	城市名称 Name of Cities
污水处理 Wastewater Treatment	污泥处置 Sludge Disposal	再生水利用 Wastewater Recycled and Reused			垃圾处理 Domestic Garbage Treatment			
269060	**3260**	**5102**	**1717180**	**593653**	**482619**	**68821**	**7254403**	**河南**
			669533	90072	31965	28495	3752351	郑州
			25289	4810			44273	巩义
							1200	荥阳
13514			10800	195			46419	新密
		1162	17780				23198	新郑
6300			28937	5073		817	83114	登封
47450	1100		115410			6694	427952	开封
43482			203089	17600		8100	554732	洛阳
859	450	492	5267	59		593	10750	偃师
			2639	450	450		48558	平顶山
			1160				1285	舞钢
			8645	1280		42	11759	汝州
			33292	69791	66200		163043	安阳
			3212				9651	林州
5014			44644	37698	37000		90121	鹤壁
19140			52212	82179	80219		79462	新乡
			31310	402			37718	长垣
3584			1361	450			11486	卫辉
			8495	30000	30000		18856	辉县
326			1372	946	27	6500	14189	焦作
	160						30468	沁阳
			177			275	31217	孟州
			5000	61530	61530		241041	濮阳
549	1500		62670	1123			146168	许昌
988			4403	16000	16000		26140	禹州
			6872				31684	长葛
			46346	36662	36097	1605	153032	漯河
			49209				52321	三门峡
2072			1007	2064	779		26037	义马
3866			4549			40	16291	灵宝
17234			54930	37784	37784		491162	南阳
1660			12096	4495			30378	邓州
21600	50		33231	26043	26043	6204	80133	商丘
2700		3448	9300	2000		2000	66995	永城
29595			21542	10021	9965	1138	48505	信阳
14644			49349	1735		5543	147188	周口
27309			2042	2656	718		39784	项城
44			66223	41000	40500	605	64463	驻马店
7130			23786	9534	7341	170	101279	济源示范区

4-1-2 续表 10

计量单位：万元

城市名称 Name of Cities	本年完成投资 Completed Investment of This Year	供水 Water Supply	燃气 Gas Supply	集中供热 Central Heating	轨道交通 Urban Rail Trainsit System	道路桥梁 Road and Bridge	地下综合管廊 Utility Tunnel	排水 Sewerage
湖　北	**9905417**	**300569**	**46746**	**22699**	**3117944**	**3418080**	**700427**	**1284270**
武　汉	7052843	177093	14136	18351	3117944	1810118	563698	934904
黄　石	121863	3900	4659	3748		16669	5363	26926
大　冶	82199	2232	500			17634		59755
十　堰	41904	6749	670			18925		10241
丹 江 口	1029	1029						
宜　昌	420635	9286	976			322341	31580	13256
宜　都	11852	851	258			1314		5976
当　阳	91641	22500	635			20770	2800	24527
枝　江	79728	636	1450			65206		7760
襄　阳	602311			600		526398	22925	12780
老 河 口	35119	4484				8703		8056
枣　阳	14423	552				11275		2115
宜　城	28735		630			13348		14757
鄂　州	128091	8286				29325	16635	200
荆　门	162710	19112	1222			55213	2180	17571
京　山	25682					7100		200
钟　祥	50442					23196	4500	10846
孝　感	76923					27923		12174
应　城	20781	614				16867		1300
安　陆	752					752		
汉　川								
荆　州	95330	2620	3652			66458		8971
监　利	41619	567				41052		
石　首	28843	480	4748			20163		
洪　湖	1094	84				1010		
松　滋	72363	575	4014			38955		19617
黄　冈	45327	800	200			10327	28000	
麻　城	17823	3480				9600		4500
武　穴								
咸　宁	35141	686	4098			1181	21000	
赤　壁	36426	1686	350			12398		8220
随　州	86784	10730	4048			32706	1746	9756
广　水	36800							6800
恩　施	112230	17166				82695		9765
利　川	20060	51	500			11787		2390
仙　桃	174113					66385		41847
潜　江	21882					21882		
天　门	29918	4320				8404		9060
湖　南	**8110697**	**68837**	**144976**		**1716535**	**3560542**	**51379**	**630945**
长　沙	4016368	24300	29100		1585578	1469450	24481	171010
宁　乡	15622	3024	993			7488	40	1933

continued 10

Measurement Unit: 10,000RMB

污水处理 Wastewater Treatment	污泥处置 Sludge Disposal	再生水利用 Wastewater Recycled and Reused	园林绿化 Landscaping	市容环境卫生 Environmental Sanitation	垃圾处理 Domestic Garbage Treatment	其他 Other	本年新增固定资产 Newly Added Fixed Assets of This Year	城市名称 Name of Cities
295134	**10094**		**426805**	**73513**	**65993**	**514363**	**3080003**	**湖北**
174528	8500		135736			280863	1491489	武汉
170			57538	1882		1178	135794	黄石
50433			2078				86199	大冶
9975			1578	411	289	3330	974	十堰
							127	丹江口
336			9240	5159	747	28797	66976	宜昌
4550			2228	179	61	1046		宜都
			20409				29112	当阳
7760						4676	82108	枝江
			15959			23650	484616	襄阳
5500			2800			11076	36619	老河口
2058			71			410		枣阳
	556						35277	宜城
			71158	1654	1314	833	81645	鄂州
7430			34127	28553	28307	4732	111992	荆门
			682			17700	23250	京山
6703			11900					钟祥
			193			36633	18926	孝感
						2000		应城
								安陆
								汉川
			13629				95224	荆州
							37000	监利
				3452	3452			石首
							4008	洪湖
			852			8350	72363	松滋
						6000	8108	黄冈
4500			243				12780	麻城
								武穴
			3191	3335	3335	1650	7247	咸宁
			12862	910	910		35516	赤壁
800	1038		4400	22978	22578	420	47360	随州
6800						30000	26125	广水
7933			2498			106	9178	恩施
			3332			2000		利川
			18000			47881		仙桃
							38468	潜江
5658			2102	5000	5000	1032	1521	天门
507670	**1091**	**282**	**310632**	**223679**	**210333**	**1403171**	**1679841**	**湖南**
112905	701		175614	131298	131298	405537	191800	长沙
	225	271	909			1235	20497	宁乡

4-1-2 续表 11

计量单位：万元

城市名称 Name of Cities	本年完成投资 Completed Investment of This Year	供水 Water Supply	燃气 Gas Supply	集中供热 Central Heating	轨道交通 Urban Rail Trainsit System	道路桥梁 Road and Bridge	地下综合管廊 Utility Tunnel	排水 Sewerage
浏　阳	1563		285			390		150
株　洲	1230450		61771			710258		
醴　陵	41466					30760		306
湘　潭	587038		3280		130957	433742		1416
湘　乡	2447	110	481			1549		158
韶　山	8648					2603		5945
衡　阳	129901					9372		64528
耒　阳	14319	1598	500			4810		7103
常　宁	1920							58
邵　阳	8320					3870		
武　冈	30737	1703	3211			8563		16160
邵　东	11037							6085
岳　阳	440808					347016		88000
汨　罗	32894	4406				10197		15769
临　湘	31987	292				727		29374
常　德	417631	1578	9088			112800		44790
津　市	72115	1466	361			39321		9580
张家界	389141		5300			121085		84725
益　阳	39436	2122				11470		22239
沅　江	6043	43				6000		
郴　州	27637	1315	21403			911	150	2714
资　兴	25173	500				10730		6400
永　州	1420					1100		320
怀　化	2950							2950
洪　江	13109							5609
娄　底	369637	7700	3800			195168		24850
冷水江	31088	8600				7412		6011
涟　源	44552	6080	2000			12950	100	10122
吉　首	65240	4000	3403			800	26608	2640
广　东	**16046482**	**494635**	**275941**		**4937442**	**5070595**	**323752**	**3184359**
广　州	3571356	247842	100367			1594772		1096106
韶　关	1965					429		1194
乐　昌	11976					11089	43	48
南　雄	556							556
深　圳	5053281				3915147	657293	213664	
珠　海	1023091	15430	18256		65417	791176	2586	36018
汕　头	577770	42015	8476			336991		141157
佛　山	1368576	10357	6987		928874	229549	14996	38716
江　门	733356	14870	250		27184	270750		150700
台　山	2754					367		85
开　平								

continued 11

Measurement Unit: 10,000RMB

污水处理 Wastewater Treatment	污泥处置 Sludge Disposal	再生水利用 Wastewater Recycled and Reused	园林绿化 Landscaping	市容环境卫生 Environmental Sanitation	垃圾处理 Domestic Garbage Treatment	其他 Other	本年新增固定资产 Newly Added Fixed Assets of This Year	城市名称 Name of Cities
15	20	11				738	8663	浏阳
						458421	393511	株洲
			10400				35066	醴陵
396			13600	1403	1403	2640		湘潭
100			104	46	30		1792	湘乡
			100				10123	韶山
64528			49534	5320	5320	1147	96465	衡阳
7103			256			52	6464	耒阳
58			81			1781		常宁
			1150			3300	20253	邵阳
8900			1100				31247	武冈
						4952	54567	邵东
88000				5792	4410		5949	岳阳
			276	775		1471	35	汨罗
29374				791	70	803	2819	临湘
25686			26068	18150	17915	205157	45912	常德
8930			17728	3485	3485	174	84648	津市
84700	25		443			177588	419858	张家界
18060			999			2606	17687	益阳
							25400	沅江
2714			559	584			40459	郴州
6400						7543	27716	资兴
	120							永州
2950							4765	怀化
5609			2000			5500	19810	洪江
23800				30099	21217	108020	32699	娄底
6011			7860			1205	60145	冷水江
8791						13300	9991	涟源
2640			1852	25937	25185		11500	吉首
2396940	**16181**	**1535**	**248786**	**1021509**	**973041**	**489463**	**5756953**	**广东**
825407	13199		58992	466743	453621	6534	63868	广州
1039			342				887	韶关
			444			352		乐昌
556							4000	南雄
			873	252026	246346	14278	3918749	深圳
6500			52214	3270	1280	38724	94039	珠海
132529			5005	44111	43250	16	143917	汕头
			31890	107207	107187		193568	佛山
13107			10915	8365	8365	250322	378529	江门
			478	1824			70	台山
								开平

4-1-2 续表 12

计量单位：万元

城市名称 Name of Cities	本年完成投资 Completed Investment of This Year	供水 Water Supply	燃气 Gas Supply	集中供热 Central Heating	轨道交通 Urban Rail Trainsit System	道路桥梁 Road and Bridge	地下综合管廊 Utility Tunnel	排水 Sewerage
鹤　山	29935		750			18477		1564
恩　平	8941					8610		50
湛　江	77997					39992		17295
廉　江	28992	20184				8808		
雷　州								
吴　川								
茂　名	92895	5202	368			57286		12313
高　州	32330	416	800			3374		658
化　州	34200		3679			20289		7375
信　宜	61712					11846		27523
肇　庆	715126	11341	15009			310918	74243	246053
四　会	151278	6069	535			98657		44989
惠　州	279276	31036	2100		748	98884		52729
梅　州								
兴　宁	28250	1127				25100		
汕　尾	125639	2129				73828	4203	26524
陆　丰	12971					10550		2421
河　源	2839					1449		
阳　江	162242	3204	6079			75281		77137
阳　春	2478							
清　远	71521	24167	6400					6864
英　德								
连　州	3600	3600						
东　莞	1131446	52521	429		73	156525	10700	886131
中　山	439594		7533			93610	3317	270964
潮　州	39172	1449	14104			19746		2407
揭　阳	144939	1677	74098			32732		36432
普　宁								
云　浮	2286					1054		350
罗　定	22144		9723			11161		
广　西	**5602130**	**193880**	**84407**		**765689**	**2535208**	**364073**	**892819**
南　宁	2035307	28280	43426		765689	271196	202141	532252
柳　州	1048749	2662	6415			821752	18599	54056
桂　林	103982	47478	3362			38071		10321
荔　浦	17526	292				16815		
梧　州	499846	48499	7481			288137	25019	39662
岑　溪	38988	29	436			27050		10507
北　海	524903	5046	4105			392775	350	46291
防城港	55743	2723	2433			22942		26813
东　兴	15923					12091		3587
钦　州	43430	2472	2556			27582	100	

continued 12

Measurement Unit: 10,000RMB

污水处理 Wastewater Treatment	污泥处置 Sludge Disposal	再生水利用 Wastewater Recycled and Reused	园林绿化 Landscaping	市容环境卫生 Environmental Sanitation	垃圾处理 Domestic Garbage Treatment	其他 Other	本年新增固定资产 Newly Added Fixed Assets of This Year	城市名称 Name of Cities
	13		1759	7005	6625	380	2424	鹤山
			76			205	10064	恩平
10488	869		8570			12140		湛江
							28992	廉江
								雷州
								吴川
8518			8436	350	350	8940	3901	茂名
53			303	26265	25612	513	1414	高州
7375			287	450		2120	7375	化州
27523				22342	22342		80213	信宜
196819			14394	227		42942	130492	肇庆
21066			28	1000	1000		83056	四会
37966			2634	3536	1366	87609	56978	惠州
								梅州
				1801	1801	222	26901	兴宁
19000			9336	2500	2500	7119	140326	汕尾
2421							12971	陆丰
						1390	86	河源
15695			409			132	8640	阳江
				2478			2040	阳春
2104	2100			34090	34090		3573	清远
								英德
							2200	连州
770425		1535	12146	6357	1583	6564	318997	东莞
261917			28523	27581	14093	8066	15920	中山
				1131	1131	335	786	潮州
36432							20094	揭阳
								普宁
			32	850	500		1884	云浮
			700			560		罗定
91237	**60256**		**293324**	**209277**	**199575**	**263453**	**3738715**	**广西**
22218	28815		9833	116186	114196	66303	1058958	南宁
			69717	57920	57027	17629	538542	柳州
			450			4300	4446	桂林
			419				17830	荔浦
5576	2000		45215	3029	27	42804	190914	梧州
2			966				38819	岑溪
	19221		1984	5656	4320	68696	662553	北海
23796			832				32866	防城港
			245				13138	东兴
			10143	577			41043	钦州

4-1-2 续表 13

计量单位：万元

城市名称 Name of Cities	本年完成投资 Completed Investment of This Year	供水 Water Supply	燃气 Gas Supply	集中供热 Central Heating	轨道交通 Urban Rail Trainsit System	道路桥梁 Road and Bridge	地下综合管廊 Utility Tunnel	排水 Sewerage
贵　港	352731	14153	1730			161349	44635	35962
桂　平	7079	80	2297			4314		332
玉　林	234638	2908	2773			106510	73229	27111
北　流	79591	219				70006		4652
百　色	112232	7868	576			46772		40295
平　果	45980	2804	524			39975		1241
靖　西	17019	1928				6652		3690
贺　州	104724	17357	2518			35226		18674
河　池	70841	4032	281			17064		1548
来　宾	18552	516	140			14575		1326
合　山	2618		30			1301		1227
崇　左	132357	3311	3045			84023		24737
凭　祥	39371	1223	280			29029		8535
海　南	**796634**	**4322**	**179**		**24484**	**524460**	**14058**	**62352**
海　口	471402	3175				378414	14058	34074
三　亚	194064	277			24484	84455		20563
儋　州	28138	420				9735		
五指山	3975					2620		
琼　海	439					390		
文　昌	62674	450				45878		
万　宁								
东　方	35942		179			2968		7715
重　庆	**9735406**	**362361**	**49010**		**2961139**	**4372267**	**60138**	**599239**
重　庆	9735406	362361	49010		2961139	4372267	60138	599239
四　川	**16261380**	**353994**	**64559**		**5190517**	**7307331**	**23795**	**1411669**
成　都	9857289	87576	31094		5168462	3411564	20494	365211
都江堰	47247		2271		22055	9726		4366
彭　州	77300					10000		11000
邛　崃	290400	11000				190020		51780
崇　州	18531	1818				12135		4578
简　阳	461021	103273				127173		118669
自　贡	286796		3004			202539		43858
攀枝花	116806	2575	2230			39779		63960
泸　州	698400	33700	3100			543900		103800
德　阳	77759		10440			29238		15530
广　汉								
什　邡								
绵　竹								
绵　阳	553958	29339	1200			395471		81188

continued 13

Measurement Unit: 10,000RMB

污水处理 Wastewater Treatment	污泥处置 Sludge Disposal	再生水利用 Wastewater Recycled and Reused	园林绿化 Landscaping	市容环境卫生 Environmental Sanitation	垃圾处理 Domestic Garbage Treatment	其他 Other	本年新增固定资产 Newly Added Fixed Assets of This Year	城市名称 Name of Cities
32832			22300	21255	20676	51346	116890	贵港
			56				14277	桂平
2500			21443	325		339	483736	玉林
1700			4714				207936	北流
386			16127	45		550	41193	百色
			1436				21336	平果
			1200	56		3493	13069	靖西
	10200		29858	729		363	48340	贺州
	20		44737	2179	2179	1000	67766	河池
1000			1995				41460	来宾
1227			60				586	合山
			9461	1150	1150	6630	39584	崇左
			134	170			43434	凭祥
18069			**26059**	**56861**	**24586**	**83858**	**131006**	**海南**
			7597	11970		22114	37249	海口
10354			2714	2613		58957	41199	三亚
			222	16039		1722	25973	儋州
			245	1110				五指山
				49			49	琼海
			15281			1065	18126	文昌
							505	万宁
7715				25080	24586		7905	东方
87282	**2835**	**568**	**837977**	**321519**	**306885**	**171756**	**5422203**	**重庆**
87282	2835	568	837977	321519	306885	171756	5422203	重庆
748266	**12335**	**17827**	**958132**	**569378**	**408486**	**382005**	**18882766**	**四川**
147327	3180	5107	375229	175107	172449	222552	14813059	成都
			8504	325			47404	都江堰
			56300				77300	彭州
11800			36000	1600	1600		290400	邛崃
4578							7296	崇州
108206	205		24093	85276	84746	2537	347044	简阳
23180			12364	13650	10	11381	276557	自贡
57666			6726	536	536	1000	130326	攀枝花
18000			5000	7500	7500	1400	681300	泸州
		12210	2100	161	161	20290	67796	德阳
								广汉
								什邡
								绵竹
44232			23687			23073	443901	绵阳

4-1-2 续表 14

计量单位：万元

城市名称 Name of Cities	本年完成投资 Completed Investment of This Year	供水 Water Supply	燃气 Gas Supply	集中供热 Central Heating	轨道交通 Urban Rail Trainsit System	道路桥梁 Road and Bridge	地下综合管廊 Utility Tunnel	排水 Sewerage
江　油	112741	3476				21932		31338
广　元	467933	4409	1379			412962		42493
遂　宁	177958	1050				130937		34151
射　洪	87584	20	120			53940		23759
内　江	353837	10955	1254			78367		107772
隆　昌	60934		34			39300		4400
乐　山	331477					144040		34565
峨眉山	12730					3230		9400
南　充	24760	900	540			4050		7010
阆　中	146525	7000	81			42169	2976	87315
眉　山	101811	5360	203			47657		41239
宜　宾	348612	5579	2609			275998		32821
广　安	186707	17200	5000			124640		29578
华　蓥	9800					2800		
达　州	638102	13000				398079	325	13520
万　源								
雅　安	77386	69				56805		400
巴　中								
资　阳	620637	9622				492971		47268
马尔康	1912					1912		
康　定	13126	6073				2896		500
西　昌	1300					1100		200
贵　州	**3433850**	**66248**	**9188**	**3000**	**1095700**	**1223693**	**22983**	**143028**
贵　阳	1614016				1095700	518316		
清　镇								
六盘水	238009	32836	1146	3000		38921		27085
盘　州	204949	1800	1400			77557		4150
遵　义	160270	203				159877		190
赤　水								
仁　怀								
安　顺	144726	4848	1408			38730		72262
毕　节	450815	12706	4892			299220		31652
铜　仁	577630	9795	342			69164	22983	7689
兴　义								
兴　仁								
凯　里	78					78		
都　匀								
福　泉	43356	4060				21830		

continued 14

Measurement Unit: 10,000RMB

污水处理 Wastewater Treatment	污泥处置 Sludge Disposal	再生水利用 Wastewater Recycled and Reused	园林绿化 Landscaping	市容环境卫生 Environmental Sanitation	垃圾处理 Domestic Garbage Treatment	其他 Other	本年新增固定资产 Newly Added Fixed Assets of This Year	城市名称 Name of Cities
3530			21000			34995	36825	江油
29526			1343	4714		633	217747	广元
			11820				113981	遂宁
			7955	460	460	1330	87584	射洪
106824			47620	88492	88492	19377	16519	内江
4400			13000			4200	3034	隆昌
16290			13600	139272	3204		320648	乐山
			100				12730	峨眉山
1340	5670		10890	1370	1370		14700	南充
63256			1980			5004	146525	阆中
30557			6212			1140	28831	眉山
20836			2860	18348	18348	10397	70133	宜宾
1820			3332	1257	300	5700	169622	广安
			5000	2000			9800	华蓥
9920	1000		209528			3650	354485	达州
								万源
			8518	7300	7300	4294	82792	雅安
								巴中
44478	2280	510	43371	22010	22010	5395		资阳
								马尔康
500						3657	13126	康定
							1300	西昌
30291		**7165**	**35870**	**89178**	**87955**	**744962**	**488740**	**贵州**
							45776	贵阳
								清镇
				69485	69485	65536		六盘水
			531	16690	16690	102821	27630	盘州
		165					165	遵义
								赤水
							302	仁怀
			5955	180	180	21343	1284	安顺
24342		7000	27169	1223		73954	69477	毕节
5949			2215			465442	312150	铜仁
								兴义
								兴仁
								凯里
								都匀
				1600	1600	15866	31956	福泉

4-1-2 续表 15

计量单位：万元

城市名称 Name of Cities	本年完成投资 Completed Investment of This Year	供水 Water Supply	燃气 Gas Supply	集中供热 Central Heating	轨道交通 Urban Rail Trainsit System	道路桥梁 Road and Bridge	地下综合管廊 Utility Tunnel	排水 Sewerage
云 南	**3567543**	**173833**	**25678**		**1228662**	**1008789**	**109913**	**268812**
昆 明	1635613	232	11296		1228662	334464	5000	28781
安 宁								
曲 靖	349224	23975	3444			148737	2964	37090
宣 威	82307	50140	4358			19108	4300	2335
玉 溪	40451		1707			18148		5000
澄 江	2707					2207		
保 山	52113	17780				10610	12000	11723
腾 冲	110862					21994		3757
昭 通	279535		4063			71215	31457	55554
水 富	25258	490				18023		200
丽 江	37004	5969						9725
普 洱	86612	1700				30409	3247	16100
临 沧	4696					3780		55
楚 雄	56167					12224		22500
个 旧	34460					29820		
开 远	12363					2832		1284
蒙 自	130191	12565	810			111201		4500
弥 勒	38763					12000		6000
文 山	4400	4400						
景 洪	7619	202				5907		1510
大 理	138283	47472				86111		4700
瑞 丽	84828	2948				3416	5852	9791
芒 市	113421					5750	44623	47177
泸 水	201335	5790				55465		
香格里拉	39332	170				5368	470	1030
西 藏	**123406**	**53**				**110312**		**3041**
拉 萨	85271					85271		
日 喀 则								
昌 都	13662					13662		
林 芝								
山 南	24473	53				11379		3041
那 曲								
陕 西	**9342694**	**90515**	**63053**	**258842**	**2878471**	**3280428**	**321780**	**507291**
西 安	8417443	84675	12085	216441	2878471	2865784	281870	353725
铜 川	67771					30554		35231
宝 鸡	51474					46000		1000
咸 阳	196335		29478	235		137609	5570	19586
彬 州	74152			650		51642		6418
兴 平								
渭 南	28218							
韩 城	34317					9650	4577	13010

continued 15

Measurement Unit: 10,000RMB

污水处理 Wastewater Treatment	污泥处置 Sludge Disposal	再生水利用 Wastewater Recycled and Reused	园林绿化 Landscaping	市容环境卫生 Environmental Sanitation	垃圾处理 Domestic Garbage Treatment	其他 Other	本年新增固定资产 Newly Added Fixed Assets of This Year	城市名称 Name of Cities
112736	**17023**	**3500**	**262110**	**138752**	**129350**	**350995**	**2676760**	**云　南**
18628			19253	177	177	7749	1528065	昆　明
							400	安　宁
16701			82579	1806	1278	48629	166166	曲　靖
			2000	66			66	宣　威
5000			11262	3221	423	1113	45342	玉　溪
						500	2207	澄　江
200	11523							保　山
3757			85111					腾　冲
47861	5400		6156	53464	48603	57626	107267	昭　通
100	100		5045	1300	1300	200	23068	水　富
8519				20810	20810	500		丽　江
5000		2300		2813	2813	32343	90392	普　洱
			357			504		临　沧
			1000			20443		楚　雄
				4640	4100		38678	个　旧
						8247		开　远
			95	14		1005	134838	蒙　自
			13097			7666	6997	弥　勒
							117038	文　山
1510								景　洪
3500		1200						大　理
836			8517	34313	33718	19991	65133	瑞　丽
1124				15871	15871		114750	芒　市
						140080	201335	泸　水
			27637	257	257	4400	35018	香格里拉
			10000				**29160**	**西　藏**
							414	拉　萨
								日喀则
							7673	昌　都
								林　芝
			10000				21073	山　南
								那　曲
218895	**6920**	**345**	**751768**	**342274**	**114987**	**848272**	**1818558**	**陕　西**
131590	940	195	657780	241524	29557	825088	1498618	西　安
35231			818	1168			688	铜　川
			2970	1504	1504		52150	宝　鸡
				3450	3450	407	8868	咸　阳
6418			510	13332	5080	1600	13012	彬　州
								兴　平
			28018	200			40764	渭　南
10000			6630			450	32317	韩　城

4-1-2 续表 16

计量单位：万元

城市名称 Name of Cities	本年完成投资 Completed Investment of This Year	供水 Water Supply	燃气 Gas Supply	集中供热 Central Heating	轨道交通 Urban Rail Trainsit System	道路桥梁 Road and Bridge	地下综合管廊 Utility Tunnel	排水 Sewerage
华　阴	10820		2000			2820		
延　安	51444		200	1150		3061		30833
子　长								
汉　中	204162	1170	13790	22160		97932	4400	14240
榆　林	20							20
神　木	58650	4500		13000		13000		23500
安　康	90074	170	5500			600	7363	45
商　洛	6615			5206		76		683
杨凌区	51200					21700	18000	9000
甘　肃	**1731720**	**125803**	**22701**	**84135**	**144598**	**658873**	**23223**	**278793**
兰　州	740341	27169	15094	24749	63019	288798	19557	192764
嘉峪关	9542			200		6879	200	
金　昌	67033			6251		38908		7392
白　银	3833	26	480			575		95
天　水	237027	39753		16846	81579	39503		13242
武　威	83018	741		189		8886		5418
张　掖	101006	32000	3006	1000		31000		16500
平　凉	21649	915				8911		6551
华　亭	14344					3956		1844
酒　泉	75168	2000		27900		35568		9700
玉　门	7383	500		2500		650		
敦　煌	25892	9771	4121			12000		
庆　阳	178389	10428				43614	3466	17397
定　西	15113					5880		2240
陇　南	3282	2500				782		
临　夏	132891			4500		126024		1500
合　作	15810					6939		4149
青　海	**290528**	**2791**	**6671**	**201**		**138901**	**49134**	**23888**
西　宁	199945	2693	6371			118070	29059	12055
海　东	22637					6872		2867
同　仁	28465					6506	20075	52
玉　树	3847					173		
茫　崖								
格尔木	22353	98	300	201		2360		914
德令哈	13282					4920		8000
宁　夏	**811741**	**190975**	**28384**	**159172**		**206974**	**17061**	**134053**
银　川	524235	107777	767	144332		160345	17061	67828
灵　武	168					168		
宁东能源	41092					11281		

continued 16

Measurement Unit: 10,000RMB

污水处理 Wastewater Treatment	污泥处置 Sludge Disposal	再生水利用 Wastewater Recycled and Reused	园林绿化 Landscaping	市容环境卫生 Environmental Sanitation	垃圾处理 Domestic Garbage Treatment	其他 Other	本年新增固定资产 Newly Added Fixed Assets of This Year	城市名称 Name of Cities
			3400	600	600	2000	6700	华阴
7028			2100			14100	5277	延安
								子长
5080	5980		46074	200		4196	142362	汉中
20							3855	榆林
23500			1650	3000			10000	神木
		45	1600	74796	74796		3795	安康
28		105	218			431	152	商洛
				2500				杨凌区
242824	**3000**	**13519**	**110130**	**37652**	**12178**	**245813**	**1191923**	**甘肃**
190733		45	17411	4585	2794	87195	105325	兰州
			1358			905	35389	嘉峪关
5318		2074	860			13622	51332	金昌
55			2428			229	7433	白银
10431			25290	8148		12666	413859	天水
		4200	33399			34385	171235	武威
16500			13000	4500	4500		102500	张掖
5051	1500		1100	1172	1172	3000	27529	平凉
1844			64			8480	15284	华亭
2500		7200					75168	酒泉
			1166			2567		玉门
							34532	敦煌
4003			7061	14668		81754	117895	庆阳
2240			6993				12934	定西
							3282	陇南
	1500			867			766	临夏
4149				3712	3712	1010	17460	合作
10658		**914**	**29723**	**10664**		**28555**	**148155**	**青海**
2658			16584	3043		12069	82175	西宁
			5639	7259			6972	海东
			24			1808	31832	同仁
			3674				16090	玉树
								茫崖
		914	3802			14678	2000	格尔木
8000				362			9085	德令哈
77999		**4995**	**37658**	**1610**	**502**	**35854**	**272206**	**宁夏**
47765		1745	22446	1610	502	2069	158266	银川
							4437	灵武
						29811	49743	宁东能源

4-1-2 续表 17

计量单位：万元

城市名称 Name of Cities	本年完成投资 Completed Investment of This Year	供水 Water Supply	燃气 Gas Supply	集中供热 Central Heating	轨道交通 Urban Rail Trainsit System	道路桥梁 Road and Bridge	地下综合管廊 Utility Tunnel	排水 Sewerage
化工基地								
石 嘴 山	53185		9144	4000		2000		28794
吴　　忠	91114	73098				6510		11088
青 铜 峡	11344					598		8467
固　　原	40864		7974	10840		10824		4245
中　　卫	49739	10100	10499			15248		13631
新　　疆	**2024330**	**210247**	**39572**	**141776**	**84467**	**756576**	**60152**	**244654**
乌鲁木齐	618179		28278	19360	84467	253968	33652	
克拉玛依	310431	120697	1792	35966		132348		6912
吐 鲁 番	39836	2803		29011				8022
哈　　密	153197	2763	3576	2000		66823		10950
昌　　吉	173584	31410		20000		61300		56000
阜　　康	58125	841		13999		37680		1905
博　　乐	37712	2750		3680		8770		17333
阿拉山口	16822	5424		973		8672		323
库 尔 勒	76759	21188				45951		9620
阿 克 苏	98235	5204	846			31347	17000	14400
库　　车	44852	2155		3048		2850		8057
阿 图 什	50450	10000				6000		15000
喀　　什								
和　　田	5587							4560
伊　　宁	32814	1504	2380	1900				25231
奎　　屯	66713					26992		13000
霍尔果斯	47176		1700	5909		5234		11338
塔　　城	101596	3508	1000	3930		39771		7061
乌　　苏	10420			2000		970		
阿 勒 泰	81842					27900	9500	34942
新疆兵团	**463379**	**49785**	**9126**	**76945**		**77335**	**25116**	**76834**
石 河 子	99320	20423	8846	6840		8386		10618
阿 拉 尔	61088	1590		30656		12253	5218	6480
图木舒克	80555	10537	280	8991		35783		1825
五 家 渠	32410			10720		1550		16552
北　　屯	30589	5000		11696		4987		7931
铁 门 关	20575	500		1472		10361		578
双　　河	27220	5760						10450
可克达拉	39489					489		12000
昆　　玉	47252	4597					19898	400
胡 杨 河	24881	1378		6570		3526		10000

continued 17

Measurement Unit: 10,000RMB

			园林绿化 Landscaping	市容环境卫生 Environmental Sanitation		其他 Other	本年新增固定资产 Newly Added Fixed Assets of This Year	城市名称 Name of Cities
污水处理 Wastewater Treatment	污泥处置 Sludge Disposal	再生水利用 Wastewater Recycled and Reused			垃圾处理 Domestic Garbage Treatment			
								化工基地
9600		3250	6790			2457	4822	石嘴山
4300			354			64	13737	吴忠
			2279				6957	青铜峡
3503			5789			1192	16481	固原
12831						261	17763	中卫
144992	**17000**	**43118**	**182938**	**166888**	**148686**	**137060**	**1121529**	**新疆**
			64303	70745	70745	63406	286836	乌鲁木齐
4698			1950	10251	10200	515	154456	克拉玛依
		5022					40898	吐鲁番
10950			45949	21136	5485		25424	哈密
36000	17000	3000		4874	4874			昌吉
1905			3700				77467	阜康
880		15703	286	4893	2893		75102	博乐
		323		1430	1430			阿拉山口
3000		5000					110665	库尔勒
			21549			7889	15026	阿克苏
7320		737	425	25630	25630	2688	44852	库车
15000				19450	19450		51450	阿图什
								喀什
			326			701	4086	和田
20903		4328		1799	1799		34174	伊宁
			13800	3180	2680	9741	102451	奎屯
4333		7005	8781	2500	2500	11714	21854	霍尔果斯
5061		2000	6570			39756	58118	塔城
			6800			650	18670	乌苏
34942			8500	1000	1000			阿勒泰
43951	**1797**	**9306**	**24865**	**54922**	**34671**	**68451**	**279262**	**新疆兵团**
8821	1797		9789	31562	13235	2856	34357	石河子
6480				4891	4891		70861	阿拉尔
			11476	1364	140	10299	36454	图木舒克
				3588	3588			五家渠
		5106				975	30719	北屯
						7664	20575	铁门关
10450				11010	11010			双河
12000						27000	86296	可克达拉
400			2400	300	300	19657		昆玉
5800		4200	1200	2207	1507			胡杨河

4-2 按资金来源分全国历年城市市政公用设施建设固定资产投资 (1978-2020)

计量单位：亿元

年 份 Year	本年资金来源合计 Completed Investment of This Year	上年末结余资金 The Balance of The Previous Year	本年资金来源 小计 Subtotal	本年资金来源 中央财政拨款 Financial Allocation from Central Government Budget
1978	12.0		6.4	6.4
1979	14.0			
1980	14.4		14.4	6.1
1981	20.0		20.0	5.3
1982	27.2		27.2	8.6
1983	28.2		28.2	8.2
1984	41.7		41.7	11.8
1985	63.8		63.8	13.9
1986	79.8		79.8	13.2
1987	90.0		90.0	13.4
1988	112.6		112.6	10.2
1989	106.8		106.8	9.7
1990	121.2		121.2	7.4
1991	169.9		169.9	8.6
1992	265.4		265.4	9.9
1993	521.6		521.6	15.9
1994	665.5		665.5	27.9
1995	837.0		807.5	24.2
1996	939.1	68.0	871.1	34.8
1997	1105.6	49.0	1056.6	43.0
1998	1404.4	58.0	1346.4	100.2
1999	1534.2	81.0	1453.2	173.8
2000	1849.5	109.0	1740.5	222.0
2001	2351.9	109.0	2112.8	104.9
2002	3123.2	111.0	2705.9	96.3
2003	4264.1	120.7	4143.4	118.9
2004	4650.9	267.9	4383.0	63.0
2005	5505.5	229.0	5276.6	63.9
2006	5800.6	365.4	5435.2	89.2
2007	6283.5	369.5	5914.0	77.3
2008	7277.4	386.9	6890.4	72.7
2009	10938.1	460.4	10477.6	112.9
2010	13351.7	659.3	12692.4	206.0
2011	14158.1	648.9	13509.1	166.3
2012	15264.2	595.4	14668.9	171.1
2013	16121.9	987.5	15134.3	147.5
2014	16054.0	954.0	15100.0	102.2
2015	16570.7	1295.0	15275.8	202.1
2016	17319.2	942.7	16376.5	119.4
2017	19704.7	1459.6	18245.1	290.4
2018	19084.8	1245.5	17839.3	255.2
2019	20438.8	1568.1	18870.7	412.6
2020	23265.7	2228.6	21037.1	568.6

注：1.自2013年起，“本年资金来源合计”为“本年实际到位资金合计”。
2.自2013年起，“中央财政拨款”为“中央预算资金”，“地方财政拨款”为除“中央预算资金”外的“国家预算资金”合计。

National Fixed Assets Investment in Urban Service Facilities by Capital Source in Past Years(1978-2020)

Measurement Unit: 100 million RMB

Sources of Fund					
地方财政拨款 Financial Allocation from Local Government Budget	国内贷款 Domestic Loan	债券 Securities	利用外资 Foreign Investment	自筹资金 Self-Raised Funds	其他资金 Other Funds
	0.1			8.2	
	0.4			13.8	0.5
	1.0			16.5	1.1
	0.6			17.2	2.2
	2.1			25.5	2.3
	3.1		0.1	40.9	5.8
	3.1		0.1	57.4	6.0
	6.2		1.3	61.4	7.7
	7.1		1.6	78.0	15.7
	6.0		1.5	72.9	16.7
	11.0		2.2	82.2	18.4
	25.3		6.0	108.1	21.9
	42.9		10.3	180.4	38.9
	72.8		20.8	304.5	107.6
	58.3		64.2	397.1	118.0
	65.1		84.9	493.3	140.0
	122.2	4.9	105.6	486.1	117.5
	165.3	3.1	129.5	554.3	161.4
	284.8	40.3	110.1	600.4	210.6
	357.8	55.9	68.6	595.2	201.9
	428.6	29.0	76.7	682.7	301.5
379.1	603.4	16.8	97.8	636.4	274.5
516.9	743.8	7.3	109.6	866.3	365.7
733.4	1435.4	17.4	90.0	1350.2	398.0
938.4	1468.0	8.5	87.2	1372.9	445.0
1050.6	1805.9	5.2	170.0	1728.0	453.0
1339.0	1880.5	16.4	92.9	1638.1	379.2
1925.7	1763.7	29.5	73.1	1635.7	409.0
2143.9	2037.0	27.8	91.2	1980.1	537.6
2705.1	4034.8	120.8	66.1	2487.1	950.7
3523.6	4615.6	49.1	113.8	3058.9	1125.3
4555.6	3992.8	111.6	100.3	3478.6	1103.9
4446.6	4366.7	26.8	150.8	3740.5	1766.4
3573.2	4218.0	41.5	62.2	4714.1	2377.7
4135.2	4383.1	96.0	42.0	4294.7	2046.7
4406.4	3986.3	189.1	46.6	4258.0	2187.3
5183.7	4338.7	133.4	34.6	3963.6	2603.0
5465.7	4987.5	163.2	28.7	4997.8	2311.7
4552.3	4509.0	117.2	46.9	5105.2	3253.5
5456.9	5039.3	392.2	49.9	4707.3	2812.5
5922.0	3932.6	1864.0	67.5	5343.3	3339.1

Note: 1.Since 2013, Completed Investment of This Year is changed to be The Total Funds Actually Available for The Reported Year.
2.Since 2013, Financial Allocation from Central Government Budget is changed to be Central Budgetary Fund, and Financial Allocation from Local Government Budget is State Budgetary Fund excluding Central Budgetary Fund.

4-2-1 2020年按资金来源分全国城市市政公用设施建设固定资产投资(按省分列)

计量单位：万元

地区名称 Name of Regions	本年实际到位资金合计 The Total Funds Actually Available for The Reported Year	上年末结余资金 The Balance of The Previous Year	本年资金来源			
			小计 Subtotal	国家预算资金 State Budgetary Fund	中央预算资金 Central Budgetary Fund	国内贷款 Domestic Loan
全　国	**232656828**	**22285658**	**210371170**	**64905851**	**5685968**	**39325915**
北　京	12731462	1792145	10939317	5405397	90027	2024633
天　津	4682331	382414	4299917	1335163	36017	1547833
河　北	6692434	745311	5947123	2285682	346302	715156
山　西	3512163	166609	3345554	1446353	166535	468123
内蒙古	2290045	95236	2194809	650191	88383	51590
辽　宁	3068439	132279	2936160	608844	224345	446298
吉　林	4338837	782973	3555863	1290168	171336	351129
黑龙江	3383821	268703	3115118	883819	358894	528702
上　海	4879145	277550	4601595	2406527	19722	153951
江　苏	23474665	2451363	21023302	4827356	102929	3199911
浙　江	23095065	2881515	20213550	4958109	183744	4812201
安　徽	7993336	453639	7539697	5006218	168907	273179
福　建	7563005	613796	6949210	1728703	66703	1354051
江　西	8847000	156654	8690346	3333041	223079	485077
山　东	13030879	529494	12501385	3362558	27904	2244884
河　南	11889324	1671132	10218191	4297153	451427	2521887
湖　北	9181678	993506	8188172	2713729	181213	2349745
湖　南	7874360	1943569	5930791	887821	235340	410791
广　东	15406570	2134767	13271803	3376284	238766	3167085
广　西	6318533	397639	5920894	1525396	328844	1514341
海　南	1044433	192664	851769	445941	11675	51346
重　庆	10431287	368785	10062502	3904897	163802	2834637
四　川	17040848	1320006	15720842	3169205	191139	3814788
贵　州	2544455	51909	2492546	112598	42138	262297
云　南	3361965	171570	3190395	429450	179728	929052
西　藏	276254	2416	273838	16506	14147	
陕　西	11127304	945031	10182273	2597684	495378	1982398
甘　肃	2142742	201278	1941463	353522	163580	500705
青　海	565778	71946	493832	344728	123072	7467
宁　夏	886840	18667	868173	304452	62986	125844
新　疆	2316673	22877	2293796	637266	292114	184561
新疆兵团	665159	48214	616945	261089	235793	12254

National Fixed Assets Investment in Urban Service Facilities by Capital Source (by Province in Column)(2020)

Measurement Unit: 10,000RMB

Sources of Fund				各项应付款 Sum Payable This Year	地区名称 Name of Regions
债　券 Securities	利用外资 Foreign Investment	自筹资金 Self-Raised Funds	其他资金 Other Funds		
18639941	**675471**	**53433171**	**33390821**	**31652511**	**全　国**
		1606555	1902732	1847861	北　京
481879	129595	618951	186496	224708	天　津
1501176		959096	486013	887366	河　北
209042		756300	465737	272193	山　西
305683	28673	873359	285313	414704	内蒙古
757650	17352	897714	208302	951913	辽　宁
898096	2951	811108	202411	315842	吉　林
1024190	31361	491502	155545	659605	黑龙江
		1955517	85600	998792	上　海
624374	4000	8574599	3793061	2665251	江　苏
502939	565	7024660	2915076	1849129	浙　江
75225	11323	1183080	990672	1777391	安　徽
1401606		1274592	1190258	512219	福　建
272227	170400	2547576	1882025	400048	江　西
1648982	61041	2593902	2590017	3655915	山　东
379996	75437	2389707	554012	1538755	河　南
373940	675	1721722	1028361	1385553	湖　北
441859	20000	2016492	2153828	196431	湖　南
1703826		1981903	3042704	1142485	广　东
178955	20273	1712301	969628	1139705	广　西
185888		29041	139553	161957	海　南
1824911	1491	1007058	489508	1862948	重　庆
1685864	39771	2350800	4660414	2452716	四　川
73347		1497992	546312	1030805	贵　州
304281	4000	1153649	369963	814578	云　南
44000		158333	55000		西　藏
161395	20	4431485	1009290	1040119	陕　西
261920	27838	185941	611536	505594	甘　肃
96641		16639	28357	25657	青　海
104676		259171	74030	408516	宁　夏
843922	28704	312073	287270	434652	新　疆
271451		40354	31797	79103	新疆兵团

4-2-2 2020年按资金来源分全国城市市政公用设施建设固定资产投资(按城市分列)

计量单位：万元

城市名称 Name of Cities	本年实际到位资金合计 The Total Funds Actually Available for The Reported Year	上年末结余资金 The Balance of The Previous Year	本年资金来源			
			小计 Subtotal	国家预算资金 State Budgetary Fund	中央预算资金 Central Budgetary Fund	国内贷款 Domestic Loan
全　　国	**232656828**	**22285658**	**210371170**	**64905851**	**5685968**	**39325915**
北　　京	**12731462**	**1792145**	**10939317**	**5405397**	**90027**	**2024633**
天　　津	**4682331**	**382414**	**4299917**	**1335163**	**36017**	**1547833**
河　　北	**6692434**	**745311**	**5947123**	**2285682**	**346302**	**715156**
石 家 庄	1086682	12514	1074168	235527	63383	604245
晋　　州	10328		10328			
新　　乐	54533		54533	9796	4640	
唐　　山	413690	1582	412108	260949	13602	8490
滦　　州	59974		59974	12525	1817	
遵　　化	16948		16948	12298	2738	
迁　　安	16457	3557	12900			
秦 皇 岛	269381		269381	42939	21515	14379
邯　　郸	255221	27	255194	142001	84825	
武　　安	63709		63709	48629		
邢　　台	435039	59387	375652	174587	24833	46000
南　　宫	28258	3953	24305	6789		
沙　　河	4567		4567	3827		
保　　定	178179		178179	98798	310	
涿　　州	96073		96073	89751		
安　　国	40686		40686	34250		
高 碑 店	37581		37581	22072		
张 家 口	91393	492	90901	44855		
承　　德	93425		93425	57870	1900	2712
平　　泉	37980	30	37950	5055		
沧　　州	310861	10635	300226	263058		6997
泊　　头	22304		22304	14754	2408	
任　　丘	104881		104881	44793		
黄　　骅	239786		239786	153486	2510	12800
河　　间	86897		86897	21300		
廊　　坊	207540	38641	168899	83611	4532	
霸　　州	8870		8870			
三　　河	41845		41845	17919	4548	
衡　　水	190209	7000	183209	109118	13914	
深　　州	87446	2728	84718	4984		19533
辛　　集	43949		43949	40404		
定　　州	45577		45577	10549		
雄安新区起步区及片区	2012165	604765	1407400	219188	98827	

National Fixed Assets Investment in Urban Service Facilities by Capital Source (by City in Column)(2020)

Measurement Unit: 10,000RMB

Sources of Fund					
债券 Securities	利用外资 Foreign Investment	自筹资金 Self-Raised Funds	其他资金 Other Funds	各项应付款 Sum Payable This Year	城市名称 Name of Cities
18639941	**675471**	**53433171**	**33390821**	**31652511**	**全　国**
		1606555	**1902732**	**1847861**	**北　京**
481879	**129595**	**618951**	**186496**	**224708**	**天　津**
1501176		**959096**	**486013**	**887366**	**河　北**
49499		105584	79313	207999	石家庄
		10328			晋　州
19659		25078			新　乐
15869		73715	53085	5249	唐　山
11750		30206	5493		滦　州
		3720	930		遵　化
		5300	7600	1200	迁　安
21293		65091	125679	13530	秦皇岛
19500		80638	13055	25508	邯　郸
		15080		5483	武　安
69534		45863	39668	20762	邢　台
17516					南　宫
		170	570	2696	沙　河
42343		19134	17904	32793	保　定
		6322			涿　州
		6436			安　国
		9213	6296		高碑店
29207		16544	295	37591	张家口
3045		20399	9399		承　德
3050		29548	297		平　泉
6197		21858	2116	158	沧　州
904		6646			泊　头
		3988	56100		任　丘
		73500			黄　骅
		65597			河　间
4920		79113	1255	23870	廊　坊
		8870		3857	霸　州
11500		12426			三　河
9320		33171	31600	740	衡　水
14300		45901		7370	深　州
3349		196			辛　集
8410			26618	156	定　州
1140011		39461	8740	498404	雄安新区起步区及片区

4-2-2 续表 1

计量单位：万元

城市名称 Name of Cities	本年实际到位资金合计 The Total Funds Actually Available for The Reported Year	上年末结余资金 The Balance of The Previous Year	本年资金来源 小计 Subtotal	国家预算资金 State Budgetary Fund	中央预算资金 Central Budgetary Fund	国内贷款 Domestic Loan
山　西	**3512163**	**166609**	**3345554**	**1446353**	**166535**	**468123**
太　原	1166126		1166126	647326		
古　交	8274		8274	5045		3229
大　同	139803		139803	84006	53906	
阳　泉	234390	49491	184899	77373	53773	16029
长　治	459456	8492	450964	50801	38684	171357
晋　城	485040	79239	405801	50147	3000	208008
高　平	35892		35892			
朔　州	34430		34430	933	933	
怀　仁						
晋　中	439797		439797	378706		
介　休	8380		8380	310		
运　城	55883	7500	48383	4104		
永　济	72589		72589			50000
河　津	34858		34858	19154	937	
忻　州	17986		17986	11454		
原　平	86537		86537	195		
临　汾	36567	800	35767	7069	223	19500
侯　马	38099		38099	14250	5500	
霍　州						
吕　梁	71029		71029	32411	9579	
孝　义	80762	21087	59675	59675		
汾　阳	6265		6265	3394		
内蒙古	**2290045**	**95236**	**2194809**	**650191**	**88383**	**51590**
呼和浩特	931038		931038	124475		35300
包　头	100613	330	100283	78272	2132	
乌　海	108680	8000	100680	2876	1190	3000
赤　峰	443305	35028	408277	267122		
通　辽	104523		104523	3310	3310	
霍林郭勒	2119		2119	2119		
鄂尔多斯	83836	500	83336	32200	600	
呼伦贝尔	100876	48994	51882			
满洲里	53271	354	52917	24347	5883	13290
牙克石	5773	1000	4773	3017	3017	
扎兰屯	47851		47851	17833	17219	
额尔古纳	28416		28416	600	600	
根　河	6441		6441	1120	1120	
巴彦淖尔	115802	1030	114772	28686		
乌兰察布	111637		111637	51877	42506	
丰　镇	6125		6125	3001	1470	

continued 1

Measurement Unit: 10,000RMB

Sources of Fund					
债　券 Securities	利用外资 Foreign Investment	自筹资金 Self-Raised Funds	其他资金 Other Funds	各项应付款 Sum Payable This Year	城市名称 Name of Cities
209042		**756300**	**465737**	**272193**	**山　西**
		205700	313100		太　原
				800	古　交
35845		12427	7525	17959	大　同
44258		45020	2220	17372	阳　泉
1700		195646	31460	15014	长　治
30000		81094	36552	155894	晋　城
		35892			高　平
5000		24163	4334		朔　州
					怀　仁
18000		14255	28836	16039	晋　中
		8070		6739	介　休
44279				758	运　城
		17262	5327	2331	永　济
		15704			河　津
		6532			忻　州
		86342			原　平
		5198	4000	1060	临　汾
		954	22895	13816	侯　马
					霍　州
29130			9488	17534	吕　梁
					孝　义
830		2041		6877	汾　阳
305683	**28673**	**873359**	**285313**	**414704**	**内 蒙 古**
93000		652036	26227	196350	呼和浩特
20000		2011		55242	包　头
80823		6901	7080	578	乌　海
39500		33650	68005	14245	赤　峰
		48403	52810		通　辽
					霍林郭勒
34220		1422	15494	10823	鄂尔多斯
		51882		39919	呼伦贝尔
8685		5918	677	12432	满 洲 里
		130	1626	25830	牙 克 石
2382		8767	18869		扎 兰 屯
1534		300	25982		额尔古纳
1406		2206	1709	461	根　河
	28673	50128	7285	29933	巴彦淖尔
		8281	51479		乌兰察布
		1324	1800		丰　镇

4-2-2 续表 2

计量单位：万元

城市名称 Name of Cities	本年实际到位资金合计 The Total Funds Actually Available for The Reported Year	上年末结余资金 The Balance of The Previous Year	本年资金来源			
			小计 Subtotal	国家预算资金 State Budgetary Fund	中央预算资金 Central Budgetary Fund	国内贷款 Domestic Loan
乌兰浩特	28956		28956	9336	9336	
阿尔山	10783		10783			
二连浩特						
锡林浩特						
辽　宁	**3068439**	**132279**	**2936160**	**608844**	**224345**	**446298**
沈　阳	1307350	48680	1258670	281848	18270	9900
新　民	18115	150	17965	1427		
大　连	1018601	47430	971171	2140		424200
瓦房店	278		278			
庄　河						
鞍　山						
海　城	9971		9971			
抚　顺	128748		128748	43835	35818	
本　溪	107550	2890	104660	81103	56763	
丹　东	46361		46361	20155	19199	
东　港	7282		7282	4533	4533	
凤　城	1374		1374	365	365	
锦　州	114694	3420	111274	89642	56280	
凌　海	14290		14290	290	290	
北　镇	11512		11512	818	818	
营　口						
盖　州	47812	8885	38927			
大石桥	5615		5615	5615	4115	
阜　新	35603	444	35159	22433	331	
辽　阳	11135		11135			
灯　塔	7693		7693	5106	2050	
盘　锦	31675		31675	9132		10037
铁　岭	18119	380	17739			
调兵山	28763		28763	2245	633	
开　原	8348		8348	1132		
朝　阳	32006		32006	4093		2161
北　票	1421		1421	1411		
凌　源	5648		5648	4995	4995	
葫芦岛	22585		22585	21723	19885	
兴　城	25890	20000	5890	4803		
吉　林	**4338837**	**782973**	**3555863**	**1290168**	**171336**	**351129**
长　春	3064278	576038	2488240	959487	3481	254215
榆　树	36010		36010	17193	12821	
德　惠	79941	20	79921	1463		
吉　林	18760		18760			

continued 2

Measurement Unit: 10,000RMB

Sources of Fund				各项应付款	城市名称
债 券 Securities	利用外资 Foreign Investment	自筹资金 Self-Raised Funds	其他资金 Other Funds	Sum Payable This Year	Name of Cities
19620					乌兰浩特
4513			6270	1336	阿 尔 山
				14920	二连浩特
				12635	锡林浩特
757650	**17352**	**897714**	**208302**	**951913**	**辽　　宁**
322600	127	497747	146448	655917	沈　　阳
16500		38		238	新　　民
331250		170001	43580	189096	大　　连
		278		100	瓦 房 店
				15717	庄　　河
				3421	鞍　　山
		9278	693		海　　城
9766	16010	59137			抚　　顺
4300		13870	5387	3818	本　　溪
		26186	20	4601	丹　　东
		2408	341		东　　港
		1009		2830	凤　　城
2100		19032	500	26723	锦　　州
14000					凌　　海
3700		5294	1700		北　　镇
					营　　口
		38427	500		盖　　州
				22024	大 石 桥
2379	1215	9132		12939	阜　　新
		11135			辽　　阳
2450		137		2563	灯　　塔
		9703	2803	3417	盘　　锦
		12072	5667	1077	铁　　岭
19253		7265			调 兵 山
3600		3616			开　　原
25752					朝　　阳
			10		北　　票
			653	5466	凌　　源
		862		1966	葫 芦 岛
		1087			兴　　城
898096	**2951**	**811108**	**202411**	**315842**	**吉　　林**
695583		403571	175384	60673	长　　春
9730		9087		2673	榆　　树
10860		64299	3299	54793	德　　惠
18760					吉　　林

4-2-2 续表 3

计量单位：万元

城市名称 Name of Cities	本年实际到位资金合计 The Total Funds Actually Available for The Reported Year	上年末结余资金 The Balance of The Previous Year	本年资金来源			
			小计 Subtotal	国家预算资金 State Budgetary Fund	中央预算资金 Central Budgetary Fund	国内贷款 Domestic Loan
蛟　河	20056		20056	1487	1487	
桦　甸	1520	109	1411			
舒　兰	87088	1629	85459	68326		
磐　石	8599		8599			
四　平	147397	37413	109984	27418	7473	58000
双　辽	8504		8504	2799	189	
辽　源	90610	1310	89300	50652	45452	2250
通　化	104393	77657	26736	3174	3174	4661
集　安	33294	3335	29959	15831	6610	
白　山	106687	2440	104247	39860	17160	19417
临　江	2838		2838	1460	1460	
松　原	164412	69560	94852	13834	5541	
扶　余	15907		15907	353		
白　城	16096		16096	90	90	3600
洮　南	12258		12258	9425	8254	
大　安	4216	1750	2466			
延　吉	45416	7200	38216	15071		8986
图　们	5162	530	4632	2032	2032	
敦　化	31396		31396	10923	10923	
珲　春	33185		33185	9491	9491	
龙　井	27369		27369	6655	6655	
和　龙	12722		12722	7591	7591	
公主岭	16048		16048	13448	12798	
梅河口	116298		116298			
长白山保护开发区	28378	3983	24395	12106	8654	
黑龙江	**3383821**	**268703**	**3115118**	**883819**	**358894**	**528702**
哈尔滨	2077060	120346	1956714	494411	117101	492300
尚　志	55719		55719	25454		
五　常	4079		4079	761	583	
齐齐哈尔	109526	4475	105051	60407	54928	655
讷　河	18921	2788	16133	3560	3560	
鸡　西	35687	685	35002	4564	4564	
虎　林	17678		17678	5322	3984	
密　山	22875	7730	15145	3294	1478	
鹤　岗	92026		92026	23869	9767	10000
双鸭山	90227		90227	26303	10010	
大　庆	111876	1050	110826	31638	31158	
伊　春	31500		31500	27313	6099	
铁　力	11693		11693	4674	4674	
佳木斯	53385		53385	23616	23616	

continued 3

Measurement Unit: 10,000RMB

Sources of Fund				各项应付款 Sum Payable This Year	城市名称 Name of Cities
债　券 Securities	利用外资 Foreign Investment	自筹资金 Self-Raised Funds	其他资金 Other Funds		
2780		15711	78	159	蛟　河
1411					桦　甸
17133					舒　兰
98		1194	7307		磐　石
		16606	7960	7311	四　平
5705				2858	双　辽
9465		22348	4585	45228	辽　源
13987		2373	2541	55917	通　化
8400		5728			集　安
29269	2951	12750		27294	白　山
		1378		2690	临　江
33015		47346	657	32833	松　原
11000		4554			扶　余
5000		7406		10515	白　城
		2833			洮　南
2000		466		4422	大　安
		14159			延　吉
		2600		7676	图　们
3000		17473			敦　化
18000		5694		800	珲　春
300		19814	600		龙　井
		5131			和　龙
2600					公主岭
		116298			梅河口
		12289			长白山保护开发区
1024190	**31361**	**491502**	**155545**	**659605**	**黑龙江**
623468	12882	305950	27703	590325	哈尔滨
12810		17155	300		尚　志
1318			2000	4987	五　常
41471		1528	990	1941	齐齐哈尔
11356			1217	29	讷　河
7306	13434	1828	7870		鸡　西
		5905	6451		虎　林
11706		145			密　山
13700	5045	7500	31912	13828	鹤　岗
29744			34180		双鸭山
37219		37447	4522		大　庆
349		3430	408		伊　春
		4338	2681		铁　力
19435		8236	2098		佳木斯

4-2-2 续表 4

计量单位：万元

城市名称 Name of Cities	本年实际到位资金合计 The Total Funds Actually Available for The Reported Year	上年末结余资金 The Balance of The Previous Year	本年资金来源 小计 Subtotal	国家预算资金 State Budgetary Fund	中央预算资金 Central Budgetary Fund	国内贷款 Domestic Loan
同江	31305		31305	5810	3063	11715
富锦	21369		21369	2996	2996	
抚远	20324	4244	16080	2919	2919	1838
七台河	123532	136	123396	8878	6989	
牡丹江	38169		38169	19116	19084	
海林	14344		14344	7665		
宁安	16202		16202	912		
穆棱	4329	373	3956	1228	1000	
绥芬河	11856		11856	11645	6134	
东宁	29121		29121	8584	8584	
黑河	53733	4752	48981	8742		
嫩江	15826		15826	11547	549	
北安	9069	900	8169	2534	2534	
五大连池	13663		13663	1440		
绥化	124373	114656	9717	4860		
安达	46883		46883	5943	5943	9000
肇东	33218	4268	28950	11081	4897	3194
海伦	33991		33991	26197	22680	
漠河	10262	2300	7962	6535		
上海	**4879145**	**277550**	**4601595**	**2406527**	**19722**	**153951**
江苏	**23474665**	**2451363**	**21023302**	**4827356**	**102929**	**3199911**
南京	6545867	110990	6434877	1318152	46035	309214
无锡	2020822	576790	1444032	405480	23959	448752
江阴	389144		389144			
宜兴	194607		194607			
徐州	3146901	18664	3128237	55784		
新沂	25839		25839			
邳州	62975		62975			
常州	2129424	932250	1197174	173242	11570	300381
溧阳	25565		25565	7981		
苏州	3276277	362675	2913602	1365458	7880	1101337
常熟	181570	167	181403	69384		16820
张家港	100782		100782			
昆山	29745	125	29620	3057		
太仓	1200		1200	1200		
南通	525489		525489	218197	3090	23000
海安	76786		76786	25725		2537
启东	80892		80892	12591	181	
如皋	120025		120025	22085		74480
连云港	197242		197242	99446		

continued 4

Measurement Unit: 10,000RMB

Sources of Fund				各项应付款 Sum Payable This Year	城市名称 Name of Cities
债　券 Securities	利用外资 Foreign Investment	自筹资金 Self-Raised Funds	其他资金 Other Funds		
3861		8804	1115		同　江
9001		238	9134		富　锦
8148		320	2855	6000	抚　远
110420		3672	426	7387	七台河
8328		10725		19698	牡丹江
		6587	92		海　林
8332		6958			宁　安
		2728			穆　棱
		211		4904	绥芬河
8421		6179	5937		东　宁
22287		17952			黑　河
3330		930	19	301	嫩　江
		5635		2487	北　安
11684		539		209	五大连池
1059		1500	2298		绥　化
13424		18516			安　达
500		2839	11336	7509	肇　东
5513		2281			海　伦
		1427			漠　河
		1955517	**85600**	**998792**	**上　海**
624374	**4000**	**8574599**	**3793061**	**2665251**	**江　苏**
		2396853	2410658	1091899	南　京
88500		428991	72309	143274	无　锡
		346360	42784		江　阴
		147322	47285		宜　兴
11164	3000	2686486	371803	5537	徐　州
		25839			新　沂
		38017	24958		邳　州
397418		305995	20138	66093	常　州
		17584			溧　阳
29250		336351	81206	693425	苏　州
15950		60439	18810	67169	常　熟
		61548	39234		张家港
10730		6560	9273		昆　山
					太　仓
2394		50273	231625	246618	南　通
		48524			海　安
1200		61978	5123		启　东
		14010	9450	5270	如　皋
1000		56090	40706		连云港

4-2-2 续表 5

计量单位：万元

城市名称 Name of Cities	本年实际到位资金合计 The Total Funds Actually Available for The Reported Year	上年末结余资金 The Balance of The Previous Year	本年资金来源 小计 Subtotal	国家预算资金 State Budgetary Fund	中央预算资金 Central Budgetary Fund	国内贷款 Domestic Loan
淮安	179521	4805	174716	63711	2500	24500
盐城	1079706	235222	844484	130866	7714	
东台	27885	380	27505			
扬州	827175	87428	739747	475062		124471
仪征	74692		74692			
高邮	15560		15560	15180		
镇江	551505	440	551065	440		550355
丹阳	50460	16292	34168	8007		12267
扬中	60679		60679	3080		47080
句容	246074	12000	234074	3052		129622
泰州	453316		453316	10045		35095
兴化	210001	69168	140833	26761		
靖江	14804		14804	10000		
泰兴	83104		83104			
宿迁	469032	23967	445065	303370		
浙江	**23095065**	**2881515**	**20213550**	**4958109**	**183744**	**4812201**
杭州	8918662	1580575	7338087	1951637	115141	2936501
建德	31917		31917	23543		
宁波	3116620	198007	2918613	878245	34937	882657
余姚	117259	13446	103813	119		
慈溪	276918	3150	273768	20913		3000
温州	1365139	12421	1352717	858455	2984	20341
瑞安	45917	1194	44723	38438		
乐清	312787	6956	305831	178333		
龙港	59261	760	58501	58501		
嘉兴	1675530	48593	1626937	338571		100600
海宁	263717	22704	241013	5424	2500	109100
平湖	80737		80737	10135		43532
桐乡	221889	2270	219619	2514	2266	78870
湖州	464148	77471	386677	93648	3916	9969
绍兴	2367405	544629	1822776			278277
诸暨	205897	20521	185376	1889	800	
嵊州	106908	80480	26428			21050
金华	876816	170400	706416	65948	1930	84544
兰溪	60959		60959	8230		
义乌	678088	2005	676083	40083	2266	185296
东阳	35859	2248	33611			
永康	62087	9061	53026	53026		
衢州	170565		170565	79043		7400
江山	34414		34414			
舟山	287554	36378	251176	92409	7275	8294

continued 5

Measurement Unit: 10,000RMB

Sources of Fund				各项应付款 Sum Payable This Year	城市名称 Name of Cities
债券 Securities	利用外资 Foreign Investment	自筹资金 Self-Raised Funds	其他资金 Other Funds		
1016		61490	23999	28955	淮安
8352	1000	467657	236609	93273	盐城
		11670	15835	7167	东台
11330		78291	50593	145325	扬州
		74692			仪征
			380	1100	高邮
270					镇江
5000		7394	1500	4723	丹阳
9000		1519		1161	扬中
		101400			句容
21800		379114	7263	35733	泰州
		111051	3020	4120	兴化
		3104	1700		靖江
10000		73104			泰兴
		114895	26800	24410	宿迁
502939	**565**	**7024660**	**2915076**	**1849129**	**浙江**
101100		2228099	120750	464144	杭州
		8374			建德
59300		585349	513062	564437	宁波
		76463	27231		余姚
		235038	14817	1225	慈溪
		50384	423537	152094	温州
411		5874			瑞安
48073		35521	43904	25052	乐清
					龙港
		459378	728388	1153	嘉兴
15000		89417	22072	63260	海宁
	565	26505			平湖
		113235	25000		桐乡
64000		213428	5632	205092	湖州
		1307734	236765	6000	绍兴
		183487			诸暨
		1978	3400	4596	嵊州
13000		542778	146	141937	金华
		49800	2929	136	兰溪
109000		336583	5121	3359	义乌
		8297	25314		东阳
					永康
5500		3148	75474	66456	衢州
9718		3249	21447	33599	江山
50000		99839	634	75322	舟山

4-2-2 续表 6

计量单位：万元

城市名称 Name of Cities	本年实际到位资金合计 The Total Funds Actually Available for The Reported Year	上年末结余资金 The Balance of The Previous Year	本年资金来源 小计 Subtotal	国家预算资金 State Budgetary Fund	中央预算资金 Central Budgetary Fund	国内贷款 Domestic Loan
台　州	778710	7056	771654	14220	2189	30056
玉　环	66111		66111	12637	473	
温　岭	54402		54402	8551		
临　海	81118	662	80456	7626	647	5400
丽　水	209091	1204	207887	110164	5871	7314
龙　泉	68581	39324	29257	5807	549	
安　徽	**7993336**	**453639**	**7539697**	**5006218**	**168907**	**273179**
合　肥	2527158	96711	2430447	2049825	8477	4999
巢　湖	250915	7000	243915	81975		57000
芜　湖	1138051		1138051	629141	29321	1710
无　为	10031		10031	7031	7031	
蚌　埠	294918		294918	140930		9379
淮　南	246215		246215	110435		
马鞍山	271455	25501	245954	77930	54930	34222
淮　北	107936		107936	103512	2668	
铜　陵	89073	7246	81827	34900		27350
安　庆	200304		200304	146061	14627	37305
潜　山	115559	5333	110226	84334	198	15200
桐　城	47044	450	46594	9133		27759
黄　山	90592	360	90232	27861	8896	
滁　州	649357	22221	627136	505168	25980	8745
天　长	147462	1460	146002	92813		
明　光	98552	98552				
阜　阳	400402	178309	222093	11615	493	5816
界　首	59113		59113	21121		36978
宿　州	293134		293134	292534		
六　安	72371	36	72335	52977	310	
亳　州	294510		294510	56530		
池　州	76186	3761	72425	55665	15947	1000
宣　城	389179	2500	386679	373702		
广　德	47205		47205			116
宁　国	76615	4200	72415	41025	29	5600
福　建	**7563005**	**613796**	**6949210**	**1728703**	**66703**	**1354051**
福　州	2890199	109861	2780338	1002459	14341	609414
福　清	233025		233025	33424		
厦　门	1394772	5370	1389402	299798	19142	670000
莆　田	957907	398607	559300	690		
三　明	62070		62070	13052	10867	
永　安	9646		9646			
泉　州	82045	711	81334	7814		

continued 6

Measurement Unit: 10,000RMB

Sources of Fund					
债 券 Securities	利用外资 Foreign Investment	自筹资金 Self-Raised Funds	其他资金 Other Funds	各项应付款 Sum Payable This Year	城市名称 Name of Cities
12020		177776	537582	22232	台 州
5300		34466	13708	360	玉 环
		41720	4131	2310	温 岭
175		67255		4119	临 海
9500		21414	59495	12246	丽 水
842		18071	4537		龙 泉
75225	**11323**	**1183080**	**990672**	**1777391**	**安 徽**
34726		76012	264886	1008617	合 肥
		104940		67800	巢 湖
5907		94655	406638	40653	芜 湖
		3000			无 为
		137843	6766	2406	蚌 埠
		135780		2355	淮 南
18997	10200	101655	2950	104340	马鞍山
		4424		24354	淮 北
900		14531	4146	31322	铜 陵
		15179	1759	148062	安 庆
		10692			潜 山
		6578	3124	450	桐 城
10000		23311	29060	380	黄 山
		70899	42324	95598	滁 州
		25189	28000	10600	天 长
					明 光
		69893	134769	133950	阜 阳
			1014	3322	界 首
		600			宿 州
1400		10991	6967	39550	六 安
785		207712	29483		亳 州
1500		11264	2996	19669	池 州
	1123	11854		43363	宣 城
1010		46079			广 德
			25790	600	宁 国
1401606		**1274592**	**1190258**	**512219**	**福 建**
1045034		65424	58007	82933	福 州
		1196	198405	2580	福 清
286929		132405	270	17088	厦 门
		472058	86552		莆 田
1300		1323	46395		三 明
1000		8416	230		永 安
		29436	44084	2161	泉 州

4-2-2 续表 7

计量单位：万元

城市名称 Name of Cities	本年实际到位资金合计 The Total Funds Actually Available for The Reported Year	上年末结余资金 The Balance of The Previous Year	本年资金来源			
			小计 Subtotal	国家预算资金 State Budgetary Fund	中央预算资金 Central Budgetary Fund	国内贷款 Domestic Loan
石狮	11489		11489			
晋江	30544		30544	773		
南安	476478		476478	8937	702	
漳州	647216	58298	588918	121020	246	55378
龙海	60772		60772	2098		2500
南平	66330	194	66136	54653	500	
邵武	32995		32995			
武夷山	38682		38682			
建瓯	87246	8674	78572			
龙岩	165303	4006	161297	37413	2832	13585
漳平	27348	11199	16149	7019	5971	421
宁德	170130	3533	166597	137948	10865	
福安	25844	13343	12501	824	824	700
福鼎	92965		92965	781	413	2053
江西	**8847000**	**156654**	**8690346**	**3333041**	**223079**	**485077**
南昌	673165	10576	662589	446925	600	156780
景德镇	328864	27311	301553	113746		
乐平	32879		32879			
萍乡	209557	14362	195195	62693	26939	23303
九江	1645556		1645556	1401318	89390	
瑞昌	15609		15609	14286		
共青城	199409	26376	173033	173008		
庐山	9772		9772			
新余	235213		235213	113332	17438	38424
鹰潭	71393	1227	70166	851	797	7000
贵溪	89456	3291	86165	11814		
赣州	1522027	29097	1492931	219556	23803	177164
龙南	20237	2549	17688	1702	956	
瑞金	353824	26500	327324	207124	1396	
吉安	335004		335004	184117		
井冈山	6936		6936	6936		
宜春	865994		865994	81355	34835	
丰城	20094		20094	4199	1610	
樟树	239321	1000	238321	189432		
高安	21442	10204	11237	9355		
抚州	1100806		1100806	78826	20528	37968
上饶	831673	4160	827513	10045	3400	44438
德兴	18768		18768	2420	1387	

continued 7

Measurement Unit: 10,000RMB

Sources of Fund					
债券 Securities	利用外资 Foreign Investment	自筹资金 Self-Raised Funds	其他资金 Other Funds	各项应付款 Sum Payable This Year	城市名称 Name of Cities
1500		9989		4479	石狮
		29771		22980	晋江
		84044	383497		南安
14100		224647	173773	93265	漳州
15500		39224	1450	195613	龙海
		10983	500	338	南平
8000		24995		31795	邵武
9143		29539			武夷山
		16570	62002		建瓯
13000		62757	34542	41803	龙岩
6100		1400	1209	4460	漳平
		19585	9064	50	宁德
		5309	5668	9885	福安
		5521	84610	2789	福鼎
272227	**170400**	**2547576**	**1882025**	**400048**	**江西**
		52097	6787	6716	南昌
		185831	1976	7603	景德镇
		31390	1489		乐平
12000		48390	48809	83762	萍乡
1107		24165	218966	77715	九江
		1093	230	242	瑞昌
		20	5	1574	共青城
		9772			庐山
6000	16300	40585	20572	272	新余
		62121	194	59956	鹰潭
8000			66351	12032	贵溪
194202	1500	801471	99038	108493	赣州
		7200	8786	24494	龙南
	120200				瑞金
		150887			吉安
				2864	井冈山
29916	32400	52047	670277	1150	宜春
422		15473		12640	丰城
6000		42889			樟树
		1237	645		高安
		259282	724730		抚州
14580		745280	13170	535	上饶
		16348			德兴

4-2-2 续表 8

计量单位：万元

城市名称 Name of Cities	本年实际到位资金合计 The Total Funds Actually Available for The Reported Year	上年末结余资金 The Balance of The Previous Year	本年资金来源 小计 Subtotal	国家预算资金 State Budgetary Fund	中央预算资金 Central Budgetary Fund	国内贷款 Domestic Loan
山东	**13030879**	**529494**	**12501385**	**3362558**	**27904**	**2244884**
济南	3314342	6969	3307373	1239177	5000	1032971
青岛	2947851	390879	2556972	347214		766634
胶州	166649		166649			
平度	77048		77048			
莱西	51097		51097			
淄博	325556		325556	39996		145530
枣庄	213047	6582	206465	30473	190	41535
滕州	83477		83477	9117		
东营	601872	3800	598072	214932		
烟台	347077	553	346524	159985		59039
龙口	62124		62124	26851		
莱阳	65786		65786	65233		
莱州	17999		17999			
招远	6213		6213	594		
栖霞	8826		8826			6786
海阳	27615		27615	2433		
潍坊	548681	55560	493121	93563		8077
青州	58757		58757	49283		
诸城	68085		68085	2000		24985
寿光	177018		177018	33530		11000
安丘	70518	6225	64293	1753	822	20000
高密	876		876	876	876	
昌邑	35579		35579			
济宁	469292	2955	466337			34400
曲阜	79600		79600			
邹城	15507		15507			
泰安	289293		289293	144702		61811
新泰	38415		38415			
肥城	25824		25824	12805		
威海	337507		337507	165350	7619	
荣成	91136		91136	72502		
乳山	8394		8394			
日照	166852	11849	155003	68603	3679	500
临沂	992796	12535	980261	322212		4407
德州	241662	20134	221528	12675		
乐陵	62756		62756	1340	1340	
禹城	59806		59806			
聊城	252734	582	252152	48542	2239	18571
临清	47436		47436	2841		
滨州	314958		314958	160133	39	8638
邹平	26870		26870	15332	40	
菏泽	233947	10870	223077	18512	6060	

continued 8

Measurement Unit: 10,000RMB

Sources of Fund					
债　券 Securities	利用外资 Foreign Investment	自筹资金 Self-Raised Funds	其他资金 Other Funds	各项应付款 Sum Payable This Year	城市名称 Name of Cities
1648982	**61041**	**2593902**	**2590017**	**3655915**	**山　东**
560500		453124	21601	172657	济　南
246100		103261	1093764	840718	青　岛
		13156	153493		胶　州
		5615	71433		平　度
		25827	25270	716	莱　西
9196	150	96550	34134	215885	淄　博
31895	3868	47433	51261	71525	枣　庄
8401	5100	60859			滕　州
134874		219826	28440	14115	东　营
92166		28384	6950	203495	烟　台
		35273			龙　口
		553			莱　阳
			17999		莱　州
		5619		7860	招　远
2040					栖　霞
		91	25091		海　阳
	2500	179982	209000	56700	潍　坊
		9474		3456	青　州
		41100		28600	诸　城
		132488			寿　光
1275		41265			安　丘
					高　密
4000		17500	14079		昌　邑
4000		132410	295527	995350	济　宁
			79600		曲　阜
		15507		26492	邹　城
45000	9000	28780		192354	泰　安
		26013	12402		新　泰
		12519	500	4972	肥　城
34800		130089	7268	105673	威　海
		18634		13099	荣　成
		7740	654	17375	乳　山
31300		25556	29044	87063	日　照
83370	40423	324596	205253	330321	临　沂
112797		55626	40430	96644	德　州
		61416			乐　陵
		7555	52251	550	禹　城
34644		144481	5915	99412	聊　城
13805		790	30000	382	临　清
113321		31687	1179	19242	滨　州
		11538		11479	邹　平
85498		41588	77479	39780	菏　泽

4-2-2 续表 9

计量单位：万元

城市名称 Name of Cities	本年实际到位资金合计 The Total Funds Actually Available for The Reported Year	上年末结余资金 The Balance of The Previous Year	本年资金来源			
			小计 Subtotal	国家预算资金 State Budgetary Fund	中央预算资金 Central Budgetary Fund	国内贷款 Domestic Loan
河南	**11889324**	**1671132**	**10218191**	**4297153**	**451427**	**2521887**
郑州	4134304	800851	3333453	1651599	40790	665907
巩义	44273		44273	29465	5776	
荥阳	4700		4700	4700	643	
新密	46419		46419	27870	15347	
新郑	94078	49719	44359	24021	2259	
登封	82707		82707	1014	514	532
开封	461271		461271	250833	57571	
洛阳	2567864	716232	1851632	948314	22460	616443
偃师	42720		42720	2534	2534	
平顶山	101198		101198	83086	37183	6300
舞钢	6585		6585	6460		
汝州	18249	202	18047	5348	200	5488
安阳	300865	55	300810	117720	50400	1205
林州	9651		9651	1995	1995	
鹤壁	156369	5421	150948	68611	22547	21500
新乡	204764	13173	191591	18890	14878	3695
长垣	74633		74633	9371		840
卫辉	11486		11486	450		
辉县	53825		53825	1715		
焦作	172925	2003	170922	57978	43702	61724
沁阳	30468		30468	2005		
孟州	27116		27116	1695		
濮阳	286203		286203	25354		
许昌	103532		103532			
禹州	44354		44354	1573	1573	
长葛	31684		31684	21258		
漯河	153677	645	153032	132788	17669	
三门峡	1104670	15247	1089423	10341		1059078
义马	42282	5500	36782	21296	11976	
灵宝	36879		36879	7026	5359	
南阳	244088	1000	243088	137321	205	9090
邓州	60286		60286	60286	4415	
商丘	260923	35974	224949	159164	27837	24071
永城	74062		74062	68702		
信阳	214508	25110	189398	42802	21797	41000
周口	153180		153180	123785	7256	
项城	38240		38240	20732	7900	
驻马店	261739		261739	60083	14787	5014
济源示范区	132546		132546	88966	11854	

continued 9

Measurement Unit: 10,000RMB

Sources of Fund					
债　券 Securities	利用外资 Foreign Investment	自筹资金 Self-Raised Funds	其他资金 Other Funds	各项应付款 Sum Payable This Year	城市名称 Name of Cities
379996	**75437**	**2389707**	**554012**	**1538755**	**河　南**
130745		643523	241679	1070756	郑　州
		14808			巩　义
					荥　阳
		16249	2300		新　密
8000		9338	3000		新　郑
38070		36714	6377	48168	登　封
		210438			开　封
3130	26892	211053	45800	39843	洛　阳
		12561	27624	1877	偃　师
1139		8234	2439		平顶山
		125		3000	舞　钢
		821	6390		汝　州
74600		94126	13159	15293	安　阳
		4556	3100		林　州
1270	1800	43420	14347	24048	鹤　壁
		159666	9340	1755	新　乡
3000		58948	2474	17953	长　垣
1000		10036			卫　辉
700		23049	28361	7775	辉　县
20000		21235	9985	22802	焦　作
1280	26800	223	160		沁　阳
		25421		5301	孟　州
5030		255819			濮　阳
		36097	67435	75842	许　昌
5796		34871	2114		禹　州
4000		6426			长　葛
		20244			漯　河
		20004			三门峡
		15486			义　马
8746		14224	6883	12763	灵　宝
		68677	28000	43139	南　阳
					邓　州
22800		18614	300	24418	商　丘
		5360			永　城
20500	19945	65111	40	12285	信　阳
		29395		74404	周　口
16500		1008		33188	项　城
12891		172630	11121		驻马店
799		21197	21584	4144	济源示范区

4-2-2 续表 10

计量单位：万元

城市名称 Name of Cities	本年实际到位资金合计 The Total Funds Actually Available for The Reported Year	上年末结余资金 The Balance of The Previous Year	本年资金来源			
			小计 Subtotal	国家预算资金 State Budgetary Fund	中央预算资金 Central Budgetary Fund	国内贷款 Domestic Loan
湖　北	**9181678**	**993506**	**8188172**	**2713729**	**181213**	**2349745**
武　汉	5635858	682248	4953610	2227390	23501	1812209
黄　石	265349	11436	253913	38869	19255	94850
大　冶	86199		86199			
十　堰	94690	56670	38020	9921	5530	
丹江口	4000	1000	3000			
宜　昌	521607	53541	468066	131939	43016	1900
宜　都	29756		29756	6845	6727	
当　阳	119272		119272	10694		
枝　江	82048		82048	2037	1717	
襄　阳	609923	34729	575194	42036		288468
老河口	40917	5172	35745			
枣　阳	15051		15051			600
宜　城	16857	710	16147	1020	1020	
鄂　州	168521		168521	81194	3430	
荆　门	274631	8650	265981	1700	1700	96350
京　山	24230		24230			
钟　祥	51382		51382	2798	2798	
孝　感	160894	97405	63489	14839	12668	17619
应　城	20781		20781			
安　陆	7160	5460	1700	1700		
汉　川	4566		4566	1613		
荆　州	95330		95330	42550		
监　利	47438	4619	42819			
石　首	29763		29763			
洪　湖	8432		8432	3051		
松　滋	90287		90287			
黄　冈	69386	18999	50387	14757	10499	28000
麻　城	29879	3876	26003	9443	261	
武　穴						
咸　宁	10924		10924			
赤　壁	36516		36516	4315		
随　州	128786	449	128337	22413	22013	
广　水	37625		37625	750	675	
恩　施	106672	7902	98770	14463	12536	1249
利　川	22710	640	22070	3118	2618	8500
仙　桃	148514		148514	9879	9879	
潜　江	27468		27468			
天　门	58256		58256	14395	1370	
湖　南	**7874360**	**1943569**	**5930791**	**887821**	**235340**	**410791**
长　沙	3070471	1790457	1280015	247265	15512	82075
宁　乡	12513		12513	3089		

continued 10

Measurement Unit: 10,000RMB

Sources of Fund				各项应付款 Sum Payable This Year	城市名称 Name of Cities
债　券 Securities	利用外资 Foreign Investment	自筹资金 Self-Raised Funds	其他资金 Other Funds		
373940	**675**	**1721722**	**1028361**	**1385553**	**湖　北**
221897		371322	320791	1083739	武　汉
11801	675	22583	85135	4492	黄　石
11761		74438			大　冶
		3729	24370	8271	十　堰
			3000	490	丹江口
7428		47452	279347	3230	宜　昌
4369		430	18112		宜　都
5000		103578		1200	当　阳
		41316	38695	1036	枝　江
25648		180574	38468	25404	襄　阳
		1500	34245	26271	老河口
12175		577	1699	1098	枣　阳
6553		8574		28881	宜　城
9200		8286	69841		鄂　州
20000		147301	630	898	荆　门
		23250	980	4155	京　山
		27655	20929		钟　祥
10724		1780	18527	8193	孝　感
		20781			应　城
				752	安　陆
			2953		汉　川
		52780			荆　州
		42819			监　利
		29763			石　首
		5381			洪　湖
		86887	3400		松　滋
6000		1630		6165	黄　冈
4200			12360	10800	麻　城
					武　穴
4026		5552	1346	3965	咸　宁
		1686	30515		赤　壁
10588		72881	22455	2715	随　州
		36875			广　水
1570		81119	369	2275	恩　施
		10452		9800	利　川
		138635		148514	仙　桃
		27468			潜　江
1000		42667	194	3209	天　门
441859	**20000**	**2016492**	**2153828**	**196431**	**湖　南**
209127		341347	400201	74685	长　沙
		9189	235	13233	宁　乡

4-2-2 续表 11

计量单位：万元

城市名称 Name of Cities	本年实际到位资金合计 The Total Funds Actually Available for The Reported Year	上年末结余资金 The Balance of The Previous Year	本年资金来源			
			小计 Subtotal	国家预算资金 State Budgetary Fund	中央预算资金 Central Budgetary Fund	国内贷款 Domestic Loan
浏　阳	15535		15535	6873	2673	
株　洲	934513		934513	57306	3704	183013
醴　陵	45372		45372	3906	3906	
湘　潭	687537	398	687139	18235	13714	
湘　乡	3115	13	3102			
韶　山	11977		11977	7211	7211	
衡　阳	224453	560	223893	104491	16058	13500
耒　阳	55517		55517			10800
常　宁	1234		1234	1234	1234	
邵　阳	76467	21421	55046	38513	24852	
武　冈	34739		34739	2452	2452	
邵　东	54752		54752			
岳　阳	480001		480001	25655	16069	
汨　罗	37872	100	37772	6682	5389	
临　湘	61483		61483	13868	8149	
常　德	556402	100680	455722	133544	3013	26400
津　市	95066		95066	74799	34477	
张家界	445828		445828	36238	27807	
益　阳	54503	5813	48690	26668	7407	311
沅　江	15400		15400	1570	1570	6800
郴　州	80646		80646	3211	2350	
资　兴	80817	7000	73817	4319	2673	46000
永　州	1360		1360			
怀　化	15957		15957	12905		
洪　江	28357		28357	15823	15823	
娄　底	498869	14638	484231			22700
冷水江	78656		78656	8497	8497	
涟　源	96948	2489	94459	33467	10800	19192
吉　首	18000		18000			
广　东	**15406570**	**2134767**	**13271803**	**3376284**	**238766**	**3167085**
广　州	4338764	542357	3796407	713513	5000	657569
韶　关	25211	553	24658	5821	5782	
乐　昌	16476		16476			
南　雄	772		772	181	181	50
深　圳	1635894	343511	1292383	813817		9400
珠　海	892709	124956	767753	439194		20000
汕　头	524568	14006	510562	44547		223560
佛　山	1388686	129103	1259583	213179		489068
江　门	713453	19930	693523	86982		8365
台　山						
开　平	11395		11395	1556		

continued 11

Measurement Unit: 10,000RMB

Sources of Fund					
债 券 Securities	利用外资 Foreign Investment	自筹资金 Self-Raised Funds	其他资金 Other Funds	各项应付款 Sum Payable This Year	城市名称 Name of Cities
		3862	4800	140	浏 阳
		14202	679992		株 洲
		41466			醴 陵
186000			482904		湘 潭
		2421	681	599	湘 乡
		4766			韶 山
		40904	64998		衡 阳
11700		32965	52	52	耒 阳
					常 宁
		16385	148	26068	邵 阳
		23387	8900	14537	武 冈
		54752			邵 东
4500		348757	101089	3034	岳 阳
		1605	29485	465	汨 罗
		47615			临 湘
1072		77176	217530	3878	常 德
		1949	18318		津 市
6000		403590		10500	张 家 界
4300		16689	722	722	益 阳
		7030		6043	沅 江
		77436		6883	郴 州
6800		2591	14107		资 兴
		1300	60	310	永 州
		3052			怀 化
2360			10174		洪 江
		362898	98633	3310	娄 底
		67359	2800		冷 水 江
10000	20000	11800		20472	涟 源
			18000	11500	吉 首
1703826		**1981903**	**3042704**	**1142485**	**广 东**
496414		347804	1581108	74903	广 州
2710		953	15174	2626	韶 关
4500			11976		乐 昌
		445	96	855	南 雄
		101133	368033	258249	深 圳
26353		266113	16093	59538	珠 海
40000		140604	61852	58435	汕 头
457055		90428	9853	185267	佛 山
67800		181673	348704	3125	江 门
					台 山
			9839	2599	开 平

4-2-2 续表 12

计量单位：万元

城市名称 Name of Cities	本年实际到位资金合计 The Total Funds Actually Available for The Reported Year	上年末结余资金 The Balance of The Previous Year	本年资金来源 小计 Subtotal	国家预算资金 State Budgetary Fund	中央预算资金 Central Budgetary Fund	国内贷款 Domestic Loan
鹤　山	21396		21396	2412		
恩　平	1912		1912	1912	1100	
湛　江	67815		67815	49158		
廉　江	29108		29108			
雷　州						
吴　川						
茂　名	110510	1584	108926	21541		
高　州	36835		36835	12199		
化　州	28850	95	28755	680		
信　宜	65002	431	64571	691		18412
肇　庆	1327857	541531	786326	90921	1671	450110
四　会	184935	6524	178411			4534
惠　州	358950	14034	344917	258478	183742	30412
梅　州						
兴　宁	46162	505	45657	20000	20000	
汕　尾	587437	209223	378214	206399	322	
陆　丰	14000		14000			
河　源	9471		9471	6632	2841	
阳　江	205506	3562	201944	49273		
阳　春						
清　远	79865	4657	75208	1420		27584
英　德						
连　州	11000		11000			
东　莞	2247175	131106	2116069	101382	3815	1199171
中　山	201805		201805	156060		
潮　州	29501	18	29483	10918		
揭　阳	189707	45682	144025	67420	14312	28850
普　宁						
云　浮	2957	1400	1557			
罗　定	885		885			
广　西	**6318533**	**397639**	**5920894**	**1525396**	**328844**	**1514341**
南　宁	1738734	34052	1704682	100725	21104	594629
柳　州	1049856	14753	1035102	136068	6507	395846
桂　林	121067	18093	102974	9151		45021
荔　浦	11626	100	11526	11231		
梧　州	1111003	5217	1105786	148911	42730	225893
岑　溪	14741	782	13959	383	270	6168
北　海	554599	50347	504252	410647	3003	31494
防城港	265556	227539	38017	1379		
东　兴	18371	300	18071	12834	2031	4216
钦　州	53912		53912	33860	26019	

continued 12

Measurement Unit: 10,000RMB

Sources of Fund					
债　券 Securities	利用外资 Foreign Investment	自筹资金 Self-Raised Funds	其他资金 Other Funds	各项应付款 Sum Payable This Year	城市名称 Name of Cities
16970		750	1264	6353	鹤　山
					恩　平
18657				15122	湛　江
23521			5587		廉　江
					雷　州
					吴　川
39200		9321	38864	40203	茂　名
2730		21853	53		高　州
3186		6028	18861	1915	化　州
3470		32499	9500		信　宜
133457		85467	26372	17668	肇　庆
60525		93156	20196	18906	四　会
		50608	5419	48557	惠　州
					梅　州
25100		222	335	1988	兴　宁
8500			163315	16965	汕　尾
14000				10000	陆　丰
			2839		河　源
28148		10591	113932	26342	阳　江
					阳　春
24671		21397	136		清　远
					英　德
11000					连　州
171588		479169	164759	21948	东　莞
		15175	30570	250609	中　山
		1254	17311	13219	潮　州
23370		24376	9	7094	揭　阳
					普　宁
902			655		云　浮
		885			罗　定
178955	**20273**	**1712301**	**969628**	**1139705**	**广　西**
2720		429444	577164	893493	南　宁
		503189		86232	柳　州
18943	2384	27475		8100	桂　林
		295		6200	荔　浦
76825		437446	216711	6523	梧　州
650			6758	27313	岑　溪
4800		34398	22913	1989	北　海
	4943	9427	22268	298	防城港
721		300			东　兴
17128		2556	368	629	钦　州

4-2-2 续表 13

计量单位：万元

城市名称 Name of Cities	本年实际到位资金合计 The Total Funds Actually Available for The Reported Year	上年末结余资金 The Balance of The Previous Year	本年资金来源			
			小计 Subtotal	国家预算资金 State Budgetary Fund	中央预算资金 Central Budgetary Fund	国内贷款 Domestic Loan
贵港	397190	15250	381940	234978	151925	22711
桂平	7449	4651	2798	421		
玉林	247158	1607	245551	77876	9360	140702
北流	79591		79591	79372		
百色	111676	834	110842	47286	822	
平果	45980		45980	45456	45456	
靖西	18345	4076	14269	8659		
贺州	95809	3459	92350	30671	5349	29776
河池	79070	1462	77608	30918		
来宾	76351	9317	67034	64862	2500	1700
合山	2618		2618	2588		
崇左	175737	5801	169936	1811		16185
凭祥	42097		42097	35311	11768	
海南	**1044433**	**192664**	**851769**	**445941**	**11675**	**51346**
海口	392476	27795	364681	136040	1930	20556
三亚	342070	151497	190573	88649	596	13000
儋州	29589	204	29385	574	574	
五指山	15405	2008	13397	13397		
琼海	2304		2304	935	935	
文昌	45093	7688	37405	23450	5681	
万宁	178441		178441	178441	1891	
东方	39055	3472	35583	4456	69	17790
重庆	**10431287**	**368785**	**10062502**	**3904897**	**163802**	**2834637**
重庆	10431287	368785	10062502	3904897	163802	2834637
四川	**17040848**	**1320006**	**15720842**	**3169205**	**191139**	**3814788**
成都	9639152	906223	8732929	2363969	476	2915667
都江堰	88805	2835	85970	3562		40000
彭州	77300		77300			
邛崃	299860		299860			
崇州	18531		18531			
简阳	676311	214527	461784	2704		5995
自贡	304389	270	304119	80134	54729	16144
攀枝花	183680	38163	145517	34638	27054	11486
泸州	698400		698400	128400		5900
德阳	442266	6941	435325	725	225	3838
广汉						
什邡						
绵竹						
绵阳	496647	22489	474158	123678	1930	157300

continued 13

Measurement Unit: 10,000RMB

Sources of Fund				各项应付款 Sum Payable This Year	城市名称 Name of Cities
债　券 Securities	利用外资 Foreign Investment	自筹资金 Self-Raised Funds	其他资金 Other Funds		
32500	7420	33362	50969	42506	贵　港
		2377			桂　平
291		16358	10324	1222	玉　林
		219			北　流
	5526	2041	55989	3804	百　色
		524		6925	平　果
		1677	3933		靖　西
20000		9672	2231	15067	贺　州
		46690			河　池
288		184		39404	来　宾
		30			合　山
1599		150341			崇　左
2490		4296			凭　祥
185888		**29041**	**139553**	**161957**	**海　南**
164800		3000	40285	132372	海　口
11000		4244	73680	23361	三　亚
		16152	12659		儋　州
					五指山
			1369		琼　海
9000			4955	600	文　昌
					万　宁
1088		5645	6604	5624	东　方
1824911	**1491**	**1007058**	**489508**	**1862948**	**重　庆**
1824911	1491	1007058	489508	1862948	重　庆
1685864	**39771**	**2350800**	**4660414**	**2452716**	**四　川**
936732		659789	1856772	1411317	成　都
2719	21766	8923	9000	71039	都江堰
			77300		彭　州
	2000	294900	2960		邛　崃
		12135	6396		崇　州
94212			358873		简　阳
16690	25		191126	137104	自　贡
3645		84146	11602	26089	攀枝花
254300		44300	265500		泸　州
3970		116235	310557		德　阳
					广　汉
					什　邡
					绵　竹
48465		87937	56778	166751	绵　阳

4-2-2 续表 14

计量单位：万元

城市名称 Name of Cities	本年实际到位资金合计 The Total Funds Actually Available for The Reported Year	上年末结余资金 The Balance of The Previous Year	本年资金来源			
			小计 Subtotal	国家预算资金 State Budgetary Fund	中央预算资金 Central Budgetary Fund	国内贷款 Domestic Loan
江　油	112741		112741			
广　元	367884		367884	9335	2000	51444
遂　宁	213926		213926	11074	874	17600
射　洪	87575	5850	81725	33105		
内　江	329590	249	329341	43883	4000	8620
隆　昌	18381	6174	12208			
乐　山	341483	1182	340301	73735		50000
峨眉山	13866	750	13116	6686	2636	
南　充	27500		27500	400		670
阆　中	128281		128281			
眉　山	120931	29458	91473	20495		30144
宜　宾	445021	53397	391624	5211	525	22638
广　安	349409		349409			
华　蓥	13300		13300			
达　州	675271	4879	670392	30240		25552
万　源	90177		90177	72993	72993	
雅　安	98536	26621	71915			
巴　中						
资　阳	650280		650280	96592	180	451490
马尔康	1912		1912	1912		
康　定	28145		28145	24734	23517	
西　昌	1300		1300	1000		300
贵　州	**2544455**	**51909**	**2492546**	**112598**	**42138**	**262297**
贵　阳	1344796		1344796			
清　镇						
六盘水	14801		14801			
盘　州	231990	12497	219493			17800
遵　义	8623		8623	8235	8095	
赤　水						
仁　怀	302	302				
安　顺	145827	21510	124317	58775	300	
毕　节	422976	17600	405376	12434	12414	223497
铜　仁	320056		320056	21952	15822	21000
兴　义						
兴　仁						
凯　里	4913		4913	4835		
都　匀	6815		6815	6367	5507	
福　泉	43356		43356			

continued 14

Measurement Unit: 10,000RMB

Sources of Fund					
债　券 Securities	利用外资 Foreign Investment	自筹资金 Self-Raised Funds	其他资金 Other Funds	各项应付款 Sum Payable This Year	城市名称 Name of Cities
		112741			江　油
20627		254200	32278	117138	广　元
7000		147125	31127		遂　宁
31400			17220	25364	射　洪
76724	500		199614	24496	内　江
3000		34	9174	50500	隆　昌
73083			143483	292965	乐　山
			6430		峨眉山
1000		25430			南　充
11000		63700	53581	18360	阆　中
395		6233	34206	27509	眉　山
56190	800	42463	264322	50627	宜　宾
			349409		广　安
			13300		华　蓥
40000		307750	266850		达　州
		17184			万　源
	14680	13343	43892		雅　安
					巴　中
3495		50038	48665	33407	资　阳
					马尔康
1217		2194			康　定
				50	西　昌
73347		**1497992**	**546312**	**1030805**	**贵　州**
37286		1163522	143988	269226	贵　阳
					清　镇
		1600	13201	224368	六盘水
5800		17021	178872	24087	盘　州
		233	155	159877	遵　义
					赤　水
					仁　怀
		205	65337	31139	安　顺
29813		97621	42011	660	毕　节
		183402	93702	321448	铜　仁
					兴　义
					兴　仁
		78			凯　里
448					都　匀
		34310	9046		福　泉

4-2-2 续表 15

计量单位：万元

城市名称 Name of Cities	本年实际到位资金合计 The Total Funds Actually Available for The Reported Year	上年末结余资金 The Balance of The Previous Year	本年资金来源			
			小计 Subtotal	国家预算资金 State Budgetary Fund	中央预算资金 Central Budgetary Fund	国内贷款 Domestic Loan
云南	**3361965**	**171570**	**3190395**	**429450**	**179728**	**929052**
昆明	1502252	12932	1489319	44782	15405	738868
安宁	1128		1128	328	223	
曲靖	322772	122401	200371	48640	24115	50229
宣威	78708	1412	77296	491	425	
玉溪	23898	154	23745	10180	10180	6353
澄江	350		350	350		
保山	88968		88968	31010	31010	48560
腾冲	10307	5770	4537			
昭通	274838	414	274424	33003	6300	
水富	10889		10889			
丽江	48503	624	47879	18320	4720	7500
普洱	99173	8616	90557	6098	4400	
临沧	3899		3899	2890		
楚雄	68247		68247	1150	1150	
个旧	83889	5015	78874	17913	17913	
开远	8993		8993	8993	1443	
蒙自	138058	13732	124326	119000		1500
弥勒	66376		66376	25952	25952	
文山	117038		117038	139	139	
景洪	8637		8637			
大理	75630		75630	10202	1500	
瑞丽	21571		21571			
芒市	233723		233723	10245	10245	76042
泸水	33460		33460	3000	3000	
香格里拉	40659	500	40159	36763	21608	
西藏	**276254**	**2416**	**273838**	**16506**	**14147**	
拉萨	226583		226583	10551	10551	
日喀则						
昌都	13662		13662	2151		
林芝						
山南	36009	2416	33593	3804	3596	
那曲						
陕西	**11127304**	**945031**	**10182273**	**2597684**	**495378**	**1982398**
西安	9880078	804259	9075819	2218893	461645	1955998
铜川	76383	47994	28389	3096		
宝鸡	62993	5545	57448	53221		
咸阳	406855	3020	403835	21670	400	
彬州	69284		69284	68584		
兴平						
渭南	64219		64219	5196	4978	8000
韩城						

continued 15

Measurement Unit: 10,000RMB

Sources of Fund					
债　券 Securities	利用外资 Foreign Investment	自筹资金 Self-Raised Funds	其他资金 Other Funds	各项应付款 Sum Payable This Year	城市名称 Name of Cities
304281	**4000**	**1153649**	**369963**	**814578**	**云　南**
44000		573689	87980	250583	昆　明
		800		1128	安　宁
7721		93135	646	206142	曲　靖
42570		29307	4928	7889	宣　威
	4000	2192	1020	512	玉　溪
				3434	澄　江
		9398		6	保　山
3000		1537			腾　冲
		165009	76412	59605	昭　通
6000		3289	1600	27273	水　富
13519		7840	700		丽　江
33300		46759	4400		普　洱
			1009	4267	临　沧
			67097		楚　雄
60901		60			个　旧
				13255	开　远
2870		955		1483	蒙　自
		30363	10061	5900	弥　勒
		116899			文　山
		8139	499		景　洪
64200			1228	144214	大　理
		21571		66341	瑞　丽
		39312	108124		芒　市
26200			4260		泸　水
		3396		22546	香格里拉
44000		**158333**	**55000**		**西　藏**
34000		127032	55000		拉　萨
					日喀则
		11511			昌　都
					林　芝
10000		19790			山　南
					那　曲
161395	**20**	**4431485**	**1009290**	**1040119**	**陕　西**
109795		3872480	918653	806668	西　安
			25293	39382	铜　川
		415	3812	1580	宝　鸡
45000		332665	4500		咸　阳
		650	50	19420	彬　州
					兴　平
		31546	19477	295	渭　南
				34317	韩　城

4-2-2 续表 16

计量单位：万元

城市名称 Name of Cities	本年实际到位资金合计 The Total Funds Actually Available for The Reported Year	上年末结余资金 The Balance of The Previous Year	本年资金来源 小计 Subtotal	国家预算资金 State Budgetary Fund	中央预算资金 Central Budgetary Fund	国内贷款 Domestic Loan
华阴	12020		12020			
延安	56312	26053	30259	9000	5000	
子长	2200		2200	2200	2200	
汉中	262594	26660	235934	91054	1740	
榆林	23021		23021	15690	15690	400
神木	23242	500	22742	22742		
安康	93066		93066	78834	1850	
商洛	35617	31000	4617	2786	1875	
杨凌区	59420		59420	4719		18000
甘肃	**2142742**	**201278**	**1941463**	**353522**	**163580**	**500705**
兰州	720112	20555	699557	79310	19062	336366
嘉峪关	74306	2895	71411	41802	41802	
金昌	74713	3541	71172	2000		
白银	101092	77757	23335	19287	19287	
天水	351286	32035	319251	92681	23029	6800
武威	169605	54412	115193	6222		
张掖	55633	6378	49255	8655	8655	
平凉	27029		27029	27029		
华亭	2854		2854	940	940	
酒泉	138020	3165	134855	15902	6002	23969
玉门	13278		13278	5290	5290	
敦煌	34532	540	33992	12986	12986	10800
庆阳	213669		213669	14891		80770
定西	29913		29913			
陇南	14599		14599	7426	7426	
临夏	103000		103000			42000
合作	19101		19101	19101	19101	
青海	**565778**	**71946**	**493832**	**344728**	**123072**	**7467**
西宁	313607	20470	293137	246245	53400	1194
海东	51141	200	50941	18723	6268	
同仁	61390		61390	50450	50069	
玉树	16721		16721	9967	3568	
茫崖						
格尔木	102691	50756	51935	6122	6122	6273
德令哈	20228	520	19708	13221	3645	
宁夏	**886840**	**18667**	**868173**	**304452**	**62986**	**125844**
银川	546829	3818	543011	235810	21865	48374
灵武	7992	3195	4797	2870	2870	

continued 16

Measurement Unit: 10,000RMB

Sources of Fund					
债　券 Securities	利用外资 Foreign Investment	自筹资金 Self-Raised Funds	其他资金 Other Funds	各项应付款 Sum Payable This Year	城市名称 Name of Cities
		12020			华　阴
3000		13686	4573	50899	延　安
				1580	子　长
		140880	4000	56754	汉　中
3600	20	3311			榆　林
				29078	神　木
		7601	6632	145	安　康
		1831			商　洛
		14401	22300		杨 凌 区
261920	**27838**	**185941**	**611536**	**505594**	**甘　肃**
97164	27838	81338	77540	234640	兰　州
7650		20689	1270	31190	嘉 峪 关
45940		23232		11069	金　昌
200		3633	215		白　银
35793		19200	164777	51462	天　水
9000		6672	93299	76100	武　威
32900		7700		53805	张　掖
					平　凉
1900		14		5724	华　亭
		1375	93609		酒　泉
1100			6888	13278	玉　门
1200		4121	4885		敦　煌
3600		16467	97940		庆　阳
15300			14613	1231	定　西
7173				9635	陇　南
3000		1500	56500		临　夏
				17460	合　作
96641		**16639**	**28357**	**25657**	**青　海**
41231		4467		23122	西　宁
18910		1672	11636		海　东
		639	10301		同　仁
		740	6014		玉　树
					茫　崖
36500		2634	406	2535	格 尔 木
		6487			德 令 哈
104676		**259171**	**74030**	**408516**	**宁　夏**
5679		211736	41412	343919	银　川
		531	1396	2277	灵　武

4-2-2 续表 17

计量单位：万元

城市名称 Name of Cities	本年实际到位资金合计 The Total Funds Actually Available for The Reported Year	上年末结余资金 The Balance of The Previous Year	本年资金来源 小计 Subtotal	国家预算资金 State Budgetary Fund	中央预算资金 Central Budgetary Fund	国内贷款 Domestic Loan
宁东能源化工基地	52100		52100	1000	1000	
石嘴山	57014	906	56108	25694	14604	3070
吴忠	99093	2801	96292	4296	4296	48000
青铜峡	10695	1078	9617	8917	3600	
固原	56456	6115	50341	13158	9821	9600
中卫	56661	754	55907	12707	4930	16800
新疆	**2316673**	**22877**	**2293796**	**637266**	**292114**	**184561**
乌鲁木齐	527396	5504	521892	126667	53929	119722
克拉玛依	336628	1356	335272	128758	32329	
吐鲁番	49937		49937	39015	1542	
哈密	116265		116265			
昌吉	189584		189584	14400	14400	
阜康	72800		72800	19342	19342	29565
博乐	175299		175299	71000	11000	
阿拉山口						
库尔勒	183906		183906	24906	7362	
阿克苏	174830	13532	161298	18930	18930	32594
库车	44852		44852			
阿图什	51450		51450	1000	1000	
喀什	4102		4102	1500	1500	
和田	11744		11744			
伊宁	34174		34174	7295	4064	
奎屯	102451		102451	98030	98030	2680
霍尔果斯	62148	2485	59663	8990	8990	
塔城	80778		80778	9746	9746	
乌苏	35428		35428	16787	9950	
阿勒泰	62900		62900	50900		
新疆兵团	**665159**	**48214**	**616945**	**261089**	**235793**	**12254**
石河子	59198		59198	33556	9400	7356
阿拉尔	98875	116	98759	55843	55843	
图木舒克	126081	33559	92522	37454	36314	
五家渠	47508		47508	814	814	
北屯	34419	13963	20456			
铁门关	32234		32234	11734	11734	
双河	117239	576	116663	94619	94619	
可克达拉	53489		53489			
昆玉	62265		62265	20022	20022	4898
胡杨河	33851		33851	7047	7047	

continued 17

Measurement Unit: 10,000RMB

Sources of Fund				各项应付款 Sum Payable This Year	城市名称 Name of Cities
债　券 Securities	利用外资 Foreign Investment	自筹资金 Self-Raised Funds	其他资金 Other Funds		
48200			2900		宁东能源化工基地
1818		10406	15120	5195	石 嘴 山
33800			10196	4336	吴　　忠
600			100	20790	青 铜 峡
14328		11299	1956	23946	固　　原
251		25199	950	8053	中　　卫
843922	**28704**	**312073**	**287270**	**434652**	**新　　疆**
40000	3375	78841	153287	133657	乌鲁木齐
171521		22139	12854	13051	克拉玛依
8022			2900		吐 鲁 番
97300		8175	10790	86911	哈　　密
175184				189584	昌　　吉
23893				4667	阜　　康
15000		84316	4983	4983	博　　乐
					阿拉山口
159000					库 尔 勒
31000		27034	51740		阿 克 苏
		19222	25630		库　　车
50450					阿 图 什
			2602		喀　　什
5000		1722	5022	1799	和　　田
4000	1799	21080			伊　　宁
			1741		奎　　屯
		45688	4985		霍尔果斯
47502	23530				塔　　城
4050		3855	10736		乌　　苏
12000					阿 勒 泰
271451		**40354**	**31797**	**79103**	**新疆兵团**
		18286		11444	石 河 子
42416			500	1000	阿 拉 尔
42863		6850	5355	51105	图木舒克
41641			5053		五 家 渠
18956			1500		北　　屯
18770		1730			铁 门 关
11200		10844		15065	双　　河
53000		489		489	可克达拉
27350		2155	7840		昆　　玉
15255			11549		胡 杨 河

居民生活数据

Data by Residents Living

五、城市供水
5. Urban Water Supply

简要说明

城市供水指通过供水设施向单位和居民的生活、生产和其他各项建设提供符合国家标准用水的活动，包括公共供水和自建设施供水。

本部分主要包括城市供水的生产能力、供应量、服务情况等内容，并按公共供水企业和自建设施供水单位分别统计。

Brief Introduction

Urban water supply refers to supplying water that meets national quality standard to institutions and urban residents through water supply facilities. It includes water supply by public suppliers and by suppliers with self-built facilities.

This section covers such indicators as production capacity, total quantity of water supplied and relevant service etc. Statistics on urban water supply by water suppliers and by suppliers with self-built facilities is separately presented.

5 全国历年城市供水情况(1978–2020)
National Urban Water Supply in Past Years (1978-2020)

年份 Year	综合生产能力(万立方米/日) Integrated Production Capacity (10,000 m^3/day)	供水管道长度(公里) Length of Water Supply Pipelines (km)	供水总量(万立方米) Total Quantity of Water Supply (10,000 m^3)	生活用量 Residential Use	用水人口(万人) Population with Access to Water Supply (10,000 persons)	人均日生活用水量(升) Daily Water Consumption Per Capita (liter)	供水普及率(%) Water Coverage Rate (%)
1978	2530.4	35984	787507	275854	6267.1	120.6	81.6
1979	2714.0	39406	832201	309206	6951.0	121.8	82.3
1980	2979.0	42859	883427	339130	7278.0	127.6	81.4
1981	3258.0	46966	969943	367823	7729.3	130.4	53.7
1982	3424.9	51513	1011319	391422	8102.2	132.4	56.7
1983	3539.0	56852	1065956	421968	8370.9	138.1	52.5
1984	3960.9	62892	1176474	465651	8900.7	143.3	49.5
1985	4019.7	67350	1280238	519493	9424.3	151.0	45.1
1986	10407.9	72557	2773921	706971	11757.9	161.9	51.3
1987	11363.6	77864	2984697	759702	12684.6	164.1	50.4
1988	12715.8	86231	3385847	873800	14049.9	170.4	47.6
1989	12821.1	92281	3936648	930619	14786.3	172.4	47.4
1990	14220.3	97183	3823425	1001021	15611.1	175.7	48.0
1991	14584.0	102299	4085073	1159929	16213.2	196.0	54.8
1992	16036.4	111780	4298437	1172919	17280.8	186.0	56.2
1993	16927.9	123007	4502341	1282543	18636.4	188.6	55.2
1994	18215.1	131052	4894620	1422453	20083.0	194.0	56.0
1995	19250.4	138701	4815653	1581451	22165.7	195.4	58.7
1996	19990.0	202613	4660652	1670673	21997.0	208.1	60.7
1997	20565.8	215587	4767788	1757157	22550.1	213.5	61.2
1998	20991.8	225361	4704732	1810355	23169.1	214.1	61.9
1999	21551.9	238001	4675076	1896225	23885.7	217.5	63.5
2000	21842.0	254561	4689838	1999960	24809.2	220.2	63.9
2001	22900.0	289338	4661194	2036492	25832.8	216.0	72.26
2002	23546.0	312605	4664574	2131919	27419.9	213.0	77.85
2003	23967.1	333289	4752548	2246665	29124.5	210.9	86.15
2004	24753.0	358410	4902755	2334625	30339.7	210.8	88.85
2005	24719.8	379332	5020601	2437374	32723.4	204.1	91.09
2006	26965.6	430426	5405246	2220459	32304.1	188.3	86.67(97.04)
2007	25708.4	447229	5019488	2263676	34766.5	178.4	93.83
2008	26604.1	480084	5000762	2274266	35086.7	178.2	94.73
2009	27046.8	510399	4967467	2334082	36214.2	176.6	96.12
2010	27601.5	539778	5078745	2371488	38156.7	171.4	96.68
2011	26668.7	573774	5134222	2476520	39691.3	170.9	97.04
2012	27177.3	591872	5230326	2572473	41026.5	171.8	97.16
2013	28373.4	646413	5373022	2676463	42261.4	173.5	97.56
2014	28673.3	676727	5466613	2756911	43476.3	173.7	97.64
2015	29678.3	710206	5604728	2872695	45112.6	174.5	98.07
2016	30320.7	756623	5806911	3031376	46958.4	176.9	98.42
2017	30475.0	797355	5937591	3153968	48303.5	178.9	98.30
2018	31211.8	865017	6146244	3300567	50310.6	179.7	98.36
2019	30897.8	920082	6283010	3401160	51778.0	180.0	98.78
2020	32072.7	1006910	6295420	3484644	53217.4	179.4	98.99

注：1.1978年至1985年综合供水生产能力为系统内数；1978年至1995年供水管道长度为系统内数。
2.自2006年起，供水普及率指标按城区人口和城区暂住人口合计为分母计算，括号中的数据为往年同口径数据。

Note: 1.Integrated production capacity from 1978 to 1985 is limited to the statistical figure in building sector; Length of water supply pipelines from 1978 to 1995 is limited to the statistical figure in building sector.
2.Since 2006,water coverage rate has been calculated based on denominator which combines both permanent and temporary residents in urban areas, and the data in brackets are the same index but calculated by the method of past years.

5-1 2020年按省分列的城市供水

地区名称 Name of Regions	综合生产能力(万立方米/日) Integrated Production Capacity (10,000 m³/day)	地下水 Underground Water	供水管道长度(公里) Length of Water Supply Pipelines (km)	建成区 in Built District	供水总量(万立方米) Total Quantity of Water Supply (10,000 m³)	生产运营用水 The Quantity of Water for Production and Operation
全　国	**32072.65**	**5180.14**	**1006910.02**	**862347.85**	**6295419.56**	**1563871.70**
北　京	1788.16	1380.51	20535.10	11242.71	147792.65	15255.76
天　津	480.70	16.00	21613.19	20945.88	96013.05	29495.43
河　北	831.63	341.74	22874.22	22204.68	157497.21	43264.25
山　西	420.87	224.91	13821.58	12371.38	87146.44	18830.66
内蒙古	401.83	233.83	12732.70	11990.96	84486.16	29561.87
辽　宁	1222.24	290.64	39698.59	35842.97	266231.92	62926.69
吉　林	655.63	77.88	16877.97	15589.91	105173.30	24572.74
黑龙江	667.39	224.14	22516.47	21892.61	137320.00	35679.40
上　海	1221.00		39552.54	39552.54	288576.67	41367.30
江　苏	3490.41	60.72	119679.87	87760.44	587581.31	183944.80
浙　江	2039.12	0.63	90784.64	64607.07	424103.51	140118.35
安　徽	1079.04	94.96	36256.64	35348.28	238126.29	70810.93
福　建	889.99	20.49	31722.18	31279.91	188912.54	38226.25
江　西	646.33	1.80	27958.23	25104.12	143134.47	30025.15
山　东	1908.07	584.42	59513.17	56415.71	379081.76	155140.30
河　南	1256.52	403.03	29138.19	27057.92	217730.42	56027.65
湖　北	1597.28	5.24	51100.27	42296.07	302325.88	74638.35
湖　南	1154.79	25.53	38420.44	29894.15	226436.32	40782.87
广　东	3949.10	26.91	128119.00	112096.36	956866.57	224641.91
广　西	708.04	38.57	23871.09	23140.95	185974.06	37330.96
海　南	198.96	19.14	6984.19	990.43	50765.60	3025.00
重　庆	711.01	1.80	26524.11	24786.75	165351.83	35766.43
四　川	1669.27	69.59	52541.77	48131.36	291782.16	37678.90
贵　州	432.74	10.30	17303.53	9731.57	89270.51	17621.74
云　南	460.78	21.33	16734.77	13760.56	104904.32	18136.50
西　藏	68.45	51.65	1771.42	1744.72	14700.23	1541.36
陕　西	577.78	219.69	11801.88	11200.97	129087.24	35832.54
甘　肃	373.80	84.45	6615.05	6200.12	56911.60	14857.40
青　海	140.80	120.81	3445.58	3043.74	30926.78	14552.21
宁　夏	277.22	104.07	3015.89	2944.83	35344.28	8135.26
新　疆	547.91	269.07	11484.49	11284.92	89034.65	17666.59
新疆兵团	205.79	156.29	1901.26	1893.26	16829.83	6416.15

Urban Water Supply by Province(2020)

公共服务用水 The Quantity of Water for Public Service	居民家庭用水 The Quantity of Water for Household Use	其他用水 The Quantity of Water for Other Purposes	用水户数(户) Number of Households with Access to Water Supply (unit)	家庭用户 Household User	用水人口(万人) Population with Access to Water Supply (10,000 persons)	地区名称 Name of Regions
885907.42	**2586607.85**	**306464.16**	**194395555**	**175503631**	**53217.37**	**全国**
43131.67	62988.73	3970.63	6653840	6449944	1885.64	北京
13713.20	35256.15	3533.50	4997836	4824450	1174.44	天津
22426.95	67528.45	3239.32	6161814	5773822	1950.30	河北
15090.77	43819.43	1690.82	2593881	2443942	1207.60	山西
8128.52	25784.64	6390.08	4518534	3996349	917.62	内蒙古
35507.76	85094.67	17032.09	13312385	12461731	2251.61	辽宁
15409.19	36038.35	4512.64	6066807	5463058	1162.97	吉林
23130.50	42655.30	4897.48	7049628	6457917	1401.46	黑龙江
66982.41	113743.86	13786.98	9366490	8816530	2428.14	上海
74058.81	209636.35	43492.65	17348179	15882356	3538.02	江苏
60154.96	167139.70	11047.18	10873864	9761834	2833.02	浙江
28698.29	99120.71	7071.09	8070816	7379935	1775.18	安徽
29337.70	79223.00	13783.74	4902384	4336742	1388.12	福建
17474.07	65998.18	4875.27	5593672	5022232	1308.08	江西
43712.51	129449.63	11861.60	11576387	10656110	3982.77	山东
25013.93	98436.85	7968.03	7041015	6484614	2630.80	河南
27437.53	131879.32	7096.58	7760501	6804777	2273.46	湖北
31377.52	101553.26	7582.70	6028720	5312977	1738.39	湖南
147581.80	391233.23	60857.76	15054254	12873813	6241.10	广东
26854.84	94816.40	3096.59	3134876	2860987	1266.45	广西
6704.64	27916.87	5570.58	406554	347852	344.89	海南
24760.03	75286.53	5406.97	7354805	6738542	1524.60	重庆
43719.42	153405.41	11558.06	10015300	8648629	2760.15	四川
7394.09	43775.68	1722.78	3348219	2995954	828.17	贵州
7315.76	49550.14	10703.15	3571424	3104522	1007.82	云南
1450.16	9042.77	700.87	230023	185020	98.94	西藏
5877.17	66119.93	6457.48	3889360	3600613	1267.17	陕西
7545.07	24878.70	4892.09	1370953	1284739	636.43	甘肃
939.70	9786.27	3244.69	756865	653862	212.78	青海
5880.72	11711.81	4306.77	1059990	931741	296.50	宁夏
15857.01	30534.64	12337.33	3956878	2639641	780.42	新疆
3240.72	3202.89	1776.66	329301	308396	104.33	新疆兵团

5-2 2020年按省分列的城市供水(公共供水)

地区名称 Name of Regions	综合生产能力(万立方米/日) Integrated Production Capacity (10,000 m^3/day)	地下水 Underground Water	水厂个数(个) Number of Water Plants (unit)	地下水 Underground Water	供水管道长度(公里) Length of Water Supply Pipelines (km)	供水总量(万立方米) 合计 Total	售水量 小计 Subtotal	生产运营用水 The Quantity of Water for Production and Operation	公共服务用水 The Quantity of Water for Public Service
全国	**27625.01**	**2958.91**	**2943**	**848**	**980879.52**	**5864541.90**	**4911973.47**	**1238278.59**	**841289.08**
北京	606.13	198.48	64	44	17819.39	134904.14	112458.28	10742.12	36960.50
天津	430.10	16.00	28	7	21598.19	90327.95	76313.18	26679.07	13298.92
河北	730.82	267.69	144	87	20614.59	136725.01	115686.77	26179.58	21543.01
山西	365.29	178.58	80	62	12637.59	80058.92	72344.16	13910.99	14667.69
内蒙古	341.84	178.48	87	82	12457.28	71813.05	57192.00	20951.82	5436.93
辽宁	1057.40	216.64	156	74	37544.98	242591.92	176921.21	46697.71	31586.18
吉林	371.36	41.22	68	23	15699.32	85825.26	61184.88	8717.66	13999.31
黑龙江	573.01	154.13	102	62	21645.83	118332.80	87375.48	21352.74	21032.12
上海	1221.00		38		39552.54	288576.67	235880.55	41367.30	66982.41
江苏	2879.50	31.30	130	14	118279.57	525640.41	449191.71	132381.02	68940.58
浙江	1899.30		131		89740.41	405731.55	360088.23	122533.63	59945.17
安徽	854.00	60.50	77	9	34837.27	203633.42	171208.15	43938.50	24218.50
福建	884.02	18.60	84	9	31636.68	187797.88	159456.03	37478.86	29309.65
江西	637.70	0.50	74	1	27846.14	142079.86	117318.06	29335.84	17415.08
山东	1571.78	383.83	273	106	56515.66	311315.24	272397.52	100520.80	38786.33
河南	1046.79	235.50	136	62	27566.42	186782.60	156498.64	35871.63	20166.99
湖北	1360.30		122		49233.02	281101.18	219827.08	56730.12	26620.66
湖南	1019.90	21.50	96	8	38355.64	224664.82	179524.85	39643.50	31098.57
广东	3900.82	22.50	260	7	127966.42	952837.64	820285.77	220786.16	147579.74
广西	644.90	30.00	76	8	22653.29	172551.98	148676.71	24838.31	26482.90
海南	190.74	14.70	17	1	6753.20	47894.76	40346.25	1485.87	6590.68
重庆	642.07		96		25844.50	162120.70	137988.83	33344.78	24729.74
四川	1616.41	50.70	163	22	52371.52	287301.29	241880.92	34570.82	42511.68
贵州	432.74	10.30	86	3	17303.53	89270.51	70514.29	17621.74	7394.09
云南	443.66	13.15	114	12	16677.36	99986.47	80787.70	15319.91	7211.76
西藏	63.22	51.42	16	11	1771.42	14524.19	12559.12	1541.32	1390.16
陕西	463.36	147.44	80	47	10736.91	112053.17	97253.05	25871.16	4594.09
甘肃	341.72	79.41	42	24	6301.95	54792.74	50054.40	13793.78	7256.18
青海	82.31	74.21	13	9	3056.71	20055.70	17651.79	4840.82	939.70
宁夏	232.90	70.55	23	16	2633.89	30745.64	25435.92	6005.99	4501.46
新疆	514.13	235.29	55	33	11327.04	85674.60	73035.52	16808.89	14857.58
新疆兵团	205.79	156.29	12	5	1901.26	16829.83	14636.42	6416.15	3240.72

Urban Water Supply by Province (Public Water Suppliers)(2020)

Total Quantity of Water Supply(10,000m^3) Water Sold 居民家庭用水 The Quantity of Water for Household Use	其他用水 The Quantity of Water for Other Purposes	免费供水量 The Quantity of Free Water Supply	生活用水 Domestic Water Use	漏损水量 The Lossed Water	用水户数(户) Number of Households with Access to Water Supply (unit)	家庭用户 Household User	用水人口(万人) Population with Access to Water Supply (10,000 persons)	地区名称 Name of Regions
2546264.82	**286140.98**	**167160.32**	**12128.52**	**785408.11**	**191767415**	**173698354**	**52599.83**	**全国**
62197.72	2557.94	695.41	5.00	21750.45	6507150	6314197	1768.00	北京
32801.69	3533.50	1849.99	623.06	12164.78	4996234	4824448	1174.43	天津
65136.55	2827.63	3353.52	695.16	17684.72	6024022	5653081	1923.18	河北
42339.61	1425.87	467.39	91.27	7247.37	2285740	2152046	1175.87	山西
24573.23	6230.02	3266.81		11354.24	4468171	3950786	897.54	内蒙古
83432.78	15204.54	22820.48	2653.17	42850.23	13103923	12352141	2222.28	辽宁
34771.09	3696.82	4449.23	251.79	20191.15	5984328	5401628	1140.86	吉林
41289.52	3701.10	2917.11	444.54	28040.21	6935756	6349528	1380.10	黑龙江
113743.86	13786.98	8242.65		44453.47	9366490	8816530	2428.14	上海
208261.56	39608.55	9659.23	1293.62	66789.47	17288650	15842450	3525.34	江苏
166562.25	11047.18	4807.48	260.44	40835.84	10831143	9721102	2820.37	浙江
96127.76	6923.39	5667.69	67.90	26757.58	8007941	7322719	1763.70	安徽
78883.78	13783.74	6240.24	101.49	22101.61	4897261	4335642	1387.87	福建
65809.93	4757.21	3486.91	882.59	21274.89	5584251	5014443	1306.28	江西
123728.00	9362.39	3449.53	345.25	35468.19	11245657	10396010	3897.01	山东
94761.11	5698.91	5384.25	413.34	24899.71	6861728	6336786	2559.04	河南
129810.34	6665.96	16041.72	712.32	45232.38	7313286	6730552	2255.22	湖北
101238.76	7544.02	11543.87	1250.08	33596.10	6020853	5308993	1733.51	湖南
391183.85	60736.02	18289.72	573.63	114262.15	15040589	12862303	6235.05	广东
94346.32	3009.18	2743.35	125.78	21131.92	3123788	2851374	1260.06	广西
27133.00	5136.70	1844.91	30.55	5703.60	392275	347151	340.48	海南
74633.25	5281.06	3875.30	8.00	20256.57	7330555	6716941	1507.43	重庆
153307.80	11490.62	5602.08	730.02	39818.29	9992487	8630407	2754.82	四川
43775.68	1722.78	6063.14	152.81	12693.08	3348219	2995954	828.17	贵州
47556.89	10699.14	6168.24	200.47	13030.53	3562801	3096377	1000.93	云南
8962.77	664.87	493.83	10.99	1471.24	229820	184817	98.84	西藏
62225.81	4561.99	2759.58	19.67	12040.54	3679043	3496945	1206.40	陕西
24337.31	4667.13	817.03	93.56	3921.31	1321782	1236005	623.25	甘肃
8646.58	3224.69	389.14	6.65	2014.77	738988	636513	209.92	青海
11257.91	3670.56	1764.60	0.80	3545.12	1023317	896622	293.10	宁夏
30225.22	11143.83	1698.79	64.02	10940.29	3931866	2615467	778.31	新疆
3202.89	1776.66	307.10	20.55	1886.31	329301	308396	104.33	新疆兵团

5-3 2020年按省分列的城市供水(自建设施供水)

地区名称 Name of Regions	综合生产能力(万立方米/日) Integrated Production Capacity (10,000 m^3/day)	地下水 Underground Water	供水管道长度(公里) Length of Water Supply Pipelines (km)	建成区 in Built District	供水总量(万立方米) 合计 Total	生产运营用水 The Quantity of Water for Production and Operation
全　国	**4447.64**	**2221.23**	**26030.50**	**16958.78**	**430877.66**	**325593.11**
北　京	1182.03	1182.03	2715.71		12888.51	4513.64
天　津	50.60		15.00	15.00	5685.10	2816.36
河　北	100.81	74.05	2259.63	1942.48	20772.20	17084.67
山　西	55.58	46.33	1183.99	455.67	7087.52	4919.67
内蒙古	59.99	55.35	275.42	173.42	12673.11	8610.05
辽　宁	164.84	74.00	2153.61	1503.08	23640.00	16228.98
吉　林	284.27	36.66	1178.65	818.24	19348.04	15855.08
黑龙江	94.38	70.01	870.64	543.14	18987.20	14326.66
上　海						
江　苏	610.91	29.42	1400.30	1242.88	61940.90	51563.78
浙　江	139.82	0.63	1044.23	843.63	18371.96	17584.72
安　徽	225.04	34.46	1419.37	1308.45	34492.87	26872.43
福　建	5.97	1.89	85.50	85.50	1114.66	747.39
江　西	8.63	1.30	112.09	91.22	1054.61	689.31
山　东	336.29	200.59	2997.51	2335.75	67766.52	54619.50
河　南	209.73	167.53	1571.77	1023.10	30947.82	20156.02
湖　北	236.98	5.24	1867.25	618.62	21224.70	17908.23
湖　南	134.89	4.03	64.80	30.80	1771.50	1139.37
广　东	48.28	4.41	152.58	148.58	4028.93	3855.75
广　西	63.14	8.57	1217.80	1187.40	13422.08	12492.65
海　南	8.22	4.44	230.99		2870.84	1539.13
重　庆	68.94	1.80	679.61	671.91	3231.13	2421.65
四　川	52.86	18.89	170.25	44.76	4480.87	3108.08
贵　州						
云　南	17.12	8.18	57.41	32.51	4917.85	2816.59
西　藏	5.23	0.23			176.04	0.04
陕　西	114.42	72.25	1064.97	935.82	17034.07	9961.38
甘　肃	32.08	5.04	313.10	276.10	2118.86	1063.62
青　海	58.49	46.60	388.87	147.27	10871.08	9711.39
宁　夏	44.32	33.52	382.00	326.00	4598.64	2129.27
新　疆	33.78	33.78	157.45	157.45	3360.05	857.70
新疆兵团						

Urban Water Supply by Province (Suppliers with Self-Built Facilities)(2020)

Total Quantity of Water Supply(10,000m³) 公共服务用水 The Quantity of Water for Public Service	居民家庭用水 The Quantity of Water for Household Use	其他用水 The Quantity of Water for Other Purposes	用水户数(户) Number of Households with Access to Water Supply (unit)	家庭用户 Household User	用水人口(万人) Population with Access to Water Supply (10,000 persons)	地区名称 Name of Regions
44618.34	**40343.03**	**20323.18**	**2628140**	**1805277**	**617.54**	**全　国**
6171.17	791.01	1412.69	146690	135747	117.64	北　京
414.28	2454.46		1602	2	0.01	天　津
883.94	2391.90	411.69	137792	120741	27.12	河　北
423.08	1479.82	264.95	308141	291896	31.73	山　西
2691.59	1211.41	160.06	50363	45563	20.08	内蒙古
3921.58	1661.89	1827.55	208462	109590	29.33	辽　宁
1409.88	1267.26	815.82	82479	61430	22.11	吉　林
2098.38	1365.78	1196.38	113872	108389	21.36	黑龙江
						上　海
5118.23	1374.79	3884.10	59529	39906	12.68	江　苏
209.79	577.45		42721	40732	12.65	浙　江
4479.79	2992.95	147.70	62875	57216	11.48	安　徽
28.05	339.22		5123	1100	0.25	福　建
58.99	188.25	118.06	9421	7789	1.80	江　西
4926.18	5721.63	2499.21	330730	260100	85.76	山　东
4846.94	3675.74	2269.12	179287	147828	71.76	河　南
816.87	2068.98	430.62	447215	74225	18.24	湖　北
278.95	314.50	38.68	7867	3984	4.88	湖　南
2.06	49.38	121.74	13665	11510	6.05	广　东
371.94	470.08	87.41	11088	9613	6.39	广　西
113.96	783.87	433.88	14279	701	4.41	海　南
30.29	653.28	125.91	24250	21601	17.17	重　庆
1207.74	97.61	67.44	22813	18222	5.33	四　川
						贵　州
104.00	1993.25	4.01	8623	8145	6.89	云　南
60.00	80.00	36.00	203	203	0.10	西　藏
1283.08	3894.12	1895.49	210317	103668	60.77	陕　西
288.89	541.39	224.96	49171	48734	13.18	甘　肃
	1139.69	20.00	17877	17349	2.86	青　海
1379.26	453.90	636.21	36673	35119	3.40	宁　夏
999.43	309.42	1193.50	25012	24174	2.11	新　疆
						新疆兵团

5-4 2020年按城市分列的城市供水

城市名称 Name of Cities	综合生产能力(万立方米/日) Integrated Production Capacity (10,000 m^3/day)	地下水 Underground Water	供水管道长度(公里) Length of Water Supply Pipelines (km)	建成区 in Built District	供水总量(万立方米) Total Quantity of Water Supply (10,000 m^3)	生产运营用水 The Quantity of Water for Production and Operation
全　国	**32072.7**	**5180.1**	**1006910.02**	**862347.85**	**6295419.56**	**1563871.70**
北　京	**1788.2**	**1380.5**	**20535.10**	**11242.71**	**147792.65**	**15255.76**
天　津	**480.7**	**16.0**	**21613.19**	**20945.88**	**96013.05**	**29495.43**
河　北	**831.6**	**341.7**	**22874.22**	**22204.68**	**157497.21**	**43264.25**
石家庄	161.5	35.1	3089.70	3089.70	27706.55	8277.71
晋　州	9.0	1.0	99.37	99.37	1459.90	127.00
新　乐	6.5		284.50	274.00	719.00	101.00
唐　山	96.0	63.5	2571.24	2571.24	23118.21	8580.68
滦　州	6.5	6.5	350.97	350.97	1871.70	724.26
遵　化	21.2	21.2	164.57	164.57	1866.88	409.42
迁　安	7.7	7.7	386.90	386.90	2716.00	1266.00
秦皇岛	54.4	2.0	1323.62	1273.62	11858.68	2688.22
邯　郸	86.0	38.1	1946.94	1936.54	14423.11	4556.80
武　安	8.1	5.1	572.10	571.50	2033.88	753.20
邢　台	35.2	16.4	2704.50	2704.50	7147.50	172.89
南　宫	3.8		126.00	121.00	975.00	88.40
沙　河	8.6	2.5	217.45	217.45	840.43	140.71
保　定	57.9	14.7	1483.28	1330.28	11106.65	2068.55
涿　州	9.8	5.4	299.86	299.86	3346.76	1316.52
安　国	8.0	4.0	137.70	137.70	2119.31	1269.22
高碑店	9.7	3.2	332.48	302.83	1589.16	538.95
张家口	35.2	33.2	927.40	923.40	6114.26	862.85
承　德	27.9	27.3	749.52	723.32	4616.83	852.90
平　泉	3.9	3.9	298.50	199.00	1146.26	368.60
沧　州	22.0	0.0	513.04	512.93	4831.19	3.00
泊　头	3.0		280.40	280.40	980.00	108.17
任　丘	15.0	3.0	691.44	691.44	1988.60	737.17
黄　骅	9.5		621.00	478.00	1382.69	370.00
河　间	5.0		356.70	356.70	954.29	123.04
廊　坊	36.6	19.4	771.15	754.07	7331.12	3494.27
霸　州	2.5	1.6	306.80	306.80	738.00	134.55
三　河	8.0	8.0	219.62	219.62	2697.00	354.10
衡　水	26.1	9.0	465.57	352.57	4510.38	1208.28
深　州	6.8	2.0	125.31	125.31	1139.12	323.00
辛　集	23.4	5.5	165.37	160.17	2110.47	640.13
定　州	17.1	2.7	291.22	288.92	2058.28	604.66

National Urban Water Supply by City(2020)

公共服务用水 The Quantity of Water for Public Service	居民家庭用水 The Quantity of Water for Household Use	其他用水 The Quantity of Water for Other Purposes	用水户数(户) Number of Households with Access to Water Supply (unit)	家庭用户 Household User	用水人口(万人) Population with Access to Water Supply (10,000 persons)	城市名称 Name of Cities
885907.42	**2586607.85**	**306464.16**	**194395555**	**175503631**	**53217.37**	**全 国**
43131.67	**62988.73**	**3970.63**	**6653840**	**6449944**	**1885.64**	**北 京**
13713.20	**35256.15**	**3533.50**	**4997836**	**4824450**	**1174.44**	**天 津**
22426.95	**67528.45**	**3239.32**	**6161814**	**5773822**	**1950.30**	**河 北**
2612.95	12355.32	525.16	433815	408734	336.35	石家庄
753.90	381.00		6282	5027	13.96	晋 州
39.00	460.00		22100	20200	9.55	新 乐
3001.01	7925.24	699.47	820658	779559	205.74	唐 山
66.50	842.84	3.44	80283	78056	28.12	滦 州
63.12	842.53	234.56	96375	86425	25.90	遵 化
326.00	915.00		106150	99150	36.00	迁 安
2362.22	4319.15	85.70	723591	690973	134.04	秦皇岛
1893.97	6639.96	24.00	531876	504519	218.68	邯 郸
563.42	546.06	9.30	36524	33093	25.20	武 安
1922.37	2972.82	516.18	425633	396540	80.19	邢 台
48.00	748.30	0.60	44842	43093	15.22	南 宫
44.38	513.52	5.76	61312	54595	11.08	沙 河
2035.58	5475.00	234.92	217845	196330	164.03	保 定
441.96	1316.97	6.26	127148	102118	28.23	涿 州
10.00	746.09	40.65	43567	40359	11.57	安 国
182.37	696.30	13.90	37410	35214	15.33	高碑店
705.54	2800.36	321.19	554157	525672	99.06	张家口
750.32	1944.81	43.81	295809	280995	57.85	承 德
196.03	463.00	12.37	79792	71119	19.31	平 泉
1838.76	2399.21	2.64	369861	346706	68.51	沧 州
94.98	663.40	9.23	47852	36323	17.02	泊 头
73.45	856.68	1.70	135200	125000	36.87	任 丘
272.00	637.00	2.00	69996	69157	20.80	黄 骅
37.92	491.04	135.46	70913	67804	18.68	河 间
360.50	2888.08	11.73	79242	73650	67.90	廊 坊
42.49	451.96		58019	49906	15.16	霸 州
100.00	1825.00	110.00	74856	72682	22.49	三 河
830.07	1951.71	15.00	262528	242284	64.92	衡 水
18.01	645.92	58.99	52294	51616	19.32	深 州
685.13	587.00	5.80	60054	57483	22.20	辛 集
55.00	1227.18	109.50	135830	129440	41.02	定 州

5-4 续表 1

城市名称 Name of Cities	综合生产能力(万立方米/日) Integrated Production Capacity (10,000 m³/day)	地下水 Underground Water	供水管道长度(公里) Length of Water Supply Pipelines (km)	建成区 in Built District	供水总量(万立方米) Total Quantity of Water Supply (10,000 m³)	生产运营用水 The Quantity of Water for Production and Operation
山　西	**420.9**	**224.9**	**13821.58**	**12371.38**	**87146.44**	**18830.66**
太　原	117.0	51.0	2699.00	2699.00	28890.12	5115.57
古　交	8.1	1.7	234.11	187.11	1649.46	801.87
大　同	76.0	34.0	1042.23	1042.23	12962.55	3797.51
阳　泉	43.0	2.9	1149.58	649.58	2592.20	438.27
长　治	33.5	33.5	1510.86	1297.03	9152.43	2071.23
晋　城	14.3	14.3	710.30	710.30	4149.97	735.68
高　平	2.2	2.2	345.38	345.38	606.45	61.36
朔　州	18.7	10.4	542.20	541.60	2919.80	1084.27
怀　仁	5.3	4.3	824.48	678.08	990.85	248.00
晋　中	13.0	9.0	492.48	475.46	3636.05	893.48
介　休	4.5	4.5	133.06	133.06	1070.02	175.58
运　城	10.5	5.5	855.40	855.40	3404.43	46.55
永　济	5.6	5.6	93.00	93.00	1212.00	406.00
河　津	8.6	8.6	668.72	319.39	1272.89	298.37
忻　州	14.6	4.6	553.60	497.60	2300.10	436.82
原　平	6.8	6.8	218.00	171.00	1162.33	422.10
临　汾	8.9	2.0	571.10	533.78	2914.04	451.48
侯　马	3.8	3.8	177.00	177.00	1119.91	170.71
霍　州	9.6	9.6	275.68	275.68	1536.64	834.22
吕　梁	8.5	3.5	264.00	264.00	1738.40	52.29
孝　义	5.1	5.1	275.50	275.50	1347.00	224.00
汾　阳	3.2	2.0	185.90	150.20	518.80	65.30
内 蒙 古	**401.8**	**233.8**	**12732.70**	**11990.96**	**84486.16**	**29561.87**
呼和浩特	79.2	39.2	2185.13	2185.13	18124.00	5837.00
包　头	104.0	13.0	1957.00	1957.00	19781.00	8564.00
乌　海	27.3	16.9	933.75	598.75	5835.59	2115.21
赤　峰	41.8	41.8	1128.41	1094.81	10934.98	4987.88
通　辽	28.0	28.0	405.21	373.21	6194.61	1966.27
霍林郭勒	7.0	7.0	375.00	305.00	1631.64	599.03
鄂尔多斯	18.5	18.5	1729.59	1697.95	4135.41	931.64
呼伦贝尔	15.0	3.0	388.80	388.80	3326.80	599.00
满 洲 里	7.4	7.0	516.00	516.00	2152.18	835.08
牙 克 石	5.0	5.0	227.00	227.00	1218.30	542.00
扎 兰 屯	7.0	3.2	139.26	139.26	1627.00	1052.06
额尔古纳	2.0	2.0	93.00	88.00	161.00	35.00
根　河	1.4	1.0	34.00	34.00	192.18	0.10
巴彦淖尔	17.1	7.1	367.16	367.16	2075.92	378.27

continued 1

公共服务用水 The Quantity of Water for Public Service	居民家庭用水 The Quantity of Water for Household Use	其他用水 The Quantity of Water for Other Purposes	用水户数(户) Number of Households with Access to Water Supply (unit)	家庭用户 Household User	用水人口(万人) Population with Access to Water Supply (10,000 persons)	城市名称 Name of Cities
15090.77	**43819.43**	**1690.82**	**2593881**	**2443942**	**1207.60**	**山　西**
7154.38	13720.31	46.24	733332	702444	380.00	太　原
127.60	553.13	12.50	46920	46290	16.49	古　交
2300.96	6119.17	10.35	381358	367997	127.23	大　同
58.05	1952.45	0.25	229060	211316	60.21	阳　泉
1877.48	4358.83	187.62	329637	314129	93.37	长　治
1291.69	1796.59	90.18	75665	72532	51.41	晋　城
140.00	382.06	1.26	47827	47113	13.00	高　平
129.10	1462.83	8.60	124648	103789	46.55	朔　州
116.00	540.31	7.00	57012	41624	22.00	怀　仁
221.69	1996.18	3.20	21651	18631	67.73	晋　中
	764.09	2.02	28102	26180	19.18	介　休
729.17	2330.11	1.84	38426	36348	57.00	运　城
41.00	676.00	10.00	44721	44661	17.05	永　济
47.62	770.28	0.58	52784	42487	24.22	河　津
14.45	1000.95	579.46	34007	31840	31.37	忻　州
91.20	449.82	9.88	17142	15076	19.10	原　平
203.83	1869.23	1.45	163410	161410	61.10	临　汾
8.55	663.58	170.66	40839	37807	16.06	侯　马
65.22	458.02	104.12	59089	56779	15.01	霍　州
222.78	858.79	392.61	13469	12897	28.50	吕　梁
180.00	802.00	3.00	43703	42513	29.00	孝　义
70.00	294.70	48.00	11079	10079	12.02	汾　阳
8128.52	**25784.64**	**6390.08**	**4518534**	**3996349**	**917.62**	**内蒙古**
1885.00	5072.00	485.00	978739	911226	213.59	呼和浩特
1624.00	4189.00	2549.00	947620	860068	192.84	包　头
562.68	1455.66	907.18	230165	204250	56.15	乌　海
623.12	3484.62	618.36	420983	385808	96.59	赤　峰
903.40	1819.44	778.92	281590	240908	45.90	通　辽
390.43	537.61	8.13	72895	53589	13.03	霍林郭勒
405.67	1987.97	39.53	303671	273527	54.85	鄂尔多斯
541.00	1248.00	449.80	237085	196546	31.91	呼伦贝尔
145.88	520.37	13.20	93424	70709	21.84	满洲里
157.00	435.00	30.00	98300	82200	13.12	牙克石
80.76	348.00	75.00	66610	47700	13.10	扎兰屯
40.00	66.00		9500	9000	3.37	额尔古纳
25.00	143.08		21805	21805	3.74	根　河
26.91	963.56	299.64	236123	215343	39.67	巴彦淖尔

5-4 续表 2

城市名称 Name of Cities	综合生产能力(万立方米/日) Integrated Production Capacity (10,000 m³/day)	地下水 Underground Water	供水管道长度(公里) Length of Water Supply Pipelines (km)	建成区 in Built District	供水总量(万立方米) Total Quantity of Water Supply (10,000 m³)	生产运营用水 The Quantity of Water for Production and Operation
乌兰察布	7.5	7.5	439.34	439.34	2710.53	598.29
丰　镇	8.0	8.0	371.00	371.00	768.00	30.00
乌兰浩特	13.7	13.7	315.50	315.50	1449.00	110.00
阿 尔 山	2.1	2.1	78.05	78.05	175.30	38.60
二连浩特	3.0	3.0	493.50	259.00	414.50	139.30
锡林浩特	6.9	6.9	556.00	556.00	1578.22	203.14
辽　宁	**1222.2**	**290.6**	**39698.59**	**35842.97**	**266231.92**	**62926.69**
沈　阳	275.8	101.6	4867.07	4487.84	71592.46	10612.05
新　民	6.5	1.5	254.00	254.00	1782.00	99.00
大　连	215.5	0.1	6743.24	5438.00	54883.94	10489.66
瓦 房 店	10.0		578.00	578.00	2347.14	251.30
庄　河	6.5		445.90	417.80	2179.89	201.00
鞍　山	54.5	1.7	3247.08	3247.08	14685.25	5106.28
海　城	10.0	10.0	483.40	483.40	2616.00	177.00
抚　顺	103.0		2453.29	2411.29	20223.21	9357.88
本　溪	42.0		1086.99	709.52	6719.15	1705.14
丹　东	46.3	0.8	980.33	980.33	6700.00	2255.00
东　港	12.5		327.78	327.78	1988.00	577.00
凤　城	5.0	5.0	808.29	385.29	1401.32	135.00
锦　州	58.0	33.0	1796.00	1549.00	9650.00	2781.00
凌　海	2.0	1.5	198.00	168.00	450.10	
北　镇	2.2	0.2	122.75	106.88	488.94	18.00
营　口	51.9	5.9	3073.00	3073.00	11929.00	3510.00
盖　州	3.9	3.9	270.68	270.68	1405.00	78.48
大 石 桥	5.8	0.8	1435.28	1435.28	1796.57	181.55
阜　新	35.0	7.4	1922.40	1623.70	7056.30	1647.30
辽　阳	32.5	15.7	1138.52	1138.52	8494.16	953.64
灯　塔	5.1	5.0	203.61	83.60	948.41	76.10
盘　锦	89.3	23.3	1932.90	1882.90	12806.35	5608.35
铁　岭	22.0	10.0	956.86	956.86	2721.79	111.19
调 兵 山	6.4	3.9	538.04	538.04	2335.00	841.90
开　原	4.9	4.9	201.88	201.88	1402.34	500.15
朝　阳	58.7	42.2	705.30	591.30	6142.60	2033.72
北　票	5.0	0.3	396.00	396.00	1420.00	91.00
凌　源	11.0	11.0	581.00	581.00	1585.00	373.00
葫 芦 岛	36.1		1506.00	1506.00	6900.00	3080.00
兴　城	4.8	1.0	445.00	20.00	1582.00	75.00

continued 2

公共服务用水 The Quantity of Water for Public Service	居民家庭用水 The Quantity of Water for Household Use	其他用水 The Quantity of Water for Other Purposes	用水户数(户) Number of Households with Access to Water Supply (unit)	家庭用户 Household User	用水人口(万人) Population with Access to Water Supply (10,000 persons)	城市名称 Name of Cities
213.88	1291.63	12.73	108024	108000	33.35	乌兰察布
9.00	457.00	64.00	43557	40	13.57	丰　镇
275.00	673.00	15.00	158136	134533	32.90	乌兰浩特
4.00	84.90		11035	10380	3.94	阿尔山
36.90	137.80	24.40	38100	30039	7.41	二连浩特
178.89	870.00	20.19	161172	140678	26.75	锡林浩特
35507.76	**85094.67**	**17032.09**	**13312385**	**12461731**	**2251.61**	**辽　宁**
12894.01	28789.98	1120.02	3648861	3474696	590.00	沈　阳
425.60	660.55	173.35	79683	73526	11.29	新　民
6453.13	15179.54	9725.32	2384363	2270172	386.36	大　连
140.00	671.68	382.16	159388	150132	30.81	瓦房店
214.00	687.00	366.00	131000	122000	34.90	庄　河
1568.97	4478.00		728223	701251	142.35	鞍　山
360.00	913.00	6.00	144107	134426	24.43	海　城
1502.40	3452.61	453.08	746265	708726	102.07	抚　顺
951.23	2186.12	479.83	447176	426773	84.00	本　溪
388.00	2285.00	27.00	398743	375376	67.29	丹　东
257.00	689.00	28.00	99133	89931	16.60	东　港
75.00	706.72	0.59	75303	70303	16.10	凤　城
1471.00	2997.00		480015	441260	92.69	锦　州
35.05	319.92	30.00	51898	49898	11.88	凌　海
123.60	237.30	11.04	65247	58128	14.70	北　镇
1342.00	3220.00	135.00	446652	414842	91.43	营　口
61.04	732.48		600043	600043	20.56	盖　州
126.71	676.32	1.58	152771	136718	26.08	大石桥
880.10	1291.90	2153.10	310366	284113	77.78	阜　新
838.37	3752.83	13.00	411836	375652	76.62	辽　阳
135.10	429.21		35032	31678	10.68	灯　塔
2165.00	2374.00	1203.00	380415	256808	79.65	盘　锦
620.49	1452.27	22.09	283229	243375	43.15	铁　岭
69.60	396.50	44.00	88446	81812	18.60	调兵山
285.66	362.44	15.55	90852	75602	21.04	开　原
1520.70	1377.30	155.38	286663	264576	52.20	朝　阳
76.00	673.00	4.00	90843	84785	17.60	北　票
110.00	563.00	233.00	90836	89000	22.00	凌　源
126.00	2810.00		279996	261129	53.94	葫芦岛
292.00	730.00	250.00	125000	115000	14.81	兴　城

5-4 续表 3

城市名称 Name of Cities	综合生产能力(万立方米/日) Integrated Production Capacity (10,000 m³/day)	地下水 Underground Water	供水管道长度(公里) Length of Water Supply Pipelines (km)	建成区 in Built District	供水总量(万立方米) Total Quantity of Water Supply (10,000 m³)	生产运营用水 The Quantity of Water for Production and Operation
吉　林	**655.6**	**77.9**	**16877.97**	**15589.91**	**105173.30**	**24572.74**
长　春	133.9	9.4	6400.93	5735.00	38899.99	4693.65
榆　树	4.6	4.6	238.59	238.59	1123.95	70.22
德　惠	3.3	0.3	511.55	511.55	898.44	100.00
吉　林	290.5	4.0	1409.80	1409.80	20420.00	11398.00
蛟　河	4.1	0.4	469.59	469.59	630.56	43.41
桦　甸	6.5	0.1	140.00	123.00	610.53	83.04
舒　兰	2.8		128.09	128.09	741.00	23.10
磐　石	2.6	2.0	155.70	155.70	949.00	100.00
四　平	15.5	4.3	1304.24	1169.83	4277.32	612.92
双　辽	10.6	10.6	140.50	140.50	2754.53	2128.33
辽　源	15.4	0.2	523.88	523.88	2731.61	496.51
通　化	16.5	0.3	647.97	647.97	3503.00	307.34
集　安	3.0	0.0	157.55	157.55	907.80	115.00
白　山	13.0	1.6	422.58	422.58	2952.31	661.91
临　江	7.7	0.0	125.00	90.00	417.00	68.00
松　原	24.8	13.3	394.25	260.25	4851.09	1020.59
扶　余	1.9	1.9	51.60	51.20	505.00	107.00
白　城	11.0	11.0	482.00	482.00	2313.58	256.65
洮　南	3.0	3.0	161.34	161.34	825.98	189.16
大　安	2.4	2.4	161.70	129.70	520.03	166.45
延　吉	23.0		546.58	546.58	4620.74	681.97
图　们	1.5	0.1	195.45	195.45	426.00	70.32
敦　化	8.5	0.5	178.51	146.30	1221.30	149.30
珲　春	10.0		349.89	349.89	1607.10	
龙　井	4.5	1.0	128.90	124.00	703.00	128.20
和　龙	4.0		196.47	196.47	908.67	118.00
公主岭	6.0	2.0	307.81	306.00	2010.30	515.86
梅河口	20.0	2.3	389.00	209.00	1845.49	214.00
长白山保护开发区	5.3	2.9	558.50	508.10	997.98	53.81
黑龙江	**667.4**	**224.1**	**22516.47**	**21892.61**	**137320.00**	**35679.40**
哈尔滨	185.4	52.1	6812.70	6772.70	43867.92	6241.52
尚　志	4.8	3.8	228.06	228.06	1410.56	241.31
五　常	8.0	4.0	210.44	210.44	1290.00	135.00
齐齐哈尔	46.8	26.8	1079.48	855.78	8673.24	1410.57
讷　河	2.1	2.1	107.17	107.16	398.78	25.36
鸡　西	27.0	1.5	1263.58	1263.58	6010.15	1980.03
虎　林	2.3	2.3	199.78	199.78	454.00	84.00
密　山	4.0	4.0	138.10	138.10	690.00	76.40

continued 3

公共服务用水 The Quantity of Water for Public Service	居民家庭用水 The Quantity of Water for Household Use	其他用水 The Quantity of Water for Other Purposes	用水户数(户) Number of Households with Access to Water Supply (unit)	家庭用户 Household User	用水人口(万人) Population with Access to Water Supply (10,000 persons)	城市名称 Name of Cities
15409.19	**36038.35**	**4512.64**	**6066807**	**5463058**	**1162.97**	**吉　　林**
9497.63	14956.48	405.84	2181815	2022393	446.27	长　　春
112.40	537.12	210.61	117701	103885	26.94	榆　　树
187.68	459.17	10.02	100500	94352	23.70	德　　惠
295.00	4811.00	1661.00	889581	784057	125.44	吉　　林
53.65	295.50	38.00	80866	74400	14.50	蛟　　河
63.09	379.00	1.40	86027	74998	12.80	桦　　甸
25.50	327.07	109.58	63796	53396	12.80	舒　　兰
40.00	660.00	45.00	63000	57000	10.59	磐　　石
636.05	1830.98	381.00	281966	256227	53.54	四　　平
185.39	291.47	77.34	57197	57164	11.72	双　　辽
243.10	895.29	3.65	270684	249265	41.64	辽　　源
268.64	1213.40	164.02	172080	127731	45.06	通　　化
108.80	184.00	15.00	43566	39313	7.42	集　　安
130.28	1032.17		207421	179088	39.13	白　　山
21.20	218.00	28.80	38247	34818	9.00	临　　江
694.52	1188.31	426.47	225724	207038	46.69	松　　原
77.00	218.00	25.00	34940	32901	12.10	扶　　余
250.85	897.56	54.52	137192	116782	25.50	白　　城
345.69	205.00	51.73	46000	46000	11.50	洮　　南
11.07	268.34		75264	57439	10.39	大　　安
280.19	1955.78	150.16	376741	341999	52.00	延　　吉
46.63	189.81	8.29	26594	24728	6.80	图　　们
183.00	555.00	69.00	77372	70538	19.90	敦　　化
210.60	519.40	96.10	101939	92930	22.70	珲　　春
59.00	274.50	51.50	31000	29200	8.71	龙　　井
46.00	196.67		29750	27000	8.75	和　　龙
229.66	462.72	296.03	74045	67154	17.93	公 主 岭
497.92	807.55	93.23	149000	116300	34.20	梅 河 口
608.65	209.06	39.35	26799	24962	5.25	长白山保护开发区
23130.50	**42655.30**	**4897.48**	**7049628**	**6457917**	**1401.46**	**黑 龙 江**
11585.82	14440.59	748.62	2694239	2467911	505.45	哈 尔 滨
210.17	844.43	1.50	51579	51074	15.40	尚　　志
163.90	598.60		85565	76105	18.61	五　　常
1618.48	3959.03	38.53	624828	588858	106.85	齐齐哈尔
46.33	266.82	3.23	59914	53175	9.78	讷　　河
716.72	1451.20	35.90	302890	276316	64.12	鸡　　西
63.00	205.00		28925	21979	6.77	虎　　林
56.00	362.60		44156	40451	9.50	密　　山

5-4 续表 4

城市名称 Name of Cities	综合生产能力(万立方米/日) Integrated Production Capacity (10,000 m^3/day)	地下水 Underground Water	供水管道长度(公里) Length of Water Supply Pipelines (km)	建成区 in Built District	供水总量(万立方米) Total Quantity of Water Supply (10,000 m^3)	生产运营用水 The Quantity of Water for Production and Operation
鹤　岗	16.2	3.6	634.97	634.97	3926.66	1242.89
双鸭山	26.0	17.0	1150.57	1080.51	3622.80	658.28
大　庆	147.7	36.4	4537.96	4537.22	30361.53	14825.30
伊　春	20.6	16.6	705.70	705.70	2626.21	817.65
铁　力	2.1	2.1	259.30	259.30	791.00	128.00
佳木斯	23.5	23.5	653.99	558.19	4715.36	665.01
同　江	2.0	2.0	290.30	290.00	380.00	
富　锦	8.0	8.0	98.74	98.74	876.80	255.20
抚　远	0.6	0.6	59.00	59.00	217.80	13.00
七台河	21.9	0.3	944.11	944.11	3001.39	788.51
牡丹江	50.0	0.5	648.20	648.20	11317.42	3638.85
海　林	3.3	0.1	90.40	82.40	721.13	20.00
宁　安	3.0		155.32	141.85	395.00	4.50
穆　棱	2.4	0.2	144.87	144.87	295.35	31.82
绥芬河	8.1	0.1	182.41	131.78	918.84	88.10
东　宁	3.0		103.73	97.23	443.85	
黑　河	5.0		200.06	200.06	832.00	30.43
北　安	5.2	0.2	142.60	40.95	903.10	283.90
五大连池	0.9	0.9	110.00	110.00	305.00	5.40
嫩　江	2.0		266.16	266.16	583.16	57.24
绥　化	16.4	10.4	441.20	433.20	3164.07	1046.75
安　达	5.5	1.5	91.50	91.50	1088.69	58.50
肇　东	7.0	2.0	153.54	148.54	2259.80	751.10
海　伦	5.1	0.1	274.92	274.92	648.19	45.28
漠　河	1.6	1.6	137.61	137.61	130.20	29.50
上　海	**1221.0**		**39552.54**	**39552.54**	**288576.67**	**41367.30**
江　苏	**3490.4**	**60.7**	**119679.87**	**87760.44**	**587581.31**	**183944.80**
南　京	632.1		18058.54	18028.54	140517.12	40823.73
无　锡	269.5	0.2	9084.86	4986.40	48578.89	21258.33
江　阴	120.0		2341.59	1920.00	8843.04	4392.80
宜　兴	61.3	0.1	2216.07	2112.00	9528.37	3573.37
徐　州	158.3	31.3	3443.07	2915.60	38640.15	10521.81
新　沂	25.6	5.6	800.00	622.00	3894.00	1039.00
邳　州	24.5	7.5	736.00	736.00	3357.59	1041.22
常　州	233.7		20040.68	4004.44	36902.02	12166.83
溧　阳	15.0		1029.06	778.30	4459.26	1084.08
苏　州	433.5	0.3	10397.88	9235.54	75652.42	26563.22
常　熟	87.5		3282.18	1471.00	10152.19	3822.65
张家港	80.0		1171.00	1003.00	5452.00	1828.00

continued 4

公共服务用水 The Quantity of Water for Public Service	居民家庭用水 The Quantity of Water for Household Use	其他用水 The Quantity of Water for Other Purposes	用水户数(户) Number of Households with Access to Water Supply (unit)	家庭用户 Household User	用水人口(万人) Population with Access to Water Supply (10,000 persons)	城市名称 Name of Cities
303.00	1442.37	16.57	272040	256410	50.35	鹤岗
421.43	1701.75	120.02	187388	175395	44.97	双鸭山
4532.80	3657.61	2518.34	622030	586288	144.64	大庆
337.80	1075.45	231.80	188322	162936	41.43	伊春
50.00	426.00	50.00	35365	33309	11.58	铁力
576.18	2420.79	176.36	278250	254318	55.84	佳木斯
50.00	138.50		40316	33706	6.11	同江
148.00	368.30	3.00	46366	42833	12.55	富锦
11.00	146.00	5.00	20327	17089	4.20	抚远
241.50	994.00	25.38	164301	145383	41.56	七台河
1145.89	2339.11	354.80	492657	449140	67.20	牡丹江
140.00	207.00	274.13	41600	36600	10.02	海林
56.00	226.00	3.50	35000	31500	7.48	宁安
32.82	191.12	11.80	26772	25859	7.86	穆棱
56.01	351.85	27.84	45017	39500	8.30	绥芬河
2.00	250.78	33.60	5932	5331	7.30	东宁
184.37	405.44		94035	82525	14.52	黑河
107.30	330.30	18.60	73181	64533	12.80	北安
14.15	175.77	12.68	13713	13202	4.52	五大连池
28.00	326.29	1.20	81929	58911	14.30	嫩江
63.37	1020.71	17.79	157656	148480	33.72	绥化
30.99	620.10	73.20	65000	65000	22.50	安达
48.10	1280.18	1.22	96448	80937	24.00	肇东
73.27	384.51	81.67	62277	61253	13.92	海伦
16.10	47.10	11.20	11610	11610	3.31	漠河
66982.41	**113743.86**	**13786.98**	**9366490**	**8816530**	**2428.14**	**上海**
74058.81	**209636.35**	**43492.65**	**17348179**	**15882356**	**3538.02**	**江苏**
16785.33	56869.93	8650.85	3302499	3133831	682.35	南京
3917.29	15669.17	556.68	1554814	1412675	273.48	无锡
653.45	2185.42	1164.89	150984	127630	38.70	江阴
1454.00	2935.00	374.00	323576	302795	53.55	宜兴
1360.69	10494.06	10140.78	847195	805646	207.55	徐州
363.00	1899.00	299.00	105715	99120	30.89	新沂
722.65	1276.42	25.17	134137	123563	40.31	邳州
4518.24	14135.64	778.92	897813	781451	217.52	常州
1217.73	1497.16		102950	88963	25.97	溧阳
16173.52	24438.60	301.35	2005091	1866985	426.28	苏州
1295.43	3242.11	893.53	316649	286643	46.43	常熟
1475.00	1515.00	82.00	128572	124227	38.61	张家港

5-4 续表 5

城市名称 Name of Cities	综合生产能力(万立方米/日) Integrated Production Capacity (10,000 m³/day)	地下水 Underground Water	供水管道长度(公里) Length of Water Supply Pipelines (km)	建成区 in Built District	供水总量(万立方米) Total Quantity of Water Supply (10,000 m³)	生产运营用水 The Quantity of Water for Production and Operation
昆山	150.0		3422.20	3422.20	20122.86	8033.72
太仓	74.2	0.7	407.99	407.99	4144.28	1505.28
南通	217.5		5987.36	5167.22	29210.69	3035.42
海安	18.0		1719.20	372.32	4304.81	1595.48
启东	24.5		902.56	902.46	3341.00	1329.00
如皋	42.3	1.2	1279.73	1271.23	4738.24	1462.38
连云港	59.1	1.1	4459.63	2747.81	13779.63	3548.30
淮安	137.0	3.2	4941.00	4813.14	22585.33	9686.14
盐城	122.6	0.1	4912.29	4604.79	12635.73	2541.06
东台	30.6	0.1	1140.56	754.63	2446.04	596.62
扬州	121.4	4.3	4170.73	4170.73	24091.21	4463.73
仪征	19.9	1.1	963.14	569.88	2517.81	674.23
高邮	16.1	1.1	522.00	489.00	3313.18	825.18
镇江	80.0		2671.03	1900.00	14638.18	5339.92
丹阳	30.0		545.00	495.52	4118.48	1184.45
扬中	10.0		547.69	241.72	2055.00	298.60
句容	10.0		685.95	685.95	3294.40	585.44
泰州	56.2	1.0	2809.39	2767.41	12121.12	3444.50
兴化	15.0		596.25	596.25	1715.00	159.00
靖江	25.0		907.00	907.00	2621.45	836.52
泰兴	30.0		865.26	865.26	3192.00	479.60
宿迁	60.0	2.0	2622.98	1795.11	10617.82	4205.19
浙江	**2039.1**	**0.6**	**90784.64**	**64607.07**	**424103.51**	**140118.35**
杭州	455.0		22700.68	20724.68	120992.05	29601.37
建德	14.0		791.16	198.00	1833.00	542.00
宁波	267.5		11969.87	3997.87	69941.80	31383.26
余姚	40.5		2285.19	1424.19	5806.95	2314.91
慈溪	49.0		1393.11	798.61	4064.38	810.77
温州	168.0		3700.87	3322.97	31209.71	6878.49
瑞安	26.0		1508.85	979.35	2556.45	581.77
乐清	16.1		786.62	190.36	4299.30	840.81
龙港	13.5		415.60	201.50	3222.49	
嘉兴	72.3		2125.27	1188.68	13482.52	4991.19
海宁	34.1		1279.93	978.35	5289.57	2443.64
平湖	12.0		2100.00	425.58	3255.38	1411.25
桐乡	45.0		1215.96	911.70	2666.70	814.79
湖州	78.3		4277.27	4277.27	13165.74	2609.79
绍兴	309.8		9061.95	3356.95	45708.19	29960.28
诸暨	59.2		1962.84	1909.84	7197.50	2674.32

continued 5

公共服务用水 The Quantity of Water for Public Service	居民家庭用水 The Quantity of Water for Household Use	其他用水 The Quantity of Water for Other Purposes	用水户数(户) Number of Households with Access to Water Supply (unit)	家庭用户 Household User	用水人口(万人) Population with Access to Water Supply (10,000 persons)	城市名称 Name of Cities
2870.33	3852.07	2958.31	618256	565711	55.96	昆山
161.00	1621.00	331.00	190855	177227	28.20	太仓
6572.09	11177.46	3502.81	1092382	972485	212.35	南通
521.62	1582.21	104.27	238020	196096	29.68	海安
502.00	1054.00	126.00	167093	152586	26.60	启东
498.93	1984.76		139711	122567	35.12	如皋
2099.20	5272.02	516.70	508989	471715	111.55	连云港
479.62	9401.13	747.38	704893	624309	175.50	淮安
1366.08	5940.71	637.80	665209	635699	144.35	盐城
189.38	1360.89	12.16	95275	88618	35.80	东台
3319.56	5703.44	8277.90	698453	629401	123.84	扬州
270.00	985.56	20.00	102910	84093	21.21	仪征
124.00	1246.00	468.00	142140	90930	25.05	高邮
1492.21	5382.92	1102.31	469330	433528	89.00	镇江
1121.75	1024.55	191.25	184466	168402	37.24	丹阳
115.95	1112.39		63143	58290	18.38	扬中
435.00	965.96	378.00	71901	66753	18.16	句容
582.51	6327.13	281.39	476069	413754	99.44	泰州
56.00	1297.00		132389	120115	23.20	兴化
92.00	1380.20	55.83	108559	103390	27.16	靖江
73.60	1445.60	82.70	188133	175970	30.89	泰兴
1179.65	3361.84	431.67	420008	377188	87.70	宿迁
60154.96	**167139.70**	**11047.18**	**10873864**	**9761834**	**2833.02**	**浙江**
22855.11	49606.22	5749.42	2165462	1979016	810.90	杭州
84.00	949.00	6.00	78285	74167	15.10	建德
6485.60	24614.68	262.77	1832592	1686869	340.63	宁波
22.27	2917.96	9.00	238376	213792	46.53	余姚
174.12	2252.95	572.64	187673	66322	52.88	慈溪
5954.79	12814.27	772.67	594141	545804	218.84	温州
114.74	1669.55	0.80	126172	112981	31.13	瑞安
219.00	2676.24	102.45	128977	92456	55.17	乐清
519.38	2200.17	95.30	145143	144590	26.94	龙港
2476.29	3994.92	249.83	510002	470501	91.74	嘉兴
832.28	1473.30	138.42	142682	132319	31.33	海宁
139.97	1392.69	20.47	145187	131488	35.72	平湖
85.21	1500.18	26.52	177911	153729	33.00	桐乡
2470.91	5554.75	613.14	471092	427679	99.74	湖州
3331.66	10152.66	280.79	1009887	930698	169.31	绍兴
1065.46	2232.13	169.02	452108	405816	67.70	诸暨

5-4 续表 6

城市名称 Name of Cities	综合生产能力(万立方米/日) Integrated Production Capacity (10,000 m³/day)	地下水 Underground Water	供水管道长度(公里) Length of Water Supply Pipelines (km)	建成区 in Built District	供水总量(万立方米) Total Quantity of Water Supply (10,000 m³)	生产运营用水 The Quantity of Water for Production and Operation
嵊　州	21.1	0.6	1552.89	1547.89	4556.84	2257.98
金　华	62.0		2029.75	1657.43	10681.51	2910.47
兰　溪	16.0		1431.06	865.00	2243.91	844.45
义　乌	39.0		2865.45	2865.45	12136.46	2720.28
东　阳	35.2		1808.63	2.00	4968.50	963.00
永　康	20.1		1487.25	1487.25	4473.35	1633.37
衢　州	30.0		1308.73	1308.73	7445.40	1621.00
江　山	11.6		547.73	547.73	1749.20	620.03
舟　山	30.0		2422.00	2422.00	5695.00	1129.00
台　州	57.5		4463.02	3845.13	17896.49	3655.66
玉　环	4.4		432.00	432.00	2592.22	633.72
温　岭	10.0		369.06	369.06	4610.00	821.00
临　海	17.0		1021.40	901.00	4369.10	1105.00
丽　水	20.0		1042.00	1042.00	5008.92	1119.34
龙　泉	5.0		428.50	428.50	984.88	225.41
安　徽	**1079.0**	**95.0**	**36256.64**	**35348.28**	**238126.29**	**70810.93**
合　肥	241.5		7734.93	7725.43	62919.37	11897.11
巢　湖	22.0		641.40	641.40	5204.96	3029.28
芜　湖	105.6		3380.61	3315.24	24653.01	5734.58
无　为	12.0		473.81	419.20	2697.18	954.00
蚌　埠	78.0	0.4	1824.87	1804.87	19459.38	7899.37
淮　南	45.7	5.9	1794.68	1417.72	11580.30	1741.71
马鞍山	114.0		2164.06	2164.06	14201.36	7227.67
淮　北	37.9	37.9	1262.16	1253.60	6463.75	1900.79
铜　陵	86.6	0.3	1800.67	1779.07	11323.48	4507.29
安　庆	51.6	0.1	1243.17	1243.17	13843.43	7453.61
潜　山	7.5		385.85	363.25	1236.55	410.36
桐　城	10.5		279.43	279.43	1850.00	408.10
黄　山	19.5		1045.83	1033.63	4589.91	1311.41
滁　州	41.5		1187.41	1187.40	8694.21	3034.21
天　长	7.7	2.7	590.24	590.24	2745.91	1075.32
明　光	7.5	0.6	698.88	698.40	1895.80	292.67
阜　阳	38.3	9.9	2404.02	2404.02	9991.03	3458.06
界　首	6.6	6.6	387.70	374.05	1357.45	345.90
宿　州	21.9	16.6	962.17	930.87	6114.74	1606.77
六　安	28.5		694.80	692.00	8619.35	616.35
亳　州	33.9	13.9	1214.69	946.67	5989.37	1638.10
池　州	16.0		724.92	724.92	3491.54	1155.50
宣　城	20.8	0.1	2058.64	2058.64	4848.97	1350.37
广　德	11.0		798.70	798.00	2529.33	1039.78
宁　国	13.0		503.00	503.00	1825.91	722.62

continued 6

公共服务用水 The Quantity of Water for Public Service	居民家庭用水 The Quantity of Water for Household Use	其他用水 The Quantity of Water for Other Purposes	用水户数(户) Number of Households with Access to Water Supply (unit)	家庭用户 Household User	用水人口(万人) Population with Access to Water Supply (10,000 persons)	城市名称 Name of Cities
169.95	1579.83		107171	96960	31.13	嵊州
1666.17	5032.54	33.45	258991	214228	83.64	金华
63.50	909.51	255.91	106989	94337	23.55	兰溪
2344.54	5605.10	53.56	182349	158644	106.64	义乌
1145.00	2171.00	34.37	121915	114981	43.91	东阳
132.20	1924.84	7.93	97921	83607	25.14	永康
1466.00	3337.00	6.00	290811	266270	38.45	衢州
150.47	865.17	17.11	49447	49309	15.56	江山
759.00	2637.00	686.00	318089	295466	64.40	舟山
3579.55	7588.33	609.62	411491	361091	130.33	台州
80.95	1660.13	17.40	130617	121251	21.07	玉环
596.00	2876.00	23.00	73232	63321	32.29	温岭
187.50	2142.20	12.30	133935	117656	41.36	临海
834.34	2307.83	221.29	122405	102360	39.25	丽水
149.00	501.55		62811	54126	9.64	龙泉
28698.29	**99120.71**	**7071.09**	**8070816**	**7379935**	**1775.18**	**安徽**
11333.21	30911.81		2231424	2149610	474.70	合肥
285.00	1422.42	42.00	127384	122390	36.88	巢湖
2363.01	10130.75	1944.64	532212	448916	193.53	芜湖
315.00	889.00	82.00	84712	76548	23.88	无为
3239.25	6490.50	34.00	533378	470094	98.10	蚌埠
2646.62	5338.12	72.93	419352	398277	121.00	淮南
1119.62	3990.28	630.07	371825	342436	75.45	马鞍山
543.27	3012.57	84.11	377651	363368	73.00	淮北
358.72	4012.60	1232.74	282562	255306	54.85	铜陵
821.91	3532.19	800.10	392560	356806	75.50	安庆
36.54	675.95		56595	53472	11.38	潜山
225.70	983.40		101500	79200	17.05	桐城
320.52	2060.42	62.60	228086	188878	36.10	黄山
697.05	2804.86	411.92	308584	288536	58.70	滁州
249.34	776.93	373.43	111707	97826	19.57	天长
167.44	948.84	312.22	92670	84646	18.34	明光
597.51	5000.06	13.30	391415	360838	105.58	阜阳
112.50	820.00	27.00	64385	61952	20.59	界首
400.97	3328.01		263672	230902	59.26	宿州
1521.00	3964.00	329.00	301595	301255	60.67	六安
464.02	2382.92	396.82	203302	179320	38.50	亳州
65.00	1802.09	94.57	198265	135618	31.01	池州
307.44	2311.25	107.80	211910	195031	36.15	宣城
490.65	735.55	19.84	72240	49980	16.81	广德
17.00	796.19		111830	88730	18.58	宁国

5-4 续表 7

城市名称 Name of Cities	综合生产能力(万立方米/日) Integrated Production Capacity (10,000 m³/day)	地下水 Underground Water	供水管道长度(公里) Length of Water Supply Pipelines (km)	建成区 in Built District	供水总量(万立方米) Total Quantity of Water Supply (10,000 m³)	生产运营用水 The Quantity of Water for Production and Operation
福　建	**890.0**	**20.5**	**31722.18**	**31279.91**	**188912.54**	**38226.25**
福　州	211.9	1.2	4879.78	4879.78	42104.95	4884.08
福　清	28.0		1638.70	1638.70	6224.18	1064.13
厦　门	200.4		5167.91	5167.91	48209.23	11669.00
莆　田	37.7	0.7	1879.83	1879.83	9883.83	2858.76
三　明	21.5		1474.03	1474.03	3255.78	486.36
永　安	10.0		438.59	438.59	2240.28	525.57
泉　州	80.0		5680.40	5680.40	17924.72	2601.96
石　狮	64.0		2401.74	2401.74	12582.23	6413.02
晋　江	45.0		857.67	857.67	8573.72	1587.33
南　安	15.0		335.08	335.08	1705.16	477.23
漳　州	41.6	0.0	1220.55	970.00	7981.74	1813.20
龙　海	12.0		400.40	305.89	1327.00	30.00
南　平	21.0		640.19	568.68	3967.02	510.96
邵　武	7.5		283.00	283.00	1886.91	381.09
武夷山	4.0		371.03	371.03	1237.85	24.07
建　瓯	4.5		177.56	172.20	1219.20	70.20
龙　岩	41.2	10.6	2783.63	2769.87	7498.48	2028.25
漳　平	6.0		154.81	154.81	1088.88	173.00
宁　德	18.7		486.31	486.31	5515.01	70.73
福　安	8.0	8.0	202.78	202.78	2046.63	192.99
福　鼎	12.0		248.19	241.61	2439.74	364.32
江　西	**646.3**	**1.8**	**27958.23**	**25104.12**	**143134.47**	**30025.15**
南　昌	188.5		7816.00	7816.00	43673.00	11186.84
景德镇	20.8	0.0	981.93	966.43	6742.36	628.16
乐　平	6.8	0.7	347.45	318.93	1796.74	640.83
萍　乡	19.0		700.00	700.00	5195.76	367.47
九　江	42.0		3013.00	1858.90	12645.00	3866.00
瑞　昌	10.0		327.07	327.07	1426.64	250.32
共青城	10.0	0.0	217.01	197.61	1187.50	218.36
庐　山	3.0		113.90	113.90	708.60	178.23
新　余	30.0		1395.00	1395.00	6467.00	1900.00
鹰　潭	18.0		480.04	439.98	3925.62	634.20
贵　溪	11.0		312.00	312.00	1542.00	267.00
赣　州	97.0		4221.08	4221.08	18255.01	3401.21
瑞　金	9.0		348.00	348.00	1897.33	56.00

continued 7

公共服务用水 The Quantity of Water for Public Service	居民家庭用水 The Quantity of Water for Household Use	其他用水 The Quantity of Water for Other Purposes	用水户数(户) Number of Households with Access to Water Supply (unit)	家庭用户 Household User	用水人口(万人) Population with Access to Water Supply (10,000 persons)	城市名称 Name of Cities
29337.70	**79223.00**	**13783.74**	**4902384**	**4336742**	**1388.12**	**福　建**
10032.79	17978.83	727.58	1193829	1114910	342.37	福　州
1204.43	2237.70	17.13	160949	142686	36.08	福　清
7016.00	19564.00	5484.00	661474	566799	367.88	厦　门
1220.46	4520.95	140.53	292962	223711	78.50	莆　田
473.45	1876.56	20.37	158359	133676	25.24	三　明
566.82	957.21	9.39	109247	91637	17.17	永　安
3423.68	8660.47	241.46	540974	481134	136.00	泉　州
1338.52	3228.88	51.36	129709	117470	39.35	石　狮
575.55	1537.67	4187.95	207124	170795	32.93	晋　江
117.67	826.21	26.35	127130	92845	30.81	南　安
1111.11	3016.47	274.50	260094	248145	56.07	漳　州
112.20	937.10	3.70	67064	64050	20.98	龙　海
782.16	1965.95	17.37	184695	166061	35.53	南　平
23.22	1029.01	160.75	102275	91511	10.52	邵　武
170.21	586.15	256.51	49984	41364	9.91	武夷山
186.30	761.48	4.85	59224	52004	14.26	建　瓯
294.54	3584.81	258.75	248455	217164	49.65	龙　岩
10.01	617.66	84.37	45843	38033	12.63	漳　平
488.17	2224.65	1813.34	162250	145565	36.60	宁　德
24.29	1433.55	3.48	73626	71806	16.85	福　安
166.12	1677.69		67117	65376	18.79	福　鼎
17474.07	**65998.18**	**4875.27**	**5593672**	**5022232**	**1308.08**	**江　西**
6951.49	17846.03	372.07	1386129	1229296	314.00	南　昌
1213.38	3660.53	191.40	245862	223418	48.90	景德镇
155.37	801.12	82.68	77331	74258	16.91	乐　平
920.61	2853.46		210224	194216	51.48	萍　乡
900.00	5123.00	29.00	577807	543008	83.37	九　江
64.52	893.21	80.61	140245	127776	20.45	瑞　昌
424.79	392.98	40.37	53864	24508	12.01	共青城
35.99	407.60	30.00	33729	29756	7.37	庐　山
406.00	3553.00		329707	305502	49.13	新　余
353.94	1591.00	747.60	197366	167372	33.50	鹰　潭
202.00	833.00		70700	69700	19.98	贵　溪
2529.65	8326.30	953.26	560294	484999	196.75	赣　州
52.00	1417.17	13.00	61653	61653	30.13	瑞　金

5-4 续表 8

城市名称 Name of Cities	综合生产能力(万立方米/日) Integrated Production Capacity (10,000 m³/day)	地下水 Underground Water	供水管道长度(公里) Length of Water Supply Pipelines (km)	建成区 in Built District	供水总量(万立方米) Total Quantity of Water Supply (10,000 m³)	生产运营用水 The Quantity of Water for Production and Operation
龙　南	5.0		305.00	305.00	1301.10	434.00
吉　安	28.5		1123.00	61.03	4716.00	1159.00
井冈山	2.0		68.00	40.27	211.62	56.60
宜　春	24.0		1553.97	1553.97	6420.90	1787.04
丰　城	11.0		768.56	768.56	2428.10	178.42
樟　树	11.0	1.0	240.21	240.21	2144.03	559.04
高　安	16.0		277.30	277.10	2218.00	534.00
抚　州	33.0		1308.56	1094.17	8781.52	1090.63
上　饶	41.0		1349.33	1186.33	8737.39	423.86
德　兴	9.7		691.82	562.58	713.25	207.94
山　东	**1908.1**	**584.4**	**59513.17**	**56415.71**	**379081.76**	**155140.30**
济　南	248.9	116.9	5549.67	5545.97	47013.87	6915.29
青　岛	232.7	4.2	8206.93	8138.40	55352.39	18873.71
胶　州	19.7	6.0	616.41	616.41	4845.35	1565.69
平　度	15.8	8.8	694.00	659.00	4025.63	1016.16
莱　西	12.4	1.9	572.90	536.90	2870.06	895.32
淄　博	179.1	84.8	3017.50	2844.51	26673.80	15295.14
枣　庄	46.2	33.9	1849.29	1582.96	9193.40	3688.72
滕　州	24.0	19.0	1133.00	981.00	4862.00	1895.00
东　营	97.5		1925.38	1925.38	13061.74	5058.95
烟　台	117.3	22.8	4881.79	4681.52	19578.75	7127.82
龙　口	8.0		396.00	340.00	1597.55	554.98
莱　阳	12.4	2.4	363.31	357.81	2247.53	816.94
莱　州	10.5		743.79	298.24	2249.83	369.10
招　远	8.1	2.0	512.00	512.00	2114.03	1195.17
栖　霞	3.7	1.0	152.53	144.03	745.84	227.00
海　阳	11.4		474.00	458.00	1149.30	280.00
潍　坊	83.5	16.5	2541.85	2309.69	18409.18	9354.62
青　州	18.3	15.3	818.62	808.30	3726.12	1936.38
诸　城	23.0	2.7	371.21	371.21	7305.00	4217.00
寿　光	20.0	9.6	788.70	281.02	8886.01	7004.66
安　丘	29.5	0.6	525.78	519.98	4417.00	2454.00
高　密	44.6	12.6	806.98	756.30	7704.80	4601.23
昌　邑	13.5	13.5	122.76	122.76	3822.00	2918.00
济　宁	67.5	65.5	1213.73	1022.73	15541.70	7334.13
曲　阜	9.9	7.7	425.00	425.00	3062.60	1450.80
邹　城	14.5	14.5	479.69	467.00	3502.00	1473.00
泰　安	27.3	15.0	3718.18	3710.63	5578.97	1457.98
新　泰	17.5	1.0	667.09	667.09	2963.50	517.58

continued 8

公共服务用水 The Quantity of Water for Public Service	居民家庭用水 The Quantity of Water for Household Use	其他用水 The Quantity of Water for Other Purposes	用水户数（户） Number of Households with Access to Water Supply (unit)	家庭用户 Household User	用水人口（万人） Population with Access to Water Supply (10,000 persons)	城市名称 Name of Cities
76.10	634.00	62.00	48108	47911	23.20	龙　南
313.00	1802.00	685.00	274923	253861	48.18	吉　安
9.90	108.20	5.72	4640	4640	1.76	井冈山
531.41	2980.39	18.65	282431	247485	72.34	宜　春
516.02	1334.69	23.59	134331	118086	46.00	丰　城
153.15	1027.34	116.46	82805	76836	26.13	樟　树
203.00	1188.00	50.00	68217	60750	27.09	高　安
149.71	4545.00	1028.20	373758	325976	80.35	抚　州
1302.38	4328.88	340.19	342715	315196	91.17	上　饶
9.66	351.28	5.47	36833	36029	7.88	德　兴
43712.51	**129449.63**	**11861.60**	**11576387**	**10656110**	**3982.77**	**山　东**
11676.65	17800.87	2661.56	1719154	1675282	640.96	济　南
7470.98	21165.68	897.95	2042805	1913630	550.14	青　岛
1443.89	1350.08	2.50	147472	116590	62.52	胶　州
1001.18	1262.00	284.29	75953	66451	49.57	平　度
683.93	1057.56	3.56	62187	59552	34.16	莱　西
1108.99	6938.23	312.99	594864	375364	199.19	淄　博
738.90	3236.95	546.56	285428	259012	108.24	枣　庄
477.00	1725.00	155.00	189747	186273	46.17	滕　州
2314.75	4135.17	723.75	239590	228721	98.43	东　营
2729.74	7775.61	81.00	825568	779284	246.43	烟　台
197.00	620.00	49.00	79174	78026	29.65	龙　口
38.66	1145.35		90532	89514	30.00	莱　阳
473.61	898.64	272.25	99806	97542	40.00	莱　州
40.17	815.60	4.61	88300	84757	20.01	招　远
127.00	327.99	8.20	50095	42900	17.35	栖　霞
75.00	613.00	128.00	75707	73246	22.89	海　阳
1857.26	5549.37	436.52	343398	334809	166.40	潍　坊
335.00	1115.30	14.24	94879	93650	37.64	青　州
485.00	1902.60	316.00	173452	169902	48.20	诸　城
43.55	1468.51	1.05	8516	6619	50.54	寿　光
450.00	1032.00	111.00	122559	117912	48.57	安　丘
238.37	1302.12	1145.59	82193	71705	29.47	高　密
201.00	532.00	45.00	9673	6541	20.15	昌　邑
185.00	5904.95	480.80	616544	545683	161.24	济　宁
253.80	795.60	332.40	90549	81738	21.93	曲　阜
457.00	1068.00	143.00	92950	92015	35.85	邹　城
800.15	2577.84	119.00	286454	282662	108.13	泰　安
285.11	1812.64	146.67	159747	150725	56.10	新　泰

5-4 续表 9

城市名称 Name of Cities	综合生产能力（万立方米/日） Integrated Production Capacity (10,000 m^3/day)	地下水 Underground Water	供水管道长度（公里） Length of Water Supply Pipelines (km)	建成区 in Built District	供水总量（万立方米） Total Quantity of Water Supply (10,000 m^3)	生产运营用水 The Quantity of Water for Production and Operation
肥　城	7.2	7.2	295.61	295.30	2268.90	519.07
威　海	53.1	0.6	3169.36	3158.46	8687.78	3026.30
荣　成	18.2	0.2	1069.20	1069.00	2667.16	915.71
乳　山	12.8	0.5	609.30	603.10	1827.50	585.50
日　照	55.7		1857.00	1857.00	9413.84	3879.23
临　沂	76.2	18.2	2427.44	2214.65	16874.83	6212.53
德　州	52.9	0.6	1767.73	1757.93	14153.91	9469.39
乐　陵	6.5	1.0	108.81	108.21	790.30	139.72
禹　城	12.0	9.0	385.38	385.38	2287.69	1365.47
聊　城	35.4	35.4	1508.31	1508.21	9134.71	3595.45
临　清	15.0	3.9	301.00	180.00	3045.97	1623.51
滨　州	66.0	0.3	1399.05	1150.05	10461.26	5133.53
邹　平	36.0	6.0	146.39	144.08	6201.78	4956.52
菏　泽	44.4	23.4	900.50	900.50	8766.18	3224.00
河　南	**1256.5**	**403.0**	**29138.19**	**27057.92**	**217730.42**	**56027.65**
郑　州	199.5	20.0	5950.91	5790.94	43142.25	3244.20
巩　义	7.4	7.4	196.31	196.31	1753.69	432.37
荥　阳	7.4	2.0	379.10	342.00	2252.40	778.60
新　密	7.0	4.2	276.50	276.50	1450.45	
新　郑	16.1	6.1	403.60	360.60	1869.13	51.77
登　封	13.2	7.0	247.80	156.00	1345.63	176.02
开　封	63.6	13.6	2158.50	2158.50	10890.92	3009.93
洛　阳	122.6	70.6	2090.24	2090.24	17220.83	4513.35
偃　师	4.1	4.1	208.24	206.24	1290.80	172.03
平顶山	54.5	0.4	1261.21	1088.56	11571.20	4687.00
舞　钢	7.0	1.3	147.72	109.72	1405.90	751.00
汝　州	19.0	7.5	339.16	339.16	2131.05	356.00
安　阳	66.0	15.5	880.46	880.46	10713.42	4452.68
林　州	12.0	5.3	287.31	268.04	1619.00	118.00
鹤　壁	33.2	9.2	609.62	609.62	4703.45	145.59
新　乡	33.4	0.4	924.49	909.49	8994.74	3065.99
长　垣	6.6	0.4	482.50	482.50	1752.54	168.12
卫　辉	15.0	3.0	192.71	170.13	2226.93	794.90
辉　县	14.5	4.5	461.86	396.60	2316.00	567.00
焦　作	89.5	58.5	1160.36	1018.30	7943.50	3303.76
沁　阳	7.6	7.6	191.10	186.00	602.33	132.33
孟　州	4.6	4.6	238.18	214.98	1041.73	222.00
濮　阳	52.4	14.4	939.00	939.00	6939.21	2422.10
许　昌	34.2	14.2	572.64	572.64	5137.39	1451.52

continued 9

公共服务用水 The Quantity of Water for Public Service	居民家庭用水 The Quantity of Water for Household Use	其他用水 The Quantity of Water for Other Purposes	用水户数（户） Number of Households with Access to Water Supply (unit)	家庭用户 Household User	用水人口（万人） Population with Access to Water Supply (10,000 persons)	城市名称 Name of Cities
200.43	1168.27	79.00	101274	100545	30.61	肥　城
1314.57	3194.86	210.05	500679	459415	101.47	威　海
140.07	1143.22	35.42	129143	128778	44.13	荣　成
73.00	798.00	102.00	67596	66644	22.83	乳　山
682.38	3344.70	174.64	273500	268000	92.30	日　照
1468.00	8015.70	67.49	569886	533030	218.56	临　沂
532.68	3162.18	109.38	320345	287827	97.38	德　州
92.26	415.05	15.97	44805	41532	26.20	乐　陵
88.99	551.43	166.60	89262	88291	19.56	禹　城
650.40	3176.20	1179.76	230764	209480	124.77	聊　城
137.40	795.29	129.02	65673	62646	32.62	临　清
1432.47	2830.19	40.48	228631	147367	69.75	滨　州
95.80	718.08	101.30	109710	100349	30.64	邹　平
615.37	4207.80	28.00	97823	82101	92.02	菏　泽
25013.93	**98436.85**	**7968.03**	**7041015**	**6484614**	**2630.80**	**河　南**
9666.31	24037.22	426.38	1401475	1275866	717.94	郑　州
60.00	830.63	21.92	60908	58548	33.15	巩　义
200.00	992.00	9.80	90200	73200	19.98	荥　阳
	888.80	414.60	54298	48779	21.24	新　密
445.36	1122.00		63250	53120	25.60	新　郑
402.77	534.00		33641	28862	19.40	登　封
1650.78	4206.06	3.45	333519	293861	99.50	开　封
3759.70	6903.80	186.50	541604	505416	232.50	洛　阳
101.82	824.35	4.60	53910	53656	18.85	偃　师
	4885.00	15.00	227406	210517	91.50	平顶山
75.00	448.00	16.00	61092	35782	12.27	舞　钢
55.00	1089.00	367.11	63892	63492	30.10	汝　州
724.74	4504.75	7.72	239885	223083	77.03	安　阳
256.00	1033.00	12.00	64601	60122	22.33	林　州
	1411.00	2467.86	233813	217677	48.96	鹤　壁
	4067.98	4.54	313569	289784	79.10	新　乡
128.99	826.04	187.76	98461	86325	31.47	长　垣
255.47	894.36	129.20	56688	42743	16.45	卫　辉
382.00	946.00	309.00	80974	78965	22.86	辉　县
489.23	3153.59	227.60	319291	304046	80.76	焦　作
60.00	267.00	79.00	38775	33801	11.94	沁　阳
111.73	578.00	30.00	37657	33070	15.00	孟　州
961.65	2643.72	115.39	194517	180710	62.04	濮　阳
3.85	2660.04	23.18	197638	180570	58.84	许　昌

5-4 续表 10

城市名称 Name of Cities	综合生产能力（万立方米/日） Integrated Production Capacity (10,000 m³/day)	地下水 Underground Water	供水管道长度（公里） Length of Water Supply Pipelines (km)	建成区 in Built District	供水总量（万立方米） Total Quantity of Water Supply (10,000 m³)	生产运营用水 The Quantity of Water for Production and Operation
禹州	13.6	1.1	352.70	316.90	2436.12	447.40
长葛	16.0	0.3	258.00	160.00	1889.95	592.00
漯河	42.2	4.2	690.17	690.17	7230.38	2279.04
三门峡	19.9	9.2	318.01	302.71	3665.17	773.91
义马	14.6	3.7	192.95	176.95	1684.00	1189.00
灵宝	10.7	6.2	163.10	150.00	2696.39	1380.50
南阳	63.8	35.9	1432.76	506.38	9521.69	3076.96
邓州	14.6	5.0	717.50	717.50	2761.22	700.95
商丘	40.5	15.5	718.58	651.28	7090.30	2480.00
永城	13.0	13.0	359.58	359.58	3269.00	936.00
信阳	36.0		1301.97	1301.97	5613.62	1602.49
周口	23.0	6.0	421.38	421.38	5722.85	606.50
项城	8.4	8.3	446.60	409.20	2875.00	1269.00
驻马店	24.0	2.0	607.77	595.77	7429.52	2087.92
济源示范区	26.0	11.0	557.60	535.60	3530.72	1589.72
湖北	**1597.3**	**5.2**	**51100.27**	**42296.07**	**302325.88**	**74638.35**
武汉	568.3	1.4	20041.43	15768.56	140515.86	33859.95
黄石	72.7		1255.26	1255.26	11096.04	3200.69
大冶	20.0		247.65	247.65	3006.00	866.00
十堰	53.5		5920.99	3105.56	12475.43	3166.37
丹江口	11.5		445.06	445.06	1775.10	363.87
宜昌	89.5	0.4	2644.02	2644.02	16307.63	4459.00
宜都	16.5		475.17	449.42	1683.29	720.70
当阳	13.4	1.7	712.19	712.19	2467.07	1277.74
枝江	20.0		290.95	280.95	2739.00	1375.59
襄阳	190.0		1884.88	942.44	12208.44	2892.85
老河口	13.5		280.24	280.20	1679.74	345.19
枣阳	9.0		358.86	358.86	2175.43	433.62
宜城	10.4	0.0	341.54	303.87	1507.35	132.35
鄂州	31.0		960.96	583.05	5262.64	2153.26
荆门	50.5		628.05	602.48	8519.77	4671.21
京山	18.0		393.55	393.55	1465.00	307.70
钟祥	10.0		333.98	333.98	2401.00	220.00
孝感	26.0	1.0	916.60	800.00	7214.30	963.87
应城	14.6	0.8	281.30	266.30	2279.01	353.52
安陆	10.8		562.80	558.20	2187.70	622.64
汉川	13.0		334.53	334.53	3332.75	817.70
荆州	56.6		1933.23	1933.23	8703.12	1486.71
监利	15.8		289.67	289.67	2956.00	668.00

continued 10

公共服务用水 The Quantity of Water for Public Service	居民家庭用水 The Quantity of Water for Household Use	其他用水 The Quantity of Water for Other Purposes	用水户数(户) Number of Households with Access to Water Supply (unit)	家庭用户 Household User	用水人口(万人) Population with Access to Water Supply (10,000 persons)	城市名称 Name of Cities
37.00	1594.46	15.80	91224	90589	41.11	禹州
212.00	742.00	144.70	56993	52024	19.31	长葛
1052.53	2423.44	10.63	203390	200640	62.64	漯河
299.26	2023.10	78.90	122966	121216	48.84	三门峡
143.00	327.00	13.00	53580	52225	16.90	义马
150.00	671.00	222.50	50404	50404	18.65	灵宝
1145.58	4149.81	159.04	268666	261173	160.97	南阳
205.79	1182.00	351.48	96000	94800	37.40	邓州
78.00	4019.30		261623	223645	95.76	商丘
362.00	1658.00	80.00	124030	120507	47.82	永城
	2884.52	91.57	199681	181710	61.93	信阳
452.57	2149.08	1408.09	220645	206793	46.39	周口
139.00	932.00	118.00	91116	72447	29.88	项城
901.80	2511.80	208.71	257094	242635	54.89	驻马店
45.00	1423.00	7.00	82539	81811	39.50	济源示范区
27437.53	**131879.32**	**7096.58**	**7760501**	**6804777**	**2273.46**	**湖北**
15279.03	58659.83	1068.82	2587537	2472983	865.29	武汉
1388.36	4292.20	388.69	265541	253429	66.90	黄石
	1408.00	9.00	181240	143989	31.41	大冶
257.16	6157.04	195.11	146530	139221	78.39	十堰
102.91	835.40	72.74	86304	80894	14.68	丹江口
2745.05	5458.57	13.22	224580	211792	101.42	宜昌
118.00	580.00	2.00	41029	37920	17.87	宜都
8.50	866.87	3.20	64739	62149	19.33	当阳
103.34	962.07		47800	46150	20.11	枝江
	5859.88	1720.14	642574	313800	154.16	襄阳
169.73	807.12	50.14	101812	94709	24.00	老河口
229.25	1147.45	11.38	95565	88611	28.50	枣阳
111.00	978.00	37.00	49170	41034	17.41	宜城
364.11	1767.72	371.01	176413	136818	30.57	鄂州
114.70	2937.54	18.08	271402	250084	57.19	荆门
45.64	841.40	7.26	76947	53862	16.08	京山
198.00	1609.00	15.00	81606	80706	28.00	钟祥
408.79	3615.80	1104.54	128553	126667	63.26	孝感
1.83	1203.79	171.45	73900	72327	18.52	应城
164.73	954.56	123.97	98596	91573	20.60	安陆
805.35	1339.90	44.97	60095	43932	31.61	汉川
1459.70	4026.39	91.22	362388	349641	92.13	荆州
	1620.00	12.00	50538	48296	20.77	监利

5-4 续表 11

城市名称 Name of Cities	综合生产能力(万立方米/日) Integrated Production Capacity (10,000 m³/day)	地下水 Underground Water	供水管道长度(公里) Length of Water Supply Pipelines (km)	建成区 in Built District	供水总量(万立方米) Total Quantity of Water Supply (10,000 m³)	生产运营用水 The Quantity of Water for Production and Operation
石首	10.0		167.96	167.96	1178.30	100.00
洪湖	10.0		435.00	435.00	1802.02	308.20
松滋	10.6		376.50	376.50	1263.50	88.00
黄冈	20.0		480.00	415.00	4881.00	750.00
麻城	6.5		594.33	594.33	1997.34	308.62
武穴	13.0		602.00	540.00	3510.00	960.00
咸宁	26.0		750.40	750.40	4820.08	1040.71
赤壁	20.0		439.60	439.60	2462.00	253.29
随州	26.0		991.80	991.80	4353.00	1075.00
广水	32.4		488.62	455.30	2456.56	212.50
恩施	17.3		1353.12	1353.12	4725.85	873.80
利川	9.0		361.44	361.44	2261.90	64.50
仙桃	35.0		782.83	782.83	6779.26	2360.18
潜江	17.0		880.21	880.21	2813.00	673.80
天门	10.0		863.55	863.55	3064.40	211.22
湖南	**1154.8**	**25.5**	**38420.44**	**29894.15**	**226436.32**	**40782.87**
长沙	240.0		6899.87	6032.54	64918.49	11931.99
宁乡	28.0		1527.10	1021.72	6217.79	2739.96
浏阳	11.5	1.5	450.00	300.00	3271.50	252.00
株洲	117.6		3616.12	3616.12	18656.65	2984.21
醴陵	10.0		900.00	900.00	2648.00	215.00
湘潭	131.0	3.6	2063.41	1967.25	9342.12	1076.92
湘乡	10.0		725.00	725.00	1968.60	538.00
韶山	3.8		360.00	175.00	450.00	28.00
衡阳	70.0		1865.50	1609.41	17195.90	3000.50
耒阳	13.9	0.9	647.35	29.80	3715.30	240.50
常宁	10.0		995.23		1841.29	301.50
邵阳	38.0		1022.00		7787.30	765.60
武冈	12.6		486.66	486.66	2393.30	415.00
邵东	6.5		505.00	417.00	2620.70	59.70
岳阳	86.0	10.0	2429.99	2037.98	11670.29	2657.27
汨罗	6.0		413.00	329.00	1307.20	191.29
临湘	4.0		214.62	191.32	1056.60	47.70
常德	57.4	2.4	2248.83	1619.76	10502.28	2995.97
津市	9.0	0.6	356.35	220.90	1696.25	827.14
张家界	20.0		625.00	617.00	4069.94	1145.51
益阳	37.6	0.5	823.60	1.00	8789.85	1201.52
沅江	8.9	3.5	393.60	163.00	1251.84	168.90

continued 11

公共服务用水 The Quantity of Water for Public Service	居民家庭用水 The Quantity of Water for Household Use	其他用水 The Quantity of Water for Other Purposes	用水户数(户) Number of Households with Access to Water Supply (unit)	家庭用户 Household User	用水人口(万人) Population with Access to Water Supply (10,000 persons)	城市名称 Name of Cities
80.00	688.30		54694	53365	14.75	石首
97.40	979.12	14.10	57645	48708	14.65	洪湖
45.00	778.50	45.00	46677	45207	13.65	松滋
616.00	2441.00	40.00	137150	132035	29.42	黄冈
273.86	821.25	72.25	90400	71320	28.22	麻城
610.00	1536.00	35.00	90120	87350	29.80	武穴
270.68	2266.59	413.93	199000	112992	40.95	咸宁
270.00	1214.00	50.00	131668	127853	28.00	赤壁
112.00	2301.00	176.00	181102	172760	50.00	随州
197.00	1643.00	88.50	179191	74476	31.98	广水
68.97	2231.01	12.25	174236	164036	28.20	恩施
5.88	1274.30	416.70	60582	54842	22.43	利川
559.45	2307.75	26.68	231386	217563	40.40	仙桃
11.70	1626.50	11.60	102753	98318	42.81	潜江
144.41	1842.47	163.63	109038	103365	40.00	天门
31377.52	**101553.26**	**7582.70**	**6028720**	**5312977**	**1738.39**	**湖南**
15813.00	24287.00	4379.00	1074334	991517	396.52	长沙
84.58	2278.43	14.20	167392	140000	47.77	宁乡
594.00	1707.00	28.00	134000	110000	27.57	浏阳
3043.13	8981.97		663914	609606	121.25	株洲
295.00	1438.00		105265	103711	24.75	醴陵
1096.69	5047.05	625.78	306943	271594	95.65	湘潭
110.00	900.00	98.00	81969	73172	28.80	湘乡
33.00	289.00	12.00	16550	14250	4.95	韶山
1001.90	7070.50	248.00	398609	389494	142.98	衡阳
203.50	1920.30	20.90	1431	1129	31.82	耒阳
55.60	1098.40	35.50	93783	63148	17.40	常宁
447.20	5418.00	132.00	292730	270962	68.00	邵阳
96.00	1350.00	72.00	50502	43300	29.00	武冈
403.00	1716.60	19.00	101881	96976	36.40	邵东
344.82	6111.75	98.90	313879	296133	94.67	岳阳
3.80	728.31	72.50	48774	44402	13.28	汨罗
106.20	691.50	4.70	42316	31207	19.83	临湘
1240.93	4007.02	164.90	471288	441399	81.70	常德
	557.00	14.11	57016	54200	10.93	津市
79.00	1531.20	67.00	127158	87269	27.74	张家界
1428.28	3710.00	154.05	170941	139923	64.50	益阳
71.54	759.70	17.00	73691	62382	19.31	沅江

5-4 续表 12

城市名称 Name of Cities	综合生产能力（万立方米/日）Integrated Production Capacity (10,000 m^3/day)	地下水 Underground Water	供水管道长度（公里）Length of Water Supply Pipelines (km)	建成区 in Built District	供水总量（万立方米）Total Quantity of Water Supply (10,000 m^3)	生产运营用水 The Quantity of Water for Production and Operation
郴　州	75.5	0.6	1420.84	1420.84	7570.00	1586.00
资　兴	10.0		496.00	496.00	1631.30	436.00
永　州	46.5		1433.90	1283.60	11723.14	3180.30
怀　化	30.0		1311.80	1311.80	8599.50	435.00
洪　江	6.0		313.83	303.60	992.22	115.63
娄　底	23.0		980.00	820.00	6251.62	593.00
冷水江	11.0		1851.04	1085.65	1672.24	296.35
涟　源	8.0	2.0	360.00	28.00	1477.70	141.00
吉　首	13.0		684.80	684.20	3147.41	215.41
广　东	**3949.1**	**26.9**	**128119.00**	**112096.36**	**956866.57**	**224641.91**
广　州	844.7		37232.74	28590.00	253881.43	35475.45
韶　关	39.0		3273.35	2832.35	9410.33	934.74
乐　昌	5.0		242.26	242.26	1221.41	97.50
南　雄	5.0		130.29	130.29	1055.00	267.00
深　圳	711.0		17482.30	17482.30	177537.00	49365.00
珠　海	158.6	0.4	4832.00	4053.00	45480.96	16761.30
汕　头	142.8		5155.37	4581.21	31414.81	5358.43
佛　山	304.8		5521.00	3436.35	54940.07	17937.73
江　门	98.0		2911.73	2722.73	26307.00	6952.73
台　山	15.0		1068.09	1068.09	3548.02	348.61
开　平	29.5		662.49	662.49	5285.35	2340.27
鹤　山	19.6		481.67	481.67	2761.83	1163.34
恩　平	13.4	0.0	1298.04	370.22	2235.19	955.92
湛　江	73.6	21.1	2033.21	2033.21	15034.07	1039.76
廉　江	19.0		381.06	381.06	3298.00	20.00
雷　州	5.3	5.3	443.57	443.57	1867.00	189.00
吴　川	15.0		962.42	961.42	1854.41	
茂　名	43.4		1515.63	1515.63	8124.63	604.34
高　州	10.0		396.41	346.45	2415.46	65.01
化　州	9.8		285.67	228.54	1837.44	121.12
信　宜	7.5		310.00	310.00	1350.00	132.47
肇　庆	61.0		2823.11	2418.48	15460.52	4198.98
四　会	20.0		497.40	497.40	5260.42	631.24
惠　州	170.0		4155.30	4155.30	31625.00	10442.19
梅　州	31.0		524.00	524.00	6650.22	698.70
兴　宁	10.0		440.74	440.74	3518.84	121.66
汕　尾	15.5		673.83	648.80	6609.00	1509.00
陆　丰	8.0		190.13	190.13	2310.00	

continued 12

公共服务用水 The Quantity of Water for Public Service	居民家庭用水 The Quantity of Water for Household Use	其他用水 The Quantity of Water for Other Purposes	用水户数(户) Number of Households with Access to Water Supply (unit)	家庭用户 Household User	用水人口(万人) Population with Access to Water Supply (10,000 persons)	城市名称 Name of Cities
1026.00	3637.00	161.00	290655	270761	65.50	郴　州
120.00	590.00	32.00	96800	94800	16.69	资　兴
1456.30	4289.99	488.07	245348	203952	58.90	永　州
756.00	4078.00	378.00	192063	105794	62.20	怀　化
146.74	509.23	1.18	51962	47217	11.79	洪　江
663.62	3507.00	170.00	180005	110284	51.54	娄　底
6.06	893.87	28.91	70593	49247	15.19	冷水江
149.00	774.00	46.00	43741	39366	17.96	涟　源
502.63	1675.44		63187	55782	33.80	吉　首
147581.80	**391233.23**	**60857.76**	**15054254**	**12873813**	**6241.10**	**广　东**
45424.46	114542.41	11038.11	3365019	3049818	1385.87	广　州
1538.95	5159.10	184.22	330546	302188	63.49	韶　关
228.09	763.67	1.71	69863	62014	11.24	乐　昌
46.00	554.00	5.00	52396	43874	11.00	南　雄
42312.00	70329.00	846.00	1500000	1100000	1343.88	深　圳
9038.48	13905.18	19.81	834068	793264	215.00	珠　海
752.02	15419.47	4394.73	764363	667275	284.65	汕　头
2752.00	20524.33	8935.62	1267001	1083049	190.04	佛　山
4146.07	7956.68	3676.90	671788	566144	127.64	江　门
838.67	1686.77	279.33	158592	145603	18.58	台　山
129.34	2679.79	17.44	144608	124190	29.24	开　平
124.60	1046.65	174.44	92100	82000	14.97	鹤　山
85.13	870.56	73.98	98330	80877	18.35	恩　平
5269.65	6529.10	7.20	362527	328372	151.00	湛　江
250.00	2019.00	622.00	85592	77598	31.00	廉　江
168.00	1082.00	7.00	72167	71896	51.00	雷　州
	1031.40	456.10	67350	45505	26.60	吴　川
1141.32	4464.92	953.78	189400	167295	88.02	茂　名
542.96	1357.75	162.39	69169	58988	35.80	高　州
165.62	1376.88	31.83	84341	83819	40.68	化　州
197.97	597.19	287.66	74449	63303	28.62	信　宜
2524.24	6232.75	458.03	371220	329784	85.60	肇　庆
758.58	2220.94	182.21	153851	134328	28.16	四　会
1077.69	15193.05	229.19	657618	607081	248.84	惠　州
657.63	4183.13	82.20	259948	202009	43.60	梅　州
404.28	1669.20		120717	103979	24.66	兴　宁
271.00	2443.00	175.00	97000	92000	31.86	汕　尾
	1560.00	389.00	65000	49000	24.00	陆　丰

5-4 续表 13

城市名称 Name of Cities	综合生产能力(万立方米/日) Integrated Production Capacity (10,000 m³/day)	地下水 Underground Water	供水管道长度(公里) Length of Water Supply Pipelines (km)	建成区 in Built District	供水总量(万立方米) Total Quantity of Water Supply (10,000 m³)	生产运营用水 The Quantity of Water for Production and Operation
河　源	24.9		1337.97	800.68	5587.18	996.00
阳　江	48.6		1647.76	921.00	9721.39	2259.63
阳　春	9.0		792.00	792.00	2435.00	241.77
清　远	41.0		1445.30	1445.30	12143.76	1097.43
英　德	11.0		334.85	334.85	2621.37	
连　州	6.0		147.00	145.00	1098.32	302.00
东　莞	634.4		19931.48	19931.48	148091.53	53285.08
中　山	115.4	0.1	1528.00	1528.00	18228.34	4049.12
潮　州	64.0		898.09	878.09	11990.85	1696.20
揭　阳	47.6		1892.00	1429.00	10640.25	1061.29
普　宁	37.0		511.18	462.05	5839.00	504.00
云　浮	11.8		1034.10	985.76	3548.17	791.90
罗　定	13.0		695.46	695.46	2628.00	626.00
广　西	**708.0**	**38.6**	**23871.09**	**23140.95**	**185974.06**	**37330.96**
南　宁	175.5	3.0	5636.73	5608.43	61412.48	6175.26
柳　州	91.6	1.8	2855.09	2855.09	32651.12	12626.23
桂　林	66.5	2.0	2545.81	2545.81	14973.44	2105.57
荔　浦	4.1		235.40	235.40	1109.20	341.18
梧　州	45.8	0.9	679.83	677.43	8709.68	1901.65
岑　溪	9.5	0.3	769.59	227.59	1521.67	411.60
北　海	32.1	17.1	1656.12	1656.12	8352.38	1525.85
防城港	24.2		586.71	586.71	5473.09	1746.68
东　兴	10.0		212.79	201.78	1438.29	13.32
钦　州	30.1	0.0	1238.74	1175.56	6960.36	849.03
贵　港	31.8	0.1	1232.38	1216.74	7422.34	3030.85
桂　平	20.0		234.67	195.06	2703.10	733.85
玉　林	36.6		990.28	990.28	8781.85	2218.02
北　流	10.0	2.5	312.19	312.19	2695.40	1055.40
百　色	25.5		825.15	825.15	4455.45	1210.66
平　果	13.0		274.60	274.60	1480.00	298.00
靖　西	4.5		167.69	167.69	1160.00	35.00
贺　州	10.0		993.76	993.76	3210.31	311.10
河　池	31.7	10.0	590.81	590.81	4127.46	329.16
来　宾	12.0		1075.30	1075.30	3661.77	185.36
合　山	5.0		103.60	103.60	359.00	68.00
崇　左	12.0		372.47	344.47	2635.94	148.52
凭　祥	6.7	0.9	281.38	281.38	679.73	10.67

continued 13

公共服务用水 The Quantity of Water for Public Service	居民家庭用水 The Quantity of Water for Household Use	其他用水 The Quantity of Water for Other Purposes	用水户数(户) Number of Households with Access to Water Supply (unit)	家庭用户 Household User	用水人口(万人) Population with Access to Water Supply (10,000 persons)	城市名称 Name of Cities
529.77	2352.24	972.61	147692	125920	35.70	河　源
602.93	3996.01	1466.04	148987	122044	51.25	阳　江
151.20	1670.00	240.27	62717	57716	22.00	阳　春
2669.71	5556.74	1057.41	246557	208719	66.69	清　远
527.96	1325.10	9.09	85439	71386	17.98	英　德
48.00	608.00	8.00	38680	30980	12.00	连　州
16200.31	43866.03	17041.74	1044627	686536	975.26	东　莞
2852.25	7036.61	2265.83	451462	392265	115.31	中　山
1160.47	5828.54	1481.67	281265	239912	78.08	潮　州
328.64	5137.87	1961.71	190267	156416	90.65	揭　阳
1568.00	2523.00	662.00	158984	158984	62.00	普　宁
24.81	2347.17	0.51	56146	54276	28.79	云　浮
73.00	1588.00		62408	53406	32.00	罗　定
26854.84	**94816.40**	**3096.59**	**3134876**	**2860987**	**1266.45**	**广　西**
10122.09	34900.67	1148.25	445930	413511	392.69	南　宁
4330.39	12278.27		502558	458249	187.52	柳　州
2648.71	7726.91	244.44	654912	593481	102.51	桂　林
18.03	524.10	114.17	48000	43612	8.50	荔　浦
2007.96	3804.11	72.95	159041	137965	59.72	梧　州
36.20	924.08		67876	66806	18.04	岑　溪
1919.96	3941.60	7.58	128731	121855	52.39	北　海
701.29	2230.10	25.30	46710	39106	26.86	防城港
91.43	815.12	375.24	23213	19209	10.48	东　兴
1342.29	3289.07	366.84	142837	138041	38.03	钦　州
381.83	3220.76	86.12	134167	113475	45.65	贵　港
578.25	1106.00		56033	54442	21.06	桂　平
556.64	4993.11	19.19	154943	127835	78.26	玉　林
123.00	1338.00	1.00	50355	47168	23.94	北　流
177.83	2412.37	5.84	70479	66223	37.80	百　色
110.00	937.00	2.00	70604	70028	19.23	平　果
36.00	965.00	27.00	41215	41050	17.51	靖　西
415.26	1836.35	261.58	50024	41834	24.17	贺　州
47.00	2958.71	172.00	107126	98673	34.67	河　池
614.32	2346.34	149.25	106453	102955	34.02	来　宾
9.00	238.00	3.00	14911	14822	5.49	合　山
475.89	1544.11	11.84	36015	29864	19.96	崇　左
111.47	486.62	3.00	22743	20783	7.95	凭　祥

5-4 续表 14

城市名称 Name of Cities	综合生产能力(万立方米/日) Integrated Production Capacity (10,000 m³/day)	地下水 Underground Water	供水管道长度(公里) Length of Water Supply Pipelines (km)	建成区 in Built District	供水总量(万立方米) Total Quantity of Water Supply (10,000 m³)	生产运营用水 The Quantity of Water for Production and Operation
海　南	**199.0**	**19.1**	**6984.19**	**990.43**	**50765.60**	**3025.00**
海　口	82.0	18.9	1887.67		25735.22	2636.81
三　亚	61.2	0.2	2578.36		15925.48	175.39
儋　州	10.0		262.28		2681.75	9.20
五指山	2.5		176.45	176.45	659.29	37.65
琼　海	15.0		743.00		1875.39	104.65
文　昌	10.3		230.48	230.48	1636.05	25.75
万　宁	15.0		705.95	430.50	953.55	35.55
东　方	2.9		400.00	153.00	1298.87	
重　庆	**711.0**	**1.8**	**26524.11**	**24786.75**	**165351.83**	**35766.43**
重　庆	711.0	1.8	26524.11	24786.75	165351.83	35766.43
四　川	**1669.3**	**69.6**	**52541.77**	**48131.36**	**291782.16**	**37678.90**
成　都	656.3	4.5	20908.63	18667.57	124722.05	12051.86
都江堰	23.0	2.1	499.29	498.89	3464.68	59.59
彭　州	18.3	0.3	1093.34	1091.15	2081.00	387.00
邛　崃	11.4	1.4	287.74	287.74	2233.00	348.38
崇　州	8.0	8.0	260.00	260.00	1932.90	365.30
简　阳	12.1		296.38	254.38	2936.91	468.84
自　贡	29.2		3676.84	3676.84	7300.73	1802.58
攀枝花	46.7		1323.96	1323.96	12036.00	4936.59
泸　州	72.3		3018.17	3018.17	12372.62	1863.83
德　阳	32.0	6.0	708.10	696.10	6845.15	1718.68
广　汉	20.5	13.0	415.41	408.11	3356.70	1049.65
什　邡	11.0	2.1	425.00	263.45	2223.01	301.32
绵　竹	8.0	8.0	132.55	131.95	2143.93	241.95
绵　阳	66.8	7.3	4759.61	4619.02	14743.19	2444.80
江　油	15.0		759.86	759.86	3149.76	
广　元	20.1	2.1	713.12	652.27	4961.06	503.53
遂　宁	33.1		1340.60	1323.49	7066.59	739.13
射　洪	8.8		191.00	191.00	2616.90	79.45
内　江	18.0		735.02	614.61	5530.60	224.98
隆　昌	7.0	6.8	556.52	478.40	2260.00	377.00
乐　山	42.0		2335.93	1358.66	7599.44	1117.83
峨眉山	12.5		218.00	218.00	2612.48	131.00
南　充	43.0		1115.00	1115.00	11600.00	1880.00
阆　中	8.5		286.00	286.00	2662.00	623.00
眉　山	25.5	0.0	839.85	740.50	5642.21	638.06

continued 14

公共服务用水 The Quantity of Water for Public Service	居民家庭用水 The Quantity of Water for Household Use	其他用水 The Quantity of Water for Other Purposes	用水户数(户) Number of Households with Access to Water Supply (unit)	家庭用户 Household User	用水人口(万人) Population with Access to Water Supply (10,000 persons)	城市名称 Name of Cities
6704.64	**27916.87**	**5570.58**	**406554**	**347852**	**344.89**	**海南**
4247.52	13905.03	1253.56	115809	101524	202.01	海口
1480.87	7691.08	3988.77	81927	62433	63.09	三亚
41.30	2120.01	52.75	47223	40823	26.33	儋州
	479.16	27.62	33405	33402	4.10	五指山
214.41	1398.51	40.77	50814	47003	12.59	琼海
448.56	963.83	30.06	18468	13759	15.30	文昌
124.14	602.84	8.85	34160	24160	10.22	万宁
147.84	756.41	168.20	24748	24748	11.25	东方
24760.03	**75286.53**	**5406.97**	**7354805**	**6738542**	**1524.60**	**重庆**
24760.03	75286.53	5406.97	7354805	6738542	1524.60	重庆
43719.42	**153405.41**	**11558.06**	**10015300**	**8648629**	**2760.15**	**四川**
24975.57	65551.08	4552.48	2688801	2109585	884.40	成都
256.59	1416.02	587.70	157608	134135	23.29	都江堰
224.00	893.00	210.00	95371	87962	26.72	彭州
164.37	846.48	76.39	90931	89757	26.37	邛崃
417.50	956.80		72000	39600	20.00	崇州
34.99	1566.24	142.45	143996	129182	33.32	简阳
	4120.06	69.83	313885	290916	118.13	自贡
1290.82	4070.10		314945	295311	65.28	攀枝花
1385.83	6207.14	1071.67	419357	342568	164.41	泸州
251.05	3493.78	157.73	309585	283522	68.18	德阳
748.25	1090.93	79.79	92788	77771	25.49	广汉
521.15	754.29	174.61	44094	39596	13.71	什邡
130.43	737.83	263.42	68034	52651	14.56	绵竹
1892.53	8213.06	31.22	673293	616268	142.45	绵阳
184.06	2216.16	158.27	150970	142000	35.00	江油
794.69	2781.24	50.33	178654	171870	55.43	广元
881.40	3488.57	314.16	329414	290188	62.45	遂宁
142.71	1878.65	101.98	149418	134716	32.00	射洪
1277.45	2835.68	222.00	326118	277487	70.66	内江
	1600.00		115819	105110	22.00	隆昌
211.82	4141.72	773.15	420657	381632	83.37	乐山
185.00	1856.48	79.00	78620	65530	18.96	峨眉山
2415.00	5920.00		526850	462189	148.00	南充
612.00	1120.00		129800	110750	30.95	阆中
439.76	3564.63	31.53	324185	299487	57.75	眉山

5-4 续表 15

城市名称 Name of Cities	综合生产能力(万立方米/日) Integrated Production Capacity (10,000 m^3/day)	地下水 Underground Water	供水管道长度(公里) Length of Water Supply Pipelines (km)	建成区 in Built District	供水总量(万立方米) Total Quantity of Water Supply (10,000 m^3)	生产运营用水 The Quantity of Water for Production and Operation
宜　宾	58.5	3.0	1162.22	922.22	8391.31	564.59
广　安	248.0		801.36	801.36	4005.83	51.66
华　蓥	2.5		273.89	273.89	850.74	34.84
达　州	29.8		801.50	741.00	6544.00	228.00
万　源	9.0	5.0	83.00	76.00	821.00	38.00
雅　安	20.5		614.93	614.93	2813.26	627.31
巴　中	11.5		503.11	361.00	4174.26	384.28
资　阳	14.0		572.50	572.50	3560.85	343.87
马尔康	2.5		56.00	56.00	385.00	20.00
康　定	1.3		76.33	76.33	495.00	3.00
西　昌	22.7		701.01	701.01	5648.00	1029.00
贵　州	**432.7**	**10.3**	**17303.53**	**9731.57**	**89270.51**	**17621.74**
贵　阳	164.5		5057.20		40693.96	7387.93
清　镇	10.0		294.96	294.96	2936.31	836.34
六盘水	48.3		1466.87	1466.87	4063.74	708.02
盘　州	10.7		644.53	644.53	2021.00	666.11
遵　义	50.4		3573.21	2171.95	11757.00	2021.57
赤　水	5.0		196.00	196.00	1004.43	297.71
仁　怀	7.0		679.93	679.93	2642.62	837.18
安　顺	30.8		632.50	632.50	4281.76	747.70
毕　节	12.0		610.00	610.00	3708.59	840.00
铜　仁	19.5	0.5	495.50		4246.22	907.36
兴　义	26.1		709.09	709.09	3502.00	535.00
兴　仁	7.0	1.0	243.82	238.86	1033.45	16.03
凯　里	23.1	0.8	1075.78	796.63	3357.24	848.65
都　匀	14.3	8.0	1244.14	1110.25	3005.09	734.94
福　泉	4.0		380.00	180.00	1017.10	237.20
云　南	**460.8**	**21.3**	**16734.77**	**13760.56**	**104904.32**	**18136.50**
昆　明	201.4	7.1	5428.54	4085.91	49028.60	6849.29
安　宁	11.1	2.2	581.59	504.24	2287.27	53.10
曲　靖	33.7	0.1	1014.82	988.55	7418.00	2722.60
宣　威	10.0		269.35	235.78	1345.00	27.52
玉　溪	16.0	1.5	496.60	494.60	4359.30	1070.97
澄　江	1.0	1.0	239.24	239.24	338.00	98.00
保　山	15.0	4.0	447.77	427.27	3143.17	264.30
腾　冲	9.5	4.5	273.00	259.00	1218.67	188.14
昭　通	10.0		387.51	387.51	2671.00	764.00

continued 15

公共服务用水 The Quantity of Water for Public Service	居民家庭用水 The Quantity of Water for Household Use	其他用水 The Quantity of Water for Other Purposes	用水户数(户) Number of Households with Access to Water Supply (unit)	家庭用户 Household User	用水人口(万人) Population with Access to Water Supply (10,000 persons)	城市名称 Name of Cities
1358.05	4506.18	739.94	332776	265636	160.14	宜 宾
604.83	1975.13	722.60	246032	230207	39.60	广 安
33.30	591.40	43.86	61367	58514	12.22	华 蓥
295.00	4922.00	141.00	463319	435684	124.81	达 州
33.00	445.00	36.00	29089	24000	12.00	万 源
634.24	1092.48	46.20	141936	120512	23.50	雅 安
192.14	3074.24		208836	191556	47.34	巴 中
671.89	1973.04	97.75	183814	165259	38.00	资 阳
50.00	279.00	10.00	7530	7530	3.00	马尔康
3.00	380.00	5.00	9784	5811	8.36	康 定
407.00	2847.00	568.00	115624	114137	48.30	西 昌
7394.09	**43775.68**	**1722.78**	**3348219**	**2995954**	**828.17**	**贵 州**
3941.97	19433.96	301.59	1372067	1281760	296.64	贵 阳
174.09	1428.10	25.23	99911	85232	24.06	清 镇
	2626.50	2.99	91460	91460	40.00	六盘水
74.21	723.68	226.00	62944	51793	23.41	盘 州
1219.43	5293.50	684.50	533522	490996	119.50	遵 义
	548.53		52000	42500	16.90	赤 水
534.87	627.88	325.56	111203	91203	24.82	仁 怀
746.10	2054.54	30.10	195004	171549	48.24	安 顺
31.00	1757.53	66.06	67400	57530	44.68	毕 节
7.06	2151.14	0.65	214417	193446	44.60	铜 仁
141.00	2556.00		192762	130704	45.66	兴 义
13.72	792.18	14.15	39458	29078	14.96	兴 仁
219.13	1696.32	20.95	144043	127276	39.55	凯 里
227.01	1562.52	25.00	119028	104427	31.37	都 匀
64.50	523.30		53000	47000	13.78	福 泉
7315.76	**49550.14**	**10703.15**	**3571424**	**3104522**	**1007.82**	**云 南**
2237.92	21115.87	8332.81	1747638	1562560	405.08	昆 明
520.33	769.22	679.10	99754	86060	27.68	安 宁
429.60	3378.52	82.07	160310	155129	76.95	曲 靖
46.23	1120.63	9.90	73025	69500	29.18	宣 威
286.10	2334.28	32.24	129368	114915	39.93	玉 溪
2.50	172.10	2.00	30061	28995	3.00	澄 江
19.97	2104.86	203.56	53909	49346	35.93	保 山
166.22	456.61	244.70	29301	26370	17.00	腾 冲
1.80	1417.00	7.20	79100	67089	34.08	昭 通

5-4 续表 16

城市名称 Name of Cities	综合生产能力(万立方米/日) Integrated Production Capacity (10,000 m^3/day)	地下水 Underground Water	供水管道长度(公里) Length of Water Supply Pipelines (km)	建成区 in Built District	供水总量(万立方米) Total Quantity of Water Supply (10,000 m^3)	生产运营用水 The Quantity of Water for Production and Operation
水富	2.0		171.00	171.00	512.70	101.80
丽江	12.0		843.90	843.90	2227.00	10.61
普洱	7.5		284.82	284.82	2061.75	410.20
临沧	6.5		264.57	42.00	1294.20	518.20
楚雄	17.2		873.75	754.73	4707.13	85.76
个旧	9.2		165.00	142.00	1491.95	321.29
开远	5.3	0.9	278.33	278.33	1353.66	181.98
蒙自	14.5		799.38	799.38	3076.72	483.27
弥勒	6.0		334.00	334.00	1098.00	98.00
文山	9.9	0.0	794.16	789.76	2840.30	542.63
景洪	10.0		278.90	278.90	2518.90	350.62
大理	28.9		593.64	593.64	5089.24	1439.00
瑞丽	7.0		261.37	261.37	2032.80	1297.00
芒市	8.3		396.00	328.00	1287.80	215.00
泸水	3.4		1077.90	65.00	513.56	27.82
香格里拉	5.3		179.63	171.63	989.60	15.40
西藏	**68.5**	**51.7**	**1771.42**	**1744.72**	**14700.23**	**1541.36**
拉萨	38.1	38.1	1054.37	1041.27	8516.94	988.80
日喀则	7.8	7.8	237.00	237.00	2311.33	
昌都	5.0		165.00	165.00	490.00	29.00
林芝	4.0	2.0	120.00	120.00	968.00	465.00
山南	3.5	3.5	89.05	89.05	1064.00	58.52
那曲	10.0	0.2	106.00	92.40	1349.96	0.04
陕西	**577.8**	**219.7**	**11801.88**	**11200.97**	**129087.24**	**35832.54**
西安	292.7	107.0	5743.12	5564.35	75758.08	20815.14
铜川	18.5	4.3	470.11	456.81	2543.12	884.33
宝鸡	39.0	14.0	1265.52	1157.55	6464.00	1137.73
咸阳	80.9	16.9	720.27	720.27	12691.31	4162.25
彬州	1.8		103.00	98.00	603.00	128.50
兴平	13.0	13.0	67.76	60.56	3473.85	2102.25
渭南	34.2	19.0	414.56	363.39	6137.98	1783.78
韩城	7.0	5.0	367.70	299.60	1285.56	131.50
华阴	8.5	8.5	112.50	112.50	773.00	240.00
延安	14.0		328.50	314.10	3301.60	1310.14
子长	1.2	0.1	121.60	121.60	398.35	37.90
汉中	15.2	15.2	536.55	536.55	4146.09	136.43
榆林	18.7	8.7	696.99	582.99	3519.36	901.48

continued 16

公共服务用水 The Quantity of Water for Public Service	居民家庭用水 The Quantity of Water for Household Use	其他用水 The Quantity of Water for Other Purposes	用水户数(户) Number of Households with Access to Water Supply (unit)	家庭用户 Household User	用水人口(万人) Population with Access to Water Supply (10,000 persons)	城市名称 Name of Cities
40.00	359.00	2.00	18106	17531	5.79	水富
864.14	551.50	549.75	106343	82694	22.24	丽江
442.00	944.05	5.00	74250	6835	22.66	普洱
16.00	594.00	121.00	36704	32630	18.81	临沧
1366.53	2139.01	10.41	137649	88420	35.31	楚雄
83.00	901.85	7.12	63899	59482	20.00	个旧
9.00	984.83	2.77	71195	65524	20.65	开远
333.12	1962.00		137515	108952	39.00	蒙自
95.00	651.00	63.00	40061	39214	15.56	弥勒
107.00	1708.97	24.50	141131	127303	26.01	文山
4.70	1384.40	300.59	36398	36248	23.10	景洪
	2018.48	7.25	146533	140396	38.20	大理
9.00	556.50	7.00	49416	38978	19.03	瑞丽
2.00	832.00		75858	72926	15.00	芒市
115.00	357.86	3.58	16638	14811	8.47	泸水
118.60	735.60	5.60	17262	12614	9.16	香格里拉
1450.16	**9042.77**	**700.87**	**230023**	**185020**	**98.94**	**西藏**
868.90	5248.74	253.00	133751	98252	58.07	拉萨
171.90	1471.03	288.30	25133	23324	12.30	日喀则
130.00	250.00		25850	25040	11.00	昌都
30.00	275.00	56.00	12566	12566	5.80	林芝
39.36	829.92	9.57	16000	15635	6.25	山南
210.00	968.08	94.00	16723	10203	5.52	那曲
5877.17	**66119.93**	**6457.48**	**3889360**	**3600613**	**1267.17**	**陕西**
1284.75	41228.15	2731.44	2065467	1979270	655.45	西安
407.15	990.64	1.98	70464	63303	39.93	铜川
774.33	3766.10	101.69	307098	296944	90.82	宝鸡
335.68	6540.06	1202.21	126438	25797	106.90	咸阳
120.30	287.90	7.30	29900	29000	11.40	彬州
224.58	823.14	269.56	55966	51976	20.17	兴平
663.33	1994.30	1115.02	174352	172049	54.90	渭南
35.00	763.17	245.44	50125	40350	17.18	韩城
64.00	310.00	20.00	31140	26870	11.50	华阴
74.90	1385.86	69.34	168292	140168	41.23	延安
60.50	249.45	0.50	28780	27212	12.40	子长
384.27	2377.40	458.05	136546	133031	53.98	汉中
465.66	1560.39	42.11	51815	49140	55.10	榆林

5-4 续表 17

城市名称 Name of Cities	综合生产能力(万立方米/日) Integrated Production Capacity (10,000 m³/day)	地下水 Underground Water	供水管道长度(公里) Length of Water Supply Pipelines (km)	建成区 in Built District	供水总量(万立方米) Total Quantity of Water Supply (10,000 m³)	生产运营用水 The Quantity of Water for Production and Operation
神　木	4.2	0.1	245.00	235.00	1829.82	711.00
安　康	11.0		338.50	338.50	2456.55	497.62
商　洛	8.1	8.1	135.20	129.20	1899.29	526.44
杨凌区	10.0		135.00	110.00	1806.28	326.05
甘　肃	**373.8**	**84.5**	**6615.05**	**6200.12**	**56911.60**	**14857.40**
兰　州	168.6	2.2	1751.03	1596.30	28109.85	9585.08
嘉峪关	17.9	17.9	661.35	553.35	3624.93	305.79
金　昌	30.0		387.56	387.56	2177.85	343.59
白　银	39.1		335.49	335.49	2232.89	356.00
天　水	19.1	4.1	257.00	257.00	3037.87	717.87
武　威	20.0	10.0	242.00	242.00	2499.99	633.46
张　掖	16.2	16.2	462.00	425.00	3167.70	924.54
平　凉	5.5	5.5	410.30	410.30	1401.60	186.01
华　亭	1.5	1.5	82.00	82.00	524.00	168.00
酒　泉	21.2	14.0	363.75	301.55	2795.72	558.67
玉　门	1.7	1.7	163.87	163.87	390.00	62.00
敦　煌	4.0	4.0	366.87	366.87	739.38	190.03
庆　阳	3.8	1.0	426.10	426.10	1449.00	183.50
定　西	10.0	1.6	245.06	235.06	732.82	138.56
陇　南	3.6	3.6	83.94	83.94	1180.00	144.30
临　夏	10.4		291.33	291.33	2560.00	360.00
合　作	1.2	1.2	85.40	42.40	288.00	
青　海	**140.8**	**120.8**	**3445.58**	**3043.74**	**30926.78**	**14552.21**
西　宁	55.1	43.2	1697.39	1626.11	15244.05	6686.74
海　东	4.4	1.8	293.20	293.20	1305.63	395.09
同　仁	2.5		70.00	70.00	295.00	42.00
玉　树	3.0		342.60	342.60	923.60	25.00
茫　崖	1.2	1.2	69.98	69.98	389.30	145.00
格尔木	59.3	59.3	653.99	395.39	8524.51	5702.79
德令哈	15.3	15.3	318.42	246.46	4244.69	1555.59
宁　夏	**277.2**	**104.1**	**3015.89**	**2944.83**	**35344.28**	**8135.26**
银　川	90.0	26.0	1017.00	1017.00	19550.74	2928.98
灵　武	2.8	2.8	106.99	103.99	852.99	100.87
宁东能源化工基地	80.0		182.32	182.32	145.96	15.36
石嘴山	71.8	49.0	724.00	656.00	8408.22	3842.88

continued 17

公共服务用水 The Quantity of Water for Public Service	居民家庭用水 The Quantity of Water for Household Use	其他用水 The Quantity of Water for Other Purposes	用水户数(户) Number of Households with Access to Water Supply (unit)	家庭用户 Household User	用水人口(万人) Population with Access to Water Supply (10,000 persons)	城市名称 Name of Cities
300.02	611.80	77.00	520350	500330	22.08	神木
175.81	1398.00	16.69	49310	45007	34.34	安康
296.81	853.57		7791	7001	23.74	商洛
210.08	980.00	99.15	15526	13165	16.05	杨凌区
7545.07	**24878.70**	**4892.09**	**1370953**	**1284739**	**636.43**	**甘肃**
4345.79	11275.65	1278.04	75395	69631	245.82	兰州
336.27	890.79	1771.48	139401	129126	23.78	嘉峪关
350.95	669.35	642.31	69532	66754	20.00	金昌
9.00	1826.89	3.00	69300	68000	34.37	白银
321.00	1498.00		146370	146370	69.60	天水
600.00	984.53		140695	124573	34.31	武威
213.76	1683.00	193.40	149811	148861	29.07	张掖
149.42	756.17	108.80	111110	102692	30.70	平凉
26.00	273.00	5.00	20263	18954	8.99	华亭
314.45	1116.30	285.80	153762	137139	38.98	酒泉
90.00	90.00	48.00	15413	14823	4.63	玉门
58.19	254.50	163.08	42666	36151	9.43	敦煌
213.50	635.00	215.00	45300	45000	20.79	庆阳
110.55	301.71	106.18	49274	47483	20.66	定西
188.89	650.81	66.00	35781	35767	16.80	陇南
28.00	1914.00		89880	80415	23.50	临夏
189.30	59.00	6.00	17000	13000	5.00	合作
939.70	**9786.27**	**3244.69**	**756865**	**653862**	**212.78**	**青海**
120.40	6188.97	720.93	585644	505708	143.15	西宁
6.90	706.14	55.33	76287	65202	23.28	海东
22.00	170.00	20.00	8700	8000	4.15	同仁
6.00	878.00	5.00	30200	25346	10.80	玉树
31.00	133.30	55.00	8540	8540	4.22	茫崖
238.70	1090.86	1219.43	27911	24767	21.29	格尔木
514.70	619.00	1169.00	19583	16299	5.89	德令哈
5880.72	**11711.81**	**4306.77**	**1059990**	**931741**	**296.50**	**宁夏**
3294.62	6751.40	2769.38	511941	457935	161.00	银川
84.84	461.25	122.32	64035	56133	10.81	灵武
67.28	49.64		18000	18000	7.00	宁东能源化工基地
1539.62	1553.47	982.25	151394	134837	42.72	石嘴山

5-4 续表 18

城市名称 Name of Cities	综合生产能力(万立方米/日) Integrated Production Capacity (10,000 m³/day)	地下水 Underground Water	供水管道长度(公里) Length of Water Supply Pipelines (km)	建成区 in Built District	供水总量(万立方米) Total Quantity of Water Supply (10,000 m³)	生产运营用水 The Quantity of Water for Production and Operation
吴　忠	12.0	12.0	327.80	327.80	3203.37	971.47
青铜峡	3.9	3.9	261.20	261.20	927.00	110.70
固　原	8.5	2.2	264.76	264.70	1083.00	165.00
中　卫	8.2	8.2	131.82	131.82	1173.00	
新　疆	**547.9**	**269.1**	**11484.49**	**11284.92**	**89034.65**	**17666.59**
乌鲁木齐	187.3	63.3	2455.60	2455.60	34874.04	6373.73
克拉玛依	97.0	25.0	1978.60	1934.60	8647.63	3790.41
吐鲁番	10.0		366.00	366.00	1788.22	233.00
哈　密	20.2	11.7	862.32	826.75	5057.56	1008.39
昌　吉	25.0	5.0	490.00	370.00	3130.00	331.00
阜　康	4.9	4.1	170.73	170.73	672.01	35.91
博　乐	8.0	2.7	349.56	349.56	1075.94	235.03
阿拉山口	5.0		251.00	251.00	370.13	217.72
库尔勒	43.0	43.0	565.86	565.86	8307.02	1567.00
阿克苏	20.0	20.0	461.00	461.00	4219.00	1582.00
库　车	15.5	15.5	687.44	687.44	1318.45	89.80
阿图什	3.2	3.2	75.84	75.84	668.30	35.00
喀　什	27.2	27.2	462.65	462.65	4628.00	609.00
和　田	8.0	8.0	295.75	295.75	2297.00	70.00
伊　宁	38.6	18.6	712.00	712.00	5483.85	517.00
奎　屯	13.0	13.0	247.60	247.60	2422.00	487.60
霍尔果斯	2.5	2.5	182.00	182.00	736.30	28.40
塔　城	4.3	4.3	304.15	304.15	1008.20	22.00
乌　苏	12.0	2.0	275.00	275.00	1721.00	335.60
阿勒泰	3.2		291.39	291.39	610.00	98.00
新疆兵团	**205.8**	**156.3**	**1901.26**	**1893.26**	**16829.83**	**6416.15**
石河子	35.0	20.0	641.24	641.24	9305.55	5159.49
阿拉尔	11.0		114.00	114.00	1083.50	75.00
图木舒克	11.0		235.00	235.00	1117.00	291.00
五家渠	3.6	3.6	162.00	162.00	1307.56	107.14
北　屯	5.0		188.14	188.14	1317.70	363.14
铁门关	1.6	1.6	158.23	158.23	421.96	49.93
双　河	0.5	0.5	50.00	50.00	178.00	52.00
可克达拉	6.0		223.00	215.00	1460.56	44.87
昆　玉	1.5		64.00	64.00	507.40	232.00
胡杨河	130.6	130.6	65.65	65.65	130.60	41.58

continued 18

公共服务用水 The Quantity of Water for Public Service	居民家庭用水 The Quantity of Water for Household Use	其他用水 The Quantity of Water for Other Purposes	用水户数(户) Number of Households with Access to Water Supply (unit)	家庭用户 Household User	用水人口(万人) Population with Access to Water Supply (10,000 persons)	城市名称 Name of Cities
291.67	965.11	424.17	58002	31356	23.20	吴　忠
86.00	643.30		77044	67184	13.40	青铜峡
252.00	571.00	5.50	67000	67000	23.00	固　原
264.69	716.64	3.15	112574	99296	15.37	中　卫
15857.01	**30534.64**	**12337.33**	**3956878**	**2639641**	**780.42**	**新　疆**
2740.44	14718.09	5660.90	712236	711692	354.80	乌鲁木齐
1778.70	1772.40	640.00	198001	193415	44.63	克拉玛依
117.70	368.92	52.88	25971	22677	8.89	吐鲁番
2045.62	812.37	532.00	198287	183573	24.61	哈　密
823.00	1176.84	362.00	211000	210000	45.54	昌　吉
136.58	431.60	0.43	54548	48661	11.49	阜　康
161.76	563.87		83754	76934	16.70	博　乐
105.10	10.63		4812	3499	1.48	阿拉山口
2546.00	600.00	2598.02	336096	330096	55.00	库尔勒
154.00	2112.00	70.00	150243	149872	42.57	阿克苏
491.83	645.22		75855	75207	17.41	库　车
25.00	505.30	37.50	24890	24890	8.68	阿图什
1569.00	1567.00	340.00	1364838	130000	48.08	喀　什
906.18	1001.00	15.00	46978	46978	22.60	和　田
310.00	2500.00	1623.00	292676	274485	37.20	伊　宁
825.00	715.00	64.40	51368	42771	15.48	奎　屯
317.90	172.80	146.20	15000	14700	1.87	霍尔果斯
621.20	276.00		53052	45624	6.06	塔　城
136.00	330.60	57.00	28631	27957	10.32	乌　苏
46.00	255.00	138.00	28642	26610	7.01	阿勒泰
3240.72	**3202.89**	**1776.66**	**329301**	**308396**	**104.33**	**新疆兵团**
1569.25	1427.20	68.33	175531	172084	47.50	石河子
398.00	500.00	13.00	33000	30000	12.75	阿拉尔
199.00	254.00	262.00	13262	11980	6.50	图木舒克
309.87	442.74	10.01	27269	24008	18.71	五家渠
495.80	225.80	92.50	45800	38500	8.30	北　屯
101.45	121.85	85.44	12109	10579	2.29	铁门关
43.00	55.00	5.00	7164	6764	2.87	双　河
4.35	50.30	1200.38	1829	1731	1.21	可克达拉
120.00	89.00	40.00	5600	5500	1.94	昆　玉
	37.00		7737	7250	2.26	胡杨河

5-5 2020年按城市分列的城市供水(公共供水)

城市名称 Name of Cities	综合生产能力(万立方米/日) Integrated Production Capacity (10,000 m^3/day)		水厂个数(个) Number of Water Plants (unit)		供水管道长度(公里) Length of Water Supply Pipelines (km)	供水总量(万立方米)		
		地下水 Underground Water		地下水 Underground Water		合计 Total	售水量	
							小计 Subtotal	生产运营用水 The Quantity of Water for Production and Operation
全　国	**27625.0**	**2958.9**	**2943**	**848**	**980879.52**	**5864541.90**	**4911973.47**	**1238278.59**
北　京	**606.1**	**198.5**	**64**	**44**	**17819.39**	**134904.14**	**112458.28**	**10742.12**
天　津	**430.1**	**16.0**	**28**	**7**	**21598.19**	**90327.95**	**76313.18**	**26679.07**
河　北	**730.8**	**267.7**	**144**	**87**	**20614.59**	**136725.01**	**115686.77**	**26179.58**
石家庄	145.4	33.0	23	14	3041.57	27006.77	23071.36	7976.71
晋　州	9.0	1.0	1	1	99.37	1459.90	1261.90	127.00
新　乐	6.5		2		284.50	719.00	600.00	101.00
唐　山	75.7	43.2	18	13	2398.40	16091.68	13179.87	2959.46
滦　州	5.0	5.0	2	2	334.92	1327.70	1093.04	230.26
遵　化	8.2	8.2	2	2	142.57	1401.88	1084.63	69.42
迁　安	4.0	4.0	2	2	378.40	1396.00	1187.00	46.00
秦皇岛	51.0	2.0	9	1	1243.62	10749.68	8346.29	1593.22
邯　郸	78.9	38.1	9	5	1946.94	11803.11	10494.73	1936.80
武　安	6.5	3.5	2	1	467.10	1634.60	1472.70	423.10
邢　台	34.8	16.0	6	3	1566.04	7018.41	5455.17	60.16
南　宫	3.8		1		126.00	975.00	885.30	88.40
沙　河	8.6	2.5	3	1	217.45	840.43	704.37	140.71
保　定	52.3	9.1	7	4	1221.28	9963.41	8670.81	1341.89
涿　州	6.0	1.5	2	1	214.86	1930.56	1665.51	325.18
安　国	4.0		1		127.70	920.00	866.65	99.00
高碑店	9.5	3.0	2	1	295.98	1527.91	1370.27	484.00
张家口	35.2	33.2	9	9	927.40	6114.26	4689.94	862.85
承　德	23.0	23.0	11	11	739.52	4022.83	2997.84	302.71
平　泉	2.0	2.0	1	1	99.50	636.26	530.00	11.60
沧　州	22.0		2		512.93	4828.17	4240.59	
泊　头	3.0		1		280.40	980.00	875.78	108.17
任　丘	15.0	3.0	2	1	691.44	1988.60	1669.00	737.17
黄　骅	9.5		2		621.00	1382.69	1281.00	370.00
河　间	5.0		1		356.70	954.29	787.46	123.04
廊　坊	36.2	19.1	8	7	750.61	7205.28	6628.74	3404.80
霸　州	2.5	1.6	1		306.80	738.00	629.00	134.55
三　河	8.0	8.0	3	3	219.62	2697.00	2389.10	354.10
衡　水	23.9	7.5	6	3	461.57	3922.64	3417.32	881.88
深　州	4.8		1		125.31	838.12	744.92	22.00
辛　集	18.1	0.3	2	1	149.67	2017.05	1824.64	574.74
定　州	13.6		2		265.42	1633.78	1571.84	289.66

Urban Water Supply by City (Public Water Suppliers)(2020)

Total Quantity of Water Supply(10,000m³)						用水户数（户）Number of Households with Access to Water Supply (unit)		用水人口（万人）Population with Access to Water Supply (10,000 persons)	城市名称 Name of Cities
Water Sold			免费供水量 The Quantity of Free Water Supply		漏损水量 The Lossed Water		家庭用户 Household User		
公共服务用水 The Quantity of Water for Public Service	居民家庭用水 The Quantity of Water for Household Use	其他用水 The Quantity of Water for Other Purposes		生活用水 Domestic Water Use					
841289.08	**2546264.82**	**286140.98**	**167160.32**	**12128.52**	**785408.11**	**191767415**	**173698354**	**52599.83**	**全　国**
36960.50	**62197.72**	**2557.94**	**695.41**	**5.00**	**21750.45**	**6507150**	**6314197**	**1768.00**	**北　京**
13298.92	**32801.69**	**3533.50**	**1849.99**	**623.06**	**12164.78**	**4996234**	**4824448**	**1174.43**	**天　津**
21543.01	**65136.55**	**2827.63**	**3353.52**	**695.16**	**17684.72**	**6024022**	**5653081**	**1923.18**	**河　北**
2596.99	11979.75	517.91	195.07	36.00	3740.34	406848	382387	325.91	石家庄
753.90	381.00				198.00	6282	5027	13.96	晋　州
39.00	460.00				119.00	22100	20200	9.55	新　乐
2832.45	6871.26	516.70	805.72	310.00	2106.09	810791	769692	202.78	唐　山
66.50	792.84	3.44	19.10		215.56	72775	71005	26.73	滦　州
37.12	755.53	222.56	86.00		231.25	86225	82225	24.62	遵　化
234.00	907.00		41.00		168.00	98000	91000	34.70	迁　安
2348.22	4319.15	85.70	651.33	16.73	1752.06	723576	690973	134.04	秦皇岛
1893.97	6639.96	24.00	33.38	30.00	1275.00	531873	504519	218.68	邯　郸
494.30	546.00	9.30	11.80		150.10	36500	33092	23.31	武　安
1922.37	2972.82	499.82	503.77		1059.47	425633	396540	80.19	邢　台
48.00	748.30	0.60	22.50		67.20	44842	43093	15.22	南　宫
44.38	513.52	5.76			136.06	61312	54595	11.08	沙　河
1988.67	5199.88	140.37	20.44		1272.16	179905	160516	161.16	保　定
343.96	990.11	6.26	90.05	90.05	175.00	114792	89762	28.02	涿　州
10.00	740.00	17.65	46.35	18.54	7.00	43000	39800	11.40	安　国
182.37	690.00	13.90	20.00		137.64	36885	34689	15.12	高碑店
705.54	2800.36	321.19	357.70	20.80	1066.62	554157	525672	99.06	张家口
750.32	1944.81		331.18	162.56	693.81	295701	280995	57.85	承　德
133.03	380.00	5.37	10.00		96.26	75951	70363	19.04	平　泉
1838.76	2399.21	2.62	0.74		586.84	369861	346706	68.51	沧　州
94.98	663.40	9.23	8.18	1.98	96.04	47852	36323	17.02	泊　头
73.45	856.68	1.70	0.60	0.60	319.00	135200	125000	36.87	任　丘
272.00	637.00	2.00	1.00		100.69	69996	69157	20.80	黄　骅
37.92	491.04	135.46			166.83	70913	67804	18.68	河　间
360.35	2854.39	9.20	3.01		573.53	78113	72655	67.49	廊　坊
42.49	451.96				109.00	58019	49906	15.16	霸　州
100.00	1825.00	110.00	7.90	7.90	300.00	74856	72682	22.49	三　河
609.96	1925.48		6.00		499.32	255896	235764	63.32	衡　水
18.01	645.92	58.99	0.20		93.00	52294	51616	19.32	深　州
670.00	577.00	2.90	37.50		154.91	59054	56683	22.12	辛　集
	1177.18	105.00	43.00		18.94	124820	122640	38.98	定　州

5-5 续表 1

城市名称 Name of Cities	综合生产能力(万立方米/日) Integrated Production Capacity (10,000 m³/day)	地下水 Underground Water	水厂个数(个) Number of Water Plants (unit)	地下水 Underground Water	供水管道长度(公里) Length of Water Supply Pipelines (km)	供水总量(万立方米) 合计 Total	售水量 小计 Subtotal	生产运营用水 The Quantity of Water for Production and Operation
山 西	**365.3**	**178.6**	**80**	**62**	**12637.59**	**80058.92**	**72344.16**	**13910.99**
太 原	117.0	51.0	7	7	2699.00	28890.12	26036.50	5115.57
古 交	6.7	0.3	3	1	167.00	1532.79	1378.43	744.92
大 同	63.0	23.0	13	11	1042.23	12768.65	12034.09	3692.80
阳 泉	35.2	2.4	5	2	599.58	1995.20	1852.02	18.27
长 治	20.9	20.9	7	4	1162.00	6875.37	6218.10	469.54
晋 城	13.0	13.0	3	3	659.30	3858.97	3623.14	637.68
高 平	2.2	2.2	2	2	345.38	606.45	584.68	61.36
朔 州	15.7	7.4	6	5	539.70	2262.00	2027.00	546.67
怀 仁	4.1	3.1	4	3	824.48	690.85	611.31	21.00
晋 中	12.9	8.9	3	2	475.46	3610.40	3088.90	873.89
介 休	3.5	3.5	2	2	122.06	756.75	628.42	175.58
运 城	10.5	5.5	4	2	855.40	3404.43	3107.67	46.55
永 济	2.8	2.8	1	1	90.00	802.00	723.00	106.00
河 津	6.8	6.8	2	2	668.72	1119.97	963.93	298.37
忻 州	13.4	3.4	4	3	497.60	1862.97	1594.55	42.69
原 平	4.0	4.0	1	1	171.00	741.00	551.67	117.60
临 汾	8.9	2.0	2	1	571.10	2914.04	2525.99	451.48
侯 马	3.5	3.5	1	1	177.00	1064.44	958.03	118.83
霍 州	4.8	4.8	2	2	275.68	768.32	693.26	65.90
吕 梁	8.5	3.5	3	2	264.00	1738.40	1526.47	52.29
孝 义	5.1	5.1	3	3	275.50	1347.00	1209.00	224.00
汾 阳	2.8	1.5	2	2	155.40	448.80	408.00	30.00
内 蒙 古	**341.8**	**178.5**	**87**	**82**	**12457.28**	**71813.05**	**57192.00**	**20951.82**
呼和浩特	76.0	36.0	11	10	2166.61	17205.00	12360.00	5724.00
包 头	97.0	6.0	6	4	1957.00	18900.00	16045.00	8256.00
乌 海	27.3	16.9	8	8	933.75	5835.59	5040.73	2115.21
赤 峰	30.7	30.7	9	9	1087.31	7595.98	6374.98	1977.88
通 辽	13.0	13.0	6	6	355.21	3382.61	2656.03	66.27
霍林郭勒	2.0	2.0	4	4	305.00	739.44	643.00	217.64
鄂尔多斯	17.3	17.3	10	10	1729.59	3900.40	3129.80	931.64
呼伦贝尔	12.0		1		310.00	2329.00	1840.00	39.00
满 洲 里	5.8	5.8	3	3	516.00	1547.18	909.53	230.08
牙 克 石	3.0	3.0	2	2	218.00	586.30	532.00	42.00
扎 兰 屯	3.2	3.2	2	2	139.26	491.30	420.12	31.36
额尔古纳	2.0	2.0	1	1	93.00	161.00	141.00	35.00
根 河	1.0	1.0	1	1	34.00	192.00	168.00	
巴彦淖尔	17.1	7.1	4	3	367.16	2075.92	1668.38	378.27

continued 1

Total Quantity of Water Supply(10,000m^3)						用水户数(户) Number of Households with Access to Water Supply (unit)		用水人口(万人) Population with Access to Water Supply (10,000 persons)	城市名称 Name of Cities
Water Sold			免费供水量 The Quantity of Free Water Supply		漏损水量 The Lossed Water		家庭用户 Household User		
公共服务用水 The Quantity of Water for Public Service	居民家庭用水 The Quantity of Water for Household Use	其他用水 The Quantity of Water for Other Purposes		生活用水 Domestic Water Use					
14667.69	**42339.61**	**1425.87**	**467.39**	**91.27**	**7247.37**	**2285740**	**2152046**	**1175.87**	**山　西**
7154.38	13720.31	46.24			2853.62	733332	702444	380.00	太　原
127.60	493.41	12.50			154.36	38200	38108	14.43	古　交
2300.96	6029.98	10.35			734.56	220046	206685	126.10	大　同
31.05	1802.45	0.25	7.08	7.08	136.10	155271	148551	50.00	阳　泉
1648.69	4055.07	44.80			657.27	314902	303584	91.42	长　治
1277.69	1693.59	14.18	28.02		207.81	68407	65279	49.00	晋　城
140.00	382.06	1.26			21.77	47827	47113	13.00	高　平
103.50	1368.23	8.60	53.00	24.38	182.00	118431	97572	44.55	朔　州
116.00	467.31	7.00	19.86		59.68	52502	37155	20.00	怀　仁
221.69	1990.12	3.20	50.79	50.79	470.71	21611	18591	67.62	晋　中
	450.82	2.02	55.00		73.33	17162	15380	15.30	介　休
729.17	2330.11	1.84	6.21	6.02	290.55	38426	36348	57.00	运　城
11.00	606.00				79.00	41861	41861	16.25	永　济
47.62	617.36	0.58			156.04	42965	32668	21.27	河　津
9.45	987.45	554.96	53.22		215.20	32507	30375	31.10	忻　州
	433.72	0.35	111.00		78.33	14192	12226	18.15	原　平
203.83	1869.23	1.45	43.30		344.75	163410	161410	61.10	临　汾
7.06	663.58	168.56			106.41	40727	37807	16.06	侯　马
65.22	458.02	104.12			75.06	59089	56779	15.01	霍　州
222.78	858.79	392.61	29.11		182.82	13469	12897	28.50	吕　梁
180.00	802.00	3.00			138.00	43703	42513	29.00	孝　义
70.00	260.00	48.00	10.80	3.00	30.00	7700	6700	11.01	汾　阳
5436.93	**24573.23**	**6230.02**	**3266.81**		**11354.24**	**4468171**	**3950786**	**897.54**	**内蒙古**
1105.00	5058.00	473.00	2573.25		2271.75	972299	904906	201.00	呼和浩特
1063.00	4189.00	2537.00			2855.00	947374	860068	192.84	包　头
562.68	1455.66	907.18	62.66		732.20	230165	204250	56.15	乌　海
623.12	3155.62	618.36			1221.00	414194	379230	92.41	赤　峰
53.40	1757.44	778.92	51.00		675.58	280515	240508	45.78	通　辽
178.07	247.29				96.44	72003	52863	12.80	霍林郭勒
405.67	1752.96	39.53	35.00		735.60	281911	251767	54.64	鄂尔多斯
359.00	1014.00	428.00			489.00	227385	190046	30.00	呼伦贝尔
145.88	520.37	13.20	372.00		265.65	93397	70709	21.84	满洲里
97.00	388.00	5.00			54.30	95000	79000	12.30	牙克石
40.76	348.00		46.94		24.24	66610	47700	13.10	扎兰屯
40.00	66.00				20.00	9500	9000	3.37	额尔古纳
25.00	143.00				24.00	21726	21726	3.72	根　河
26.91	963.56	299.64	48.17		359.37	236123	215343	39.67	巴彦淖尔

5-5 续表 2

城市名称 Name of Cities	综合生产能力(万立方米/日) Integrated Production Capacity (10,000 m^3/day)	地下水 Underground Water	水厂个数(个) Number of Water Plants (unit)	地下水 Underground Water	供水管道长度(公里) Length of Water Supply Pipelines (km)	供水总量(万立方米) 合计 Total	售水量 小计 Subtotal	生产运营用水 The Quantity of Water for Production and Operation
乌兰察布	7.3	7.3	7	7	439.34	2654.53	2060.53	553.70
丰镇	2.4	2.4	1	1	363.00	738.00	530.00	
乌兰浩特	13.2	13.2	3	3	315.50	1449.00	1073.00	110.00
阿尔山	2.1	2.1	2	2	78.05	175.30	127.50	38.60
二连浩特	3.0	3.0	3	3	493.50	414.50	338.40	139.30
锡林浩特	6.5	6.5	3	3	556.00	1440.00	1134.00	65.87
辽宁	**1057.4**	**216.6**	**156**	**74**	**37544.98**	**242591.92**	**176921.21**	**46697.71**
沈阳	257.3	83.1	27	20	4561.42	64982.40	46806.00	8393.60
新民	6.5	1.5	2	1	254.00	1782.00	1358.50	99.00
大连	215.4		17		6743.24	54875.54	41839.25	10489.66
瓦房店	10.0		1		578.00	2347.14	1445.14	251.30
庄河	6.5		1		445.90	2179.89	1468.00	201.00
鞍山	53.0	1.0	8	1	3247.08	14432.00	10900.00	4906.00
海城	10.0	10.0	3	3	483.40	2616.00	1456.00	177.00
抚顺	85.0		7		2411.29	14143.21	8685.97	3277.88
本溪	42.0		6		1086.99	6719.15	5322.32	1705.14
丹东	32.3		6		980.33	5900.00	4155.00	1765.00
东港	12.5		1		327.78	1988.00	1551.00	577.00
凤城	4.0	4.0	2	2	567.71	1266.32	782.31	135.00
锦州	58.0	33.0	7	6	1796.00	9650.00	7249.00	2781.00
凌海	2.0	1.5	6	6	198.00	450.10	384.97	
北镇	2.2	0.2	3	2	122.75	488.94	389.94	18.00
营口	51.9	5.9	9	3	3073.00	11929.00	8207.00	3510.00
盖州	3.9	3.9	2	2	270.68	1405.00	872.00	78.48
大石桥	5.8	0.8	2	1	1435.28	1796.57	986.16	181.55
阜新	35.0	7.4	6	3	1922.40	7056.30	5972.40	1647.30
辽阳	18.0	1.2	4	2	1063.32	8102.83	5166.51	562.31
灯塔	5.0	5.0	2	2	117.61	918.00	610.00	76.00
盘锦	54.0	11.0	6	2	1420.40	8801.00	7345.00	3054.00
铁岭	22.0	10.0	5	3	956.86	2721.79	2206.04	111.19
调兵山	6.4	3.9	2	1	538.04	2335.00	1352.00	841.90
开原	3.8	3.8	4	4	197.20	1008.14	769.60	127.00
朝阳	17.9	17.9	4	4	571.30	3301.60	2246.10	38.40
北票	5.0	0.3	3	1	396.00	1420.00	844.00	91.00
凌源	11.0	11.0	4	4	581.00	1585.00	1279.00	373.00
葫芦岛	17.0		3		753.00	4976.00	4092.00	1219.00
兴城	4.0	0.3	3	1	445.00	1415.00	1180.00	10.00

continued 2

Total Quantity of Water Supply(10,000m³) Water Sold 公共服务用水 The Quantity of Water for Public Service	居民家庭用水 The Quantity of Water for Household Use	其他用水 The Quantity of Water for Other Purposes	免费供水量 The Quantity of Free Water Supply	生活用水 Domestic Water Use	漏损水量 The Lossed Water	用水户数(户) Number of Households with Access to Water Supply (unit)	家庭用户 Household User	用水人口(万人) Population with Access to Water Supply (10,000 persons)	城市名称 Name of Cities
208.60	1291.63	6.60			594.00	108000	108000	33.35	乌兰察布
9.00	457.00	64.00	62.00		146.00	43547	40	13.57	丰　镇
275.00	673.00	15.00			376.00	158136	134533	32.90	乌兰浩特
4.00	84.90		15.79		32.01	11035	10380	3.94	阿 尔 山
36.90	137.80	24.40			76.10	38100	30039	7.41	二连浩特
177.94	870.00	20.19			306.00	161151	140678	26.75	锡林浩特
31586.18	**83432.78**	**15204.54**	**22820.48**	**2653.17**	**42850.23**	**13103923**	**12352141**	**2222.28**	**辽　宁**
10682.20	27512.50	217.70	11497.05	672.00	6679.35	3554681	3385595	563.49	沈　阳
425.60	660.55	173.35	117.69	117.69	305.81	79683	73526	11.29	新　民
6444.73	15179.54	9725.32	2465.00	32.00	10571.29	2384316	2270172	386.36	大　连
140.00	671.68	382.16	140.00		762.00	159388	150132	30.81	瓦 房 店
214.00	687.00	366.00			711.89	131000	122000	34.90	庄　河
1516.00	4478.00		579.00		2953.00	728191	701251	142.35	鞍　山
360.00	913.00	6.00	550.00	500.00	610.00	144107	134426	24.43	海　城
1502.40	3452.61	453.08	2637.88	751.28	2819.36	746256	708726	102.07	抚　顺
951.23	2186.12	479.83			1396.83	447176	426773	84.00	本　溪
238.00	2125.00	27.00	467.00		1278.00	397043	373696	66.79	丹　东
257.00	689.00	28.00	28.00		409.00	99133	89931	16.60	东　港
75.00	571.72	0.59	263.00		221.01	63203	58203	16.00	凤　城
1471.00	2997.00		850.00		1551.00	480015	441260	92.69	锦　州
35.05	319.92	30.00			65.13	51898	49898	11.88	凌　海
123.60	237.30	11.04	35.26		63.74	65247	58128	14.70	北　镇
1342.00	3220.00	135.00	1157.00		2565.00	446652	414842	91.43	营　口
61.04	732.48				533.00	600043	600043	20.56	盖　州
126.71	676.32	1.58			810.41	152771	136718	26.08	大 石 桥
880.10	1291.90	2153.10	90.40		993.50	310366	284113	77.78	阜　新
838.37	3752.83	13.00	828.00	90.00	2108.32	411832	375652	76.62	辽　阳
135.00	399.00		15.00		293.00	29882	26535	8.93	灯　塔
1485.00	2374.00	432.00	183.00		1273.00	286818	256808	79.65	盘　锦
620.49	1452.27	22.09	5.00		510.75	283229	243375	43.15	铁　岭
69.60	396.50	44.00	262.00		721.00	88446	81812	18.60	调 兵 山
280.16	362.44				238.54	90824	75602	21.04	开　原
822.90	1318.10	66.70	390.20	390.20	665.30	285048	263010	51.73	朝　阳
76.00	673.00	4.00	105.00	90.00	471.00	90843	84785	17.60	北　票
110.00	563.00	233.00	20.00		286.00	90836	89000	22.00	凌　源
63.00	2810.00		120.00		764.00	279996	261129	53.94	葫 芦 岛
240.00	730.00	200.00	15.00	10.00	220.00	125000	115000	14.81	兴　城

5-5 续表 3

城市名称 Name of Cities	综合生产能力(万立方米/日) Integrated Production Capacity (10,000 m³/day)	地下水 Underground Water	水厂个数(个) Number of Water Plants (unit)	地下水 Underground Water	供水管道长度(公里) Length of Water Supply Pipelines (km)	供水总量(万立方米) 合计 Total	售水量 小计 Subtotal	生产运营用水 The Quantity of Water for Production and Operation
吉　　林	**371.4**	**41.2**	**68**	**23**	**15699.32**	**85825.26**	**61184.88**	**8717.66**
长　　春	127.8	3.3	8	2	6256.93	37505.97	28159.58	3954.39
榆　　树	2.3	2.3	2	2	233.71	846.00	652.40	
德　　惠	3.0		2	1	490.00	788.94	647.37	
吉　　林	50.5		5		1253.80	10375.00	8120.00	1382.00
蛟　　河	3.6		1		467.09	615.10	415.10	42.10
桦　　甸	6.4		3		140.00	580.00	496.00	53.00
舒　　兰	2.8		1		128.09	741.00	485.25	23.10
磐　　石	2.6	2.0	2	1	155.70	949.00	845.00	100.00
四　　平	11.2		2		763.33	3042.21	2225.84	303.81
双　　辽	4.0	4.0	2	2	140.50	384.00	312.00	22.00
辽　　源	15.0		5		523.88	2583.17	1490.11	361.80
通　　化	16.5	0.3	5	3	647.97	3503.00	1953.40	307.34
集　　安	3.0		1		157.55	905.00	420.00	115.00
白　　山	12.4	1.5	4	3	422.58	2748.72	1620.77	459.96
临　　江	6.6		1		120.00	391.00	310.00	49.00
松　　原	22.0	10.5	5	3	371.25	4061.76	2540.56	241.65
扶　　余	1.2	1.2	1	1	48.60	420.00	342.00	40.00
白　　城	9.5	9.5	2	2	407.00	1806.00	952.00	67.00
洮　　南	1.5	1.5	1	1	161.34	299.00	264.60	18.00
大　　安	2.1	2.1	2	1	157.70	421.20	347.03	81.94
延　　吉	21.0		2		546.58	4573.80	3021.16	674.00
图　　们	1.4		1		195.45	410.00	299.05	55.32
敦　　化	8.0		1		178.51	1191.00	926.00	119.00
珲　　春	10.0		1		349.89	1607.10	826.10	
龙　　井	3.5		1		111.90	518.00	328.20	3.20
和　　龙	4.0		1		196.47	908.67	360.67	118.00
公 主 岭	4.2	0.2	2		306.00	1361.73	855.70	72.24
梅 河 口	10.0		1		209.00	1290.91	1058.12	
长白山保护开发区	5.3	2.9	3	1	558.50	997.98	910.87	53.81
黑 龙 江	**573.0**	**154.1**	**102**	**62**	**21645.83**	**118332.80**	**87375.48**	**21352.74**
哈 尔 滨	161.1	27.8	14	10	6812.70	40393.96	29542.59	3915.51
尚　　志	4.8	3.8	2	1	228.06	1410.56	1297.41	241.31
五　　常	8.0	4.0	2	1	210.44	1290.00	897.50	135.00
齐齐哈尔	34.4	14.4	8	7	854.22	6724.78	5078.15	84.90
讷　　河	2.0	2.0	1	1	95.67	362.43	305.39	
鸡　　西	23.0		2		987.00	4546.50	2720.20	548.80
虎　　林	2.0	2.0	1	1	182.78	415.00	313.00	60.00
密　　山	4.0	4.0	3	3	138.10	690.00	495.00	76.40

continued 3

Total Quantity of Water Supply(10,000m³)						用水户数(户) Number of Households with Access to Water Supply (unit)		用水人口(万人) Population with Access to Water Supply (10,000 persons)	城市名称 Name of Cities
Water Sold			免费供水量 The Quantity of Free Water Supply		漏损水量 The Lossed Water		家庭用户 Household User		
公共服务用水 The Quantity of Water for Public Service	居民家庭用水 The Quantity of Water for Household Use	其他用水 The Quantity of Water for Other Purposes		生活用水 Domestic Water Use					
13999.31	**34771.09**	**3696.82**	**4449.23**	**251.79**	**20191.15**	**5984328**	**5401628**	**1140.86**	**吉　林**
9148.67	14826.72	229.80	1257.63		8088.76	2176602	2017722	444.33	长　春
30.00	515.90	106.50	70.00		123.60	117623	103879	25.50	榆　树
187.68	459.17	0.52			141.57	100500	94352	23.70	德　惠
295.00	4782.00	1661.00	40.00		2215.00	885522	780014	124.43	吉　林
45.00	295.00	33.00	50.00		150.00	75666	69200	14.00	蛟　河
62.60	379.00	1.40			84.00	86027	74998	12.80	桦　甸
25.50	327.07	109.58	8.00		247.75	63796	53396	12.80	舒　兰
40.00	660.00	45.00	12.00		92.00	63000	57000	10.59	磐　石
562.05	1359.98				816.37	281915	256214	53.11	四　平
24.00	231.00	35.00			72.00	56064	56064	11.38	双　辽
229.37	895.29	3.65	300.00		793.06	270608	249265	41.64	辽　源
268.64	1213.40	164.02	705.10		844.50	172080	127731	45.06	通　化
106.00	184.00	15.00	262.00		223.00	43566	39313	7.42	集　安
128.64	1032.17		170.86		957.09	207421	179088	39.13	白　山
21.20	218.00	21.80	50.00		31.00	38226	34818	9.00	临　江
694.52	1188.31	416.08	466.07	212.85	1055.13	225675	207038	46.69	松　原
77.00	200.00	25.00	26.00		52.00	31000	29000	11.20	扶　余
125.00	712.00	48.00	273.00		581.00	122116	101782	22.00	白　城
32.00	205.00	9.60	5.40	5.40	29.00	46000	46000	11.50	洮　南
5.75	259.34		8.19		65.98	75170	57371	10.36	大　安
253.00	1944.00	150.16	202.00	12.50	1350.64	375341	340599	51.00	延　吉
45.63	189.81	8.29	36.00		74.95	26594	24728	6.80	图　们
183.00	555.00	69.00	6.00	1.00	259.00	77372	70538	19.90	敦　化
210.60	519.40	96.10	156.00	7.60	625.00	101939	92930	22.70	珲　春
40.00	248.50	36.50	36.50	1.94	153.30	30000	28500	8.60	龙　井
46.00	196.67		238.00		310.00	29750	27000	8.75	和　龙
172.89	322.75	287.82	69.60	10.50	436.43	56456	49626	12.62	公 主 岭
330.92	642.55	84.65			232.79	121500	108500	28.60	梅 河 口
608.65	209.06	39.35	0.88		86.23	26799	24962	5.25	长白山保护开发区
21032.12	**41289.52**	**3701.10**	**2917.11**	**444.54**	**28040.21**	**6935756**	**6349528**	**1380.10**	**黑 龙 江**
10772.68	14420.12	434.28	201.75		10649.62	2692700	2466474	505.02	哈 尔 滨
210.17	844.43	1.50	0.10		113.05	51579	51074	15.40	尚　志
163.90	598.60		122.50		270.00	85565	76105	18.61	五　常
1591.99	3362.73	38.53	83.52		1563.11	582636	546758	99.73	齐齐哈尔
45.24	258.01	2.14	4.07		52.97	58810	52134	9.50	讷　河
713.50	1422.00	35.90	60.00		1766.30	302390	275816	64.00	鸡　西
53.00	200.00		7.00		95.00	27405	21497	6.67	虎　林
56.00	362.60		20.00		175.00	44156	40451	9.50	密　山

5-5 续表 4

城市名称 Name of Cities	综合生产能力(万立方米/日) Integrated Production Capacity (10,000 m^3/day)		水厂个数(个) Number of Water Plants (unit)		供水管道长度(公里) Length of Water Supply Pipelines (km)	供水总量(万立方米)		
		地下水 Under-ground Water		地下水 Under-ground Water		合计 Total	售水量	
							小计 Subtotal	生产运营用水 The Quantity of Water for Production and Operation
鹤岗	12.6		2		634.97	3087.66	2165.83	602.89
双鸭山	18.0	9.0	8	6	1118.57	3157.00	2435.68	313.28
大庆	138.7	27.4	15	10	4537.96	27061.93	22234.45	12434.42
伊春	18.0	15.7	10	7	700.70	1922.21	1758.70	273.88
铁力	2.0	2.0	1	1	234.30	757.00	620.00	100.00
佳木斯	21.0	21.0	2	2	558.19	3937.96	3060.94	56.00
同江	2.0	2.0	1	1	290.30	380.00	188.50	
富锦	6.0	6.0	2	2	98.24	582.80	480.50	27.20
抚远	0.6	0.6	1	1	59.00	217.80	175.00	13.00
七台河	21.6		2		898.11	2967.00	2015.00	761.00
牡丹江	30.0		3		532.20	7100.42	3261.65	169.85
海林	2.6		1		89.40	470.00	390.00	20.00
宁安	3.0		1		155.32	395.00	290.00	4.50
穆棱	2.2		1		137.87	232.90	205.11	23.33
绥芬河	8.0		2		182.41	901.29	506.25	81.00
东宁	3.0		1		103.73	443.85	286.38	
黑河	5.0		2	1	200.06	832.00	620.24	30.43
北安	5.0		1		139.60	868.10	705.10	277.90
五大连池	0.9	0.9	1	1	110.00	305.00	208.00	5.40
嫩江	2.0		1		266.16	583.16	412.73	57.24
绥化	14.5	8.5	4	3	433.20	2890.00	1874.55	875.40
安达	5.5	1.5	2	1	91.50	1088.69	782.79	58.50
肇东	5.0		1		153.54	1539.80	1360.60	31.10
海伦	5.0		2		273.92	647.80	584.34	45.00
漠河	1.6	1.6	2	2	137.61	130.20	103.90	29.50
上海	**1221.0**		**38**		**39552.54**	**288576.67**	**235880.55**	**41367.30**
江苏	**2879.5**	**31.3**	**130**	**14**	**118279.57**	**525640.41**	**449191.71**	**132381.02**
南京	415.7		15		17241.64	117893.87	100506.59	23329.26
无锡	245.0		6		9034.86	44573.80	37396.38	17253.24
江阴	116.0		3		2304.59	7847.04	7400.56	3480.80
宜兴	30.0		2		2211.15	7314.00	6122.00	1359.00
徐州	122.3	27.3	17	13	3443.07	32369.56	26246.75	4395.36
新沂	20.0		1		740.00	2844.00	2550.00	251.00
邳州	14.0	4.0	2	1	695.00	1970.11	1677.98	243.74
常州	196.0		6		20024.18	32845.02	27542.63	8109.83
溧阳	15.0		1		1029.06	4459.26	3798.97	1084.08
苏州	346.0		12		10397.88	67250.28	59074.55	22264.32
常熟	87.5		3		3282.18	10152.19	9253.72	3822.65

continued 4

Total Quantity of Water Supply(10,000m³)						用水户数（户）Number of Households with Access to Water Supply (unit)		用水人口（万人）Population with Access to Water Supply (10,000 persons)	城市名称 Name of Cities
Water Sold			免费供水量 The Quantity of Free Water Supply		漏损水量 The Lossed Water		家庭用户 Household User		
公共服务用水 The Quantity of Water for Public Service	居民家庭用水 The Quantity of Water for Household Use	其他用水 The Quantity of Water for Other Purposes		生活用水 Domestic Water Use					
104.00	1442.37	16.57			921.83	271905	256410	50.35	鹤　岗
313.43	1688.95	120.02	251.12	101.66	470.20	181078	169099	42.11	双鸭山
3999.43	3657.61	2142.99	301.09	30.05	4526.39	621886	586288	144.64	大　庆
264.07	1049.45	171.30	59.43	11.43	104.08	185897	160616	40.63	伊　春
50.00	420.00	50.00	59.00		78.00	33175	31135	11.10	铁　力
563.99	2305.39	135.56	365.47		511.55	267861	243958	52.00	佳木斯
50.00	138.50		147.80		43.70	40316	33706	6.11	同　江
85.00	368.30		2.00		100.30	46366	42833	12.55	富　锦
11.00	146.00	5.00	10.13		32.67	20327	17089	4.20	抚　远
236.00	994.00	24.00	210.88	11.00	741.12	164265	145383	41.56	七台河
967.89	1896.11	227.80	100.00		3738.77	459557	419438	64.20	牡丹江
140.00	200.00	30.00			80.00	41000	36000	9.82	海　林
56.00	226.00	3.50	10.00		95.00	35000	31500	7.48	宁　安
26.72	143.26	11.80	6.49		21.30	25450	24555	7.41	穆　棱
45.56	351.85	27.84	84.09		310.95	45000	39500	8.30	绥芬河
2.00	250.78	33.60	0.35		157.12	5932	5331	7.30	东　宁
184.37	405.44		3.66	1.15	208.10	94035	82525	14.52	黑　河
102.30	317.30	7.60	24.00		139.00	72581	64013	12.50	北　安
14.15	175.77	12.68			97.00	13713	13202	4.52	五大连池
28.00	326.29	1.20	58.00		112.43	81929	58911	14.30	嫩　江
13.37	985.78		579.06	222.30	436.39	148200	139180	32.46	绥　化
30.99	620.10	73.20	133.90	66.95	172.00	65000	65000	22.50	安　达
48.10	1280.18	1.22	1.20		178.00	96432	80937	24.00	肇　东
73.17	384.50	81.67			63.46	62000	61000	13.80	海　伦
16.10	47.10	11.20	10.50		15.80	11610	11610	3.31	漠　河
66982.41	**113743.86**	**13786.98**	**8242.65**		**44453.47**	**9366490**	**8816530**	**2428.14**	**上　海**
68940.58	**208261.56**	**39608.55**	**9659.23**	**1293.62**	**66789.47**	**17288650**	**15842450**	**3525.34**	**江　苏**
16690.91	55532.92	4953.50	2235.44	199.70	15151.84	3262426	3095053	669.90	南　京
3917.29	15669.17	556.68	362.09		6815.33	1554579	1412675	273.48	无　锡
653.45	2185.42	1080.89			446.48	150956	127630	38.70	江　阴
1454.00	2935.00	374.00	33.00	12.05	1159.00	323499	302795	53.55	宜　兴
1236.55	10494.06	10120.78	2686.71	862.57	3436.10	847146	805646	207.55	徐　州
163.00	1889.00	247.00	10.00	2.00	284.00	100000	98600	30.84	新　沂
132.65	1276.42	25.17	3.79		288.34	134137	123563	40.31	邳　州
4518.24	14135.64	778.92	1293.68		4008.71	897681	781451	217.52	常　州
1217.73	1497.16		29.89		630.40	102950	88963	25.97	溧　阳
12070.28	24438.60	301.35	112.45	3.27	8063.28	2004697	1866985	426.28	苏　州
1295.43	3242.11	893.53	12.35		886.12	316649	286643	46.43	常　熟

5-5 续表 5

城市名称 Name of Cities	综合生产能力(万立方米/日) Integrated Production Capacity (10,000 m³/day)	地下水 Underground Water	水厂个数(个) Number of Water Plants (unit)	地下水 Underground Water	供水管道长度(公里) Length of Water Supply Pipelines (km)	供水总量(万立方米) 合计 Total	售水量 小计 Subtotal	生产运营用水 The Quantity of Water for Production and Operation
张家港	80.0		2		1171.00	5452.00	4900.00	1828.00
昆山	150.0		3		3422.20	20122.86	17714.43	8033.72
太仓	70.0		2		407.99	4101.00	3575.00	1462.00
南通	217.5		5		5987.36	29210.69	24287.78	3035.42
海安	18.0		1		1719.20	4304.81	3803.58	1595.48
启东	24.5		1		902.56	3341.00	3011.00	1329.00
如皋	40.0		2		1271.23	4441.27	3649.10	1165.41
连云港	58.0		7		4459.63	13394.63	11051.22	3163.30
淮安	69.0		5		4865.00	17556.54	15285.48	4685.13
盐城	75.0		3		4910.79	12502.80	10352.72	2445.31
东台	30.0		1		1139.53	2229.99	1943.00	380.57
扬州	110.0		5		4170.28	21930.26	19603.68	2302.78
仪征	15.0		1		801.64	2517.81	1949.79	674.23
高邮	15.0		2		489.00	3273.00	2623.00	785.00
镇江	70.0		3		2659.03	13938.18	12617.36	4639.92
丹阳	30.0		2		545.00	4118.48	3522.00	1184.45
扬中	10.0		1		547.69	2055.00	1526.94	298.60
句容	10.0		1		685.95	3294.40	2364.40	585.44
泰州	55.0		5		2809.39	11988.29	10502.70	3311.67
兴化	15.0		2		596.25	1715.00	1512.00	159.00
靖江	25.0		1		907.00	2621.45	2364.55	836.52
泰兴	30.0		3		865.26	3192.00	2081.50	479.60
宿迁	55.0		4		2542.98	8819.82	7380.35	2407.19
浙江	**1899.3**		**131**		**89740.41**	**405731.55**	**360088.23**	**122533.63**
杭州	455.0		20		22700.68	120992.05	107812.12	29601.37
建德	14.0		2		791.16	1833.00	1581.00	542.00
宁波	242.5		8		11909.14	62221.80	55026.31	23663.26
余姚	40.5		5		2285.19	5806.95	5264.14	2314.91
慈溪	46.0		4		1227.90	3417.90	3164.00	565.24
温州	168.0		13		3700.87	31209.71	26420.22	6878.49
瑞安	26.0		2		1508.85	2556.45	2366.86	581.77
乐清	15.5		4		644.02	4101.80	3641.00	840.81
龙港	13.5		3		415.60	3222.49	2814.85	
嘉兴	72.3		3		2125.27	13482.52	11712.23	4991.19
海宁	30.0		1		1279.93	3799.57	3397.64	953.64
平湖	12.0		1		2100.00	3255.38	2964.38	1411.25
桐乡	45.0		3		1215.96	2666.70	2426.70	814.79
湖州	78.3		4		4277.27	13165.74	11248.59	2609.79
绍兴	216.6		11		8758.35	40278.22	38295.42	24632.53

continued 5

Total Quantity of Water Supply(10,000m^3)						用水户数(户) Number of Households with Access to Water Supply (unit)		用水人口(万人) Population with Access to Water Supply (10,000 persons)	城市名称 Name of Cities
Water Sold			免费供水量 The Quantity of Free Water Supply		漏损水量 The Lossed Water		家庭用户 Household User		
公共服务用水 The Quantity of Water for Public Service	居民家庭用水 The Quantity of Water for Household Use	其他用水 The Quantity of Water for Other Purposes		生活用水 Domestic Water Use					
1475.00	1515.00	82.00	29.00		523.00	128572	124227	38.61	张家港
2870.33	3852.07	2958.31	89.01		2319.42	618232	565711	55.96	昆山
161.00	1621.00	331.00	27.00		499.00	190840	177227	28.20	太仓
6572.09	11177.46	3502.81	626.90	6.16	4296.01	1092382	972485	212.35	南通
521.62	1582.21	104.27	3.40	3.40	497.83	238020	196096	29.68	海安
502.00	1054.00	126.00	1.00		329.00	167093	152586	26.60	启东
498.93	1984.76		253.00		539.17	139685	122567	35.12	如皋
2099.20	5272.02	516.70	156.79	4.06	2186.62	508989	471715	111.55	连云港
479.62	9373.35	747.38	147.10	87.85	2123.96	703343	623701	175.32	淮安
1359.65	5940.71	607.05	170.34	10.62	1979.74	665189	635699	144.35	盐城
189.38	1360.89	12.16	7.23	7.23	279.76	95266	88618	35.80	东台
3319.56	5703.44	8277.90	75.00		2251.58	698391	629401	123.84	扬州
270.00	985.56	20.00	48.21	7.36	519.81	91847	84093	21.21	仪征
124.00	1246.00	468.00	158.00		492.00	142135	90930	25.05	高邮
1492.21	5382.92	1102.31	34.16		1286.66	469318	433528	89.00	镇江
1121.75	1024.55	191.25	50.48		546.00	184466	168402	37.24	丹阳
115.95	1112.39		111.10	14.94	416.96	63143	58290	18.38	扬中
435.00	965.96	378.00			930.00	71901	66753	18.16	句容
582.51	6327.13	281.39	87.67	56.43	1397.92	476069	413754	99.44	泰州
56.00	1297.00		53.00		150.00	132389	120115	23.20	兴化
92.00	1380.20	55.83	17.10		239.80	108559	103390	27.16	靖江
73.60	1445.60	82.70	571.90	5.14	538.60	188133	175970	30.89	泰兴
1179.65	3361.84	431.67	162.44	10.84	1277.03	419968	377188	87.70	宿迁
59945.17	**166562.25**	**11047.18**	**4807.48**	**260.44**	**40835.84**	**10831143**	**9721102**	**2820.37**	**浙江**
22855.11	49606.22	5749.42	2701.16		10478.77	2165462	1979016	810.90	杭州
84.00	949.00	6.00	10.00		242.00	78285	74167	15.10	建德
6485.60	24614.68	262.77	135.00		7060.49	1832532	1686869	340.63	宁波
22.27	2917.96	9.00	17.54	4.43	525.27	238376	213792	46.53	余姚
174.12	1852.00	572.64			253.90	155000	34210	43.42	慈溪
5954.79	12814.27	772.67	350.76	2.00	4438.73	594141	545804	218.84	温州
114.74	1669.55	0.80	7.16	1.01	182.43	126172	112981	31.13	瑞安
198.00	2499.74	102.45	187.00		273.80	119517	83836	51.98	乐清
519.38	2200.17	95.30	6.80		400.84	145143	144590	26.94	龙港
2476.29	3994.92	249.83	13.64		1756.65	510002	470501	91.74	嘉兴
832.28	1473.30	138.42	11.49	0.94	390.44	142644	132319	31.33	海宁
139.97	1392.69	20.47	5.51		285.49	145187	131488	35.72	平湖
85.21	1500.18	26.52			240.00	177911	153729	33.00	桐乡
2470.91	5554.75	613.14	143.66	143.66	1773.49	471092	427679	99.74	湖州
3229.44	10152.66	280.79	144.98	38.64	1837.82	1009655	930698	169.31	绍兴

5-5 续表 6

城市名称 Name of Cities	综合生产能力(万立方米/日) Integrated Production Capacity (10,000 m³/day)	地下水 Underground Water	水厂个数(个) Number of Water Plants (unit)	地下水 Underground Water	供水管道长度(公里) Length of Water Supply Pipelines (km)	供水总量(万立方米) 合计 Total	售水量 小计 Subtotal	生产运营用水 The Quantity of Water for Production and Operation
诸暨	56.2		9		1909.84	6609.12	5552.55	2085.94
嵊州	16.0		2		1504.89	3668.91	3119.83	1447.62
金华	60.0		3		2029.75	9954.00	8915.12	2182.96
兰溪	16.0		3		1431.06	2243.91	2073.37	844.45
义乌	37.0		3		2865.45	11798.18	10385.20	2382.00
东阳	35.0		2		1806.63	4959.50	4304.37	963.00
永康	20.0		1		1483.39	4446.35	3671.34	1606.37
衢州	30.0		2		1065.50	7445.40	6430.00	1621.00
江山	10.0		1		525.73	1439.29	1342.87	310.12
舟山	30.0		3		2422.00	5695.00	5211.00	1129.00
台州	57.5		7		4463.02	17896.49	15433.16	3655.66
玉环	4.4		3		432.00	2592.22	2392.20	633.72
温岭	10.0		1		369.06	4610.00	4316.00	821.00
临海	17.0		4		1021.40	4369.10	3447.00	1105.00
丽水	20.0		2		1042.00	5008.92	4482.80	1119.34
龙泉	5.0		1		428.50	984.88	875.96	225.41
安徽	**854.0**	**60.5**	**77**	**9**	**34837.27**	**203633.42**	**171208.15**	**43938.50**
合肥	233.0		8		7725.43	60316.67	51539.43	10522.41
巢湖	22.0		3		641.40	5204.96	4778.70	3029.28
芜湖	103.0		7		3310.61	23730.30	19250.27	4811.87
无为	10.0		2		471.81	2102.18	1645.00	359.00
蚌埠	50.0		1		1804.87	10886.38	9090.12	3049.46
淮南	39.0		5		1794.65	9686.81	7905.89	1221.22
马鞍山	35.5		3		1140.06	9415.36	8181.64	2441.67
淮北	25.0	25.0	1	1	1122.00	5443.22	4520.21	957.28
铜陵	42.0		3		1779.07	8213.48	7001.35	1397.29
安庆	36.0		3		1243.17	9480.39	8244.77	3090.57
潜山	7.5		2		385.85	1236.55	1122.85	410.36
桐城	10.5		3		279.43	1850.00	1617.20	408.10
黄山	19.5		6		1045.83	4589.91	3754.95	1311.41
滁州	41.0		4		1177.61	8527.88	6781.71	2867.88
天长	5.0		1		590.24	1788.66	1517.77	179.82
明光	6.5		2		697.20	1859.00	1684.37	255.87
阜阳	32.0	7.0	3	1	2381.32	7712.22	6790.12	1919.82
界首	3.5	3.5	1	1	374.05	1152.95	1100.90	215.90
宿州	14.0	14.0	3	3	899.72	4461.88	3682.89	262.92
六安	27.5		3		692.00	8361.00	6172.00	358.00
亳州	31.0	11.0	4	3	1213.69	4930.87	3823.36	600.10
池州	16.0		2		724.92	3491.54	3117.16	1155.50
宣城	20.5		4		2040.64	4835.97	4063.86	1350.37
广德	11.0		1		798.70	2529.33	2285.82	1039.78
宁国	13.0		2		503.00	1825.91	1535.81	722.62

continued 6

Total Quantity of Water Supply($10,000m^3$)						用水户数(户) Number of Households with Access to Water Supply (unit)		用水人口(万人) Population with Access to Water Supply (10,000 persons)	城市名称 Name of Cities
Water Sold			免费供水量 The Quantity of Free Water Supply		漏损水量 The Lossed Water		家庭用户 Household User		
公共服务用水 The Quantity of Water for Public Service	居民家庭用水 The Quantity of Water for Household Use	其他用水 The Quantity of Water for Other Purposes		生活用水 Domestic Water Use					
1065.46	2232.13	169.02	6.64	6.64	1049.93	452052	405816	67.70	诸暨
92.38	1579.83		7.87	7.87	541.21	107137	96960	31.13	嵊州
1666.17	5032.54	33.45	61.32	1.97	977.56	258922	214228	83.64	金华
63.50	909.51	255.91			170.54	106989	94337	23.55	兰溪
2344.54	5605.10	53.56	159.18	1.01	1253.80	182331	158644	106.64	义乌
1136.00	2171.00	34.37	96.13		559.00	121915	114981	43.91	东阳
132.20	1924.84	7.93	6.17	0.67	768.84	97857	83607	25.14	永康
1466.00	3337.00	6.00	381.20		634.20	290804	266270	38.45	衢州
150.47	865.17	17.11	5.05	5.05	91.37	49437	49309	15.56	江山
759.00	2637.00	686.00	9.50	9.50	474.50	318089	295466	64.40	舟山
3579.55	7588.33	609.62	150.38	30.63	2312.95	411491	361091	130.33	台州
80.95	1660.13	17.40	5.42	2.50	194.60	130617	121251	21.07	玉环
596.00	2876.00	23.00			294.00	73232	63321	32.29	温岭
187.50	2142.20	12.30	180.00		742.10	133935	117656	41.36	临海
834.34	2307.83	221.29			526.12	122405	102360	39.25	丽水
149.00	501.55		3.92	3.92	105.00	62811	54126	9.64	龙泉
24218.50	**96127.76**	**6923.39**	**5667.69**	**67.90**	**26757.58**	**8007941**	**7322719**	**1763.70**	**安徽**
11333.21	29683.81		2313.87		6463.37	2230474	2148663	474.40	合肥
285.00	1422.42	42.00	52.00		374.26	127384	122390	36.88	巢湖
2363.01	10130.75	1944.64	603.50	25.00	3876.53	532209	448916	193.53	芜湖
315.00	889.00	82.00	43.00		414.18	84712	76548	23.88	无为
594.16	5446.50				1796.26	520793	458579	93.20	蚌埠
1338.62	5338.12	7.93	197.00		1583.92	419344	398277	121.00	淮南
1119.62	3990.28	630.07	57.74		1175.98	371824	342436	75.45	马鞍山
496.15	3003.07	63.71			923.01	375018	360763	72.09	淮北
358.72	4012.60	1232.74	30.32		1181.81	282536	255306	54.85	铜陵
821.91	3532.19	800.10	20.82		1214.80	392555	356806	75.50	安庆
36.54	675.95				113.70	56595	53472	11.38	潜山
225.70	983.40		3.72		229.08	101500	79200	17.05	桐城
320.52	2060.42	62.60	141.52	29.86	693.44	228086	188878	36.10	黄山
697.05	2804.86	411.92	481.02		1265.15	308583	288536	58.70	滁州
228.09	736.43	373.43	2.13	0.92	268.76	106644	93268	18.69	天长
167.44	948.84	312.22			174.63	92670	84646	18.34	明光
324.24	4546.06		1.84	1.84	920.26	367512	336935	104.78	阜阳
110.00	750.00	25.00	0.95		51.10	59000	57084	19.06	界首
218.41	3201.56		80.00		698.99	252372	222302	57.20	宿州
1521.00	3964.00	329.00	987.00		1202.00	301582	301255	60.67	六安
464.02	2362.42	396.82	353.00		754.51	202652	179100	38.40	亳州
65.00	1802.09	94.57	40.84	7.74	333.54	198265	135618	31.01	池州
307.44	2311.25	94.80	256.34	2.54	515.77	211561	195031	36.15	宣城
490.65	735.55	19.84	0.98		242.53	72240	49980	16.81	广德
17.00	796.19		0.10		290.00	111830	88730	18.58	宁国

5-5 续表 7

城市名称 Name of Cities	综合生产能力(万立方米/日) Integrated Production Capacity (10,000 m³/day)	地下水 Underground Water	水厂个数(个) Number of Water Plants (unit)	地下水 Underground Water	供水管道长度(公里) Length of Water Supply Pipelines (km)	供水总量(万立方米) 合计 Total	售水量 小计 Subtotal	生产运营用水 The Quantity of Water for Production and Operation
福 建	**884.0**	**18.6**	**84**	**9**	**31636.68**	**187797.88**	**159456.03**	**37478.86**
福 州	210.7		13		4807.98	41843.63	33361.96	4755.03
福 清	28.0		3		1638.70	6224.18	4523.39	1064.13
厦 门	200.4		13		5167.91	48209.23	43733.00	11669.00
莆 田	37.0		3		1878.73	9833.49	8690.36	2808.42
三 明	21.5		4		1474.03	3255.78	2856.74	486.36
永 安	10.0		2		438.59	2240.28	2058.99	525.57
泉 州	80.0		6		5680.40	17924.72	14927.57	2601.96
石 狮	64.0		2		2401.74	12582.23	11031.78	6413.02
晋 江	45.0		1		857.67	8573.72	7888.50	1587.33
南 安	15.0		1		335.08	1705.16	1447.46	477.23
漳 州	41.5		4		1220.55	7978.74	6212.28	1813.20
龙 海	12.0		1		400.40	1327.00	1083.00	30.00
南 平	21.0		3		640.19	3967.02	3276.44	510.96
邵 武	7.5		2		283.00	1886.91	1594.07	381.09
武夷山	4.0		1		371.03	1237.85	1036.94	24.07
建 瓯	4.5		2		177.56	1219.20	1022.83	70.20
龙 岩	37.2	10.6	14	9	2771.03	6698.48	5366.35	1460.25
漳 平	6.0		2		154.81	1088.88	885.04	173.00
宁 德	18.7		4		486.31	5515.01	4596.89	70.73
福 安	8.0	8.0	2		202.78	2046.63	1654.31	192.99
福 鼎	12.0		1		248.19	2439.74	2208.13	364.32
江 西	**637.7**	**0.5**	**74**	**1**	**27846.14**	**142079.86**	**117318.06**	**29335.84**
南 昌	188.5		11		7816.00	43673.00	36356.43	11186.84
景德镇	20.0		2		966.43	6470.75	5421.86	436.96
乐 平	5.0	0.5	1		303.86	1139.74	1023.00	237.52
萍 乡	19.0		3		700.00	5195.76	4141.54	367.47
九 江	42.0		4		3013.00	12645.00	9918.00	3866.00
瑞 昌	10.0		2	1	327.07	1426.64	1288.66	250.32
共青城	5.0		1		211.81	1100.00	989.00	154.36
庐 山	3.0		1		113.90	708.60	651.82	178.23
新 余	30.0		3		1395.00	6467.00	5859.00	1900.00
鹰 潭	18.0		3		480.04	3925.62	3326.74	634.20
贵 溪	11.0		2		312.00	1542.00	1302.00	267.00
赣 州	97.0		6		4221.08	18255.01	15210.42	3401.21

continued 7

Total Quantity of Water Supply($10,000m^3$)						用水户数(户) Number of Households with Access to Water Supply (unit)		用水人口(万人) Population with Access to Water Supply (10,000 persons)	城市名称 Name of Cities
Water Sold			免费供水量 The Quantity of Free Water Supply		漏损水量 The Lossed Water		家庭用户 Household User		
公共服务用水 The Quantity of Water for Public Service	居民家庭用水 The Quantity of Water for Household Use	其他用水 The Quantity of Water for Other Purposes		生活用水 Domestic Water Use					
29309.65	**78883.78**	**13783.74**	**6240.24**	**101.49**	**22101.61**	**4897261**	**4335642**	**1387.87**	**福　建**
10007.74	17871.61	727.58	3518.29	0.12	4963.38	1193640	1114810	342.37	福　州
1204.43	2237.70	17.13	829.05	3.84	871.74	160949	142686	36.08	福　清
7016.00	19564.00	5484.00			4476.23	661474	566799	367.88	厦　门
1220.46	4520.95	140.53	46.65		1096.48	292883	223711	78.50	莆　田
473.45	1876.56	20.37			399.04	158359	133676	25.24	三　明
566.82	957.21	9.39	5.83	2.95	175.46	109247	91637	17.17	永　安
3423.68	8660.47	241.46	62.38	45.56	2934.77	540974	481134	136.00	泉　州
1338.52	3228.88	51.36	55.86	4.97	1494.59	129709	117470	39.35	石　狮
575.55	1537.67	4187.95			685.22	207124	170795	32.93	晋　江
117.67	826.21	26.35	44.32		213.38	127130	92845	30.81	南　安
1108.11	3016.47	274.50	549.55		1216.91	260089	248145	56.07	漳　州
112.20	937.10	3.70	18.00		226.00	67064	64050	20.98	龙　海
782.16	1965.95	17.37	293.22		397.36	184695	166061	35.53	南　平
23.22	1029.01	160.75	48.78	41.58	244.06	102275	91511	10.52	邵　武
170.21	586.15	256.51			200.91	49984	41364	9.91	武夷山
186.30	761.48	4.85	14.78		181.59	59224	52004	14.26	建　瓯
294.54	3352.81	258.75	330.41		1001.72	243605	216164	49.40	龙　岩
10.01	617.66	84.37	6.00	2.47	197.84	45843	38033	12.63	漳　平
488.17	2224.65	1813.34	327.90		590.22	162250	145565	36.60	宁　德
24.29	1433.55	3.48	69.23		323.09	73626	71806	16.85	福　安
166.12	1677.69		19.99		211.62	67117	65376	18.79	福　鼎
17415.08	**65809.93**	**4757.21**	**3486.91**	**882.59**	**21274.89**	**5584251**	**5014443**	**1306.28**	**江　西**
6951.49	17846.03	372.07	391.00	391.00	6925.57	1386129	1229296	314.00	南　昌
1175.97	3650.53	158.40	10.00	10.00	1038.89	244474	222138	48.69	景德镇
152.79	631.00	1.69	20.00	11.80	96.74	73213	71046	16.29	乐　平
920.61	2853.46		153.24		900.98	210224	194216	51.48	萍　乡
900.00	5123.00	29.00	60.00	60.00	2667.00	577807	543008	83.37	九　江
64.52	893.21	80.61	45.78		92.20	140245	127776	20.45	瑞　昌
405.79	389.98	38.87			111.00	53809	24463	12.00	共青城
35.99	407.60	30.00	10.00	6.00	46.78	33729	29756	7.37	庐　山
406.00	3553.00				608.00	329707	305502	49.13	新　余
353.94	1591.00	747.60	101.00	84.00	497.88	197366	167372	33.50	鹰　潭
202.00	833.00				240.00	70700	69700	19.98	贵　溪
2529.65	8326.30	953.26	252.53	21.53	2792.06	560294	484999	196.75	赣　州

5-5 续表 8

城市名称 Name of Cities	综合生产能力(万立方米/日) Integrated Production Capacity (10,000 m³/day)	地下水 Under-ground Water	水厂个数(个) Number of Water Plants (unit)	地下水 Under-ground Water	供水管道长度(公里) Length of Water Supply Pipelines (km)	供水总量(万立方米) 合计 Total	售水量 小计 Subtotal	生产运营用水 The Quantity of Water for Production and Operation
瑞金	9.0		2		348.00	1897.33	1538.17	56.00
龙南	5.0		2		305.00	1301.10	1206.10	434.00
吉安	28.5		4		1123.00	4716.00	3959.00	1159.00
井冈山	2.0		1		68.00	211.62	180.42	56.60
宜春	24.0		3		1553.97	6420.90	5317.49	1787.04
丰城	11.0		2		768.56	2428.10	2052.72	178.42
樟树	10.0		2		192.41	2105.53	1817.49	528.24
高安	16.0		4		277.30	2218.00	1975.00	534.00
抚州	33.0		6		1308.56	8781.52	6813.54	1090.63
上饶	41.0		6		1349.33	8737.39	6395.31	423.86
德兴	9.7		3		691.82	713.25	574.35	207.94
山东	**1571.8**	**383.8**	**273**	**106**	**56515.66**	**311315.24**	**272397.52**	**100520.80**
济南	237.0	109.3	31	17	5549.67	43338.92	35379.42	3644.42
青岛	210.1	3.5	37	3	8138.40	52492.03	45547.96	16836.51
胶州	13.7		3		616.41	3200.85	2717.66	836.19
平度	10.2	3.2	3	2	659.00	2601.00	2139.00	660.00
莱西	10.5		1		536.90	2184.46	1954.77	695.62
淄博	163.3	70.1	27	19	2717.83	25136.63	22118.18	13886.22
枣庄	25.4	21.4	9	8	1685.59	5781.90	4799.63	733.47
滕州	18.0	18.0	3	3	1111.00	3836.00	3226.00	916.00
东营	97.5		8		1925.38	13061.74	12232.62	5058.95
烟台	101.6	21.1	22	8	4466.28	17545.15	15680.57	5644.92
龙口	8.0		1		396.00	1597.55	1420.98	554.98
莱阳	12.0	2.0	3	2	357.81	2183.88	1937.30	791.95
莱州	10.5		4		743.79	2249.83	2013.60	369.10
招远	6.6	0.5	4	1	452.00	1824.03	1765.55	905.17
栖霞	2.7		1		127.53	495.84	440.19	47.00
海阳	10.6		4		468.00	1047.30	994.00	178.00
潍坊	61.0	5.0	12	1	2365.85	15052.16	13840.75	6021.31
青州	13.5	10.5	4	3	782.62	3219.74	2894.54	1430.00
诸城	15.0		2		367.21	4541.00	4156.60	1982.00
寿光	13.1	6.1	5	4	778.70	7624.01	7255.77	5742.66
安丘	27.0		4	1	491.78	3585.00	3215.00	1861.00
高密	19.1	1.6	6	2	734.78	4404.43	3986.94	1826.45
昌邑	5.0	5.0	1	1	103.20	1534.00	1408.00	821.00
济宁	39.5	37.5	8	7	1188.73	9036.70	7399.88	2631.13
曲阜	5.0	5.0	1	1	380.00	1260.00	1030.00	184.00
邹城	10.0	10.0	8	8	274.69	2582.00	2221.00	712.00
泰安	20.0	10.0	3	2	3660.63	5192.00	4568.00	1200.00

continued 8

Total Quantity of Water Supply(10,000m³)						用水户数(户) Number of Households with Access to Water Supply (unit)		用水人口(万人) Population with Access to Water Supply (10,000 persons)	城市名称 Name of Cities
Water Sold			免费供水量 The Quantity of Free Water Supply		漏损水量 The Lossed Water		家庭用户 Household User		
公共服务用水 The Quantity of Water for Public Service	居民家庭用水 The Quantity of Water for Household Use	其他用水 The Quantity of Water for Other Purposes		生活用水 Domestic Water Use					
52.00	1417.17	13.00	201.16	6.00	158.00	61653	61653	30.13	瑞金
76.10	634.00	62.00	20.00	13.69	75.00	48108	47911	23.20	龙南
313.00	1802.00	685.00	310.00	220.00	447.00	274923	253861	48.18	吉安
9.90	108.20	5.72	1.10	0.75	30.10	4640	4640	1.76	井冈山
531.41	2980.39	18.65	24.66	24.66	1078.75	282431	247485	72.34	宜春
516.02	1334.69	23.59	72.84	2.34	302.54	134331	118086	46.00	丰城
153.15	1022.21	113.89	5.52	3.40	282.52	78945	73584	25.17	樟树
203.00	1188.00	50.00	20.00		223.00	68217	60750	27.09	高安
149.71	4545.00	1028.20	459.56	26.20	1508.42	373758	325976	80.35	抚州
1302.38	4328.88	340.19	1328.02	0.72	1014.06	342715	315196	91.17	上饶
9.66	351.28	5.47	0.50	0.50	138.40	36833	36029	7.88	德兴
38786.33	**123728.00**	**9362.39**	**3449.53**	**345.25**	**35468.19**	**11245657**	**10396010**	**3897.01**	**山东**
11546.66	17526.78	2661.56	1794.86		6164.64	1688276	1644404	627.31	济南
7300.33	21165.68	245.44	421.17	58.90	6522.90	2015074	1913630	550.14	青岛
528.89	1350.08	2.50	36.35		446.84	147405	116590	62.52	胶州
151.00	1262.00	66.00	101.00	0.50	361.00	75828	66451	49.57	平度
198.03	1057.56	3.56	80.21	18.86	149.48	62149	59552	34.16	莱西
980.74	6938.23	312.99	18.31	10.32	3000.14	593948	375364	199.19	淄博
570.15	3236.95	259.06			982.27	281551	259012	108.24	枣庄
477.00	1725.00	108.00			610.00	189728	186273	46.17	滕州
2314.75	4135.17	723.75	57.27		771.85	239590	228721	98.43	东营
2506.03	7501.62	28.00	75.88		1788.70	748110	704577	239.85	烟台
197.00	620.00	49.00	60.00		116.57	79174	78026	29.65	龙口
	1145.35				246.58	90526	89514	30.00	莱阳
473.61	898.64	272.25	1.00	1.00	235.23	99806	97542	40.00	莱州
40.17	815.60	4.61			58.48	87948	84757	20.01	招远
87.00	297.99	8.20			55.65	40565	35220	14.95	栖霞
75.00	613.00	128.00	1.30	1.30	52.00	75630	73246	22.89	海阳
1849.89	5549.37	420.18	6.40	2.47	1205.01	343086	334809	166.40	潍坊
335.00	1115.30	14.24	45.20		280.00	94810	93650	37.64	青州
382.00	1704.60	88.00	7.50		376.90	146832	145357	39.99	诸城
43.55	1468.51	1.05			368.24	8272	6619	50.54	寿光
381.00	973.00				370.00	119737	115321	47.33	安丘
18.00	1152.12	990.37	1.50		415.99	79053	69566	28.30	高密
182.00	405.00				126.00	6105	3975	19.15	昌邑
185.00	4102.95	480.80	255.00	135.00	1381.82	614193	543386	159.92	济宁
53.00	793.00		65.00		165.00	90338	81636	21.55	曲阜
402.00	1000.00	107.00	61.00	61.00	300.00	90000	90000	35.25	邹城
780.00	2478.00	110.00			624.00	273388	271262	103.52	泰安

5-5 续表 9

城市名称 Name of Cities	综合生产能力（万立方米/日）Integrated Production Capacity (10,000 m³/day)		水厂个数（个）Number of Water Plants (unit)		供水管道长度（公里）Length of Water Supply Pipelines (km)	供水总量(万立方米)		
		地下水 Under-ground Water		地下水 Under-ground Water		合计 Total	售水量	
							小计 Subtotal	生产运营用水 The Quantity of Water for Production and Operation
新泰	13.5		3		477.09	2759.50	2558.00	424.58
肥城	6.6	6.6	3	3	291.31	2211.90	1909.77	462.07
威海	50.0		5		3142.40	8259.00	7317.00	2750.00
荣成	18.0		6		772.20	2609.37	2176.63	868.50
乳山	11.0		1		603.10	1641.00	1372.00	414.00
日照	55.7		8		1857.00	9413.84	8080.95	3879.23
临沂	58.0		6	1	1959.85	11690.14	10579.03	2287.21
德州	27.0		3		1757.93	5560.53	4680.25	1065.39
乐陵	5.0		1		102.71	723.30	596.00	92.72
禹城	6.0	3.0	2	1	385.38	885.80	770.60	27.50
聊城	27.5	27.5	5	4	1508.31	6569.20	6036.30	1081.20
临清	5.0	1.0	1	1	180.00	1147.97	787.22	173.51
滨州	65.7		8		1399.05	10361.26	9336.67	5033.53
邹平	36.0	6.0	4	3	146.39	6201.78	5871.70	4956.52
菏泽	21.0		2		853.16	4672.50	3981.49	834.79
河南	**1046.8**	**235.5**	**136**	**62**	**27566.42**	**186782.60**	**156498.64**	**35871.63**
郑州	193.5	14.0	8	1	5438.05	41980.09	36211.95	3038.43
巩义	7.3	7.3	3	2	188.31	1729.75	1320.98	412.58
荥阳	5.4				326.10	1805.00	1533.00	518.60
新密	7.0	4.2	5	4	276.50	1450.45	1303.40	
新郑	12.9	2.9	2	1	360.60	1616.00	1366.00	
登封	6.2		5		231.80	1162.03	929.19	95.02
开封	57.5	7.5	3	2	2154.00	8782.13	6761.43	2099.15
洛阳	112.4	60.4	4	3	2090.24	13654.78	11797.30	2724.30
偃师	3.2	3.2	1	1	180.24	1078.70	890.70	67.03
平顶山	54.1		4	1	1261.21	11444.20	9460.00	4560.00
舞钢	4.0	0.3	1	1	109.72	1162.90	1047.00	531.00
汝州	14.0	2.5	4	2	327.16	1812.94	1549.00	100.00
安阳	40.0		3		804.46	7223.42	6199.89	1398.68
林州	11.0	4.3	4	2	277.31	1468.00	1268.00	36.00
鹤壁	24.7	0.7	5	1	606.62	4546.00	3867.00	
新乡	33.0		3		909.49	8859.74	7003.51	2930.99
长垣	6.2		1		482.50	1642.49	1200.86	100.74
卫辉	12.0		2		187.71	1731.93	1578.93	434.90
辉县	10.0		3	2	396.86	1234.00	1122.00	7.00
焦作	59.5	28.5	7	5	1018.36	5287.50	4518.18	647.76
沁阳	1.6	1.6	1	1	156.10	450.00	386.00	36.00
孟州	3.0	3.0	2	2	228.18	785.00	685.00	17.00
濮阳	38.0		4	1	894.00	6797.96	6001.61	2330.74

continued 9

Total Quantity of Water Supply(10,000m^3)						用水户数(户) Number of Households with Access to Water Supply (unit)		用水人口(万人) Population with Access to Water Supply (10,000 persons)	城市名称 Name of Cities
Water Sold			免费供水量 The Quantity of Free Water Supply		漏损水量 The Lossed Water		家庭用户 Household User		
公共服务用水 The Quantity of Water for Public Service	居民家庭用水 The Quantity of Water for Household Use	其他用水 The Quantity of Water for Other Purposes		生活用水 Domestic Water Use					
261.11	1734.64	137.67	11.00	9.00	190.50	153093	144079	53.85	新泰
200.43	1168.27	79.00	2.10		300.03	101270	100545	30.61	肥城
1251.00	3109.00	207.00	12.00		930.00	498741	457721	101.14	威海
132.84	1143.22	32.07	24.70	24.70	408.04	129078	128778	44.13	荣成
65.00	791.00	102.00	2.00		267.00	66080	65379	22.43	乳山
682.38	3344.70	174.64	100.55	22.20	1232.34	273500	268000	92.30	日照
1204.56	7055.68	31.58	130.39		980.72	496820	463996	185.90	临沂
462.68	3152.18		19.91		860.37	311394	287739	95.28	德州
92.26	395.05	15.97	49.19		78.11	42789	39643	25.42	乐陵
32.20	544.30	166.60			115.20	88812	88196	19.00	禹城
650.40	3176.20	1128.50			532.90	230710	209480	124.77	聊城
42.40	510.29	61.02			360.75	62173	60146	31.62	临清
1432.47	2830.19	40.48			1024.59	228631	147367	69.75	滨州
95.80	718.08	101.30			330.08	109710	100349	30.64	邹平
123.00	3023.70		8.74		682.27	71734	66132	87.50	菏泽
20166.99	**94761.11**	**5698.91**	**5384.25**	**413.34**	**24899.71**	**6861728**	**6336786**	**2559.04**	**河南**
9403.66	23729.24	40.62	119.02	88.17	5649.12	1398540	1273422	701.34	郑州
60.00	826.48	21.92	43.95	4.60	364.82	59830	57680	32.60	巩义
150.00	855.00	9.40	20.00		252.00	87000	70000	19.10	荥阳
	888.80	414.60	0.35		146.70	54298	48779	21.24	新密
244.00	1122.00		3.00	2.70	247.00	63190	53120	25.60	新郑
344.17	490.00		0.02		232.82	30871	26620	18.25	登封
1164.34	3497.94		600.00		1420.70	327355	288163	96.30	开封
2369.70	6516.80	186.50	128.84	102.84	1728.64	508204	490816	229.10	洛阳
90.32	732.35	1.00			188.00	42310	42056	14.90	偃师
	4885.00	15.00	639.00		1345.20	227406	210517	91.50	平顶山
66.00	441.00	9.00	0.90	0.20	115.00	58992	33992	12.01	舞钢
25.00	1062.00	362.00	38.00	38.00	225.94	62403	62142	29.26	汝州
409.74	4383.75	7.72	8.81		1014.72	227849	213233	74.15	安阳
205.00	1015.00	12.00	10.00		190.00	61900	57820	21.70	林州
	1411.00	2456.00	5.00		674.00	233577	217677	48.96	鹤壁
	4067.98	4.54	583.00		1273.23	313471	289784	79.10	新乡
104.43	812.25	183.44	171.60		270.03	98083	86084	31.39	长垣
175.47	859.36	109.20	3.00		150.00	54788	40983	15.60	卫辉
122.00	830.00	163.00	52.00		60.00	71414	69435	20.65	辉县
489.23	3153.59	227.60	95.25	41.25	674.07	319213	304046	80.76	焦作
24.00	255.00	71.00	4.00		60.00	37170	32375	11.40	沁阳
60.00	578.00	30.00			100.00	37653	33070	15.00	孟州
911.76	2643.72	115.39	0.06	0.06	796.29	194361	180710	62.04	濮阳

5-5 续表 10

城市名称 Name of Cities	综合生产能力(万立方米/日) Integrated Production Capacity (10,000 m^3/day)		水厂个数(个) Number of Water Plants (unit)		供水管道长度(公里) Length of Water Supply Pipelines (km)	供水总量(万立方米)		
		地下水 Underground Water		地下水 Underground Water		合计 Total	售水量	
							小计 Subtotal	生产运营用水 The Quantity of Water for Production and Operation
许昌	34.0	14.0	4	2	560.64	5119.62	4120.82	1444.65
禹州	12.5		2		349.00	2064.32	1722.86	216.40
长葛	8.0		2	1	256.00	1135.95	936.70	192.00
漯河	27.2	1.2	8	2	565.17	5429.12	3964.38	1162.01
三门峡	16.5	6.0	6	4	301.01	3255.90	2765.90	536.00
义马	13.2	2.3	1	1	162.95	1489.00	1477.00	1077.00
灵宝	6.5	2.0	3	2	135.00	1186.39	914.00	74.50
南阳	52.4	32.6	11	5	1288.25	7163.60	6173.30	1382.00
邓州	11.5	2.5	4	1	702.50	2262.00	1941.00	285.00
商丘	35.0	11.0	6	5	708.58	6410.30	5897.30	2200.00
永城	8.5	8.5	3	3	347.58	2167.00	1934.00	236.00
信阳	36.0		2		1301.97	5613.62	4578.58	1602.49
周口	18.0	1.0	3	1	412.88	4005.02	2898.41	369.11
项城	6.0	6.0	1	1	419.60	2180.00	1763.00	670.00
驻马店	22.0		2		595.77	6806.75	5087.46	1490.55
济源示范区	23.0	8.0	3	2	554.00	2789.00	2323.00	848.00
湖北	**1360.3**		**122**		**49233.02**	**281101.18**	**219827.08**	**56730.12**
武汉	541.2		17		19818.63	130742.71	99094.48	24991.63
黄石	48.0		3		1173.26	9275.92	7449.82	1682.57
大冶	20.0		1		247.65	3006.00	2283.00	866.00
十堰	53.5		8		5920.99	12475.43	9775.68	3166.37
丹江口	11.5		3		445.06	1775.10	1374.92	363.87
宜昌	75.0		10		2584.02	14099.31	10467.52	2407.84
宜都	16.5		3		475.17	1683.29	1420.70	720.70
当阳	10.5		1		653.29	2041.17	1730.41	851.84
枝江	16.0		2		280.95	1796.00	1498.00	575.59
襄阳	95.0		4		942.44	12208.44	10472.87	2892.85
老河口	13.5		3		280.24	1679.74	1372.18	345.19
枣阳	9.0		2		358.86	2175.43	1821.70	433.62
宜城	10.0		1		338.60	1473.00	1224.00	98.00
鄂州	25.5		2		900.96	3439.53	2832.99	330.15
荆门	20.0		3		588.00	6415.36	5637.12	2566.80
京山	9.0		2		393.55	1465.00	1202.00	307.70
钟祥	10.0		1		333.98	2401.00	2042.00	220.00
孝感	25.0		2		901.60	6938.30	5817.00	963.87
应城	13.8		2		266.30	2203.23	1654.81	311.16
安陆	10.0		2		548.00	2006.66	1684.86	600.64
汉川	13.0		2		334.53	3332.75	3007.92	817.70
荆州	55.0		3		1933.23	8591.10	6952.00	1486.71

continued 10

Total Quantity of Water Supply(10,000m³)						用水户数(户) Number of Households with Access to Water Supply (unit)		用水人口(万人) Population with Access to Water Supply (10,000 persons)	城市名称 Name of Cities
Water Sold			免费供水量 The Quantity of Free Water Supply		漏损水量 The Lossed Water		家庭用户 Household User		
公共服务用水 The Quantity of Water for Public Service	居民家庭用水 The Quantity of Water for Household Use	其他用水 The Quantity of Water for Other Purposes		生活用水 Domestic Water Use					
	2652.99	23.18	461.80		537.00	197577	180565	57.58	许昌
	1506.46		0.43	0.43	341.03	82948	82390	38.00	禹州
32.00	668.00	44.70			199.25	55313	50584	18.80	长葛
368.30	2423.44	10.63	681.00		783.74	203115	200640	62.64	漯河
266.00	1899.00	64.90	55.00	55.00	435.00	116726	115146	46.36	三门峡
139.00	256.00	5.00			12.00	44990	44230	14.78	义马
112.00	505.00	222.50	70.39	40.39	202.00	44594	44594	16.50	灵宝
922.90	3759.70	108.70	42.90	31.70	947.40	245903	238568	145.78	南阳
160.00	1182.00	314.00	100.00		221.00	96000	94800	37.40	邓州
28.00	3669.30		18.00	3.00	495.00	245623	208645	91.76	商丘
232.00	1406.00	60.00	20.00	5.00	213.00	113720	112497	45.79	永城
	2884.52	91.57	170.00		865.04	199681	181710	61.93	信阳
452.57	2068.64	8.09	459.75		646.86	219876	206068	46.18	周口
114.00	889.00	90.00	92.00		325.00	86218	69379	29.20	项城
876.40	2511.80	208.71	681.18		1038.11	257027	242635	54.89	驻马店
45.00	1423.00	7.00	6.00		460.00	82539	81811	39.50	济源示范区
26620.66	**129810.34**	**6665.96**	**16041.72**	**712.32**	**45232.38**	**7313286**	**6730552**	**2255.22**	**湖北**
14830.11	58379.83	892.91	10356.96	38.57	21291.27	2572787	2458311	859.29	武汉
1388.36	3990.20	388.69	243.90		1582.20	254486	242687	62.73	黄石
	1408.00	9.00	57.00		666.00	181240	143989	31.41	大冶
257.16	6157.04	195.11	835.00		1864.75	146530	139221	78.39	十堰
102.91	835.40	72.74	114.01		286.17	86304	80894	14.68	丹江口
2596.98	5449.48	13.22	1394.39	51.50	2237.40	222559	209792	100.52	宜昌
118.00	580.00	2.00	4.00	0.95	258.59	41029	37920	17.87	宜都
8.50	866.87	3.20	12.75	10.08	298.01	64733	62149	19.33	当阳
3.34	919.07				298.00	46600	45150	18.96	枝江
	5859.88	1720.14			1735.57	321287	313800	154.16	襄阳
169.73	807.12	50.14	139.91		167.65	101812	94709	24.00	老河口
229.25	1147.45	11.38	55.28		298.45	95565	88611	28.50	枣阳
111.00	978.00	37.00			249.00	49167	41034	17.41	宜城
364.11	1767.72	371.01	55.36		551.18	176413	136818	30.57	鄂州
114.70	2937.54	18.08	20.48	20.48	757.76	271398	250084	57.19	荆门
45.64	841.40	7.26			263.00	76947	53862	16.08	京山
198.00	1609.00	15.00	54.00		305.00	81606	80706	28.00	钟祥
408.79	3448.80	995.54	108.30	2.36	1013.00	125353	123567	62.00	孝感
	1173.20	170.45	163.13		385.29	72000	71300	18.31	应城
162.68	798.56	122.98	20.00		301.80	96535	89568	20.08	安陆
805.35	1339.90	44.97			324.83	60095	43932	31.61	汉川
1459.70	4005.59		74.46		1564.64	357177	344915	90.62	荆州

5-5 续表 11

城市名称 Name of Cities	综合生产能力(万立方米/日) Integrated Production Capacity (10,000 m^3/day)	地下水 Underground Water	水厂个数(个) Number of Water Plants (unit)	地下水 Underground Water	供水管道长度(公里) Length of Water Supply Pipelines (km)	供水总量(万立方米) 合计 Total	售水量 小计 Subtotal	生产运营用水 The Quantity of Water for Production and Operation
监利	15.0		2		287.67	2916.00	2260.00	660.00
石首	10.0		1		167.96	1178.30	868.30	100.00
洪湖	10.0		2		435.00	1802.02	1398.82	308.20
松滋	10.0		2		365.30	1248.00	941.00	88.00
黄冈	20.0		2		480.00	4881.00	3847.00	750.00
麻城	6.5		2		594.33	1997.34	1475.98	308.62
武穴	13.0		8		602.00	3510.00	3141.00	960.00
咸宁	26.0		4		750.40	4820.08	3991.91	1040.71
赤壁	20.0		3		439.60	2462.00	1787.29	253.29
随州	26.0		3		991.80	4353.00	3664.00	1075.00
广水	19.5		3		213.50	1224.56	909.00	122.00
恩施	17.3		5		1353.12	4725.85	3186.03	873.80
利川	9.0		2		361.44	2261.90	1761.38	64.50
仙桃	30.0		3		727.83	6619.26	5094.06	2240.18
潜江	17.0		2		880.21	2813.00	2323.60	673.80
天门	10.0		1		863.55	3064.40	2361.73	211.22
湖南	**1019.9**	**21.5**	**96**	**8**	**38355.64**	**224664.82**	**179524.85**	**39643.50**
长沙	240.0		8		6899.87	64918.49	56410.99	11931.99
宁乡	28.0		2		1527.10	6217.79	5117.17	2739.96
浏阳	11.5	1.5	3	2	450.00	3271.50	2581.00	252.00
株洲	117.6		6		3616.12	18656.65	15009.31	2984.21
醴陵	10.0		1		900.00	2648.00	1948.00	215.00
湘潭	41.0	2.5	4	1	2063.41	8914.68	7419.00	807.17
湘乡	10.0		1		725.00	1968.60	1646.00	538.00
韶山	3.8		2		360.00	450.00	362.00	28.00
衡阳	70.0		5		1865.50	17195.90	11320.90	3000.50
耒阳	13.0		2		604.15	3439.90	2109.80	190.00
常宁	10.0		1		995.23	1841.29	1491.00	301.50
邵阳	38.0		3		1022.00	7787.30	6762.80	765.60
武冈	12.6		2		486.66	2393.30	1933.00	415.00
邵东	6.5		2		505.00	2620.70	2198.30	59.70
岳阳	46.0	10.0	4		2429.99	11460.19	9002.64	2557.27
汨罗	6.0		1		413.00	1307.20	995.90	191.29
临湘	4.0		2		214.62	1056.60	850.10	47.70
常德	56.4	1.4	4	1	2248.83	10428.32	8334.86	2922.01
津市	7.5		1		356.35	1216.00	918.00	355.00
张家界	20.0		5		625.00	4069.94	2822.71	1145.51
益阳	37.0		3		822.60	8600.00	6304.00	1063.00
沅江	8.0	3.5	3	2	373.00	1137.34	902.64	134.40

continued 11

Total Quantity of Water Supply(10,000m³)						用水户数(户) Number of Households with Access to Water Supply (unit)		用水人口(万人) Population with Access to Water Supply (10,000 persons)	城市名称 Name of Cities
Water Sold			免费供水量 The Quantity of Free Water Supply		漏损水量 The Lossed Water		家庭用户 Household User		
公共服务用水 The Quantity of Water for Public Service	居民家庭用水 The Quantity of Water for Household Use	其他用水 The Quantity of Water for Other Purposes		生活用水 Domestic Water Use					
	1600.00		145.00		511.00	50418	48181	20.63	监　利
80.00	688.30				310.00	54694	53365	14.75	石　首
97.40	979.12	14.10	66.20		337.00	57645	48708	14.65	洪　湖
45.00	763.00	45.00	102.00		205.00	46395	44925	13.55	松　滋
616.00	2441.00	40.00	118.00	15.00	916.00	137150	132035	29.42	黄　冈
273.86	821.25	72.25	172.36	70.00	349.00	90400	71320	28.22	麻　城
610.00	1536.00	35.00			369.00	90120	87350	29.80	武　穴
270.68	2266.59	413.93	48.86	13.21	779.31	199000	112992	40.95	咸　宁
270.00	1214.00	50.00	429.00	280.00	245.71	131668	127853	28.00	赤　壁
112.00	2301.00	176.00	112.00	112.00	577.00	181102	172760	50.00	随　州
81.00	658.00	48.00			315.56	98326	42920	30.70	广　水
68.97	2231.01	12.25	354.56	3.36	1185.26	174236	164036	28.20	恩　施
5.88	1274.30	416.70	225.64		274.88	60582	54842	22.43	利　川
559.45	2267.75	26.68	90.02		1435.18	228136	214563	39.40	仙　桃
11.70	1626.50	11.60	214.50		274.90	102753	98318	42.81	潜　江
144.41	1842.47	163.63	254.65	94.81	448.02	109038	103365	40.00	天　门
31098.57	**101238.76**	**7544.02**	**11543.87**	**1250.08**	**33596.10**	**6020853**	**5308993**	**1733.51**	**湖　南**
15813.00	24287.00	4379.00	38.00	38.00	8469.50	1074334	991517	396.52	长　沙
84.58	2278.43	14.20	165.65	3.36	934.97	167392	140000	47.77	宁　乡
594.00	1707.00	28.00	212.00	5.60	478.50	134000	110000	27.57	浏　阳
3043.13	8981.97		639.07	34.28	3008.27	663914	609606	121.25	株　洲
295.00	1438.00		230.00	170.00	470.00	105265	103711	24.75	醴　陵
949.02	5037.05	625.76	6.90	6.90	1488.78	306474	271174	94.65	湘　潭
110.00	900.00	98.00	8.60	6.60	314.00	81969	73172	28.80	湘　乡
33.00	289.00	12.00	5.00	3.00	83.00	16550	14250	4.95	韶　山
1001.90	7070.50	248.00	3440.00	50.00	2435.00	398609	389494	142.98	衡　阳
159.00	1754.30	6.50	765.60	80.00	564.50	11	9	30.90	耒　阳
55.60	1098.40	35.50	28.00	7.10	322.29	93783	63148	17.40	常　宁
447.20	5418.00	132.00	56.00	56.00	968.50	292730	270962	68.00	邵　阳
96.00	1350.00	72.00	35.00	17.00	425.30	50502	43300	29.00	武　冈
403.00	1716.60	19.00	22.40	11.50	400.00	101881	96976	36.40	邵　东
339.82	6011.75	93.80	504.53	35.97	1953.02	311479	294501	92.67	岳　阳
3.80	728.31	72.50	88.41	62.40	222.89	48774	44402	13.28	汨　罗
106.20	691.50	4.70	14.60	5.40	191.90	42316	31207	19.83	临　湘
1240.93	4007.02	164.90	446.21	6.55	1647.25	471288	441399	81.70	常　德
	557.00	6.00	97.00	7.00	201.00	57000	54200	10.93	津　市
79.00	1531.20	67.00	562.73	260.00	684.50	127158	87269	27.74	张家界
1377.00	3710.00	154.00	877.00	36.86	1419.00	170937	139923	64.50	益　阳
41.04	721.20	6.00	29.40	6.00	205.30	70133	61570	18.35	沅　江

5-5 续表 12

城市名称 Name of Cities	综合生产能力(万立方米/日) Integrated Production Capacity (10,000 m^3/day)	地下水 Underground Water	水厂个数(个) Number of Water Plants (unit)	地下水 Underground Water	供水管道长度(公里) Length of Water Supply Pipelines (km)	供水总量(万立方米) 合计 Total	售水量 小计 Subtotal	生产运营用水 The Quantity of Water for Production and Operation
郴　　州	75.5	0.6	9	1	1420.84	7570.00	6410.00	1586.00
资　　兴	10.0		2		496.00	1631.30	1178.00	436.00
永　　州	46.5		5		1433.90	11723.14	9414.66	3180.30
怀　　化	30.0		3		1311.80	8599.50	5647.00	435.00
洪　　江	6.0		2		313.83	992.22	772.78	115.63
娄　　底	23.0		3		980.00	6251.62	4933.62	593.00
冷 水 江	11.0		2		1851.04	1672.24	1225.19	296.35
涟　　源	8.0	2.0	3	1	360.00	1477.70	1110.00	141.00
吉　　首	13.0		2		684.80	3147.41	2393.48	215.41
广　　东	**3900.8**	**22.5**	**260**	**7**	**127966.42**	**952837.64**	**820285.77**	**220786.16**
广　　州	844.7		43		37232.74	253881.43	206480.43	35475.45
韶　　关	39.0		7		3273.35	9410.33	7817.01	934.74
乐　　昌	5.0		1		242.26	1221.41	1090.97	97.50
南　　雄	5.0		1		130.29	1055.00	872.00	267.00
深　　圳	711.0		45		17482.30	177537.00	162852.00	49365.00
珠　　海	143.3		12		4832.00	44321.65	38565.46	15601.99
汕　　头	142.8		14		5155.37	31414.81	25924.65	5358.43
佛　　山	304.8		9		5521.00	54940.07	50149.68	17937.73
江　　门	88.8		7		2911.73	25053.63	21479.01	5759.44
台　　山	15.0		1		1068.09	3548.02	3153.38	348.61
开　　平	27.0		3		662.49	4383.51	4265.00	1438.43
鹤　　山	19.5		1		481.67	2744.82	2492.02	1146.33
恩　　平	12.0		2		1298.04	2036.10	1786.50	756.89
湛　　江	70.0	17.5	10	7	2017.63	14903.83	12715.47	922.76
廉　　江	10.0		1		381.06	3298.00	2911.00	20.00
雷　　州	5.0	5.0	1		409.57	1801.00	1380.00	174.00
吴　　川	15.0		2		962.42	1854.41	1487.50	
茂　　名	43.4		3		1515.63	8124.63	7164.36	604.34
高　　州	10.0		1		396.41	2415.46	2128.11	65.01
化　　州	9.8		1		285.67	1837.44	1695.45	121.12
信　　宜	7.5		1		310.00	1350.00	1215.29	132.47
肇　　庆	61.0		7		2823.11	15460.52	13414.00	4198.98
四　　会	20.0		3		497.40	5260.42	3792.97	631.24
惠　　州	170.0		9		4155.30	31625.00	26942.12	10442.19
梅　　州	31.0		4		524.00	6650.22	5621.66	698.70
兴　　宁	10.0		1		440.74	3518.84	2195.14	121.66
汕　　尾	15.5		3		673.83	6609.00	4398.00	1509.00
陆　　丰	8.0		1		190.13	2310.00	1949.00	

continued 12

Total Quantity of Water Supply(10,000m³)						用水户数 (户) Number of Households with Access to Water Supply (unit)	家庭用户 Household User	用水人口 (万人) Population with Access to Water Supply (10,000 persons)	城市名称 Name of Cities
Water Sold			免费供水量 The Quantity of Free Water Supply		漏损水量 The Lossed Water				
公共服务用水 The Quantity of Water for Public Service	居民家庭用水 The Quantity of Water for Household Use	其他用水 The Quantity of Water for Other Purposes		生活用水 Domestic Water Use					
1026.00	3637.00	161.00	70.00	20.00	1090.00	290655	270761	65.50	郴州
120.00	590.00	32.00	189.00	141.00	264.30	96800	94800	16.69	资兴
1456.30	4289.99	488.07	770.48	31.43	1538.00	245348	203952	58.90	永州
756.00	4078.00	378.00	1497.50	2.00	1455.00	192063	105794	62.20	怀化
146.74	509.23	1.18	53.62	47.86	165.82	51962	47217	11.79	洪江
663.62	3507.00	170.00	206.00	77.00	1112.00	180005	110284	51.54	娄底
6.06	893.87	28.91	155.00	18.37	292.05	70593	49247	15.19	冷水江
149.00	774.00	46.00	107.00	2.90	260.70	43741	39366	17.96	涟源
502.63	1675.44		223.17		530.76	63187	55782	33.80	吉首
147579.74	**391183.85**	**60736.02**	**18289.72**	**573.63**	**114262.15**	**15040589**	**12862303**	**6235.05**	**广东**
45424.46	114542.41	11038.11	12494.40	3.91	34906.60	3365019	3049818	1385.87	广州
1538.95	5159.10	184.22	89.93		1503.39	330546	302188	63.49	韶关
228.09	763.67	1.71	2.00	2.00	128.44	69863	62014	11.24	乐昌
46.00	554.00	5.00			183.00	52396	43874	11.00	南雄
42312.00	70329.00	846.00	188.00	188.00	14497.00	1500000	1100000	1343.88	深圳
9038.48	13905.18	19.81	67.42	24.93	5688.77	834030	793264	215.00	珠海
752.02	15419.47	4394.73	1244.70	179.35	4245.46	764363	667275	284.65	汕头
2752.00	20524.33	8935.62	38.38	16.96	4752.01	1267001	1083049	190.04	佛山
4146.07	7956.68	3616.82	28.82	0.24	3545.80	671747	566144	127.64	江门
838.67	1686.77	279.33	21.20	2.19	373.44	158592	145603	18.58	台山
129.34	2679.79	17.44	1.02	0.30	117.49	144596	124190	29.24	开平
124.60	1046.65	174.44	1.80	1.80	251.00	92100	82000	14.97	鹤山
85.07	870.56	73.98	1.41	1.41	248.19	98283	80877	18.35	恩平
5269.65	6521.86	1.20	2.81	2.78	2185.55	354527	320372	148.00	湛江
250.00	2019.00	622.00	7.00	7.00	380.00	85592	77598	31.00	廉江
166.00	1040.00		7.00	7.00	414.00	70466	70286	50.00	雷州
	1031.40	456.10	5.12	4.18	361.79	67350	45505	26.60	吴川
1141.32	4464.92	953.78			960.27	189400	167295	88.02	茂名
542.96	1357.75	162.39	45.93		241.42	69169	58988	35.80	高州
165.62	1376.88	31.83			141.99	84341	83819	40.68	化州
197.97	597.19	287.66			134.71	74449	63303	28.62	信宜
2524.24	6232.75	458.03	197.96	3.20	1848.56	371220	329784	85.60	肇庆
758.58	2220.94	182.21	81.27	8.80	1386.18	153851	134328	28.16	四会
1077.69	15193.05	229.19	289.53		4393.35	657618	607081	248.84	惠州
657.63	4183.13	82.20	371.49		657.07	259948	202009	43.60	梅州
404.28	1669.20				1323.70	120717	103979	24.66	兴宁
271.00	2443.00	175.00	1847.75		363.25	97000	92000	31.86	汕尾
	1560.00	389.00	154.55		206.45	65000	49000	24.00	陆丰

5-5 续表 13

城市名称 Name of Cities	综合生产能力(万立方米/日) Integrated Production Capacity (10,000 m³/day)		水厂个数(个) Number of Water Plants (unit)		供水管道长度(公里) Length of Water Supply Pipelines (km)	供水总量(万立方米)		
		地下水 Underground Water		地下水 Underground Water		合计 Total	售水量	
							小计 Subtotal	生产运营用水 The Quantity of Water for Production and Operation
河　源	24.9		4		1337.97	5587.18	4850.62	996.00
阳　江	48.6		2		1647.76	9721.39	8324.61	2259.63
阳　春	9.0		1		792.00	2435.00	2303.24	241.77
清　远	41.0		3		1445.30	12143.76	10381.29	1097.43
英　德	11.0		1		334.85	2621.37	1862.15	
连　州	6.0		2		147.00	1098.32	966.00	302.00
东　莞	634.4		34		19931.48	148091.53	130393.16	53285.08
中　山	110.0		3		1528.00	17927.92	15903.39	3797.35
潮　州	64.0		5		898.09	11990.85	10166.88	1696.20
揭　阳	46.0		3		1789.00	10638.60	8487.86	1059.79
普　宁	37.0		4		511.18	5839.00	5257.00	504.00
云　浮	11.8		2		1034.10	3548.17	3164.39	791.90
罗　定	13.0		2		695.46	2628.00	2287.00	626.00
广　西	**644.9**	**30.0**	**76**	**8**	**22653.29**	**172551.98**	**148676.71**	**24838.31**
南　宁	175.5	3.0	12	1	5636.73	61412.48	52346.27	6175.26
柳　州	66.1		7		2068.09	23363.07	19946.84	3518.18
桂　林	64.0		5		2453.81	14689.35	12441.54	1916.04
荔　浦	4.1		1		235.40	1109.20	997.48	341.18
梧　州	42.5		6		585.43	7814.44	6891.43	1410.71
岑　溪	9.2		2		763.89	1475.97	1326.18	410.00
北　海	32.0	17.0	3	2	1656.12	8325.31	7367.92	1506.36
防城港	24.2		5		586.71	5473.09	4703.37	1746.68
东　兴	10.0		2		212.79	1438.29	1295.11	13.32
钦　州	30.0		3	1	1237.74	6939.66	5826.53	828.33
贵　港	27.5		3		1117.38	6100.72	5397.94	1806.12
桂　平	8.0		1		201.17	2235.00	1950.00	301.75
玉　林	36.6		3		990.28	8781.85	7786.96	2218.02
北　流	7.5		2		304.19	1948.00	1770.00	316.00
百　色	25.5		5		825.15	4455.45	3806.70	1210.66
平　果	13.0		2		274.60	1480.00	1347.00	298.00
靖　西	4.5		1		167.69	1160.00	1063.00	35.00
贺　州	10.0		1		993.76	3210.31	2824.29	311.10
河　池	24.0	10.0	7	4	590.61	4029.30	3408.71	231.00
来　宾	12.0		2		1075.30	3661.77	3295.27	185.36
合　山	3.0		1		83.60	275.00	234.00	5.00
崇　左	10.0		1		316.47	2530.99	2075.41	43.57
凭　祥	5.7		1		276.38	642.73	574.76	10.67

continued 13

Total Quantity of Water Supply(10,000m³)						用水户数(户) Number of Households with Access to Water Supply (unit)		用水人口(万人) Population with Access to Water Supply (10,000 persons)	城市名称 Name of Cities
Water Sold			免费供水量 The Quantity of Free Water Supply		漏损水量 The Lossed Water		家庭用户 Household User		
公共服务用水 The Quantity of Water for Public Service	居民家庭用水 The Quantity of Water for Household Use	其他用水 The Quantity of Water for Other Purposes		生活用水 Domestic Water Use					
529.77	2352.24	972.61	164.52	13.30	572.04	147692	125920	35.70	河源
602.93	3996.01	1466.04	38.82		1357.96	148987	122044	51.25	阳江
151.20	1670.00	240.27	1.76		130.00	62717	57716	22.00	阳春
2669.71	5556.74	1057.41	1.21	1.21	1761.26	246557	208719	66.69	清远
527.96	1325.10	9.09	315.75		443.47	85439	71386	17.98	英德
48.00	608.00	8.00	0.32	0.32	132.00	38680	30980	12.00	连州
16200.31	43866.03	17041.74	46.37	4.75	17652.00	1044627	686536	975.26	东莞
2852.25	7036.61	2217.18	0.52		2024.01	451436	392265	115.31	中山
1160.47	5828.54	1481.67			1823.97	281265	239912	78.08	潮州
328.64	5137.73	1961.70	441.96	100.00	1708.78	186467	154516	88.60	揭阳
1568.00	2523.00	662.00			582.00	158984	158984	62.00	普宁
24.81	2347.17	0.51			383.78	56146	54276	28.79	云浮
73.00	1588.00		89.00		252.00	62408	53406	32.00	罗定
26482.90	**94346.32**	**3009.18**	**2743.35**	**125.78**	**21131.92**	**3123788**	**2851374**	**1260.06**	**广西**
10122.09	34900.67	1148.25	2179.33		6886.88	445930	413511	392.69	南宁
4330.39	12098.27		163.86	11.99	3252.37	502456	458225	185.52	柳州
2648.71	7662.62	214.17	219.11	1.88	2028.70	654462	593091	102.28	桂林
18.03	524.10	114.17	2.73		108.99	48000	43612	8.50	荔浦
1727.06	3712.22	41.44	83.17	83.17	839.84	158205	137143	58.25	梧州
32.00	884.18		4.10	4.10	145.69	63900	62836	16.89	岑溪
1919.96	3941.60		36.41	7.84	920.98	128720	121855	52.39	北海
701.29	2230.10	25.30	7.95		761.77	46710	39106	26.86	防城港
91.43	815.12	375.24	0.07	0.07	143.11	23213	19209	10.48	东兴
1342.29	3289.07	366.84	0.06	0.06	1113.07	142834	138041	38.03	钦州
296.99	3220.76	74.07	17.82	13.30	684.96	134167	113475	45.65	贵港
578.25	1070.00				285.00	53583	52342	20.48	桂平
556.64	4993.11	19.19			994.89	154943	127835	78.26	玉林
123.00	1330.00	1.00			178.00	48635	46368	23.44	北流
177.83	2412.37	5.84			648.75	70479	66223	37.80	百色
110.00	937.00	2.00			133.00	70604	70028	19.23	平果
36.00	965.00	27.00			97.00	41215	41050	17.51	靖西
415.26	1836.35	261.58	27.84	2.47	358.18	50024	41834	24.17	贺州
47.00	2958.71	172.00	0.90	0.90	619.69	107125	98673	34.67	河池
614.32	2346.34	149.25			366.50	106453	102955	34.02	来宾
7.00	222.00				41.00	14029	13955	5.31	合山
475.89	1544.11	11.84			455.58	36008	29864	19.96	崇左
111.47	452.62				67.97	22093	20143	7.67	凭祥

5-5 续表 14

城市名称 Name of Cities	综合生产能力(万立方米/日) Integrated Production Capacity (10,000 m³/day)	地下水 Underground Water	水厂个数(个) Number of Water Plants (unit)	地下水 Underground Water	供水管道长度(公里) Length of Water Supply Pipelines (km)	供水总量(万立方米) 合计 Total	售水量 小计 Subtotal	生产运营用水 The Quantity of Water for Production and Operation
海南	**190.7**	**14.7**	**17**	**1**	**6753.20**	**47894.76**	**40346.25**	**1485.87**
海口	74.0	14.7	3	1	1656.68	22887.97	19195.67	1097.69
三亚	61.0		5		2578.36	15901.89	13312.52	175.38
儋州	10.0		1		262.28	2681.75	2223.26	9.20
五指山	2.5		2		176.45	659.29	544.43	37.65
琼海	15.0		2		743.00	1875.39	1758.34	104.65
文昌	10.3		2		230.48	1636.05	1468.20	25.75
万宁	15.0		1		705.95	953.55	771.38	35.55
东方	2.9		1		400.00	1298.87	1072.45	
重庆	**642.1**		**96**		**25844.50**	**162120.70**	**137988.83**	**33344.78**
重庆	642.1		96		25844.50	162120.70	137988.83	33344.78
四川	**1616.4**	**50.7**	**163**	**22**	**52371.52**	**287301.29**	**241880.92**	**34570.82**
成都	656.3	4.5	18	5	20908.63	124722.05	107130.99	12051.86
都江堰	22.4	1.5	4	3	496.89	3325.91	2181.13	45.86
彭州	18.0		1		1091.15	2049.00	1682.00	367.00
邛崃	10.0		1		287.74	2008.29	1210.91	165.83
崇州	8.0	8.0	1	1	260.00	1932.90	1739.60	365.30
简阳	11.1		2		254.38	2840.41	2116.02	398.84
自贡	29.2		4		3676.84	7300.73	5992.47	1802.58
攀枝花	46.7		11		1323.96	12036.00	10297.51	4936.59
泸州	49.8		5		3018.17	10971.74	9127.59	1224.95
德阳	30.0	4.0	3	1	696.10	6588.15	5364.24	1461.68
广汉	14.0	6.5	2	2	408.11	2426.70	2038.62	325.15
什邡	11.0	2.1	2	1	425.00	2223.01	1751.37	301.32
绵竹	7.5	7.5	3	3	128.95	2113.73	1343.43	221.95
绵阳	64.0	6.8	15	5	4759.61	13877.17	11715.59	1632.16
江油	15.0		3		759.86	3149.76	2558.49	
广元	16.8		7		673.36	4547.36	3716.09	156.84
遂宁	33.1		8		1340.60	7066.59	5423.26	739.13
射洪	8.8		2		191.00	2616.90	2202.79	79.45
内江	18.0		5		735.02	5530.60	4560.11	224.98
隆昌	7.0	6.8	3		556.52	2260.00	1977.00	377.00
乐山	42.0		10		2335.93	7599.44	6244.52	1117.83
峨眉山	12.5		2		218.00	2612.48	2251.48	131.00
南充	43.0		5		1115.00	11600.00	10215.00	1880.00
阆中	8.5		2		286.00	2662.00	2355.00	623.00
眉山	25.5		4		839.85	5638.12	4669.89	633.97

continued 14

Total Quantity of Water Supply(10,000m³)						用水户数(户) Number of Households with Access to Water Supply (unit)		用水人口(万人) Population with Access to Water Supply (10,000 persons)	城市名称 Name of Cities
Water Sold			免费供水量 The Quantity of Free Water Supply		漏损水量 The Lossed Water		家庭用户 Household User		
公共服务用水 The Quantity of Water for Public Service	居民家庭用水 The Quantity of Water for Household Use	其他用水 The Quantity of Water for Other Purposes		生活用水 Domestic Water Use					
6590.68	**27133.00**	**5136.70**	**1844.91**	**30.55**	**5703.60**	**392275**	**347151**	**340.48**	**海南**
4155.97	13122.33	819.68	1470.90		2221.40	115530	101523	202.00	海口
1458.46	7689.91	3988.77	343.94	19.91	2245.43	67927	61733	58.69	三亚
41.30	2120.01	52.75			458.49	47223	40823	26.33	儋州
	479.16	27.62	10.60	10.60	104.26	33405	33402	4.10	五指山
214.41	1398.51	40.77			117.05	50814	47003	12.59	琼海
448.56	963.83	30.06	1.31	0.04	166.54	18468	13759	15.30	文昌
124.14	602.84	8.85	18.16		164.01	34160	24160	10.22	万宁
147.84	756.41	168.20			226.42	24748	24748	11.25	东方
24729.74	**74633.25**	**5281.06**	**3875.30**	**8.00**	**20256.57**	**7330555**	**6716941**	**1507.43**	**重庆**
24729.74	74633.25	5281.06	3875.30	8.00	20256.57	7330555	6716941	1507.43	重庆
42511.68	**153307.80**	**11490.62**	**5602.08**	**730.02**	**39818.29**	**9992487**	**8630407**	**2754.82**	**四川**
24975.57	65551.08	4552.48	1125.47		16465.59	2688801	2109585	884.40	成都
131.55	1416.02	587.70	552.67	252.15	592.11	157590	134135	23.29	都江堰
221.00	884.00	210.00	31.00		336.00	94771	87401	26.60	彭州
122.21	846.48	76.39	486.10		311.28	90918	89757	26.37	邛崃
417.50	956.80				193.30	72000	39600	20.00	崇州
28.49	1546.24	142.45	267.10		457.29	135766	122902	31.32	简阳
	4120.06	69.83	8.26		1300.00	313885	290916	118.13	自贡
1290.82	4070.10		148.13	5.25	1590.36	314945	295311	65.28	攀枝花
623.83	6207.14	1071.67	125.80	49.17	1718.35	419357	342568	164.41	泸州
251.05	3493.78	157.73	176.33		1047.58	309585	283522	68.18	德阳
562.25	1072.43	78.79	20.00	20.00	368.08	88951	76271	24.98	广汉
521.15	754.29	174.61	141.00	121.00	330.64	44094	39596	13.71	什邡
120.43	737.83	263.22	553.30	60.50	217.00	68032	52651	14.56	绵竹
1839.15	8213.06	31.22	28.55	14.98	2133.03	673293	616268	142.45	绵阳
184.06	2216.16	158.27	158.27	158.27	433.00	150970	142000	35.00	江油
778.03	2766.13	15.09			831.27	172443	165774	53.54	广元
881.40	3488.57	314.16	746.75		896.58	329414	290188	62.45	遂宁
142.71	1878.65	101.98	89.80		324.31	149418	134716	32.00	射洪
1277.45	2835.68	222.00			970.49	326118	277487	70.66	内江
	1600.00				283.00	115819	105110	22.00	隆昌
211.82	4141.72	773.15	148.92		1206.00	420657	381632	83.37	乐山
185.00	1856.48	79.00	31.00		330.00	78620	65530	18.96	峨眉山
2415.00	5920.00		15.00	11.00	1370.00	526850	462189	148.00	南充
612.00	1120.00		7.00	4.00	300.00	129800	110750	30.95	阆中
439.76	3564.63	31.53	11.00	11.00	957.23	324185	299487	57.75	眉山

5-5 续表 15

城市名称 Name of Cities	综合生产能力(万立方米/日) Integrated Production Capacity ($10,000\ m^3$/day)	地下水 Underground Water	水厂个数(个) Number of Water Plants (unit)	地下水 Underground Water	供水管道长度(公里) Length of Water Supply Pipelines (km)	供水总量(万立方米) 合计 Total	售水量 小计 Subtotal	生产运营用水 The Quantity of Water for Production and Operation
宜　宾	58.5	3.0	6	1	1162.22	8391.31	7168.76	564.59
广　安	248.0		2		801.36	4005.83	3354.22	51.66
华　蓥	2.5		1		273.89	850.74	703.40	34.84
达　州	22.9		4		741.00	6458.00	5500.00	210.00
万　源	4.0		2		82.50	820.00	551.00	38.00
雅　安	20.5		5		614.93	2813.26	2400.23	627.31
巴　中	11.5		3		503.11	4174.26	3650.66	384.28
资　阳	14.0		2		572.50	3560.85	3086.55	343.87
马尔康	2.5		3		56.00	385.00	359.00	20.00
康　定	1.3		4		76.33	495.00	391.00	3.00
西　昌	22.7		8		701.01	5648.00	4851.00	1029.00
贵　州	**432.7**	**10.3**	**86**	**3**	**17303.53**	**89270.51**	**70514.29**	**17621.74**
贵　阳	164.5		11		5057.20	40693.96	31065.45	7387.93
清　镇	10.0		1		294.96	2936.31	2463.76	836.34
六盘水	48.3		5		1466.87	4063.74	3337.51	708.02
盘　州	10.7		9		644.53	2021.00	1690.00	666.11
遵　义	50.4		12		3573.21	11757.00	9219.00	2021.57
赤　水	5.0		2		196.00	1004.43	846.24	297.71
仁　怀	7.0		6		679.93	2642.62	2325.49	837.18
安　顺	30.8		5		632.50	4281.76	3578.44	747.70
毕　节	12.0		2		610.00	3708.59	2694.59	840.00
铜　仁	19.5	0.5	7	1	495.50	4246.22	3066.21	907.36
兴　义	26.1		5		709.09	3502.00	3232.00	535.00
兴　仁	7.0	1.0	3		243.82	1033.45	836.08	16.03
凯　里	23.1	0.8	10	1	1075.78	3357.24	2785.05	848.65
都　匀	14.3	8.0	6	1	1244.14	3005.09	2549.47	734.94
福　泉	4.0		2		380.00	1017.10	825.00	237.20
云　南	**443.7**	**13.2**	**114**	**12**	**16677.36**	**99986.47**	**80787.70**	**15319.91**
昆　明	188.5	0.8	22	1	5427.79	44324.60	33831.89	4081.29
安　宁	9.0	2.0	3	2	581.59	2287.27	2021.75	53.10
曲　靖	33.6		11		1012.79	7408.26	6603.05	2714.66
宣　威	10.0		4		269.35	1345.00	1204.28	27.52
玉　溪	15.4	0.9	7	2	483.40	4306.30	3670.59	1049.15
澄　江	1.0	1.0	1	1	239.24	338.00	274.60	98.00
保　山	15.0	4.0	5	3	447.77	3143.17	2592.69	264.30
腾　冲	9.5	4.5	4	2	273.00	1218.67	1055.67	188.14
昭　通	10.0		3		387.51	2671.00	2190.00	764.00

continued 15

Total Quantity of Water Supply(10,000m^3)						用水户数(户) Number of Households with Access to Water Supply (unit)		用水人口(万人) Population with Access to Water Supply (10,000 persons)	城市名称 Name of Cities
Water Sold			免费供水量 The Quantity of Free Water Supply		漏损水量 The Lossed Water		家庭用户 Household User		
公共服务用水 The Quantity of Water for Public Service	居民家庭用水 The Quantity of Water for Household Use	其他用水 The Quantity of Water for Other Purposes		生活用水 Domestic Water Use					
1358.05	4506.18	739.94	136.23	2.40	1086.32	332776	265636	160.14	宜宾
604.83	1975.13	722.60			651.61	246032	230207	39.60	广安
33.30	591.40	43.86			147.34	61367	58514	12.22	华蓥
293.00	4887.00	110.00	128.00		830.00	459419	431899	124.00	达州
32.00	445.00	36.00	154.00		115.00	29087	24000	12.00	万源
634.24	1092.48	46.20	133.00	15.00	280.03	141936	120512	23.50	雅安
192.14	3074.24		150.00		373.60	208836	191556	47.34	巴中
671.89	1973.04	97.75	16.40		457.90	183814	165259	38.00	资阳
50.00	279.00	10.00			26.00	7530	7530	3.00	马尔康
3.00	380.00	5.00	13.00	5.30	91.00	9784	5811	8.36	康定
407.00	2847.00	568.00			797.00	115624	114137	48.30	西昌
7394.09	**43775.68**	**1722.78**	**6063.14**	**152.81**	**12693.08**	**3348219**	**2995954**	**828.17**	**贵州**
3941.97	19433.96	301.59	4185.25	65.80	5443.26	1372067	1281760	296.64	贵阳
174.09	1428.10	25.23	64.90	57.28	407.65	99911	85232	24.06	清镇
	2626.50	2.99			726.23	91460	91460	40.00	六盘水
74.21	723.68	226.00			331.00	62944	51793	23.41	盘州
1219.43	5293.50	684.50	688.00		1850.00	533522	490996	119.50	遵义
	548.53				158.19	52000	42500	16.90	赤水
534.87	627.88	325.56			317.13	111203	91203	24.82	仁怀
746.10	2054.54	30.10	25.00		678.32	195004	171549	48.24	安顺
31.00	1757.53	66.06	483.00	18.00	531.00	67400	57530	44.68	毕节
7.06	2151.14	0.65	537.56		642.45	214417	193446	44.60	铜仁
141.00	2556.00				270.00	192762	130704	45.66	兴义
13.72	792.18	14.15	15.00	7.00	182.37	39458	29078	14.96	兴仁
219.13	1696.32	20.95	2.63	2.63	569.56	144043	127276	39.55	凯里
227.01	1562.52	25.00	8.80	2.10	446.82	119028	104427	31.37	都匀
64.50	523.30		53.00		139.10	53000	47000	13.78	福泉
7211.76	**47556.89**	**10699.14**	**6168.24**	**200.47**	**13030.53**	**3562801**	**3096377**	**1000.93**	**云南**
2152.92	19264.87	8332.81	3711.85	6.40	6780.86	1746858	1562045	401.07	昆明
520.33	769.22	679.10			265.52	99754	86060	27.68	安宁
429.60	3378.52	80.27	170.88	99.78	634.33	160303	155129	76.95	曲靖
46.23	1120.63	9.90	11.01	3.30	129.71	73025	69500	29.18	宣威
286.10	2303.16	32.18	8.43	5.55	627.28	128278	113843	39.51	玉溪
2.50	172.10	2.00	28.00	28.00	35.40	30061	28995	3.00	澄江
19.97	2104.86	203.56	100.00		450.48	53909	49346	35.93	保山
166.22	456.61	244.70			163.00	29301	26370	17.00	腾冲
1.80	1417.00	7.20	22.00	10.00	459.00	79100	67089	34.08	昭通

5-5 续表 16

城市名称 Name of Cities	综合生产能力(万立方米/日) Integrated Production Capacity (10,000 m³/day)	地下水 Under-ground Water	水厂个数(个) Number of Water Plants (unit)	地下水 Under-ground Water	供水管道长度(公里) Length of Water Supply Pipelines (km)	供水总量(万立方米) 合计 Total	售水量 小计 Subtotal	生产运营用水 The Quantity of Water for Production and Operation
水富	2.0		2		171.00	512.70	502.80	101.80
丽江	12.0		3		843.90	2227.00	1976.00	10.61
普洱	7.5		3		284.82	2061.75	1801.25	410.20
临沧	6.5		3		264.57	1294.20	1249.20	518.20
楚雄	17.2		4		873.75	4707.13	3601.71	85.76
个旧	9.2		8		165.00	1491.95	1313.26	321.29
开远	4.4		2		272.00	1332.01	1156.93	172.78
蒙自	14.5		2		799.38	3076.72	2778.39	483.27
弥勒	6.0		2		334.00	1098.00	907.00	98.00
文山	9.9		5		789.96	2834.70	2377.50	538.00
景洪	10.0		2		278.90	2518.90	2040.31	350.62
大理	28.9		8		593.64	5089.24	3464.73	1439.00
瑞丽	7.0		1		261.37	2032.80	1869.50	1297.00
芒市	8.3		2	1	396.00	1287.80	1049.00	215.00
泸水	3.0		2		1047.00	389.70	380.40	22.82
香格里拉	5.3		5		179.63	989.60	875.20	15.40
西藏	**63.2**	**51.4**	**16**	**11**	**1771.42**	**14524.19**	**12559.12**	**1541.32**
拉萨	38.1	38.1	6	6	1054.37	8516.94	7359.44	988.80
日喀则	7.8	7.8	2	2	237.00	2311.33	1931.23	
昌都	5.0		2		165.00	490.00	409.00	29.00
林芝	4.0	2.0	2	1	120.00	968.00	826.00	465.00
山南	3.5	3.5	1	1	89.05	1064.00	937.37	58.52
那曲	4.8		3	1	106.00	1173.92	1096.08	
陕西	**463.4**	**147.4**	**80**	**47**	**10736.91**	**112053.17**	**97253.05**	**25871.16**
西安	259.5	79.9	26	17	5484.70	72669.22	62970.62	18947.37
铜川	14.2	2.0	6	2	448.11	1948.75	1689.73	299.00
宝鸡	32.0	7.0	5	3	1060.52	5914.00	5229.85	1007.73
咸阳	40.9	10.9	5	4	355.07	6738.46	6287.35	1060.02
彬州	1.8		2		103.00	603.00	544.00	128.50
兴平	3.0	3.0	1	1	57.16	521.85	467.53	1.25
渭南	22.9	7.7	8	6	364.06	3279.98	2698.43	343.78
韩城	5.0	3.0	2	1	299.70	1094.56	984.11	1.50
华阴	5.5	5.5	2		71.50	513.00	374.00	55.00
延安	14.0		3		328.50	3301.60	2840.24	1310.14
子长	1.2	0.1	2	1	121.60	398.35	348.35	37.90
汉中	12.8	12.8	3	3	518.30	3924.90	3134.96	41.86
榆林	18.7	8.7	6	4	696.99	3519.36	2969.64	901.48

continued 16

Total Quantity of Water Supply(10,000m^3)						用水户数(户) Number of Households with Access to Water Supply (unit)		用水人口(万人) Population with Access to Water Supply (10,000 persons)	城市名称 Name of Cities
Water Sold			免费供水量 The Quantity of Free Water Supply		漏损水量 The Lossed Water		家庭用户 Household User		
公共服务用水 The Quantity of Water for Public Service	居民家庭用水 The Quantity of Water for Household Use	其他用水 The Quantity of Water for Other Purposes		生活用水 Domestic Water Use					
40.00	359.00	2.00	8.20	0.90	1.70	18106	17531	5.79	水富
864.14	551.50	549.75	28.30	0.12	222.70	106343	82694	22.24	丽江
442.00	944.05	5.00	20.00		240.50	74250	6835	22.66	普洱
16.00	594.00	121.00	25.00	17.00	20.00	36704	32630	18.81	临沧
1366.53	2139.01	10.41	331.33		774.09	137649	88420	35.31	楚雄
83.00	901.85	7.12	28.06	1.22	150.63	63899	59482	20.00	个旧
	981.53	2.62	45.88	3.04	129.20	70955	65284	20.58	开远
333.12	1962.00				298.33	137515	108952	39.00	蒙自
95.00	651.00	63.00	101.00		90.00	40061	39214	15.56	弥勒
107.00	1708.00	24.50	89.00		368.20	140925	127103	25.96	文山
4.70	1384.40	300.59	176.32		302.27	36398	36248	23.10	景洪
	2018.48	7.25	1127.82		496.69	146533	140396	38.20	大理
9.00	556.50	7.00			163.30	49416	38978	19.03	瑞丽
2.00	832.00		110.00		128.80	75858	72926	15.00	芒市
105.00	251.00	1.58	0.16	0.16	9.14	10338	8693	6.13	泸水
118.60	735.60	5.60	25.00	25.00	89.40	17262	12614	9.16	香格里拉
1390.16	**8962.77**	**664.87**	**493.83**	**10.99**	**1471.24**	**229820**	**184817**	**98.84**	**西藏**
868.90	5248.74	253.00	296.40	1.40	861.10	133751	98252	58.07	拉萨
171.90	1471.03	288.30	170.00		210.10	25133	23324	12.30	日喀则
130.00	250.00				81.00	25850	25040	11.00	昌都
30.00	275.00	56.00			142.00	12566	12566	5.80	林芝
39.36	829.92	9.57	9.59	9.59	117.04	16000	15635	6.25	山南
150.00	888.08	58.00	17.84		60.00	16520	10000	5.42	那曲
4594.09	**62225.81**	**4561.99**	**2759.58**	**19.67**	**12040.54**	**3679043**	**3496945**	**1206.40**	**陕西**
1083.66	40778.69	2160.90	2135.07		7563.53	2046071	1961604	652.29	西安
398.11	990.64	1.98			259.02	70431	63303	39.93	铜川
574.33	3559.10	88.69	26.74		657.41	300078	290444	87.70	宝鸡
260.58	3998.86	967.89			451.11	19015	16276	75.50	咸阳
120.30	287.90	7.30	5.00	3.00	54.00	29900	29000	11.40	彬州
62.58	355.14	48.56	5.97		48.35	21616	19956	6.62	兴平
79.33	1981.30	294.02	282.62		298.93	156652	154439	52.23	渭南
15.00	733.17	234.44	1.00		109.45	37625	30750	13.88	韩城
54.00	260.00	5.00	57.00		82.00	25680	22470	10.20	华阴
74.90	1385.86	69.34			461.36	168292	140168	41.23	延安
60.50	249.45	0.50	40.00		10.00	28780	27212	12.40	子长
380.84	2263.84	448.42	174.00	16.67	615.94	131242	127767	52.11	汉中
465.66	1560.39	42.11			549.72	51815	49140	55.10	榆林

5-5 续表 17

城市名称 Name of Cities	综合生产能力(万立方米/日) Integrated Production Capacity (10,000 m³/day)	地下水 Underground Water	水厂个数(个) Number of Water Plants (unit)	地下水 Underground Water	供水管道长度(公里) Length of Water Supply Pipelines (km)	供水总量(万立方米) 合计 Total	售水量 小计 Subtotal	生产运营用水 The Quantity of Water for Production and Operation
神木	4.0		1		225.00	1817.00	1687.00	700.00
安康	11.0		2		338.50	2456.55	2088.12	497.62
商洛	7.0	7.0	2	2	129.20	1546.31	1323.84	211.96
杨凌区	10.0		4	3	135.00	1806.28	1615.28	326.05
甘肃	**341.7**	**79.4**	**42**	**24**	**6301.95**	**54792.74**	**50054.40**	**13793.78**
兰州	159.4		5	1	1610.83	27112.86	25487.57	9178.63
嘉峪关	17.9	17.9	3	3	661.35	3624.93	3304.33	305.79
金昌	10.0		1		257.56	1718.85	1547.20	343.59
白银	39.1		6		335.49	2232.89	2194.89	356.00
天水	19.0	4.0	4	3	257.00	3005.00	2504.00	685.00
武威	20.0	10.0	2	1	242.00	2499.99	2217.99	633.46
张掖	13.5	13.5	2	1	425.00	2557.70	2404.70	314.54
平凉	5.5	5.5	3	3	410.30	1401.60	1200.40	186.01
华亭	1.5	1.5	2	2	82.00	524.00	472.00	168.00
酒泉	21.2	14.0	3	1	363.75	2795.72	2275.22	558.67
玉门	1.7	1.7	1	1	163.87	390.00	290.00	62.00
敦煌	4.0	4.0	1	1	366.87	739.38	665.80	190.03
庆阳	3.8	1.0	2	1	426.10	1449.00	1247.00	183.50
定西	10.0	1.6	2	2	245.06	732.82	657.00	138.56
陇南	3.5	3.5	3	3	78.04	1160.00	1030.00	130.00
临夏	10.4		1		291.33	2560.00	2302.00	360.00
合作	1.2	1.2	1	1	85.40	288.00	254.30	
青海	**82.3**	**74.2**	**13**	**9**	**3056.71**	**20055.70**	**17651.79**	**4840.82**
西宁	43.2	43.2	5	4	1592.12	11370.27	9843.26	3789.39
海东	2.6		1		266.20	1043.63	901.46	310.09
同仁	2.5		1		70.00	295.00	254.00	42.00
玉树	3.0		1		342.60	923.60	914.00	25.00
茫崖	1.2	1.2	1	1	69.98	389.30	364.30	145.00
格尔木	19.7	19.7	2	2	418.39	3182.80	2910.07	367.34
德令哈	10.1	10.1	2	2	297.42	2851.10	2464.70	162.00
宁夏	**232.9**	**70.6**	**23**	**16**	**2633.89**	**30745.64**	**25435.92**	**6005.99**
银川	85.0	21.0	4	2	1017.00	17754.54	13948.18	2371.84
灵武	2.8	2.8	1	1	103.99	846.44	762.73	94.32
宁东能源化工基地	80.0		2		182.32	145.96	132.28	15.36
石嘴山	32.5	20.5	5	4	345.00	5612.33	5122.33	2277.30

continued 17

Total Quantity of Water Supply(10,000m^3)						用水户数(户) Number of Households with Access to Water Supply (unit)	家庭用户 Household User	用水人口(万人) Population with Access to Water Supply (10,000 persons)	城市名称 Name of Cities
Water Sold			免费供水量 The Quantity of Free Water Supply		漏损水量 The Lossed Water				
公共服务用水 The Quantity of Water for Public Service	居民家庭用水 The Quantity of Water for Household Use	其他用水 The Quantity of Water for Other Purposes		生活用水 Domestic Water Use					
300.00	610.00	77.00			130.00	520000	500000	22.00	神木
175.81	1398.00	16.69	0.58		367.85	49310	45007	34.34	安康
278.41	833.47		30.60		191.87	7010	6244	23.42	商洛
210.08	980.00	99.15	1.00		190.00	15526	13165	16.05	杨凌区
7256.18	**24337.31**	**4667.13**	**817.03**	**93.56**	**3921.31**	**1321782**	**1236005**	**623.25**	**甘肃**
4302.79	10953.07	1053.08	8.66	1.66	1616.63	39940	34201	237.01	兰州
336.27	890.79	1771.48			320.60	139401	129126	23.78	嘉峪关
109.95	451.35	642.31	0.84		170.81	55908	53528	15.66	金昌
9.00	1826.89	3.00	6.00		32.00	69300	68000	34.37	白银
321.00	1498.00		250.00		251.00	146370	146370	69.60	天水
600.00	984.53		40.00	40.00	242.00	140695	124573	34.31	武威
213.76	1683.00	193.40	5.50		147.50	149811	148861	29.07	张掖
149.42	756.17	108.80	20.20	20.20	181.00	111110	102692	30.70	平凉
26.00	273.00	5.00			52.00	20263	18954	8.99	华亭
314.45	1116.30	285.80	289.80	0.80	230.70	153762	137139	38.98	酒泉
90.00	90.00	48.00	69.00		31.00	15413	14823	4.63	玉门
58.19	254.50	163.08			73.58	42666	36151	9.43	敦煌
213.50	635.00	215.00	52.00	20.00	150.00	45300	45000	20.79	庆阳
110.55	301.71	106.18	10.03	0.90	65.79	49274	47483	20.66	定西
184.00	650.00	66.00	4.00	4.00	126.00	35689	35689	16.77	陇南
28.00	1914.00		40.00		218.00	89880	80415	23.50	临夏
189.30	59.00	6.00	21.00	6.00	12.70	17000	13000	5.00	合作
939.70	**8646.58**	**3224.69**	**389.14**	**6.65**	**2014.77**	**738988**	**636513**	**209.92**	**青海**
120.40	5212.54	720.93	363.81	1.62	1163.20	575334	495494	141.00	西宁
6.90	549.14	35.33	9.33	5.03	132.84	69155	58502	22.70	海东
22.00	170.00	20.00	16.00		25.00	8700	8000	4.15	同仁
6.00	878.00	5.00			9.60	30200	25346	10.80	玉树
31.00	133.30	55.00			25.00	8540	8540	4.22	茫崖
238.70	1084.60	1219.43			272.73	27476	24332	21.16	格尔木
514.70	619.00	1169.00			386.40	19583	16299	5.89	德令哈
4501.46	**11257.91**	**3670.56**	**1764.60**	**0.80**	**3545.12**	**1023317**	**896622**	**293.10**	**宁夏**
2207.40	6751.40	2617.54	1706.00		2100.36	511842	457935	161.00	银川
84.84	461.25	122.32			83.71	64034	56133	10.81	灵武
67.28	49.64				13.68	18000	18000	7.00	宁东能源化工基地
1247.58	1099.57	497.88			490.00	114821	99718	39.32	石嘴山

5-5 续表 18

城市名称 Name of Cities	综合生产能力(万立方米/日) Integrated Production Capacity (10,000 m³/day)	地下水 Underground Water	水厂个数(个) Number of Water Plants (unit)	地下水 Underground Water	供水管道长度(公里) Length of Water Supply Pipelines (km)	供水总量(万立方米) 合计 Total	售水量 小计 Subtotal	生产运营用水 The Quantity of Water for Production and Operation
吴 忠	12.0	12.0	3	3	327.80	3203.37	2652.42	971.47
青铜峡	3.9	3.9	4	4	261.20	927.00	840.00	110.70
固 原	8.5	2.2	2		264.76	1083.00	993.50	165.00
中 卫	8.2	8.2	2	2	131.82	1173.00	984.48	
新 疆	**514.1**	**235.3**	**55**	**33**	**11327.04**	**85674.60**	**73035.52**	**16808.89**
乌鲁木齐	168.0	44.0	8	2	2358.00	31871.84	26490.96	5689.73
克拉玛依	97.0	25.0	6		1978.60	8647.63	7981.51	3790.41
吐鲁番	10.0		3		366.00	1788.22	772.50	233.00
哈 密	20.0	11.5	3	1	862.32	5041.46	4382.28	1007.29
昌 吉	25.0	5.0	2	1	490.00	3130.00	2692.84	331.00
阜 康	4.9	4.1	3	3	170.73	672.01	604.52	35.91
博 乐	8.0	2.7	4	2	349.56	1075.94	960.66	235.03
阿拉山口	5.0		2	1	251.00	370.13	333.45	217.72
库尔勒	43.0	43.0	1	1	565.86	8307.02	7311.02	1567.00
阿克苏	20.0	20.0	2	2	461.00	4219.00	3918.00	1582.00
库 车	14.5	14.5	3	3	628.24	1208.90	1117.30	10.20
阿图什	3.2	3.2	1	1	75.84	668.30	602.80	35.00
喀 什	14.2	14.2	4	4	462.65	4498.00	3955.00	516.00
和 田	8.0	8.0	2	2	295.75	2297.00	1992.18	70.00
伊 宁	38.6	18.6	4	4	712.00	5483.85	4950.00	517.00
奎 屯	13.0	13.0	2	2	247.60	2422.00	2092.00	487.60
霍尔果斯	2.5	2.5	1	1	182.00	736.30	665.30	28.40
塔 城	4.0	4.0	2	2	303.50	906.00	817.00	22.00
乌 苏	12.0	2.0	1	1	275.00	1721.00	859.20	335.60
阿勒泰	3.2		1		291.39	610.00	537.00	98.00
新疆兵团	**205.8**	**156.3**	**12**	**5**	**1901.26**	**16829.83**	**14636.42**	**6416.15**
石河子	35.0	20.0	2	1	641.24	9305.55	8224.27	5159.49
阿拉尔	11.0		2		114.00	1083.50	986.00	75.00
图木舒克	11.0		1		235.00	1117.00	1006.00	291.00
五家渠	3.6	3.6	2	2	162.00	1307.56	869.76	107.14
北 屯	5.0		1		188.14	1317.70	1177.24	363.14
铁门关	1.6	1.6	1	1	158.23	421.96	358.67	49.93
双 河	0.5	0.5	1	1	50.00	178.00	155.00	52.00
可克达拉	6.0		1		223.00	1460.56	1299.90	44.87
昆 玉	1.5		1		64.00	507.40	481.00	232.00
胡杨河	130.6	130.6			65.65	130.60	78.58	41.58

continued 18

Total Quantity of Water Supply(10,000m^3)						用水户数（户） Number of Households with Access to Water Supply (unit)		用水人口（万人） Population with Access to Water Supply (10,000 persons)	城市名称 Name of Cities
Water Sold			免费供水量 The Quantity of Free Water Supply		漏损水量 The Lossed Water		家庭用户 Household User		
公共服务用水 The Quantity of Water for Public Service	居民家庭用水 The Quantity of Water for Household Use	其他用水 The Quantity of Water for Other Purposes		生活用水 Domestic Water Use					
291.67	965.11	424.17	57.60		493.35	58002	31356	23.20	吴　　忠
86.00	643.30		1.00	0.80	86.00	77044	67184	13.40	青 铜 峡
252.00	571.00	5.50			89.50	67000	67000	23.00	固　　原
264.69	716.64	3.15			188.52	112574	99296	15.37	中　　卫
14857.58	**30225.22**	**11143.83**	**1698.79**	**64.02**	**10940.29**	**3931866**	**2615467**	**778.31**	**新　　疆**
1892.24	14437.59	4471.40	90.40	14.43	5290.48	689725	689725	353.00	乌鲁木齐
1778.70	1772.40	640.00			666.12	198001	193415	44.63	克拉玛依
117.70	368.92	52.88	802.72		213.00	25971	22677	8.89	吐 鲁 番
2030.62	812.37	532.00			659.18	198262	183573	24.61	哈　　密
823.00	1176.84	362.00	1.16	1.16	436.00	211000	210000	45.54	昌　　吉
136.58	431.60	0.43	11.30	7.60	56.19	54548	48661	11.49	阜　　康
161.76	563.87				115.28	83754	76934	16.70	博　　乐
105.10	10.63				36.68	4812	3499	1.48	阿拉山口
2546.00	600.00	2598.02	83.19	38.71	912.81	336096	330096	55.00	库 尔 勒
154.00	2112.00	70.00			301.00	150243	149872	42.57	阿 克 苏
490.80	616.30				91.60	73480	73000	17.10	库　　车
25.00	505.30	37.50			65.50	24890	24890	8.68	阿 图 什
1536.00	1567.00	336.00			543.00	1364802	130000	48.08	喀　　什
906.18	1001.00	15.00	1.82	1.82	303.00	46978	46978	22.60	和　　田
310.00	2500.00	1623.00			533.85	292676	274485	37.20	伊　　宁
825.00	715.00	64.40	0.30	0.30	329.70	51368	42771	15.48	奎　　屯
317.90	172.80	146.20			71.00	15000	14700	1.87	霍尔果斯
519.00	276.00				89.00	52987	45624	6.06	塔　　城
136.00	330.60	57.00	694.90		166.90	28631	27957	10.32	乌　　苏
46.00	255.00	138.00	13.00		60.00	28642	26610	7.01	阿 勒 泰
3240.72	**3202.89**	**1776.66**	**307.10**	**20.55**	**1886.31**	**329301**	**308396**	**104.33**	**新疆兵团**
1569.25	1427.20	68.33			1081.28	175531	172084	47.50	石 河 子
398.00	500.00	13.00			97.50	33000	30000	12.75	阿 拉 尔
199.00	254.00	262.00			111.00	13262	11980	6.50	图木舒克
309.87	442.74	10.01	307.10	20.55	130.70	27269	24008	18.71	五 家 渠
495.80	225.80	92.50			140.46	45800	38500	8.30	北　　屯
101.45	121.85	85.44			63.29	12109	10579	2.29	铁 门 关
43.00	55.00	5.00			23.00	7164	6764	2.87	双　　河
4.35	50.30	1200.38			160.66	1829	1731	1.21	可克达拉
120.00	89.00	40.00			26.40	5600	5500	1.94	昆　　玉
	37.00				52.02	7737	7250	2.26	胡 杨 河

5-6 2020年按城市分列的城市供水(自建设施供水)

城市名称 Name of Cities	综合生产能力(万立方米/日) Integrated Production Capacity (10,000 m^3/day)	地下水 Underground Water	供水管道长度(公里) Length of Water Supply Pipelines (km)	建成区 in Built District	供水总量(万立方米) 合计 Total	生产运营用水 The Quantity of Water for Production and Operation
全国	**4447.6**	**2221.2**	**26030.5**	**16958.8**	**430877.66**	**325593.11**
北京	**1182.0**	**1182.0**	**2715.7**		**12888.51**	**4513.64**
天津	**50.6**		**15.0**	**15.0**	**5685.10**	**2816.36**
河北	**100.8**	**74.1**	**2259.6**	**1942.5**	**20772.20**	**17084.67**
石家庄	16.1	2.1	48.1	48.1	699.78	301.00
晋州						
新乐						
唐山	20.3	20.3	172.8	172.8	7026.53	5621.22
滦州	1.5	1.5	16.1	16.1	544.00	494.00
遵化	13.0	13.0	22.0	22.0	465.00	340.00
迁安	3.7	3.7	8.5	8.5	1320.00	1220.00
秦皇岛	3.4		80.0	30.0	1109.00	1095.00
邯郸	7.2				2620.00	2620.00
武安	1.6	1.6	105.0	105.0	399.28	330.10
邢台	0.4	0.4	1138.5	1138.5	129.09	112.73
南宫						
沙河						
保定	5.6	5.6	262.0	109.0	1143.24	726.66
涿州	3.9	3.9	85.0	85.0	1416.20	991.34
安国	4.0	4.0	10.0	10.0	1199.31	1170.22
高碑店	0.2	0.2	36.5	36.5	61.25	54.95
张家口						
承德	4.9	4.2	10.0	10.0	594.00	550.19
平泉	1.9	1.9	199.0	99.5	510.00	357.00
沧州	0.0	0.0	0.1		3.02	3.00
泊头						
任丘						
黄骅						
河间						
廊坊	0.4	0.3	20.5	12.0	125.84	89.47
霸州						
三河						
衡水	2.2	1.5	4.0	4.0	587.74	326.40
深州	2.0	2.0			301.00	301.00
辛集	5.3	5.3	15.7	10.5	93.42	65.39
定州	3.5	2.7	25.8	25.0	424.50	315.00

Urban Water Supply by City (Suppliers with Self-Built Facilities) (2020)

Total Quantity of Water Supply(10,000 m³)			用水户数(户) Number of Households with Access to Water Supply (unit)		用水人口(万人) Population with Access to Water Supply (10,000 persons)	城市名称 Name of Cities
公共服务用水 The Quantity of Water for Public Service	居民家庭用水 The Quantity of Water for Household Use	其他用水 The Quantity of Water for Other Purposes		家庭用户 Household User		
44618.34	**40343.03**	**20323.18**	**2628140**	**1805277**	**617.54**	**全　国**
6171.17	**791.01**	**1412.69**	**146690**	**135747**	**117.64**	**北　京**
414.28	**2454.46**		**1602**	**2**	**0.01**	**天　津**
883.94	**2391.90**	**411.69**	**137792**	**120741**	**27.12**	**河　北**
15.96	375.57	7.25	26967	26347	10.44	石家庄
						晋　州
						新　乐
168.56	1053.98	182.77	9867	9867	2.96	唐　山
	50.00		7508	7051	1.39	滦　州
26.00	87.00	12.00	10150	4200	1.28	遵　化
92.00	8.00		8150	8150	1.30	迁　安
14.00			15			秦皇岛
			3			邯　郸
69.12	0.06		24	1	1.89	武　安
		16.36				邢　台
						南　宫
						沙　河
46.91	275.12	94.55	37940	35814	2.87	保　定
98.00	326.86		12356	12356	0.21	涿　州
	6.09	23.00	567	559	0.17	安　国
	6.30		525	525	0.21	高碑店
						张家口
		43.81	108			承　德
63.00	83.00	7.00	3841	756	0.27	平　泉
		0.02				沧　州
						泊　头
						任　丘
						黄　骅
						河　间
0.15	33.69	2.53	1129	995	0.41	廊　坊
						霸　州
						三　河
220.11	26.23	15.00	6632	6520	1.60	衡　水
						深　州
15.13	10.00	2.90	1000	800	0.08	辛　集
55.00	50.00	4.50	11010	6800	2.04	定　州

5-6 续表 1

城市名称 Name of Cities	综合生产能力(万立方米/日) Integrated Production Capacity (10,000 m^3/day)	地下水 Underground Water	供水管道长度(公里) Length of Water Supply Pipelines (km)	建成区 in Built District	供水总量(万立方米) 合计 Total	生产运营用水 The Quantity of Water for Production and Operation
山　西	**55.6**	**46.3**	**1184.0**	**455.7**	**7087.52**	**4919.67**
太　原						
古　交	1.4	1.4	67.1	67.1	116.67	56.95
大　同	13.0	11.0			193.90	104.71
阳　泉	7.8	0.6	550.0	50.0	597.00	420.00
长　治	12.6	12.6	348.9	245.9	2277.06	1601.69
晋　城	1.3	1.3	51.0	51.0	291.00	98.00
高　平						
朔　州	3.0	3.0	2.5	2.5	657.80	537.60
怀　仁	1.2	1.2			300.00	227.00
晋　中	0.1	0.1	17.0		25.65	19.59
介　休	1.0	1.0	11.0	11.0	313.27	
运　城						
永　济	2.8	2.8	3.0	3.0	410.00	300.00
河　津	1.8	1.8			152.92	
忻　州	1.2	1.2	56.0		437.13	394.13
原　平	2.8	2.8	47.0		421.33	304.50
临　汾						
侯　马	0.3	0.3			55.47	51.88
霍　州	4.8	4.8			768.32	768.32
吕　梁						
孝　义						
汾　阳	0.5	0.5	30.5	25.2	70.00	35.30
内 蒙 古	**60.0**	**55.4**	**275.4**	**173.4**	**12673.11**	**8610.05**
呼和浩特	3.2	3.2	18.5	18.5	919.00	113.00
包　头	7.0	7.0			881.00	308.00
乌　海						
赤　峰	11.1	11.1	41.1	41.1	3339.00	3010.00
通　辽	15.0	15.0	50.0	18.0	2812.00	1900.00
霍林郭勒	5.0	5.0	70.0		892.20	381.39
鄂尔多斯	1.2	1.2			235.01	
呼伦贝尔	3.0	3.0	78.8	78.8	997.80	560.00
满 洲 里	1.7	1.2			605.00	605.00
牙 克 石	2.0	2.0	9.0	9.0	632.00	500.00
扎 兰 屯	3.8				1135.70	1020.70
额尔古纳						
根　河	0.4				0.18	0.10
巴彦淖尔						

continued 1

Total Quantity of Water Supply(10,000 m^3)			用水户数(户) Number of Households with Access to Water Supply (unit)		用水人口(万人) Population with Access to Water Supply (10,000 persons)	城市名称 Name of Cities
公共服务用水 The Quantity of Water for Public Service	居民家庭用水 The Quantity of Water for Household Use	其他用水 The Quantity of Water for Other Purposes		家庭用户 Household User		
423.08	**1479.82**	**264.95**	**308141**	**291896**	**31.73**	**山　西**
						太　原
	59.72		8720	8182	2.06	古　交
	89.19		161312	161312	1.13	大　同
27.00	150.00		73789	62765	10.21	阳　泉
228.79	303.76	142.82	14735	10545	1.95	长　治
14.00	103.00	76.00	7258	7253	2.41	晋　城
						高　平
25.60	94.60		6217	6217	2.00	朔　州
	73.00		4510	4469	2.00	怀　仁
	6.06		40	40	0.11	晋　中
	313.27		10940	10800	3.88	介　休
						运　城
30.00	70.00	10.00	2860	2800	0.80	永　济
	152.92		9819	9819	2.95	河　津
5.00	13.50	24.50	1500	1465	0.27	忻　州
91.20	16.10	9.53	2950	2850	0.95	原　平
						临　汾
1.49		2.10	112			侯　马
						霍　州
						吕　梁
						孝　义
	34.70		3379	3379	1.01	汾　阳
2691.59	**1211.41**	**160.06**	**50363**	**45563**	**20.08**	**内蒙古**
780.00	14.00	12.00	6440	6320	12.59	呼和浩特
561.00		12.00	246			包　头
						乌　海
	329.00		6789	6578	4.18	赤　峰
850.00	62.00		1075	400	0.12	通　辽
212.36	290.32	8.13	892	726	0.23	霍林郭勒
	235.01		21760	21760	0.21	鄂尔多斯
182.00	234.00	21.80	9700	6500	1.91	呼伦贝尔
			27			满洲里
60.00	47.00	25.00	3300	3200	0.82	牙克石
40.00		75.00				扎兰屯
						额尔古纳
	0.08		79	79	0.02	根　河
						巴彦淖尔

5-6 续表 2

城市名称 Name of Cities	综合生产能力(万立方米/日) Integrated Production Capacity (10,000 m^3/day)		供水管道长度(公里) Length of Water Supply Pipelines (km)		供水总量(万立方米)	
		地下水 Underground Water		建成区 in Built District	合计 Total	生产运营用水 The Quantity of Water for Production and Operation
乌兰察布	0.2	0.2			56.00	44.59
丰镇	5.6	5.6	8.0	8.0	30.00	30.00
乌兰浩特	0.5	0.5				
阿尔山						
二连浩特						
锡林浩特	0.4	0.4			138.22	137.27
辽宁	**164.8**	**74.0**	**2153.6**	**1503.1**	**23640.00**	**16228.98**
沈阳	18.5	18.5	305.7	170.1	6610.06	2218.45
新民						
大连	0.1	0.1			8.40	
瓦房店						
庄河						
鞍山	1.5	0.7			253.25	200.28
海城						
抚顺	18.0		42.0		6080.00	6080.00
本溪						
丹东	14.0	0.8			800.00	490.00
东港						
凤城	1.0	1.0	240.6	17.6	135.00	
锦州						
凌海						
北镇						
营口						
盖州						
大石桥						
阜新						
辽阳	14.6	14.6	75.2	75.2	391.33	391.33
灯塔	0.1		86.0		30.41	0.10
盘锦	35.3	12.3	512.5	462.5	4005.35	2554.35
铁岭						
调兵山						
开原	1.1	1.1	4.7	4.7	394.20	373.15
朝阳	40.8	24.3	134.0	20.0	2841.00	1995.32
北票						
凌源						
葫芦岛	19.1		753.0	753.0	1924.00	1861.00
兴城	0.8	0.7			167.00	65.00

continued 2

Total Quantity of Water Supply(10,000 m^3)			用水户数(户) Number of Households with Access to Water Supply (unit)		用水人口(万人) Population with Access to Water Supply (10,000 persons)	城市名称 Name of Cities
公共服务用水 The Quantity of Water for Public Service	居民家庭用水 The Quantity of Water for Household Use	其他用水 The Quantity of Water for Other Purposes		家庭用户 Household User		
5.28		6.13	24			乌兰察布
			10			丰镇
						乌兰浩特
						阿尔山
						二连浩特
0.95			21			锡林浩特
3921.58	**1661.89**	**1827.55**	**208462**	**109590**	**29.33**	**辽宁**
2211.81	1277.48	902.32	94180	89101	26.51	沈阳
						新民
8.40			47			大连
						瓦房店
						庄河
52.97			32			鞍山
						海城
			9			抚顺
						本溪
150.00	160.00		1700	1680	0.50	丹东
						东港
	135.00		12100	12100	0.10	凤城
						锦州
						凌海
						北镇
						营口
						盖州
						大石桥
						阜新
			4			辽阳
0.10	30.21		5150	5143	1.75	灯塔
680.00		771.00	93597			盘锦
						铁岭
						调兵山
5.50		15.55	28			开原
697.80	59.20	88.68	1615	1566	0.47	朝阳
						北票
						凌源
63.00						葫芦岛
52.00		50.00				兴城

5-6 续表 3

城市名称 Name of Cities	综合生产能力(万立方米/日) Integrated Production Capacity (10,000 m³/day)	地下水 Underground Water	供水管道长度(公里) Length of Water Supply Pipelines (km)	建成区 in Built District	供水总量(万立方米) 合计 Total	生产运营用水 The Quantity of Water for Production and Operation
吉林	**284.3**	**36.7**	**1178.7**	**818.2**	**19348.04**	**15855.08**
长春	6.1	6.1	144.0	7.0	1394.02	739.26
榆树	2.2	2.2	4.9	4.9	277.95	70.22
德惠	0.3	0.3	21.6	21.6	109.50	100.00
吉林	240.0	4.0	156.0	156.0	10045.00	10016.00
蛟河	0.5	0.4	2.5	2.5	15.46	1.31
桦甸	0.1	0.1			30.53	30.04
舒兰						
磐石						
四平	4.3	4.3	540.9	531.3	1235.11	309.11
双辽	6.6	6.6			2370.53	2106.33
辽源	0.4	0.2			148.44	134.71
通化						
集安	0.0	0.0			2.80	
白山	0.6	0.1			203.59	201.95
临江	1.1	0.0	5.0		26.00	19.00
松原	2.8	2.8	23.0		789.33	778.94
扶余	0.7	0.7	3.0	3.0	85.00	67.00
白城	1.5	1.5	75.0	75.0	507.58	189.65
洮南	1.5	1.5			526.98	171.16
大安	0.3	0.3	4.0		98.83	84.51
延吉	2.0				46.94	7.97
图们	0.1	0.1			16.00	15.00
敦化	0.5	0.5			30.30	30.30
珲春						
龙井	1.0	1.0	17.0	17.0	185.00	125.00
和龙						
公主岭	1.8	1.8	1.8		648.57	443.62
梅河口	10.0	2.3	180.0		554.58	214.00
长白山保护开发区						
黑龙江	**94.4**	**70.0**	**870.6**	**543.1**	**18987.20**	**14326.66**
哈尔滨	24.3	24.3			3473.96	2326.01
尚志						
五常						
齐齐哈尔	12.4	12.4	225.3	1.6	1948.46	1325.67
讷河	0.1	0.1	11.5	11.5	36.35	25.36
鸡西	4.0	1.5	276.6	276.6	1463.65	1431.23
虎林	0.3	0.3	17.0	17.0	39.00	24.00
密山						

continued 3

Total Quantity of Water Supply(10,000 m^3)			用水户数（户）Number of Households with Access to Water Supply (unit)		用水人口（万人）Population with Access to Water Supply (10,000 persons)	城市名称 Name of Cities
公共服务用水 The Quantity of Water for Public Service	居民家庭用水 The Quantity of Water for Household Use	其他用水 The Quantity of Water for Other Purposes		家庭用户 Household User		
1409.88	**1267.26**	**815.82**	**82479**	**61430**	**22.11**	**吉林**
348.96	129.76	176.04	5213	4671	1.94	长春
82.40	21.22	104.11	78	6	1.44	榆树
		9.50				德惠
	29.00		4059	4043	1.01	吉林
8.65	0.50	5.00	5200	5200	0.50	蛟河
0.49						桦甸
						舒兰
						磐石
74.00	471.00	381.00	51	13	0.43	四平
161.39	60.47	42.34	1133	1100	0.34	双辽
13.73			76			辽源
						通化
2.80						集安
1.64						白山
		7.00	21			临江
		10.39	49			松原
	18.00		3940	3901	0.90	扶余
125.85	185.56	6.52	15076	15000	3.50	白城
313.69		42.13				洮南
5.32	9.00		94	68	0.03	大安
27.19	11.78		1400	1400	1.00	延吉
1.00						图们
						敦化
						珲春
19.00	26.00	15.00	1000	700	0.11	龙井
						和龙
56.77	139.97	8.21	17589	17528	5.31	公主岭
167.00	165.00	8.58	27500	7800	5.60	梅河口
						长白山保护开发区
2098.38	**1365.78**	**1196.38**	**113872**	**108389**	**21.36**	**黑龙江**
813.14	20.47	314.34	1539	1437	0.43	哈尔滨
						尚志
						五常
26.49	596.30		42192	42100	7.12	齐齐哈尔
1.09	8.81	1.09	1104	1041	0.28	讷河
3.22	29.20		500	500	0.12	鸡西
10.00	5.00		1520	482	0.10	虎林
						密山

5-6 续表 4

城市名称 Name of Cities	综合生产能力(万立方米/日) Integrated Production Capacity (10,000 m^3/day)	地下水 Underground Water	供水管道长度(公里) Length of Water Supply Pipelines (km)	建成区 in Built District	供水总量(万立方米) 合计 Total	生产运营用水 The Quantity of Water for Production and Operation
鹤岗	3.6	3.6			839.00	640.00
双鸭山	8.0	8.0	32.0	32.0	465.80	345.00
大庆	9.0	9.0			3299.60	2390.88
伊春	2.7	0.9	5.0	5.0	704.00	543.77
铁力	0.1	0.1	25.0	25.0	34.00	28.00
佳木斯	2.5	2.5	95.8		777.40	609.01
同江						
富锦	2.0	2.0	0.5	0.5	294.00	228.00
抚远						
七台河	0.3	0.3	46.0	46.0	34.39	27.51
牡丹江	20.0	0.5	116.0	116.0	4217.00	3469.00
海林	0.7	0.1	1.0	1.0	251.13	
宁安						
穆棱	0.2	0.2	7.0	7.0	62.45	8.49
绥芬河	0.1	0.1			17.55	7.10
东宁						
黑河						
北安	0.2	0.2	3.0	3.0	35.00	6.00
五大连池						
嫩江						
绥化	1.9	1.9	8.0		274.07	171.35
安达						
肇东	2.0	2.0			720.00	720.00
海伦	0.1	0.1	1.0	1.0	0.39	0.28
漠河						
上海						
江苏	**610.9**	**29.4**	**1400.3**	**1242.9**	**61940.90**	**51563.78**
南京	216.4		816.9	816.9	22623.25	17494.47
无锡	24.5	0.2	50.0		4005.09	4005.09
江阴	4.0		37.0		996.00	912.00
宜兴	31.3	0.1	4.9		2214.37	2214.37
徐州	36.0	4.0			6270.59	6126.45
新沂	5.6	5.6	60.0	60.0	1050.00	788.00
邳州	10.5	3.5	41.0	41.0	1387.48	797.48
常州	37.7		16.5		4057.00	4057.00
溧阳						
苏州	87.5	0.3			8402.14	4298.90
常熟						

continued 4

Total Quantity of Water Supply(10,000 m^3)			用水户数（户）Number of Households with Access to Water Supply (unit)		用水人口（万人）Population with Access to Water Supply (10,000 persons)	城市名称 Name of Cities
公共服务用水 The Quantity of Water for Public Service	居民家庭用水 The Quantity of Water for Household Use	其他用水 The Quantity of Water for Other Purposes		家庭用户 Household User		
199.00			135			鹤　岗
108.00	12.80		6310	6296	2.86	双鸭山
533.37		375.35	144			大　庆
73.73	26.00	60.50	2425	2320	0.80	伊　春
	6.00		2190	2174	0.48	铁　力
12.19	115.40	40.80	10389	10360	3.84	佳木斯
						同　江
63.00		3.00				富　锦
						抚　远
5.50		1.38	36			七台河
178.00	443.00	127.00	33100	29702	3.00	牡丹江
	7.00	244.13	600	600	0.20	海　林
						宁　安
6.10	47.86		1322	1304	0.45	穆　棱
10.45			17			绥芬河
						东　宁
						黑　河
5.00	13.00	11.00	600	520	0.30	北　安
						五大连池
						嫩　江
50.00	34.93	17.79	9456	9300	1.26	绥　化
						安　达
			16			肇　东
0.10	0.01		277	253	0.12	海　伦
						漠　河
						上　海
5118.23	**1374.79**	**3884.10**	**59529**	**39906**	**12.68**	**江　苏**
94.42	1337.01	3697.35	40073	38778	12.45	南　京
			235			无　锡
		84.00	28			江　阴
			77			宜　兴
124.14		20.00	49			徐　州
200.00	10.00	52.00	5715	520	0.05	新　沂
590.00						邳　州
			132			常　州
						溧　阳
4103.24			394			苏　州
						常　熟

5-6 续表 5

城市名称 Name of Cities	综合生产能力(万立方米/日) Integrated Production Capacity (10,000 m^3/day)	地下水 Underground Water	供水管道长度(公里) Length of Water Supply Pipelines (km)	建成区 in Built District	供水总量(万立方米) 合计 Total	生产运营用水 The Quantity of Water for Production and Operation
张家港						
昆山						
太仓	4.2	0.7			43.28	43.28
南通						
海安						
启东						
如皋	2.3	1.2	8.5		296.97	296.97
连云港	1.1	1.1			385.00	385.00
淮安	68.0	3.2	76.0	76.0	5028.79	5001.01
盐城	47.6	0.1	1.5		132.93	95.75
东台	0.6	0.1	1.0	1.0	216.05	216.05
扬州	11.4	4.3	0.5	0.5	2160.95	2160.95
仪征	4.9	1.1	161.5	161.5		
高邮	1.1	1.1	33.0		40.18	40.18
镇江	10.0		12.0	6.0	700.00	700.00
丹阳						
扬中						
句容						
泰州	1.2	1.0			132.83	132.83
兴化						
靖江						
泰兴						
宿迁	5.0	2.0	80.0	80.0	1798.00	1798.00
浙江	**139.8**	**0.6**	**1044.2**	**843.6**	**18371.96**	**17584.72**
杭州						
建德						
宁波	25.0		60.7	60.7	7720.00	7720.00
余姚						
慈溪	3.0		165.2	165.2	646.48	245.53
温州						
瑞安						
乐清	0.6		142.6		197.50	
龙港						
嘉兴						
海宁	4.1				1490.00	1490.00
平湖						
桐乡						
湖州						
绍兴	93.2		303.6	303.6	5429.97	5327.75

continued 5

Total Quantity of Water Supply($10,000\ m^3$)			用水户数（户）Number of Households with Access to Water Supply (unit)		用水人口（万人）Population with Access to Water Supply (10,000 persons)	城市名称 Name of Cities
公共服务用水 The Quantity of Water for Public Service	居民家庭用水 The Quantity of Water for Household Use	其他用水 The Quantity of Water for Other Purposes		家庭用户 Household User		
						张家港
			24			昆山
			15			太仓
						南通
						海安
						启东
			26			如皋
						连云港
	27.78		1550	608	0.18	淮安
6.43		30.75	20			盐城
			9			东台
			62			扬州
			11063			仪征
			5			高邮
			12			镇江
						丹阳
						扬中
						句容
						泰州
						兴化
						靖江
						泰兴
			40			宿迁
209.79	**577.45**		**42721**	**40732**	**12.65**	**浙江**
						杭州
						建德
			60			宁波
						余姚
	400.95		32673	32112	9.46	慈溪
						温州
						瑞安
21.00	176.50		9460	8620	3.19	乐清
						龙港
						嘉兴
			38			海宁
						平湖
						桐乡
						湖州
102.22			232			绍兴

5-6 续表 6

城市名称 Name of Cities	综合生产能力(万立方米/日) Integrated Production Capacity (10,000 m^3/day)	地下水 Underground Water	供水管道长度(公里) Length of Water Supply Pipelines (km)	建成区 in Built District	供水总量(万立方米) 合计 Total	生产运营用水 The Quantity of Water for Production and Operation
诸暨	3.0		53.0		588.38	588.38
嵊州	5.1	0.6	48.0	43.0	887.93	810.36
金华	2.0				727.51	727.51
兰溪						
义乌	2.0				338.28	338.28
东阳	0.2		2.0	2.0	9.00	
永康	0.1		3.9	3.9	27.00	27.00
衢州			243.2	243.2		
江山	1.6		22.0	22.0	309.91	309.91
舟山						
台州						
玉环						
温岭						
临海						
丽水						
龙泉						
安徽	**225.0**	**34.5**	**1419.4**	**1308.5**	**34492.87**	**26872.43**
合肥	8.5		9.5		2602.70	1374.70
巢湖						
芜湖	2.6		70.0	70.0	922.71	922.71
无为	2.0		2.0		595.00	595.00
蚌埠	28.0	0.4	20.0		8573.00	4849.91
淮南	6.7	5.9	0.0		1893.49	520.49
马鞍山	78.5		1024.0	1024.0	4786.00	4786.00
淮北	12.9	12.9	140.2	131.6	1020.53	943.51
铜陵	44.6	0.3	21.6		3110.00	3110.00
安庆	15.6	0.1			4363.04	4363.04
潜山						
桐城						
黄山						
滁州	0.5		9.8	9.8	166.33	166.33
天长	2.7	2.7			957.25	895.50
明光	1.0	0.6	1.7	1.2	36.80	36.80
阜阳	6.3	2.9	22.7	22.7	2278.81	1538.24
界首	3.1	3.1	13.7		204.50	130.00
宿州	7.9	2.6	62.5	31.2	1652.86	1343.85
六安	1.0		2.8		258.35	258.35
亳州	2.9	2.9	1.0		1058.50	1038.00
池州						
宣城	0.3	0.1	18.0	18.0	13.00	
广德						
宁国						

continued 6

Total Quantity of Water Supply(10,000 m^3)			用水户数(户) Number of Households with Access to Water Supply (unit)		用水人口(万人) Population with Access to Water Supply (10,000 persons)	城市名称 Name of Cities
公共服务用水 The Quantity of Water for Public Service	居民家庭用水 The Quantity of Water for Household Use	其他用水 The Quantity of Water for Other Purposes		家庭用户 Household User		
			56			诸暨
77.57			34			嵊州
			69			金华
						兰溪
			18			义乌
9.00						东阳
			64			永康
			7			衢州
			10			江山
						舟山
						台州
						玉环
						温岭
						临海
						丽水
						龙泉
4479.79	**2992.95**	**147.70**	**62875**	**57216**	**11.48**	**安徽**
	1228.00		950	947	0.30	合肥
						巢湖
			3			芜湖
						无为
2645.09	1044.00	34.00	12585	11515	4.90	蚌埠
1308.00		65.00	8			淮南
			1			马鞍山
47.12	9.50	20.40	2633	2605	0.91	淮北
			26			铜陵
			5			安庆
						潜山
						桐城
						黄山
			1			滁州
21.25	40.50		5063	4558	0.88	天长
						明光
273.27	454.00	13.30	23903	23903	0.80	阜阳
2.50	70.00	2.00	5385	4868	1.53	界首
182.56	126.45		11300	8600	2.06	宿州
			13			六安
	20.50		650	220	0.10	亳州
						池州
		13.00	349			宣城
						广德
						宁国

5-6 续表 7

城市名称 Name of Cities	综合生产能力(万立方米/日) Integrated Production Capacity (10,000 m³/day)	地下水 Under-ground Water	供水管道长度(公里) Length of Water Supply Pipelines (km)	建成区 in Built District	供水总量(万立方米) 合计 Total	生产运营用水 The Quantity of Water for Production and Operation
福建	**6.0**	**1.9**	**85.5**	**85.5**	**1114.66**	**747.39**
福州	1.2	1.2	71.8	71.8	261.32	129.05
福清						
厦门						
莆田	0.7	0.7	1.1	1.1	50.34	50.34
三明						
永安						
泉州						
石狮						
晋江						
南安						
漳州	0.1	0.0			3.00	
龙海						
南平						
邵武						
武夷山						
建瓯						
龙岩	4.0		12.6	12.6	800.00	568.00
漳平						
宁德						
福安						
福鼎						
江西	**8.6**	**1.3**	**112.1**	**91.2**	**1054.61**	**689.31**
南昌						
景德镇	0.8	0.0	15.5		271.61	191.20
乐平	1.8	0.2	43.6	41.3	657.00	403.31
萍乡						
九江						
瑞昌						
共青城	5.0	0.0	5.2	2.1	87.50	64.00
庐山						
新余						
鹰潭						
贵溪						
赣州						

continued 7

Total Quantity of Water Supply(10,000 m^3)			用水户数(户) Number of Households with Access to Water Supply (unit)		用水人口(万人) Population with Access to Water Supply (10,000 persons)	城市名称 Name of Cities
公共服务用水 The Quantity of Water for Public Service	居民家庭用水 The Quantity of Water for Household Use	其他用水 The Quantity of Water for Other Purposes		家庭用户 Household User		
28.05	**339.22**		**5123**	**1100**	**0.25**	**福　建**
25.05	107.22		189	100		福　州
						福　清
						厦　门
			79			莆　田
						三　明
						永　安
						泉　州
						石　狮
						晋　江
						南　安
3.00			5			漳　州
						龙　海
						南　平
						邵　武
						武夷山
						建　瓯
	232.00		4850	1000	0.25	龙　岩
						漳　平
						宁　德
						福　安
						福　鼎
58.99	**188.25**	**118.06**	**9421**	**7789**	**1.80**	**江　西**
						南　昌
37.41	10.00	33.00	1388	1280	0.21	景德镇
2.58	170.12	80.99	4118	3212	0.62	乐　平
						萍　乡
						九　江
						瑞　昌
19.00	3.00	1.50	55	45	0.01	共青城
						庐　山
						新　余
						鹰　潭
						贵　溪
						赣　州

5-6 续表 8

城市名称 Name of Cities	综合生产能力(万立方米/日) Integrated Production Capacity (10,000 m^3/day)	地下水 Underground Water	供水管道长度(公里) Length of Water Supply Pipelines (km)	建成区 in Built District	供水总量(万立方米) 合计 Total	生产运营用水 The Quantity of Water for Production and Operation
瑞金						
龙南						
吉安						
井冈山						
宜春						
丰城						
樟树	1.0	1.0	47.8	47.8	38.50	30.80
高安						
抚州						
上饶						
德兴						
山东	**336.3**	**200.6**	**2997.5**	**2335.8**	**67766.52**	**54619.50**
济南	11.9	7.6			3674.95	3270.87
青岛	22.6	0.7	68.5		2860.36	2037.20
胶州	6.0	6.0			1644.50	729.50
平度	5.6	5.6	35.0		1424.63	356.16
莱西	1.9	1.9	36.0		685.60	199.70
淄博	15.9	14.7	299.7	265.7	1537.17	1408.92
枣庄	20.9	12.5	163.7	81.3	3411.50	2955.25
滕州	6.0	1.0	22.0	12.0	1026.00	979.00
东营						
烟台	15.7	1.7	415.5	326.5	2033.60	1482.90
龙口						
莱阳	0.4	0.4	5.5		63.65	24.99
莱州						
招远	1.5	1.5	60.0	60.0	290.00	290.00
栖霞	1.0	1.0	25.0	25.0	250.00	180.00
海阳	0.8		6.0		102.00	102.00
潍坊	22.5	11.5	176.0	176.0	3357.02	3333.31
青州	4.8	4.8	36.0	36.0	506.38	506.38
诸城	8.0	2.7	4.0	4.0	2764.00	2235.00
寿光	6.9	3.5	10.0		1262.00	1262.00
安丘	2.5	0.6	34.0	34.0	832.00	593.00
高密	25.5	11.0	72.2	72.2	3300.37	2774.78
昌邑	8.5	8.5	19.6	19.6	2288.00	2097.00
济宁	28.0	28.0	25.0	25.0	6505.00	4703.00
曲阜	4.9	2.7	45.0	45.0	1802.60	1266.80
邹城	4.5	4.5	205.0	205.0	920.00	761.00
泰安	7.3	5.0	57.6	50.0	386.97	257.98

continued 8

Total Quantity of Water Supply(10,000 m^3)			用水户数(户) Number of Households with Access to Water Supply (unit)		用水人口(万人) Population with Access to Water Supply (10,000 persons)	城市名称 Name of Cities
公共服务用水 The Quantity of Water for Public Service	居民家庭用水 The Quantity of Water for Household Use	其他用水 The Quantity of Water for Other Purposes		家庭用户 Household User		
						瑞金
						龙南
						吉安
						井冈山
						宜春
						丰城
	5.13	2.57	3860	3252	0.96	樟树
						高安
						抚州
						上饶
						德兴
4926.18	**5721.63**	**2499.21**	**330730**	**260100**	**85.76**	**山东**
129.99	274.09		30878	30878	13.65	济南
170.65		652.51	27731			青岛
915.00			67			胶州
850.18		218.29	125			平度
485.90			38			莱西
128.25			916			淄博
168.75		287.50	3877			枣庄
		47.00	19			滕州
						东营
223.71	273.99	53.00	77458	74707	6.58	烟台
						龙口
38.66			6			莱阳
						莱州
			352			招远
40.00	30.00		9530	7680	2.40	栖霞
			77			海阳
7.37		16.34	312			潍坊
			69			青州
103.00	198.00	228.00	26620	24545	8.21	诸城
			244			寿光
69.00	59.00	111.00	2822	2591	1.24	安丘
220.37	150.00	155.22	3140	2139	1.17	高密
19.00	127.00	45.00	3568	2566	1.00	昌邑
	1802.00		2351	2297	1.32	济宁
200.80	2.60	332.40	211	102	0.38	曲阜
55.00	68.00	36.00	2950	2015	0.60	邹城
20.15	99.84	9.00	13066	11400	4.61	泰安

5-6 续表 9

城市名称 Name of Cities	综合生产能力(万立方米/日) Integrated Production Capacity (10,000 m³/day)	地下水 Underground Water	供水管道长度(公里) Length of Water Supply Pipelines (km)	建成区 in Built District	供水总量(万立方米) 合计 Total	生产运营用水 The Quantity of Water for Production and Operation
新泰	4.0	1.0	190.0	190.0	204.00	93.00
肥城	0.6	0.6	4.3	4.3	57.00	57.00
威海	3.1	0.6	27.0	16.1	428.78	276.30
荣成	0.2	0.2	297.0	297.0	57.79	47.21
乳山	1.8	0.5	6.2		186.50	171.50
日照						
临沂	18.2	18.2	467.6	338.3	5184.69	3925.32
德州	25.9	0.6	9.8		8593.38	8404.00
乐陵	1.5	1.0	6.1	5.5	67.00	47.00
禹城	6.0	6.0			1401.89	1337.97
聊城	7.9	7.9			2565.51	2514.25
临清	10.0	2.9	121.0		1898.00	1450.00
滨州	0.3	0.3			100.00	100.00
邹平						
菏泽	23.4	23.4	47.3	47.3	4093.68	2389.21
河南	**209.7**	**167.5**	**1571.8**	**1023.1**	**30947.82**	**20156.02**
郑州	6.0	6.0	512.9	352.9	1162.16	205.77
巩义	0.1	0.1	8.0	8.0	23.94	19.79
荥阳	2.0	2.0	53.0	53.0	447.40	260.00
新密						
新郑	3.2	3.2	43.0		253.13	51.77
登封	7.0	7.0	16.0		183.60	81.00
开封	6.1	6.1	4.5	4.5	2108.79	910.78
洛阳	10.2	10.2			3566.05	1789.05
偃师	0.9	0.9	28.0	26.0	212.10	105.00
平顶山	0.4	0.4			127.00	127.00
舞钢	3.0	1.0	38.0		243.00	220.00
汝州	5.0	5.0	12.0	12.0	318.11	256.00
安阳	26.0	15.5	76.0	76.0	3490.00	3054.00
林州	1.0	1.0	10.0		151.00	82.00
鹤壁	8.5	8.5	3.0	3.0	157.45	145.59
新乡	0.4	0.4	15.0		135.00	135.00
长垣	0.4	0.4			110.05	67.38
卫辉	3.0	3.0	5.0		495.00	360.00
辉县	4.5	4.5	65.0	65.0	1082.00	560.00
焦作	30.0	30.0	142.0		2656.00	2656.00
沁阳	6.0	6.0	35.0	30.0	152.33	96.33
孟州	1.6	1.6	10.0		256.73	205.00
濮阳	14.4	14.4	45.0	45.0	141.25	91.36

continued 9

Total Quantity of Water Supply(10,000 m^3)			用水户数(户) Number of Households with Access to Water Supply (unit)		用水人口(万人) Population with Access to Water Supply (10,000 persons)	城市名称 Name of Cities
公共服务用水 The Quantity of Water for Public Service	居民家庭用水 The Quantity of Water for Household Use	其他用水 The Quantity of Water for Other Purposes		家庭用户 Household User		
24.00	78.00	9.00	6654	6646	2.25	新泰
			4			肥城
63.57	85.86	3.05	1938	1694	0.33	威海
7.23		3.35	65			荣成
8.00	7.00		1516	1265	0.40	乳山
						日照
263.44	960.02	35.91	73066	69034	32.66	临沂
70.00	10.00	109.38	8951	88	2.10	德州
	20.00		2016	1889	0.78	乐陵
56.79	7.13		450	95	0.56	禹城
		51.26	54			聊城
95.00	285.00	68.00	3500	2500	1.00	临清
						滨州
						邹平
492.37	1184.10	28.00	26089	15969	4.52	菏泽
4846.94	**3675.74**	**2269.12**	**179287**	**147828**	**71.76**	**河南**
262.65	307.98	385.76	2935	2444	16.60	郑州
	4.15		1078	868	0.55	巩义
50.00	137.00	0.40	3200	3200	0.88	荥阳
						新密
201.36			60			新郑
58.60	44.00		2770	2242	1.15	登封
486.44	708.12	3.45	6164	5698	3.20	开封
1390.00	387.00		33400	14600	3.40	洛阳
11.50	92.00	3.60	11600	11600	3.95	偃师
						平顶山
9.00	7.00	7.00	2100	1790	0.26	舞钢
30.00	27.00	5.11	1489	1350	0.84	汝州
315.00	121.00		12036	9850	2.88	安阳
51.00	18.00		2701	2302	0.63	林州
		11.86	236			鹤壁
			98			新乡
24.56	13.79	4.32	378	241	0.08	长垣
80.00	35.00	20.00	1900	1760	0.85	卫辉
260.00	116.00	146.00	9560	9530	2.21	辉县
			78			焦作
36.00	12.00	8.00	1605	1426	0.54	沁阳
51.73			4			孟州
49.89			156			濮阳

5-6 续表 10

城市名称 Name of Cities	综合生产能力(万立方米/日) Integrated Production Capacity ($10,000 m^3$/day)	地下水 Under-ground Water	供水管道长度(公里) Length of Water Supply Pipelines (km)	建成区 in Built District	供水总量(万立方米) 合计 Total	生产运营用水 The Quantity of Water for Production and Operation
许昌	0.2	0.2	12.0	12.0	17.77	6.87
禹州	1.1	1.1	3.7		371.80	231.00
长葛	8.0	0.3	2.0		754.00	400.00
漯河	15.0	3.0	125.0	125.0	1801.26	1117.03
三门峡	3.4	3.2	17.0	1.7	409.27	237.91
义马	1.4	1.4	30.0	30.0	195.00	112.00
灵宝	4.2	4.2	28.1	15.0	1510.00	1306.00
南阳	11.4	3.3	144.5	114.9	2358.09	1694.96
邓州	3.1	2.5	15.0	15.0	499.22	415.95
商丘	5.5	4.5	10.0	10.0	680.00	280.00
永城	4.5	4.5	12.0	12.0	1102.00	700.00
信阳						
周口	5.0	5.0	8.5	8.5	1717.83	237.39
项城	2.4	2.3	27.0		695.00	599.00
驻马店	2.0	2.0	12.0		622.77	597.37
济源示范区	3.0	3.0	3.6	3.6	741.72	741.72
湖北	**237.0**	**5.2**	**1867.3**	**618.6**	**21224.70**	**17908.23**
武汉	27.1	1.4	222.8	2.3	9773.15	8868.32
黄石	24.7		82.0	82.0	1820.12	1518.12
大冶						
十堰						
丹江口						
宜昌	14.5	0.4	60.0	60.0	2208.32	2051.16
宜都						
当阳	2.9	1.7	58.9	58.9	425.90	425.90
枝江	4.0		10.0		943.00	800.00
襄阳	95.0		942.4			
老河口						
枣阳						
宜城	0.4	0.0	2.9	2.9	34.35	34.35
鄂州	5.5		60.0	60.0	1823.11	1823.11
荆门	30.5		40.1	14.5	2104.41	2104.41
京山	9.0					
钟祥						
孝感	1.0	1.0	15.0	15.0	276.00	
应城	0.8	0.8	15.0		75.78	42.36
安陆	0.8		14.8	10.2	181.04	22.00
汉川						
荆州	1.6				112.02	

continued 10

Total Quantity of Water Supply(10,000 m^3)			用水户数（户）Number of Households with Access to Water Supply (unit)		用水人口（万人）Population with Access to Water Supply (10,000 persons)	城市名称 Name of Cities
公共服务用水 The Quantity of Water for Public Service	居民家庭用水 The Quantity of Water for Household Use	其他用水 The Quantity of Water for Other Purposes		家庭用户 Household User		
3.85	7.05		61	5	1.26	许昌
37.00	88.00	15.80	8276	8199	3.11	禹州
180.00	74.00	100.00	1680	1440	0.51	长葛
684.23			275			漯河
33.26	124.10	14.00	6240	6070	2.48	三门峡
4.00	71.00	8.00	8590	7995	2.12	义马
38.00	166.00		5810	5810	2.15	灵宝
222.68	390.11	50.34	22763	22605	15.19	南阳
45.79		37.48				邓州
50.00	350.00		16000	15000	4.00	商丘
130.00	252.00	20.00	10310	8010	2.03	永城
						信阳
	80.44	1400.00	769	725	0.21	周口
25.00	43.00	28.00	4898	3068	0.68	项城
25.40			67			驻马店
						济源示范区
816.87	**2068.98**	**430.62**	**447215**	**74225**	**18.24**	**湖北**
448.92	280.00	175.91	14750	14672	6.00	武汉
	302.00		11055	10742	4.17	黄石
						大冶
						十堰
						丹江口
148.07	9.09		2021	2000	0.90	宜昌
						宜都
			6			当阳
100.00	43.00		1200	1000	1.15	枝江
			321287			襄阳
						老河口
						枣阳
			3			宜城
						鄂州
			4			荆门
						京山
						钟祥
	167.00	109.00	3200	3100	1.26	孝感
1.83	30.59	1.00	1900	1027	0.21	应城
2.05	156.00	0.99	2061	2005	0.52	安陆
						汉川
	20.80	91.22	5211	4726	1.51	荆州

5-6 续表 11

城市名称 Name of Cities	综合生产能力(万立方米/日) Integrated Production Capacity (10,000 m^3/day)	地下水 Under-ground Water	供水管道长度(公里) Length of Water Supply Pipelines (km)	建成区 in Built District	供水总量(万立方米) 合计 Total	生产运营用水 The Quantity of Water for Production and Operation
监利	0.8		2.0	2.0	40.00	8.00
石首						
洪湖						
松滋	0.6		11.2	11.2	15.50	
黄冈						
麻城						
武穴						
咸宁						
赤壁						
随州						
广水	12.9		275.1	244.6	1232.00	90.50
恩施						
利川						
仙桃	5.0		55.0	55.0	160.00	120.00
潜江						
天门						
湖南	**134.9**	**4.0**	**64.8**	**30.8**	**1771.50**	**1139.37**
长沙						
宁乡						
浏阳						
株洲						
醴陵						
湘潭	90.0	1.1			427.44	269.75
湘乡						
韶山						
衡阳						
耒阳	0.9	0.9	43.2	29.8	275.40	50.50
常宁						
邵阳						
武冈						
邵东						
岳阳	40.0				210.10	100.00
汨罗						
临湘						
常德	1.0	1.0			73.96	73.96
津市	1.5	0.6			480.25	472.14
张家界						
益阳	0.6	0.5	1.0	1.0	189.85	138.52

continued 11

Total Quantity of Water Supply(10,000 m^3)			用水户数(户) Number of Households with Access to Water Supply (unit)		用水人口(万人) Population with Access to Water Supply (10,000 persons)	城市名称 Name of Cities
公共服务用水 The Quantity of Water for Public Service	居民家庭用水 The Quantity of Water for Household Use	其他用水 The Quantity of Water for Other Purposes		家庭用户 Household User		
	20.00	12.00	120	115	0.14	监利
						石首
						洪湖
	15.50		282	282	0.10	松滋
						黄冈
						麻城
						武穴
						咸宁
						赤壁
						随州
116.00	985.00	40.50	80865	31556	1.28	广水
						恩施
						利川
	40.00		3250	3000	1.00	仙桃
						潜江
						天门
278.95	**314.50**	**38.68**	**7867**	**3984**	**4.88**	**湖南**
						长沙
						宁乡
						浏阳
						株洲
						醴陵
147.67	10.00	0.02	469	420	1.00	湘潭
						湘乡
						韶山
						衡阳
44.50	166.00	14.40	1420	1120	0.92	耒阳
						常宁
						邵阳
						武冈
						邵东
5.00	100.00	5.10	2400	1632	2.00	岳阳
						汨罗
						临湘
						常德
		8.11	16			津市
						张家界
51.28		0.05	4			益阳

5-6 续表 12

城市名称 Name of Cities	综合生产能力(万立方米/日) Integrated Production Capacity (10,000 m^3/day)	地下水 Underground Water	供水管道长度(公里) Length of Water Supply Pipelines (km)	建成区 in Built District	供水总量(万立方米) 合计 Total	生产运营用水 The Quantity of Water for Production and Operation
沅江	0.9		20.6		114.50	34.50
郴州						
资兴						
永州						
怀化						
洪江						
娄底						
冷水江						
涟源						
吉首						
广东	**48.3**	**4.4**	**152.6**	**148.6**	**4028.93**	**3855.75**
广州						
韶关						
乐昌						
南雄						
深圳						
珠海	15.3	0.4			1159.31	1159.31
汕头						
佛山						
江门	9.2				1253.37	1193.29
台山						
开平	2.5				901.84	901.84
鹤山	0.1				17.01	17.01
恩平	1.4	0.0			199.09	199.03
湛江	3.6	3.6	15.6	15.6	130.24	117.00
廉江	9.0					
雷州	0.3	0.3	34.0	34.0	66.00	15.00
吴川						
茂名						
高州						
化州						
信宜						
肇庆						
四会						
惠州						
梅州						
兴宁						
汕尾						

continued 12

Total Quantity of Water Supply(10,000 m^3)			用水户数（户） Number of Households with Access to Water Supply (unit)		用水人口（万人） Population with Access to Water Supply (10,000 persons)	城市名称 Name of Cities
公共服务用水 The Quantity of Water for Public Service	居民家庭用水 The Quantity of Water for Household Use	其他用水 The Quantity of Water for Other Purposes		家庭用户 Household User		
30.50	38.50	11.00	3558	812	0.96	沅江
						郴州
						资兴
						永州
						怀化
						洪江
						娄底
						冷水江
						涟源
						吉首
2.06	**49.38**	**121.74**	**13665**	**11510**	**6.05**	**广东**
						广州
						韶关
						乐昌
						南雄
						深圳
			38			珠海
						汕头
						佛山
		60.08	41			江门
						台山
			12			开平
						鹤山
0.06			47			恩平
	7.24	6.00	8000	8000	3.00	湛江
						廉江
2.00	42.00	7.00	1701	1610	1.00	雷州
						吴川
						茂名
						高州
						化州
						信宜
						肇庆
						四会
						惠州
						梅州
						兴宁
						汕尾

5-6 续表 13

城市名称 Name of Cities	综合生产能力(万立方米/日) Integrated Production Capacity (10,000 m^3/day)	地下水 Underground Water	供水管道长度(公里) Length of Water Supply Pipelines (km)	建成区 in Built District	供水总量(万立方米) 合计 Total	生产运营用水 The Quantity of Water for Production and Operation
陆丰						
河源						
阳江						
阳春						
清远						
英德						
连州						
东莞						
中山	5.4	0.1			300.42	251.77
潮州						
揭阳	1.6		103.0	99.0	1.65	1.50
普宁						
云浮						
罗定						
广西	**63.1**	**8.6**	**1217.8**	**1187.4**	**13422.08**	**12492.65**
南宁						
柳州	25.5	1.8	787.0	787.0	9288.05	9108.05
桂林	2.5	2.0	92.0	92.0	284.09	189.53
荔浦						
梧州	3.3	0.9	94.4	92.0	895.24	490.94
岑溪	0.3	0.3	5.7	5.7	45.70	1.60
北海	0.1	0.1			27.07	19.49
防城港						
东兴						
钦州	0.1	0.0	1.0	1.0	20.70	20.70
贵港	4.3	0.1	115.0	115.0	1321.62	1224.73
桂平	12.0		33.5	33.5	468.10	432.10
玉林						
北流	2.5	2.5	8.0	8.0	747.40	739.40
百色						
平果						
靖西						
贺州						
河池	7.7		0.2	0.2	98.16	98.16
来宾						
合山	2.0		20.0	20.0	84.00	63.00
崇左	2.0		56.0	28.0	104.95	104.95
凭祥	1.0	0.9	5.0	5.0	37.00	

continued 13

Total Quantity of Water Supply(10,000 m^3)			用水户数(户)		用水人口(万人)	
公共服务用水 The Quantity of Water for Public Service	居民家庭用水 The Quantity of Water for Household Use	其他用水 The Quantity of Water for Other Purposes	Number of Households with Access to Water Supply (unit)	家庭用户 Household User	Population with Access to Water Supply (10,000 persons)	城市名称 Name of Cities
						陆丰
						河源
						阳江
						阳春
						清远
						英德
						连州
						东莞
		48.65	26			中山
						潮州
	0.14	0.01	3800	1900	2.05	揭阳
						普宁
						云浮
						罗定
371.94	**470.08**	**87.41**	**11088**	**9613**	**6.39**	**广西**
						南宁
	180.00		102	24	2.00	柳州
	64.29	30.27	450	390	0.23	桂林
						荔浦
280.90	91.89	31.51	836	822	1.47	梧州
4.20	39.90		3976	3970	1.15	岑溪
		7.58	11			北海
						防城港
						东兴
			3			钦州
84.84		12.05				贵港
	36.00		2450	2100	0.58	桂平
						玉林
	8.00		1720	800	0.50	北流
						百色
						平果
						靖西
						贺州
			1			河池
						来宾
2.00	16.00	3.00	882	867	0.18	合山
			7			崇左
	34.00	3.00	650	640	0.28	凭祥

5-6 续表 14

城市名称 Name of Cities	综合生产能力(万立方米/日) Integrated Production Capacity (10,000 m^3/day)	地下水 Under-ground Water	供水管道长度(公里) Length of Water Supply Pipelines (km)	建成区 in Built District	供水总量(万立方米) 合计 Total	生产运营用水 The Quantity of Water for Production and Operation
海南	**8.2**	**4.4**	**231.0**		**2870.84**	**1539.13**
海口	8.0	4.2	231.0		2847.25	1539.12
三亚	0.2	0.2			23.59	0.01
儋州						
五指山						
琼海						
文昌						
万宁						
东方						
重庆	**68.9**	**1.8**	**679.6**	**671.9**	**3231.13**	**2421.65**
重庆	68.9	1.8	679.6	671.9	3231.13	2421.65
四川	**52.9**	**18.9**	**170.3**	**44.8**	**4480.87**	**3108.08**
成都						
都江堰	0.6	0.6	2.4	2.0	138.77	13.73
彭州	0.3	0.3	2.2		32.00	20.00
邛崃	1.4	1.4			224.71	182.55
崇州						
简阳	1.0		42.0		96.50	70.00
自贡						
攀枝花						
泸州	22.6				1400.88	638.88
德阳	2.0	2.0	12.0		257.00	257.00
广汉	6.5	6.5	7.3		930.00	724.50
什邡						
绵竹	0.5	0.5	3.6	3.0	30.20	20.00
绵阳	2.8	0.5			866.02	812.64
江油						
广元	3.3	2.1	39.8	39.8	413.70	346.69
遂宁						
射洪						
内江						
隆昌						
乐山						
峨眉山						
南充						
阆中						

continued 14

Total Quantity of Water Supply(10,000 m^3)			用水户数(户) Number of Households with Access to Water Supply (unit)		用水人口(万人) Population with Access to Water Supply (10,000 persons)	城市名称 Name of Cities
公共服务用水 The Quantity of Water for Public Service	居民家庭用水 The Quantity of Water for Household Use	其他用水 The Quantity of Water for Other Purposes		家庭用户 Household User		
113.96	**783.87**	**433.88**	**14279**	**701**	**4.41**	**海南**
91.55	782.70	433.88	279	1	0.01	海口
22.41	1.17		14000	700	4.40	三亚
						儋州
						五指山
						琼海
						文昌
						万宁
						东方
30.29	**653.28**	**125.91**	**24250**	**21601**	**17.17**	**重庆**
30.29	653.28	125.91	24250	21601	17.17	重庆
1207.74	**97.61**	**67.44**	**22813**	**18222**	**5.33**	**四川**
						成都
125.04			18			都江堰
3.00	9.00		600	561	0.12	彭州
42.16			13			邛崃
						崇州
6.50	20.00		8230	6280	2.00	简阳
						自贡
						攀枝花
762.00						泸州
						德阳
186.00	18.50	1.00	3837	1500	0.51	广汉
						什邡
10.00		0.20	2			绵竹
53.38						绵阳
						江油
16.66	15.11	35.24	6211	6096	1.89	广元
						遂宁
						射洪
						内江
						隆昌
						乐山
						峨眉山
						南充
						阆中

5-6 续表 15

城市名称 Name of Cities	综合生产能力(万立方米/日) Integrated Production Capacity (10,000 m³/day)	地下水 Underground Water	供水管道长度(公里) Length of Water Supply Pipelines (km)	建成区 in Built District	供水总量(万立方米) 合计 Total	生产运营用水 The Quantity of Water for Production and Operation
眉山	0.0	0.0			4.09	4.09
宜宾						
广安						
华蓥						
达州	6.9		60.5		86.00	18.00
万源	5.0	5.0	0.5		1.00	
雅安						
巴中						
资阳						
马尔康						
康定						
西昌						
贵州						
贵阳						
清镇						
六盘水						
盘州						
遵义						
赤水						
仁怀						
安顺						
毕节						
铜仁						
兴义						
兴仁						
凯里						
都匀						
福泉						
云南	**17.1**	**8.2**	**57.4**	**32.5**	**4917.85**	**2816.59**
昆明	12.9	6.4	0.8	0.8	4704.00	2768.00
安宁	2.1	0.2				
曲靖	0.1	0.1	2.0	2.0	9.74	7.94
宣威						
玉溪	0.6	0.6	13.2	11.2	53.00	21.82
澄江						
保山						
腾冲						
昭通						

continued 15

Total Quantity of Water Supply(10,000 m^3)			用水户数(户) Number of Households with Access to Water Supply (unit)		用水人口(万人) Population with Access to Water Supply (10,000 persons)	城市名称 Name of Cities
公共服务用水 The Quantity of Water for Public Service	居民家庭用水 The Quantity of Water for Household Use	其他用水 The Quantity of Water for Other Purposes		家庭用户 Household User		
						眉山
						宜宾
						广安
						华蓥
2.00	35.00	31.00	3900	3785	0.81	达州
1.00			2			万源
						雅安
						巴中
						资阳
						马尔康
						康定
						西昌
						贵州
						贵阳
						清镇
						六盘水
						盘州
						遵义
						赤水
						仁怀
						安顺
						毕节
						铜仁
						兴义
						兴仁
						凯里
						都匀
						福泉
104.00	**1993.25**	**4.01**	**8623**	**8145**	**6.89**	**云南**
85.00	1851.00		780	515	4.01	昆明
						安宁
		1.80	7			曲靖
						宣威
	31.12	0.06	1090	1072	0.42	玉溪
						澄江
						保山
						腾冲
						昭通

5-6 续表 16

城市名称 Name of Cities	综合生产能力(万立方米/日) Integrated Production Capacity (10,000 m^3/day)	地下水 Underground Water	供水管道长度(公里) Length of Water Supply Pipelines (km)	建成区 in Built District	供水总量(万立方米) 合计 Total	生产运营用水 The Quantity of Water for Production and Operation
水富						
丽江						
普洱						
临沧						
楚雄						
个旧						
开远	0.9	0.9	6.3	6.3	21.65	9.20
蒙自						
弥勒						
文山	0.0	0.0	4.2	4.2	5.60	4.63
景洪						
大理						
瑞丽						
芒市						
泸水	0.4		30.9	8.0	123.86	5.00
香格里拉						
西藏	**5.2**	**0.2**			**176.04**	**0.04**
拉萨						
日喀则						
昌都						
林芝						
山南						
那曲	5.2	0.2			176.04	0.04
陕西	**114.4**	**72.3**	**1065.0**	**935.8**	**17034.07**	**9961.38**
西安	33.2	27.1	258.4	188.0	3088.86	1867.77
铜川	4.3	2.3	22.0	22.0	594.37	585.33
宝鸡	7.0	7.0	205.0	195.0	550.00	130.00
咸阳	40.0	6.0	365.2	365.2	5952.85	3102.23
彬州						
兴平	10.0	10.0	10.6	3.4	2952.00	2101.00
渭南	11.3	11.3	50.5	15.0	2858.00	1440.00
韩城	2.0	2.0	68.0	68.0	191.00	130.00
华阴	3.0	3.0	41.0	41.0	260.00	185.00
延安						
子长						
汉中	2.4	2.4	18.3	18.3	221.19	94.57
榆林						

continued 16

Total Quantity of Water Supply(10,000 m^3)			用水户数（户）Number of Households with Access to Water Supply (unit)		用水人口（万人）Population with Access to Water Supply (10,000 persons)	城市名称 Name of Cities
公共服务用水 The Quantity of Water for Public Service	居民家庭用水 The Quantity of Water for Household Use	其他用水 The Quantity of Water for Other Purposes		家庭用户 Household User		
						水富
						丽江
						普洱
						临沧
						楚雄
						个旧
9.00	3.30	0.15	240	240	0.07	开远
						蒙自
						弥勒
	0.97		206	200	0.05	文山
						景洪
						大理
						瑞丽
						芒市
10.00	106.86	2.00	6300	6118	2.34	泸水
						香格里拉
60.00	**80.00**	**36.00**	**203**	**203**	**0.10**	**西藏**
						拉萨
						日喀则
						昌都
						林芝
						山南
60.00	80.00	36.00	203	203	0.10	那曲
1283.08	**3894.12**	**1895.49**	**210317**	**103668**	**60.77**	**陕西**
201.09	449.46	570.54	19396	17666	3.16	西安
9.04			33			铜川
200.00	207.00	13.00	7020	6500	3.12	宝鸡
75.10	2541.20	234.32	107423	9521	31.40	咸阳
						彬州
162.00	468.00	221.00	34350	32020	13.55	兴平
584.00	13.00	821.00	17700	17610	2.67	渭南
20.00	30.00	11.00	12500	9600	3.30	韩城
10.00	50.00	15.00	5460	4400	1.30	华阴
						延安
						子长
3.43	113.56	9.63	5304	5264	1.87	汉中
						榆林

5-6 续表 17

城市名称 Name of Cities	综合生产能力(万立方米/日) Integrated Production Capacity (10,000 m^3/day)	地下水 Underground Water	供水管道长度(公里) Length of Water Supply Pipelines (km)	建成区 in Built District	供水总量(万立方米) 合计 Total	生产运营用水 The Quantity of Water for Production and Operation
神木	0.2	0.1	20.0	20.0	12.82	11.00
安康						
商洛	1.1	1.1	6.0		352.98	314.48
杨凌区						
甘肃	**32.1**	**5.0**	**313.1**	**276.1**	**2118.86**	**1063.62**
兰州	9.2	2.2	140.2	140.2	996.99	406.45
嘉峪关						
金昌	20.0		130.0	130.0	459.00	
白银						
天水	0.1	0.1			32.87	32.87
武威						
张掖	2.7	2.7	37.0		610.00	610.00
平凉						
华亭						
酒泉						
玉门						
敦煌						
庆阳						
定西						
陇南	0.1	0.1	5.9	5.9	20.00	14.30
临夏						
合作						
青海	**58.5**	**46.6**	**388.9**	**147.3**	**10871.08**	**9711.39**
西宁	11.9		105.3	105.3	3873.78	2897.35
海东	1.8	1.8	27.0	27.0	262.00	85.00
同仁						
玉树						
茫崖						
格尔木	39.6	39.6	235.6		5341.71	5335.45
德令哈	5.2	5.2	21.0	15.0	1393.59	1393.59
宁夏	**44.3**	**33.5**	**382.0**	**326.0**	**4598.64**	**2129.27**
银川	5.0	5.0			1796.20	557.14
灵武	0.0	0.0	3.0		6.55	6.55
宁东能源化工基地						
石嘴山	39.3	28.5	379.0	326.0	2795.89	1565.58

continued 17

Total Quantity of Water Supply(10,000 m^3) 公共服务用水 The Quantity of Water for Public Service	居民家庭用水 The Quantity of Water for Household Use	其他用水 The Quantity of Water for Other Purposes	用水户数(户) Number of Households with Access to Water Supply (unit)	家庭用户 Household User	用水人口(万人) Population with Access to Water Supply (10,000 persons)	城市名称 Name of Cities
0.02	1.80		350	330	0.08	神木
						安康
18.40	20.10		781	757	0.32	商洛
						杨凌区
288.89	**541.39**	**224.96**	**49171**	**48734**	**13.18**	**甘肃**
43.00	322.58	224.96	35455	35430	8.81	兰州
						嘉峪关
241.00	218.00		13624	13226	4.34	金昌
						白银
						天水
						武威
						张掖
						平凉
						华亭
						酒泉
						玉门
						敦煌
						庆阳
						定西
4.89	0.81		92	78	0.03	陇南
						临夏
						合作
	1139.69	**20.00**	**17877**	**17349**	**2.86**	**青海**
	976.43		10310	10214	2.15	西宁
	157.00	20.00	7132	6700	0.58	海东
						同仁
						玉树
						茫崖
	6.26		435	435	0.13	格尔木
						德令哈
1379.26	**453.90**	**636.21**	**36673**	**35119**	**3.40**	**宁夏**
1087.22		151.84	99			银川
			1			灵武
						宁东能源化工基地
292.04	453.90	484.37	36573	35119	3.40	石嘴山

5-6 续表 18

城市名称 Name of Cities	综合生产能力(万立方米/日) Integrated Production Capacity (10,000 m³/day)		供水管道长度(公里) Length of Water Supply Pipelines (km)		供水总量(万立方米)	
		地下水 Under-ground Water		建成区 in Built District	合计 Total	生产运营用水 The Quantity of Water for Production and Operation
吴　忠						
青铜峡						
固　原						
中　卫						
新　疆	**33.8**	**33.8**	**157.5**	**157.5**	**3360.05**	**857.70**
乌鲁木齐	19.3	19.3	97.6	97.6	3002.20	684.00
克拉玛依						
吐鲁番						
哈　密	0.2	0.2			16.10	1.10
昌　吉						
阜　康						
博　乐						
阿拉山口						
库尔勒						
阿克苏						
库　车	1.0	1.0	59.2	59.2	109.55	79.60
阿图什						
喀　什	13.0	13.0			130.00	93.00
和　田						
伊　宁						
奎　屯						
霍尔果斯						
塔　城	0.3	0.3	0.7	0.7	102.20	
乌　苏						
阿勒泰						
新疆兵团						
石河子						
阿拉尔						
图木舒克						
五家渠						
北　屯						
铁门关						
双　河						
可克达拉						
昆　玉						
胡杨河						

continued 18

Total Quantity of Water Supply(10,000 m^3)			用水户数(户) Number of Households with Access to Water Supply (unit)		用水人口(万人) Population with Access to Water Supply (10,000 persons)	城市名称 Name of Cities
公共服务用水 The Quantity of Water for Public Service	居民家庭用水 The Quantity of Water for Household Use	其他用水 The Quantity of Water for Other Purposes		家庭用户 Household User		
						吴忠
						青铜峡
						固原
						中卫
999.43	**309.42**	**1193.50**	**25012**	**24174**	**2.11**	**新疆**
848.20	280.50	1189.50	22511	21967	1.80	乌鲁木齐
						克拉玛依
						吐鲁番
15.00			25			哈密
						昌吉
						阜康
						博乐
						阿拉山口
						库尔勒
						阿克苏
1.03	28.92		2375	2207	0.31	库车
						阿图什
33.00		4.00	36			喀什
						和田
						伊宁
						奎屯
						霍尔果斯
102.20			65			塔城
						乌苏
						阿勒泰
						新疆兵团
						石河子
						阿拉尔
						图木舒克
						五家渠
						北屯
						铁门关
						双河
						可克达拉
						昆玉
						胡杨河

六、城市节约用水

6. Urban Water Conservation

简要说明

本部分主要反映城市节约用水情况，只统计设有节约用水管理机构的城市，汇总量均不代表全社会。主要包括设有节约用水管理机构城市的计划用水量、实际用水量、节约用水量等内容。

Brief Introduction

This section mainly demonstrates status of urban water conservation. Statistics only covers cities with water conservation authorities, therefore the data does not represent the situation of the whole society. Main indicators include planned households supplied, actual quantity of water used, quantity of water saved, etc..

6 全国历年城市节约用水情况(1991−2020)
National Urban Water Conservation in Past Years(1991-2020)

计量单位：万立方米 Measurement Unit: 10,000 m^3

年份 Year	计划用水量 Planned Quantity of Water Use	新水取用量 Fresh Water Used	工业用水重复利用量 Quantity of Industrial Water Recycled	节约用水量 Water Saved
1991	1977024	1921307	1985326	211259
1992	2077092	1939390	2843918	205087
1993	2076928	2004922	3000109	218317
1994	2299596	2497236	3375652	276241
1995	2123215	1930610	3626086	235113
1996	6285246	2166806	3345351	235194
1997	2004412	1875974	4429175	260885
1998	2490390	2343370	3978967	278835
1999	2409254	2223035	3966355	287284
2000	2153979	2071731	3811945	353569
2001	2504134	2126401	3881683	377733
2002	2463717	2091365	4849164	372352
2003	2353286	2015528	4572711	338758
2004	2441914	2048488	4183937	393426
2005	2676425	2300332	5670096	376093
2006		2356268	5535492	415755
2007		2295192	6026048	454794
2008		2121034	6547258	659114
2009		2064014	6130645	628692
2010		2161262	6872928	407152
2011		1694727	6334101	406578
2012		1838306	7388185	400806
2013		1876372	6526517	382760
2014		1950107	6930588	405234
2015		1922051	7160130	403133
2016		1971043	7644277	576220
2017		2455307	8211738	648227
2018		2290261	8556264	508437
2019		2333077	9081103	499888
2020		2350149	10305444	707572

注：自2006年起，不统计计划用水量指标。
Note: From 2006, "Planned Quantity of Water Use" has not been counted.

6-1 2020年按省分列的全国城市节约用水

计量单位：万立方米

地区名称 Name of Regions	计划用水户数(户) Planned Water Consumers (unit)	自备水计划用水户数 Planned Self-produced Water Consumers	计划用水户实际用水量 合计 Total				
				工业 Industry	新水取用量 Fresh Water Used	工业 Industry	重复利用量 Water Reused
全国	**2281152**	**145063**	**13242300**	**11348304**	**2350149**	**1042860**	**10892151**
北京	40405	4940	209187	17442	209187	17442	
天津	13410	1446	1177898	1161974	40658	26163	1137240
河北	42134	746	219790	205022	28036	14240	191754
山西	7686	630	492006	437418	76069	28113	415937
内蒙古	390894	369	224939	200333	50595	29121	174344
辽宁	54662	179	768559	722768	55956	34149	712603
吉林	4527	586	163678	156560	34453	27611	129226
黑龙江	1904	1135	214348	189998	95672	72775	118677
上海	140255		98027	37176	98027	37176	
江苏	26036	984	2053523	1614546	311835	177382	1741688
浙江	38684	1663	793541	723454	150947	108533	642594
安徽	6758	266	726832	693702	78810	47936	648021
福建	97880	5	136905	93498	56905	14465	80000
江西	1960	187	114769	95495	26754	7697	88015
山东	183846	66527	1088830	917018	179465	83965	909365
河南	55283	11608	1074322	1036706	66188	35153	1008133
湖北	153483	87	656212	595747	92322	48731	563890
湖南	81388	12	183832	135299	75219	29559	108613
广东	434260	6178	1188665	1085831	182869	80205	1005796
广西	8966	176	446716	274158	93797	17232	352919
海南	15419	281	98506	16811	87322	5720	11184
重庆	949	23	8517	5889	3533	912	4984
四川	32621	4328	169165	115667	84163	35545	85002
贵州	5545	136	66603	38726	31086	5980	35517
云南	142326	546	114517	100894	24730	11530	89787
西藏	322		1200		1200		
陕西	44724	12426	53970	25565	40182	12051	13788
甘肃	242716	27001	504296	480475	46976	24955	457320
青海	5	5	2387	987	865	412	1522
宁夏	759	245	168367	162072	13088	6793	155279
新疆	6530	2348	13620	1800	12647	1080	973
新疆兵团	4815		8573	5274	595	235	7978

Urban Water Conservation by Province(2020)

Measurement Unit: 10,000 m^3

Actual Quantity of Water Used				节约用水量 Water Saved		节水措施投资总额（万元） Total Investment in Water-Saving Measures (10,000 RMB)	地区名称 Name of Regions
工业 Industry	超计划定额用水量 Water Quantity Consumed in Excess of Quota	重复利用率（%） Reuse Rate (%)	工业 Industry		工业 Industry		
10305444	**20383**	**82.25**	**90.81**	**707572**	**470678**	**551148**	**全国**
	89			10208	3707	6258	北京
1135811	184	96.55	97.75	67	37	2362	天津
190782	95	87.24	93.05	6190	4794	2888	河北
409305	641	84.54	93.57	15146	10720	3150	山西
171212	47	77.51	85.46	7373	4570	168	内蒙古
688619	115	92.72	95.28	12367	8550	16632	辽宁
128949	90	78.95	82.36	5924	5188	224	吉林
117223	52	55.37	61.70	16188	9808	2246	黑龙江
				81682	7843	12986	上海
1437164	2199	84.81	89.01	69704	54371	56150	江苏
614920	872	80.98	85.00	39065	29075	57970	浙江
645765	94	89.16	93.09	28204	23614	73593	安徽
79033	3774	58.43	84.53	19349	14721	6687	福建
87798	4	76.69	91.94	5469	5381	8617	江西
833053	1164	83.52	90.84	37324	26833	56341	山东
1001554	615	93.84	96.61	21149	13034	10838	河南
547016	745	85.93	91.82	36864	32138	31690	湖北
105740	723	59.08	78.15	100325	96716	16822	湖南
1005627	2465	84.62	92.61	109340	73210	113497	广东
256926	4373	79.00	93.71	4154	1589	2488	广西
11091	216	11.35	65.98	2202	170	11030	海南
4977		58.52	84.52	15	8	1956	重庆
80122	348	50.25	69.27	26014	18566	4028	四川
32746	428	53.33	84.56	19380	18999	5056	贵州
89364	682	78.40	88.57	7604	326	10261	云南
							西藏
13514	56	25.55	52.86	11904	3061	24354	陕西
455520	40	90.68	94.81	6105	1656	4006	甘肃
575	74	63.76	58.26	298	298	96	青海
155279	200	92.23	95.81	3065	1013	6745	宁夏
720		7.15	40.02	4892	679	2010	新疆
5039		93.06	95.55				新疆兵团

6-2 2020年按城市分列的全国城市节约用水

计量单位：万立方米

城市名称 Name of Cities	计划用水户数(户) Planned Water Consumers (unit)	自备水计划用水户数 Planned Self-produced Water Consumers	计划用水户实际用水量				
			合计 Total	工业 Industry	新水取用量 Fresh Water Used	工业 Industry	重复利用量 Water Reused
全国	**2281152**	**145063**	**13242300**	**11348304**	**2350149**	**1042860**	**10892151**
北京	**40405**	**4940**	**209187**	**17442**	**209187**	**17442**	
天津	**13410**	**1446**	**1177898**	**1161974**	**40658**	**26163**	**1137240**
河北	**42134**	**746**	**219790**	**205022**	**28036**	**14240**	**191754**
石家庄	1970	118	23271	20412	4396	1687	18875
晋州							
新乐							
唐山	925	90	91606	88790	4805	1989	86801
滦州							
遵化							
迁安							
秦皇岛	1588	15	38366	36139	4750	2523	33616
邯郸	3	3	4908	4906	4008	4006	900
武安	35654	14	3489	2631	985	269	2504
邢台	30	30	129	129	129	129	
南宫							
沙河							
保定	795	132	11378	9773	3070	1466	8307
涿州							
安国							
高碑店							
张家口	179		1178	433	895	150	284
承德	108	108	6704	6629	591	516	6113
平泉	129	129	323	323	278	278	45
沧州	543		34084	32979	1690	585	32394
泊头	67	67	1636	192	1014	130	621
任丘	5		96	96	90	90	7
黄骅							
河间							
廊坊							
霸州							
三河							
衡水	36	4	646	309	509	172	137
深州							
辛集	42	1	696		576		120
定州	60	35	1280	1280	250	250	1030

Urban Water Conservation by City(2020)

Measurement Unit: 10,000 m^3

Actual Quantity of Water Used				节约用水量 Water Saved		节水措施投资总额(万元) Total Investment in Water-Saving Measures (10,000 RMB)	城市名称 Name of Cities
工业 Industry	超计划定额用水量 Water Quantity Consumed in Excess of Quota	重复利用率(%) Reuse Rate (%)	工业 Industry		工业 Industry		
10305444	**20383**	**82.25**	**90.81**	**707572**	**470678**	**551148**	**全　国**
	89			**10208**	**3707**	**6258**	**北　京**
1135811	**184**	**96.55**	**97.75**	**67**	**37**	**2362**	**天　津**
190782	**95**	**87.24**	**93.05**	**6190**	**4794**	**2888**	**河　北**
18725		81.11	91.74	1613	622	1000	石家庄
							晋　州
							新　乐
86801	7	94.75	97.76			13	唐　山
							滦　州
							遵　化
							迁　安
33616		87.62	93.02	72	65	1594	秦皇岛
900		18.34	18.34	365	365	10	邯　郸
2362	1	71.77	89.77	2819	2771		武　安
							邢　台
							南　宫
							沙　河
8307		73.01	85.00				保　定
							涿　州
							安　国
							高碑店
284		24.07	65.43	155	133		张家口
6113		91.18	92.21				承　德
45		13.93	13.93	80	80		平　泉
32394		95.04	98.23	360	190	180	沧　州
62	61	37.99	32.29	58	11	37	泊　头
7		6.96	6.96				任　丘
							黄　骅
							河　间
							廊　坊
							霸　州
							三　河
137		21.21	44.34	209	137		衡　水
							深　州
		17.25		39			辛　集
1030	25	80.47	80.47	420	420	54	定　州

6-2 续表 1

计量单位：万立方米

城市名称 Name of Cities	计划用水户数(户) Planned Water Consumers (unit)	自备水计划用水户数 Planned Self-produced Water Consumers	计划用水户实际用水量 合计 Total	工业 Industry	新水取用量 Fresh Water Used	工业 Industry	重复利用量 Water Reused
山　西	**7686**	**630**	**492006**	**437418**	**76069**	**28113**	**415937**
太　原	922	142	350946	330346	35400	14800	315546
古　交							
大　同	1290	46	35438	24931	11652	3989	23786
阳　泉	363	6	16959	14771	4564	2376	12395
长　治	571	295	622	75	577	42	45
晋　城	980	5	9352	4514	3732	635	5620
高　平	109		7379	3123	7379	3123	
朔　州	848	48	51308	50883	2629	2204	48679
怀　仁							
晋　中	531	2	5368	3315	1096	162	4273
介　休	1		263		263		
运　城	592		3720		3037		683
永　济	20		17		17		
河　津							
忻　州	329		538	68	477	42	61
原　平	354	59	605	381	298	108	307
临　汾							
侯　马	112	13	1433	487	1121	174	312
霍　州	458	8	4500	4340	400	320	4100
吕　梁	200	1	1747	14	1737	5	10
孝　义	6	5	1810	170	1690	133	120
汾　阳							
内蒙古	**390894**	**369**	**224939**	**200333**	**50595**	**29121**	**174344**
呼和浩特							
包　头	2389	246	201039	187873	33832	20666	167207
乌　海	143	38	16006	9810	9267	5805	6739
赤　峰							
通　辽							
霍林郭勒							
鄂尔多斯	230000		3093	692	3093	692	
呼伦贝尔	77	14	1382	1277	1382	1277	
满洲里	94	19	686		288		398
牙克石							
扎兰屯	31	28	1627	650	1627	650	
额尔古纳							
根　河							
巴彦淖尔							
乌兰察布	24	24	33	31	33	31	
丰　镇							
乌兰浩特	158136		1073		1073		
阿尔山							
二连浩特							
锡林浩特							

continued 1

Measurement Unit: 10,000 m^3

Actual Quantity of Water Used 工业 Industry	超计划定额用水量 Water Quantity Consumed in Excess of Quota	重复利用率(%) Reuse Rate (%)	工业 Industry	节约用水量 Water Saved	工业 Industry	节水措施投资总额(万元) Total Investment in Water-Saving Measures (10,000 RMB)	城市名称 Name of Cities
409305	**641**	**84.54**	**93.57**	**15146**	**10720**	**3150**	**山　西**
315546	64	89.91	95.52	349	77	790	太　原
							古　交
20942		67.12	84.00	7822	5866	501	大　同
12395		73.09	83.91	514	356	340	阳　泉
33	3	7.23	44.00	505	10		长　治
3879		60.09	85.93	76	27		晋　城
				446	354		高　平
48679		94.88	95.67	560	560		朔　州
							怀　仁
3153		79.59	95.12	4273	3153	900	晋　中
				57		100	介　休
		18.36					运　城
				1		26	永　济
							河　津
26	1	11.34	38.24	83	35	39	忻　州
273	2	50.74	71.65	21	2	4	原　平
							临　汾
312		21.80	64.19				侯　马
4020	80	91.11	92.63	320	220	350	霍　州
10		0.55	66.67	44	15		吕　梁
37	491	6.63	21.76	75	45	100	孝　义
							汾　阳
171212	**47**	**77.51**	**85.46**	**7373**	**4570**	**168**	**内蒙古**
							呼和浩特
167207		83.17	89.00	530	470		包　头
4005		42.10	40.83	6739	4005		乌　海
							赤　峰
							通　辽
							霍林郭勒
							鄂尔多斯
	8						呼伦贝尔
	39	58.02					满洲里
							牙克石
				103	95		扎兰屯
							额尔古纳
							根　河
							巴彦淖尔
							乌兰察布
							丰　镇
				1		168	乌兰浩特
							阿尔山
							二连浩特
							锡林浩特

6-2 续表 2

计量单位：万立方米

城市名称 Name of Cities	计划用水户数（户）Planned Water Consumers (unit)	自备水计划用水户数 Planned Self-produced Water Consumers	计划用水户实际用水量 合计 Total	工业 Industry	新水取用量 Fresh Water Used	工业 Industry	重复利用量 Water Reused
辽 宁	**54662**	**179**	**768559**	**722768**	**55956**	**34149**	**712603**
沈 阳							
新 民							
大 连	2501	47	142932	118666	12400	6482	130532
瓦 房 店	806		160	160	109	109	51
庄 河							
鞍 山	2939						
海 城	3010		1985	190	1690	111	295
抚 顺	718	9	186700	183061	13574	12158	173126
本 溪	39	17	142486	142157	3067	2738	139419
丹 东	56	47	4750	1775	3275	300	1475
东 港							
凤 城							
锦 州	483	6	65328	64571	4534	3777	60794
凌 海							
北 镇	4500		170		135		35
营 口	2972	2	63790	57528	7158	4027	56632
盖 州							
大 石 桥	15039		260	131	260	131	
阜 新							
辽 阳	27	4	749	649	501	401	248
灯 塔							
盘 锦	170	4	95582	93518	4017	1953	91564
铁 岭	16030		324	34	260	1	64
调 兵 山	8		696	512	415	231	281
开 原							
朝 阳	5292	15	29021	26432	3618	1029	25403
北 票	44		124		124		
凌 源	28	28	186	68	176	58	10
葫 芦 岛			33317	33317	642	642	32675
兴 城							
吉 林	**4527**	**586**	**163678**	**156560**	**34453**	**27611**	**129226**
长 春	38		36	10	12		24
榆 树	1580	59	534		515		19
德 惠	230	55	300	150	170	60	130
吉 林	646	36	126205	123803	24195	21793	102010
蛟 河							
桦 甸	41		687	450	687	450	

continued 2

Measurement Unit: 10,000 m^3

Actual Quantity of Water Used				节约用水量 Water Saved		节水措施投资总额（万元） Total Investment in Water-Saving Measures (10,000 RMB)	城市名称 Name of Cities
工业 Industry	超计划定额用水量 Water Quantity Consumed in Excess of Quota	重复利用率 (%) Reuse Rate (%)	工业 Industry		工业 Industry		
688619	**115**	**92.72**	**95.28**	**12367**	**8550**	**16632**	**辽宁**
							沈阳
							新民
112184	59	91.32	94.54	2143	652		大连
51		31.66	31.66	109	45		瓦房店
							庄河
							鞍山
79	42	14.86	41.58	148	79		海城
170903		92.73	93.36	5160	3546	15689	抚顺
139419		97.85	98.07	374	358		本溪
1475		31.05	83.10	1475	1475		丹东
							东港
							凤城
60794		93.06	94.15	680	566	450	锦州
							凌海
		20.59		38		30	北镇
53501		88.78	93.00	1170	885		营口
							盖州
				1			大石桥
							阜新
248		33.09	38.22	71	45		辽阳
							灯塔
91564	12	95.80	97.91	253	253	400	盘锦
33	2	19.63	97.01	20	17		铁岭
281		40.37	54.88	281	281		调兵山
							开原
25403		87.53	96.11	335	270	55	朝阳
				30		8	北票
10		5.38	14.71	78	78		凌源
32675		98.07	98.07				葫芦岛
							兴城
128949	**90**	**78.95**	**82.36**	**5924**	**5188**	**224**	**吉林**
10	1	66.67	100.00	19			长春
		3.56		21	10		榆树
90		43.33	60.00	80	60		德惠
102010		80.83	82.40				吉林
							蛟河
							桦甸

6-2 续表 3

计量单位：万立方米

城市名称 Name of Cities	计划用水户数（户）Planned Water Consumers (unit)	自备水计划用水户数 Planned Self-produced Water Consumers	计划用水户实际用水量 合计 Total	工业 Industry	新水取用量 Fresh Water Used	工业 Industry	重复利用量 Water Reused
舒兰							
磐石							
四平							
双辽							
辽源	55	29	488	363	234	109	254
通化			10892	10892	1899	1899	8993
集安							
白山							
临江							
松原	78		1661	1602	452	452	1209
扶余							
白城	265	39	5534	4361	1880	707	3654
洮南							
大安	82	82	519	156	499	136	20
延吉	118		141		12		129
图们	12	12	63		62		1
敦化	112	13	630	597	244	225	386
珲春	9		2433	987	2433	987	
龙井							
和龙							
公主岭	171	171	12964	12760	648	444	12316
梅河口	110	90	560	430	480	350	80
长白山保护开发区	980		31		31		
黑龙江	**1904**	**1135**	**214348**	**189998**	**95672**	**72775**	**118677**
哈尔滨	1295	584	55370	49343	12268	6339	43102
尚志							
五常							
齐齐哈尔	92	57	137570	130115	69039	61585	68531
讷河							
鸡西							
虎林							
密山							
鹤岗							
双鸭山							
大庆	144	144	2126	1410	2126	1410	
伊春			3834	2221	2821	1223	1013
铁力							
佳木斯	68	67	5453	1036	5026	609	427
同江							
富锦							

continued 3

Measurement Unit: 10,000 m^3

Actual Quantity of Water Used				节约用水量 Water Saved		节水措施投资总额(万元) Total Investment in Water-Saving Measures (10,000 RMB)	城市名称 Name of Cities
工业 Industry	超计划定额用水量 Water Quantity Consumed in Excess of Quota	重复利用率(%) Reuse Rate (%)	工业 Industry		工业 Industry		
							舒兰
							磐石
							四平
							双辽
254		52.00	70.00	7	7	27	辽源
8993	29	82.57	82.57	4255	4255	35	通化
							集安
							白山
							临江
1150		72.79	71.79	534	495	20	松原
							扶余
3654		66.03	83.79	263	21		白城
							洮南
20		3.90	12.96	136	36	8	大安
		91.77					延吉
		1.59		3		27	图们
372		61.29	62.35	388	118	32	敦化
						31	珲春
							龙井
							和龙
12316		95.00	96.52	97	67	45	公主岭
80	60	14.29	18.60	120	120		梅河口
				0			长白山保护开发区
117223	**52**	**55.37**	**61.70**	**16188**	**9808**	**2246**	**黑龙江**
43004	44	77.84	87.15	3904	1550	1922	哈尔滨
							尚志
							五常
68531		49.82	52.67	6128	2939	243	齐齐哈尔
							讷河
							鸡西
							虎林
							密山
							鹤岗
							双鸭山
				1175	981	81	大庆
998		26.42	44.93	505	350		伊春
							铁力
427		7.83	41.22	556	328		佳木斯
							同江
							富锦

6-2 续表 4

计量单位：万立方米

城市名称 Name of Cities	计划用水户数（户） Planned Water Consumers (unit)	自备水计划用水户数 Planned Self-produced Water Consumers	计划用水户实际用水量 合计 Total	工业 Industry	新水取用量 Fresh Water Used	工业 Industry	重复利用量 Water Reused
抚远							
七台河	36	36	5500	3385	1650	677	3850
牡丹江	146	132	4055	2063	2436	643	1619
海林							
宁安							
穆棱							
绥芬河							
东宁							
黑河							
北安							
五大连池							
嫩江							
绥化	123	115	441	425	306	290	135
安达							
肇东							
海伦							
漠河							
上海	**140255**		**98027**	**37176**	**98027**	**37176**	
江苏	**26036**	**984**	**2053523**	**1614546**	**311835**	**177382**	**1741688**
南京	2954		566063	237978	115477	42122	450586
无锡	962		50284	41008	18863	10083	31421
江阴	161		19626	18778	3705	2904	15921
宜兴	732	64	3973	2694	3294	2086	679
徐州	49	49	182694	180634	11327	9401	171367
新沂	48	20	32976	32976	3165	3165	29811
邳州	74	7	31421	29387	3421	1387	28000
常州	3177	112	238243	234398	21356	17511	216887
溧阳	453		43284	34812	4390	3175	38894
苏州	6983	394	270048	233144	38447	25688	231601
常熟	1540		47312	42223	3932	1933	43380
张家港	608		13554	10517	1833	554	11721
昆山	1463	24	47801	44570	10510	7880	37291
太仓	421	15	11602	10537	2274	2054	9328
南通	158		5894	3362	3451	919	2443
海安							
启东	187		6123	4765	1499	1190	4624
如皋	299	26	10014	9076	1961	1462	8053
连云港	1206	12	177547	168879	13793	7175	163754
淮安	620	65	42200	38710	6050	3700	36150
盐城	21	20	9701	8588	9596	8487	105

continued 4

Measurement Unit: 10,000 m^3

Actual Quantity of Water Used				节约用水量 Water Saved		节水措施投资总额(万元) Total Investment in Water-Saving Measures (10,000 RMB)	城市名称 Name of Cities
工业 Industry	超计划定额用水量 Water Quantity Consumed in Excess of Quota	重复利用率(%) Reuse Rate (%)	工业 Industry		工业 Industry		
							抚远
2708		70.00	80.00	3025	3025		七台河
1420		39.93	68.83	790	540		牡丹江
							海林
							宁安
							穆棱
							绥芬河
							东宁
							黑河
							北安
							五大连池
							嫩江
135	8	30.61	31.76	105	95		绥化
							安达
							肇东
							海伦
							漠河
				81682	**7843**	**12986**	**上海**
1437164	**2199**	**84.81**	**89.01**	**69704**	**54371**	**56150**	**江苏**
195856		79.60	82.30	5321	1755	1230	南京
30925	17	62.49	75.41	3236	2624	2810	无锡
15874		81.12	84.54	312	291	237	江阴
608		17.09	22.57	416		778	宜兴
171233	24	93.80	94.80	11330	9233	24600	徐州
29811		90.40	90.40	361	361	152	新沂
28000		89.11	95.28	850	850	200	邳州
216887		91.04	92.53	7667	5585	3166	常州
31637		89.86	90.88	240	25	235	溧阳
207456	11	85.76	88.98	6513	4098	6747	苏州
40290	2	91.69	95.42	1365	720	75	常熟
9963	41	86.48	94.73	443	148		张家港
36690		78.01	82.32	700	520	500	昆山
8483		80.40	80.51	1057	906	752	太仓
2443		41.45	72.67	106	106	246	南通
							海安
3575		75.51	75.03	355	293	558	启东
7614		80.42	83.89	342			如皋
161704	2103	92.23	95.75	3054	2617	3202	连云港
35010		85.66	90.44	5400	4500	1000	淮安
101		1.08	1.18	8686	8677		盐城

6-2 续表 5

计量单位：万立方米

城市名称 Name of Cities	计划用水户数(户) Planned Water Consumers (unit)	自备水计划用水户数 Planned Self-produced Water Consumers	计划用水户实际用水量 合计 Total	工业 Industry	新水取用量 Fresh Water Used	工业 Industry	重复利用量 Water Reused
东台	129	9	18849	18665	817	633	18032
扬州	1426	62	26036	26032	3927	3925	22109
仪征	322	63	40586	32060	7469	3206	33117
高邮	40	5	2322	2146	325	150	1996
镇江	1088	11	119359	117867	12513	11021	106846
丹阳	227		2207	1839	1226	858	981
扬中	110		442	238	72	70	370
句容	64		410	259	340	200	70
泰州	97	6	8641	7606	2026	991	6615
兴化	27		365	328	254	229	111
靖江							
泰兴							
宿迁	390	20	23945	20471	4520	3224	19425
浙江	**38684**	**1663**	**793541**	**723454**	**150947**	**108533**	**642594**
杭州	4806	439	40789	30348	17426	11425	23363
建德	734		972	738	878	644	94
宁波	3188		150062	139879	28130	20912	121932
余姚							
慈溪	10051		1265	366	1265	366	
温州	1725	3	39286	34108	10073	5095	29213
瑞安							
乐清							
龙港							
嘉兴	843		15607	13845	3355	1594	12252
海宁	531		9808	9597	4308	4097	5500
平湖	1467		16077	14824	5210	3957	10867
桐乡	70		1668	1335	1451	1161	218
湖州	501		16118	13869	3788	2066	12330
绍兴	2956	232	204844	190733	35019	29010	169825
诸暨	373	56	11850	9018	1725	1102	10125
嵊州	563	34	13641	12955	2291	1967	11350
金华	947		8684	6546	2610	882	6074
兰溪							
义乌	18	18	16098	12738	4598	2138	11500
东阳	400	1	3330	2527	1220	417	2110
永康	207		12905	11817	1108	799	11797
衢州	878	7	202422	201252	16122	15037	186300
江山	10	10	310	305	310	305	
舟山	959		13544	8562	2679	1483	10865
台州	3481	37	6946	5185	4017	2427	2929
玉环	1477		510	328	204	82	306

continued 5

Measurement Unit: 10,000 m^3

Actual Quantity of Water Used				节约用水量 Water Saved		节水措施投资总额(万元) Total Investment in Water-Saving Measures (10,000 RMB)	城市名称 Name of Cities
工业 Industry	超计划定额用水量 Water Quantity Consumed in Excess of Quota	重复利用率(%) Reuse Rate (%)	工业 Industry		工业 Industry		
18032		95.67	96.61				东　台
22107		84.92	84.92	2083	2083	2000	扬　州
28854		81.60	90.00	230	210	5000	仪　征
1996		86.00	93.01	58	41	85	高　邮
106846	1	89.52	90.65	798	512		镇　江
981		44.45	53.34	187	131	77	丹　阳
168		83.63	70.54	90	80	300	扬　中
59		17.09	22.71	90	40		句　容
6615		76.55	86.97	7428	7217		泰　州
99		30.32	30.10	126	118		兴　化
							靖　江
							泰　兴
17247		81.12	84.25	860	630	2200	宿　迁
614920	**872**	**80.98**	**85.00**	**39065**	**29075**	**57970**	**浙　江**
18923	62	57.28	62.35	2394	1733	5722	杭　州
94		9.67	12.73	268	138	212	建　德
118967	11	81.25	85.05	3969	2846		宁　波
							余　姚
	3			1126			慈　溪
29012	8	74.36	85.06	2851	1360	2287	温　州
							瑞　安
							乐　清
							龙　港
12252	29	78.50	88.49	934	518	44	嘉　兴
5500	17	56.08	57.31	375	375	1200	海　宁
10867	80	67.59	73.31				平　湖
174	189	13.04	13.04	301	241		桐　乡
11803		76.50	85.11	276	124	180	湖　州
161723	23	82.90	84.79	7938	6895	7617	绍　兴
7916	13	85.45	87.78	384	324	786	诸　暨
10988		83.21	84.82	2045	1696	513	嵊　州
5664	193	69.94	86.53	776	279	1507	金　华
							兰　溪
10600	21	71.44	83.22	2800	1900	32000	义　乌
2110		63.36	83.50	640	510	1000	东　阳
11018		91.41	93.24	168	76	812	永　康
186215	3	92.04	92.53	8908	8121	3044	衢　州
							江　山
7079	74	80.22	82.68	503	488	580	舟　山
2758	126	42.16	53.19	1166	904	357	台　州
246	17	60.00	75.00	116	33	43	玉　环

6-2 续表 6

计量单位：万立方米

城市名称 Name of Cities	计划用水户数（户） Planned Water Consumers (unit)	自备水计划用水户数 Planned Self-produced Water Consumers	计划用水户实际用水量 合计 Total	工业 Industry	新水取用量 Fresh Water Used	工业 Industry	重复利用量 Water Reused
温岭	1094	128	1636	981	1180	778	456
临海	698	698					
丽水	707		5169	1598	1980	789	3188
龙泉							
安徽	**6758**	**266**	**726832**	**693702**	**78810**	**47936**	**648021**
合肥	903		83955	73350	19803	9215	64152
巢湖							
芜湖	704	3	69416	65426	10203	6213	59213
无为							
蚌埠	360	9	54539	51429	5192	2082	49347
淮南	779		9917	8711	2237	1101	7680
马鞍山	1	1	265711	265711	4786	4786	260925
淮北	180	44	14918	14369	3269	2720	11649
铜陵	828	10	9517	7772	8021	6323	1496
安庆	248	5	117467	115008	8805	6346	108662
潜山							
桐城							
黄山	672		6617	4359	1799	624	4818
滁州	410	1	30152	28871	3576	2295	26576
天长							
明光							
阜阳	450	22	34018	31928	3752	1662	30266
界首	36	19	930	720	500	410	430
宿州	109		405		405		
六安	328	7	7594	6025	2308	739	5286
亳州	413	143	10776	9624	1616	1251	9160
池州	26		616	616	616	616	
宣城	311	2	10282	9784	1920	1554	8362
广德							
宁国							
福建	**97880**	**5**	**136905**	**93498**	**56905**	**14465**	**80000**
福州	64887		50566	36666	16013	2113	34553
福清							
厦门	11525		21800		21800		
莆田	851		1691	1093	1691	1093	
三明	2833		45624	43533	3169	1079	42455
永安							
泉州	10773		7506	5107	4514	3082	2992
石狮	871		7050	6028	7050	6028	
晋江							

continued 6

Measurement Unit: 10,000 m^3

Actual Quantity of Water Used				节约用水量 Water Saved		节水措施投资总额(万元) Total Investment in Water-Saving Measures (10,000 RMB)	城市名称 Name of Cities
工业 Industry	超计划定额用水量 Water Quantity Consumed in Excess of Quota	重复利用率(%) Reuse Rate (%)	工业 Industry		工业 Industry		
203	3	27.87	20.69	1053	481		温岭
							临海
809		61.68	50.62	73	32	65	丽水
							龙泉
645765	**94**	**89.16**	**93.09**	**28204**	**23614**	**73593**	**安徽**
64135		76.41	87.44	1600		1107	合肥
							巢湖
59213		85.30	90.50	3124	1932	977	芜湖
							无为
49347	32	90.48	95.95	1076	706	800	蚌埠
7610		77.44	87.36	396	280	200	淮南
260925		98.20	98.20	720	720	27800	马鞍山
11649	0	78.09	81.07	1061	942	1584	淮北
1449		15.71	18.64	12595	12595	1030	铜陵
108662	24	92.50	94.48	942	875	610	安庆
							潜山
							桐城
3735		72.81	85.69	5178	4388	716	黄山
26576	3	88.14	92.05	3		15000	滁州
							天长
							明光
30266		88.97	94.79	220	220	13850	阜阳
310		46.24	43.06	240	240	300	界首
						1444	宿州
5286	34	69.60	87.73	272	121	1162	六安
8373	1	85.00	87.00	400	290	6400	亳州
				173	173		池州
8230	1	81.33	84.12	203	132	613	宣城
							广德
							宁国
79033	**3774**	**58.43**	**84.53**	**19349**	**14721**	**6687**	**福建**
34553	1239	68.33	94.24	11252	9507	68	福州
							福清
	832			315	226	5119	厦门
	104			1588	1042		莆田
42455		93.05	97.52	1241	729		三明
							永安
2025	196	39.86	39.65	4953	3218	1500	泉州
	1122						石狮
							晋江

6-2 续表 7

计量单位：万立方米

城市名称 Name of Cities	计划用水户数（户）Planned Water Consumers (unit)	自备水计划用水户数 Planned Self-produced Water Consumers	计划用水户实际用水量 合计 Total	工业 Industry	新水取用量 Fresh Water Used	工业 Industry	重复利用量 Water Reused
南安							
漳州	6140	5	2668	1070	2668	1070	
龙海							
南平							
邵武							
武夷山							
建瓯							
龙岩							
漳平							
宁德							
福安							
福鼎							
江西	**1960**	**187**	**114769**	**95495**	**26754**	**7697**	**88015**
南昌	1050	16	62724	55622	9329	2442	53395
景德镇	739	13	38452	36381	4697	2626	33755
乐平							
萍乡	158	158	13514	3415	12714	2615	800
九江							
瑞昌							
共青城							
庐山							
新余							
鹰潭							
贵溪							
赣州	13		79	77	14	13	65
瑞金							
龙南							
吉安							
井冈山							
宜春							
丰城							
樟树							
高安							
抚州							
上饶							
德兴							
山东	**183846**	**66527**	**1088830**	**917018**	**179465**	**83965**	**909365**
济南	5189	408	163590	131884	33484	4834	130106
青岛	44492	656	162391	145603	16070	10865	146321
胶州	684		12901	10557	1365	836	11536

continued 7

Measurement Unit: 10,000 m^3

Actual Quantity of Water Used				节约用水量 Water Saved		节水措施投资总额(万元) Total Investment in Water-Saving Measures (10,000 RMB)	城市名称 Name of Cities
工业 Industry	超计划定额用水量 Water Quantity Consumed in Excess of Quota	重复利用率(%) Reuse Rate (%)	工业 Industry		工业 Industry		
							南安
	281						漳州
							龙海
							南平
							邵武
							武夷山
							建瓯
							龙岩
							漳平
							宁德
							福安
							福鼎
87798	**4**	**76.69**	**91.94**	**5469**	**5381**	**8617**	**江西**
53180	4	85.13	95.61	4690	4690	7839	南昌
33755		87.78	92.78	723	635	625	景德镇
							乐平
800		5.92	23.42				萍乡
							九江
							瑞昌
							共青城
							庐山
							新余
							鹰潭
							贵溪
64		82.69	83.04	56	56	154	赣州
							瑞金
							龙南
							吉安
							井冈山
							宜春
							丰城
							樟树
							高安
							抚州
							上饶
							德兴
833053	**1164**	**83.52**	**90.84**	**37324**	**26833**	**56341**	**山东**
127049	25	79.53	96.33	3777	2487	2149	济南
134738	602	90.10	92.54	12667	9098	19836	青岛
9721		89.42	92.08	360	310	3597	胶州

6-2 续表 8

计量单位：万立方米

城市名称 Name of Cities	计划用水户数（户） Planned Water Consumers (unit)	自备水计划用水户数 Planned Self-produced Water Consumers	计划用水户实际用水量 合计 Total	工业 Industry	新水取用量 Fresh Water Used	工业 Industry	重复利用量 Water Reused
平度	99	2	5282	3940	886	310	4396
莱西	1214		1638	1638	131	131	1507
淄博	981	583	123408	118867	12584	8043	110824
枣庄	2040	272	26431	25602	4178	3349	22253
滕州	530	19	8424	8162	1437	1306	6987
东营	6060		110795	101042	12871	3757	97924
烟台	55835	53850	27231	12753	7331	2585	19900
龙口	134		7441	3964	1460	555	5981
莱阳	779	6	3084	2531	855	506	2229
莱州							
招远	220	110	3781	3781	605	605	3176
栖霞	78	28	621	123	165	41	456
海阳	238		1437	1188	381	178	1056
潍坊	5190	143	43252	34159	8589	2571	34663
青州	476	69	37456	19496	3726	1936	33730
诸城	688	249	4611	1296	1222	191	3389
寿光	818	75	32051	19200	3558	2168	28493
安丘	781	112	25171	22192	2858	2334	22313
高密							
昌邑							
济宁	359	356	99589	91905	16324	8936	83265
曲阜							
邹城							
泰安							
新泰	533	10	12290	3613	2905	425	9385
肥城	328	4	3429	2059	1674	304	1755
威海	631	239	11086	7993	5095	2258	5991
荣成	99	12	4399	2686	2349	637	2050
乳山	136	22	4822	3355	1278	475	3544
日照	1968		66834	62359	8455	4988	58379
临沂							
德州	8951	8949	16069	15312	8913	8353	7156
乐陵							
禹城	209	132	1402	1336	1402	1336	
聊城							
临清							
滨州	43044	5	28867	23062	8296	3822	20571
邹平	168		33170	32660	3645	3135	29525
菏泽	894	216	5876	2700	5371	2195	505

continued 8

Measurement Unit: 10,000 m^3

Actual Quantity of Water Used				节约用水量 Water Saved			
工业 Industry	超计划定额用水量 Water Quantity Consumed in Excess of Quota	重复利用率(%) Reuse Rate (%)	工业 Industry		工业 Industry	节水措施投资总额(万元) Total Investment in Water-Saving Measures (10,000 RMB)	城市名称 Name of Cities
3630		83.23	92.13	489	393	102	平度
1507		92.00	92.00	211	211	70	莱西
110824	20	89.80	93.23	1242	1116	9543	淄博
22253	13	84.19	86.92	1473	476	97	枣庄
6856	47	82.94	84.00	150	140	60	滕州
97285		88.38	96.28	2655	2421	1020	东营
10168	2	73.08	79.73	2802	1331	637	烟台
3409		80.38	86.00	261	229	3361	龙口
2025		72.28	80.01	1437	874		莱阳
							莱州
3176		84.00	84.00	900	900	600	招远
82	1	73.43	66.67	78	48	93	栖霞
1010		73.49	85.02	304	287	500	海阳
31588	108	80.14	92.47	1428	986	3091	潍坊
17560		90.05	90.07	685	685	495	青州
1105		73.50	85.26				诸城
17032		88.90	88.71	409	381	775	寿光
19858	15	88.65	89.48	482	228	1422	安丘
							高密
							昌邑
82968	175	83.61	90.28	447	393	609	济宁
							曲阜
							邹城
							泰安
3188	24	76.36	88.24	522	328	710	新泰
1755		51.18	85.24	135	38	380	肥城
5735	96	54.04	71.75	750	668	690	威海
2050	3	46.59	76.30	395	257	50	荣成
2880	5	73.50	85.84	174	105	202	乳山
57371	27	87.35	92.00	523	416	2986	日照
							临沂
6959		44.53	45.45	253	199		德州
							乐陵
				8	8	10	禹城
							聊城
							临清
19240		71.26	83.43	750	586	2500	滨州
29525		89.01	90.40	360	322	35	邹平
505		8.59	18.70	1197	911	720	菏泽

6-2 续表 9

计量单位：万立方米

城市名称 Name of Cities	计划用水户数(户) Planned Water Consumers (unit)	自备水计划用水户数 Planned Self-produced Water Consumers	计划用水户实际用水量 合计 Total	工业 Industry	新水取用量 Fresh Water Used	工业 Industry	重复利用量 Water Reused
河　南	**55283**	**11608**	**1074322**	**1036706**	**66188**	**35153**	**1008133**
郑　州	2383	499	12336	2749	11505	2067	831
巩　义	176	4	257		194		63
荥　阳	52	46	1200	780	740	410	460
新　密	280		659	45	605	22	54
新　郑	60	60	253	52	215	44	38
登　封	116	71	446	133	403	93	43
开　封	672	255	7234	5548	2401	833	4833
洛　阳	742	337	34587	32548	2763	724	31824
偃　师							
平顶山	539	48	7044	6199	4806	3960	2238
舞　钢	4	4	2312	2022	1386	1096	926
汝　州	122	19	3278	2341	866		2412
安　阳	664	152	315000	314500	3912	3510	311088
林　州	38802	2302	1398	103	1342	59	56
鹤　壁	236	31	197644	197126	3613	3096	194031
新　乡	460	12	133073	131165	5656	3748	127417
长　垣	193	60	182	74	107	68	74
卫　辉							
辉　县							
焦　作							
沁　阳							
孟　州							
濮　阳	156	71	159624	157910	5083	3369	154541
许　昌	314	47	847	241	847	241	
禹　州	310	226	121	29	121	29	
长　葛							
漯　河	586	275	10675	9144	2528	996	8148
三门峡	6240	6168	3357	1628	1653	160	1704
义　马	33	2	105	80	105	80	
灵　宝							
南　阳	858	248	97443	95711	4091	2359	93352
邓　州	334	291	2734	1421	1444	141	1290
商　丘							
永　城	263	153	4518	3919	3191	2591	1327
信　阳							
周　口	304	50	2763	2385	512	134	2251
项　城							
驻马店	204	67	35432	29052	3030	2252	32402
济源示范区	180	110	39800	39800	3070	3070	36730
湖　北	**153483**	**87**	**656212**	**595747**	**92322**	**48731**	**563890**
武　汉	18291	51	427688	394883	50488	33860	377200
黄　石	4475	2	31560	30149	4436	3117	27124

continued 9

Measurement Unit: 10,000 m^3

Actual Quantity of Water Used				节约用水量 Water Saved		节水措施投资总额(万元) Total Investment in Water-Saving Measures (10,000 RMB)	城市名称 Name of Cities
工业 Industry	超计划定额用水量 Water Quantity Consumed in Excess of Quota	重复利用率(%) Reuse Rate (%)	工业 Industry		工业 Industry		
1001554	**615**	**93.84**	**96.61**	**21149**	**13034**	**10838**	**河南**
682		6.74	24.81	3098	983	1065	郑州
		24.51		41			巩义
370		38.33	47.44	899	836		荥阳
23	7	8.19	51.11	12	9	5	新密
8		15.00	15.01	164	58		新郑
40		9.64	30.08	142	75	41	登封
4716		66.80	84.99	881	271		开封
31824		92.01	97.78				洛阳
							偃师
2238		31.78	36.11	2581	2044		平顶山
926		40.05	45.80	51	51		舞钢
2341		73.58	100.00	122	87		汝州
310990		98.76	98.88	1580	1507	3650	安阳
44		4.01	42.72	60		100	林州
194031		98.17	98.43	1328	1171		鹤壁
127417	4	95.75	97.14	2442	1405	5220	新乡
7	18	41.01	8.99				长垣
							卫辉
							辉县
							焦作
							沁阳
							孟州
154541		96.82	97.87	1067	974		濮阳
				544			许昌
	2					46	禹州
							长葛
8148	14	76.32	89.10	1402	683	7	漯河
1468		50.76	90.17	408	255	125	三门峡
							义马
							灵宝
93352		95.80	97.54	200	200	100	南阳
1280		47.18	90.08	1000	989	69	邓州
							商丘
1327	564	29.38	33.88	1054			永城
							信阳
2251	6	81.47	94.38	687	177		周口
							项城
26800		91.45	92.25	1084	958	180	驻马店
36730		92.29	92.29	300	300	230	济源示范区
547016	**745**	**85.93**	**91.82**	**36864**	**32138**	**31690**	**湖北**
361023	518	88.20	91.43	6146	1861	15178	武汉
27032		85.95	89.66	451	383		黄石

6-2 续表 10

计量单位：万立方米

城市名称 Name of Cities	计划用水户数（户）Planned Water Consumers (unit)	自备水计划用水户数 Planned Self-produced Water Consumers	计划用水户实际用水量 合计 Total	工业 Industry	新水取用量 Fresh Water Used	工业 Industry	重复利用量 Water Reused
大冶							
十堰							
丹江口							
宜昌	210	21	41497	31886	14070	4459	27427
宜都							
当阳							
枝江							
襄阳	390		8480	1290	7190		1290
老河口	18454		990	322	820	170	170
枣阳							
宜城	3	3					
鄂州	14436	2	57872	56807	2888	1823	54984
荆门	103	4	71361	67160	7742	3541	63620
京山							
钟祥							
孝感							
应城							
安陆							
汉川							
荆州	1456		14409	12866	3086	1543	11323
监利							
石首	6100		1412	315	706	158	706
洪湖							
松滋							
黄冈							
麻城							
武穴							
咸宁							
赤壁							
随州							
广水	89561		944	69	896	61	48
恩施							
利川							
仙桃							
潜江							
天门	4	4					
湖南	**81388**	**12**	**183832**	**135299**	**75219**	**29559**	**108613**
长沙	4127		88478	72312	28098	11932	60380
宁乡							
浏阳							
株洲	270		32917	17870	17907	2859	15011

continued 10

Measurement Unit: 10,000 m^3

Actual Quantity of Water Used				节 约 用水量 Water Saved		节水措施投资总额(万元) Total Investment in Water-Saving Measures (10,000 RMB)	城市名称 Name of Cities
	超计划定额用水量 Water Quantity Consumed in Excess of Quota	重 复 利用率 (%) Reuse Rate (%)			工 业 Industry		
工 业 Industry			工 业 Industry				
							大 冶
							十 堰
							丹江口
27427		66.09	86.02	27427	27427	2122	宜 昌
							宜 都
							当 阳
							枝 江
1290		15.21	100.00	340	340		襄 阳
152		17.17	47.20	130	47	20	老河口
							枣 阳
				14	14	160	宜 城
54984		95.01	96.79	389	229	845	鄂 州
63620		89.15	94.73	1659	1659	12365	荆 门
							京 山
							钟 祥
							孝 感
							应 城
							安 陆
							汉 川
11323	227	78.58	88.01	305	178	1000	荆 州
							监 利
158		50.00	50.00				石 首
							洪 湖
							松 滋
							黄 冈
							麻 城
							武 穴
							咸 宁
							赤 壁
							随 州
8		5.05	11.94	4			广 水
							恩 施
							利 川
							仙 桃
							潜 江
							天 门
105740	**723**	**59.08**	**78.15**	**100325**	**96716**	**16822**	**湖 南**
60380	510	68.24	83.50	60380	60380	4022	长 沙
							宁 乡
							浏 阳
15011	80	45.60	84.00	15011	15011	2220	株 洲

6-2 续表 11

计量单位：万立方米

城市名称 Name of Cities	计划用水户数（户） Planned Water Consumers (unit)	自备水计划用水户数 Planned Self-produced Water Consumers	计划用水户实际用水量 合计 Total	工业 Industry	新水取用量 Fresh Water Used	工业 Industry	重复利用量 Water Reused
醴陵			2787		2787		
湘潭							
湘乡							
韶山							
衡阳							
耒阳							
常宁							
邵阳	50		1740	1230	830	560	910
武冈							
邵东							
岳阳	2351	12	17550	16280	10050	9180	7500
汨罗							
临湘	42316		1057		1057		
常德	27336		30790	21538	10890	3238	19900
津市							
张家界	315		3521	2899	1258	1139	2263
益阳							
沅江							
郴州			4756	2976	2188	526	2568
资兴	2950		63	25	38	12	25
永州	1673		172	169	116	113	56
怀化							
洪江							
娄底							
冷水江							
涟源							
吉首							
广东	**434260**	**6178**	**1188665**	**1085831**	**182869**	**80205**	**1005796**
广州	6386		254666	224268	39872	9525	214795
韶关							
乐昌							
南雄	1		11		11		
深圳	100322		642791	608571	76820	42600	565971
珠海	3367		164523	164523	18346	18346	146177
汕头	54		31452	30388	1901	837	29551
佛山	332	13	4654	1727	4099	1290	555
江门	39	37	8360	1343	8131	1114	228
台山							
开平	49		9528	2751	9528	2751	
鹤山							
恩平	52	47	4860	1488	4860	1488	

continued 11

Measurement Unit: 10,000 m³

Actual Quantity of Water Used				节约用水量 Water Saved		节水措施投资总额(万元) Total Investment in Water-Saving Measures (10,000 RMB)	城市名称 Name of Cities
工业 Industry	超计划定额用水量 Water Quantity Consumed in Excess of Quota	重复利用率(%) Reuse Rate (%)	工业 Industry		工业 Industry		
							醴陵
							湘潭
							湘乡
							韶山
							衡阳
							耒阳
							常宁
670		52.30	54.47	325	286	950	邵阳
							武冈
							邵东
7100		42.74	43.61	2760	2350	2760	岳阳
							汨罗
							临湘
18300	114	64.63	84.97	19900	18300	1500	常德
							津市
1760		64.27	60.71	1900	350	5200	张家界
							益阳
							沅江
2450		53.99	82.33				郴州
13		40.02	51.38	6	4	150	资兴
56	19	32.47	33.23	43	35	20	永州
							怀化
							洪江
							娄底
							冷水江
							涟源
							吉首
1005627	**2465**	**84.62**	**92.61**	**109340**	**73210**	**113497**	**广东**
214743	285	84.34	95.75	35739	7352	743	广州
							韶关
							乐昌
							南雄
565971	1810	88.05	93.00	11020	4462	111517	深圳
146177		88.85	88.85	7347	7347		珠海
29551	95	93.96	97.25	4480	3897		汕头
438	0	11.93	25.33	555	438	689	佛山
228	90	2.73	17.00	1680	1196	538	江门
							台山
	104						开平
							鹤山
							恩平

6-2 续表 12

计量单位：万立方米

城市名称 Name of Cities	计划用水户数（户） Planned Water Consumers (unit)	自备水计划用水户数 Planned Self-produced Water Consumers	计划用水户实际用水量 合计 Total	工 业 Industry	新水取用量 Fresh Water Used	工 业 Industry	重复利用量 Water Reused
湛　江							
廉　江							
雷　州							
吴　川							
茂　名							
高　州	69169		2656	65	2656	65	
化　州							
信　宜							
肇　庆							
四　会							
惠　州							
梅　州							
兴　宁	120717		2195		2195		
汕　尾	11						
陆　丰	65000	6000	1949		1949		
河　源							
阳　江							
阳　春	60000		1300	63	1300	63	
清　远							
英　德							
连　州							
东　莞							
中　山	26	26	492	443	300	252	191
潮　州							
揭　阳							
普　宁							
云　浮	8703	23	53877	49511	5549	1183	48327
罗　定	32	32	5352	690	5352	690	
广　西	**8966**	**176**	**446716**	**274158**	**93797**	**17232**	**352919**
南　宁	5016		35229	2592	35229	2592	
柳　州	2195	102	281258	258742	34710	12194	246548
桂　林	857	61	28655	12432	14329	2106	14326
荔　浦							
梧　州	14	13	7157	392	6956	340	201
岑　溪							
北　海	884		94417		2573		91844
防城港							
东　兴							
钦　州							
贵　港							
桂　平							

continued 12

Measurement Unit: 10,000 m^3

Actual Quantity of Water Used				节约用水量		节水措施投资总额（万元）	
工业 Industry	超计划定额用水量 Water Quantity Consumed in Excess of Quota	重复利用率（%） Reuse Rate (%)	工业 Industry	Water Saved	工业 Industry	Total Investment in Water-Saving Measures (10,000 RMB)	城市名称 Name of Cities
							湛江
							廉江
							雷州
							吴川
							茂名
							高州
							化州
							信宜
							肇庆
							四会
							惠州
							梅州
							兴宁
							汕尾
							陆丰
							河源
							阳江
							阳春
							清远
							英德
							连州
							东莞
191	22	38.91	43.18	191	191		中山
							潮州
							揭阳
							普宁
48327	7	89.70	97.61	48327	48327	10	云浮
	51						罗定
256926	**4373**	**79.00**	**93.71**	**4154**	**1589**	**2488**	**广西**
	4035			65	42	540	南宁
246548	153	87.66	95.29	1243	690	525	柳州
10326		49.99	83.06	1080	805	735	桂林
							荔浦
52		2.81	13.27	325	52	50	梧州
							岑溪
	185	97.27		1441		638	北海
							防城港
							东兴
							钦州
							贵港
							桂平

6-2 续表 13

计量单位：万立方米

城市名称 Name of Cities	计划用水户数（户）Planned Water Consumers (unit)	自备水计划用水户数 Planned Self-produced Water Consumers	计划用水户实际用水量 合计 Total	工业 Industry	新水取用量 Fresh Water Used	工业 Industry	重复利用量 Water Reused
玉林							
北流							
百色							
平果							
靖西							
贺州							
河池							
来宾							
合山							
崇左							
凭祥							
海南	**15419**	**281**	**98506**	**16811**	**87322**	**5720**	**11184**
海口	5876	278	25386	8727	18268	1609	7118
三亚	9500		12960	62	12900	39	60
儋州							
五指山	5	3	656	2	656	2	
琼海							
文昌							
万宁							
东方	38		59504	8020	55498	4070	4006
重庆	**949**	**23**	**8517**	**5889**	**3533**	**912**	**4984**
重庆	949	23	8517	5889	3533	912	4984
四川	**32621**	**4328**	**169165**	**115667**	**84163**	**35545**	**85002**
成都	12261	239	122887	93332	53257	28128	69630
都江堰	20	18	269	27	256	14	13
彭州	90		1294	574	960	277	334
邛崃	13	13	225	183	225	183	
崇州							
简阳							
自贡	318	2	7779	5989	2152	362	5627
攀枝花							
泸州	5014		1263	1071	1185	993	78
德阳	465	10	2891	2386	797	292	2094
广汉	90	90	650	530	250	130	400
什邡							
绵竹							
绵阳	447		3552	1651	2395	751	1158
江油							
广元	841	28	6137	706	5721	290	416

continued 13

Measurement Unit: 10,000 m^3

Actual Quantity of Water Used				节约用水量 Water Saved		节水措施投资总额(万元) Total Investment in Water-Saving Measures (10,000 RMB)	城市名称 Name of Cities
工业 Industry	超计划定额用水量 Water Quantity Consumed in Excess of Quota	重复利用率(%) Reuse Rate (%)	工业 Industry		工业 Industry		
							玉　林
							北　流
							百　色
							平　果
							靖　西
							贺　州
							河　池
							来　宾
							合　山
							崇　左
							凭　祥
11091	**216**	**11.35**	**65.98**	**2202**	**170**	**11030**	**海　南**
7118		28.04	81.57	2100	150	1850	海　口
23	216	0.46	36.79	100	20	9000	三　亚
							儋　州
				2		2	五指山
							琼　海
							文　昌
							万　宁
3950		6.73	49.25			178	东　方
4977		**58.52**	**84.52**	**15**	**8**	**1956**	**重　庆**
4977		58.52	84.52	15	8	1956	重　庆
80122	**348**	**50.25**	**69.27**	**26014**	**18566**	**4028**	**四　川**
65205	317	56.66	69.86	12995	7297	448	成　都
13	1	4.83	48.15	13	13		都江堰
297		25.81	51.74	300	300		彭　州
							邛　崃
							崇　州
							简　阳
5627	2	72.34	93.96	995	746	621	自　贡
							攀枝花
78		6.18	7.28	83	83	34	泸　州
2094	1	72.43	87.76	3714	3664	91	德　阳
400		61.54	75.47	400	400		广　汉
							什　邡
							绵　竹
900		32.59	54.54	1158	900		绵　阳
							江　油
416		6.78	58.94	516	377	1358	广　元

6-2 续表 14

计量单位：万立方米

城市名称 Name of Cities	计划用水户数（户） Planned Water Consumers (unit)	自备水计划用水户数 Planned Self-produced Water Consumers	计划用水户实际用水量 合计 Total	工业 Industry	新水取用量 Fresh Water Used	工业 Industry	重复利用量 Water Reused
遂　宁	1691		5087	4246	1691	849	3397
射　洪							
内　江	285		12798	3022	12193	2417	604
隆　昌	1967		170	77	110	45	60
乐　山	349		439		439		
峨眉山							
南　充	20		1245	1130	315	305	930
阆　中							
眉　山	313	26	538	457	338	285	200
宜　宾							
广　安							
华　蓥							
达　州	8435	3900	1942	287	1880	225	62
万　源	2	2	1		1		
雅　安							
巴　中							
资　阳							
马尔康							
康　定							
西　昌							
贵　州	**5545**	**136**	**66603**	**38726**	**31086**	**5980**	**35517**
贵　阳	5166	40	21328	11411	11497	2508	9831
清　镇	194	35	20749	6806	13508	1230	7241
六盘水							
盘　州							
遵　义	40	40	830	830	800	800	30
赤　水							
仁　怀							
安　顺	23	21	6994	3617	4278	1080	2715
毕　节							
铜　仁							
兴　义							
兴　仁							
凯　里	122		16702	16062	1002	363	15700
都　匀							
福　泉							
云　南	**142326**	**546**	**114517**	**100894**	**24730**	**11530**	**89787**
昆　明	14500	515	69508	61666	14663	6821	54845
安　宁	77		286		286		
曲　靖							

continued 14

Measurement Unit: 10,000 m^3

Actual Quantity of Water Used				节约用水量 Water Saved		节水措施投资总额(万元) Total Investment in Water-Saving Measures (10,000 RMB)	城市名称 Name of Cities
工业 Industry	超计划定额用水量 Water Quantity Consumed in Excess of Quota	重复利用率(%) Reuse Rate (%)	工业 Industry		工业 Industry		
3397		66.77	80.00	3397	3397	1281	遂宁
							射洪
604		4.72	20.00	562			内江
32		35.29	41.56	220	114	15	隆昌
	28			161			乐山
							峨眉山
825		74.70	73.01	930	825	180	南充
							阆中
172		37.17	37.64	380	260		眉山
							宜宾
							广安
							华蓥
62		3.19	21.60	190	190		达州
							万源
							雅安
							巴中
							资阳
							马尔康
							康定
							西昌
32746	**428**	**53.33**	**84.56**	**19380**	**18999**	**5056**	**贵州**
8903	420	46.09	78.02	768	575	1543	贵阳
5576	8	34.90	81.93	157	153	718	清镇
							六盘水
							盘州
30		3.61	3.61				遵义
							赤水
							仁怀
2537		38.82	70.14	2755	2572	2795	安顺
							毕节
							铜仁
							兴义
							兴仁
15700		94.00	97.74	15700	15700		凯里
							都匀
							福泉
89364	**682**	**78.40**	**88.57**	**7604**	**326**	**10261**	**云南**
54845	572	78.90	88.94	7205		5150	昆明
						3771	安宁
							曲靖

6-2 续表 15

计量单位：万立方米

城市名称 Name of Cities	计划用水户数(户) Planned Water Consumers (unit)	自备水计划用水户数 Planned Self-produced Water Consumers	计划用水户实际用水量 合计 Total	工业 Industry	新水取用量 Fresh Water Used	工业 Industry	重复利用量 Water Reused
宣威							
玉溪	265	19	6739	5719	1867	847	4873
澄江							
保山							
腾冲							
昭通							
水富							
丽江							
普洱							
临沧	2500		86	20	78	20	8
楚雄							
个旧	51559		665	53	552	44	113
开远							
蒙自	23354	7	33223	32607	4068	3755	29155
弥勒							
文山	5	5	617	609			617
景洪							
大理	650		1505	220	1329	44	176
瑞丽	49416		1888		1888		
芒市							
泸水							
香格里拉							
西藏	**322**		**1200**		**1200**		
拉萨	322		1200		1200		
日喀则							
昌都							
林芝							
山南							
那曲							
陕西	**44724**	**12426**	**53970**	**25565**	**40182**	**12051**	**13788**
西安	27181	191	19456	1982	19422	1959	34
铜川	656	33	3243	2845	1282	884	1961
宝鸡	256	45	15569	10987	6528	1983	9041
咸阳	14789	11952	6542	4132	6542	4132	
彬州							
兴平	38	38	2450	2450	2133	2133	317
渭南	104	95	2882	1350	2292	770	589
韩城	310	22	425	7	205	4	220
华阴							

continued 15

Measurement Unit: 10,000 m^3

Actual Quantity of Water Used				节约用水量 Water Saved		节水措施投资总额(万元) Total Investment in Water-Saving Measures (10,000 RMB)	城市名称 Name of Cities
工业 Industry	超计划定额用水量 Water Quantity Consumed in Excess of Quota	重复利用率(%) Reuse Rate (%)	工业 Industry		工业 Industry		
							宣威
4873	45	72.30	85.20	200	150	1244	玉溪
							澄江
							保山
							腾冲
							昭通
							水富
							丽江
							普洱
		9.30					临沧
							楚雄
9		16.99	16.98				个旧
							开远
28853		87.76	88.49	1		8	蒙自
							弥勒
609		100.00	100.00	22		88	文山
							景洪
176	65	11.69	80.00	176	176		大理
							瑞丽
							芒市
							泸水
							香格里拉
							西藏
							拉萨
							日喀则
							昌都
							林芝
							山南
							那曲
13514	**56**	**25.55**	**52.86**	**11904**	**3061**	**24354**	**陕西**
23		0.17	1.16	8771	3	10526	西安
1961	1	60.46	68.92	1987	1961	480	铜川
9004	10	58.07	81.95	303	297	385	宝鸡
							咸阳
							彬州
317	35	12.94	12.94	180	180	120	兴平
580		20.46	42.96	610	580	12050	渭南
3	10	51.76	42.86	6		90	韩城
							华阴

6-2 续表 16

计量单位：万立方米

城市名称 Name of Cities	计划用水户数（户）Planned Water Consumers (unit)	自备水计划用水户数 Planned Self-produced Water Consumers	计划用水户实际用水量 合计 Total	工业 Industry	新水取用量 Fresh Water Used	工业 Industry	重复利用量 Water Reused
延安	1144		1043	322	771	50	272
子长							
汉中	246	50	2360	1490	1006	136	1354
榆林							
神木							
安康							
商洛							
杨凌区							
甘肃	**242716**	**27001**	**504296**	**480475**	**46976**	**24955**	**457320**
兰州	3935		170406	154997	25101	9692	145305
嘉峪关	6775		268316	267233	11772	10689	256544
金昌	2	1	58744	56571	6133	3960	52611
白银							
天水							
武威							
张掖							
平凉							
华亭							
酒泉	146600		4180	1605	2795	559	1384
玉门	15413		287		224		63
敦煌	42666		739		89		650
庆阳	325		1174		425		749
定西	27000	27000	451	69	437	55	14
陇南							
临夏							
合作							
青海	**5**	**5**	**2387**	**987**	**865**	**412**	**1522**
西宁	5	5	2387	987	865	412	1522
海东							
同仁							
玉树							
茫崖							
格尔木							
德令哈							
宁夏	**759**	**245**	**168367**	**162072**	**13088**	**6793**	**155279**
银川	613	99	112566	110182	3798	1414	108768
灵武							

continued 16

Measurement Unit: 10,000 m^3

Actual Quantity of Water Used				节约用水量 Water Saved		节水措施投资总额(万元) Total Investment in Water-Saving Measures (10,000 RMB)	城市名称 Name of Cities
工业 Industry	超计划定额用水量 Water Quantity Consumed in Excess of Quota	重复利用率(%) Reuse Rate (%)	工业 Industry		工业 Industry		
272		26.08	84.47	46	41	703	延安
							子长
1354		57.37	90.87				汉中
							榆林
							神木
							安康
							商洛
							杨凌区
455520	**40**	**90.68**	**94.81**	**6105**	**1656**	**4006**	**甘肃**
145305		85.27	93.75	4707	979		兰州
256544		95.61	96.00			100	嘉峪关
52611		89.56	93.00	459	459		金昌
							白银
							天水
							武威
							张掖
							平凉
							华亭
1047		33.12	65.20	637	173	400	酒泉
		21.95		223		3000	玉门
		87.96					敦煌
		63.80					庆阳
14	40	3.00	19.75	79	45	506	定西
							陇南
							临夏
							合作
575	**74**	**63.76**	**58.26**	**298**	**298**	**96**	**青海**
575	74	63.76	58.26	298	298	96	西宁
							海东
							同仁
							玉树
							茫崖
							格尔木
							德令哈
155279	**200**	**92.23**	**95.81**	**3065**	**1013**	**6745**	**宁夏**
108768	200	96.63	98.72	2475	424	6340	银川
							灵武

6-2 续表 17

计量单位：万立方米

城市名称 Name of Cities	计划用水户数(户) Planned Water Consumers (unit)	自备水计划用水户数 Planned Self-produced Water Consumers	计划用水户实际用水量 合计 Total	工业 Industry	新水取用量 Fresh Water Used	工业 Industry	重复利用量 Water Reused
宁东能源化工基地							
石嘴山	81	81	54962	51437	8668	5144	46293
吴忠							
青铜峡	65	65	840	454	621	235	219
固原							
中卫							
新疆	**6530**	**2348**	**13620**	**1800**	**12647**	**1080**	**973**
乌鲁木齐	2223	142	11064	1194	10362	623	702
克拉玛依							
吐鲁番	138		323	53	233		90
哈密	364		451		451		
昌吉							
阜康							
博乐							
阿拉山口							
库尔勒							
阿克苏							
库车	2469	2206	763	271	763	271	
阿图什							
喀什	36		716	282	620	186	96
和田	1300		303		218		85
伊宁							
奎屯							
霍尔果斯							
塔城							
乌苏							
阿勒泰							
新疆兵团	**4815**		**8573**	**5274**	**595**	**235**	**7978**
石河子			8224	5195	246	156	7978
阿拉尔							
图木舒克							
五家渠							
北屯							
铁门关							
双河							
可克达拉	98		49	10	49	10	
昆玉	4717		300	69	300	69	
胡杨河							

continued 17

Measurement Unit: 10,000 m^3

Actual Quantity of Water Used 工业 Industry	超计划定额用水量 Water Quantity Consumed in Excess of Quota	重复利用率(%) Reuse Rate (%)	工业 Industry	节约用水量 Water Saved	工业 Industry	节水措施投资总额(万元) Total Investment in Water-Saving Measures (10,000 RMB)	城市名称 Name of Cities
							宁东能源化工基地
46293		84.23	90.00	480	480	405	石嘴山
							吴忠
219		26.03	48.18	110	110		青铜峡
							固原
							中卫
720		**7.15**	**40.02**	**4892**	**679**	**2010**	**新疆**
571		6.34	47.82	4239	668		乌鲁木齐
							克拉玛依
53		27.86	100.00	550	2		吐鲁番
				42		2010	哈密
							昌吉
							阜康
							博乐
							阿拉山口
							库尔勒
							阿克苏
							库车
							阿图什
96		13.44	34.15	27	9		喀什
		28.05		34			和田
							伊宁
							奎屯
							霍尔果斯
							塔城
							乌苏
							阿勒泰
5039		**93.06**	**95.55**				**新疆兵团**
5039		97.01	97.00				石河子
							阿拉尔
							图木舒克
							五家渠
							北屯
							铁门关
							双河
							可克达拉
							昆玉
							胡杨河

七、城市燃气
7. Urban Gas

简要说明

城市燃气指符合《城镇燃气设计规范》的规定，供城市生产和生活作燃料使用的人工煤气、天然气和液化石油气等气体能源。

本部分分人工煤气、天然气和液化石油气三部分，主要包括城市燃气的供应能力、供应量、服务情况等内容。

Brief Introduction

Urban gas is a general designation describing gaseous energy such as man-made coal gas, natural gas and LPG, which is provided for urban production and domestic use according to Urban Gas Design Code.

This section includes three parts: statistics on man-made coal gas, statistics on natural gas and statistics on LPG. Indicators such as supply capacity, quantity of gas supplied, service, etc. are used.

7　全国历年城市燃气情况(1978-2020)

年份 Year	人工煤气 Man-Made Coal Gas				天然气	
	供气总量 (万立方米) Total Gas Supplied (10,000 m^3)	居民家庭 Households	用气人口 (万人) Population with Access to Gas (10,000 persons)	管道长度 (公里) Length of Gas Supply Pipeline (km)	供气总量 (万立方米) Total Gas Supplied (10,000 m^3)	居民家庭 Households
1978	172541	66593	450	4157	69078	4103
1979	182748	73557	500	4446	68489	9833
1980	195491	83281	561	4698	58937	4893
1981	199466	90326	594	4830	93970	8575
1982	208819	94896	630	5258	90421	8938
1983	214009	89012	703	5967	49071	9443
1984	231351	96228	768	7353	168568	38258
1985	244754	107060	911	8255	162099	43268
1986	337745	139374	951	7990	435887	65262
1987	686518	170887	1177	11650	501093	77719
1988	667927	171376	1357	13028	573983	73305
1989	841297	204709	1498	14448	591169	91770
1990	1747065	274127	1674	16312	642289	115662
1991	1258088	311430	1867	18181	754616	154302
1992	1495531	305325	2181	20931	628914	152015
1993	1304130	345180	2490	23952	637207	139297
1994	1262712	416453	2889	27716	752436	146938
1995	1266894	456585	3253	33890	673354	163788
1996	1348076	472904	3490	38486	637832	138018
1997	1268944	535412	3735	41475	663001	177121
1998	1675571	480734	3746	42725	688255	195778
1999	1320925	494001	3918	45856	800556	215006
2000	1523615	630937	3944	48384	821476	247580
2001	1369144	494191	4349	50114	995197	247543
2002	1989196	490258	4541	53383	1259334	350479
2003	2020883	583884	4792	57017	1416415	374986
2004	2137225	512026	4654	56419	1693364	454248
2005	2558343	458538	4369	51404	2104951	521389
2006	2964500	381518	4067	50524	2447742	573441
2007	3223512	373522	4022	48630	3086365	662198
2008	3558287	353162	3370	45172	3680393	779917
2009	3615507	307134	2971	40447	4050996	913386
2010	2799380	268764	2802	38877	4875808	1171596
2011	847256	238876	2676	37100	6787997	1301190
2012	769686	215069	2442	33538	7950377	1558311
2013	627989	167886	1943	30467	8882417	1726620
2014	559513	145773	1757	29043	9643783	1968878
2015	471378	108306	1322	21292	10407906	2080061
2016	440944	108716	1085	18513	11717186	2864124
2017	270882	73733	752	11716	12637546	2825027
2018	297893	78957	779	13124	14439538	3135097
2019	276841	56168	675	10915	15279409	3470004
2020	231447	52031	548	9860	15637020	3815984

注：自2006年起，燃气普及率指标按城区人口和城区暂住人口合计为分母计算，括号中的数据为与往年同口径数据。

National Urban Gas in Past Years(1978-2020)

Natural Gas		液化石油气 LPG				燃气普及率 (%) Gas Coverage Rate (%)
用气人口 (万人) Population with Access to Gas (10,000 persons)	管道长度 (公里) Length of Gas Supply Pipeline (km)	供气总量 (吨) Total Gas Supplied (ton)	居民家庭 Households	用气人口 (万人) Population with Access to Gas (10,000 persons)	管道长度 (公里) Length of Gas Supply Pipeline (km)	
24	560	194533	175744	635		14.4
76	751	243576	218797	788		16.1
80	921	290460	269502	924		17.3
83	1059	330987	308028	995		11.6
93	1098	388596	342828	1076		12.6
91	1149	456192	414635	1159		12.3
135	1965	535289	424318	1435		13.0
281	2312	601803	540761	1534		13.0
492	2409	1011308	763590	2041		15.2
634	5465	1049116	954534	2399		16.7
748	6186	1730261	1136883	2764		16.5
896	6849	1898003	1259349	3156		17.8
972	7316	2190334	1428058	3579		19.1
1072	8054	2423988	1694399	4084		23.7
1119	8487	2996699	2019620	4796		26.3
1180	8889	3150296	2316129	5770		27.9
1273	9566	3664948	2817702	6745		30.4
1349	10110	4886528	3701504	8355		34.3
1470	18752	5758374	3943604	8864	2762	38.2
1656	22203	5786023	4370979	9350	4086	40.0
1908	25429	7972947	5478535	9995	4458	41.8
2225	29510	7612684	4990363	10336	6116	43.8
2581	33655	10537147	5322828	11107	7419	45.4
3127	39556	9818313	5583497	13875	10809	60.42
3686	47652	11363884	6561738	15431	12788	67.17
4320	57845	11263475	7817094	16834	15349	76.74
5628	71411	11267120	7041351	17559	20119	81.53
7104	92043	12220151	7065214	18013	18662	82.08
8319	121498	12636613	6936513	17100	17469	79.11(88.58)
10190	155271	14667692	7280415	18172	17202	87.40
12167	184084	13291072	6292713	17632	28590	89.55
14544	218778	13400303	6887600	16924	14236	91.41
17021	256429	12680054	6338523	16503	13374	92.04
19028	298972	11658326	6329164	16094	12893	92.41
21208	342752	11148032	6081312	15683	12651	93.15
23783	388466	11097298	6130639	15102	13437	94.25
25973	434571	10828490	5862125	14378	10986	94.57
28561	498087	10392169	5871062	13955	9009	95.30
30856	551031	10788042	5739456	13744	8716	95.75
33934	623253	9988088	5447739	12616	6200	96.26
36902	698043	10153298	5447936	11782	4841	96.70
39025	767946	9227179	4917008	11297	4452	97.29
41302	850552	8337109	4786679	10767	4010	97.87

Note: Since 2006, gas coverage rate has been calculated based on denominator which combines both permanent and temporary residents in urban areas, and the data in brackets are the same index but calculated by the method of past years.

7-1-1 2020年按省分列的城市人工煤气

地区名称 Name of Regions	生产能力 (万立方米/日) Production Capacity (10,000 m^3/day)	储气能力 (万立方米) Gas Storage Capacity (10,000 m^3)	供气管道长度 (公里) Length of Gas Supply Pipeline (km)	自制气量 (万立方米) Self-Produced Gas (10,000 m^3)	供气总量 合计 Total
全　国	**1394.61**	**259.66**	**9859.56**	**280212.62**	**231447.26**
北　京					
天　津					
河　北	11.79	11.50	813.67	4300.00	46895.83
山　西	262.00	27.00	989.90	33569.00	45340.21
内蒙古			291.00		3170.87
辽　宁	178.12	95.00	3817.64	19853.92	31917.36
吉　林		8.60	346.50		3158.00
黑龙江		13.50	318.90		2380.00
上　海					
江　苏					
浙　江					
安　徽					
福　建	10.00	5.00	156.00	883.60	883.60
江　西	12.00	21.60	580.78	2018.00	14836.93
山　东	340.00	1.00	10.00	60624.00	29487.00
河　南	179.50	30.80	241.56	31397.60	30581.60
湖　北			589.11		
湖　南					
广　东					
广　西	9.60	18.20	667.17		4626.99
海　南					
重　庆					
四　川		18.40	700.83		14320.22
贵　州					
云　南					
西　藏					
陕　西					
甘　肃	345.60	7.00	276.00	125814.50	2092.10
青　海					
宁　夏					
新　疆	46.00	2.00	60.50	1752.00	1752.50
新疆兵团		0.06			4.05

Urban Man-made Coal Gas by Province(2020)

(万立方米) Total Gas Supplied(10,000 m^3) 销售气量 Quantity Sold	居民家庭 Households	燃气损失量 Loss Amount	用气户数(户) Number of Household with Access to Gas (unit)	居民家庭 Households	用气人口(万人) Population with Access to Gas (10,000 persons)	地区名称 Name of Regions
224382.15	**52030.78**	**7065.11**	**2455014**	**2418430**	**548.20**	**全　国**
						北　京
						天　津
45671.88	2134.78	1223.95	127312	125643	28.26	河　北
44469.47	2018.18	870.74	94686	94368	27.30	山　西
3113.34	2445.78	57.53	65000	63000	14.43	内蒙古
29069.37	25218.95	2847.99	1439595	1413434	288.87	辽　宁
3126.00	2031.00	32.00	165000	164085	41.25	吉　林
2005.00	1752.00	375.00	107800	105645	33.85	黑龙江
						上　海
						江　苏
						浙　江
						安　徽
868.60	868.60	15.00	19650	19650	6.80	福　建
14030.17	1185.67	806.76	37890	36595	6.60	江　西
29486.00		1.00	2			山　东
30554.60	24.20	27.00	251	108	0.04	河　南
						湖　北
						湖　南
						广　东
4488.18	3388.39	138.81	125916	125272	34.51	广　西
						海　南
						重　庆
13794.13	7397.50	526.09	189257	188137	45.32	四　川
						贵　州
						云　南
						西　藏
						陕　西
1949.36	1809.68	142.74	67152	66990	14.27	甘　肃
						青　海
						宁　夏
1752.00	1752.00	0.50	15000	15000	4.50	新　疆
4.05	4.05		503	503	2.20	新疆兵团

7-1-2 2020年按城市分列的城市人工煤气

城市名称 Name of Cities	生产能力（万立方米/日） Production Capacity (10,000 m^3/day)	储气能力（万立方米） Gas Storage Capacity (10,000 m^3)	供气管道长度（公里） Length of Gas Supply Pipeline (km)	自制气量（万立方米） Self-Produced Gas (10,000 m^3)	供气总量 合计 Total
全 国	**1394.61**	**259.66**	**9859.56**	**280212.62**	**231447.26**
北 京					
天 津					
河 北	**11.79**	**11.50**	**813.67**	**4300.00**	**46895.83**
石家庄		2.50	99.00		663.70
唐 山			306.18		43753.19
武 安	11.79	6.00	408.49	4300.00	1748.53
张家口		3.00			730.41
山 西	**262.00**	**27.00**	**989.90**	**33569.00**	**45340.21**
太 原	42.00		180.00	15319.00	
古 交	60.00	4.00	392.00	18250.00	1248.80
介 休		5.00	307.90		1695.29
孝 义	160.00	18.00	110.00		42396.12
内蒙古			**291.00**		**3170.87**
包 头			291.00		3170.87
辽 宁	**178.12**	**95.00**	**3817.64**	**19853.92**	**31917.36**
大 连	80.00	57.00	1284.04	15465.80	14250.24
鞍 山	36.39	26.00	1969.90		13281.00
丹 东	61.40	10.50	552.70	4288.12	4288.12
凌 源	0.33	1.50	11.00	100.00	98.00
吉 林		**8.60**	**346.50**		**3158.00**
通 化		8.60	346.50		3158.00
黑龙江		**13.50**	**318.90**		**2380.00**
双鸭山		5.50	69.35		126.00
七台河		8.00	249.55		2254.00

Urban Man-made Coal Gas by City(2020)

(万立方米) Total Gas Supplied(10,000 m^3)			用气户数(户) Number of Household with Access to Gas (unit)		用气人口(万人) Population with Access to Gas (10,000 persons)	城市名称 Name of Cities
销售气量 Quantity Sold	居民家庭 Households	燃气损失量 Loss Amount		居民家庭 Households		
224382.15	**52030.78**	**7065.11**	**2455014**	**2418430**	**548.20**	**全　国**
						北　京
						天　津
45671.88	**2134.78**	**1223.95**	**127312**	**125643**	**28.26**	**河　北**
631.70	504.97	32.00	11650	10500	1.20	石家庄
42602.95		1150.24	166			唐　山
1728.53	1238.30	20.00	52170	51912	20.10	武　安
708.70	391.51	21.71	63326	63231	6.96	张家口
44469.47	**2018.18**	**870.74**	**94686**	**94368**	**27.30**	**山　西**
						太　原
1188.00	1001.00	60.80	40328	40167	13.00	古　交
1271.47	1017.18	423.82	54320	54201	14.30	介　休
42010.00		386.12	38			孝　义
3113.34	**2445.78**	**57.53**	**65000**	**63000**	**14.43**	**内蒙古**
3113.34	2445.78	57.53	65000	63000	14.43	包　头
29069.37	**25218.95**	**2847.99**	**1439595**	**1413434**	**288.87**	**辽　宁**
12630.24	12138.50	1620.00	473836	464107	110.35	大　连
12101.00	9118.00	1180.00	697721	690000	129.95	鞍　山
4248.13	3872.45	39.99	262038	253327	47.07	丹　东
90.00	90.00	8.00	6000	6000	1.50	凌　源
3126.00	**2031.00**	**32.00**	**165000**	**164085**	**41.25**	**吉　林**
3126.00	2031.00	32.00	165000	164085	41.25	通　化
2005.00	**1752.00**	**375.00**	**107800**	**105645**	**33.85**	**黑龙江**
120.00	102.00	6.00	6200	5645	1.80	双鸭山
1885.00	1650.00	369.00	101600	100000	32.05	七台河

7-1-2 续表

城市名称 Name of Cities	生产能力（万立方米/日）Production Capacity (10,000 m^3/day)	储气能力（万立方米）Gas Storage Capacity (10,000 m^3)	供气管道长度（公里）Length of Gas Supply Pipeline (km)	自制气量（万立方米）Self-Produced Gas (10,000 m^3)	供气总量 合计 Total
福　建	**10.00**	**5.00**	**156.00**	**883.60**	**883.60**
三　明	10.00	5.00	156.00	883.60	883.60
江　西	**12.00**	**21.60**	**580.78**	**2018.00**	**14836.93**
南　昌					
景德镇		10.60	323.59		13924.93
新　余	12.00	11.00	257.19	2018.00	912.00
山　东	**340.00**	**1.00**	**10.00**	**60624.00**	**29487.00**
邹　平	340.00	1.00	10.00	60624.00	29487.00
河　南	**179.50**	**30.80**	**241.56**	**31397.60**	**30581.60**
安　阳	160.00	15.00	6.00	27360.00	27340.00
南　阳	4.50	5.00	0.13	1396.00	600.00
济源示范区	15.00	10.80	235.43	2641.60	2641.60
湖　北			**589.11**		
武　穴			589.11		
广　西	**9.60**	**18.20**	**667.17**		**4626.99**
柳　州	9.60	18.20	667.17		4626.99
四　川		**18.40**	**700.83**		**14320.22**
攀枝花		18.40	700.63		14320.22
马尔康			0.20		
甘　肃	**345.60**	**7.00**	**276.00**	**125814.50**	**2092.10**
嘉峪关	345.60	7.00	276.00	125814.50	2092.10
新　疆	**46.00**	**2.00**	**60.50**	**1752.00**	**1752.50**
乌鲁木齐	46.00	2.00	60.50	1752.00	1752.50
新疆兵团		**0.06**			**4.05**
双　河		0.06			4.05

continued

(万立方米) Total Gas Supplied(10,000 m^3)			用气户数(户) Number of Household with Access to Gas (unit)		用气人口(万人) Population with Access to Gas (10,000 persons)	城市名称 Name of Cities
销售气量 Quantity Sold	居民家庭 Households	燃气损失量 Loss Amount		居民家庭 Households		
868.60	**868.60**	**15.00**	**19650**	**19650**	**6.80**	**福　建**
868.60	868.60	15.00	19650	19650	6.80	三　明
14030.17	**1185.67**	**806.76**	**37890**	**36595**	**6.60**	**江　西**
						南　昌
13138.17	293.67	786.76	25890	24595	4.80	景德镇
892.00	892.00	20.00	12000	12000	1.80	新　余
29486.00		**1.00**	**2**			**山　东**
29486.00		1.00	2			邹　平
30554.60	**24.20**	**27.00**	**251**	**108**	**0.04**	**河　南**
27313.00		27.00	128			安　阳
600.00			1			南　阳
2641.60	24.20		122	108	0.04	济源示范区
						湖　北
						武　穴
4488.18	**3388.39**	**138.81**	**125916**	**125272**	**34.51**	**广　西**
4488.18	3388.39	138.81	125916	125272	34.51	柳　州
13794.13	**7397.50**	**526.09**	**189257**	**188137**	**45.32**	**四　川**
13794.13	7397.50	526.09	189257	188137	45.32	攀枝花
						马尔康
1949.36	**1809.68**	**142.74**	**67152**	**66990**	**14.27**	**甘　肃**
1949.36	1809.68	142.74	67152	66990	14.27	嘉峪关
1752.00	**1752.00**	**0.50**	**15000**	**15000**	**4.50**	**新　疆**
1752.00	1752.00	0.50	15000	15000	4.50	乌鲁木齐
4.05	**4.05**		**503**	**503**	**2.20**	**新疆兵团**
4.05	4.05		503	503	2.20	双　河

7-2-1 2020年按省分列的城市天然气

地区名称 Name of Regions	储气能力(万立方米) Gas Storage Capacity (10,000 m^3)	供气管道长度(公里) Length of Gas Supply Pipeline (km)	供气总量(万立方米) Total Gas Supplied(10,000 m^3)			
			合计 Total	销售气量 Quantity Sold	居民家庭 Households	集中供热 Central Heating
全　国	**133031.16**	**850552.13**	**15637019.69**	**15302771.08**	**3815983.88**	**1559150.47**
北　京	594.78	30303.48	1854130.00	1779490.00	158446.00	561110.00
天　津	1149.68	47064.15	601575.74	589362.65	93414.14	159628.08
河　北	5958.67	39547.28	642810.08	623401.27	202956.55	66288.45
山　西	389.31	24701.82	280869.23	273225.27	86482.98	22297.24
内蒙古	6679.27	11064.64	207513.88	206151.70	83028.14	31454.67
辽　宁	2372.98	29121.88	339622.38	331054.81	72772.98	8834.74
吉　林	928.54	13892.25	214185.86	209319.78	41805.00	3893.36
黑龙江	482.51	11560.09	153325.78	150615.41	40245.20	6215.54
上　海	72900.00	32864.95	899018.66	867347.96	173824.55	
江　苏	7535.82	95314.80	1437793.73	1414415.74	310762.66	5993.21
浙　江	2742.23	50862.51	775960.11	768710.52	124016.28	
安　徽	3704.19	32274.37	414416.95	404615.07	128569.82	
福　建	573.70	14737.76	258571.21	257369.34	29331.75	
江　西	930.57	18243.87	194416.86	191495.10	66119.29	145.00
山　东	3056.01	74784.30	1178044.54	1158075.90	267268.81	104321.28
河　南	1032.13	29996.85	620406.20	603849.19	225625.81	46273.61
湖　北	4208.40	46215.20	548802.03	533983.24	166272.53	389.00
湖　南	2041.23	24023.19	283930.05	276835.39	119480.08	16.59
广　东	2428.35	43629.13	1269926.89	1265063.83	165886.98	
广　西	915.88	9655.01	156756.88	156138.12	44230.72	
海　南	214.05	4660.21	38796.31	38202.86	20797.06	
重　庆	432.27	24556.76	526163.95	511762.56	230166.31	2438.31
四　川	415.94	62616.52	865231.27	844355.84	390412.65	387.02
贵　州	1178.96	8860.84	126336.81	125233.67	42938.44	336.39
云　南	378.72	8708.45	60286.66	59730.38	18179.53	
西　藏	100.00	6165.85	4268.78	4055.33	2217.92	1837.41
陕　西	3621.13	23363.66	556358.80	545773.98	227766.13	142918.62
甘　肃	313.74	4265.21	254404.96	253427.01	64666.40	75541.15
青　海	167.42	3295.83	170972.65	164766.21	47705.60	65273.76
宁　夏	67.50	7217.20	161213.93	159564.36	44841.01	21380.28
新　疆	5296.98	15718.11	500066.93	495401.10	115534.78	228138.27
新疆兵团	220.20	1265.96	40841.58	39977.49	10217.78	4038.49

Urban Natural Gas by Province(2020)

燃气汽车 Gas-Powered Automobiles	燃气损失量 Loss Amount	用气户数（户）Number of Household with Access to Gas (unit)	居民家庭 Households	用气人口（万人）Population with Access to Gas (10,000 persons)	天然气汽车加气站（座）Gas Stations for CNG-Fueled Motor Vehicles (unit)	地区名称 Name of Regions
1087519.44	**334226.41**	**180947860**	**176071871**	**41301.60**	**4267**	**全　国**
23215.00	74640.00	7244741	7155880	1475.63	97	北　京
29041.97	12213.09	6455018	5796394	1111.07	75	天　津
43433.07	19408.81	8425760	8073584	1737.18	199	河　北
25562.32	7621.76	4738515	4700019	1115.90	86	山　西
34121.07	1362.18	2516693	2409305	672.82	146	内蒙古
29372.65	8567.57	8062118	7900302	1654.30	162	辽　宁
42728.34	4866.08	4051499	3977033	859.32	224	吉　林
33407.56	2710.37	4318277	4237341	977.38	177	黑龙江
11953.43	31670.70	7694885	7534840	1874.95	23	上　海
54194.17	23377.99	14290765	13800595	3172.72	266	江　苏
49134.89	7249.59	6683678	6607723	1925.42	126	浙　江
46411.47	9801.88	6847586	6759141	1612.55	159	安　徽
14590.35	1201.87	2598158	2581413	799.99	68	福　建
8546.18	2921.76	3384323	3334188	910.28	39	江　西
99952.14	19968.64	15611696	15354231	3608.86	524	山　东
47425.87	16557.01	9236890	9075258	2220.16	197	河　南
50834.15	14818.79	8275517	8172944	1862.16	200	湖　北
20965.12	7094.66	4995526	4936747	1245.37	97	湖　南
45543.46	4863.06	10455005	10291939	3307.21	119	广　东
8863.68	618.76	2516692	2491667	703.91	33	广　西
13133.07	593.45	1018263	1009390	278.91	43	海　南
55363.75	14401.39	7587239	7236375	1489.53	109	重　庆
87062.03	20875.43	14457247	13480654	2577.82	250	四　川
6101.62	1103.14	2066938	2041737	495.20	26	贵　州
10916.85	556.28	2233187	2225599	563.07	38	云　南
	213.45	119560	119000	35.70		西　藏
30497.79	10584.82	6666986	6549771	1221.37	163	陕　西
24763.69	977.95	2258351	2221018	524.76	104	甘　肃
14350.87	6206.44	632592	614271	177.11	35	青　海
21307.14	1649.57	1334931	1319140	267.99	92	宁　夏
89819.39	4665.83	3752458	3660909	730.01	330	新　疆
14906.35	864.09	416766	403463	92.95	60	新疆兵团

7-2-2 2020年按城市分列的城市天然气

城市名称 Name of Cities	储气能力(万立方米) Gas Storage Capacity ($10,000\ m^3$)	供气管道长度(公里) Length of Gas Supply Pipeline (km)	供气总量(万立方米) 合计 Total	销售气量 Quantity Sold	居民家庭 Households	集中供热 Central Heating
全　国	**133031.16**	**850552.13**	**15637019.69**	**15302771.08**	**3815983.88**	**1559150.47**
北　京	**594.78**	**30303.48**	**1854130.00**	**1779490.00**	**158446.00**	**561110.00**
天　津	**1149.68**	**47064.15**	**601575.74**	**589362.65**	**93414.14**	**159628.08**
河　北	**5958.67**	**39547.28**	**642810.08**	**623401.27**	**202956.55**	**66288.45**
石家庄	1408.24	5959.09	144261.50	141740.92	32990.16	21924.76
晋　州		330.61	10685.86	10587.26	364.70	3433.90
新　乐	100.00	157.00	2435.00	2420.00	1280.00	240.00
唐　山	640.00	4821.57	48530.48	44065.56	9522.28	671.00
滦　州	32.00	227.90	4671.00	4573.00	599.00	139.29
遵　化	19.00	123.58	5761.00	5729.00	1648.00	
迁　安		932.11	2695.44	2672.18	1476.58	88.98
秦皇岛	90.00	3476.32	63426.46	63046.64	6663.36	1386.16
邯　郸	173.30	7090.40	61160.08	58158.51	29739.14	1434.22
武　安	51.00	445.68	2959.08	2948.08	1472.01	36.65
邢　台	101.20	2687.75	28202.85	26962.96	12634.80	1597.00
南　宫		428.00	1725.04	1716.96	765.36	
沙　河	600.00	444.31	3909.98	3903.82	2456.19	362.57
保　定	1308.82	1704.42	52023.03	48606.50	24553.69	12851.09
涿　州	18.15	311.90	28542.35	28455.15	9082.34	1020.00
安　国		105.15	2195.59	2163.68	566.49	143.49
高碑店	54.00	283.00	3012.56	3002.35	2212.37	789.98
张家口	18.70	1663.50	8851.79	8376.34	3542.42	
承　德	13.11	595.20	6310.19	6015.84	1786.82	584.59
平　泉	11.40	16.00	850.00	837.00		
沧　州	16.00	784.48	12763.87	12735.16	4367.64	973.77
泊　头		568.69	1833.00	1743.50	1069.39	596.24
任　丘	98.00	306.60	7789.00	7569.00	5242.32	215.76
黄　骅	31.00	286.00	9141.00	9140.00	2284.00	1628.00
河　间	24.65	110.50	8740.00	8700.00	2490.00	134.00
廊　坊	814.00	2897.59	60800.73	59202.86	22588.79	13883.00
霸　州		305.45	15000.00	14697.00	11481.00	220.00
三　河	1.20	200.50	910.20	910.00	700.00	
衡　水	21.20	1082.89	13908.50	13575.00	5495.00	490.00
深　州	1.20	140.00	1722.50	1722.00	1514.00	
辛　集	240.50	380.60	22269.00	21874.00	1350.00	900.00
定　州	72.00	680.49	5723.00	5551.00	1018.70	544.00
山　西	**389.31**	**24701.82**	**280869.23**	**273225.27**	**86482.98**	**22297.24**
太　原	95.00	6286.00	93042.75	91242.75	25845.00	5500.00
古　交		11.70	7.48	6.40	6.40	
大　同		2950.26	18605.82	17635.95	6805.38	

Urban Natural Gas by City(2020)

Total Gas Supplied(10,000 m^3)		用气户数(户) Number of Household with Access to Gas (unit)		用气人口(万人) Population with Access to Gas (10,000 persons)	天然气汽车加气站(座) Gas Stations for CNG-Fueled Motor Vehicles (unit)	城市名称 Name of Cities
燃气汽车 Gas-Powered Automobiles	燃气损失量 Loss Amount		居民家庭 Households			
1087519.44	**334226.41**	**180947860**	**176071871**	**41301.60**	**4267**	**全　国**
23215.00	**74640.00**	**7244741**	**7155880**	**1475.63**	**97**	**北　京**
29041.97	**12213.09**	**6455018**	**5796394**	**1111.07**	**75**	**天　津**
43433.07	**19408.81**	**8425760**	**8073584**	**1737.18**	**199**	**河　北**
8299.05	2520.58	1569480	1564623	324.99	60	石家庄
200.70	98.60	45266	45006	13.96	2	晋　州
150.00	15.00	31334	30334	9.24	4	新　乐
4215.90	4464.92	868634	864638	195.74	24	唐　山
2532.22	98.00	79315	79117	23.73	2	滦　州
	32.00	64188	63988	24.30		遵　化
198.60	23.26	109178	108725	27.50	1	迁　安
7919.48	379.82	541541	540000	129.04	13	秦皇岛
205.88	3001.57	1022031	1017763	217.66	3	邯　郸
723.17	11.00	47680	47641	4.50	2	武　安
1009.49	1239.89	519068	378832	73.22	13	邢　台
292.03	8.08	37545	34333	13.63	3	南　宫
696.65	6.16	42683	41183	11.03	3	沙　河
523.08	3416.53	893053	885144	141.36	5	保　定
855.29	87.20	285533	201829	25.53	3	涿　州
	31.91	30146	30125	9.04		安　国
	10.21	71973	71497	14.48		高碑店
1.00	475.45	430384	427286	81.33	2	张家口
956.60	294.35	106984	106557	29.47	4	承　德
837.00	13.00	45575			2	平　泉
2706.87	28.71	286391	284987	60.63	2	沧　州
77.59	89.50	62416	62163	15.78	3	泊　头
251.00	220.00	154536	154090	36.58	3	任　丘
863.00	1.00	66607	63659	18.61	2	黄　骅
484.00	40.00	57125	56321	17.12	2	河　间
4938.57	1597.87	327911	309202	63.71	23	廊　坊
510.00	303.00	56401	54127	15.00	3	霸　州
210.00	0.20	71843	71841	21.44	2	三　河
3453.00	333.50	254307	232469	47.33	9	衡　水
	0.50	41630	41474	14.27		深　州
271.00	395.00	60091	59841	18.42	3	辛　集
51.90	172.00	144911	144789	38.54	1	定　州
25562.32	**7621.76**	**4738515**	**4700019**	**1115.90**	**86**	**山　西**
652.00	1800.00	1574676	1569817	373.67	13	太　原
	1.08	2165	2165	0.80		古　交
1546.86	969.87	683701	680582	121.51	18	大　同

7-2-2 续表 1

城市名称 Name of Cities	储气能力(万立方米) Gas Storage Capacity (10,000 m^3)	供气管道长度(公里) Length of Gas Supply Pipeline (km)	供气总量(万立方米) 合 计 Total	销售气量 Quantity Sold	居民家庭 Households	集中供热 Central Heating
阳　泉	41.18	1439.23	16138.96	15876.33	9688.53	4423.48
长　治	20.92	2090.35	20950.15	20551.25	7404.39	2668.00
晋　城	13.00	1178.37	11460.20	10621.00	4254.89	61.34
高　平		275.00	4873.69	4836.41	670.21	814.00
朔　州	30.00	1483.74	5969.00	5686.50	4294.50	1151.00
怀　仁	2.90	224.19	4787.77	4470.45	534.73	
晋　中	22.50	1178.07	9570.55	9356.25	2228.87	1467.26
介　休	60.96	743.37	19735.89	19725.82	1410.95	989.41
运　城		1331.30	10815.60	10324.30	7375.00	
永　济	9.00	140.00	2000.00	1975.00	550.00	
河　津		197.87	1909.00	1865.00	1700.00	
忻　州		404.78	4415.96	4195.16	2611.56	1552.70
原　平	80.00	228.58	25254.00	24371.00	719.00	
临　汾		1587.75	5844.33	5690.87	2622.00	31.65
侯　马		709.89	3600.00	3565.00	1320.00	380.00
霍　州		1166.55	1053.12	965.32	711.00	
吕　梁	10.85	137.35	1779.00	1695.00	1135.00	
孝　义		610.00	8587.96	8201.51	2695.57	3258.40
汾　阳	3.00	327.47	10468.00	10368.00	1900.00	
内蒙古	**6679.27**	**11064.64**	**207513.88**	**206151.70**	**83028.14**	**31454.67**
呼和浩特		3852.29	60034.82	59147.62	11924.84	28902.93
包　头	6480.00	2591.70	106587.62	106538.00	54969.01	
乌　海	0.30	794.29	9972.43	9743.50	1597.86	243.34
赤　峰	69.10	453.00	3855.60	3841.40	2274.00	122.40
通　辽	10.00	972.24	2718.28	2635.54	1200.00	1284.00
霍林郭勒	11.50	74.00	490.00	480.00	110.00	
鄂尔多斯		1135.82	10268.42	10267.09	5781.27	902.00
呼伦贝尔	12.80	68.59	1721.00	1676.75	608.45	
满洲里	11.25	197.66	208.97	199.03	93.40	
牙克石	10.00	42.00	168.50	163.60	102.13	
扎兰屯	10.00	92.00	330.88	330.58	151.58	
额尔古纳						
根　河						
巴彦淖尔		108.33	4328.65	4328.64	2929.75	
乌兰察布	5.00	327.00	3290.80	3287.00	550.00	
丰　镇	10.00	78.20	444.18	435.50	253.00	
乌兰浩特	10.00	131.82	540.43	538.45	81.85	
阿尔山						
二连浩特	6.32		295.30	283.00	120.00	
锡林浩特	33.00	145.70	2258.00	2256.00	281.00	
辽　宁	**2372.98**	**29121.88**	**339622.38**	**331054.81**	**72772.98**	**8834.74**
沈　阳	646.50	9831.90	66394.00	62304.44	23719.18	1723.53
新　民	8.60	362.60	6164.45	6075.24	135.51	

continued 1

Total Gas Supplied(10,000 m^3)		用气户数(户) Number of Household with Access to Gas (unit)		用气人口(万人) Population with Access to Gas (10,000 persons)	天然气汽车加气站(座) Gas Stations for CNG-Fueled Motor Vehicles (unit)	城市名称 Name of Cities
燃气汽车 Gas-Powered Automobiles	燃气损失量 Loss Amount		居民家庭 Households			
826.80	262.63	245914	244190	60.21	5	阳　泉
3669.85	398.90	349689	348188	79.83	14	长　治
1187.00	817.00	245486	244040	48.58	9	晋　城
48.90	37.28	28571	28421	10.00	2	高　平
241.00	282.50	187063	186375	41.00	3	朔　州
195.02	317.32	52407	52149	17.81	1	怀　仁
224.95	214.30	229759	228555	66.83	2	晋　中
15671.64	10.07	27487	27335	4.00	8	介　休
210.00	491.30	224170	222961	57.00	1	运　城
151.00	25.00	32000	31000	10.00	2	永　济
	44.00	70000	69500	24.00		河　津
30.90	220.80	144453	143851	26.40	2	忻　州
	883.00	69154	68696	18.72	1	原　平
	153.46	229839	228642	58.84		临　汾
571.00	35.00	80848	64765	15.40	2	侯　马
74.40	87.80	45795	45418	13.60	1	霍　州
	84.00	56329	55304	28.50		吕　梁
61.00	386.45	114660	113957	29.50	1	孝　义
200.00	100.00	44349	44108	9.70	1	汾　阳
34121.07	**1362.18**	**2516693**	**2409305**	**672.82**	**146**	**内蒙古**
6557.67	887.20	756390	745000	207.58	31	呼和浩特
14000.00	49.62	785000	775000	174.76	35	包　头
1608.79	228.93	171076	169981	53.92	10	乌　海
1441.20	14.20	90660	69494	28.61	9	赤　峰
151.54	82.74	201157	162480	42.70	7	通　辽
370.00	10.00	3700	3500	1.05	5	霍林郭勒
2967.22	1.33	186261	182531	53.69	10	鄂尔多斯
250.74	44.25	31623	31411	9.42	5	呼伦贝尔
63.33	9.94	13944	13940	5.50	2	满洲里
36.07	4.90	13245	13126	3.22	3	牙克石
179.00	0.30	5002	4820	1.49	1	扎兰屯
						额尔古纳
						根　河
1398.89	0.01	119433	119038	37.37	5	巴彦淖尔
2737.00	3.80	60000	41700	21.80	10	乌兰察布
182.50	8.68	25605	25525	10.21	2	丰　镇
42.12	1.98	18000	17500	6.30	1	乌兰浩特
						阿尔山
160.00	12.30	5495	4210	3.20	3	二连浩特
1975.00	2.00	30102	30049	12.00	7	锡林浩特
29372.65	**8567.57**	**8062118**	**7900302**	**1654.30**	**162**	**辽　宁**
4601.46	4089.56	3095820	3071799	558.50	14	沈　阳
3.50	89.21	28550	28267	7.14	3	新　民

7-2-2 续表 2

城市名称 Name of Cities	储气能力(万立方米) Gas Storage Capacity (10,000 m^3)	供气管道长度(公里) Length of Gas Supply Pipeline (km)	供气总量(万立方米) 合 计 Total	销售气量 Quantity Sold	居民家庭 Households	集中供热 Central Heating
大　连	227.32	4350.38	51317.50	51021.50	9022.87	443.00
瓦房店	12.00	264.89	1601.34	1502.26	712.00	
庄　河	15.80	272.00	1497.13	1455.22	498.32	
鞍　山	78.00	96.45	4363.00	4235.00	135.00	
海　城	43.55	159.97	7295.00	7290.00	1449.00	
抚　顺	14.72	1014.92	49838.32	49256.19	6569.73	701.24
本　溪	91.20	1041.00	10460.00	10180.00	2510.00	
丹　东	87.00	245.89	2011.87	2009.57	449.70	774.56
东　港	12.00	236.32	1002.41	998.43	307.03	43.66
凤　城	13.00	69.30	780.60	780.20	150.00	630.20
锦　州	11.40	1516.81	14930.59	14481.91	6094.16	708.27
凌　海	3.00	24.00	300.00	299.90	7.65	292.15
北　镇	5.00	24.20	300.00	297.00	102.20	5.00
营　口	870.40	1872.70	21924.47	21100.32	2849.08	87.83
盖　州	13.70		1165.53	1156.53	144.10	
大石桥	12.90	210.20	19217.00	19210.91	1050.00	2200.00
阜　新	38.00	429.85	6057.00	5923.00	646.00	
辽　阳	57.50	1043.47	14351.37	13642.12	1785.78	299.40
灯　塔	0.20	216.89	2754.80	2738.80	289.53	329.00
盘　锦	3.24	1151.13	10777.29	10559.52	4166.99	35.00
铁　岭	33.90	1164.25	12040.62	11851.94	1618.05	
调兵山	19.65	352.92	7091.01	6885.70	2058.00	
开　原	8.40	216.55	1600.00	1568.00	259.47	
朝　阳	6.00	459.42	2809.68	2706.61	935.45	
北　票	12.00	131.20	498.00	482.00	116.00	
凌　源	22.00	12.00	220.00	212.50	0.18	
葫芦岛		1879.21	17685.00	17684.00	3914.00	520.00
兴　城	6.00	471.46	3174.40	3146.00	1078.00	41.90
吉　林	**928.54**	**13892.25**	**214185.86**	**209319.78**	**41805.00**	**3893.36**
长　春	600.00	7392.67	86620.32	82554.98	21691.82	1115.28
榆　树	1.30	261.02	3027.67	2887.67	1008.00	495.27
德　惠	0.96	299.00	3824.00	3818.00	395.00	
吉　林	22.30	1237.84	69575.41	69337.73	6262.00	
蛟　河	4.40	19.50	195.50	195.20	17.90	7.00
桦　甸	13.00	19.10	291.00	286.00	25.20	45.00
舒　兰			148.56	145.69		
磐　石	21.90	80.40	658.00	657.99	339.00	
四　平	17.35	929.76	6096.30	6086.15	2800.00	89.00
双　辽	16.40	179.22	4926.19	4901.59	225.58	
辽　源	18.00	228.06	3092.70	3030.85	208.19	
通　化		8.00	1775.65	1757.65		791.99
集　安	6.96	25.10	498.75	491.38	23.83	
白　山	4.90	367.64	5076.45	5071.05	491.05	
临　江	6.00	24.30	219.00	217.00	24.00	40.00

continued 2

Total Gas Supplied(10,000 m^3)		用气户数(户) Number of Household with Access to Gas (unit)		用气人口(万人) Population with Access to Gas (10,000 persons)	天然气汽车加气站(座) Gas Stations for CNG-Fueled Motor Vehicles (unit)	城市名称 Name of Cities
燃气汽车 Gas-Powered Automobiles	燃气损失量 Loss Amount		居民家庭 Households			
3478.05	296.00	1166877	1160924	257.81	7	大　连
	99.08	50953	50728	13.00		瓦房店
224.00	41.91	77031	76495	19.80	3	庄　河
	128.00	10212	10158	3.60		鞍　山
2040.00	5.00	50600	50000	7.60	16	海　城
3271.36	582.13	407354	396786	93.10	14	抚　顺
2460.00	280.00	298705	296468	83.04	12	本　溪
785.31	2.30	88634	88363	16.87	1	丹　东
311.52	3.98	45902	45815	13.75	6	东　港
	0.40	11543	11300	3.90		凤　城
	448.68	470790	457184	92.19		锦　州
	0.10	1742	1718	0.50		凌　海
161.00	3.00	8500	8180	3.95	1	北　镇
604.00	824.15	304597	301519	81.70	10	营　口
147.81	9.00	19683	19390	10.20	1	盖　州
830.53	6.09	39301	39200	5.47	10	大石桥
3043.00	134.00	176495	175889	52.00	24	阜　新
957.59	709.25	295260	294136	61.39	7	辽　阳
378.23	16.00	41275	41106	10.18	1	灯　塔
1939.00	217.77	383255	305637	74.33	8	盘　锦
1247.89	188.68	255549	250619	36.31	8	铁　岭
281.05	205.31	71028	69917	18.57	4	调兵山
167.00	32.00	60321	50055	14.01	2	开　原
341.78	103.07	183920	182928	41.54	1	朝　阳
	16.00	19584	19367	5.80		北　票
212.32	7.50	2800	1800	0.52	2	凌　源
847.00	1.00	327699	326531	53.94	3	葫芦岛
1039.25	28.40	68138	68023	13.59	4	兴　城
42728.34	**4866.08**	**4051499**	**3977033**	**859.32**	**224**	**吉　林**
15405.04	4065.34	2177771	2150361	425.78	60	长　春
1097.32	140.00	69220	69000	21.42	2	榆　树
3419.00	6.00	31289	30731	13.70	12	德　惠
4027.73	237.68	559424	557565	125.89	23	吉　林
170.00	0.30	2763	2755	0.69	3	蛟　河
171.00	5.00	2338	2314	0.69	2	桦　甸
145.69	2.87				1	舒　兰
259.00	0.01	42771	42411	7.21	3	磐　石
3187.00	10.15	222941	220000	51.80	16	四　平
137.80	24.60	24115	23464	6.77	2	双　辽
989.85	61.85	112023	111750	26.82	7	辽　源
965.66	18.00	15			4	通　化
137.81	7.37	4006	3935	1.18	2	集　安
885.38	5.40	66974	66643	20.10	7	白　山
153.00	2.00	1910	1900	0.65	1	临　江

7-2-2 续表 3

城市名称 Name of Cities	储气能力(万立方米) Gas Storage Capacity (10,000 m^3)	供气管道长度(公里) Length of Gas Supply Pipeline (km)	供气总量(万立方米) 合 计 Total			
				销售气量 Quantity Sold	居民家庭 Households	集中供热 Central Heating
松　原	5.84	659.50	11000.00	10981.00	3080.00	1110.00
扶　余	10.00	30.00	768.00	762.00	465.00	
白　城	9.00	300.00	1801.00	1800.00	102.00	
洮　南	4.61	27.00	859.30	838.90	10.90	8.80
大　安	0.60	182.00	1281.72	1273.72	730.00	133.72
延　吉	32.00	402.00	3600.00	3500.00	1100.00	
图　们	15.60	43.78	268.27	265.68	239.66	4.22
敦　化	24.00	127.50	1536.00	1489.00	360.00	
珲　春	28.40	158.86	425.95	425.00	61.41	53.08
龙　井	12.00	74.57	230.87	230.19	120.42	
和　龙	0.50	78.23	87.00	86.80	65.00	
公 主 岭	2.00	427.00	2089.90	2060.60	1060.60	
梅 河 口	3.00	289.00	4212.35	4167.96	898.44	
长白山保护开发区	47.52	21.20				
黑 龙 江	**482.51**	**11560.09**	**153325.78**	**150615.41**	**40245.20**	**6215.54**
哈 尔 滨	128.70	4768.60	71344.52	69677.53	18316.07	1228.00
尚　志	16.10	35.00	740.02	725.00	65.00	
五　常	1.50	27.00	286.17	285.81	7.34	48.62
齐齐哈尔	15.00	1446.82	26966.43	26669.06	4414.79	2284.31
讷　河	3.00	69.50	510.00	506.00	230.00	
鸡　西	77.82	180.54	1593.00	1582.50	163.00	
虎　林						
密　山	3.00	41.01	64.44	62.72	52.62	
鹤　岗	36.60	175.07	961.02	856.00	597.62	
双 鸭 山	6.00	89.32	904.00	879.00	601.00	
大　庆	4.77	2452.00	32704.98	32468.39	10381.83	1724.95
伊　春	7.32	63.00	158.91	155.90	5.00	
铁　力	8.20	53.42	116.71	116.46	75.98	26.53
佳 木 斯	46.10	1061.00	5326.00	5173.00	2288.00	
同　江	1.40	73.88	75.80	75.00	43.00	
富　锦	0.05	42.00	280.00	279.27	114.77	50.00
抚　远						
七 台 河	12.00	70.00	60.91	58.93	58.93	
牡 丹 江	61.50	403.58	3310.79	3304.29	1545.44	
海　林	6.50	53.80	130.46	130.00	45.00	
宁　安	3.00	20.95	52.77	52.67	22.35	
穆　棱	6.00	11.45	76.72	76.22	76.22	
绥 芬 河	1.00	32.00	60.00	59.50	2.00	
东　宁	3.00	42.90	57.55	57.46	38.16	
黑　河	12.20	147.76	123.90	122.97	30.53	92.44
北　安						
五大连池	3.75	30.70	104.00	102.35	18.20	
嫩　江						

continued 3

Total Gas Supplied(10,000 m^3)		用气户数（户）		用气人口（万人） Population with Access to Gas (10,000 persons)	天然气汽车加气站（座） Gas Stations for CNG-Fueled Motor Vehicles (unit)	城市名称 Name of Cities
燃气汽车 Gas-Powered Automobiles	燃气损失量 Loss Amount	Number of Household with Access to Gas (unit)	居民家庭 Households			
4000.00	19.00	222550	221000	44.64	25	松　原
297.00	6.00	24050	23550	7.80	3	扶　余
949.00	1.00	36500	33500	9.10	6	白　城
716.80	20.40	2122	2082	0.62	4	洮　南
410.00	8.00	46100	45421	9.16	4	大　安
2400.00	100.00	110000	100100	22.00	8	延　吉
21.80	2.59	20946	20730	6.00	1	图　们
700.00	47.00	21056	20823	4.56	4	敦　化
306.00	0.95	9004	8818	2.70	6	珲　春
86.04	0.68	14588	14447	4.86	1	龙　井
0.90	0.20	9842	9760	2.55	1	和　龙
1000.00	29.30	76381	75795	14.13	10	公主岭
689.52	44.39	140800	118178	28.50	6	梅河口
						长白山保护开发区
33407.56	**2710.37**	**4318277**	**4237341**	**977.38**	**177**	**黑龙江**
14028.48	1666.99	2143643	2121216	483.85	41	哈尔滨
93.61	15.02	9998	9968	3.02	3	尚　志
170.00	0.36	5385	5378	1.60	2	五　常
1548.00	297.37	521245	516107	105.85	14	齐齐哈尔
272.00	4.00	29762	28162	7.66	2	讷　河
1419.50	10.50	48000	47200	14.20	10	鸡　西
						虎　林
10.10	1.72	12315	6516	3.22	1	密　山
189.61	105.02	110516	108030	22.40	2	鹤　岗
207.00	25.00	112383	97328	31.40	2	双鸭山
8488.83	236.59	666002	663673	141.69	53	大　庆
120.90	3.01	590	520	0.16	3	伊　春
12.60	0.25	4233	4177	1.40	1	铁　力
1026.00	153.00	269416	266689	55.00	6	佳木斯
32.00	0.80	5151	5073	1.41	1	同　江
114.50	0.73	14263	13220	3.14	1	富　锦
						抚　远
	1.98	12760	12760	3.80	3	七台河
400.00	6.50	246685	226231	63.45	2	牡丹江
85.00	0.46	3620	3500	1.40	1	海　林
30.32	0.10	3096	3083	2.18	1	宁　安
	0.50	9950	9950	3.41		穆　棱
57.00	0.50	330	320	0.09	1	绥芬河
19.30	0.09	6300	6290	2.01	1	东　宁
	0.93	6812	6750	2.45		黑　河
						北　安
	1.65	5124	5099	1.50		五大连池
						嫩　江

7-2-2 续表 4

城市名称 Name of Cities	储气能力(万立方米) Gas Storage Capacity (10,000 m^3)	供气管道长度(公里) Length of Gas Supply Pipeline (km)	供气总量(万立方米) 合计 Total	销售气量 Quantity Sold	居民家庭 Households	集中供热 Central Heating
绥化	2.00	65.49	1582.80	1582.00	782.00	
安达	3.00	50.80	933.34	916.85	150.00	155.56
肇东	1.60	48.30	4787.24	4627.24	115.35	605.13
海伦	11.40	4.20	13.30	13.29	5.00	
漠河						
上海	**72900.00**	**32864.95**	**899018.66**	**867347.96**	**173824.55**	
江苏	**7535.82**	**95314.80**	**1437793.73**	**1414415.74**	**310762.66**	**5993.21**
南京	1078.45	10117.90	140684.16	137180.30	62680.30	
无锡	205.00	3124.76	112106.63	108881.93	26591.23	
江阴	120.00	2740.23	86314.00	85782.00	2912.00	
宜兴	65.00	2625.00	62660.00	61405.00	4518.00	
徐州	139.78	2997.94	66768.70	65930.90	14437.95	5019.67
新沂	16.15	266.27	9804.00	9783.00	1470.00	
邳州	15.00	689.00	9244.00	9155.00	2629.00	
常州	3135.00	10759.63	151551.36	150151.36	16136.91	
溧阳	310.00	1051.00	12064.00	11944.00	2065.00	
苏州	547.80	9981.01	129564.42	127242.19	30269.03	
常熟	259.40	2801.33	94564.85	93480.35	4156.84	
张家港	62.92	1817.72	51131.57	51102.94	5847.83	
昆山	164.00	3564.00	52581.98	52274.99	12315.42	
太仓	23.00	1541.20	20228.00	19844.00	4697.00	
南通	235.25	4404.65	51435.72	50446.45	13429.92	183.54
海安	45.00	2695.21	21178.62	20268.04	6756.13	
启东	48.00	1155.03	6634.78	6505.44	1662.12	
如皋	108.00	1502.00	24200.00	23055.00	5606.35	
连云港	90.00	2339.00	44246.00	43911.00	11095.00	
淮安	99.00	2934.78	28719.00	27756.00	13815.00	
盐城	60.00	3049.11	23784.25	23095.06	19499.92	
东台	17.20	378.40	4629.77	4614.84	1168.82	
扬州	53.87	4566.58	25082.00	24456.00	11418.03	
仪征	24.00	650.00	7236.00	7224.50	1796.50	
高邮	33.80	1509.00	7984.50	7868.00	3254.00	
镇江	310.00	3622.89	54213.90	53376.46	7829.82	
丹阳	35.00	1048.00	19797.00	19737.00	3501.00	
扬中	15.00	1415.00	6433.40	6401.14	1345.86	
句容	3.20	868.34	3264.90	3227.90	1109.18	
泰州	83.00	4130.83	43045.04	42569.56	6166.83	790.00
兴化	20.00	956.21	5161.00	5008.00	1370.00	
靖江	30.00	1360.58	14417.29	14281.89	2550.67	
泰兴	35.00	1327.00	15479.00	15242.00	2428.00	
宿迁	49.00	1325.20	31583.89	31213.50	4233.00	

continued 4

Total Gas Supplied(10,000 m^3)		用气户数 (户) Number of Household with Access to Gas (unit)		用气人口 (万人) Population with Access to Gas (10,000 persons)	天然气汽车加气站 (座) Gas Stations for CNG-Fueled Motor Vehicles (unit)	城市名称 Name of Cities
燃气汽车 Gas-Powered Automobiles	燃气损失量 Loss Amount		居民家庭 Households			
800.00	0.80	28359	28239	5.62	9	绥　化
367.85	16.49	25020	25000	8.00	1	安　达
3906.76	160.00	16749	16592	7.31	13	肇　东
8.20	0.01	570	270	0.16	3	海　伦
						漠　河
11953.43	**31670.70**	**7694885**	**7534840**	**1874.95**	**23**	**上　海**
54194.17	**23377.99**	**14290765**	**13800595**	**3172.72**	**266**	**江　苏**
8814.86	3503.86	2764025	2747366	636.93	40	南　京
2916.38	3224.70	1378140	1373186	260.08	18	无　锡
605.00	532.00	137850	118651	34.69	13	江　阴
	1255.00	217190	212629	48.03		宜　兴
4955.52	837.80	743493	735681	177.41	30	徐　州
560.00	21.00	57724	57048	18.68	2	新　沂
304.00	89.00	110230	110025	30.00	3	邳　州
4847.76	1400.00	830311	820535	212.26	19	常　州
668.00	120.00	99429	97952	23.74	4	溧　阳
3207.84	2322.23	1450832	1442556	369.38	23	苏　州
3698.35	1084.50	326974	325547	35.40	7	常　熟
1089.61	28.63	196707	194963	37.01	8	张家港
2505.62	306.99	342844	302981	51.68	4	昆　山
889.14	384.00	240498	240438	25.99	3	太　仓
1251.55	989.27	790473	787680	194.72	9	南　通
179.00	910.58	155082	153670	28.37	5	海　安
500.00	129.34	153696	152959	26.40	1	启　东
1567.35	1145.00	167190	166505	34.04	3	如　皋
1445.00	335.00	468471	463802	93.27	12	连云港
1099.00	963.00	602897	599186	156.31	5	淮　安
1224.30	689.19	468361	438340	129.46	4	盐　城
909.77	14.93	69420	69200	22.82	2	东　台
4171.00	626.00	496710	493367	114.80	14	扬　州
176.00	11.50	87670	87385	18.50	3	仪　征
1654.00	116.50	112540	90726	22.65	3	高　邮
1292.32	837.44	545300	268989	73.10	9	镇　江
800.00	60.00	159520	158243	33.08	1	丹　阳
367.59	32.26	79097	77694	16.20	2	扬　中
66.00	37.00	51152	48830	15.09	1	句　容
336.88	475.48	346955	329472	80.97	8	泰　州
375.00	153.00	94000	92808	19.12	1	兴　化
114.33	135.40	123200	121395	20.49	2	靖　江
330.00	237.00	184103	182931	30.09	2	泰　兴
1273.00	370.39	238681	237855	81.96	5	宿　迁

7-2-2 续表 5

城市名称 Name of Cities	储气能力(万立方米) Gas Storage Capacity (10,000 m^3)	供气管道长度(公里) Length of Gas Supply Pipeline (km)	供气总量(万立方米) 合 计 Total	销售气量 Quantity Sold	居民家庭 Households	集中供热 Central Heating
浙　江	**2742.23**	**50862.51**	**775960.11**	**768710.52**	**124016.28**	
杭　州	1348.36	19460.86	192903.93	189951.56	50842.76	
建　德	25.00	433.57	1696.00	1695.96	622.74	
宁　波	82.20	6343.21	113098.74	112978.74	18217.15	
余　姚	36.00	1065.77	7015.00	6851.00	1551.37	
慈　溪	70.56	1083.44	21728.65	21648.40	1711.88	
温　州	162.00	2093.32	31227.04	31158.12	4126.66	
瑞　安	20.80	81.00	344.24	343.14	5.46	
乐　清	12.00	241.77	1793.12	1765.82	393.17	
龙　港		190.00	3196.01	3068.86	390.00	
嘉　兴	115.00	1010.75	39444.30	39041.30	5248.84	
海　宁	17.71	474.17	9761.40	9726.92	1617.13	
平　湖	6.00	290.20	6308.22	6264.22	1072.90	
桐　乡	78.00	633.00	18501.23	18466.89	1381.30	
湖　州	54.00	1699.81	28401.77	28330.00	4516.00	
绍　兴	60.00	4078.64	139957.87	138469.01	14829.40	
诸　暨	55.00	1642.40	18988.00	18800.00	1867.00	
嵊　州	10.90	398.00	2422.06	2421.27	662.17	
金　华	56.00	1023.54	18313.27	18148.49	1881.42	
兰　溪	10.00	460.00	12000.00	11880.00	495.87	
义　乌	23.40	482.25	10821.54	10564.32	1727.80	
东　阳	72.00	1200.00	12724.55	12663.47	322.60	
永　康	30.00	380.76	18211.90	18176.90	533.90	
衢　州	26.30	1344.08	18436.32	18279.63	1427.00	
江　山	12.00	153.57	1725.00	1705.00	80.00	
舟　山	116.00	1107.12	8401.70	8321.35	2422.49	
台　州	152.13	1574.93	20660.14	20632.40	2556.27	
玉　环	18.00	209.54	739.47	726.00	726.00	
温　岭	21.60	720.00	4056.00	4036.00	1210.00	
临　海	27.37	335.18	5429.94	5328.63	417.00	
丽　水	4.80	607.63	5670.70	5305.12	1130.00	
龙　泉	19.10	44.00	1982.00	1962.00	30.00	
安　徽	**3704.19**	**32274.37**	**414416.95**	**404615.07**	**128569.82**	
合　肥	2287.00	6665.40	114772.01	112322.62	40993.16	
巢　湖	99.00	1002.60	10586.90	10586.00	4792.00	
芜　湖	357.52	4132.34	44618.81	43178.92	12476.47	
无　为	9.00	251.94	2350.00	2300.00	1325.00	
蚌　埠	120.00	2437.91	31954.73	30607.95	11309.26	
淮　南	54.22	1532.10	17175.76	16194.68	6498.48	
马鞍山	78.00	1325.00	30209.00	29648.00	5985.00	
淮　北	54.00	1837.13	13932.00	13296.00	5185.00	
铜　陵	50.04	1149.31	22784.73	22633.71	3843.73	
安　庆	44.00	977.19	10740.55	10567.17	3558.08	
潜　山	8.00	136.45	1094.69	1091.28	270.03	

continued 5

Total Gas Supplied(10,000 m^3)		用气户数 (户) Number of Household with Access to Gas (unit)		用气人口 (万人) Population with Access to Gas (10,000 persons)	天然气汽车加气站 (座) Gas Stations for CNG-Fueled Motor Vehicles (unit)	城市名称 Name of Cities
燃气汽车 Gas-Powered Automobiles	燃气损失量 Loss Amount		居民家庭 Households			
49134.89	**7249.59**	**6683678**	**6607723**	**1925.42**	**126**	**浙　江**
11859.75	2952.37	2016527	2003014	676.22	27	杭　州
57.76	0.04	47014	46397	11.31	1	建　德
25374.74	120.00	1142438	1133323	228.49	39	宁　波
205.48	164.00	111793	110692	29.29	1	余　姚
431.65	80.25	110746	109633	33.22	1	慈　溪
2.00	68.92	397072	395387	150.26	1	温　州
285.00	1.10	5912	5900	1.09	1	瑞　安
	27.30	36077	35760	10.70		乐　清
	127.15	34549	34182	11.94		龙　港
865.30	403.00	380002	375431	83.04	12	嘉　兴
474.73	34.48	88083	87127	28.45	2	海　宁
	44.00	74753	74217	20.93	2	平　湖
	34.34	98000	79283	18.65		桐　乡
864.00	71.77	245949	241841	88.80	6	湖　州
1873.63	1488.86	497431	493669	114.74	8	绍　兴
45.00	188.00	119009	117245	38.03	2	诸　暨
	0.79	38589	38290	8.00		嵊　州
504.09	164.78	181333	179550	53.70	3	金　华
	120.00	49489	48763	14.63		兰　溪
1135.75	257.22	110400	109657	34.22	3	义　乌
	61.08	39913	39392	13.64		东　阳
	35.00	40049	39292	12.03		永　康
1864.63	156.69	127461	126043	35.29	6	衢　州
	20.00	10510	10384	3.15		江　山
2100.00	80.35	239500	238007	55.42	4	舟　山
489.75	27.74	216448	214287	86.15	3	台　州
	13.47	26903	26903	8.07		玉　环
	20.00	83570	81170	23.92		温　岭
482.63	101.31	44000	43396	8.73	3	临　海
219.00	365.58	67019	66449	22.25	1	丽　水
	20.00	3139	3039	1.06		龙　泉
46411.47	**9801.88**	**6847586**	**6759141**	**1612.55**	**159**	**安　徽**
14977.00	2449.39	2145700	2137036	463.30	46	合　肥
5794.00	0.90	134512	125096	35.42	7	巢　湖
6956.77	1439.89	824057	815888	176.46	19	芜　湖
122.00	50.00	60426	59242	18.36	2	无　为
2841.91	1346.78	322904	317790	92.19	9	蚌　埠
3054.41	981.08	362466	358182	109.70	20	淮　南
758.00	561.00	374782	370675	75.45	3	马鞍山
1018.00	636.00	317766	315241	63.46	5	淮　北
1750.86	151.02	255593	254553	54.40	8	铜　陵
1010.03	173.38	301297	300000	76.50	3	安　庆
98.00	3.41	18496	18276	6.56	1	潜　山

7-2-2 续表 6

城市名称 Name of Cities	储气能力(万立方米) Gas Storage Capacity (10,000 m^3)	供气管道长度(公里) Length of Gas Supply Pipeline (km)	供气总量(万立方米)			
			合计 Total	销售气量 Quantity Sold		
					居民家庭 Households	集中供热 Central Heating
桐　城	1.70	417.70	1900.00	1890.00	990.00	
黄　山	106.40	657.77	3065.24	3040.67	601.54	
滁　州	48.00	1547.58	32943.57	32420.37	4955.03	
天　长	6.00	472.34	2525.90	2491.49	904.44	
明　光	52.50	339.69	1756.63	1755.14	711.00	
阜　阳	62.00	985.36	13843.32	13524.32	5135.73	
界　首	6.36	529.90	1554.00	1514.00	1055.00	
宿　州	75.48	1007.93	8681.49	8541.65	4631.97	
六　安	42.20	790.51	14286.00	14056.00	4853.00	
亳　州	17.27	2120.95	7679.00	7463.00	3250.00	
池　州	6.50	877.71	4884.85	4805.84	1579.87	
宣　城	55.00	685.41	10296.75	10076.34	1982.70	
广　德	22.00	159.34	6691.45	6565.81	522.88	
宁　国	42.00	234.81	4089.57	4044.11	1160.45	
福　建	**573.70**	**14737.76**	**258571.21**	**257369.34**	**29331.75**	
福　州	27.02	2556.24	28611.79	28122.63	8268.77	
福　清	72.00	381.74	15600.65	15510.57	650.58	
厦　门	74.87	2675.38	32690.46	32496.32	5349.03	
莆　田	76.29	1153.97	14431.59	14393.57	1990.32	
三　明	44.00	322.00	1857.20	1801.48	1442.00	
永　安	24.00	314.58	1498.68	1497.33	471.13	
泉　州	51.00	1190.57	8358.70	8185.34	1927.74	
石　狮	3.60	666.17	4420.11	4397.93	558.13	
晋　江		1192.32	88193.13	88140.00	935.00	
南　安	33.00	818.00	42210.00	42209.00	307.00	
漳　州	10.00	1038.58	5832.81	5828.02	1212.16	
龙　海	1.80	167.40	1901.52	1881.00	104.20	
南　平	39.74	341.35	1592.53	1576.63	334.96	
邵　武	16.80	89.32	690.94	682.53	158.27	
武夷山	3.00	43.00	22.50	22.00	22.00	
建　瓯	2.40	36.00	260.00	254.80	33.30	
龙　岩	29.75	844.07	4700.30	4697.48	4103.48	
漳　平	2.65	38.53	870.25	862.93	5.85	
宁　德	10.00	592.50	1496.87	1494.18	770.00	
福　安	10.38	81.10	581.18	572.86	92.35	
福　鼎	41.40	194.94	2750.00	2742.74	595.48	
江　西	**930.57**	**18243.87**	**194416.86**	**191495.10**	**66119.29**	**145.00**
南　昌	98.55	4545.94	49132.80	47825.49	16443.72	
景德镇	35.00	1262.30	13050.15	12917.34	1577.07	
乐　平	3.60	147.33	300.40	294.40	128.63	
萍　乡	53.00	1656.00	28280.00	28267.00	13047.00	
九　江	85.53	1709.18	27056.58	27004.81	5365.67	

continued 6

Total Gas Supplied(10,000 m³)		用气户数(户) Number of Household with Access to Gas (unit)		用气人口(万人) Population with Access to Gas (10,000 persons)	天然气汽车加气站(座) Gas Stations for CNG-Fueled Motor Vehicles (unit)	城市名称 Name of Cities
燃气汽车 Gas-Powered Automobiles	燃气损失量 Loss Amount		居民家庭 Households			
900.00	10.00	46000	39000	10.55	1	桐　城
300.00	24.57	49616	49016	14.11	1	黄　山
1188.35	523.20	254211	251439	57.31	4	滁　州
175.00	34.41	59363	59008	17.70	2	天　长
221.49	1.49	45882	45500	14.05	1	明　光
1038.59	319.00	290381	288151	90.07	9	阜　阳
390.00	40.00	40859	40435	12.93	2	界　首
380.00	139.84	260750	248442	52.87	3	宿　州
1734.00	230.00	223071	221983	59.84	5	六　安
337.00	216.00	125350	115483	30.80	2	亳　州
120.00	79.01	128706	127902	28.32	1	池　州
750.06	220.41	126241	123806	27.85	4	宣　城
	125.64	38301	38045	11.00		广　德
496.00	45.46	40856	38952	13.35	1	宁　国
14590.35	**1201.87**	**2598158**	**2581413**	**799.99**	**68**	**福　建**
4537.35	489.16	785974	783443	266.68	10	福　州
4.79	90.08	48623	48268	8.80	1	福　清
5028.24	194.14	682344	679822	219.71	16	厦　门
817.08	38.02	107894	105209	42.08	5	莆　田
	55.72	101345	100750	17.64		三　明
111.90	1.35	50235	49585	15.78	1	永　安
1745.00	173.36	192780	191854	50.50	16	泉　州
241.15	22.18	47516	47100	16.20	2	石　狮
311.87	53.13	94743	94576	24.40	2	晋　江
180.40	1.00	35934	35357	11.30	2	南　安
1039.76	4.79	153744	151954	26.49	6	漳　州
	20.52	17447	17100	6.84		龙　海
34.98	15.90	46486	46344	18.84	2	南　平
84.79	8.41	18077	17830	5.40	1	邵　武
	0.50	2767	2767	0.60		武夷山
	5.20	2257	2207	0.68		建　瓯
	2.82	110754	109772	29.09		龙　岩
88.30	7.32	796	760	0.31	1	漳　平
259.74	2.69	60707	60315	27.56	1	宁　德
105.00	8.32	7857	7822	1.51	1	福　安
	7.26	29878	28578	9.58	1	福　鼎
8546.18	**2921.76**	**3384323**	**3334188**	**910.28**	**39**	**江　西**
1543.34	1307.31	1152493	1129238	274.70	15	南　昌
782.79	132.81	113835	107833	33.78	2	景德镇
	6.00	9381	9296	2.81		乐　平
702.00	13.00	166666	160962	40.60	3	萍　乡
1157.22	51.77	293046	291860	72.60	2	九　江

7-2-2 续表 7

城市名称 Name of Cities	储气能力(万立方米) Gas Storage Capacity (10,000 m^3)	供气管道长度(公里) Length of Gas Supply Pipeline (km)	供气总量(万立方米)			
			合 计 Total	销售气量 Quantity Sold		
					居民家庭 Households	集中供热 Central Heating
瑞　昌	60.00	300.50	2323.00	2302.32	522.00	
共青城		26.12	602.00	600.00	7.00	
庐　山		89.50	334.90	318.30	118.86	
新　余	11.00	797.67	8238.75	8023.55	3298.25	
鹰　潭	30.00	280.34	6338.92	6250.53	1189.34	
贵　溪	36.92	251.31	4484.79	4406.59	378.54	
赣　州	100.00	1656.36	14203.67	14089.82	4557.45	
瑞　金	7.00	92.40	446.90	428.60	428.60	
龙　南	8.00	56.80	589.01	588.98	70.00	
吉　安	36.00	1343.14	3412.76	3292.26	1974.93	
井冈山	2.00	11.50	66.00	65.00	23.00	
宜　春	10.00	1336.88	11132.11	10817.35	10000.81	
丰　城		385.97	687.00	673.00	530.00	
樟　树	20.00	283.91	1160.00	1136.00	703.00	
高　安	71.01	196.37	4342.11	4303.28	1436.56	
抚　州	69.50	837.60	8093.10	8024.00	1698.00	
上　饶	183.20	901.25	9250.92	8975.54	2542.93	145.00
德　兴	10.26	75.50	890.99	890.94	77.93	
山　东	**3056.01**	**74784.30**	**1178044.54**	**1158075.90**	**267268.81**	**104321.28**
济　南	477.60	7001.00	152314.00	149651.00	45761.00	32839.00
青　岛	426.00	9172.86	130744.56	126605.12	33205.59	9937.53
胶　州	7.20	1650.52	18510.27	17844.51	3907.70	1653.53
平　度	12.00	1017.75	9692.80	9460.40	1791.03	
莱　西	43.20	1189.66	8917.00	8604.90	3311.00	1505.48
淄　博	733.40	5502.19	162142.16	160272.62	15920.36	428.19
枣　庄	8.50	1918.16	10535.64	9838.87	3936.95	120.00
滕　州	2.00	1319.07	23646.55	23476.09	2341.52	
东　营	39.96	2273.51	41968.33	41453.30	14089.81	4530.00
烟　台	210.70	3321.75	40692.88	39225.38	10277.41	242.40
龙　口	120.00	1311.48	44396.40	43601.42	2119.00	379.24
莱　阳	3.63	774.81	6126.00	6013.00	1041.00	915.00
莱　州	7.80	99.00	3168.00	3100.00	1019.00	45.00
招　远	0.65	471.71	2502.00	2477.00	925.00	
栖　霞	22.00	342.10	3252.85	3165.79	685.57	891.75
海　阳	30.00	1273.90	1945.00	1910.00	921.39	
潍　坊	300.00	2693.00	52000.00	51612.66	9518.65	5800.00
青　州	8.50	965.47	8500.00	8373.17	1861.49	852.10
诸　城	60.00	1136.66	13951.00	13931.00	2138.00	650.00
寿　光	60.00	220.00	11661.00	11641.00	2370.00	
安　丘	8.50	543.78	8674.57	8589.57	1102.94	132.14
高　密	20.00	877.00	15935.56	15535.40	3035.00	3710.00
昌　邑	8.00	491.00	3468.32	3320.00	2728.09	325.21
济　宁	109.00	3655.10	44069.40	43308.60	19002.60	

continued 7

Total Gas Supplied(10,000 m^3)		用气户数（户）Number of Household with Access to Gas (unit)		用气人口（万人）Population with Access to Gas (10,000 persons)	天然气汽车加气站（座）Gas Stations for CNG-Fueled Motor Vehicles (unit)	城市名称 Name of Cities
燃气汽车 Gas-Powered Automobiles	燃气损失量 Loss Amount		居民家庭 Households			
	20.68	33061	32845	9.80		瑞昌
	2.00	3200	1020	4.64		共青城
	16.60	8599	8481	2.97		庐山
	215.20	267732	266533	45.46		新余
344.39	88.39	72835	72086	25.41	1	鹰潭
	78.20	28163	28032	8.90		贵溪
870.80	113.85	335615	332732	122.42	3	赣州
	18.30	23360	23360	11.28		瑞金
	0.03	5523	5510	2.18		龙南
640.89	120.50	154855	153622	46.09	1	吉安
	1.00	2616	2606	0.97		井冈山
634.54	314.76	209962	208917	52.00	3	宜春
	14.00	61967	61783	27.60		丰城
	24.00	50198	49847	16.46		樟树
42.00	38.83	81498	81297	6.72	2	高安
767.00	69.10	154168	152512	53.76	2	抚州
1061.21	275.38	146371	144720	47.13	5	上饶
	0.05	9179	9096	2.00		德兴
99952.14	**19968.64**	**15611696**	**15354231**	**3608.86**	**524**	**山东**
28492.00	2663.00	2862139	2849612	590.41	104	济南
20874.68	4139.44	2230023	2213100	526.31	60	青岛
1613.82	665.76	210460	208794	46.30	5	胶州
323.00	232.40	117259	116854	38.43	3	平度
112.68	312.10	121502	121359	25.45	2	莱西
3907.43	1869.54	929266	923245	197.39	43	淄博
471.75	696.77	400721	398384	99.36	11	枣庄
887.73	170.46	230850	221912	46.17	3	滕州
2691.86	515.03	379605	375680	97.40	21	东营
2863.02	1467.50	891399	888988	226.19	8	烟台
2855.84	794.98	102325	101028	28.10	9	龙口
468.00	113.00	113715	112989	27.10	6	莱阳
54.00	68.00	74381	73930	21.19	8	莱州
87.10	25.00	85863	85452	18.71	2	招远
180.00	87.06	41510	41416	12.65	3	栖霞
74.00	35.00	72829	72450	18.76	7	海阳
2126.31	387.34	708546	644343	150.70	26	潍坊
1071.00	126.83	143520	142778	36.79	5	青州
1233.00	20.00	175031	173725	40.10	6	诸城
825.00	20.00	171599	170978	48.86	6	寿光
2618.00	85.00	110203	109686	35.26	8	安丘
642.56	400.16	135194	115931	29.22	7	高密
266.70	148.32	83781	82865	18.15	2	昌邑
2681.80	760.80	731354	701351	159.43	17	济宁

7-2-2 续表 8

城市名称 Name of Cities	储气能力(万立方米) Gas Storage Capacity (10,000 m^3)	供气管道长度(公里) Length of Gas Supply Pipeline (km)	供气总量(万立方米) 合 计 Total	销售气量 Quantity Sold	居民家庭 Households	集中供热 Central Heating
曲　阜	6.00	1032.15	6719.39	6641.34	1610.61	
邹　城	2.00	605.84	5474.00	5397.18	4798.18	
泰　安	3.34	2874.17	68399.82	67649.78	7979.09	28485.37
新　泰	31.00	718.80	7465.40	7368.36	1769.50	
肥　城	20.00	372.20	5489.53	5465.08	4309.00	
威　海	126.00	2592.83	16518.00	16138.00	4207.00	350.00
荣　成	6.00	854.74	6443.50	6443.00	1983.40	206.00
乳　山	9.43	409.09	2540.20	2449.20	1278.00	
日　照	44.00	1344.00	29284.82	29233.39	7914.60	323.00
临　沂	12.50	3520.40	73379.38	72692.95	11104.90	99.81
德　州		4538.22	28384.24	28111.46	7672.14	779.34
乐　陵	3.40	249.56	3914.80	3908.80	1056.50	
禹　城	27.00	1107.00	8305.22	8250.22	2563.10	4889.52
聊　城		2978.46	35376.00	34581.00	3664.00	2154.00
临　清	7.00	148.00	4565.00	4520.00	2135.00	410.00
滨　州	37.20	892.07	23373.29	23053.83	11385.24	487.67
邹　平		559.35	19963.02	19706.78	3335.28	
菏　泽	2.50	765.94	13634.64	13454.73	5493.17	1180.00
河　南	**1032.13**	**29996.85**	**620406.20**	**603849.19**	**225625.81**	**46273.61**
郑　州	243.00	6183.28	154021.11	147957.00	44379.00	33191.00
巩　义	205.30	802.01	28363.00	27717.00	3054.86	
荥　阳		240.62	5722.00	5710.00	3012.00	
新　密	15.50	446.69	6726.04	6523.53	2586.00	
新　郑	0.91	259.84	11433.73	11085.32	3515.95	2851.29
登　封	6.00	454.00	7699.00	7669.00	760.18	
开　封	44.00	1807.26	18114.00	17678.00	7368.00	234.00
洛　阳	100.00	701.51	71885.00	71555.00	44168.00	1313.00
偃　师		45.90	1618.10	1599.06	1392.00	
平顶山	20.00	567.83	11285.00	10785.00	5932.00	
舞　钢	2.00	95.98	965.05	965.00	685.00	32.00
汝　州		387.89	3610.00	3423.00	1577.00	186.00
安　阳	3.00	1971.35	45301.00	44268.00	6827.00	
林　州	12.20	581.19	4033.00	3787.00	3350.00	71.00
鹤　壁	3.00	566.44	8167.00	8085.33	5700.00	
新　乡		2185.11	23766.00	21758.00	8983.88	558.40
长　垣	15.00	317.00	4493.20	4277.80	2090.08	1827.72
卫　辉		228.67	3419.00	3404.00	1481.00	
辉　县		211.95	6018.00	6010.00	3250.00	
焦　作	35.90	1914.64	30651.00	30097.00	6895.00	
沁　阳		470.00	3886.00	3781.00	1103.00	
孟　州		200.00	2088.83	2080.51	2041.93	
濮　阳		473.03	9213.68	9153.68	5929.00	
许　昌	7.00	601.17	14940.36	14889.96	8950.00	

continued 8

Total Gas Supplied(10,000 m³)		用气户数(户) Number of Household with Access to Gas (unit)		用气人口(万人) Population with Access to Gas (10,000 persons)	天然气汽车加气站(座) Gas Stations for CNG-Fueled Motor Vehicles (unit)	城市名称 Name of Cities
燃气汽车 Gas-Powered Automobiles	燃气损失量 Loss Amount		居民家庭 Households			
64.85	78.05	98544	97032	21.83	1	曲　阜
599.00	76.82	161001	160087	34.88	9	邹　城
3363.12	750.04	468340	461655	108.13	16	泰　安
1686.06	97.04	98677	98447	42.74	14	新　泰
411.20	24.45	105935	105805	30.10	5	肥　城
1524.00	380.00	550827	544673	96.14	9	威　海
210.01	0.50	186784	185694	39.00	3	荣　成
320.00	91.00	94360	83780	22.83	1	乳　山
5587.85	51.43	315661	294608	71.93	5	日　照
2234.76	686.43	627990	621049	184.95	26	临　沂
2688.94	272.78	459016	455000	81.81	27	德　州
321.78	6.00	73000	70000	15.20	2	乐　陵
797.60	55.00	95067	94510	19.56	8	禹　城
802.00	795.00	389969	385179	118.96	4	聊　城
800.00	45.00	95224	94994	21.00	3	临　清
207.74	319.46	356330	354914	65.69	12	滨　州
900.00	256.24	77200	76683	28.88	6	邹　平
11.95	179.91	234696	223271	66.80	1	菏　泽
47425.87	**16557.01**	**9236890**	**9075258**	**2220.16**	**197**	**河　南**
13026.00	6064.11	2739185	2727309	601.10	14	郑　州
720.00	646.00	103256	98426	31.70	3	巩　义
308.00	12.00	64900	64400	16.00	2	荥　阳
467.26	202.51	101276	100605	19.04	2	新　密
1856.00	348.41	98856	96920	21.14	5	新　郑
475.93	30.00	55305	54682	13.60	3	登　封
1596.70	436.00	471145	466117	91.06	20	开　封
2620.00	330.00	940820	933820	219.10	10	洛　阳
159.00	19.04	34500	34286	12.55	1	偃　师
980.00	500.00	288980	285360	90.91	10	平顶山
245.00	0.05	35600	35510	12.07	2	舞　钢
	187.00	71231	70113	28.40		汝　州
61.00	1033.00	298421	258964	73.36	1	安　阳
290.00	246.00	101357	90717	20.22	1	林　州
1617.06	81.67	196627	195000	46.54	9	鹤　壁
2073.48	2008.00	421721	405174	76.81	7	新　乡
360.00	215.40	106496	106057	30.20	4	长　垣
120.00	15.00	64875	64377	14.50	4	卫　辉
83.39	8.00	81636	81361	21.15	3	辉　县
	554.00	330354	329052	79.46		焦　作
39.10	105.00	40746	40445	12.02	1	沁　阳
38.58	8.32	72500	72000	14.90	1	孟　州
452.20	60.00	188409	179670	62.04	21	濮　阳
2294.67	50.40	300734	299529	56.50	12	许　昌

7-2-2 续表 9

城市名称 Name of Cities	储气能力(万立方米) Gas Storage Capacity (10,000 m^3)	供气管道长度(公里) Length of Gas Supply Pipeline (km)	供气总量(万立方米) 合 计 Total	销售气量 Quantity Sold	居民家庭 Households	集中供热 Central Heating
禹　　州		234.45	12800.00	12505.00	3360.80	1840.00
长　　葛	60.00	350.00	20456.76	19628.48	1663.23	2622.82
漯　　河	10.00	382.65	12819.02	12495.46	6644.90	
三 门 峡	24.42	286.29	11341.77	11264.25	1095.33	
义　　马		126.50	1362.15	1294.04	453.62	
灵　　宝	11.50	297.89	3001.80	2999.00	670.00	120.00
南　　阳	57.65	2266.00	13909.50	13559.00	8199.00	5.00
邓　　州	7.00	109.53	610.00	609.50	525.00	
商　　丘	21.60	888.63	11841.08	11596.16	3707.89	401.38
永　　城	24.50	294.15	3541.00	3389.00	1597.00	1020.00
信　　阳	25.00	822.19	15548.00	15177.00	5292.00	
周　　口	6.00	848.19	7859.10	7859.00	6423.00	
项　　城	0.65	272.55	2600.00	2596.00	1860.00	
驻 马 店	55.00	747.82	7937.22	7448.65	4849.83	
济源示范区	16.00	356.65	17359.70	17169.46	4253.33	
湖　　北	**4208.40**	**46215.20**	**548802.03**	**533983.24**	**166272.53**	**389.00**
武　　汉	1817.39	15587.61	249449.22	241329.67	79680.83	
黄　　石	16.50	1107.19	34416.92	33242.20	3051.54	
大　　冶	7.05	712.98	23074.82	22881.24	1197.66	
十　　堰	44.00	1355.75	14299.62	14224.14	4039.00	369.00
丹 江 口	11.30	411.32	4200.00	4168.00	748.72	
宜　　昌	1815.20	1738.30	22331.53	22002.27	9956.68	
宜　　都	2.96	877.47	4670.60	4538.00	1554.80	
当　　阳	9.00	504.64	4857.00	4855.00	1095.00	
枝　　江	1.80	297.15	4692.00	4504.00	1454.50	
襄　　阳	60.00	1210.26	36329.00	34944.00	8885.00	
老 河 口	4.20	450.87	3510.00	3393.00	1284.25	
枣　　阳	3.00	549.00	4026.00	3903.00	1064.00	
宜　　城	3.00	351.00	2950.00	2856.00	922.00	
鄂　　州	3.00	725.00	7153.00	7131.55	3396.50	
荆　　门	1.06	1201.76	10754.96	10609.70	2999.38	
京　　山	10.50	793.40	2122.29	2080.76	902.83	20.00
钟　　祥	50.00	230.00	2950.00	2910.00	1820.50	
孝　　感	50.00	1276.00	11521.56	11342.86	3518.05	
应　　城		546.35	2615.93	2577.90	1192.81	
安　　陆	3.20	145.48	2254.00	2177.00	945.69	
汉　　川	6.80	308.21	4853.00	4812.00	467.20	
荆　　州	2.43	1726.81	17121.00	16416.00	5795.00	
监　　利	0.25	130.83	818.00	815.00	136.00	
石　　首	1.24	90.43	415.85	414.65	200.12	
洪　　湖	16.90	609.88	2104.91	2059.91	839.83	
松　　滋	0.90	516.10	1069.00	1058.00	932.00	
黄　　冈	9.50	960.00	7919.00	7728.26	2090.00	

continued 9

Total Gas Supplied(10,000 m^3)		用气户数(户) Number of Household with Access to Gas (unit)		用气人口(万人) Population with Access to Gas (10,000 persons)	天然气汽车加气站(座) Gas Stations for CNG-Fueled Motor Vehicles (unit)	城市名称 Name of Cities
燃气汽车 Gas-Powered Automobiles	燃气损失量 Loss Amount		居民家庭 Households			
852.00	295.00	83163	82346	23.51	2	禹　州
154.20	828.28	37107	36837	8.43	1	长　葛
865.93	323.56	175255	162371	38.05	4	漯　河
163.16	77.52	77987	77692	31.19	2	三门峡
	68.11	38800	38667	13.20		义　马
	2.80	41102	40898	14.40		灵　宝
4359.00	350.50	444730	440944	146.45	17	南　阳
73.00	0.50	18461	18152	8.98	4	邓　州
605.46	244.92	244900	236595	57.55	2	商　丘
772.00	152.00	101619	95763	29.34	7	永　城
7312.00	371.00	158156	155072	44.43	15	信　阳
1436.00	0.10	162875	160482	32.81	3	周　口
300.00	4.00	53051	52045	20.30	1	项　城
	488.57	222366	220841	47.69		驻马店
649.75	190.24	168388	166659	39.46	3	济源示范区
50834.15	**14818.79**	**8275517**	**8172944**	**1862.16**	**200**	**湖　北**
18801.59	8119.55	3876338	3856300	750.00	74	武　汉
2483.36	1174.72	239475	234859	57.62	8	黄　石
510.43	193.58	65379	64966	22.74	2	大　冶
2010.00	75.48	397190	394299	67.55	11	十　堰
86.62	32.00	61728	60513	9.96	1	丹江口
3162.89	329.26	335558	329817	92.50	13	宜　昌
45.20	132.60	41528	33528	15.22	1	宜　都
390.25	2.00	60416	59454	13.73	3	当　阳
	188.00	62249	61180	10.41		枝　江
6046.00	1385.00	450221	445978	141.82	13	襄　阳
107.85	117.00	89532	88621	21.00	1	老河口
226.00	123.00	75547	74913	22.00	1	枣　阳
170.00	94.00	53853	52630	14.26	1	宜　城
626.80	21.45	137550	129570	25.80	3	鄂　州
2016.44	145.26	211069	211000	42.51	5	荆　门
244.81	41.53	71532	70936	15.05	2	京　山
750.00	40.00	42814	39528	13.20	1	钟　祥
554.00	178.70	203275	201002	52.00	3	孝　感
113.07	38.03	75760	71928	16.59	2	应　城
151.95	77.00	61800	59521	18.00	1	安　陆
98.00	41.00	35757	35271	16.80	1	汉　川
3449.00	705.00	292455	289795	70.81	8	荆　州
679.00	3.00	19950	17997	7.66	2	监　利
137.15	1.20	17951	17789	5.76	1	石　首
120.00	45.00	56223	54562	5.63	3	洪　湖
126.00	11.00	36350	35450	11.65	1	松　滋
1728.26	190.74	119198	118017	25.27	7	黄　冈

7-2-2 续表 10

城市名称 Name of Cities	储气能力(万立方米) Gas Storage Capacity (10,000 m^3)	供气管道长度(公里) Length of Gas Supply Pipeline (km)	供气总量(万立方米) 合计 Total	销售气量 Quantity Sold	居民家庭 Households	集中供热 Central Heating
麻　城	12.00	205.65	2861.61	2641.91	1134.90	
武　穴	4.20	699.00	1914.75	1905.80	1445.52	
咸　宁	63.20	774.00	18532.90	18491.40	2360.00	
赤　壁	2.00	218.75	3372.00	3202.00	900.00	
随　州	116.50	1085.95	7151.55	7050.53	2907.07	
广　水	2.32	87.95	810.94	807.46	309.50	
恩　施	14.50	1369.00	10516.91	10358.70	3790.70	
利　川	10.00	1212.41	5433.57	5250.85	4550.85	
仙　桃	10.00	1410.10	7100.27	7036.22	3010.50	
潜　江	15.00	1486.00	4429.35	4121.45	3830.00	
天　门	7.50	3252.60	4198.97	4142.81	1863.60	
湖　南	**2041.23**	**24023.19**	**283930.05**	**276835.39**	**119480.08**	**16.59**
长　沙	1280.00	1709.00	79581.00	74849.00	34874.00	
宁　乡	24.00	577.67	6408.00	6280.00	1826.00	
浏　阳	31.00	456.00	8193.23	8160.55	1724.02	
株　洲	60.00	2227.16	25927.73	25646.14	9890.91	
醴　陵	5.00	1414.15	29660.00	29645.00	4259.00	
湘　潭	10.00	2200.00	16500.00	16200.00	7018.00	
湘　乡	15.00	368.00	2534.55	2534.29	2457.62	
韶　山	6.00	143.86	388.33	382.33	133.82	
衡　阳	14.80	4730.64	25506.15	25506.14	7801.90	
耒　阳	16.20	534.49	870.84	870.79	564.18	
常　宁	12.00	335.00	773.00	747.00	532.00	
邵　阳	60.00	730.00	6263.00	6134.00	3631.00	
武　冈	13.00	406.18	1453.41	1426.15	586.00	
邵　东	9.00	98.00	912.58	912.00	912.00	
岳　阳	50.00	2098.30	23428.00	22867.30	13370.00	
汨　罗	10.00	175.20	3388.00	3383.83	475.00	
临　湘	10.00	110.00	1016.32	1015.78	896.87	16.59
常　德	32.88	2553.90	15729.18	15637.70	6771.14	
津　市	10.00	203.16	659.00	653.00	400.00	
张家界	65.75	418.74	2692.26	2663.06	1244.82	
益　阳	22.00	338.76	8001.40	7788.77	3369.78	
沅　江	7.50	101.06	2085.00	1920.00	1069.00	
郴　州	99.00	1135.34	8043.86	8037.60	6130.00	
资　兴	18.00	72.20	1014.90	1008.00	324.55	
永　州	38.00	252.00	4127.00	4084.50	3003.00	
怀　化	24.00	112.66	1660.00	1639.00	815.00	
洪　江	8.60	46.16	90.80	83.59	70.59	
娄　底	10.00	321.00	5598.63	5355.69	4400.00	
冷水江	3.50	48.70	441.88	435.68	194.88	
涟　源	60.00	55.00	280.00	277.50	135.00	
吉　首	16.00	50.86	702.00	691.00	600.00	

continued 10

Total Gas Supplied(10,000 m³)		用气户数(户) Number of Household with Access to Gas (unit)		用气人口(万人) Population with Access to Gas (10,000 persons)	天然气汽车加气站(座) Gas Stations for CNG-Fueled Motor Vehicles (unit)	城市名称 Name of Cities
燃气汽车 Gas-Powered Automobiles	燃气损失量 Loss Amount		居民家庭 Households			
430.20	219.70	43828	42368	12.94	3	麻　城
	8.95	52520	52000	18.68		武　穴
624.00	41.50	101255	100832	30.05	6	咸　宁
224.00	170.00	67182	66982	19.70	1	赤　壁
510.33	101.02	147164	144937	46.98	4	随　州
97.84	3.48	34985	31210	14.60	1	广　水
1357.46	158.21	134913	132142	24.80	2	恩　施
700.00	182.72	97586	95586	19.52	1	利　川
1560.00	64.05	159742	157991	34.50	9	仙　桃
291.45	307.90	131650	126650	41.00	2	潜　江
204.20	56.16	113994	112822	33.85	2	天　门
20965.12	**7094.66**	**4995526**	**4936747**	**1245.37**	**97**	**湖　南**
4200.00	4732.00	1630000	1620000	333.31	17	长　沙
255.00	128.00	99580	99128	29.87	2	宁　乡
136.87	32.68	85729	85113	26.44	1	浏　阳
1437.49	281.59	385809	380042	111.43	4	株　洲
45.00	15.00	77652	76593	18.21	1	醴　陵
2661.00	300.00	340000	334000	73.00	9	湘　潭
76.67	0.26	47832	47279	17.20	1	湘　乡
40.53	6.00	7832	7665	2.74	1	韶　山
970.87	0.01	504405	499436	132.20	7	衡　阳
15.60	0.05	40943	40670	16.27	1	耒　阳
	26.00	37543	37262	14.00		常　宁
472.60	129.00	192628	191656	55.00	3	邵　阳
	27.26	32059	31771	11.20		武　冈
	0.58	50050	50050	17.00		邵　东
3067.00	560.70	363564	358949	76.24	14	岳　阳
372.87	4.17	22232	21876	7.66	1	汨　罗
102.32	0.54	33492	33079	9.92	1	临　湘
1428.08	91.48	298685	293141	58.06	10	常　德
	6.00	27800	27540	6.80		津　市
792.07	29.20	66115	65163	17.59	3	张家界
234.59	212.63	192862	190486	48.98	6	益　阳
229.00	165.00	66573	58618	17.10	2	沅　江
1907.60	6.26	146681	146600	51.34	5	郴　州
	6.90	21007	20888	6.27		资　兴
971.00	42.50	91034	90065	33.53	2	永　州
324.00	21.00	35969	35802	14.40	1	怀　化
	7.21	5033	5021	2.81		洪　江
928.53	242.94	61342	60777	25.15	2	娄　底
62.93	6.20	12500	12396	4.95	1	冷水江
142.50	2.50	10065	8326	3.15	1	涟　源
91.00	11.00	8510	7355	3.55	1	吉　首

7-2-2 续表 11

城市名称 Name of Cities	储气能力(万立方米) Gas Storage Capacity ($10,000\ m^3$)	供气管道长度(公里) Length of Gas Supply Pipeline (km)	供气总量(万立方米) 合计 Total	销售气量 Quantity Sold	居民家庭 Households	集中供热 Central Heating
广　东	**2428.35**	**43629.13**	**1269926.89**	**1265063.83**	**165886.98**	
广　州	626.80	10135.73	270113.03	268983.33	41957.80	
韶　关	46.00	928.60	11050.23	10979.97	3293.31	
乐　昌	40.00	44.50	443.00	425.01	262.00	
南　雄	18.13	82.73	2207.88	2205.26	285.59	
深　圳	74.26	7543.00	341168.34	341153.34	44242.00	
珠　海	90.50	850.00	16963.64	16945.54	4260.72	
汕　头	62.80	602.06	8760.40	8759.70	2016.49	
佛　山	111.16	3706.91	109627.79	109279.13	8726.93	
江　门	13.80	1042.82	38913.09	38873.77	1915.22	
台　山	70.35	5.00	3572.79	3561.82	15.94	
开　平	43.20	267.00	9040.32	9030.98	301.55	
鹤　山	6.48	287.03	8415.65	8403.21	8191.78	
恩　平	62.10	84.00	11455.80	11344.00	9.00	
湛　江	93.60	811.00	10928.00	10671.00	3202.00	
廉　江	3.60	231.52	823.24	751.11	228.43	
雷　州						
吴　川	9.00	50.00	220.00	210.00	22.00	
茂　名	40.83	578.34	3101.29	3099.70	2805.23	
高　州	21.60	106.30	1209.22	1197.13	243.23	
化　州	5.60	232.00	581.49	581.30	258.00	
信　宜	0.01	400.00	300.60	300.00	120.00	
肇　庆	98.40	769.11	38486.10	38125.41	2409.26	
四　会		304.81	31493.82	31372.50	684.00	
惠　州	192.43	2998.65	25783.48	25569.66	7766.55	
梅　州	5.55	655.72	3238.24	3234.74	1479.06	
兴　宁	3.60	81.45	731.30	715.31	271.60	
汕　尾	5.20	272.00	939.90	938.30	373.50	
陆　丰	2.00	121.92	284.99	278.99	195.93	
河　源	12.00	1172.00	3052.83	3027.00	1525.00	
阳　江	127.20	1456.09	23689.40	23453.57	1293.97	
阳　春	16.80		1376.00	1374.00	564.00	
清　远	29.00	1273.50	55744.07	55014.44	3500.00	
英　德	49.00	180.00	5165.77	5149.29	349.18	
连　州	12.00	60.00	291.00	290.95	290.95	
东　莞	280.25	3524.95	121107.64	120851.72	15509.41	
中　山	40.00	1213.02	14928.29	14732.17	4453.22	
潮　州	0.60	530.60	80528.40	80153.37	10.67	
揭　阳	55.00	258.00	7874.10	7792.45	549.41	
普　宁	30.00	308.77	1751.00	1699.00	1050.00	
云　浮	17.50	327.00	3869.76	3862.66	831.05	
罗　定	12.00	133.00	695.00	673.00	423.00	

continued 11

Total Gas Supplied(10,000 m^3)		用气户数 (户) Number of Household with Access to Gas (unit)		用气人口 (万人) Population with Access to Gas (10,000 persons)	天然气汽车加气站 (座) Gas Stations for CNG-Fueled Motor Vehicles (unit)	城市名称 Name of Cities
燃气汽车 Gas-Powered Automobiles	燃气损失量 Loss Amount		居民家庭 Households			
45543.46	**4863.06**	**10455005**	**10291939**	**3307.21**	**119**	**广 东**
10094.74	1129.70	2750589	2731985	836.46	20	广 州
371.00	70.26	197243	195787	44.96	1	韶 关
	17.99	17510	17456	3.13		乐 昌
	2.62	21139	20947	5.50		南 雄
6090.72	15.00	2618110	2594750	908.00	18	深 圳
1439.50	18.10	506242	505702	176.99	6	珠 海
169.00	0.70	136647	136169	60.49	1	汕 头
5348.00	348.66	571004	515124	118.06	13	佛 山
607.02	39.32	198930	197512	53.15	4	江 门
51.35	10.97	1782	1768	0.62		台 山
929.45	9.34	40000	39611	13.00	1	开 平
211.43	12.44	62050	61701	12.56	1	鹤 山
	111.80	1491	1400	0.56		恩 平
2041.00	257.00	218151	217020	100.00	10	湛 江
	72.13	21269	21159	7.28		廉 江
						雷 州
	10.00	5000	4950	11.18		吴 川
125.00	1.59	110824	110199	48.51	1	茂 名
	12.09	17762	17596	8.79		高 州
	0.19	21437	21365	6.95		化 州
	0.60	10060	10005	3.00		信 宜
291.00	360.69	163942	162923	48.77	2	肇 庆
	121.32	41839	41527	16.40		四 会
8932.30	213.82	560224	555759	161.97	8	惠 州
117.54	3.50	129069	128549	1.00	1	梅 州
96.70	15.99	22655	22569	8.32	1	兴 宁
	1.60	29909	29659	10.27		汕 尾
	6.00	11838	11761	5.10		陆 丰
	25.83	90613	90093	24.38		河 源
360.16	235.83	18388	18067	13.27	2	阳 江
	2.00	60019	59539	3.00		阳 春
	729.63	221646	220186	22.70	1	清 远
2232.61	16.48	22465	22304	6.89	5	英 德
	0.05	8000	8000	2.90		连 州
5464.58	255.92	1084719	1077260	428.65	20	东 莞
	196.12	274809	272988	81.90		中 山
	375.03	39038	901	0.23		潮 州
267.76	81.65	46428	46061	26.32	1	揭 阳
	52.00	44490	44358	6.90		普 宁
52.60	7.10	42544	42229	14.84	1	云 浮
250.00	22.00	15130	15000	4.21	1	罗 定

7-2-2 续表 12

城市名称 Name of Cities	储气能力(万立方米) Gas Storage Capacity (10,000 m^3)	供气管道长度(公里) Length of Gas Supply Pipeline (km)	供气总量(万立方米) 合　计 Total			
				销售气量 Quantity Sold	居民家庭 Households	集中供热 Central Heating
广　西	**915.88**	**9655.01**	**156756.88**	**156138.12**	**44230.72**	
南　宁	155.50	1106.97	31078.14	31073.40	16920.07	
柳　州	157.60	1646.14	14914.30	14675.99	5591.39	
桂　林	75.00	739.90	10679.00	10524.05	6322.05	
荔　浦	6.00	20.00	34.75	34.57	25.68	
梧　州	25.60	344.38	14053.73	14038.65	1567.84	
岑　溪	3.60	165.00	160.53	157.93	157.93	
北　海	187.20	1383.00	56519.00	56507.00	2556.00	
防城港	15.00	399.54	2341.75	2337.14	689.73	
东　兴	12.00	144.41	396.58	383.40	169.54	
钦　州	21.60	853.45	4936.70	4935.50	1589.07	
贵　港	22.30	671.11	2838.41	2696.65	1760.40	
桂　平	28.50	51.00	510.10	510.00	510.00	
玉　林	30.00	560.71	5790.95	5780.18	2759.73	
北　流	36.00	273.48	2913.50	2911.50	625.15	
百　色	11.74	217.77	3034.80	3031.76	490.00	
平　果	60.00	39.00	190.10	185.25	185.25	
靖　西			50.00	48.70	48.70	
贺　州	14.00	136.09	2600.98	2600.00	130.00	
河　池	16.08	406.17	699.24	698.45	329.74	
来　宾	15.60	149.00	2101.00	2100.00	895.00	
合　山	0.06	38.81	20.82	20.81	20.58	
崇　左	22.10	301.08	868.64	863.61	863.61	
凭　祥	0.40	8.00	23.86	23.58	23.26	
海　南	**214.05**	**4660.21**	**38796.31**	**38202.86**	**20797.06**	
海　口	66.72	1959.02	22583.70	22147.33	14032.00	
三　亚	70.68	1464.67	8622.49	8597.27	1748.31	
儋　州	7.20	250.50	1116.00	1112.00	621.00	
五指山	3.00	20.00	15.00	12.75	9.00	
琼　海	49.10	550.00	3385.30	3285.30	2888.00	
文　昌	1.95	140.00	1098.70	1089.90	316.00	
万　宁	7.00	200.47	1442.57	1427.47	816.57	
东　方	8.40	75.55	532.55	530.84	366.18	
重　庆	**432.27**	**24556.76**	**526163.95**	**511762.56**	**230166.31**	**2438.31**
重　庆	432.27	24556.76	526163.95	511762.56	230166.31	2438.31
四　川	**415.94**	**62616.52**	**865231.27**	**844355.84**	**390412.65**	**387.02**
成　都	76.99	22231.94	347235.99	341419.91	178066.01	210.00
都江堰	7.20	1514.28	8425.20	8224.68	4286.17	
彭　州		1756.00	9441.00	9017.00	7974.00	
邛　崃		501.40	6368.00	6186.00	4288.00	
崇　州		650.00	9521.00	8990.00	3170.00	

continued 12

Total Gas Supplied(10,000 m³)		用气户数(户) Number of Household with Access to Gas (unit)		用气人口(万人) Population with Access to Gas (10,000 persons)	天然气汽车加气站(座) Gas Stations for CNG-Fueled Motor Vehicles (unit)	城市名称 Name of Cities
燃气汽车 Gas-Powered Automobiles	燃气损失量 Loss Amount		居民家庭 Households			
8863.68	**618.76**	**2516692**	**2491667**	**703.91**	**33**	**广　西**
2522.10	4.74	1058265	1053263	258.46	5	南　宁
1222.94	238.31	346103	344938	115.72	3	柳　州
502.00	154.95	237626	236288	56.52	2	桂　林
	0.18	1989	1827	0.68		荔　浦
37.06	15.08	97390	96897	35.02	1	梧　州
	2.60	5458	5458	1.69		岑　溪
541.00	12.00	91000	90000	29.29	3	北　海
752.79	4.61	66602	66121	16.60	2	防城港
20.20	13.18	18903	18357	5.35	1	东　兴
713.72	1.20	94667	93252	18.50	1	钦　州
367.40	141.76	87933	87003	25.56	3	贵　港
	0.10	25464	25464	9.60		桂　平
667.56	10.77	127463	126171	51.00	2	玉　林
	2.00	39046	38796	21.81		北　流
450.00	3.04	79165	68951	16.70	2	百　色
	4.85	17309	17309	2.50		平　果
	1.30	3120	3120	0.72		靖　西
300.00	0.98	6128	6073	2.43	2	贺　州
211.08	0.79	37415	37250	12.46	2	河　池
555.83	1.00	50000	49500	15.50	4	来　宾
	0.01	1311	1296	0.39		合　山
	5.03	22533	22533	6.76		崇　左
	0.28	1802	1800	0.65		凭　祥
13133.07	**593.45**	**1018263**	**1009390**	**278.91**	**43**	**海　南**
8115.33	436.37	640476	634760	185.00	25	海　口
3238.88	25.22	243127	241956	60.49	9	三　亚
489.00	4.00	19920	19252	5.69	3	儋　州
	2.25	3033	2970	0.90		五指山
397.30	100.00	26710	26690	4.46	3	琼　海
117.00	8.80	58519	58285	13.40	1	文　昌
610.90	15.10	3890	2890	1.20	1	万　宁
164.66	1.71	22588	22587	7.77	1	东　方
55363.75	**14401.39**	**7587239**	**7236375**	**1489.53**	**109**	**重　庆**
55363.75	14401.39	7587239	7236375	1489.53	109	重　庆
87062.03	**20875.43**	**14457247**	**13480654**	**2577.82**	**250**	**四　川**
29540.25	5816.08	6392649	5771378	857.49	88	成　都
1190.00	200.52	160010	156212	22.56	4	都江堰
1043.00	424.00	189112	189004	23.60	3	彭　州
1898.00	182.00	95322	94895	24.67	1	邛　崃
	531.00	133127	129280	15.00	2	崇　州

7-2-2 续表 13

城市名称 Name of Cities	储气能力(万立方米) Gas Storage Capacity ($10,000\ m^3$)	供气管道长度(公里) Length of Gas Supply Pipeline (km)	供气总量(万立方米) 合计 Total	销售气量 Quantity Sold	居民家庭 Households	集中供热 Central Heating
简　阳	4.20	948.70	8654.05	8593.91	3798.79	
自　贡	18.00	5258.17	25887.46	23327.06	12623.52	
攀枝花	3.00	156.01	155.01	154.60	110.98	42.59
泸　州	14.00	1232.77	58456.11	57584.41	12147.60	
德　阳	15.09	1524.05	49809.66	49415.19	7698.11	
广　汉		902.72	13042.81	12761.73	3600.60	
什　邡	3.60	532.00	9206.00	9097.00	1857.00	
绵　竹	4.60	920.00	10800.00	10790.00	3276.00	
绵　阳	27.16	4135.74	62258.21	60951.85	17978.86	
江　油	4.00	460.00	8045.02	7506.00	4623.00	
广　元	11.80	670.47	15189.78	14040.39	7450.34	
遂　宁	13.40	3539.81	24933.37	24612.79	7584.65	
射　洪	1.89	728.00	5556.00	5115.00	4415.00	
内　江	18.80	1347.03	14596.13	14155.62	6702.57	
隆　昌	2.93	454.08	3399.71	3332.80	2031.74	
乐　山	2.52	1117.34	40679.86	40083.08	11306.48	134.43
峨眉山		404.37	5533.91	5256.80	3077.31	
南　充	8.00	1120.00	24055.00	23100.00	10583.00	
阆　中	6.00	398.00	3880.00	3701.00	2257.00	
眉　山		586.00	15568.03	15440.88	8626.77	
宜　宾	21.11	2869.38	31605.42	30789.39	24336.61	
广　安	9.00	362.50	8861.46	8517.08	6496.98	
华　蓥	1.25	415.00	2629.00	2297.00	1814.00	
达　州	30.00	1536.65	12020.90	12010.34	8019.93	
万　源	13.10	210.40	950.00	926.00	723.00	
雅　安		902.70	6909.97	6600.35	5965.12	
巴　中	3.20	1911.57	10793.40	10011.20	7923.00	
资　阳	5.10	1154.54	7700.91	7418.02	4191.45	
马尔康	50.00	33.00	159.90	157.40	112.50	
康　定	1.00	15.61	55.10	54.37	54.37	
西　昌	39.00	116.29	2847.90	2716.99	1242.19	
贵　州	**1178.96**	**8860.84**	**126336.81**	**125233.67**	**42938.44**	**336.39**
贵　阳	507.80	3906.70	43206.00	43206.00	22571.00	
清　镇	68.00	494.00	10609.00	10184.64	1308.96	
六盘水	50.00	865.40	5449.00	4970.18	2737.00	336.39
盘　州	80.00	165.00	716.00	715.00	380.00	
遵　义	112.05	855.40	23107.62	23016.62	3824.78	
赤　水	2.00	560.00	2557.74	2532.00	1817.68	
仁　怀	96.00	259.27	18131.85	18128.13	837.53	
安　顺	33.76	251.47	3805.63	3802.88	1466.13	
毕　节	24.00	340.00	2669.16	2667.66	1241.53	
铜　仁	66.10	209.01	1705.00	1642.40	748.47	
兴　义	20.00	172.00	1207.50	1204.00	185.80	

continued 13

Total Gas Supplied(10,000 m^3)		用气户数(户) Number of Household with Access to Gas (unit)		用气人口(万人) Population with Access to Gas (10,000 persons)	天然气汽车加气站(座) Gas Stations for CNG-Fueled Motor Vehicles (unit)	城市名称 Name of Cities
燃气汽车 Gas-Powered Automobiles	燃气损失量 Loss Amount		居民家庭 Households			
807.63	60.14	147606	144032	32.71	2	简阳
5479.26	2560.40	624763	542912	120.90	22	自贡
	0.41	19588	19534	6.30		攀枝花
4113.00	871.70	511286	502272	161.00	11	泸州
1650.32	394.47	299643	294940	65.29	9	德阳
229.52	281.08	144422	143359	23.64	1	广汉
765.00	109.00	83494	81334	13.19	2	什邡
860.00	10.00	75258	75020	14.21	1	绵竹
9943.23	1306.36	883929	866808	140.80	22	绵阳
508.00	539.02	181824	154475	34.74	8	江油
1499.51	1149.39	263276	252477	53.52	7	广元
1638.03	320.58	387780	377559	60.11	7	遂宁
700.00	441.00	162000	158000	31.04	2	射洪
2352.70	440.51	291337	288512	70.16	7	内江
143.48	66.91	83409	81069	21.87	1	隆昌
3361.00	596.78	475592	467133	80.92	6	乐山
410.96	277.11	108319	106322	18.81	2	峨眉山
5720.00	955.00	526953	464535	144.00	12	南充
940.00	179.00	115724	101685	30.48	2	阆中
2533.75	127.15	304312	300132	56.21	6	眉山
4425.38	816.03	477455	462117	152.35	5	宜宾
	344.38	271352	266715	40.02		广安
	332.00	59580	59050	11.00		华蓥
1153.37	10.56	384126	337828	125.50	3	达州
	24.00	36594	35979	9.00		万源
271.00	309.62	140988	135934	23.40	1	雅安
1026.50	782.20	200147	196885	46.00	7	巴中
1545.25	282.89	179118	176814	32.00	5	资阳
	2.50	2900	2500	0.80		马尔康
	0.73	2400	2400	0.93		康定
1313.89	130.91	41852	41553	13.60	1	西昌
6101.62	**1103.14**	**2066938**	**2041737**	**495.20**	**26**	**贵州**
		1227121	1219034	245.42		贵阳
	424.36	79612	78962	19.74		清镇
	478.82	156998	155000	33.80		六盘水
70.00	1.00	28000	27622	9.80	1	盘州
2722.23	91.00	180188	178010	53.12	7	遵义
	25.74	69140	65120	15.24	1	赤水
267.57	3.72	34133	33813	12.34	2	仁怀
294.38	2.75	57399	53433	17.72	2	安顺
405.86	1.50	55590	54830	22.23	1	毕节
816.00	62.60	41881	41051	18.58	4	铜仁
225.00	3.50	16491	15746	6.30	1	兴义

7-2-2 续表 14

城市名称 Name of Cities	储气能力(万立方米) Gas Storage Capacity (10,000 m^3)	供气管道长度(公里) Length of Gas Supply Pipeline (km)	供气总量(万立方米) 合 计 Total	销售气量 Quantity Sold	居民家庭 Households	集中供热 Central Heating
兴　仁	4.50	23.44	22.50	22.13	22.13	
凯　里	92.00	165.36	8689.88	8689.67	4828.46	
都　匀	15.75	520.79	4165.93	4159.26	858.87	
福　泉	7.00	73.00	294.00	293.10	110.10	
云　南	**378.72**	**8708.45**	**60286.66**	**59730.38**	**18179.53**	
昆　明	104.50	4431.80	32752.88	32584.65	11952.45	
安　宁		166.68	1812.88	1808.88	1493.88	
曲　靖	81.90	573.63	5403.16	5295.59	260.04	
宣　威	23.00	80.62	1245.00	1192.73	354.69	
玉　溪	8.68	223.67	2944.76	2943.82	235.75	
澄　江	7.90	30.00	20.75	20.74	11.99	
保　山		383.69	1981.40	1950.00	363.29	
腾　冲	15.00	68.88	395.76	390.76	381.72	
昭　通	19.00	172.40	1875.48	1802.09	431.08	
水　富	0.30	88.00	924.40	894.30	659.20	
丽　江	2.40	228.64	2948.60	2943.10	230.00	
普　洱	10.00	40.00	238.00	237.00	65.00	
临　沧	5.50	35.80	47.94	47.88	47.88	
楚　雄	19.10	557.02	2447.22	2407.01	505.23	
个　旧	6.44	28.60	35.48	33.68	16.36	
开　远	6.00	152.04	117.89	98.11	98.11	
蒙　自	5.00	93.70	10.04	9.96	9.96	
弥　勒	20.00	106.95	584.20	583.00	418.00	
文　山	12.00	243.70	762.57	757.57	153.98	
景　洪	2.80	54.48	310.42	310.00	135.55	
大　理	15.60	469.70	2152.00	2149.00	73.32	
瑞　丽	1.20	247.00	305.44	303.33	153.79	
芒　市	6.40	163.65	944.76	942.30	116.32	
泸　水	6.00	67.40	25.63	24.88	11.94	
香格里拉		0.40				
西　藏	**100.00**	**6165.85**	**4268.78**	**4055.33**	**2217.92**	**1837.41**
拉　萨	100.00	6165.85	4268.78	4055.33	2217.92	1837.41
日喀则						
昌　都						
林　芝						
山　南						
那　曲						
陕　西	**3621.13**	**23363.66**	**556358.80**	**545773.98**	**227766.13**	**142918.62**
西　安	3045.23	12343.76	322730.46	314269.82	119488.24	83858.08
铜　川	6.40	534.60	16324.00	16316.00	5754.00	5771.00
宝　鸡	57.00	1704.42	31199.44	30958.42	10903.25	10403.53

continued 14

Total Gas Supplied(10,000 m^3) 燃气汽车 Gas-Powered Automobiles	燃气损失量 Loss Amount	用气户数(户) Number of Household with Access to Gas (unit)	居民家庭 Households	用气人口(万人) Population with Access to Gas (10,000 persons)	天然气汽车加气站(座) Gas Stations for CNG-Fueled Motor Vehicles (unit)	城市名称 Name of Cities
	0.37	7216	7216	2.52	1	兴　仁
750.30	0.21	46871	46301	12.58	2	凯　里
550.28	6.67	52129	51599	16.51	4	都　匀
	0.90	14169	14000	9.30		福　泉
10916.85	**556.28**	**2233187**	**2225599**	**563.07**	**38**	**云　南**
5485.99	168.23	1713498	1710960	380.13	10	昆　明
315.00	4.00	99729	99363	27.40	1	安　宁
948.10	107.57	42588	42182	11.21	3	曲　靖
603.55	52.27	10464	10434	5.07	2	宣　威
	0.94	24733	24636	10.82		玉　溪
8.75	0.01	4010	4000	1.50	1	澄　江
273.18	31.40	33267	33036	9.80	2	保　山
4.06	5.00	5059	4976	1.79	1	腾　冲
594.67	73.39	44300	43992	22.15	3	昭　通
235.10	30.10	19134	17780	5.51	1	水　富
828.60	5.50	40376	40363	19.50	1	丽　江
172.00	1.00	9587	9501	3.52	1	普　洱
	0.06	1000	1000	0.27		临　沧
140.46	40.21	39616	39085	15.84	5	楚　雄
17.32	1.80	319	283	3.00	1	个　旧
	19.78	21874	21874	7.78		开　远
	0.08	2720	2720	1.60		蒙　自
165.00	1.20	7774	7666	3.10	1	弥　勒
412.57	5.00	24114	23918	7.48	1	文　山
	0.42	27200	27090	7.56	2	景　洪
712.50	3.00	8075	7947	2.79	2	大　理
	2.11	30800	30548	7.70		瑞　丽
	2.46	19850	19305	6.55		芒　市
	0.75	3100	2940	1.00		泸　水
						香格里拉
	213.45	**119560**	**119000**	**35.70**		**西　藏**
	213.45	119560	119000	35.70		拉　萨
						日喀则
						昌　都
						林　芝
						山　南
						那　曲
30497.79	**10584.82**	**6666986**	**6549771**	**1221.37**	**163**	**陕　西**
12525.36	8460.64	4019344	3979913	657.15	59	西　安
1301.00	8.00	196666	191494	40.00	6	铜　川
2575.41	241.02	524485	520014	93.58	18	宝　鸡

7-2-2 续表 15

城市名称 Name of Cities	储气能力(万立方米) Gas Storage Capacity ($10,000\ m^3$)	供气管道长度(公里) Length of Gas Supply Pipeline (km)	供气总量(万立方米) 合 计 Total	销售气量 Quantity Sold	居民家庭 Households	集中供热 Central Heating
咸　阳	131.00	1260.30	33645.00	33633.00	14254.00	8156.00
彬　州	6.20	88.53	767.62	747.62	343.55	
兴　平	7.20	669.00	3966.00	3802.00	2342.00	
渭　南	37.50	507.00	36887.00	36632.00	22976.00	1900.00
韩　城	72.00	176.76	9194.49	8918.66	6504.61	300.00
华　阴	0.20	85.00	915.00	905.00	537.00	269.00
延　安	1.70	1136.87	32719.00	31791.00	9988.00	13529.00
子　长	3.60	287.00	2857.70	2838.90	1531.10	83.70
汉　中	100.00	200.72	9687.74	9680.54	6638.13	2311.00
榆　林	31.30	3155.03	34378.09	34349.55	13930.00	15966.00
神　木		375.80	7418.00	7414.50	4371.00	250.00
安　康	6.60	320.00	4259.00	4216.41	2686.00	68.00
商　洛	115.20	193.87	6263.00	6164.30	3900.00	
杨凌区		325.00	3147.26	3136.26	1619.25	53.31
甘　肃	**313.74**	**4265.21**	**254404.96**	**253427.01**	**64666.40**	**75541.15**
兰　州	103.00	1303.46	173239.27	172676.30	42104.90	63950.55
嘉峪关	19.00	242.26	17023.79	16952.64	758.10	
金　昌	11.60	125.68	6555.00	6552.05	418.68	
白　银	17.40	607.70	12344.91	12321.67	2473.00	2085.00
天　水	36.00	236.00	9540.37	9540.20	2326.66	2035.22
武　威	0.80	160.00	4916.12	4853.36	1363.00	
张　掖	9.10	297.00	5308.22	5307.44	2563.50	1548.96
平　凉	7.80	84.80	1988.00	1968.00	671.70	392.00
华　亭	1.60	19.12	268.40	258.40	176.40	
酒　泉	40.00	201.50	2816.06	2768.50	1815.44	
玉　门	12.00	63.00	577.47	577.00	320.00	
敦　煌	50.00	240.00	5500.08	5500.00	2300.00	300.00
庆　阳	0.52	180.56	3907.00	3837.00	2640.00	841.97
定　西	0.02	26.32	125.90	123.41	91.69	
陇　南	4.50	79.60	700.00	698.10	683.10	
临　夏		336.19	7805.37	7709.94	3782.70	2894.88
合　作	0.40	62.02	1789.00	1783.00	177.53	1492.57
青　海	**167.42**	**3295.83**	**170972.65**	**164766.21**	**47705.60**	**65273.76**
西　宁	34.52	1601.42	130258.33	125605.77	27565.52	55759.66
海　东	30.00	829.14	14381.64	13669.26	11310.61	825.10
同　仁						
玉　树						
茫　崖	68.70	14.72	314.35	308.00	92.40	
格尔木	33.90	621.89	19897.28	19062.18	6064.07	6143.00
德令哈	0.30	228.66	6121.05	6121.00	2673.00	2546.00

continued 15

Total Gas Supplied(10,000 m³)		用气户数（户）Number of Household with Access to Gas (unit)		用气人口（万人）Population with Access to Gas (10,000 persons)	天然气汽车加气站（座）Gas Stations for CNG-Fueled Motor Vehicles (unit)	城市名称 Name of Cities
燃气汽车 Gas-Powered Automobiles	燃气损失量 Loss Amount		居民家庭 Households			
3120.00	12.00	421560	415654	107.24	12	咸阳
51.97	20.00	24820	23200	8.69	2	彬州
52.00	164.00	62023	61023	14.92	1	兴平
2930.00	255.00	268598	242634	49.00	5	渭南
394.30	275.83	58320	57426	16.25	3	韩城
98.90	10.00	19679	19514	7.22	2	华阴
529.00	928.00	222834	208176	41.15	22	延安
431.00	18.80	28030	27662	10.71	3	子长
615.40	7.20	187022	186531	44.08	6	汉中
2717.50	28.54	334438	326041	55.80	10	榆林
778.60	3.50	98662	91382	20.50	5	神木
426.00	42.59	74462	73953	22.19	5	安康
1648.30	98.70	49532	48921	17.00	3	商洛
303.05	11.00	76511	76233	15.89	1	杨凌区
24763.69	**977.95**	**2258351**	**2221018**	**524.76**	**104**	**甘肃**
13693.86	562.97	1249953	1230671	233.45	32	兰州
100.28	71.15	59391	59189	8.61	9	嘉峪关
2008.00	2.95	46158	45158	12.34	6	金昌
1130.94	23.24	123122	121938	32.50	8	白银
1495.10	0.17	127865	127173	54.45	4	天水
1319.04	62.76	128366	127717	32.30	6	武威
1194.98	0.78	64998	63262	24.34	5	张掖
903.00	20.00	81800	79800	26.10	4	平凉
82.00	10.00	17852	16332	4.91	2	华亭
905.50	47.56	94904	94735	26.57	7	酒泉
125.00	0.47	11475	10721	3.62	4	玉门
400.00	0.08	39000	35000	9.19	6	敦煌
355.03	70.00	86857	86274	16.85	4	庆阳
3.60	2.49	15331	15231	5.45	3	定西
15.00	1.90	37669	36499	11.88	1	陇南
1032.36	95.43	65525	63738	19.60	3	临夏
	6.00	8085	7580	2.60		合作
14350.87	**6206.44**	**632592**	**614271**	**177.11**	**35**	**青海**
9157.59	4652.56	435298	426086	133.39	19	西宁
635.12	712.38	105619	100541	22.61	5	海东
						同仁
						玉树
187.88	6.35	10342	10292	1.81	3	茫崖
4082.28	835.10	48457	46142	13.84	7	格尔木
288.00	0.05	32876	31210	5.46	1	德令哈

7-2-2 续表 16

城市名称 Name of Cities	储气能力(万立方米) Gas Storage Capacity ($10,000\ m^3$)	供气管道长度(公里) Length of Gas Supply Pipeline (km)	供气总量(万立方米) 合计 Total	销售气量 Quantity Sold	居民家庭 Households	集中供热 Central Heating
宁　夏	**67.50**	**7217.20**	**161213.93**	**159564.36**	**44841.01**	**21380.28**
银　川	5.50	3307.29	101226.50	100828.50	17195.74	19567.80
灵　武		321.17	5662.00	5612.00	4759.00	
宁东能源化工基地		280.62	1383.75	1382.28	137.90	421.68
石 嘴 山	32.00	1229.00	15611.47	15519.37	5925.00	
吴　忠	10.00	453.00	8123.23	8002.97	4272.40	86.98
青 铜 峡		410.00	4014.62	3843.50	2123.30	1210.23
固　原		523.12	3412.22	3380.71	2534.56	93.59
中　卫	20.00	693.00	21780.14	20995.03	7893.11	
新　疆	**5296.98**	**15718.11**	**500066.93**	**495401.10**	**115534.78**	**228138.27**
乌鲁木齐	5100.00	7737.34	283594.33	283592.03	58820.59	175418.95
克拉玛依	0.40	656.63	37037.19	36551.30	6023.76	14859.03
吐 鲁 番	0.90	642.80	4395.00	4268.00	1193.00	864.00
哈　密	76.62	1389.12	14568.72	14469.98	2818.74	
昌　吉	16.44	218.35	17634.38	16001.61	4274.95	3553.03
阜　康	2.99	610.78	1784.60	1781.00	809.00	
博　乐	15.51	234.60	3695.03	3685.03	1285.96	
阿拉山口	0.50	4.70	78.09	77.89	3.85	
库 尔 勒		349.58	26638.00	26450.20	3508.00	16796.36
阿 克 苏	0.36	561.13	21106.00	20948.00	5018.00	2085.00
库　车		406.00	26526.59	26405.89	2293.51	1723.00
阿 图 什		101.84	8766.87	8328.53	2671.75	5258.75
喀　什		1051.36	19130.90	18610.68	13900.77	2886.06
和　田		865.00	16359.00	15809.00	4315.00	3104.00
伊　宁	53.10	377.34	7435.19	7246.24	3340.78	865.89
奎　屯	3.60	281.48	6590.06	6524.16	3364.15	724.20
霍尔果斯	4.80	17.50	175.00	167.00	54.00	
塔　城	11.32	38.00	667.90	645.90	391.64	
乌　苏		110.85	2729.86	2689.72	827.00	
阿 勒 泰	10.44	63.71	1154.22	1148.94	620.33	
新疆兵团	**220.20**	**1265.96**	**40841.58**	**39977.49**	**10217.78**	**4038.49**
石 河 子	115.00	989.24	19418.87	18859.90	3895.66	
阿 拉 尔	95.00	58.10	2141.21	2071.00	1079.00	207.00
图木舒克		29.50	1418.00	1415.00	566.00	
五 家 渠		29.63	12119.00	11948.50	2795.50	3389.00
北　屯	8.70	32.50	849.39	819.88	200.08	
铁 门 关		47.81	2544.50	2518.50	693.50	
双　河	0.60	9.70	210.00	209.95	28.00	
可克达拉		38.00	130.60	130.00	30.00	
昆　玉		25.88	1770.46	1765.26	870.66	442.49
胡 杨 河	0.90	5.60	239.55	239.50	59.38	

continued 16

Total Gas Supplied(10,000 m^3)		用气户数(户) Number of Household with Access to Gas (unit)		用气人口(万人) Population with Access to Gas (10,000 persons)	天然气汽车加气站(座) Gas Stations for CNG-Fueled Motor Vehicles (unit)	城市名称 Name of Cities
燃气汽车 Gas-Powered Automobiles	燃气损失量 Loss Amount		居民家庭 Households			
21307.14	**1649.57**	**1334931**	**1319140**	**267.99**	**92**	**宁　夏**
13424.00	398.00	661475	656480	148.60	66	银　川
853.00	50.00	72490	71320	10.31	2	灵　武
822.70	1.47	7370	7360	7.00	2	宁东能源化工基地
1532.31	92.10	253257	249403	41.00	9	石嘴山
2079.80	120.26	128282	126051	21.88	6	吴　忠
509.97	171.12	50232	48222	12.30	3	青铜峡
340.33	31.51	64910	64301	13.20	1	固　原
1745.03	785.11	96915	96003	13.70	3	中　卫
89819.39	**4665.83**	**3752458**	**3660909**	**730.01**	**330**	**新　疆**
19441.80	2.30	1637347	1618225	338.70	97	乌鲁木齐
4598.34	485.89	189930	184855	44.63	15	克拉玛依
1894.00	127.00	44300	42148	7.76	10	吐鲁番
11651.24	98.74	196876	195402	24.24	10	哈　密
4462.81	1632.77	213947	211366	42.31	14	昌　吉
253.00	3.60	48586	46043	9.86	3	阜　康
2219.07	10.00	48700	48621	14.12	7	博　乐
74.04	0.20	640	635	0.19	1	阿拉山口
1920.00	187.80	331617	316586	53.00	53	库尔勒
10129.00	158.00	144788	142785	39.06	22	阿克苏
22389.38	120.70	57968	57613	16.30	34	库　车
398.03	438.34	25212	24382	8.48	3	阿图什
1276.70	520.22	298381	266918	44.38	18	喀　什
1719.00	550.00	122737	115935	22.58	3	和　田
3039.57	188.95	201495	201170	33.10	21	伊　宁
1645.92	65.90	100669	100461	13.40	6	奎　屯
113.00	8.00	4800	4600	1.10	2	霍尔果斯
254.26	22.00	24500	23600	4.26	2	塔　城
1811.62	40.14	22768	22670	6.09	7	乌　苏
528.61	5.28	37197	36894	6.45	2	阿勒泰
14906.35	**864.09**	**416766**	**403463**	**92.95**	**60**	**新疆兵团**
9086.20	558.97	186822	185006	46.81	37	石河子
785.00	70.21	42619	32784	10.72	4	阿拉尔
552.00	3.00	24600	24100	6.20	3	图木舒克
1236.00	170.50	108823	107988	16.10	6	五家渠
619.80	29.51	24566	24491	6.13	3	北　屯
1825.00	26.00	5753	5663	1.98	1	铁门关
181.95	0.05	3535	3500	0.80	1	双　河
	0.60	856	848	0.54	1	可克达拉
452.11	5.20	13514	13430	1.52	3	昆　玉
168.29	0.05	5678	5653	2.15	1	胡杨河

7-3-1 2020年按省分列的城市液化石油气

地区名称 Name of Regions	储气能力（吨） Gas Storage Capacity (ton)	供气管道长度（公里） Length of Gas Supply Pipeline (km)	供气总量(吨) Total Gas Supplied (ton)			
			合计 Total	销售气量 Quantity Sold	居民家庭 Households	燃气汽车 Gas-Powered Automobiles
全　国	**960757.04**	**4010.00**	**8337109.06**	**8291148.13**	**4786679.10**	**250229.41**
北　京	18428.53	229.03	318293.00	292445.00	106695.00	
天　津	4901.30		60575.60	59891.63	39142.95	
河　北	14758.76	140.12	80268.04	79789.18	55680.90	
山　西	6933.68	13.40	57163.69	56586.90	43186.38	
内蒙古	7694.68	120.04	57053.46	56283.00	44240.90	2974.00
辽　宁	39448.60	295.84	549329.18	548956.03	116119.28	72021.70
吉　林	19282.44	29.52	141174.35	140498.24	44377.29	5217.00
黑龙江	11265.50	19.23	146843.88	145472.51	83686.29	33073.76
上　海	21130.00	263.23	268425.20	272198.74	153474.19	20141.70
江　苏	61373.39	149.80	525334.53	524395.74	314540.54	14144.65
浙　江	42263.39	265.04	839084.15	836917.43	576886.46	10489.01
安　徽	16277.45	243.19	157718.65	156805.05	87247.55	267.00
福　建	16879.30	194.79	290478.34	290223.72	177499.36	252.00
江　西	19632.10	142.09	212089.19	210271.81	165542.20	10.00
山　东	37056.53	2.70	291444.06	289910.72	188377.05	22824.61
河　南	13190.00	14.20	165378.08	164055.20	138685.70	5629.00
湖　北	33894.43	129.97	271929.93	270388.21	182019.98	3208.30
湖　南	31859.70	41.60	252371.33	251169.99	198248.79	2051.00
广　东	297073.48	868.75	2557229.02	2554763.06	1413010.86	52379.98
广　西	144754.43	2.09	317493.81	316638.40	233802.85	
海　南	3687.65		77971.38	77949.17	70578.83	
重　庆	7317.71		57149.64	56845.61	37258.04	
四　川	19735.81	710.17	204997.88	202923.37	93579.07	1566.00
贵　州	16319.39		117404.36	117200.45	49023.02	
云　南	25514.39	18.13	150339.48	149876.38	56964.86	
西　藏	887.50	1.40	8595.67	8588.05	7868.05	712.00
陕　西	10264.20	2.67	37063.65	36777.18	23955.92	290.00
甘　肃	8650.80	110.00	33979.27	33751.26	24280.12	817.00
青　海	2926.70		17192.73	17016.93	15557.68	420.80
宁　夏	3740.00	0.82	14775.76	14716.26	6155.06	
新　疆	3420.20	2.18	54665.75	54570.91	35721.93	1739.90
新疆兵团	195.00		3296.00	3272.00	3272.00	

Urban LPG Supply by Province(2020)

燃气损失量 Loss Amount	用气户数 (户) Number of Household with Access to Gas (unit)	居民家庭 Households	用气人口 (万人) Population with Access to Gas (10,000 persons)	液化石油气汽车加气站 (座) Gas Stations for LPG-Fueled Motor Vehicles (unit)	地区名称 Name of Regions
45960.93	**40237196**	**36873103**	**10767.47**	**332**	**全　国**
25848.00	1880554	1866158	440.77		北　京
683.97	335964	330565	63.37		天　津
478.86	679037	615871	179.49		河　北
576.79	252677	197445	53.55	6	山　西
770.46	542064	477553	209.71	21	内蒙古
373.15	1157045	1024067	286.77	50	辽　宁
676.11	753758	663324	229.89	25	吉　林
1371.37	940118	864899	274.53	44	黑龙江
-3773.54	2305514	2223116	553.19	17	上　海
938.79	2058367	1811405	362.42	7	江　苏
2166.72	4482379	3798243	907.60	14	浙　江
913.60	607586	519869	156.22	2	安　徽
254.62	1530701	1445525	571.68	1	福　建
1817.38	1251498	1182393	377.41	1	江　西
1533.34	1397638	1244635	352.67	54	山　东
1322.88	960330	908429	374.12	26	河　南
1541.72	1613017	1499693	384.77	6	湖　北
1201.34	1634534	1585172	463.95	7	湖　南
2465.96	9692866	9146665	2965.83	17	广　东
855.41	1999635	1881607	524.04		广　西
22.21	482612	478853	69.23		海　南
304.03	217137	160778	58.88		重　庆
2074.51	509737	399713	112.54	10	四　川
203.91	926786	787924	296.54		贵　州
463.10	921560	789848	244.99	2	云　南
7.62	70224	68009	27.60	6	西　藏
286.47	266341	207571	55.36	3	陕　西
228.01	252288	224934	75.67	8	甘　肃
175.80	54037	52231	25.16	2	青　海
59.50	143871	134599	24.47		宁　夏
94.84	285871	250559	39.07	3	新　疆
24.00	31450	31450	5.98		新疆兵团

7-3-2 2020年按城市分列的城市液化石油气

城市名称 Name of Cities	储气能力 (万立方米) Gas Storage Capacity (10,000 m^3)	供气管道长度 (公里) Length of Gas Supply Pipeline (km)	供气总量(吨) Total Gas Supplied (ton)			
			合计 Total	销售气量 Quantity Sold	居民家庭 Households	燃气汽车 Gas-Powered Automobiles
全国	**960757.04**	**4010.00**	**8337109.06**	**8291148.13**	**4786679.10**	**250229.41**
北京	**18428.53**	**229.03**	**318293.00**	**292445.00**	**106695.00**	
天津	**4901.30**		**60575.60**	**59891.63**	**39142.95**	
河北	**14758.76**	**140.12**	**80268.04**	**79789.18**	**55680.90**	
石家庄	1243.00		18277.91	18218.44	6409.50	
晋州						
新乐	471.00		441.00	439.00	403.00	
唐山	2045.00		7650.00	7543.00	6585.00	
滦州	90.00		1837.00	1829.00	1285.90	
遵化	185.00		1000.00	990.00	990.00	
迁安	320.00		3430.00	3420.00	3420.00	
秦皇岛	540.00		5773.21	5745.28	4722.98	
邯郸	50.00		268.88	265.88	252.00	
武安	60.00		581.00	580.00	580.00	
邢台	289.00		1926.06	1902.56	1662.21	
南宫	2400.00		2116.00	2114.00	2114.00	
沙河	100.00	0.18	480.00	460.00	460.00	
保定	780.00		3238.00	3151.00	3003.52	
涿州	86.00	0.03	554.06	550.00	500.00	
安国	11.60		820.00	802.00	802.00	
高碑店	25.00		950.00	944.00	319.00	
张家口	368.70	17.61	902.51	879.75	718.65	
承德	427.50	60.50	6194.47	6187.38	5832.03	
平泉	328.00		3470.40	3469.58	3469.58	
沧州	1300.00	1.80	855.01	855.00	855.00	
泊头	100.00		435.00	433.78	428.89	
任丘	1255.00		2462.00	2460.90	210.00	
黄骅	160.00		510.00	509.00	489.00	
河间	180.00		480.00	478.00	478.00	
廊坊	533.00		6267.30	6263.30	3129.50	
霸州	200.00		123.00	120.00	120.00	
三河	130.00	0.30	1250.00	1225.00	1225.00	
衡水	300.00		3309.00	3300.00	2137.14	
深州	225.00		1310.00	1306.00	1290.00	
辛集	130.00	50.10	810.00	809.00	809.00	
定州	425.96	9.60	2546.23	2538.33	980.00	
山西	**6933.68**	**13.40**	**57163.69**	**56586.90**	**43186.38**	
太原	480.00	8.00	30250.00	30080.00	30080.00	
古交	117.00		230.00	229.00	229.00	
大同	662.00		2208.00	2199.00	510.00	

Urban LPG Supply by City(2020)

燃气损失量 Loss Amount	用气户数 (户) Number of Household with Access to Gas (unit)	居民家庭 Households	用气人口 (万人) Population with Access to Gas (10,000 persons)	液化石油气汽车加气站 (座) Gas Stations for LPG-Fueled Motor Vehicles (unit)	城市名称 Name of Cities
45960.93	**40237196**	**36873103**	**10767.47**	**332**	**全　国**
25848.00	**1880554**	**1866158**	**440.77**		**北　京**
683.97	**335964**	**330565**	**63.37**		**天　津**
478.86	**679037**	**615871**	**179.49**		**河　北**
59.47	139648	103272	10.16		石家庄
					晋　州
2.00	6200	4522	0.31		新　乐
107.00	30000	27000	10.00		唐　山
8.00	15980	14634	4.39		滦　州
10.00	5000	5000	1.60		遵　化
10.00	19750	19750	8.50		迁　安
27.93	20090	18347	5.00		秦皇岛
3.00	1347	1333	0.34		邯　郸
1.00	2000	2000	0.60		武　安
23.50	26058	25058	6.44		邢　台
2.00	6900	6900	1.59		南　宫
20.00	2000	2000	0.05		沙　河
87.00	63126	62282	19.49		保　定
4.06	3215	3215	2.70		涿　州
18.00	8433	8433	2.53		安　国
6.00	3200	2300	0.55		高碑店
22.76	33210	33102	10.24		张家口
7.09	90908	90846	28.35		承　德
0.82	57840	57840	19.28		平　泉
0.01	29644	29644	7.88		沧　州
1.22	3825	3825	1.15		泊　头
1.10	2145	801	0.29		任　丘
1.00	8899	5498	2.19		黄　骅
2.00	4800	4800	1.56		河　间
4.00	9862	9792	4.19		廊　坊
3.00	882	882	0.16		霸　州
25.00	3500	3500	1.05		三　河
9.00	46845	35595	17.59		衡　水
4.00	11830	11800	5.05		深　州
1.00	11450	11450	3.78		辛　集
7.90	10450	10450	2.48		定　州
576.79	**252677**	**197445**	**53.55**	**6**	**山　西**
170.00	25730	25730	5.00		太　原
1.00	2850	2850	1.10		古　交
9.00	36851	21275	5.19		大　同

7-3-2 续表 1

城市名称 Name of Cities	储气能力（万立方米） Gas Storage Capacity (10,000 m^3)	供气管道长度（公里） Length of Gas Supply Pipeline (km)	供气总量(吨) Total Gas Supplied (ton)			
			合 计 Total	销售气量 Quantity Sold		
					居民家庭 Households	燃气汽车 Gas-Powered Automobiles
阳 泉						
长 治	1136.68	5.10	2801.20	2776.90	2729.94	
晋 城	200.00		1683.00	1683.00	645.00	
高 平	80.00	0.30	1377.89	1348.00	1035.44	
朔 州	295.00		2400.00	2310.00	1200.00	
怀 仁	150.00		834.00	830.00	830.00	
晋 中	160.00		1292.00	1290.00	430.00	
介 休	100.00		895.50	895.00	39.00	
运 城						
永 济	600.00		1780.00	1710.00	800.00	
河 津						
忻 州	210.00		3800.00	3755.00	3125.00	
原 平	100.00		620.00	615.00		
临 汾	43.00		3052.10	3040.00	355.00	
侯 马	200.00		1160.00	1050.00	580.00	
霍 州			1020.00	1020.00	580.00	
吕 梁						
孝 义						
汾 阳	2400.00		1760.00	1756.00	18.00	
内 蒙 古	**7694.68**	**120.04**	**57053.46**	**56283.00**	**44240.90**	**2974.00**
呼和浩特						
包 头	357.00		8454.00	8444.57	200.00	
乌 海	140.00		650.00	640.00	640.00	
赤 峰	2670.00		16432.00	16029.00	14402.00	1619.00
通 辽	800.00		348.00	340.00	330.00	
霍林郭勒	165.00		643.00	631.80	600.00	
鄂尔多斯	52.48	0.04	3760.00	3759.00	3758.00	
呼伦贝尔	800.00		4410.00	4390.00	4390.00	
满 洲 里	887.80		4520.76	4425.90	4425.90	
牙 克 石	170.00		1475.00	1472.00	1400.00	
扎 兰 屯	220.00		2805.00	2740.00	2740.00	
额尔古纳	162.40		299.00	297.00	237.00	60.00
根 河	61.00		773.50	767.13	637.00	
巴彦淖尔	317.00		2800.00	2800.00	2800.00	
乌兰察布	46.00		3276.20	3205.60	3000.00	
丰 镇	192.00		1452.00	1430.00	1155.00	
乌兰浩特	235.00	120.00	2900.00	2895.00	1600.00	1295.00
阿 尔 山	100.00		70.00	66.00	66.00	
二连浩特	139.00		1140.00	1110.00	1110.00	
锡林浩特	180.00		845.00	840.00	750.00	
辽 宁	**39448.60**	**295.84**	**549329.18**	**548956.03**	**116119.28**	**72021.70**
沈 阳	4803.50		52780.00	52771.00	17973.00	
新 民	106.50	0.84	720.00	720.00	623.00	

continued 1

燃气损失量 Loss Amount	用气户数(户) Number of Household with Access to Gas (unit)	居民家庭 Households	用气人口(万人) Population with Access to Gas (10,000 persons)	液化石油气汽车加气站(座) Gas Stations for LPG-Fueled Motor Vehicles (unit)	城市名称 Name of Cities
					阳　泉
24.30	49290	49290	13.08	6	长　治
	20619	20124	2.36		晋　城
29.89	7436	7436	3.21		高　平
90.00	13020	9560	3.23		朔　州
4.00	6660	6660	3.50		怀　仁
2.00	3600	1500	0.50		晋　中
0.50	4200	1200	0.20		介　休
					运　城
70.00	26600	23000	6.40		永　济
					河　津
45.00	42000	18600	4.10		忻　州
5.00	570				原　平
12.10	8041	6200	2.26		临　汾
110.00	1760	1500	0.58		侯　马
	2800	1870	0.84		霍　州
					吕　梁
					孝　义
4.00	650	650	2.00		汾　阳
770.46	**542064**	**477553**	**209.71**	**21**	**内 蒙 古**
					呼和浩特
9.43	15900	8063	3.65		包　头
10.00	2000	2000	0.60		乌　海
403.00	122151	105792	67.31	5	赤　峰
8.00	13200	10000	2.53		通　辽
11.20	35500	35000	12.00		霍林郭勒
1.00	4798	3000	0.90		鄂尔多斯
20.00	76210	76210	22.66		呼伦贝尔
94.86	54200	54200	16.00		满 洲 里
3.00	25690	19580	9.25		牙 克 石
65.00	26500	26500	10.80		扎 兰 屯
2.00	9500	9500	3.33	1	额尔古纳
6.37	12091	9293	3.65		根　河
	7200	7200	1.80		巴彦淖尔
70.60	21080	11410	7.50		乌兰察布
22.00	10729	7190	3.00		丰　镇
5.00	65700	55000	23.00	8	乌兰浩特
4.00	7115	7115	3.50		阿 尔 山
30.00	16000	16000	4.00		二连浩特
5.00	16500	14500	14.23	7	锡林浩特
373.15	**1157045**	**1024067**	**286.77**	**50**	**辽　宁**
9.00	170056	150929	31.50		沈　阳
	15500	14700	3.88		新　民

7-3-2 续表 2

城市名称 Name of Cities	储气能力(万立方米) Gas Storage Capacity ($10,000\ m^3$)	供气管道长度(公里) Length of Gas Supply Pipeline (km)	供气总量(吨) Total Gas Supplied (ton)			
			合 计 Total	销售气量 Quantity Sold	居民家庭 Households	燃气汽车 Gas-Powered Automobiles
大 连	10279.00	167.60	334626.20	334585.20	13250.00	45452.00
瓦 房 店	720.00		7106.00	7086.00	690.00	
庄 河	80.00	9.00	685.00	675.00	515.00	160.00
鞍 山	1200.00		11733.00	11733.00	4650.00	
海 城	1150.00		9900.00	9900.00	4438.00	1500.00
抚 顺	5751.00		27997.58	27952.68	18216.40	
本 溪	1220.00		4490.00	4480.00	1976.00	80.00
丹 东	1490.00		5708.00	5704.50	1521.00	766.00
东 港	114.00	2.50	1662.40	1657.40	650.00	1007.00
凤 城	260.30		3585.00	3584.70	2988.00	596.70
锦 州	150.00	3.44	47.00	37.61	37.61	
凌 海	333.00	49.00	2608.00	2608.00	2608.00	
北 镇	515.00		8665.00	8655.00	4735.00	
营 口	1665.00		5488.00	5456.95	3950.00	300.00
盖 州			3550.00	3520.00	3520.00	
大 石 桥	3165.00		8701.00	8695.00	7595.00	1100.00
阜 新	200.00		3891.00	3891.00	3691.00	200.00
辽 阳	796.00	2.80	7884.00	7841.00	5771.00	
灯 塔	50.00		165.00	163.00	38.00	
盘 锦	1747.50		13080.00	13064.00	1328.60	3600.00
铁 岭	616.80		1485.00	1442.00	1152.00	
调 兵 山	72.00		670.00	667.85	360.00	
开 原	325.00		2412.00	2412.00	2002.88	
朝 阳	500.00	1.66	2075.12	2060.32	1497.00	60.00
北 票	1039.00		2077.64	2075.58	2025.55	
凌 源	600.00	59.00	3470.00	3450.00	3450.00	
葫 芦 岛			17200.00	17200.00		17200.00
兴 城	500.00		4867.24	4867.24	4867.24	
吉 林	**19282.44**	**29.52**	**141174.35**	**140498.24**	**44377.29**	**5217.00**
长 春	6064.00		38853.00	38709.00	5574.15	
榆 树	301.40		1979.50	1978.00	790.00	
德 惠	410.00	1.00	1687.00	1618.00	784.00	
吉 林	4200.00		52020.00	52020.00	312.50	3843.00
蛟 河	254.40	8.00	4696.00	4671.00	3429.00	450.00
桦 甸	467.48		2130.00	2125.00	2025.00	100.00
舒 兰	490.00	19.02	1393.00	1333.00	1333.00	
磐 石	150.00		675.20	674.20	674.20	
四 平	350.00		860.01	860.00	860.00	
双 辽	120.00	1.00	451.00	446.00	446.00	
辽 源	301.86		2160.00	2127.60	710.00	
通 化	400.00		1200.00	1197.00	997.00	200.00
集 安	170.00		652.30	640.00	490.00	
白 山	193.00		2580.00	2574.00	2235.00	
临 江	125.00		1100.00	1095.00	1095.00	

continued 2

燃气损失量 Loss Amount	用气户数 (户) Number of Household with Access to Gas (unit)	居民家庭 Households	用气人口 (万人) Population with Access to Gas (10,000 persons)	液化石油气汽车加气站 (座) Gas Stations for LPG-Fueled Motor Vehicles (unit)	城市名称 Name of Cities
41.00	71359	70235	17.85	13	大 连
20.00	68100	6400	17.81		瓦房店
10.00	86706	86292	12.78	1	庄 河
	34950	30580	8.80		鞍 山
	54081	50781	17.23	3	海 城
44.90	35900	32816	7.18		抚 顺
10.00	14860	12355	0.96	1	本 溪
3.50	21060	18640	3.35	4	丹 东
5.00	9140	9059	2.85	4	东 港
0.30	57560	57280	14.66	2	凤 城
9.39	4226	4226	0.50		锦 州
	37000	37000	10.95		凌 海
10.00	31211	31211	10.30		北 镇
31.05	29500	29054	9.02	2	营 口
30.00	37000	37000	9.35	1	盖 州
6.00	63750	63750	20.36	9	大石桥
	42624	42000	17.00	6	阜 新
43.00	68771	63500	15.23		辽 阳
2.00	2500	1800	0.50		灯 塔
16.00	18900	14000	5.32	1	盘 锦
43.00	15810	11970	5.75		铁 岭
2.15	4100	2100	0.50		调兵山
	30088	25036	7.03		开 原
14.80	43523	32848	10.65	2	朝 阳
2.06	28970	28705	7.89		北 票
20.00	40400	40400	16.37		凌 源
				1	葫芦岛
	19400	19400	1.20		兴 城
676.11	**753758**	**663324**	**229.89**	**25**	**吉 林**
144.00	93159	56962	18.80		长 春
1.50	15500	10120	4.82		榆 树
69.00	9983	6230	3.37		德 惠
	2500	2500	0.50	7	吉 林
25.00	43000	41016	12.40	1	蛟 河
5.00	58900	35000	12.00	1	桦 甸
60.00	34490	34490	12.80		舒 兰
1.00	7000	7000	1.80		磐 石
0.01	3800	3800	1.10		四 平
5.00	4787	4787	2.24		双 辽
32.40	67821	64120	15.36		辽 源
3.00	4000	3000	6.00	2	通 化
12.30	17600	17516	6.10		集 安
6.00	64503	64503	19.42		白 山
5.00	19500	19500	7.50		临 江

7-3-2 续表 3

城市名称 Name of Cities	储气能力(万立方米) Gas Storage Capacity ($10,000\ m^3$)	供气管道长度(公里) Length of Gas Supply Pipeline (km)	供气总量(吨) Total Gas Supplied (ton)			
			合　计 Total	销售气量 Quantity Sold	居民家庭 Households	燃气汽车 Gas-Powered Automobiles
松　原	1150.00		3300.00	3292.00	1650.00	
扶　余	290.00		2985.00	2983.00	2465.00	
白　城	348.00		1550.00	1545.00	1545.00	
洮　南	100.00		300.00	298.00	298.00	
大　安	105.00		200.28	200.00	200.00	
延　吉	575.00		4800.00	4600.00	3600.00	
图　们	20.00		380.00	379.00	350.00	
敦　化	815.50		4866.00	4856.00	4856.00	
珲　春	664.00		4456.14	4452.52	4452.52	
龙　井	120.00		800.42	795.92	795.92	
和　龙	180.00		1680.00	1620.00	800.00	270.00
公主岭	180.00	0.50	950.00	940.00	200.00	180.00
梅河口	477.80		1355.50	1355.00	470.00	
长白山保护开发区	260.00		1114.00	1114.00	940.00	174.00
黑龙江	**11265.50**	**19.23**	**146843.88**	**145472.51**	**83686.29**	**33073.76**
哈尔滨	2115.00		22020.00	21320.00	16801.00	
尚　志	481.00		5111.80	5100.00	4300.00	300.00
五　常	580.00		6355.00	6300.00	5000.00	
齐齐哈尔	792.00		6977.00	6967.00	860.00	
讷　河	100.00		435.80	433.80	90.00	
鸡　西	272.50		5960.00	5960.00	3300.00	2660.00
虎　林	65.00		1405.00	1350.00	1080.00	
密　山	193.00		1340.00	1314.54	1314.54	
鹤　岗	242.00		3734.66	3712.76	3712.76	
双鸭山	410.00		5638.00	5612.00	1253.00	4257.00
大　庆	600.00		9472.50	9462.40	2872.15	
伊　春	630.00		10352.00	10350.00	6982.00	590.00
铁　力	63.00		2100.00	2019.00	1979.00	
佳木斯	788.00		19818.60	19720.00	180.00	15699.00
同　江	70.00	0.23	244.00	241.00	241.00	
富　锦	600.00		3900.00	3895.20	2697.00	1198.20
抚　远	180.00		270.00	269.00	220.00	
七台河	180.00		1300.00	1299.60	1299.60	
牡丹江	416.00		7739.45	7730.25	3925.69	3804.56
海　林	220.00		1900.00	1860.00	1860.00	
宁　安	300.00		1930.00	1922.00	1922.00	
穆　棱	55.00		1119.90	1119.15	1119.10	
绥芬河	160.00		952.66	952.16	850.00	
东　宁	50.00		1700.50	1700.00	1700.00	
黑　河	230.00		1701.35	1634.35	1485.35	129.00
北　安	165.00		5376.65	5350.00	1150.00	3795.00
五大连池	32.00		205.00	203.10	197.10	6.00
嫩　江	316.00		2003.90	2000.00	1900.00	

continued 3

燃气损失量 Loss Amount	用气户数 (户) Number of Household with Access to Gas (unit)	居民家庭 Households	用气人口 (万人) Population with Access to Gas (10,000 persons)	液化石油气汽车加气站 (座) Gas Stations for LPG-Fueled Motor Vehicles (unit)	城市名称 Name of Cities
8.00	13250	11700	2.59		松　原
2.00	8900	8365	2.80		扶　余
5.00	53000	53000	15.65	3	白　城
2.00	12000	12000	4.60		洮　南
0.28	2300	2300	0.82		大　安
200.00	70000	65000	30.00		延　吉
1.00	2700	2600	0.45		图　们
10.00	29444	29444	13.89		敦　化
3.62	51900	51900	16.57		珲　春
4.50	11351	11351	2.75		龙　井
60.00	8050	7000	3.90	2	和　龙
10.00	6800	6300	2.06	8	公主岭
0.50	13520	7820	4.50		梅河口
	24000	24000	5.10	1	长白山保护开发区
1371.37	**940118**	**864899**	**274.53**	**44**	**黑龙江**
700.00	88710	86500	21.60		哈尔滨
11.80	38777	38222	11.58	1	尚　志
55.00	54500	51000	16.55		五　常
10.00	5820	2720	1.00	3	齐齐哈尔
2.00	1904	355	0.82		讷　河
	32000	31500	9.40	3	鸡　西
55.00	18000	14500	6.20		虎　林
25.46	13200	13200	4.35		密　山
21.90	58800	58800	9.43		鹤　岗
26.00	12000	10256	2.80	2	双鸭山
10.10	11995	9265	2.92	2	大　庆
2.00	120540	117140	39.00	3	伊　春
81.00	18400	17500	4.97		铁　力
98.60	3504	2504	0.60	6	佳木斯
3.00	8000	8000	1.00		同　江
4.80	22057	17680	8.85	1	富　锦
1.00	6780	3000	3.00		抚　远
0.40	16459	16459	5.00		七台河
9.20	43190	27821	4.80	5	牡丹江
40.00	26200	26200	8.53		海　林
8.00	17336	17336	5.27		宁　安
0.75	12555	12429	4.24		穆　棱
0.50	11000	10350	6.10		绥芬河
0.50	20000	20000	5.20		东　宁
67.00	41325	32535	12.01	2	黑　河
26.65	14550	11530	5.20	2	北　安
1.90	2847	2795	0.82	1	五大连池
3.90	21800	21200	8.30		嫩　江

7-3-2 续表 4

城市名称 Name of Cities	储气能力(万立方米) Gas Storage Capacity (10,000 m³)	供气管道长度(公里) Length of Gas Supply Pipeline (km)	供气总量(吨) Total Gas Supplied (ton) 合 计 Total	销售气量 Quantity Sold	居民家庭 Households	燃气汽车 Gas-Powered Automobiles
绥 化	350.00		3502.50	3500.00	3500.00	
安 达	140.00		6112.60	6110.20	4360.00	105.00
肇 东	280.00	19.00	3600.00	3505.00	3505.00	
海 伦	130.00		1875.00	1870.00	1340.00	530.00
漠 河	60.00		690.01	690.00	690.00	
上 海	**21130.00**	**263.23**	**268425.20**	**272198.74**	**153474.19**	**20141.70**
江 苏	**61373.39**	**149.80**	**525334.53**	**524395.74**	**314540.54**	**14144.65**
南 京	3344.00	68.00	59266.80	59044.43	23421.63	
无 锡	8020.00		34940.72	34940.72	14572.29	
江 阴	3310.00		4106.00	4042.00	1358.00	
宜 兴	600.00		18000.00	18000.00	12600.00	
徐 州	772.00		15833.71	15823.67	11144.00	
新 沂	1200.00		5673.00	5661.50	5100.00	
邳 州	1153.00		1856.00	1833.00	1833.00	
常 州	3635.00		25228.96	25228.96	2608.96	
溧 阳	1300.00		1258.56	1255.04	1255.04	
苏 州	5670.00		73412.26	73412.26	48460.47	
常 熟	1693.12		21025.64	20970.53	17780.95	
张 家 港	1631.00		31110.00	31110.00	14700.00	3650.00
昆 山	2600.00		31224.00	31224.00	15243.00	3683.65
太 仓	990.00		6101.00	6101.00	2864.00	
南 通	2189.00		31530.11	31510.00	20990.00	5550.00
海 安	1055.00		8801.00	8783.00	8747.00	36.00
启 东	890.00		3000.00	2999.00	470.00	
如 皋	1978.00		1916.00	1886.00	1327.00	
连 云 港	2686.00		23138.00	23138.00	18168.00	
淮 安	2783.00		18298.00	18280.00	13705.00	800.00
盐 城	1800.00	81.80	16412.00	16139.90	11485.00	425.00
东 台	295.00		3930.00	3919.00	3200.00	
扬 州	918.00		11470.40	11467.40	7502.64	
仪 征	403.00		9516.00	9494.00	3132.00	
高 邮	498.00		3145.24	3142.00	2854.00	
镇 江	735.00		14759.00	14690.00	8970.00	
丹 阳	4215.00		17581.00	17580.00	17580.00	
扬 中	197.00		4370.00	4355.00	2067.00	
句 容	630.00		3880.00	3875.00	2747.95	
泰 州	1085.27		10968.13	10944.33	8810.61	
兴 化	320.00		2500.00	2495.00	2400.00	
靖 江	1070.00		5026.00	5018.00	3427.00	
泰 兴	808.00		1330.00	1326.00	1050.00	
宿 迁	900.00		4727.00	4707.00	2966.00	

continued 4

燃气损失量 Loss Amount	用气户数 (户) Number of Household with Access to Gas (unit)	居民家庭 Households	用气人口 (万人) Population with Access to Gas (10,000 persons)	液化石油气汽车加气站 (座) Gas Stations for LPG-Fueled Motor Vehicles (unit)	城市名称 Name of Cities
2.50	50000	50000	26.86		绥　化
2.40	52103	50156	14.50	11	安　达
95.00	57124	57124	15.43		肇　东
5.00	27260	15440	5.00	2	海　伦
0.01	11382	11382	3.20		漠　河
-3773.54	**2305514**	**2223116**	**553.19**	**17**	**上　海**
938.79	**2058367**	**1811405**	**362.42**	**7**	**江　苏**
222.37	205022	186477	43.23		南　京
	95526	83744	13.40		无　锡
64.00	17903	13342	4.01		江　阴
	44632	39600	5.52		宜　兴
10.04	83919	54987	30.14		徐　州
11.50	119290	32350	12.21		新　沂
23.00	29170	29170	10.31		邳　州
	23900	18887	5.26		常　州
3.52	7148	7148	2.14		溧　阳
	212495	203889	56.90		苏　州
55.11	48920	46003	11.03		常　熟
	64364	63115	1.60	1	张家港
	57136	43552	4.28	1	昆　山
	11756	10045	2.21		太　仓
20.11	122595	120395	17.63	2	南　通
18.00	91500	83000	1.31	1	海　安
1.00	1900	800	0.20		启　东
30.00	5159	5159	1.08		如　皋
	203539	197092	18.28		连云港
18.00	62595	57722	19.19	1	淮　安
272.10	104369	89551	14.89	1	盐　城
11.00	35942	35942	12.98		东　台
3.00	38800	36360	8.53		扬　州
22.00	11000	10800	2.66		仪　征
3.24	26534	25675	2.36		高　邮
69.00	60411	59800	15.90		镇　江
1.00	54402	54402	4.16		丹　阳
15.00	12005	10563	2.18		扬　中
5.00	22573	20001	3.07		句　容
23.80	97637	92546	18.47		泰　州
5.00	36000	35000	4.08		兴　化
8.00	27935	25656	6.67		靖　江
4.00	2800	2500	0.80		泰　兴
20.00	19490	16132	5.74		宿　迁

7-3-2 续表 5

城市名称 Name of Cities	储气能力(万立方米) Gas Storage Capacity (10,000 m^3)	供气管道长度(公里) Length of Gas Supply Pipeline (km)	供气总量(吨) Total Gas Supplied (ton) 合　计 Total	销售气量 Quantity Sold	居民家庭 Households	燃气汽车 Gas-Powered Automobiles
浙　江	**42263.39**	**265.04**	**839084.15**	**836917.43**	**576886.46**	**10489.01**
杭　州	6461.25		111674.53	111355.11	69757.42	1307.25
建　德	200.00		1571.00	1570.00	1500.00	
宁　波	6755.84	38.60	150369.22	150104.25	87457.03	
余　姚	420.00		6216.19	6216.19	5781.06	
慈　溪	420.00		49797.00	49797.00	48865.81	
温　州	2387.20	19.24	59927.01	59927.01	31220.42	2665.13
瑞　安	967.50	114.68	77729.02	77726.42	45700.67	
乐　清	1240.00		11320.00	11235.00	11087.00	
龙　港	300.00		10950.00	10950.00	6570.00	
嘉　兴	1315.30		32601.67	32578.97	12805.53	
海　宁	900.00		4200.00	4200.00	2500.00	
平　湖	100.00		3604.82	3590.94	3590.94	
桐　乡	1120.00		7860.00	7741.00	4952.00	
湖　州	635.00		12400.00	12383.55	7049.00	
绍　兴	2807.00	15.79	60024.16	59693.61	40018.38	
诸　暨	4050.00		14564.00	14198.00	11743.00	
嵊　州	615.00		10892.00	10890.41	10344.00	
金　华	780.00		12816.00	12810.00	11208.00	
兰　溪	710.00	4.80	3317.20	3315.20	3315.20	
义　乌	430.00		24777.00	24770.00	12640.00	
东　阳	520.00		18635.94	18629.29	16772.34	
永　康	505.00		19435.00	19412.00	15836.00	
衢　州	990.00		924.54	924.54	848.35	
江　山	473.00	59.78	6417.50	6405.50	6405.50	
舟　山	1937.30		27614.84	27614.84	27614.84	
台　州	1045.00		63163.11	62749.05	53197.42	3196.63
玉　环	380.00	12.15	6556.00	6550.25	5960.25	
温　岭	300.00		7601.00	7481.00	3418.00	2500.00
临　海	2559.00		9671.40	9668.30	7598.30	820.00
丽　水	730.00		10934.00	10914.00	10300.00	
龙　泉	210.00		1520.00	1516.00	830.00	
安　徽	**16277.45**	**243.19**	**157718.65**	**156805.05**	**87247.55**	**267.00**
合　肥	1850.00		39000.00	38940.00	10850.00	
巢　湖	1300.00		585.00	580.00	332.00	
芜　湖	3456.00	2.10	25341.60	25326.00	9107.00	267.00
无　为	500.00		2914.00	2876.00	2876.00	
蚌　埠	420.00	13.00	1723.00	1723.00	1723.00	
淮　南	736.00		7050.00	7050.00	7050.00	
马鞍山						
淮　北			4850.00	4850.00	4850.00	
铜　陵	170.00		2900.00	2800.00	230.00	
安　庆	1115.40	0.29	10950.00	10950.00		

continued 5

燃气损失量 Loss Amount	用气户数 (户) Number of Household with Access to Gas (unit)	居民家庭 Households	用气人口 (万人) Population with Access to Gas (10,000 persons)	液化石油气汽车加气站 (座) Gas Stations for LPG-Fueled Motor Vehicles (unit)	城市名称 Name of Cities
2166.72	**4482379**	**3798243**	**907.60**	**14**	**浙　江**
319.42	603078	406939	134.68	1	杭　州
1.00	5350	5350	3.79		建　德
264.97	690094	553546	112.14		宁　波
	59264	55115	17.24		余　姚
	158854	155791	19.66		慈　溪
	227164	181016	68.58	1	温　州
2.60	392734	389119	30.04		瑞　安
85.00	137000	135000	44.47		乐　清
	55069	51000	15.00		龙　港
22.70	131799	41933	8.70		嘉　兴
	12900	11900	2.88		海　宁
13.88	38217	38217	14.79		平　湖
119.00	67380	31687	14.35		桐　乡
16.45	52467	43567	10.94		湖　州
330.55	289211	274648	54.57	6	绍　兴
366.00	92298	78763	29.67		诸　暨
1.59	87661	76601	23.13		嵊　州
6.00	115598	101110	29.94		金　华
2.00	29600	29600	8.92		兰　溪
7.00	228242	203667	72.42		义　乌
6.65	240000	235000	30.27		东　阳
23.00	80341	79053	13.11		永　康
	11337	11286	3.16		衢　州
12.00	34886	34886	12.41		江　山
	75789	75789	8.98		舟　山
414.06	276221	267898	44.18	3	台　州
5.75	43333	40385	13.00		玉　环
120.00	26580	23900	8.37	2	温　岭
3.10	106053	99684	32.63	1	临　海
20.00	60000	52000	17.00		丽　水
4.00	53859	13793	8.58		龙　泉
913.60	**607586**	**519869**	**156.22**	**2**	**安　徽**
60.00	83071	52300	11.51		合　肥
5.00	3685	1612	0.59		巢　湖
15.60	80410	63972	17.07	2	芜　湖
38.00	17806	17806	5.52		无　为
	13430	13430	5.91		蚌　埠
	37666	37666	11.30		淮　南
					马鞍山
	31813	31813	9.54		淮　北
100.00	2900	2000	0.45		铜　陵
	23400				安　庆

7-3-2 续表 6

城市名称 Name of Cities	储气能力(万立方米) Gas Storage Capacity (10,000 m^3)	供气管道长度(公里) Length of Gas Supply Pipeline (km)	供气总量(吨) Total Gas Supplied (ton)			
			合计 Total	销售气量 Quantity Sold	居民家庭 Households	燃气汽车 Gas-Powered Automobiles
潜　山	80.00		1600.00	1580.00	1580.00	
桐　城	102.00	33.00	6345.49	6247.49	6049.49	
黄　山	610.00	153.50	7415.00	7415.00	7415.00	
滁　州	618.00		1900.00	1890.00	1440.00	
天　长	173.30		960.00	960.00	950.00	
明　光	342.00		3000.00	2660.00	2560.00	
阜　阳	1500.00		16060.00	16000.00	12300.00	
界　首	280.00		2100.00	2098.00	2098.00	
宿　州	804.75		5414.00	5408.00	5189.00	
六　安	105.00		279.15	279.06	279.06	
亳　州	610.00		6595.00	6520.00	3250.00	
池　州	380.00		2426.00	2400.00	1230.00	
宣　城	500.00		2950.00	2900.00	1300.00	
广　德	150.00	1.30	1869.00	1866.50	1499.00	
宁　国	475.00	40.00	3491.41	3486.00	3090.00	
福　建	**16879.30**	**194.79**	**290478.34**	**290223.72**	**177499.36**	**252.00**
福　州	3970.80	185.42	42123.13	42123.13	14916.88	
福　清	480.00		5192.00	5192.00	3709.00	
厦　门	2487.00		90840.12	90823.01	38164.90	
莆　田	563.80		15092.00	15091.00	14963.00	
三　明	190.00	7.01	1950.00	1928.00	1928.00	
永　安	200.00		611.30	607.00	607.00	
泉　州	2457.00		29460.00	29460.00	11360.00	
石　狮	275.00		11300.00	11300.00	11300.00	
晋　江	135.00		1401.00	1398.50	1285.00	
南　安	413.00		21235.00	21232.00	18050.00	
漳　州	500.00		14324.20	14320.00	11365.00	
龙　海	500.00		5483.00	5442.00	5053.00	
南　平	860.00		6259.00	6250.00	6075.00	
邵　武	150.70		2734.02	2704.02	2334.02	
武夷山	450.00		2323.12	2311.12	2059.12	252.00
建　瓯	340.00		3040.00	2980.00	2480.00	
龙　岩	1097.00	2.36	10358.45	10354.25	7198.75	
漳　平	150.00		1337.00	1335.00	1335.00	
宁　德	220.00		5559.00	5559.00	4219.00	
福　安	1225.00		10536.00	10500.00	9783.00	
福　鼎	215.00		9320.00	9313.69	9313.69	
江　西	**19632.10**	**142.09**	**212089.19**	**210271.81**	**165542.20**	**10.00**
南　昌	2163.00		19530.10	19507.00	19507.00	
景德镇	490.00		4654.00	4651.00	2843.00	
乐　平	341.00		1878.90	1876.90	1841.20	
萍　乡	2500.00		26343.00	26337.00	12870.00	

continued 6

燃气损失量 Loss Amount	用气户数(户) Number of Household with Access to Gas (unit)	居民家庭 Households	用气人口(万人) Population with Access to Gas (10,000 persons)	液化石油气汽车加气站(座) Gas Stations for LPG-Fueled Motor Vehicles (unit)	城市名称 Name of Cities
20.00	5400	5400	3.07		潜　山
98.00	23000	23000	6.10		桐　城
	72006	72006	21.84		黄　山
10.00	10635	9850	1.39		滁　州
	6433	6205	1.87		天　长
340.00	12200	12200	3.33		明　光
60.00	48600	44600	15.00		阜　阳
2.00	18400	18400	5.89		界　首
6.00	18956	18853	6.39		宿　州
0.09	1175	1175	0.15		六　安
75.00	24970	22348	7.55		亳　州
26.00	12563	11848	2.72		池　州
50.00	24207	19200	8.00		宣　城
2.50	20300	20000	5.80		广　德
5.41	14560	14185	5.23		宁　国
254.62	**1530701**	**1445525**	**571.68**	**1**	**福　建**
	208024	189028	72.63		福　州
	53182	51454	26.94		福　清
17.11	452057	422432	145.56		厦　门
1.00	124018	122016	34.97		莆　田
22.00	12880	12880	0.80		三　明
4.30	7432	7432	1.39		永　安
	125800	117800	85.30		泉　州
	35882	35882	23.15		石　狮
2.50	13930	13830	8.20		晋　江
3.00	76000	67200	19.50		南　安
4.20	96199	93929	29.15		漳　州
41.00	30793	25217	13.83		龙　海
9.00	59170	57520	16.66		南　平
30.00	14798	14292	5.12		邵　武
12.00	31150	31150	9.30	1	武夷山
60.00	25940	25070	13.31		建　瓯
4.20	38035	34932	20.38		龙　岩
2.00	19500	19500	12.20		漳　平
	20810	20510	8.87		宁　德
36.00	53101	51451	15.32		福　安
6.31	32000	32000	9.10		福　鼎
1817.38	**1251498**	**1182393**	**377.41**	**1**	**江　西**
23.10	150373	150373	24.21		南　昌
3.00	38000	36000	10.50		景德镇
2.00	35988	35545	14.23		乐　平
6.00	64175	63870	10.60		萍　乡

7-3-2 续表 7

城市名称 Name of Cities	储气能力（万立方米） Gas Storage Capacity ($10,000\ m^3$)	供气管道长度（公里） Length of Gas Supply Pipeline (km)	供气总量(吨) Total Gas Supplied (ton)			
			合计 Total	销售气量 Quantity Sold	居民家庭 Households	燃气汽车 Gas-Powered Automobiles
九　江	695.00		10329.20	10300.58	3154.60	10.00
瑞　昌	378.00		7401.00	7400.00	7200.00	
共青城	46.00	142.09	896.20	890.00	890.00	
庐　山	120.00		1580.00	1531.00	1500.00	
新　余	250.00		1800.00	1800.00	1630.00	
鹰　潭	522.00		5458.00	5280.00	5280.00	
贵　溪	625.00		5432.00	5367.00	3373.00	
赣　州	1403.00		21917.26	21670.00	20860.00	
瑞　金	260.00		7518.00	7462.00	7462.00	
龙　南	1610.00		4002.00	3999.80	3192.00	
吉　安	880.00		12000.00	12000.00	6000.00	
井冈山	85.00		405.00	405.00	405.00	
宜　春	338.00		14777.13	14552.13	10052.00	
丰　城	1915.00		6650.00	6650.00	6650.00	
樟　树	100.10		2215.00	2185.00	1735.00	
高　安	1200.00		7234.00	7164.00	7164.00	
抚　州	1837.00		26565.00	26344.00	26344.00	
上　饶	1424.00		19240.00	18636.00	11956.00	
德　兴	450.00		4263.40	4263.40	3633.40	
山　东	**37056.53**	**2.70**	**291444.06**	**289910.72**	**188377.05**	**22824.61**
济　南	2066.50		37380.00	37343.00	21239.00	
青　岛	4031.51		29029.00	29020.35	15750.00	2200.00
胶　州	640.00		5640.00	5640.00	5280.00	
平　度	1600.00		4017.00	3980.00	3879.00	
莱　西	510.00		4670.00	4670.00	3380.00	1290.00
淄　博	622.00		14487.00	14444.89	7108.00	
枣　庄	630.00		8780.00	8669.00	6068.00	
滕　州						
东　营	1000.00		990.00	985.00	985.00	
烟　台	1525.00	1.56	35451.16	34855.00	12082.00	5416.00
龙　口	448.00		2252.30	2246.00	2145.00	
莱　阳	320.00		1650.00	1641.75	1241.75	400.00
莱　州	390.00		3542.00	3539.00	3419.00	57.00
招　远	170.00		1000.00	999.00	559.00	410.00
栖　霞	323.00		2650.00	2620.00	2320.00	300.00
海　阳	30.00		2000.00	1990.00	1200.00	260.00
潍　坊	1397.80		10680.00	10600.00	10600.00	
青　州	1000.00		1190.00	1140.00	480.00	
诸　城	1700.00		7000.00	6980.00	6980.00	
寿　光	808.00		2720.00	2705.00	2705.00	
安　丘	412.50		6973.50	6961.99	6900.10	
高　密	260.00		584.00	583.00	203.00	
昌　邑	789.00		2055.00	2021.00	2021.00	

continued 7

燃气损失量 Loss Amount	用气户数(户) Number of Household with Access to Gas (unit)	居民家庭 Households	用气人口(万人) Population with Access to Gas (10,000 persons)	液化石油气汽车加气站(座) Gas Stations for LPG-Fueled Motor Vehicles (unit)	城市名称 Name of Cities
28.62	33928	32678	10.10	1	九　江
1.00	26700	26650	10.20		瑞　昌
6.20	14690	14690	7.50		共青城
49.00	13400	13320	4.10		庐　山
	12230	12230	1.70		新　余
178.00	36900	36900	8.35		鹰　潭
65.00	26808	26808	9.73		贵　溪
247.26	216854	215844	74.20		赣　州
56.00	50621	50621	19.06		瑞　金
2.20	53950	51260	20.89		龙　南
	17002	16890	4.89		吉　安
	2600	2600	0.78		井冈山
225.00	55317	53400	19.37		宜　春
	53716	53716	21.40		丰　城
30.00	32045	15763	9.20		樟　树
70.00	68460	68460	20.36		高　安
221.00	92269	92269	26.61		抚　州
604.00	136480	96923	43.83		上　饶
	18992	15583	5.60		德　兴
1533.34	**1397638**	**1244635**	**352.67**	**54**	**山　东**
37.00	228245	205420	50.55		济　南
8.65	117780	109758	23.83	6	青　岛
	70522	69422	16.22		胶　州
37.00	33740	33462	11.14		平　度
	30700	30100	8.71	2	莱　西
42.11	21749	19879	1.80		淄　博
111.00	37283	31824	8.67		枣　庄
					滕　州
5.00	7800	7800	1.00		东　营
596.16	92600	56400	14.19	10	烟　台
6.30	7869	6951	1.55		龙　口
8.25	11000	10500	2.55	1	莱　阳
3.00	59633	34261	17.89	1	莱　州
1.00	5550	4400	1.30	2	招　远
30.00	20680	18560	4.65	2	栖　霞
10.00	14000	13600	4.12	3	海　阳
80.00	51800	51800	15.54		潍　坊
50.00	3700	1900	0.85		青　州
20.00	23000	23000	8.10		诸　城
15.00	10000	10000	1.68		寿　光
11.51	38736	36528	13.31		安　丘
1.00	2010	896	0.25		高　密
34.00	5638	5638	2.00		昌　邑

7-3-2 续表 8

城市名称 Name of Cities	储气能力(万立方米) Gas Storage Capacity (10,000 m^3)	供气管道长度(公里) Length of Gas Supply Pipeline (km)	供气总量(吨) Total Gas Supplied (ton)			
			合计 Total	销售气量 Quantity Sold	居民家庭 Households	燃气汽车 Gas-Powered Automobiles
济宁	270.00		749.00	749.00	749.00	
曲阜						
邹城	270.00	0.66	508.00	506.13	180.00	
泰安						
新泰	575.00	0.28	3660.00	3637.00	2952.90	140.00
肥城	160.00		368.00	363.00	142.00	
威海	1286.40		16081.60	16043.40	4419.30	6960.40
荣成	655.00		9450.00	9449.00	4223.00	5226.00
乳山	171.00	0.20	167.00	165.21		165.21
日照	2610.00		13710.00	13705.50	6574.00	
临沂	2041.70		21205.00	21023.50	20798.50	
德州	404.00		6699.00	6628.00	6628.00	
乐陵			3804.00	3800.00	3800.00	
禹城	500.00		2800.00	2750.00	2750.00	
聊城	2345.00		6520.00	6510.00	2310.00	
临清	680.00		1118.00	1115.00	1115.00	
滨州	1500.00		4082.50	4080.00	4077.50	
邹平	890.00		5958.00	5955.00	3580.00	
菏泽	2025.12		9823.00	9797.00	7533.00	
河南	**13190.00**	**14.20**	**165378.08**	**164055.20**	**138685.70**	**5629.00**
郑州	970.00		11548.00	11089.00	6385.00	4704.00
巩义	130.00		5550.00	5500.00	2600.00	
荥阳	200.00		3100.00	3090.00	2600.00	
新密	270.00		630.00	626.00	626.00	
新郑	240.00		3658.00	3653.00	1698.00	
登封	150.00		5005.00	5000.00	5000.00	
开封	1350.00		26890.00	26780.00	25800.00	
洛阳	356.00		14805.00	14795.70	14795.70	
偃师	46.00		930.00	926.00	926.00	
平顶山						
舞钢						
汝州	205.00		2000.00	1995.00	1200.00	795.00
安阳	670.00	10.00	5421.00	5419.00	2298.00	
林州	50.00		806.20	804.30	803.00	
鹤壁	100.00		1000.00	995.00	995.00	
新乡	540.00		1270.00	1215.00	1175.00	
长垣	180.00		2130.00	2125.00	2125.00	
卫辉	60.00		977.00	976.00	976.00	
辉县	200.00		535.00	520.00	340.00	
焦作						
沁阳	100.00		1000.00	1000.00	500.00	
孟州						
濮阳						

continued 8

燃气损失量 Loss Amount	用气户数(户) Number of Household with Access to Gas (unit)	居民家庭 Households	用气人口(万人) Population with Access to Gas (10,000 persons)	液化石油气汽车加气站(座) Gas Stations for LPG-Fueled Motor Vehicles (unit)	城市名称 Name of Cities
	870	870	0.18		济　宁
					曲　阜
1.87	4545	2546	0.86		邹　城
					泰　安
23.00	35290	33950	13.36	1	新　泰
5.00	1573	1290	0.51		肥　城
38.20	32928	26042	5.33	13	威　海
1.00	38081	21560	5.13	8	荣　成
1.79	4			5	乳　山
4.50	80600	79100	20.30		日　照
181.50	118690	117630	31.82		临　沂
71.00	26030	26030	15.57		德　州
4.00	20000	20000	11.00		乐　陵
50.00	1020	1020	0.28		禹　城
10.00	18500	17493	5.23		聊　城
3.00	16156	16156	9.00		临　清
2.50	13700	13700	4.06		滨　州
3.00	42000	36343	1.76		邹　平
26.00	53616	48806	18.38		菏　泽
1322.88	**960330**	**908429**	**374.12**	**26**	**河　南**
459.00	27335	18356	72.35	7	郑　州
50.00	14300	9300	5.07		巩　义
10.00	16200	12650	4.00		荥　阳
4.00	5000	5000	1.90		新　密
5.00	20500	10568	5.70		新　郑
5.00	18000	18000	6.00		登　封
110.00	74100	72760	10.98		开　封
9.30	70985	70985	21.90	15	洛　阳
4.00	11260	11260	3.70		偃　师
					平顶山
					舞　钢
5.00	5200	4200	2.00	3	汝　州
2.00	20573	10854	3.36		安　阳
1.90	8380	7910	1.71		林　州
5.00	7000	7000	2.45		鹤　壁
55.00	6630	6522	2.03		新　乡
5.00	11000	11000	1.00		长　垣
1.00	2720	2720	0.56		卫　辉
15.00	4326	3968	1.27		辉　县
					焦　作
	1500	1500	1.00		沁　阳
					孟　州
					濮　阳

7-3-2 续表 9

城市名称 Name of Cities	储气能力(万立方米) Gas Storage Capacity (10,000 m^3)	供气管道长度(公里) Length of Gas Supply Pipeline (km)	供气总量(吨) Total Gas Supplied (ton)			
			合计 Total	销售气量 Quantity Sold	居民家庭 Households	燃气汽车 Gas-Powered Automobiles
许　昌	540.00		8745.00	8707.00	2731.00	
禹　州	563.00		5050.00	5010.00	4970.00	
长　葛	100.00		8000.00	7700.00	6600.00	
漯　河	321.00		7142.88	7130.00	7130.00	
三门峡	370.00		3298.70	3284.50	3029.30	
义　马	119.00		946.00	941.50	933.50	
灵　宝	150.00		630.00	580.00	580.00	
南　阳	1580.00	2.50	5069.00	5054.00	5054.00	
邓　州	1500.00		5031.00	5027.00	4925.00	
商　丘	800.00		13000.00	12995.00	12900.00	
永　城	140.00		4015.00	3955.00	3955.00	
信　阳	300.00		8290.00	8261.00	6590.00	130.00
周　口	270.00	1.70	4200.10	4200.00	4200.00	
项　城	360.00		2300.00	2296.00	2260.00	
驻马店	200.00		1985.20	1985.20	1985.20	
济源示范区	60.00		420.00	420.00		
湖　北	**33894.43**	**129.97**	**271929.93**	**270388.21**	**182019.98**	**3208.30**
武　汉	12172.65	17.19	113150.48	112650.48	47039.95	3136.30
黄　石	2282.00		18458.00	18455.00	7198.00	
大　冶	1258.00		7609.00	7549.00	7549.00	
十　堰	945.00	65.00	8730.00	8665.00	8315.00	72.00
丹江口	356.00	40.80	1088.90	1086.90	1084.90	
宜　昌	813.00		4925.00	4920.00	4920.00	
宜　都	230.00		890.60	868.00	868.00	
当　阳	183.00		2403.60	2394.50	1137.00	
枝　江	218.00		2360.00	2340.00	2340.00	
襄　阳	2555.00		13569.00	13568.50	11006.00	
老河口	950.00		1810.00	1800.00	1720.00	
枣　阳	310.00		21000.00	20997.00	20997.00	
宜　城	188.00		2508.00	2500.00	2500.00	
鄂　州	300.00		3970.00	3929.00	2650.00	
荆　门	2129.55	5.18	6369.62	6333.38	6333.38	
京　山	50.00		390.00	383.00	383.00	
钟　祥	300.00		6141.00	6091.00	5695.00	
孝　感	312.00		4800.24	4800.00	4800.00	
应　城	135.00		985.20	984.70	978.70	
安　陆	200.00		500.00	500.00	200.00	
汉　川			3056.10	3052.00	3052.00	
荆　州	1817.00		7695.55	7689.23	7689.23	
监　利	321.23		4637.00	4601.00	3985.00	
石　首	480.00		2550.82	2546.62	2546.62	
洪　湖	300.00		2316.82	2316.80	2316.80	
松　滋	500.00		670.00	668.40	668.40	

continued 9

燃气损失量 Loss Amount	用气户数(户) Number of Household with Access to Gas (unit)	居民家庭 Households	用气人口(万人) Population with Access to Gas (10,000 persons)	液化石油气汽车加气站(座) Gas Stations for LPG-Fueled Motor Vehicles (unit)	城市名称 Name of Cities
38.00	8245	7687	2.50		许　昌
40.00	71185	71185	19.93		禹　州
300.00	35000	34500	11.50		长　葛
12.88	70976	70976	24.59		漯　河
14.20	41458	34061	18.09		三 门 峡
4.50	9000	8500	3.22		义　马
50.00	7400	7400	2.90		灵　宝
15.00	48902	48902	15.33		南　阳
4.00	63735	62215	27.58		邓　州
5.00	107500	107450	37.73		商　丘
60.00	36000	36000	16.92		永　城
29.00	53620	52740	17.50	1	信　阳
0.10	45000	45000	13.25		周　口
4.00	22300	22260	8.90		项　城
	15000	15000	7.20		驻 马 店
					济源示范区
1541.72	**1613017**	**1499693**	**384.77**	**6**	**湖　北**
500.00	713165	686030	110.00	4	武　汉
3.00	30947	30536	8.75		黄　石
60.00	43588	43588	8.67		大　冶
65.00	49500	46500	10.83	1	十　堰
2.00	10850	10850	3.16		丹 江 口
5.00	25001	25001	6.98		宜　昌
22.60	7580	7580	2.03		宜　都
9.10	17675	10215	5.59		当　阳
20.00	21100	21100	9.70		枝　江
0.50	37941	32378	12.34		襄　阳
10.00	15130	10620	3.10		老 河 口
3.00	21000	21000	6.50		枣　阳
8.00	12060	12060	3.15		宜　城
41.00	19680	15450	4.49		鄂　州
36.24	37642	37642	14.68		荆　门
7.00	5546	5546	1.03		京　山
50.00	37502	36402	14.80		钟　祥
0.24	30000	30000	8.00		孝　感
0.50	16338	7508	1.93		应　城
	8000	6800	2.60	1	安　陆
4.10	36522	36522	14.81		汉　川
6.32	67593	67593	21.31		荆　州
36.00	33250	32020	9.30		监　利
4.20	21117	21117	8.95		石　首
0.02	37850	37850	8.32		洪　湖
1.60	6865	6865	2.00		松　滋

7-3-2 续表 10

城市名称 Name of Cities	储气能力(万立方米) Gas Storage Capacity (10,000 m^3)	供气管道长度(公里) Length of Gas Supply Pipeline (km)	供气总量(吨) Total Gas Supplied (ton)			
			合计 Total	销售气量 Quantity Sold	居民家庭 Households	燃气汽车 Gas-Powered Automobiles
黄冈	268.00		1810.00	1805.70	1490.00	
麻城	826.00		5056.00	5050.00	3716.00	
武穴	400.00		1800.00	1500.00	1500.00	
咸宁	1025.00		5400.00	5381.00	4310.00	
赤壁	550.00	1.80	1935.00	1923.00	1923.00	
随州	260.00		2510.00	2505.00	1750.00	
广水	120.00		2286.00	2198.00	1687.00	
恩施	380.00		950.00	915.00	830.00	
利川	120.00		1050.00	1048.00	1048.00	
仙桃	240.00		2670.00	2560.00	1980.00	
潜江	250.00		2128.00	2113.00	2113.00	
天门	150.00		1750.00	1700.00	1700.00	
湖南	**31859.70**	**41.60**	**252371.33**	**251169.99**	**198248.79**	**2051.00**
长沙	3770.00		59691.00	59668.00	29963.00	
宁乡	600.00		5132.00	5132.00	3540.00	1592.00
浏阳	400.00		800.00	790.00	790.00	
株洲	716.70		6413.00	6408.00	5289.00	
醴陵	395.00		9531.00	9524.00	2246.00	
湘潭	1200.00		13460.00	13460.00	13460.00	
湘乡	7000.00		4600.00	4590.00	4590.00	
韶山			335.00	335.00	335.00	
衡阳	500.00		7750.00	7680.00	6770.00	
耒阳	120.00	15.00	5500.00	5500.00	5500.00	
常宁			1736.00	1718.23	1718.23	
邵阳	660.00		4300.00	4270.00	3500.00	
武冈	98.00		3520.00	3514.00	3514.00	
邵东	270.00		6586.00	6396.00	4495.00	370.00
岳阳	4100.00		28809.00	28759.00	24403.50	
汨罗	1630.00		1691.00	1686.00	1681.00	
临湘	672.00		3982.00	3980.50	3910.50	
常德	580.00		10500.00	10450.00	10450.00	
津市	600.00		1730.80	1730.65	1730.65	
张家界	1308.00		7247.10	7244.70	7123.00	
益阳	1089.00		8873.96	8471.91	8471.91	
沅江	150.00	4.00	1713.00	1674.00	785.00	89.00
郴州	1488.00		10866.20	10816.00	10816.00	
资兴	567.00		3508.05	3500.00	3380.00	
永州	2200.00		8105.00	8093.00	7497.00	
怀化	915.00	10.10	18700.00	18598.00	15200.00	
洪江	92.00	12.50	1530.22	1525.00	1525.00	
娄底	228.00		9080.00	9062.00	9000.00	
冷水江	86.00		1050.00	1050.00	1050.00	
涟源	325.00		2799.00	2789.00	2760.00	
吉首	100.00		2832.00	2755.00	2755.00	

continued 10

燃气损失量 Loss Amount	用气户数（户）Number of Household with Access to Gas (unit)	居民家庭 Households	用气人口（万人）Population with Access to Gas (10,000 persons)	液化石油气汽车加气站（座）Gas Stations for LPG-Fueled Motor Vehicles (unit)	城市名称 Name of Cities
4.30	13800	11850	4.14		黄　冈
6.00	52360	45720	15.29		麻　城
300.00	15000	15000	7.00		武　穴
19.00	29762	28823	11.08		咸　宁
12.00	27450	27450	8.30		赤　壁
5.00	10250	8990	2.80		随　州
88.00	50488	18815	15.70		广　水
35.00	7215	5394	2.88		恩　施
2.00	3700	3700	2.65		利　川
110.00	19980	15608	5.90		仙　桃
15.00	9000	9000	1.78		潜　江
50.00	10570	10570	4.23		天　门
1201.34	**1634534**	**1585172**	**463.95**	**7**	**湖　南**
23.00	304091	280352	61.22		长　沙
	61500	61500	17.90	2	宁　乡
10.00	5000	5000	1.00		浏　阳
5.00	24700	24040	5.64		株　洲
7.00	25206	25206	6.05		醴　陵
	64000	64000	20.10		湘　潭
10.00	35070	35070	11.30		湘　乡
	7380	7380	2.27		韶　山
70.00	37100	36200	10.66		衡　阳
	60420	60420	12.27		耒　阳
17.77	9050	9050	3.40		常　宁
30.00	50000	46000	15.00		邵　阳
6.00	50715	50715	18.30		武　冈
190.00	30556	22503	15.50	3	邵　东
50.00	82000	81100	16.34		岳　阳
5.00	17100	17100	4.84		汨　罗
1.50	37905	36885	10.84		临　湘
50.00	73533	73533	22.06		常　德
0.15	18610	18610	3.60		津　市
2.40	45558	44830	7.85		张家界
402.05	66303	66303	17.93		益　阳
39.00	23980	20030	2.18	2	沅　江
50.20	44857	44857	15.70		郴　州
8.05	29000	28040	7.68		资　兴
12.00	61598	61546	25.14		永　州
102.00	132100	129200	45.80		怀　化
5.22	21932	21932	7.92		洪　江
18.00	64883	64883	26.30		娄　底
	46200	46200	10.50		冷水江
10.00	48000	46500	14.35		涟　源
77.00	56187	56187	24.31		吉　首

7-3-2 续表 11

城市名称 Name of Cities	储气能力(万立方米) Gas Storage Capacity (10,000 m³)	供气管道长度(公里) Length of Gas Supply Pipeline (km)	供气总量(吨) Total Gas Supplied (ton) 合计 Total	销售气量 Quantity Sold	居民家庭 Households	燃气汽车 Gas-Powered Automobiles
广东	**297073.48**	**868.75**	**2557229.02**	**2554763.06**	**1413010.86**	**52379.98**
广州	6576.32	6.44	633981.38	633862.49	291940.64	46597.73
韶关	3317.00		15684.00	15652.00	11720.00	3900.00
乐昌	539.00		3562.00	3493.43	3493.43	
南雄	342.20		2407.00	2395.00	2347.00	
深圳	82878.00		295121.07	295121.07	203262.44	
珠海	25805.00		101226.57	101226.52	76863.86	
汕头	114500.00	331.91	219454.39	219344.36	154638.60	
佛山	2541.00	12.04	125421.18	125416.18	35769.15	
江门	3367.48		64576.11	64290.08	33832.10	
台山	1143.00		22910.86	22905.84	14150.00	
开平	1741.00	15.20	13192.00	13191.00	10852.20	
鹤山	382.20		12463.49	12159.40	6880.34	
恩平	200.00	49.10	6422.00	6417.40	5749.00	
湛江	2125.00		26718.93	26665.93	21018.69	
廉江	800.00		4429.00	4408.00	4408.00	
雷州	307.80	61.45	5110.20	5043.00	3303.70	
吴川	830.00		7325.40	7320.90	7320.90	
茂名	9400.00		23576.37	23546.37	18862.00	
高州	275.00		4645.72	4645.00	3716.00	
化州	1400.00		11600.40	11600.00	10000.00	
信宜	472.00		7700.00	7660.00	7000.00	
肇庆	2346.63		18434.50	18192.90	14098.96	
四会	600.00		10000.00	9997.00	9500.00	
惠州	2515.00	2.50	75738.78	75533.90	52200.12	
梅州	945.00		12785.00	12785.00	12785.00	
兴宁	725.00	6.70	7762.30	7762.30	7762.30	
汕尾	350.00		3588.00	3578.00	3578.00	
陆丰	300.00	1.00	3900.00	3900.00	3300.00	
河源	543.00		13700.00	13700.00	12300.00	
阳江	342.00	0.59	11879.27	11874.27	11874.27	
阳春	6800.00		10420.95	10415.35	10415.35	
清远	1136.00	0.42	32305.25	32305.25	25207.73	
英德	225.00		4303.62	4303.62	2779.00	
连州	600.00		1600.00	1600.00	1600.00	
东莞	18603.85	314.70	291691.83	291607.06	202571.74	
中山	525.00		45297.00	45252.00	31241.00	
潮州		66.70	321765.54	321765.54	7408.00	
揭阳	185.00		25464.22	24911.91	21247.35	1882.25
普宁	435.00		51268.00	51268.00	49268.00	
云浮	455.00		3652.69	3651.19	3651.19	
罗定	500.00		4144.00	3995.80	3094.80	

continued 11

燃气损失量 Loss Amount	用气户数(户) Number of Household with Access to Gas (unit)	居民家庭 Households	用气人口(万人) Population with Access to Gas (10,000 persons)	液化石油气汽车加气站(座) Gas Stations for LPG-Fueled Motor Vehicles (unit)	城市名称 Name of Cities
2465.96	**9692866**	**9146665**	**2965.83**	**17**	**广　东**
118.89	2149705	2032035	539.71	10	广　州
32.00	148110	137612	13.56	4	韶　关
68.57	35556	35556	7.68		乐　昌
12.00	30350	29419	5.20		南　雄
	1384663	1335057	467.00		深　圳
0.05	342535	317792	98.52		珠　海
110.03	697240	697063	229.12		汕　头
5.00	383022	336233	60.03		佛　山
286.03	246075	231808	73.34		江　门
5.02	57766	57766	17.74		台　山
1.00	67000	66300	15.95		开　平
304.09	37354	36786	2.18		鹤　山
4.60	79419	79302	17.79		恩　平
53.00	176540	175786	52.87		湛　江
21.00	10848	10848	23.46		廉　江
67.20	66868	66820	52.00		雷　州
4.50	34415	34415	15.32		吴　川
30.00	163808	141200	39.51		茂　名
0.72	71738	69738	27.01		高　州
0.40	81240	62580	33.73		化　州
40.00	42150	40120	25.62		信　宜
241.60	91719	85205	36.58		肇　庆
3.00	45050	45050	11.60		四　会
204.88	237608	215634	86.60	1	惠　州
	129550	129550	39.00	1	梅　州
	65771	65771	16.34		兴　宁
10.00	59630	59630	20.65		汕　尾
	45800	45800	16.91		陆　丰
	61000	60000	10.00		河　源
5.00	141800	141800	40.22		阳　江
5.60	38000	38000	19.00		阳　春
	213060	172017	34.20		清　远
	60700	41820	10.46		英　德
	30000	30000	10.50		连　州
84.77	1386912	1267068	527.62		东　莞
45.00	107523	107523	32.26		中　山
	178327	178327	77.56		潮　州
552.31	187766	181626	67.38	1	揭　阳
	173288	169968	50.95		普　宁
1.50	51710	51710	13.72		云　浮
148.20	81250	65930	26.94		罗　定

7-3-2 续表 12

城市名称 Name of Cities	储气能力(万立方米) Gas Storage Capacity (10,000 m^3)	供气管道长度(公里) Length of Gas Supply Pipeline (km)	供气总量(吨) Total Gas Supplied (ton)			
			合计 Total	销售气量 Quantity Sold	居民家庭 Households	燃气汽车 Gas-Powered Automobiles
广　西	**144754.43**	**2.09**	**317493.81**	**316638.40**	**233802.85**	
南　宁	2863.86	2.09	108650.68	108570.46	58044.38	
柳　州	4203.00		26586.44	26575.64	17172.17	
桂　林	1330.00		24100.00	24051.00	23054.00	
荔　浦	379.00		1715.00	1714.16	1350.00	
梧　州	820.00		7685.00	7683.00	7140.03	
岑　溪	437.12		4575.02	4483.51	4483.51	
北　海	1474.20		22803.20	22802.00	17000.00	
防城港	87354.00		8870.62	8857.17	3868.00	
东　兴	70.00		1596.00	1594.00	1518.00	
钦　州	38930.00		11057.00	10961.00	10163.00	
贵　港	915.00		15864.00	15858.00	15858.00	
桂　平	186.00		5750.00	5748.00	5654.00	
玉　林	672.00		15600.10	15600.00	12600.00	
北　流	150.00		3063.23	2913.23	2850.00	
百　色	1302.00		13962.00	13893.50	13893.50	
平　果	150.00		6460.00	6459.90	6459.90	
靖　西	157.00		4306.00	4216.00	4216.00	
贺　州	1130.00		11800.00	11730.00	6500.00	
河　池	709.00		11611.70	11599.70	10849.10	
来　宾	800.00		4915.00	4846.13	4777.26	
合　山	200.00		970.00	947.00	817.00	
崇　左	437.25		3352.82	3352.00	3352.00	
凭　祥	85.00		2200.00	2183.00	2183.00	
海　南	**3687.65**		**77971.38**	**77949.17**	**70578.83**	
海　口	2199.15		39916.64	39911.57	39911.57	
三　亚	380.00		7371.00	7371.00	1181.46	
儋　州	250.00		6750.00	6745.00	6720.00	
五指山	46.00		1491.00	1490.80	1490.00	
琼　海	284.00		10192.00	10190.00	9932.00	
文　昌	126.00		2500.00	2500.00	2500.00	
万　宁	317.60		7720.74	7712.00	6815.00	
东　方	84.90		2030.00	2028.80	2028.80	
重　庆	**7317.71**		**57149.64**	**56845.61**	**37258.04**	
重　庆	7317.71		57149.64	56845.61	37258.04	
四　川	**19735.81**	**710.17**	**204997.88**	**202923.37**	**93579.07**	**1566.00**
成　都	2684.51		130894.27	130622.79	51909.72	
都江堰	198.00		258.15	257.27	122.67	
彭　州	40.00		980.00	940.00	860.00	
邛　崃	120.00		377.00	368.00	198.00	

continued 12

燃气损失量 Loss Amount	用气户数（户）Number of Household with Access to Gas (unit)	居民家庭 Households	用气人口（万人）Population with Access to Gas (10,000 persons)	液化石油气汽车加气站（座）Gas Stations for LPG-Fueled Motor Vehicles (unit)	城市名称 Name of Cities
855.41	**1999635**	**1881607**	**524.04**		**广　西**
80.22	518502	448486	134.11		南　宁
10.80	163148	147692	35.61		柳　州
49.00	167422	165149	43.63		桂　林
0.84	22343	21789	7.82		荔　浦
2.00	86461	84571	24.94		梧　州
91.51	52746	52746	16.35		岑　溪
1.20	85000	82000	23.10		北　海
13.45	25600	25350	10.24		防城港
2.00	15206	14762	5.05		东　兴
96.00	96782	95384	20.30		钦　州
6.00	108218	108218	20.09		贵　港
2.00	30397	30397	11.46		桂　平
0.10	75000	72000	27.18		玉　林
150.00	18222	16281	2.13		北　流
68.50	95000	95000	20.65		百　色
0.10	55361	55361	16.73		平　果
90.00	57421	57421	16.79		靖　西
70.00	77400	77300	21.74		贺　州
12.00	81500	75738	22.21		河　池
68.87	90803	79089	18.36		来　宾
23.00	13503	13273	5.05		合　山
0.82	44000	44000	13.20		崇　左
17.00	19600	19600	7.30		凭　祥
22.21	**482612**	**478853**	**69.23**		**海　南**
5.07	332414	332414	20.00		海　口
	5511	4000	1.20		三　亚
5.00	45866	45866	20.64		儋　州
0.20	11000	11000	3.33		五指山
2.00	37569	35321	8.12		琼　海
	15249	15249	3.70		文　昌
8.74	25735	25735	8.89		万　宁
1.20	9268	9268	3.35		东　方
304.03	**217137**	**160778**	**58.88**		**重　庆**
304.03	217137	160778	58.88		重　庆
2074.51	**509737**	**399713**	**112.54**	**10**	**四　川**
271.48	142172	104396	24.29	6	成　都
0.88	1659	1219	0.31		都江堰
40.00	16114	10223	3.10		彭　州
9.00	3899	2164	0.64		邛　崃

7-3-2 续表 13

城市名称 Name of Cities	储气能力(万立方米) Gas Storage Capacity (10,000 m^3)	供气管道长度(公里) Length of Gas Supply Pipeline (km)	供气总量(吨) Total Gas Supplied (ton)			
			合计 Total	销售气量 Quantity Sold	居民家庭 Households	燃气汽车 Gas-Powered Automobiles
崇　州	3000.00		6691.56	6593.00	4038.00	
简　阳	276.00		1900.00	1898.00	1430.00	
自　贡						
攀枝花	204.50		2789.38	2781.38	2781.38	
泸　州	474.00		1773.00	1753.50	1319.00	
德　阳	944.00		3528.47	3495.35	1275.84	
广　汉	2249.40	0.60	7191.49	6687.07	1197.85	
什　邡	320.00	300.00	643.00	641.00	410.00	
绵　竹	340.00		1220.00	1205.00	1090.00	
绵　阳	1438.40	1.27	2953.80	2946.40	2840.80	46.00
江　油			101.55	101.55	101.55	
广　元	725.00		1118.36	1104.36	807.36	
遂　宁	140.00		201.00	200.00	160.00	
射　洪						
内　江	1050.00		13819.00	13296.00	6314.00	
隆　昌						
乐　山		30.00	5222.70	5199.30	2347.20	
峨眉山	690.00		1520.00	1520.00		1520.00
南　充	880.00	1.00	4704.00	4490.00	3850.00	
阆　中	85.00	1.00	1215.00	1150.00	610.00	
眉　山	180.00		265.00	261.00	82.00	
宜　宾	260.00	300.00	1191.65	1191.30	1130.00	
广　安						
华　蓥	105.00		159.00	159.00	108.60	
达　州	60.00		286.00	280.00	273.00	
万　源			365.40	360.00	360.00	
雅　安						
巴　中						
资　阳	231.00		335.00	314.00	314.00	
马尔康	96.00		510.00	500.00	500.00	
康　定	1895.00		1900.10	1898.10	1898.10	
西　昌	1050.00	76.30	10884.00	10710.00	5250.00	
贵　州	**16319.39**		**117404.36**	**117200.45**	**49023.02**	
贵　阳	5200.00		49500.00	49500.00	12300.00	
清　镇			1490.30	1442.70	1442.70	
六盘水	90.00		1066.42	1066.38	130.00	
盘　州			1850.00	1850.00	1850.00	
遵　义	2088.65		22387.60	22375.10	11401.98	
赤　水	50.00		320.00	316.80	314.00	
仁　怀	50.00		1600.00	1598.87	1596.87	
安　顺	48.00		8517.48	8517.18	1480.02	
毕　节	358.00		4707.40	4650.00	1180.00	
铜　仁	997.40		4472.00	4466.00	2320.00	

continued 13

燃气损失量 Loss Amount	用气户数(户) Number of Household with Access to Gas (unit)	居民家庭 Households	用气人口(万人) Population with Access to Gas (10,000 persons)	液化石油气汽车加气站(座) Gas Stations for LPG-Fueled Motor Vehicles (unit)	城市名称 Name of Cities
98.56	29106	27871	4.00		崇　州
2.00	2019	1619	0.61	2	简　阳
					自　贡
8.00	26947	26947	12.04		攀枝花
19.50	9365	5965	2.55		泸　州
33.12	7411	6058	2.68		德　阳
504.42	24647	10688	1.85		广　汉
2.00	18500	5100	0.95		什　邡
15.00	8350	8200	0.45		绵　竹
7.40	10622	9542	2.74	1	绵　阳
	221	221	0.08		江　油
14.00	7659	5479	1.70		广　元
1.00	5000	5000	0.80		遂　宁
					射　洪
523.00	23633	3510	0.75		内　江
					隆　昌
23.40	15383	15154	1.00		乐　山
	520			1	峨眉山
214.00	12825	12050	4.00		南　充
65.00	1860	1750	0.50		阆　中
4.00	3120	1520	0.20		眉　山
0.35	6872	6372	2.07		宜　宾
					广　安
	1839	1422	0.93		华　蓥
6.00	5600	4700	1.00		达　州
5.40	5325	5325	2.13		万　源
					雅　安
					巴　中
21.00	24000	24000	6.00		资　阳
10.00	2200	2200	1.35		马尔康
2.00	6668	6668	3.82		康　定
174.00	86201	84350	30.00		西　昌
203.91	**926786**	**787924**	**296.54**		**贵　州**
	132000	100000	47.62		贵　阳
47.60	29400	29400	4.05		清　镇
0.04	6820	1259	2.20		六盘水
	119350	119350	14.87		盘　州
12.50	200600	192200	64.40		遵　义
3.20	2580	2580	1.00		赤　水
1.13	39115	39115	11.70		仁　怀
0.30	68894	30426	25.72		安　顺
57.40	42482	22320	16.92		毕　节
6.00	62700	53500	23.10		铜　仁

7-3-2 续表 14

城市名称 Name of Cities	储气能力(万立方米) Gas Storage Capacity (10,000 m^3)	供气管道长度(公里) Length of Gas Supply Pipeline (km)	供气总量(吨) Total Gas Supplied (ton)			
			合计 Total	销售气量 Quantity Sold	居民家庭 Households	燃气汽车 Gas-Powered Automobiles
兴　义	845.00		8358.00	8316.00	6796.00	
兴　仁	325.00		747.59	716.56	716.56	
凯　里	5505.34		8662.30	8662.16	4828.46	
都　匀	762.00		2556.48	2554.18	1564.44	
福　泉			1168.79	1168.52	1101.99	
云　南	**25514.39**	**18.13**	**150339.48**	**149876.38**	**56964.86**	
昆　明	7858.00		87636.80	87615.00	14981.00	
安　宁	280.00		4320.65	4305.65		
曲　靖	2926.44	14.80	7964.40	7857.79	3294.00	
宣　威	2580.00	0.83	2456.00	2453.00	2354.00	
玉　溪	4032.20		6515.72	6457.39	2873.12	
澄　江	2020.00		1200.00	1199.53	1199.53	
保　山			3448.32	3447.32	3100.00	
腾　冲	650.00		1826.61	1792.65	1111.44	
昭　通	260.00		370.30	355.75	355.75	
水　富			304.50	303.00	303.00	
丽　江	305.00		3870.55	3865.55	2524.53	
普　洱	300.00		1890.00	1880.00	1880.00	
临　沧	377.75		2449.35	2356.35	1695.30	
楚　雄	246.00		2680.97	2646.69	2247.37	
个　旧	170.00		1790.00	1788.00	90.00	
开　远	880.00		2000.00	1997.80	1997.80	
蒙　自	240.00		2773.10	2770.00	1752.00	
弥　勒	220.00		574.00	569.00	569.00	
文　山	164.00	2.50	3986.51	3986.30	3986.30	
景　洪	675.00		4111.18	4104.69	2960.80	
大　理	410.00		3073.92	3073.32	2973.32	
瑞　丽	450.00		2019.60	1990.60	1990.60	
芒　市	210.00		1365.00	1365.00	1365.00	
泸　水	110.00		601.00	590.00	343.00	
香格里拉	150.00		1111.00	1106.00	1018.00	
西　藏	**887.50**	**1.40**	**8595.67**	**8588.05**	**7868.05**	**712.00**
拉　萨	50.00		300.00	300.00	300.00	
日喀则	281.00	1.40	1951.00	1951.00	1673.00	270.00
昌　都	95.00		900.85	900.00	660.00	240.00
林　芝	25.00		3530.00	3530.00	3530.00	
山　南	252.00		932.00	932.00	730.00	202.00
那　曲	184.50		981.82	975.05	975.05	
陕　西	**10264.20**	**2.67**	**37063.65**	**36777.18**	**23955.92**	**290.00**
西　安	2024.20	2.67	9552.00	9421.60	4161.00	80.00
铜　川	300.00		615.37	606.28		

continued 14

燃气损失量 Loss Amount	用气户数 (户) Number of Household with Access to Gas (unit)	居民家庭 Households	用气人口 (万人) Population with Access to Gas (10,000 persons)	液化石油气汽车加气站 (座) Gas Stations for LPG-Fueled Motor Vehicles (unit)	城市名称 Name of Cities
42.00	28732	25042	32.58		兴　义
31.03	28360	28360	10.30		兴　仁
0.14	111539	94040	26.33		凯　里
2.30	50850	49210	13.04		都　匀
0.27	3364	1122	2.71		福　泉
463.10	**921560**	**789848**	**244.99**	**2**	**云　南**
21.80	178158	144667	14.56		昆　明
15.00					安　宁
106.61	62446	43783	21.44		曲　靖
3.00	42051	39200	19.58		宣　威
58.33	91500	88210	29.95		玉　溪
0.47	4500	4500	1.70		澄　江
1.00	9084	3704	3.75		保　山
33.96	26500	16500	6.80		腾　冲
14.55	4475	4475	3.19		昭　通
1.50	945	945	0.28		水　富
5.00	13410	10486	3.00		丽　江
10.00	67300	67300	18.28		普　洱
93.00	16410	16021	7.99		临　沧
34.28	43000	42380	16.15		楚　雄
2.00	9200	330	0.08		个　旧
2.20	39786	39786	10.44		开　远
3.10	21444	18257	6.90		蒙　自
5.00	10500	10500	3.30		弥　勒
0.21	54411	54411	16.31		文　山
6.49	67130	65471	12.43	2	景　洪
0.60	87340	51222	20.00		大　理
29.00	17500	17500	11.33		瑞　丽
	28900	28900	8.49		芒　市
11.00	8300	7600	3.00		泸　水
5.00	17270	13700	6.04		香格里拉
7.62	**70224**	**68009**	**27.60**	**6**	**西　藏**
	1400	1400	0.75		拉　萨
	18900	18900	8.01	3	日喀则
0.85	13215	11000	5.30	2	昌　都
	19999	19999	5.20		林　芝
	9050	9050	4.51	1	山　南
6.77	7660	7660	3.83		那　曲
286.47	**266341**	**207571**	**55.36**	**3**	**陕　西**
130.40	30113	24978	6.97	2	西　安
9.09	2795				铜　川

7-3-2 续表 15

城市名称 Name of Cities	储气能力(万立方米) Gas Storage Capacity (10,000 m^3)	供气管道长度(公里) Length of Gas Supply Pipeline (km)	供气总量(吨) Total Gas Supplied (ton)			
			合计 Total	销售气量 Quantity Sold	居民家庭 Households	燃气汽车 Gas-Powered Automobiles
宝 鸡	100.00		103.00	98.00	6.00	
咸 阳	75.00		3310.00	3280.00	492.00	
彬 州			180.85	180.50	178.00	
兴 平	100.00		2360.01	2360.00	2150.00	210.00
渭 南	1837.00		2015.00	1998.00	1998.00	
韩 城	205.00		1086.50	1078.00	279.00	
华 阴	90.00		475.00	470.00	470.00	
延 安	488.00		5788.66	5788.00	4144.92	
子 长	55.00		592.46	590.50	322.00	
汉 中	3615.00		3402.00	3365.00	3354.00	
榆 林						
神 木	30.00		631.80	611.30	462.00	
安 康	815.00		5115.00	5094.00	5094.00	
商 洛	530.00		1836.00	1836.00	845.00	
杨 凌 区						
甘 肃	**8650.80**	**110.00**	**33979.27**	**33751.26**	**24280.12**	**817.00**
兰 州	1321.50		13639.06	13567.91	7764.11	
嘉 峪 关	615.00		1713.00	1679.48	1645.48	
金 昌	42.00		900.00	897.50	201.00	
白 银	1080.00		1088.00	1083.50	966.50	
天 水	650.00		2085.00	2073.00	2073.00	
武 威	2598.00		2525.70	2518.00	2518.00	
张 掖	650.00		2656.90	2653.00	1920.00	733.00
平 凉	50.00		112.60	107.60	107.60	
华 亭	85.00		279.00	274.00	265.00	
酒 泉	230.00	110.00	1953.42	1952.80	1952.80	
玉 门	100.00		255.50	254.10	254.10	
敦 煌	90.90		1100.00	1095.00	431.00	
庆 阳	195.00		1008.00	988.00	656.00	
定 西	116.20		2007.09	1986.57	1890.33	84.00
陇 南	650.00		648.00	642.80	630.20	
临 夏	132.00		1598.00	1573.00	600.00	
合 作	45.20		410.00	405.00	405.00	
青 海	**2926.70**		**17192.73**	**17016.93**	**15557.68**	**420.80**
西 宁	569.00		12380.45	12364.45	11943.00	420.80
海 东						
同 仁	200.00		195.00	190.00	190.00	
玉 树	482.20		1200.00	1195.00	1195.00	
茫 崖	75.00		200.00	191.60	120.00	
格 尔 木	1400.50		3086.58	2947.18	1980.98	
德 令 哈	200.00		130.70	128.70	128.70	

continued 15

燃气损失量 Loss Amount	用气户数 (户) Number of Household with Access to Gas (unit)	居民家庭 Households	用气人口 (万人) Population with Access to Gas (10,000 persons)	液化石油气汽车加气站 (座) Gas Stations for LPG-Fueled Motor Vehicles (unit)	城市名称 Name of Cities
5.00	1856	100	0.03		宝　鸡
30.00	1736	1640	0.60		咸　阳
0.35	3620	2950	1.08		彬　州
0.01	16125	16125	5.73	1	兴　平
17.00	18611	18611	4.16		渭　南
8.50	4665	777	1.14		韩　城
5.00	7650	7650	3.30		华　阴
0.66	34984	33713	0.14		延　安
1.96	4500	3750	2.18		子　长
37.00	36329	36329	9.91		汉　中
					榆　林
20.50	5640	5400	1.20		神　木
21.00	38317	38317	12.21		安　康
	59400	17231	6.71		商　洛
					杨凌区
228.01	**252288**	**224934**	**75.67**	**8**	**甘　肃**
71.15	69448	51842	18.26		兰　州
33.52	6512	4580	0.90		嘉峪关
2.50	1100	1050	4.36		金　昌
4.50	4400	4400	1.36		白　银
12.00	17631	17631	8.43		天　水
7.70	30965	30965	1.01		武　威
3.90	16011	14623	4.73	6	张　掖
5.00	300	300	0.08		平　凉
5.00	5132	4412	1.59		华　亭
0.62	30524	30524	12.41		酒　泉
1.40	3341	3341	1.01		玉　门
5.00	1500	1300	0.24		敦　煌
20.00	10100	10100	3.00		庆　阳
20.52	31886	31453	11.25	2	定　西
5.20	10178	10053	4.00		陇　南
25.00	6720	1820	1.68		临　夏
5.00	6540	6540	1.36		合　作
175.80	**54037**	**52231**	**25.16**	**2**	**青　海**
16.00	7944	7944	3.51	2	西　宁
					海　东
5.00	4100	4100	1.50		同　仁
5.00	21702	21702	11.52		玉　树
8.40	1800	1554	0.62		茫　崖
139.40	17273	15713	7.70		格尔木
2.00	1218	1218	0.31		德令哈

7-3-2 续表 16

城市名称 Name of Cities	储气能力(万立方米) Gas Storage Capacity ($10,000\ m^3$)	供气管道长度(公里) Length of Gas Supply Pipeline (km)	供气总量(吨) Total Gas Supplied (ton)			
			合 计 Total	销售气量 Quantity Sold	居民家庭 Households	燃气汽车 Gas-Powered Automobiles
宁　夏	**3740.00**	**0.82**	**14775.76**	**14716.26**	**6155.06**	
银　川	1150.00		9374.20	9346.20	2750.00	
灵　武	1200.00	0.02	55.00	54.50	6.50	
宁东能源化工基地						
石嘴山	40.00		35.56	34.56	34.56	
吴　忠	500.00		1813.00	1813.00	635.00	
青铜峡	105.00	0.50	605.00	600.00	595.00	
固　原	662.00		1240.00	1225.00	1225.00	
中　卫	83.00	0.30	1653.00	1643.00	909.00	
新　疆	**3420.20**	**2.18**	**54665.75**	**54570.91**	**35721.93**	**1739.90**
乌鲁木齐	1687.00		31326.59	31325.30	20036.85	
克拉玛依	40.00		2197.50	2197.50		
吐鲁番	100.00		270.00	260.00	260.00	
哈　密	140.00		627.00	625.00	625.00	
昌　吉	105.00	0.78	4117.81	4112.57	4112.57	
阜　康	50.00		1120.00	1113.00	1113.00	
博　乐	46.00		432.00	431.50	431.50	
阿拉山口			306.00	305.99	305.99	
库尔勒						
阿克苏	350.00	1.00	5031.63	5031.63	2500.00	
库　车	280.00		307.20	306.00	238.50	
阿图什	48.00		180.00	178.00	176.00	
喀　什	100.00		2878.76	2833.76	1727.26	1106.50
和　田			703.00	702.40	69.00	633.40
伊　宁	140.00		2180.00	2180.00	1500.00	
奎　屯	50.00		1051.80	1048.00	706.00	
霍尔果斯	84.00		410.00	401.50	401.50	
塔　城	95.00	0.40	639.86	639.76	639.76	
乌　苏	58.60		581.60	576.00	576.00	
阿勒泰	46.60		305.00	303.00	303.00	
新疆兵团	**195.00**		**3296.00**	**3272.00**	**3272.00**	
石河子						
阿拉尔	160.00		1796.00	1772.00	1772.00	
图木舒克						
五家渠	35.00		900.00	900.00	900.00	
北　屯			600.00	600.00	600.00	
铁门关						
双　河						
可克达拉						
昆　玉						
胡杨河						

continued 16

燃气损失量 Loss Amount	用气户数 (户) Number of Household with Access to Gas (unit)	居民家庭 Households	用气人口 (万人) Population with Access to Gas (10,000 persons)	液化石油气汽车加气站 (座) Gas Stations for LPG-Fueled Motor Vehicles (unit)	城市名称 Name of Cities
59.50	**143871**	**134599**	**24.47**		**宁　夏**
28.00	94269	89269	11.50		银　川
0.50	210	50	0.07		灵　武
					宁东能源化工基地
1.00	774	774	0.23		石嘴山
	9700	6208	1.40		吴　忠
5.00	2998	2998	1.00		青铜峡
15.00	30000	30000	8.60		固　原
10.00	5920	5300	1.67		中　卫
94.84	**285871**	**250559**	**39.07**	**3**	**新　疆**
1.29	145793	115958	10.25		乌鲁木齐
					克拉玛依
10.00	3490	3490	1.11		吐鲁番
2.00	1800	1800	0.19		哈　密
5.24	14991	14991	3.23		昌　吉
7.00	16318	16318	1.63		阜　康
0.50	7185	7185	2.58		博　乐
0.01	5000	5000	1.15		阿拉山口
					库尔勒
	7785	7778	3.50		阿克苏
1.20	3753	3396	0.94		库　车
2.00	508	508	0.20		阿图什
45.00	10006	8893	3.70	2	喀　什
0.60	642	642	0.08	1	和　田
	47200	43200	4.80		伊　宁
3.80	4700	4700	1.50		奎　屯
8.50	3000	3000	0.70		霍尔果斯
0.10	6900	6900	1.80		塔　城
5.60	4000	4000	1.20		乌　苏
2.00	2800	2800	0.51		阿勒泰
24.00	**31450**	**31450**	**5.98**		**新疆兵团**
					石河子
24.00	17450	17450	1.98		阿拉尔
					图木舒克
	8000	8000	2.20		五家渠
	6000	6000	1.80		北　屯
					铁门关
					双　河
					可克达拉
					昆　玉
					胡杨河

八、城市集中供热

8.Urban Central Heating

简要说明

城市供热指向热用户供应热能的活动，可分为集中供热和分散供热。本部分只包括集中供热，集中供热指从一个或多个热源通过热网向城市的热用户供给生产和生活热能的方式，要求具有一定的规模。

Brief Introduction

Urban heating is to supply heat energy to urban users in two ways: central heating and individual heating. This section is only about central heating, which is to deliver heat from one or more heat sources through network to urban end-users for industrial and domestic purposes.

8 全国历年城市集中供热情况(1981−2020)
National Urban Central Heating in Past Years(1981-2020)

年份 Year	供热能力 Heating Capacity		供热总量 Total Heat Supplied		管道长度(公里) Length of Pipelines (km)		集中供热面积(万平方米) Heated Area (10,000 m²)
	蒸汽(吨/小时) Steam (ton/hour)	热水(兆瓦) Hot Water (mega watts)	蒸汽(万吉焦) Steam (10,000 gigajoules)	热水(万吉焦) Hot Water (10,000 gigajoules)	蒸汽 Steam	热水 Hot Water	
1981	754	440	641	183	79	280	1167
1982	883	718	627	241	37	491	1451
1983	965	987	650	332	67	586	1841
1984	1421	1222	996	454	71	761	2445
1985	1406	1360	896	521	76	954	2742
1986	9630	36103	3467	2704	183	1335	9907
1987	16258	27601	6669	3650	163	1576	15282
1988	18550	32746	5978	4848	209	2193	13883
1989	20177	25987	6782	4334	401	2678	19386
1990	20341	20128	7117	21658	157	3100	21263
1991	21495	29663	8195	21065	656	3952	27651
1992	25491	45386	9267	26670	362	4230	32832
1993	31079	48437	10633	29036	532	5161	44164
1994	34848	52466	10335	32056	670	6399	50992
1995	67601	117286	16414	75161	909	8456	64645
1996	62316	103960	17615	56307	9577	24012	73433
1997	65207	69539	20604	62661	7054	25446	80755
1998	66427	71720	17463	64684	6933	27375	86540
1999	70146	80591	22169	69771	7733	30506	96775
2000	74148	97417	23828	83321	7963	35819	110766
2001	72242	126249	37655	100192	9183	43926	146329
2002	83346	148579	57438	122728	10139	48601	155567
2003	92590	171472	59136	128950	11939	58028	188956
2004	98262	174442	69447	125194	12775	64263	216266
2005	106723	197976	71493	139542	14772	71338	252056
2006	95204	217699	67794	148011	14012	79943	265853
2007	94009	224660	66374	158641	14116	88870	300591
2008	94454	305695	69082	187467	16045	104551	348948
2009	93193	286106	63137	200051	14317	110490	379574
2010	105084	315717	66397	224716	15122	124051	435668
2011	85273	338742	51777	229245	13381	133957	473784
2012	86452	365278	51609	243818	12690	147390	518368
2013	84362	403542	53242	266462	12259	165877	571677
2014	84664	447068	55614	276546	12476	174708	611246
2015	80699	472556	49703	302110	11692	192721	672205
2016	78307	493254	41501	318044	12180	201390	738663
2017	98328	647827	57985	310300		276288	830858
2018	92322	578244	57731	323665		371120	878050
2019	100943	550530	65067	327475		392917	925137
2020	103471	566181	65054	345004		425982	988209

注：1981年至1995年热水供热能力计量单位为兆瓦/小时；1981年至2000年蒸汽供热总量计量单位为万吨。

Note: Heating capacity through hot water from 1981 to 1995 is measured with the unit of megawatts/hour;Heating capacity through steam from 1981 to 2000 is measured with the unit of 10,000 tons.

8-1 2020年按省分列的城市集中供热

地区名称 Name of Regions	蒸汽 Steam						热水		
	供热能力（吨/小时） Heating Capacity (ton/hour)	热电厂供热 Heating by Co-Generation	锅炉房供热 Heating by Boilers	供热总量（万吉焦） Total Heat Supplied (10,000 gcal)	热电厂供热 Heating by Co-Generation	锅炉房供热 Heating by Boilers	供热能力（兆瓦） Heating Capacity (mega watts)	热电厂供热 Heating by Co-Generation	锅炉房供热 Heating by Boilers
全　国	**103471**	**91597**	**10843**	**65054**	**57870**	**6512**	**566181**	**288168**	**206515**
北　京							49656	9425	
天　津	1875	1785	90	1014	983	31	31269	10722	20547
河　北	5813	5482	311	6977	6869	170	48237	27660	10633
山　西	18029	17359	595	10682	10391	272	23614	16449	6502
内蒙古	3131	3061	70	2000	1964	36	49223	36713	11420
辽　宁	16911	15373	1576	11414	10768	567	71732	25355	42803
吉　林	1958	1793	165	1073	1025	48	46265	19542	25420
黑龙江	4901	4302	599	2498	2177	321	55185	31906	22634
上　海									
江　苏							2		2
浙　江									
安　徽	2745	2425	320	3461	1475	1986	280	280	
福　建									
江　西									
山　东	27649	24635	2671	13849	12692	1010	68642	50871	15939
河　南	6008	4642	856	3472	2637	413	24326	19929	2049
湖　北	1484	1434		1000	993		220	100	
湖　南									
广　东									
广　西									
海　南									
重　庆									
四　川									
贵　州							309		226
云　南							361		32
西　藏							64	64	
陕　西	6738	3338	3331	3489	2171	1308	25145	7646	13859
甘　肃	1100	1100		648	648		19398	8199	10721
青　海							4852	4082	770
宁　夏	2004	2004		993	993		7766	7278	88
新　疆	675	675		430	430		34967	11834	22621
新疆兵团	2450	2190	260	2054	1655	350	4667	113	249

Urban Central Heating by Province(2020)

Hot Water			管道长度(公里) Length of Pipelines (km)			供热面积(万平方米) Heated Area (10,000 m^2)			地区名称 Name of Regions
供热总量(万吉焦) Total Heat Supplied (10,000 gcal)	热电厂供热 Heating by Co-Generation	锅炉房供热 Heating by Boilers		一级管网 First Class	二级管网 Second Class		住宅 Housing	公共建筑 Public Building	
345004	**195412**	**120804**	**425982**	**111303**	**314679**	**988209**	**742971**	**215577**	**全国**
19189	5814		63740	4067	59673	65935	45486	20449	北京
17125	6765	10360	33687	8594	25093	55336	42826	12510	天津
28120	17466	5524	41990	9580	32410	87793	69584	15909	河北
16072	12698	3010	22412	7946	14466	74890	55291	15933	山西
33659	23961	9049	23518	6754	16763	63312	41656	16279	内蒙古
51777	18545	30830	58834	14050	44784	132767	97986	31314	辽宁
27481	15999	11000	31996	7749	24247	67591	47517	17835	吉林
42887	25292	16857	21135	5174	15962	82604	58430	23698	黑龙江
									上海
3		3	0		0	4	4		江苏
									浙江
5	5		741	722	19	2576	1516	1030	安徽
									福建
									江西
38698	29214	8544	79113	26189	52924	159346	134272	24643	山东
16052	13228	1319	12911	7223	5689	55995	47572	6605	河南
36	3		580	335	245	1759	1441	13	湖北
									湖南
									广东
									广西
									海南
									重庆
			25		25				四川
50		8	39	26	14	137	72	64	贵州
76		25	460	145	315	110	50	60	云南
120	120		300	40	260	182	54	128	西藏
12144	3199	7355	4117	2772	1345	41685	34274	4492	陕西
12319	5334	6735	6285	1849	4435	27868	19343	6675	甘肃
5411	4191	1220	2113	1238	874	10304	7084	3143	青海
5518	5274	13	7132	2280	4852	14523	11207	2961	宁夏
17550	8254	8805	12990	3909	9081	38598	24318	10425	新疆
712	49	147	1865	661	1204	4895	2990	1412	新疆兵团

8-2 2020年按城市分列的城市集中供热

城市名称 Name of Cities	蒸汽 Steam						热水		
	供热能力(吨/小时) Heating Capacity (ton/hour)	热电厂供热 Heating by Co-Generation	锅炉房供热 Heating by Boilers	供热总量(万吉焦) Total Heat Supplied (10,000 gcal)	热电厂供热 Heating by Co-Generation	锅炉房供热 Heating by Boilers	供热能力(兆瓦) Heating Capacity (mega watts)	热电厂供热 Heating by Co-Generation	锅炉房供热 Heating by Boilers
全　国	**103471**	**91597**	**10843**	**65054**	**57870**	**6512**	**566181**	**288168**	**206515**
北　京							**49656**	**9425**	
天　津	**1875**	**1785**	**90**	**1014**	**983**	**31**	**31269**	**10722**	**20547**
河　北	**5813**	**5482**	**311**	**6977**	**6869**	**170**	**48237**	**27660**	**10633**
石家庄	2966	2966	91	5205	5205	91	7453	1614	4139
晋　州							270	140	130
新　乐	280	280		270	270				
唐　山							7688	6684	808
滦　州							329		
遵　化							900	700	
迁　安	200	200		115	115		1196	690	6
秦皇岛	312	191		134	75		4482	3025	
邯　郸							2541	2270	
武　安							560	560	
邢　台							3728		
南　宫	30		40	31		31	119		
沙　河							123		
保　定	410	410		295	295		2386	2114	272
涿　州							824	824	
安　国							1014		
高碑店							326		326
张家口	1100	1100		719	719		3652	2600	1052
承　德	105	105		100	100		1881	1509	332
平　泉							360		360
沧　州							1280	1090	190
泊　头							348		290
任　丘							706	706	
黄　骅							410		410
河　间							276		276
廊　坊	410	230	180	108	90	48	2054	903	1151
霸　州							200		178
三　河							466		466
衡　水							1748	1748	
深　州							247		247
辛　集							671	483	
定　州									

Urban Central Heating by City(2020)

Hot Water			管道长度(公里) Length of Pipelines (km)			供热面积(万平方米) Heated Area (10,000 m^2)			城市名称 Name of Cities
供热总量(万吉焦) Total Heat Supplied (10,000 gcal)	热电厂供热 Heating by Co-Generation	锅炉房供热 Heating by Boilers		一级管网 First Class	二级管网 Second Class		住宅 Housing	公共建筑 Public Building	
345004	**195412**	**120804**	**425982**	**111303**	**314679**	**988209.1**	**742971.1**	**215577.1**	**全　国**
19189	**5814**		**63740**	**4067**	**59673**	**65935.0**	**45485.8**	**20449.2**	**北　京**
17125	**6765**	**10360**	**33687**	**8594**	**25093**	**55336.2**	**42826.0**	**12510.2**	**天　津**
28120	**17466**	**5524**	**41990**	**9580**	**32410**	**87792.6**	**69584.3**	**15908.9**	**河　北**
2993	422	1371	13441	2054	11387	20819.3	16361.1	4433.7	石家庄
127	70	56	159	42	117	413.4	384.6	28.8	晋　州
			96	43	53	423.0	390.0	33.0	新　乐
4318	3909	359	3665	853	2812	8250.8	6816.4	1434.4	唐　山
316			313	63	250	629.0	565.7	63.3	滦　州
345	255		400	106	294	1020.0	914.0	106.0	遵　化
986	530	6	611	198	413	1940.9	1439.0	444.0	迁　安
3061	2119		3485	621	2864	7871.3	5767.0	935.1	秦皇岛
1573	1462		1910	945	965	6351.3	5333.7	1009.6	邯　郸
444	444		395	4	391	1276.0	1036.0	240.0	武　安
1108			1171	637	534	2889.1	2524.7	364.3	邢　台
130			168	7	161	346.0	48.0	2.0	南　宫
75			119	119		222.5	182.2	40.3	沙　河
1681	1488	194	660	466	195	5633.2	4799.3	825.4	保　定
457	457		350	71	279	1108.1	1030.0		涿　州
411			257	93	164	697.0	445.0		安　国
208		208	216	126	89	642.2	594.5		高碑店
2108	1393	714	2588	640	1948	7149.8	5159.9	1856.3	张家口
1105	1069	9	1463	380	1084	3150.9	2178.5	843.8	承　德
361		361	420	104	316	712.1	575.3	136.8	平　泉
1057	890	167	4356	460	3896	3820.0	3127.0	693.0	沧　州
200		200	564	108	456	449.3	384.9	63.3	泊　头
466	466		310	60	250	1450.0	1141.0	309.0	任　丘
569		569	520	216	304	876.0	721.0	155.0	黄　骅
147		147	266	54	212	571.3	490.7	80.6	河　间
1048	398	650	1445	469	976	2944.1	2074.9	842.9	廊　坊
203		183	217	88	128	301.0	278.8	22.2	霸　州
200		200	376	15	361	463.6	410.0	53.6	三　河
1100	1100		1078	213	865	2384.3	2007.9	376.4	衡　水
130		130	282	42	240	414.0	369.0	45.0	深　州
792	663		581	212	369	1280.0	888.0	324.0	辛　集
402	331		110	71	39	1293.3	1146.2	147.1	定　州

8-2 续表 1

城市名称 Name of Cities	蒸汽 Steam						热水		
	供热能力（吨/小时） Heating Capacity (ton/hour)	热电厂供热 Heating by Co-Generation	锅炉房供热 Heating by Boilers	供热总量（万吉焦） Total Heat Supplied (10,000 gcal)	热电厂供热 Heating by Co-Generation	锅炉房供热 Heating by Boilers	供热能力（兆瓦） Heating Capacity (mega watts)	热电厂供热 Heating by Co-Generation	锅炉房供热 Heating by Boilers
山　西	**18029**	**17359**	**595**	**10682**	**10391**	**272**	**23614**	**16449**	**6502**
太　原	11425	11425		5527	5527		3146		2606
古　交							397	397	
大　同							2950	2950	
阳　泉							3059	2803	256
长　治	3657	3302	355	2631	2519	112	902	330	572
晋　城							1355	1210	145
高　平	315		240	180		160	308		308
朔　州							101	58	
怀　仁	1272	1272		1302	1302				
晋　中							2157	945	1212
介　休							522		522
运　城							964	964	
永　济	230	230		168	168				
河　津							568	568	
忻　州							970	970	
原　平							541		541
临　汾							1500	1500	
侯　马							600	600	
霍　州							529	529	
吕　梁	230	230		262	262		2015	1595	340
孝　义	900	900		612	612		464	464	
汾　阳							566	566	
内 蒙 古	**3131**	**3061**	**70**	**2000**	**1964**	**36**	**49223**	**36713**	**11420**
呼和浩特							12413	6320	6093
包　头							8014	8014	
乌　海							1888	1888	
赤　峰	180	180		153	153		3626	3226	280
通　辽							1543	595	948
霍林郭勒							2800	2800	
鄂尔多斯	700	700		410	410		4880	4600	280
呼伦贝尔							2118	2118	
满 洲 里	1581	1581		957	957		255		255
牙 克 石							1012	308	704
扎 兰 屯							480	190	290
额尔古纳							436	105	331
根　河							146	146	
巴彦淖尔							1466	1060	406
乌兰察布							2034	1102	932
丰　镇							428	428	
乌兰浩特	600	600		444	444		1770	800	
阿 尔 山	70		70	36		36	172		172
二连浩特							352		352
锡林浩特							3390	3013	377

continued 1

Hot Water 供热总量(万吉焦) Total Heat Supplied (10,000 gcal)	热电厂供热 Heating by Co-Generation	锅炉房供热 Heating by Boilers	管道长度(公里) Length of Pipelines (km)	一级管网 First Class	二级管网 Second Class	供热面积(万平方米) Heated Area (10,000 m^2)	住宅 Housing	公共建筑 Public Building	城市名称 Name of Cities
16072	**12698**	**3010**	**22412**	**7946**	**14466**	**74889.5**	**55290.7**	**15932.6**	**山西**
943		690	1677	1677		21160.0	14812.0	6348.0	太原
271	271		374	45	329	750.0	680.0		古交
3625	3625		5017	1331	3686	8809.5	6937.4		大同
1097	1078	19	1421	291	1129	3868.4	3190.7	677.7	阳泉
227	121	107	3050	1091	1959	7281.8	5813.3	1191.5	长治
1149	1012	137	954	313	642	2889.4	2076.8	812.5	晋城
183		183	748	116	632	722.0	587.0	135.0	高平
280	280		179	134	45	3795.9	2736.5	1059.4	朔州
			484	204	280	2276.0	1034.0	312.0	怀仁
1433	853	580	2008	682	1326	5220.0	3981.9	1238.1	晋中
694		694	141	141		1375.6	1100.5	275.1	介休
797	797		212	152	60	2600.0	2028.0	572.0	运城
			156	45	111	517.0			永济
374	374		161	67	94	774.7	688.0	86.7	河津
800	800		1553	249	1304	2085.0	1650.5	434.3	忻州
310		310	219	109	110	954.7	775.2	179.5	原平
1131	1131		1053	464	588	2728.0	2110.0	618.0	临汾
300	300		282	82	200	744.7	618.7	126.0	侯马
362	362		177	61	116	560.0	356.0	204.0	霍州
1254	853	291	1954	415	1539	3241.3	2141.0	1100.3	吕梁
325	325		344	171	173	1480.0	1185.0	295.0	孝义
517	517		249	107	142	1055.8	788.3	267.5	汾阳
33659	**23961**	**9049**	**23518**	**6754**	**16763**	**63311.9**	**41655.5**	**16278.8**	**内蒙古**
11096	5244	5852	6910	1673	5237	16503.8	13203.0	3300.0	呼和浩特
4233	4233		3487	594	2894	10064.0	7141.0	2923.0	包头
1539	1539		1014	322	692	2767.8	2069.1	698.7	乌海
3445	3300	74	2547	530	2017	5666.1	3407.8	2258.3	赤峰
1112	380	732	1040	418	622	3594.5	2599.5	995.0	通辽
510	510		545	85	460	740.0	476.0	264.0	霍林郭勒
1471	1471	0	964	964		5109.4	486.2	467.4	鄂尔多斯
1853	1853		473	170	303	2693.7	1853.4	840.3	呼伦贝尔
157		157	459	172	286	1558.4	1047.5	510.9	满洲里
723	208	515	207	71	136	1048.0	738.9	268.4	牙克石
380	170	210	154	74	80	666.0	436.0	230.0	扎兰屯
255	138	117	57	57		270.0	170.0	100.0	额尔古纳
183	183		74	36	38	208.6	140.1	68.5	根河
1380	1380		2818	444	2374	2889.0	2022.0	867.0	巴彦淖尔
1365	812	553	1032	321	711	3005.0	2043.0	962.0	乌兰察布
370	370		89	43	46	736.1	694.0		丰镇
809	231		888	224	663	2734.4	1106.3	489.9	乌兰浩特
73		73	95	77	18	163.0	90.0	73.0	阿尔山
280		280	295	109	186	566.2	350.7	215.5	二连浩特
2424	1939	485	371	371		2328.0	1581.0	747.0	锡林浩特

8-2 续表 2

城市名称 Name of Cities	蒸汽 Steam						热水		
	供热能力 (吨/小时) Heating Capacity (ton/hour)	热电厂供热 Heating by Co-Generation	锅炉房供热 Heating by Boilers	供热总量 (万吉焦) Total Heat Supplied (10,000 gcal)	热电厂供热 Heating by Co-Generation	锅炉房供热 Heating by Boilers	供热能力 (兆瓦) Heating Capacity (mega watts)	热电厂供热 Heating by Co-Generation	锅炉房供热 Heating by Boilers
辽　宁	**16911**	**15373**	**1576**	**11414**	**10768**	**567**	**71732**	**25355**	**42803**
沈　阳	774	258	516	247	65	182	22886	6210	16676
新　民							544		544
大　连	6773	6093	680	3838	3543	295	11220	2510	8710
瓦房店	255	255		115	115		898		898
庄　河							959		959
鞍　山	105		105	55		55	4466		3661
海　城							942	294	648
抚　顺							5608	4244	976
本　溪							3046	1076	1630
丹　东	2838	2838		1967	1967		488		488
东　港							560	560	
凤　城							360	182	178
锦　州	85	85		77	77		2953	1515	1438
凌　海							492	252	210
北　镇							310		230
营　口	2389	2389		2198	2198		724	47	579
盖　州							330		330
大石桥							850		850
阜　新	634	467	205	715	605	31	1996	1415	523
辽　阳	500	500		294	294		1968	1122	664
灯　塔	355	355		175	175		70	70	
盘　锦	800	800		1077	1077		1420		1420
铁　岭							1627	1627	
调兵山							648	528	120
开　原	700	700		326	326				
朝　阳							2302	1310	160
北　票	263	263		186	186		244	244	
凌　源							660		
葫芦岛	440	370	70	146	141	5	2629	1709	820
兴　城							533	441	92
吉　林	**1958**	**1793**	**165**	**1073**	**1025**	**48**	**46265**	**19542**	**25420**
长　春	82		82	27		27	19335	6891	12243
榆　树							781		781
德　惠							969		969
吉　林	240	160	80	43	23	20	4011	3219	656
蛟　河							694	158	536
桦　甸	678	678		330	330				
舒　兰							337	197	140
磐　石							721		721
四　平							1005	580	

continued 2

Hot Water			管道长度(公里) Length of Pipelines (km)			供热面积(万平方米) Heated Area (10,000 m²)			城市名称 Name of Cities
供热总量(万吉焦) Total Heat Supplied (10,000 gcal)	热电厂供热 Heating by Co-Generation	锅炉房供热 Heating by Boilers		一级管网 First Class	二级管网 Second Class		住宅 Housing	公共建筑 Public Building	
51777	**18545**	**30830**	**58834**	**14050**	**44784**	**132766.6**	**97986.1**	**31314.5**	**辽宁**
17039	4719	12320	12349	2932	9417	35390.6	26636.1	8754.6	沈阳
295		295	1068	155	913	686.1	518.3	167.8	新民
7707	1630	6075	8095	2920	5175	25766.7	18587.1	7179.6	大连
481		481	757	151	605	1414.3	1016.7	397.6	瓦房店
694		694	485	230	255	1241.0	974.6	266.4	庄河
4125		3400	4401	815	3586	8160.0	6226.0	1278.0	鞍山
692	216	476	533	144	389	1893.0	1556.0	337.0	海城
3149	2150	664	4260	1745	2515	6610.0	4677.0	1933.0	抚顺
1512	589	644	2162	511	1651	3492.4	2748.3	619.8	本溪
255		255	1916	240	1676	4055.2	3192.6	862.6	丹东
330	330		254	50	204	1000.0	697.0	243.0	东港
289	227	62	308	36	272	467.8	399.7	68.1	凤城
2101	1374	727	2239	559	1680	5662.5	4246.9	1415.6	锦州
402	225	150	504	62	442	745.0	535.0		凌海
249		191	91	43	48	516.0	426.7	89.2	北镇
439	47	297	2734	630	2104	4486.0	3426.1	1060.0	营口
251		251	514	129	385	707.0	629.0	78.0	盖州
480		480	650	117	533	1340.0	940.6	252.0	大石桥
1566	1219	347	3802	370	3432	4513.6	3525.6	847.7	阜新
2319	1453	627	1654	316	1337	4302.5	3003.1	938.7	辽阳
21	21		393	82	311	473.0	372.0		灯塔
1252		1252	2124	487	1637	5454.0	4013.0	1441.0	盘锦
1246	1246		1121	335	786	3623.0	2653.9	961.9	铁岭
325	276	49	572	122	450	940.2	284.5	102.5	调兵山
			481	46	435	891.0	707.0	184.0	开原
1908	1788	120	1559	283	1276	3358.0	2602.0	756.0	朝阳
67	67		140	35	105	570.8	470.5	100.3	北票
560			278	90	188	999.0	635.0		凌源
1730	700	949	2450	250	2200	3266.0	2286.0	980.0	葫芦岛
294	269	25	943	165	778	742.0			兴城
27481	**15999**	**11000**	**31996**	**7749**	**24247**	**67591.4**	**47516.5**	**17835.4**	**吉林**
10649	6522	3995	11714	3266	8448	26563.0	17986.2	8227.8	长春
663		663	301	117	184	1239.0	966.0	273.0	榆树
761		761	579	92	488	1112.6	959.9	152.7	德惠
3022	2718	210	3351	883	2468	8950.1	6491.7	2458.4	吉林
340	81	259	239	59	181	741.7	520.7	221.0	蛟河
			381	104	278	678.0	459.5	218.5	桦甸
243	123	120	156	83	73	701.7	549.3	152.4	舒兰
412		412	387	47	341	682.0	505.5	176.5	磐石
890	700		1052	369	683	2071.0	1541.0		四平

8-2 续表 3

城市名称 Name of Cities	蒸汽 Steam						热水		
	供热能力(吨/小时) Heating Capacity (ton/hour)	热电厂供热 Heating by Co-Generation	锅炉房供热 Heating by Boilers	供热总量(万吉焦) Total Heat Supplied (10,000 gcal)	热电厂供热 Heating by Co-Generation	锅炉房供热 Heating by Boilers	供热能力(兆瓦) Heating Capacity (mega watts)	热电厂供热 Heating by Co-Generation	锅炉房供热 Heating by Boilers
双辽							1270	1270	
辽源	240	240		155	155		1223	660	528
通化							1205	600	534
集安							396		396
白山							1059	549	510
临江							308		308
松原							1809	680	1129
扶余							382		382
白城							2430	1939	491
洮南	275	275		338	338		100		100
大安							472		472
延吉							2419	450	1969
图们							256		256
敦化							1305	150	1155
珲春							660	660	
龙井							250	82	168
和龙							300	160	140
公主岭	440	440		179	179		572	232	340
梅河口							1500	1065	
长白山保护开发区	3		3	1		1	497		497
黑龙江	**4901**	**4302**	**599**	**2498**	**2177**	**321**	**55185**	**31906**	**22634**
哈尔滨	2929	2340	589	1366	1055	311	18582	11048	7534
尚志	75	75		75	75		628	116	371
五常							692		692
齐齐哈尔							4039	300	3724
讷河							452		452
鸡西	10		10	10		10	1466	980	472
虎林							249	249	
密山	158	158		169	169		174	174	
鹤岗							2773	2618	155
双鸭山							1454	700	754
大庆							7618	3070	4368
伊春							1605	1081	499
铁力	650	650		186	186		176	159	17
佳木斯							1559	1046	513
同江	225	225		143	143		116	116	
富锦							437	437	
抚远							199	199	
七台河	72	72		77	77		1087	1087	
牡丹江	147	147		23	23		3314	2573	741
海林							482		482

continued 3

Hot Water 供热总量(万吉焦) Total Heat Supplied (10,000 gcal)	热电厂供热 Heating by Co-Generation	锅炉房供热 Heating by Boilers	管道长度(公里) Length of Pipelines (km)	一级管网 First Class	二级管网 Second Class	供热面积(万平方米) Heated Area (10,000 m^2)	住宅 Housing	公共建筑 Public Building	城市名称 Name of Cities
247	247		434	141	294	583.0	431.5	151.5	双　辽
778	616	144	1530	309	1220	2348.7	1627.0	721.6	辽　源
986	638	313	1839	265	1574	2193.0	1755.0	438.0	通　化
235		235	261	44	217	399.0	278.0	121.0	集　安
831	530	301	1026	186	840	2011.1	1488.7	522.4	白　山
280		280	219	74	144	481.7	369.2	112.5	临　江
1197	586	611	816	108	708	2472.5	1851.0	621.5	松　原
195		195	270	87	183	618.0	442.8	175.2	扶　余
747	672	75	656	132	524	1885.0	1414.0	471.0	白　城
43		43	352	85	267	630.0	450.0	180.0	洮　南
415		415	288	66	221	654.6	518.8	36.8	大　安
1363	563	800	1202	325	877	3833.0	2821.0	1008.0	延　吉
200		200	179	40	139	371.0	260.0	110.0	图　们
476	75	386	1035	191	844	1119.8	896.0	223.8	敦　化
366	366		436	140	296	860.0	627.0	232.0	珲　春
173	32	141	191	62	129	412.0	300.6	60.7	龙　井
165	120	45	73	24	49	356.0	242.2		和　龙
412	179	233	2188	212	1976	1360.0	990.0	370.0	公主岭
1230	1230		562	142	420	1800.0	512.0	220.0	梅河口
164		164	280	99	181	464.1	262.0	179.1	长白山保护开发区
42887	**25292**	**16857**	**21135**	**5174**	**15962**	**82603.8**	**58430.4**	**23697.9**	**黑龙江**
17597	10462	7135	3682	1038	2644	32900.7	22276.2	10624.4	哈尔滨
465	195	156	231	48	183	698.0	553.5	130.0	尚　志
356		356	111	40	70	822.0	634.0	35.0	五　常
2057	547	1510	1038	165	873	5564.0	4006.1	1557.9	齐齐哈尔
161		161	128	53	75	510.0	384.0	126.0	讷　河
1102	657	445	620	199	421	2654.0	2132.0	522.0	鸡　西
220	220		202	75	127	390.0	243.0	147.0	虎　林
68	68		244	59	185	550.0	374.0	176.0	密　山
1503	1433	70	911	274	637	2806.7	2087.4	719.3	鹤　岗
1389	602	746	885	167	718	2224.2	1634.6	589.6	双鸭山
6506	2402	3909	6467	1209	5258	9364.0	5825.0	3539.0	大　庆
1118	683	425	670	132	538	1838.3	1694.0	129.1	伊　春
186	97	89	156	32	125	578.9	469.0	78.5	铁　力
1500	1050	450	587	224	363	3379.2	2542.0	837.2	佳木斯
48	48		210	43	167	354.0	224.0	130.0	同　江
337	337		193	79	114	605.0	462.0	143.0	富　锦
156	156		161	57	104	228.8	152.2	76.6	抚　远
1113	1113		350	138	212	1861.5	1374.0	487.5	七台河
1857	1787	70	838	245	594	4420.7	3267.6	1153.1	牡丹江
294		294	213	85	128	540.0	445.0	95.0	海　林

8-2 续表 4

城市名称 Name of Cities	蒸汽 Steam 供热能力(吨/小时) Heating Capacity (ton/hour)	热电厂供热 Heating by Co-Generation	锅炉房供热 Heating by Boilers	供热总量(万吉焦) Total Heat Supplied (10,000 gcal)	热电厂供热 Heating by Co-Generation	锅炉房供热 Heating by Boilers	热水 供热能力(兆瓦) Heating Capacity (mega watts)	热电厂供热 Heating by Co-Generation	锅炉房供热 Heating by Boilers
宁　安	150	150		80	80		232	116	116
穆　棱							282	282	
绥芬河							638		638
东　宁							92	92	
黑　河							990	943	
北　安							810	660	150
五大连池							223		223
嫩　江							650	650	
绥　化							2478	2254	
安　达							336	336	
肇　东							522		522
海　伦	485	485		369	369		620	620	
漠　河							210		210
江　苏							**2**		**2**
南　京									
无　锡									
江　阴									
宜　兴									
徐　州									
新　沂							2		2
邳　州									
常　州									
溧　阳									
苏　州									
常　熟									
张家港									
昆　山									
太　仓									
南　通									
海　安									
启　东									
如　皋									
连云港									
淮　安									
盐　城									
东　台									
扬　州									
仪　征									
高　邮									
镇　江									
丹　阳									
扬　中									

continued 4

Hot Water			管道长度(公里) Length of Pipelines (km)	一级管网 First Class	二级管网 Second Class	供热面积(万平方米) Heated Area (10,000 m^2)	住宅 Housing	公共建筑 Public Building	城市名称 Name of Cities
供热总量(万吉焦) Total Heat Supplied (10,000 gcal)	热电厂供热 Heating by Co-Generation	锅炉房供热 Heating by Boilers							
230	70	80	190	61	129	419.0	291.0	128.0	宁　安
227	227		144	43	100	342.8	276.5	66.3	穆　棱
374		374	265	72	193	666.0	421.4	244.6	绥 芬 河
232	232		274	36	238	420.0	304.0	116.0	东　宁
701	685		487	110	377	1169.9	739.8	430.1	黑　河
458	370	60	316	42	274	723.0	422.1	277.2	北　安
146		146	138	25	113	348.2	221.5	105.0	五大连池
421	421		249	76	173	701.0	485.0		嫩　江
1117	995		349	119	230	2389.6	1936.1	453.5	绥　化
257	257		336	70	266	944.7	755.7	188.9	安　达
378		247	169	80	89	1179.0	1050.0	129.0	肇　东
179	179		192	53	139	855.7	648.6	207.1	海　伦
134		134	130	25	105	155.0	99.0	56.0	漠　河
3		**3**	**0**		**0**	**3.6**	**3.6**		**江　苏**
									南　京
									无　锡
									江　阴
									宜　兴
									徐　州
3		3	0		0	3.6	3.6		新　沂
									邳　州
									常　州
									溧　阳
									苏　州
									常　熟
									张 家 港
									昆　山
									太　仓
									南　通
									海　安
									启　东
									如　皋
									连 云 港
									淮　安
									盐　城
									东　台
									扬　州
									仪　征
									高　邮
									镇　江
									丹　阳
									扬　中

8-2 续表 5

城市名称 Name of Cities	蒸汽 Steam						热水		
	供热能力(吨/小时) Heating Capacity (ton/hour)	热电厂供热 Heating by Co-Generation	锅炉房供热 Heating by Boilers	供热总量(万吉焦) Total Heat Supplied (10,000 gcal)	热电厂供热 Heating by Co-Generation	锅炉房供热 Heating by Boilers	供热能力(兆瓦) Heating Capacity (mega watts)	热电厂供热 Heating by Co-Generation	锅炉房供热 Heating by Boilers
句容									
泰州									
兴化									
靖江									
泰兴									
宿迁									
安徽	**2745**	**2425**	**320**	**3461**	**1475**	**1986**	**280**	**280**	
合肥	2215	2215		1175	1175				
巢湖									
芜湖									
无为									
蚌埠									
淮南	320		320	1986		1986			
马鞍山									
淮北									
铜陵									
安庆									
潜山									
桐城									
黄山									
滁州	180	180		232	232				
天长									
明光									
阜阳									
界首									
宿州							280	280	
六安									
亳州									
池州	30	30		68	68				
宣城									
广德									
宁国									
山东	**27649**	**24635**	**2671**	**13849**	**12692**	**1010**	**68642**	**50871**	**15939**
济南	1677	1560	117	206	151	55	10553	5047	5228
青岛	6934	5716	1218	3292	2885	406	7948	4542	3361
胶州	315	200	115	311	195	116	666		666
平度	335	335		276	276		273	46	227
莱西	533	458	75	141	127	14	287		287
淄博	496	496		474	474		6000	5028	
枣庄	50	50		132	132		1937	1937	
滕州	42	42		573	573		930	930	

continued 5

Hot Water			管道长度(公里) Length of Pipelines (km)	一级管网 First Class	二级管网 Second Class	供热面积(万平方米) Heated Area (10,000 m²)	住宅 Housing	公共建筑 Public Building	城市名称 Name of Cities
供热总量(万吉焦) Total Heat Supplied (10,000 gcal)	热电厂供热 Heating by Co-Generation	锅炉房供热 Heating by Boilers							
									句容
									泰州
									兴化
									靖江
									泰兴
									宿迁
5	**5**		**741**	**722**	**19**	**2575.8**	**1515.7**	**1030.0**	**安徽**
			568	568		2500.0	1470.0	1030.0	合肥
									巢湖
									芜湖
									无为
									蚌埠
			38	38		35.7	35.7		淮南
									马鞍山
									淮北
									铜陵
									安庆
									潜山
									桐城
									黄山
			59	59		23.8			滁州
									天长
									明光
									阜阳
									界首
5	5		51	32	19	10.0	10.0		宿州
									六安
									亳州
			25	25		6.3			池州
									宣城
									广德
									宁国
38698	**29214**	**8544**	**79113**	**26189**	**52924**	**159346.3**	**134272.1**	**24643.1**	**山东**
8228	6045	1890	9805	4314	5491	26986.0	22663.9	4322.1	济南
3795	2175	1602	12380	3815	8565	25610.5	21465.4	4144.1	青岛
767		767	869	355	514	2290.0	2047.0	243.0	胶州
163	48	115	570	116	455	1550.0	1359.0	191.0	平度
147		147	1040	304	736	1353.0	1282.0	71.0	莱西
3434	3150		5422	1825	3597	9788.3	8513.0	1275.3	淄博
1028	923		2076	587	1489	3746.6	3441.1	305.5	枣庄
410	410		2635	196	2438	2817.0	2556.0	261.0	滕州

8-2 续表 6

城市名称 Name of Cities	蒸汽 Steam 供热能力(吨/小时) Heating Capacity (ton/hour)	热电厂供热 Heating by Co-Generation	锅炉房供热 Heating by Boilers	供热总量(万吉焦) Total Heat Supplied (10,000 gcal)	热电厂供热 Heating by Co-Generation	锅炉房供热 Heating by Boilers	热水 供热能力(兆瓦) Heating Capacity (mega watts)	热电厂供热 Heating by Co-Generation	锅炉房供热 Heating by Boilers
东营	1910	1910		352	352		2955	1795	1160
烟台	2431	2176	255	991	944	47	3430	825	2605
龙口							930	930	
莱阳	470	170	300	134	33	101	638		273
莱州	455	364	91	407	347	60	49		49
招远							500	500	
栖霞							109	109	
海阳							526	180	346
潍坊							2896	2115	631
青州	365	365		194	194		319	162	157
诸城	880	880		794	794		231	231	
寿光	195	195		90	90		720	720	
安丘	800	800		450	450				
高密							630	630	
昌邑	300		300	140		140	112		112
济宁							2745	2745	
曲阜	21		21	15		15	440	300	140
邹城							2014	2014	
泰安	1965	1965		1173	1173		154		154
新泰	985	985		422	422				
肥城							1048	874	174
威海	3503	3395	109	1814	1804	10	770	770	
荣成	1061	991	70	673	627	46	28		28
乳山	150	150		80	80		536	446	90
日照							3670	3649	
临沂	350	350		139	139		2254	2114	140
德州							1630	1630	
乐陵							392	280	112
禹城							580	580	
聊城							1622	1622	
临清	344			143					
滨州	522	522		346	342		1697	1697	
邹平							220	220	
菏泽	560	560		89	89		6204	6204	
河南	**6008**	**4642**	**856**	**3472**	**2637**	**413**	**24326**	**19929**	**2049**
郑州	390		390	18		18	4581	3131	1450
巩义							440	440	
荥阳	200			65			416	216	
新密							200	200	
新郑	225		225	120		120			
登封							588	588	
开封	145		145				869	700	169

continued 6

Hot Water			管道长度(公里) Length of Pipelines (km)			供热面积(万平方米) Heated Area (10,000 m²)			城市名称 Name of Cities
供热总量(万吉焦) Total Heat Supplied (10,000 gcal)	热电厂供热 Heating by Co-Generation	锅炉房供热 Heating by Boilers		一级管网 First Class	二级管网 Second Class		住宅 Housing	公共建筑 Public Building	
1980	1249	731	4266	809	3457	5374.5	4325.8	990.7	东营
2267	653	1614	5675	1731	3944	11387.4	8327.3	2965.1	烟台
439	439		341	188	153	1366.0	1187.0	179.0	龙口
312		265	785	140	644	1009.0	915.7	93.3	莱阳
13		13	244	130	113	777.9	629.3	148.6	莱州
460	460		847	138	709	755.0	650.0	105.0	招远
105	105		233	47	186	224.6	204.3	20.3	栖霞
397	51	346	617	249	368	531.1	475.0	56.2	海阳
2208	1672	418	2096	723	1373	9507.0	7954.0	1553.0	潍坊
414	228	110	739	247	492	1666.3	1504.8	161.5	青州
82	82		575	245	331	1366.0	1362.7	3.3	诸城
505	505		405	102	303	1570.0	1270.0	300.0	寿光
			273	258	15	730.0	697.0	33.0	安丘
235	235		388	148	240	750.0	659.0	91.0	高密
144		144	276	94	182	467.6	461.8	5.8	昌邑
1807	1807		3021	1284	1737	5019.0	4015.2	1003.8	济宁
247	168	79	874	199	675	1252.0	1122.0	130.0	曲阜
672	672		790	163	627	1704.2	1560.2	143.7	邹城
1		1	1884	805	1079	3785.0	3249.4	535.6	泰安
			898	204	694	966.4	802.0	51.0	新泰
290	216	74	291	151	140	860.0	772.6	87.4	肥城
683	683		4770	1389	3381	8701.9	6550.9	2151.0	威海
18		18	1487	385	1102	1408.1	1169.2	238.9	荣成
360	305	55	371	201	170	780.0	745.0	35.0	乳山
1028	1028		2506	954	1552	2631.0	2067.3	453.7	日照
1630	1525	105	2930	1558	1373	7043.2	6621.6	394.6	临沂
1116	1116		2678	805	1872	3207.5	2659.0	548.5	德州
185	136	49	174	64	111	370.0	361.0	9.0	乐陵
424	424		773	170	603	930.5	819.3	111.2	禹城
1029	1029		661	270	391	2673.3	2454.0	216.5	聊城
			495	106	389	338.6	290.7	47.9	临清
1059	1059		162	94	68	4062.6	3326.2	712.8	滨州
167	167		104	74	30	578.3	469.9	108.4	邹平
450	450		1689	553	1137	1411.0	1265.5	145.5	菏泽
16052	**13228**	**1319**	**12911**	**7223**	**5689**	**55995.4**	**47571.8**	**6604.9**	**河南**
4105	3102	1003	1549	1486	62	16000.0	13020.0	2980.0	郑州
210	210		84	84		660.0	560.0	100.0	巩义
212	120		209	117	92	600.0	560.0		荥阳
110	110		94	69	25	309.7	265.7	44.0	新密
			170	20	150	228.7			新郑
100	100		102	19	83	265.0	220.0	45.1	登封
655	600	55	1187	382	805	3400.0	3100.0	300.0	开封

8-2 续表 7

城市名称 Name of Cities	蒸汽 Steam 供热能力（吨/小时） Heating Capacity (ton/hour)	热电厂供热 Heating by Co-Generation	锅炉房供热 Heating by Boilers	供热总量（万吉焦） Total Heat Supplied (10,000 gcal)	热电厂供热 Heating by Co-Generation	锅炉房供热 Heating by Boilers	热水 供热能力（兆瓦） Heating Capacity (mega watts)	热电厂供热 Heating by Co-Generation	锅炉房供热 Heating by Boilers
洛　阳	310	260	50	242	55	50	2375	2235	140
偃　师	350	350		249	249		200	200	
平顶山	1065	1065		383	383		200	200	
舞　钢							21	21	
汝　州							480		
安　阳							1851	1770	
林　州							700	700	
鹤　壁	100	100		19	19		1279	895	54
新　乡	400	400		284	284		1629	1629	
长　垣							130	130	
卫　辉	200	200		46	46		1158	1158	
辉　县							110	110	
焦　作	45		45	224		224	1007	949	
沁　阳									
孟　州									
濮　阳							1580	1580	
许　昌	550	550		380	380				
禹　州	514	514		280	280				
长　葛	80	80		61	61				
漯　河	80	80		183	183		16	16	
三门峡							475	472	3
义　马	23	23		14	14		96	96	
灵　宝							12		12
南　阳	161	160	1	91	90	1	709	488	221
邓　州									
商　丘							1300	1300	
永　城	310			220			79	79	
信　阳									
周　口									
项　城									
驻马店	500	500		142	142		626	626	
济源示范区	360	360		450	450		1200		
湖　北	**1484**	**1434**		**1000**	**993**		**220**	**100**	
武　汉									
黄　石	274	274		187	187				
大　冶									
十　堰	910	860		655	649		100	100	
丹江口									
宜　昌									
宜　都									
当　阳									
枝　江									

continued 7

Hot Water 供热总量(万吉焦) Total Heat Supplied (10,000 gcal)	热电厂供热 Heating by Co-Generation	锅炉房供热 Heating by Boilers	管道长度(公里) Length of Pipelines (km)	一级管网 First Class	二级管网 Second Class	供热面积(万平方米) Heated Area (10,000 m^2)	住宅 Housing	公共建筑 Public Building	城市名称 Name of Cities
2155	1573	52	1673	630	1043	6678.0	5792.5	360.5	洛　阳
75	75		193	91	102	629.0	575.0	54.0	偃　师
188	188		358	219	139	3047.2	2805.2	242.0	平顶山
20	20		44	33	11	37.0	37.0		舞　钢
373			80	73	7	766.0	498.0	192.7	汝　州
923	912		597	597		2823.8	2584.6	239.2	安　阳
400	400		266	106	160	818.0	750.0	68.0	林　州
462	268	19	744	359	385	1249.1	1093.9	155.2	鹤　壁
876	876		477	477		2205.7	1819.3	386.4	新　乡
110	110		139	91	48	365.0	305.0	60.0	长　垣
19	19		29	29		212.0	212.0		卫　辉
103	103		43	43		310.0	251.0		辉　县
1719	1495		199	98	101	3757.0	3212.0	378.0	焦　作
			19	19					沁　阳
									孟　州
844	844		2120	301	1818	2167.5	1860.0	307.5	濮　阳
			263	150	113	1115.1	994.0	121.2	许　昌
			98	73	25	447.0	356.0		禹　州
			30	30		200.0	100.0		长　葛
75	75		136	81	55	449.0	262.0	187.0	漯　河
380	379	1	216	211	5	1089.4	923.4	148.8	三门峡
161	161		47	47		490.0	415.0	75.0	义　马
5		5	10	10		15.7	15.7		灵　宝
423	239	184	439	303	136	1134.0	803.5		南　阳
									邓　州
850	850		386	342	44	2024.0	2024.0		商　丘
60	60		509	238	271	538.0	370.0		永　城
									信　阳
									周　口
									项　城
187	187		138	138		957.8	918.6	39.2	驻马店
252	151		263	255	9	1006.7	868.6	121.2	济源示范区
36	**3**		**580**	**335**	**245**	**1759.0**	**1441.4**	**12.6**	**湖　北**
									武　汉
			30	30					黄　石
									大　冶
3	3		477	232	245	1316.8	1316.8		十　堰
									丹江口
									宜　昌
									宜　都
									当　阳
									枝　江

8-2 续表 8

城市名称 Name of Cities	蒸汽 Steam						热水		
	供热能力（吨/小时）Heating Capacity (ton/hour)	热电厂供热 Heating by Co-Generation	锅炉房供热 Heating by Boilers	供热总量（万吉焦）Total Heat Supplied (10,000 gcal)	热电厂供热 Heating by Co-Generation	锅炉房供热 Heating by Boilers	供热能力（兆瓦）Heating Capacity (mega watts)	热电厂供热 Heating by Co-Generation	锅炉房供热 Heating by Boilers
襄　阳	300	300		157	157				
老河口									
枣　阳									
宜　城									
鄂　州									
荆　门							120		
京　山									
钟　祥									
孝　感									
应　城									
安　陆									
汉　川									
荆　州									
监　利									
石　首									
洪　湖									
松　滋									
黄　冈									
麻　城									
武　穴									
咸　宁									
赤　壁									
随　州									
广　水									
恩　施									
利　川									
仙　桃									
潜　江									
天　门									
四　川									
成　都									
都江堰									
彭　州									
邛　崃									
崇　州									
简　阳									
自　贡									
攀枝花									
泸　州									
德　阳									
广　汉									
什　邡									

continued 8

Hot Water			管道长度(公里) Length of Pipelines (km)			供热面积(万平方米) Heated Area (10,000 m^2)			城市名称 Name of Cities
供热总量(万吉焦) Total Heat Supplied (10,000 gcal)	热电厂供热 Heating by Co-Generation	锅炉房供热 Heating by Boilers		一级管网 First Class	二级管网 Second Class		住宅 Housing	公共建筑 Public Building	
			50	50		368.0	66.0		襄阳
									老河口
									枣阳
									宜城
									鄂州
33			24	24		74.2	58.6	12.6	荆门
									京山
									钟祥
									孝感
									应城
									安陆
									汉川
									荆州
									监利
									石首
									洪湖
									松滋
									黄冈
									麻城
									武穴
									咸宁
									赤壁
									随州
									广水
									恩施
									利川
									仙桃
									潜江
									天门
			25		**25**				**四川**
									成都
									都江堰
									彭州
									邛崃
									崇州
									简阳
									自贡
									攀枝花
									泸州
									德阳
									广汉
									什邡

8-2 续表 9

城市名称 Name of Cities	蒸汽 Steam 供热能力（吨/小时） Heating Capacity (ton/hour)	热电厂供热 Heating by Co-Generation	锅炉房供热 Heating by Boilers	供热总量（万吉焦） Total Heat Supplied (10,000 gcal)	热电厂供热 Heating by Co-Generation	锅炉房供热 Heating by Boilers	热水 供热能力（兆瓦） Heating Capacity (mega watts)	热电厂供热 Heating by Co-Generation	锅炉房供热 Heating by Boilers
绵竹									
绵阳									
江油									
广元									
遂宁									
射洪									
内江									
隆昌									
乐山									
峨眉山									
南充									
阆中									
眉山									
宜宾									
广安									
华蓥									
达州									
万源									
雅安									
巴中									
资阳									
马尔康									
康定									
西昌									
贵州							**309**		**226**
贵阳									
清镇									
六盘水							309		226
盘州									
遵义									
赤水									
仁怀									
安顺									
毕节									
铜仁									
兴义									
兴仁									
凯里									
都匀									
福泉									

continued 9

Hot Water 供热总量(万吉焦) Total Heat Supplied (10,000 gcal)	热电厂供热 Heating by Co-Generation	锅炉房供热 Heating by Boilers	管道长度(公里) Length of Pipelines (km)	一级管网 First Class	二级管网 Second Class	供热面积(万平方米) Heated Area (10,000 m^2)	住宅 Housing	公共建筑 Public Building	城市名称 Name of Cities
									绵竹
									绵阳
									江油
									广元
									遂宁
									射洪
									内江
									隆昌
									乐山
									峨眉山
									南充
									阆中
									眉山
									宜宾
									广安
									华蓥
									达州
									万源
									雅安
									巴中
									资阳
			25		25				马尔康
									康定
									西昌
50		**8**	**39**	**26**	**14**	**136.6**	**72.5**	**64.2**	**贵州**
									贵阳
									清镇
50		8	39	26	14	136.6	72.5	64.2	六盘水
									盘州
									遵义
									赤水
									仁怀
									安顺
									毕节
									铜仁
									兴义
									兴仁
									凯里
									都匀
									福泉

8-2 续表 10

城市名称 Name of Cities	蒸汽 Steam						热水		
	供热能力（吨/小时） Heating Capacity (ton/hour)	热电厂供热 Heating by Co-Generation	锅炉房供热 Heating by Boilers	供热总量（万吉焦） Total Heat Supplied (10,000 gcal)	热电厂供热 Heating by Co-Generation	锅炉房供热 Heating by Boilers	供热能力（兆瓦） Heating Capacity (mega watts)	热电厂供热 Heating by Co-Generation	锅炉房供热 Heating by Boilers
云　南							**361**		**32**
昆　明									
安　宁									
曲　靖									
宣　威									
玉　溪									
澄　江									
保　山									
腾　冲									
昭　通									
水　富									
丽　江									
普　洱									
临　沧									
楚　雄									
个　旧									
开　远									
蒙　自									
弥　勒									
文　山									
景　洪									
大　理									
瑞　丽									
芒　市									
泸　水									
香格里拉							361		32
西　藏							**64**	**64**	
拉　萨									
日喀则									
昌　都									
林　芝									
山　南									
那　曲							64	64	
陕　西	**6738**	**3338**	**3331**	**3489**	**2171**	**1308**	**25145**	**7646**	**13859**
西　安	3690	860	2760	1709	623	1087	17220	3665	10002
铜　川							780	780	
宝　鸡							1808	400	1408
咸　阳	639	144	495	278	107	160	738	98	640
彬　州							600	600	
兴　平	151	76	76	122	61	61			
渭　南	60	60		50	50		572	483	89

continued 10

Hot Water 供热总量(万吉焦) Total Heat Supplied (10,000 gcal)	热电厂供热 Heating by Co-Generation	锅炉房供热 Heating by Boilers	管道长度(公里) Length of Pipelines (km)	一级管网 First Class	二级管网 Second Class	供热面积(万平方米) Heated Area (10,000 m^2)	住宅 Housing	公共建筑 Public Building	城市名称 Name of Cities
76		**25**	**460**	**145**	**315**	**110.0**	**50.0**	**60.0**	**云南**
									昆明
									安宁
									曲靖
									宣威
									玉溪
									澄江
									保山
									腾冲
									昭通
									水富
									丽江
									普洱
									临沧
									楚雄
									个旧
									开远
									蒙自
									弥勒
									文山
									景洪
									大理
									瑞丽
									芒市
									泸水
76		25	460	145	315	110.0	50.0	60.0	香格里拉
120	**120**		**300**	**40**	**260**	**182.0**	**54.0**	**128.0**	**西藏**
									拉萨
									日喀则
									昌都
									林芝
									山南
120	120		300	40	260	182.0	54.0	128.0	那曲
12144	**3199**	**7355**	**4117**	**2772**	**1345**	**41685.2**	**34273.9**	**4492.3**	**陕西**
8590	1513	5518	1824	1372	452	29139.1	24462.2	3334.0	西安
216	216		55	55		702.0	582.4	119.6	铜川
1026	283	743	611	372	240	2886.0	2126.0		宝鸡
440	107	331	163	135	28	2100.0	1939.0		咸阳
140	140		73	26	47	480.0	432.0	48.0	彬州
			14	14		61.5	60.5		兴平
372	292	80	96	57	39	718.6	629.6	51.2	渭南

8-2 续表 11

城市名称 Name of Cities	蒸汽 Steam						热水		
	供热能力（吨/小时） Heating Capacity (ton/hour)	热电厂供热 Heating by Co-Generation	锅炉房供热 Heating by Boilers	供热总量（万吉焦） Total Heat Supplied (10,000 gcal)	热电厂供热 Heating by Co-Generation	锅炉房供热 Heating by Boilers	供热能力（兆瓦） Heating Capacity (mega watts)	热电厂供热 Heating by Co-Generation	锅炉房供热 Heating by Boilers
韩　城							329		271
华　阴	30	30		6	6		198		198
延　安	570	570		334	334		560		560
子　长							88		88
汉　中									
榆　林	1528	1528		940	940		285		256
神　木							1668	1320	348
安　康									
商　洛									
杨凌区	70	70		50	50		300	300	
甘　肃	**1100**	**1100**		**648**	**648**		**19398**	**8199**	**10721**
兰　州							7164	2054	5110
嘉峪关							1526	1410	116
金　昌	400	400		147	147		660	660	
白　银							1277	1204	73
天　水							1141		1141
武　威	700	700		501	501		735		735
张　掖							1248	715	533
平　凉							1328	1200	
华　亭							266	266	
酒　泉							1607	660	597
玉　门							192	30	162
敦　煌							266		266
庆　阳							789		789
定　西							602		602
陇　南							58		58
临　夏							348		348
合　作							191		191
青　海							**4852**	**4082**	**770**
西　宁							4096	4082	14
海　东							17		17
同　仁							42		42
玉　树							53		53
茫　崖							154		154
格尔木							417		417
德令哈							74		74
宁　夏	**2004**	**2004**		**993**	**993**		**7766**	**7278**	**88**
银　川							4888	4860	28
灵　武									

continued 11

Hot Water 供热总量(万吉焦) Total Heat Supplied (10,000 gcal)	热电厂供热 Heating by Co-Generation	锅炉房供热 Heating by Boilers	管道长度(公里) Length of Pipelines (km)	一级管网 First Class	二级管网 Second Class	供热面积(万平方米) Heated Area (10,000 m²)	住宅 Housing	公共建筑 Public Building	城市名称 Name of Cities
130		116	87	53	35	399.1	309.5	89.6	韩　城
62		62	30	23	7	195.0			华　阴
279		264	324	149	176	1486.0	1097.1	289.0	延　安
90		90	25	12	13	130.0	62.7		子　长
									汉　中
			555	305	250	1883.0	1532.0	351.0	榆　林
569	417	152	138	79	59	965.0	711.0		神　木
									安　康
			39	39					商　洛
231	231		84	84		540.0	330.0	210.0	杨凌区
12319	**5334**	**6735**	**6285**	**1849**	**4435**	**27868.0**	**19342.8**	**6674.5**	**甘　肃**
3672	1100	2562	1286	459	827	9252.5	6585.9	2597.0	兰　州
909	841	68	1020	100	920	1911.0	1468.0	443.0	嘉峪关
343	343		305	76	229	1275.0	815.0	460.0	金　昌
843	803	40	753	225	527	1749.0	1283.7	311.0	白　银
927		927	255	113	143	1677.8	1387.4	290.4	天　水
400		400	455	133	322	2130.0	1589.6		武　威
1088	515	573	605	130	475	2110.8	987.0	1123.8	张　掖
980	980		151	78	73	1902.0	1088.5		平　凉
198	198		55	38	17	396.0	278.2	117.9	华　亭
981	540	211	410	120	290	1490.0	1130.0	360.0	酒　泉
115	15	92	169	47	121	250.8	163.4	87.4	玉　门
202		200	299	56	243	355.0	282.2		敦　煌
713		713	140	140		1535.3	949.0	386.1	庆　阳
410		410	192	60	132	962.7	719.5	243.2	定　西
58		58	29	17	12	115.0	92.0	23.0	陇　南
336		336	83	38	45	495.1	362.3	132.7	临　夏
145		145	79	20	59	260.0	161.0	99.0	合　作
5411	**4191**	**1220**	**2113**	**1238**	**874**	**10304.4**	**7083.8**	**3142.8**	**青　海**
4691	4191	500	1689	1022	667	8892.0	6446.0	2446.0	西　宁
7		7	15	10	5	10.0	1.0	9.0	海　东
50		50	35	35		104.0	80.0	20.0	同　仁
70		70	90	60	30	128.0	84.0	44.0	玉　树
45		45	31	31		75.6	34.8	40.8	茫　崖
474		474	194	22	172	948.0	365.0	583.0	格尔木
74		74	59	59		146.8	73.0		德令哈
5518	**5274**	**13**	**7132**	**2280**	**4852**	**14523.1**	**11206.6**	**2961.0**	**宁　夏**
3506	3493	13	3279	840	2439	7334.8	5795.9	1335.4	银　川
			164	83	81	523.0	418.0	50.0	灵　武

8-2 续表 12

城市名称 Name of Cities	蒸汽 Steam 供热能力(吨/小时) Heating Capacity (ton/hour)	热电厂供热 Heating by Co-Generation	锅炉房供热 Heating by Boilers	供热总量(万吉焦) Total Heat Supplied (10,000 gcal)	热电厂供热 Heating by Co-Generation	锅炉房供热 Heating by Boilers	热水 供热能力(兆瓦) Heating Capacity (mega watts)	热电厂供热 Heating by Co-Generation	锅炉房供热 Heating by Boilers
宁东能源化工基地	660	660		96	96				
石嘴山	1344	1344		897	897		60		60
吴忠							700	700	
青铜峡							400		
固原							748	748	
中卫							970	970	
新疆	**675**	**675**		**430**	**430**		**34967**	**11834**	**22621**
乌鲁木齐							20197	4551	15646
克拉玛依							2388	529	1859
吐鲁番							365		365
哈密							1630	753	877
昌吉							1870	1870	
阜康							540	540	
博乐							785		627
阿拉山口							161		161
库尔勒							685	400	
阿克苏	75	75		225	225		600	531	
库车							554	554	
阿图什							492		492
喀什							1438	838	600
和田									
伊宁							1365	876	489
奎屯							393	393	
霍尔果斯							400		400
塔城							548		548
乌苏	600	600		205	205		87		87
阿勒泰							470		470
新疆兵团	**2450**	**2190**	**260**	**2054**	**1655**	**350**	**4667**	**113**	**249**
石河子	1820	1820		1358	1358				
阿拉尔							3000		
图木舒克				49			71	71	
五家渠							1389		84
北屯	370	370		297	297				
铁门关	260		260	350		350			
双河									
可克达拉							165		165
昆玉							42	42	
胡杨河									

continued 12

Hot Water 供热总量(万吉焦) Total Heat Supplied (10,000 gcal)	热电厂供热 Heating by Co-Generation	锅炉房供热 Heating by Boilers	管道长度(公里) Length of Pipelines (km)	一级管网 First Class	二级管网 Second Class	供热面积(万平方米) Heated Area (10,000 m²)	住宅 Housing	公共建筑 Public Building	城市名称 Name of Cities
			45	45		171.0	117.0	54.0	宁东能源化工基地
			1454	267	1186	1929.9	1423.3	446.6	石嘴山
590	590		616	306	310	1598.0	1261.0	337.0	吴忠
231			426	39	388	612.4	489.4	123.0	青铜峡
636	636		383	158	225	1401.0	1071.0	330.0	固原
555	555		765	542	223	953.0	631.0	285.0	中卫
17550	**8254**	**8805**	**12990**	**3909**	**9081**	**38597.5**	**24317.9**	**10424.5**	**新疆**
7564	2718	4845	5551	1411	4140	18478.0	13003.0	5475.0	乌鲁木齐
1758	536	850	1247	322	925	2880.5	1697.4	1182.1	克拉玛依
270		270	281	161	120	519.0	401.0	118.0	吐鲁番
1057	747	310	1065	281	784	2228.2	1625.4	602.9	哈密
1000	1000		1243	201	1042	1709.3	1099.3	610.0	昌吉
420	420		387	105	282	678.9	434.7	165.6	阜康
552		552	326	115	211	845.7	550.0	295.7	博乐
30		30	91	33	58	96.0	35.0	61.0	阿拉山口
1226	1129					1270.7	709.1		库尔勒
530	510		326	226	100	1695.0	1252.5	442.5	阿克苏
280	280		66	66		621.0	374.6	246.4	库车
103		103	120	120		318.0	227.0		阿图什
596	588	9	552	131	421	1370.0	902.4	467.6	喀什
									和田
248		248	403	390	13	3325.0	554.0	211.0	伊宁
328	328		198	58	140	532.0	281.0	251.0	奎屯
142		142	71	51	20	230.3	101.9		霍尔果斯
349		349	134	14	120	565.0	419.2	145.8	塔城
205		205	315	71	244	675.0	380.0		乌苏
894		894	613	153	460	560.0	270.5	150.0	阿勒泰
712	**49**	**147**	**1865**	**661**	**1204**	**4895.1**	**2989.8**	**1411.7**	**新疆兵团**
			728	225	503	2427.0	1771.0	656.0	石河子
167			253	103	150	360.0	260.0	100.0	阿拉尔
49	49					280.0	180.0		图木舒克
410		61	220	35	185	863.1	497.5	346.6	五家渠
			133	52	81	450.0	178.2	118.8	北屯
			150	102	48	126.0	36.0	90.0	铁门关
			84	26	58	121.6			双河
86		86	163	83	80	139.0	65.4	73.6	可克达拉
0	0					28.4	1.7	26.7	昆玉
			135	35	100	100.0			胡杨河

居民出行数据

Data by Residents Travel

九、城市轨道交通

9. Urban Rail Transit System

简要说明

城市轨道交通指采用轨道结构进行承重和导向的车辆运输系统，依据城市交通总体规划的要求，设置全封闭或部分封闭的专用轨道线路，以列车或单车形式，运送相当规模客流量的公共交通方式。包括地铁系统、轻轨系统、单轨系统、有轨电车、磁浮系统、自动导向轨道系统和市域快速轨道系统。

本部分共分城市轨道交通（建成）和城市轨道交通（在建）两部分，主要包括城市轨道交通已建成和正在建设的线路条数、长度、车站数等内容。

Brief Introduction

Urban rail transit system is a vehicular transit system supported and guided by rails. It is a public transit mode for transporting large volume of passengers, and it operates singly or in multi-car trains on fixed rails in closed or semi-closed right-of-way in accordance with urban transport master plan. It includes subway, light rail, monorail, cable car, maglev, automated guideway transit, and intracity rapid rail systems.

This section is divided into two parts: urban rail transit system(completed) and urban rail transit system (under construction). The section mainly includes such items as number and total length of transit lines, number of stations, etc., both completed and under construction.

9 全国历年城市轨道交通情况(1978-2020)
National Urban Rail Transit System in Past Years (1978-2020)

年份 Year	建成轨道交通的城市个数(个) Number of Cities with Completed Rail Transport Lines (unit)	建成轨道交通线路长度(公里) The Length of Completed Rail Transport Lines (km)	正在建设轨道交通的城市个数(个) Number of Cities with Rail Transport Lines under Construction (unit)	正在建设轨道交通线路长度(公里) The Length of Rail Transport Lines under Construction (km)
1978	1	23		
1979	1	23		
1980	1	23		
1981	1	23		
1982	1	23		
1983	1	23		
1984	2	47		
1985	2	47		
1986	2	47		
1987	2	47		
1988	2	47		
1989	2	47		
1990	2	47		
1991	2	47		
1992	2	47		
1993	2	47		
1994	2	47		
1995	3	63		
1996	3	63		
1997	3	63		
1998	4	81		
1999	4	81		
2000	4	117		
2001	5	172		
2002	5	200		
2003	5	347		
2004	7	400		
2005	10	444		
2006	10	621		
2007	10	775		
2008	10	855		
2009	10	838.88	28	1991.36
2010	12	1428.87	28	1741.07
2011	12	1672.42	28	1891.29
2012	16	2005.53	29	2060.43
2013	16	2213.28	35	2760.38
2014	22	2714.79	36	3004.37
2015	24	3069.23	38	3994.15
2016	30	3586.34	39	4870.18
2017	32	4594.26	50	4913.56
2018	34	5141.05	50	5400.25
2019	41	6058.90	49	5594.08
2020	42	7597.94	45	5093.55

注：1.2000年及以前年份，大连、鞍山、长春、哈尔滨的有轨电车没有统计在内。

2.截至2020年底，在国务院已批复轨道交通建设规划的城市中，除包头市开工后停建外，其余城市已经全部开始建设或建成轨道交通线路。未含在以上城市名单中的昆山市、连云港市、淮安市、三亚市、蒙自市、天水市、嘉兴市、海宁市、湘潭市、都江堰市的上海市轨道交通11号线北段、连云港市域列车、淮安市现代有轨电车一期工程、_三亚有轨电车示范线、滇南中心城市群现代有轨电车示范线项目、天水市有轨电车示范线工程(一期)、嘉兴市现代有轨电车T1线一期工程、嘉兴市现代有轨电车T2线一期工程(月河北站-环城南路站)、杭海城际铁路、长株潭城际轨道交通西环线一期(湘潭段)、万达文化旅游城交通配套项目-都江堰M-TR旅游客运专线工程PPP项目按城市轨道交通统计在内。

Note: 1.For the year 2000 and before, the streetcar systems in Dalian, Anshan, Changchun and Harbin City were not included when collecting data on the number of cities with completed rail transport lines and the length of lines.

2.By the end of 2020, construction of rail transit lines in the cities whose rail transit construction plans have been approved by the State Council except the cities of Baotou has either started or completed. Data of Kunshan,Lianyungang,Huaian,Sanya, Mengzi,Tianshui,Jiaxing,Haining,Xiangtan and Dujiangyan which are not on the list of the cities, are included in the urban rail transit statistics.

9-1-1 2020年按省分列的城市轨道交通(建成)

地区名称 Name of Regions	线路长度(公里) Length of Lines (kilometer)										
	合计 Total	地铁 Subway	轻轨 Light Rail	单轨 Monorail	有轨 Cable Car	磁浮 Maglev	快轨 Fast Track	APM APM	按敷设方式 by Ways of Laying		
									地面线 Surface Lines	地下线 Underground Lines	高架线 Elevated Lines
全　国	**7597.94**	**6651.11**	**290.06**	**78.52**	**393.92**	**48.45**	**135.88**		**579.71**	**5445.42**	**1573.81**
北　京	727.00	665.00			62.00				74.00	494.00	160.00
天　津	238.85	178.74	52.25		7.86				16.82	161.97	60.06
河　北	61.60	61.60								61.60	
山　西	23.65	23.65								23.65	
内蒙古	49.03	49.03							0.34	45.84	2.85
辽　宁	336.35	145.36	127.28		63.71				119.88	153.53	62.94
吉　林	100.10	38.60	61.50						20.20	43.00	36.90
黑龙江	31.83	31.83								31.83	
上　海	719.37	683.18			6.29	29.90			16.40	436.71	266.26
江　苏	834.75	718.81			80.84		35.10		118.37	511.46	204.92
浙　江	507.78	454.27					53.51		3.23	391.16	113.39
安　徽	112.49	112.49								108.26	4.23
福　建	131.86	131.86							1.60	127.46	2.80
江　西	88.71	88.71								88.71	
山　东	302.67	293.90			8.77				10.89	171.76	120.02
河　南	215.52	215.52							1.27	198.22	16.03
湖　北	388.01	338.88			49.13				44.45	263.28	80.28
湖　南	161.19	142.64				18.55			0.22	141.29	19.68
广　东	1028.01	1002.09			25.92				47.70	869.91	110.40
广　西	108.06	108.06								108.06	
海　南	8.37				8.37				8.02		0.35
重　庆	334.08	220.44	19.72	78.52	15.40				21.64	179.12	133.32
四　川	601.97	515.40			39.30		47.27		41.59	452.55	107.83
贵　州	35.11	35.11							2.36	29.02	3.73
云　南	152.86	139.46			13.40				15.70	115.15	22.01
西　藏											
陕　西	232.17	202.86	29.31						2.10	184.26	45.81
甘　肃	38.93	26.00			12.93				12.93	26.00	
青　海											
宁　夏											
新　疆	27.62	27.62								27.62	
新疆兵团											

Urban Rail Transit System (completed) by Province(2020)

车站数(个) Number of Stations (unit)				换乘站数(个) Number of Transfer Stations (unit)	配置车辆数(辆) Number of Vehicles in Service (unit)								地区名称 Name of Regions
合计 Total	地面站 Surface Lines	地下站 Underground Lines	高架站 Elevated Lines		合计 Total	地铁 Subway	轻轨 Light Rail	单轨 Monorail	有轨 Cable Car	磁浮 Maglev	快轨 Fast Track	APM APM	
5019	**539**	**3773**	**707**	**1303**	**39603**	**37882**	**380**	**492**	**685**	**32**	**132**		**全　国**
428	42	318	68	132	6735	6606			129				北　京
181	20	130	31	42	1210	1034	152		24				天　津
50		50		5	408	408							河　北
23		23		7	144	144							山　西
44	1	40	3	10	312	312							内蒙古
258	122	115	21	54	907	746	128		33				辽　宁
94	21	37	36	16									吉　林
28		28		9	186	186							黑龙江
422	12	299	111	140	6174	6116			44	14			上　海
530	83	373	74	95	3459	3365			91		3		江　苏
304	2	246	56	57	2900	2868					32		浙　江
100		96	4	21	732	732							安　徽
103		102	1	27	393	393							福　建
74		74		17	630	630							江　西
153	12	97	44	46	1053	1046			7				山　东
152		145	7	59	239	239							河　南
291	60	180	51	89	2342	2284			58				湖　北
114		110	4	38	888	870				18			湖　南
629	62	517	50	165	3859	3784			75				广　东
82		82		21	104	104							广　西
15	15				11				11				海　南
217	19	110	88	61	1701	1094	100	492	15				重　庆
381	38	313	30	101	4575	4298			180		97		四　川
25	2	20	3	6	34	34							贵　州
107	15	85	7	31	143	125			18				云　南
													西　藏
155	1	136	18	44	276	276							陕　西
32	12	20		5	26	26							甘　肃
													青　海
													宁　夏
27		27		5	162	162							新　疆
													新疆兵团

9-1-2 2020年按城市分列的城市轨道交通(建成)

城市名称 Name of Cities	线路长度(公里) Length of Lines (kilometer)								按敷设方式 by Ways of Laying		
	合计 Total	地铁 Subway	轻轨 Light Rail	单轨 Monorail	有轨 Cable Car	磁浮 Maglev	快轨 Fast Track	APM APM	地面线 Surface Lines	地下线 Underground Lines	高架线 Elevated Lines
全　国	**7597.94**	**6651.11**	**290.06**	**78.52**	**393.92**	**48.45**	**135.88**		**579.71**	**5445.42**	**1573.81**
北　京	**727.00**	**665.00**			**62.00**				**74.00**	**494.00**	**160.00**
天　津	**238.85**	**178.74**	**52.25**		**7.86**				**16.82**	**161.97**	**60.06**
河　北	**61.60**	**61.60**								**61.60**	
石家庄	61.60	61.60								61.60	
山　西	**23.65**	**23.65**								**23.65**	
太　原	23.65	23.65								23.65	
内蒙古	**49.03**	**49.03**							**0.34**	**45.84**	**2.85**
呼和浩特	49.03	49.03							0.34	45.84	2.85
辽　宁	**336.35**	**145.36**	**127.28**		**63.71**				**119.88**	**153.53**	**62.94**
沈　阳	180.77	117.06			63.71				63.71	117.06	
大　连	155.58	28.30	127.28						56.17	36.47	62.94
吉　林	**100.10**	**38.60**	**61.50**						**20.20**	**43.00**	**36.90**
长　春	100.10	38.60	61.50						20.20	43.00	36.90
黑龙江	**31.83**	**31.83**								**31.83**	
哈尔滨	31.83	31.83								31.83	
上　海	**719.37**	**683.18**			**6.29**	**29.90**			**16.40**	**436.71**	**266.26**
江　苏	**834.75**	**718.81**			**80.84**		**35.10**		**118.37**	**511.46**	**204.92**
南　京	394.15	377.60			16.55				27.93	198.20	168.02
无　锡	89.41	89.41							0.10	75.42	13.89
徐　州	46.03	46.03							0.09	45.38	0.56
常　州	33.83	33.83								31.64	2.19
苏　州	210.16	165.94			44.22				35.08	160.82	14.26
昆　山	6.00	6.00									6.00
连云港	35.10						35.10		35.10		
淮　安	20.07				20.07				20.07		
浙　江	**507.78**	**454.27**					**53.51**		**3.23**	**391.16**	**113.39**
杭　州	305.49	305.49							0.20	297.69	7.60
宁　波	148.78	148.78								82.10	66.68
温　州	53.51						53.51		3.03	11.37	39.11
安　徽	**112.49**	**112.49**								**108.26**	**4.23**
合　肥	112.49	112.49								108.26	4.23
福　建	**131.86**	**131.86**							**1.60**	**127.46**	**2.80**
福　州	59.96	59.96								59.96	
厦　门	71.90	71.90							1.60	67.50	2.80

Urban Rail Transit System (completed) by City (2020)

车站数(个) Number of Stations (unit)				换乘站数(个) Number of Transfer Stations (unit)	配置车辆数(辆) Number of Vehicles in Service (unit)								城市名称 Name of Cities
合计 Total	地面站 Surface Lines	地下站 Underground Lines	高架站 Elevated Lines		合计 Total	地铁 Subway	轻轨 Light Rail	单轨 Monorail	有轨 Cable Car	磁浮 Maglev	快轨 Fast Track	APM APM	
5019	**539**	**3773**	**707**	**1303**	**39603**	**37882**	**380**	**492**	**685**	**32**	**132**		**全　国**
428	**42**	**318**	**68**	**132**	**6735**	**6606**			**129**				**北　京**
181	**20**	**130**	**31**	**42**	**1210**	**1034**	**152**		**24**				**天　津**
50		**50**		**5**	**408**	**408**							**河　北**
50		50		5	408	408							石家庄
23		**23**		**7**	**144**	**144**							**山　西**
23		23		7	144	144							太　原
44	**1**	**40**	**3**	**10**	**312**	**312**							**内蒙古**
44	1	40	3	10	312	312							呼和浩特
258	**122**	**115**	**21**	**54**	**907**	**746**	**128**		**33**				**辽　宁**
172	80	92		43	753	720			33				沈　阳
86	42	23	21	11	154	26	128						大　连
94	**21**	**37**	**36**	**16**									**吉　林**
94	21	37	36	16									长　春
28		**28**		**9**	**186**	**186**							**黑龙江**
28		28		9	186	186							哈尔滨
422	**12**	**299**	**111**	**140**	**6174**	**6116**			**44**	**14**			**上　海**
530	**83**	**373**	**74**	**95**	**3459**	**3365**			**91**		**3**		**江　苏**
200	30	118	52	29	1680	1660			20				南　京
70		61	9	14	600	600							无　锡
38		37	1	12	47	47							徐　州
29		27	2	1	216	216							常　州
162	25	130	7	37	881	836			45				苏　州
3			3		6	6							昆　山
5	5			2	3						3		连云港
23	23				26				26				淮　安
304	**2**	**246**	**56**	**57**	**2900**	**2868**					**32**		**浙　江**
186		176	10	31	2094	2094							杭　州
100		67	33	24	774	774							宁　波
18	2	3	13	2	32						32		温　州
100		**96**	**4**	**21**	**732**	**732**							**安　徽**
100		96	4	21	732	732							合　肥
103		**102**	**1**	**27**	**393**	**393**							**福　建**
47		47		12	87	87							福　州
56		55	1	15	306	306							厦　门

9-1-2 续表

城市名称 Name of Cities	线路长度(公里) Length of Lines (kilometer)										
	合计 Total	地铁 Subway	轻轨 Light Rail	单轨 Monorail	有轨 Cable Car	磁浮 Maglev	快轨 Fast Track	APM APM	按敷设方式 by Ways of Laying		
									地面线 Surface Lines	地下线 Underground Lines	高架线 Elevated Lines
江　西	**88.71**	**88.71**								**88.71**	
南　昌	88.71	88.71								88.71	
山　东	**302.67**	**293.90**			**8.77**				**10.89**	**171.76**	**120.02**
济　南	47.70	47.70								31.30	16.40
青　岛	254.97	246.20			8.77				10.89	140.46	103.62
河　南	**215.52**	**215.52**							**1.27**	**198.22**	**16.03**
郑　州	215.52	215.52							1.27	198.22	16.03
湖　北	**388.01**	**338.88**			**49.13**				**44.45**	**263.28**	**80.28**
武　汉	388.01	338.88			49.13				44.45	263.28	80.28
湖　南	**161.19**	**142.64**				**18.55**			**0.22**	**141.29**	**19.68**
长　沙	161.19	142.64				18.55			0.22	141.29	19.68
广　东	**1028.01**	**1002.09**			**25.92**				**47.70**	**869.91**	**110.40**
广　州	538.78	531.08			7.70				22.11	487.41	29.26
深　圳	423.47	411.75			11.72				18.68	327.29	77.50
佛　山	27.98	21.48			6.50				6.50	21.48	
东　莞	37.78	37.78							0.41	33.73	3.64
广　西	**108.06**	**108.06**								**108.06**	
南　宁	108.06	108.06								108.06	
海　南	**8.37**				**8.37**				**8.02**		**0.35**
三　亚	8.37				8.37				8.02		0.35
重　庆	**334.08**	**220.44**	**19.72**	**78.52**	**15.40**				**21.64**	**179.12**	**133.32**
重　庆	334.08	220.44	19.72	78.52	15.40				21.64	179.12	133.32
四　川	**601.97**	**515.40**			**39.30**		**47.27**		**41.59**	**452.55**	**107.83**
成　都	601.97	515.40			39.30		47.27		41.59	452.55	107.83
贵　州	**35.11**	**35.11**							**2.36**	**29.02**	**3.73**
贵　阳	35.11	35.11							2.36	29.02	3.73
云　南	**152.86**	**139.46**			**13.40**				**15.70**	**115.15**	**22.01**
昆　明	139.46	139.46							2.30	115.15	22.01
蒙　自	13.40				13.40				13.40		
陕　西	**232.17**	**202.86**	**29.31**						**2.10**	**184.26**	**45.81**
西　安	232.17	202.86	29.31						2.10	184.26	45.81
甘　肃	**38.93**	**26.00**			**12.93**				**12.93**	**26.00**	
兰　州	26.00	26.00								26.00	
天　水	12.93				12.93				12.93		
新　疆	**27.62**	**27.62**								**27.62**	
乌鲁木齐	27.62	27.62								27.62	

continued

车站数(个) Number of Stations (unit)				换乘站数(个) Number of Transfer Stations (unit)	配置车辆数(辆) Number of Vehicles in Service (unit)								城市名称 Name of Cities
合计 Total	地面站 Surface Lines	地下站 Underground Lines	高架站 Elevated Lines		合计 Total	地铁 Subway	轻轨 Light Rail	单轨 Monorail	有轨 Cable Car	磁浮 Maglev	快轨 Fast Track	APM APM	
74		**74**		**17**	**630**	**630**							**江西**
74		74		17	630	630							南昌
153	**12**	**97**	**44**	**46**	**1053**	**1046**			**7**				**山东**
24		17	7	10	20	20							济南
129	12	80	37	36	1033	1026			7				青岛
152		**145**	**7**	**59**	**239**	**239**							**河南**
152		145	7	59	239	239							郑州
291	**60**	**180**	**51**	**89**	**2342**	**2284**			**58**				**湖北**
291	60	180	51	89	2342	2284			58				武汉
114		**110**	**4**	**38**	**888**	**870**				**18**			**湖南**
114		110	4	38	888	870				18			长沙
629	**62**	**517**	**50**	**165**	**3859**	**3784**			**75**				**广东**
286	31	255		72	574	567			7				广州
303	21	233	49	88	3124	3064			60				深圳
25	10	15		4	41	33			8				佛山
15		14	1	1	120	120							东莞
82		**82**		**21**	**104**	**104**							**广西**
82		82		21	104	104							南宁
15	**15**				**11**				**11**				**海南**
15	15				11				11				三亚
217	**19**	**110**	**88**	**61**	**1701**	**1094**	**100**	**492**	**15**				**重庆**
217	19	110	88	61	1701	1094	100	492	15				重庆
381	**38**	**313**	**30**	**101**	**4575**	**4298**			**180**		**97**		**四川**
381	38	313	30	101	4575	4298			180		97		成都
25	**2**	**20**	**3**	**6**	**34**	**34**							**贵州**
25	2	20	3	6	34	34							贵阳
107	**15**	**85**	**7**	**31**	**143**	**125**			**18**				**云南**
92		85	7	31	125	125							昆明
15	15				18				18				蒙自
155	**1**	**136**	**18**	**44**	**276**	**276**							**陕西**
155	1	136	18	44	276	276							西安
32	**12**	**20**		**5**	**26**	**26**							**甘肃**
20		20		5	26	26							兰州
12	12												天水
27		**27**		**5**	**162**	**162**							**新疆**
27		27		5	162	162							乌鲁木齐

9-2-1 2020年按省分列的城市轨道交通(在建)

地区名称 Name of Regions	线路长度(公里) Length of Lines (kilometer)										
									按敷设方式 by Ways of Laying		
	合计 Total	地铁 Subway	轻轨 Light Rail	单轨 Monorail	有轨 Cable Car	磁浮 Maglev	快轨 Fast Track	APM APM	地面线 Surface Lines	地下线 Underground Lines	高架线 Elevated Lines
全 国	**5093.55**	**4696.77**	**199.44**	**46.25**	**33.86**	**1.20**	**116.03**		**142.80**	**4193.73**	**757.02**
北 京	325.22	324.02				1.20				260.62	64.60
天 津	219.64	219.64							1.40	193.34	24.90
河 北	17.80	17.80								17.80	
山 西	28.74	28.74								28.74	
内蒙古											
辽 宁	244.92	244.92							18.22	177.87	48.83
吉 林	97.23	87.36	9.87							92.74	4.49
黑龙江	60.88	60.88								60.88	
上 海	171.63	171.63								140.03	31.60
江 苏	574.73	574.73							2.80	525.49	46.44
浙 江	567.32	322.08	115.43		13.78		116.03		28.22	357.36	181.74
安 徽	230.65	184.40		46.25					0.31	178.55	51.79
福 建	249.97	249.97							2.14	197.27	50.56
江 西	39.60	39.60							0.20	33.91	5.49
山 东	205.60	205.60							0.23	203.53	1.84
河 南	239.58	165.44	74.14						1.59	213.00	24.99
湖 北	228.14	228.14							2.70	178.28	47.16
湖 南	96.36	96.36							0.42	76.72	19.22
广 东	685.50	685.50							61.76	578.73	45.01
广 西	24.28	24.28								24.28	
海 南											
重 庆	202.51	202.51							3.81	133.34	65.36
四 川	198.30	178.22			20.08				17.36	170.71	10.23
贵 州	113.95	113.95							1.64	101.74	10.57
云 南	48.33	48.33								48.33	
西 藏											
陕 西	154.23	154.23								132.03	22.20
甘 肃	9.06	9.06								9.06	
青 海											
宁 夏											
新 疆	59.38	59.38								59.38	
新疆兵团											

Urban Rail Transit System by Province (under construction) by Province (2020)

车站数(个) Number of Stations (unit)				换乘站数(个) Number of Transfer Stations (unit)	配置车辆数(辆) Number of Vehicles in Service (unit)								地区名称 Name of Regions
合计 Total	地面站 Surface Lines	地下站 Underground Lines	高架站 Elevated Lines		合计 Total	地铁 Subway	轻轨 Light Rail	单轨 Monorail	有轨 Cable Car	磁浮 Maglev	快轨 Fast Track	APM APM	
3144	**67**	**2816**	**261**	**1063**	**23182**	**22249**	**433**	**240**	**39**	**60**	**161**		**全　国**
164		144	20	89	4010	3950				60			北　京
166	1	154	11	70	1086	1086							天　津
14		14			78	78							河　北
24		24		7	162	162							山　西
													内蒙古
149	3	131	15	52	1214	1214							辽　宁
77		72	5	29									吉　林
50		50		15	540	540							黑龙江
98		93	5	31	1072	1072							上　海
397	2	390	5	144	3804	3804							江　苏
278	21	203	54	63	2330	1784	368		17		161		浙　江
161		121	40	43	1404	1164		240					安　徽
125		113	12	51	616	616							福　建
29		25	4	7	276	276							江　西
140	1	137	2	57	798	798							山　东
169	8	160	1	60	497	432	65						河　南
119		103	16	33	1310	1310							湖　北
62	1	53	8	14	634	634							湖　南
370		358	12	95	91	91							广　东
20		20		4	24	24							广　西
													海　南
117	4	85	28	46	1132	1132							重　庆
145	26	110	9	72	1496	1474			22				四　川
74		70	4	19	113	113							贵　州
40		40		14	59	59							云　南
													西　藏
102		92	10	24									陕　西
9		9		5	10	10							甘　肃
													青　海
													宁　夏
45		45		19	426	426							新　疆
													新疆兵团

9-2-2 2020年按城市分列的城市轨道交通(在建)

城市名称 Name of Cities	线路长度(公里) Length of Lines (kilometer)										
									按敷设方式 by Ways of Laying		
	合计 Total	地铁 Subway	轻轨 Light Rail	单轨 Monorail	有轨 Cable Car	磁浮 Maglev	快轨 Fast Track	APM APM	地面线 Surface Lines	地下线 Underground Lines	高架线 Elevated Lines
全　国	**5093.55**	**4696.77**	**199.44**	**46.25**	**33.86**	**1.20**	**116.03**		**142.80**	**4193.73**	**757.02**
北　京	**325.22**	**324.02**				**1.20**				**260.62**	**64.60**
天　津	**219.64**	**219.64**							**1.40**	**193.34**	**24.90**
河　北	**17.80**	**17.80**								**17.80**	
石家庄	17.80	17.80								17.80	
山　西	**28.74**	**28.74**								**28.74**	
太　原	28.74	28.74								28.74	
辽　宁	**244.92**	**244.92**							**18.22**	**177.87**	**48.83**
沈　阳	139.91	139.91								115.65	24.26
大　连	105.01	105.01							18.22	62.22	24.57
吉　林	**97.23**	**87.36**	**9.87**							**92.74**	**4.49**
长　春	97.23	87.36	9.87							92.74	4.49
黑龙江	**60.88**	**60.88**								**60.88**	
哈尔滨	60.88	60.88								60.88	
上　海	**171.63**	**171.63**								**140.03**	**31.60**
江　苏	**574.73**	**574.73**							**2.80**	**525.49**	**46.44**
南　京	205.90	205.90							2.00	178.40	25.50
无　锡	54.94	54.94							0.20	35.04	19.70
徐　州	47.76	47.76								47.76	
常　州	19.47	19.47								18.23	1.24
苏　州	186.57	186.57							0.60	185.97	
南　通	60.09	60.09								60.09	

Urban Rail Transit System by City (under construction) by City (2020)

车站数(个) Number of Stations (unit)				换乘站数(个) Number of Transfer Stations (unit)	配置车辆数(辆) Number of Vehicles in Service (unit)								城市名称 Name of Cities
合计 Total	地面站 Surface Lines	地下站 Underground Lines	高架站 Elevated Lines		合计 Total	地铁 Subway	轻轨 Light Rail	单轨 Monorail	有轨 Cable Car	磁浮 Maglev	快轨 Fast Track	APM APM	
3144	**67**	**2816**	**261**	**1063**	**23182**	**22249**	**433**	**240**	**39**	**60**	**161**		**全　国**
164		**144**	**20**	**89**	**4010**	**3950**				**60**			**北　京**
166	**1**	**154**	**11**	**70**	**1086**	**1086**							**天　津**
14		**14**			**78**	**78**							**河　北**
14		14			78	78							石家庄
24		**24**		**7**	**162**	**162**							**山　西**
24		24		7	162	162							太　原
149	**3**	**131**	**15**	**52**	**1214**	**1214**							**辽　宁**
91		84	7	36	1182	1182							沈　阳
58	3	47	8	16	32	32							大　连
77		**72**	**5**	**29**									**吉　林**
77		72	5	29									长　春
50		**50**		**15**	**540**	**540**							**黑龙江**
50		50		15	540	540							哈尔滨
98		**93**	**5**	**31**	**1072**	**1072**							**上　海**
397	**2**	**390**	**5**	**144**	**3804**	**3804**							**江　苏**
126		126		58	1648	1648							南　京
27		23	4	7	342	342							无　锡
38	1	37		13	56	56							徐　州
15		14	1	5	126	126							常　州
146	1	145		49	1296	1296							苏　州
45		45		12	336	336							南　通

9-2-2 续表 1

城市名称 Name of Cities	线路长度(公里) Length of Lines (kilometer)										
	合计 Total	地铁 Subway	轻轨 Light Rail	单轨 Monorail	有轨 Cable Car	磁浮 Maglev	快轨 Fast Track	APM APM	按敷设方式 by Ways of Laying		
									地面线 Surface Lines	地下线 Underground Lines	高架线 Elevated Lines
浙　江	**567.32**	**322.08**	**115.43**		**13.78**		**116.03**		**28.22**	**357.36**	**181.74**
杭　州	211.41	211.41								199.36	12.05
宁　波	45.47	45.47								42.07	3.40
温　州	63.63						63.63			8.00	55.63
嘉　兴	13.78				13.78				12.90	0.88	
海　宁	8.26		8.26							8.26	
绍　兴	65.20	65.20							3.09	54.77	7.34
金　华	107.17		107.17						6.83	26.22	74.12
台　州	52.40						52.40		5.40	17.80	29.20
安　徽	**230.65**	**184.40**		**46.25**					**0.31**	**178.55**	**51.79**
合　肥	184.40	184.40							0.31	176.98	7.11
芜　湖	46.25			46.25						1.57	44.68
福　建	**249.97**	**249.97**							**2.14**	**197.27**	**50.56**
福　州	149.86	149.86								126.86	23.00
厦　门	100.11	100.11							2.14	70.41	27.56
江　西	**39.60**	**39.60**							**0.20**	**33.91**	**5.49**
南　昌	39.60	39.60							0.20	33.91	5.49
山　东	**205.60**	**205.60**							**0.23**	**203.53**	**1.84**
济　南	89.50	89.50								87.90	1.60
青　岛	116.10	116.10							0.23	115.63	0.24
河　南	**239.58**	**165.44**	**74.14**						**1.59**	**213.00**	**24.99**
郑　州	198.96	124.82	74.14						1.59	173.78	23.59
洛　阳	40.62	40.62								39.22	1.40
湖　北	**228.14**	**228.14**							**2.70**	**178.28**	**47.16**
武　汉	228.14	228.14							2.70	178.28	47.16

continued 1

车站数(个) Number of Stations (unit)				换乘站数(个) Number of Transfer Stations (unit)	配置车辆数(辆) Number of Vehicles in Service (unit)								城市名称 Name of Cities
合计 Total	地面站 Surface Lines	地下站 Underground Lines	高架站 Elevated Lines		合计 Total	地铁 Subway	轻轨 Light Rail	单轨 Monorail	有轨 Cable Car	磁浮 Maglev	快轨 Fast Track	APM APM	
278	**21**	**203**	**54**	**63**	**2330**	**1784**	**368**		**17**		**161**		**浙　江**
113		109	4	42	1314	1314							杭　州
32		31	1	12	246	246							宁　波
20		1	19	3	37						37		温　州
21	20	1		1	17				17				嘉　兴
3		3			68		68						海　宁
43	1	38	4	2	224	224							绍　兴
31		13	18	2	300		300						金　华
15		7	8	1	124						124		台　州
161		**121**	**40**	**43**	**1404**	**1164**		**240**					**安　徽**
125		120	5	41	1164	1164							合　肥
36		1	35	2	240			240					芜　湖
125		**113**	**12**	**51**	**616**	**616**							**福　建**
74		70	4	29	106	106							福　州
51		43	8	22	510	510							厦　门
29		**25**	**4**	**7**	**276**	**276**							**江　西**
29		25	4	7	276	276							南　昌
140	**1**	**137**	**2**	**57**	**798**	**798**							**山　东**
58		57	1	27	102	102							济　南
82	1	80	1	30	696	696							青　岛
169	**8**	**160**	**1**	**60**	**497**	**432**	**65**						**河　南**
135	8	127		54	251	186	65						郑　州
34		33	1	6	246	246							洛　阳
119		**103**	**16**	**33**	**1310**	**1310**							**湖　北**
119		103	16	33	1310	1310							武　汉

9-2-2 续表 2

城市名称 Name of Cities	线路长度(公里) Length of Lines (kilometer)										
	合计 Total	地铁 Subway	轻轨 Light Rail	单轨 Monorail	有轨 Cable Car	磁浮 Maglev	快轨 Fast Track	APM APM	按敷设方式 by Ways of Laying 地面线 Surface Lines	地下线 Underground Lines	高架线 Elevated Lines
湖　南	**96.36**	**96.36**							**0.42**	**76.72**	**19.22**
长　沙	89.23	89.23							0.42	75.34	13.47
湘　潭	7.13	7.13								1.38	5.75
广　东	**685.50**	**685.50**							**61.76**	**578.73**	**45.01**
广　州	308.00	308.00								308.00	
深　圳	204.15	204.15							0.36	201.68	2.11
佛　山	115.35	115.35							59.50	38.75	17.10
东　莞	58.00	58.00							1.90	30.30	25.80
广　西	**24.28**	**24.28**								**24.28**	
南　宁	24.28	24.28								24.28	
重　庆	**202.51**	**202.51**							**3.81**	**133.34**	**65.36**
重　庆	202.51	202.51							3.81	133.34	65.36
四　川	**198.30**	**178.22**			**20.08**				**17.36**	**170.71**	**10.23**
成　都	178.22	178.22								170.71	7.51
都江堰	20.08				20.08				17.36		2.72
贵　州	**113.95**	**113.95**							**1.64**	**101.74**	**10.57**
贵　阳	113.95	113.95							1.64	101.74	10.57
云　南	**48.33**	**48.33**								**48.33**	
昆　明	48.33	48.33								48.33	
陕　西	**154.23**	**154.23**								**132.03**	**22.20**
西　安	154.23	154.23								132.03	22.20
甘　肃	**9.06**	**9.06**								**9.06**	
兰　州	9.06	9.06								9.06	
新　疆	**59.38**	**59.38**								**59.38**	
乌鲁木齐	59.38	59.38								59.38	

continued 2

车站数(个) Number of Stations (unit)				换乘站数(个) Number of Transfer Stations (unit)	配置车辆数(辆) Number of Vehicles in Service (unit)								城市名称 Name of Cities
合计 Total	地面站 Surface Lines	地下站 Underground Lines	高架站 Elevated Lines		合计 Total	地铁 Subway	轻轨 Light Rail	单轨 Monorail	有轨 Cable Car	磁浮 Maglev	快轨 Fast Track	APM APM	
62	**1**	**53**	**8**	**14**	**634**	**634**							**湖　南**
59	1	52	6	13	618	618							长　沙
3		1	2	1	16	16							湘　潭
370		**358**	**12**	**95**	**91**	**91**							**广　东**
160		160		4									广　州
125		123	2	63									深　圳
61		54	7	22	91	91							佛　山
24		21	3	6									东　莞
20		**20**		**4**	**24**	**24**							**广　西**
20		20		4	24	24							南　宁
117	**4**	**85**	**28**	**46**	**1132**	**1132**							**重　庆**
117	4	85	28	46	1132	1132							重　庆
145	**26**	**110**	**9**	**72**	**1496**	**1474**			**22**				**四　川**
117		110	7	72	1474	1474							成　都
28	26		2		22				22				都江堰
74		**70**	**4**	**19**	**113**	**113**							**贵　州**
74		70	4	19	113	113							贵　阳
40		**40**		**14**	**59**	**59**							**云　南**
40		40		14	59	59							昆　明
102		**92**	**10**	**24**									**陕　西**
102		92	10	24									西　安
9		**9**		**5**	**10**	**10**							**甘　肃**
9		9		5	10	10							兰　州
45		**45**		**19**	**426**	**426**							**新　疆**
45		45		19	426	426							乌鲁木齐

十、城市道路和桥梁

10.Urban Road and Bridge

简要说明

城市道路指城市供车辆、行人通行的，具备一定技术条件的道路、桥梁、隧道及其附属设施。城市道路由车行道和人行道等组成。在统计时只统计路面宽度在 3.5 米（含 3.5 米）以上的各种铺装道路，包括开放型工业区和住宅区道路在内。

本部分包括城市道路、桥梁和防洪，主要包括道路长度和面积、防洪堤长度等内容。

北京市的城市道路分为两部分：北京市城内八区、亦庄开发区以及按照北京市总体规划划定的五环内高速公路里程，以及 10 个远郊区城区范围内道路。

Brief Introduction

Urban roads refer to roads, bridges, tunnels and auxiliary facilities that are provided for vehicles and passengers for transportation. Urban roads consist of drive lanes and sidewalks. In the statistics, only paved roads with width of 3.5m or above are counted, including roads in open industrial parks and residential communities are included in statistics.

This section includes statistics on roads, bridges and flood control, employing such indicators as length of roads, surface area of roads, length of flood control dikes, etc..

Urban roads in Beijing are composed of two parts: 1. Freeways within 8 urban districts, Yizhuang Economic Development Zone; and the areas within the 5th Ring Road; 2.Roads within the county seats of 10 counties in the suburb.

10 全国历年城市道路和桥梁情况(1978-2020)
National Urban Road and Bridge in Past Years (1978-2020)

年份 Year	道路长度 (公里) Length of Roads (km)	道路面积 (万平方米) Surface Area of Roads (10,000 m^2)	防洪堤长度 (公里) Length of Flood Control Dikes (km)	人均城市道路面积 (平方米) Urban Road Surface Area Per Capita (m^2)
1978	26966	22539	3443	2.93
1979	28391	24069	3670	2.85
1980	29485	25255	4342	2.82
1981	30277	26022	4446	1.81
1982	31934	27976	5201	1.96
1983	33934	29962	5577	1.88
1984	36410	33019	6170	1.84
1985	38282	35872	5998	1.72
1986	71886	69856	9952	3.05
1987	78453	77885	10732	3.10
1988	88634	91355	12894	3.10
1989	96078	100591	14506	3.22
1990	94820	101721	15500	3.13
1991	88791	99135	13892	3.35
1992	96689	110526	16015	3.59
1993	104897	124866	16729	3.70
1994	111058	137602	16575	3.84
1995	130308	164886	18885	4.36
1996	132583	179871	18475	4.96
1997	138610	192165	18880	5.22
1998	145163	206136	19550	5.51
1999	152385	222158	19842	5.91
2000	159617	237849	20981	6.13
2001	176016	249431	23798	6.98
2002	191399	277179	25503	7.87
2003	208052	315645	29426	9.34
2004	222964	352955	29515	10.34
2005	247015	392166	41269	10.92
2006	241351	411449	38820	11.04(12.36)
2007	246172	423662	32274	11.43
2008	259740	452433	33147	12.21
2009	269141	481947	34698	12.79
2010	294443	521322	36153	13.21
2011	308897	562523	35051	13.75
2012	327081	607449	33926	14.39
2013	336304	644155		14.87
2014	352333	683028		15.34
2015	364978	717675		15.60
2016	382454	753819		15.80
2017	397830	788853		16.05
2018	432231	854268		16.70
2019	459304	909791		17.36
2020	492650	969803		18.04

注：1.自2006年起，人均城市道路面积按城区人口和城区暂住人口合计为分母计算，括号内为与往年同口径数据。
2.自2013年起,不再统计防洪堤长度数据。

Note: 1.Since 2006, urban road surface per capita has been calculated based on denominator which combines both permanent and temporary residents in urban areas, and the data in brackets are the same index calculated by the method of past years.
2.Starting from 2013, the data on the length of flood prevention dike has been unavailable.

10-1 2020年按省分列的城市道路和桥梁

地区名称 Name of Regions	道路长度 (公里) Length of Roads (km)	建成区 in Built District	道路面积 (万平方米) Surface Area of Roads (10,000 m^2)	人行道面积 Surface Area of Sidewalks	建成区 in Built District	桥梁数 (座) Number of Bridges (unit)
全　国	**492650.37**	**429050.34**	**969802.54**	**211589.82**	**861449.60**	**79752**
北　京	8405.60		14702.00	2537.00		2376
天　津	9233.87	7922.18	17510.39	4081.30	14743.44	1196
河　北	18766.58	18193.87	41074.02	9966.49	39191.96	1870
山　西	9803.02	9123.94	22325.23	5099.54	19935.59	602
内蒙古	10505.67	9661.59	22074.23	5454.69	21566.33	505
辽　宁	21481.85	18477.96	36597.86	8524.96	32651.52	1898
吉　林	10952.30	9420.12	19116.00	4890.23	17072.73	966
黑龙江	13712.57	12994.38	22075.68	4780.88	21053.66	1233
上　海	5536.00	5536.00	11551.00	2873.00	11551.00	2880
江　苏	50860.81	42629.36	90570.25	14322.10	73868.28	16932
浙　江	27573.61	23305.56	54047.75	11574.61	46771.46	12703
安　徽	17750.49	16835.02	43286.17	9285.57	41090.19	2027
福　建	14386.10	12964.42	26167.50	4919.01	22596.41	1859
江　西	12655.92	11775.65	26279.41	5803.79	23613.03	1114
山　东	49986.19	43537.99	102269.10	20347.46	90681.67	5821
河　南	16294.57	15542.54	41039.33	9616.76	38872.46	1624
湖　北	22992.18	22332.89	43142.81	10581.27	42069.98	2332
湖　南	15241.53	13576.52	34645.25	8352.66	31582.60	1311
广　东	49374.02	40616.30	84013.94	17547.65	74616.18	8296
广　西	14918.66	13510.92	30186.29	5120.13	26636.51	1346
海　南	4516.56	4449.32	6301.47	2122.50	4661.17	229
重　庆	10872.67	10267.98	23592.88	7142.33	22269.08	2173
四　川	25537.86	23775.62	50907.26	13476.85	48533.93	3577
贵　州	9261.56	7947.88	17779.92	4528.33	15487.85	770
云　南	8242.17	7970.11	17078.86	3814.63	16623.66	1374
西　藏	988.27	675.07	2076.84	709.45	1616.90	62
陕　西	9478.91	7106.83	21660.13	4925.91	19572.12	840
甘　肃	5986.65	5788.34	13130.44	3137.20	12369.87	697
青　海	1642.37	1420.93	4077.36	977.75	3756.35	235
宁　夏	2953.32	2798.46	8031.27	1406.87	7518.11	222
新　疆	11270.58	7536.77	19889.92	3101.66	16520.05	631
新疆兵团	1467.91	1355.82	2601.98	567.24	2355.51	51

Urban Road and Bridge by Province (2020)

大桥及特大桥 Great Bridge and Grand Bridge	立交桥 Interse-ction	道路照明灯盏数(盏) Number of Road Lamps (unit)	安装路灯道路长度(公里) Length of The Road with Street Lamp (km)	地下综合管廊长度(公里) Length of The Utility Tunnel (km)	新建地下综合管廊长度(公里) Length of The New-bwit Utility Tunnel (km)	地区名称 Name of Regions
10103	**5625**	**30485606**	**385958.13**	**6150.76**	**2690.68**	**全　国**
554	457	315285	8402.00	199.96	7.90	北　京
211	141	396388	8103.17	16.55	5.04	天　津
165	222	1068008	12624.63	325.21	93.56	河　北
81	90	512740	6218.03	25.72	7.17	山　西
97	65	618492	7029.35	67.43	26.83	内蒙古
301	227	1354530	16062.06	102.60	2.84	辽　宁
209	111	548217	7408.69	233.97	72.97	吉　林
270	263	712097	10824.08	25.84		黑龙江
3	50	640886	5536.00	91.04	16.78	上　海
841	439	3662878	39464.40	277.18	82.45	江　苏
640	200	1831720	23062.62	151.48	243.90	浙　江
228	324	1117700	13589.68	91.58	94.75	安　徽
271	49	857760	8682.80	318.09	61.95	福　建
155	104	863564	9355.31	196.95	108.53	江　西
350	216	2119319	39443.27	750.91	152.41	山　东
128	198	1060950	13356.32	81.93	111.07	河　南
465	203	967971	19519.60	401.87	185.11	湖　北
432	104	863176	13160.91	172.16	18.78	湖　南
2552	972	3575478	49661.98	413.53	236.98	广　东
251	159	787613	8052.08	149.42	44.46	广　西
15	11	193917	2509.50	61.13	56.44	海　南
343	306	830550	9484.36	36.12	18.50	重　庆
554	274	1768992	20886.80	743.16	402.58	四　川
184	64	731940	4379.37	67.65	13.61	贵　州
347	93	671963	6830.91	304.94	69.41	云　南
7	1	31970	672.82	51.30	8.32	西　藏
141	80	832489	7011.80	496.78	356.98	陕　西
128	88	392918	3988.08	54.18	35.38	甘　肃
3	4	152244	1077.62	108.42		青　海
10	8	245021	2352.95	47.50	4.70	宁　夏
157	93	644970	6358.90	25.79	85.39	新　疆
10	9	113860	848.04	60.37	65.89	新疆兵团

10-2 2020年按城市分列的城市道路和桥梁

城市名称 Name of Cities	道路长度 (公里) Length of Roads (km)	建成区 in Built District	道路面积 (万平方米) Surface Area of Roads (10,000 m²)	人行道面积 Surface Area of Sidewalks	建成区 in Built District
全　国	**492650.37**	**429050.34**	**969802.54**	**211589.82**	**861449.60**
北　京	**8405.60**		**14702.00**	**2537.00**	
天　津	**9233.87**	**7922.18**	**17510.39**	**4081.30**	**14743.44**
河　北	**18766.58**	**18193.87**	**41074.02**	**9966.49**	**39191.96**
石家庄	2557.53	2523.64	6332.22	1412.56	6282.91
晋　州	146.10	146.10	300.83	73.47	300.83
新　乐	151.23	151.23	276.95	59.32	276.95
唐　山	2049.28	2049.28	3992.22	847.88	3992.22
滦　州	271.50	271.50	464.51	109.32	464.51
遵　化	213.89	213.89	526.14	159.20	526.14
迁　安	360.75	360.75	704.47	211.70	704.47
秦皇岛	1180.66	1160.66	2435.93	646.11	2413.68
邯　郸	1699.02	1627.72	4197.07	1211.43	4011.79
武　安	331.79	331.79	634.60	146.37	634.60
邢　台	1004.28	1002.81	2542.64	495.04	2539.44
南　宫	125.47	125.47	338.00	112.80	338.00
沙　河	184.56	135.64	316.99	81.47	306.66
保　定	1703.67	1657.77	4417.56	1302.39	3173.57
涿　州	411.82	308.70	679.80	196.84	577.80
安　国	140.20	130.20	290.95	81.58	269.70
高碑店	194.62	168.62	434.03	92.40	372.25
张家口	891.72	883.10	2101.84	539.70	2084.34
承　德	666.31	646.83	1273.74	203.53	1201.64
平　泉	149.14	147.43	361.01	103.17	350.69
沧　州	698.79	698.79	1439.46	210.96	1439.46
泊　头	162.04	162.04	300.65	80.27	300.65
任　丘	465.72	465.72	758.00	142.18	758.00
黄　骅	466.64	309.04	691.50	155.03	616.93
河　间	174.63	174.63	386.47	103.66	386.47
廊　坊	629.11	629.11	1308.91	257.64	1308.91
霸　州	141.86	141.86	268.16	32.83	268.16
三　河	190.87	190.87	489.27	93.90	489.27
衡　水	611.11	609.31	1192.18	292.12	1190.08
深　州	267.91	267.91	365.51	129.18	365.51
辛　集	266.65	261.00	588.92	209.24	582.84
定　州	257.71	240.46	663.49	173.20	663.49
山　西	**9803.02**	**9123.94**	**22325.23**	**5099.54**	**19935.59**
太　原	2776.91	2776.91	6724.96	1479.49	5581.72
古　交	314.92	132.08	293.63	108.11	171.40
大　同	1082.88	1078.29	2418.60	587.40	2418.60

Urban Road and Bridge by City(2020)

桥梁数 (座) Number of Bridges (unit)	大桥及特大桥 Great Bridge and Grand Bridge	立交桥 Intersection	道路照明灯盏数 (盏) Number of Road Lamps (unit)	安装路灯道路长度 (公里) Length of The Road with Street Lamp (km)	地下综合管廊长度 (公里) Length of The Utility Tunnel (km)	新建地下综合管廊长度 (公里) Length of The New-bwit Utility Tunnel (km)	城市名称 Name of Cities
79752	**10103**	**5625**	**30485606**	**385958**	**6150.8**	**2690.7**	**全　国**
2376	**554**	**457**	**315285**	**8402**	**200.0**	**7.9**	**北　京**
1196	**211**	**141**	**396388**	**8103**	**16.6**	**5.0**	**天　津**
1870	**165**	**222**	**1068008**	**12625**	**325.2**	**93.6**	**河　北**
343	31	78	122113	1702	71.1	9.1	石家庄
15		3	6027	104			晋　州
4		4	7930	132			新　乐
165	11	32	161939	1805	24.1		唐　山
8		4	27979	222			滦　州
26			6621	180			遵　化
8	2		28229	186			迁　安
201	6	22	65695	960	8.0	21.1	秦皇岛
138	24	15	150024	1528			邯　郸
17	1		6527	85			武　安
231	23	2	73924	511	27.6		邢　台
			9447	125			南　宫
			11944	127			沙　河
147	2	5	56806	642			保　定
6			9371	128			涿　州
6			7326	111			安　国
4	2	1	8314	191			高碑店
118	30	21	46601	635	110.2	18.7	张家口
102	18		46741	508	8.4	22.8	承　德
10			10250	67			平　泉
34	1	8	38269	303	15.4	15.4	沧　州
13			11283	158			泊　头
26			10226	117	6.0	6.0	任　丘
29		3	12176	281			黄　骅
17			13700	131			河　间
62	4	10	49465	504	3.5		廊　坊
2			8453	66	0.4		霸　州
17			6008	97			三　河
81	10	6	27139	408	1.6	0.6	衡　水
10			6825	159	4.0		深　州
15		5	8403	203	45.0		辛　集
15		3	12253	248			定　州
602	**81**	**90**	**512740**	**6218**	**25.7**	**7.2**	**山　西**
			91972	851	10.2		太　原
23	2		6658	92			古　交
100	2	12	54124	1017	3.4		大　同

10-2 续表 1

城市名称 Name of Cities	道路长度 (公里) Length of Roads (km)	建成区 in Built District	道路面积 (万平方米) Surface Area of Roads (10,000 m^2)	人行道面积 Surface Area of Sidewalks	建成区 in Built District
阳　泉	830.39	669.18	1069.65	253.18	904.30
长　治	725.70	724.30	1531.07	273.61	1529.77
晋　城	403.86	388.16	848.77	230.97	833.01
高　平	159.00	150.00	250.00	40.00	222.00
朔　州	434.73	352.09	1080.79	340.03	864.79
怀　仁	193.55	193.55	546.15	151.00	546.15
晋　中	491.49	491.49	1812.54	386.44	1572.74
介　休	151.18	151.18	250.93	39.94	250.93
运　城	532.06	532.06	1062.38	248.10	921.43
永　济	130.26	126.66	293.00	104.42	292.50
河　津	189.27	102.29	541.03	178.33	367.00
忻　州	311.19	311.19	801.10	149.52	801.10
原　平	78.95	78.95	190.69	36.51	190.69
临　汾	249.37	212.30	724.49	147.61	667.87
侯　马	105.61	105.61	323.44	90.23	323.44
霍　州	98.12	96.81	166.46	38.66	166.46
吕　梁	181.87	181.87	440.18	85.96	433.19
孝　义	228.99	136.25	592.87	82.57	514.00
汾　阳	132.72	132.72	362.50	47.46	362.50
内 蒙 古	**10505.67**	**9661.59**	**22074.23**	**5454.69**	**21566.33**
呼和浩特	1185.77	1052.51	3060.04	556.09	2846.75
包　头	1677.45	1677.45	3191.94	994.82	3191.94
乌　海	1003.06	403.06	1524.16	335.26	1452.28
赤　峰	949.86	949.86	2613.01	508.97	2582.13
通　辽	546.87	546.87	1241.22	204.73	1241.22
霍林郭勒	167.05	167.05	420.25	90.00	420.25
鄂尔多斯	1251.17	1153.70	2958.09	881.00	2766.24
呼伦贝尔	273.36	273.36	737.43	112.72	737.43
满 洲 里	472.66	472.66	799.00	190.00	799.00
牙 克 石	112.90	112.90	360.00	78.00	360.00
扎 兰 屯	180.94	180.94	404.91	183.61	404.91
额尔古纳	143.31	137.34	128.96	9.50	128.96
根　河	52.71	52.71	126.50	26.50	126.50
巴彦淖尔	711.98	711.98	1126.06	448.03	1126.06
乌兰察布	444.00	443.90	1110.70	244.60	1110.70
丰　镇	273.56	269.28	412.52	79.62	412.52
乌兰浩特	463.59	463.59	726.34	203.74	726.34
阿 尔 山	89.53	89.53	121.98	5.00	121.98
二连浩特	158.00	158.00	279.60	75.10	279.60
锡林浩特	347.90	344.90	731.52	227.40	731.52
辽　宁	**21481.85**	**18477.96**	**36597.86**	**8524.96**	**32651.52**
沈　阳	6085.80	4554.00	8861.15	2204.86	7648.76
新　民	81.59	80.59	189.29	43.47	189.29

continued 1

桥梁数 (座) Number of Bridges (unit)	大桥及特大桥 Great Bridge and Grand Bridge	立交桥 Intersection	道路照明灯盏数 (盏) Number of Road Lamps (unit)	安装路灯道路长度 (公里) Length of The Road with Street Lamp (km)	地下综合管廊长度 (公里) Length of The Utility Tunnel (km)	新建地下综合管廊长度 (公里) Length of The New-bwit Utility Tunnel (km)	城市名称 Name of Cities
78	8	5	19716	283			阳泉
94	16	10	33985	627			长治
60	4	5	22353	372			晋城
15			7000	70			高平
23	8	7	55678	638			朔州
			18155	133			怀仁
62		2	33243	378	4.1		晋中
4	2	4	14876	135			介休
7	1	6	19393	136	2.2	1.2	运城
14		5	8952	60			永济
13	3	2	11709	132	3.2	3.2	河津
11	4	7	24737	289	1.0	1.0	忻州
4		4	5588	52			原平
15	5	8	29242	231	1.7	1.7	临汾
12		11	9650	106			侯马
11			6274	89			霍州
41	21		11670	222			吕梁
9	2	1	19667	182			孝义
6	3	1	8098	124	0.1	0.1	汾阳
505	**97**	**65**	**618492**	**7029**	**67.4**	**26.8**	**内蒙古**
171	9	18	78013	773			呼和浩特
66	20	6	119327	1312	42.0	1.4	包头
10		1	24293	360			乌海
48	9	5	44267	446	25.4	25.4	赤峰
17	7	5	29608	358			通辽
13	3	2	7928	96			霍林郭勒
43	29	1	63160	1052			鄂尔多斯
9	8	1	33580	247			呼伦贝尔
11	4	4	11083	329			满洲里
4	2	2	5759	58			牙克石
30			16533	138			扎兰屯
			2284	104			额尔古纳
8			1345	49			根河
10		3	32371	315			巴彦淖尔
14		7	72493	463			乌兰察布
18	1		9366	184			丰镇
13	5	8	22702	308			乌兰浩特
10			3929	57			阿尔山
2		2	7161	148			二连浩特
8			33290	235			锡林浩特
1898	**301**	**227**	**1354530**	**16062**	**102.6**	**2.8**	**辽宁**
512	73	74	229371	3530	57.9		沈阳
6			6026	69			新民

10-2 续表 2

城市名称 Name of Cities	道路长度 (公里) Length of Roads (km)	建成区 in Built District	道路面积 (万平方米) Surface Area of Roads (10,000 m^2)	人行道面积 Surface Area of Sidewalks	建成区 in Built District
大　连	3297.91	3041.11	6153.06	1755.84	5607.55
瓦房店	288.86	287.56	506.92	167.87	501.20
庄　河	290.85	277.11	550.77	80.32	526.11
鞍　山	1594.69	1567.17	3148.80	462.54	3079.40
海　城	259.96	175.20	583.27	70.66	292.34
抚　顺	920.14	920.14	1476.24	432.70	1476.24
本　溪	771.34	415.61	1088.54	185.20	449.77
丹　东	420.48	412.51	896.62	157.08	885.71
东　港	170.44	170.44	407.00	72.23	407.00
凤　城	97.69	16.06	285.21	69.13	33.37
锦　州	618.13	618.13	1028.77	334.33	1028.77
凌　海	111.40	109.70	207.87	29.62	206.85
北　镇	106.84	97.30	130.73	24.23	121.20
营　口	1125.39	1097.08	2280.90	505.75	2266.21
盖　州	536.68	536.68	373.59	40.71	363.59
大石桥	123.12	123.12	260.59	79.54	260.59
阜　新	451.24	380.10	946.42	235.43	827.03
辽　阳	1144.26	1113.62	1431.39	282.81	1423.85
灯　塔	193.85	79.44	227.27	32.54	124.32
盘　锦	911.08	859.98	1963.74	427.21	1898.94
铁　岭	285.76	285.76	669.86	167.49	669.86
调兵山	142.05	142.05	205.47	10.03	205.47
开　原	121.70	121.70	261.62	46.32	261.62
朝　阳	252.36	252.36	480.42	43.20	480.42
北　票	167.53	167.53	389.48	87.14	389.48
凌　源	128.78	123.97	237.87	67.22	228.87
葫芦岛	587.34	257.35	1078.54	356.24	521.25
兴　城	194.59	194.59	276.46	53.25	276.46
吉　林	**10952.30**	**9420.12**	**19116.00**	**4890.23**	**17072.73**
长　春	4010.10	2838.75	7947.02	1557.19	6143.99
榆　树	131.21	131.21	254.62	101.67	256.92
德　惠	214.68	207.32	280.66	8.08	280.66
吉　林	2146.88	2146.88	2959.00	1432.25	2959.00
蛟　河	169.30	169.30	157.64	26.83	157.64
桦　甸	161.38	78.98	189.95	50.05	189.95
舒　兰	133.23	57.98	126.89	35.00	126.89
磐　石	105.91	105.91	282.47	95.91	282.47
四　平	449.03	449.00	716.00	134.00	684.00
双　辽	93.06	93.06	106.14	25.06	104.40
辽　源	189.50	189.50	456.98	113.42	456.98
通　化	301.15	301.15	431.66	120.62	431.66
集　安	66.77	47.60	123.21	27.49	102.30
白　山	277.31	250.91	446.71	85.92	421.71
临　江	85.35	49.35	112.52	27.03	80.12

continued 2

桥梁数 (座) Number of Bridges (unit)			道路照明灯盏数 (盏) Number of Road Lamps (unit)	安装路灯道路长度 (公里) Length of The Road with Street Lamp (km)	地下综合管廊长度 (公里) Length of The Utility Tunnel (km)	新建地下综合管廊长度 (公里) Length of The New-bwit Utility Tunnel (km)	城市名称 Name of Cities
	大桥及特大桥 Great Bridge and Grand Bridge	立交桥 Intersection					
472	54	88	365163	3169	31.5	1.9	大　连
43	3	3	21976	288			瓦房店
12	7		24057	205			庄　河
51	3	6	73447	1333			鞍　山
11			7947	144			海　城
147	37	11	37305	746			抚　顺
100	39	7	34558	745			本　溪
51	9	6	22573	255			丹　东
8	3		9718	163	3.2		东　港
14	3	1	3974	83			凤　城
24	8	3	36975	491			锦　州
			14752	48			凌　海
			5225	61			北　镇
34	4	3	82359	1217	0.9	0.9	营　口
50	18	3	6446	193			盖　州
14	1		13199	157			大石桥
35		3	27610	351			阜　新
97	3		58341	663			辽　阳
4		2	20103	91			灯　塔
82	3	7	102054	756	9.1		盘　锦
31		5	42949	294			铁　岭
7			10288	65			调兵山
21		3	12036	123			开　原
14	13	1	22420	213			朝　阳
22			22597	37			北　票
4	4		8792	128			凌　源
16	15	1	28371	252			葫芦岛
16	1		3898	192			兴　城
966	**209**	**111**	**548217**	**7409**	**234.0**	**73.0**	**吉　林**
348	106	28	189625	3353	41.6	9.3	长　春
5		1	6362	85			榆　树
3		3	5036	127			德　惠
98	31	15	48015	604	13.9		吉　林
			5807	81			蛟　河
14			7482	53			桦　甸
37		3	50768	89			舒　兰
30			6842	93			磐　石
20	7	13	31000	280	48.3	38.5	四　平
3	2	1	2782	43			双　辽
83		8	10115	157	8.2	8.2	辽　源
57	11	7	12712	194	29.2	1.4	通　化
4	3		2210	40	2.3		集　安
59	10		20125	143	2.6		白　山
14			7038	55	1.4	1.4	临　江

10-2 续表 3

城市名称 Name of Cities	道路长度 (公里) Length of Roads (km)	建成区 in Built District	道路面积 (万平方米) Surface Area of Roads (10,000 m^2)	人行道面积 Surface Area of Sidewalks	建成区 in Built District
松　原	324.40	324.40	750.67	175.01	750.67
扶　余	94.22	94.22	183.10	32.90	182.92
白　城	222.43	222.43	385.31	64.93	385.31
洮　南	96.00	78.90	185.61	52.10	185.61
大　安	138.93	138.93	261.04	33.38	253.54
延　吉	233.11	233.11	642.12	182.93	642.12
图　们	54.87	51.17	103.07	33.70	98.40
敦　化	270.34	243.30	363.61	88.88	327.25
珲　春	259.77	259.77	319.74	45.70	319.74
龙　井	89.22	89.22	102.48	25.41	102.48
和　龙	57.68	57.68	90.18	14.78	86.09
公主岭	229.21	188.33	391.73	37.94	359.77
梅河口	235.76	210.26	592.16	226.15	552.16
长白山保护开发区	111.50	111.50	153.71	35.90	147.98
黑龙江	**13712.57**	**12994.38**	**22075.68**	**4780.88**	**21053.66**
哈尔滨	4343.21	3801.67	8089.77	2044.74	7669.83
尚　志	146.80	146.80	205.82	25.93	205.82
五　常	119.76	119.76	166.27	30.30	183.15
齐齐哈尔	544.44	544.44	1252.70	234.89	1252.70
讷　河	85.99	85.99	102.68	11.05	102.68
鸡　西	479.42	473.66	742.12	139.72	741.72
虎　林	77.53	77.53	109.50	25.17	109.50
密　山	115.65	115.65	185.99	38.44	138.00
鹤　岗	409.70	409.70	503.64	74.54	503.65
双鸭山	446.54	380.54	518.99	90.20	435.80
大　庆	2253.20	2204.40	3771.00	551.35	3771.00
伊　春	669.72	669.72	781.80	122.13	781.80
铁　力	231.58	231.58	199.00	39.56	231.52
佳木斯	350.34	344.34	687.18	142.21	691.48
同　江	78.13	78.13	143.85	37.74	84.50
富　锦	112.66	112.66	192.51	46.44	192.51
抚　远	68.80	57.00	132.25	26.52	76.15
七台河	539.87	539.87	488.27	107.67	487.47
牡丹江	806.59	806.59	1070.31	260.07	801.95
海　林	196.00	196.00	224.80	66.20	224.80
宁　安	88.34	88.34	109.95	25.42	105.48
穆　棱	148.57	148.57	109.32	9.91	109.32
绥芬河	119.27	119.27	190.31	32.41	190.31
东　宁	126.71	126.71	160.83	9.01	161.31
黑　河	87.82	87.82	196.96	66.94	196.96
北　安	128.85	128.85	301.68	110.56	301.16
五大连池	44.75	42.75	40.07	5.65	36.33
嫩　江	146.29	142.56	272.49	84.56	270.49

continued 3

桥梁数 (座) Number of Bridges (unit)	大桥及特大桥 Great Bridge and Grand Bridge	立交桥 Intersection	道路照明灯盏数 (盏) Number of Road Lamps (unit)	安装路灯道路长度 (公里) Length of The Road with Street Lamp (km)	地下综合管廊长度 (公里) Length of The Utility Tunnel (km)	新建地下综合管廊长度 (公里) Length of The New-bwit Utility Tunnel (km)	城市名称 Name of Cities
14	1	2	25644	324	14.9	3.4	松　原
8			3627	56			扶　余
28		6	15073	167	29.2		白　城
2		2	5482	52			洮　南
4		4	8961	129	1.3		大　安
20	18	2	12202	224	8.7		延　吉
13			3132	36			图　们
4			13861	270			敦　化
9	2		10902	239	8.6	8.6	珲　春
5			6593	81			龙　井
12			7800	51			和　龙
33	3	8	13983	107	13.1	2.1	公主岭
28	11	8	7322	180	10.8		梅河口
11	4		7716	95			长白山保护开发区
1233	**270**	**263**	**712097**	**10824**	**25.8**		**黑龙江**
519	165	125	190213	4474	25.8		哈尔滨
14	13	1	3171	79			尚　志
5		1	4709	112			五　常
50	12	9	49514	487			齐齐哈尔
			3386	52			讷　河
82		10	35952	294			鸡　西
			6671	54			虎　林
5		3	3489	106			密　山
32		4	15644	226			鹤　岗
27	4	6	13628	191			双鸭山
202	47	50	82899	2001			大　庆
55	7	2	21154	445			伊　春
14			6641	75			铁　力
33	14	11	52099	346			佳木斯
			8671	78			同　江
			9710	105			富　锦
3			6512	60			抚　远
15		5	30217	155			七台河
68		2	50184	298			牡丹江
12		12	8695	143			海　林
4	3	1	3402	41			宁　安
19		2	7026	36			穆　棱
17		2	13292	111			绥芬河
10			6055	112			东　宁
3			12236	87			黑　河
16		5	9311	132			北　安
1			2936	26			五大连池
1		1	10564	96			嫩　江

10-2 续表 4

城市名称 Name of Cities	道路长度 (公里) Length of Roads (km)	建成区 in Built District	道路面积 (万平方米) Surface Area of Roads (10,000 m^2)	人行道面积 Surface Area of Sidewalks	建成区 in Built District
绥　化	143.39	143.39	375.84	176.21	273.49
安　达	186.19	153.63	188.84	49.00	161.84
肇　东	223.48	223.48	307.18	63.00	307.18
海　伦	97.25	97.25	159.91	24.31	159.91
漠　河	95.73	95.73	93.85	9.03	93.85
上　海	**5536.00**	**5536.00**	**11551.00**	**2873.00**	**11551.00**
江　苏	**50860.81**	**42629.36**	**90570.25**	**14322.10**	**73868.28**
南　京	9334.98	6980.97	17060.70	2262.05	9990.34
无　锡	3986.13	2809.40	7424.48	797.74	5236.50
江　阴	461.50	387.50	1036.74	172.21	880.23
宜　兴	947.02	721.54	1336.89	193.49	1289.05
徐　州	2680.26	2485.86	4862.84	736.08	4373.69
新　沂	355.15	283.56	734.25	94.90	565.80
邳　州	428.21	150.23	649.85	147.26	304.53
常　州	2822.43	2229.32	5599.29	761.09	4209.35
溧　阳	285.15	273.59	608.76	161.75	533.96
苏　州	7422.19	7070.65	11476.88	1749.35	10519.26
常　熟	785.60	765.60	1635.75	217.92	1483.20
张家港	734.49	506.74	1133.89	315.72	939.90
昆　山	811.83	713.72	1291.52	226.20	1280.52
太　仓	423.16	418.56	850.35	158.88	831.43
南　通	3396.78	2571.92	6036.88	931.79	4863.03
海　安	402.25	394.99	730.53	105.33	631.36
启　东	272.30	257.30	592.12	108.00	549.12
如　皋	375.16	375.16	761.13	104.25	749.75
连云港	1986.78	1560.95	2736.78	552.07	2952.95
淮　安	2167.78	1675.73	4103.49	740.31	3924.68
盐　城	1600.70	1504.99	3553.67	729.17	2964.49
东　台	354.09	354.09	730.96	212.37	730.96
扬　州	1762.90	1752.57	2990.13	581.97	2929.72
仪　征	369.32	368.22	622.06	95.28	622.06
高　邮	296.57	296.57	434.44	81.64	388.92
镇　江	1545.33	1462.68	2642.70	493.46	2316.49
丹　阳	673.27	522.67	897.20	145.64	717.76
扬　中	126.72	87.36	379.42	109.24	302.68
句　容	361.89	291.24	507.05	135.78	409.13
泰　州	1499.18	1499.18	3123.72	522.62	3123.72
兴　化	396.13	396.13	604.69	143.47	604.69
靖　江	485.98	282.50	612.32	72.20	439.34
泰　兴	331.48	331.48	640.29	131.32	640.29
宿　迁	978.10	846.39	2168.48	331.55	1569.38

continued 4

桥梁数 (座) Number of Bridges (unit)	大桥及特大桥 Great Bridge and Grand Bridge	立交桥 Intersection	道路照明灯盏数 (盏) Number of Road Lamps (unit)	安装路灯道路长度 (公里) Length of The Road with Street Lamp (km)	地下综合管廊长度 (公里) Length of The Utility Tunnel (km)	新建地下综合管廊长度 (公里) Length of The New-bwit Utility Tunnel (km)	城市名称 Name of Cities
4		1	12552	120			绥　化
4		2	2767	69			安　达
11		8	4190	83			肇　东
2			14805	83			海　伦
5	5		9802	49			漠　河
2880	**3**	**50**	**640886**	**5536**	**91.0**	**16.8**	**上　海**
16932	**841**	**439**	**3662878**	**39464**	**277.2**	**82.5**	**江　苏**
2274	215	207	578298	6278	90.7	48.2	南　京
3117	98	109	286208	3972	29.8		无　锡
98	2	4	24328	459			江　阴
230	21		40176	731			宜　兴
267	13	7	130094	1686	16.0	15.3	徐　州
61	9	4	32583	354	15.4		新　沂
43	2	5	22368	428			邳　州
1033	59	2	296686	2718	5.0	0.7	常　州
78	2	1	23844	259	0.8		溧　阳
3393	86	38	444297	3385	82.1	4.2	苏　州
544	28	2	60307	767			常　熟
151	4	1	42724	730	0.9	0.9	张家港
215	6	2	45581	797	3.2		昆　山
271	6	2	57282	405			太　仓
1557	41	25	303207	2856	5.5		南　通
133	12	1	35112	402			海　安
65			52499	272	1.2	1.2	启　东
111	3		29904	375			如　皋
324	75	10	74663	1445	11.8	2.8	连云港
458	44	8	128255	1993	1.8	1.8	淮　安
589	28		275645	1227	2.1	0.8	盐　城
293			45331	354			东　台
419	17	2	125515	1164	2.1	1.3	扬　州
29	1	1	26849	369			仪　征
56			15388	297			高　邮
160	31	5	113240	1331	0.5		镇　江
32	10		38843	667			丹　阳
31			15606	126			扬　中
33	4		19459	356			句　容
375	20	1	137979	1259	8.3	5.4	泰　州
110			28701	394			兴　化
89			12625	362			靖　江
165	4		22831	318			泰　兴
128		2	76450	930			宿　迁

10-2 续表 5

城市名称 Name of Cities	道路长度 (公里) Length of Roads (km)	建成区 in Built District	道路面积 (万平方米) Surface Area of Roads (10,000 m^2)	人行道面积 Surface Area of Sidewalks	建成区 in Built District
浙　江	**27573.61**	**23305.56**	**54047.75**	**11574.61**	**46771.46**
杭　州	4323.26	4199.34	10072.99	2078.00	9494.09
建　德	138.22	104.45	211.78	42.19	170.28
宁　波	2578.56	2341.96	6329.10	1556.70	5722.02
余　姚	693.79	507.07	1161.48	251.94	928.04
慈　溪	605.36	344.39	1393.43	236.74	522.78
温　州	1792.19	1650.67	3658.69	721.11	3283.04
瑞　安	320.43	295.85	507.37	153.60	488.63
乐　清	840.12	182.14	938.62	124.62	383.96
龙　港	211.18	155.69	407.87	114.93	338.38
嘉　兴	1397.28	1200.26	2272.96	455.88	1754.87
海　宁	526.97	509.73	964.30	158.62	941.01
平　湖	630.14	362.76	863.20	99.37	592.77
桐　乡	566.50	459.22	769.61	159.25	726.97
湖　州	940.47	938.40	2852.18	932.20	2839.10
绍　兴	1635.67	1355.63	3833.57	933.05	3328.71
诸　暨	962.84	435.91	817.44	103.94	321.04
嵊　州	309.62	250.66	577.00	156.70	577.00
金　华	1161.83	998.79	2562.16	596.21	2034.80
兰　溪	475.75	263.77	749.01	159.22	560.28
义　乌	754.72	746.02	2098.53	384.33	2071.09
东　阳	451.91	276.46	906.98	207.21	569.51
永　康	407.26	378.38	762.67	212.69	706.40
衢　州	679.14	665.49	1391.32	340.13	1324.72
江　山	193.10	188.36	458.62	77.71	449.34
舟　山	776.66	550.02	1429.24	236.12	1045.90
台　州	2582.88	2459.84	3193.63	533.63	3005.30
玉　环	262.23	261.35	342.51	36.03	340.38
温　岭	369.16	367.96	778.27	190.99	582.65
临　海	471.42	449.61	734.23	113.25	723.29
丽　水	302.30	283.77	765.47	187.02	708.59
龙　泉	212.65	121.61	243.52	21.23	236.52
安　徽	**17750.49**	**16835.02**	**43286.17**	**9285.57**	**41090.19**
合　肥	3156.96	2980.21	8912.53	1699.04	8416.39
巢　湖	407.40	407.40	1035.61	288.71	998.25
芜　湖	1999.20	1906.29	4723.85	1187.89	4539.70
无　为	120.44	87.66	312.94	95.95	216.11
蚌　埠	1225.12	1224.00	2614.81	740.69	2610.00
淮　南	1025.40	823.51	2124.93	390.52	1709.46
马鞍山	565.91	443.65	1693.29	408.96	1320.65
淮　北	658.34	658.34	1548.58	328.25	1548.58
铜　陵	675.01	675.01	1415.40	277.10	1415.40
安　庆	608.17	589.09	1587.51	358.79	1538.87
潜　山	98.60	96.20	269.71	83.52	269.71

continued 5

桥梁数 (座) Number of Bridges (unit)	大桥及特大桥 Great Bridge and Grand Bridge	立交桥 Intersection	道路照明灯盏数 (盏) Number of Road Lamps (unit)	安装路灯道路长度 (公里) Length of The Road with Street Lamp (km)	地下综合管廊长度 (公里) Length of The Utility Tunnel (km)	新建地下综合管廊长度 (公里) Length of The New-bwit Utility Tunnel (km)	城市名称 Name of Cities
12703	**640**	**200**	**1831720**	**23063**	**151.5**	**243.9**	**浙 江**
1705	141	68	436386	4106	63.7	219.1	杭 州
9		3	22132	123			建 德
1461	48	25	150578	2379	35.6	1.7	宁 波
360	13	8	53740	508			余 姚
703	9		43991	553			慈 溪
1403	78	5	146303	1762	6.5		温 州
261			19604	320			瑞 安
462	1		12146	191			乐 清
176	5		7784	179			龙 港
568	4	17	54881	968	7.2		嘉 兴
275			25250	527			海 宁
395	1		19209	332			平 湖
205			31703	351	1.4		桐 乡
545	85	2	68724	834			湖 州
1146	76	6	113687	1876			绍 兴
390	30	9	23202	974			诸 暨
47	12	1	72213	311			嵊 州
105	29	7	63181	879	5.5	0.4	金 华
13	7	6	19386	186			兰 溪
137		25	128967	755	7.1		义 乌
75	12		37696	403			东 阳
74	14	4	31376	378			永 康
66	12	1	37941	670			衢 州
54	6	1	9727	165	4.4	4.4	江 山
359	5		33468	497	7.1	1.3	舟 山
1095	12	1	78835	1603	13.0	17.0	台 州
49			4221	119			玉 环
295	25	1	17830	334			温 岭
114	3	9	18207	442			临 海
136	12	1	32268	236			丽 水
20			17084	102			龙 泉
2027	**228**	**324**	**1117700**	**13590**	**91.6**	**94.8**	**安 徽**
694	92	222	242745	2317	22.2	44.6	合 肥
31	8	22	25096	400			巢 湖
133	11	20	112041	1856		3.1	芜 湖
5			10399	120			无 为
36	18	13	60500	857		3.5	蚌 埠
50	2	11	46672	597	6.4	4.9	淮 南
68	1		47870	546	9.2		马 鞍 山
49		6	32793	658	17.8	1.9	淮 北
36	3	2	33071	435		6.1	铜 陵
106		2	52635	384	2.9	2.9	安 庆
16	1		7016	116			潜 山

10-2 续表 6

城市名称 Name of Cities	道路长度 (公里) Length of Roads (km)	建成区 in Built District	道路面积 (万平方米) Surface Area of Roads (10,000 m^2)	人行道面积 Surface Area of Sidewalks	建成区 in Built District
桐　城	239.03	239.03	479.01	150.61	479.01
黄　山	636.01	577.04	1133.43	302.67	1050.81
滁　州	836.18	808.18	2373.33	392.91	2321.18
天　长	435.23	362.50	753.23	177.98	598.43
明　光	321.14	298.79	735.97	163.66	711.33
阜　阳	977.48	937.36	2529.86	309.87	2458.19
界　首	178.78	178.78	477.12	131.90	477.12
宿　州	861.49	861.11	1910.35	385.46	1909.78
六　安	589.53	589.53	1677.35	308.25	1677.35
亳　州	585.30	563.56	1614.46	362.01	1509.85
池　州	457.57	457.57	821.90	137.62	821.90
宣　城	582.55	582.55	1284.13	362.05	1284.13
广　德	252.55	252.55	652.22	116.67	655.96
宁　国	257.10	235.11	604.65	124.49	552.03
福　建	**14386.10**	**12964.42**	**26167.50**	**4919.01**	**22596.41**
福　州	2551.34	2551.34	4603.69	826.78	4603.69
福　清	441.47	441.47	851.40	148.42	851.40
厦　门	4035.25	2998.71	6500.48	1152.34	5206.50
莆　田	880.42	853.45	1623.02	389.54	1584.33
三　明	344.42	339.16	388.80	92.10	367.33
永　安	204.34	204.34	373.80	75.35	373.80
泉　州	1669.26	1618.04	3690.30	663.50	2027.00
石　狮	338.65	335.75	733.88	113.57	729.47
晋　江	501.13	334.30	1283.27	263.86	924.21
南　安	293.50	257.96	510.00	115.50	483.10
漳　州	528.82	528.82	1385.40	203.82	1385.40
龙　海	243.85	187.03	485.12	125.95	393.20
南　平	359.22	355.25	466.59	75.18	457.71
邵　武	243.52	242.64	332.30	70.80	332.30
武夷山	137.79	137.79	219.13	48.03	219.13
建　瓯	149.30	149.30	193.58	62.08	193.58
龙　岩	626.77	613.83	972.60	173.37	947.95
漳　平	147.86	126.05	282.84	65.14	236.04
宁　德	361.62	361.62	743.92	142.35	752.89
福　安	176.84	176.84	189.45	40.58	189.45
福　鼎	150.73	150.73	337.93	70.75	337.93
江　西	**12655.92**	**11775.65**	**26279.41**	**5803.79**	**23613.03**
南　昌	1621.15	1420.18	3577.12	684.88	2977.10
景德镇	911.64	762.10	1486.77	218.04	1285.33
乐　平	214.74	206.66	230.01	59.78	202.46
萍　乡	432.35	432.35	1184.52	296.59	1184.52
九　江	1099.25	1087.91	1832.76	325.05	1811.74

continued 6

桥梁数 (座) Number of Bridges (unit)	大桥及特大桥 Great Bridge and Grand Bridge	立交桥 Intersection	道路照明灯盏数(盏) Number of Road Lamps (unit)	安装路灯道路长度(公里) Length of The Road with Street Lamp (km)	地下综合管廊长度(公里) Length of The Utility Tunnel (km)	新建地下综合管廊长度(公里) Length of The New-bwit Utility Tunnel (km)	城市名称 Name of Cities
13			12062	144	5.9	3.6	桐　城
52	12	1	42596	254	6.8		黄　山
120	13	5	72109	910		13.7	滁　州
33			13137	236		5.8	天　长
19		1	21343	254	1.2	1.2	明　光
154	2	7	50446	664	3.5	3.5	阜　阳
36	6		14253	173			界　首
118	12	8	58471	614			宿　州
27	13		30967	518			六　安
16	13		48828	193	5.3		亳　州
34	1		17785	459	0.9		池　州
85	7	4	28752	447	9.6		宣　城
45	12		15187	175			广　德
51	1		20926	261			宁　国
1859	**271**	**49**	**857760**	**8683**	**318.1**	**62.0**	**福　建**
585	84	19	73307	901	25.7	5.6	福　州
30		1	15813	346			福　清
325	66		242430	2365	265.0	41.0	厦　门
165	9	2	63597	660			莆　田
54	13	11	27756	241	2.0	2.0	三　明
31			12596	142			永　安
158	51	8	39200	351			泉　州
64		1	91907	390			石　狮
38			59281	607			晋　江
23	3	1	12748	180			南　安
90	8	1	38352	307	9.7	4.8	漳　州
29	2		15477	233	4.1		龙　海
38	20	1	29762	358	4.0	1.0	南　平
13			14188	194			邵　武
18			12615	116			武夷山
12	8		15920	130			建　瓯
96	1	4	38650	499	7.6	7.6	龙　岩
8			11523	146			漳　平
20			18607	247			宁　德
17	6		7890	125			福　安
45			16141	145			福　鼎
1114	**155**	**104**	**863564**	**9355**	**197.0**	**108.5**	**江　西**
352	44	33	166421	1427	11.7	2.3	南　昌
31	4	9	69555	455	33.3	33.3	景德镇
3		1	7855	118			乐　平
35	1	1	44055	247	20.0		萍　乡
125	4	24	47524	676	13.6		九　江

10-2 续表 7

城市名称 Name of Cities	道路长度 (公里) Length of Roads (km)	建成区 in Built District	道路面积 (万平方米) Surface Area of Roads (10,000 m²)	人行道面积 Surface Area of Sidewalks	建成区 in Built District
瑞　昌	321.00	317.65	474.53	93.11	215.34
共青城	186.50	174.00	321.74	100.36	177.28
庐　山	144.20	135.60	288.40	67.59	244.47
新　余	516.51	516.51	1229.83	380.73	1229.83
鹰　潭	438.23	418.23	907.29	242.52	907.29
贵　溪	162.54	151.80	294.74	65.30	274.60
赣　州	1922.98	1899.88	4111.89	1110.61	4111.14
瑞　金	273.48	271.46	429.24	76.74	412.26
龙　南	239.97	234.97	427.29	76.26	448.74
吉　安	549.96	549.96	1238.62	309.80	572.60
井冈山	66.31	66.31	102.12	41.92	102.12
宜　春	720.97	713.42	1756.28	300.26	1756.28
丰　城	364.17	243.66	674.78	122.70	502.25
樟　树	285.85	277.74	664.33	181.09	680.33
高　安	329.19	318.65	704.94	171.84	689.57
抚　州	877.98	876.99	2201.95	570.17	2195.80
上　饶	893.51	616.21	1978.66	284.56	1470.86
德　兴	83.44	83.41	161.60	23.89	161.12
山　东	**49986.19**	**43537.99**	**102269.10**	**20347.46**	**90681.67**
济　南	7065.14	5850.11	12610.34	2514.39	10913.00
青　岛	6374.17	6321.08	10510.07	2284.23	10334.07
胶　州	781.70	781.70	1161.20	169.92	1161.20
平　度	760.12	760.12	1349.61	249.57	1349.61
莱　西	518.11	518.11	844.75	153.49	844.75
淄　博	2802.32	2692.30	6586.02	1366.93	6205.74
枣　庄	1309.65	1077.50	2825.87	705.80	2270.56
滕　州	614.34	515.00	995.34	223.31	852.41
东　营	1118.77	901.62	2882.06	405.60	2190.86
烟　台	3514.70	3130.73	7290.62	1276.15	6723.18
龙　口	490.40	383.00	945.34	248.65	849.33
莱　阳	341.86	341.86	512.71	138.14	512.71
莱　州	328.14	324.59	798.00	117.44	795.37
招　远	296.20	296.20	471.79	102.63	471.79
栖　霞	142.45	142.45	271.19	51.55	271.19
海　阳	212.65	212.65	464.13	167.13	462.92
潍　坊	2197.85	1485.38	4713.12	1127.96	3652.27
青　州	617.30	457.81	1094.21	256.92	987.58
诸　城	640.88	492.18	1230.89	229.68	950.52
寿　光	593.58	382.38	988.07	115.00	717.12
安　丘	833.68	549.74	1626.36	137.62	1002.68
高　密	560.95	560.95	909.23	261.25	909.23
昌　邑	270.32	270.32	492.61	126.67	492.61
济　宁	2045.20	2035.08	5717.18	1036.75	5368.38

continued 7

桥梁数 (座) Number of Bridges (unit)	大桥及特大桥 Great Bridge and Grand Bridge	立交桥 Intersection	道路照明灯盏数 (盏) Number of Road Lamps (unit)	安装路灯道路长度 (公里) Length of The Road with Street Lamp (km)	地下综合管廊长度 (公里) Length of The Utility Tunnel (km)	新建地下综合管廊长度 (公里) Length of The New-bwit Utility Tunnel (km)	城市名称 Name of Cities
44			10758	156			瑞昌
			5038	49	1.5		共青城
16			10280	127			庐山
35	6	8	19987	388	5.0	4.2	新余
39	13	12	34712	396	30.0	35.0	鹰潭
14	6		13594	134			贵溪
108	24	4	77013	1258	20.0	6.0	赣州
17	1		16562	109	1.4	1.4	瑞金
28			23943	240			龙南
17			31677	396	16.1	2.0	吉安
18			13200	66			井冈山
39		4	56885	503	15.6	15.6	宜春
15	4	2	13889	235			丰城
33	2		11317	192			樟树
17	2	3	18571	279			高安
80	19	3	102742	1334	14.7	0.4	抚州
38	15		56754	502	14.1	8.4	上饶
10	10		11232	71			德兴
5821	**350**	**216**	**2119319**	**39443**	**750.9**	**152.4**	**山东**
918	30	79	171737	4767	88.2	18.0	济南
871	78	45	194639	8038	117.2	26.5	青岛
114			23519	437	30.0		胶州
49			19972	590			平度
25			19980	321			莱西
338	17	11	102661	1762	23.3	7.6	淄博
124	6	7	55247	929	21.3		枣庄
45	21	4	23982	397	18.9	3.9	滕州
186	2		52438	979	14.6	4.0	东营
167	3	7	161400	2537	19.3	8.5	烟台
16	2		21648	369	22.3	2.2	龙口
26		2	7395	93	2.8		莱阳
13		1	25589	153	4.0	4.0	莱州
56	4	1	10500	211	1.6	1.6	招远
32			10405	99	1.8		栖霞
47	7	1	11464	213			海阳
128	24		127208	1527	27.4	5.2	潍坊
27		2	54309	593	4.1		青州
39			29268	596			诸城
8	6		32771	593	4.0		寿光
87	10		23699	597			安丘
83		4	25772	508	2.6	1.6	高密
29	3		9308	189	0.4		昌邑
215	18	12	87495	1594	42.8	14.0	济宁

10-2 续表 8

城市名称 Name of Cities	道路长度 (公里) Length of Roads (km)	建成区 in Built District	道路面积 (万平方米) Surface Area of Roads (10,000 m^2)	人行道面积 Surface Area of Sidewalks	建成区 in Built District
曲　阜	259.71	259.71	581.99	130.82	581.99
邹　城	389.86	382.50	672.44	158.00	670.50
泰　安	1432.22	1411.39	3096.39	458.51	2857.08
新　泰	577.70	577.70	1428.59	167.86	1486.37
肥　城	314.56	314.56	749.09	76.58	749.09
威　海	1659.02	1485.46	4165.39	684.02	3605.55
荣　成	705.39	477.20	1370.11	185.82	953.58
乳　山	373.21	356.27	700.30	128.86	656.79
日　照	1020.69	1000.69	2069.60	389.55	2060.20
临　沂	2796.61	2072.95	6017.79	928.14	4529.57
德　州	1319.27	1319.27	3135.03	1257.44	3135.03
乐　陵	387.30	228.30	789.00	197.00	510.00
禹　城	179.74	179.74	528.57	72.10	528.57
聊　城	988.50	889.33	2486.19	580.02	2193.74
临　清	442.80	204.81	988.58	315.00	418.00
滨　州	1088.41	1041.11	2222.03	435.90	2456.83
邹　平	536.75	193.91	1202.89	187.71	532.97
菏　泽	1083.97	660.23	2774.41	527.35	2466.73
河　南	**16294.57**	**15542.54**	**41039.33**	**9616.76**	**38872.46**
郑　州	2409.68	2347.67	6902.15	1350.66	6741.30
巩　义	149.66	149.66	427.44	118.61	427.44
荥　阳	171.59	164.14	388.88	135.51	380.60
新　密	136.20	134.08	369.89	84.12	378.89
新　郑	140.45	140.45	444.48	139.58	444.48
登　封	190.90	159.00	388.39	119.58	287.00
开　封	786.46	773.09	2214.20	564.68	2169.91
洛　阳	977.65	977.45	3218.68	600.86	3294.13
偃　师	141.80	131.67	277.81	67.14	276.81
平顶山	433.14	380.59	1556.52	294.90	1230.68
舞　钢	129.16	129.16	249.94	77.54	249.16
汝　州	275.20	263.69	629.57	131.78	630.14
安　阳	635.89	635.89	1571.25	378.97	1571.03
林　州	173.85	159.15	333.91	87.61	309.76
鹤　壁	469.32	463.06	1038.94	213.96	1009.17
新　乡	566.70	564.98	1223.09	324.55	1052.65
长　垣	357.54	357.52	694.51	149.56	680.00
卫　辉	97.93	88.13	196.69	42.35	174.74
辉　县	128.55	126.51	292.34	52.23	288.99
焦　作	613.09	605.20	1468.11	486.65	1445.70
沁　阳	185.18	149.99	396.21	97.33	393.97
孟　州	119.00	110.00	422.51	107.82	381.84
濮　阳	466.48	466.48	1126.50	288.26	1126.50
许　昌	600.63	484.34	2003.00	314.94	1625.62

continued 8

桥梁数 (座) Number of Bridges (unit)	大桥及特大桥 Great Bridge and Grand Bridge	立交桥 Intersection	道路照明灯盏数 (盏) Number of Road Lamps (unit)	安装路灯道路长度 (公里) Length of The Road with Street Lamp (km)	地下综合管廊长度 (公里) Length of The Utility Tunnel (km)	新建地下综合管廊长度 (公里) Length of The New-bwit Utility Tunnel (km)	城市名称 Name of Cities
32			20722	205	3.9	2.6	曲阜
39	3		19918	369	4.9	3.5	邹城
196	9	11	37108	745	13.1	11.8	泰安
38	11	6	19693	471	8.2		新泰
36		2	16932	213			肥城
462	1	3	93027	1506	40.6	5.0	威海
106			34120	705			荣成
89	3		22381	371			乳山
109	25		59446	777	77.9		日照
179	15	5	173094	2336	80.4	19.1	临沂
203	29		82741	708	21.4	11.6	德州
10			15230	352	1.3		乐陵
66	4	4	7857	168	2.8		禹城
194	11		80237	838	23.1	1.3	聊城
30			7628	114	0.5		临清
214			70237	670	7.5		滨州
55	4		14437	225	0.6	0.6	邹平
120	4	9	42105	579	18.2		菏泽
1624	**128**	**198**	**1060950**	**13356**	**81.9**	**111.1**	**河南**
325	12	102	116660	2389	19.3	46.6	郑州
4		4	17287	107			巩义
9		4	11800	160			荥阳
3			15686	136			新密
18	5	1	9355	124			新郑
22			11109	149			登封
101	4	15	44034	574	8.0	8.0	开封
124	7	10	84907	925	29.1	34.9	洛阳
1		1	16074	142	4.7	4.7	偃师
66	15	7	65898	409			平顶山
5		1	3351	71			舞钢
16			9558	160			汝州
71		12	40513	636	2.3	2.3	安阳
10			29493	174			林州
36		3	22525	372	15.1	13.1	鹤壁
38	1	1	35682	450			新乡
50			17149	306			长垣
9			8109	77			卫辉
12			9254	91			辉县
101			26917	527			焦作
5			8654	150			沁阳
11			12140	117			孟州
33			36335	466			濮阳
43		10	47505	572			许昌

10-2 续表 9

城市名称 Name of Cities	道路长度 (公里) Length of Roads (km)	建成区 in Built District	道路面积 (万平方米) Surface Area of Roads (10,000 m^2)	人行道面积 Surface Area of Sidewalks	建成区 in Built District
禹　州	372.63	365.33	727.54	195.11	656.37
长　葛	201.08	201.08	437.93	144.79	437.93
漯　河	543.20	459.29	1133.95	311.56	1098.27
三门峡	325.05	325.00	675.59	179.71	667.71
义　马	143.30	142.40	313.01	72.51	307.15
灵　宝	111.33	108.33	301.27	70.04	282.27
南　阳	1417.05	1317.56	2408.00	688.94	2312.20
邓　州	262.32	261.82	687.26	135.69	685.26
商　丘	503.55	491.50	1306.27	342.67	1130.00
永　城	362.38	353.65	867.46	229.61	839.83
信　阳	449.55	393.83	948.09	235.77	667.83
周　口	317.49	317.49	1004.73	217.37	1004.73
项　城	299.94	256.64	560.83	117.95	481.84
驻马店	383.25	381.13	1213.39	245.82	1213.39
济源示范区	246.40	205.59	619.00	200.03	517.17
湖　北	**22992.18**	**22332.89**	**43142.81**	**10581.27**	**42069.98**
武　汉	6758.39	6758.39	13516.78	4055.03	13516.78
黄　石	918.72	918.72	1981.38	340.03	1981.38
大　冶	221.27	221.27	577.94	154.99	577.94
十　堰	941.63	771.83	1777.38	387.10	1220.38
丹江口	238.83	238.83	292.98	69.61	291.94
宜　昌	1536.77	1494.10	3002.06	590.49	2998.76
宜　都	223.32	223.32	461.23	70.67	455.66
当　阳	246.08	246.08	350.43	111.07	358.30
枝　江	270.72	270.72	430.80	79.97	430.80
襄　阳	1668.76	1668.76	2347.31	475.77	2347.32
老河口	433.17	416.26	505.46	81.02	505.47
枣　阳	256.08	256.08	873.17	288.28	873.17
宜　城	225.31	225.31	386.96	79.30	386.70
鄂　州	303.99	215.48	595.06	150.69	457.45
荆　门	589.77	589.77	1267.15	286.00	1267.15
京　山	287.42	269.01	741.50	120.66	649.98
钟　祥	240.41	236.41	557.80	86.83	550.23
孝　感	600.49	595.04	1561.00	335.00	1559.65
应　城	246.49	242.76	283.54	66.80	191.13
安　陆	149.10	133.30	476.50	47.00	357.60
汉　川	271.49	271.49	381.05	63.01	381.05
荆　州	925.60	924.61	1164.46	238.57	1161.90
监　利	191.34	191.34	424.58	121.24	424.58
石　首	131.87	131.65	275.93	63.97	275.93
洪　湖	139.42	139.42	311.42	43.85	311.42
松　滋	200.69	200.69	308.57	103.08	308.57
黄　冈	513.30	513.30	1015.00	225.00	1012.00

continued 9

桥梁数 (座) Number of Bridges (unit)	大桥及特大桥 Great Bridge and Grand Bridge	立交桥 Intersection	道路照明灯盏数 (盏) Number of Road Lamps (unit)	安装路灯道路长度 (公里) Length of The Road with Street Lamp (km)	地下综合管廊长度 (公里) Length of The Utility Tunnel (km)	新建地下综合管廊长度 (公里) Length of The New-bwit Utility Tunnel (km)	城市名称 Name of Cities
21	21		25340	177			禹　州
15	10	5	10503	160			长　葛
24	16	8	29568	370			漯　河
10	9	1	32250	305			三门峡
5			5444	82			义　马
6			6459	101			灵　宝
173	13	9	39137	614	1.9		南　阳
61	3		22368	206			邓　州
45			51207	450			商　丘
61			15609	316	1.0	1.0	永　城
14	2	4	29107	410	0.6	0.6	信　阳
16	9		37624	317			周　口
5	1		8860	167			项　城
24			24622	158			驻马店
31			22857	241			济源示范区
2332	**465**	**203**	**967971**	**19520**	**401.9**	**185.1**	**湖　北**
947	347	142	191967	6193	40.8	33.1	武　汉
42	3	3	39722	317	11.1	0.9	黄　石
15	4	1	18071	401			大　冶
109	5	5	45148	505	56.1	56.3	十　堰
33	3	1	17593	236			丹江口
181	53	27	50151	1488	19.4	8.5	宜　昌
23			8240	202	4.5	3.2	宜　都
10	2		6519	119	1.1	1.1	当　阳
7			12094	271	6.3	6.3	枝　江
86	24	6	97320	910	25.4	10.7	襄　阳
			12454	311			老河口
7			12538	231			枣　阳
15	1		8651	200			宜　城
21	1	4	14607	303	5.8	2.0	鄂　州
95			54862	656	102.9	4.1	荆　门
82			21477	410			京　山
19			28850	211	2.3	2.3	钟　祥
8	8		27374	573	22.7	1.0	孝　感
2	2		6840	244			应　城
42		1	7251	160			安　陆
			5620	277			汉　川
100			75644	906	21.0	5.6	荆　州
14			5767	148			监　利
3			5556	128			石　首
6			16732	102			洪　湖
1		1	9396	196			松　滋
9		1	12501	490	8.3	3.7	黄　冈

10-2 续表 10

城市名称 Name of Cities	道路长度 (公里) Length of Roads (km)	建成区 in Built District	道路面积 (万平方米) Surface Area of Roads (10,000 m^2)	人行道面积 Surface Area of Sidewalks	建成区 in Built District
麻　城	608.44	608.44	723.40	211.20	723.40
武　穴	324.00	315.00	692.00	181.00	690.00
咸　宁	693.82	545.55	1293.41	215.12	1272.26
赤　壁	343.70	224.40	539.10	90.10	538.10
随　州	404.53	404.53	773.90	197.38	773.90
广　水	230.89	214.66	459.79	186.92	439.19
恩　施	220.75	220.75	349.50	65.74	335.62
利　川	140.14	140.14	205.49	46.50	205.49
仙　桃	681.00	681.00	880.00	247.00	880.00
潜　江	356.18	356.18	755.80	250.30	755.80
天　门	258.30	258.30	602.98	154.98	602.98
湖　南	**15241.53**	**13576.52**	**34645.25**	**8352.66**	**31582.60**
长　沙	3248.56	3248.56	8838.10	1970.14	8838.10
宁　乡	677.15	485.29	1286.10	308.70	1068.17
浏　阳	255.00	255.00	557.00	312.00	300.00
株　洲	1276.59	1189.35	3122.76	599.97	2953.61
醴　陵	248.67	248.67	482.64	80.03	304.00
湘　潭	903.49	532.00	1660.00	215.80	1139.92
湘　乡	225.84	224.84	431.07	135.72	398.07
韶　山	57.40	43.80	99.60	22.90	81.50
衡　阳	902.14	820.21	1892.50	367.84	1857.59
耒　阳	316.00	210.60	815.20	299.40	525.50
常　宁	225.35	161.92	276.67	110.34	276.69
邵　阳	356.08	260.33	1145.77	338.66	1145.77
武　冈	161.00	161.00	380.10	120.60	380.10
邵　东	312.00	280.00	836.00	251.00	820.00
岳　阳	989.30	826.75	2107.16	450.32	1469.90
汨　罗	161.89	161.89	425.22	105.75	425.22
临　湘	162.55	162.55	202.26	37.39	202.26
常　德	822.13	685.86	1805.70	438.38	1618.15
津　市	141.61	136.39	156.93	47.45	151.40
张家界	343.58	322.98	475.48	91.20	442.48
益　阳	622.21	576.10	1337.88	523.14	1088.52
沅　江	315.37	156.74	210.99	57.51	176.22
郴　州	176.86	176.86	776.52	152.81	776.52
资　兴	144.46	126.40	220.60	55.70	200.50
永　州	562.02	556.76	1244.77	351.26	1223.56
怀　化	281.12	281.12	684.88	212.18	684.88
洪　江	132.34	120.87	254.50	41.95	247.10
娄　底	319.50	310.00	1236.30	280.80	1210.40
冷水江	150.10	143.90	236.50	66.00	228.50
涟　源	256.28	235.78	401.05	94.72	367.37
吉　首	494.94	474.00	1045.00	213.00	980.60

continued 10

桥梁数 (座) Number of Bridges (unit)	大桥及特大桥 Great Bridge and Grand Bridge	立交桥 Intersection	道路照明灯盏数 (盏) Number of Road Lamps (unit)	安装路灯道路长度 (公里) Length of The Road with Street Lamp (km)	地下综合管廊长度 (公里) Length of The Utility Tunnel (km)	新建地下综合管廊长度 (公里) Length of The New-bwit Utility Tunnel (km)	城市名称 Name of Cities
54			10032	270			麻城
5			6090	258			武穴
27			15779	391	20.6	2.0	咸宁
7			12206	252			赤壁
88		3	18135	318	6.6	1.8	随州
113			10578	202	1.2		广水
32	5	5	19029	217			恩施
28		1	13386	140			利川
45			14347	601			仙桃
18		2	19636	440			潜江
38	7		15808	243	46.1	42.6	天门
1311	**432**	**104**	**863176**	**13161**	**172.2**	**18.8**	**湖南**
256	85	29	108424	3249	62.0	1.4	长沙
88	3		24458	562			宁乡
34	3	1	8976	151			浏阳
242	68	8	73522	916	7.7		株洲
18	5		20596	220			醴陵
20	8		34630	760	36.4	2.1	湘潭
9	9		10623	174			湘乡
			2498	56			韶山
49	23	18	93500	888	1.6	1.6	衡阳
3	1		8820	188			耒阳
12	6	2	9891	247			常宁
22		2	37180	331			邵阳
12	4		8609	137			武冈
11			16383	268			邵东
28	10	3	50069	758			岳阳
9	2		10094	148			汨罗
14			6708	148			临湘
112	64	14	81406	741	18.4		常德
7	2		6172	142			津市
37	8	3	20201	300	0.8	0.8	张家界
4	4		31215	556	3.6	0.9	益阳
3	2	1	5860	152			沅江
71	54	17	41466	164	10.0		郴州
5	1		6153	100			资兴
21	8	5	39466	513	19.7		永州
48	16	1	34149	254			怀化
10	10		15311	136			洪江
28	4		27515	243			娄底
16	4		7092	63			冷水江
53	28		8724	220			涟源
69			13465	376	12.0	12.0	吉首

10-2 续表 11

城市名称 Name of Cities	道路长度 (公里) Length of Roads (km)	建成区 in Built District	道路面积 (万平方米) Surface Area of Roads (10,000 m²)	人行道面积 Surface Area of Sidewalks	建成区 in Built District
广　东	**49374.02**	**40616.30**	**84013.94**	**17547.65**	**74616.18**
广　州	14162.84	10689.00	19147.09	2402.43	18147.00
韶　关	927.69	814.84	885.01	198.86	885.01
乐　昌	140.14	65.20	162.79	65.00	77.03
南　雄	74.78	53.90	114.14	29.71	77.41
深　圳	6550.71	5433.40	12248.94	2720.74	11265.20
珠　海	1592.27	418.16	3634.11	812.95	855.97
汕　头	1856.80	1856.80	3595.72	938.28	3596.14
佛　山	1686.48	544.44	3380.43	735.34	1389.36
江　门	2044.97	2032.94	3145.79	456.01	3126.51
台　山	345.42	345.42	471.95	251.57	478.15
开　平	153.13	150.65	260.84	95.77	248.76
鹤　山	318.94	318.94	513.90	132.67	513.90
恩　平	297.81	297.81	254.80	52.99	254.80
湛　江	860.21	854.43	1593.77	451.61	1593.77
廉　江	415.32	415.32	286.39	94.27	286.39
雷　州	108.66	108.66	229.10	79.62	229.10
吴　川	353.90	157.76	301.91	69.23	278.33
茂　名	841.89	841.89	1385.69	358.10	1385.21
高　州	254.89	254.89	485.95	75.83	485.95
化　州	218.96	218.96	368.78	123.75	368.78
信　宜	176.38	176.38	308.59	44.96	308.58
肇　庆	1023.84	1001.08	1894.89	535.72	1830.01
四　会	256.35	256.35	462.47		462.47
惠　州	2526.90	2526.89	4874.54	696.33	4874.53
梅　州	551.50	271.11	874.18	181.76	603.96
兴　宁	423.39	199.47	1129.25	149.75	697.49
汕　尾	290.74	290.74	585.08	134.81	585.08
陆　丰	271.97	250.97	280.00		258.37
河　源	266.59	266.59	626.64	246.12	626.64
阳　江	688.14	573.93	1197.16	243.88	987.43
阳　春	280.30	85.00	288.12	115.32	287.00
清　远	539.76	413.68	1084.79	392.22	955.50
英　德	219.15	219.12	391.26	132.86	391.64
连　州	165.65	165.65	328.52	103.80	328.52
东　莞	5258.34	5258.34	10850.28	2837.28	10850.28
中　山	876.98	871.62	2006.80	543.60	1993.89
潮　州	782.99	582.64	941.16	169.70	260.35
揭　阳	792.36	667.35	1817.62	367.41	1455.79
普　宁	536.30	435.30	1161.23	399.00	903.56
云　浮	132.38	122.48	292.95	58.32	261.01
罗　定	108.20	108.20	151.31	50.08	151.31

continued 11

桥梁数 (座) Number of Bridges (unit)	大桥及特大桥 Great Bridge and Grand Bridge	立交桥 Intersection	道路照明灯盏数 (盏) Number of Road Lamps (unit)	安装路灯道路长度 (公里) Length of The Road with Street Lamp (km)	地下综合管廊长度 (公里) Length of The Utility Tunnel (km)	新建地下综合管廊长度 (公里) Length of The New-bwit Utility Tunnel (km)	城市名称 Name of Cities
8296	**2552**	**972**	**3575478**	**49662**	**413.5**	**237.0**	**广　东**
1357	1112	245	746532	12947	118.7	43.8	广　州
50	14	2	54207	616	12.3		韶　关
3			6196	121			乐　昌
8			9150	274			南　雄
3678	940	584	520581	8109	80.9	80.9	深　圳
110	19		327473	3801	44.5	1.9	珠　海
188	7	6	98324	1429	13.7	12.0	汕　头
282	39	9	162858	2037	8.1	5.4	佛　山
301	53	8	89195	1507	22.0	16.5	江　门
18	2		20960	342	11.9	10.8	台　山
29	9	2	18241	144	0.7	0.7	开　平
30	1		18690	288	10.0	3.2	鹤　山
18	6		10167	467	11.4	11.0	恩　平
78	11		46457	906			湛　江
19			20612	432	2.3	2.3	廉　江
17			13740	188			雷　州
15			14406	352			吴　川
44	9	11	32574	532	4.3	1.0	茂　名
24	2		34775	272			高　州
7	7		12806	256			化　州
18			8300	130			信　宜
99	12	4	127713	2066	18.0		肇　庆
2	2		24900	252			四　会
166	32	19	166443	1464	7.0	7.0	惠　州
55	8	3	72216	752	26.4	26.4	梅　州
6	6		8626	264			兴　宁
10			38600	260			汕　尾
5	4	1	6558	138			陆　丰
36	9		16390	260			河　源
39			51389	862	9.1		阳　江
			16280	1			阳　春
39	13	3	79630	651	2.7	2.7	清　远
11	1		32125	225			英　德
8	5	3	12875	218			连　州
1078	192	54	352713	4966	7.1	7.1	东　莞
363	26	16	74274	632	2.5		中　山
33		1	37993	361			潮　州
6	5	1	115425	550		4.5	揭　阳
16			48138	187			普　宁
21	2		14520	248			云　浮
9	4		12426	156			罗　定

10-2 续表 12

城市名称 Name of Cities	道路长度 (公里) Length of Roads (km)	建成区 in Built District	道路面积 (万平方米) Surface Area of Roads (10,000 m^2)	人行道面积 Surface Area of Sidewalks	建成区 in Built District
广　西	**14918.66**	**13510.92**	**30186.29**	**5120.13**	**26636.51**
南　宁	3531.79	2628.66	8024.74	759.60	5466.74
柳　州	2109.63	1965.34	4281.62	872.33	4157.96
桂　林	1076.15	1076.15	2105.68	474.46	2105.68
荔　浦	175.76	175.76	202.94	39.50	202.94
梧　州	811.78	558.03	1607.90	207.83	1029.77
岑　溪	182.70	182.70	337.69	85.52	337.69
北　海	796.27	796.27	1633.46	276.86	1633.46
防城港	433.01	406.08	944.28	266.33	893.91
东　兴	163.69	163.69	281.40	55.87	281.40
钦　州	601.55	581.82	1511.07	296.59	1432.15
贵　港	744.28	744.28	1465.05	176.09	1465.05
桂　平	341.27	307.02	594.54	156.77	467.56
玉　林	700.80	700.80	1368.13	293.39	1368.13
北　流	438.52	438.52	583.77	168.27	583.77
百　色	567.27	567.27	1046.64	245.93	1046.64
平　果	299.49	295.83	537.66	52.07	530.34
靖　西	215.76	193.76	401.30	66.71	374.90
贺　州	506.78	506.78	822.09	169.89	822.09
河　池	487.63	487.63	838.81	193.04	838.81
来　宾	250.67	250.67	871.14	146.58	871.14
合　山	72.79	72.79	94.31	18.17	94.31
崇　左	279.74	279.74	457.80	50.09	457.80
凭　祥	131.33	131.33	174.27	48.24	174.27
海　南	**4516.56**	**4449.32**	**6301.47**	**2122.50**	**4661.17**
海　口	2782.52	2782.52	3156.28	1242.70	1770.00
三　亚	461.00	436.38	1103.11	368.14	955.00
儋　州	232.40	232.40	413.70	91.85	413.70
五指山	124.14	113.20	239.54	105.88	220.13
琼　海	219.22	219.22	353.44	110.19	353.44
文　昌	178.60	178.60	419.90	63.24	419.90
万　宁	87.68	87.00	179.30	36.30	179.00
东　方	431.00	400.00	436.20	104.20	350.00
重　庆	**10872.67**	**10267.98**	**23592.88**	**7142.33**	**22269.08**
重　庆	10872.67	10267.98	23592.88	7142.33	22269.08
四　川	**25537.86**	**23775.62**	**50907.26**	**13476.85**	**48533.93**
成　都	7863.96	7367.88	16594.38	3882.72	16312.69
都江堰	275.62	275.62	534.16	139.93	534.16
彭　州	206.47	206.47	375.62	136.21	375.62
邛　崃	192.50	192.50	368.48	143.40	368.48
崇　州	221.00	221.00	457.40	164.10	457.40

continued 12

桥梁数 (座) Number of Bridges (unit)			道路照明灯盏数 (盏) Number of Road Lamps (unit)	安装路灯道路长度 (公里) Length of The Road with Street Lamp (km)	地下综合管廊长度 (公里) Length of The Utility Tunnel (km)	新建地下综合管廊长度 (公里) Length of The New-bwit Utility Tunnel (km)	城市名称 Name of Cities
	大桥及特大桥 Great Bridge and Grand Bridge	立交桥 Intersection					
1346	**251**	**159**	**787613**	**8052**	**149.4**	**44.5**	**广　西**
559	119	76	128823	1266	79.9	13.7	南　宁
101	16	27	89690	763	23.8		柳　州
116		11	61946	345			桂　林
12	4	1	9817	80			荔　浦
57	17		124239	462			梧　州
7	7		11103	172			岑　溪
36	12	4	30520	580	3.2	2.2	北　海
35	12	2	23832	275			防城港
11	3		9430	145	0.1	0.1	东　兴
68	6	4	26877	541	5.2	0.7	钦　州
77	13	15	29891	468	15.6	15.6	贵　港
15	3		10081	180			桂　平
39	10	12	35657	563	10.4	10.4	玉　林
14			18444	348			北　流
19	7		38958	352		1.8	百　色
23	2		20490	116			平　果
10			9707	106	3.8		靖　西
27	6		30732	439			贺　州
50	6	2	32594	209			河　池
28	8		17231	247	7.4		来　宾
3		1	3822	70			合　山
25		3	14256	261			崇　左
14		1	9473	67			凭　祥
229	**15**	**11**	**193917**	**2510**	**61.1**	**56.4**	**海　南**
143	11	9	74487	931	45.0	45.0	海　口
38			38109	446	16.1	11.4	三　亚
10		1	13892	216			儋　州
9			10581	53			五指山
3			25459	301			琼　海
11	1		7495	125			文　昌
7	1	1	7684	38			万　宁
8	2		16210	400			东　方
2173	**343**	**306**	**830550**	**9484**	**36.1**	**18.5**	**重　庆**
2173	343	306	830550	9484	36.1	18.5	重　庆
3577	**554**	**274**	**1768992**	**20887**	**743.2**	**402.6**	**四　川**
1940	245	142	441181	5992	179.2	70.4	成　都
92	10	1	24934	273			都江堰
8			12274	188			彭　州
4	4		22008	183		3.4	邛　崃
10	1		72114	168			崇　州

10-2 续表 13

城市名称 Name of Cities	道路长度（公里）Length of Roads (km)	建成区 in Built District	道路面积（万平方米）Surface Area of Roads (10,000 m²)	人行道面积 Surface Area of Sidewalks	建成区 in Built District
简　阳	300.17	289.28	606.32	227.95	549.74
自　贡	1579.06	1186.93	2278.91	356.09	1979.90
攀枝花	900.53	847.03	1132.28	296.53	1117.85
泸　州	1150.42	1150.42	2298.86	715.80	2298.86
德　阳	697.24	682.06	1853.07	486.15	1812.19
广　汉	277.65	277.65	575.16	142.41	575.17
什　邡	128.04	128.04	327.70	82.79	327.70
绵　竹	176.84	110.21	391.77	165.21	210.65
绵　阳	1332.70	1324.53	2799.14	760.95	2758.95
江　油	250.00	245.00	654.16	287.24	635.36
广　元	509.97	509.97	911.32	285.81	911.32
遂　宁	725.20	711.55	1677.29	376.53	1471.54
射　洪	267.70	201.00	527.44	92.96	398.20
内　江	666.59	666.59	1099.58	321.46	1099.58
隆　昌	216.74	216.74	581.71	164.01	581.71
乐　山	784.15	726.34	1225.74	245.18	1190.34
峨眉山	165.43	165.43	522.29	146.50	336.34
南　充	971.20	971.20	2411.00	731.00	2411.00
阆　中	185.00	185.00	482.00	148.00	482.00
眉　山	503.30	502.32	1016.98	250.24	1015.80
宜　宾	1073.31	1070.47	2363.81	814.97	2242.81
广　安	583.89	526.44	1232.39	377.76	1010.79
华　蓥	135.10	132.30	232.56	46.77	206.72
达　州	972.63	934.11	1793.95	506.32	1755.00
万　源	48.00	48.00	57.30	9.90	57.30
雅　安	380.72	363.91	826.60	231.00	632.89
巴　中	932.80	618.40	1023.30	345.10	981.20
资　阳	425.75	322.85	938.77	224.41	718.50
马尔康	39.80	30.50	38.65	7.61	21.00
康　定	98.60	68.10	77.00	29.50	75.00
西　昌	299.78	299.78	620.17	134.34	620.17
贵　州	**9261.56**	**7947.88**	**17779.92**	**4528.33**	**15487.85**
贵　阳	2873.88	2750.00	4978.00	1493.40	4905.21
清　镇	231.98	231.00	350.77	75.16	350.77
六盘水	370.92	307.25	818.67	168.44	718.12
盘　州	294.87	238.22	616.34	166.70	471.62
遵　义	1708.00	1316.00	3316.00	627.86	2806.00
赤　水	140.06	140.06	291.56	68.32	291.56
仁　怀	220.71	220.71	424.56	50.22	424.56
安　顺	507.67	469.19	1189.38	254.39	798.85
毕　节	406.36	304.52	744.53	253.91	528.75
铜　仁	630.45	539.54	1082.47	257.70	841.90
兴　义	535.00	424.91	1322.29	420.54	1097.79

continued 13

桥梁数 (座) Number of Bridges (unit)			道路照明灯盏数 (盏) Number of Road Lamps (unit)	安装路灯道路长度 (公里) Length of The Road with Street Lamp (km)	地下综合管廊长度 (公里) Length of The Utility Tunnel (km)	新建地下综合管廊长度 (公里) Length of The New-bwit Utility Tunnel (km)	城市名称 Name of Cities
	大桥及特大桥 Great Bridge and Grand Bridge	立交桥 Intersection					
32	8	8	16124	279			简　阳
137	30	8	58077	1620	52.7	52.7	自　贡
85	46	2	33999	465			攀枝花
91	7	16	103096	962	21.5	14.1	泸　州
48	19	6	61138	632			德　阳
19		1	24364	236			广　汉
36		2	14798	115			什　邡
22		3	25829	165			绵　竹
134	46	12	119182	1325	51.0	23.0	绵　阳
28	4	12	27335	250	10.1	8.8	江　油
185	48	10	42309	477	16.2	1.5	广　元
92	4	3	33951	541	7.9	1.7	遂　宁
19			14710	106	10.1	5.3	射　洪
32	12	17	72328	632	43.1	39.1	内　江
18	1	3	25285	210	12.0		隆　昌
79	4	11	64869	726	27.6		乐　山
21			36559	124	26.1	26.1	峨眉山
55	8	4	63720	971	64.1	1.0	南　充
25	2	1	12727	185	10.7	8.7	阆　中
64	4		72480	498	14.9	4.5	眉　山
71	11	12	86611	1070	35.1	30.3	宜　宾
19	5		33625	517	42.1	40.1	广　安
22	2		10625	102		2.5	华　蓥
23	10		49986	616	54.6	14.2	达　州
8			2148	47			万　源
46	4		25554	365	13.9	9.5	雅　安
36	13		8912	275	46.0	46.0	巴　中
42	6		13000	280	4.3		资　阳
18			1010	25			马尔康
16			2180	39			康　定
			39950	226			西　昌
770	**184**	**64**	**731940**	**4379**	**67.7**	**13.6**	**贵　州**
371	93	34	229101	912			贵　阳
14	3		9879	117			清　镇
30		3	37204	262	39.3		六盘水
8	1	1	47343	126			盘　州
19	13	6	137727	782			遵　义
4			7795	74	0.3	0.3	赤　水
10	2		13972	154			仁　怀
72	2	3	56240	332	5.8	1.8	安　顺
45	2	8	15300	273			毕　节
40			49493	174	2.0		铜　仁
41		2	20241	389			兴　义

10-2 续表 14

城市名称 Name of Cities	道路长度 (公里) Length of Roads (km)	建成区 in Built District	道路面积 (万平方米) Surface Area of Roads (10,000 m^2)	人行道面积 Surface Area of Sidewalks	建成区 in Built District
兴　仁	219.59	115.43	344.47	86.12	234.62
凯　里	417.64	387.36	893.85	208.62	878.30
都　匀	515.43	351.40	1124.60	345.89	898.25
福　泉	189.00	152.29	282.43	51.06	241.55
云　南	**8242.17**	**7970.11**	**17078.86**	**3814.63**	**16623.66**
昆　明	2364.62	2335.02	5141.15	1086.63	5141.15
安　宁	370.14	370.14	635.05	147.11	635.05
曲　靖	903.58	858.63	1711.98	351.76	1606.29
宣　威	261.18	255.98	513.00	122.69	503.00
玉　溪	347.23	347.22	951.42	197.03	950.01
澄　江	41.65	41.65	76.78	16.70	76.78
保　山	258.46	258.46	860.97	169.22	710.97
腾　冲	185.79	185.79	372.99	68.98	331.50
昭　通	197.59	197.59	567.73	102.65	567.73
水　富	50.10	50.10	79.04	14.81	79.04
丽　江	138.14	138.14	238.90	63.20	238.90
普　洱	216.67	216.67	455.73	159.18	407.60
临　沧	129.52	125.52	304.12	63.22	304.12
楚　雄	305.48	305.48	657.83	153.91	657.83
个　旧	109.12	98.15	103.80	23.32	110.00
开　远	215.47	215.47	408.88	107.01	408.88
蒙　自	414.82	414.82	714.12	128.76	714.12
弥　勒	199.59	199.59	369.33	97.63	369.33
文　山	314.95	303.97	617.30	119.63	617.30
景　洪	207.00	201.90	431.83	140.75	431.29
大　理	442.01	420.12	782.04	236.69	759.91
瑞　丽	219.92	219.92	554.52	119.34	554.52
芒　市	115.98	5.22	273.21	72.07	268.57
泸　水	95.07	67.12	138.51	35.05	74.94
香格里拉	138.09	137.44	118.63	17.29	104.83
西　藏	**988.27**	**675.07**	**2076.84**	**709.45**	**1616.90**
拉　萨	585.89	413.30	1308.00	451.18	965.62
日喀则	85.02	13.31	247.51	89.57	187.71
昌　都	68.90		48.76	5.57	
林　芝	74.20	74.20	88.00	16.00	88.00
山　南	101.09	101.09	172.34	64.00	163.34
那　曲	73.17	73.17	212.23	83.13	212.23
陕　西	**9478.91**	**7106.83**	**21660.13**	**4925.91**	**19572.12**
西　安	5159.13	3152.73	12107.34	2336.24	10833.40
铜　川	251.39	251.39	566.69	137.81	566.69
宝　鸡	549.05	505.24	1392.74	518.05	1238.74

continued 14

桥梁数 (座) Number of Bridges (unit)	大桥及特大桥 Great Bridge and Grand Bridge	立交桥 Intersection	道路照明灯盏数 (盏) Number of Road Lamps (unit)	安装路灯道路长度 (公里) Length of The Road with Street Lamp (km)	地下综合管廊长度 (公里) Length of The Utility Tunnel (km)	新建地下综合管廊长度 (公里) Length of The New-bwit Utility Tunnel (km)	城市名称 Name of Cities
3			4935	76			兴　仁
48	48		57580	212			凯　里
54	15	5	39966	418	11.5	11.6	都　匀
11	5	2	5164	78	8.8		福　泉
1374	**347**	**93**	**671963**	**6831**	**304.9**	**69.4**	**云　南**
825	258	74	158557	2084	84.5	6.2	昆　明
17	17		21043	146	28.8	0.5	安　宁
93	1	1	91375	854	3.1	3.1	曲　靖
5	2		17843	190	29.9	1.2	宣　威
11	1	1	22600	226			玉　溪
			4961	27			澄　江
			21800	214	86.2	0.7	保　山
27			23409	146	1.8		腾　冲
60			40790	198			昭　通
3			4105	38			水　富
7			22500	130	3.6	3.6	丽　江
4		3	16200	213			普　洱
1			1553	24	0.2	0.2	临　沧
33	1	1	31829	257	15.3	13.5	楚　雄
4			6626	101	2.6		个　旧
12		3	18702	120	5.3		开　远
40		2	24728	309	2.4	2.0	蒙　自
2			28324	200	5.5		弥　勒
47	39	1	21383	282	18.5	18.5	文　山
10		3	23332	199	5.3		景　洪
77		4	30446	413	9.0	9.0	大　理
34	1		18153	182	3.0	3.0	瑞　丽
			11505	111		8.0	芒　市
43	27		1650	33			泸　水
19			8549	133			香格里拉
62	**7**	**1**	**31970**	**673**	**51.3**	**8.3**	**西　藏**
26	2	1	15452	340	43.0		拉　萨
4			5282	80			日喀则
6	5		1320	30			昌　都
4			2985	74			林　芝
8			3453	85	3.9	3.9	山　南
14			3478	64	4.4	4.4	那　曲
840	**141**	**80**	**832489**	**7012**	**496.8**	**357.0**	**陕　西**
440	74	22	445648	3401	225.5	150.0	西　安
35		5	26864	201	34.2	13.2	铜　川
59	3	4	62297	503	18.1		宝　鸡

10-2 续表 15

城市名称 Name of Cities	道路长度 (公里) Length of Roads (km)	建成区 in Built District	道路面积 (万平方米) Surface Area of Roads (10,000 m^2)	人行道面积 Surface Area of Sidewalks	建成区 in Built District
咸　阳	330.87	330.00	1122.40	329.20	1090.33
彬　州	74.40	74.40	195.43	30.99	193.16
兴　平	207.40	205.00	304.63	107.63	303.00
渭　南	390.68	374.33	619.54	186.74	596.72
韩　城	144.40	144.40	293.59	55.65	293.59
华　阴	82.92	77.45	161.19	64.31	151.16
延　安	289.80	282.76	597.24	107.50	574.08
子　长	89.20	89.20	147.37	82.47	145.40
汉　中	373.97	144.48	792.64	219.56	334.58
榆　林	639.85	631.75	1689.13	352.64	1668.00
神　木	288.91	264.02	577.63	100.60	525.20
安　康	244.58	244.58	426.06	124.34	426.06
商　洛	199.00	196.00	284.26	84.26	284.26
杨凌区	163.36	139.10	382.25	87.92	347.75
甘　肃	**5986.65**	**5788.34**	**13130.44**	**3137.20**	**12369.87**
兰　州	2264.61	2135.86	5626.83	1213.60	5180.53
嘉峪关	581.68	565.68	893.33	247.58	868.23
金　昌	177.11	177.11	498.27	174.09	498.27
白　银	379.87	379.87	737.91	128.90	687.82
天　水	382.00	382.00	763.98	271.47	763.98
武　威	198.02	198.02	632.90	197.01	487.89
张　掖	124.19	124.19	388.12	95.58	388.12
平　凉	241.70	241.70	722.06	106.32	722.06
华　亭	111.12	109.81	254.06	65.31	251.74
酒　泉	450.39	450.39	698.48	126.27	698.48
玉　门	163.36	163.36	243.78	26.24	243.78
敦　煌	255.43	217.76	269.57	97.99	230.18
庆　阳	178.62	176.89	353.56	139.80	343.26
定　西	115.28	114.66	297.42	46.28	295.36
陇　南	120.23	108.00	190.00	22.00	150.00
临　夏	193.02	193.02	377.56	104.47	377.56
合　作	50.02	50.02	182.61	74.29	182.61
青　海	**1642.37**	**1420.93**	**4077.36**	**977.75**	**3756.35**
西　宁	727.25	727.25	1793.32	414.57	1793.32
海　东	208.05	208.05	683.45	183.18	683.45
同　仁	76.00	76.00	160.00	10.00	160.00
玉　树	214.79	60.00	409.05	48.00	234.00
茫　崖	41.22	41.22	92.29	28.33	92.29
格尔木	220.61	153.96	597.19	191.41	451.23
德令哈	154.45	154.45	342.06	102.26	342.06

continued 15

桥梁数 (座) Number of Bridges (unit)	大桥及特大桥 Great Bridge and Grand Bridge	立交桥 Intersection	道路照明灯盏数 (盏) Number of Road Lamps (unit)	安装路灯道路长度 (公里) Length of The Road with Street Lamp (km)	地下综合管廊长度 (公里) Length of The Utility Tunnel (km)	新建地下综合管廊长度 (公里) Length of The New-bwit Utility Tunnel (km)	城市名称 Name of Cities
17	3	14	43813	304	14.8		咸阳
7	3	1	3722	69			彬州
13	2	3	12606	85			兴平
12	2	4	34701	376	1.3	1.3	渭南
3			4164	74	106.0	106.0	韩城
21			6674	61			华阴
77	21	2	25880	183	10.3	6.1	延安
9	9		1235	26			子长
9	3	1	29920	350	80.4	80.4	汉中
45	10	10	70292	577			榆林
17	1	2	20532	263			神木
19	4	1	26715	240			安康
32	4	2	10891	135	1.9		商洛
25	2	9	6535	163	4.4		杨凌区
697	**128**	**88**	**392918**	**3988**	**54.2**	**35.4**	**甘肃**
437	85	72	140678	1236	13.5	9.1	兰州
6		6	28953	359			嘉峪关
16		1	15199	153			金昌
28		3	14577	185	30.5	26.3	白银
52	13	3	45605	382			天水
15			15228	165	7.8		武威
2		1	22535	124			张掖
35			20081	162			平凉
9			3625	86			华亭
7	6		19993	293			酒泉
1		1	6117	147			玉门
2			6409	225	2.4		敦煌
3	3		8616	128			庆阳
15	3		7209	48			定西
18	12	1	4920	100			陇南
30	6		30635	165			临夏
21			2538	29			合作
235	**3**	**4**	**152244**	**1078**	**108.4**		**青海**
151		4	93786	526	52.0		西宁
30	1		10451	121	56.4		海东
10			4500	40			同仁
20	1		8688	43			玉树
			477	3			茫崖
9	1		26654	195			格尔木
15			7688	150			德令哈

10-2 续表 16

城市名称 Name of Cities	道路长度 (公里) Length of Roads (km)	建成区 in Built District	道路面积 (万平方米) Surface Area of Roads (10,000 m^2)	人行道面积 Surface Area of Sidewalks	建成区 in Built District
宁　夏	**2953.32**	**2798.46**	**8031.27**	**1406.87**	**7518.11**
银　川	1000.96	1000.96	3222.93	625.08	3222.93
灵　武	137.64	63.11	259.33	63.49	145.02
宁东能源化工基地	59.45	59.45	204.07	40.00	120.89
石嘴山	855.17	824.31	1924.27	174.83	1621.54
吴　忠	218.52	218.52	592.17	148.23	592.17
青铜峡	244.56	244.56	420.69	102.42	420.69
固　原	266.18	266.18	822.75	126.27	822.75
中　卫	170.84	121.37	585.06	126.55	572.12
新　疆	**11270.58**	**7536.77**	**19889.92**	**3101.66**	**16520.05**
乌鲁木齐	5748.20	2687.05	7013.57	498.28	4564.68
克拉玛依	973.95	892.76	2478.91	244.76	2349.62
吐鲁番	181.33	180.73	408.99	79.45	407.03
哈　密	287.55	287.55	595.71	114.11	595.71
昌　吉	337.65	335.36	702.33	155.19	702.30
阜　康	121.60	99.60	272.52	61.93	213.53
博　乐	131.23	131.23	239.82	89.23	239.82
阿拉山口	68.50	59.50	108.03	6.73	90.00
库尔勒	889.06	533.64	2918.43	1077.46	2067.90
阿克苏	287.99	283.39	540.26	75.08	540.26
库　车	182.79	182.79	496.00	55.50	496.00
阿图什	90.86	87.80	265.46	51.48	252.23
喀　什	631.80	464.90	1481.88	190.88	1600.49
和　田	154.94	154.94	327.10	66.50	375.42
伊　宁	414.07	414.07	645.24	113.15	645.24
奎　屯	271.46	271.46	633.93	78.00	633.93
霍尔果斯	104.13	104.13	137.66	39.06	137.66
塔　城	98.26	98.26	148.75	31.57	148.76
乌　苏	166.06	138.46	288.75	42.13	272.89
阿勒泰	129.15	129.15	186.58	31.17	186.58
新疆兵团	**1467.91**	**1355.82**	**2601.98**	**567.24**	**2355.51**
石河子	725.66	710.66	876.45	74.26	876.45
阿拉尔	177.84	72.95	292.49	82.51	196.18
图木舒克	111.00	111.00	244.31	36.98	244.31
五家渠	115.22	87.02	274.74	64.97	191.88
北　屯					
铁门关	63.24	63.24	159.59	56.51	159.59
双　河	86.00	86.00	222.00	68.00	223.00
可克达拉	117.95	117.95	403.38	155.48	361.90
昆　玉	71.00	71.00	66.20	16.40	66.20
胡杨河		36.00	62.82	12.13	36.00

continued 16

桥梁数 (座) Number of Bridges (unit)	大桥及特大桥 Great Bridge and Grand Bridge	立交桥 Intersection	道路照明灯盏数 (盏) Number of Road Lamps (unit)	安装路灯道路长度 (公里) Length of The Road with Street Lamp (km)	地下综合管廊长度 (公里) Length of The Utility Tunnel (km)	新建地下综合管廊长度 (公里) Length of The New-bwit Utility Tunnel (km)	城市名称 Name of Cities
222	**10**	**8**	**245021**	**2353**	**47.5**	**4.7**	**宁　夏**
99	5	3	110764	828	42.8		银　川
			11528	120			灵　武
3			2578	51			宁东能源化工基地
6			44591	521	4.7	4.7	石嘴山
25			40257	219			吴　忠
48			9250	226			青铜峡
17			12272	219			固　原
24	5	5	13781	171			中　卫
631	**157**	**93**	**644970**	**6359**	**25.8**	**85.4**	**新　疆**
277	48	77	160224	2353	7.2	79.3	乌鲁木齐
28			42322	484	10.4		克拉玛依
			14709	107			吐鲁番
14			21504	193	1.2		哈　密
14			22700	352			昌　吉
5	4		9107	108			阜　康
12	9		15844	120			博　乐
			2400	40			阿拉山口
112	60	8	73443	333	6.1	6.1	库尔勒
22	12	5	21500	269			阿克苏
5	5		17788	155			库　车
1			7761	74			阿图什
33	5	1	72229	623			喀　什
9	2		29225	153	0.8		和　田
40	10	2	65000	404			伊　宁
17			37252	256			奎　屯
			4372	43			霍尔果斯
24			6016	90			塔　城
8			14002	113			乌　苏
10	2		7572	90			阿勒泰
51	**10**	**9**	**113860**	**848**	**60.4**	**65.9**	**新疆兵团**
8	1	4	53583	233	7.8	7.8	石河子
1			16603	121			阿拉尔
			7258	82			图木舒克
18			17942	113			五家渠
							北　屯
13	8		2457	55	8.1	8.1	铁门关
			8600	86	40.0	50.0	双　河
2	1	1	5242	118			可克达拉
5			1462	25	4.5		昆　玉
4		4	713	16			胡杨河

环境卫生数据

Data by Environmental Health

十一、城市排水和污水处理

11. Urban Drainage and Wastewater Treatment

简要说明

城市排水指由城市排水系统收集、输送、处理和排放城市污水（生活污水、工业废水）和雨水的方式。

城市污水处理指对城市污水通过排水系统集中于一个或几个处所，并利用污水处理设施进行净化处理，最终使处理后的污水和污泥达到规定要求后排放水体或再利用。

城市污水处理设施包括两类，一是污水处理厂，二是污水处理装置。

Brief Introduction

Urban drainage refers to the collection, delivery, treatment and discharge of wastewater (domestic wastewater and industrial wastewater) and rainwater through urban drainage system.

Urban wastewater treatment refers to purifying centralized wastewater through wastewater treatment facilities to make wastewater and sludge meet discharge or recycling standards.

Urban wastewater treatment facilities include wastewater treatment plants and wastewater treatment devices.

11 全国历年城市排水和污水处理情况(1978-2020)
National Urban Drainage and Wastewater Treatment in Past Years(1978-2020)

年份 Year	排水管道长度(公里) Length of Drainage Pipelines (km)	污水年排放量(万立方米) Annual Quantity of Wastewater Discharged (10,000 m³)	污水处理厂 Wastewater Treatment Plant		污水年处理量(万立方米) Annual Treatment Capacity (10,000 m³)	污水处理率(%) Wastewater Treatment Rate (%)
			座数(座) Number (unit)	处理能力(万立方米/日) Treatment Capacity (10,000 m³/day)		
1978	19556	1494493	37	64		
1979	20432	1633266	36	66		
1980	21860	1950925	35	70		
1981	23183	1826460	39	85		
1982	24638	1852740	39	76		
1983	26448	2097290	39	90		
1984	28775	2253145	43	146		
1985	31556	2318480	51	154		
1986	42549	963965	64	177		
1987	47107	2490249	73	198		
1988	50678	2614897	69	197		
1989	54510	2611283	72	230		
1990	57787	2938980	80	277		
1991	61601	2997034	87	317	445355	14.86
1992	67672	3017731	100	366	521623	17.29
1993	75207	3113420	108	449	623163	20.02
1994	83647	3030082	139	540	518013	17.10
1995	110293	3502553	141	714	689686	19.69
1996	112812	3528472	309	1153	833446	23.62
1997	119739	3514011	307	1292	907928	25.84
1998	125943	3562912	398	1583	1053342	29.56
1999	134486	3556821	402	1767	1135532	31.93
2000	141758	3317957	427	2158	1135608	34.25
2001	158128	3285850	452	3106	1196960	36.43
2002	173042	3375959	537	3578	1349377	39.97
2003	198645	3491616	612	4254	1479932	42.39
2004	218881	3564601	708	4912	1627966	45.67
2005	241056	3595162	792	5725	1867615	51.95
2006	261379	3625281	815	6366	2026224	55.67
2007	291933	3610118	883	7146	2269847	62.87
2008	315220	3648782	1018	8106	2560041	70.16
2009	343892	3712129	1214	9052	2793457	75.25
2010	369553	3786983	1444	10436	3117032	82.31
2011	414074	4037022	1588	11303	3376104	83.63
2012	439080	4167602	1670	11733	3437868	87.30
2013	464878	4274525	1736	12454	3818948	89.34
2014	511179	4453428	1807	13087	4016198	90.18
2015	539567	4666210	1944	14038	4288251	91.90
2016	576617	4803049	2039	14910	4487944	93.44
2017	630304	4923895	2209	15743	4654910	94.54
2018	683485	5211249	2321	16881	4976126	95.49
2019	743982	5546474	2471	17863	5369283	96.81
2020	802721	5713633	2618	19267	5572782	97.53

注：1978年至1995年污水处理厂座数及处理能力均为系统内数。

Note: Number of wastewater treatment plants and treatment capacity from 1978 to 1995 are limited to the statistical figure in the building sector.

11-1 2020年按省分列的城市排水和污水处理

地区名称 Name of Regions	污水排放量(万立方米) Annual Quantity of Wastewater Discharged (10,000 m^3)	排水管道长度(公里) Length of Drainage Piplines (km)					污水处理厂			
			污水管道 Sewers	雨水管道 Rainwater Drainage Pipeline	雨污合流管道 Combined Drainage Pipeline	建成区 in Built District	座数(座) Number of Wastewater Treatment Plant (unit)	二、三级处理 Secondary and Tertiary Treatment	处理能力(万立方米/日) Treatment Capacity (10,000 m^3/day)	二、三级处理 Secondary and Tertiary Treatment
全　　国	**5713633**	**802721**	**366833**	**334753**	**101134**	**683914**	**2618**	**2441**	**19267.1**	**18344.6**
北　　京	191278	17943	8772	7290	1881	9503	70	70	687.9	687.9
天　　津	112734	22338	10338	10725	1275	21910	44	44	338.5	338.5
河　　北	174010	20927	10542	10184	201	20216	93	91	680.1	665.1
山　　西	96131	12250	5818	5163	1269	9737	48	40	343.1	301.7
内 蒙 古	66193	14371	7878	5912	581	12756	41	39	236.6	234.1
辽　　宁	313244	23483	6467	8205	8812	20240	131	96	1009.4	818.0
吉　　林	130519	13552	5522	6322	1708	10916	50	36	445.0	364.5
黑 龙 江	123582	13291	3999	4759	4533	12818	69	68	416.2	406.2
上　　海	221504	17230	7944	8054	1233	17230	42	42	840.3	840.3
江　　苏	479860	88001	45997	34066	7938	71112	206	203	1480.9	1456.9
浙　　江	338632	52572	26919	23104	2549	43807	106	106	1173.9	1173.9
安　　徽	208669	35393	15432	17198	2763	32504	96	95	723.5	718.5
福　　建	143773	20114	9286	9731	1097	18034	55	54	428.5	423.5
江　　西	110960	20023	8676	7702	3645	18733	68	54	360.7	305.7
山　　东	341815	69864	30332	37159	2373	63932	218	218	1364.8	1364.8
河　　南	194771	29222	12450	12690	4081	26924	110	106	890.3	846.3
湖　　北	287470	32641	12435	14441	5766	28369	101	98	868.7	848.4
湖　　南	243174	21665	7861	9292	4512	19571	92	76	741.5	658.0
广　　东	830750	122541	58407	41560	22574	90719	320	303	2714.8	2602.9
广　　西	153058	19174	6657	7862	4655	18791	63	62	452.1	444.1
海　　南	37156	6524	3008	2698	818	4018	25	22	118.9	111.8
重　　庆	142252	23542	11223	10584	1735	21829	80	76	411.9	391.4
四　　川	257678	42610	19328	18475	4806	34957	149	141	788.9	775.1
贵　　州	93831	10394	5493	3991	910	9259	101	101	345.5	345.5
云　　南	109046	16328	7756	6871	1701	14244	59	56	309.0	302.5
西　　藏	10037	861	301	272	288	569	9	6	28.7	10.2
陕　　西	131968	12402	5917	5231	1254	10068	57	47	415.4	364.4
甘　　肃	48396	8035	4211	2386	1438	7184	30	28	169.1	165.3
青　　海	18465	3301	1695	1381	225	3165	14	13	61.8	60.3
宁　　夏	28138	2297	500	442	1355	2167	23	20	118.6	108.1
新　　疆	64097	8510	4984	948	2578	7418	38	26	254.4	203.6
新疆兵团	10444	1325	687	55	582	1213	10	4	48.7	7.7

Urban Drainage and Wastewater Treatment by Province(2020)

Wastewater Treatment Plant				其他污水处理设施 Other Wastewater Treatment Facilities		污水处理总量(万立方米) Total Quantity of Wastewater Treated (10,000 m³)	市政再生水 Recycled Water			地区名称 Name of Regions
处理量(万立方米) Quantity of Wastewater Treated (10,000 m³)	二、三级处理 Secondary and Tertiary Treated	干污泥产生量(吨) Quantity of Dry Sludge Produced (ton)	干污泥处置量(吨) Quantity of Dry Sludge Treated (ton)	处理能力(万立方米/日) Treatment Capacity (10,000 m³/day)	处理量(万立方米) Quantity of Wastewater Treated (10,000 m³)		生产能力(万立方米/日) Recycled Water Production Capacity (10,000 m³/day)	利用量(万立方米) Annual Quantity of Wastewater Recycled and Reused (10,000 m³)	管道长度(公里) Length of Piplines (km)	
5472276	**5213315**	**11627678**	**11160222**	**1138.0**	**100506**	**5572782**	**6095.2**	**1353832**	**14630**	**全　国**
181252	181252	1656419	1655305	22.8	3455	184707	687.9	120133	2074	北　京
107704	107704	148352	148334	3.4	994	108698	171.2	35470	1988	天　津
171325	169237	407529	406142			171325	483.5	70861	744	河　北
95747	85301	249548	248531			95747	235.5	23820	512	山　西
64738	63864	216651	212454			64738	162.1	25305	1445	内蒙古
305222	249521	526327	525727	11.4	2486	307708	243.3	33767	287	辽　宁
127508	104048	200866	197903			127508	77.1	18561	76	吉　林
113893	110737	168446	162770	46.0	4726	118620	43.1	26773	104	黑龙江
213021	213021	484087	484087		1124	214144				上　海
432770	427733	1001562	984036	373.7	31840	464610	510.3	125539	938	江　苏
327630	327630	784583	784582	13.4	3165	330795	185.1	38754	261	浙　江
199819	198981	253727	253693	55.8	3482	203300	284.3	77948	164	安　徽
134279	132717	194923	194870	46.7	5400	139680	163.3	28980	100	福　建
107047	92269	100459	86702	5.4	1120	108167		24		江　西
335352	335352	730681	730432	11.7	521	335873	600.9	148312	1304	山　东
191456	180450	448460	355162	6.5	37	191493	337.3	72026	650	河　南
265161	258921	332955	332798	59.6	13598	278759	171.9	47695	20	湖　北
235758	210018	625640	612926	25.1	2045	237804	83.4	20422	136	湖　南
810532	772412	1141883	1141969	33.8	742	811273	862.2	280394	57	广　东
135809	133672	130602	133096	366.6	15708	151517	50.5	16736	2	广　西
36610	34230	64138	64138	0.5	56	36666	22.5	2461	140	海　南
139185	133615	243490	3703	2.9	457	139642	15.5	1486	77	重　庆
241109	236168	408349	389531	40.6	8488	249598	131.3	32023	81	四　川
91426	91426	109597	107696			91426	33.2	5200	17	贵　州
105397	103133	148873	141636	9.9	1062	106459	48.9	34628	591	云　南
9663	3556	2352	2344			9663	1.5	2	25	西　藏
127737	114817	411664	386865			127737	216.4	27550	344	陕　西
47031	46406	114011	94228			47031	58.5	5739	1059	甘　肃
17599	16958	24537	22068			17599	18.1	3088	80	青　海
27222	25001	54135	54130			27222	53.2	6769	473	宁　夏
62887	51221	190199	189733	2.0		62887	112.2	22526	859	新　疆
10385	1945	52632	52632	0.4		10385	31.0	840	24	新疆兵团

11-2 2020年按城市分列的城市排水和污水处理

城市名称 Name of Cities	污水排放量(万立方米) Annual Quantity of Wastewater Discharged (10,000 m^3)	排水管道长度(公里) Length of Drainage Piplines (km)					污水处理厂			
			污水管道 Sewers	雨水管道 Rainwater Drainage Pipeline	雨污合流管道 Combined Drainage Pipeline	建成区 in Built District	座数(座) Number of Wastewater Treatment Plant (unit)	二、三级处理 Secondary and Tertiary Treatment	处理能力(万立方米/日) Treatment Capacity (10,000 m^3/day)	二、三级处理 Secondary and Tertiary Treatment
全 国	**5713633**	**802720.8**	**366833.3**	**334753.0**	**101134.4**	**683914.1**	**2618**	**2441**	**19267.1**	**18344.6**
北 京	**191278**	**17942.7**	**8772.0**	**7289.6**	**1881.1**	**9502.6**	**70**	**70**	**687.9**	**687.9**
天 津	**112734**	**22337.7**	**10338.2**	**10724.8**	**1274.8**	**21910.3**	**44**	**44**	**338.5**	**338.5**
河 北	**174010**	**20927.1**	**10541.8**	**10184.3**	**201.0**	**20216.1**	**93**	**91**	**680.1**	**665.1**
石家庄	39721	2807.2	1296.1	1511.1		2776.5	9	9	144.0	144.0
晋 州	2186	219.6	101.7	117.9		219.6	1	1	12.0	12.0
新 乐	611	168.2	82.6	85.6		168.2	1	1	4.0	4.0
唐 山	23118	2943.5	1430.3	1513.2		2943.5	9	9	89.5	89.5
滦 州	1669	155.5	101.5	54.1		155.5	1	1	6.0	6.0
遵 化	2299	195.0	121.0	64.0	10.0	195.0	1	1	8.0	8.0
迁 安	2794	292.7	160.6	132.1		292.7	1	1	8.0	8.0
秦皇岛	13672	740.3	699.0	41.2		724.3	7	7	52.0	52.0
邯 郸	13985	2028.9	845.4	1177.5	6.1	1994.9	9	9	52.2	52.2
武 安	1837	555.1	349.2	205.9		555.1	1	1	6.6	6.6
邢 台	7540	1693.8	765.8	928.0		1681.7	5	5	30.0	30.0
南 宫	1002	226.0	114.6	111.4		226.0	1	1	4.0	4.0
沙 河	1809	155.1	83.4	71.7		155.1	1	1	5.0	5.0
保 定	11236	1675.0	837.9	837.1		1675.0	6	6	45.0	45.0
涿 州	3101	293.6	175.0	118.6		293.6	1	1	10.0	10.0
安 国	1907	152.4	85.0	67.4		152.4	2	2	8.0	8.0
高碑店	1513	282.0	201.8	80.2		234.3	1	1	8.0	8.0
张家口	8394	437.3	313.2	113.7	10.4	402.6	5	5	26.3	26.3
承 德	4554	603.1	326.8	276.4		603.1	3	3	22.0	22.0
平 泉	1106	176.6	94.8	81.8		166.9	1	1	5.0	5.0
沧 州	4706	785.2	365.8	419.4		785.2	2	2	22.0	22.0
泊 头	1205	166.0	95.1	70.9		166.0	2	2	5.0	5.0
任 丘	1670	363.8	173.3	182.5	8.0	363.8	1	1	5.0	5.0
黄 骅	1165	571.1	163.0	398.5	9.6	288.9	3	3	5.5	5.5
河 间	1252	256.3	109.9	146.4		256.3	1	1	6.0	6.0
廊 坊	6702	1035.1	515.5	469.9	49.7	870.8	3	3	25.0	25.0
霸 州	1468	132.4	30.3	33.2	68.9	132.4	1	1	4.0	4.0
三 河	2428	146.7	78.7	55.4	12.6	146.7	4	4	11.5	11.5
衡 水	4401	708.0	335.0	357.3	15.7	708.0	5	5	18.5	18.5
深 州	1027	234.9	125.9	98.9	10.1	234.9	1		5.0	
辛 集	2017	408.2	197.7	210.6		328.5	2	1	20.0	10.0
定 州	1915	318.9	166.3	152.6		318.9	2	2	7.0	7.0

Urban Drainage and Wastewater Treatment by City (2020)

Wastewater Treatment Plant				其他污水处理设施 Other Wastewater Treatment Facilities		污水处理总量(万立方米) Total Quantity of Wastewater Treated (10,000 m³)	市政再生水 Recycled Water			城市名称 Name of Cities
处理量(万立方米) Quantity of Wastewater Treated (10,000 m³)	二、三级处理 Secondary and Tertiary Treated	干污泥产生量(吨) Quantity of Dry Sludge Produced (ton)	干污泥处置量(吨) Quantity of Dry Sludge Treated (ton)	处理能力(万立方米/日) Treatment Capacity (10,000 m³/day)	处理量(万立方米) Quantity of Wastewater Treated (10,000 m³)		生产能力(万立方米/日) Recycled Water Production Capacity (10,000 m³/day)	利用量(万立方米) Annual Quantity of Wastewater Recycled and Reused (10,000 m³)	管道长度(公里) Length of Piplines (km)	
5472276	**5213315**	**11627678**	**11160222**	**1138.0**	**100506**	**5572782**	**6095.2**	**1353832**	**14630.0**	**全　国**
181252	**181252**	**1656419**	**1655305**	**22.8**	**3455**	**184707**	**687.9**	**120133**	**2073.7**	**北　京**
107704	**107704**	**148352**	**148334**	**3.4**	**994**	**108698**	**171.2**	**35470**	**1987.6**	**天　津**
171325	**169237**	**407529**	**406142**			**171325**	**483.5**	**70861**	**744.3**	**河　北**
39444	39444	121742	120990			39444	107.0	12906	32.0	石家庄
2150	2150	8963	8963			2150				晋　州
607	607	1296	1296			607	2.4	271		新　乐
22887	22887	60172	60172			22887	62.8	7621	83.5	唐　山
1669	1669	1001	1001			1669	2.4	876	3.7	滦　州
2292	2292	3334	3334			2292	8.0	2176	13.0	遵　化
2716	2716	1630	1630			2716	4.0	1364	12.0	迁　安
13261	13261	25511	25511			13261	33.1	7935	20.3	秦皇岛
13771	13771	27800	27800			13771	47.8	4353	86.9	邯　郸
1827	1827	2020	2020			1827	5.0	1827	4.5	武　安
7402	7402	22603	22603			7402	20.5	3468	130.0	邢　台
962	962	2772	2772			962	3.1	713	0.5	南　宫
1773	1773	9924	9924			1773	4.9	1176	32.1	沙　河
10856	10856	9673	9673			10856	40.5	8900	52.9	保　定
2984	2984	5676	5676			2984	4.0	1301	12.0	涿　州
1892	1892	1237	1237			1892	3.0	667	2.0	安　国
1510	1510	7152	7152			1510	8.0	886	20.0	高碑店
8168	8168	18251	18251			8168	8.5	1115	30.0	张家口
4484	4484	9730	9729			4484	18.0	1637	36.9	承　德
1063	1063	2344	2344			1063	2.0	360	30.0	平　泉
4702	4702	8660	8660			4702	22.0	1601	41.0	沧　州
1184	1184	1785	1785			1184	1.6	382	0.2	泊　头
1669	1669	2170	2170			1669	5.0	684	2.2	任　丘
1165	1165	628	628			1165	1.5	354	6.0	黄　骅
1251	1251	3008	3008			1251	3.2	439	12.5	河　间
6532	6532	21303	21244			6532	27.0	2446	24.5	廊　坊
1468	1468	2196	2196			1468	3.9	517	0.2	霸　州
2385	2385	2528	2528			2385	11.5	922	4.0	三　河
4384	4384	10028	10028			4384	12.0	2144	29.4	衡　水
1016		2050	2050			1016		394	20.0	深　州
2013	940	4026	4026			2013	5.0	650		辛　集
1840	1840	6317	5742			1840	5.9	776	2.0	定　州

11-2 续表 1

城市名称 Name of Cities	污水排放量(万立方米) Annual Quantity of Wastewater Discharged (10,000 m^3)	排水管道长度(公里) Length of Drainage Piplines (km)				污水处理厂			
			污水管道 Sewers	雨水管道 Rainwater Drainage Pipeline	雨污合流管道 Combined Drainage Pipeline	建成区 in Built District	座数(座) Number of Wastewater Treatment Plant (unit)	二、三级处理 Secondary and Tertiary Treatment	处理能力(万立方米/日) Treatment Capacity (10,000 m^3/day)	二、三级处理 Secondary and Tertiary Treatment
山　西	**96131**	**12249.6**	**5817.6**	**5163.0**	**1269.0**	**9736.5**	**48**	**40**	**343.1**	**301.7**
太　原	36006	3566.8	1831.4	1673.7	61.7	1630.4	7	7	127.0	127.0
古　交	1787	80.4	32.2	48.2		80.4	2	1	6.0	4.0
大　同	10039	1372.8	651.0	671.7	50.1	1356.4	7	7	41.0	41.0
阳　泉	3370	254.2	101.2	122.4	30.5	57.6	2	2	9.5	9.5
长　治	9255	690.2	308.0	240.0	142.2	635.3	5	4	32.7	12.7
晋　城	3752	372.9	158.7	209.7	4.5	372.9	1	1	12.0	12.0
高　平	597	141.0	72.4	54.4	14.2	137.5	1		2.0	
朔　州	2520	651.3	153.2	177.1	321.0	494.4	3		12.0	
怀　仁	1135	238.6	225.9	5.3	7.3	238.6	1	1	3.0	3.0
晋　中	5110	1145.0	765.7	304.3	75.1	1118.9	1	1	15.0	15.0
介　休	1076	203.8	92.4	47.8	63.6	203.8	2	2	6.0	6.0
运　城	4184	559.4	274.3	238.4	46.7	559.4	2	2	18.0	18.0
永　济	1212	138.2	18.3	92.0	28.0	138.2	1	1	4.0	4.0
河　津	1152	179.5	72.0	58.8	48.7	152.0	1	1	4.0	4.0
忻　州	2437	764.4	333.0	415.0	16.3	764.4	1	1	6.5	6.5
原　平	1162	154.0	72.8	47.3	34.0	139.8	1	1	5.0	5.0
临　汾	3516	419.6	146.5	180.9	92.3	353.0	3	3	13.0	13.0
侯　马	1119	146.5	40.5	68.2	37.8	146.5	1	1	4.0	4.0
霍　州	1114	128.6	45.0	26.0	57.6	114.6	1	1	3.0	3.0
吕　梁	3408	414.0	182.4	221.5	10.1	414.0	2	2	11.0	11.0
孝　义	1323	395.3	125.0	191.9	78.4	395.3	2		5.4	
汾　阳	857	233.3	115.8	68.5	49.0	233.3	1	1	3.0	3.0
内 蒙 古	**66193**	**14371.0**	**7878.2**	**5912.2**	**580.6**	**12755.9**	**41**	**39**	**236.6**	**234.1**
呼和浩特	14500	2125.8	807.7	1298.3	19.8	2125.8	5	5	52.0	52.0
包　头	**12989**	**2477.7**	**1715.4**	**660.6**	**101.7**	**2477.7**	**6**	**5**	**43.9**	**43.4**
乌　海	4381	291.5	284.6	6.9		234.6	3	3	12.8	12.8
赤　峰	8299	911.8	274.2	353.6	284.0	855.4	2	2	28.5	28.5
通　辽	4876	780.8	337.9	442.9		780.8	2	2	20.0	20.0
霍林郭勒	1227	415.5	400.0	15.5		410.0	1	1	5.0	5.0
鄂尔多斯	3330	2198.0	1177.2	1020.8		1847.9	5	5	18.8	18.8
呼伦贝尔	2771	350.8	111.7	239.2		350.8	1	1	10.0	10.0
满 洲 里	1894	299.8	146.4	122.3	31.0	299.8	2	2	5.5	5.5
牙 克 石	853	131.4	121.4	10.0		131.4	1	1	3.4	3.4

continued 1

Wastewater Treatment Plant				其他污水处理设施 Other Wastewater Treatment Facilities		污水处理总量(万立方米) Total Quantity of Wastewater Treated (10,000 m³)	市政再生水 Recycled Water			城市名称 Name of Cities
处理量(万立方米) Quantity of Wastewater Treated (10,000 m³)	二、三级处理 Secondary and Tertiary Treated	干污泥产生量(吨) Quantity of Dry Sludge Produced (ton)	干污泥处置量(吨) Quantity of Dry Sludge Treated (ton)	处理能力(万立方米/日) Treatment Capacity (10,000 m³/day)	处理量(万立方米) Quantity of Wastewater Treated (10,000 m³)		生产能力(万立方米/日) Recycled Water Production Capacity (10,000 m³/day)	利用量(万立方米) Annual Quantity of Wastewater Recycled and Reused (10,000 m³)	管道长度(公里) Length of Piplines (km)	
95747	**85301**	**249548**	**248531**			**95747**	**235.5**	**23820**	**512.2**	**山　西**
37171	37171	66857	66857			37171	127.0	7940	134.0	太　原
1730	1219	4040	4040			1730				古　交
9888	9888	37858	37858			9888	11.0	2400	10.0	大　同
3370	3370	32163	32163			3370	3.0	606	2.3	阳　泉
8866	3264	8625	8625			8866	16.2	2511	86.4	长　治
3726	3726	6059	6059			3726	12.0	781	22.0	晋　城
590		2185	2185			590				高　平
2420		3986	2969			2420	9.6	797	25.0	朔　州
1118	1118	1321	1321			1118	2.8	838	9.1	怀　仁
4998	4998	10958	10958			4998	12.0	1120	77.9	晋　中
1055	1055	833	833			1055	2.9	232	21.0	介　休
4018	4018	10245	10245			4018	14.0	1488	22.5	运　城
1115	1115	1957	1957			1115	3.3	220	5.0	永　济
1071	1071	3179	3179			1071	1.2		9.3	河　津
2363	2363	4873	4873			2363	6.5	666	7.4	忻　州
1117	1117	1580	1580			1117	3.0	404	15.0	原　平
3516	3516	6667	6667			3516	1.0	2753	28.5	临　汾
1119	1119	2221	2221			1119	1.0	425	12.0	侯　马
1036	1036	4277	4277			1036				霍　州
3306	3306	28143	28143			3306		54		吕　梁
1323		10152	10152			1323	6.0	491	14.5	孝　义
832	832	1369	1369			832	3.0	94	10.2	汾　阳
64738	**63864**	**216651**	**212454**			**64738**	**162.1**	**25305**	**1444.6**	**内蒙古**
14347	14347	30174	30174			14347	52.0	7238	162.0	呼和浩特
12547	**12387**	**64040**	**64040**			**12547**	**25.7**	**2790**	**111.5**	**包　头**
4311	4311	5003	5002			4311	2.7	571	9.2	乌　海
8026	8026	17313	17313			8026	15.0	3733	225.0	赤　峰
4803	4803	12233	12233			4803	8.0	1779	55.3	通　辽
1212	1212	2198	2198			1212	5.0	1202	73.2	霍林郭勒
3306	3306	10810	6614			3306	17.3	1985	311.8	鄂尔多斯
2771	2771	3320	3320			2771	10.0	591	66.8	呼伦贝尔
1866	1866	1208	1208			1866	4.0	1126	46.5	满洲里
811	811	9118	9118			811	3.4	170	43.1	牙克石

11-2 续表 2

城市名称 Name of Cities	污水排放量(万立方米) Annual Quantity of Wastewater Discharged (10,000 m^3)	排水管道长度(公里) Length of Drainage Piplines (km)	污水管道 Sewers	雨水管道 Rainwater Drainage Pipeline	雨污合流管道 Combined Drainage Pipeline	建成区 in Built District	污水处理厂 座数(座) Number of Wastewater Treatment Plant (unit)	二、三级处理 Secondary and Tertiary Treatment	处理能力(万立方米/日) Treatment Capacity (10,000 m^3/day)	二、三级处理 Secondary and Tertiary Treatment
扎兰屯	1194	175.0	125.0	50.0		170.0	1	1	4.0	4.0
额尔古纳	153	83.3	61.5	21.8		83.3	1	1	0.5	0.5
根河	176	78.2	54.5	23.8		54.5	1	1	0.7	0.7
巴彦淖尔	2852	1266.3	755.4	424.2	86.8	590.5	1	1	10.0	10.0
乌兰察布	1951	753.8	491.2	250.1	12.5	741.3	3	3	7.5	7.5
丰镇	730	371.6	201.2	149.5	20.9	370.1	1		2.0	
乌兰浩特	2025	825.1	311.9	513.2		397.6	2	2	6.0	6.0
阿尔山	175	130.5	99.5	31.0		130.5	1	1	0.6	0.6
二连浩特	477	183.0	159.2		23.8	183.0	1	1	1.5	1.5
锡林浩特	1341	521.1	242.6	278.5		521.1	1	1	4.0	4.0
辽宁	**313244**	**23483.2**	**6466.6**	**8204.6**	**8812.0**	**20240.1**	**131**	**96**	**1009.4**	**818.0**
沈阳	89584	6929.9	2014.2	2963.6	1952.1	5333.7	22	22	298.3	298.3
新民	2136	108.6	28.9	9.9	69.8	108.6	1	1	8.0	8.0
大连	56272	3729.8	1106.2	1760.0	863.6	3435.6	33	26	188.7	154.5
瓦房店	4200	287.9	47.5	49.8	190.6	287.9	2	1	12.0	10.0
庄河	2157	302.0	40.6	21.7	239.7	278.8	2		9.5	
鞍山	17073	1095.7	193.6	385.5	516.6	1095.7	7	5	56.0	41.0
海城	3620	98.1	17.4	0.4	80.2	98.1	1		9.0	
抚顺	22471	996.9	455.2	252.6	289.1	996.9	6	2	65.0	50.0
本溪	20457	518.1	121.5	143.6	253.0	194.2	7	6	67.0	54.0
丹东	4327	511.6	84.7	171.1	255.9	319.2	1	1	10.0	10.0
东港	1064	220.0	66.0	26.5	127.5	214.0	1	1	3.0	3.0
凤城	1169	137.1	35.1	45.8	56.2	58.4	1	1	3.0	3.0
锦州	13802	685.4	201.5	198.7	285.2	685.4	1		35.0	
凌海	1095	73.1	1.0		72.1	73.1	3		3.0	
北镇	1635	95.7	13.9	32.4	49.4	62.1	2	1	5.0	2.0
营口	11431	1864.1	560.5	498.1	805.5	1592.2	8	6	36.0	30.0
盖州	2160	185.7	49.8	86.5	49.4	185.7	1	1	5.0	5.0
大石桥	1258	204.3	68.3	27.8	108.2	190.3	3		6.2	
阜新	7673	630.5	101.5	97.7	431.3	427.5	3	3	21.5	21.5
辽阳	10398	1024.4	219.7	157.3	647.3	996.4	6	4	39.6	18.1
灯塔	1668	138.9	43.8	53.4	41.8	93.2	1		6.0	
盘锦	9848	1252.4	347.1	424.4	481.0	1214.1	4	4	29.0	29.0
铁岭	6557	456.8	140.2	140.2	176.3	390.8	2	2	22.0	22.0
调兵山	1739	184.6	137.4	31.7	15.6	184.6	2		6.0	
开原	2263	187.6	26.4	35.9	125.3	187.6	1	1	8.0	8.0
朝阳	5353	531.0	171.5	279.6	79.8	517.0	2	2	16.0	16.0

continued 2

Wastewater Treatment Plant				其他污水处理设施 Other Wastewater Treatment Facilities		污水处理总量(万立方米)	市政再生水 Recycled Water			城市名称
处理量(万立方米) Quantity of Wastewater Treated (10,000 m³)	二、三级处理 Secondary and Tertiary Treated	干污泥产生量(吨) Quantity of Dry Sludge Produced (ton)	干污泥处置量(吨) Quantity of Dry Sludge Treated (ton)	处理能力(万立方米/日) Treatment Capacity (10,000 m³/day)	处理量(万立方米) Quantity of Wastewater Treated (10,000 m³)	Total Quantity of Wastewater Treated (10,000 m³)	生产能力(万立方米/日) Recycled Water Production Capacity (10,000 m³/day)	利用量(万立方米) Annual Quantity of Wastewater Recycled and Reused (10,000 m³)	管道长度(公里) Length of Piplines (km)	Name of Cities
1183	1183	3401	3401			1183	2.0		11.0	扎 兰 屯
146	146	218	218			146	0.5		13.8	额尔古纳
168	168	93	93			168	0.7	18	6.0	根　　河
2825	2825	24513	24513			2825	6.0	1081	111.4	巴彦淖尔
1874	1874	21055	21055			1874	2.5	1036	108.5	乌兰察布
714		711	711			714	1.6	437	22.0	丰　　镇
1924	1924	2635	2635			1924	2.0	401	8.3	乌兰浩特
166	166	23	23			166				阿 尔 山
465	465	1204	1204			465	1.3	402	47.6	二连浩特
1274	1274	7383	7383			1274	2.5	746	11.6	锡林浩特
305222	**249521**	**526327**	**525727**	**11.4**	**2486**	**307708**	**243.3**	**33767**	**287.0**	**辽　　宁**
88636	88636	124199	124199			88636				沈　　阳
2136	2136	6034	6034			2136	4.0	2	4.0	新　　民
55514	46182	82163	81667	0.2	69	55583	60.8	17112	50.6	大　　连
4042	3454	5752	5752			4042	6.0	15	4.0	瓦 房 店
2157		7086	7086			2157	1.5	156	4.7	庄　　河
16305	11558	19728	19728			16305	43.2	2066		鞍　　山
3620		7693	7693			3620				海　　城
20081	18270	63780	63780	8.7	1995	22076	56.5	3109	23.9	抚　　顺
20456	16378	32069	32069			20456	5.0	451	17.0	本　　溪
3888	3888	3363	3363	2.5	260	4148	10.0		5.6	丹　　东
818	818	708	708			818	3.0	3	0.9	东　　港
833	833	823	823		162	995				凤　　城
13319		12627	12627			13319	8.0	1660	9.4	锦　　州
1065		2766	2766			1065				凌　　海
1635	729	4809	4809			1635				北　　镇
11035	9813	28019	28019			11035	8.0	765	28.7	营　　口
1923	1923	1484	1484			1923				盖　　州
1003		1415	1415			1003				大 石 桥
7673	7673	12850	12850			7673		450	10.5	阜　　新
10398	3698	45715	45715			10398	5.0	581	2.0	辽　　阳
1668		1350	1350			1668	2.0	1	11.2	灯　　塔
9753	9753	14534	14533			9753	13.3	4879	5.8	盘　　锦
6557	6557	9741	9711			6557				铁　　岭
1705		1955	1955			1705	3.9	5	7.0	调 兵 山
2263	2263	7320	7320			2263				开　　原
5353	5353	11588	11588			5353	4.0	1879	2.8	朝　　阳

11-2 续表 3

城市名称 Name of Cities	污水排放量（万立方米） Annual Quantity of Wastewater Discharged (10,000 m³)	排水管道长度（公里） Length of Drainage Piplines (km)					污水处理厂			
			污水管道 Sewers	雨水管道 Rainwater Drainage Pipeline	雨污合流管道 Combined Drainage Pipeline	建成区 in Built District	座数（座） Number of Wastewater Treatment Plant (unit)	二、三级处理 Secondary and Tertiary Treatment	处理能力（万立方米/日） Treatment Capacity (10,000 m³/day)	二、三级处理 Secondary and Tertiary Treatment
北　票	2374	120.1			120.1	120.1	1	1	7.5	7.5
凌　源	1854	209.0	73.4	49.5	86.1	208.5	2	1	7.5	2.5
葫芦岛	5834	466.8	12.3	187.5	267.0	453.2	4	3	20.6	18.6
兴　城	1774	237.3	87.4	73.5	76.5	237.3	1	1	6.0	6.0
吉　林	**130519**	**13551.9**	**5522.1**	**6322.2**	**1707.6**	**10916.5**	**50**	**36**	**445.0**	**364.5**
长　春	59779	6123.8	2451.5	3137.3	534.9	3644.6	15	14	182.3	179.8
榆　树	1318	168.0	71.0	66.5	30.5	168.0	1		6.0	
德　惠	959	169.9	43.7	61.3	65.0	169.9	1		3.0	
吉　林	20593	1124.3	476.1	634.9	13.4	1124.3	4	4	73.5	73.5
蛟　河	1262	147.0	65.3	62.3	19.5	147.0	1	1	4.0	4.0
桦　甸	846	145.8	66.2	58.8	20.9	145.8	1		3.0	
舒　兰	683	85.4	37.6	27.0	20.8	85.4	1		2.0	
磐　石	733	156.9	76.4	59.5	21.0	156.9	1		3.0	
四　平	4614	377.0	145.0	110.0	122.0	320.0	1		18.0	
双　辽	791	139.0	50.0	30.7	58.3	139.0	1	1	2.5	2.5
辽　源	3247	365.0	160.0	200.0	5.0	365.0	1	1	16.0	16.0
通　化	3541	262.0	96.1	88.2	77.6	262.0	2	2	11.2	11.2
集　安	820	71.6	37.4	33.4	0.8	71.6	1	1	2.5	2.5
白　山	3365	218.2	112.4	101.6	4.2	218.2	2	1	9.0	7.0
临　江	292	107.5	77.0	30.5		107.5	1	1	2.5	2.5
松　原	5526	554.2	248.2	277.7	28.3	553.5	2	2	25.0	25.0
扶　余	409	110.0	56.8	53.2		110.0	1	1	3.0	3.0
白　城	1786	361.2	203.4	143.8	14.0	359.3	1	1	8.0	8.0
洮　南	663	194.0	29.3	23.2	141.5	194.0	1		3.0	
大　安	468	186.0	89.8	94.2	2.0	175.7	1	1	4.0	4.0
延　吉	6651	869.0	247.0	379.0	243.0	869.0	1		20.0	
图　们	685	69.7	27.0	35.7	7.0	69.7	1	1	3.0	3.0
敦　化	3429	275.5	120.2	106.2	49.1	247.9	1		10.0	
珲　春	1354	198.7	16.3	58.7	123.7	198.7	1	1	6.0	6.0
龙　井	717	100.4	35.1	19.3	46.1	100.4	1		2.5	
和　龙	940	105.5	62.5	42.5	0.5	105.5	1		4.0	
公主岭	2478	401.5	176.2	207.3	18.0	377.9	2	1	11.5	10.0
梅河口	1753	243.3	107.7	95.1	40.5	243.3	1	1	5.0	5.0
长白山保护开发区	819	221.4	137.0	84.4		186.2	1	1	1.5	1.5

continued 3

Wastewater Treatment Plant				其他污水处理设施 Other Wastewater Treatment Facilities		污水处理总量(万立方米)	市政再生水 Recycled Water			城市名称
处理量(万立方米) Quantity of Wastewater Treated (10,000 m³)	二、三级处理 Secondary and Tertiary Treated	干污泥产生量(吨) Quantity of Dry Sludge Produced (ton)	干污泥处置量(吨) Quantity of Dry Sludge Treated (ton)	处理能力(万立方米/日) Treatment Capacity (10,000 m³/day)	处理量(万立方米) Quantity of Wastewater Treated (10,000 m³)	Total Quantity of Wastewater Treated (10,000 m³)	生产能力(万立方米/日) Recycled Water Production Capacity (10,000 m³/day)	利用量(万立方米) Annual Quantity of Wastewater Recycled and Reused (10,000 m³)	管道长度(公里) Length of Piplines (km)	Name of Cities
2374	2374	3701	3701			2374	3.0	572	99.0	北票
1781	274	3042	3042			1781				凌源
5635	5362	8208	8135			5635				葫芦岛
1597	1597	1805	1805			1597	6.0	60		兴城
127508	**104048**	**200866**	**197903**			**127508**	**77.1**	**18561**	**76.0**	**吉林**
57203	57017	100114	97510			57203	47.5	14353	30.0	长春
1318		4831	4831			1318	1.5	420	10.0	榆树
912		3325	3325			912	2.0	16		德惠
20362	20362	28146	28146			20362	2.0	11	3.0	吉林
1237	1237	2015	2015			1237				蛟河
846		1295	1295			846				桦甸
677		307	307			677	2.0	190	1.0	舒兰
692		754	754			692				磐石
6106		9492	9492			6106		1585		四平
751	751	1755	1755			751	2.5	290	6.5	双辽
3125	3125	7926	7926			3125	8.0		11.2	辽源
3330	3330	3907	3907			3330	1.2			通化
779	779	898	898			779				集安
3200	2544	2157	2157			3200		60		白山
278	278	91	91			278		2		临江
5526	5526	4745	4745			5526	2.0	1357	0.7	松原
409	409	1269	1269			409	0.4	90	1.5	扶余
1737	1737	2116	2116			1737	2.0		6.2	白城
642		923	923			642				洮南
445	445	266	266			445	1.0	58	1.9	大安
6102		7746	7746			6102	5.0	129	4.0	延吉
685	685	173	173			685				图们
3258		1555	1555			3258				敦化
1354	1354	1457	1457			1354				珲春
702		724	724			702				龙井
893		291	291			893				和龙
2478	2007	4840	4480			2478				公主岭
1683	1683	7009	7009			1683				梅河口
779	779	738	738			779				长白山保护开发区

11-2 续表 4

城市名称 Name of Cities	污水排放量(万立方米) Annual Quantity of Wastewater Discharged (10,000 m³)	排水管道长度(公里) Length of Drainage Piplines (km)					污水处理厂			
			污水管道 Sewers	雨水管道 Rainwater Drainage Pipeline	雨污合流管道 Combined Drainage Pipeline	建成区 in Built District	座数(座) Number of Wastewater Treatment Plant (unit)	二、三级处理 Secondary and Tertiary Treatment	处理能力(万立方米/日) Treatment Capacity (10,000 m³/day)	二、三级处理 Secondary and Tertiary Treatment
黑龙江	**123582**	**13290.5**	**3998.8**	**4758.6**	**4533.1**	**12818.2**	**69**	**68**	**416.2**	**406.2**
哈尔滨	51506	3686.6	714.5	1217.8	1754.3	3686.6	15	14	166.0	156.0
尚志	1498	110.4	40.4	15.4	54.6	110.4	1	1	4.0	4.0
五常	1713	126.9	53.1	15.5	58.3	126.9	1	1	5.5	5.5
齐齐哈尔	8064	1049.1	404.0	586.5	58.6	764.6	6	6	27.5	27.5
讷河	650	108.4	19.4	35.0	54.1	108.4	1	1	2.0	2.0
鸡西	3570	338.9	67.1	253.7	18.1	338.9	6	6	17.0	17.0
虎林	350	61.0	5.5		55.5	61.0	1	1	1.0	1.0
密山	551	111.5	5.7	9.7	96.1	111.4	1	1	3.0	3.0
鹤岗	2495	354.0	250.4		103.6	354.0	2	2	8.0	8.0
双鸭山	2677	383.7	141.0	239.5	3.2	359.4	1	1	10.0	10.0
大庆	13371	2571.9	1125.3	1446.7		2571.9	8	8	50.0	50.0
伊春	2902	394.9	133.6	75.3	186.0	394.9	4	4	11.8	11.8
铁力	1039	97.3	31.5	18.2	47.6	94.9	1	1	3.0	3.0
佳木斯	4622	604.0	79.1	130.8	394.0	604.0	1	1	20.0	20.0
同江	391	127.1	19.6	40.7	66.8	127.1	1	1	2.0	2.0
富锦	730	106.4	35.0	24.0	47.4	99.6	1	1	2.5	2.5
抚远	71	36.9		0.7	36.2	36.9	1	1	1.0	1.0
七台河	3684	244.1	131.4	55.8	56.9	237.9	2	2	11.5	11.5
牡丹江	9856	713.2	166.0	363.8	183.4	713.2	1	1	20.0	20.0
海林	1297	127.9	46.0	2.9	79.0	127.9	1	1	4.0	4.0
宁安	808	100.5	41.2	27.1	32.3	100.2	1	1	3.5	3.5
穆棱	444	77.9	54.7	1.7	21.5	77.9	1	1	2.0	2.0
绥芬河	810	153.7	64.9	19.8	69.0	153.7	1	1	2.0	2.0
东宁	638	84.7	2.9	4.3	77.5	84.7	1	1	2.0	2.0
黑河	936	126.9	38.5	49.3	39.1	126.9	1	1	5.0	5.0
北安	937	134.1	21.5	19.5	93.1	133.1	1	1	3.0	3.0
五大连池	214	75.4	43.8		31.6	75.4	1	1	2.0	2.0
嫩江	630	104.9	45.5	9.0	50.4	104.9	1	1	3.0	3.0
绥化	3528	376.8	25.1	50.3	301.4	376.8	1	1	10.0	10.0
安达	978	183.5	54.6	11.4	117.5	141.9	1	1	4.5	4.5
肇东	1894	320.0	59.0	10.0	251.0	215.0	1	1	5.1	5.1
海伦	637	152.8	49.2	8.5	95.2	152.8	1	1	4.0	4.0
漠河	91	45.3	29.4	15.9		45.3	1	1	0.3	0.3
上海	**221504**	**17230.1**	**7944.0**	**8053.5**	**1232.6**	**17230.1**	**42**	**42**	**840.3**	**840.3**

continued 4

Wastewater Treatment Plant				其他污水处理设施 Other Wastewater Treatment Facilities		污水处理总量（万立方米） Total Quantity of Wastewater Treated (10,000 m³)	市政再生水 Recycled Water			城市名称 Name of Cities
处理量（万立方米） Quantity of Wastewater Treated (10,000 m³)	二、三级处理 Secondary and Tertiary Treated	干污泥产生量（吨） Quantity of Dry Sludge Produced (ton)	干污泥处置量（吨） Quantity of Dry Sludge Treated (ton)	处理能力（万立方米/日） Treatment Capacity (10,000 m³/day)	处理量（万立方米） Quantity of Wastewater Treated (10,000 m³)		生产能力（万立方米/日） Recycled Water Production Capacity (10,000 m³/day)	利用量（万立方米） Annual Quantity of Wastewater Recycled and Reused (10,000 m³)	管道长度（公里） Length of Piplines (km)	
113893	**110737**	**168446**	**162770**	**46.0**	**4726**	**118620**	**43.1**	**26773**	**103.6**	**黑 龙 江**
49049	45893	82852	79366			49049		19346	14.2	哈 尔 滨
1423	1423	1495	1495			1423				尚 志
1665	1665	829	829			1665				五 常
7446	7446	11482	11482	1.5	325	7771				齐齐哈尔
620	620	2152	2152			620				讷 河
3392	3392	4634	4634	2.2	652	4044	0.8		5.3	鸡 西
340	340	528	528			340				虎 林
530	530	442	442			530				密 山
2416	2416	2608	2608			2416				鹤 岗
2570	2570	1303	1303			2570	4.0	92	5.0	双 鸭 山
10126	10126	10908	10908	22.1	3749	13876	24.0	6481	49.0	大 庆
2891	2891	2654	464			2891				伊 春
1039	1039	784	784			1039				铁 力
4406	4406	5781	5781			4406				佳 木 斯
378	378	403	403			378				同 江
694	694	916	916			694				富 锦
68	68	115	115			68				抚 远
3510	3510	5701	5701			3510	10.5	424	10.0	七 台 河
7320	7320	10532	10532	20.2		7320				牡 丹 江
1271	1271	1012	1012			1271				海 林
807	807	1864	1864			807				宁 安
444	444	758	758			444				穆 棱
783	783	169	169			783				绥 芬 河
637	637	190	190			637				东 宁
897	897	770	770			897				黑 河
927	927	1099	1099			927				北 安
203	203	980	980			203				五大连池
570	570	1752	1752			570				嫩 江
3884	3884	9554	9554			3884	3.8	431	16.0	绥 化
969	969	1504	1504			969				安 达
1894	1894	2183	2183			1894			4.0	肇 东
637	637	453	453			637				海 伦
87	87	39	39			87				漠 河
213021	**213021**	**484087**	**484087**		**1124**	**214144**				**上 海**

11-2 续表 5

城市名称 Name of Cities	污水排放量（万立方米）Annual Quantity of Wastewater Discharged (10,000 m³)	排水管道长度（公里）Length of Drainage Piplines (km)					污水处理厂			
			污水管道 Sewers	雨水管道 Rainwater Drainage Pipeline	雨污合流管道 Combined Drainage Pipeline	建成区 in Built District	座数（座）Number of Wastewater Treatment Plant (unit)	二、三级处理 Secondary and Tertiary Treatment	处理能力（万立方米/日）Treatment Capacity (10,000 m³/day)	二、三级处理 Secondary and Tertiary Treatment
江　苏	**479860**	**88001.2**	**45996.9**	**34066.0**	**7938.3**	**71112.0**	**206**	**203**	**1480.9**	**1456.9**
南　京	108858	10863.2	4288.4	3938.3	2636.5	10863.2	27	27	296.3	296.3
无　锡	41218	13638.6	9510.2	3758.3	370.0	8600.0	15	15	163.0	163.0
江　阴	8047	1004.7	382.4	622.2		854.0	3	3	23.5	23.5
宜　兴	8060	2538.0	2045.0	493.0		1751.0	3	3	23.0	23.0
徐　州	28242	2336.2	1149.9	650.6	535.7	1934.1	12	12	71.5	71.5
新　沂	3754	708.1	234.5	373.6	100.0	569.7	2	2	12.0	12.0
邳　州	2827	758.8	205.0	73.8	480.0	628.2	2	2	8.0	8.0
常　州	29522	8559.9	4084.5	4356.5	119.0	6190.0	11	11	109.8	109.8
溧　阳	3567	543.8	269.7	274.1		403.0	2	2	12.8	12.8
苏　州	62749	13007.2	6803.6	5730.7	472.9	9197.4	25	25	181.0	181.0
常　熟	10145	1969.3	981.6	926.5	61.2	1798.6	9	9	31.3	31.3
张家港	4402	966.2	527.8	429.1	9.3	787.4	4	4	15.5	15.5
昆　山	18427	975.3	575.4	198.9	201.0	464.9	5	5	41.4	41.4
太　仓	3813	873.5	413.7	450.3	9.5	870.4	3	3	17.0	17.0
南　通	28962	3931.0	2178.6	1657.1	95.3	3930.8	8	7	91.5	75.5
海　安	3363	815.2	321.2	448.2	45.9	664.8	5	5	11.3	11.3
启　东	2673	668.6	213.2	345.4	110.0	668.6	1	1	9.0	9.0
如　皋	4264	768.1	276.3	399.8	92.0	763.4	5	5	15.9	15.9
连云港	12275	2373.2	1041.0	1165.9	166.3	2278.2	10	10	41.4	41.4
淮　安	16939	3772.6	1590.2	1927.1	255.2	3754.2	9	9	56.5	56.5
盐　城	10287	2021.1	1295.5	580.5	145.2	984.2	7	5	38.4	30.4
东　台	1957	505.5	104.0	157.7	243.8	505.5	2	2	7.5	7.5
扬　州	17066	3417.2	1903.3	1187.4	326.5	3402.3	3	3	46.0	46.0
仪　征	1901	212.0	77.0	68.0	67.0	212.0	1	1	5.0	5.0
高　邮	2438	384.0	150.0	81.0	153.0	375.0	1	1	6.0	6.0
镇　江	12022	2399.7	1601.8	691.4	106.5	1561.9	7	7	36.5	36.5
丹　阳	3254	800.9	300.5	191.7	308.7	635.6	3	3	9.0	9.0
扬　中	1644	635.1	414.5	202.6	18.0	423.7	1	1	5.0	5.0
句　容	3188	386.7	162.7	123.7	100.4	348.6	1	1	7.5	7.5
泰　州	9065	2322.3	1027.3	1123.3	171.7	2322.3	7	7	29.5	29.5
兴　化	1372	712.7	190.0	187.9	334.8	712.7	1	1	4.0	4.0
靖　江	2097	792.7	582.3	210.2	0.2	792.7	1	1	5.0	5.0
泰　兴	2969	499.2	164.9	191.5	142.7	492.7	1	1	11.0	11.0
宿　迁	8494	1841.0	931.0	850.0	60.0	1371.0	9	9	39.0	39.0
浙　江	**338632**	**52571.7**	**26919.3**	**23103.6**	**2548.8**	**43806.8**	**106**	**106**	**1173.9**	**1173.9**
杭　州	82795	9434.4	3956.5	4114.8	1363.1	9019.0	13	13	259.9	259.9
建　德	1650	303.8	174.2	129.6		191.8	1	1	4.9	4.9
宁　波	50284	4035.9	1662.5	2329.2	44.2	3922.9	13	13	132.3	132.3

continued 5

Wastewater Treatment Plant				其他污水处理设施 Other Wastewater Treatment Facilities		污水处理总量(万立方米) Total Quantity of Wastewater Treated (10,000 m³)	市政再生水 Recycled Water			城市名称 Name of Cities
处理量(万立方米) Quantity of Wastewater Treated (10,000 m³)	二、三级处理 Secondary and Tertiary Treated	干污泥产生量(吨) Quantity of Dry Sludge Produced (ton)	干污泥处置量(吨) Quantity of Dry Sludge Treated (ton)	处理能力(万立方米/日) Treatment Capacity (10,000 m³/day)	处理量(万立方米) Quantity of Wastewater Treated (10,000 m³)		生产能力(万立方米/日) Recycled Water Production Capacity (10,000 m³/day)	利用量(万立方米) Annual Quantity of Wastewater Recycled and Reused (10,000 m³)	管道长度(公里) Length of Piplines (km)	
432770	**427733**	**1001562**	**984036**	**373.7**	**31840**	**464610**	**510.3**	**125539**	**938.4**	**江　苏**
88043	88043	313192	310192	82.2	18527	106570	50.8	22875	523.7	南　京
40262	40262	107330	107330	10.8	510	40772	40.0	13863	58.6	无　锡
7926	7926	15872	15865	1.0	26	7952	9.9	2118		江　阴
7832	7832	13409	13409			7832	5.5	1628	3.3	宜　兴
24206	24206	25059	25059	12.0	2608	26814	22.5	5606	24.3	徐　州
3642	3642	6718	6718			3642	2.5	721	9.0	新　沂
2714	2714	2059	1390			2714	5.0	900	2.4	邳　州
26652	26652	46235	46235	12.0	2298	28950	28.4	7075	27.6	常　州
3439	3439	6268	6268			3439	9.8	671	3.1	溧　阳
59535	59535	90196	90195	81.0	1229	60764	84.2	31958	33.5	苏　州
9232	9232	23528	21017	10.2	589	9821	6.0	2179	6.0	常　熟
4368	4368	6714	6714			4368	5.0	1156	4.0	张家港
15183	15183	20928	9902	25.3	2669	17852	16.8	4149	3.3	昆　山
3761	3761	6595	6595			3761	6.0	1654	5.4	太　仓
27510	24298	67021	66794			27510	63.8	6092	75.2	南　通
2926	2926	8539	8521			2926	8.0	585	14.3	海　安
2436	2436	2808	2808	0.4	80	2516	4.9	489	12.5	启　东
4141	4141	7609	7609			4141	12.0	1050	10.0	如　皋
11737	11737	16057	15988			11737	14.5	2788	35.0	连云港
15011	15011	34142	34142	106.0	1210	16221	20.3	3438	19.5	淮　安
9708	7882	16941	16941	6.8	90	9798	10.0	2011		盐　城
1804	1804	2728	2728	3.5	60	1864	5.0	552		东　台
15535	15535	21134	21134	7.2	781	16316	7.0	2174	9.0	扬　州
1748	1748	1269	1269			1748				仪　征
2172	2172	2380	2380			2172	3.0	895	2.0	高　邮
11018	11018	51373	51373	9.5	680	11698	21.5	2563	8.0	镇　江
3058	3058	13712	13712			3058	2.0	23		丹　阳
1480	1480	955	955	0.2	8	1487	0.1	7		扬　中
2988	2988	28082	28082	0.5	16	3004	0.3	85	3.6	句　容
8588	8588	18224	18224	0.7	151	8738	28.5	2227		泰　州
1181	1181	3287	3287	0.5	110	1291	0.2	277		兴　化
1808	1808	3835	3835	4.0	200	2008	0.3	64	0.2	靖　江
2844	2844	3135	3135			2844	3.0	1095		泰　兴
8282	8282	14230	14230			8282	13.5	2573	45.0	宿　迁
327630	**327630**	**784583**	**784582**	**13.4**	**3165**	**330795**	**185.1**	**38754**	**261.5**	**浙　江**
80406	80406	188009	188009			80406	42.9	4668	11.5	杭　州
1597	1597	2869	2869			1597	1.0	310	2.5	建　德
47155	47155	49642	49642	11.3	2993	50148	43.2	7935	38.1	宁　波

11-2 续表 6

城市名称 Name of Cities	污水排放量(万立方米) Annual Quantity of Wastewater Discharged (10,000 m^3)	排水管道长度(公里) Length of Drainage Piplines (km)	污水管道 Sewers	雨水管道 Rainwater Drainage Pipeline	雨污合流管道 Combined Drainage Pipeline	建成区 in Built District	污水处理厂 座数(座) Number of Wastewater Treatment Plant (unit)	二、三级处理 Secondary and Tertiary Treatment	处理能力(万立方米/日) Treatment Capacity (10,000 m^3/day)	二、三级处理 Secondary and Tertiary Treatment
余　姚	5245	792.2	377.8	405.8	8.6	468.3	1	1	22.5	22.5
慈　溪	6380	1359.5	511.2	828.3	20.0	1299.1	4	4	27.0	27.0
温　州	29320	3435.7	1298.1	2104.7	33.0	3013.1	10	10	94.5	94.5
瑞　安	2308	579.0	256.5	219.6	102.9	494.0	1	1	21.0	21.0
乐　清	3901	1786.2	1404.5	381.7		418.9	3	3	26.0	26.0
龙　港	2650	425.6	156.8	268.8		280.0	1	1	7.8	7.8
嘉　兴	12984	2205.0	861.0	1332.0	12.0	1921.4	3	3	69.0	69.0
海　宁	3722	1583.5	1192.1	391.5		857.5	1	1	15.0	15.0
平　湖	2563	573.1	428.2	144.9		324.8				
桐　乡	2883	649.0	264.3	384.7		572.9	2	2	15.0	15.0
湖　州	9496	2069.1	1150.4	793.2	125.5	1770.8	7	7	37.0	37.0
绍　兴	35835	5199.2	3554.3	1437.2	207.7	3409.0	3	3	130.0	130.0
诸　暨	6763	666.3	386.1	272.7	7.4	593.0	3	3	27.5	27.5
嵊　州	3782	286.1	75.5	141.8	68.9	286.1	1	1	22.5	22.5
金　华	9658	2361.1	1132.0	1096.5	132.6	1893.7	4	4	43.0	43.0
兰　溪	2020	563.1	279.8	275.9	7.4	563.1	1	1	10.0	10.0
义　乌	10923	2161.2	1084.5	1076.7		2156.9	4	4	38.0	38.0
东　阳	5020	1022.9	504.9	517.9		1022.9	2	2	15.9	15.9
永　康	4149	848.3	394.2	381.7	72.5	848.3	1	1	12.0	12.0
衢　州	5796	1984.8	1054.2	930.6		1964.5	3	3	19.2	19.2
江　山	1574	416.5	207.8	193.7	15.0	413.9	1	1	6.0	6.0
舟　山	4613	1112.4	637.0	475.5		1077.7	6	6	16.3	16.3
台　州	17116	3019.0	2207.1	738.2	73.7	1559.6	5	5	49.9	49.9
玉　环	2333	1065.9	549.0	516.9		1065.9	2	2	7.5	7.5
温　岭	4149	502.9	247.4	159.0	96.6	502.9	4	4	17.0	17.0
临　海	3441	678.7	269.9	279.4	129.4	649.2	2	2	11.0	11.0
丽　水	4492	1063.3	413.5	634.6	15.2	857.7	3	3	13.5	13.5
龙　泉	786	388.1	228.1	146.8	13.3	388.1	1	1	2.8	2.8
安　徽	**208669**	**35392.9**	**15431.9**	**17198.0**	**2763.1**	**32503.9**	**96**	**95**	**723.5**	**718.5**
合　肥	56627	8532.6	3610.4	4864.7	57.4	7768.0	14	14	244.5	244.5
巢　湖	4441	936.3	560.3	376.0		936.3	2	2	11.0	11.0
芜　湖	20931	3543.0	1199.7	1857.2	486.2	3512.3	8	8	58.0	58.0
无　为	2374	230.1	69.0	114.1	47.0	207.0	2	2	6.5	6.5
蚌　埠	13948	1428.1	620.9	683.1	124.1	1408.1	4	4	45.0	45.0
淮　南	9264	1029.7	496.7	326.2	206.8	847.0	5	5	35.5	35.5
马鞍山	11295	1801.4	664.3	885.1	252.0	1687.3	6	6	35.5	35.5
淮　北	5623	1107.7	466.2	621.4	20.1	1107.7	4	4	16.0	16.0

continued 6

Wastewater Treatment Plant				其他污水处理设施 Other Wastewater Treatment Facilities		污水处理总量(万立方米)	市政再生水 Recycled Water			
处理量(万立方米) Quantity of Wastewater Treated (10,000 m³)	二、三级处理 Secondary and Tertiary Treated	干污泥产生量(吨) Quantity of Dry Sludge Produced (ton)	干污泥处置量(吨) Quantity of Dry Sludge Treated (ton)	处理能力(万立方米/日) Treatment Capacity (10,000 m³/day)	处理量(万立方米) Quantity of Wastewater Treated (10,000 m³)	Total Quantity of Wastewater Treated (10,000 m³)	生产能力(万立方米/日) Recycled Water Production Capacity (10,000 m³/day)	利用量(万立方米) Annual Quantity of Wastewater Recycled and Reused (10,000 m³)	管道长度(公里) Length of Piplines (km)	城市名称 Name of Cities
5077	5077	13157	13157			5077	1.0	147	35.0	余姚
6208	6208	11592	11592			6208	4.0	518	2.0	慈溪
28769	28769	51183	51183			28769	2.0	366	25.0	温州
2209	2209	11883	11883			2209				瑞安
3737	3737	8227	8226	0.2	30	3767	3.0	996	9.3	乐清
2548	2548	6046	6046			2548	1.8	90		龙港
12780	12780	36673	36673			12780	8.2	2395		嘉兴
3626	3626	9691	9691			3626				海宁
2482	2482					2482		626		平湖
2806	2806	3171	3171			2806				桐乡
9330	9330	15376	15376	0.1	4	9334	4.0	1409	2.4	湖州
34979	34979	227001	227001			34979				绍兴
6762	6762	6136	6136			6762		1026		诸暨
3592	3592	27095	27095			3592				嵊州
9397	9397	14025	14025			9397	6.5	2326	61.5	金华
1959	1959	1408	1408			1959	1.3	445	7.0	兰溪
10596	10596	17140	17140			10596	27.5	4362	40.0	义乌
4827	4827	3902	3902			4827				东阳
4071	4071	5916	5916			4071	1.8			永康
5625	5625	5193	5193			5625	0.3	99		衢州
1531	1531	844	844			1531				江山
4394	4394	9664	9664	0.6	68	4462	4.0	982	6.6	舟山
16562	16562	34252	34252			16562	24.0	7015	3.5	台州
2217	2217	3686	3686			2217	6.0	2090	17.0	玉环
4018	4018	4860	4860			4018	2.6	950		温岭
3269	3269	7791	7791			3269				临海
4333	4333	7481	7481	1.2	70	4403				丽水
768	768	670	670			768				龙泉
199819	**198981**	**253727**	**253693**	**55.8**	**3482**	**203300**	**284.3**	**77948**	**163.7**	**安徽**
53807	53807	94419	94419	16.0	1549	55356	179.5	51649	48.2	合肥
4308	4308	6458	6458			4308				巢湖
19917	19917	18212	18212	2.3	324	20241	6.3	1252	6.5	芜湖
2255	2255	1344	1344			2255				无为
13253	13253	11378	11378	8.1	418	13671	20.0	5113		蚌埠
8801	8801	10949	10949	2.5	303	9104	6.0	1986	13.5	淮南
10735	10735	12110	12110	10.0	350	11085				马鞍山
5490	5490	8634	8634			5490	12.0	2306	29.0	淮北

11-2 续表 7

城市名称 Name of Cities	污水排放量（万立方米） Annual Quantity of Wastewater Discharged (10,000 m³)	排水管道长度（公里） Length of Drainage Piplines (km)	污水管道 Sewers	雨水管道 Rainwater Drainage Pipeline	雨污合流管道 Combined Drainage Pipeline	建成区 in Built District	污水处理厂 座数（座） Number of Wastewater Treatment Plant (unit)	二、三级处理 Secondary and Tertiary Treatment	处理能力（万立方米/日） Treatment Capacity (10,000 m³/day)	二、三级处理 Secondary and Tertiary Treatment
铜陵	9296	1755.0	835.0	910.0	10.0	1755.0	5	5	25.0	25.0
安庆	10092	1504.4	998.4	370.0	136.0	802.4	5	5	32.5	32.5
潜山	1245	260.4	82.3	130.7	47.4	260.4	1	1	4.0	4.0
桐城	1480	465.0	177.3	158.7	129.0	465.0	1	1	5.0	5.0
黄山	4272	795.9	370.4	403.0	22.5	784.8	4	3	16.0	11.0
滁州	11146	2242.4	1055.6	1107.6	79.3	2235.9	4	4	31.0	31.0
天长	2847	569.1	232.1	228.6	108.4	479.4	2	2	8.0	8.0
明光	2562	855.7	364.0	423.2	68.5	812.4	2	2	7.5	7.5
阜阳	8991	1429.5	588.5	488.4	352.6	1389.0	4	4	32.0	32.0
界首	1287	387.6	164.2	166.2	57.3	274.4	1	1	5.0	5.0
宿州	5648	1195.0	574.0	611.6	9.4	1195.0	4	4	27.5	27.5
六安	6827	909.9	453.1	456.8		648.9	8	8	24.4	24.4
亳州	7601	1309.9	540.4	545.8	223.7	960.0	3	3	22.0	22.0
池州	3854	789.4	328.4	461.0		785.6	2	2	10.0	10.0
宣城	3880	1252.0	457.4	516.0	278.5	1166.3	2	2	11.7	11.7
广德	1829	568.7	310.6	258.1		568.7	2	2	6.0	6.0
宁国	1308	494.4	212.8	234.6	47.0	447.3	1	1	4.0	4.0
福建	**143773**	**20114.0**	**9285.5**	**9731.4**	**1097.0**	**18034.0**	**55**	**54**	**428.5**	**423.5**
福州	37142	4025.0	1642.1	2332.1	50.9	3746.1	9	9	111.5	111.5
福清	5743	636.4	291.2	195.2	150.0	636.4	2	2	18.0	18.0
厦门	36636	4427.7	1871.4	2258.0	298.3	4427.7	8	8	100.0	100.0
莆田	8560	2694.0	1612.0	1072.0	10.0	1240.0	3	3	28.5	28.5
三明	2456	296.2	127.9	134.6	33.7	296.2	2	2	7.0	7.0
永安	1635	224.6	97.0	57.3	70.3	223.6	1	1	4.0	4.0
泉州	10384	1412.0	546.8	865.2		1412.0	5	5	29.0	29.0
石狮	5035	613.3	298.1	311.2	4.0	613.3	1	1	15.0	15.0
晋江	6646	1188.2	673.2	445.0	70.0	1188.2	2	2	20.0	20.0
南安	1702	391.7	223.7	130.0	38.0	316.0	1	1	5.0	5.0
漳州	6355	1127.0	425.0	702.0		1127.0	2	2	23.5	23.5
龙海	968	390.1	157.4	212.8	19.9	307.8	1	1	2.5	2.5
南平	2777	375.4	234.2	100.2	41.0	375.4	3	3	11.0	11.0
邵武	1321	194.3	61.2	70.2	63.0	194.3	1	1	4.0	4.0
武夷山	1102	287.2	141.0	138.9	7.4	287.2	2	2	2.5	2.5
建瓯	900	115.3	70.0	23.3	22.0	115.3	1	1	2.4	2.4
龙岩	6523	631.9	320.4	223.5	88.0	454.9	3	3	18.0	18.0
漳平	762	183.5	94.0	86.1	3.4	172.8	1	1	2.0	2.0
宁德	3861	426.1	216.1	210.0		426.1	4	4	14.2	14.2
福安	1555	232.9	91.5	64.0	77.5	232.7	1	1	5.0	5.0
福鼎	1709	241.1	91.5	100.0	49.7	241.1	2	1	5.4	0.4

continued 7

Wastewater Treatment Plant				其他污水处理设施 Other Wastewater Treatment Facilities		污水处理总量(万立方米)	市政再生水 Recycled Water			
处理量(万立方米) Quantity of Wastewater Treated (10,000 m^3)	二、三级处理 Secondary and Tertiary Treated	干污泥产生量(吨) Quantity of Dry Sludge Produced (ton)	干污泥处置量(吨) Quantity of Dry Sludge Treated (ton)	处理能力(万立方米/日) Treatment Capacity (10,000 m^3/day)	处理量(万立方米) Quantity of Wastewater Treated (10,000 m^3)	Total Quantity of Wastewater Treated (10,000 m^3)	生产能力(万立方米/日) Recycled Water Production Capacity (10,000 m^3/day)	利用量(万立方米) Annual Quantity of Wastewater Recycled and Reused (10,000 m^3)	管道长度(公里) Length of Piplines (km)	城市名称 Name of Cities
8896	8896	5401	5401			8896				铜陵
9697	9697	8568	8534	6.7	202	9899				安庆
1195	1195	1187	1187			1195				潜山
1419	1419	280	280	0.8	32	1451				桐城
4104	3267	3296	3296			4104		260		黄山
10815	10815	13150	13150	0.2	14	10829	15.0	3570		滁州
2785	2785	4390	4390			2785				天长
2486	2486	5087	5087	1.0	12	2498	5.0	1825	4.0	明光
8796	8796	9412	9412	6.0		8796	5.0	1880	17.5	阜阳
1225	1225	396	396	1.3	25	1250	2.5	365	7.0	界首
5444	5444	8703	8703			5444	16.0	1620	30.0	宿州
6506	6506	11524	11524	0.8	216	6722	5.0	2974		六安
7449	7449	7944	7944			7449	7.0	2216	8.0	亳州
3735	3735	3466	3466			3735				池州
3701	3701	4717	4717	0.2	38	3739	5.0	931		宣城
1756	1756	1813	1813			1756				广德
1243	1243	890	890			1243				宁国
134279	**132717**	**194923**	**194870**	**46.7**	**5400**	**139680**	**163.3**	**28980**	**100.2**	**福建**
35371	35371	42218	42218	7.2	614	35984	106.5	10820	7.0	福州
5473	5473	6109	6109			5473	6.0	1244		福清
34640	34640	61579	61579	21.0	1996	36636	32.5	8100	71.9	厦门
8281	8281	13859	13859			8281				莆田
1464	1464	1960	1960	10.0	876	2340				三明
1449	1449	474	474	1.5	124	1573				永安
9179	9179	12758	12758	4.5	946	10125		2555		泉州
4733	4733	5690	5690			4733	15.0	4709	15.6	石狮
6347	6347	7602	7602			6347			5.8	晋江
1556	1556	1558	1558			1556				南安
6120	6120	12225	12225			6120	3.4	1233		漳州
930	930	340	340			930				龙海
2730	2730	2543	2543			2730				南平
1249	1249	2446	2446			1249				邵武
996	996	279	279	0.2	41	1037				武夷山
856	856	1782	1782			856				建瓯
6245	6245	9308	9308			6245		319		龙岩
724	724	509	509			724				漳平
2844	2844	3402	3349	2.3	803	3647				宁德
1487	1487	2038	2038			1487				福安
1606	44	6244	6244			1606				福鼎

11-2 续表 8

城市名称 Name of Cities	污水排放量(万立方米) Annual Quantity of Wastewater Discharged (10,000 m^3)	排水管道长度(公里) Length of Drainage Piplines (km)	污水管道 Sewers	雨水管道 Rainwater Drainage Pipeline	雨污合流管道 Combined Drainage Pipeline	建成区 in Built District	污水处理厂 座数(座) Number of Wastewater Treatment Plant (unit)	二、三级处理 Secondary and Tertiary Treatment	处理能力(万立方米/日) Treatment Capacity (10,000 m^3/day)	二、三级处理 Secondary and Tertiary Treatment
江　西	**110960**	**20023.0**	**8676.1**	**7702.2**	**3644.7**	**18733.3**	**68**	**54**	**360.7**	**305.7**
南　昌	35714	3476.7	1304.2	1362.3	810.3	3434.5	8	7	108.5	106.5
景德镇	4736	900.9	541.9	214.4	144.7	585.8	2	2	16.0	16.0
乐　平	1910	234.2	115.0	32.6	86.7	130.2	1	1	4.0	4.0
萍　乡	4416	260.0	202.0	50.0	8.0	260.0	3	1	16.0	4.0
九　江	8852	1887.5	822.7	843.6	221.1	1878.9	11	11	39.2	39.2
瑞　昌	999	253.8	58.5	66.2	129.1	242.6	1		2.5	
共青城	883	249.4	114.3	125.0	10.1	9.7	1	1	2.3	2.3
庐　山	498	118.7	61.2	43.0	14.5	116.8	2	2	1.5	1.5
新　余	4656	982.1	344.9	407.1	230.1	981.1	1	1	12.0	12.0
鹰　潭	2775	811.5	278.3	318.6	214.6	428.0	3	3	12.0	12.0
贵　溪	1081	278.2	133.3	110.2	34.8	278.0	2	1	3.0	1.0
赣　州	12820	2849.6	1081.9	1172.3	595.5	2849.6	10	8	43.1	39.1
瑞　金	1518	303.1	166.9	68.6	67.6	293.1	1	1	4.0	4.0
龙　南	934	362.3	212.7	73.6	76.1	359.4	2	2	3.0	3.0
吉　安	4989	836.3	532.6	262.1	41.7	836.3	2	2	14.0	14.0
井冈山	148	65.2	56.5	8.6		65.2	1	1	0.6	0.6
宜　春	5137	1400.0	646.3	643.3	110.4	1400.0	2	1	17.0	14.0
丰　城	2146	390.1	189.1	155.2	45.8	348.0	2	2	6.0	6.0
樟　树	2014	494.6	202.0	216.3	76.3	482.6	2	2	5.0	5.0
高　安	1740	732.9	282.8	344.9	105.3	710.8	3	1	6.0	4.0
抚　州	6148	1661.4	657.3	625.5	378.7	1617.1	3		24.0	
上　饶	6251	1292.2	524.5	528.1	239.6	1291.9	3	2	19.5	16.0
德　兴	598	182.2	147.4	30.8	4.0	133.6	2	2	1.5	1.5
山　东	**341815**	**69863.7**	**30332.2**	**37158.8**	**2372.7**	**63932.1**	**218**	**218**	**1364.8**	**1364.8**
济　南	47014	8785.1	3560.3	4947.5	277.3	8785.1	28	28	171.0	171.0
青　岛	49475	9713.0	4817.6	4854.9	40.4	9336.0	21	21	206.6	206.6
胶　州	4361	783.1	343.5	439.6		783.1	2	2	17.0	17.0
平　度	3623	765.0	363.6	401.4		765.0	1	1	11.0	11.0
莱　西	2583	755.8	474.9	280.9		755.8	1	1	10.0	10.0
淄　博	21622	3751.2	1758.3	1983.9	8.9	3747.3	11	11	84.0	84.0
枣　庄	7372	1430.8	537.1	732.4	161.2	1345.1	8	8	38.0	38.0
滕　州	4133	605.8	211.2	324.3	70.3	447.3	3	3	22.0	22.0
东　营	12812	1806.1	804.5	992.6	9.0	1730.2	8	8	43.5	43.5

continued 8

Wastewater Treatment Plant: 处理量 (万立方米) Quantity of Wastewater Treated (10,000 m^3)	Wastewater Treatment Plant: 二、三级处理 Secondary and Tertiary Treated	Wastewater Treatment Plant: 干污泥产生量 (吨) Quantity of Dry Sludge Produced (ton)	Wastewater Treatment Plant: 干污泥处置量 (吨) Quantity of Dry Sludge Treated (ton)	其他污水处理设施 Other Wastewater Treatment Facilities: 处理能力 (万立方米/日) Treatment Capacity (10,000 m^3/day)	其他污水处理设施 Other Wastewater Treatment Facilities: 处理量 (万立方米) Quantity of Wastewater Treated (10,000 m^3)	污水处理总量 (万立方米) Total Quantity of Wastewater Treated (10,000 m^3)	市政再生水 Recycled Water: 生产能力 (万立方米/日) Recycled Water Production Capacity (10,000 m^3/day)	市政再生水 Recycled Water: 利用量 (万立方米) Annual Quantity of Wastewater Recycled and Reused (10,000 m^3)	市政再生水 Recycled Water: 管道长度 (公里) Length of Piplines (km)	城市名称 Name of Cities
107047	**92269**	**100459**	**86702**	**5.4**	**1120**	**108167**		**24**		**江　西**
35301	34855	27679	21380			35301				南　昌
4429	4429	3689	3689			4429				景德镇
1820	1820	728	728			1820		24		乐　平
4380	996	6921	6921			4380				萍　乡
8745	8745	4850	4850			8745				九　江
950		534	534			950				瑞　昌
845	845	733	533			845				共青城
480	480	358	282		1	481				庐　山
4563	4563	3950	3950			4563				新　余
2643	2643	1773	1773			2643				鹰　潭
979	372	1605	1605			979				贵　溪
11608	10742	18252	11092	4.3	825	12434				赣　州
1396	1396	1326	1326			1396				瑞　金
865	865	757	752			865				龙　南
4660	4660	2587	2587	0.8	185	4845				吉　安
137	137	119	119			137				井冈山
5061	4140	8036	8036			5061				宜　春
2095	2095	1799	1799			2095				丰　城
1956	1956	2891	2891			1956				樟　树
1663	1151	2249	2233			1663				高　安
5879		4360	4360			5879				抚　州
6023	4811	4931	4931	0.3	109	6133				上　饶
569	569	332	332			569				德　兴
335352	**335352**	**730681**	**730432**	**11.7**	**521**	**335873**	**600.9**	**148312**	**1304.5**	**山　东**
46154	46154	103593	103593	5.6	500	46654	50.3	16011	310.8	济　南
48586	48586	133539	133539			48586	64.6	24466	240.3	青　岛
4291	4291	8346	8346			4291	5.0	1152	9.0	胶　州
3543	3543	7850	7850			3543	3.0	867		平　度
2532	2532	6238	6238			2532	2.0	734		莱　西
21284	21284	53841	53841			21284	46.5	11449	22.4	淄　博
7243	7243	10163	10163			7243	19.5	4073	71.3	枣　庄
4054	4054	14270	14270			4054	8.0	2024	22.0	滕　州
12562	12562	16665	16665			12562	18.5	3692	3.0	东　营

11-2 续表 9

城市名称 Name of Cities	污水排放量(万立方米) Annual Quantity of Wastewater Discharged (10,000 m^3)	排水管道长度(公里) Length of Drainage Piplines (km)	污水管道 Sewers	雨水管道 Rainwater Drainage Pipeline	雨污合流管道 Combined Drainage Pipeline	建成区 in Built District	污水处理厂 座数(座) Number of Wastewater Treatment Plant (unit)	二、三级处理 Secondary and Tertiary Treatment	处理能力(万立方米/日) Treatment Capacity (10,000 m^3/day)	二、三级处理 Secondary and Tertiary Treatment
烟台	15136	4503.6	1914.6	2503.6	85.4	3456.0	10	10	70.0	70.0
龙口	1358	588.0	231.0	348.8	8.3	518.5	3	3	10.0	10.0
莱阳	1821	356.1	119.9	208.9	27.2	355.9	1	1	16.0	16.0
莱州	1680	349.4	84.3	262.5	2.6	349.4	1	1	5.0	5.0
招远	1797	452.8	141.3	311.5		452.8	1	1	8.0	8.0
栖霞	620	147.0	87.7	59.3		121.2	1	1	2.0	2.0
海阳	977	395.7	204.1	191.5		395.7	2	2	5.0	5.0
潍坊	16712	2666.5	1356.9	1253.5	56.1	1822.5	11	11	56.5	56.5
青州	3171	846.5	423.6	380.8	42.1	605.3	5	5	17.5	17.5
诸城	6368	763.6	356.6	404.5	2.6	763.6	2	2	18.6	18.6
寿光	7585	893.8	389.0	467.5	37.4	564.7	4	4	30.0	30.0
安丘	3754	977.2	342.5	595.8	38.9	733.6	1	1	18.0	18.0
高密	6995	666.6	217.9	353.8	94.9	666.6	4	4	23.5	23.5
昌邑	3440	335.1	174.2	159.4	1.5	335.1	2	2	14.0	14.0
济宁	13620	2709.0	875.0	1782.8	51.2	1800.8	10	10	51.0	51.0
曲阜	2871	323.9	125.5	167.2	31.2	323.9	4	4	13.0	13.0
邹城	3277	361.5	194.3	101.2	66.0	361.5	1	1	14.0	14.0
泰安	7756	1618.1	655.3	962.8		1586.1	5	5	29.0	29.0
新泰	2693	626.8	246.5	288.3	92.0	626.8	2	2	8.0	8.0
肥城	1929	304.2	119.3	151.9	33.0	301.3	2	2	8.0	8.0
威海	7675	4016.0	1707.3	2240.3	68.3	3906.9	3	3	31.0	31.0
荣成	2246	1343.1	903.0	420.1	20.0	1164.9	2	2	12.0	12.0
乳山	1606	824.7	397.0	377.9	49.9	815.6	2	2	6.0	6.0
日照	9221	2533.3	1081.9	1418.8	32.7	2410.9	11	11	32.6	32.6
临沂	16600	3910.3	1598.0	2187.7	124.5	3451.6	9	9	59.0	59.0
德州	12427	1736.2	472.9	972.6	290.7	1729.7	10	10	46.9	46.9
乐陵	672	291.9	124.3	135.6	32.0	277.9	2	2	6.0	6.0
禹城	1945	280.7	99.8	75.5	105.3	280.7	1	1	12.5	12.5
聊城	8678	1968.7	784.4	915.9	268.4	1820.0	10	10	47.5	47.5
临清	2897	390.0	148.0	160.0	82.0	390.0	2	2	10.0	10.0
滨州	8813	2018.3	855.5	1162.9		2015.4	6	6	30.5	30.5
邹平	5279	528.3	248.8	279.5		344.8	1	1	16.0	16.0
菏泽	7202	1741.4	780.8	899.0	61.6	1488.1	4	4	34.5	34.5
河南	**194771**	**29221.5**	**12450.3**	**12690.4**	**4080.8**	**26924.2**	**110**	**106**	**890.3**	**846.3**
郑州	38820	5147.7	2477.6	2670.1		4984.2	9	8	196.5	176.5
巩义	1339	278.6	133.7	76.4	68.5	278.6	1	1	5.0	5.0
荥阳	2236	403.0	116.0	104.7	182.4	335.0	2	2	8.0	8.0

continued 9

Wastewater Treatment Plant				其他污水处理设施 Other Wastewater Treatment Facilities		污水处理总量(万立方米) Total Quantity of Wastewater Treated (10,000 m^3)	市政再生水 Recycled Water			城市名称 Name of Cities
处理量(万立方米) Quantity of Wastewater Treated (10,000 m^3)	二、三级处理 Secondary and Tertiary Treated	干污泥产生量(吨) Quantity of Dry Sludge Produced (ton)	干污泥处置量(吨) Quantity of Dry Sludge Treated (ton)	处理能力(万立方米/日) Treatment Capacity (10,000 m^3/day)	处理量(万立方米) Quantity of Wastewater Treated (10,000 m^3)		生产能力(万立方米/日) Recycled Water Production Capacity (10,000 m^3/day)	利用量(万立方米) Annual Quantity of Wastewater Recycled and Reused (10,000 m^3)	管道长度(公里) Length of Piplines (km)	
14841	14841	52004	52004			14841	17.7	5308	80.4	烟台
1321	1321	3503	3503			1321	2.0	464	7.8	龙口
1784	1784	4560	4560			1784	6.0	1000	7.8	莱阳
1638	1638	2587	2587			1638	5.0	424	11.7	莱州
1761	1761	7941	7941			1761	3.0	685	17.7	招远
606	606	608	608			606	1.0	159	7.0	栖霞
956	956	1836	1836			956	5.0	300	4.0	海阳
16458	16458	34270	34270			16458	27.5	7932	6.5	潍坊
3123	3123	7618	7618			3123	15.5	1347	3.8	青州
6267	6267	11374	11374			6267	7.0	2465		诸城
7470	7470	27039	27039			7470	8.5	2993	7.0	寿光
3698	3698	9878	9878			3698	9.0	2404	1.8	安丘
6890	6890	16503	16503			6890	13.5	3905	7.3	高密
3379	3379	5270	5270			3379	4.2	1386		昌邑
13385	13385	20639	20639			13385	42.0	7758	120.6	济宁
2814	2814	5173	5173			2814	13.0	1253	7.0	曲阜
3211	3211	5941	5941			3211	5.0	985	8.1	邹城
7601	7601	11779	11779	0.0	15	7615	17.0	1953	30.0	泰安
2639	2639	2820	2820			2639	3.0	649	5.0	新泰
1891	1891	2602	2593			1891	3.0	715	15.0	肥城
7530	7530	22703	22703			7530	14.2	3271	38.0	威海
2201	2201	5886	5886			2201	2.6	674	20.0	荣成
1574	1574	3934	3934			1574	2.2	431	13.1	乳山
9040	9040	9528	9528			9040	15.7	4694	26.4	日照
16055	16055	15673	15673			16055	29.9	6070	36.8	临沂
12194	12194	17030	16792			12194	31.4	6407	29.8	德州
661	661	2048	2048			661	3.0	320	3.0	乐陵
1906	1906	5180	5180			1906	5.0	810	1.1	禹城
8500	8500	14055	14055			8500	28.0	5611	23.0	聊城
2845	2845	2877	2876			2845	4.0	1332	3.0	临清
8636	8636	25878	25878	6.0	7	8643	6.8	2667	42.0	滨州
5173	5173	5946	5946			5173	10.0	2432		邹平
7055	7055	11493	11493			7055	23.0	5039	41.0	菏泽
191456	**180450**	**448460**	**355162**	**6.5**	**37**	**191493**	**337.3**	**72026**	**650.0**	**河南**
38241	33500	123339	37271			38241	64.0	23304	145.2	郑州
1339	1339	3680				1339	3.0	456	7.0	巩义
2179	2179	6600	6100			2179	3.6	391	5.0	荥阳

11-2 续表 10

城市名称 Name of Cities	污水排放量(万立方米) Annual Quantity of Wastewater Discharged (10,000 m^3)	排水管道长度(公里) Length of Drainage Piplines (km)					污水处理厂			
			污水管道 Sewers	雨水管道 Rainwater Drainage Pipeline	雨污合流管道 Combined Drainage Pipeline	建成区 in Built District	座数(座) Number of Wastewater Treatment Plant (unit)	二、三级处理 Secondary and Tertiary Treatment	处理能力(万立方米/日) Treatment Capacity (10,000 m^3/day)	二、三级处理 Secondary and Tertiary Treatment
新　　密	1341	172.5	72.1	72.4	28.0	168.3	2	2	8.0	8.0
新　　郑	1694	282.6	80.3	88.7	113.6	265.9	2	2	6.0	6.0
登　　封	941	280.6	59.9	64.7	156.0	156.0	1	1	3.0	3.0
开　　封	9802	1201.6	441.9	494.7	265.0	1163.1	4	4	46.0	46.0
洛　　阳	15488	2400.1	999.1	1401.0		1774.0	5	5	79.0	79.0
偃　　师	1156	185.3	75.2	110.1		185.3	2	2	6.0	6.0
平 顶 山	11443	743.4	268.4	268.4	206.6	647.5	4	4	36.0	36.0
舞　　钢	985	227.5	167.3	50.2	10.0	227.5	2	2	4.0	4.0
汝　　州	1837	370.7	183.6	109.4	77.7	346.3	2	2	6.0	6.0
安　　阳	7908	1393.7	692.4	701.4		1393.5	3	3	25.0	25.0
林　　州	1455	270.0	110.5	69.5	90.0	248.5	1	1	5.0	5.0
鹤　　壁	4198	633.7	240.6	373.1	20.0	608.2	3	3	18.0	18.0
新　　乡	8201	1088.6	490.3	598.3		888.0	5	5	55.0	55.0
长　　垣	1560	616.4	241.8	277.4	97.2	605.0	1	1	10.5	10.5
卫　　辉	1665	142.5	61.5	22.8	58.2	135.9	1	1	5.5	5.5
辉　　县	1860	295.8	113.0	68.7	114.0	295.3	1	1	10.0	10.0
焦　　作	6550	1208.4	475.7	480.5	252.2	1124.0	3	3	30.0	30.0
沁　　阳	600	250.3	47.2	33.0	170.2	250.3	2	2	6.0	6.0
孟　　州	1016	359.4	102.0	107.4	150.0	320.0	1		5.0	
濮　　阳	6126	891.1	406.4	484.7		861.7	3	3	19.0	19.0
许　　昌	4607	1024.5	511.6	512.4	0.5	850.6	4	4	29.0	29.0
禹　　州	1830	546.3	218.8	327.5		434.8	3	3	13.0	13.0
长　　葛	1701	291.0	118.0	103.0	70.0	291.0	2	2	8.5	8.5
漯　　河	6280	1036.9	304.6	408.2	324.1	988.3	3	1	24.0	5.0
三 门 峡	3555	304.1	159.8	100.3	44.0	295.8	1	1	8.0	8.0
义　　马	1483	137.8	80.3	57.5		137.8	2	2	6.5	6.5
灵　　宝	2475	183.1	75.9	75.5	31.7	180.0	3	3	8.0	8.0
南　　阳	9402	1699.1	564.6	542.6	591.9	1628.5	4	4	36.0	36.0
邓　　州	2209	588.5	296.2	184.3	108.0	573.8	2	2	6.0	6.0
商　　丘	6300	587.0	295.6	144.3	147.0	500.0	8	8	58.5	58.5
永　　城	3096	644.9	355.4	279.5	10.0	582.0	7	7	11.3	11.3
信　　阳	4821	437.3	111.1	58.6	267.6	432.3	1	1	20.0	20.0
周　　口	5597	800.2	453.9	303.8	42.5	787.1	2	2	17.0	17.0
项　　城	2320	592.2	318.8	172.4	101.0	515.8	3	3	13.0	13.0
驻 马 店	7380	957.0	277.2	610.2	69.6	957.0	2	2	25.0	25.0
济源示范区	3495	548.5	252.2	82.9	213.4	507.6	3	3	14.0	14.0

continued 10

Wastewater Treatment Plant				其他污水处理设施 Other Wastewater Treatment Facilities		污水处理总量(万立方米)	市政再生水 Recycled Water			
处理量(万立方米) Quantity of Wastewater Treated (10,000 m³)	二、三级处理 Secondary and Tertiary Treated	干污泥产生量(吨) Quantity of Dry Sludge Produced (ton)	干污泥处置量(吨) Quantity of Dry Sludge Treated (ton)	处理能力(万立方米/日) Treatment Capacity (10,000 m³/day)	处理量(万立方米) Quantity of Wastewater Treated (10,000 m³)	Total Quantity of Wastewater Treated (10,000 m³)	生产能力(万立方米/日) Recycled Water Production Capacity (10,000 m³/day)	利用量(万立方米) Annual Quantity of Wastewater Recycled and Reused (10,000 m³)	管道长度(公里) Length of Piplines (km)	城市名称 Name of Cities
1341	1341	1821	1821			1341				新密
1641	1641	2437	2437			1641	5.0	732	3.2	新郑
922	922	2305	2305			922				登封
9429	9429	20917	20917			9429	27.0	2861	12.0	开封
15488	15488	35551	35551	2.0		15488	52.0	8206	100.6	洛阳
1134	1134	1425	1425	2.0	1	1135	2.0	553	6.1	偃师
11268	11268	16941	16941			11268	10.0	3370	17.7	平顶山
927	927	1042	1040			927				舞钢
1837	1837	3042				1837	2.5	159	1.0	汝州
7758	7758	14527	14527			7758				安阳
1388	1388	3013	3013			1388	4.0	326	8.4	林州
4033	4033	10295	10295			4033	8.0	1675	32.8	鹤壁
8078	8078	16819	16819			8078	42.6	6326	31.1	新乡
1554	1554	4552	4552			1554	6.0	305	53.0	长垣
1615	1615	1680	1680			1615				卫辉
1806	1806	4191	4191			1806				辉县
6501	6501	23196	23196			6501	22.0	3490	33.0	焦作
580	580	4460	4460			580				沁阳
986		2100	2100			986	2.2	691	15.0	孟州
5948	5948	14710	14710			5948	4.0	1760	38.0	濮阳
4520	4520	13158	13158			4520	9.0	3282	2.8	许昌
1825	1825	7735	7735			1825	6.8	935	16.2	禹州
1633	1633	2586	2586			1633				长葛
6280	1000	23327	23327			6280	20.0	1236	2.0	漯河
3477	3477	9842	9842			3477				三门峡
1403	1403	2009	2009			1403			3.0	义马
2465	2465	3278	3278			2465				灵宝
9352	9352	9918	9912	2.5	36	9388	3.0	605	10.8	南阳
2155	2155	2622	2622			2155	0.2	73	1.0	邓州
6203	6203	20450	20450			6203	11.0	4010	47.0	商丘
2988	2988	6631	6631			2988	3.5	850	15.9	永城
4706	4706	7881	7881			4706	8.0	1297	1.4	信阳
5419	5419	5638	5638			5419	4.9	1779	13.0	周口
2203	2203	3109	3109			2203	1.0	70	2.1	项城
7375	7375	7115	7115			7375	7.0	2555	6.8	驻马店
3459	3459	4518	4518			3459	5.0	730	19.0	济源示范区

11-2 续表 11

城市名称 Name of Cities	污水排放量(万立方米) Annual Quantity of Wastewater Discharged (10,000 m^3)	排水管道长度(公里) Length of Drainage Piplines (km)					污水处理厂			
			污水管道 Sewers	雨水管道 Rainwater Drainage Pipeline	雨污合流管道 Combined Drainage Pipeline	建成区 in Built District	座数(座) Number of Wastewater Treatment Plant (unit)	二、三级处理 Secondary and Tertiary Treatment	处理能力(万立方米/日) Treatment Capacity (10,000 m^3/day)	二、三级处理 Secondary and Tertiary Treatment
湖　北	**287470**	**32641.3**	**12434.8**	**14440.6**	**5765.9**	**28369.5**	**101**	**98**	**868.7**	**848.4**
武　汉	137325	11422.1	3454.4	6838.8	1128.9	8450.8	20	20	409.0	409.0
黄　石	8087	2085.4	1095.4	973.0	17.0	1838.9	7	7	28.5	28.5
大　冶	2121	542.7	246.9	287.8	8.0	542.7	2	2	5.5	5.5
十　堰	16932	1248.9	1094.3	120.0	34.6	1188.1	8	8	46.9	46.9
丹江口	1617	285.5	210.7	33.8	41.0	188.9	1	1	6.0	6.0
宜　昌	14350	1738.7	719.8	685.4	333.4	1736.5	10	10	51.7	51.7
宜　都	1292	225.0	75.6	9.4	140.0	225.0	3	3	4.5	4.5
当　阳	1868	241.3	110.6	39.5	91.2	241.3	1	1	6.0	6.0
枝　江	2328	288.8	28.2	32.5	228.1	288.8	1	1	7.0	7.0
襄　阳	18919	2156.7	692.7	1228.9	235.1	2124.1	3	3	50.0	50.0
老河口	2057	337.6	118.6	59.0	160.0	337.6	1		6.0	
枣　阳	2834	449.0	151.3	114.7	183.1	449.0	2	2	11.0	11.0
宜　城	1138	298.4	92.3	141.4	64.7	298.4	1	1	4.0	4.0
鄂　州	3612	848.3	230.0	551.9	66.4	507.7	2	2	13.0	13.0
荆　门	6170	1038.7	520.5	203.2	315.0	1031.0	2	2	15.0	15.0
京　山	1465	416.4	181.0	90.6	144.8	331.1	2	2	6.1	6.1
钟　祥	2333	280.5	90.8	70.8	118.9	259.1	1	1	7.5	7.5
孝　感	5071	887.0	253.1	251.5	382.5	887.0	1	1	14.0	14.0
应　城	2006	145.7	21.3	12.6	111.9	138.6	1	1	6.0	6.0
安　陆	2215	336.3	172.4	52.9	111.0	170.5	1	1	6.0	6.0
汉　川	2533	245.0	100.4	144.6		245.0	1		10.0	
荆　州	7398	795.8	281.6	323.6	190.6	761.0	4	4	21.0	21.0
监　利	2507	249.6	110.2	110.5	28.9	249.6	2	2	8.0	8.0
石　首	1335	184.8	7.1	6.3	171.3	184.8	2	2	3.5	3.5
洪　湖	1810	16.7	12.6	4.1		16.7	1	1	7.0	7.0
松　滋	1260	442.9	257.3	83.6	102.0	442.9	2	2	5.0	5.0
黄　冈	2910	418.8	84.3		334.5	406.7	1	1	7.6	7.6
麻　城	1510	393.3	178.8	41.5	173.0	393.3	2	2	5.0	5.0
武　穴	2750	137.0	35.8		101.2	137.0	1	1	3.4	3.4
咸　宁	4595	1147.0	587.0	499.0	61.0	1147.0	2	2	12.0	12.0
赤　壁	2195	415.9	162.8	71.5	181.6	415.9	1	1	7.5	7.5
随　州	4419	467.0	178.8	236.6	51.7	467.0	2	2	15.0	15.0
广　水	2166	166.7	83.6	46.3	36.8	162.5	2	2	7.0	7.0
恩　施	3340	284.0	76.7	68.0	139.3	284.0	3	3	14.0	14.0
利　川	2035	99.1	42.2	14.0	43.0	99.1	1	1	7.0	7.0
仙　桃	5685	633.4	241.8	361.6	30.0	633.4	1	1	16.7	16.7
潜　江	2275	788.4	190.9	419.1	178.4	788.4	2	1	7.2	3.0
天　门	3006	482.9	243.0	212.9	27.0	300.2	1	1	8.0	8.0

continued 11

Wastewater Treatment Plant				其他污水处理设施 Other Wastewater Treatment Facilities		污水处理总量(万立方米) Total Quantity of Wastewater Treated (10,000 m³)	市政再生水 Recycled Water			城市名称 Name of Cities
处理量(万立方米) Quantity of Wastewater Treated (10,000 m³)	二、三级处理 Secondary and Tertiary Treated	干污泥产生量(吨) Quantity of Dry Sludge Produced (ton)	干污泥处置量(吨) Quantity of Dry Sludge Treated (ton)	处理能力(万立方米/日) Treatment Capacity (10,000 m³/day)	处理量(万立方米) Quantity of Wastewater Treated (10,000 m³)		生产能力(万立方米/日) Recycled Water Production Capacity (10,000 m³/day)	利用量(万立方米) Annual Quantity of Wastewater Recycled and Reused (10,000 m³)	管道长度(公里) Length of Piplines (km)	
265161	**258921**	**332955**	**332798**	**59.6**	**13598**	**278759**	**171.9**	**47695**	**19.7**	**湖　北**
121158	121158	122017	121862	53.4	12047	133206	81.0	28007		武　汉
7912	7912	6640	6640	1.0	13	7925	6.8	2186		黄　石
2068	2068	5492	5492			2068				大　冶
16906	16906	46934	46934			16906				十　堰
1552	1552	1026	1026			1552		12		丹江口
13945	13945	12985	12985			13945		3689		宜　昌
1227	1227	661	661			1227				宜　都
1777	1777	1318	1318			1777				当　阳
2233	2233	1150	1150			2233				枝　江
18163	18163	17836	17836			18163	40.0	40		襄　阳
2057		1977	1977			2057				老河口
2634	2634	18617	18617			2634				枣　阳
1091	1091	765	765			1091				宜　城
3604	3604	4247	4247			3604	7.4	2356		鄂　州
6078	6078	6610	6610			6078				荆　门
1402	1402	498	498			1402				京　山
2221	2221	1473	1473			2221				钟　祥
4925	4925	5840	5840			4925				孝　感
2006	2006	2372	2372			2006	6.0	814	9.5	应　城
2113	2113	7237	7237			2113		4		安　陆
2533		1042	1042			2533				汉　川
7047	7047	5379	5378			7047	15.0	5376		荆　州
2381	2381	983	983			2381				监　利
1278	1278	598	598			1278				石　首
1796	1796	2934	2934			1796				洪　湖
1209	1209	957	957			1209				松　滋
2765	2765	2170	2170			2765	7.5	2603		黄　冈
1422	1422	1158	1158			1422	0.2	7	3.3	麻　城
1254	1254	3348	3348	4.7	1368	2622				武　穴
4402	4402	4022	4022			4402	5.0	1898	2.9	咸　宁
2094	2094	3013	3013			2094		14		赤　壁
4278	4278	13394	13394			4278	2.0	400	4.0	随　州
2131	2131	2391	2391			2131				广　水
3050	3050	5518	5517	0.5	170	3220				恩　施
1935	1935	1420	1420			1935				利　川
5475	5475	5884	5884			5475				仙　桃
2133	483	8231	8231			2133				潜　江
2905	2905	4818	4818			2905	1.0	290		天　门

11-2 续表 12

城市名称 Name of Cities	污水排放量(万立方米) Annual Quantity of Wastewater Discharged (10,000 m^3)	排水管道长度(公里) Length of Drainage Piplines (km)	污水管道 Sewers	雨水管道 Rainwater Drainage Pipeline	雨污合流管道 Combined Drainage Pipeline	建成区 in Built District	污水处理厂 座数(座) Number of Wastewater Treatment Plant (unit)	二、三级处理 Secondary and Tertiary Treatment	处理能力(万立方米/日) Treatment Capacity (10,000 m^3/day)	二、三级处理 Secondary and Tertiary Treatment
湖　南	**243174**	**21664.6**	**7860.7**	**9292.1**	**4511.8**	**19570.5**	**92**	**76**	**741.5**	**658.0**
长　沙	87235	3521.2	796.3	1808.4	916.5	3521.2	13	13	242.5	242.5
宁　乡	5269	495.0	172.5	242.5	80.0	495.0	3	3	15.0	15.0
浏　阳	3010	430.0	198.3	195.6	36.1	430.0	1	1	8.0	8.0
株　洲	16501	2565.3	909.9	1458.6	196.7	2028.0	10	9	62.0	60.0
醴　陵	1679	357.1	171.2	86.1	99.8	357.1	1		5.0	
湘　潭	16880	1260.0	360.0	700.0	200.0	1210.0	5	5	53.5	53.5
湘　乡	1697	366.5	138.0	132.5	96.0	366.5	1	1	5.0	5.0
韶　山	747	152.6	78.5	58.5	15.6	95.8	1	1	2.0	2.0
衡　阳	12175	1203.2	456.6	449.0	297.6	1203.2	4	3	44.5	40.5
耒　阳	2763	309.0	46.5	46.5	216.0	309.0	1	1	10.0	10.0
常　宁	1473	232.0	112.2	96.0	23.8	232.0	1		4.0	
邵　阳	6382	650.0	168.0	350.0	132.0	540.0	3		20.0	
武　冈	1574	280.0	128.0	48.0	104.0	280.0	1	1	4.0	4.0
邵　东	2066	304.0	116.0	128.0	60.0	235.0	1		8.0	
岳　阳	13586	1459.0	719.0	455.0	285.0	1459.0	11	11	49.5	49.5
汨　罗	1038	226.0	58.1	45.1	122.8	226.0	1		2.5	
临　湘	1165	251.6	44.4	205.7	1.5	164.5	1	1	3.0	3.0
常　德	11749	1945.5	805.2	960.8	179.5	1789.5	5	5	36.0	36.0
津　市	1449	211.0	109.0	27.3	74.6	206.0	2		4.5	
张家界	3370	327.0	181.0	116.8	29.2	301.1	4	4	10.5	10.5
益　阳	7660	1097.6	531.3	251.2	315.0	954.8	4	4	29.0	29.0
沅　江	1522	156.6	112.1	18.6	25.9	155.0	1	1	4.0	4.0
郴　州	9573	1073.0	454.0	410.0	209.0	1073.0	3	1	26.5	12.0
资　兴	1019	189.7	62.3	78.5	48.9	189.7	1	1	4.0	4.0
永　州	11483	698.0	281.0	313.0	104.0	698.0	2	2	30.0	30.0
怀　化	7696	663.5	211.2	342.7	109.6		3	2	22.0	7.0
洪　江	908	173.9	62.6	48.5	62.7	152.5	3	2	2.5	1.5
娄　底	5968	319.5	58.4	48.6	212.5	318.0	2	2	20.0	20.0
冷水江	1171	179.2	53.2	38.8	87.2	145.6	1		3.0	
涟　源	1370	299.9	79.1	62.6	158.2	179.2	1	1	4.0	4.0
吉　首	2995	268.0	187.0	69.0	12.0	256.0	1	1	7.0	7.0
广　东	**830750**	**122541.5**	**58407.1**	**41560.0**	**22574.4**	**90719.4**	**320**	**303**	**2714.8**	**2602.9**
广　州	215425	39000.4	26323.9	6067.1	6609.3	30448.9	60	60	755.1	755.1
韶　关	7525	897.1	71.5	94.9	730.8	888.3	5	5	23.5	23.5
乐　昌	930	88.8	2.5	72.2	14.0	88.8	1	1	2.5	2.5

continued 12

Wastewater Treatment Plant				其他污水处理设施 Other Wastewater Treatment Facilities		污水处理总量(万立方米) Total Quantity of Wastewater Treated (10,000 m³)	市政再生水 Recycled Water			城市名称 Name of Cities
处理量(万立方米) Quantity of Wastewater Treated (10,000 m³)	二、三级处理 Secondary and Tertiary Treated	干污泥产生量(吨) Quantity of Dry Sludge Produced (ton)	干污泥处置量(吨) Quantity of Dry Sludge Treated (ton)	处理能力(万立方米/日) Treatment Capacity (10,000 m³/day)	处理量(万立方米) Quantity of Wastewater Treated (10,000 m³)		生产能力(万立方米/日) Recycled Water Production Capacity (10,000 m³/day)	利用量(万立方米) Annual Quantity of Wastewater Recycled and Reused (10,000 m³)	管道长度(公里) Length of Piplines (km)	
235758	**210018**	**625640**	**612926**	**25.1**	**2045**	**237804**	**83.4**	**20422**	**135.8**	**湖　南**
85840	85840	419397	419397			85840	50.0	16803	44.0	长　沙
5218	5218	5644	5644			5218				宁　乡
2954	2954	965		8.0	8	2962	8.0	1700	80.0	浏　阳
16177	15526	16761	16761	2.4		16177	8.0	259	11.3	株　洲
1417		1441	1441	5.5	181	1598				醴　陵
16374	16374	9210	9210			16374				湘　潭
1636	1636	1664	1664			1636				湘　乡
729	729	345	345			729				韶　山
11991	11726	16422	16422			11991	6.0	372		衡　阳
2701	2701	5951	5951	0.7	1	2702				耒　阳
1421		2386	2386			1421				常　宁
6096		3305	3305			6096		20		邵　阳
1496	1496	683	683			1496				武　冈
1963		2190	2190			1963				邵　东
11313	11313	25967	21327	8.3	1791	13104	3.5	164		岳　阳
1004		931	931			1004				汨　罗
1156	1156	808	808			1156	2.5	1102		临　湘
11719	11719	9714	9714	0.1	29	11748				常　德
1420		1032	1032			1420	0.0	0	0.5	津　市
3225	3225	7007	7007	0.2	36	3261	1.1	1		张家界
7629	7629	27672	27672			7629				益　阳
1477	1477	1734	1734			1477				沅　江
9133	4618	13137	6027			9133				郴　州
968	968	293	293			968				资　兴
11287	11287	33556	33556			11287				永　州
7361	1860	5128	5128			7361	4.4			怀　化
869	509	773	773			869				洪　江
5878	5878	7538	7538			5878				娄　底
1126		1533	1533			1126				冷水江
1318	1318	115	115			1318				涟　源
2862	2862	2336	2336			2862				吉　首
810532	**772412**	**1141883**	**1141969**	**33.8**	**742**	**811273**	**862.2**	**280394**	**57.2**	**广　东**
210896	210896	241175	241175			210896		60366		广　州
7525	7525	2475	2475			7525				韶　关
930	930	400	400			930				乐　昌

11-2 续表 13

城市名称 Name of Cities	污水排放量(万立方米) Annual Quantity of Wastewater Discharged (10,000 m^3)	排水管道长度(公里) Length of Drainage Piplines (km)	污水管道 Sewers	雨水管道 Rainwater Drainage Pipeline	雨污合流管道 Combined Drainage Pipeline	建成区 in Built District	污水处理厂 座数(座) Number of Wastewater Treatment Plant (unit)	二、三级处理 Secondary and Tertiary Treatment	处理能力(万立方米/日) Treatment Capacity (10,000 m^3/day)	二、三级处理 Secondary and Tertiary Treatment
南　雄	844	80.1	52.9	21.2	6.0	80.1	1	1	3.5	3.5
深　圳	193349	16632.5	6293.4	9490.8	848.3	16632.5	37	37	624.5	624.5
珠　海	31837	5737.6	2120.2	2987.8	629.6	2620.0	18	18	93.3	93.3
汕　头	23517	3507.1	1123.7	515.5	1868.0	3463.5	7	6	92.0	80.0
佛　山	40288	4869.2	1598.1	2097.9	1173.2	2236.9	17	17	137.4	137.4
江　门	19483	2250.4	705.5	978.4	566.5	2250.4	11	11	72.0	72.0
台　山	2947	406.8	83.4	35.0	288.4	406.8	1		8.0	
开　平	4172	235.9	77.1	15.6	143.2	77.1	3	3	11.5	11.5
鹤　山	2543	343.1	44.7		298.4	343.1	2	2	8.8	8.8
恩　平	1629	209.3			209.3	209.3	2	2	4.0	4.0
湛　江	17692	1122.8	258.4	287.9	576.5	1122.8	5	4	50.4	27.9
廉　江	1199	255.0	22.5	19.7	212.8	255.0	3	3	4.8	4.8
雷　州	1307	339.3	123.5	85.4	130.4	339.3	1	1	2.0	2.0
吴　川	1484	225.0	41.5	46.3	137.2	225.0	1	1	4.0	4.0
茂　名	6372	573.5	208.7	248.3	116.5	561.3	4	4	21.4	21.4
高　州	1691	150.3	69.2	45.5	35.6	150.3	1	1	8.5	8.5
化　州	1543	164.2	16.2	17.3	130.6	164.2	1	1	5.0	5.0
信　宜	1202	174.2	48.9	5.5	119.8	142.2	2	2	4.1	4.1
肇　庆	11496	1419.9	495.0	442.8	482.2	1300.6	8	8	40.5	40.5
四　会	3945	280.4	38.0	47.5	195.0	280.4	3	3	12.0	12.0
惠　州	29995	3075.6	1329.9	1335.5	410.2	3048.6	16	14	82.1	74.1
梅　州	5801	528.0	111.9	153.4	262.7	502.4	5	5	30.0	30.0
兴　宁	2464	845.6	210.3	183.9	451.4	365.4	1		5.0	
汕　尾	2989	423.2	169.2	247.5	6.6	363.0	2	2	11.0	11.0
陆　丰	1292	175.3	86.0	51.3	38.0	84.8	1	1	5.0	5.0
河　源	4177	495.0	206.0	225.0	64.0	495.0	3	3	13.0	13.0
阳　江	7162	1149.4	354.8	391.5	403.1	870.4	12	9	26.0	22.5
阳　春	2232	245.5	32.0	112.0	101.5	119.2	1		6.0	
清　远	9215	876.6	326.6	449.7	100.4	201.7	5	1	26.0	4.0
英　德	1835	308.4	110.9	90.1	107.4	308.4	1	1	6.0	6.0
连　州	745	178.2	43.3	46.0	88.9	178.2	1	1	2.1	2.1
东　莞	127999	27913.3	13000.0	12504.3	2409.0	14912.4	55	54	374.5	371.5
中　山	12923	2162.9	620.8	1098.5	443.6	1906.9	4	3	44.0	34.0
潮　州	10518	926.4	410.7	123.3	392.4	547.1	6	6	44.0	44.0
揭　阳	8289	2001.4	664.6	225.4	1111.3	1035.6	6	5	24.0	12.0
普　宁	6117	1524.0	762.0	247.0	515.0	762.0	1	1	15.0	15.0
云　浮	2730	583.2	96.8	436.8	49.6	572.4	3	3	8.0	8.0
罗　定	1847	166.8	52.8	16.1	97.9	159.2	3	3	4.4	4.4

continued 13

Wastewater Treatment Plant 处理量 (万立方米) Quantity of Wastewater Treated (10,000 m^3)	二、三级处理 Secondary and Tertiary Treated	干污泥产生量 (吨) Quantity of Dry Sludge Produced (ton)	干污泥处置量 (吨) Quantity of Dry Sludge Treated (ton)	其他污水处理设施 Other Wastewater Treatment Facilities 处理能力 (万立方米/日) Treatment Capacity (10,000 m^3/day)	处理量 (万立方米) Quantity of Wastewater Treated (10,000 m^3)	污水处理总量 (万立方米) Total Quantity of Wastewater Treated (10,000 m^3)	市政再生水 Recycled Water 生产能力 (万立方米/日) Recycled Water Production Capacity (10,000 m^3/day)	利用量 (万立方米) Annual Quantity of Wastewater Recycled and Reused (10,000 m^3)	管道长度 (公里) Length of Piplines (km)	城市名称 Name of Cities
1103	1103	338	338			1103				南雄
189694	189694	391926	391926			189694	624.5	136889		深圳
30820	30820	33604	33604			30820	35.5	11872	3.2	珠海
23066	20079	17890	17890			23066	11.0	90	0.3	汕头
40290	40290	36312	36312	0.4	136	40426	51.0	17378		佛山
19000	19000	20504	20440	30.0		19000	18.7	2314	0.7	江门
2838		2463	2463			2838	2.7	975		台山
4018	4018	3394	3394			4018				开平
2446	2446	1876	1876			2446		90	2.0	鹤山
1566	1566	758	758			1566				恩平
17485	9264	39728	39728			17485		445		湛江
1199	1199	11871	11871			1199				廉江
730	730	3990	3990			730				雷州
1218	1218	862	862			1218				吴川
6303	6303	10514	10514			6303				茂名
1650	1650	1222	1222			1650				高州
1522	1522	1486	1486			1522				化州
1194	1194	938	938			1194				信宜
10947	10947	7309	7309	2.0	460	11407		61		肇庆
3807	3807	2583	2583			3807				四会
29628	26741	34872	34340			29628		14297		惠州
5801	5801	7639	7639			5801				梅州
2000		719	719			2000				兴宁
2911	2911	1762	1762			2911	8.0	126		汕尾
1167	1167	359	359	0.5	75	1242				陆丰
3972	3972	2559	2559			3972				河源
7162	5783	3163	3163			7162				阳江
2232		8537	8537			2232				阳春
8859	1327	43092	43092	0.9	71	8930				清远
1818	1818	6172	6172			1818				英德
745	745	484	484			745	2.0	1	0.5	连州
123147	121940	149443	149443			123147	78.9	28793	50.5	东莞
12380	10061	11375	12057			12380				中山
10096	10096	6275	6275			10096	6.0	2126		潮州
7961	3447	6660	6660			7961	24.0	4571		揭阳
5929	5929	23482	23482			5929				普宁
2718	2718	1301	1301			2718				云浮
1758	1758	366	366			1758				罗定

11-2 续表 14

城市名称 Name of Cities	污水排放量(万立方米) Annual Quantity of Wastewater Discharged (10,000 m³)	排水管道长度(公里) Length of Drainage Piplines (km)					污水处理厂			
			污水管道 Sewers	雨水管道 Rainwater Drainage Pipeline	雨污合流管道 Combined Drainage Pipeline	建成区 in Built District	座数(座) Number of Wastewater Treatment Plant (unit)	二、三级处理 Secondary and Tertiary Treatment	处理能力(万立方米/日) Treatment Capacity (10,000 m³/day)	二、三级处理 Secondary and Tertiary Treatment
广　西	**153058**	**19174.1**	**6657.0**	**7861.8**	**4655.2**	**18791.0**	**63**	**62**	**452.1**	**444.1**
南　宁	52803	5422.5	1723.4	3289.3	409.8	5355.4	11	11	151.0	151.0
柳　州	26121	2009.2	281.7	358.8	1368.7	2002.9	5	5	72.0	72.0
桂　林	11395	937.4	492.4	438.2	6.9	937.3	5	5	41.5	41.5
荔　浦	884	174.3	61.5	42.9	69.9	174.3	1	1	3.0	3.0
梧　州	6968	518.9	129.8	91.7	297.3	499.5	8	8	19.1	19.1
岑　溪	1317	165.0	45.7	24.4	94.9	165.0	1	1	3.0	3.0
北　海	6682	989.9	462.8	480.5	46.7	950.3	2	2	25.5	25.5
防城港	4224	809.7	344.1	287.3	178.4	660.6	1		8.0	
东　兴	1151	285.6	85.0	68.5	132.1	263.6	1	1	6.0	6.0
钦　州	6603	1111.0	503.8	402.5	204.7	1109.2	4	4	22.5	22.5
贵　港	5658	893.0	395.3	392.8	104.9	889.4	4	4	17.4	17.4
桂　平	2162	282.5	115.3	83.0	84.3	265.1	3	3	9.0	9.0
玉　林	7854	932.9	311.1	143.3	478.5	932.9	1	1	20.0	20.0
北　流	2408	333.6	29.6	181.1	122.9	333.6	1	1	8.0	8.0
百　色	3316	858.7	321.8	346.0	190.9	858.7	2	2	8.0	8.0
平　果	1184	242.7	133.0	18.0	91.8	242.7	1	1	4.0	4.0
靖　西	855	337.7	140.5	111.3	86.0	323.3	1	1	1.5	1.5
贺　州	2568	682.2	265.5	279.4	137.3	679.9	2	2	7.0	7.0
河　池	3546	841.5	224.2	135.5	481.9	841.5	3	3	9.5	9.5
来　宾	2754	696.8	279.2	414.9	2.7	696.8	2	2	9.0	9.0
合　山	255	91.9	24.0	14.9	53.0	91.9	1	1	2.0	2.0
崇　左	1845	468.4	239.8	218.0	10.7	430.4	1	1	3.0	3.0
凭　祥	504	88.9	47.8	39.9	1.3	86.7	2	2	2.1	2.1
海　南	**37156**	**6523.7**	**3007.6**	**2698.2**	**817.9**	**4018.1**	**25**	**22**	**118.9**	**111.8**
海　口	20181	2847.9	1004.2	1261.0	582.8	2268.1	4	4	58.3	58.3
三　亚	10120	1925.7	1029.8	895.9			13	13	40.0	40.0
儋　州	1815	483.3	108.8	177.8	196.8	483.3	2	2	6.0	6.0
五指山	492	87.0	48.0	38.0	1.0	87.0	1		1.4	
琼　海	1300	305.4	112.7	178.9	13.8	305.4	1		3.3	
文　昌	1801	291.8	174.4	108.3	9.0	291.8	2	2	5.0	5.0
万　宁	671	141.1	90.7	38.3	12.1	141.1	1		2.5	
东　方	777	441.4	439.0		2.4	441.4	1	1	2.5	2.5

continued 14

Wastewater Treatment Plant				其他污水处理设施 Other Wastewater Treatment Facilities		污水处理总量(万立方米)	市政再生水 Recycled Water			城市名称
处理量(万立方米) Quantity of Wastewater Treated (10,000 m^3)	二、三级处理 Secondary and Tertiary Treated	干污泥产生量(吨) Quantity of Dry Sludge Produced (ton)	干污泥处置量(吨) Quantity of Dry Sludge Treated (ton)	处理能力(万立方米/日) Treatment Capacity (10,000 m^3/day)	处理量(万立方米) Quantity of Wastewater Treated (10,000 m^3)	Total Quantity of Wastewater Treated (10,000 m^3)	生产能力(万立方米/日) Recycled Water Production Capacity (10,000 m^3/day)	利用量(万立方米) Annual Quantity of Wastewater Recycled and Reused (10,000 m^3)	管道长度(公里) Length of Piplines (km)	Name of Cities
135809	**133672**	**130602**	**133096**	**366.6**	**15708**	**151517**	**50.5**	**16736**	**1.9**	**广　西**
49740	49740	61790	61790	33.5	3063	52803	48.0	16736	1.9	南　宁
22615	22615	21224	21224	288.6	3245	25860				柳　州
11221	11221	9860	9860	0.2	9	11230				桂　林
880	880	391	391			880				荔　浦
4910	4910	5846	5846	7.1	1841	6752				梧　州
1313	1313	691	690			1313				岑　溪
6674	6674	4135	4135			6674				北　海
2137		608	608	7.1	2043	4180				防城港
1126	1126	356	356			1126				东　兴
6085	6085	6209	5931	2.4	412	6497				钦　州
4506	4506	2921	2919	10.8	1057	5564	2.5			贵　港
1338	1338	2393	2040	3.1	812	2150				桂　平
7099	7099	4620	9239	2.0	696	7795				玉　林
2372	2372	1214	1214			2372				北　流
2377	2377	1828	1828	4.0	745	3122				百　色
1176	1176	239	239			1176				平　果
829	829	210	210			829				靖　西
2441	2441	1238	1238	0.5	108	2549				贺　州
3091	3091	2261	769	2.5	351	3443				河　池
2714	2714	2304	2304			2714				来　宾
243	243	1				243				合　山
434	434	169	169	5.0	1325	1759				崇　左
488	488	98	98			488				凭　祥
36610	**34230**	**64138**	**64138**	**0.5**	**56**	**36666**	**22.5**	**2461**	**139.7**	**海　南**
20181	20181	30536	30536			20181				海　口
9760	9760	12526	12526			9760	20.8	2393	139.6	三　亚
1815	1815	5503	5503			1815				儋　州
492		154	154			492	0.2	2	0.1	五指山
1248		5656	5656			1248		32		琼　海
1720	1720	6653	6653	0.5	56	1776				文　昌
640		2291	2291			640		5		万　宁
754	754	820	820			754	1.5	29		东　方

11-2 续表 15

城市名称 Name of Cities	污水排放量（万立方米） Annual Quantity of Wastewater Discharged (10,000 m^3)	排水管道长度（公里） Length of Drainage Piplines (km)	污水管道 Sewers	雨水管道 Rainwater Drainage Pipeline	雨污合流管道 Combined Drainage Pipeline	建成区 in Built District	污水处理厂 座数（座） Number of Wastewater Treatment Plant (unit)	二、三级处理 Secondary and Tertiary Treatment	处理能力（万立方米/日） Treatment Capacity (10,000 m^3/day)	二、三级处理 Secondary and Tertiary Treatment
重　庆	**142252**	**23541.7**	**11222.9**	**10584.0**	**1734.8**	**21828.7**	**80**	**76**	**411.9**	**391.4**
重　庆	142252	23541.7	11222.9	10584.0	1734.8	21828.7	80	76	411.9	391.4
四　川	**257678**	**42609.5**	**19328.1**	**18475.3**	**4806.1**	**34956.9**	**149**	**141**	**788.9**	**775.1**
成　都	112517	15479.7	6781.8	7154.8	1543.1	9279.6	33	33	327.1	327.1
都江堰	2794	569.0	237.3	311.2	20.6	569.0	2	2	7.0	7.0
彭　州	1844	503.6	214.3	289.3		503.6	2	2	6.0	6.0
邛　崃	1564	258.0	123.0	122.0	13.0	128.0	1	1	4.0	4.0
崇　州	1354	507.3	251.1	226.2	30.0	507.3	1	1	4.0	4.0
简　阳	2096	465.0	321.0	144.0		465.0	1		5.0	
自　贡	5936	1789.5	366.4	1004.1	419.1	1753.7	6	6	21.1	21.1
攀枝花	10029	1092.5	773.9	272.6	46.0	648.1	9	9	21.4	21.4
泸　州	10132	1607.2	810.3	782.8	14.1	1607.2	11	11	35.9	35.9
德　阳	9661	1562.7	616.8	925.7	20.1	1560.7	5	5	27.0	27.0
广　汉	3021	491.4	217.3	205.2	69.0	491.4	2	2	15.0	15.0
什　邡	2214	345.1	139.8	201.7	3.6	345.1	1	1	6.0	6.0
绵　竹	1902	232.4	178.7	52.7	1.0	218.3	1	1	5.0	5.0
绵　阳	12185	2929.2	1609.0	1320.2		2849.3	8	8	38.3	38.3
江　油	3337	485.7	242.8	242.8		439.4	2	2	7.5	7.5
广　元	5260	1009.8	562.1	386.6	61.1	963.0	6	6	17.0	17.0
遂　宁	8423	1322.2	734.7	538.6	48.9	1305.0	5	5	23.5	23.5
射　洪	2637	381.4	159.0	159.0	63.4	381.4	2	2	10.0	10.0
内　江	4400	1169.6	491.5	443.0	235.2	925.1	5	4	17.8	17.3
隆　昌	1625	178.8	83.2	20.5	75.1	178.8	1	1	6.0	6.0
乐　山	5387	982.7	311.2	257.0	414.5	982.5	7	7	22.3	22.3
峨眉山	2090	282.3	240.0	22.3	20.0	282.3	1	1	8.0	8.0
南　充	8120	1845.0	705.0	680.0	460.0	1845.0	1	1	25.0	25.0
阆　中	2110	404.0	162.0	139.0	103.0	395.0	2	2	5.6	5.6
眉　山	4801	853.9	289.0	450.8	114.0	852.9	5	4	21.6	19.0
宜　宾	6549	1562.7	602.0	558.1	402.6	1542.5	6	6	20.0	20.0
广　安	4874	792.4	478.3	300.2	14.0	697.0	6	5	15.9	14.0
华　蓥	878	309.0	158.0	135.0	16.0	106.0	3		3.0	
达　州	4710	847.0	395.0	362.0	90.0	785.0	1	1	13.0	13.0
万　源	714	69.4	4.6	20.0	44.8	69.4	1	1	2.5	2.5
雅　安	2426	489.4	214.6	173.9	101.0	489.1	3	3	7.1	7.1
巴　中	3651	470.0	270.0	200.0		470.0	2	2	15.5	15.5
资　阳	2638	895.0	434.6	365.2	95.2	895.0	3	3	11.0	11.0
马尔康	325	12.5	12.5			12.5	1		0.8	
康　定	366	58.7	37.4	9.1	12.2	58.7	1	1	1.0	1.0
西　昌	5112	355.7	100.0		255.7	355.3	2	2	12.0	12.0

continued 15

Wastewater Treatment Plant				其他污水处理设施 Other Wastewater Treatment Facilities		污水处理总量（万立方米） Total Quantity of Wastewater Treated (10,000 m³)	市政再生水 Recycled Water			城市名称 Name of Cities
处理量（万立方米） Quantity of Wastewater Treated (10,000 m³)	二、三级处理 Secondary and Tertiary Treated	干污泥产生量（吨） Quantity of Dry Sludge Produced (ton)	干污泥处置量（吨） Quantity of Dry Sludge Treated (ton)	处理能力（万立方米/日） Treatment Capacity (10,000 m³/day)	处理量（万立方米） Quantity of Wastewater Treated (10,000 m³)		生产能力（万立方米/日） Recycled Water Production Capacity (10,000 m³/day)	利用量（万立方米） Annual Quantity of Wastewater Recycled and Reused (10,000 m³)	管道长度（公里） Length of Piplines (km)	
139185	**133615**	**243490**	**3703**	**2.9**	**457**	**139642**	**15.5**	**1486**	**76.6**	**重　庆**
139185	133615	243490	3703	2.9	457	139642	15.5	1486	76.6	重　庆
241109	**236168**	**408349**	**389531**	**40.6**	**8488**	**249598**	**131.3**	**32023**	**81.2**	**四　川**
107491	107491	214841	199014	8.0	2342	109833	67.1	16583	28.5	成　都
2585	2585	1473	1473			2585				都江堰
1755	1755	1608	1608			1755				彭　州
1503	1503	1744	1744			1503		310		邛　崃
1221	1221	1373	1373			1221				崇　州
1958		5413	5413			1958				简　阳
5583	5583	6984	6984	2.1	250	5833	2.1	252	5.2	自　贡
4604	4604	7053	7053	25.3	5170	9774		1407		攀枝花
9600	9600	21605	21605	2.5	189	9789		1686	1.8	泸　州
9383	9383	5062	5062			9383		511	4.0	德　阳
2873	2873	3835	3835			2873		0		广　汉
2110	2110	2629	2629			2110				什　邡
1816	1816	1937	1937			1816				绵　竹
11764	11764	14120	14120			11764	22.5	4286		绵　阳
3211	3211	2453	2453			3211				江　油
5062	5062	5248	5078			5062	1.0	1	10.0	广　元
7699	7699	8261	8261	2.1	414	8113	0.2	1773	1.7	遂　宁
2531	2531	3354	3354			2531		380		射　洪
4241	4179	6141	6141			4241	3.5	849	5.0	内　江
1605	1605	1504	1504			1605	1.5	41	15.0	隆　昌
5004	5004	4278	4278	0.5	122	5127	0.1	0		乐　山
1990	1990	2265	2265			1990	5.9	1609		峨眉山
7738	7738	28382	25561			7738	4.1	990		南　充
2006	2006	2680	2680			2006	5.6	333		阆　中
4633	3736	6875	6875			4633	0.6	822		眉　山
6395	6395	8103	8103			6395	1.0	58		宜　宾
4850	3999	12134	12134			4850				广　安
861		1208	1208			861				华　蓥
4491	4491	6913	6913			4491				达　州
706	706	1234	1234			706				万　源
2327	2327	2295	2295			2327	1.2	1		雅　安
3625	3625	4667	4667			3625	15.0	130		巴　中
2555	2555	4811	4811			2555	0.0	0	10.0	资　阳
313		296	296			313				马尔康
322	322	322	322			322				康　定
4700	4700	5251	5251			4700				西　昌

11-2 续表 16

城市名称 Name of Cities	污水排放量(万立方米) Annual Quantity of Wastewater Discharged (10,000 m^3)	排水管道长度(公里) Length of Drainage Piplines (km)					污水处理厂			
			污水管道 Sewers	雨水管道 Rainwater Drainage Pipeline	雨污合流管道 Combined Drainage Pipeline	建成区 in Built District	座数(座) Number of Wastewater Treatment Plant (unit)	二、三级处理 Secondary and Tertiary Treatment	处理能力(万立方米/日) Treatment Capacity (10,000 m^3/day)	二、三级处理 Secondary and Tertiary Treatment
贵　州	**93831**	**10394.2**	**5492.7**	**3991.2**	**910.3**	**9259.2**	**101**	**101**	**345.5**	**345.5**
贵　阳	54747	3880.2	1856.4	1833.2	190.7	3806.6	32	32	178.7	178.7
清　镇	3103	437.5	182.5	232.4	22.5	268.7	5	5	11.5	11.5
六盘水	3251	577.3	247.9	268.5	61.0	577.3	2	2	11.5	11.5
盘　州	523	485.4	247.6	235.9	2.0	437.0	4	4	3.1	3.1
遵　义	8434	1175.1	545.5	570.8	58.8	517.3	10	10	47.0	47.0
赤　水	698	183.0	160.0		23.0	183.0	1	1	4.0	4.0
仁　怀	1210	130.0	120.0		10.0	90.0	6	6	9.1	9.1
安　顺	3499	793.0	500.5	280.5	12.0	793.0	4	4	13.3	13.3
毕　节	3337	310.0	150.0	90.0	70.0	310.0	2	2	13.0	13.0
铜　仁	4694	484.4	275.0	80.0	129.4	471.6	4	4	12.3	12.3
兴　义	3428	782.5	516.0	256.5	10.0	782.5	5	5	11.0	11.0
兴　仁	789	223.2	223.2			223.2	4	4	2.6	2.6
凯　里	2849	392.4	278.7	108.5	5.3	258.7	13	13	14.5	14.5
都　匀	2429	399.8	114.6		285.2	399.8	3	3	11.4	11.4
福　泉	840	140.5	75.0	35.0	30.5	140.5	6	6	2.6	2.6
云　南	**109046**	**16327.7**	**7755.7**	**6870.9**	**1701.1**	**14243.9**	**59**	**56**	**309.0**	**302.5**
昆　明	60316	5849.0	2677.6	3011.0	160.4	5227.9	16	15	156.5	153.5
安　宁	1911	451.5	169.5	282.0		255.0	2	2	6.4	6.4
曲　靖	6023	1158.4	496.0	454.5	207.9	1020.3	5	5	21.0	21.0
宣　威	1245	325.7	121.2	97.2	107.2	325.7	1	1	6.0	6.0
玉　溪	3832	987.7	368.8	357.5	261.4	675.6	3	3	12.0	12.0
澄　江	548	100.2	33.8	66.4		100.2	1	1	1.5	1.5
保　山	2200	308.5	168.1	124.4	16.0	308.5	2	2	5.5	5.5
腾　冲	1036	334.6	123.5	135.4	75.7	321.5	1		2.5	
昭　通	2935	638.1	277.7	286.0	74.5	638.1	1	1	8.0	8.0
水　富	498	186.4	72.3	114.1		186.4	1	1	1.5	1.5
丽　江	2328	628.9	628.9			628.9	2	2	8.0	8.0
普　洱	1681	610.2	215.4	210.0	184.8	610.2	2	2	5.0	5.0
临　沧	948	286.0	189.6	75.4	21.0	272.0	1	1	2.5	2.5
楚　雄	4430	406.4	193.9	166.7	45.7	406.4	2	2	14.0	14.0
个　旧	1218	84.8	73.9	7.3	3.6	84.7	1	1	5.0	5.0
开　远	1709	238.0	96.7	95.0	46.4	238.0	1	1	6.0	6.0
蒙　自	2063	621.3	295.7	226.2	99.4	621.3	2	2	7.0	7.0

continued 16

Wastewater Treatment Plant				其他污水处理设施 Other Wastewater Treatment Facilities		污水处理总量(万立方米)	市政再生水 Recycled Water			
处理量(万立方米) Quantity of Wastewater Treated (10,000 m^3)	二、三级处理 Secondary and Tertiary Treated	干污泥产生量(吨) Quantity of Dry Sludge Produced (ton)	干污泥处置量(吨) Quantity of Dry Sludge Treated (ton)	处理能力(万立方米/日) Treatment Capacity (10,000 m^3/day)	处理量(万立方米) Quantity of Wastewater Treated (10,000 m^3)	Total Quantity of Wastewater Treated (10,000 m^3)	生产能力(万立方米/日) Recycled Water Production Capacity (10,000 m^3/day)	利用量(万立方米) Annual Quantity of Wastewater Recycled and Reused (10,000 m^3)	管道长度(公里) Length of Piplines (km)	城市名称 Name of Cities
91426	**91426**	**109597**	**107696**			**91426**	**33.2**	**5200**	**17.1**	**贵州**
53704	53704	68800	68065			53704	2.0	2		贵阳
3013	3013	2391	2391			3013				清镇
3131	3131	2641	2641			3131				六盘水
500	500	353	353			500				盘州
8039	8039	12938	12938			8039	4.5	1409		遵义
648	648	286	286			648	3.0			赤水
1146	1146	1131				1146				仁怀
3388	3388	1303	1303			3388	5.0	179	6.7	安顺
3264	3264	5742	5742			3264	11.0	1757		毕节
4566	4566	4495	4495			4566				铜仁
3321	3321	1971	1971			3321	6.0	1815	3.1	兴义
719	719	853	853			719				兴仁
2788	2788	2390	2355			2788				凯里
2393	2393	3852	3852			2393		0	6.1	都匀
806	806	451	451			806	1.7	38	1.2	福泉
105397	**103133**	**148873**	**141636**	**9.9**	**1062**	**106459**	**48.9**	**34628**	**591.1**	**云南**
58681	57802	72374	65187	9.6	965	59646	30.3	34162	426.1	昆明
1849	1849	2538	2538			1849				安宁
5957	5957	8992	8992			5957				曲靖
1183	1183	1312	1312			1183	1.0	70	5.0	宣威
3696	3696	4982	4982			3696				玉溪
521	521	622	622			521	1.5	79		澄江
2039	2039	9910	9910			2039				保山
965		907	907			965				腾冲
2877	2877	3915	3915			2877				昭通
488	488	555	555			488				水富
2237	2237	1093	1093			2237	5.0			丽江
1604	1604	986	986			1604	1.0	73	17.2	普洱
940	940	842	842			940				临沧
4291	4291	7300	7300			4291				楚雄
1158	1158	1318	1318			1158	1.0	103	43.0	个旧
1624	1624	1268	1268			1624	6.0		21.0	开远
1981	1981	5915	5915			1981				蒙自

11-2 续表 17

城市名称 Name of Cities	污水排放量(万立方米) Annual Quantity of Wastewater Discharged (10,000 m^3)	排水管道长度(公里) Length of Drainage Piplines (km)					污水处理厂			
			污水管道 Sewers	雨水管道 Rainwater Drainage Pipeline	雨污合流管道 Combined Drainage Pipeline	建成区 in Built District	座数(座) Number of Wastewater Treatment Plant (unit)	二、三级处理 Secondary and Tertiary Treatment	处理能力(万立方米/日) Treatment Capacity (10,000 m^3/day)	二、三级处理 Secondary and Tertiary Treatment
弥　勒	986	239.9	120.9	72.1	46.9	239.9	1	1	2.5	2.5
文　山	2126	666.9	336.3	318.2	12.5	666.9	1	1	5.5	5.5
景　洪	1763	205.2	65.7	72.1	67.4	205.2	1	1	5.0	5.0
大　理	5342	981.1	563.0	371.9	46.2	235.3	5	5	16.9	16.9
瑞　丽	1626	459.5	223.0	201.5	35.0	459.5	2	2	4.0	4.0
芒　市	1095	250.8	118.8	13.9	118.0	250.1	1	1	3.0	3.0
泸　水	386	100.3	33.6	45.5	21.3	57.8	1	1	1.3	1.3
香格里拉	800	208.4	91.7	66.7	50.0	208.4	3	2	2.3	1.3
西　藏	**10037**	**861.2**	**301.2**	**272.1**	**288.0**	**569.2**	**9**	**6**	**28.7**	**10.2**
拉　萨	6365	349.8	183.0	160.8	6.0	113.3	4	1	18.8	0.3
日 喀 则	890	174.0			174.0	126.6	1	1	3.0	3.0
昌　都	343	51.6	3.1	25.5	23.0	45.4	1	1	0.9	0.9
林　芝	678	107.0	42.0	65.0		105.0	1	1	1.5	1.5
山　南	776	112.9	26.6	20.8	65.5	112.9	1	1	2.5	2.5
那　曲	985	66.0	46.5		19.5	66.0	1	1	2.0	2.0
陕　西	**131968**	**12401.5**	**5916.5**	**5231.4**	**1253.6**	**10067.8**	**57**	**47**	**415.4**	**364.4**
西　安	77560	6798.0	3080.6	3139.2	578.3	6108.8	25	24	236.8	235.3
铜　川	1833	508.4	212.2	216.2	80.0	508.4	2	2	6.0	6.0
宝　鸡	9034	628.2	342.4	243.4	42.4	553.1	3	3	27.0	27.0
咸　阳	11404	321.0	308.0	10.0	3.0	320.0	4	1	37.0	20.0
彬　州	589	120.4	49.4	56.0	15.0	120.4	1	1	2.0	2.0
兴　平	3442	96.2	16.5	15.9	63.8	94.4	1	1	10.0	10.0
渭　南	5787	528.8	221.6	197.3	109.9	497.5	4	2	23.5	8.0
韩　城	921	174.8	86.7	72.7	15.5	174.8	1	1	2.5	2.5
华　阴	650	124.3	31.5	25.4	67.4	119.3	1	1	2.0	2.0
延　安	3893	464.6	277.5	164.4	22.7	444.4	2	2	10.2	10.2
子　长	445	84.5	28.5	37.0	19.0	84.5	1	1	1.5	1.5
汉　中	4053	461.1	282.1	162.8	16.2	154.9	2	2	13.4	13.4
榆　林	3262	1172.2	524.7	525.7	121.8	78.9	3	3	12.0	12.0
神　木	2190	126.3	44.7	48.1	33.5	96.0	2	2	9.5	9.5
安　康	3293	307.0	157.0	87.0	63.0	307.0	3		11.0	
商　洛	1897	247.7	138.7	106.8	2.1	245.5	1		6.0	
杨 凌 区	1716	238.3	114.6	123.7		160.0	1	1	5.0	5.0

continued 17

Wastewater Treatment Plant				其他污水处理设施 Other Wastewater Treatment Facilities		污水处理总量(万立方米) Total Quantity of Wastewater Treated (10,000 m³)	市政再生水 Recycled Water			城市名称 Name of Cities
处理量(万立方米) Quantity of Wastewater Treated (10,000 m³)	二、三级处理 Secondary and Tertiary Treated	干污泥产生量(吨) Quantity of Dry Sludge Produced (ton)	干污泥处置量(吨) Quantity of Dry Sludge Treated (ton)	处理能力(万立方米/日) Treatment Capacity (10,000 m³/day)	处理量(万立方米) Quantity of Wastewater Treated (10,000 m³)		生产能力(万立方米/日) Recycled Water Production Capacity (10,000 m³/day)	利用量(万立方米) Annual Quantity of Wastewater Recycled and Reused (10,000 m³)	管道长度(公里) Length of Piplines (km)	
937	937	681	681			937				弥　　勒
2020	2020	2000	1998			2020				文　　山
1605	1605	873	873			1605				景　　洪
5192	5192	12150	12150			5192	1.8	142	78.8	大　　理
1498	1498	2265	2265			1498				瑞　　丽
1048	1048	5784	5784			1048				芒　　市
258	258	197	197	0.3	96	354	1.3			泸　　水
750	329	95	47			750				香格里拉
9663	**3556**	**2352**	**2344**			**9663**	**1.5**	**2**	**24.6**	**西　　藏**
6215	108	1335	1335			6215	1.5	2	24.6	拉　　萨
845	845	95	95			845				日 喀 则
310	310	258	258			310				昌　　都
642	642	240	240			642				林　　芝
745	745	228	220			745				山　　南
906	906	196	196			906				那　　曲
127737	**114817**	**411664**	**386865**			**127737**	**216.4**	**27550**	**343.5**	**陕　　西**
74971	74916	254991	247232			74971	171.5	19867	200.2	西　　安
1754	1754	5048	5048			1754	4.5	353	32.9	铜　　川
8828	8828	4390	4390			8828	6.0	2190	13.0	宝　　鸡
11274	6975	28872	28872			11274	6.0	2316	21.0	咸　　阳
570	570	520	520			570	2.0	29	1.8	彬　　州
3287	3287	2490	2490			3287	5.0	36	9.0	兴　　平
5526	1991	3218	3218			5526	7.9	1370	33.0	渭　　南
879	879	2905	2905			879				韩　　城
618	618	344	344			618		180		华　　阴
3832	3832	13174	13174			3832	4.7	719	17.0	延　　安
427	427	2648	2648			427				子　　长
3853	3853	6817	6776			3853				汉　　中
3113	3113	56003	39005			3113	7.8	111		榆　　林
2114	2114	5520	5520			2114				神　　木
3183		18767	18767			3183				安　　康
1849		4206	4206			1849	1.0	29	11.4	商　　洛
1659	1659	1750	1750			1659		349	4.2	杨 凌 区

11-2 续表 18

城市名称 Name of Cities	污水排放量(万立方米) Annual Quantity of Wastewater Discharged (10,000 m^3)	排水管道长度(公里) Length of Drainage Piplines (km)	污水管道 Sewers	雨水管道 Rainwater Drainage Pipeline	雨污合流管道 Combined Drainage Pipeline	建成区 in Built District	污水处理厂 座数(座) Number of Wastewater Treatment Plant (unit)	二、三级处理 Secondary and Tertiary Treatment	处理能力(万立方米/日) Treatment Capacity (10,000 m^3/day)	二、三级处理 Secondary and Tertiary Treatment
甘　肃	**48396**	**8035.0**	**4211.4**	**2385.8**	**1437.8**	**7184.5**	**30**	**28**	**169.1**	**165.3**
兰　州	23858	3172.4	1600.9	1471.2	100.4	2847.3	8	8	72.0	72.0
嘉峪关	799	707.8	640.1	67.7		705.7	1	1	2.4	2.4
金　昌	1349	114.8	105.3	9.4		114.8	1	1	8.0	8.0
白　银	2156	342.4	172.1	74.5	95.9	341.8	2	1	8.6	6.0
天　水	4511	419.3	161.8		257.5	146.9	3	3	20.0	20.0
武　威	2002	221.4	83.4	16.0	122.0	201.0	1	1	9.0	9.0
张　掖	2959	476.7	235.1	86.5	155.1	476.7	1	1	8.0	8.0
平　凉	1902	566.4	400.8	142.6	23.1	566.4	1	1	8.5	8.5
华　亭	378	177.1	115.4	61.6		177.1	1	1	1.4	1.4
酒　泉	2478	410.7	64.0	57.0	289.7	410.0	2	2	10.0	10.0
玉　门	373	184.0	2.9	12.0	169.2	169.2	1	1	2.0	2.0
敦　煌	445	106.3	4.7	4.4	97.2	75.4	1	1	3.0	3.0
庆　阳	1296	268.0	90.0	85.0	93.0	235.0	2	2	4.0	4.0
定　西	513	192.2	98.4	75.9	17.9	161.1	2	2	2.0	2.0
陇　南	959	174.4	109.4	48.1	16.9	163.0	1	1	3.5	3.5
临　夏	2048	411.5	266.0	145.5		303.4	1	1	5.5	5.5
合　作	370	89.8	61.2	28.6		89.8	1		1.2	
青　海	**18465**	**3301.3**	**1695.1**	**1381.4**	**224.9**	**3164.7**	**14**	**13**	**61.8**	**60.3**
西　宁	13674	1498.9	603.5	781.3	114.2	1498.9	7	7	40.4	40.4
海　东	1662	412.1	191.0	198.1	23.0	355.1	2	2	7.0	7.0
同　仁	228	43.0	20.0	2.0	21.0	43.0	1	1	0.5	0.5
玉　树	646	751.4	579.0	160.4	12.0	751.4	1		1.5	
茫　崖	281	30.6	27.1	3.4		30.6	1	1	0.4	0.4
格尔木	1379	249.9	238.7	11.2		170.5	1	1	10.0	10.0
德令哈	595	315.5	35.7	225.0	54.7	315.3	1	1	2.0	2.0
宁　夏	**28138**	**2297.3**	**500.2**	**441.8**	**1355.2**	**2166.7**	**23**	**20**	**118.6**	**108.1**
银　川	17756	852.5	44.3	100.1	708.1	852.5	8	8	70.0	70.0
灵　武	1171	142.0	14.2	21.2	106.5	142.0	2		6.5	
宁东能源化工基地	172	98.7			98.7	98.7	1	1	0.8	0.8
石嘴山	3026	229.5	107.3	57.7	64.5	119.0	4	4	15.3	15.3
吴　忠	3165	221.2	180.5	34.4	6.4	221.2	3	3	13.0	13.0
青铜峡	782	208.7	44.7	51.0	113.0	208.7	3	3	5.0	5.0
固　原	1081	427.2	95.2	172.0	160.0	427.2	1		4.0	
中　卫	986	117.5	14.0	5.5	98.0	97.4	1	1	4.0	4.0

continued 18

Wastewater Treatment Plant				其他污水处理设施 Other Wastewater Treatment Facilities		污水处理总量(万立方米) Total Quantity of Wastewater Treated (10,000 m³)	市政再生水 Recycled Water			城市名称 Name of Cities
处理量(万立方米) Quantity of Wastewater Treated (10,000 m³)	二、三级处理 Secondary and Tertiary Treated	干污泥产生量(吨) Quantity of Dry Sludge Produced (ton)	干污泥处置量(吨) Quantity of Dry Sludge Treated (ton)	处理能力(万立方米/日) Treatment Capacity (10,000 m³/day)	处理量(万立方米) Quantity of Wastewater Treated (10,000 m³)		生产能力(万立方米/日) Recycled Water Production Capacity (10,000 m³/day)	利用量(万立方米) Annual Quantity of Wastewater Recycled and Reused (10,000 m³)	管道长度(公里) Length of Piplines (km)	
47031	**46406**	**114011**	**94228**			**47031**	**58.5**	**5739**	**1058.8**	**甘　肃**
22987	22987	56817	54135			22987	13.0	827	794.6	兰　州
787	787	1610	1610			787	2.4	782	8.6	嘉峪关
1322	1322	3896	3896			1322	8.0	908	47.4	金　昌
2051	1781	7653	7653			2051	5.5	185	16.0	白　银
4511	4511	14184				4511				天　水
1952	1952	4882	4882			1952	4.0	721	88.0	武　威
2859	2859	8057	8057			2859	7.5	803	13.5	张　掖
1874	1874	3058	205			1874	5.0	236	18.9	平　凉
366	366	1354	1354			366				华　亭
2454	2454	5291	5291			2454	7.0	511	31.3	酒　泉
357	357	699	634			357	2.0	240	19.9	玉　门
436	436	467	467			436	0.8	117	8.0	敦　煌
1284	1284	3301	3301			1284	2.0	264	3.5	庆　阳
491	491	98	98			491	0.9	66	1.2	定　西
942	942	565	565			942	0.1	47		陇　南
2006	2006	1781	1781			2006				临　夏
355		299	299			355	0.3	32	8.0	合　作
17599	**16958**	**24537**	**22068**			**17599**	**18.1**	**3088**	**80.1**	**青　海**
12988	12988	18215	17720			12988	10.1	1815	8.8	西　宁
1642	1642	1970	1970			1642	1.0	535		海　东
194	194	92	92			194				同　仁
641		155	155			641				玉　树
259	259	750	675			259				茫　崖
1345	1345	1899				1345	5.0	596	56.0	格尔木
530	530	1456	1456			530	2.0	142	15.3	德令哈
27222	**25001**	**54135**	**54130**			**27222**	**53.2**	**6769**	**472.8**	**宁　夏**
16994	16994	33118	33118			16994	30.2	3719	80.6	银　川
1171		2207	2207			1171	3.0	200	20.5	灵　武
172	172	1485	1485			172		102	34.7	宁东能源化工基地
3021	3021	3952	3952			3021	10.0	1352	23.9	石嘴山
3050	3050	6084	6079			3050	3.0	625	57.0	吴　忠
779	779	1534	1534			779	2.5	233	19.2	青铜峡
1050		2773	2773			1050	1.5	263	16.0	固　原
986	986	2982	2982			986	3.0	274	220.9	中　卫

11-2 续表 19

城市名称 Name of Cities	污水排放量（万立方米） Annual Quantity of Wastewater Discharged (10,000 m^3)	排水管道长度（公里） Length of Drainage Piplines (km)					污水处理厂			
			污水管道 Sewers	雨水管道 Rainwater Drainage Pipeline	雨污合流管道 Combined Drainage Pipeline	建成区 in Built District	座数（座） Number of Wastewater Treatment Plant (unit)	二、三级处理 Secondary and Tertiary Treatment	处理能力（万立方米/日） Treatment Capacity (10,000 m^3/day)	二、三级处理 Secondary and Tertiary Treatment
新　疆	**64097**	**8509.7**	**4983.6**	**948.3**	**2577.8**	**7418.1**	**38**	**26**	**254.4**	**203.6**
乌鲁木齐	24822	3145.4	2217.7	927.7		2823.5	12	9	102.7	91.7
克拉玛依	6967	544.3	30.2	16.8	497.3	421.3	5	5	32.1	32.1
吐鲁番	800	256.5	256.5			256.5	1		4.0	
哈　密	1569	406.6	405.9	0.8		406.6	1	1	10.0	10.0
昌　吉	2817	430.2	430.2			210.0	1	1	6.0	6.0
阜　康	472	83.0	83.0			83.0	1		2.0	
博　乐	1111	298.7			298.7	298.7	1	1	5.0	5.0
阿拉山口	337	72.0	72.0			72.0	1		0.8	
库尔勒	6049	853.0	570.0		283.0	570.0	3	1	21.0	8.5
阿克苏	3480	379.0			379.0	379.0	1	1	15.0	15.0
库　车	1187	191.0			191.0	191.0	1		5.0	
阿图什	590	84.9	77.4		7.5	74.4	1	1	1.6	1.6
喀　什	4056	384.8			384.8	384.8	2	2	11.2	11.2
和　田	1614	177.8	177.8			177.8	1		8.0	
伊　宁	4826	386.3			386.3	386.3	1	1	13.0	13.0
奎　屯	646	150.3			150.3	150.3	1	1	4.0	4.0
霍尔果斯	292	120.0	120.0			120.0	1	1	2.5	2.5
塔　城	782	233.0	233.0			233.0	1	1	3.0	3.0
乌　苏	720	180.0	180.0			180.0	1		4.5	
阿勒泰	960	133.0	130.0	3.0			1		3.0	
新疆兵团	**10444**	**1324.7**	**687.3**	**55.0**	**582.4**	**1213.5**	**10**	**4**	**48.7**	**7.7**
石河子	6036	310.0			310.0	310.0	2		30.0	
阿拉尔	786	65.0	65.0			65.0	1		2.0	
图木舒克	420	118.0	118.0			118.0	1	1	2.0	2.0
五家渠	1008	113.2	31.2		82.0	82.0	1	1	3.0	3.0
北　屯	1036	189.5	189.5			189.5	1		5.5	
铁门关	377	51.6	51.6			51.6	1	1	2.0	2.0
双　河	91	160.0	80.0	35.0	45.0	80.0	1		1.5	
可克达拉	546	172.0	152.0	20.0		172.0	1		2.0	
昆　玉	145	97.0			97.0	97.0	1	1	0.7	0.7
胡杨河		48.4			48.4	48.4				

continued 19

Wastewater Treatment Plant 处理量(万立方米) Quantity of Wastewater Treated (10,000 m³)	二、三级处理 Secondary and Tertiary Treated	干污泥产生量(吨) Quantity of Dry Sludge Produced (ton)	干污泥处置量(吨) Quantity of Dry Sludge Treated (ton)	其他污水处理设施 Other Wastewater Treatment Facilities 处理能力(万立方米/日) Treatment Capacity (10,000 m³/day)	处理量(万立方米) Quantity of Wastewater Treated (10,000 m³)	污水处理总量(万立方米) Total Quantity of Wastewater Treated (10,000 m³)	市政再生水 Recycled Water 生产能力(万立方米/日) Recycled Water Production Capacity (10,000 m³/day)	利用量(万立方米) Annual Quantity of Wastewater Recycled and Reused (10,000 m³)	管道长度(公里) Length of Piplines (km)	城市名称 Name of Cities
62887	**51221**	**190199**	**189733**	**2.0**		**62887**	**112.2**	**22526**	**858.6**	**新　疆**
24624	21914	56215	56030			24624	53.0	7478	440.9	乌鲁木齐
6696	6696	6498	6498			6696	4.6	2009	71.1	克拉玛依
800		352	352			800	2.0	336	23.0	吐鲁番
1494	1494	1371	1371			1494	5.0	879	6.2	哈　密
2817	2817	7042	7042			2817	6.0	1450	63.0	昌　吉
470		5952	5952	2.0		470	2.0	400		阜　康
1087	1087	1004	1004			1087	5.0	868	62.6	博　乐
323		229	183			323				阿拉山口
5884	3000	39484	39484			5884	7.7	2948	50.0	库尔勒
3480	3480	18250	18250			3480	5.0	751	15.7	阿克苏
1187		2340	2106			1187	5.0	251		库　车
509	509	430	430			509				阿图什
3956	3956	12499	12499			3956	9.7	2950	66.0	喀　什
1614		782	782			1614		371	5.0	和　田
4598	4598	33312	33312			4598	4.2	111	20.5	伊　宁
617	617	517	517			617		160	16.0	奎　屯
271	271	439	439			271		68		霍尔果斯
782	782	1014	1014			782	3.0	501	5.7	塔　城
720		1743	1743			720		70	12.8	乌　苏
960		726	726			960		925		阿勒泰
10385	**1945**	**52632**	**52632**	**0.4**		**10385**	**31.0**	**840**	**24.2**	**新疆兵团**
6036		36340	36340			6036	30.0	720	20.2	石河子
732		730	730			732	1.0	120	4.0	阿拉尔
420	420	2600	2600			420				图木舒克
1008	1008	916	916			1008				五家渠
1036		6412	6412			1036				北　屯
377	377	937	937			377				铁门关
91		1048	1048			91				双　河
546		3150	3150			546				可克达拉
140	140	500	500			140				昆　玉
				0.4						胡杨河

十二、城市市容环境卫生

12. Urban Environmental Sanitation

简要说明

城市绿地指以自然植被和人工植被为主要存在形态的城市用地。它包含两个层次的内容：一是城市建设用地范围内用于绿化的土地；二是城市建设用地之外，对城市生态、景观和居民休闲生活具有积极作用、绿化环境较好的区域。

本部分主要反映城市的园林绿化情况，如绿化覆盖面积、园林绿地面积、公园面积等。

从 2006 年起，根据最新的《城市绿地分类标准》，不再统计公共绿地面积指标，改为公园绿地面积，比原公共绿地面积范围略大。

Brief Introduction

Urban green land refers to urban useable land covered by natural or planted vegetation. It has two implications: one refers to urban construction land specifically designated for landscaping, the other refers to green areas, which are non-construction land and play an active role in protecting urban ecology, and landscape and provide comfortable environment for the people.

This section includes main indicators such as green coverage area, area of green space, and area of park, etc..

Since 2006, according to the latest Standard on Category of Urban Green Space, area of public recreational green space instead of area of public green space is included in statistics.

12 全国历年城市市容环境卫生情况(1979-2020)
National Urban Environmental Sanitation in Past Years(1979-2020)

年份 Year	生活垃圾 Domestic Garbage				粪便清运量(万吨) Volume of Soil Collected and Transported (10,000 ton)	公共厕所(座) Number of Latrine (unit)	市容环卫专用车辆设备总数(台) Number of Vehicles and Equipment Designated for Municipal Environmental Sanitation (unit)	每万人拥有公厕(座) Number of Latrine per 10,000 Population (unit)
	清运量(万吨) Quantity of Collected and Transported (10,000 ton)	无害化处理场(厂)座数(座) Number of Harmless Treatment Plants/Grounds (unit)	无害化处理能力(吨/日) Harmless Treatment Capacity (ton/day)	无害化处理量(万吨) Quantity of Harmlessly Treated (10,000 ton)				
1979	2508	12	1937		2156	54180	5316	
1980	3132	17	2107	215	1643	61927	6792	
1981	2606	30	3260	162	1547	54280	7917	3.77
1982	3125	27	2847	190	1689	56929	9570	3.99
1983	3452	28	3247	243	1641	62904	10836	3.95
1984	3757	24	1578	188	1538	64178	11633	3.57
1985	4477	14	2071	232	1748	68631	13103	3.28
1986	5009	23	2396	70	2710	82746	19832	3.61
1987	5398	23	2426	54	2422	88949	21418	3.54
1988	5751	29	3254	75	2353	92823	22793	3.14
1989	6292	37	4378	111	2603	96536	25076	3.09
1990	6767	66	7010	212	2385	96677	25658	2.97
1991	7636	169	29731	1239	2764	99972	27854	3.38
1992	8262	371	71502	2829	3002	95136	30026	3.09
1993	8791	499	124508	3945	3168	97653	32835	2.89
1994	9952	609	130832	4782	3395	96234	34398	2.69
1995	10671	932	183732	6014	3066	113461	39218	3.00
1996	10825	574	155826	5568	2931	109570	40256	3.02
1997	10982	635	180081	6292	2845	108812	41538	2.95
1998	11302	655	201281	6783	2915	107947	42975	2.89
1999	11415	696	237393	7232	2844	107064	44238	2.85
2000	11819	660	210175	7255	2829	106471	44846	2.74
2001	13470	741	224736	7840	2990	107656	50467	3.01
2002	13650	651	215511	7404	3160	110836	52752	3.15
2003	14857	575	219607	7545	3475	107949	56068	3.18
2004	15509	559	238519	8089	3576	109629	60238	3.21
2005	15577	471	256312	8051	3805	114917	64205	3.20
2006	14841	419	258048	7873	2131	107331	66020	2.88(3.22)
2007	15215	458	279309	9438	2506	112604	71609	3.04
2008	15438	509	315153	10307	2331	115306	76400	3.12
2009	15734	567	356130	11220	2141	118525	83756	3.15
2010	15805	628	387607	12318	1951	119327	90414	3.02
2011	16395	677	409119	13090	1963	120459	100340	2.95
2012	17081	701	446268	14490	1812	121941	112157	2.89
2013	17239	765	492300	15394	1682	122541	126552	2.83
2014	17860	818	533455	16394	1552	124410	141431	2.79
2015	19142	890	576894	18013	1437	126344	165725	2.75
2016	20362	940	621351	19674	1299	129818	193942	2.72
2017	21521	1013	679889	21034		136084	228019	2.77
2018	22802	1091	766195	22565		147466	252484	2.88
2019	24206	1183	869875	24013		153426	281558	2.93
2020	23512	1287	963460	23452		165186	306422	3.07

注：1.1980年至1995年生活垃圾无害化处理量为生活垃圾与粪便的合计量。
2.自2006年起，生活垃圾填埋场的统计采用新的认定标准，生活垃圾无害化处理数据与往年不可比。

Note: 1.Quantity of garbage disposed harmlessly from 1980 to 1995 consists of quantity of garbage and soil.
2.Since 2006, treatment of domestic garbage through sanitary landfill has adopted new certification standard,so the data of harmless treatmented garbage are not compared with the past years.

12-1 2020年按省分列的城市市容环境卫生

地区名称 Name of Regions	道路清扫保洁面积(万平方米) Surface Area of Roads Cleaned and Maintained (10,000 m^2)	机械化 Mechanization	生活垃圾 清运量(万吨) Collected and Transported (10,000 ton)	处理量(万吨) Volume of Treated (10,000 ton)	无害化处理厂(场)数(座) Number of Harmless Treatment Plants/Grounds (unit)	卫生填埋 Sanitary Landfill	焚烧 Incineration	其他 other	无害化处理能力(吨/日) Harmless Treatment Capacity (ton/day)	卫生填埋 Sanitary Landfill
全　国	**975595**	**742539**	**23511.71**	**23492.68**	**1287**	**644**	**463**	**180**	**963460**	**337848**
北　京	16775	11471	797.52	797.52	41	9	12	20	33811	7491
天　津	13287	11644	306.54	306.54	19	4	11	4	20400	5100
河　北	40082	36020	786.20	786.19	59	38	15	6	32173	11743
山　西	22495	18677	460.74	460.74	31	21	8	2	16783	9207
内蒙古	26007	20892	387.69	387.38	29	25	4		12948	8798
辽　宁	47435	25823	993.26	993.26	41	29	8	4	32837	18737
吉　林	18410	13749	464.17	464.17	34	21	10	3	18925	8795
黑龙江	27643	21338	497.63	496.96	45	34	7	4	22498	15003
上　海	18699	17458	868.09	868.09	23	5	10	8	40046	15350
江　苏	69489	64219	1870.53	1870.53	85	25	46	14	83051	13715
浙　江	53870	41695	1444.93	1444.93	76	16	43	17	76603	12133
安　徽	42841	39632	660.70	660.70	49	16	22	11	32242	8182
福　建	21399	15469	878.54	878.54	35	10	18	7	27759	4379
江　西	25992	21274	527.53	527.53	29	12	14	3	23293	7690
山　东	77847	64210	1673.94	1673.94	97	31	49	17	67636	14946
河　南	44651	36264	1130.20	1129.52	48	36	11	1	37366	20516
湖　北	45008	34020	987.43	987.43	63	34	16	13	36597	14569
湖　南	29576	25857	797.14	797.14	43	26	11	6	32355	15851
广　东	120331	65753	3102.55	3100.98	118	48	57	13	136593	43558
广　西	27715	17376	519.60	519.60	33	18	14	1	18972	7172
海　南	9962	6764	253.64	253.64	12	6	4	2	8685	2310
重　庆	22755	15300	628.49	625.09	25	16	7	2	19449	8049
四　川	45041	33842	1136.57	1136.49	51	22	25	4	39444	13175
贵　州	16721	14472	358.48	350.77	35	14	14	7	18607	6347
云　南	19041	14050	487.51	487.45	36	24	11	1	17195	6145
西　藏	2140	1164	62.34	62.11	11	10	1		3055	2355
陕　西	20880	18444	550.01	549.64	33	28	4	1	18710	11699
甘　肃	13580	11100	272.55	272.55	24	19	3	2	9593	5674
青　海	4015	2429	116.19	115.37	12	10		2	2140	1970
宁　夏	9376	6672	126.85	126.80	14	7	4	3	5936	2630
新　疆	18658	12722	335.59	332.62	28	23	3	2	16455	14055
新疆兵团	3875	2739	28.59	28.48	8	7	1		1305	505

Urban Environmental Sanitation by Province(2020)

Domestic Garbage						公共厕所(座) Number of Latrines (unit)		市容环卫专用车辆设备总数(台) Number of Vehicles and Equipment Designated for Municipal Environmental Sanitation (unit)	地区名称 Name of Regions
焚烧 Incineration	其他 other	无害化处理量(万吨) Volume of Harmlessly Treated (10,000 ton)	卫生填埋 Sanitary Landfill	焚烧 Incineration	其他 other		三类以上 Grade Ⅲ and Above		
567804	**57808**	**23452.33**	**7771.54**	**14607.64**	**1073.15**	**165186**	**141279**	**306422**	**全　国**
18090	8230	797.52	111.64	507.21	178.66	6177	6177	13403	北　京
13550	1750	306.54	79.25	195.66	31.63	4269	3810	5568	天　津
18460	1970	786.19	309.70	447.24	29.25	6611	5383	12684	河　北
7298	278	460.74	284.15	167.30	9.29	3015	2057	7674	山　西
4150		387.38	268.59	118.79		7237	5050	6987	内蒙古
12580	1520	988.56	574.01	375.57	38.97	4664	3281	11196	辽　宁
9450	680	464.17	174.71	279.22	10.24	4319	3507	8003	吉　林
6452	1043	496.96	349.18	130.21	17.58	6048	3397	9144	黑龙江
19300	5396	868.09	69.95	682.11	116.02	5676	3799	10000	上　海
65420	3916	1870.53	196.61	1599.10	74.81	14961	13729	21351	江　苏
58630	5840	1444.93	294.71	1068.51	81.71	8631	7595	10316	浙　江
21510	2550	660.70	87.79	548.94	23.98	4769	4387	10354	安　徽
20800	2580	878.54	131.63	699.12	47.79	6344	5022	7342	福　建
15200	403	527.53	195.86	324.74	6.93	4331	4028	9695	江　西
49450	3240	1673.94	137.83	1476.73	59.38	8028	7470	21675	山　东
16800	50	1129.52	683.05	445.23	1.24	10890	10279	18459	河　南
16205	5824	987.43	423.47	479.12	84.84	6197	5588	14587	湖　北
14619	1885	797.14	348.42	415.64	33.08	4380	3205	7069	湖　南
87416	5620	3100.98	896.41	2108.37	96.21	12288	11788	28247	广　东
11650	150	519.60	251.63	262.07	5.89	1934	1772	10164	广　西
5875	500	253.64	80.31	157.46	15.87	1296	1247	11662	海　南
11100	300	589.75	194.40	386.19	9.16	4801	3729	5008	重　庆
25336	933	1136.49	370.54	749.30	16.65	7527	6421	12025	四　川
11100	1160	350.77	136.65	197.34	16.79	2445	2328	5485	贵　州
10950	100	487.45	196.89	278.93	11.63	5155	4968	5254	云　南
700		62.11	42.43	19.68		778	156	1425	西　藏
6911	100	549.64	300.16	247.01	2.47	6286	6019	5264	陕　西
3208	710	272.55	135.97	121.38	15.21	2115	1849	5624	甘　肃
	170	115.37	97.65		17.71	741	652	951	青　海
2745	560	126.80	40.00	71.66	15.14	898	873	2137	宁　夏
2050	350	332.62	291.17	36.43	5.02	2088	1650	7142	新　疆
800		28.18	16.79	11.39		287	63	527	新疆兵团

12-2 2020年按城市分列的城市市容环境卫生

城市名称 Name of Cities	道路清扫保洁面积(万平方米) Surface Area of Roads Cleaned and Maintained (10,000 m^2)	机械化 Mechanization	生活垃圾 清运量(万吨) Collected and Transported (10,000 ton)	处理量(万吨) Volume of Treated (10,000 ton)	无害化处理厂(场)数(座) Number of Harmless Treatment Plants/Grounds (unit)	卫生填埋 Sanitary Landfill	焚烧 Incineration	其他 Other	无害化处理能力(吨/日) Harmless Treatment Capacity (ton/day)	卫生填埋 Sanitary Landfill
全　国	**975595**	**742539**	**23511.71**	**23492.68**	**1287**	**644**	**463**	**180**	**963460**	**337848**
北　京	**16775**	**11471**	**797.52**	**797.52**	**41**	**9**	**12**	**20**	**33811**	**7491**
天　津	**13287**	**11644**	**306.54**	**306.54**	**19**	**4**	**11**	**4**	**20400**	**5100**
河　北	**40082**	**36020**	**786.20**	**786.19**	**59**	**38**	**15**	**6**	**32173**	**11743**
石家庄	7551	6951	127.25	127.25	7	2	2	3	3900	380
晋　州	322	298	4.62	4.62	2	1	1		770	170
新　乐	263	254	4.38	4.38	1	1			220	220
唐　山	3558	3231	80.76	80.76	5	3	1	1	4320	1470
滦　州	406	366	8.22	8.22	2	1	1		700	200
遵　化	379	342	7.32	7.32	1	1			280	280
迁　安	450	405	15.60	15.60	1	1			200	200
秦皇岛	2605	2482	48.79	48.79	2		1	1	1650	
邯　郸	3602	3502	84.24	84.24	5	4		1	2525	2025
武　安	325	310	7.51	7.51	2	1	1		610	400
邢　台	2138	1895	34.25	34.25	3	2	1		2110	610
南　宫	301	256	5.53	5.53	1	1			306	306
沙　河	390	351	7.28	7.28	1	1			199	199
保　定	3128	2536	54.75	54.75	2	1	1		2700	500
涿　州	518	493	12.36	12.36	1	1			700	700
安　国	410	379	5.08	5.08	2	2			231	231
高碑店	441	423	7.81	7.81	1	1			380	380
张家口	1731	1535	56.88	56.88	5	5			1644	1644
承　德	1109	968	29.55	29.55	2	1	1		1100	100
平　泉	317	285	7.48	7.48	1	1			150	150
沧　州	2021	1933	30.12	30.12	1		1		1600	
泊　头	379	325	8.03	8.03	1	1			308	308
任　丘	265	226	14.12	14.12	1	1			350	350
黄　骅	750	639	8.30	8.30	1	1			300	300
河　间	430	369	6.23	6.23	1	1			160	160
廊　坊	1796	1486	44.36	44.36	1		1		1500	
霸　州	284	244	7.36	7.36	1		1		1200	
三　河	490	204	7.70	7.70	1	1			150	150
衡　水	1745	1561	25.33	25.33	2	1	1		1150	150
深　州	409	400	5.85	5.85	1	1			160	160
辛　集	721	621	6.86	6.86	1		1		600	
定　州	847	749	12.25	12.25						

Urban Environmental Sanitation by City(2020)

Domestic Garbage						公共厕所（座）Number of Latrines (unit)		市容环卫专用车辆设备总数（台）Number of Vehicles and Equipment Designated for Municipal Environmental Sanitation (unit)	城市名称 Name of Cities
焚烧 Incineration	其他 other	无害化处理量（万吨）Volume of Harmlessly Treated (10,000 ton)	卫生填埋 Sanitary Landfill	焚烧 Incineration	其他 Other		三类以上 Grade Ⅲ and Above		
567804	**57808**	**23452.33**	**7771.54**	**14607.64**	**1073.15**	**165186**	**141279**	**306422**	**全　国**
18090	**8230**	**797.52**	**111.64**	**507.21**	**178.66**	**6177**	**6177**	**13403**	**北　京**
13550	**1750**	**306.54**	**79.25**	**195.66**	**31.63**	**4269**	**3810**	**5568**	**天　津**
18460	**1970**	**786.19**	**309.70**	**447.24**	**29.25**	**6611**	**5383**	**12684**	**河　北**
2700	820	127.25	4.66	112.21	10.38	565	565	2032	石家庄
600		4.62	4.44	0.19		60	60	41	晋　州
		4.38	4.38			63	63	123	新　乐
2350	500	80.76	16.42	54.01	10.33	548	250	1057	唐　山
500		8.22	8.22			121	121	52	滦　州
		7.32	7.32			88	88	84	遵　化
		15.60	15.60			75	75	29	迁　安
1500	150	48.79		47.24	1.55	564	564	676	秦皇岛
	500	84.24	77.26		6.98	575	500	1173	邯　郸
210		7.51		7.51		111	111	203	武　安
1500		34.25	7.69	26.56		452	452	402	邢　台
		5.53	5.53			80	73	87	南　宫
		7.28	7.28			72		148	沙　河
2200		54.75	4.44	50.31		299	264	1211	保　定
		12.36	12.36			85	85	117	涿　州
		5.08	5.08			35	35	45	安　国
		7.81	7.81			82	82	96	高碑店
		56.88	56.88			558	409	1218	张家口
1000		29.55	1.21	28.34		228	160	487	承　德
		7.48	7.48			67	67	26	平　泉
1600		30.12		30.12		334	282	492	沧　州
		8.03	8.03			95	83	57	泊　头
		14.12	14.12			205		143	任　丘
		8.30	8.30			190	156	210	黄　骅
		6.23	6.23			103	87	81	河　间
1500		44.36		44.36		281	281	807	廊　坊
1200		7.36		7.36		76	76	123	霸　州
		7.70	7.70			83	50	256	三　河
1000		25.33	5.41	19.92		217	180	758	衡　水
		5.85	5.85			49	49	73	深　州
600		6.86		6.86		55	55	151	辛　集
		12.25		12.25		195	60	226	定　州

12-2 续表 1

城市名称 Name of Cities	道路清扫保洁面积(万平方米) Surface Area of Roads Cleaned and Maintained (10,000 m^2)	机械化 Mechanization	生活垃圾 清运量(万吨) Collected and Transported (10,000 ton)	处理量(万吨) Volume of Treated (10,000 ton)	无害化处理厂(场)数(座) Number of Harmless Treatment Plants/Grounds (unit)	卫生填埋 Sanitary Landfill	焚烧 Incineration	其他 Other	无害化处理能力(吨/日) Harmless Treatment Capacity (ton/day)	卫生填埋 Sanitary Landfill
山　西	**22495**	**18677**	**460.74**	**460.74**	**31**	**21**	**8**	**2**	**16783**	**9207**
太　原	6569	5859	142.18	142.18	5	1	3	1	5779	2303
古　交	118	95	4.58	4.58	1	1			250	250
大　同	3275	2781	44.38	44.38	2		1	1	1100	
阳　泉	858	695	19.39	19.39	1	1			600	600
长　治	2127	1727	33.48	33.48	4	3	1		1320	320
晋　城	760	572	19.03	19.03	1	1			500	500
高　平	186	140	4.82	4.82	1	1			300	300
朔　州	507	383	22.44	22.44	2	2			650	650
怀　仁	397	298	9.87	9.87	1	1			300	300
晋　中	1876	1529	23.19	23.19	1	1			540	540
介　休	345	296	10.12	10.12	1		1		500	
运　城	922	692	17.90	17.90	1	1			750	750
永　济	385	270	7.42	7.42	1	1			230	230
河　津	380	286	11.28	11.28	1	1			32	32
忻　州	1002	808	14.15	14.15	1		1		1000	
原　平	178	131	6.13	6.13	1	1			250	250
临　汾	778	630	18.61	18.61	1	1			600	600
侯　马	327	230	7.03	7.03	1	1			380	380
霍　州	236	213	7.20	7.20	1	1			200	200
吕　梁	438	363	16.42	16.42	1	1			550	550
孝　义	570	456	16.53	16.53	1	1			452	452
汾　阳	261	225	4.60	4.60	1		1		500	
内蒙古	**26007**	**20892**	**387.69**	**387.38**	**29**	**25**	**4**		**12948**	**8798**
呼和浩特	5190	3757	74.50	74.50	2		2		2000	
包　头	4169	3584	76.47	76.47	4	3	1		2820	1470
乌　海	1847	1376	27.41	27.41	3	3			920	920
赤　峰	2536	1966	42.82	42.82	3	2	1		1600	800
通　辽	1320	1200	31.60	31.60	1	1			840	840
霍林郭勒	431	381	5.77	5.77	1	1			150	150
鄂尔多斯	3167	2664	15.12	15.12	1	1			385	385
呼伦贝尔	765	685	11.48	11.48	1	1			400	400
满洲里	631	395	10.20	10.05	2	2			370	370
牙克石	311	189	9.80	9.80	1	1			370	370

continued 1

Domestic Garbage						公共厕所(座) Number of Latrines (unit)		市容环卫专用车辆设备总数(台) Number of Vehicles and Equipment Designated for Municipal Environmental Sanitation (unit)	城市名称 Name of Cities
焚烧 Incinera-tion	其他 other	无害化处理量(万吨) Volume of Harm-lessly Treated (10,000 ton)	卫生填埋 Sanitary Landfill	焚烧 Incinera-tion	其他 Other		三类以上 Grade Ⅲ and Above		
7298	**278**	**460.74**	**284.15**	**167.30**	**9.29**	**3015**	**2057**	**7674**	**山西**
3298	178	142.18	60.60	75.09	6.49	885	885	3313	太原
		4.58	4.58			23	15	65	古交
1000	100	44.38		41.58	2.80	628		1336	大同
		19.39	19.39			411	172	332	阳泉
1000		33.48	12.89	20.59		115	114	571	长治
		19.03	19.03						晋城
		4.82	4.82			11	3	61	高平
		22.44	22.44			56	34	92	朔州
		9.87	9.87			22	22	68	怀仁
		23.19	23.19			138	138	227	晋中
500		10.12		10.12		96	96	188	介休
		17.90	17.90			121	121	192	运城
		7.42	7.42			21	21	53	永济
		11.28	11.28			16	12	47	河津
1000		14.15		14.15		103	83	190	忻州
		6.13	4.95	1.17		35	35	67	原平
		18.61	18.61			79	79	252	临汾
		7.03	7.03			47	19	84	侯马
		7.20	7.20			32	32	55	霍州
		16.42	16.42			84	84	191	吕梁
		16.53	16.53			54	54	172	孝义
500		4.60		4.60		38	38	118	汾阳
4150		**387.38**	**268.59**	**118.79**		**7237**	**5050**	**6987**	**内蒙古**
2000		74.50		74.50		2504	2504	1502	呼和浩特
1350		76.47	42.17	34.29		1488	386	842	包头
		27.41	27.41			253	241	387	乌海
800		42.82	32.82	10.00		464	268	692	赤峰
		31.60	31.60			328	328	1170	通辽
		5.77	5.77			31		83	霍林郭勒
		15.12	15.12			440	440	272	鄂尔多斯
		11.48	11.48			98		77	呼伦贝尔
		10.05	10.05			373		111	满洲里
		9.80	9.80			38	17	56	牙克石

12-2 续表 2

城市名称 Name of Cities	道路清扫保洁面积（万平方米） Surface Area of Roads Cleaned and Maintained (10,000 m^2)	机械化 Mechanization	生活垃圾 清运量（万吨） Collected and Transported (10,000 ton)	处理量（万吨） Volume of Treated (10,000 ton)	无害化处理厂(场)数（座） Number of Harmless Treatment Plants/Grounds (unit)	卫生填埋 Sanitary Landfill	焚烧 Incineration	其他 Other	无害化处理能力（吨/日） Harmless Treatment Capacity (ton/day)	卫生填埋 Sanitary Landfill
扎兰屯	405	243	5.90	5.90	1	1			320	320
额尔古纳	120	80	5.32	5.32	1	1			150	150
根河	92	56	3.05	3.02	1	1			83	83
巴彦淖尔	1126	1039	13.05	13.05	1	1			450	450
乌兰察布	1647	1647	12.13	12.13	1	1			400	400
丰镇	404	266	3.65	3.58	1	1			300	300
乌兰浩特	754	543	19.06	19.02	1	1			520	520
阿尔山	87	64	1.66	1.65	1	1			200	200
二连浩特	280	238	3.22	3.22	1	1			300	300
锡林浩特	726	519	15.48	15.48	1	1			370	370
辽宁	**47435**	**25823**	**993.26**	**993.26**	**41**	**29**	**8**	**4**	**32837**	**18737**
沈阳	15741	7044	262.21	262.21	6	1	3	2	8355	135
新民	250	213	7.12	7.12	1	1			300	300
大连	7309	3960	200.92	200.92	5	1	3	1	5830	2850
瓦房店	864	313	15.12	15.12	1	1			600	600
庄河	686	265	12.85	12.85	1	1			280	280
鞍山	2871	1159	44.71	44.71	2	1	1		2700	1200
海城	590	478	17.85	17.85	1	1			489	489
抚顺	1931	1468	40.62	40.62	1	1			1400	1400
本溪	1273	615	22.90	22.90	1	1			900	900
丹东	749	618	25.11	25.11	1	1			850	850
东港	204	129	8.10	8.10	1	1			300	300
凤城	230	196	12.00	12.00	1	1			329	329
锦州	1554	738	26.65	26.65	1	1			580	580
凌海	273	170	8.10	8.10	1	1			220	220
北镇	303	218	10.91	10.91	1	1			150	150
营口	2777	1355	40.21	40.21	1			1	600	
盖州	170	160	11.00	11.00	1	1			320	320
大石桥	540	295	13.38	13.38	1	1			632	632
阜新	557	298	17.14	17.14	2	1	1		2174	1374
辽阳	1173	740	47.30	47.30	1	1			1634	1634
灯塔	496	247	5.24	5.24						
盘锦	2076	1693	36.59	36.59	1	1			1200	1200
铁岭	768	349	18.53	18.53	2	2			620	620
调兵山	200	122	4.75	4.75	1	1			260	260
开原	425	255	7.67	7.67	1	1			210	210
朝阳	1391	1280	21.00	21.00	1	1			620	620

continued 2

Domestic Garbage						公共厕所		市容环卫专用车辆设备总数(台) Number of Vehicles and Equipment Designated for Municipal Environmental Sanitation (unit)	城市名称 Name of Cities
焚烧 Incineration	其他 other	无害化处理量(万吨) Volume of Harmlessly Treated (10,000 ton)	卫生填埋 Sanitary Landfill	焚烧 Incineration	其他 Other	(座) Number of Latrines (unit)	三类以上 Grade Ⅲ and Above		
		5.90	5.90			175	75	103	扎 兰 屯
		5.32	5.32			24	21	52	额尔古纳
		3.02	3.02			24	11	22	根　　河
		13.05	13.05			338	321	646	巴彦淖尔
		12.13	12.13			257	161	265	乌兰察布
		3.58	3.58			135	15	85	丰　　镇
		19.02	19.02			86	86	404	乌兰浩特
		1.65	1.65			13	8	31	阿 尔 山
		3.22	3.22			70	70	74	二连浩特
		15.48	15.48			98	98	113	锡林浩特
12580	**1520**	**988.56**	**574.01**	**375.57**	**38.97**	**4664**	**3281**	**11196**	**辽　　宁**
7500	720	262.21	1.84	245.15	15.22	869	869	4504	沈　　阳
		7.12	7.12			79		88	新　　民
2780	200	200.92	80.46	110.37	10.08	695	691	1636	大　　连
		15.12	15.12			74	48	96	瓦 房 店
		12.85	12.85			141		116	庄　　河
1500		44.71	39.30	5.40		159	147	345	鞍　　山
		17.85	17.85			76	8	49	海　　城
		40.62	40.62			122	106	465	抚　　顺
		22.90	22.90			91	82	212	本　　溪
		25.11	25.11			224	168	405	丹　　东
		8.10	8.10			58		79	东　　港
		12.00	12.00			79	14	56	凤　　城
		26.65	26.65			198	164	329	锦　　州
		8.10	8.10			89		150	凌　　海
		6.21	6.21			53	45	81	北　　镇
	600	40.21	26.54		13.67	183	83	674	营　　口
		11.00	11.00			158	158	61	盖　　州
		13.38	13.38			69	23	107	大 石 桥
800		17.14	2.49	14.65		157	157	353	阜　　新
		47.30	47.30			246	48	225	辽　　阳
		5.24	5.24			17		90	灯　　塔
		36.59	36.59			160	130	340	盘　　锦
		18.53	18.53			149	68	154	铁　　岭
		4.75	4.75			8	5	31	调 兵 山
		7.67	7.67			28	10	39	开　　原
		21.00	21.00			135	135	156	朝　　阳

12-2 续表 3

城市名称 Name of Cities	道路清扫保洁面积(万平方米) Surface Area of Roads Cleaned and Maintained (10,000 m²)	机械化 Mechanization	生活垃圾 清运量(万吨) Collected and Transported (10,000 ton)	处理量(万吨) Volume of Treated (10,000 ton)	无害化处理厂(场)数(座) Number of Harmless Treatment Plants/Grounds (unit)	卫生填埋 Sanitary Landfill	焚烧 Incineration	其他 Other	无害化处理能力(吨/日) Harmless Treatment Capacity (ton/day)	卫生填埋 Sanitary Landfill
北　票	580	490	10.35	10.35	1	1			280	280
凌　源	553	340	12.96	12.96	1	1			360	360
葫芦岛	550	337	24.00	24.00	1	1			424	424
兴　城	350	280	8.00	8.00	1	1			220	220
吉　林	**18410**	**13749**	**464.17**	**464.17**	**34**	**21**	**10**	**3**	**18925**	**8795**
长　春	6975	5841	187.33	187.33	4	2	1	1	5500	2950
榆　树	248	92	13.01	13.01	2	1	1		850	250
德　惠	354	177	12.50	12.50	1		1		400	
吉　林	2138	975	44.28	44.28	2	1	1		2500	1000
蛟　河	208	187	6.02	6.02	1	1			250	250
桦　甸	190	115	6.23	6.23	1			1	380	
舒　兰	243	243	3.84	3.84	1	1			270	270
磐　石	209	168	4.34	4.34	1	1			220	220
四　平	1003	1003	16.75	16.75	1		1		800	
双　辽	360	182	4.25	4.25	1	1			225	225
辽　源	343	180	14.43	14.43	1		1		800	
通　化	561	477	13.61	13.61	1		1		800	
集　安	123	96	3.08	3.08	1	1			200	200
白　山	410	310	9.65	9.65	1	1			150	150
临　江	132	90	3.00	3.00	1	1			150	150
松　原	751	719	18.05	18.05	2	1	1		1400	400
扶　余	230	123	5.63	5.63	1	1			220	220
白　城	779	413	11.97	11.97	1	1			500	500
洮　南	433	194	12.39	12.39	1	1			260	260
大　安	255	209	6.78	6.78	1	1			260	260
延　吉	297	296	23.16	23.16	2		1	1	900	
图　们	110	59	2.52	2.52	1	1			150	150
敦　化	304	273	11.32	11.32	1	1			500	500
珲　春	254	208	7.65	7.65	1	1			300	300
龙　井	32	28	1.99	1.99						
和　龙	100	90	2.12	2.12						
公主岭	533	240	8.07	8.07	1		1		400	
梅河口	633	570	7.88	7.88	1	1			400	400
长白山保护开发区	202	192	2.31	2.31	1	1			140	140

continued 3

Domestic Garbage						公共厕所 (座) Number of Latrines (unit)		市容环卫专用车辆设备总数(台) Number of Vehicles and Equipment Designated for Municipal Environmental Sanitation (unit)	城市名称 Name of Cities
焚烧 Incineration	其他 other	无害化处理量(万吨) Volume of Harmlessly Treated (10,000 ton)	卫生填埋 Sanitary Landfill	焚烧 Incineration	其他 Other		三类以上 Grade Ⅲ and Above		
		10.35	10.35			36		87	北　票
		12.96	12.96			31	27	56	凌　源
		24.00	24.00			201	64	102	葫芦岛
		8.00	8.00			79	31	110	兴　城
9450	**680**	**464.17**	**174.71**	**279.22**	**10.24**	**4319**	**3507**	**8003**	**吉　林**
2350	200	187.33	89.90	94.53	2.90	2288	2209	3762	长　春
600		13.01	4.85	8.16		110	89	123	榆　树
400		12.50		12.50		95	67	136	德　惠
1500		44.28		44.28		316	202	881	吉　林
		6.02	6.02			25	25	43	蛟　河
	380	6.23			6.23	16	16	45	桦　甸
		3.84	3.84			49	49	46	舒　兰
		4.34	4.34			27		89	磐　石
800		16.75		16.75		164	164	213	四　平
		4.25	2.94	1.31		60	37	59	双　辽
800		14.43		14.43		159	63	61	辽　源
800		13.61		13.61		109	63	302	通　化
		3.08	0.56	2.52		36	36	62	集　安
		9.65	1.90	7.75		82	15	173	白　山
		3.00		3.00		7	3	68	临　江
1000		18.05		18.05		93	69	276	松　原
		5.63	5.63			32		80	扶　余
		11.97	11.97			39	23	490	白　城
		12.39	12.39			34	24	52	洮　南
		6.78	6.78			48	40	31	大　安
800	100	23.16		22.05	1.11	72	66	153	延　吉
		2.52	0.15	2.37		56		75	图　们
		11.32	11.32			52	52	42	敦　化
		7.65	1.94	5.71		48	22	124	珲　春
		1.99		1.99		64	14	47	龙　井
		2.12		2.12		15	6	46	和　龙
400		8.07		8.07		76	32	173	公主岭
		7.88	7.88			104	82	252	梅河口
		2.31	2.31			43	39	99	长白山保护开发区

12-2 续表 4

城市名称 Name of Cities	道路清扫保洁面积（万平方米）Surface Area of Roads Cleaned and Maintained (10,000 m^2)	机械化 Mechanization	生活垃圾 清运量（万吨）Collected and Transported (10,000 ton)	处理量（万吨）Volume of Treated (10,000 ton)	无害化处理厂（场）数（座）Number of Harmless Treatment Plants/Grounds (unit)	卫生填埋 Sanitary Landfill	焚烧 Incineration	其他 Other	无害化处理能力（吨/日）Harmless Treatment Capacity (ton/day)	卫生填埋 Sanitary Landfill
黑龙江	**27643**	**21338**	**497.63**	**496.96**	**45**	**34**	**7**	**4**	**22498**	**15003**
哈尔滨	9742	8231	168.35	168.35	7	3	2	2	7280	4180
尚志	235	213	7.47	7.47	1			1	343	
五常	210	150	10.22	10.22	1	1			280	280
齐齐哈尔	2399	1841	34.75	34.65	2	2			1000	1000
讷河	106	95	4.82	4.82	1	1			320	320
鸡西	790	480	26.75	26.75	3	2	1		1515	315
虎林	144	116	3.00	3.00	1	1			155	155
密山	237	211	3.82	3.82	1	1			200	200
鹤岗	570	407	12.65	12.65	1	1			950	950
双鸭山	481	374	17.85	17.85	1	1			847	847
大庆	3600	2590	43.68	43.68	1	1			1000	1000
伊春	750	544	13.34	13.21	3	2	1		525	125
铁力	190	152	4.40	4.40	1	1			120	120
佳木斯	1316	973	23.00	23.00	1	1			1150	1150
同江	160	140	2.57	2.57	1	1			137	137
富锦	248	158	5.94	5.94	1	1			195	195
抚远	80	65	2.19	2.19	1	1			200	200
七台河	655	490	12.95	12.95	1		1		1000	
牡丹江	1521	1079	21.44	21.44	2	1		1	1100	1000
海林	240	200	4.40	4.40	1	1			200	200
宁安	153	95	4.85	4.85	1	1			250	250
穆棱	139	97	3.01	3.01	1	1			156	156
绥芬河	312	190	4.61	4.61	1	1			220	220
东宁	211	169	2.88	2.88	1	1			244	244
黑河	438	350	6.47	6.47	1	1			250	250
北安	230	143	5.61	5.61	1	1			234	234
五大连池	93	88	1.91	1.91	1	1			125	125
嫩江	200	140	6.00	6.00	1	1			300	300
绥化	989	698	11.17	10.91	1		1		852	
安达	480	340	8.50	8.40	1	1			350	350
肇东	420	300	10.05	10.05	1		1		500	
海伦	222	165	7.30	7.30	1	1			400	400
漠河	82	54	1.66	1.60	1	1			100	100
上海	**18699**	**17458**	**868.09**	**868.09**	**23**	**5**	**10**	**8**	**40046**	**15350**

continued 4

Domestic Garbage						公共厕所（座）Number of Latrines (unit)		市容环卫专用车辆设备总数（台）Number of Vehicles and Equipment Designated for Municipal Environmental Sanitation (unit)	城市名称 Name of Cities
焚烧 Incinera-tion	其他 other	无害化处理量（万吨）Volume of Harm-lessly Treated (10,000 ton)	卫生填埋 Sanitary Landfill	焚烧 Incinera-tion	其他 Other		三类以上 Grade Ⅲ and Above		
6452	**1043**	**496.96**	**349.18**	**130.21**	**17.58**	**6048**	**3397**	**9144**	**黑 龙 江**
2500	600	168.35	96.47	66.88	5.00	2654	2219	3752	哈 尔 滨
	343	7.47			7.47	40	18	97	尚 志
		10.22	10.22			17		41	五 常
		34.65	34.65			344	25	701	齐齐哈尔
		4.82	4.82			64	64	122	讷 河
1200		26.75	3.15	23.61		313	166	457	鸡 西
		3.00	3.00			64	22	97	虎 林
		3.82	3.82			73	19	97	密 山
		12.65	12.65			152	66	388	鹤 岗
		17.85	17.85			181	101	232	双 鸭 山
		43.68	43.68			229	229	735	大 庆
400		13.21	3.00	5.80	4.41	284	64	222	伊 春
		4.40	4.40			57	22	89	铁 力
		23.00	23.00			408		118	佳 木 斯
		2.57	2.57			11		90	同 江
		5.94	5.94			79	32	45	富 锦
		2.19	2.19			15		56	抚 远
1000		12.95		12.95		34	30	176	七 台 河
	100	21.44	20.74		0.70	166	54	332	牡 丹 江
		4.40	4.40			37	10	63	海 林
		4.85	4.85			51	8	40	宁 安
		3.01	3.01			25	17	47	穆 棱
		4.61	4.61			20	18	102	绥 芬 河
		2.88	2.88			39	30	73	东 宁
		6.47	6.47			56	36	218	黑 河
		5.61	5.61			142	54	135	北 安
		1.91	1.91			36	20	74	五大连池
		6.00	6.00			37	26	80	嫩 江
852		10.91		10.91		82		227	绥 化
		8.40	8.40			109	21	74	安 达
500		10.05		10.05		192	25	104	肇 东
		7.30	7.30			9	1	31	海 伦
		1.60	1.60			28		29	漠 河
19300	**5396**	**868.09**	**69.95**	**682.11**	**116.02**	**5676**	**3799**	**10000**	**上 海**

12-2 续表 5

城市名称 Name of Cities	道路清扫保洁面积(万平方米) Surface Area of Roads Cleaned and Maintained (10,000 m^2)	机械化 Mechanization	生活垃圾 清运量(万吨) Collected and Transported (10,000 ton)	处理量(万吨) Volume of Treated (10,000 ton)	无害化处理厂(场)数(座) Number of Harmless Treatment Plants/Grounds (unit)	卫生填埋 Sanitary Landfill	焚烧 Incineration	其他 Other	无害化处理能力(吨/日) Harmless Treatment Capacity (ton/day)	卫生填埋 Sanitary Landfill
江　苏	**69489**	**64219**	**1870.53**	**1870.53**	**85**	**25**	**46**	**14**	**83051**	**13715**
南　京	8629	8447	322.13	322.13	8	2	5	1	9760	450
无　锡	4645	4129	179.76	179.76	5	1	3	1	5400	800
江　阴	1028	810	13.86	13.86	1		1		2200	
宜　兴	1466	1390	24.71	24.71	1		1		1700	
徐　州	3587	3287	117.65	117.65	4	1	2	1	5346	1500
新　沂	598	540	7.37	7.37	2	1	1		1450	650
邳　州	420	383	12.53	12.53	1		1		1200	
常　州	3528	3372	127.37	127.37	6	2	3	1	5190	1400
溧　阳	427	354	10.36	10.36	3	1	2		1450	400
苏　州	11332	10344	278.34	278.34	7	3	2	2	10450	2430
常　熟	1570	1319	30.21	30.21	3	1	2		3725	425
张家港	1031	928	15.03	15.03	3	1	1	1	1520	470
昆　山	673	609	24.96	24.96	1		1		2050	
太　仓	497	430	12.31	12.31	1		1		750	
南　通	4489	4098	100.64	100.64	1	1			200	200
海　安	718	668	10.34	10.34	1		1		750	
启　东	377	321	10.49	10.49	1		1		1950	
如　皋	534	481	5.36	5.36	1		1		2250	
连云港	2736	2656	72.58	72.58	5	3	1	1	2690	1090
淮　安	3396	3227	72.81	72.81	4	2	2		3200	1400
盐　城	3808	3482	85.18	85.18	3		3		4100	
东　台	335	282	24.64	24.64	3	1	1	1	1800	400
扬　州	2061	2034	67.48	67.48	6	2	2	2	4690	880
仪　征	496	447	9.03	9.03						
高　邮	607	546	19.90	19.90	2	1	1		1320	520
镇　江	2941	2748	46.17	46.17	2		1	1	1590	
丹　阳	462	416	16.31	16.31	1		1		1000	
扬　中	213	192	11.15	11.15						
句　容	491	445	20.41	20.41	1		1		700	
泰　州	2536	2357	49.18	49.18	2		1	1	1220	
兴　化	283	241	8.42	8.42	2	1	1		900	200
靖　江	230	196	19.59	19.59						
泰　兴	473	403	7.91	7.91	1		1		800	
宿　迁	2872	2637	36.35	36.35	3	1	1	1	1700	500
浙　江	**53870**	**41695**	**1444.93**	**1444.93**	**76**	**16**	**43**	**17**	**76603**	**12133**
杭　州	11172	8411	374.90	374.90	9	1	6	2	12266	3966
建　德	369	237	5.56	5.56	1	1			252	252
宁　波	5154	4566	150.25	150.25	8	1	4	3	9360	870

continued 5

Domestic Garbage						公共厕所(座) Number of Latrines (unit)		市容环卫专用车辆设备总数(台) Number of Vehicles and Equipment Designated for Municipal Environmental Sanitation (unit)	城市名称 Name of Cities
焚烧 Incineration	其他 other	无害化处理量(万吨) Volume of Harmlessly Treated (10,000 ton)	卫生填埋 Sanitary Landfill	焚烧 Incineration	其他 Other		三类以上 Grade Ⅲ and Above		
65420	**3916**	**1870.53**	**196.61**	**1599.10**	**74.81**	**14961**	**13729**	**21351**	**江　苏**
9010	300	322.13	20.77	300.72	0.63	1041	758	2583	南　京
4200	400	179.76	14.63	157.33	7.80	2411	2411	1415	无　锡
2200		13.86		13.86		252	252	450	江　阴
1700		24.71		24.71		298	298	219	宜　兴
3450	396	117.65	32.99	74.82	9.84	895	895	975	徐　州
800		7.37	6.53	0.84		145	85	82	新　沂
1200		12.53		12.53		147	147	57	邳　州
3350	440	127.37	24.12	92.99	10.26	1136	1136	997	常　州
1050		10.36	3.01	7.35		148	148	152	溧　阳
7300	720	278.34	23.89	242.49	11.96	1206	1177	4412	苏　州
3300		30.21		30.21		1007	543	1119	常　熟
900	150	15.03	3.74	8.21	3.08	225	225	198	张家港
2050		24.96		24.96		244	244	215	昆　山
750		12.31		12.31		104	104	297	太　仓
		100.64		100.64		554	554	1816	南　通
750		10.34		10.34		102	102	162	海　安
1950		10.49		10.49		71	60	160	启　东
2250		5.36		5.36		72	72	325	如　皋
1450	150	72.58	17.78	50.17	4.63	829	718	704	连云港
1800		72.81	23.52	49.29		520	301	346	淮　安
4100		85.18		85.18		527	522	621	盐　城
1300	100	24.64		23.63	1.02	116	116	121	东　台
3110	700	67.48	10.14	48.25	9.10	520	520	533	扬　州
		9.03	9.03			90	90	110	仪　征
800		19.90		19.90		163	163	261	高　邮
1450	140	46.17		38.59	7.59	362	312	443	镇　江
1000		16.31		16.31		115	115	58	丹　阳
		11.15		11.15		55	55	269	扬　中
700		20.41		20.41		42	42	79	句　容
1000	220	49.18		44.69	4.49	546	546	1177	泰　州
700		8.42	2.20	6.22		304	304	86	兴　化
		19.59	4.28	15.31		137	137	117	靖　江
800		7.91		7.91		133	133	120	泰　兴
1000	200	36.35		31.93	4.42	444	444	672	宿　迁
58630	**5840**	**1444.93**	**294.71**	**1068.51**	**81.71**	**8631**	**7595**	**10316**	**浙　江**
7900	400	374.90	143.88	224.06	6.95	1825	1770	2333	杭　州
		5.56	5.56			41	41	59	建　德
6450	2040	150.25	5.92	121.58	22.75	679	679	1242	宁　波

12-2 续表 6

城市名称 Name of Cities	道路清扫保洁面积(万平方米) Surface Area of Roads Cleaned and Maintained (10,000 m^2)		生活垃圾							
		机械化 Mechanization	清运量(万吨) Collected and Transported (10,000 ton)	处理量(万吨) Volume of Treated (10,000 ton)	无害化处理厂(场)数(座) Number of Harmless Treatment Plants/Grounds (unit)	卫生填埋 Sanitary Landfill	焚烧 Incineration	其他 Other	无害化处理能力(吨/日) Harmless Treatment Capacity (ton/day)	卫生填埋 Sanitary Landfill
余　姚	1178	1002	49.08	49.08	3	1	1	1	2700	1000
慈　溪	2621	2150	36.30	36.30	2		1	1	2450	
温　州	3716	2990	139.46	139.46	6		5	1	4250	
瑞　安	443	353	15.16	15.16	2		2		2200	
乐　清	346	257	17.51	17.51	2	1	1		1380	180
龙　港	332	231	19.58	19.58						
嘉　兴	2360	1993	43.75	43.75	2		1	1	2850	
海　宁	556	486	12.99	12.99	3		2	1	2350	
平　湖	545	421	12.39	12.39	2		2		1780	
桐　乡	703	539	13.07	13.07	2		1	1	1350	
湖　州	3229	2751	44.90	44.90	2		1	1	2650	
绍　兴	3897	3050	91.83	91.83	5		3	2	4250	
诸　暨	1064	817	13.44	13.44	1		1		1200	
嵊　州	1022	820	22.66	22.66	1	1			480	480
金　华	2277	1754	54.49	54.49	3	1	2		3900	600
兰　溪	751	526	7.88	7.88	2	1	1		1040	240
义　乌	1861	1449	67.26	67.26	2	1	1		3466	466
东　阳	1132	806	21.91	21.91	1	1			800	800
永　康	1174	822	15.60	15.60	2	1	1		1150	350
衢　州	1242	951	25.85	25.85	2	1	1		2500	1000
江　山	400	190	5.64	5.64	1	1			311	311
舟　山	876	427	34.66	34.66	2		1	1	1750	
台　州	2492	1584	77.53	77.53	2	1	1		4300	800
玉　环	338	232	7.19	7.19	2		1	1	800	
温　岭	525	361	22.20	22.20	3		2	1	2550	
临　海	620	436	15.05	15.05	1		1		1450	
丽　水	1064	878	19.94	19.94	1	1			630	630
龙　泉	410	205	6.88	6.88	1	1			188	188
安　徽	**42841**	**39632**	**660.70**	**660.70**	**49**	**16**	**22**	**11**	**32242**	**8182**
合　肥	8149	7663	173.21	173.21	3	1	1	1	4600	2400
巢　湖	822	682	10.76	10.76	2	1	1		900	400
芜　湖	3886	3736	69.71	69.71	3		2	1	3450	
无　为	463	436	7.00	7.00						
蚌　埠	2610	2388	38.29	38.29	2		1	1	1310	
淮　南	2916	2698	36.47	36.47	3	1	1	1	1900	500
马鞍山	1740	1575	31.79	31.79	2		1	1	1400	
淮　北	1132	1062	29.47	29.47	3		1	2	2850	

continued 6

Domestic Garbage						公共厕所 (座) Number of Latrines (unit)		市容环卫专用车辆设备总数(台) Number of Vehicles and Equipment Designated for Municipal Environmental Sanitation (unit)	城市名称 Name of Cities
焚烧 Incineration	其他 other	无害化处理量(万吨) Volume of Harmlessly Treated (10,000 ton)	卫生填埋 Sanitary Landfill	焚烧 Incineration	其他 Other		三类以上 Grade Ⅲ and Above		
1500	200	49.08		46.68	2.40	764	539	183	余　姚
2250	200	36.30		33.62	2.68	226	200	333	慈　溪
4050	200	139.46		132.08	7.38	895	893	631	温　州
2200		15.16		15.16		60	60	56	瑞　安
1200		17.51	0.53	16.99		459	459	363	乐　清
		19.58		19.58		190			龙　港
1900	950	43.75		36.29	7.45	255	243	538	嘉　兴
2000	350	12.99		8.40	4.59	87	63	105	海　宁
1780		12.39		11.32	1.07	61	61	75	平　湖
1200	150	13.07		11.50	1.56	58	58	40	桐　乡
2250	400	44.90		35.06	9.84	177	177	251	湖　州
3650	600	91.83		79.80	12.03	358	284	870	绍　兴
1200		13.44		13.44		81	81	203	诸　暨
		22.66	22.66			135	135	80	嵊　州
3300		54.49	26.42	28.07		222	222	400	金　华
800		7.88	0.14	7.74		66	66	135	兰　溪
3000		67.26		67.26		114	114	372	义　乌
		21.91	21.91			71	71	238	东　阳
800		15.60	6.18	9.42		79	79	155	永　康
1500		25.85		25.85		220	220	165	衢　州
		5.64	5.64			76	76	22	江　山
1650	100	34.66		33.08	1.58	222	128	217	舟　山
3500		77.53	29.04	48.49		666	397	862	台　州
700	100	7.19		6.62	0.57	54	54	38	玉　环
2400	150	22.20		21.36	0.84	175	122	135	温　岭
1450		15.05		15.05		89	89	109	临　海
		19.94	19.94			139	127	64	丽　水
		6.88	6.88			87	87	42	龙　泉
21510	**2550**	**660.70**	**87.79**	**548.94**	**23.98**	**4769**	**4387**	**10354**	**安　徽**
2000	200	173.21	37.49	129.87	5.85	251	251	1472	合　肥
500		10.76	4.99	5.77		77	77	667	巢　湖
3250	200	69.71		65.90	3.80	532	525	434	芜　湖
		7.00		6.72	0.28	46	46	49	无　为
1210	100	38.29		37.40	0.89	403	403	785	蚌　埠
1200	200	36.47	23.66	10.81	1.99	459	452	405	淮　南
1200	200	31.79		28.06	3.74	141	141	212	马鞍山
1500	1350	29.47		27.63	1.84	114	114	1242	淮　北

12-2 续表 7

城市名称 Name of Cities	道路清扫保洁面积（万平方米） Surface Area of Roads Cleaned and Maintained (10,000 m^2)	机械化 Mechanization	生活垃圾 清运量（万吨） Collected and Transported (10,000 ton)	处理量（万吨） Volume of Treated (10,000 ton)	无害化处理厂（场）数（座） Number of Harmless Treatment Plants/ Grounds (unit)	卫生填埋 Sanitary Landfill	焚烧 Incineration	其他 Other	无害化处理能力（吨/日） Harmless Treatment Capacity (ton/day)	卫生填埋 Sanitary Landfill
铜　陵	1981	1860	22.19	22.19	2		1	1	730	
安　庆	1727	1555	25.98	25.98	2		1	1	1300	
潜　山	452	382	4.32	4.32						
桐　城	351	346	7.26	7.26	1		1		500	
黄　山	880	818	13.16	13.16	5	2	1	2	1193	523
滁　州	1865	1631	21.53	21.53	2	1	1		1750	450
天　长	730	635	7.98	7.98	1	1			343	343
明　光	953	867	6.97	6.97	1	1			300	300
阜　阳	3052	2867	37.34	37.34	2	1	1		2030	580
界　首	440	425	6.95	6.95	2	1	1		786	286
宿　州	1899	1833	19.67	19.67	2	1	1		1100	500
六　安	1483	1335	25.25	25.25	2	1	1		1800	600
亳　州	2345	2228	29.63	29.63	1		1		600	
池　州	720	600	10.45	10.45	2	1	1		680	280
宣　城	1041	906	13.07	13.07	3	1	2		1800	400
广　德	275	244	6.04	6.04	1	1			400	400
宁　国	930	861	6.23	6.23	2	1	1		520	220
福　建	**21399**	**15469**	**878.54**	**878.54**	**35**	**10**	**18**	**7**	**27759**	**4379**
福　州	4535	3381	151.77	151.77	3	2	1		4100	1100
福　清	644	515	39.37	39.37	1		1		900	
厦　门	4965	3227	202.23	202.23	9	1	5	3	7610	1660
莆　田	2604	2181	81.09	81.09	1		1		2850	
三　明	265	181	10.92	10.92	3	1	1	1	681	1
永　安	190	105	6.77	6.77	1	1			200	200
泉　州	1990	1400	47.14	47.14	1	1			610	610
石　狮	536	477	32.08	32.08	1		1		1400	
晋　江	747	385	75.64	75.64	1		1		1800	
南　安	560	420	49.33	49.33	1		1		1300	
漳　州	1351	1238	62.58	62.58	2		1	1	1900	
龙　海	162	130	9.04	9.04						
南　平	502	229	15.02	15.02	3	1	2		1300	300
邵　武	197	91	4.34	4.34	1	1			150	150
武 夷 山	219	79	6.29	6.29						
建　瓯	163	86	9.00	9.00						
龙　岩	613	558	30.21	30.21	3		1	2	1400	
漳　平	148	85	5.48	5.48	1	1			150	150
宁　德	539	397	21.18	21.18	1		1		600	
福　安	152	99	7.62	7.62	1	1			208	208
福　鼎	317	206	11.46	11.46	1		1		600	

continued 7

Domestic Garbage						公共厕所 (座) Number of Latrines (unit)		市容环卫专用车辆设备总数(台) Number of Vehicles and Equipment Designated for Municipal Environmental Sanitation (unit)	城市名称 Name of Cities
焚烧 Incineration	其他 other	无害化处理量(万吨) Volume of Harmlessly Treated (10,000 ton)	卫生填埋 Sanitary Landfill	焚烧 Incineration	其他 Other		三类以上 Grade Ⅲ and Above		
600	130	22.19		19.23	2.96	230	227	420	铜　陵
1200	100	25.98		24.77	1.21	284	273	851	安　庆
		4.32		4.32		41	41	90	潜　山
500		7.26		7.26		26	26	142	桐　城
600	70	13.16	1.03	11.47	0.65	76	46	396	黄　山
1300		21.53		21.53		161	161	527	滁　州
		7.98		7.98		135	113	47	天　长
		6.97	6.97			56	56	95	明　光
1450		37.34		37.34		268	161	704	阜　阳
500		6.95		6.95		82	76	65	界　首
600		19.67	4.07	15.60		222	184	126	宿　州
1200		25.25	2.87	22.38		316	300	267	六　安
600		29.63		29.63		326	232	338	亳　州
400		10.45	0.65	9.03	0.76	137	96	97	池　州
1400		13.07		13.07		240	240	140	宣　城
		6.04	6.04			50	50	508	广　德
300		6.23		6.23		96	96	275	宁　国
20800	**2580**	**878.54**	**131.63**	**699.12**	**47.79**	**6344**	**5022**	**7342**	**福　建**
3000		151.77	35.81	115.96		654	654	1207	福　州
900		39.37		39.37		197	135	99	福　清
4350	1600	202.23	59.97	112.17	30.09	2210	1131	3100	厦　门
2850		81.09		81.09		648	648	563	莆　田
600	80	10.92		9.50	1.42	104	98	109	三　明
		6.77	2.33	3.04	1.40	83	83	65	永　安
		47.14	11.79	35.34		470	470	199	泉　州
1400		32.08		32.08		593	574	352	石　狮
1800		75.64		68.90	6.73	280	145	187	晋　江
1300		49.33		49.33		121	121	188	南　安
1800	100	62.58		60.58	2.00	244	244	552	漳　州
		9.04		9.04		85	85	38	龙　海
1000		15.02	4.30	10.73		99	99	182	南　平
		4.34	4.34			71	51	29	邵　武
		6.29		6.29		46	46	61	武夷山
		9.00		9.00		43	42	27	建　瓯
600	800	30.21		24.07	6.14	177	177	115	龙　岩
		5.48	5.48			27	27	11	漳　平
600		21.18		21.18		87	87	89	宁　德
		7.62	7.62			38	38	84	福　安
600		11.46		11.46		67	67	85	福　鼎

12-2 续表 8

城市名称 Name of Cities	道路清扫保洁面积(万平方米) Surface Area of Roads Cleaned and Maintained (10,000 m^2)	机械化 Mechanization	生活垃圾 清运量 (万吨) Collected and Transported (10,000 ton)	处理量 (万吨) Volume of Treated (10,000 ton)	无害化处理厂(场)数(座) Number of Harmless Treatment Plants/Grounds (unit)	卫生填埋 Sanitary Landfill	焚烧 Incineration	其他 Other	无害化处理能力(吨/日) Harmless Treatment Capacity (ton/day)	卫生填埋 Sanitary Landfill
江　西	**25992**	**21274**	**527.53**	**527.53**	**29**	**12**	**14**	**3**	**23293**	**7690**
南　昌	5242	4802	124.09	124.09	3	1	1	1	4060	1460
景德镇	1716	1201	23.64	23.64	1		1		1000	
乐　平	378	322	9.86	9.86	1	1			350	350
萍　乡	999	716	23.70	23.70	1		1		1300	
九　江	1826	1601	28.16	28.16	1	1			1500	1500
瑞　昌	490	420	8.49	8.49						
共青城	490	441	3.70	3.70						
庐　山	220	160	3.57	3.57						
新　余	764	692	18.51	18.51	1		1		600	
鹰　潭	987	785	10.20	10.20	2	1	1		1750	750
贵　溪	240	221	5.40	5.40						
赣　州	3791	3366	68.91	68.91	3	1	1	1	1600	200
瑞　金	630	617	13.73	13.73	1		1		400	
龙　南	422	251	8.06	8.06	1	1			250	250
吉　安	1379	977	19.60	19.60	1		1		1200	
井冈山	152	94	0.90	0.90	1	1			180	180
宜　春	1211	1093	30.03	30.03	2	1	1		1600	600
丰　城	558	341	19.15	19.15	2	1	1		1600	800
樟　树	389	350	10.40	10.40	1		1		1000	
高　安	441	398	17.39	17.39	1		1		600	
抚　州	1914	1050	35.45	35.45	3	1	1	1	1853	650
上　饶	1593	1240	41.01	41.01	2	1	1		2300	800
德　兴	160	136	3.57	3.57	1	1			150	150
山　东	**77847**	**64210**	**1673.94**	**1673.94**	**97**	**31**	**49**	**17**	**67636**	**14946**
济　南	8934	8852	268.52	268.52	10	3	4	3	9822	3072
青　岛	7490	5920	267.42	267.42	7	1	4	2	7700	450
胶　州	548	424	33.17	33.17	1	1			852	852
平　度	729	679	38.13	38.13	2	1	1		1345	445
莱　西	527	338	25.97	25.97	2	1	1		1443	543
淄　博	3683	2439	54.30	54.30	2		2		3600	
枣　庄	2110	1872	30.23	30.23	6	4	1	1	2740	990
滕　州	1186	873	13.73	13.73	1		1		1100	
东　营	2279	2191	38.12	38.12	3		2	1	1700	

continued 8

Domestic Garbage						公共厕所 (座) Number of Latrines (unit)		市容环卫专用车辆设备总数 (台) Number of Vehicles and Equipment Designated for Municipal Environmental Sanitation (unit)	城市名称 Name of Cities
焚烧 Incinera-tion	其他 other	无害化处理量 (万吨) Volume of Harm-lessly Treated (10,000 ton)	卫生填埋 Sanitary Landfill	焚烧 Incinera-tion	其他 Other		三类以上 Grade Ⅲ and Above		
15200	**403**	**527.53**	**195.86**	**324.74**	**6.93**	**4331**	**4028**	**9695**	**江　西**
2400	200	124.09	47.55	71.04	5.50	744	742	2404	南　昌
1000		23.64		23.64		289	289	1804	景德镇
		9.86	9.86			96	96	114	乐　平
1300		23.70		23.70		208	208	444	萍　乡
		28.16	28.16			385	385	378	九　江
		8.49	8.49			80	80	64	瑞　昌
		3.70	3.70			18	18	48	共青城
		3.57	3.57			37	37	85	庐　山
600		18.51		18.51		141	141	146	新　余
1000		10.20	3.67	6.53		53	53	121	鹰　潭
		5.40	1.67	3.73		15	15	43	贵　溪
1200	200	68.91	21.02	46.54	1.35	860	804	2279	赣　州
400		13.73		13.73		74		68	瑞　金
		8.06	8.06			75	75	67	龙　南
1200		19.60		19.60		161	158	78	吉　安
		0.90	0.90			25	25	27	井冈山
1000		30.03	11.87	18.17		99	93	274	宜　春
800		19.15	9.15	10.00		46	46	59	丰　城
1000		10.40		10.40		106	95	91	樟　树
600		17.39		17.39		68	67	68	高　安
1200	3	35.45		35.37	0.08	477	383	396	抚　州
1500		41.01	34.63	6.39		214	158	613	上　饶
		3.57	3.57			60	60	24	德　兴
49450	**3240**	**1673.94**	**137.83**	**1476.73**	**59.38**	**8028**	**7470**	**21675**	**山　东**
6050	700	268.52	47.10	208.55	12.87	1087	999	2433	济　南
6900	350	267.42		259.17	8.25	1001	1001	6876	青　岛
		33.17		33.17		32	32	678	胶　州
900		38.13	2.38	35.76		80	80	350	平　度
900		25.97	1.14	24.83		58	58	483	莱　西
3600		54.30		51.18	3.12	340	338	915	淄　博
1600	150	30.23	4.15	24.50	1.58	454	454	258	枣　庄
1100		13.73		12.39	1.34	157	157	216	滕　州
1600	100	38.12		35.51	2.61	319	308	712	东　营

12-2 续表 9

城市名称 Name of Cities	道路清扫保洁面积(万平方米) Surface Area of Roads Cleaned and Maintained (10,000 m^2)		生活垃圾							
		机械化 Mechanization	清运量(万吨) Collected and Transported (10,000 ton)	处理量(万吨) Volume of Treated (10,000 ton)	无害化处理厂(场)数(座) Number of Harmless Treatment Plants/Grounds (unit)	卫生填埋 Sanitary Landfill	焚烧 Incineration	其他 Other	无害化处理能力(吨/日) Harmless Treatment Capacity (ton/day)	卫生填埋 Sanitary Landfill
烟 台	4614	4058	103.41	103.41	6	2	3	1	3700	1100
龙 口	601	541	11.29	11.29	1	1			560	560
莱 阳	410	383	8.62	8.62	1		1		600	
莱 州	314	298	13.15	13.15	1	1			650	650
招 远	600	508	7.64	7.64	1		1		500	
栖 霞	198	159	7.99	7.99	1		1		500	
海 阳	358	326	14.85	14.85	2	1	1		600	100
潍 坊	5130	4459	75.14	75.14	4	1	3		2400	400
青 州	1171	812	16.03	16.03	2	1	1		1300	500
诸 城	1003	582	14.36	14.36	1		1		500	
寿 光	1710	1573	18.82	18.82	2	1	1		950	350
安 丘	1222	1065	14.14	14.14	1	1			450	450
高 密	639	338	13.65	13.65	1		1		800	
昌 邑	631	487	6.56	6.56	1	1			300	300
济 宁	3515	2930	77.55	77.55	2		1	1	1900	
曲 阜	411	328	6.31	6.31						
邹 城	887	633	11.55	11.55	1		1		900	
泰 安	2312	1994	46.00	46.00	2		1	1	1500	
新 泰	728	674	27.25	27.25	1		1		600	
肥 城	407	282	9.60	9.60	1		1		800	
威 海	2291	1985	50.49	50.49	5	2	2	1	2832	982
荣 成	1315	1172	18.62	18.62	2	1	1		1400	350
乳 山	420	385	8.31	8.31	1		1		500	
日 照	2215	1609	34.71	34.71	3	1	1	1	1600	500
临 沂	5858	3724	94.88	94.88	4	1	1	2	2600	500
德 州	2301	1904	39.40	39.40	2		1	1	1150	
乐 陵	550	310	8.00	8.00	1	1			300	300
禹 城	459	293	8.50	8.50	1	1			240	240
聊 城	2029	1963	38.39	38.39	3		2	1	1400	
临 清	415	373	8.42	8.42	1		1		800	
滨 州	2260	1981	33.25	33.25	2	1	1		1400	200
邹 平	656	437	10.94	10.94	1		1		700	
菏 泽	2732	2057	46.57	46.57	5	2	2	1	2902	1112
河 南	**44651**	**36264**	**1130.20**	**1129.52**	**48**	**36**	**11**	**1**	**37366**	**20516**
郑 州	7578	6736	264.96	264.96	3	1	2		8700	2400
巩 义	629	571	12.93	12.93	1	1			350	350
荥 阳	510	465	16.26	16.26						

continued 9

Domestic Garbage						公共厕所 (座) Number of Latrines (unit)		市容环卫专用车辆设备总数 (台) Number of Vehicles and Equipment Designated for Municipal Environmental Sanitation (unit)	城市名称 Name of Cities
焚烧 Incineration	其他 other	无害化处理量 (万吨) Volume of Harmlessly Treated (10,000 ton)	卫生填埋 Sanitary Landfill	焚烧 Incineration	其他 Other		三类以上 Grade III and Above		
2400	200	103.41	12.49	86.79	4.12	277	277	857	烟台
		11.29	6.97	4.32		79	79	85	龙口
600		8.62		8.62		59	59	53	莱阳
		13.15	13.15			61	61	61	莱州
500		7.64		7.64		63	50	86	招远
500		7.99		7.99		15	9	28	栖霞
500		14.85	1.24	13.61		33	33	52	海阳
2000		75.14	6.96	68.18		370	362	927	潍坊
800		16.03		16.03		54	54	180	青州
500		14.36		14.36		108	108	147	诸城
600		18.82	3.38	15.44		83	83	348	寿光
		14.14	14.14			54	54	107	安丘
800		13.65		13.65		63	63	265	高密
		6.56	6.56			37	37	127	昌邑
1800	100	77.55		74.05	3.50	354	354	688	济宁
		6.31		6.31		44	44	73	曲阜
900		11.55		11.55		90	90	121	邹城
1200	300	46.00		43.23	2.77	270	224	765	泰安
600		27.25		27.25		105	35	168	新泰
800		9.60		9.60		86	86	55	肥城
1750	100	50.49		48.58	1.91	252	252	564	威海
1050		18.62		18.62		125	125	271	荣成
500		8.31		8.31		90	90	114	乳山
1000	100	34.71	4.24	28.61	1.86	298	223	419	日照
1500	600	94.88		90.06	4.82	337	337	482	临沂
1000	150	39.40		35.68	3.72	185	109	398	德州
		8.00	8.00			16	16	102	乐陵
		8.50		8.39	0.11	20		66	禹城
1200	200	38.39		34.22	4.16	224	224	316	聊城
800		8.42		7.84	0.58	155	16	47	临清
1200		33.25	1.20	32.05		183	179	288	滨州
700		10.94		10.94		51	51	98	邹平
1600	190	46.57	4.73	39.78	2.07	259	259	396	菏泽
16800	**50**	**1129.52**	**683.05**	**445.23**	**1.24**	**10890**	**10279**	**18459**	**河南**
6300		264.96	63.20	201.76		1903	1903	7694	郑州
		12.93	12.93			55	55	159	巩义
		16.26		16.26		60	60	134	荥阳

12-2 续表 10

城市名称 Name of Cities	道路清扫保洁面积(万平方米) Surface Area of Roads Cleaned and Maintained (10,000 m²)	机械化 Mechanization	生活垃圾 清运量(万吨) Collected and Transported (10,000 ton)	处理量(万吨) Volume of Treated (10,000 ton)	无害化处理厂(场)数(座) Number of Harmless Treatment Plants/Grounds (unit)	卫生填埋 Sanitary Landfill	焚烧 Incineration	其他 Other	无害化处理能力(吨/日) Harmless Treatment Capacity (ton/day)	卫生填埋 Sanitary Landfill
新　　密	548	322	11.44	11.44	2	1		1	280	230
新　　郑	665	466	8.08	8.08	1		1		1000	
登　　封	455	269	11.20	11.20	1	1			306	306
开　　封	1925	1584	42.37	42.37	1		1		1050	
洛　　阳	3539	3357	71.41	71.41	1		1		1500	
偃　　师	402	87	8.00	8.00	1	1			230	230
平 顶 山	1195	1192	33.21	33.21	1	1			800	800
舞　　钢	198	100	5.37	5.37	1	1			180	180
汝　　州	796	730	12.21	12.21	1	1			220	220
安　　阳	1571	1502	32.99	32.99	1	1			700	700
林　　州	484	368	14.28	14.28	1	1			260	260
鹤　　壁	1255	798	22.94	22.94	2	2			650	650
新　　乡	1741	1411	51.98	51.98	2	1	1		2365	865
长　　垣	1040	1020	12.58	12.58	1		1		900	
卫　　辉	295	190	7.25	7.25	1	1			210	210
辉　　县	429	307	29.20	29.20	1	1			300	300
焦　　作	1671	973	35.66	35.66	1	1			970	970
沁　　阳	400	189	6.12	6.12	1	1			190	190
孟　　州	480	260	5.75	5.75	1	1			150	150
濮　　阳	1126	838	34.90	34.90	1	1			1600	1600
许　　昌	1917	1380	35.89	35.89	3	2	1		3010	760
禹　　州	680	570	13.22	13.22	1	1			1340	1340
长　　葛	495	368	7.95	7.95	1	1			300	300
漯　　河	1400	950	38.29	38.29	1	1			1200	1200
三 门 峡	606	336	17.02	16.84	2	2			500	500
义　　马	330	249	5.21	5.21	1	1			210	210
灵　　宝	448	445	8.90	8.90	1	1			230	230
南　　阳	2308	1846	56.29	56.29	1	1			1150	1150
邓　　州	641	360	12.78	12.78	1	1			320	320
商　　丘	1950	1850	41.94	41.45	2	1	1		1900	700
永　　城	861	780	17.53	17.53	1	1			800	800
信　　阳	895	720	41.17	41.17	1	1			800	800
周　　口	798	798	21.27	21.27	1		1		500	
项　　城	586	330	11.32	11.32	1	1			290	290
驻 马 店	1213	1077	31.42	31.42	1	1			1005	1005
济源示范区	589	470	18.91	18.91	2	1	1		900	300

continued 10

Domestic Garbage						公共厕所（座）Number of Latrines (unit)		市容环卫专用车辆设备总数（台）Number of Vehicles and Equipment Designated for Municipal Environmental Sanitation (unit)	城市名称 Name of Cities
焚烧 Incineration	其他 other	无害化处理量（万吨）Volume of Harmlessly Treated (10,000 ton)	卫生填埋 Sanitary Landfill	焚烧 Incineration	其他 Other		三类以上 Grade Ⅲ and Above		
	50	11.44	10.21		1.24	126	126	151	新　密
1000		8.08		8.08		158	158	219	新　郑
		11.20	11.20			79	79	61	登　封
1050		42.37		42.37		932	932	599	开　封
1500		71.41		71.41		934	903	1161	洛　阳
		8.00	8.00			63	63	44	偃　师
		33.21	33.21			400	386	555	平顶山
		5.37	5.37			78	46	58	舞　钢
		12.21	12.21			91	83	177	汝　州
		32.99	32.99			468	428	517	安　阳
		14.28	14.28			97	69	75	林　州
		22.94	22.94			177	117	314	鹤　壁
1500		51.98	45.28	6.70		558	485	709	新　乡
900		12.58		12.58		55	55	100	长　垣
		7.25	7.25			6	6	167	卫　辉
		29.20	29.20			54	54	97	辉　县
		35.66	35.66			180	179	299	焦　作
		6.12	6.12			43	43	96	沁　阳
		5.75	5.75			34	34	36	孟　州
		34.90	34.90			154	154	273	濮　阳
2250		35.89		35.89		457	457	422	许　昌
		13.22	13.22			80	80	114	禹　州
		7.95	7.95			57	46	50	长　葛
		38.29	38.29			406	406	158	漯　河
		16.84	16.84			212	55	99	三门峡
		5.21	5.21			54	54	74	义　马
		8.90	8.90			66	66	70	灵　宝
		56.29	56.29			652	612	855	南　阳
		12.78	12.78			148	148	151	邓　州
1200		41.45	31.45	10.00		610	610	1393	商　丘
		17.53	17.53			136	121	119	永　城
		41.17	41.17			369	369	252	信　阳
500		21.27		21.27		267	267	264	周　口
		11.32	11.32			108	89	85	项　城
		31.42	31.42			427	345	491	驻马店
600		18.91		18.91		136	136	167	济源示范区

12-2 续表 11

城市名称 Name of Cities	道路清扫保洁面积(万平方米) Surface Area of Roads Cleaned and Maintained (10,000 m^2)	机械化 Mechanization	生活垃圾 清运量(万吨) Collected and Transported (10,000 ton)	处理量(万吨) Volume of Treated (10,000 ton)	无害化处理厂(场)数(座) Number of Harmless Treatment Plants/ Grounds (unit)	卫生填埋 Sanitary Landfill	焚烧 Incineration	其他 Other	无害化处理能力(吨/日) Harmless Treatment Capacity (ton/day)	卫生填埋 Sanitary Landfill
湖　北	**45008**	**34020**	**987.43**	**987.43**	**63**	**34**	**16**	**13**	**36597**	**14569**
武　汉	21172	16807	405.15	405.15	12	2	5	5	14590	3600
黄　石	770	722	22.97	22.97	2		1	1	1300	
大　冶	598	500	8.28	8.28						
十　堰	830	770	32.25	32.25	4	3	1		1950	950
丹江口	196	158	4.33	4.33	1	1			350	350
宜　昌	1948	1532	44.01	44.01	4	3		1	852	652
宜　都	191	162	7.01	7.01	1	1			220	220
当　阳	312	234	6.09	6.09	1	1			250	250
枝　江	342	94	9.51	9.51	1	1			280	280
襄　阳	3291	2535	55.62	55.62	2		1	1	1350	
老河口	398	318	7.97	7.97	2	1		1	788	288
枣　阳	679	79	10.46	10.46	1	1			280	280
宜　城	359		5.51	5.51	1	1			151	151
鄂　州	594	405	11.97	11.97	3	1		2	1324	500
荆　门	1569	960	21.27	21.27	1	1			582	582
京　山	320	270	5.66	5.66	1	1			300	300
钟　祥	393	312	14.70	14.70	2	1	1		770	370
孝　感	682	382	27.48	27.48	1	1			750	750
应　城	189	132	7.66	7.66	1			1	350	
安　陆	341	198	11.78	11.78	2	2			646	646
汉　川	326	90	12.20	12.20	1	1			362	362
荆　州	1769	1256	27.34	27.34	1		1		1000	
监　利	314	116	11.88	11.88	1		1		495	
石　首	195	61	6.43	6.43	1	1			300	300
洪　湖	340	240	8.00	8.00	1	1			258	258
松　滋	292	254	5.45	5.45	1	1			350	350
黄　冈	560	514	16.79	16.79	1	1			500	500
麻　城	344	293	15.54	15.54	1	1			560	560
武　穴	380	251	11.84	11.84	1		1		935	
咸　宁	1268	1168	18.97	18.97	1		1		700	
赤　壁	474	240	12.21	12.21	1		1		500	
随　州	929	838	19.06	19.06	1	1			480	480
广　水	294	234	13.39	13.39	1		1		425	
恩　施	398	332	16.87	16.87	1	1			240	240
利　川	280	208	10.49	10.49	2	1		1	210	150
仙　桃	485	362	17.00	17.00	2	1	1		1000	0
潜　江	667	558	20.42	20.42	1	1			600	600
天　门	520	435	23.88	23.88	1	1			600	600

continued 11

Domestic Garbage						公共厕所		市容环卫专用车辆设备总数(台) Number of Vehicles and Equipment Designated for Municipal Environmental Sanitation (unit)	城市名称 Name of Cities
焚烧 Incineration	其他 other	无害化处理量(万吨) Volume of Harmlessly Treated (10,000 ton)	卫生填埋 Sanitary Landfill	焚烧 Incineration	其他 Other	(座) Number of Latrines (unit)	三类以上 Grade III and Above		
16205	**5824**	**987.43**	**423.47**	**479.12**	**84.84**	**6197**	**5588**	**14587**	**湖 北**
7350	3640	405.15	101.73	249.83	53.59	1492	1403	7753	武 汉
1200	100	22.97		22.13	0.84	272	104	282	黄 石
		8.28		8.28		112	112	116	大 冶
1000		32.25	12.19	20.06		219	219	275	十 堰
		4.33	4.33			49	49	23	丹江口
	200	44.01	40.92		3.09	309	309	435	宜 昌
		7.01	7.01			57	57	83	宜 都
		6.09	6.09			92	92	64	当 阳
		9.51	9.51			60	60	244	枝 江
1200	150	55.62		51.96	3.65	544	544	1987	襄 阳
	500	7.97	3.75		4.22	165	165	85	老河口
		10.46	10.46			53	53	89	枣 阳
		5.51	5.51			43	43	39	宜 城
	824	11.97	0.32		11.65	84	84	222	鄂 州
		21.27	21.27			117	117	240	荆 门
		5.66	5.66			70	70	80	京 山
400		14.70	0.46	14.24		131	131	112	钟 祥
		27.48	27.48			132	132	457	孝 感
	350	7.66			7.66	68	68	61	应 城
		11.78	11.78			60	60	47	安 陆
		12.20	12.20			64	64	39	汉 川
1000		27.34		27.34		215	215	172	荆 州
495		11.88		11.88		56		24	监 利
		6.43	6.43			65	47	91	石 首
		8.00	8.00			40	40	33	洪 湖
		5.45	5.45			46	31	125	松 滋
		16.79	16.79			73	73	141	黄 冈
		15.54	15.54			122	122	125	麻 城
935		11.84		11.84		91		111	武 穴
700		18.97		18.97		196	196	157	咸 宁
500		12.21		12.21		92	92	99	赤 壁
		19.06	19.06			177	177	131	随 州
425		13.39		13.39		202	61	87	广 水
		16.87	16.87			121	121	133	恩 施
	60	10.49	10.35		0.14	46	46	28	利 川
1000		17.00	0.00	17.00		247	247	135	仙 桃
		20.42	20.42			165	134	150	潜 江
		23.88	23.88			50	50	112	天 门

12-2 续表 12

城市名称 Name of Cities	道路清扫保洁面积（万平方米）Surface Area of Roads Cleaned and Maintained (10,000 m^2)	机械化 Mechanization	生活垃圾 清运量（万吨）Collected and Transported (10,000 ton)	处理量（万吨）Volume of Treated (10,000 ton)	无害化处理厂（场）数（座）Number of Harmless Treatment Plants/Grounds (unit)	卫生填埋 Sanitary Landfill	焚烧 Incineration	其他 Other	无害化处理能力（吨/日）Harmless Treatment Capacity (ton/day)	卫生填埋 Sanitary Landfill
湖　南	**29576**	**25857**	**797.14**	**797.14**	**43**	**26**	**11**	**6**	**32355**	**15851**
长　沙	5187	4758	227.47	227.47	3	1	1	1	10200	4000
宁　乡	753	617	20.61	20.61	1	1			565	565
浏　阳	599	509	15.10	15.10	1	1			656	656
株　洲	2771	2494	53.61	53.61	4		2	2	2450	
醴　陵	457	374	9.69	9.69	1	1			600	600
湘　潭	1666	1499	33.33	33.33	1	1			900	900
湘　乡	266	221	18.30	18.30	2	1	1		900	400
韶　山	110	95	2.10	2.10						
衡　阳	2388	2206	45.74	45.74	3	1	1	1	2935	1375
耒　阳	473	331	18.54	18.54	1	1			760	760
常　宁	350	287	16.60	16.60	1	1			300	300
邵　阳	949	869	24.87	24.87	1	1			1000	1000
武　冈	328	262	10.59	10.59	1	1			270	270
邵　东	737	643	13.25	13.25	1	1			4	4
岳　阳	1134	1020	33.54	33.54	1		1		919	
汨　罗	353	282	7.13	7.13	1		1		500	
临　湘	207	165	8.43	8.43	1	1			360	360
常　德	1961	1860	46.04	46.04	4	1	1	2	2325	800
津　市	300	243	5.58	5.58	1	1			220	220
张家界	243	213	12.51	12.51	2	2			400	400
益　阳	1727	1492	30.58	30.58	1		1		800	
沅　江	498	280	6.44	6.44	1	1			300	300
郴　州	1500	1362	25.65	25.65	1		1		1250	
资　兴	160	148	7.21	7.21	1	1			300	300
永　州	1251	1162	24.61	24.61	1		1		800	
怀　化	910	822	22.73	22.73	1	1			901	901
洪　江	218	135	4.45	4.45	2	2			270	270
娄　底	709	636	21.90	21.90	1	1			600	600
冷水江	331	76	9.46	9.46	1	1			300	300
涟　源	156	111	9.66	9.66	1	1			250	250
吉　首	885	687	11.42	11.42	1	1			320	320
广　东	**120331**	**65753**	**3102.55**	**3100.98**	**118**	**48**	**57**	**13**	**136593**	**43558**
广　州	24458	15208	613.15	613.15	16	5	7	4	26418	8778
韶　关	1535	1107	29.38	29.38	1	1			600	600
乐　昌	59	8	6.61	6.61	1	1			200	200

continued 12

Domestic Garbage						公共厕所(座) Number of Latrines (unit)		市容环卫专用车辆设备总数(台) Number of Vehicles and Equipment Designated for Municipal Environmental Sanitation (unit)	城市名称 Name of Cities
焚烧 Incineration	其他 other	无害化处理量(万吨) Volume of Harmlessly Treated (10,000 ton)	卫生填埋 Sanitary Landfill	焚烧 Incineration	其他 Other		三类以上 Grade Ⅲ and Above		
14619	**1885**	**797.14**	**348.42**	**415.64**	**33.08**	**4380**	**3205**	**7069**	**湖　南**
5000	1200	227.47	54.19	149.33	23.95	674		1844	长　沙
		20.61	20.61			46	46	91	宁　乡
		15.10	15.10			90	90	220	浏　阳
2150	300	53.61		50.03	3.58	465	465	393	株　洲
		9.69	9.69			85	85	82	醴　陵
		33.33	33.33			340	340	792	湘　潭
500		18.30		18.30		48	48	54	湘　乡
		2.10		2.10		4	4	15	韶　山
1300	260	45.74	10.24	31.95	3.56	502	502	371	衡　阳
		18.54	18.54			45	45	150	耒　阳
		16.60	16.60			22	22	75	常　宁
		24.87	24.87			264	80	230	邵　阳
		10.59	10.59			49		51	武　冈
		13.25	13.25			107	50	143	邵　东
919		33.54		33.54		126	126	190	岳　阳
500		7.13		7.13		21	21	81	汨　罗
		8.43	8.43			19	19	55	临　湘
1400	125	46.04	1.61	42.44	1.99	178	138	288	常　德
		5.58	5.58			41	41	80	津　市
		12.51	12.51			87	87	123	张家界
800		30.58		30.58		150	150	488	益　阳
		6.44	6.44			26	16	31	沅　江
1250		25.65		25.65		226	226	354	郴　州
		7.21	7.21			14	14	60	资　兴
800		24.61		24.61		224	196	232	永　州
		22.73	22.73			165	134	206	怀　化
		4.45	4.45			56	56	18	洪　江
		21.90	21.90			180	180	126	娄　底
		9.46	9.46			15	15	45	冷水江
		9.66	9.66			9	9	47	涟　源
		11.42	11.42			102		134	吉　首
87416	**5620**	**3100.98**	**896.41**	**2108.37**	**96.21**	**12288**	**11788**	**28247**	**广　东**
14000	3640	613.15	185.10	384.77	43.28	1649	1649	5719	广　州
		29.38	29.38			94	94	410	韶　关
		6.61	6.61			13	13	134	乐　昌

12-2 续表 13

城市名称 Name of Cities	道路清扫保洁面积（万平方米）Surface Area of Roads Cleaned and Maintained (10,000 m^2)	机械化 Mechanization	生活垃圾 清运量（万吨）Collected and Transported (10,000 ton)	处理量（万吨）Volume of Treated (10,000 ton)	无害化处理厂(场)数（座）Number of Harmless Treatment Plants/ Grounds (unit)	卫生填埋 Sanitary Landfill	焚烧 Incineration	其他 Other	无害化处理能力（吨/日）Harmless Treatment Capacity (ton/day)	卫生填埋 Sanitary Landfill
南雄	114	80	8.09	8.09	1	1			221	221
深圳	26706	10760	715.56	715.56	17	3	9	5	25371	5940
珠海	6257	4023	108.14	108.14	3	1	2		4600	1000
汕头	4615	2074	123.63	123.63	6	2	4		7120	1900
佛山	4381	2169	127.27	127.27	8	2	4	2	12064	4200
江门	3365	2301	70.45	70.45	2	1		1	2590	2440
台山	461	231	11.12	11.12	1	1			400	400
开平	582	285	23.29	23.29	1		1		600	
鹤山	462	213	9.40	9.40	1	1			600	600
恩平	248	223	8.48	8.48	1	1			300	300
湛江	1596	1029	66.96	66.96	2	1	1		2702	1000
廉江	478	252	11.16	11.16	1		1		655	
雷州	345	131	10.95	10.09	1	1			250	250
吴川	377	115	11.69	11.69	1	1			750	750
茂名	1309	1063	43.07	43.07	3	1	1	1	1810	300
高州	430	200	30.41	30.41	1	1			1216	1216
化州	439	23	8.15	8.15	1		1		600	
信宜	246	80	7.50	7.50	2	1	1		1460	510
肇庆	2265	1185	33.76	33.76	2	1	1		2616	1116
四会	459	285	13.58	13.58	2	1	1		1400	400
惠州	5302	3901	125.88	125.88	5	2	3		6700	2000
梅州	791	642	23.78	23.78	1		1		1000	
兴宁	362	208	17.97	17.97	1	1			460	460
汕尾	576	300	15.44	15.44	1		1		2100	
陆丰	186	116	10.96	10.96	1		1		1200	
河源	500	100	33.00	32.40	2	2			887	887
阳江	1793	752	38.70	38.70	2	2			1534	1534
阳春	278	70	8.83	8.83	2	1	1		554	350
清远	1399	1340	47.11	47.11	2	2			1500	1500
英德	415	300	8.69	8.69	1	1			400	400
连州	218	122	4.77	4.77	1	1			249	249
东莞	20856	11024	489.61	489.61	10	3	7		12506	506
中山	2542	1573	52.98	52.98	5		5		5460	
潮州	934	597	40.72	40.72	3	1	2		3150	750
揭阳	1042	839	38.88	38.88	2	1	1		1950	1200
普宁	924	294	33.58	33.48	2	1	1		1400	600
云浮	579	315	11.45	11.45	1	1			300	300
罗定	448	214	8.41	8.41	1	1			700	700

continued 13

Domestic Garbage						公共厕所 (座) Number of Latrines (unit)		市容环卫专用车辆设备总数(台) Number of Vehicles and Equipment Designated for Municipal Environmental Sanitation (unit)	城市名称 Name of Cities
焚烧 Incinera-tion	其他 other	无害化处理量(万吨) Volume of Harm-lessly Treated (10,000 ton)	卫生填埋 Sanitary Landfill	焚烧 Incinera-tion	其他 Other		三类以上 Grade Ⅲ and Above		
		8.09	8.09			12	12	28	南　雄
17975	1456	715.56	43.77	623.36	48.43	3557	3557	4257	深　圳
3600		108.14	16.33	91.81		349	316	1008	珠　海
5220		123.63	41.95	81.68		755	755	1315	汕　头
7500	364	127.27	87.80	36.25	3.22	523	523	1374	佛　山
	150	70.45	69.47		0.98	476	476	838	江　门
		11.12	11.12			56	56	65	台　山
600		23.29		23.29		29	29	74	开　平
		9.40	9.40			26	26	61	鹤　山
		8.48	8.48			33	33	61	恩　平
1702		66.96	4.85	62.11		162	162	2784	湛　江
655		11.16		11.16		14	14	27	廉　江
		10.09	10.09			26	26	34	雷　州
		11.69	11.69			24	24	85	吴　川
1500	10	43.07	21.83	20.95	0.30	153	153	148	茂　名
		30.41	30.41			44	44	63	高　州
600		8.15		8.15		23	23	37	化　州
950		7.50	6.12	1.38		18	18	45	信　宜
1500		33.76	3.23	30.53		224	222	327	肇　庆
1000		13.58		13.58		19	19	140	四　会
4700		125.88	44.95	80.93		166	149	614	惠　州
1000		23.78		23.78		116	116	123	梅　州
		17.97	17.97			26	26	42	兴　宁
2100		15.44		15.44		14	14	1407	汕　尾
1200		10.96		10.96		14		53	陆　丰
		32.40	32.40			201	201	80	河　源
		38.70	38.70			54	54	200	阳　江
204		8.83	8.28	0.55		20	20	19	阳　春
		47.11	47.11			58	58	167	清　远
		8.69	8.69			23	23	30	英　德
		4.77	4.77			27	27	52	连　州
12000		489.61	16.88	472.74		1851	1792	4514	东　莞
5460		52.98		52.98		210	120	1191	中　山
2400		40.72	3.94	36.78		627	523	170	潮　州
750		38.88	26.42	12.46		526	394	174	揭　阳
800		33.48	20.73	12.75		26	26	53	普　宁
		11.45	11.45			27		56	云　浮
		8.41	8.41			23	1	268	罗　定

12-2 续表 14

城市名称 Name of Cities	道路清扫保洁面积(万平方米) Surface Area of Roads Cleaned and Maintained (10,000 m^2)	机械化 Mechanization	生活垃圾 清运量(万吨) Collected and Transported (10,000 ton)	处理量(万吨) Volume of Treated (10,000 ton)	无害化处理厂(场)数(座) Number of Harmless Treatment Plants/Grounds (unit)	卫生填埋 Sanitary Landfill	焚烧 Incineration	其他 Other	无害化处理能力(吨/日) Harmless Treatment Capacity (ton/day)	卫生填埋 Sanitary Landfill
广　西	**27715**	**17376**	**519.60**	**519.60**	**33**	**18**	**14**	**1**	**18972**	**7172**
南　宁	8176	5317	137.60	137.60	3	2	1		3335	1335
柳　州	4938	2875	70.15	70.15	1	1			600	600
桂　林	2023	1618	46.18	46.18	1		1		1500	
荔　浦	230	176	2.74	2.74	1	1			240	240
梧　州	845	350	22.04	22.04	2	1	1		1400	400
岑　溪	295	177	5.17	5.17	1	1			200	200
北　海	1666	1148	37.56	37.56	1	1			576	576
防城港	908	568	11.91	11.91	1		1		500	
东　兴	280	196	5.41	5.41	1	1			121	121
钦　州	1357	354	28.49	28.49	2	1	1		1130	530
贵　港	1268	1011	17.07	17.07	2	1	1		1280	380
桂　平	498	340	6.34	6.34	1	1			200	200
玉　林	871	617	27.51	27.51	2	1	1		1450	650
北　流	630	194	7.33	7.33	1		1		1050	
百　色	1019	669	15.63	15.63	2	1	1		730	230
平　果	400	242	5.89	5.89	1			1	150	
靖　西	241	144	5.67	5.67	1	1			160	160
贺　州	521	412	17.96	17.96	2	1	1		950	450
河　池	326	162	13.44	13.44	3	1	2		1600	400
来　宾	650	445	23.52	23.52	2	1	1		1500	500
合　山	66	33	1.86	1.86						
崇　左	377	266	5.50	5.50	1	1			200	200
凭　祥	130	60	4.61	4.61	1		1		100	
海　南	**9962**	**6764**	**253.64**	**253.64**	**12**	**6**	**4**	**2**	**8685**	**2310**
海　口	4028	3340	130.21	130.21	3	1	1	1	3600	1000
三　亚	1825	1620	81.46	81.46	3	1	1	1	3050	500
儋　州	764	395	11.90	11.90	2	1	1		1280	280
五指山	110	87	1.25	1.25	1	1			130	130
琼　海	676	626	7.81	7.81						
文　昌	266	246	7.85	7.85	1		1		225	
万　宁	160	128	3.55	3.55	1	1			190	190
东　方	2133	323	9.61	9.61	1	1			210	210

continued 14

Domestic Garbage						公共厕所 (座) Number of Latrines (unit)		市容环卫专用车辆设备总数 (台) Number of Vehicles and Equipment Designated for Municipal Environmental Sanitation (unit)	城市名称 Name of Cities
焚烧 Incineration	其他 other	无害化处理量 (万吨) Volume of Harmlessly Treated (10,000 ton)	卫生填埋 Sanitary Landfill	焚烧 Incineration	其他 Other		三类以上 Grade Ⅲ and Above		
11650	**150**	**519.60**	**251.63**	**262.07**	**5.89**	**1934**	**1772**	**10164**	**广　西**
2000		137.60	73.50	64.11		275	197	4910	南　宁
		70.15	70.15			266	266	799	柳　州
1500		46.18		46.18		362	362	434	桂　林
		2.74	2.74			21	21	92	荔　浦
1000		22.04	11.54	10.50		66	66	550	梧　州
		5.17	5.17			14	14	16	岑　溪
		37.56	37.56			174	167	285	北　海
500		11.91		11.91		56	45	323	防城港
		5.41	5.41			24	5	58	东　兴
600		28.49	4.22	24.27		106	106	673	钦　州
900		17.07		17.07		130	119	282	贵　港
		6.34	6.34			25	7	137	桂　平
800		27.51		27.51		90	90	183	玉　林
1050		7.33		7.33		22	22	31	北　流
500		15.63	12.45	3.18		57	40	425	百　色
	150	5.89			5.89	26	26	48	平　果
		5.67	5.67			15	15	468	靖　西
500		17.96		17.96		67	67	95	贺　州
1200		13.44	6.77	6.68		51	50	84	河　池
1000		23.52		23.52		33	33	51	来　宾
		1.86		1.86		12	12	29	合　山
		5.50	5.50			18	18	148	崇　左
100		4.61	4.61			24	24	43	凭　祥
5875	**500**	**253.64**	**80.31**	**157.46**	**15.87**	**1296**	**1247**	**11662**	**海　南**
2400	200	130.21	35.78	85.06	9.36	479	479	4297	海　口
2250	300	81.46	21.00	53.95	6.51	572	572	2772	三　亚
1000		11.90	9.12	2.79		29	29	820	儋　州
		1.25	1.25			21	21	47	五指山
		7.81		7.81		43	43	567	琼　海
225		7.85		7.85		70	45	579	文　昌
		3.55	3.55			31	16	518	万　宁
		9.61	9.61			51	42	2062	东　方

12-2 续表 15

城市名称 Name of Cities	道路清扫保洁面积(万平方米) Surface Area of Roads Cleaned and Maintained (10,000 m²)	机械化 Mechanization	生活垃圾 清运量(万吨) Collected and Transported (10,000 ton)	处理量(万吨) Volume of Treated (10,000 ton)	无害化处理厂(场)数(座) Number of Harmless Treatment Plants/Grounds (unit)	卫生填埋 Sanitary Landfill	焚烧 Incineration	其他 Other	无害化处理能力(吨/日) Harmless Treatment Capacity (ton/day)	卫生填埋 Sanitary Landfill
重　庆	**22755**	**15300**	**628.49**	**625.09**	**25**	**16**	**7**	**2**	**19449**	**8049**
重　庆	22755	15300	628.49	625.09	25	16	7	2	19449	8049
四　川	**45041**	**33842**	**1136.57**	**1136.49**	**51**	**22**	**25**	**4**	**39444**	**13175**
成　都	16624	12369	511.40	511.39	9	2	5	2	16825	8025
都江堰	539	494	11.11	11.11	1	1			500	500
彭　州	376	344	8.84	8.84						
邛　崃	343	257	6.25	6.25	1	1			160	160
崇　州	663	119	9.80	9.80	1	1			200	200
简　阳	483	340	10.24	10.24	1	1			941	941
自　贡	1215	1057	26.64	26.64	1		1		2300	
攀枝花	819	661	17.31	17.31	2	1	1		1100	300
泸　州	1610	1413	39.07	39.07	1		1		1500	
德　阳	946	845	23.06	23.06	1		1		1000	
广　汉	728	582	19.98	19.98	1		1		1000	
什　邡	327	278	4.70	4.70	1		1		128	
绵　竹	301	206	6.20	6.20	1		1		300	
绵　阳	2706	2289	56.59	56.59	3	2	1		1983	483
江　油	600	370	13.59	13.59						
广　元	1311	720	19.87	19.87	3	2	1		830	130
遂　宁	1108	825	23.26	23.26	1		1		800	
射　洪	350	280	10.92	10.92	1	1			266	266
内　江	985	775	22.67	22.67	1		1		1050	
隆　昌	362	261	9.78	9.78	1	1			200	200
乐　山	1324	938	35.58	35.58	4	3	1		1220	220
峨眉山	238	149	6.00	6.00	2	1		1	600	200
南　充	2137	1740	50.38	50.38	2	1	1		1300	500
阆　中	506	360	11.40	11.40	1	1			350	350
眉　山	1436	765	20.30	20.30	1		1		1500	
宜　宾	1473	1210	41.95	41.95						
广　安	1541	954	15.80	15.80						
华　蓥	316	40	5.50	5.50						
达　州	648	621	21.65	21.65	1		1		700	
万　源	70	30	5.60	5.60	1		1		250	
雅　安	497	406	12.57	12.56	1		1		700	
巴　中	621	545	13.08	13.08	1		1		358	
资　阳	960	892	15.00	15.00	1	1			400	400
马尔康	118	83	2.56	2.48	2		1	1	83	
康　定	70	66	3.29	3.29	1	1			65	65
西　昌	690	559	24.64	24.64	2	1	1		835	235

continued 15

Domestic Garbage						公共厕所 (座) Number of Latrines (unit)		市容环卫专用车辆设备总数(台) Number of Vehicles and Equipment Designated for Municipal Environmental Sanitation (unit)	城市名称 Name of Cities
焚烧 Incineration	其他 other	无害化处理量(万吨) Volume of Harmlessly Treated (10,000 ton)	卫生填埋 Sanitary Landfill	焚烧 Incineration	其他 Other		三类以上 Grade Ⅲ and Above		
11100	**300**	**589.75**	**194.40**	**386.19**	**9.16**	**4801**	**3729**	**5008**	**重　庆**
11100	300	589.75	194.40	386.19	9.16	4801	3729	5008	重　庆
25336	**933**	**1136.49**	**370.54**	**749.30**	**16.65**	**7527**	**6421**	**12025**	**四　川**
8300	500	511.39	241.51	260.09	9.79	2351	2123	6147	成　都
		11.11		11.11		119	119	150	都江堰
		8.84		8.84		137	132	57	彭　州
		6.25	6.25			72	72	287	邛　崃
		9.80	9.80			40		61	崇　州
		10.24	10.24			76	76	225	简　阳
2300		26.64		26.64		495	495	526	自　贡
800		17.31		17.31		313	246	154	攀枝花
1500		39.07		39.07		246	246	245	泸　州
1000		23.06	0.67	22.39		131	35	624	德　阳
1000		19.98		19.98		67	67	77	广　汉
128		4.70		4.70		54	54	89	什　邡
300		6.20		6.20		27	27	35	绵　竹
1500		56.59	14.08	42.51		336	336	284	绵　阳
		13.59		13.59		71	71	57	江　油
700		19.87	3.22	16.65		135	40	190	广　元
800		23.26		23.26		199	22	185	遂　宁
		10.92	10.92			45	27	60	射　洪
1050		22.67		22.67		311	311	223	内　江
		9.78	0.76	9.02		30	30	59	隆　昌
1000		35.58	10.81	24.78		224	152	237	乐　山
	400	6.00	1.81		4.19	47	47	58	峨眉山
800		50.38	17.01	33.37		475	461	165	南　充
		11.40	11.40			166	165	44	阆　中
1500		20.30		20.30		158	154	215	眉　山
		41.95	7.64	32.84	1.47	197	129	387	宜　宾
		15.80		15.80		132	118	246	广　安
		5.50		5.50		40	26	60	华　蓥
700		21.65		21.65		271	271	274	达　州
250		5.60		5.60		60	35	45	万　源
700		12.56		12.56		16	14	129	雅　安
358		13.08		13.08		112		125	巴　中
		15.00	15.00			108	108	103	资　阳
50	33	2.48		1.28	1.20	16	16	22	马尔康
		3.29	3.29			17	10	17	康　定
600		24.64	6.14	18.51		233	186	163	西　昌

12-2 续表 16

城市名称 Name of Cities	道路清扫保洁面积(万平方米) Surface Area of Roads Cleaned and Maintained (10,000 m^2)		生活垃圾							
		机械化 Mechanization	清运量(万吨) Collected and Transported (10,000 ton)	处理量(万吨) Volume of Treated (10,000 ton)	无害化处理厂(场)数(座) Number of Harmless Treatment Plants/Grounds (unit)	卫生填埋 Sanitary Landfill	焚烧 Incineration	其他 Other	无害化处理能力(吨/日) Harmless Treatment Capacity (ton/day)	卫生填埋 Sanitary Landfill
贵　州	**16721**	**14472**	**358.48**	**350.77**	**35**	**14**	**14**	**7**	**18607**	**6347**
贵　阳	5709	5123	141.59	141.59	4	2	1	1	4735	3000
清　镇	396	246	14.54	13.81	2	1	1		600	300
六盘水	600	597	13.45	13.02	3	1	1	1	1750	500
盘　州	240	221	9.51	9.04	1	1			200	200
遵　义	3424	2839	44.20	42.68	5	2	2	1	2252	732
赤　水	197	162	5.14	4.89	2	1		1	340	140
仁　怀	608	517	8.56	8.20	2	1	1		1340	140
安　顺	1309	1023	30.35	29.46	4	1	2	1	1710	310
毕　节	620	560	18.16	17.42	3	1	1	1	1400	300
铜　仁	680	590	14.56	14.56	2		1	1	655	
兴　义	1191	1132	14.73	14.32	2	1	1		1530	330
兴　仁	182	150	6.14	5.83						
凯　里	492	459	19.19	18.35	1		1		800	
都　匀	791	616	12.29	11.78	2	1	1		850	250
福　泉	281	238	6.07	5.83	2	1	1		445	145
云　南	**19041**	**14050**	**487.51**	**487.45**	**36**	**24**	**11**	**1**	**17195**	**6145**
昆　明	8060	5852	209.82	209.81	8	2	6		8330	780
安　宁	415	364	11.69	11.69						
曲　靖	1745	1247	29.15	29.15	1		1		800	
宣　威	708	500	12.64	12.64	1	1			450	450
玉　溪	634	444	20.25	20.25	2	2			555	555
澄　江	146	110	5.99	5.99	1	1			165	165
保　山	499	349	11.51	11.51	2	1	1		1050	250
腾　冲	272	207	7.46	7.46	1	1			250	250
昭　通	545	402	20.12	20.12	3	1	1	1	710	110
水　富	90	75	2.54	2.54	1	1			90	90
丽　江	310	248	15.94	15.94	1	1			450	450
普　洱	410	296	9.40	9.34	1	1			300	300
临　沧	420	280	7.24	7.24	1	1			190	190
楚　雄	730	646	7.48	7.48	1		1		700	
个　旧	117	86	4.68	4.68	1	1			160	160

continued 16

Domestic Garbage						公共厕所 (座) Number of Latrines (unit)		市容环卫专用车辆设备总数(台) Number of Vehicles and Equipment Designated for Municipal Environmental Sanitation (unit)	城市名称 Name of Cities
焚烧 Incineration	其他 other	无害化处理量(万吨) Volume of Harmlessly Treated (10,000 ton)	卫生填埋 Sanitary Landfill	焚烧 Incineration	其他 Other		三类以上 Grade Ⅲ and Above		
11100	**1160**	**350.77**	**136.65**	**197.34**	**16.79**	**2445**	**2328**	**5485**	**贵州**
1200	535	141.59	102.88	30.90	7.80	605	605	1672	贵阳
300		13.81	0.17	13.64		59	59	216	清镇
1200	50	13.02		12.57	0.45	68	68	164	六盘水
		9.04	9.04			118	118	55	盘州
1400	120	42.68	21.95	15.10	5.63	795	795	1208	遵义
	200	4.89		4.89		32	32	58	赤水
1200		8.20		8.20		47	47	234	仁怀
1300	100	29.46		28.49	0.96	164	164	643	安顺
1000	100	17.42	1.01	14.47	1.94	129	129	249	毕节
600	55	14.56		14.56		90	86	179	铜仁
1200		14.32	1.50	12.82		78	12	260	兴义
		5.83		5.83		16	16	36	兴仁
800		18.35		18.35		119	119	169	凯里
600		11.78	0.10	11.68		58	30	203	都匀
300		5.83		5.83		67	48	139	福泉
10950	**100**	**487.45**	**196.89**	**278.93**	**11.63**	**5155**	**4968**	**5254**	**云南**
7550		209.81	15.72	194.09		1760	1743	2031	昆明
		11.69		11.69		82	82	96	安宁
800		29.15		29.15		470	438	572	曲靖
		12.64	12.64			90	90	83	宣威
		20.25	20.25			76	76	151	玉溪
		5.99	5.99			30	30	39	澄江
800		11.51	1.56	9.95		183	183	54	保山
		7.46	7.46			140	140	215	腾冲
500	100	20.12		8.49	11.63	238	201	184	昭通
		2.54	2.54			50	50	30	水富
		15.94	15.94			138	138	115	丽江
		9.34	9.34			177	177	114	普洱
		7.24	7.24			97	97	66	临沧
700		7.48		7.48		136	136	78	楚雄
		4.68	4.68			64	64	58	个旧

12-2 续表 17

城市名称 Name of Cities	道路清扫保洁面积(万平方米) Surface Area of Roads Cleaned and Maintained (10,000 m²)	机械化 Mechanization	生活垃圾 清运量(万吨) Collected and Transported (10,000 ton)	处理量(万吨) Volume of Treated (10,000 ton)	无害化处理厂(场)数(座) Number of Harmless Treatment Plants/ Grounds (unit)	卫生填埋 Sanitary Landfill	焚烧 Incineration	其他 Other	无害化处理能力(吨/日) Harmless Treatment Capacity (ton/day)	卫生填埋 Sanitary Landfill
开　远	214	182	6.96	6.96	1	1			200	200
蒙　自	659	495	14.16	14.16	1	1			300	300
弥　勒	326	262	7.31	7.31	1	1			220	220
文　山	751	571	13.45	13.45	1	1			150	150
景　洪	399	304	23.04	23.04	1	1			631	631
大　理	625	426	18.07	18.07	1		1		600	
瑞　丽	456	333	8.34	8.34	1	1			300	300
芒　市	329	246	11.07	11.07	1	1			303	303
泸　水	69	29	3.72	3.72	1	1			131	131
香格里拉	111	97	5.49	5.49	2	2			160	160
西　藏	**2140**	**1164**	**62.34**	**62.11**	**11**	**10**	**1**		**3055**	**2355**
拉　萨	1399	944	35.61	35.61	6	5	1		2000	1300
日喀则	248	91	9.86	9.86	1	1			300	300
昌　都	132	87	4.30	4.27	1	1			110	110
林　芝	16	13	3.69	3.69	1	1			110	110
山　南	246	2	6.39	6.23	1	1			175	175
那　曲	100	28	2.50	2.46	1	1			360	360
陕　西	**20880**	**18444**	**550.01**	**549.64**	**33**	**28**	**4**	**1**	**18710**	**11699**
西　安	12268	11378	294.40	294.27	11	7	4		10798	3887
铜　川	565	490	17.35	17.35	3	2		1	675	575
宝　鸡	1273	939	33.78	33.78	2	2			1270	1270
咸　阳	810	670	33.54	33.54	1	1			905	905
彬　州	201	168	5.46	5.45	1	1			170	170
兴　平	255	230	8.97	8.96	1	1			251	251
渭　南	819	704	20.12	20.12	2	2			580	580
韩　城	313	282	8.42	8.42	1	1			400	400
华　阴	130	78	5.62	5.62	1	1			200	200
延　安	380	333	26.25	26.25	2	2			696	696
子　长	184	140	4.33	4.21	1	1			120	120
汉　中	614	530	18.80	18.78	2	2			800	800
榆　林	1549	1205	29.57	29.57	1	1			405	405
神　木	700	625	9.57	9.48	1	1			340	340
安　康	352	250	18.52	18.52	1	1			700	700
商　洛	180	140	7.90	7.90	1	1			200	200
杨凌区	286	282	7.39	7.39	1	1			200	200

continued 17

Domestic Garbage						公共厕所 (座) Number of Latrines (unit)		市容环卫专用车辆设备总数 (台) Number of Vehicles and Equipment Designated for Municipal Environmental Sanitation (unit)	城市名称 Name of Cities
焚烧 Incineration	其他 other	无害化处理量 (万吨) Volume of Harmlessly Treated (10,000 ton)	卫生填埋 Sanitary Landfill	焚烧 Incineration	其他 Other		三类以上 Grade Ⅲ and Above		
		6.96	6.96			92	92	86	开　远
		14.16	14.16			169	169	164	蒙　自
		7.31	7.31			135	135	85	弥　勒
		13.45	13.45			181	181	115	文　山
		23.04	23.04			116	114	145	景　洪
600		18.07		18.07		449	393	260	大　理
		8.34	8.34			66	65	165	瑞　丽
		11.07	11.07			127	127	255	芒　市
		3.72	3.72			35	35	21	泸　水
		5.49	5.49			54	12	72	香格里拉
700		**62.11**	**42.43**	**19.68**		**778**	**156**	**1425**	**西　藏**
700		35.61	15.93	19.68		541	64	1205	拉　萨
		9.86	9.86			65		77	日喀则
		4.27	4.27			67	67	54	昌　都
		3.69	3.69			22		32	林　芝
		6.23	6.23			25	25	18	山　南
		2.46	2.46			58		39	那　曲
6911	**100**	**549.64**	**300.16**	**247.01**	**2.47**	**6286**	**6019**	**5264**	**陕　西**
6911		294.27	47.26	247.01		3315	3315	3078	西　安
	100	17.35	15.74		1.62	251	251	132	铜　川
		33.78	33.78			528	528	224	宝　鸡
		33.54	33.54			337	228	259	咸　阳
		5.45	5.45			58	32	46	彬　州
		8.96	8.96			21	21	69	兴　平
		20.12	20.12			332	332	325	渭　南
		8.42	8.42			64	64	72	韩　城
		5.62	5.62			55	44	67	华　阴
		26.25	25.39		0.85	246	246	149	延　安
		4.21	4.21			55	46	55	子　长
		18.78	18.78			163	128	136	汉　中
		29.57	29.57			407	355	251	榆　林
		9.48	9.48			176	176	154	神　木
		18.52	18.52			156	131	117	安　康
		7.90	7.90			68	68	88	商　洛
		7.39	7.39			54	54	42	杨凌区

12-2 续表 18

城市名称 Name of Cities	道路清扫保洁面积(万平方米) Surface Area of Roads Cleaned and Maintained (10,000 m^2)	机械化 Mechanization	生活垃圾 清运量(万吨) Collected and Transported (10,000 ton)	处理量(万吨) Volume of Treated (10,000 ton)	无害化处理厂(场)数(座) Number of Harmless Treatment Plants/Grounds (unit)	卫生填埋 Sanitary Landfill	焚烧 Incineration	其他 Other	无害化处理能力(吨/日) Harmless Treatment Capacity (ton/day)	卫生填埋 Sanitary Landfill
甘　肃	**13580**	**11100**	**272.55**	**272.55**	**24**	**19**	**3**	**2**	**9593**	**5674**
兰　州	5066	4360	105.32	105.32	6	3	1	2	3463	545
嘉峪关	1142	914	10.39	10.39	1	1			360	360
金　昌	656	368	6.39	6.39	1	1			250	250
白　银	927	696	12.65	12.65						
天　水	831	707	19.61	19.61	3	2	1		1428	828
武　威	609	566	15.30	15.30	1	1			540	540
张　掖	754	679	12.31	12.31	2	1	1		680	280
平　凉	635	481	12.01	12.01	1	1			500	500
华　亭	186	172	3.90	3.90	1	1			139	139
酒　泉	673	532	17.52	17.52	1	1			480	480
玉　门	240	173	2.03	2.03	1	1			130	130
敦　煌	246	228	5.12	5.12	1	1			193	193
庆　阳	495	395	12.78	12.78	1	1			380	380
定　西	215	185	6.20	6.20	1	1			180	180
陇　南	194	146	6.59	6.59	1	1			210	210
临　夏	551	386	18.62	18.62	1	1			500	500
合　作	160	113	5.82	5.82	1	1			159	159
青　海	**4015**	**2429**	**116.19**	**115.37**	**12**	**10**		**2**	**2140**	**1970**
西　宁	2062	1714	88.21	88.02	4	3		1	1105	985
海　东	337	196	8.18	7.92	2	2			270	270
同　仁	145	15	1.40	1.39	1	1			150	150
玉　树	315	61	5.33	5.26	1	1			150	150
茫　崖	40	6	1.23	1.18	1	1			36	36
格尔木	696	169	9.49	9.32	2	1		1	279	229
德令哈	421	270	2.34	2.29	1	1			150	150
宁　夏	**9376**	**6672**	**126.85**	**126.80**	**14**	**7**	**4**	**3**	**5936**	**2630**
银　川	4639	3142	69.88	69.88	3	1	1	1	3400	1000
灵　武	380	229	7.05	7.05	2	1	1		367	170
宁东能源化工基地	153	143	1.77	1.77	1		1		48	
石嘴山	1470	914	16.22	16.22	4	2		2	627	467
吴　忠	785	706	8.88	8.88	1		1		500	
青铜峡	242	215	4.61	4.56	1	1			210	210
固　原	942	720	9.80	9.80	1	1			398	398
中　卫	767	604	8.64	8.64	1	1			385	385

continued 18

Domestic Garbage						公共厕所（座）Number of Latrines (unit)		市容环卫专用车辆设备总数（台）Number of Vehicles and Equipment Designated for Municipal Environmental Sanitation (unit)	城市名称 Name of Cities
焚烧 Incinera-tion	其他 other	无害化处理量（万吨）Volume of Harm-lessly Treated (10,000 ton)	卫生填埋 Sanitary Landfill	焚烧 Incinera-tion	其他 Other		三类以上 Grade Ⅲ and Above		
3208	**710**	**272.55**	**135.97**	**121.38**	**15.21**	**2115**	**1849**	**5624**	**甘　肃**
2208	710	105.32	9.30	80.82	15.21	704	702	3262	兰　州
		10.39	10.39			220	220	581	嘉峪关
		6.39	6.39			74	71	101	金　昌
		12.65		12.65		103	31	134	白　银
600		19.61		19.61		158	136	185	天　水
		15.30	15.30			51		403	武　威
400		12.31	4.01	8.30		109	89	65	张　掖
		12.01	12.01			141	141	126	平　凉
		3.90	3.90			30	21	44	华　亭
		17.52	17.52			155	155	57	酒　泉
		2.03	2.03			49	49	24	玉　门
		5.12	5.12			46	46	31	敦　煌
		12.78	12.78			81	81	142	庆　阳
		6.20	6.20			63	48	62	定　西
		6.59	6.59			31		69	陇　南
		18.62	18.62			59	59	304	临　夏
		5.82	5.82			41		34	合　作
	170	**115.37**	**97.65**		**17.71**	**741**	**652**	**951**	**青　海**
	120	88.02	70.90		17.12	475	465	588	西　宁
		7.92	7.92			96	54	155	海　东
		1.39	1.39			15		20	同　仁
		5.26	5.26			35	35	69	玉　树
		1.18	1.18			8		7	茫　崖
	50	9.32	8.72		0.59	72	72	54	格尔木
		2.29	2.29			40	26	58	德令哈
2745	**560**	**126.80**	**40.00**	**71.66**	**15.14**	**898**	**873**	**2137**	**宁　夏**
2000	400	69.88	7.13	50.17	12.57	342	342	1421	银　川
197		7.05	0.03	7.02		53	53	54	灵　武
48		1.77		1.77		12	12	58	宁东能源化工基地
	160	16.22	13.65		2.57	244	244	187	石嘴山
500		8.88		8.88		104	104	151	吴　忠
		4.56	0.74	3.82		45	45	56	青铜峡
		9.80	9.80			41	41	104	固　原
		8.64	8.64			57	32	106	中　卫

12-2 续表 19

城市名称 Name of Cities	道路清扫保洁面积(万平方米) Surface Area of Roads Cleaned and Maintained (10,000 m^2)	机械化 Mechanization	生活垃圾 清运量(万吨) Collected and Transported (10,000 ton)	处理量(万吨) Volume of Treated (10,000 ton)	无害化处理厂(场)数(座) Number of Harmless Treatment Plants/Grounds (unit)	卫生填埋 Sanitary Landfill	焚烧 Incineration	其他 Other	无害化处理能力(吨/日) Harmless Treatment Capacity (ton/day)	卫生填埋 Sanitary Landfill
新　疆	**18658**	**12722**	**335.59**	**332.62**	**28**	**23**	**3**	**2**	**16455**	**14055**
乌鲁木齐	5034	3891	132.23	132.23	4	3		1	8364	8064
克拉玛依	2635	1974	16.75	16.75	4	3		1	817	767
吐鲁番	580	464	7.77	7.77	1	1			300	300
哈　密	1281	469	12.66	12.66	1	1			350	350
昌　吉	1266	448	18.00	18.00	1	1			600	600
阜　康	369	305	4.77	4.77	2	2			226	226
博　乐	301	196	5.24	5.24	1		1		300	
阿拉山口	90	50	0.91	0.91	1	1			100	100
库尔勒	1103	672	22.31	21.20	1		1		750	
阿克苏	750	720	18.00	18.00	1	1			550	550
库　车	28	11	11.32	11.32	1	1			270	270
阿图什	200	30	4.27	4.10	1	1			189	189
喀　什	2169	1652	18.72	18.34	1	1			500	500
和　田	390	120	9.99	9.99	1		1		1000	
伊　宁	809	450	30.36	30.36	1	1			1000	1000
奎　屯	491	394	7.47	7.47	1	1			400	400
霍尔果斯	204	160	0.82	0.82	1	1			74	74
塔　城	305	210	6.21	5.32	2	2			380	380
乌　苏	491	360	4.02	3.60	1	1			120	120
阿勒泰	162	145	3.78	3.78	1	1			165	165
新疆兵团	**3875**	**2739**	**28.59**	**28.48**	**8**	**7**	**1**		**1305**	**505**
石河子	825	803	9.93	9.93	1		1		800	
阿拉尔	280	251	3.76	3.76	1	1			103	103
图木舒克	839		3.29	3.29	1	1			110	110
五家渠	292	220	5.12	5.12	1	1			120	120
北　屯	687	680	2.36	2.36	1	1			60	60
铁门关	190	152	1.46	1.46						
双　河	180	150	1.20	1.10	1	1			30	30
可克达拉	405	404	0.46	0.46	1	1			30	30
昆　玉	115	28	0.71	0.71	1	1			52	52
胡杨河	63	51	0.30	0.30						

continued 19

Domestic Garbage						公共厕所 (座) Number of Latrines (unit)		市容环卫专用车辆设备总数(台) Number of Vehicles and Equipment Designated for Municipal Environmental Sanitation (unit)	城市名称 Name of Cities
焚烧 Incineration	其他 other	无害化处理量(万吨) Volume of Harmlessly Treated (10,000 ton)	卫生填埋 Sanitary Landfill	焚烧 Incineration	其他 Other		三类以上 Grade Ⅲ and Above		
2050	**350**	**332.62**	**291.17**	**36.43**	**5.02**	**2088**	**1650**	**7142**	**新　疆**
	300	132.23	128.18		4.05	615	559	4636	乌鲁木齐
	50	16.75	15.78		0.98	179	179	379	克拉玛依
		7.77	7.77			60	60	48	吐鲁番
		12.66	12.66			136	102	208	哈　密
		18.00	18.00			111	111	198	昌　吉
		4.77	4.77			49	40	150	阜　康
300		5.24		5.24		65	2	125	博　乐
		0.91	0.91			13	6	38	阿拉山口
750		21.20		21.20		110	108	106	库尔勒
		18.00	18.00			148	9	70	阿克苏
		11.32	11.32			66	5	49	库　车
		4.10	4.10			24	6	23	阿图什
		18.34	18.34			148	129	170	喀　什
1000		9.99		9.99		16		62	和　田
		30.36	30.36			153	153	281	伊　宁
		7.47	7.47			112	112	230	奎　屯
		0.82	0.82			9	9	65	霍尔果斯
		5.32	5.32			13	13	174	塔　城
		3.60	3.60			36	22	44	乌　苏
		3.78	3.78			25	25	86	阿勒泰
800		**28.18**	**16.79**	**11.39**		**287**	**63**	**527**	**新疆兵团**
800		9.93		9.93		142		322	石河子
		3.76	3.76			25	17	17	阿拉尔
		3.29	3.29			10		15	图木舒克
		5.12	5.12			41		8	五家渠
		2.36	2.36			27	27	97	北　屯
		1.46		1.46		9	9	14	铁门关
		1.10	1.10			6		9	双　河
		0.46	0.46			10	10	20	可克达拉
		0.71	0.71			8		17	昆　玉
						9		8	胡杨河

绿色生态数据

Data by Green Ecology

十三、城市园林绿化

13. Urban Landscaping

简要说明

本部分主要包括道路清扫保洁，生活垃圾、粪便的清运、处理等内容。

Brief Introduction

This section mainly includes such indicators as the cleaning and maintenance of roads, the transfer and treatment of domestic garbage, night soil, etc..

13 全国历年城市园林绿化情况(1981－2020)
National Urban Landscaping in Past Years(1981-2020)

计量单位：公顷 Measurement Unit: Hectare

年份 Year	建成区绿化覆盖面积 Built District Green Coverage Area	建成区绿地面积 Built District Area of Parks and Green Space	公园绿地面积 Area of Public Recreational Green Space	公园面积 Park Area	人均公园绿地面积(平方米) Public Recreational Green Space Per Capita (m^2)	建成区绿化覆盖率(%) Green Coverage Rate of Built District (%)	建成区绿地率(%) Green Space Rate of Built District (%)
1981		110037	21637	14739	1.50		
1982		121433	23619	15769	1.65		
1983		135304	27188	18373	1.71		
1984		146625	29037	20455	1.62		
1985		159291	32766	21896	1.57		
1986		153235	42255	30740	1.84	16.9	
1987		161444	47752	32001	1.90	17.1	
1988		180144	52047	36260	1.76	17.0	
1989		196256	52604	38313	1.69	17.8	
1990	246829		57863	39084	1.78	19.2	
1991	282280		61233	41532	2.07	20.1	
1992	313284		65512	45741	2.13	21.0	
1993	354127		73052	48621	2.16	21.3	
1994	396595		82060	55468	2.29	22.1	
1995	461319		93985	72857	2.49	23.9	
1996	493915	385056	99945	68055	2.76	24.43	19.05
1997	530877	427766	107800	68933	2.93	25.53	20.57
1998	567837	466197	120326	73198	3.22	26.56	21.81
1999	593698	495696	131930	77137	3.51	27.58	23.03
2000	631767	531088	143146	82090	3.69	28.15	23.67
2001	681914	582952	163023	90621	4.56	28.38	24.26
2002	772749	670131	188826	100037	5.36	29.75	25.80
2003	881675	771730	219514	113462	6.49	31.15	27.26
2004	962517	842865	252286	133846	7.39	31.66	27.72
2005	1058381	927064	283263	157713	7.89	32.54	28.51
2006	1181762	1040823	309544	208056	8.3(9.3)	35.11	30.92
2007	1251573	1110330	332654	202244	8.98	35.29	31.30
2008	1356467	1208448	359468	218260	9.71	37.37	33.29
2009	1494486	1338133	401584	235825	10.66	38.22	34.17
2010	1612458	1443663	441276	258177	11.18	38.62	34.47
2011	1718924	1545985	482620	285751	11.80	39.22	35.27
2012	1812488	1635240	517815	306245	12.26	39.59	35.72
2013	1907490	1719361	547356	329842	12.64	39.70	35.78
2014	2017348	1819960	582392	367926	13.08	40.22	36.29
2015	2105136	1907862	614090	383805	13.35	40.12	36.36
2016	2204040	1992584	653555	416881	13.70	40.30	36.43
2017	2314378	2099120	688441	444622	14.01	40.91	37.11
2018	2419918	2197122	723740	494228	14.11	41.11	37.34
2019	2522931	2285207	756441	502360	14.36	41.51	37.63
2020	2637533	2398085	797912	538477	14.78	42.06	38.24

注：1.自2006年起，“公共绿地”统计为“公园绿地”。
2.自2006年起，“人均公共绿地面积”统计为以城区人口和城区暂住人口合计为分母计算的“人均公园绿地面积”，括号内数据约为与往年同口径数据。

Note: 1.Since 2006,Public Green Space is changed to Public Recreational Green Space.
2.Since 2006,Public recreational green space per capita has been calculated based on denominator which combines both permanentand temporary residents in urban areas, and the data in brackets are the same index but calculated by the method of past years.

13-1 2020年按省分列的城市园林绿化
Urban Landscaping by Province(2020)

计量单位：公顷 Measurement Unit: Hectare

地区名称 Name of Regions	绿化覆盖面积 Green Coverage Area	建成区 Built District	绿地面积 Area of Parks and Green Space	建成区 Built District	公园绿地面积 Area of Public Recreational Green Space	公园个数(个) Number of Parks (unit)	门票免费 Free Parks	公园面积 Park Area
全国	3779512	2637533	3312245	2398085	797912	19823	19047	538477
北京	97141	97141	92683	92683	35720	360	332	35720
天津	47483	43992	43704	40326	12114	140	133	2858
河北	116264	95985	98786	87793	29830	779	754	22836
山西	64933	55600	56625	50600	16375	284	275	12746
内蒙古	72877	51058	68541	47190	17704	340	333	14325
辽宁	220797	113730	147906	106902	30267	606	588	21061
吉林	104385	63254	92571	55875	15736	377	372	12730
黑龙江	80198	67367	71526	60567	18085	422	412	11857
上海	170032	46192	164611	44307	21981	386	372	3359
江苏	337357	208084	305816	192000	54270	1194	1105	33106
浙江	199604	133302	179350	120188	38499	1547	1505	22109
安徽	135493	101232	119533	92762	26520	588	570	18795
福建	82235	73563	75283	67473	20763	716	704	16129
江西	84260	78965	77149	72784	19626	714	705	14856
山东	299506	235167	262968	213231	70508	1299	1252	47635
河南	138690	127423	122110	110898	38664	538	507	18463
湖北	122451	113217	105752	100773	31578	520	509	18476
湖南	90846	81335	80964	72880	21368	456	441	14244
广东	568920	282760	525545	256111	114965	4330	4124	84736
广西	122926	66813	74719	58134	16332	346	332	15222
海南	19306	15870	17652	14383	4090	128	114	2469
重庆	79620	67405	70680	62036	26571	514	500	16042
四川	148547	135545	130514	119302	40440	786	740	24519
贵州	74639	45781	56825	43412	14265	256	246	12933
云南	57759	51232	51338	46306	12607	948	897	10280
西藏	6656	6410	6290	6050	1204	155	155	907
陕西	75602	55987	65894	50899	16554	366	364	10177
甘肃	35000	32702	30253	29281	9825	203	186	6066
青海	8981	8444	8443	7928	2685	64	62	1767
宁夏	28560	20735	26934	19596	6304	112	111	3669
新疆	77491	52556	70829	47286	10347	182	180	6673
新疆兵团	10951	8687	10450	8128	2114	167	167	1715

注：本表中北京市的各项绿化数据均为该市调查面积内数据。
Note: All the greening-related data for Beijing Municipality in the Table are those for the areas surveyed in the city.

13-2 2020年按城市分列的城市园林绿化
Urban Landscaping by City(2020)

计量单位：公顷 Measurement Unit: Hectare

城市名称 Name of Cities	绿化覆盖面积 Green Coverage Area	建成区 Built District	绿地面积 Area of Parks and Green Space	建成区 Built District	公园绿地面积 Area of Public Recreational Green Space	公园个数(个) Number of Parks (unit)	门票免费 Free Parks	公园面积 Park Area
全　国	**3779512**	**2637533**	**3312245**	**2398085**	**797912**	**19823**	**19047**	**538477**
北　京	**97141**	**97141**	**92683**	**92683**	**35720**	**360**	**332**	**35720**
天　津	**47483**	**43992**	**43704**	**40326**	**12114**	**140**	**133**	**2858**
河　北	**116264**	**95985**	**98786**	**87793**	**29830**	**779**	**754**	**22836**
石家庄	16198	13362	14721	12207	5003	96	94	4174
晋　州	890	622	551	551	183	11	11	93
新　乐	826	641	683	578	186	14	14	163
唐　山	10785	10541	9724	9724	3247	59	59	3655
滦　州	1542	1264	1119	1119	341	7	7	341
遵　化	1313	1121	1048	1027	378	16	16	378
迁　安	2537	2025	1997	1884	623	22	22	523
秦皇岛	7316	5974	6311	5520	2406	30	30	1130
邯　郸	11308	8591	8730	7904	3553	102	101	2965
武　安	1824	1824	1650	1650	383	7	7	293
邢　台	7238	6639	6721	6151	1853	24	19	1688
南　宫	652	652	600	600	188	25	25	152
沙　河	905	713	781	627	145	5	5	56
保　定	9334	9043	8539	8408	2399	51	49	1281
涿　州	1999	1585	1457	1457	412	8	8	135
安　国	708	616	600	571	169	4	4	58
高碑店	915	915	832	832	225	4	4	80
张家口	4188	4122	3772	3706	1072	92	91	1007
承　德	6194	3441	3860	3122	1157	43	31	1128
平　泉	886	886	820	820	241	9	9	241
沧　州	3773	3772	3349	3348	825	21	21	249
泊　头	824	824	745	745	222	4	4	135
任　丘	2658	2097	2317	1863	516	18	18	170
黄　骅	2258	1483	2123	1338	306	5	5	103
河　间	1103	869	889	785	240	13	13	271
廊　坊	5607	3523	5032	3257	1117	16	16	796
霸　州	1061	744	667	667	203	2	2	203
三　河	820	805	749	744	322	9	9	162
衡　水	5555	3203	4349	2960	1003	28	27	852
深　州	1392	833	1063	742	237	7	7	79
辛　集	1852	1480	1428	1324	255	13	13	136
定　州	1805	1774	1562	1562	420	14	13	140

13-2 续表 1 continued 1

计量单位：公顷　　Measurement Unit: Hectare

城市名称 Name of Cities	绿化覆盖面积 Green Coverage Area	建成区 Built District	绿地面积 Area of Parks and Green Space	建成区 Built District	公园绿地面积 Area of Public Recreational Green Space	公园个数（个）Number of Parks (unit)	门票免费 Free Parks	公园面积 Park Area
山　西	**64933**	**55600**	**56625**	**50600**	**16375**	**284**	**275**	**12746**
太　原	15840	15840	14004	14004	4716	66	63	3921
古　交	808	760	663	663	172	2	2	84
大　同	6381	6376	5865	5860	2087	17	17	1438
阳　泉	4250	2586	2447	2440	625	20	20	550
长　治	4951	4007	4409	3614	1384	10	10	734
晋　城	3062	2207	2943	2088	879	16	16	772
高　平	739	739	692	692	142	6	6	142
朔　州	3596	2153	3059	1949	701	13	13	627
怀　仁	1225	1175	1140	1095	355	7	7	528
晋　中	8350	4413	7020	4062	996	13	13	711
介　休	858	858	759	759	230	6	6	230
运　城	2940	2862	2611	2598	688	12	12	491
永　济	1097	1085	1043	1003	250	7	6	250
河　津	1225	1082	1145	1052	330	3	3	11
忻　州	1596	1596	1445	1445	498	7	7	436
原　平	763	716	741	696	202	10	10	184
临　汾	2380	2366	2195	2182	888	13	8	346
侯　马	928	900	859	832	182	9	9	72
霍　州	516	516	468	468	149	2	2	142
吕　梁	1425	1370	1316	1297	445	18	18	435
孝　义	1223	1223	1115	1115	324	4	4	512
汾　阳	782	770	685	685	130	23	23	130
内 蒙 古	**72877**	**51058**	**68541**	**47190**	**17704**	**340**	**333**	**14325**
呼和浩特	16196	10454	15682	9723	4128	56	55	3380
包　头	10598	9439	9707	8482	2958	42	40	2483
乌　海	2679	2679	2567	2567	1095	19	19	738
赤　峰	4581	4581	4292	4292	1817	29	29	827
通　辽	2655	2640	2494	2387	964	7	7	863
霍林郭勒	965	608	929	573	208	8	8	141
鄂尔多斯	12641	5079	11536	4654	1967	57	55	1858
呼伦贝尔	1172	1172	1105	1105	491	4	3	423
满 洲 里	1071	1071	996	996	368	7	7	258
牙 克 石	1067	1057	1065	999	252	2	2	25
扎 兰 屯	2432	754	2392	713	196	1	1	68
额尔古纳	382	371	358	346	43	4	4	29
根　河	640	308	570	281	64	5	4	78
巴彦淖尔	2027	1863	1666	1663	464	17	17	406
乌兰察布	7405	2921	7216	2732	983	28	28	983
丰　镇	918	918	839	839	224	7	7	224
乌兰浩特	1813	1811	1774	1772	640	22	22	657
阿 尔 山	785	487	738	454	149	11	11	128
二连浩特	1046	1046	1011	1011	179	6	6	294
锡林浩特	1805	1801	1605	1601	514	8	8	462

13-2 续表 2 continued 2

计量单位：公顷 Measurement Unit: Hectare

城市名称 Name of Cities	绿化覆盖面积 Green Coverage Area	建成区 Built District	绿地面积 Area of Parks and Green Space	建成区 Built District	公园绿地面积 Area of Public Recreational Green Space	公园个数(个) Number of Parks (unit)	门票免费 Free Parks	公园面积 Park Area
辽 宁	**220797**	**113730**	**147906**	**106902**	**30267**	**606**	**588**	**21061**
沈 阳	25335	23146	24037	22117	8115	143	140	5239
新 民	795	795	621	621	88	3	3	67
大 连	38531	20135	38301	19552	5170	161	158	4668
瓦 房 店	1703	1616	1390	1268	465	6	6	428
庄 河	1820	1786	1645	1616	495	11	11	304
鞍 山	7375	7375	7062	7062	1976	14	14	933
海 城	1602	1320	1440	1314	367	10	10	367
抚 顺	7490	6520	5552	5552	1447	17	17	861
本 溪	87178	5443	23246	5241	978	13	12	437
丹 东	3476	3029	3143	2931	834	11	11	685
东 港	860	860	796	761	216	2	2	34
凤 城	1149	894	769	769	270	4	1	145
锦 州	3961	3024	3958	3025	1407	34	34	426
凌 海	829	829	749	749	183	4	4	120
北 镇	547	506	500	474	118	5	5	118
营 口	7301	7215	6955	6848	1171	30	28	1502
盖 州	1010	1010	791	791	203	2	2	175
大 石 桥	1259	1259	1145	1145	239	7	7	236
阜 新	3446	3323	3311	2984	922	15	15	615
辽 阳	4588	4588	4301	4301	925	12	12	280
灯 塔	751	529	679	472	161	3	3	161
盘 锦	4672	4672	4259	4259	1220	26	24	705
铁 岭	2718	2718	2609	2609	602	17	14	331
调 兵 山	1063	804	839	749	170	6	6	115
开 原	1055	1055	906	906	246	10	10	435
朝 阳	3087	2118	1994	1994	795	12	11	723
北 票	1038	1038	1001	1001	227	4	4	136
凌 源	855	820	845	810	171	4	4	171
葫 芦 岛	3747	3747	3655	3655	819	12	12	488
兴 城	1556	1556	1405	1325	268	8	8	156
吉 林	**104385**	**63254**	**92571**	**55875**	**15736**	**377**	**372**	**12730**
长 春	46536	23035	44281	20274	5917	151	149	5175
榆 树	1298	668	964	599	136	3	3	49
德 惠	1194	1154	1029	989	226	6	6	130
吉 林	8434	8434	7465	7465	1754	12	10	1143
蛟 河	610	610	560	560	91	8	8	91
桦 甸	838	835	635	630	345	3	3	42

13-2 续表 3 continued 3

计量单位：公顷 Measurement Unit: Hectare

城市名称 Name of Cities	绿化覆盖面积 Green Coverage Area	建成区 Built District	绿地面积 Area of Parks and Green Space	建成区 Built District	公园绿地面积 Area of Public Recreational Green Space	公园个数(个) Number of Parks (unit)	门票免费 Free Parks	公园面积 Park Area
舒　兰	589	325	502	277	178	2	2	136
磐　石	919	919	802	802	161	9	9	85
四　平	2580	2441	2175	2175	553	9	9	454
双　辽	956	956	886	886	164	3	3	169
辽　源	1911	1911	1711	1711	527	32	32	499
通　化	2454	2454	2177	2177	688	18	18	661
集　安	507	399	347	347	137	9	9	137
白　山	12792	1644	11245	1462	381	11	11	296
临　江	872	403	358	351	233	4	4	154
松　原	2743	2194	2342	1928	608	14	14	648
扶　余	654	650	575	571	156	1	1	21
白　城	1926	1769	1638	1539	266	9	9	222
洮　南	1074	995	928	870	125	4	4	84
大　安	802	738	734	673	287	3	3	339
延　吉	2481	2360	2349	2232	710	5	5	207
图　们	390	390	353	353	98	6	6	98
敦　化	1632	1458	1386	1336	356	13	13	356
珲　春	1418	1008	1041	871	261	3	3	190
龙　井	533	501	458	446	117	7	7	8
和　龙	865	494	429	421	99	2	2	56
公主岭	740	715	693	676	73	2	2	35
梅河口	1921	1628	1626	1446	572	8	7	394
长白山保护开发区	4717	2166	2882	1810	520	20	20	852
黑龙江	**80198**	**67367**	**71526**	**60567**	**18085**	**422**	**412**	**11857**
哈尔滨	16953	16184	15356	14561	5153	97	95	2826
尚　志	754	363	299	299	187	4	4	187
五　常	1060	467	425	415	200	5	5	186
齐齐哈尔	5093	4965	4710	4581	971	21	20	511
讷　河	474	474	424	424	215	2	2	208
鸡　西	3184	3184	2813	2813	743	8	8	539
虎　林	431	430	320	320	109	8	8	64
密　山	665	392	398	304	121	3	3	114
鹤　岗	3557	2364	3382	2178	754	22	22	754
双鸭山	2748	2538	2382	2200	632	18	18	302
大　庆	14852	11177	13893	10467	2116	14	14	974
伊　春	3839	3745	3430	3428	1652	37	37	1410
铁　力	756	736	666	666	199	6	6	80
佳木斯	4133	4133	3748	3748	862	20	19	824
同　江	1608	432	1562	386	111	3	3	65
富　锦	568	495	459	459	117	2	2	5

13-2 续表 4 continued 4

计量单位：公顷 Measurement Unit: Hectare

城市名称 Name of Cities	绿化覆盖面积 Green Coverage Area	建成区 Built District	绿地面积 Area of Parks and Green Space	建成区 Built District	公园绿地面积 Area of Public Recreational Green Space	公园个数（个）Number of Parks (unit)	门票免费 Free Parks	公园面积 Park Area
抚　远	190	188	181	181	149	8	7	217
七台河	3510	3110	3185	2780	610	18	18	453
牡丹江	5532	2320	5381	2185	770	19	18	614
海　林	766	712	721	632	178	14	14	158
宁　安	425	419	373	369	112	3	3	63
穆　棱	399	399	357	357	136	13	13	115
绥芬河	1134	1134	966	966	126	13	13	66
东　宁	639	639	626	626	111	13	13	39
黑　河	862	862	789	780	219	8	8	219
北　安	613	593	525	524	204	4	4	101
五大连池	117	117	101	101	65	1		52
嫩　江	744	744	663	663	208	7	7	203
绥　化	1505	1270	1257	1190	376	20	20	176
安　达	576	506	432	418	94	4	4	23
肇　东	1705	1518	987	883	400	3	3	200
海　伦	474	474	411	399	19	1	1	21
漠　河	332	285	304	263	168	3		90
上　海	**170032**	**46192**	**164611**	**44307**	**21981**	**386**	**372**	**3359**
江　苏	**337357**	**208084**	**305816**	**192000**	**54270**	**1194**	**1105**	**33106**
南　京	102297	38804	93512	35186	10982	165	139	7851
无　锡	20682	15182	19889	14108	4089	64	62	4094
江　阴	5774	5492	5177	5080	606	20	20	368
宜　兴	5043	3857	4673	3593	833	25	25	1322
徐　州	18006	12484	17362	11870	3440	56	55	2117
新　沂	2543	1686	2175	1567	449	11	11	88
邳　州	2740	2185	2203	1982	666	5	5	420
常　州	13826	11997	12574	10906	3116	43	41	1367
溧　阳	1678	1438	1585	1326	344	9	9	194
苏　州	27037	20744	23600	18597	5272	172	135	2758
常　熟	4865	4504	4562	4199	885	15	6	552
张家港	2621	2584	2377	2350	571	8	8	313
昆　山	3866	3238	3536	3008	760	127	126	847
太　仓	3110	2144	2917	2031	432	13	13	292
南　通	14545	12523	13045	11757	3955	50	48	788
海　安	2228	1382	2006	1295	438	8	8	147
启　东	1643	1515	1508	1414	397	12	12	246
如　皋	2909	1738	2496	1653	525	7	6	210
连云港	23980	9431	23160	8540	1675	24	24	641
淮　安	11973	8861	9348	8168	2516	20	19	1176
盐　城	9149	7382	8304	6892	2193	64	64	1385
东　台	2338	1623	2164	1539	508	7	7	223

13-2 续表 5 continued 5

计量单位：公顷 Measurement Unit: Hectare

城市名称 Name of Cities	绿化覆盖面积 Green Coverage Area	建成区 Built District	绿地面积 Area of Parks and Green Space	建成区 Built District	公园绿地面积 Area of Public Recreational Green Space	公园个数(个) Number of Parks (unit)	门票免费 Free Parks	公园面积 Park Area
扬　州	10115	8301	9115	7813	2471	116	116	1922
仪　征	1803	1761	1644	1643	250	7	7	122
高　邮	1254	1220	1153	1112	287	3	3	28
镇　江	9711	6274	9423	5919	1607	28	24	627
丹　阳	1891	1507	1760	1417	379	5	5	51
扬　中	1146	630	1160	576	204	6	5	107
句　容	1406	1288	1330	1260	220	4	4	116
泰　州	9373	6518	6448	6029	1582	34	32	888
兴　化	2099	1790	1951	1664	326	20	20	152
靖　江	1688	1480	1525	1353	394	7	7	232
泰　兴	1955	1829	1826	1729	430	9	9	139
宿　迁	12064	4692	10311	4428	1468	30	30	1325
浙　江	**199604**	**133302**	**179350**	**120188**	**38499**	**1547**	**1505**	**22109**
杭　州	54259	28885	49567	26249	9951	305	294	3539
建　德	524	476	476	433	241	17	17	199
宁　波	17817	15956	16506	14701	4752	192	182	2321
余　姚	15195	2307	14930	2070	591	46	46	472
慈　溪	2541	2029	2138	1798	730	41	41	170
温　州	10940	10443	9636	9152	3010	88	83	1983
瑞　安	906	887	796	780	356	26	26	281
乐　清	1880	1028	1818	953	805	27	27	339
龙　港	1013	738	913	678	287	6	6	71
嘉　兴	7133	6222	6685	5744	1445	97	97	1055
海　宁	3146	2299	3037	2159	494	16	16	253
平　湖	3474	1758	3213	1575	592	37	37	201
桐　乡	2521	2294	2235	2018	512	6	6	220
湖　州	6223	5855	5522	5447	1781	50	50	995
绍　兴	13503	11219	9799	9545	2513	121	115	3095
诸　暨	4734	3526	3811	3042	830	21	21	450
嵊　州	1862	1677	1717	1549	414	17	17	401
金　华	4728	4584	4449	4307	1028	45	45	507
兰　溪	2001	1530	1790	1411	396	19	19	174
义　乌	5130	4861	4504	4268	1299	46	43	655
东　阳	1830	1830	1620	1620	585	30	30	449
永　康	1815	1763	1584	1537	353	9	9	58
衢　州	3494	3456	3124	3073	641	64	63	589
江　山	896	829	785	762	230	4	4	35
舟　山	16490	3017	14356	2667	1060	40	38	845
台　州	6962	6608	6401	5987	1697	83	80	1252
玉　环	1200	1031	1154	963	322	18	18	248
温　岭	2100	1763	1975	1567	481	26	26	344
临　海	1952	1940	1919	1909	499	17	16	396
丽　水	1991	1867	1746	1665	474	20	20	396
龙　泉	1343	624	1145	558	135	13	13	116

13-2 续表 6 continued 6

计量单位：公顷 Measurement Unit: Hectare

城市名称 Name of Cities	绿化覆盖面积 Green Coverage Area		绿地面积 Area of Parks and Green Space		公园绿地面积 Area of Public Recreational Green Space	公园个数（个） Number of Parks (unit)		公园面积 Park Area
		建成区 Built District		建成区 Built District			门票免费 Free Parks	
安　徽	**135493**	**101232**	**119533**	**92762**	**26520**	**588**	**570**	**18795**
合　肥	23851	21102	20271	19471	6020	74	74	2615
巢　湖	2230	2160	2156	2106	500	49	49	598
芜　湖	11186	10233	9870	9107	2514	42	42	1924
无　为	1442	1110	1068	1033	266	7	7	258
蚌　埠	7438	6588	6038	5958	1435	17	17	983
淮　南	6621	4887	5193	4570	1669	14	8	761
马鞍山	6726	4698	6355	4439	1158	15	15	358
淮　北	4729	4063	4781	3953	1349	17	17	1088
铜　陵	7420	3706	6981	3562	995	19	19	1297
安　庆	6353	6122	6199	5814	1168	14	14	1064
潜　山	925	786	837	732	173	7	7	177
桐　城	1085	1050	965	963	242	9	9	266
黄　山	14624	3410	13498	2817	620	30	20	408
滁　州	5900	4392	5293	4110	1133	28	27	502
天　长	1230	1196	1125	1094	315	12	12	272
明　光	1295	1250	1153	1113	330	20	20	330
阜　阳	7414	6035	6814	5481	1944	32	31	1365
界　首	1681	1065	1080	964	344	10	10	343
宿　州	4385	3600	3340	3228	879	39	39	588
六　安	4340	3526	3466	3166	993	25	25	936
亳　州	4589	2951	4085	2555	695	28	28	888
池　州	2249	1912	1857	1676	589	10	10	571
宣　城	4538	2732	4259	2461	624	19	19	677
广　德	1840	1326	1636	1212	245	26	26	207
宁　国	1404	1334	1214	1178	319	25	25	319
福　建	**82235**	**73563**	**75283**	**67473**	**20763**	**716**	**704**	**16129**
福　州	14102	13860	13008	12895	5273	160	159	4742
福　清	2502	2502	2340	2340	533	40	40	485
厦　门	25391	18296	23666	16590	5372	165	159	3794
莆　田	4765	4649	4314	4177	1256	55	53	586
三　明	2053	1788	1831	1651	375	10	10	209
永　安	1155	1137	1061	1044	242	8	8	155
泉　州	9811	9811	9148	9148	2031	40	40	843
石　狮	1817	1817	1616	1616	564	9	9	1211
晋　江	1674	1674	1519	1519	454	12	12	454
南　安	1480	1480	1373	1373	412	13	13	398

13-2 续表 7 continued 7

计量单位：公顷 Measurement Unit: Hectare

城市名称 Name of Cities	绿化覆盖面积 Green Coverage Area	建成区 Built District	绿地面积 Area of Parks and Green Space	建成区 Built District	公园绿地面积 Area of Public Recreational Green Space	公园个数（个） Number of Parks (unit)	门票免费 Free Parks	公园面积 Park Area
漳　州	3193	3129	2856	2842	840	37	36	731
龙　海	1107	1009	977	934	348	16	16	279
南　平	2243	2153	1991	1925	503	10	8	319
邵　武	1245	970	929	899	202	13	13	191
武夷山	680	627	612	573	149	25	25	140
建　瓯	669	662	654	653	215	15	15	173
龙　岩	3715	3506	3219	3183	835	45	45	512
漳　平	787	662	635	596	170	8	8	167
宁　德	1910	1905	1796	1794	551	14	14	410
福　安	1062	1060	944	938	257	16	16	180
福　鼎	878	868	794	784	182	5	5	151
江　西	**84260**	**78965**	**77149**	**72784**	**19626**	**714**	**705**	**14856**
南　昌	15583	15117	14814	14388	3869	120	119	1725
景德镇	6193	5450	5529	5158	862	22	21	894
乐　平	1039	1031	1035	983	317	13	13	183
萍　乡	2493	2493	1946	1946	729	21	21	698
九　江	7840	7732	7218	7111	1285	54	54	846
瑞　昌	946	938	865	845	238	9	9	179
共青城	918	915	847	845	191	4	4	195
庐　山	642	575	500	497	117	24	24	120
新　余	4613	4208	3979	3948	977	39	39	1003
鹰　潭	2468	2468	2143	2143	532	30	30	536
贵　溪	1776	1510	1508	1399	286	18	18	240
赣　州	11451	10093	10882	9545	2693	79	76	2608
瑞　金	1499	1415	1315	1265	368	28	28	353
龙　南	1048	996	939	900	316	10	10	316
吉　安	3543	2998	2854	2700	928	12	12	677
井冈山	385	368	342	324	123	3	3	131
宜　春	4291	4291	4571	4004	1136	66	64	1066
丰　城	2353	2353	1997	1997	482	19	19	305
樟　树	1615	1591	1423	1374	381	18	18	191
高　安	2586	1607	2423	1498	605	7	7	106
抚　州	5172	5170	4751	4743	1443	41	41	1271
上　饶	5210	5050	4716	4617	1639	62	60	1091
德　兴	594	594	553	553	108	15	15	121
山　东	**299506**	**235167**	**262968**	**213231**	**70508**	**1299**	**1252**	**47635**
济　南	32692	32417	29204	28929	7833	114	108	3359
青　岛	45263	31208	41829	28531	10508	212	200	8426
胶　州	3848	3809	3552	3513	792	21	21	622
平　度	3239	3025	2738	2524	664	29	29	582

13-2 续表 8 continued 8

计量单位：公顷 Measurement Unit: Hectare

城市名称 Name of Cities	绿化覆盖面积 Green Coverage Area	建成区 Built District	绿地面积 Area of Parks and Green Space	建成区 Built District	公园绿地面积 Area of Public Recreational Green Space	公园个数(个) Number of Parks (unit)	门票免费 Free Parks	公园面积 Park Area
莱 西	1877	1760	1599	1546	492	9	9	341
淄 博	22095	13079	19811	11846	3690	46	43	1589
枣 庄	9518	6629	7533	5975	1633	49	48	1251
滕 州	2721	2451	2499	2199	670	25	25	408
东 营	10483	6498	9862	5926	2617	56	56	2557
烟 台	16024	15517	14347	14060	4224	49	45	1644
龙 口	2418	2024	2037	1807	558	9	9	203
莱 阳	2508	1759	1635	1626	504	3	3	113
莱 州	2231	2203	2048	2046	631	38	38	277
招 远	1164	1164	1140	1140	429	12	12	392
栖 霞	700	625	600	570	215	4	4	41
海 阳	1582	1469	1465	1428	401	6	6	383
潍 坊	12392	7661	11215	7228	3085	51	50	1923
青 州	3080	2192	2146	2008	577	17	16	530
诸 城	5380	2385	3247	2076	1170	14	14	621
寿 光	4286	2031	3685	1822	943	44	44	943
安 丘	3834	2696	3315	2439	986	17	17	820
高 密	2414	2168	1957	1911	519	5	5	184
昌 邑	1841	1291	1391	1162	392	4	4	325
济 宁	12066	10413	9646	9410	2917	42	42	1931
曲 阜	1466	1128	1300	1055	379	25	25	379
邹 城	2127	1954	1875	1720	514	16	16	514
泰 安	7655	7285	7300	6409	2502	39	31	1862
新 泰	3253	3136	3047	2924	1037	20	20	976
肥 城	2326	2068	2024	1839	553	5	5	454
威 海	10588	9037	9545	8551	2640	51	51	1248
荣 成	3009	2706	2751	2533	1146	21	20	1050
乳 山	2042	1668	1760	1549	433	11	11	240
日 照	5736	5337	5199	4971	1629	48	48	1088
临 沂	15162	10903	13360	9489	4632	45	44	4324
德 州	7804	6733	6869	5816	2230	35	34	1604
乐 陵	1547	1342	1184	1163	344	15	15	354
禹 城	1944	1500	1650	1220	225	9	9	168
聊 城	9564	6220	8236	5932	1752	25	22	922
临 清	2288	1162	1914	1025	450	8	5	193
滨 州	6389	5796	6142	5551	1658	34	33	1683
邹 平	3272	2330	2245	2149	555	3	3	294
菏 泽	9678	8386	8064	7614	1379	13	12	818
河 南	**138690**	**127423**	**122110**	**110898**	**38664**	**538**	**507**	**18463**
郑 州	29550	26594	25665	22076	10554	181	178	5128
巩 义	1601	1506	1400	1365	568	3	3	127

13-2 续表 9 continued 9

计量单位：公顷 Measurement Unit: Hectare

城市名称 Name of Cities	绿化覆盖面积 Green Coverage Area	建成区 Built District	绿地面积 Area of Parks and Green Space	建成区 Built District	公园绿地面积 Area of Public Recreational Green Space	公园个数(个) Number of Parks (unit)	门票免费 Free Parks	公园面积 Park Area
荥　阳	1226	1220	1095	1095	257	4	4	147
新　密	1263	1262	1144	1136	255	5		135
新　郑	1278	1277	1113	1103	382	14	14	261
登　封	1498	1320	1261	1184	265	9	9	111
开　封	7153	5966	6022	5303	1451	14	5	316
洛　阳	11113	11001	10169	9456	3886	20	17	1596
偃　师	863	861	804	795	202	5	5	173
平顶山	3307	3055	2993	2787	1186	16	16	449
舞　钢	740	698	656	621	154	2	2	76
汝　州	1795	1780	1537	1534	615	12	12	543
安　阳	3859	3752	3342	3278	965	12	12	201
林　州	1116	1044	955	913	258	2	2	99
鹤　壁	3052	2935	2681	2549	845	11	11	543
新　乡	5305	5303	4937	4935	970	17	17	157
长　垣	1818	1746	1594	1581	400	9	9	152
卫　辉	840	830	710	700	155	2		44
辉　县	866	855	767	758	217	10	10	120
焦　作	4858	4849	4153	4151	1219	16	16	766
沁　阳	781	765	668	653	133	5	5	119
孟　州	669	664	587	583	172	2	2	125
濮　阳	2699	2608	2532	2325	920	10	10	671
许　昌	5033	4868	4485	4288	978	9	9	283
禹　州	2260	1992	1743	1629	494	4	4	278
长　葛	1136	1120	980	967	298	3	2	150
漯　河	3334	2894	2798	2570	1125	13	12	191
三门峡	2737	2673	2459	2403	819	9	9	670
义　马	806	775	692	673	339	4	4	213
灵　宝	926	910	818	810	221	3	3	74
南　阳	9307	6965	8629	6287	2478	20	15	1467
邓　州	1820	1540	1648	1467	400	6	6	248
商　丘	3352	3302	2967	2949	1393	42	42	670
永　城	2256	2109	1925	1835	713	11	10	613
信　阳	6147	4861	5146	3956	929	7	7	128
周　口	3778	3168	3555	2772	736	9	9	796
项　城	1508	1429	1315	1289	370	3	3	96
驻马店	4536	4524	3966	3957	858	4	4	336
济源示范区	2505	2405	2196	2166	483	10	9	194
湖　北	**122451**	**113217**	**105752**	**100773**	**31578**	**520**	**509**	**18476**
武　汉	37238	37238	32795	32795	12548	101	98	4451
黄　石	3722	3453	3229	3174	1133	20	17	742
大　冶	1298	1298	1140	1140	370	3	3	103

13-2 续表 10 continued 10

计量单位：公顷 Measurement Unit: Hectare

城市名称 Name of Cities	绿化覆盖面积 Green Coverage Area	建成区 Built District	绿地面积 Area of Parks and Green Space	建成区 Built District	公园绿地面积 Area of Public Recreational Green Space	公园个数（个） Number of Parks (unit)	门票免费 Free Parks	公园面积 Park Area
十　堰	4922	4922	4733	4733	1175	23	23	651
丹江口	1733	1186	1726	1087	262	6	5	220
宜　昌	7447	7447	6649	6649	1240	34	33	1106
宜　都	1399	1160	1032	997	238	5	5	134
当　阳	1228	1087	1087	962	239	5	5	157
枝　江	1573	1153	1223	1013	257	7	7	156
襄　阳	9120	9120	8143	8143	2376	21	21	2062
老河口	1390	1116	1157	986	279	3	3	197
枣　阳	2223	1903	1861	1558	371	2	2	62
宜　城	1269	1185	1160	1082	241	3	3	100
鄂　州	1586	1564	1391	1373	495	27	27	495
荆　门	2782	2782	2562	2562	777	9	9	360
京　山	1235	1199	1055	1038	270	16	16	270
钟　祥	1042	1022	932	932	314	5	5	255
孝　感	2331	2331	1986	1986	667	10	10	602
应　城	1138	794	1019	720	232	8	8	225
安　陆	1130	831	898	747	229	13	13	229
汉　川	1208	1146	1087	1078	298	4	4	248
荆　州	3556	3556	3240	3240	1159	34	34	1099
监　利	1087	1005	938	893	217	4	4	78
石　首	939	938	837	837	219	5	5	123
洪　湖	915	773	782	669	218	7	7	189
松　滋	1021	816	712	712	192	4	4	209
黄　冈	1410	1403	1250	1242	405	3	2	543
麻　城	1621	1494	1374	1330	321	8	8	289
武　穴	1140	1126	1124	1124	564	8	8	341
咸　宁	4542	3029	4245	2529	625	13	13	553
赤　壁	1515	1320	1321	1155	304	14	14	304
随　州	3477	3477	3176	3176	576	9	9	244
广　水	1330	1285	1139	1105	411	5	5	231
恩　施	2680	1798	2210	1616	508	6	4	198
利　川	1159	857	746	746	314	30	30	242
仙　桃	3493	2452	2294	2145	449	6	6	182
潜　江	2109	2109	1885	1885	477	5	5	288
天　门	3445	1845	1613	1613	607	34	34	538
湖　南	**90846**	**81335**	**80964**	**72880**	**21368**	**456**	**441**	**14244**
长　沙	16978	16978	14472	14472	4620	44	39	2492
宁　乡	3086	3086	2727	2727	598	14	14	539
浏　阳	1265	1265	1104	1104	306	7	7	241
株　洲	6642	6642	6270	6270	1743	23	22	508
醴　陵	1243	1229	1172	1085	302	12	12	215

13-2 续表 11 continued 11

计量单位：公顷 Measurement Unit: Hectare

城市名称 Name of Cities	绿化覆盖面积 Green Coverage Area	建成区 Built District	绿地面积 Area of Parks and Green Space	建成区 Built District	公园绿地面积 Area of Public Recreational Green Space	公园个数(个) Number of Parks (unit)	门票免费 Free Parks	公园面积 Park Area
湘　潭	6306	3791	5936	3517	1170	14	14	702
湘　乡	869	869	783	780	260	2	2	113
韶　山	457	231	353	207	67	6	6	89
衡　阳	8337	5875	7714	5384	1966	28	28	863
耒　阳	1306	1306	1222	1222	367	8	7	367
常　宁	1182	1182	996	996	255	7	7	255
邵　阳	3960	3357	3215	2842	1011	11	11	773
武　冈	1186	933	989	853	439	6	4	347
邵　东	1698	1447	1499	1330	387	3	3	122
岳　阳	6441	5037	5487	4652	1198	50	49	969
汨　罗	797	797	724	724	173	3	3	137
临　湘	1347	645	1197	587	237	25	25	243
常　德	4779	4773	4240	4237	1159	15	15	834
津　市	683	657	622	590	117	9	9	154
张家界	1692	1436	1500	1255	259	19	19	251
益　阳	3625	3625	3524	3524	768	37	36	720
沅　江	810	753	746	678	228	7	7	200
郴　州	3718	3718	3350	3350	920	34	32	920
资　兴	965	965	926	926	185	2	2	74
永　州	2837	2634	2525	2433	698	21	20	507
怀　化	2586	2586	2319	2319	549	12	12	497
洪　江	867	599	752	543	153	6	5	162
娄　底	2197	2197	1902	1902	504	16	16	466
冷水江	606	564	523	486	236	6	6	236
涟　源	583	583	515	515	151	4	4	151
吉　首	1801	1577	1662	1373	343	5	5	98
广　东	**568920**	**282760**	**525545**	**256111**	**114965**	**4330**	**4124**	**84736**
广　州	157120	61465	147800	53962	32358	247	220	5198
韶　关	5110	5110	4835	4835	1061	50	50	1085
乐　昌	505	505	463	463	144	11	11	144
南　雄	584	459	459	459	131	9	9	102
深　圳	101267	41457	97175	35704	20160	1206	1077	31466
珠　海	32320	6996	31256	6559	6193	476	463	5298
汕　头	13208	13208	11958	11958	4460	106	104	1623
佛　山	8305	7405	7311	7013	3726	297	291	2561
江　门	13640	7242	13386	6967	2573	373	372	2439
台　山	1769	1396	1742	1155	375	17	17	335
开　平	1565	1565	1412	1412	417	16	14	318
鹤　山	1707	1707	1510	1510	437	11	11	355
恩　平	2569	1891	1969	1681	414	33	33	434
湛　江	5162	5037	4650	4567	1573	166	163	1573

13-2 续表 12 continued 12

计量单位：公顷 Measurement Unit: Hectare

城市名称 Name of Cities	绿化覆盖面积 Green Coverage Area	建成区 Built District	绿地面积 Area of Parks and Green Space	建成区 Built District	公园绿地面积 Area of Public Recreational Green Space	公园个数（个） Number of Parks (unit)	门票免费 Free Parks	公园面积 Park Area
廉　江	1708	1708	1585	1585	502			
雷　州	763	763	763	763	222	8	7	234
吴　川	916	916	814	807	261	7	7	207
茂　名	5582	5582	5231	5231	1593	90	89	1661
高　州	2001	1700	1842	1569	654	12	12	575
化　州	1593	1593	1446	1446	699	12	12	699
信　宜	2765	1138	2639	1109	455	10	10	495
肇　庆	14482	5768	13878	5305	1706	26	26	361
四　会	1195	1195	1133	1133	367	6	6	121
惠　州	12657	12657	11696	11696	4217	118	118	4030
梅　州	2959	2741	2812	2599	931	37	36	786
兴　宁	824	821	827	824	35	9	9	53
汕　尾	1504	1504	1387	1387	479	30	30	479
陆　丰	911	911	814	814	169	6	6	169
河　源	1750	1750	1628	1628	470	77	77	470
阳　江	13315	4163	12905	3804	1322	41	38	1358
阳　春	1460	1460	1355	1355	325	15	15	338
清　远	5993	3592	5686	3285	827	46	45	916
英　德	27158	1119	27061	1022	294	11	11	294
连　州	6911	640	6880	609	209	16	16	209
东　莞	91728	51591	74045	47646	19343	336	334	13164
中　山	7367	7367	6872	6872	1640	84	72	1246
潮　州	4915	4915	4467	4467	1170	119	117	1169
揭　阳	7198	6849	6827	6545	1417	124	124	1128
普　宁	3166	2635	2556	2340	753	30	30	753
云　浮	1719	1354	1551	1232	512	30	30	519
罗　定	1551	886	922	793	369	12	12	370
广　西	**122926**	**66813**	**74719**	**58134**	**16332**	**346**	**332**	**15222**
南　宁	53262	13440	14217	11592	4640	39	35	4792
柳　州	11808	10932	10086	9120	1704	50	49	2289
桂　林	5812	5529	5116	4798	1435	35	34	1111
荔　浦	605	539	530	487	223	6	6	215
梧　州	3774	2856	3667	2750	800	20	19	858
岑　溪	913	913	801	801	231	4	4	222
北　海	5909	3545	5390	3027	653	22	21	631
防城港	2162	2162	1916	1916	673	14	14	677
东　兴	526	496	464	439	177	3	3	50
钦　州	13122	3627	11366	3112	502	17	17	462
贵　港	3629	3611	3229	3214	608	6	6	318
桂　平	1517	1517	1303	1303	490	5	4	330
玉　林	3365	3071	3136	2714	1074	16	16	1037

13-2 续表 13 continued 13

计量单位：公顷 Measurement Unit: Hectare

城市名称 Name of Cities	绿化覆盖面积 Green Coverage Area	建成区 Built District	绿地面积 Area of Parks and Green Space	建成区 Built District	公园绿地面积 Area of Public Recreational Green Space	公园个数(个) Number of Parks (unit)	门票免费 Free Parks	公园面积 Park Area
北流	1738	1216	1097	1097	333	18	18	231
百色	3636	2687	2599	2328	494	10	10	262
平果	1356	1356	1229	1229	256	13	13	253
靖西	754	754	666	666	179	4	4	179
贺州	2313	2313	2083	2083	394	15	14	394
河池	1871	1807	1682	1617	400	17	17	376
来宾	2141	2071	1811	1741	384	5	5	61
合山	326	312	276	274	78	4	4	57
崇左	1599	1535	1390	1345	415	17	15	274
凭祥	791	524	665	482	188	6	4	142
海南	**19306**	**15870**	**17652**	**14383**	**4090**	**128**	**114**	**2469**
海口	8142	8142	7232	7232	2546	19	17	923
三亚	2414	2414	2174	2174	846	41	40	846
儋州	4751	1457	4542	1413	266	21	21	266
五指山	433	433	376	376	42	11		41
琼海	790	790	723	723	114	13	13	114
文昌	1080	939	1030	890	127	16	16	127
万宁	717	717	596	596	103	4	4	77
东方	979	979	980	980	46	3	3	75
重庆	**79620**	**67405**	**70680**	**62036**	**26571**	**514**	**500**	**16042**
重庆	79620	67405	70680	62036	26571	514	500	16042
四川	**148547**	**135545**	**130514**	**119302**	**40440**	**786**	**740**	**24519**
成都	42768	42748	36334	36334	12528	142	135	4985
都江堰	1710	1710	1528	1528	410	4	1	126
彭州	1081	1081	911	911	390	2	2	18
邛崃	1192	1192	1084	1084	554	8	8	547
崇州	1390	1390	1304	1304	254	7	7	229
简阳	2573	1738	2135	1405	528	14	14	728
自贡	5848	5720	5139	5031	1816	23	22	648
攀枝花	3449	3449	3226	3226	924	22	22	724
泸州	7951	7319	7533	6668	2354	45	41	1697
德阳	4028	4028	3451	3451	966	23	23	562
广汉	1974	1972	1621	1616	294	9	8	116
什邡	746	746	629	629	230	5	5	66
绵竹	717	717	649	649	171	5	5	36
绵阳	6957	6957	6386	6386	2023	22	20	1446
江油	1513	1502	1392	1340	497	6	6	191
广元	4014	2667	3846	2546	903	29	29	813
遂宁	6391	3671	5876	3163	945	34	34	784

13-2 续表 14 continued 14

计量单位：公顷 Measurement Unit: Hectare

城市名称 Name of Cities	绿化覆盖面积 Green Coverage Area	建成区 Built District	绿地面积 Area of Parks and Green Space	建成区 Built District	公园绿地面积 Area of Public Recreational Green Space	公园个数(个) Number of Parks (unit)	门票免费 Free Parks	公园面积 Park Area
射洪	1214	1214	1093	1093	353	9	9	310
内江	3904	3825	3529	3529	1184	29	29	414
隆昌	1157	1140	1022	945	294	5	5	62
乐山	7973	3370	7308	3170	1253	41	40	892
峨眉山	1003	1003	927	927	341	13	13	206
南充	7458	7146	6584	6170	2115	26	20	2009
阆中	1820	1655	1621	1442	470	9	6	355
眉山	3181	2943	2794	2570	842	21	20	410
宜宾	6902	6791	6144	5978	2435	59	59	1305
广安	2844	2801	2494	2494	685	30	21	1001
华蓥	633	620	593	582	166	6	6	205
达州	5780	5200	4538	4446	1846	36	36	802
万源	606	606	604	604	166	3		604
雅安	2593	1721	1532	1494	462	25	25	369
巴中	2696	2655	2632	2593	721	19	19	510
资阳	2019	2019	1881	1881	591	12	12	419
马尔康	385	197	191	191	43	2	2	44
康定	230	219	192	192	90	3	2	18
西昌	1847	1811	1792	1732	599	38	34	868
贵州	**74639**	**45781**	**56825**	**43412**	**14265**	**256**	**246**	**12933**
贵阳	20516	15015	19893	14207	5269	19	14	3258
清镇	1899	1899	1939	1939	312	12	11	215
六盘水	6024	2210	5546	2065	485	13	12	2146
盘州	1100	1079	1079	1034	311	6	6	351
遵义	6517	6517	6131	6131	2755	39	38	2823
赤水	935	918	925	850	235	11	11	205
仁怀	1071	1071	1028	1028	239	9	9	239
安顺	5821	2932	5549	2766	1192	31	31	642
毕节	2085	2085	1992	1992	740	21	21	747
铜仁	2346	2181	2140	2082	668	17	17	632
兴义	3630	2639	3386	2473	552	23	23	552
兴仁	1151	770	996	730	192	7	7	155
凯里	18124	3080	3023	2950	475	30	30	405
都匀	2571	2534	2443	2409	711	11	10	412
福泉	850	850	756	756	130	7	6	153
云南	**57759**	**51232**	**51338**	**46306**	**12607**	**948**	**897**	**10280**
昆明	20438	20352	18890	18808	4925	486	475	3423
安宁	1571	1571	1398	1398	391	56	56	391
曲靖	4226	4019	3790	3629	1073	30	30	958

13-2 续表 15 continued 15

计量单位：公顷 Measurement Unit: Hectare

城市名称 Name of Cities	绿化覆盖面积 Green Coverage Area	建成区 Built District	绿地面积 Area of Parks and Green Space	建成区 Built District	公园绿地面积 Area of Public Recreational Green Space	公园个数（个） Number of Parks (unit)	门票免费 Free Parks	公园面积 Park Area
宣　威	1497	1396	1343	1244	281	7	5	215
玉　溪	2665	1603	2092	1393	607	20	14	364
澄　江	188	161	164	144	35	1	1	35
保　山	1722	1480	1598	1294	396	30	30	351
腾　冲	1480	1415	1289	1203	269	40	39	269
昭　通	1756	1692	1484	1459	418	10	10	384
水　富	470	470	396	396	54	11	11	57
丽　江	1003	996	893	888	396	43	42	412
普　洱	1243	1084	1147	1026	278	3	3	242
临　沧	869	869	752	752	187	25	25	187
楚　雄	2224	1926	1933	1773	518	7	7	431
个　旧	910	680	777	653	266	4	3	237
开　远	1348	1133	1079	983	323	20	20	359
蒙　自	1679	1408	1444	1198	311	13	13	161
弥　勒	1095	1081	1003	965	260	4	4	187
文　山	1675	1534	1419	1379	225	20		243
景　洪	3221	1590	2710	1453	316	10	5	316
大　理	2202	2148	2003	1939	473	57	53	451
瑞　丽	1069	906	920	786	153	16	16	151
芒　市	872	839	769	749	215	10	10	203
泸　水	342	274	308	243	123	2	2	136
香格里拉	1995	606	1735	550	116	23	23	116
西　藏	**6656**	**6410**	**6290**	**6050**	**1204**	**155**	**155**	**907**
拉　萨	3850	3685	3674	3482	547	124	124	472
日喀则	880	850	863	833	189	10	10	180
昌　都	345	345	330	330	101	3	3	80
林　芝	612	599	532	524	136	3	3	102
山　南	508	470	449	439	63	13	13	62
那　曲	461	461	442	442	167	2	2	11
陕　西	**75602**	**55987**	**65894**	**50899**	**16554**	**366**	**364**	**10177**
西　安	39777	29325	35432	26986	7869	144	142	4711
铜　川	2236	1949	1941	1757	499	14	14	107
宝　鸡	5090	4020	4342	3738	1184	28	28	920
咸　阳	5527	2972	5184	2578	1730	6	6	731
彬　州	448	373	368	356	110	11	11	139
兴　平	883	850	722	718	261	3	3	149
渭　南	3258	2764	2551	2421	819	13	13	772
韩　城	948	725	704	634	158	7	7	36
华　阴	789	672	595	594	157	5	5	49

13-2 续表 16 continued 16

计量单位：公顷　　Measurement Unit: Hectare

城市名称 Name of Cities	绿化覆盖面积 Green Coverage Area	建成区 Built District	绿地面积 Area of Parks and Green Space	建成区 Built District	公园绿地面积 Area of Public Recreational Green Space	公园个数（个）Number of Parks (unit)	门票免费 Free Parks	公园面积 Park Area
延　安	1713	1671	1575	1545	520	31	31	487
子　长	479	459	400	400	123	2	2	113
汉　中	2915	2248	2315	1939	805	14	14	262
榆　林	5312	2969	4621	2724	1051	20	20	882
神　木	1448	1190	1288	1074	271	6	6	142
安　康	2325	1807	1754	1670	428	37	37	398
商　洛	1317	1021	1136	912	346	20	20	257
杨凌区	1137	970	968	854	223	5	5	22
甘　肃	**35000**	**32702**	**30253**	**29281**	**9825**	**203**	**186**	**6066**
兰　州	10964	10904	9720	9720	3472	30	28	1948
嘉峪关	2854	2854	2804	2804	863	9	9	531
金　昌	1759	1758	1556	1556	475	23	23	453
白　银	2494	2480	2208	2177	397	21	21	398
天　水	2390	2376	2143	2129	842	25	12	484
武　威	1669	1239	1137	1137	363	7	7	363
张　掖	2342	1640	1728	1454	663	7	7	217
平　凉	1781	1663	1477	1477	397	12	12	324
华　亭	692	595	608	514	111	6	6	71
酒　泉	2536	2536	2172	2172	573	25	25	572
玉　门	630	465	509	411	156	4	4	125
敦　煌	649	604	588	534	170	9	9	67
庆　阳	1193	1029	1000	932	257	2	2	23
定　西	789	783	694	687	371	6	6	171
陇　南	789	456	673	415	230	10	10	105
临　夏	840	792	769	722	388	5	3	122
合　作	631	529	465	439	95	2	2	93
青　海	**8981**	**8444**	**8443**	**7928**	**2685**	**64**	**62**	**1767**
西　宁	4650	4307	4580	4258	1838	39	38	1205
海　东	1165	1165	1007	1007	243	12	12	124
同　仁	257	254	212	211	29	1	1	0
玉　树	645	645	581	581	205	4	4	201
茫　崖	212	212	201	201	2	2	2	2
格尔木	1086	947	966	827	286	4	3	202
德令哈	965	914	895	843	82	2	2	32
宁　夏	**28560**	**20735**	**26934**	**19596**	**6304**	**112**	**111**	**3669**
银　川	11329	7966	10719	7888	2674	21	20	1252
灵　武	868	828	804	769	216	15	15	235

13-2 续表 17 continued 17

计量单位：公顷 Measurement Unit: Hectare

城市名称 Name of Cities	绿化覆盖面积 Green Coverage Area	建成区 Built District	绿地面积 Area of Parks and Green Space	建成区 Built District	公园绿地面积 Area of Public Recreational Green Space	公园个数(个) Number of Parks (unit)	门票免费 Free Parks	公园面积 Park Area
宁东能源化工基地	674	485	633	444	110	6	6	65
石嘴山	6773	4504	6418	3978	1290	13	13	649
吴忠	3064	2414	3030	2335	521	18	18	452
青铜峡	1415	1352	1292	1260	276	5	5	166
固原	2017	1857	1866	1713	824	14	14	257
中卫	2419	1329	2171	1208	393	20	20	592
新疆	**77491**	**52556**	**70829**	**47286**	**10347**	**182**	**180**	**6673**
乌鲁木齐	36007	21148	33171	19483	3855	32	30	1324
克拉玛依	6314	3392	5702	3096	570	22	22	411
吐鲁番	1053	1053	982	982	172	18	18	230
哈密	2279	2154	2140	2011	373	4	4	44
昌吉	2735	2735	2453	2453	491	14	14	377
阜康	1008	1008	892	892	212	2	2	70
博乐	1204	1139	1053	1020	238	4	4	207
阿拉山口	788	417	632	376	44	4	4	44
库尔勒	8100	4269	8172	3526	861	11	11	1130
阿克苏	2786	2786	2555	2555	1058	12	12	960
库车	1333	1333	1235	1235	247	1	1	24
阿图什	449	392	429	343	132	4	4	103
喀什	3646	3646	3011	3011	851	8	8	704
和田	1710	1641	1463	1463	164	4	4	165
伊宁	1625	1625	1443	1443	379	10	10	325
奎屯	1689	1284	1336	1083	216	7	7	186
霍尔果斯	420	286	408	276	51	3	3	22
塔城	846	595	814	559	118	7	7	118
乌苏	1312	973	866	861	128	7	7	127
阿勒泰	2189	683	2074	619	186	8	8	103
新疆兵团	**10951**	**8687**	**10450**	**8128**	**2114**	**167**	**167**	**1715**
石河子	3644	2395	3398	2136	503	88	88	510
阿拉尔	814	814	741	741	186	12	12	186
图木舒克	1619	808	1580	725	522	13	13	186
五家渠	1112	1071	1089	1047	165	4	4	90
北屯	882	878	803	798	104	9	9	104
铁门关	351	351	335	335	74	5	5	49
双河	842	842	834	834	63	3	3	60
可克达拉	1276	1118	1276	1118	447	29	29	447
昆玉	229	229	221	221	21	1	1	55
胡杨河	181	181	174	174	29	3	3	29

主要指标解释

Explanatory Notes on Main Indicators

主要指标解释

人口密度

指城区内的人口疏密程度。计算公式：

$$人口密度=\frac{城区人口+城区暂住人口}{城区面积}$$

人均日生活用水量

指每一用水人口平均每天的生活用水量。计算公式:

$$人均日生活用水量=\frac{居民家庭用水量+公共服务用水量+免费供水量中的生活用水量}{用水人口}\div报告期日历天数\times1000升$$

供水普及率

指报告期末城区内用水人口与总人口的比率。计算公式：人口密度$=\frac{城区人口+城区暂住人口}{城区面积}$

$$供水普及率=\frac{城区用水人口（含暂住人口）}{城区人口+城区暂住人口}\times100\%$$

$$公共供水普及率=\frac{城区公共用水人口（含暂住人口）}{城区人口+城区暂住人口}\times100\%$$

燃气普及率

指报告期末城区内使用燃气的人口与总人口的比率。计算公式：

$$燃气普及率=\frac{城区用气人口（含暂住人口）}{城区人口+城区暂住人口}\times100\%$$

人均城市道路面积

指报告期末城区内平均每人拥有的道路面积。计算公式：

$$人均道路面积=\frac{城区道路面积}{城区人口+城区暂住人口}$$

建成区路网密度

指报告期末建成区内道路分布的稀疏程度。计算公式：

$$建成区路网密度=\frac{建成区道路长度}{建成区面积}$$

建成区排水管道密度

指报告期末建成区排水管道分布的疏密程度。计算公式：

$$建成区排水管道密度=\frac{建成区排水管道长度}{建成区面积}$$

污水处理率

指报告期内污水处理总量与污水排放总量的比率。计算公式：

$$污水处理率=\frac{污水处理总量}{污水排放总量}\times100\%$$

污水处理厂集中处理率

指报告期内通过污水处理厂处理的污水量与污水排放总量的比率。计算公式：

$$污水处理厂集中处理率=\frac{污水处理厂处理的污水量}{污水排放总量}\times 100\%$$

人均公园绿地面积

指报告期末城区内平均每人拥有的公园绿地面积。计算公式：

$$人均公园绿地面积=\frac{城区公园绿地面积}{城区人口+城区暂住人口}$$

建成区绿化覆盖率

指报告期末建成区内绿化覆盖面积与区域面积的比率。计算公式：

$$建成区绿化覆盖率=\frac{建成区绿化覆盖面积}{建成区面积}\times 100\%$$

建成区绿地率

指报告期末建成区内绿地面积与建成区面积的比率。计算公式：

$$建成区绿地率=\frac{建成区绿地面积}{建成区面积}\times 100\%$$

生活垃圾处理率

指报告期内生活垃圾处理量与生活垃圾产生量的比率。计算公式：

$$生活垃圾处理率=\frac{生活垃圾处理量}{生活垃圾产生量}\times 100\%$$

生活垃圾无害化处理率

指报告期内生活垃圾无害化处理量与生活垃圾产生量的比率。计算公式：

$$生活垃圾无害化处理率=\frac{生活垃圾无害化处理量}{生活垃圾产生量}\times 100\%$$

在统计时，由于生活垃圾产生量不易取得，可用清运量代替。“垃圾清运量”在审核时要与总人口（包括暂住人口）对应，一般城市人均日产生垃圾为 1kg 左右。

市区（县）面积

指城市（县）行政区域内的全部土地面积(包括水域面积)。地级以上城市行政区不包括市辖县(市)。按国务院批准的行政区划面积为准填报。

城区（县城）面积

指城市的城区和县城的面积。

设市城市城区包括：市本级(1)街道办事处所辖地域；(2)城市公共设施、居住设施和市政公用设施等连接到的其他镇（乡）地域；（3）常住人口在 3000 人以上独立的工矿区、开发区、科研单位、大专院校等特殊区域。

县城包括：(1)县政府驻地的镇（城关镇）或街道办事处地域；(2)县城公共设施、居住设施和市政设施等连接到的其他镇（乡）地域；（3）县域内常住人口在 3000 人以上独立的工矿区、开发区、科研单位、大专院校等特殊区域。

连接是指两个区域间可观察到的已建成或在建的公共设施、居住设施、市政设施和其他设施相连，中间没有被水域、农业用地、园地、林地、牧草地等非建设用地隔断。

对于组团式和散点式的城市，城区由多个分散的区域组成，或有个别区域远离主城区，应将这些分散的区域相加作为城区。

在统计时，以镇（乡）一级为最小统计划分单位，原则上不要打破镇（乡）的行政区划。

城区（县城）人口

指划定的城区（县城）范围的户籍人口数。按公安部门的统计为准填报。

暂住人口

指离开常住户口地的市区或乡、镇，到本市居住半年以上的人员。按市区、县和城区、县城分别统计，一般按公安部门的暂住人口统计为准填报。

建成区面积

指城区（县城）内实际已成片开发建设、市政公用设施和公共设施基本具备的区域。对核心城市，它包括集中连片的部分以及分散的若干个已经成片建设起来，市政公用设施和公共设施基本具备的地区；对一城多镇来说，它包括由几个连片开发建设起来的，市政公用设施和公共设施基本具备的地区组成。因此建成区范围，一般是指建成区外轮廓线所能包括的地区，也就是这个城市实际建设用地所达到的范围。

城市建设用地面积

指城市内的居住用地、公共管理与公共服务用地、商业服务业设施用地、工业用地、物流仓储用地、道路与交通设施用地、公用设施用地、绿地与广场用地。分别统计规划建设用地和现状建设用地。

规划建设用地面积指截至报告期末对应有关城市、县人民政府所在地镇的最新版依法批准的城市总体规划确定的城市（镇）用地面积。

现状建设用地面积指报告期末对应有关城市、县人民政府所在地镇的城市建设用地实际情况的面积。

城市维护建设资金

指用于城市维护和建设的资金，资金来源包括城市维护建设税、公用事业附加、中央和地方财政拨款、国内贷款、债券收入、利用外资、土地出让转让收入、资产置换收入、市政公用企事业单位自筹资金、国家和省规定收取的用于城市维护建设的行政事业性收费、集资收入以及其他收入。资金支出包括固定资产投资支出、维护支出和其他支出。

本年鉴中仅统计了用于城市维护和建设的财政性资金。

城市维护建设税

指依据《中华人民共和国城市维护建设税暂行条例》开征的一种地方性税种。现行的征收办法是以纳税人实际缴纳的增值税、消费税、营业税税额为计税依据，与增值税、消费税、营业税同时缴纳。根据纳税人所在地不同执行不同的纳税率：市区的税率为百分之七；县城、镇的税率为百分之五；不在市区、县城或镇的税率为百分之一。

城市公用事业附加

指在部分公用事业产品（服务）价外征收的用于城市维护建设的附加收入。包括工业用电、工业用水附加，公共汽车、电车、民用自来水、民用照明用电、电话、煤气、轮渡等附加。

固定资产投资

指建造和购置市政公用设施的经济活动，即市政公用设施固定资产再生产活动。市政公用设施固定资产再生产过程包括固定资产更新（局部更新和全部更新）、改建、扩建、新建等活动。新的企业财务会计制度规定，固定资产局部更新的大修理作为日常生产活动的一部分，发生的大修理费用直接在成本费用中列支。按照现行投资管理体制及有关部门的规定，凡属于养护、维护性质的工程，不纳入固定资产投资统计。对新建和对现有市政公用设施改造工程，应纳入固定资产统计。

本年新增固定资产

指在报告期已经完成建造和购置过程，并交付生产或使用单位的固定资产价值。包括已经建成投入生产或交付使用的工程投资和达到固定资产标准的设备、工具、器具的投资及有关应摊入的费用。属于增加固定资产价值的其他建设费用，应随同交付使用的工程一并计入新增固定资产。

新增生产能力(或效益)

指通过固定资产投资活动而增加的设计能力。计算新增生产能力(或效益)是以能独立发挥生产能力(或效益)的工程为对象。当工程建成，经有关部门验收鉴定合格，正式移交投入生产，即应计算新增生产能力(或效益)。

综合生产能力

指按供水设施取水、净化、送水、出厂输水干管等环节设计能力计算的综合生产能力。包括在原设计能力的基础上，经挖、革、改增加的生产能力。计算时，以四个环节中最薄弱的环节为主确定能力。对于经过更新改造，按更新改造后新的设计能力填报。

供水管道长度

指从送水泵至各类用户引入管之间所有市政管道的长度。不包括新安装尚未使用、水厂内以及用户建筑物内的管道。在同一条街道埋设两条或两条以上管道时，应按每条管道的长度计算。

供水总量

指报告期供水企业（单位）供出的全部水量。包括有效供水量和漏损水量。

有效供水量指水厂将水供出厂外后，各类用户实际使用到的水量。包括售水量和免费供水量。

漏损水量

指在供水工程中由于管道及附属设施破损而造成的漏失水量，以及计量损失量和其他损失水量。计量损失量包括居民用户总分表差损失水量、非居用户表具误差损失水量；其他损失水量是指未注册用户用水和用户拒查等管理因素导致的损失水量。

新水取用量

指取自任何水源被第一次利用的水量，包括自来水、地下水、地表水。新水量就一个城市来说，包括城市供水企业新水量和社会各单位的新水量。

其中：**工业新水取用量**指为使工业生产正常进行，保证生产过程对水的需要，而实际从各种水源引取的、为任何目的所用的新鲜水量，包括间接冷却水新水量、工艺水新水量、锅炉新水量及其他新水量。

用水重复利用量

指各用水单位在生产和生活中，循环利用的水量和直接或经过处理后回收再利用的水量之和。

其中：**工业用水重复利用量**指工业企业内部生活及生产用水中，循环利用的水量和直接或经过处理后回收再利用的水量之和。

节约用水量

指报告期新节水量，通过采用各项节水措施(如改进生产工艺、技术、生产设备、用水方式、换装节水器具、加强管理等)后，用水量和用水效益产生效果，而节约的水量。

人工煤气生产能力

指报告期末燃气生产厂制气、净化、输送等环节的综合生产能力，不包括备用设备能力。一般按设计能力计算，如果实际生产能力大于设计能力时，应按实际测定的生产能力计算。测定时应以制气、净化、输送三个环节中最薄弱的环节为主。

供气管道长度

指报告期末从气源厂压缩机的出口或门站出口至各类用户引入管之间的全部已经通气投入使用的管道长度。不包括煤气生产厂、输配站、液化气储存站、灌瓶站、储配站、气化站、混气站、供应站等厂（站）内，以及用户建筑物内的管道。

供气总量

指报告期燃气企业（单位）向用户供应的燃气数量。包括销售量和损失量。

汽车加气站

指专门为燃气机动车（船舶）提供压缩天然气、液化石油气等燃料加气服务的站点。应按不同气种分别统计。

供热能力

指供热企业（单位）向城市热用户输送热能的设计能力。

供热总量

指在报告期供热企业（单位）向城市热用户输送全部蒸汽和热水的总热量。

供热管道长度

指从各类热源到热用户建筑物接入口之间的全部蒸汽和热水的管道长度。不包括各类热源厂内部的管道长度。

其中：一级管网指由热源至热力站间的供热管道，**二级管网**指热力站至用户之间的供热管道。

城市道路

指城市供车辆、行人通行的，具备一定技术条件的道路、桥梁、隧道及其附属设施。城市道路由车行道和人行道等组成。在统计时只统计路面宽度在3.5米（含3.5米）以上的各种铺装道路，包括开放型工业区和住宅区道路在内。

道路长度

指道路长度和与道路相通的桥梁、隧道的长度，按车行道中心线计算。

道路面积

指道路面积和与道路相通的广场、桥梁、隧道的铺装面积（统计时，将车行道面积、人行道面积分别统计）。

人行道面积按道路两侧面积相加计算，包括步行街和广场，不含人车混行的道路。

桥梁

指为跨越天然或人工障碍物而修建的构筑物。包括跨河桥、立交桥、人行天桥以及人行地下通道等。

道路照明灯盏数

指在城市道路设置的各种照明用灯。一根电杆上有几盏即计算几盏。统计时，仅统计功能照明灯，不统计景观照明灯。

防洪堤长度

指实际修筑的防洪堤长度。统计时应按河道两岸的防洪堤相加计算长度，但如河岸一侧有数道防洪堤时，只计算最长一道的长度。

污水排放总量

指生活污水、工业废水的排放总量，包括从排水管道和排水沟（渠）排出的污水量。

（1）可按每条管道、沟（渠）排放口的实际观测的日平均流量与报告期日历日数的乘积计算。

（2）有排水测量设备的，可按实际测量值计算。

（3）如无观测值，也可按当地供水总量乘以污水排放系数确定。

城市分类污水排放系数

城市污水分类	污水排放系数
城市污水	0.7～0.8
城市综合生活污水	0.8～0.9
城市工业废水	0.7～0.9

排水管道长度

指所有市政排水总管、干管、支管、检查井及连接井进出口等长度之和。计算时应按单管计算，即在同一条街道上如有两条或两条以上并排的排水管道时，应按每条排水管道的长度相加计算。

其中：**污水管道**指专门排放污水的排水管道。

雨水管道指专门排放雨水的排水管道。

雨污合流管道指雨水、污水同时进入同一管道进行排水的排水管道。

污水处理量

指污水处理厂（或污水处理装置）实际处理的污水量。包括物理处理量、生物处理量和化学处理量。

其中**处理本城区（县城）外**，指污水处理厂作为区域设施，不仅处理本城区（县城）的污水，还处理本市（县）以外其他市、县或本市（县）其他乡村等的污水。这部分污水处理量单独统计，并在计算本市（县）的污水处理率时扣除。

干污泥年产生量

指全年污水处理厂在污水处理过程中干污泥的最终产生量。干污泥是指以干固体质量计的污泥量，含水率为 0。如果产生的湿污泥的含水率为 n%，那么干污泥产生量=湿污泥产生量×（1-n%）。

干污泥处置量

指报告期内将污泥达标处理处置的干污泥量。统计时按土地利用、建材利用、焚烧、填埋和其他分别填写。其中：

污泥土地利用指处理达标后的污泥产物用于园林绿化、土地改良、林地、农用等场合的处置方式。

污泥建筑材料利用指将污泥处理达标后的产物作为制砖、水泥熟料等建筑材料部分原料的处置方式。

污泥焚烧指利用焚烧炉将污泥完全矿化为少量灰烬的处理处置方式，包括单独焚烧，以及与生活垃圾、热电厂等工业窑炉的协同焚烧。

污泥填埋指采取工程措施将处理达标后的污泥产物进行堆、填、埋，置于受控制场地内的处置方式。

绿化覆盖面积

指城市中乔木、灌木、草坪等所有植被的垂直投影面积。包括城市各类绿地绿化种植垂直投影面积、屋顶绿化植物的垂直投影面积以及零星树木的垂直投影面积，乔木树冠下的灌木和草本植物以及灌木树冠下的草本植物垂直投影面积均不能重复计算。

绿地面积

指报告期末用作园林和绿化的各种绿地面积。包括公园绿地、防护绿地、广场用地、附属绿地和位于建成区范围内的区域绿地面积。

其中：**公园绿地**指向公众开放，以游憩为主要功能，兼具生态、景观、文教和应急避险等功能，有一定游憩和服务设施的绿地。

防护绿地指用地独立，具有卫生、隔离、安全、生态防护功能，游人不宜进入的绿地。主要包括卫生隔离防护绿地、道路及铁路防护绿地、高压走廊防护绿地、公共设施防护绿地等。

广场用地指以游憩、纪念、集会和避险等功能为主的城市公共活动场地。

附属绿地指附属于各类城市建设用地（除“绿地与广场用地”）的绿化用地。包括居住用地、公共管理与公共服务设施用地、商业服务业设施用地、工业用地、物流仓储用地、道路和交通设施用地、公共设施用地等用地中的绿地。

区域绿地指位于城市建设用地之外，具有城乡生态环境及自然资源和文化资源保护、游憩健身、安全防护隔离、物种保护、园林苗木生产等功能的绿地。

公园

指常年开放的供公众游览、观赏、休憩、开展科学、文化及休闲等活动，有较完善的设施和良好的绿化环境、景观优美的公园绿地。包括综合性公园、儿童公园、文物古迹公园、纪念性公园、风景名胜公园、动物园、植物园、带状公园等。不包括居住小区及小区以下的游园。统计时只统计市级和区级的综合公园、专类公园和带状公园。

其中：**门票免费公园**指对公众免费开放，不售门票的公园。

道路清扫保洁面积

指报告期末对城市道路和公共场所（主要包括城市行车道、人行道、车行隧道、人行过街地下通道、道路附属绿地、地铁站、高架路、人行过街天桥、立交桥、广场、停车场及其他设施等）进行清扫保洁的面积。一天清扫保洁多次的，按清扫保洁面积最大的一次计算。

其中：**机械化道路清扫保洁面积**指报告期末使用扫路车（机）、冲洗车等大小型机械清扫保洁的道路面积。多种机械在一条道路上重复使用时，只按一种机械清扫保洁的面积计算，不能重复统计。

生活垃圾、建筑清运量

指报告期收集和运送到各生活垃圾、建筑垃圾厂和生活垃圾、建筑垃圾最终消纳点的生活垃圾、建筑垃圾的数量。统计时仅计算从生活垃圾、建筑垃圾源头和从生活垃圾转运站直接送到处理场和最终消纳点的清运量，对于二次中转的清运量不要重复计算。

餐厨垃圾属于生活垃圾的一部分，无论单独清运还是混合清运，都应统计在生活垃圾清运量中。

其中：**餐厨垃圾清运处置量**指单独清运，并且进行单独处置的餐厨垃圾总量，不含混在生活垃圾中清运的部分。

公共厕所

指供城市居民和流动人口使用，在道路两旁或公共场所等处设置的厕所。分为独立式、附属式和活动式三种类型。统计时只统计独立式和活动式，不统计附属式公厕。

独立式公共厕所按建筑类别应分为三类，活动式公共厕所按其结构特点和服务对象应分为组装厕所、单体厕所、汽车厕所、拖动厕所和无障碍厕所五种类别。

市容环卫专用车辆设备

指用于环境卫生作业、监察的专用车辆和设备，包括用于道路清扫、冲洗、洒水、除雪、垃圾粪便清运、市容监察以及与其配套使用的车辆和设备。如：垃圾车、扫路机（车）、洗路车、洒水车、真空吸粪车、除雪机、装载机、推土机、压实机、垃圾破碎机、垃圾筛选机、盐粉撒布机、吸泥渣车和专用船舶等。对于长期租赁的车辆及设备也统计在内。

统计时，单独统计道路清扫保洁专用车辆和生活垃圾运输专用车辆数。

Explanatory Notes on Main Indicators

Population Density

It refers to the density of population in a given zone. The calculation equation is:

$$\text{Population Density} = \frac{\text{Population in Urban Areas} + \text{Urban Temporary Population}}{\text{Urban Area}}$$

Daily Domestic Water Use Per Capita

It refers to average amount of daily water consumed by each person. The calculation equation is

Daily Domestic Water Use Per Capita= (Water Consumption by Households + Water Use for Public Service+Domestic water consumption in the free water supply) ÷Population with Access to Water Supply ÷Calendar Days in Reported Period× 1000 liters

Water Coverage Rate

It refers to proportion of urban population supplied with water to urban population. The calculation equation is:

$$\text{Water Coverage Rate} = \frac{\text{Urban Population with Access to Water Supply (Including Temporary Population)}}{\text{Urban Permanent Population} + \text{Urban Temporary Population}} \times 100\%$$

$$\text{Public Water Coverage Rate} = \frac{\text{Urban Population with Access to Public Water Supply (Including Temporary Population)}}{\text{Urban Permanent Population} + \text{Urban Temporary Population}} \times 100\%$$

Gas Coverage Rate

It refers to the proportion of urban population supplied with gas to urban population. The calculation equation is:

$$\text{Gas Coverage Rate} = \frac{\text{Urban Population with Access to Gas (Including Temporary Population)}}{\text{Urban Permanent Population} + \text{Urban Temporary Population}} \times 100\%$$

Surface Area of Urban Roads Per Capita

It refers to the average surface area of urban roads owned by each urban resident at the end of reported period. The calculation equation is:

$$\text{Surface Area of Roads Per Capita} = \frac{\text{Surface Area of Roads in Given Urban Areas}}{\text{Urban Permanent Population} + \text{Urban Temporary Population}}$$

Density of Road Network in Built Districts

It refers to the extent which roads cover built districts at the end of reported period. The calculation equation is:

$$\text{Density of Road Network in Built Districts} = \frac{\text{Length of Roads in Built Districts}}{\text{Floor Area of Built Districts}}$$

Density of Drainage Pipelines in Built Districts

It refers to the extent which drainage pipelines cover built districts at the end of reported period. The calculation equation is:

$$\text{Density of Drainage Pipelines in Built Districts} = \frac{\text{Length of Drainage Pipelines in Built Districts}}{\text{Floor Area of Buil Districts}}$$

Wastewater Treatment Rate

It refers to the proportion of the quantity of wastewater treated to the total quantity of wastewater discharged at the end of reported period. The calculation equation is:

$$\text{Wastewater Treatment Rate} = \frac{\text{Quantity of Wastewater Treated}}{\text{Quantity of Wastewater Discharged}} \times 100\%$$

Centralized Treatment Rate of Wastewater Treatment Plants

It refers to the proportion of the quantity of wastewater treated in wastewater treatment plants to the total quantity of wastewater discharged at the end of reported period. The calculation equation is:

$$\text{Centralized Treatment Rate of Wastewater Treatment Plants}=\frac{\text{Quantity of wastewater treated in wastewater treatment facility}}{\text{Quantity of wastewater discharged}}\times 100\%$$

Public Recreational Green Space Per Capita

It refers to the average public recreational green space owned by each urban dweller in given areas. The calculation equation is:

$$\text{Public Recreational Green Space Per Capita}=\frac{\text{Public green space in given urban areas}}{\text{Urban Permanent Population} + \text{Urban Temporary Population}}$$

Green Coverage Rate of Built Districts

It refers to the ratio of green coverage area of built districts to surface area of built districts at the end of reported period. The calculation equation is:

$$\text{Green Coverage Rate of Built Districts}=\frac{\text{Green Coverage Area of Built Districts}}{\text{Area of Built Districts}}\times 100\%$$

Green Space Rate of Built Districts

It refers to the ratio of area of parks and green land of built districts to the area of built up districts at the end of reported period. The calculation equation is:

$$\text{Green Space Rate of Built Districts}=\frac{\text{Area of parks and green land of built districts}}{\text{Area of Built Districts}}\times 100\%$$

Domestic Garbage Treatment Rate

It refers to the ratio of quantity of domestic garbage treated to quantity of domestic garbage produced at the end of reported period. The calculation equation is:

$$\text{Domestic Garbage Treatment Rate}=\frac{\text{Quantity of Domestic Garbage Treated}}{\text{Quantity of Domestic Garbage Produced}}\times 100\%$$

Domestic Garbage Harmless Treatment Rate

It refers to the ratio of quantity of domestic garbage treated harmlessly to quantity of domestic garbage produced at the end of reported period. The calculation equation is:

$$\text{Domestic Garbage Harmless Treatment Rate}=\frac{\text{Quantity of Domestic Garbage Treated Harmlessly}}{\text{Quantity of Domestic Garbage Produced}}\times 100\%$$

Urban (county) District Area

It refers to the total land area (including water area) under jurisdiction of cities(counties).

Urban (county) Area

It refers to the area of a city's urban and county area.

Urban area of a city includes: (1) City-level areas administered by neighborhood office; (2) other towns (villages) connected to city public facilities, residential facilities and municipal utilities; (3) Independent Industrial and Mining District, Development Zones, special areas like research institutes , universities and colleges with permanent residents of 3000 above.

County area of a city includes: (1)Town or areas administered by neighborhood office; (2) other towns (villages) connected to county public facilities, residential facilities and municipal utilities; (3) Independent Industrial and Mining District, Development Zones, special areas like research institutes , universities and colleges with permanent residents of 3000 above in county.

Towns (villages) connected to city public facilities, residential facilities and municipal utilities means that towns and urban centers are connected with public facilities, residential facilities and municipal utilities that are constructed or under construction, and not cut off by non-construction land like water area, agricultural land, parks, woodland or pasture.

As to conurbation or cities organized in scattered form, urban area should include the separated or decentralized area.

Urban (county) Permanent Population

It refers to permanent residents in urban (county) areas, which are in compliance with the number of permanent residents registered in public security authorities.

Temporary Population

Temporary population includes people who leave permanent address, and live for over half one year in a place. Counted by urban area, county, urban area and county seat,which are in compliance with the number of temporary residents registered in public security authorities.

Area of Built District

It refers to large scale developed quarters within city (county) jurisdiction with basic public facilities and utilities. For a nucleus city, the built-up district consists of large-scale developed quarters with basic public facilities and utilities, which are either centralized or decentralized. For a city with several towns, the built- up district consists of several developed quarters attached in succession with basic public facilities and utilities. Range of built-up district is the area encircled by the limits of the built-up district, i.e. the range within which the actual developed land of this city exists.

Area of Urban Land for development Purpose

It refers to area of land including land for Residential Development, Administration and Public Services, Commercial and Business Facilities, Industrial, Manufacturing, Logistics and Warehouse, Road, Street and Transportation, Municipal Utilities, Green Space and Square.Separately counted by the planned construction land and the current construction land.

The area of land used for planned construction refers to the area of land used for cities (towns) as determined by the latest version of the overall urban plans approved according to law for the towns where the relevant cities and county people's governments are located at the end of the reporting period.

The area of current land for construction purposes refers to the area corresponding to the actual situation of urban land for construction purposes in the towns where the relevant cities and county people's governments are located at the end of the reporting period.

Urban Maintenance and Construction Fund

It refers to fund used for urban construction and maintenance, including urban maintenance and construction tax, extra-charges for public utilities, financial allocation from the central government and local governments, domestic loan, securities revenue, foreign investment, revenue from land transfer and assets replacement, self-raised fund by municipal utilities, charges by administrative and institutional units for urban maintenance and construction, pooled revenue and other revenues.

Urban Maintenance and Construction Tax

It is one of local taxes imposed according to *Temporary Regulations of People's Republic of China on Urban Maintenance and Construction Tax*. It is levied based on actual value-added tax, consumption tax and business tax paid by a taxpayer. It is also paid with value-added tax, consumption tax and business tax at the same time. Different rates apply different places. The rate comes to 7% in urban areas, 5% in counties and towns and 1% beyond these places.

Extra Charge from Urban Utilities

It is additional revenue obtained from additional fees imposed on provision of products and service of such urban utilities as power generation, water supply for the industry, operation of public bus and trolley bus, taped water supply, electricity for lightening, telephone operation, gas and ferry etc. for the purpose of urban construction and maintenance.

Investment in Fixed Assets

It is the economic activities featuring construction and purchase of fixed assets, i.e. it is an essential means for social reproduction of fixed assets. The process of reproducing fixed assets includes fixed assets renovation (part and full renovation), reconstruction, extension and new construction etc. According to the new industrial financial accounting system, cost of major repairs for part renovation of fixed assets is covered by direct cost. According to the current investment management and administrative regulations, any repair and maintenance works are not included in statistics as investment in fixed assets. Innovation projects on current municipal service facilities should be included in statistics.

Newly Added Fixed Assets

They refer to the newly increased value of fixed assets, including investment in projects completed and put into operation in the reported period, and investment in equipment, tools, vessels considered as fixed assets as well as relevant expenses should be included in. Other construction expenses that increase the value of fixed assets should be included in the newly added fixed assets along with the project delivered for use.

Newly Added Production Capacity (or Benefits)

It refers to newly added design capacity through investment in fixed assets. Newly added production capacity or benefits is calculated based on projects which can independently produce or bring benefits once projects are put into operation.

Integrated Production Capacity

It refers to a comprehensive capacity based on the design capacity of components of the process, including water collection, purification, delivery and transmission through mains. In calculation, the capacity of weakest component is the principal determining capacity. For the updated and reformed, filling in the new design capability after the updated and reformed.

Length of Water Pipelines

It refers to the total length of all pipes from the pumping station to individual water meters. If two or more pipes line in parallel in a same street, the length of water pipelines is the length sum of each line.

Total Quantity of Water Supplied

It refers to the total quantity of water delivered by water suppliers during the reported period, including accounted water and unaccounted water.

Accounted water refers to the actual quantity of water delivered to and used by end users, including water sold and free.

Unaccounted Water

It refers to sum of water leakage due to malfunction of water meters, measurement of water loss and other loss of water. The measurement of loss includes the total water loss for residential users and the water loss with table error for non-residential users; Other loss of water refers to the loss of water caused by management factors such as unregistered users' water and users' refusal to check.

Quantity of Fresh Water Used

It refers to the quantity of water obtained from any water source for the first time, including tap water, groundwater, surface water. As for a city, it includes the quantity of fresh water used by urban water suppliers and customers in different industries and sectors.

Among which, **the amount of new industrial water taken** refers to the amount of fresh water that is actually drawn from various water sources and used for any purpose in order to ensure the normal progress of industrial production and the need for water in the production process, including the amount of indirect cooling water and process water, new boiler water volume and other new water volume.

Quantity of Recycled Water

It refers to the sum of water recycled, reclaimed and reused by customers.

Among which, **the amount of recycled industrial water** refers to the sum of the amount of recycled water used in the domestic and production water of industrial enterprises and the amount of water recovered and reused directly or after treatment.

Quantity of Water Saved

It refers to the water saved in the reported period through efficient water saving measures, e.g. improvement of production methods, technologies, equipment, water use behavior or replacement of defective and inefficient devices, or strengthening of management etc.

Integrated Gas Production Capacity

It refers to the combined capacity of components of the process such as gas production, purification and delivery with an exception of the capacity of backup facilities at the end of reported period. It is usually calculated based on the design capacity. Where the actual capacity surpluses the design capacity, integrated capacity should be calculated based on the actual capacity, mainly depending on the capacity of the weakest component.

Length of Gas Supply Pipelines

It refers to the length of pipes operated in the distance from a compressor's outlet or a gas station exit to pipes connected to individual households at the end of reported period, excluding pipes through coal gas production plant, delivery station, LPG storage station, bottled station, storage and distribution station, air mixture station, supply station and user's building.

Quantity of Gas Supplied

It refers to amount of gas supplied to end users by gas suppliers at the end of reported period. It includes sales amount and loss amount.

Gas Stations for Gas- Fueled Motor Vehicles

They are designated stations that provide such fuels as compressed natural gas, LPG to gas-fueled motor vehicles. Statistics should be based on different gas types.

Heating Capacity

It refers to the design capacity of heat delivery by heat suppliers to urban customers.

Total Quantity of Heat Supplied

It refers to the total quantity of heat obtained from steam and hot water, which is delivered to urban users by heat suppliers during the reported period.

Length of Heating Pipelines

It refers to the total length of pipes for delivery of steam and hot water from heat sources to entries of buildings, excluding lines within heat sources.

Among which, **the primary pipe network** refers to the heating pipeline from the heat source to the heating station, **the secondary pipe network** refers to the heating pipeline from the heating station to the user.

Urban roads

They refer to roads, bridges, tunnels and auxiliary facilities that are provided to vehicles and passengers for transportation. Urban roads consist of drive lanes and sidewalks. Only paved roads with width with and above 3.5 m, including roads within on-limits industrial parks and residential communities are included in statistics.

Length of Roads

It refers to the length of roads and bridges and tunnels connected to roads. It is calculated based on the length of centerlines of traffic lanes.

Surface Area of Roads

It refers to surface area of roads and squares, bridges and tunnels connected to roads (surface area of roadway and sidewalks are calculated separately). Surface area of sidewalks is the area sum of each side of sidewalks including pedestrian streets and squares, excluding car-and-pedestrian mixed roads.

Bridges

They refer to constructed works that span natural or man-made barriers. They include bridges spanning over rivers, flyovers, overpasses and underpasses.

Number of Road Lamps

It refers to the sum of road lamps only for illumination, excluding road lamps for landscape lightening.

Length of Flood Control Dikes

It refers to actual length of constructed dikes, which sums up the length of dike on each bank of river. Where each bank has more than one dike, only the longest dike is calculated.

Quantity of Wastewater Discharged

It refers to the total quantity of domestic sewage and industrial wastewater discharged, including effluents of sewers, ditches, and canals.

(1) It is calculated by multiplying the daily average of measured discharges from sewers, ditches and canals with calendar days during the reported period.

(2) If there is a device to read actual quantity of discharge, it is calculated based on reading.

(3) If without such ad device, it is calculated by multiplying total quantity of water supply with wastewater drainage coefficient.

Category of urban wastewater	Wastewater drainage coefficient
Urban wastewater	0.7-0.8
Urban domestic wastewater	0.8-0.9
Urban industrial wastewater	0.7-0.9

Length of Drainage Pipelines

The total length of drainage pipelines is the length of mains, trunks, branches plus distance between inlet and outlet in manholes and junction wells. The calculation should be based on a single pipe, that is, if there are two or more drainage pipes side by side on the same street, the calculation should be based on the length of each drainage pipe.

Among which, **Sewage Pipe** refers to a drainage pipe dedicated to discharge sewage.

Rainwater Pipe refers to drainage pipes dedicated to draining rainwater.

Rain and Sewage Confluence Pipeline refers to the drainage pipeline where rainwater and sewage enter the same pipeline for drainage at the same time.

Quantity of Wastewater Treated

It refers to the actual quantity of wastewater treated by wastewater treatment plants and other treatment facilities in a physical, or chemical or biological way.

Among which, **the treatment outside the city (county)** refers to the sewage treatment plant as a regional facility that not only treats the sewage of the city (county), but also treats the sewage of other cities, counties, or other villages outside the city (county). This part of the sewage treatment volume is separately counted and deducted when calculating the sewage treatment rate of the city (county).

Dry Sludge Production

It refers to the final quantity of dry sludge produced in the process of wastewater treatment plants. Dry sludge refers to the amount of sludge calculated by the mass of dry solids, with a moisture content of 0. If the moisture content of the produced wet sludge is n%, then the amount of dry sludge produced = the amount of wet sludge produced × (1-n%).

Dry Sludge Disposal Volume

It refers to the amount of dry sludge to be treated and disposed according to the standard during the reporting period. Fill in the statistics according to land use, building materials use, incineration, landfill and others.

Among which, **Sludge Land Utilization** refers to the disposal of sludge products after the treatment of the standard for landscaping, land improvement, woodland, agriculture and other occasions.

The Utilization of Sludge Building Materials refers to the disposal of the products after sludge treatment reaches the standard as part of the raw materials of building materials such as bricks and cement clinker.

Sludge Incineration refers to the treatment and disposal methods that use incinerators to completely mineralize sludge into a small amount of ashes, including individual incineration, and co-incineration with industrial kilns such as domestic waste and thermal power plants.

Land Filling of Sludge refers to a disposal method in which engineering measures are taken to pile, fill, and bury the sludge products that have reached the treatment standards, and place them in a controlled site.

Green Coverage Area

It refers to the vertical shadow area of vegetation such as trees (arbors), shrubs and grasslands. It is the vertical shadow area sum of green space, roof greening and scattered trees coverage. The vertical shadow area of bushes and herbs under the shadow of trees and herbs under the shadow of shrubs should not be counted for repetitively.

Area of Green Space

It refers to the area of all spaces for parks and greening at the end of reported period, which includes area of public recreational green space, shelter belt, land for squares, attached green spaces, and the area of regional green space in built district.

Among which, **Public Recreational Green Space** refers to green space with recreation and service facilities. It also serves some comprehensive functions such as improving ecology and landscape and preventing and mitigating disasters.

Shelter Belt refers to the green space that is independent of land and has the functions of hygiene, isolation, safety, and ecological protection, and is not suitable for tourists to enter. It mainly includes protective green space for health isolation, protective green space for roads and railways, protective green space for high-pressure corridors and protective green space for public facilities.

land for Squares refer to the urban public activity space with the functions of recreation, memorial, gathering and avoiding danger.

Attached Green Spaces refer to green land attached to various types of urban construction land (except "green land and square land"). Including residential land, land for public management and public service facilities, land for commercial service facilities, industrial land, land for logistics and storage, land for roads and transportation facilities, land for public facilities and other green spaces.

Regional Green Space refers to the green land located outside the urban construction land, which has the functions of urban and rural ecological environment, natural resources and cultural resources protection, recreation and fitness, safety protection and isolation, species protection, garden seedling production and so on.

Parks

They refer to places open to the public for the purposes of tourism, appreciation, relaxation, and undertaking scientific, cultural and recreational activities. They are fully equipped and beautifully landscaped green spaces. There are different kinds of parks, including general park, Children Park, park featuring historic sites and culture relic, memorial park, scenic park, zoo, botanic garden, and belt park. Recreational space within communities is not included in statistics, while only general parks, theme parks and belt parks at city or district level are included in statistics.

Among which, **Free-ticket Parks** refer to parks that are free to the public and do not sell tickets.

Area of Roads Cleaned and Maintained

It refers to the area of urban roads and public places cleaned and maintained at the end of reported period, including drive lanes, sidewalks, drive tunnels, underpasses, green space attached to roads, metro stations, elevated roads, flyovers, overpasses, squares, parking areas and other facilities. Where a place is cleaned and maintained several times a day, only the time with maximum area cleaned is considered.

Among which, **Mechanized Road Cleaning and Cleaning Area** refers to the road area that was cleaned and cleaned with large and small machinery such as road sweepers (machines) and washing vehicles at the end of the reporting period. When multiple machines are repeatedly used on a road, only the area cleaned and cleaned by one machine is calculated, and the statistics cannot be repeated.

Quantity of Domestic Garbage and Construction Waste Transferred

It refers to the total quantity of domestic garbage and construction waste collected and transferred to treatment grounds. Only quantity collected and transferred from domestic garbage and construction waste sources or from domestic garbage transfer stations to treatment grounds is calculated with exception of quantity of domestic garbage and construction waste transferred second time.

Food waste is a part of domestic waste. Whether it is removed separately or mixedly, it should be counted in the volume of domestic waste.

Among which, **the amount of food waste removal and disposal** refers to the total amount of food waste that is separately removed and disposed of separately, excluding the part that is mixed in the domestic waste.

Latrines

They are used by urban residents and flowing population, including latrines placed at both sides of a road and public place. They usually consist of detached latrine movable latrine and attached latrine. Only detached latrines rather than latrines attached to public buildings are included in the statistics.

Detached latrine is classified into three types. Moveable latrine is classified into fabricated latrine, separated latrine, motor latrine, trail latrine and barrier-free latrine.

Specific Vehicles and Equipment for Urban Environment Sanitation

They refer to vehicles and equipment specifically for environment sanitation operation and supervision, including vehicles and equipment used to clean, flush and water the roads, remove snow, clean and transfer garbage and soil, environment sanitation monitoring, as well as other vehicles and equipment supplemented, such as garbage truck, road clearing truck, road washing truck, sprinkling car, vacuum soil absorbing car, snow remover, loading machine, bulldozer, compactor, garbage crusher, garbage screening machine, salt powder sprinkling machine, sludge absorbing car and special shipping. Vehicles and equipment for long-term lease are also included in the statistics.

The number of special vehicles for road cleaning and cleaning and the special vehicles for domestic garbage transportation are separately counted.